DIE DAMPFTURBINE IM BETRIEBE

ERRICHTUNG · BETRIEB · STÖRUNGEN

VON

E. A. KRAFT

PROFESSOR, DIPL.-ING., DR.-ING. HABIL., DR. TECHN. H.C.
ZAGREB (JUGOSLAWIEN)

ZWEITE
NEUBEARBEITETE UND ERWEITERTE AUFLAGE

MIT 301 ABBILDUNGEN

SPRINGER-VERLAG
BERLIN HEIDELBERG GMBH

1952

ISBN 978-3-642-49008-8   ISBN 978-3-642-92572-6 (eBook)
DOI 10.1007/ 978-3-642-92572-6

Vorwort zur zweiten Auflage.

Der seit dem Erscheinen der ersten Auflage dieses Buches immer größer werdende Energiebedarf hat zum Bau immer wirtschaftlicherer und leichterer Maschinen geführt. Hohe Dampfdrücke und -temperaturen, Schnellauf und hohe Arbeitsgeschwindigkeiten haben die dem Turbinenbetrieb bereits an und für sich eigenen Vorzüge noch weiter erhöht und seine dauernd zunehmende Verbreitung begründet. In einzigartiger Entwicklung hat die Dampfturbine damit ihre überragende Stellung in der Kraft- und Wärmewirtschaft noch weiter gefestigt.

Der Turbinenbauer hatte dadurch Gelegenheit, die als richtig erkannten Baugrundsätze in größtem Umfang anzuwenden. Da mit der besseren Ausnutzung von Brenn- und Baustoff gleichzeitig die Zuverlässigkeit und Betriebsicherheit der Turbinenanlagen gesteigert werden konnten, ergaben sich erfreulicherweise auch für den Betriebsmann keine grundsätzlichen Schwierigkeiten. An der großen Zahl der inzwischen in Betrieb genommenen Turbinenanlagen konnten weiter wertvolle Erfahrungen gewonnen werden, Erfahrungen, die gemäß dem von mir im Vorwort zur ersten Auflage ausgesprochenen Wunsch nach weiterem Ausbau der Gemeinschaftsarbeit zum Nutzen aller Beteiligten rege ausgetauscht wurden.

Der einmal eingeschlagene Weg, die gemeinsamen Erfahrungen zu sammeln, sie in eine klare Übersicht zu bringen und in systematischer Darstellung weiteren Kreisen rückhaltlos zur Verfügung zu stellen, hat sich als richtig erwiesen und zu einer lebhaften Nachfrage nach diesem Werk geführt. Da die erste Auflage seit mehreren Jahren vergriffen ist, soll die Gelegenheit benutzt werden, in der zweiten Auflage die inzwischen gemachten neueren Erfahrungen einzufügen und somit den als richtig erwiesenen Weg weiter zu verfolgen.

Es lag in der Natur der Entwicklung, daß sich für die Hersteller, da die Richtlinien für den Bau der Turbinen bereits vorlagen, weniger neue Fragen ergaben als für deren Betreiber. Für die Neuauflage des Buches erschien es, damit und da ihr Gesamtumfang ungefähr der gleiche sein sollte, zweckmäßig, den ersten Abschnitt über die Errichtung zu kürzen, die folgenden Abschnitte über den Betrieb, die Betriebserfahrungen und Störungen dagegen zu erweitern. Das soll indessen keineswegs besagen, daß neuere Dampfturbinen mehr Schwierigkeiten im Betriebe ergeben müßten oder hätten —, die Dampfturbine ist nach wie vor unter allen Kraftmaschinen diejenige, die im Betriebe die wenigsten Anstände ergibt, also die größte Betriebsicherheit und Lebensdauer besitzt. Die vollständige Bekanntgabe der umfangreichen neueren Betriebserfahrungen soll vielmehr lediglich ermöglichen, daß jedes Kraftwerk diese im eigenen Betriebe verwerten kann und damit Anstände verringert, also die Sicherheit der Betriebe weiter erhöht wird, was nicht zuletzt auch im Interesse eines weiteren erfolgreichen Ausbaues der Kraft- und Wärmewirtschaft, also allgemein der volkswirtschaftlichen Erfordernisse angestrebt werden muß.

Daß dies in Erfüllung gehen möge, ist mein Wunsch für die zweite Auflage.

Mit der vorliegenden Neubearbeitung übergebe ich aber auch der jüngeren Generation einen wichtigen Ausschnitt aus meinen während einer 45jährigen Tätigkeit im Bau umlaufender Arbeits- und Kraftmaschinen gesammelten Erfahrungen, mit dem Hinweis, daß nur durch restlose Hingabe an und durch unbeirrbare Begeisterung für das gewählte Fachgebiet Höchstleistungen zu erzielen sind.

Bei der Bearbeitung unterstützten mich meine früheren Mitarbeiter Dipl.-Ing. G. Kuse und Dipl.-Ing. H. Zabel. Ihnen hierfür sowie dem Verlage für die übliche vorbildliche Ausstattung des Buches auch an dieser Stelle meinen besten Dank auszusprechen, ist mir eine selbstverständliche und angenehme Pflicht.

Zagreb, im Februar 1952.

E. A. Kraft.

Aus dem Vorwort zur ersten Auflage.

Die überragende Bedeutung der Dampfturbine als Kraftmaschine hat in einer Reihe von wertvollen Lehrbüchern ihren Niederschlag gefunden. Es gibt wohl keine andere Kraftmaschinenart, deren Lehre, Gestaltung und Fertigung, d. h. Entstehung vom ersten schöpferischen Gedanken bis zum Versande der fertigen Maschine durch das Werktor, mit der gleichen Gründlichkeit durchgearbeitet wären. Darüber hinaus aber war der fernere Lebensweg der Dampfturbine, also ihre Errichtung im Kraftwerk, ihr Betrieb und dessen Störungen, im Schrifttum bisher vernachlässigt worden. Die Erfahrungen des Richtmeisters und des Betriebsmannes wurden meist nur von Mund zu Mund überliefert, über den Rahmen des einzelnen Turbinenwerkes, des einzelnen Kraftwerkes hinaus gab es kaum einen Weg. Je höhere Anforderungen der Betrieb der Dampfturbine an die Bedienung stellte, um so stärker fühlbar war diese Abgeschlossenheit im Austausch der Erfahrungen.

Der Entschluß, in einem besonderen Buch alle Fragen zu behandeln, die für die Errichtung, den Betrieb und die Wartung von Dampfturbinen aller Art wesentlich sind, wurde durch die Erkenntnis gefördert, daß dadurch zugleich dem Fachschrifttum ein bisher nicht zugängliches, wichtiges Gebiet erschlossen wird. Die Erfahrungen, die ich während einer über ein Vierteljahrhundert langen Tätigkeit im Dampfturbinenbau, zum größten Teil als leitender Konstrukteur und verantwortlicher Leiter des größten europäischen Turbinenwerkes, sammeln konnte, sollen damit weiteren Kreisen zugänglich gemacht werden. Die vielen Tausende von Turbinen, die in dieser Zeit unter meiner Leitung entstanden, ermöglichten es mir, trotz der großen Mannigfaltigkeit ihrer Verwendungsgebiete allgemeine Richtlinien für den Dampfturbinenbetrieb herauszuarbeiten. Diese sollen aber nicht nur den Betriebsmann unterstützen in der Beurteilung der Eigenheiten des Turbinenbetriebes und vorkommender Störungen, sondern auch alle am Bau und Betriebe von Turbinenanlagen Beteiligten, Hersteller und Kraftwerke, zu vertrauensvoller Gemeinschaftsarbeit ermuntern.

Eine Gemeinschaftsarbeit kann nur dann erfolgreich sein, wenn alle Beteiligten, unbeschadet gelegentlicher sachlicher Gegensätzlichkeiten, mit Freimut und Offenheit ihre Erfahrungen zur Verfügung stellen. In dieser Hinsicht darf auch falsch verstandener Wettbewerb der verschiedenen Werke nicht zu Geheimniskrämerei führen oder, wo diese noch betrieben wird, da ist es an der Zeit, sie im volkswirtschaftlichen Interesse aufzugeben. In diesem Sinne ist das vorliegende Buch entstanden als ein größerer Schritt auf einem Gebiet, auf dem bisher nur vereinzelte Ansätze gemacht waren. Möge es zum weiteren Ausbau einer Gemeinschaftsarbeit aller Beteiligten den Anstoß geben; denn gerade das hier behandelte Gebiet der Kraft- und Wärmewirtschaft strahlt so unmittelbar auf jeden einzelnen aus, daß keine Anstrengung zu groß sein sollte, die zu Fortschritten und Verbesserungen führt, den Eigennutz hintansetzt, den Gemeinnutz fördert.

Berlin, im März 1935.

E. A. Kraft.

Inhaltsverzeichnis.

III. Die Störungen.

Abkürzungen der Zeitschriftentitel.

AEG-Mitt.	— AEG-Mitteilungen, Berlin
ADK-Merkblatt	= Arbeitsgemeinschaft Deutscher Konstruktionsingenieure
Amer. Soc. mech. Engrs.	= Transactions of the American Society of Mechanical Engineers, New York, N. Y.
Arch. Wärmewirtsch.	= Archiv für Wärmewirtschaft und Dampfkesselwesen, Berlin
BBC-Nachr.	= Brown Boveri Nachrichten, Mannheim
BWK	= Brennstoff-Wärme-Kraft, Essen
Brown Boveri Mitt.	= Brown Boveri Mitteilungen, Baden, Schweiz
DRP	= Deutsches Reichspatent
Electr. J.	= The Electric Journal, Philadelphia, Penns.
Elektrotechn. u. Masch.-Bau	= Elektrotechnik und Maschinenbau, Zeitschrift des elektrotechnischen Vereins in Wien
Elektr.-Wirtsch.	= Elektrizitätswirtschaft, Mitteilungen der VDEW, Berlin
Elektrotechn. Z.	= Elektrotechnische Zeitschrift, jetzt Wuppertal
Escher Wyss Mitt.	= Escher Wyss Mitteilungen, Zürich, Schweiz
Forsch. Ing.-Wes.	= Forschungsarbeiten auf dem Gebiet des Ingenieurwesens (seit 1931: VDI Forschungsheft), Berlin
Gen. Electr. Rev.	= General Electric Review, Schenectady, N. Y.
Glasers Ann.	= Glasers Annalen, Berlin
Ing.-Arch.	= Ingenieur-Archiv, Berlin
Jb. Schiffbautechn. Ges.	= Jahrbuch d. schiffbautechnischen Ges., Hamburg, früher Berlin
Korrosion u. Metallsch.	= Korrosion und Metallschaden, Berlin

Krupp Mh.	= Krupp Monatshefte, Essen
Masch.-Bau Betr.	= Maschinenbau und Betrieb, Berlin
Masch.-Bau Gestaltung	= Maschinenbau und Gestaltung, Berlin
Masch.Schad.	= Der Maschinenschaden, Wiesbaden, früher Berlin
Mech. Engng.	= Mechanical Engineering, New York, N. Y.
Metro-Vick. Gaz.	= Metropolitan Vickers Gazette, Manchester, Großbritannien
Mitt. Ingenieurbüro Allianz u. Stuttgarter Verein, Wiesbaden, früher Berlin	
N-E Coast Instn. Engrs. Shipb.	= Transactions of the North-East Coast Institution of Engineers and Ship-builders, Newcastle, Großbritannien
Pwr. Plant Engng.	= Power Plant Engineering, Chicago, Ill.
Schweiz. Bauztg.	= Schweizerische Bauzeitung, Zürich, Schweiz
Siemens-Z.	= Siemens Zeitschrift, Berlin
Skoda Mitt.	= Skoda Mitteilungen, Pilsen, Tschechoslowakei
Techn. Mitt. Haus d. Techn. Essen	= Technische Mitteilungen des Hauses der Technik, Essen
VDE-Fachber.	= Verein deutscher Elektrotechniker - Fachberichte, Berlin
VDEW	= Vereinigung der Elektrizitätswerke
Ver. dtsch. Eisenhüttenl.	= Verein deutscher Eisenhüttenleute, Düsseldorf
Wärme	= Die Wärme, Berlin
Werft Reed. Hafen	= Werft, Reederei, Hafen, Berlin
WEV, Ölbewirtschaftung	= Wirtschaftsgruppe Elektrizitätsversorgung, Ölbewirtschaftung
Z. bayer. Rev.Ver.	= Zeitschrift des bayerischen Revisionsvereins, München
Z. VDI	= Zeitschrift des Vereins Deutscher Ingenieure, Düsseldorf, früher Berlin

Abgekürzte Werk- und Verbandsbezeichnungen.

AEG	= Allgemeine Elektrizitäts-Gesellschaft, Berlin/Frankfurt a. M.
ADK	= Arbeitsgemeinschaft Deutscher Konstruktionsingenieure, Berlin
BBC	= Brown, Boveri u. Cie. A.-G., Baden (Schweiz) und Mannheim
Bewag	= Berliner Städtische Elektrizitätswerke A.-G., Berlin
Blohm u. Voß	= Blohm und Voß KG a. A., Hamburg
BTH	= The British Thomson-Houston Co., Ltd., Rugby (England)
DIN	= Deutsche Industrie Normen, Berlin
DRP	= Deutsches Reichspatent, Berlin und München
English Electric	= The English Electric Co., Ltd., Rugby (England)
Escher Wyss	= A.-G. Escher Wyss u. Cie., Zürich (Schweiz)
GE	= General Electric Co., Schenectady, N. Y., und West-Lynn, Mass. (USA)
GEC	= The General Electric Co., Ltd., Erith, Kent (England)
de Laval	= A.-B. de Lavals Ångturbin, Stockholm (Schweden)
Metro-Vick	= Metropolitain-Vickers Electrical Co., Ltd., Manchester (England)
Nela	= National Electric Light Association, New York, N. Y. (USA)
Parsons	= C. A. Parsons u. Co., Ltd., Newcastle on Tyne (England)
SSW	= Siemens-Schuckert-Werke A.-G., Berlin und Mühlheim/Ruhr
VDE	= Verein Deutscher Elektrotechniker
VDEW	= Vereinigung der Elektrizitätswerke e. V., Berlin
VDI	= Verein Deutscher Ingenieure, Düsseldorf
Westinghouse	= Westinghouse Electric und Manufacturing Co., Philadelphia, Pa. (USA)

Einleitung.

Im einzelnen Kraftwerk befindet sich stets nur eine beschränkte Anzahl von Dampfturbinen, häufig nur eine einzige. In einem Werk, das Dampfturbinen in größerem Umfang und während längerer Zeit erstellt, fließen demgegenüber weit über den eigenen Rahmen hinaus die Erfahrungen an Tausenden von Maschinen zusammen. Bei ihrer planmäßigen Beurteilung und Verwertung ergibt sich eine ungeheure Menge von Gesichtspunkten, die wertvolle Unterlagen für den Bau und Betrieb neuer Anlagen darstellen und zu beiderseitigem Vorteil berücksichtigt werden sollten.

Es wurde daher zunächst niedergeschrieben, was an Grundsätzlichem und Wesentlichem über die Errichtung, den Betrieb und die Betriebstörungen von Dampfturbinen zu sagen ist. Die Behandlung dieses dem Schrifttum bisher noch nicht erschlossenen Neulandes ließ die Urschrift indessen derart anwachsen, daß schließlich überall Beschränkungen in Einzelheiten erforderlich wurden, sollte das Ganze nicht unübersichtlich und unhandlich werden.

Zu einer jeder Verwendungsart und jedem Betriebserlebnis gleichmäßig und in gleichem Umfang gerecht werdenden Darstellung kann ein allgemein dem Dampfturbinenbetriebe gewidmetes Werk nicht kommen. Einzelgebiete werden stets Sonderabhandlungen vorbehalten bleiben müssen. Soweit solche bereits heute vorliegen, ist weitgehend im Inhalt, in Fußnoten und am Schlusse des Buches auf sie hingewiesen. Es kann ferner nicht erwartet werden, daß hier jeder von dem Richtmeister oder der Bedienungsmannschaft vorzunehmende Handgriff für alle denkbaren Ereignisse vorgeschrieben wird. Dazu ist das ganze Gebiet zu groß und die Übung der einzelnen Dampfturbinen herstellenden oder betreibenden Werke zu verschieden. Hingegen kann alles Wesentliche auch für den Betrieb von Dampfturbinen in eine planmäßige Gliederung gebracht werden. Diese wurde im vorliegenden Werk aufgebaut für die ortfeste Dampfturbine axialer Bauart als die verbreitetste Bauform dieser Kraftmaschine. Über die Sonderbauarten oder über Turbinen für Sonderzwecke werden Ausführungen eingefügt, die das Abweichende oder Zusätzliche gegenüber der gewählten Normbauart in entsprechendem Umfang behandeln. In dieser Weise werden z. B. Schiffsturbinen und Radialturbinen in besonderen Abschnitten besprochen.

Allen Bauarten muß gemeinsam sein, unwandelbar durch alle vorübergehenden Modeströmungen, als *oberstes Betriebsgesetz die Forderung unbedingter Betriebsicherheit.* Ist dieses Gesetz schon richtungweisend für die Gestaltung der neueren Turbinen gewesen, wie an anderer Stelle[1] bereits nachgewiesen wurde, so tritt es naturgemäß im Betriebe der Dampfturbine selbst noch stärker in den Vordergrund. Es bleibt somit oberstes Gesetz für alle Vorgänge, die in dem vorliegenden Werk behandelt werden, und wirkt sich auf die Stellungnahme zu einzelnen Fragen, wie z. B. dem Versuch, durch unzulässige Verkleinerung der Spiele zwischen feststehenden und bewegten Bauteilen eine Erhöhung des Wirkungsgrades zu erreichen, oder zur Frage des Anfahrens, dahin aus, daß übertriebene Anforderungen ebenso abgelehnt werden wie das Ver-

---

[1] KRAFT, E. A.: Die neuzeitliche Dampfturbine, 2. Aufl. Berlin: VDI-Verlag 1930 — The modern steam turbine, Berlin: VDI-Verlag 1931 — Die neuzeitliche Dampfturbine. Russische Übersetzung Moskau und Leningrad: 1933 — La turbine à vapeur moderne. Paris: Dunod 1939.

allgemeinern von Paradeversuchen, die die übertriebenen Forderungen scheinbar zu erfüllen gestatten. Maßgebend muß stets die *Bewährung im Dauerbetrieb* sein, d. h. die geringste Zahl von Störungen bei längster Lebensdauer.

Die Dampfturbine ist eine Kraftmaschine, deren Bau ein ungewöhnliches Maß von wissenschaftlichem Rüstzeug, von handwerklichem Können des an ihrer Herstellung beteiligten Arbeiters und von aus Betriebsergebnissen gewonnenen Erfahrungen voraussetzt. Andererseits erfordern weitgehende Betriebsanforderungen von Dampfturbinen, besonders von Turbinen großer Leistungen oder verwickelter Reglungen, eine größere Sorgfalt und reichere Kenntnisse der Betriebsleitung als von manchen anderen Kraftmaschinen, die sowohl hinsichtlich der Größe der Einzelleistung als auch der Vielseitigkeit der Verwendungsmöglichkeiten an diese bisher nicht heranreichten und auch in Zukunft nie heranreichen werden. Darum sind Hersteller und Betreiber von Dampfturbinen in viel stärkerem Maße auf Gemeinschaftsarbeit angewiesen, als das anderwärts der Fall ist. So soll der Hersteller sich den Betriebsanforderungen, soweit sie berechtigt und vertretbar sind, nicht verschließen, andererseits aber auch der Turbinenabnehmer den Hersteller in Fragen, die dieser besser zu beurteilen in der Lage sein muß, nicht zu sehr behindern. Es ist ja im übrigen auch beim Hersteller seinerseits nicht üblich, daß er z. B. seinem Unterlieferer für Guß- oder Schmiedestücke die Verantwortung für die Herstellung dieser Bauteile abnimmt, ihm vielmehr hier freie Hand läßt im Rahmen der Festigkeits- und sonstigen Vorschriften, die die Gestaltung zur Voraussetzung genommen hat.

Der Stoff wurde so angeordnet, daß zunächst im ersten Abschnitt das Wesentliche über die Errichtung im Kraftwerk sowohl wie die für die Gestaltung der einzelnen Teile einer Turbinenanlage maßgebenden Gedanken behandelt werden, soweit es für den Betriebsmann brauchbar oder notwendig ist. Es folgt dann der Abschnitt, der den eigentlichen Betrieb der Turbine behandelt, wobei die einzelnen Maßnahmen und Betriebzustände in ihrer natürlichen Reihenfolge erörtert werden. Angereiht ist als dritter und letzter Abschnitt eine Zusammenstellung und abwägende Betrachtung der Schäden, die im Turbinenbetriebe am häufigsten auftreten. Auch diese Anstände werden mit Offenheit und Freimut behandelt, damit Wiederholungen, die weder für den Hersteller noch für den Besitzer von Vorteil sind, in Zukunft vermieden werden können. Dabei wurde der Erfahrungsgrundsatz befolgt, daß bei der Beurteilung von Schäden volle Sachlichkeit am besten gewährleistet ist, wenn Schuld- und Kostenfragen zunächst unberücksichtigt bleiben.

I. Die Errichtung.

1. Die Beförderung zur Baustelle und im Kraftwerk.

Für die *Beförderung* der einzelnen Bauteile vom Turbinenwerk an die Baustelle stehen alle üblichen Verkehrsmittel und -wege zur Verfügung, soweit Abmessungen und Gewichte der Teile es zulassen. Auf dem Schienenweg setzt das gültige Eisenbahnlademaß den Abmessungen eine Grenze, Abb. 1. Außergewöhnlich schwere Stücke werden auf besonderen Tiefladewagen befördert. Schiffsbeförderung auf Flüssen oder über See ist im allgemeinen in Raumbedarf und Gewicht der Stücke weniger beschränkt, doch ist oft Umladung von Eisenbahn zu Schiff oder umgekehrt erforderlich. Bei Beförderung auf Lastkraftwagen spielen die Beschaffenheit der Straßen und die Tragfähigkeit der Brücken, Fähren u. dgl. eine große Rolle. In überseeischen Ländern hat der Kraftwagen vielfach die ursprünglichen Beförderungsmittel, wie Maultier-, Kamel- oder gar Trägerkolonnen, abgelöst. Auch eine Beförderung durch Flugzeuge kommt unter Umständen in Betracht. Auf solche Erfordernisse ist bereits bei der Gestaltung und Herstellung der Turbinenbauteile zu achten, da sie mitunter einschneidende Abweichungen von den üblichen Bauformen bedingen. Dazu können gehören: Zerlegung des Abdampfgehäuses in mehr als zwei Teile, Versand des Kondensators in einzelnen Teilen und deren Zusammenbau an der Baustelle, ja der Turbinenläufer ganz großer Turbinen muß sogar unter Umständen in Einzelteilen befördert und erst an Ort und Stelle zusammengebaut werden, wozu dann gleichzeitig die zum statischen Auswuchten erforderlichen Schienen und andere Behelfe mitverschickt werden müssen. Ist der Eisenbahnweg

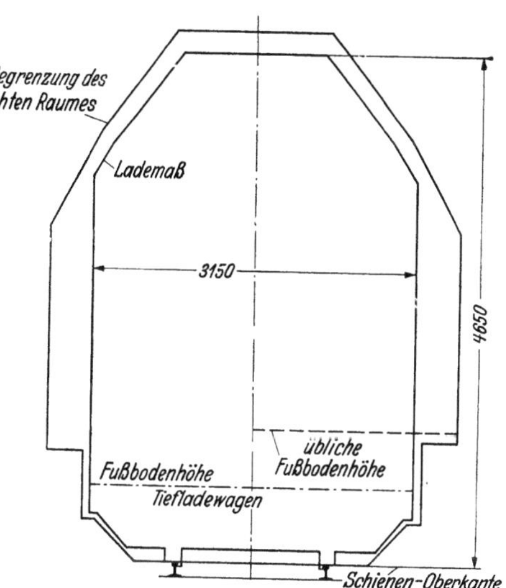

Abb. 1. Hauptabmessungen des üblichen Lademaßes der deutschen Reichsbahn.

nicht übermäßig lang, so können Teile mit Lademaßüberschreitung in verkehrsarmen Zeiten so befördert werden, daß der betreffende Zug auf freier Strecke keinem Gegenzug begegnet. Beim Lastwagenverkehr können große Umwege über tragfähige Brücken, unter Umständen sogar Verstärkung kleinerer Brücken nur für die eine Beförderung notwendig sein. Die Turbinenläufer werden für die Beförderung auf Holzgestellen aufgelagert, damit die Beschauflung nicht beschädigt wird. Abb. 2 zeigt einen großen Turbinenläufer auf einem Tiefladewagen der deutschen Reichsbahn fertig zum Versande.

In größeren Kraftwerken wird im allgemeinen das Werkgeleise bis in den Bereich des Maschinenhauskranes geführt. In kleineren Maschinenhäusern, besonders in Ländern mit nur geringer Industrie, ist diese Bedingung nicht immer einzuhalten. Dort können sich Schwierigkeiten ergeben, wenn große und schwere Stücke auf längerem Wege von der Bahn oder vom Schiff in das Krafthaus gebracht werden müssen. Vom Turbinenwerk sind in diesem Falle Beförderungschlitten mitzuliefern, mit denen die zu bewegenden Lasten fest verschraubt werden. Unter die Schlittenkufen werden Rollen gelegt, auf denen der Schlitten mit Hilfe einer Winde oder eines Flaschenzuges verschoben wird, die am Ende frei werdende Rolle wird dabei jeweils vorn wieder untergeschoben.

Müssen schwere Stücke ohne Kran gehoben werden, so geschieht das durch sogenanntes Unterklotzen. Das Stück wird auf zwei Stapel von Vierkanthölzern gelegt und mit einer Schraubenwinde immer nur so viel gehoben, daß eine neue Lage Holz untergelegt werden kann. Das wird so lange fortgesetzt, bis die gewünschte Höhe erreicht ist. Derartige behelfsmäßige Beförderungs- und Hebeverfahren sind mit besonderer Vorsicht, Geduld und Sorgfalt durchzuführen, damit Unfälle vermieden werden.

Unter allen Umständen ist es notwendig, daß dem Turbinenwerk bei der Bestellung der Turbine genaue Angaben über die örtlichen Beförderungswege und -mittel gemacht, am besten ausführliche Pläne eingereicht werden, nach denen dann auch die dem Richtmeister mitzugebenden behelfsmäßigen Hebezeuge, Winden, Rollen usw. ausgewählt werden können.

Der *Maschinenhauskran* muß imstande sein, auch das schwerste Stück der Maschinenanlage zu heben. Das ist in den meisten Fällen der Ständer des Stromerzeugers, unter Umständen auch der Unterteil des ND-Turbinengehäuses. Die Laufkatze des Kranes

Abb. 2. ND-Läufer einer zweigehäusigen 85000 kW-Turbine, 1500 U/min, auf einem Tiefladewagen der deutschen Reichsbahn.

muß so über jedes zu hebende Stück der Maschine gefahren werden können, daß der Kranhaken beim Anbinden lotrecht über dem Stück frei hängt. Das gleiche gilt für das Absetzen der Stücke am Abstellplatz. Die höchste Kranhakenstellung ist so zu bemessen, daß der Oberteil des Turbinengehäuses über die Schaufeln der größten Stufe des Turbinenläufers hinweggehoben werden kann. Bei der höchsten Kranhakenstellung sollen die zum Anbinden verwendeten Seilstränge einen Winkel von möglichst unter 60°, keinesfalls jedoch über 90° einschließen, da sonst die Seilkräfte zu groß werden. Sind Turbinen zur Erweiterung vorhandener Kraftwerke oder als Ersatz veralteter Maschinen aufzustellen, so ist es nicht immer möglich, die vorhandenen Krananlagen nach diesen Gesichtspunkten zu ändern. In einem solchen Falle muß dann die Planung oder sogar die Gestaltung der neu zu erstellenden Turbine auf die Kranverhältnisse Rücksicht nehmen.

Für die richtige Planung der Krananlagen eines Kraftwerkes ist das Turbinenwerk nicht verantwortlich oder nur in seltenen Ausnahmefällen mitverantwortlich; da die Kranverhältnisse indessen bei Errichtung und Betrieb von Turbinenanlagen wichtig sind, erscheinen einige grundsätzliche Angaben über die zu verwendenden Seile und die allgemeinen Behandlungsvorschriften zweckmäßig.

Zum Anbinden der Maschinenteile sollten nur *Drahtseile* verwendet werden. Sie bestehen aus Stahldrähten von 130 bis 180 kg/mm² Zugfestigkeit. Mit Rücksicht auf die Art der Beanspruchung sind Seile aus Drähten mit höherer Dehnung zu verwenden, wenn auch deren Bruchfestigkeit etwas geringer ist und dadurch etwas stärkere Seile notwendig werden. Durch Verseilen sind die Drähte zur Litze, die Litzen wiederum zum Seil vereinigt. Den Kern des Seiles bildet eine Fasereinlage, z. B. mit Teer getränkter Hanf, die die Biegsamkeit des Seiles vergrößert. Kabelschlagseile, bei denen die Litze nicht aus einzelnen Drähten, sondern wiederum aus Litzen zusammengesetzt ist, besitzen eine sehr hohe Biegsamkeit. Sie sind daher für das Anbinden der Lasten im Maschinenhaus besonders geeignet.

Drahtseile werden auf Zug berechnet, und zwar mit einer 6- bis 7fachen Sicherheit gegen die Bruchbelastung. Diese errechnet sich aus der Bruchfestigkeit des einzelnen Drahtes und der Summe aller Drahtquerschnitte des Seiles. Werte für die handelsüblichen Seile sind in den Seiltafeln angegeben, DIN 655. Die Vorschriften über die Prüfung der Seile enthält DIN DVM 1201.

Für die Bewegung der Maschinenteile sollen im Maschinenhaus passend hergerichtete Seilschleifen und Schlingen vorhanden sein. Die Seilenden werden am besten durch Langspleißung zur Schlinge verbunden, da dann die Verbindung kaum verdickt wird.

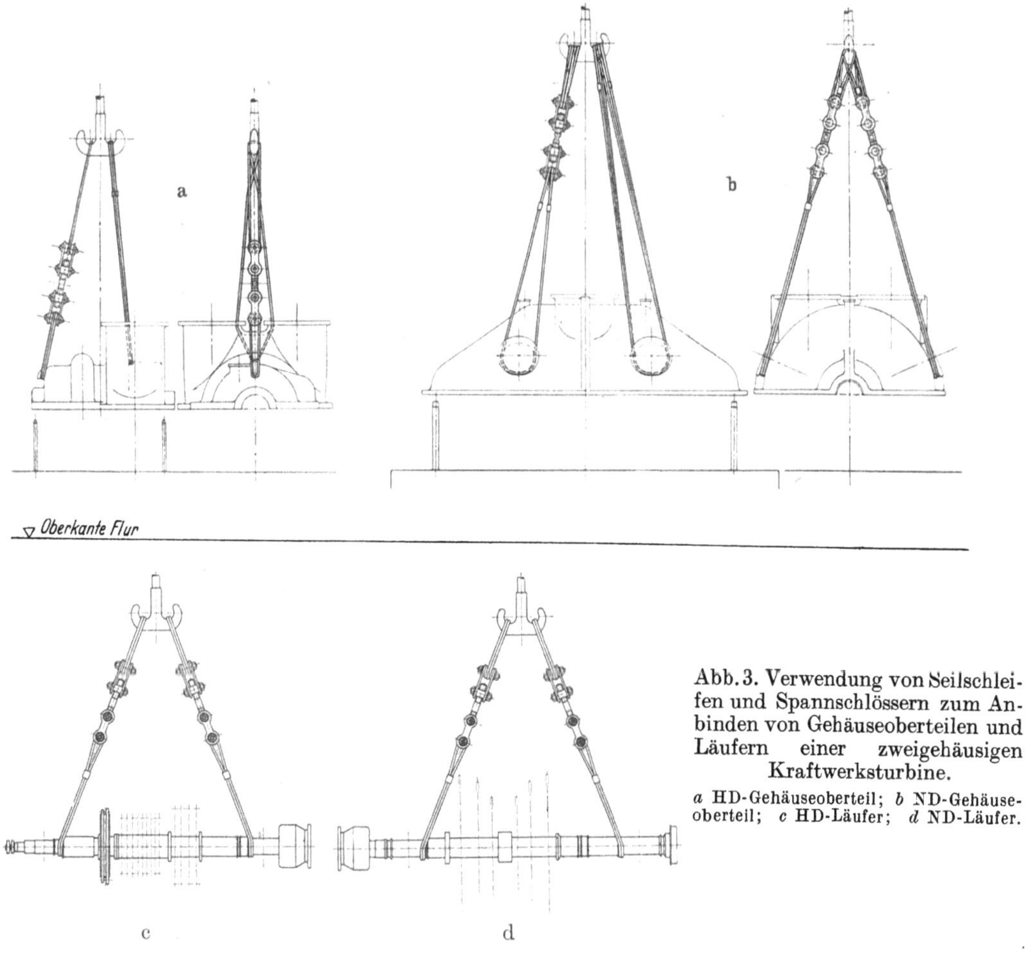

Abb. 3. Verwendung von Seilschleifen und Spannschlössern zum Anbinden von Gehäuseoberteilen und Läufern einer zweigehäusigen Kraftwerksturbine.

a HD-Gehäuseoberteil; *b* ND-Gehäuseoberteil; *c* HD-Läufer; *d* ND-Läufer.

Es ist meist schwierig, das zu hebende Stück so anzubinden, daß es in waagerechter Lage hängt. In jedem größeren Maschinenhaus sollte daher eine Anbindevorschrift vorhanden sein, in welcher die Verwendung der vorhandenen Seile, die zu kennzeichnen sind, für jedes zu hebende Stück dargestellt ist. Um die Seillänge nach dem Anbinden noch in geringem Maße verändern und damit die Last in genau waagerechte Lage bringen zu können, sind Spannschlösser vorzusehen. Diese bestehen meist aus einem Schraubenbolzen, der auf der einen Seite Rechts-, auf der anderen Linksgewinde hat, und zwei Muttern. Durch Drehen des Bolzens, dessen Muttern durch Laschen mit den Seilrollen verbunden sind, wird die Entfernung der beiden Rollen voneinander verändert. Abb. 3 zeigt als Beispiel, wie verschiedene Bauteile einer zweigehäusigen Turbine unter Verwendung der erwähnten Hilfsmittel anzubinden sind.

Über diese Hilfsmittel hinaus sind für einzelne Teile von Turbinenanlagen, besonders von solchen größerer Leistung, mannigfaltige Hebevorrichtungen zweckmäßig oder erforderlich. Ihre Form ist je nach der Ursprungswerkstatt der Turbine verschieden. Diese Sondervorrichtungen werden, soweit erforderlich, im Zusammenhang mit den Turbinenbauteilen, zu deren Bewegung sie benutzt werden, beschrieben.

Beim *Arbeiten mit Kränen* sind folgende Grundregeln zu beachten. Vor der Betätigung ist jeder Kran sorgfältig zu prüfen, insbesondere auf Zustand der Schmierung, leichte Beweglichkeit von Kran, Katze, Bremsen und Endausschalter, festen Sitz aller dem Losewerden unterworfenen Bauteile, Zustand der Seile und Haken.

Beim Kranbetriebe ist zu beachten:

Die Bewegungen von Kran und Katze dürfen nur auf Anordnung des Anbinders erfolgen. Der Kranführer muß seine ganze Aufmerksamkeit auf die Last und auf den Anbinder richten.

Die Lasthaken dürfen nicht bis zum vollen Abwickeln des Seiles hinabgelassen werden.

Scharfes und ruckweises Anfahren und Halten von Kran und Katze, stoßweises Absetzen oder Kippen von Lasten, Auffahren auf Prellböcke, Schrägziehen von Lasten und Ziehen von Wagen ist verboten.

Der Endschalter darf betriebsmäßig nicht benutzt werden. Der Kran ist sofort stillzusetzen, wenn sich irgendwelche Störungen bemerkbar machen.

Gleichstromanlagen zum Antrieb der Kräne müssen sorgfältig nichtleitend aufgestellt sein; sie dürfen nicht zum Ausgangspunkt von Schleichströmen werden, die die Betriebsicherheit lebenswichtiger Bauteile der Kraftwerksanlage (Kondensator, Ölkühler usw.) gefährden können.

Die Seile dürfen nur nach der im Maschinenhaus aushängenden Anbindevorschrift ausgewählt werden.

Der Anbinder hat sich von dem guten Zustand der gewählten Seile zu überzeugen; nur einwandfreie Seile dürfen verwendet werden. Beim Anbinden ist für schonende Behandlung der Seile und der zu hebenden Bauteile durch Unterlegen von Tüchern, Holz oder Lederstulpen zu sorgen.

Gewaltsames Einzwängen der Seile, Eintreiben mit dem Hammer in den Kranhaken und ähnliches ist zu unterlassen.

Lose mit der Last verbundene Teile müssen vorher entfernt oder so befestigt werden, daß sie nicht herunterfallen können.

Der Anbinder muß Last und Weg beobachten. Verkehr und Aufenthalt unter der am Kran hängenden Last ist verboten.

Die Last darf nicht höher als notwendig gehoben werden und darf nicht unnötig lange am Kranhaken hängen. Die Seile dürfen erst nach sicherer Lagerung der Last abgehängt werden.

Die Seile sind mit säurefreiem Seilfett einzufetten und vor Nässe zu schützen.

2. Das Fundament.

Das Fundament einer Dampfturbinenanlage hat die von ihr herrührenden Kräfte aufzunehmen und so auf den Baugrund zu übertragen, daß die Maschine dauernd ohne störende Lageveränderungen arbeiten kann. Die zu übertragenden Kräfte sind die gleichbleibenden Maschinengewichte, die mit der Leistung sich verändernden Drehmomente des Turbinengehäuses und des Ständers des Stromerzeugers, vor allem dessen Kurzschlußmoment, bei Kondensationsturbinen der Kondensatorzug, ferner Schubkräfte, wie sie durch die Ausdehnung von Turbine und Rohrleitungen ausgeübt werden können, und schließlich dynamische Kräfte, die, von einer Restunwucht der umlaufenden Bauteile ausgehend, Schwingungen erregen können.

Das Fundament darf den für die Maschine und ihr Zubehör nötigen Raum nicht beengen. Alle Teile der Maschinenanlage müssen unbehindert zusammengebaut werden können und während des Betriebes gut zugänglich sein. Für ihre Überholung muß genügend Platz vorhanden sein, Turbinengehäuseoberteile und -läufer müssen abgestellt, Läufer der Stromerzeuger ausgefahren, Kondensator- und Kühlerrohre gereinigt und ersetzt werden können. Teile des Fundamentes, die während des Betriebes keine Maschinenlasten zu tragen haben, müssen für Montagelasten bemessen sein.

Es ist wichtig, daß bereits der erste Entwurf des Fundamentes der Turbinenanlage angepaßt und vom Turbinenwerk in einem *Fundamentplan* festgelegt wird. Aufgabe des Bauingenieurs ist es, auf Grund dieses Fundamentplanes, der auch die Angaben über alle auftretenden Kräfte, ihre Richtung und ihren Angriffspunkt, ferner die Stellen, an denen das Fundament höheren Temperaturen ausgesetzt ist, und auch die kritischen Drehzahlen der Wellen im Betriebzustand enthalten muß, die Berechnung durchzuführen. Sind die Wünsche des Maschineningenieurs in der zunächst geäußerten Form vom Bauingenieur nicht zu erfüllen, so muß rechtzeitig, mindestens vor der Rohrleitungsplanung, ein Ausgleich gesucht werden. Keinesfalls darf das Bauunternehmen, das die Fundamente auszuführen hat und die Verantwortung für die Richtigkeit der Abmessungen und der Herstellung dieser trägt, den Fundamentplan des Turbinenwerkes ohne dessen Zustimmung abändern. Nur durch gute Zusammenarbeit zwischen Bauunternehmen und Turbinenwerk können unliebsame Überraschungen während der Aufstellung der Turbinenanlage und während ihres Betriebes vermieden werden.

Bei allen Fundament-Bauarten für ortfeste Turbinen — nur Turbinen kleinster Leistung sind ausgenommen — muß auf dem Baugrund unter dem eigentlichen Fundament eine starke durchgehende *Sohlplatte* aus Stahlbeton vorgesehen sein, damit die spezifische Pressung des Baugrundes möglichst gering wird. Die Mittelkraft aus den Maschinen- und den Fundamentgewichten soll durch den Schwerpunkt der Sohlplatte gehen, damit die Pressung gleichmäßig ist. Die Masse der Sohlplatte soll mindestens so groß sein wie die Summe aller auf ihr ruhenden Massen von Maschine und Fundament. Bei allen größeren Anlagen sind Baugrund und Grundwasserverhältnisse unter dem Maschinenfundament durch 10 bis 25 m tiefe Bohrungen zu untersuchen. Ist der Baugrund nicht einwandfrei und Grundwasser dicht unter der Fundamentsohle des Turbinenfundamentes vorhanden, so ist Pfahlgründung oder eine andere Tiefengründung unter der Sohlplatte zu erwägen. Auf der Sohlplatte sollen nur die Stützen des Maschinenfundamentes ruhen. Decken- oder Gebäudeabstützungen sind von der Sohlplatte vollständig zu trennen. Ist das aus Platzmangel nicht möglich, so sind zur Dämpfung etwa auftretender Erschütterungen zwischen der Sohlplatte und den Stützenfüßen Schutzschichten aus Kork oder dergleichen vorzusehen.

Das Fundament selbst, d. h. der eigentliche Tragbau des Turbosatzes, schließt in seinen *üblichen Bauformen* unter dem Maschinenhausflur einen Keller ein, der im allgemeinen zur Aufnahme der Kondensationsanlage, der Hilfsmaschinen, Kühler, Rohrleitungen u. dgl. dient. Es besteht grundsätzlich aus zwei Wangen oder Längsrahmen, die durch Querriegel miteinander verbunden sind und oben die Tischplatte tragen. Je nach dem Baustoff, der für das Fundament verwendet wird, unterscheidet man Mauerwerk, Stahl- und Stahlbetonfundamente. Ihr Aufbau weist wegen der verschiedenen Eigenschaften des jeweiligen Baustoffes auch verschiedene bauliche Sonderheiten auf.

Mauerwerk ist in Anlehnung an die Fundamente der Dampfkolbenmaschine im Anfang des Dampfturbinenbaues für die Fundamentwangen ausgeführt worden. Als Baustoff wurden Hartbrandziegel, als Bindemittel Zementmörtel verwendet. Solche Fundamente sind, wie auch der etwas später für den gleichen Zweck angewendete nicht bewehrte Stampfbeton, nur wenig geeignet, Zugkräfte aufzunehmen, wie sie z. B. bei Kurzschluß des Stromerzeugers auftreten. Die Wangen dienen als Stütze für eine Trägerlage, auf der die Maschine ruht. Große Öffnungen können in diesen Wangen nicht angebracht werden, so daß auch aus Platzgründen dieser Art der Fundamente ein Aufbau von quergestellte Rahmen, die durch senkrecht dazu verlaufende Längsriegel miteinander verbunden und versteift werden, vorzuziehen ist.

Reine *Stahlfundamente* sind ebenfalls seit den Anfängen des Turbinenbaues ausgeführt worden. Rahmen und Decke bestehen aus geschweißten oder genieteten Blechteilen oder aus Formträgern. Die Hohlräume der Decke, manchmal auch die der Stützen, werden mit Beton ausgegossen. Bisweilen findet man auch eine Betonummantelung der Stützen, Abb. 4[2], um eine einseitige Erwärmung der Stahlteile zu vermeiden. Vereinzelt sind auch Gußeisenstützen ausgeführt worden. Mit der raschen Steigerung der Turbinenleistungen konnten die Stahlfundamente eine Zeitlang nicht Schritt halten.

Abb. 4. Stahlfundament mit Betonverkleidung im Kraftwerk L-Street (Boston, Mass., V.St.A.)[2].

Es zeigte sich, daß sie in den bisherigen Ausführungsformen auf von der Maschine herrührende Schwingungserregungen stark ansprachen, so daß sie auch heute noch bezüglich Schwingungen vielfach für bedenklich angesehen werden. Reine Stahlfundamente werden meist nur dort vorgesehen, wo es sich in erster Linie um größtmögliche Ausnutzung des verfügbaren Raumes, um kurzzeitige Aufstellung oder um leichte Abbaumöglichkeit handelt und wo der Baugrund nur geringe Belastung verträgt. Sie können schließlich bei Aufstellung von Maschinen in entlegenen Ländern mit der Maschinenanlage zusammen geliefert werden. Wichtig ist bei Stahlfundamenten, daß Rahmen und Säulen in die Sohlplatte genügend tief hineinragen und in ihr fest verankert sind.

Stahlbetonfundamente werden bei Dampfturbinen am häufigsten angewendet. Als Baustoff wird Beton mit Stahleinlagen verwendet. Sohlplatte und Rahmenwerk sind ein zusammenhängendes, steifes Gebilde, das sich dem Raumbedürfnis der Maschine sehr gut anpaßt, Abb. 5.

Bei geringer verfügbarer Kellerhöhe wird mitunter eine Bauart aus Stahl und Stahlbeton, das sogenannten Trägerrostfundament, Abb. 6, angewendet, bei der auf Wangen aus Stahlbeton eine Tischplatte aus Stahlträgern liegt. Damit die Tischplatte ausreichend steif ist, muß die Befestigung der Trägerenden einer vollkommenen Einspannung nahekommen. Es genügt nicht, sie lediglich in den Beton einzubetten, da sonst schon durch geringfügige Erschütterungen der Beton an den Auflagestellen mit der Zeit zermahlen wird. Die Träger müssen deshalb mit den Wangen durch kräftige Anker verbunden werden.

Beton für Fundamente setzt sich zusammen aus langsam bindendem Portland- oder Eisenportlandzement, Sand und Wasser. Kies oder Steinschlag, möglichst gemischtkörnig mit einer Korngröße bis höchstens 3 cm, wird als Zuschlag genommen. Die Mischung muß frei von schädlichen Beimengungen, wie etwa Braunkohlenteilchen, sein. Seewasser oder säurehaltiges Wasser darf nicht verwendet werden. Für Beton bestehen in den verschiedenen Ländern Vorschriften, z. B. in Deutschland die DIN-Blätter 1044, 1045, 1046, 1047, 1048 und 1967. Als Bewehrung werden Rundstähle bis zu höchstens 25 mm Durchmesser verwendet, die auf der Baustelle am Biegetisch kalt gebogen werden. Von losem Rost, Schmutz und Fett sind sie vor dem Betonieren zu säubern. Die gemischte, lose Betonmasse muß je 1 m³ mindestens 300 kg Zement enthalten und ist mit so viel Wasser zu vermengen, daß ein weicher Brei entsteht, der sich leicht zwischen die Einlagen und in die Verschalung einstopfen läßt. Bei den einzelnen Teilen des Fundamentes wird mit verschiedenem Wasserzusatz gearbeitet. Der Beton

---

[2] Nach S. 111, Abb. 125, in: E. A. KRAFT: Amerikas Dampfturbinenbau. Berlin: VDI-Verlag 1927.

muß auf alle Fälle die Bewehrung dicht umschließen und darf keine Hohlräume enthalten.

Der *Bauvorgang* ist beispielsweise folgender: zunächst werden die Verschalungs-

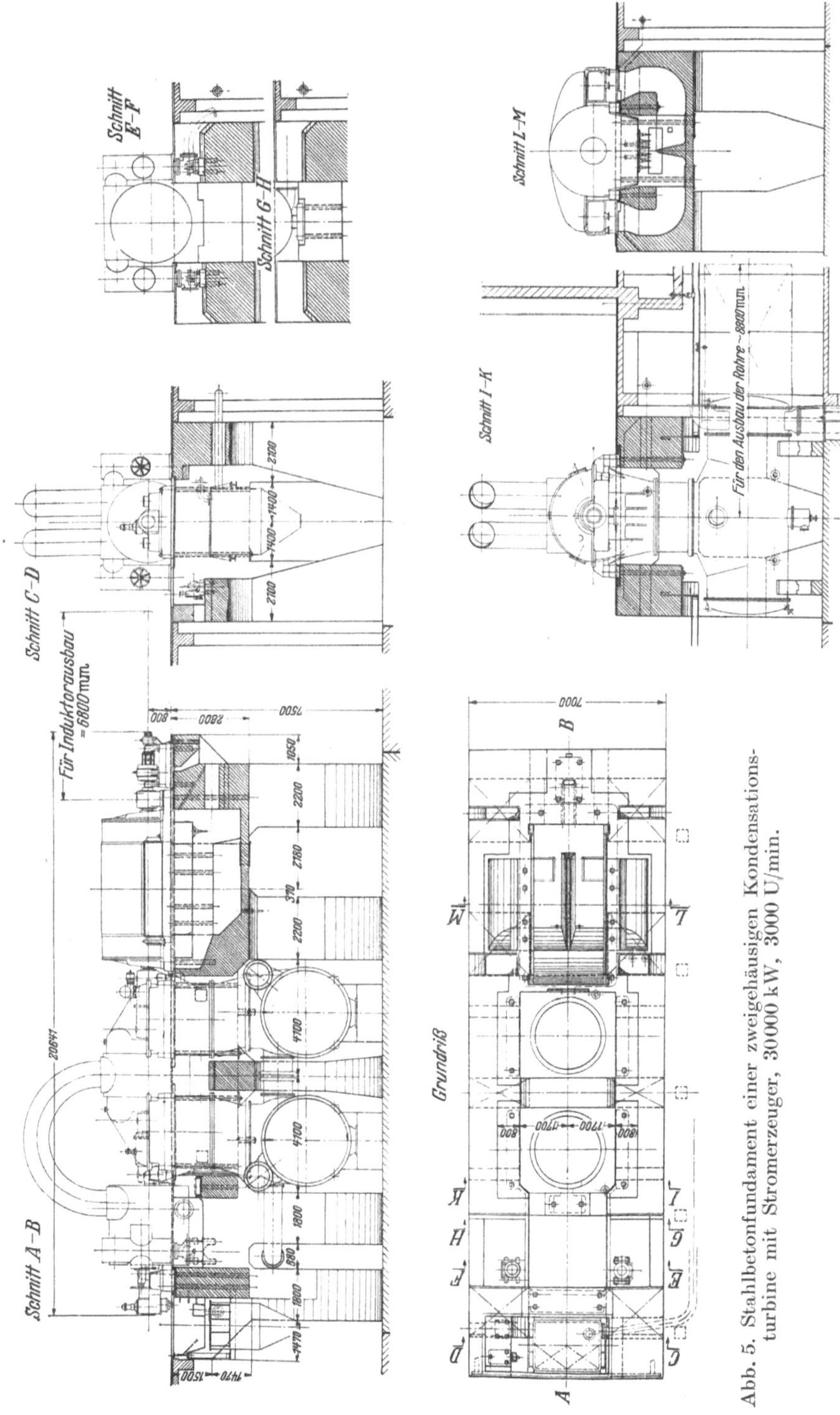

Abb. 5. Stahlbetonfundament einer zweigehäusigen Kondensationsturbine mit Stromerzeuger, 30000 kW, 3000 U/min.

hölzer zurechtgeschnitten und die Einlagen gebogen, dann die Verschalungen gezimmert, die Einlagen für die Sohlplatte verlegt und mittels Bindedrahtes miteinander

verknüpft. Lotrechte Stähle müssen über die Oberkante der Platte hinaus in die Stützen
ragen. Dann ist der Beton für die Sohlplatte ohne Unterbrechung einzubringen. Wo die

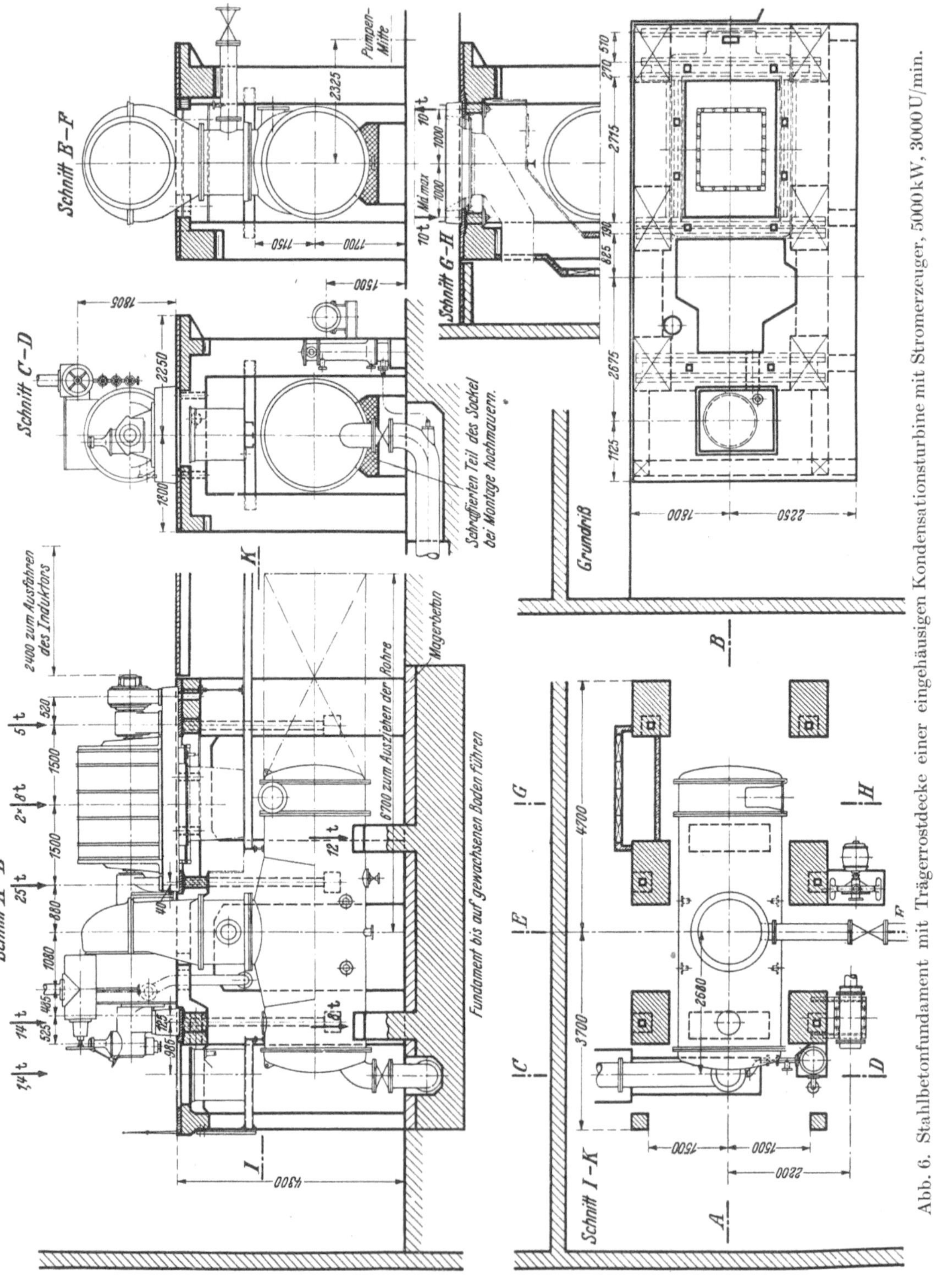

Abb. 6. Stahlbetonfundament mit Trägerrostdecke einer eingehäusigen Kondensationsturbine mit Stromerzeuger, 5000 kW, 3000 U/min.

Stützen vorgesehen sind, müssen die Flächen rauh und uneben bleiben. Das Erhärten
der Platte dauert 2 bis 3 Tage; dann werden die Stähle für die Stützen verlegt, an den

aus der Sohlplatte vorstehenden Stählen befestigt, untereinander durch Bügel verbunden und die Schalungsformen der Stützen, die an einer Seite noch offen sind, aufgestellt. Die Schalungsformen der Querbalken werden darübergelegt, die Bretter der Tischplattenschalung aufgenagelt und Balken- und Tischplattenschalung durch Holzstempel unterstützt. Die Balken- und Tischplattenbewehrung wird jetzt in der Reihenfolge von unten nach oben verlegt, die noch offenen Seiten der Stützenschalung geschlossen, die Anschlußflächen der Stützen auf der Sohlplatte gut gereinigt und, wie auch die Schalungsinnenflächen, gut angenäßt. Dann wird der entsprechend weiche Beton in die Stützenschalung geschüttet, die unter ständigem sorgfältigem Nachstopfen bis oben gefüllt wird. Anschließend werden Querbalken und Tischplatte mit einer etwas bildsameren Masse betoniert. Der ganze Arbeitsvorgang darf keinesfalls unterbrochen werden, damit keine Arbeitsfugen entstehen. Das frisch betonierte Fundament ist möglichst lange feucht zu halten und, solange es noch nicht hart ist, vor Frost, Hitze, Erschütterungen und Belastungen zu schützen. Bei warmem Wetter können die Stützen gewöhnlich nach 4 Tagen, die Tischplatte nicht vor 3 Wochen ausgeschalt werden. Bei kühlem Wetter erhöhen sich diese Zeiten auf etwa 8 Tage und 4 Wochen. Tritt Frost auf, so ist die Ausschalungzeit um die Frosttage zu verlängern. Auf jeden Fall muß sich der Bauleiter vor der Ausschalung durch Prüfung der Bauteile davon überzeugen, daß der Beton abgebunden hat und ausreichend erhärtet ist.

Aus dem Bestreben, die Baukosten für die Errichtung des Maschinenhauses möglichst gering zu halten, sind *kellerlose Anlagen* entstanden, bei denen Turbine, Stromerzeuger und Kondensation auf gemeinsamem Flur angeordnet sind. Das Fundament besteht hier in der Hauptsache nur aus der Sohlplatte, die einerseits Vertiefungen für die Kondensatpumpe, Rohrleitungen, Ölbehälter und Entwässerungseinrichtungen, andererseits Sockel zur Aufstellung von Maschinenzubehör enthält. Die Vorteile dieser Fundamentart sind einfache, schnelle, daher billige Errichtung der Maschine und gute Übersicht über die ganze Anlage, wodurch Bedienung und Überholung erleichtert werden. Nachteilig bei der kellerlosen Anordnung ist, daß alle Kondensationsrohrleitungen entweder in Fundamentausnehmungen liegen und dann nicht ständig beobachtet werden können oder über Flur angeordnet sind, was die Zugänglichkeit der Maschinen beeinträchtigt. Reinigungsarbeiten an den Kondensatoren und Kühlern sind dann auch im Maschinenraum vorzunehmen, was dessen Sauberhaltung erschwert. Der Forderung geringsten Platzbedarfes wird bei derartigen Turbinen durch die sogenannte *Blockanordnung* entsprochen, bei der Turbine, darunterliegender Kondensator und Tragbau ein zusammenhängendes Ganzes bilden und der Kondensatormantel zur Abstützung mit herangezogen wird, Abb. 7. Bei derartigen Maschinen kleinerer Leistung können Turbine, Stromerzeuger, Kondensation und Zubehör bereits im Lieferwerk zusammengebaut und im ganzen versendet werden.

Die Turbinen der Radialbauart nach LJUNGSTRÖM bilden ebenfalls ein in sich abgeschlossenes Ganzes, dessen Fundament lediglich aus der Sohlplatte und den Kondensatorsockeln besteht. Die Turbine ruht mit ihrem Abdampfstutzen auf dem Dampfeintrittstutzen des Kondensators und ist mit diesem fest verflanscht. Die beiden Stromerzeuger übertragen ihr Gewicht zum Teil auf das Turbinengehäuse, zum Teil auf je zwei Stützen, die wegen der Wärmedehnung des Turbinengehäuses mit Federn auf den Kondensator abgestützt sind.

Geringer Platzbedarf und geringes Gewicht werden insbesondere für *Schiffsturbinen* gefordert. Beim Entwurf der Anordnung von Turbinenanlagen in einem Schiff ist zunächst darauf zu achten, daß der unvermeidlichen Verbiegungen und Verdrehungen ausgesetzte Schiffskörper im Bereich der Maschinenfundamente möglichst starr ist. Die Maschinenanlagen sind daher in einem Knotenpunkt der Durchbiegungslinie des Schiffskörpers anzuordnen. Für solche Fundamente kommen geschweißte Blech- oder Formträger in Betracht, Abb. 8. Stützen und Verstrebungen übertragen die Maschinenlasten gleichmäßig auf den Doppelboden. Es ist vorteilhaft, das Maschinenfundament

nur mit den Spanten des Doppelbodens, nicht aber mit Längs- oder Querschotten zu
verbinden. Mitunter werden auch Lager der Turbine und Getriebe auf dem am Doppelboden befestigten Kondensatormantel abgestützt. Das Fundament selbst muß so steif
sein, daß ein gegenseitiges Verlagern von Turbine, Getriebe oder Stromerzeuger auf
keinen Fall vorkommen kann. Lager und Gehäuse werden, um an Gewicht zu sparen,
meist ohne besondere Grundplatte mit dem Fundament durch Schrauben so verbunden,
daß sich Längs- und Querdehnungen der Maschinenanlage zufolge der Erwärmung
ungehindert auswirken können. Während des Betriebes ist von Zeit zu Zeit nachzusehen,

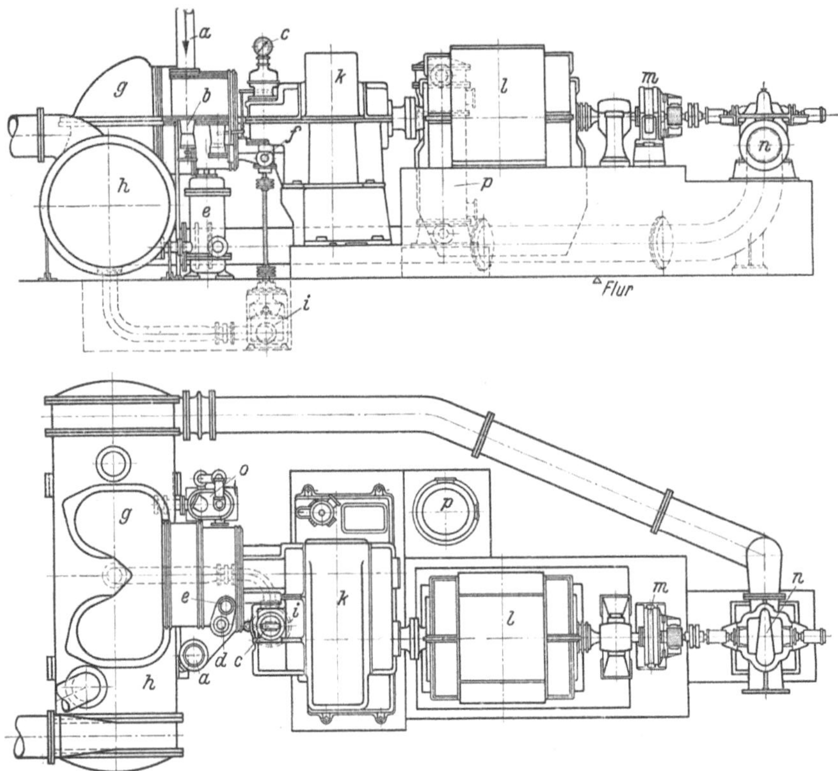

Abb. 7. *English Electric*, Kondensationsturbinenanlage in Blockbauart. Leistung bis 2500 kW,
Turbinendrehzahl bis 7500 U/min.

a Frischdampfzuleitung; *b* Hauptabsperrventil; *c* Drehzahlregler; *d* Hauptregelventil; *e* Überlastregelventil; *f* Ölpumpe;
g Abdampfstutzen; *h* Kondensator; *i* Kondensatpumpe; *k* Übersetzungsgetriebe; *l* Stromerzeuger; *m* Erreger; *n* Kühlwasserpumpe; *o* Dampfstrahl-Luftsauger; *p* Ölkühler.

ob sich die Fundamentbolzen oder deren Muttern durch das Arbeiten des Schiffskörpers
oder durch Temperatureinflüsse gelockert haben, da das einwandfreie Arbeiten der
ganzen Maschinenanlage davon abhängen kann.

Die geschilderte Fundamentausbildung für Schiffsanlagen bietet auch die Möglichkeit, gesamte Turboanlagen mit ihrem Fundament in der Werkstatt vollkommen zu-
sammenzubauen und sie in diesem Zustand einzuschiffen — vorausgesetzt natürlich,
daß hierfür ein genügend tragfähiger Kran vorhanden ist. Abb. 9 zeigt, wie eine große
turboelektrische Anlage, also Turbine, Stromerzeuger, Kondensator, Zubehör und
Fundament, eben durch einen Drehkran an Bord befördert wird. Es handelt sich hierbei
um ein Gewicht von rund 150 Tonnen.

Kleinere Maschinen, insbesondere Hilfsturbinen, können auf Schiffen aus Platzmangel meist nicht unmittelbar am Doppelboden abgestützt werden. In diesem Falle
ist es zweckmäßig, eine steife Grundplatte vorzusehen und sie auf drei Punkten zu
lagern. Kippmomente überkragender Teile der Grundplatte können durch zusätzlich
angeordnete Federpaare abgefangen werden. Die Federn dienen außerdem dazu, störende

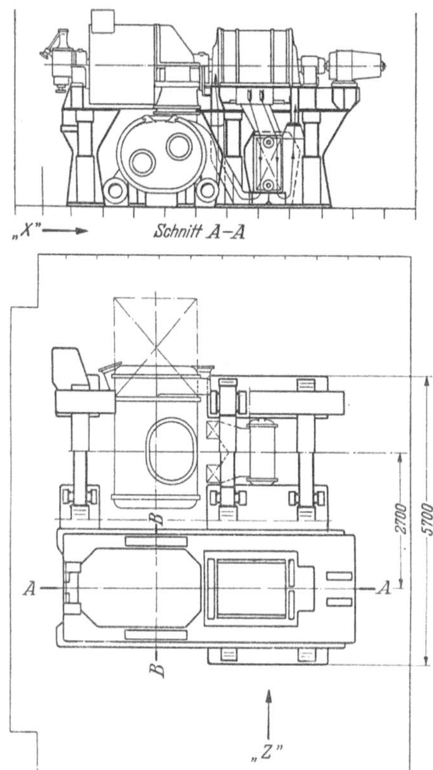

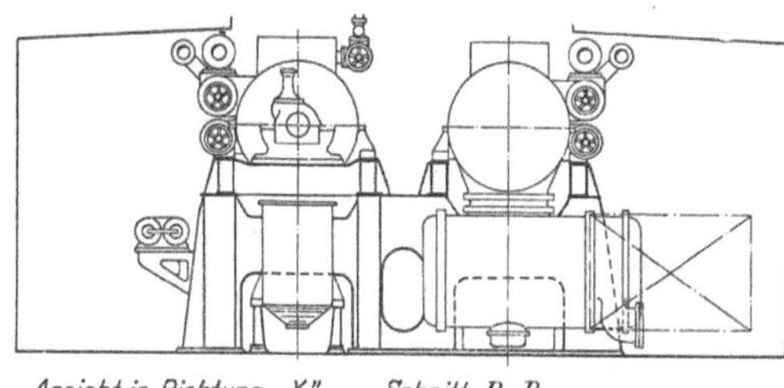

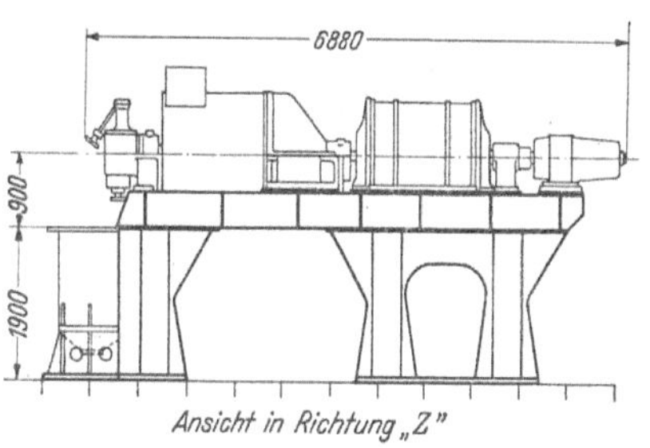

Abb. 8. Stahlfundament der beiden Turbo-Stromerzeuger (je 1650 kW, 3600 U/min) eines turbo-elektrischen Fahrgast- und Handelsdampfers.

Eigenschwingungzahlen durch Änderung der Federspannung zu verlegen. Auch die Auflagerung der Grundplatte auf Gummiklötze hat sich hier bewährt. Zu beachten ist dabei, daß seitlich und senkrecht nach oben wirkende Kräfte (Kurzschlußmoment) ebenfalls elastisch abgefangen werden können.

Schwingungsfreier Lauf ist bei Schiffsturbinen von besonderer Bedeutung. Die Eigenschwingungzahlen des Tragbaues dürfen weder mit den Eigenschwingungzahlen der Maschine noch mit denen des ganzen Schiffes zusammenfallen. Da der Bereich der Betriebsdrehzahlen bei Schiffen groß ist, wird es sich meist nicht vermeiden lassen, daß die eine oder die andere der Eigenschwingungzahlen in dieses Gebiet fällt; sie müssen dann so liegen, daß sie die Steuerfähigkeit des Schiffes nicht behindern. An den Drehzahlanzeigern sind die Sperrgebiete entsprechend zu kennzeichnen.

Die *Fundamentberechnung* hat sich zu erstrecken auf die Bestimmung der statischen und der dynamischen Beanspruchungen, die Ermittlung der Eigenschwingungzahlen und die Berücksichtigung des Einflusses der auftretenden Temperaturen. Bezüglich der Berechnungsverfahren wird

Abb. 9. AEG, turboelektrische Schiffsanlage mit Fundament während der Beförderung an Bord.

auf das im Anhang angegebene Schrifttum, insbesondere auf die „Richtlinien für den Bau von Dampfturbinenfundamenten in Stahlbeton"[3], verwiesen.

Fundament*schwingungen* haben um so kleinere Schwingungsausschläge, 1. je kleiner die erregenden Kräfte sind, die Maschinen müssen also sorgfältigst ausgewuchtet sein und ihre kritischen Drehzahlen dürfen nicht in der Nähe der Betriebsdrehzahl liegen, damit keine oder nur vernachlässigbar kleine periodische Kräfte von der Turbinenanlage auf das Fundament übertragen werden; 2. je größer die Masse des schwingenden Körpers, des Fundamentes, ist; 3. je weiter die Eigenschwingungzahlen des Fundamentes von der Frequenz der erregenden Kraft entfernt sind.

Die waagerechten Eigenschwingungzahlen der Turbinenfundamente liegen in den meisten Fällen sehr tief und sind damit weit genug von der Betriebsdrehzahl der Maschine entfernt. Die lotrechten Eigenschwingungzahlen können entweder tiefer oder höher als die Betriebsdrehzahl der Maschine liegen (weiches oder starres Fundament). Nach den bereits erwähnten „Richtlinien für den Bau von Dampfturbinenfundamenten in Stahlbeton" *sollen die Eigenschwingungzahlen des Fundamentes mindestens $\pm 20\%$ von der Betriebsdrehzahl entfernt liegen.*

Bei *weichen* Fundamenten muß man die Tischplatte, welche die Maschine unmittelbar trägt, möglichst steif ausbilden, um ihre Verformung infolge der größeren Bewegungen der Stützenköpfe klein zu halten. Die Stützen werden bei weichen Fundamenten sehr schlank. Dies gibt geräumige Keller, was für die Anordnung der Rohrleitungen und der Kondensations-Hilfsmaschinen von Vorteil ist. Da aber bei niedrigen Eigenschwingungzahlen die Durchbiegungen größer sind, wird sich die gleiche Erregerkraft auf einem weichen Fundament durch größere Ausschläge unangenehmer bemerkbar machen als auf einem starren. Die kleinen Stützenquerschnitte erfordern hochwertigen Beton und große Sorgfalt bei der Ausführung. Mit Rücksicht auf etwaige Oberschwingungen empfiehlt es sich auch, Vorkehrungen für eine nachträgliche Änderung der Eigenschwingungzahlen etwa durch die Möglichkeit von Stützenverstärkungen zu treffen.

In den meisten Fällen werden *starre* Fundamente mit großer Masse bevorzugt. Sie haben auch den Vorteil, daß beim Hochfahren der Maschine nur wenige Eigenschwingungzahlen des Fundamentes durchfahren werden. Bei Kraftwerksmaschinen größerer Leistung mit einer Betriebsdrehzahl von 3000 U/min ist zu beachten, daß die Kellerhöhe, d. h. der Abstand des Maschinenflures von der Sohlplattenoberkante, mit etwa 8 m begrenzt ist. Die federnde Zusammendrückung der Stützen in lotrechter Richtung wird sonst so groß, daß es nicht mehr möglich ist, durch Vergrößerung der Stützenquerschnitte mit den lotrechten Eigenschwingungzahlen weit genug über die Betriebsdrehzahl zu kommen.

Resonanz zwischen einer Eigenschwingungzahl des Fundamentes und der Betriebsdrehzahl der Maschine ist völlig unzulässig. Schäden am Fundament, unruhiger Lauf der Maschine und unter Umständen auch Schwingungsbrüche an der Turbinenbeschauflung sind sonst die Folge. Auch Teilresonanzen einzelner Bauglieder des Fundamentes können sehr störend wirken, vor allem sind deshalb weit auskragende schlanke Konsolen zu vermeiden. Ferner sollen die Eigenschwingungzahlen des Fundamentes nicht mit kritischen Drehzahlen der Turbinenanlage zusammenfallen, da sich sonst große Anfahrschwierigkeiten einstellen können.

Der *Einfluß der Temperaturen* gewinnt infolge der Steigerung der für Dampfturbinen gebräuchlichen Frischdampftemperaturen immer mehr an Bedeutung. Er ist schon beim Entwurf des Fundamentes zu beachten, da sonst an einzelnen seiner Teile Wärmespannungen auftreten können, welche die aus der ruhenden Belastung ermittelten Spannungen um ein Vielfaches überschreiten. Die Wärmedehnungzahl von Beton und Stahl wird mit 10^{-5} je $1°$ C Temperaturunterschied in Rechnung gesetzt. Heißdampf führende Bauteile sind schon vor Beginn des Probebetriebes sorgfältig mit Wärme-

---

[3] Richtlinien DIN-Entwurf 4024. Bautechnische Mitt. 1944, H. 11.

schutz zu umgeben. Daß einige mit dem Frischdampf in Berührung kommende Bauteile, etwa das Schnellschlußventil oder auch die Regelventile der Turbine, unmittelbar am Fundament abgestützt werden, ist nicht zu vermeiden. Das Fundament ist daher so auszubilden, daß um die heißen Bauteile der Maschine genügend Luft strömen kann, damit kein Wärmestau auftritt. Da die einzelnen Teile der Turbine im Betriebe verschieden warm werden, wird auch die Temperatur der Fundamentoberfläche nicht gleichmäßig sein. Stellen hoher Temperaturen sind vom Turbinenwerk im Fundamentplan anzugeben und bauseitig durch entsprechende Bewehrung oder Isolierung zu berücksichtigen.

Für einen *Vergleich von Stahl- und Stahlbeton-Fundamenten* gilt in erhöhtem Maße das über weiche und starre Fundamente Gesagte. Die Eigenschwingungzahlen der Stahlfundamente liegen infolge der schlanken Stützen noch tiefer als bei weichen Stahlbeton-Fundamenten. Die Stahlkonstruktion erlaubt aber bei ungünstiger Resonanzlage das Fundament mit einfachen Mitteln zu verstimmen. Stahlfundamente sprechen leicht auf Temperaturunterschiede an, wie sie etwa bei einseitig starker Erwärmung durch Inbetriebsetzung heißer Dampfleitungen oder plötzliche Abkühlung durch Zugluft im Maschinenraum vorkommen. Die Verformung des Rahmenwerkes kann den Lauf der Maschine empfindlich beeinflussen. Dagegen kommen die bei Betonfundamenten bisweilen störend auftretenden Veränderungen durch Schwinden des Betons bei Stahlfundamenten nicht vor. Schließlich ist zu berücksichtigen, daß der Stahlbedarf auch des leichtesten Stahlfundamentes größer ist als der eines Stahlbeton-Fundamentes.

3. Der Kondensator.

Durch das Kühlwasser und das Kondensat muß aus dem Kondensator die Wärmemenge abgeführt werden, die der Abdampf der Turbine enthält. Nimmt man überschläglich für die vom Kühlwasser aufzunehmende Wärme je kg Dampf 550 kcal an, so ist der rein rechnerisch, d. h. in einem als vollkommen angenommenen Kondensator erreichbare Unterdruck, der dem Sättigungsdruck des Dampfes bei Kühlwasseraustrittstemperatur entspricht, nur noch von dem verfügbaren *Kühlwasser*, und zwar von dessen Menge und dessen Temperatur, abhängig, Abb. 10. Man verwendet für Oberflächenkondensatoren von Dampfturbinen im allgemeinen eine 60- bis 80fache Kühlwassermenge, bezogen auf die Kondensatmenge bei Nennleistung (vgl. S.172). Als Kühlwassereintrittstemperatur bei Verwendung von Fluß- und Seewasser wird in der gemäßigten Zone im Mittel mit 15° C gerechnet. Welchen Schwankungen die Kühlwassereintrittstemperatur unterworfen ist, zeigen z. B. Messungen in einem mitteldeutschen Kraftwerk,

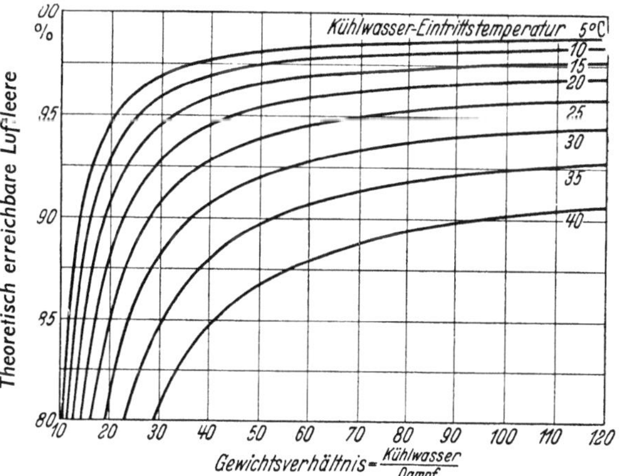

Abb. 10. Theoretisch erreichbare Luftleere, bezogen auf Kühlwasseraustrittstemperatur und 760 mm Barometerstand, in Abhängigkeit von Kühlwasser-Vielfachem und -Eintrittstemperatur.

bei denen im Januar eine mittlere Temperatur von etwa 3° C, im Juli von etwa 22° C festgestellt wurde. Aus den in einem Zeitraum von 15 Jahren in diesem Kraftwerk durchgeführten Messungen ergab sich ein nur in geringen Grenzen schwankendes Jahresmittel von 10,20° C. Für mitteleuropäische Verhältnisse liegt demnach eine mittlere Temperatur von 15° C zu hoch. Größere Temperaturschwankungen kommen in Orten mit ausgesprochenen Binnenlandwitterungsverhältnissen vor. So wurden in einigen Gegenden der Vereinigten Staaten jahreszeitliche Schwankungen von 0 bis 46° C und Schwankungen des Jahresmittels von 7 bis 21° C gemessen. Bei Schiffskondensatoren kann die Kühlwassertemperatur zwischen minus 2,5° C, dem Gefrierpunkt des Seewassers, und 32° C, der Sommertemperatur des Roten Meeres, liegen. In heißen Ländern, z. B. Indien und Südamerika, rechnet man mit mittleren Flußwassertemperaturen von 30 bis 40° C.

Bei Verwendung von Rückkühlanlagen wird allgemein mit einer Kühlwassertemperatur von 27° C gerechnet; sie kann je nach der Güte des Kühlers, seiner Belastung und der Temperatur und Feuchtigkeit der Luft zwischen 15 und 40° C schwanken. Kühlwassertemperaturen von 60 bis 70° C kommen für Kondensatoren dann in Betracht, wenn das Kühlwasser für Heizungzwecke benutzt und im Kreislauf geführt wird.

Ein guter Kondensator soll nicht nur eine hohe Luftleere und ein reines, gasfreies Niederschlagwasser von möglichst hoher Temperatur liefern, sondern muß zugleich eine hohe spezifische Leistung, also geringen Raumbedarf bei kleinstem Leistungsverbrauch, haben. Eine hohe Luftleere steigert das in der Turbine ausnutzbare Wärmegefälle, ein warmes Niederschlagwasser verringert die Erzeugungswärme des Frischdampfes. Diese Forderung höchster Wirtschaftlichkeit wird nur von Oberflächenkondensatoren erfüllt, sie werden daher in Dampfturbinenanlagen fast ausschließlich verwendet. Wieweit sich bei diesen Kondensatoren der erreichbare Unterdruck dem rein rechnerischen nähert, hängt in erster Linie von dem Durchgang der Wärme des Dampfes durch die Rohrwand zum Kühlwasser ab. Der scheinbar selbstverständliche Vorgang der Kondensation ist aber auch heute noch nicht vollständig geklärt. Der Kondensatorbau hat sich zur Ermittlung der erforderlichen Kühlfläche einen Notbehelf in einer erfahrungsmäßigen *Wärmedurchgangzahl des Kondensators* geschaffen. Man versteht darunter die Anzahl der Wärmeeinheiten, die je 1 m² Kühlfläche und je 1° C mittleren, logarithmisch ermittelten Temperaturunterschiedes zwischen Dampf und Wasser in einer Stunde an das Kühlwasser übergehen. Die Hersteller der Kondensatoren haben dafür Erfahrungswerte gesammelt, wie sie z. B. die in Abb. 11 dargestellten Kurven [4] zeigen. Die Wärmedurchgangzahl k ändert sich unter sonst gleichen Bedingungen annähernd im Verhältnis der Quadratwurzel aus der Kühlwassergeschwindigkeit. Bei den heute üblichen Ausführungen wird die Kühlwassergeschwindigkeit in den Rohren zwischen 1 und 3 m/s gehalten. Die in Abb. 11 gezeichneten k-Kurven sind für eine Kühlwassereintrittstemperatur von 21,1° C aufgestellt. Für andere Kühlwassertemperaturen ist der Wert k mit dem aus der Temperatur-

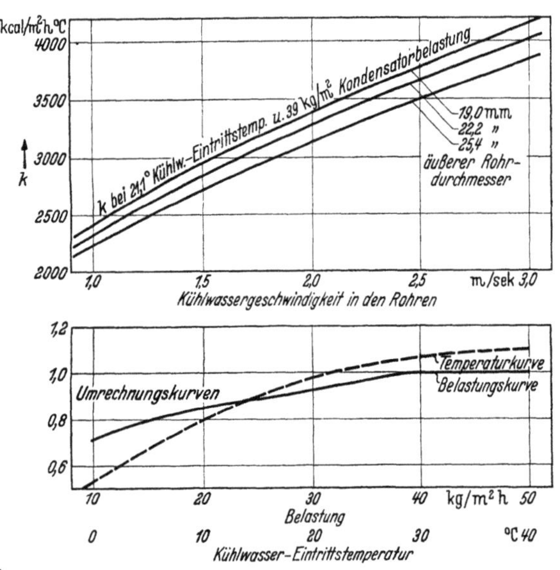

Abb. 11. Erreichbare Wärmedurchgangzahlen k für Oberflächenkondensatoren in Abhängigkeit vom Durchmesser der Kühlrohre und von der Wassergeschwindigkeit in den Kühlrohren. Gültig für 21,1° C Kühlwassereintrittstemperatur und 39 kg/m² h Kühlflächenbelastung (oben). Umrechnungskurven für Kühlwassereintrittstemperaturen und Kühlflächenbelastung (unten).

linie entnommenen Wert zu berichtigen. So ist bei 9° C Kühlwassereintrittstemperatur die Wärmedurchgangzahl nur etwa ³/₄ so groß, bei 37° C etwa 10 % größer als bei 21,1° C. Dieses Verhalten findet in der Hauptsache darin seine Erklärung, daß mit zunehmender Temperatur die Zähigkeit des Wassers abnimmt; bei dünnflüssigerem Wasser von hoher

---

[4] Power Bd. 76 (1932) S. 133 — Ferner Standards of Heat Exchange Institute, Condenser Section, First Edition 1937. New York: Heat Exchange Institute.

Temperatur kommen die Wasserteilchen in ähnlicher Weise wie bei höherer Kühlwassergeschwindigkeit infolge der besseren Durchwirbelung öfter mit der Kühlfläche in Berührung als bei zäherem Wasser von tieferer Temperatur.

Die Kurven sind für eine Kühlflächenbelastung von 39 kg/m² h Dampf gezeichnet. Für niedrigere Belastung ist eine Umrechnungskurve angegeben. Die üblichen Werte für die Kühlflächenbelastung liegen zwischen 30 und 50 kg/m² h, bezogen auf die Kondensatmenge bei Nennleistung.

Der erreichbare Unterdruck ist ferner von der *Bauart* des Kondensators, besonders vom Rohrdurchmesser, abhängig. In Deutschland verwendet man im allgemeinen Rohre von 21/23 mm Durchmesser. Die Stellung der einzelnen Rohre zueinander hat keinen wesentlichen Einfluß auf die Wärmedurchgangzahl. Die Erklärung hierfür ist, daß der Niederschlag keinen geschlossenen Strom bildet, sondern in Form von Tropfen mit annähernd gleichmäßiger Verteilung durch den Kondensator geht.

Abb. 12. Zusammenbau von Oberflächenkondensatoren (2500 m² und 1500 m² Kühlfläche).

Mit dem Dampf, unter Umständen durch die Unterdruckstopfbuchsen der Turbine und durch kleine Undichtheiten des Unterdruckraumes, dringt Luft in den Kondensator ein; man rechnet bei großen Turbinen einschließlich eines Sicherheitzuschlages mit rund 1 kg Luft je 1000 kg Dampf. Durch die Forderung, die Luft möglichst kalt abzuführen, ist die Gegenstromanordnung von Dampf- und Wasserführung bedingt, die heute allgemein als Gegenstrom-Querstrombauart ausgeführt wird.

Im Gegensatz zur Luft soll das Niederschlagwasser möglichst warm abgeführt werden. Da es zur Kesselspeisung wieder verwendet wird, bedeutet die in ihm enthaltene Wärme einen Rückgewinn. Üblicherweise wird das Niederschlagwasser in jedem Kondensator an den kalten Kühlrohren unterkühlt; bei zweckmäßiger Rohranordnung wird ihm aber Gelegenheit gegeben, durch unmittelbare Berührung mit dem einströmenden Dampf zwischen den Rohren oder in den Rohrgassen erneut Wärme aufzunehmen.

Der *Mantel* des Kondensators hat einen vollkommen dichten Raum für den Kondensationsvorgang zu schaffen. Er steht während des Betriebes unter einem Außendruck von etwa 1 at und darf dadurch nicht eingedrückt werden. Die Walzenform, Abb. 12, ist daher aus Festigkeitsgründen die zweckmäßigste; wo man in Sonderfällen, z. B. bei Schiffskondensatoren, wegen äußerster Raumbeschränkung davon abgeht, muß der Mantel besonders verstärkt werden. Er ist meist aus geschweißtem Stahlblech hergestellt.

Die beiden *Rohrböden* sind meist aus Stahlblech, nur bei säure- und salzhaltigem Wasser aus Messing. Sie werden mit dem Mantel im allgemeinen verschraubt und bei größeren Abmessungen gegeneinander durch Anker versteift. Werden sie, wie vereinzelt ausgeführt, mit dem Mantel verschweißt, so ist ein Auswechseln verrotteter Rohrböden schwierig.

Die Nähte des Mantels und seine Verbindung mit den Rohrböden müssen vollkommen dicht sein. Die Rohrböden werden gegen den Mantel meist mit Baumwollschnur und Mastixkitt abgedichtet. Anschlüsse, bei denen Temperaturen um 100° C vorkommen können, erhalten Asbestfaserdichtung. Der vollständig berohrte Kondensator muß als Dichtheitsprobe dampfseitig einen Wasserdruck von mindestens 1,5 atü, wasserseitig vom 1,6fachen Betriebsdruck, jedoch mindestens von 2,5 atü vertragen.

Die *Wasserkammern* dienen zur Aufnahme der Kühlwasseranschlüsse und zur Verteilung des Kühlwassers auf die Rohre. Sie ermöglichen das Reinigen der Wasserseite des Kondensators, ohne daß Rohrleitungsanschlüsse gelöst werden müssen. Sie werden allgemein aus Stahlblech und nur bei säure- und salzhaltigem Wasser aus Gußeisen hergestellt. Bei mehrflutigen Kondensatoren sind sie mit Zwischenwänden zur Wasserführung versehen. Sie müssen dicht sein und dürfen, wenn sie gegossen sind, keine Gußspannungen aufweisen. Das gleiche gilt für die Stirnböden. Bei Kondensatoren mit einer geraden Anzahl von Wasserführungen genügt eine Wasserkammer, die dann beide Kühlwasserstutzen trägt. Bei einer ungeraden Anzahl, z. B. ein- oder dreiflutigen Kondensatoren, werden besser zwei Wasserkammern vorgesehen, da die Kühlwasserstutzen dann auf entgegengesetzten Seiten liegen. Bei kleinen Kondensatoren können Wasserkammern und Stirnböden aus einem Stück bestehen, da hier das Abnehmen der Leitungen einfacher ist. Als Dichtung zwischen Wasserkammer und Stirnboden und zwischen Stirnboden und Handlochdeckeln wird am besten Gummi, der zur Erhöhung seiner Zerreißfestigkeit mit einer Gewebeeinlage versehen sein kann, verwendet.

Die *Kondensatorrohre* müssen während des Betriebes vollkommen dicht bleiben. Beiderseits eingewalzte Rohre haben sich durchweg sehr gut bewährt. Sind die Rohre sachgemäß geglüht und eingewalzt, so halten sie auch im Dauerbetrieb unbedingt dicht. Bei den durch Stopfbuchsenverschraubung abgedichteten Rohren müssen die Buchsen im Anfang wiederholt nachgezogen werden. Der Kondensatormantel aus Stahl nimmt im Betriebe eine höhere Temperatur an als die Kühlrohre. Der dadurch bedingte Unterschied ihrer Wärmedehnungen wird bei Rohren aus Messing oder Kupfer infolge ihrer größeren Wärmedehnungzahl verringert. Im übrigen können die langen, dünnen Rohre Dehnungsunterschiede durch entsprechendes Ausbiegen anstandslos aufnehmen; eine unzulässige Beanspruchung der Rohre und Walzstellen ist dabei nicht zu befürchten. Den Rohren beim Einbau zwangsweise eine geringe Durchbiegung zu geben oder zwischen Mantel und Wasserkammer ein Dehnungstück einzuschalten, ist somit nur in solchen Fällen erforderlich, wo für industrielle oder für Heizungzwecke hohe Kühlwasseraustrittstemperaturen von 70 bis 80° C verlangt werden.

Bei großem Abstand der Rohrböden werden die Kühlrohre noch ein- oder mehrmals in besonderen Stützplatten gelagert, damit sie sich nicht zu weit durchbiegen und dadurch unzulässig beansprucht werden. Die freitragende Rohrlänge zwischen je zwei Stützwänden darf andererseits auch nicht zu klein gewählt werden, da sonst, z. B. bei plötzlichem Versagen des Kühlwasserumlaufes, die sich schneller als der Kondensatormantel erwärmenden Rohre an der federnden Aufnahme der Wärmedehnung gehindert würden. Für eingewalzte Rohre von 1 mm Wandstärke wird der Abstand zweier Stützwände daher ungefähr gleich dem 50- bis 70fachen Rohrdurchmesser angenommen. Es ist zweckmäßig, die freien Rohrlängen zwischen den einzelnen Stützwänden ungleich lang zu machen; dadurch wird verhindert, daß sich Eigenschwingungsformen der Rohre ausbilden, deren Schwingungzahl in der Nähe der Maschinendrehzahl liegt.

Als Baustoff für Kondensatorrohre wird überwiegend die sogenannte Marineverbindung verwendet, 70 % Cu, 29 % Zn, 1 % Sn. Mitunter werden Rohre aus Messing in der Verbindung 63 % Cu, 37 % Zn, aus reinem Kupfer, dem bisweilen auch etwas Arsen beigegeben ist, aus Nickelkupfer, etwa in den Verbindungen 80 % Cu, 20 % Ni oder 70 % Cu, 30 % Ni, und aus Aluminiummessing in der Verbindung 76 % Cu, 22 % Zn, 2 % Al hergestellt. Bezüglich der technischen Lieferbedingungen sei auf das Normblatt DIN 1785 verwiesen. In Ausnahmefällen werden für Anlagen, die nicht mit Seewasser arbeiten, Stahlrohre, nahtlos oder geschweißt, die zum Schutz gegen Verrottung feuerverzinkt werden, verwendet.

Die Kondensatorrohre werden, soweit sie aus Kupfer oder Kupferlegierungen bestehen, durch Pressen und Ziehen aus einem Gußblock hergestellt. Bei den nahtlos gezogenen Stahlrohren ist die Herstellung ähnlich. Bei geschweißten Stahlrohren wird von einem Blech ausgegangen; die Rohre werden nach dem mit oder ohne Zusatzstoff erfolgten Schweißen geglüht und mehrfach kalt nachgezogen.

Die *Verbindung des Kondensators mit der Turbine* muß den verschieden großen Wärmedehnungen dieser beiden Teile bei den verschiedenen Betriebzuständen Rechnung tragen. Die einfachste Verbindung ist die feste Verflanschung des Turbinenabdampfstutzens mit dem Dampfeintrittstutzen des Kondensators. Sie ist z. B. bei der LJUNG-STRÖM-Turbine verwendet, wo der Kondensatormantel unmittelbar den Abdampfteil trägt. Bei Temperaturunterschieden wird hier die ganze Turbinenanlage gehoben oder gesenkt. Der Kondensatormantel selbst ruht fest auf Betonsockeln.

Bei Axialturbinen kann man kleine Kondensatoren an den Abdampfstutzen der Turbine durch festes Verflanschen anhängen. Jede Lagerung des Kondensators fällt dann fort, so daß er nach allen Richtungen freie Ausdehnungsmöglichkeit hat. Bei größeren Kondensatoren ist es bei der gleichen Verbindungsart erforderlich, das Kondensatorgewicht durch federnde Unterstützung des Mantels aufzunehmen. Die Federn jedes Fußes ruhen dann meist auf einer gemeinsamen Platte, welche man heben oder senken kann, um die richtige Federspannung einzustellen. Sehr verbreitet ist die Anordnung eines nachgiebigen oder gleitenden Zwischenstückes zwischen Turbine und Kondensator und die feste Lagerung des Kondensators auf Sockeln. In diesem Falle müssen die durch den Unterdruck entstehenden Kräfte bei der Ausbildung des Turbinenabdampfteiles und seiner Lagerung und bei der Gestaltung des Fundamentes berücksichtigt werden. Der im Kondensator hierbei nach oben wirkende Zug kann unter Umständen größer sein als das Betriebsgewicht des Kondensators. Es ist dann erforderlich, den Mantel auch nach oben abzustützen. Ist unter allen Betriebsverhältnissen ein entschiedenes Übergewicht des Kondensators vorhanden, so genügt es bei kleinen und mittleren Anlagen, den Kondensatormantel ohne Füße und ohne weitere Befestigung auf Betonsockeln zu lagern.

Als Gleitverbindung zwischen Turbine und Kondensator werden häufig Stopfbuchsrohre mit Gummidichtung und Wasserverschluß, Abb. 13, vorgesehen, die geringe Verschiebungen nach jeder Richtung hin aufnehmen können. Als Sperrwasser dient Kondensat aus der Druckleitung der Kondensatpumpe. Als nachgiebige Verbindung werden Wellrohrverbindungstücke mit einer oder zwei Wellen verwendet, Abb. 14. Sie werden einerseits mit der Turbine, andererseits mit dem Kondensator fest verflanscht.

Der Kondensator ist räumlich das größte Stück der Maschine. Schon bei der *Planung der Anlage* muß man sich darüber klar werden, wie er in das Fundament eingebracht werden kann. Schwierigkeiten entstehen

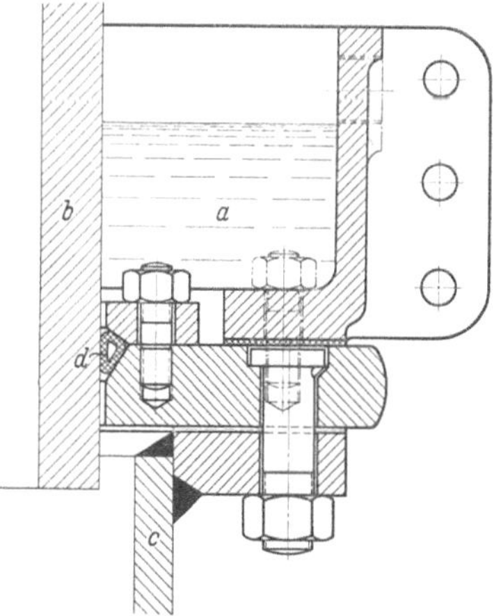

Abb. 13. Wasserstopfbuchse zwischen Turbine und Kondensator.

a Wassertasse; *b* Rohrfortsatz des Turbinenabdampfstutzens (Degenrohr); *c* Dampfeintrittstutzen des Kondensators; *d* Rundgummidichtung.

besonders dort, wo in vorhandenen Maschinenhäusern neue Maschinen aufgestellt werden; unter Umständen muß der Kondensator eingebracht werden, bevor die Verschalung der Fundamenttischplatte aufgebaut wird. Kondensatoren mit großer Kühlfläche können schon wegen der Beförderungschwierigkeiten nicht im ganzen versandt werden. Der

Mantel wird dann in einzelnen Schüssen angeliefert und an Ort und Stelle zusammengeschweißt, mit den Einbauten versehen und berohrt.

Beim *Einbau eines Kondensators* an Ort und Stelle ist grundsätzlich zu unterscheiden, ob der Kondensator mit der Turbine starr oder nachgiebig verbunden ist.

Im ersten Falle muß — mit Ausnahme der frei angehängten Kondensatoren — der notwendige Ausgleich für die Wärmedehnungen in die Unterstützung des Kondensators verlegt werden.

Bei nachgiebiger Verbindung zwischen Turbine und Kondensator ist der Kondensator so einzulagern und auszurichten, daß während des Betriebes das Stopfbuchsrohr möglichst mittig zur Einströmung liegt und das Wellrohrverbindungstück durch die Wärmedehnungen von Turbine oder Kondensator nicht unzulässig verspannt wird.

Hat die Turbine nur *einen* Abdampfstutzen, so wird man die Mitte des Turbinenabdampfstutzens und die Mitte des Kondensatoreintrittstutzens in eine Ebene verlegen, falls der Festpunkt der Turbine nicht allzu weit von der lotrechten Mittelebene des Abdampfstutzens entfernt ist. Wellrohrverbindungstücke werden in ihrer Achsenrichtung mit Vorspannung eingebaut. Sie werden zunächst mit dem Turbinenabdampfstutzen fest verflanscht; dann wird durch Unterkeilen des Kondensators der Flansch seines Dampfeintrittstutzens so weit dem Gegenflansch des Wellrohres genähert, bis eine Entfernung der beiden Flanschen von etwa der Hälfte der größten Wärmedehnung im Betriebe verbleibt. In dieser Stellung werden die Schrauben zwischen Wellrohrflansch und Kondensatorflansch fest angezogen.

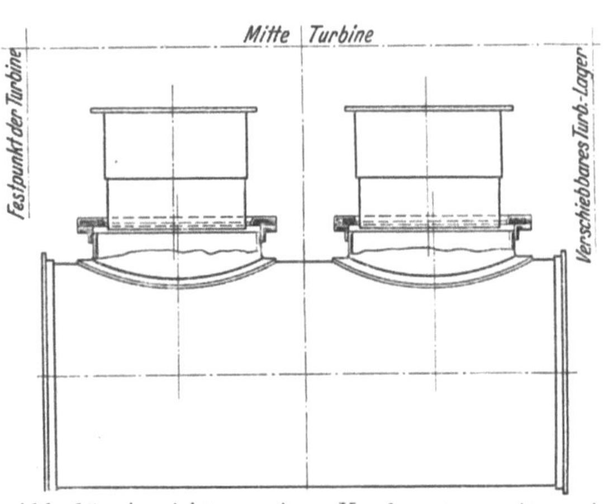

Abb. 14. Wellrohrverbindungstück zwischen Turbine und Kondensator.

Hat eine Turbine *zwei* in gleicher. Längsachse liegende Abdampfstutzen, aber nur *einen* Kondensator, so sind die Stopfbuchsrohre mit Rücksicht auf die Ausdehnung des Turbinengehäuses bei der Erwärmung außermittig zu den Ringflanschen der Wasserstopfbuchsen zu verlegen, Abb. 15. Das Maß für diese außermittige Einstellung wird aus der zu erwartenden Wärmedehnung so bestimmt, daß sie während des üblichen Betriebes nahezu verschwindet. Um bei einem Neuverpacken der Stopfbuchse eine Veränderung des Spielraumes zwischen Stopfbuchsrohr und Ringflansch zu verhindern,

Abb. 15. Ausrichtung eines Kondensators mit zwei Dampfeintrittstutzen längs der Turbinenachse.

ist die Lage der beiden Stopfbuchsrohre nach dem Ausrichten durch je zwei Paßschrauben zu sichern. Das gleiche gilt sinngemäß auch bei Wellrohrverbindungstücken; hierbei ist auf die Wärmedehnung im Betriebe noch sorgfältiger zu achten, da Wellrohre gegen Querbewegungen sehr steif sind.

Nach dieser Ausrichtung wird der Kondensator zwischen dem Mantel und den Sockeln sorgfältig untergossen; die oberen Kondensatorstützen werden durch Anziehen oder Unterkeilen mit den Deckenbalken des Fundamentes fest verspannt. Diese Stützen sollen so beschaffen sein, daß sie auch ein Nachziehen während des Betriebes ermöglichen, da es vorkommen kann, daß sie sich lockern. Sind der durch die Luftleere ausgeübte Zug und das Kondensatorgewicht annähernd gleich groß, so kann bei mangelhafter Abstützung der strömende Dampf oder das strömende Kühlwasser den Kondensatorkörper zu Schwingungen anregen, was Rohrbrüche im Gefolge haben kann. Dann ist aber auch eine Beeinflussung des Laufes der Turbine zu befürchten. Besonders ein beiderseits fest verflanschtes Wellrohr zwischen Kondensator und Turbine überträgt auftretende Schwingungen unmittelbar.

Von den Kondensatorfüßen sind die dem Festpunkt der Turbine am nächsten liegenden in axialem Sinne festzulegen, während die anderen gleitend gelagert werden. Für die gleitende Lagerung genügt eine die Reibung vermindernde Eisenzwischenlage zwischen Fuß und Sockel.

Sinngemäß ist zu verfahren, wenn eine Turbine zwei Kondensatoren hat.

Bei Kondensatoren, deren Deckel nicht als aufklappbare Türen ausgebildet sind, werden die Stirnböden zum Reinigen und zum Ersatz von Kondensatorrohren mindestens auf der einen Seite um mehr als eine Rohrlänge vom Kondensator abgefahren. Dazu sind an der Kellerdecke ein Doppel-T-Träger oder zwei U-Eisen als Laufschienen für eine kleine Laufkatze vorzusehen, Abb. 16. Die Kondensatordeckel haben Ösen und werden mit Bolzen an der Laufkatze angehängt,

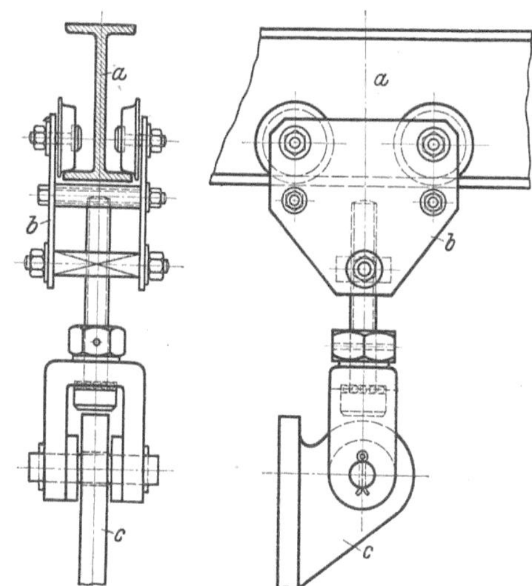

Abb. 16. Abfahrvorrichtung für Kondensatordeckel.

a Laufschiene; *b* Laufkatze; *c* Öse am Kondensatordeckel.

dürfen jedoch während der Kondensatorreinigung nicht an der Laufkatze hängenbleiben. Diese Laufkatze und die Fahrschienen sind den gleichen Sicherheits- und Bedienungsvorschriften unterworfen wie der Maschinenhauskran. Fahrlässigkeit beim Abfahren der Kondensatordeckel hat schon manchen schweren Betriebsunfall zur Folge gehabt.

4. Die Hilfsmaschinen der Kondensationsanlage.

Die Oberflächenkondensation erfordert eine Kühlwasser-, eine Kondensat- und eine Luftpumpe. Dazu kommt noch, falls als Luftpumpe ein Wasserstrahlsauger vorgesehen ist, eine Strahlwasserpumpe.

Kühlwasser-, Kondensat- und Strahlwasserpumpe sind in neuzeitlichen Anlagen ausschließlich *Kreiselpumpen*. Im Verhältnis zu ihrer Leistung beanspruchen sie nur geringen Raum. Sie sind wirtschaftlich, betriebsicher und einfach zu warten; sie fördern stetig und geräuschlos und verbrauchen wenig Öl.

Alle Kreiselpumpen zeigen grundsätzlich gleiches Verhalten im Betriebe; es wird in den *Kennlinien* dargestellt. Die gebräuchlichste davon ist die Q-H-Kurve, welche die Abhängigkeit zwischen der jeweils geförderten Flüssigkeitsmenge Q und der dabei zu erreichenden Förderhöhe H zeigt. Aus der Q-H-Kurve ist ersichtlich, in welchen Grenzen die Flüssigkeitsmenge durch Drosseln geregelt werden kann und welche Förderhöhe sich beim Anfahren mit geschlossenem Druckschieber einstellt. Eine weitere Kennlinie ist die Q-η-Kurve, welche die Änderung des Wirkungsgrades in Abhängigkeit von der Fördermenge darstellt. Der Leistungsbedarf N_e einer Pumpe ist durch diese beiden Kennlinien bereits festgelegt; er kann in einer dritten Kennlinie, der Q-N_e-Kurve, aufgetragen werden, Abb. 17. Diese Kennlinien werden auf dem Prüfstand ermittelt.

Zur Beurteilung der Betriebsverhältnisse ist außer den Kennlinien der Pumpe auch die der Rohrleitung nötig. Diese Widerstandskurve stellt die bei der jeweiligen

Fördermenge erforderliche manometrische Förderhöhe dar. Der Schnittpunkt der
Q-H-Kurven der Pumpe und der Rohrleitung ergibt den Betriebspunkt. Haben die
Kennlinien der Pumpe und der Rohrleitung zwei Schnittpunkte, so liegt die Gefahr
labilen Verhaltens vor. In dem Bereich zwischen beiden Punkten würde die Pumpe
mit heftigem Schlagen arbeiten. Bei Kühlwasser- und Strahlwasserpumpen, die fast
stets unverändert im gleichen Betriebspunkt arbeiten und deren geodätische Förderhöhe meist so klein ist, daß der Leerlaufpunkt der Pumpe nicht überschritten wird,
können labile Erscheinungen nicht auftreten.

An Wirkungsgrad und Wirtschaftlichkeit sind Kreiselpumpen mit doppelseitiger
Einströmung solchen mit einseitigem Einlauf überlegen. Bei doppelseitiger Einströmung
müssen zwei Wellen*stopfbuchsen* vorgesehen werden, die den Saugraum gegen den
äußeren Druck abdichten. Unter allen Um-
ständen muß das Eindringen von Luft verhindert werden, da schon kleine Mengen davon ein zuverlässiges Arbeiten der Pumpen
und damit der gesamten Kondensationsanlage gefährden können. Innerhalb der Stopfbuchse sieht man daher einen Ringraum vor,
dem Druckwasser zugeleitet wird, so daß
der äußere Teil der Stopfbuchse gegen einen
Überdruck abzudichten hat. Allgemein werden für die Stopfbuchsen Weichpackungen
verwendet, und zwar getalgte, reine Baumwollschnur bei mäßigen, Asbestschnur bei
höheren Temperaturen. Die notwendige
Kühlung der Welle an der Packung besorgt
eine geringe Menge von Undichtheitswasser.
Die Stopfbuchsen dürfen also nicht zu fest
angezogen werden.

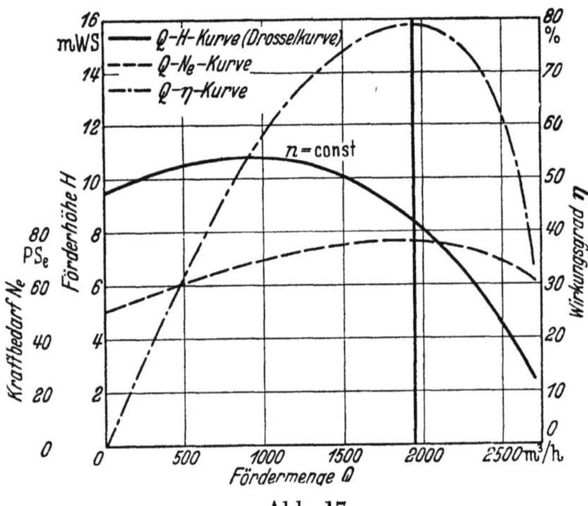

Abb. 17.
Kennlinien einer Kühlwasserpumpe für 765 U/min.

Zur *Lagerung* der Läuferwellen der Pumpen genügen Ringschmierlager, die eine
gemeinsame Drucköversorgung überflüssig machen. In axialem Sinne sind die Pumpenwellen meist durch einen einfachen Anlaufbund gehalten, da der Axialschub gering oder
sogar vollkommen ausgeglichen ist. Mehrstufige Kondensatpumpen erhalten bisweilen
zur Aufnahme restlichen Axialschubes ein Klotzdrucklager mit Ringschmierung.

Für die *Kühlwasserpumpe* ist die Fördermenge durch den Kühlwasserbedarf der
Hauptmaschine festgelegt. Bei größeren Anlagen ist es wirtschaftlich, die Kühlwassermenge der Belastung der Turbine und der Temperatur des Kühlwassers anzupassen.
So kann z. B. die Kühlwassermenge auf zwei Pumpen verteilt werden, die gleich oder
auch verschieden große Mengen fördern, so daß die Möglichkeit besteht, jede Pumpe
allein oder beide zusammen laufen zu lassén. Bei Kraftwerken mit mehreren Maschinen
kann eine gemeinsame Kühlwasserversorgung mit mehreren Pumpen vorgesehen werden,
die eine weitgehende Reglung der Kühlwassermenge ermöglicht. Bei einzelnen Pumpen
kann die Kühlwassermenge durch Änderung der Drehzahl, etwa mit Hilfe polumschalt-
barer Motoren, verändert werden. Eine Reglung der Kühlwassermenge durch Drosseln
des Schiebers in der Kühlwasserdruckleitung ist unwirtschaftlich und sollte nur in
besonderen Fällen durchgeführt werden.

Die *Gesamtförderhöhe* oder manometrische Förderhöhe der Kühlwasserpumpe ist
die Summe aus Saug- und Druckhöhe. Die Saughöhe ist wiederum die Summe aus
der geodätischen und der dynamischen Saughöhe, die Druckhöhe die Summe aus der
geodätischen Druckhöhe, der Widerstandshöhe in der Druckleitung, dem Konden-
satorwiderstand und dem Mehraufwand an Geschwindigkeitshöhe in der Druckleitung.

Unter *geodätischer Förderhöhe* versteht man den Höhenunterschied in Meter zwischen
dem Wasserspiegel oberhalb der Saugstelle und dem Wasserspiegel oberhalb der Abfluß-

stelle oder bei freiem Ausfluß der Abflußstelle selbst. Sie wird durch die waagerechte Achsebene der Kühlwasserpumpe in die geodätische Saughöhe und die geodätische Druckhöhe unterteilt. Die geodätische Saughöhe darf je nach der Temperatur des Kühlwassers, der Höhenlage der Pumpe über dem Meeresspiegel und den Widerständen in der Saugleitung etwa 5,5 m, höchstens 7 m, nicht überschreiten, da sonst die Wassersäule leicht abreißen kann. Wechselnder Wasserstand, wie er etwa durch die jahreszeitlichen Schwankungen bei Binnengewässern oder durch Ebbe und Flut bei Seewasser bedingt ist, muß bei der Bestimmung der geodätischen Förderhöhen berücksichtigt werden. Ebenso ist zu berücksichtigen, daß bei langen, offenen Kühlwasserleitungen und bei Sammelbrunnen Spiegelabsenkungen und Spiegelstauungen vorkommen. Abb. 18 stellt den Normfall mit positiver geodätischer Saughöhe h_s und positiver geodätischer Druckhöhe h_d dar. Bei Abb. 19 wird die geodätische Saughöhe h_s negativ, d. h. das Wasser läuft der Pumpe zu. Abb. 20 zeigt eine negative geodätische Druckhöhe h_d, d. h. während des Betriebes tritt eine Heberwirkung („Kraftschluß") ein. Wichtig ist dabei, daß die Ausflußöffnung stets unter Wasser liegt; ist dies nicht der Fall, so dringt Luft, von der Mündung ausgehend, in die Rohrleitung ein, sammelt sich am höchsten Punkt und unterbricht zeitweise den Kraftschluß. Ferner muß die Geschwindigkeit des Wassers in der Rohrleitung größer als 1 m/s sein, da sich sonst die infolge der Druckverminderung und der Erwärmung aus dem Wasser ausgeschiedene Luft ebenfalls im höchsten Punkt ansammelt.

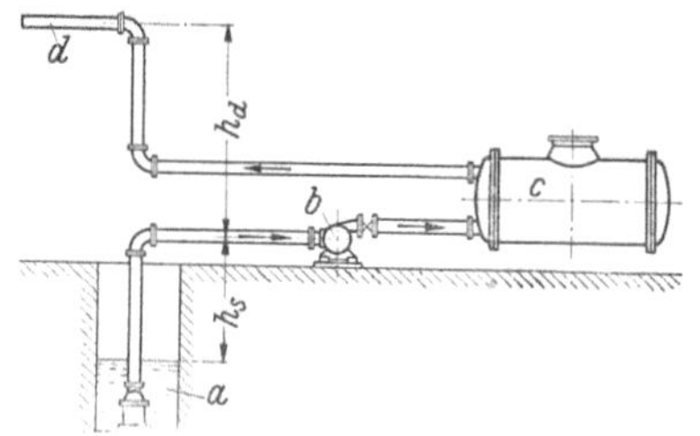

Abb. 18. Kühlwasserpumpe mit positiver geodätischer Saughöhe h_s und positiver geodätischer Druckhöhe h_d.

a Saugbrunnen; *b* Kühlwasserpumpe; *c* Kondensator; *d* Kühlwasserabflußleitung.

Zur geodätischen kommt die *dynamische Förderhöhe*, die sich aus der Widerstands- und der Geschwindigkeitshöhe zusammensetzt. Rohrreibung, Umlenkungen, Einschnürungen und Wirbelbildung bedingen einen Mehraufwand an Förderhöhe, den man unter dem Sammelbegriff „Widerstandshöhe" zusammenfaßt. Den größten Anteil daran hat der Durchflußwiderstand des Kondensators. Der zur Erzeugung der Geschwindigkeit in den Rohrleitungen nötige Aufwand an Förderhöhe wird mit Geschwindigkeitshöhe bezeichnet. Um die dynamische Förderhöhe in erträglichen Grenzen zu halten, wird die Wassergeschwindigkeit bei ortsfesten Anlagen in der Saugleitung mit 1,5 bis 2 m/s, in der Druckleitung mit 2 bis 3 m/s ausgeführt. Bei Schiffsanlagen finden sich allgemein höhere Geschwindigkeiten.

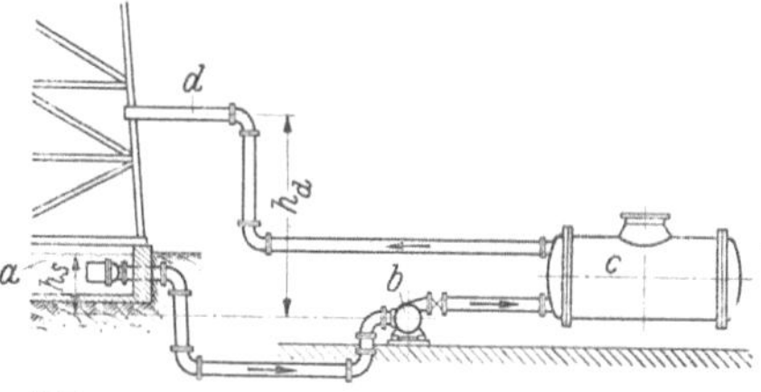

Abb. 19. Kühlwasserpumpe mit negativer geodätischer Saughöhe h_s und positiver geodätischer Druckhöhe h_d.

a Sammelbecken des Kühlturmes; *b* Kühlwasserpumpe; *c* Kondensator; *d* Kühlwasserabflußleitung.

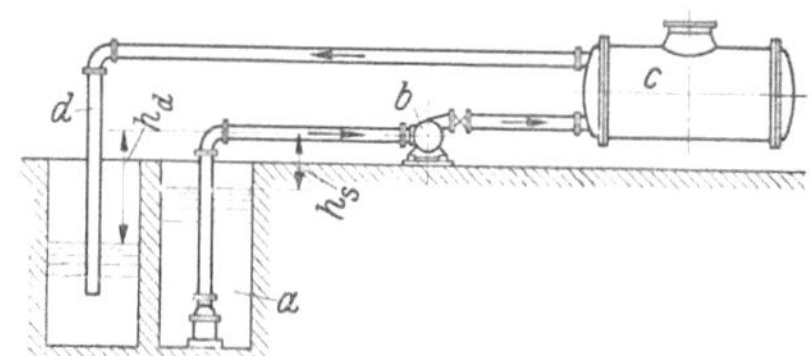

Abb. 20. Kühlwasserpumpe mit positiver geodätischer Saughöhe h_s und negativer geodätischer Druckhöhe h_d (Kraftschluß).

a Saugbrunnen; *b* Kühlwasserpumpe; *c* Kondensator; *d* Kühlwasserabflußleitung.

Es kann auch vorkommen, daß die Gesamtförderhöhe negativ wird; das Kühlwasser fließt infolge des Höhenunterschiedes von selbst durch den Kondensator. Wenn nicht stets reichliches Gefälle verfügbar ist, empfiehlt sich auch in diesem Falle der Einbau einer Kühlwasserpumpe, um genügende und gleichmäßige Förderung zu gewährleisten.

Kühlwasserpumpen sind gekennzeichnet durch große Fördermengen (bis etwa 12 000 m³/h) bei kleinen Förderhöhen von etwa 8 bis 25 m WS. Ihre Drehzahl wird so gewählt, daß sie durch einen Elektromotor unmittelbar angetrieben werden können.

Überwiegend werden Radialpumpen verwendet mit waagerechter Welle, meist ohne
Leitapparat und mit doppelseitigem Wassereinlauf. Unter Umständen werden sie mit
doppelt gekrümmten Schaufeln und annähernd axialem Einlauf gebaut. Axialpumpen
(Schrauben- und Propellerpumpen) arbeiten mit gutem Wirkungsgrad, besitzen aber
geringe Saugfähigkeit. Zu beachten ist, daß ihr größter Kraftbedarf bei Fördern gegen
geschlossenen Druckschieber auftritt. Wegen der Gefahr der Hohlraumbildung ist ihre
Verwendung auf kleine Förderhöhen beschränkt. Eine Kühlwasserpumpe mittlerer
Größe in Radialbauart zeigt Abb. 21.

Die Ausbildung der *Stopfbuchsen* richtet sich nach der Förderhöhe und der Wasserbeschaffenheit. Hat die Pumpe ausschließlich dynamische Widerstände zu überwinden,
so liefert sie das Sperrwasser für die Stopfbuchsen nicht mit dem nötigen Überdruck.

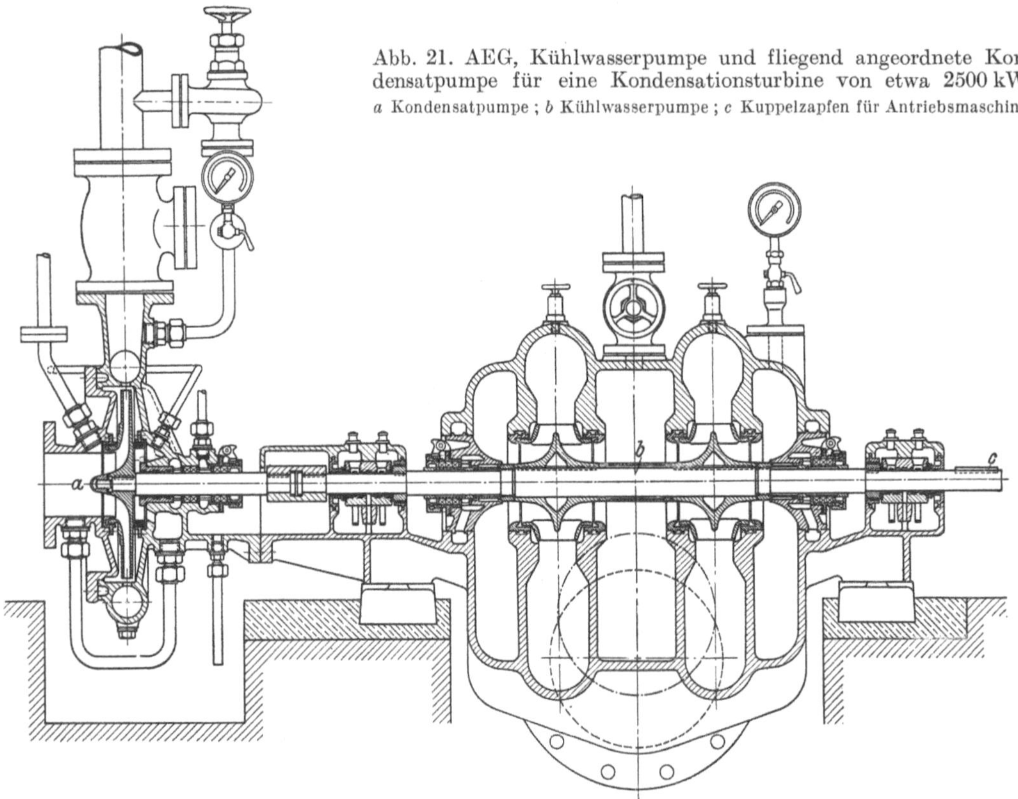

Abb. 21. AEG, Kühlwasserpumpe und fliegend angeordnete Kondensatpumpe für eine Kondensationsturbine von etwa 2500 kW.
a Kondensatpumpe ; *b* Kühlwasserpumpe ; *c* Kuppelzapfen für Antriebsmaschine.

Dann wird das Sperrwasser in einen Ringraum geführt, der mit dem Saugraum über
eine enge Drosselstrecke und mit dem Raum unmittelbar vor der Stopfbuchsenpackung
über schraubengängige Spalten in Verbindung steht. Durch die sich drehenden Schraubengänge wird vor den eigentlichen Stopfbuchsen eine Drucksteigerung erreicht, die
auch bei kleinsten Förderhöhen ein Eindringen von Luft verhindert. Bei der Ausführung
für Seewasser werden die Schraubengänge unmittelbar in die Schutzhülse eingeschnitten,
welche die Läuferwelle gegen das Wasser abdeckt. Die Schutzhülsen vermeiden chemische
Anfressungen der Welle, die sich innerhalb der Stopfbuchsen besonders unangenehm
bemerkbar machen würden.

Die *Laufräder* werden bei üblichen Verhältnissen aus Gußeisen hergestellt. Für
Seewasser, stark gashaltiges Kühlwasser oder große Saughöhe ist ein besonders kor-
rosionsfester Werkstoff erforderlich. Wo die Festigkeitseigenschaften des Gußeisens
unzureichend sind, das Wasser aber einwandfrei ist, werden die Räder bisweilen aus
Stahlguß hergestellt. Ein Zusatz von Chrom oder Vanadin macht den Stahlguß verschleißfester. Bei schlechten Wasserverhältnissen wird in solchen Fällen Chrom-Nickel-

Stahl-Guß verwendet. Mitunter sind für die Wahl des Baustoffes behördliche Bestimmungen maßgebend.

Der Überdruck am Laufradumfang würde zu viel Druckwasser in den Saugraum zurückströmen lassen, wenn es nicht durch Spaltdichtung wirksam gedrosselt würde. Dieser Spalt wird durch einen Einsatzring hergestellt, dessen Form sich im einzelnen nach der Bauart der Pumpe richtet. Die Mehrstrombauart mit waagerecht geteiltem Gehäuse bedingt einen geteilten Einsatzring, während bei einer Pumpe mit lotrechter Teilfuge ein ungeteilter Dichtungsring ebenso wie die anderen Pumpenteile in axialer Richtung eingebaut werden können.

Kondensatpumpen fördern aus dem Vakuum in Kalt- oder Warmwasserspeicher bisweilen durch Vorwärmer und Kühler auf Förderhöhen von etwa 20 bis 200 m WS. Bis 50 m WS kann die Pumpe einstufig ausgeführt werden, doch wird auch schon bei kleineren Werten die mehrstufige Ausführung angewendet, Abb. 22.

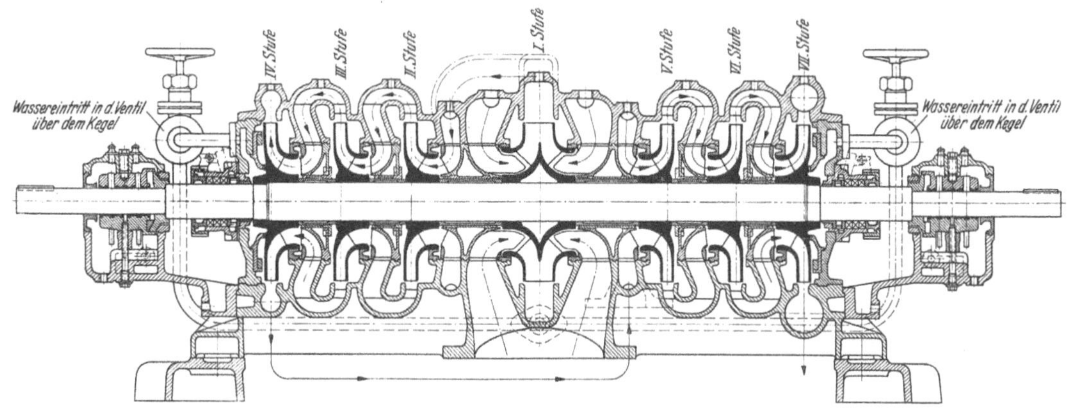

Abb. 22. Siebenstufige Kondensatpumpe,
Fördermenge max. 200 m³/h bei max. 200 m WS Förderhöhe, 1000 U/min.

Bei den Kondensatpumpen, die mit stark wechselnder Fördermenge arbeiten, ist ein Aussetzen der Pumpe so lange nicht möglich, als das Niederschlagwasser dem Pumpenlaufrad mit einer genügend großen Stauhöhe zuläuft. Die Fördermenge wächst von selbst mit der Zulaufhöhe bei wachsender Kondensatmenge; doch darf die Pumpe nicht zu knapp bemessen sein, da sie mitunter plötzlich anfallende größere Wassermengen zu bewältigen hat, ihre Förderhöhe aber bei größeren Fördermengen verhältnismäßig stark abfällt. Die Kondensatpumpen werden daher für eine Überlastungsmöglichkeit von rund 50 % ausgelegt. Ein übertriebener Leistungsüberschuß würde den Betrieb der Pumpe ungünstig beeinflussen, da sie dann zu rasch fördern und bei kleinen Kondensatmengen stoßweise arbeiten würde. Vollständig reißt die Förderung der Kondensatpumpe nicht ab — was ein Wiederauffüllen erforderlich machen würde —, weil der höchste Punkt des Saugraumes der Pumpe durch eine verhältnismäßig weite Entlüftungsleitung mit der Luftsaugeleitung verbunden ist, so daß im Saugraum immer der gleiche Unterdruck herrscht wie im Kondensator.

Ähnliche Verhältnisse liegen bei der *Strahlwasserpumpe* vor. Die Gefahr der Hohlraumbildung besteht bei Strahlwasser- und Kondensatpumpen nicht in dem Maße wie bei der Kühlwasserpumpe. Abgesehen davon, daß der Kondensatpumpe das Wasser zuläuft, ist bei beiden das Verhältnis zwischen Fördermenge und -höhe oder das Verhältnis zwischen Innen- und Außendurchmesser des Laufrades günstiger als bei den Kühlwasserpumpen für kleine Förderhöhen. Kondensat- und Strahlwasserpumpen erhalten auch bei doppelseitigem Einlauf nur *einen* Saugflansch, was besonders wegen des in der Kondensatsaugleitung herrschenden hohen Unterdruckes wichtig ist. Es ist ferner vorteilhaft, wenn bei einem Ausbau des Pumpenläufers die Saugleitung nicht vom Pumpengehäuse abgenommen werden muß.

Um eine zweite Stopfbuchse zu vermeiden, werden kleine Kondensatpumpen mit einem einseitig saugenden Laufrad versehen. Das Niederschlagwasser fließt hierbei axial in Wellenmitte zu. Die Pumpe erhält ein wassergeschmiertes Lager zwischen Laufrad und Stopfbuchse. Die Wasserzuführungen für Lager und Stopfbuchsen sind getrennt. Durch diese doppelte Sperrwasserzuführung wird ein Eindringen von Luft, was nicht nur ein stoßweises Arbeiten der Pumpe, sondern auch eine Erhöhung des Sauerstoffgehaltes des Niederschlages verursachen würde, unbedingt vermieden. Bei einstufigen Kondensatpumpen mit waagerechter Welle kann das Laufrad auf der verlängerten Welle der Antriebsmaschine angeordnet werden. Wenn Kühlwasser- und Kondensatpumpe gleiche Drehzahl haben, kann das Gehäuse der Kondensatpumpe ohne besondere Füße an das der Kühlwasserpumpe angeflanscht werden (vgl. Abb. 21). Die Strahlwasserpumpe wird oft mit einem besonderen Rade in das Gehäuse der Kühlwasserpumpe eingebaut.

In besonderen Fällen, wie z. B. häufig im Schiffsbetrieb, aber zuweilen auch in ortfesten Anlagen, sind Kühlwasser- und auch Kondensatpumpen auf lotrechter Welle zweckmäßig. Die Kühlwasserpumpe mit fliegend angeordnetem, einseitig beaufschlagtem Laufrad, Abb. 23, kann sich dann unter dem Wasserspiegel befinden. Eine möglichst tiefe Aufstellung der Kondensatpumpe ist auf Schiffen um so mehr erwünscht, als die Schiffsbewegungen die Zulaufhöhe verringern können, weshalb diese besonders reichlich zu wählen ist.

Abb. 23. AEG, Kühlwasserpumpe auf lotrechter Welle, angetrieben durch eine Getriebeturbine. Fördermenge 5400 m³/h bei 8 m WS Förderhöhe.

Welche *Antriebsart* man für die Kondensationspumpen wählen wird — Antrieb durch Elektromotor oder Dampfturbine —, entscheiden vor allem die örtlichen Verhältnisse. Rein elektrischer Antrieb setzt voraus, daß bei ausbleibendem Kraftstrom jederzeit noch andere geeignete Stromquellen zur Verfügung stehen. Sind solche vorhanden, so läßt sich bei ausbleibendem Hauptstrom die Umschaltung des Motors auf den Ersatzstrom selbsttätig gestalten. Kann man mit einem zuverlässigen Ersatzstrom nicht rechnen, so wird man mit Rücksicht auf die erforderliche Betriebsicherheit eine Dampfturbine als Antrieb vorsehen. Diese besteht in der Regel — nur ganz große Anlagen machen eine Ausnahme — aus einem einzigen Geschwindigkeitsrad. Da ihre günstigste Drehzahl wesentlich höher liegt als die der Pumpen, werden allgemein Getriebe dazwischengeschaltet. Die Hilfsturbinen arbeiten vorteilhaft mit Gegendruck. Ihr Abdampf kann für die Vorwärm- oder Aufbereitungsanlage des Kraftwerkes, zur Raumheizung oder Kohletrocknung verwendet werden.

Ob die Pumpen der Kondensationsanlage einzeln oder gemeinsam angetrieben werden, richtet sich in erster Linie nach den Raumverhältnissen im Kraftwerk. Bei *Einzelantrieb* hat man mehr Freiheit in der Raumaufteilung und in der Anordnung der Rohrleitungen. Notwendig wird der Einzelantrieb, wenn die Anlage ein getrenntes, vom Maschinenhaus weit entferntes Pumpenhaus besitzt. Auch bei Anlagen mit sehr beschränktem Raum, z. B. bei Schiffsmaschinen, ist Einzelantrieb von Vorteil. Bei *gemeinsamem Antrieb* gewinnt die Kondensationsanlage an Einfachheit und Übersichtlichkeit. Sie wird außerdem wirtschaftlicher, da die Verluste mehrerer kleiner Antriebsmaschinen größer sind als die einer Maschine größerer Leistung.

Wenn nicht besondere Gründe für rein elektrischen oder reinen Turbinenantrieb sprechen, wird man dampfelektrischen Antrieb der Kondensationshilfsmaschinen wählen und die Vorteile des einfachen und billigen elektrischen Antriebes mit der unbedingten Betriebsicherheit der Dampfturbine verbinden. Eine gebräuchliche Anordnung des Pumpensatzes ist: Kondensatpumpe — Kühlwasserpumpe — Motor — Getriebe — Turbine (vgl. Abb. 26). Im üblichen Betriebe übernimmt der Elektromotor den Antrieb, während die Turbine im Vakuum leer mitläuft. Bei Störungen am Motor oder im Stromnetz schaltet sich die Dampfturbine selbsttätig ein und hält dadurch den Kondensationsbetrieb aufrecht. Der Drehzahlregler der Hilfsturbine wird so eingestellt, daß das Dampfdrosselventil bei der Motordrehzahl geschlossen ist und bei Abfallen der Drehzahl geöffnet wird. Die nur etwas geringere Drehzahl und entsprechend kleinere Pumpenleistung bei Turbinenantrieb ist, da es sich um einen vorübergehenden Notbetrieb handelt, für die Kondensation nicht von Bedeutung. Bei diesem Betrieb leitet man den Abdampf der Hilfsturbine in den Kondensator. Von der Abdampfleitung zweigt über ein Sicherheitsventil eine Leitung ins Freie ab, die einerseits als Sicherheitsleitung, andererseits als Auspuffleitung beim Anfahren dient.

Als *Luftpumpen* in Kondensationsanlagen haben die Strahlsauger die früher üblichen Kolben-Luftpumpen und die umlaufenden Wasserstrahl-Luftpumpen vollkommen abgelöst. Ihre Vorteile sind: Einfachheit, Betriebsicherheit, niedrige Unterhaltungskosten und kleiner Raumbedarf.

Die Wirkungsweise der Strahlluftpumpen ist folgende: Dem Arbeitsmittel, Dampf oder Wasser, wird in einer oder in mehreren Treibdüsen hohe Geschwindigkeit erteilt. Von dem durch den Mischraum strömenden Strahl wird das Dampf-Luft-Gemisch aus dem Kondensator angesaugt und in den anschließenden Fangdüsen verdichtet. Der Leistungsbedarf der Strahlsauger fällt im Rahmen der Gesamtwirtschaftlichkeit der Dampfkraftanlage nicht sehr ins Gewicht, dagegen ist es für ihre Betriebsbereitschaft von besonderem Vorteil, wenn auch bei gelegentlich auftretenden zusätzlichen Undichtheiten noch ein ausreichendes Vakuum gehalten werden kann. Dies ist der Fall, wenn der Strahlsauger so bemessen wird, daß je 1 t Kondensat, bezogen auf die Nennleistung der Hauptturbine, etwa 0,75 bis 2,5 kg trockener Luft von Kondensatordruck abgesaugt werden kann, wobei der untere Wert für Turbinen großer, der obere für solche kleiner Leistung gilt. Die auf dem Prüffeld gemessene Kennlinie der Luftpumpe stellt die Abhängigkeit des geförderten Luftgewichtes vom Ansaugedruck dar. Abb. 24 zeigt als Beispiel die Kennlinie eines zweistufigen Dampfstrahl-Luftsauger.

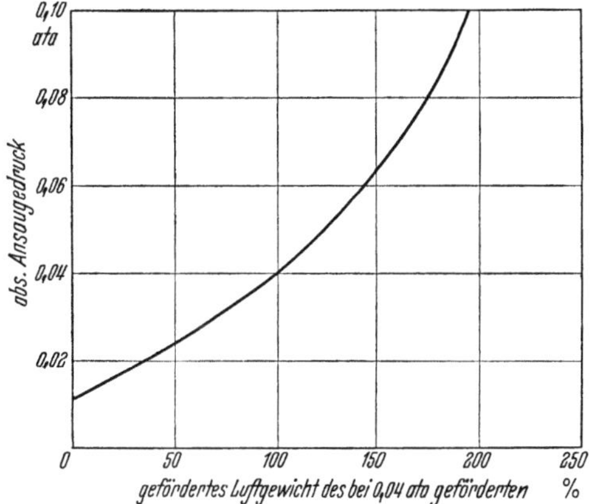

Abb. 24. Kennlinie eines zweistufigen Dampfstrahl-Luftsaugers mit Zwischenkühler bei Förderung praktisch trockener Luft.

Dampfstrahl-Luftsauger werden heute hauptsächlich verwendet. Als Treibdampf ist Sattdampf am besten geeignet, da einerseits der Wärmedurchgang vom Sattdampf zum Kühlwasser besser als vom überhitzten Dampf ist, andererseits nur eine kleine Kühlfläche zur Abführung der im Diffusor auftretenden Nachüberhitzungswärme vorzusehen ist, man also Raum und Aufwand spart. Meist wird jedoch überhitzter Dampf, wie er vom Kessel verfügbar ist, benutzt und durch Drosselventile so eingestellt, daß sich bei geringstem Dampfverbrauch größtmögliche Ansaugleistung ergibt. Beispielsweise beträgt bei Sattdampf von 10 kg/cm² Druck der Treibdampfverbrauch eines zweistufigen Dampfstrahl-Luftsaugers mit Zwischenkondensation je nach Größe der Leistung und der Höhe der Luftleere etwa 5 bis 10 kg je 1 kg Luft. Für hohe Treibdampfdrücke ausgelegte Dampfstrahl-Luftsauger arbeiten nicht mehr wirtschaftlich, da ihr Wirkungsgrad infolge der großen im Mischraum auftretenden Stoßverluste, die durch die größeren Geschwindigkeitsunterschiede zwischen Treibdampf und angesaugter Luft bedingt sind, geringer wird als bei den für niedrigere Treibdampfdrücke ausgelegten Strahlsaugern. Mit *einer*

Stufe wird ein Verdichtungsverhältnis von rund 1 : 7, d. h. bei Förderung in die Atmosphäre etwa 0,15 kg/cm², erreicht. Es werden daher zwei, mitunter auch drei Stufen hintereinander geschaltet. Abb. 25 zeigt einen Schnitt durch einen zweistufigen Dampfstrahl-Luftsauger. Die Heißdampf führenden Teile sind aus Stahlguß, die Düsen und Düsenhalter aus nichtrostendem Stahl. Die Frischdampfleitung erhält ein Dampfsieb.

Um an Verdichtungsarbeit für die zweite Stufe zu sparen, wird dem in der ersten Stufe vorverdichteten Gemisch der kondensierbare Anteil in einem Zwischenkühler größtenteils entzogen, wofür heute fast durchweg ein kleiner Oberflächenkondensator benutzt wird. Ein gleicher Kondensator wird der zweiten Stufe nachgeschaltet. Da man als Kühlwasser das Turbinenkondensat verwenden kann, läßt sich die abgegebene Wärme des Treibdampfes zum Vorwärmen des Speisewassers verwerten. Das Kondensat wird bei Vollast der Turbine um 5 bis 10° C, bei Teillast entsprechend höher erwärmt. Im ersten Zwischenkühler (Kondensatorstufe) beträgt der Druck etwa 0,2 bis 0,3 kg/cm². Das hier anfallende Kondensat kann über eine barometrische Schleife in den Hauptkondensator abgeleitet werden. Sie besteht aus einer Rohrschleife, deren einer Schenkel entsprechend dem größten Druckunterschied zwischen Haupt- und Strahlkondensator 3,5 m hoch ist. Im zweiten, nach abwärts gerichteten Schenkel

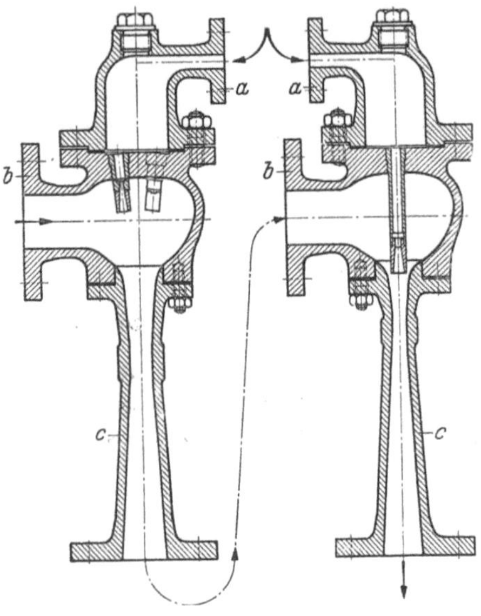

Abb. 25. AEG, Schnitt durch die beiden Strahlsauger eines zweistufigen Dampfstrahl-Luftsaugers. Links Unterdruck-, rechts Druckstufe.

a Dampfeintrittstutzen; *b* Lufteintrittstutzen; *c* Auslaufraum.

von mindestens 1,75 m Höhe stellt sich der Wasserspiegel entsprechend dem vom jeweiligen Betriebzustand abhängigen Druckunterschied zwischen Hauptkondensator und Zwischenkühler ein. Das Kondensat aus dem zweiten Zwischenkühler (Atmosphärenstufe) wird über einen Schwimmertopf ebenfalls in den Hauptkondensator geführt. Es kann auch in einen Sammelbehälter frei ablaufen. Abb. 26 zeigt ein Schaltbild eines zweistufigen Dampfstrahl-Luftsaugers.

Zum Entlüften des Dampfraumes von Kondensator und Turbine vor und während des Anfahrens wird die Atmosphärenstufe allein in Betrieb gesetzt und das Gemisch von Luft und Treibdampf über eine Auspuffklappe ins Freie geführt. Zur Überwachung ist hinter jedem Dampfdrosselventil ein Druckmesser und am Luftsauganschluß ein Unterdruckmesser vorgesehen. Ebenfalls sind die

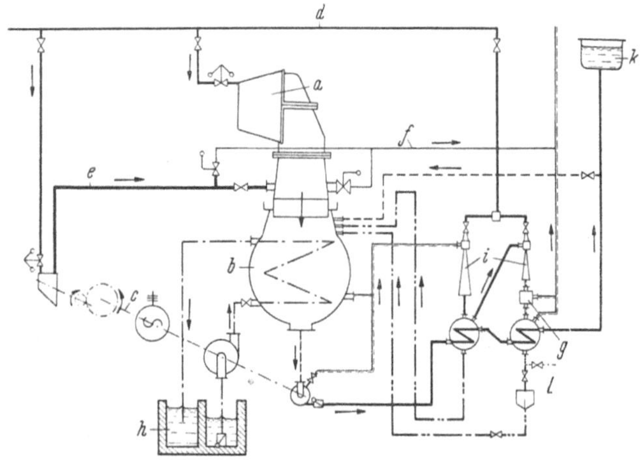

Abb. 26. Schaltbild einer Kondensationsanlage mit zweistufigem Dampfstrahl-Luftsauger.

a Turbine; *b* Kondensator; *c* Pumpensatz; *d* Frischdampfleitung; *e* Abdampfleitung; *f* Notauspuffleitung; *g* Umschaltklappe; *h* Kühlwasserzu- und -abfluß; *i* Dampfstrahl-Luftsauger; *k* Speisewasserbehälter; *l* Schwimmertopf.

Temperaturen des ein- und austretenden Kondensates und des Frischdampfes zu messen.

Wasserstrahl-Luftsauger, Abb. 27, verdichten das Dampf-Luft-Gemisch in einer Stufe auf Atmosphärendruck. Das theoretisch mögliche Vakuum, welches bei blind verflanschten Luftsaugstutzen erreicht wird, entspricht dem zur Strahlwassereintrittstemperatur gehörenden Sattdampfdruck. Die Nennleistung der Wasserstrahl-Luftsauger wird häufig für 98 % vom theoretisch möglichen Vakuum gewährleistet. Der Leistungsbedarf zum Absaugen von 1 kg/h trockener Luft ist dann rund 1,5 PS. Die Strahlwassermenge beträgt 15 bis 25 % der Kühlwassermenge des Kondensators, der Druck vor den Düsen des Strahlsaugers 20 bis 40 m WS.

Damit beim Versagen der Strahlwasserpumpe kein Strahlwasser in den Kondensator eindringen und so die Luftleere zerstören kann, wird in der Luftsaugleitung möglichst nahe am Sauger eine leicht gängige Rückschlagklappe angebracht. Als weitere Sicherheit kann zwischen Rückschlagklappe und Strahlsauger ein Belüftungsventil vorgesehen werden.

Der Wasserstrahl-Luftsauger kann bei kleinen Anlagen unmittelbar in die Kühlwasserleitung zwischen Pumpe und Kondensator eingeschaltet werden. Hinter dem Wasserstrahl-Luftsauger muß dann jedoch ein Luftabscheider angebracht sein. Besser ist die Nebeneinanderschaltung von Kondensator und Wasserstrahl-Luftsauger, da in diesem Falle die Strahlwassermenge für sich eingestellt werden kann. Das Strahlwasser wird von der Kühlwasserleitung zwischen Pumpe und

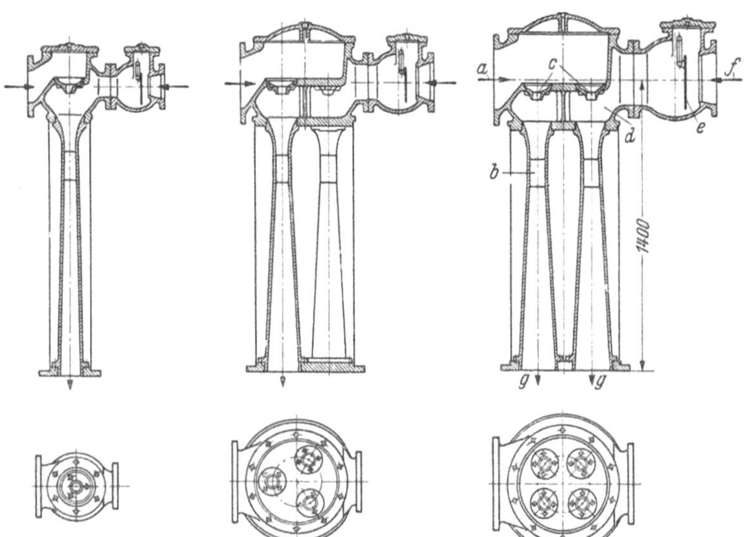

Abb. 27. AEG, Normbauarten der Wasserstrahl-Luftsauger. Angesaugte Luftmenge bei 98 % der theoretisch erreichbaren Luftleere.
3 bis 8,5 kg/h;   12,5 bis 17 kg/h;   23 bis 33 kg/h.
a Strahlwasser-Eintritt; b Diffusor; c Düse; d Mischraum; e Rückschlagklappe; f Lufteintritt; g Wasser-Luft-Gemisch-Austritt.

Kondensator abgezweigt, durchfließt den Strahlsauger und läuft in den Kühlwasserzu- oder -ablauf ab. Je nach der Druckhöhe in der Kühlwasserleitung und der Strahlwassermenge kann diese Schaltung mit oder ohne besondere Strahlwasserpumpe ausgeführt werden. Beste Anpassungsmöglichkeit an die Betriebsverhältnisse und größte Betriebssicherheit bietet jedoch erst ein vollkommen getrennter Strahlwasserkreislauf. Ist die verfügbare Wassermenge klein, so wird man das Strahlwasser in den Kühlwasserzulauf abfließen lassen. Dieser Abfluß muß aber vom Saugkorb der Kühlwasserpumpe möglichst weit entfernt liegen, damit die im Strahlwasser enthaltene Luft noch ausgeschieden wird, bevor sie in die Kühlwasserwege eindringen kann. Luft in den Kühlrohren des Kondensators vermindert den Wärmedurchgang und begünstigt die Verrottung.

Meist ist es vorteilhaft, das Strahlwasser im Kreislauf zu führen. Dies ist besonders dann geboten, wenn das Kühlwasser säure- oder schlammhaltig ist. Es wird dann ein Strahlwasserbehälter angeordnet, Abb. 28, aus welchem die Strahlwasserpumpe saugt und in den das erwärmte, lufthaltige Strahlwasser zurückfließt; es scheidet dort seine Luft ab und kühlt sich ab. Der Strahlwasserbehälter soll durch die Anordnung eines oder mehrerer Überläufe dem Wasser Gelegenheit bieten, eine große Oberfläche zu entwickeln. Eine gute Luftleere schafft der Strahlsauger nur bei niedriger Strahlwassertemperatur. Einen Teil des warmen Strahlwassers läßt man daher ständig abfließen und ersetzt ihn durch kaltes Frischwasser. Die Absperrvorrichtung in der Zusatzwasserleitung wird am besten durch einen im Behälter angebrachten Schwimmer geregelt.

Wichtig ist, daß die Strahlwasserleitung vor dem Eintritt in den Strahlsauger ein möglichst langes Stück gerade geführt wird. Vorteilhaft ist es ferner, die Strahlsauger lotrecht und hochliegend anzubringen, da dann die Wassersäule der Ablaufleitung die Saugwirkung des Strahlsaugers unterstützt. Zur Überwachung des Strahlwasserdruckes werden am Eintritt in die Pumpe und in den Strahlsauger je ein Druckmesser angebracht.

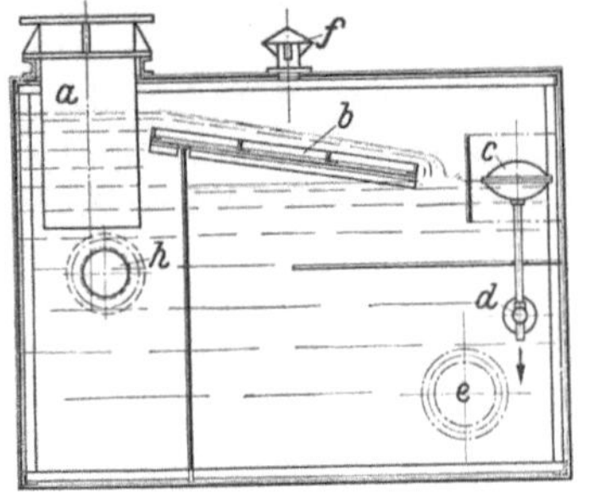

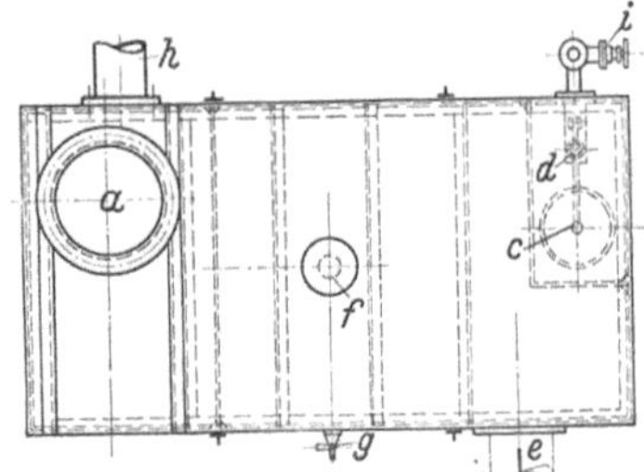

Ein Vergleich zwischen Wasserstrahl- und Dampf-strahl-Luftsauger ergibt folgendes: Da beim Dampfstrahl-Luftsauger zweistufige Bauart und besondere Kühler nötig sind, ist sein Aufbau nicht so einfach wie der des Wasser-strahl-Luftsaugers. Dagegen entfällt beim Dampfstrahl-Luftsauger eine besondere Strahlwasserpumpe, was auch beim Anfahren von Vorteil ist. Dem etwas geringeren Wirkungsgrad des Dampfstrahl-Luftsaugers stehen beim Wasserstrahl-Luftsauger zusätzliche Verluste in Pumpe und Antrieb gegenüber. Ein Nachteil des Wasserstrahl-Luftsaugers ist der unvermeidliche Kondensatverlust, ein Vorteil des Dampfstrahl-Luftsaugers die nahezu vollständige Verwertung der abgeführten Wärme zur Vorwärmung des Speisewassers.

Abb. 28.
Strahlwasserbehälter für Wasserstrahl-Luftsauger mit Kreislaufführung.
a Strahlwassereintritt; *b* Überlauf; *c* Schwimmer; *d* Zusatzwasserleitung, durch *c* gesteuert; *e* Strahlwasseraustritt zur Pumpe; *f* Entlüftung; *g* Ablaßhahn; *h* Strahlwasserablauf ins Freie; *i* Handventil in *d*.

5. Die Rohrleitungen der Kondensationsanlage.

Die Rohrleitungen müssen *allgemein* die folgenden Bedingungen erfüllen. Sie müssen vollkommen dicht, übersichtlich angeordnet und insbesondere an den Verbindungstellen leicht zugänglich sein. Ihr Baustoff muß widerstandsfähig gegen mechanische Beanspruchung und gegen Verrottung durch das in ihnen strömende Mittel sein. Sie müssen den Anforderungen der Wirtschaftlichkeit entsprechen, d. h. die einmaligen Anlagekosten und die dauernden, für Leistungsverluste durch Strömungswiderstände, für Überholungen und Instandhaltung aufzuwendenden Kosten sollen die geringsten Gesamtkosten ergeben.

Die Rohrleitungen sind so anzuordnen, daß sich Wärmedehnungen ohne schädliche Beeinflussung der anschließenden Bauteile auswirken können. In den meisten Fällen ist ein Ausgleich schon infolge des durch die örtlichen Verhältnisse bedingten, mehrfach gekrümmten Verlaufes der Leitungen gegeben. Muß eine Rohrleitung von einer Anschlußstelle zur anderen gerade verlegt werden, so sind Wellrohre oder Stopfbuchsausgleichstücke vorzusehen, wobei auf eine gute Verankerung zur Aufnahme des Rohrleitungschubes Rücksicht genommen werden muß. Die Abzweigungen sollten nie rechtwinklig, sondern unter einem spitzen Winkel anschließen. Sind mehrere Pumpen für den gleichen Zweck und für gleichzeitigen oder abwechselnden Betrieb vorgesehen, so empfiehlt es sich, jede Pumpe mit vollkommen getrennten Rohrleitungen zu versehen. Bei gemeinsamen Leitungen, vor allem gemeinsamen Saugleitungen, kommen immer wieder Störungen vor, besonders dann, wenn die eine Pumpe in Betrieb ist und die andere zugeschaltet wird. Bei gemeinsamen Leitungen wird die Betriebsicherheit auch dadurch vermindert, daß bei einem Schaden an einem gemeinsamen Strange beide Pumpen außer Tätigkeit kommen.

Rohrleitungen sind, soweit sie im Freien verlegt werden, mit einem Rostschutzanstrich zu versehen; Wasserleitungen sind außerdem gegen Frost zu schützen. Werden Wasserleitungen in der Erde verlegt, so sind sie so tief zu führen, daß sie in frostfreiem Boden liegen. Sie sind ferner mindestens durch einen heiß aufgetragenen Erdpechüberzug vor Rost zu schützen. Besser noch ist es, eine oder mehrere erdpechartige Schichten

(Naturerdpech, Erzeugnisse der Erdöl-, Steinkohlen- oder Braunkohlensiedetrennung) mit Jute- oder Wollfilzpappeumwicklung vorzusehen. Die Schutzwirkung ist in erster Linie von der Bodenbeschaffenheit abhängig. Sehr wichtig ist, daß der Schutzüberzug bei der Beförderung und beim Verlegen der Rohre nicht beschädigt wird. Ausnehmungen und Schächte, in denen Rohrleitungen verlegt werden sollen, müssen so große Abmessungen haben, daß ihre Flanschen vom Boden und von den Seitenwänden weit genug entfernt sind, damit man bei etwaigen Undichtheiten alle Schraubenmuttern leicht nachziehen kann.

Zwecks besserer Übersichtlichkeit sind je nach dem in den Rohren strömenden Mittel verschiedene Kennfarben anzubringen (nach DIN 2403). Die Leitungen werden mit der Kennfarbe entweder in ihrer ganzen Länge gestrichen oder nur durch Pfeile, Streifen, Schilder u. dgl. gekennzeichnet.

Alle häufig oder auch nur von Zeit zu Zeit zu betätigenden Absperrvorrichtungen müssen zugänglich sein. Leicht zu erreichende Schieber erhalten je nach ihrer Größe ein einfaches oder ein mit einem Vorgelege versehenes Handrad. Hochliegende Schieber werden mit Kettenradantrieb versehen oder erhalten eine von einem Säulenständer aus bedienbare Antriebsvorrichtung. Große Schieber, die von Hand nur schwer betätigt werden können, erhalten Motorantrieb und dann meistens auch Fernbetätigung; durch farbige Lampen kann angezeigt werden, ob die Absperrvorrichtung geöffnet oder geschlossen ist. Für den Fall, daß der Motor versagt, ist stets auch Handbetätigung möglich. Abb. 29 zeigt den Rohrplan einer Kondensationsanlage mit Dampfstrahl-Luftsauger.

Bei einwandfreier Beschaffenheit des Wassers verwendet man für die *Kühlwasserleitung* meistens Stahlrohre, die durch elektrische oder Gasschweißung hergestellt sind. Die Rohrverbindungen bestehen aus Bordringen mit losen Flanschen. Diese haben den Vorteil, daß sie in jede beliebige Lage gedreht werden können, wodurch der Zusammenbau sehr erleichtert wird. Bei Seewasser werden gußeiserne Rohre mit Formstücken verwendet.

Bei Stahlrohrleitungen werden in den geraden Strängen Paßrohre vorgesehen, die länger als voraussichtlich nötig und mit offener Rundnaht geliefert werden, damit die beim Zusammenbau unvermeidlichen Unterschiede zwischen Rohrplan und örtlichen Verhältnissen ausgeglichen werden können. Bei gußeisernen Rohrleitungen werden Zwischenringe mitgeliefert, die gekürzt werden können. Als Flanschendichtung werden Flachgummiringe verwendet. Vierkantgummiringe sind dort vorteilhaft, wo eine geringe Nachgiebigkeit der Rohrleitung nötig ist. Die Rohre erhalten innen und außen Rostschutzanstrich.

Fließt das Kühlwasser der Pumpe nicht zu, so ist eine selbsttätige Absperrvorrichtung am Saugkorb erforderlich. Da aber mit vollkommen dichtem Abschluß dieser (Ventil, Gummi-, Leder- oder Metallklappe) nicht gerechnet werden kann, so ist für die Pumpe außerdem noch eine Auffülleitung vorzusehen, mittels welcher vor dem Anfahren Saugleitung und Pumpengehäuse gefüllt werden. Statt der Auffülleitung kann man auch einen Dampfstrahl-Luftsauger vorsehen, welcher die Luft aus der Kühlwasserleitung entfernt und dadurch das Wasser in der Saugleitung hochzieht. Saugleitungen müssen stetig steigend verlegt sein, so daß keine Luftsäcke entstehen, die ein Abreißen der Pumpe verursachen können. In der Druckleitung sind die Wasserkammern des Kondensators, alle Luftsäcke bildenden Teile des Pumpengehäuses und allgemein alle höchsten Stellen von Leitungen mit Entlüftungshähnen zu versehen, damit angesammelte Luft entfernt werden kann. Zwischen Pumpe und Kondensator wird stets ein Schieber angeordnet, zweckmäßig mit waagerechter Spindel, um Luftansammlungen in der Schieberhaube zu vermeiden. Dieser Schieber wird kurz vor dem Abstellen der Pumpe geschlossen, damit während der Betriebstillstände die Druckleitung gefüllt bleibt. Er bleibt beim Anfahren zunächst geschlossen und wird dann allmählich geöffnet. Arbeiten mehrere Pumpen auf das gleiche Netz, so muß Vorsorge getroffen werden, daß bei Ausfall des Antriebes einer Pumpe diese nicht rückwärts läuft. Fußventile in der

Saugleitung, Rückschlagklappen oder Schieber mit selbsttätigem elektrischem Antrieb und kurzer Schließzeit sind hierfür geeignete Mittel. An den Wasserraum des Kondensators wird ein Ablaßschieber angeschlossen, damit Kondensator und Druckleitung vor einer Reinigung entleert werden können.

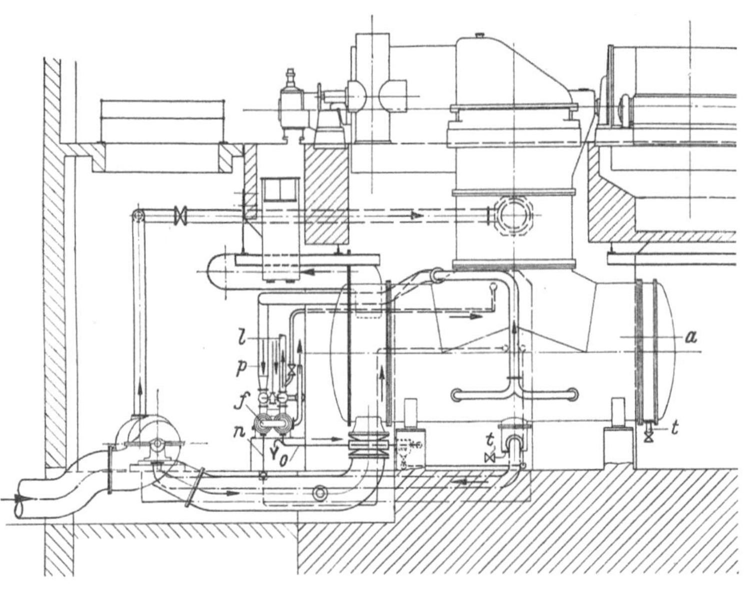

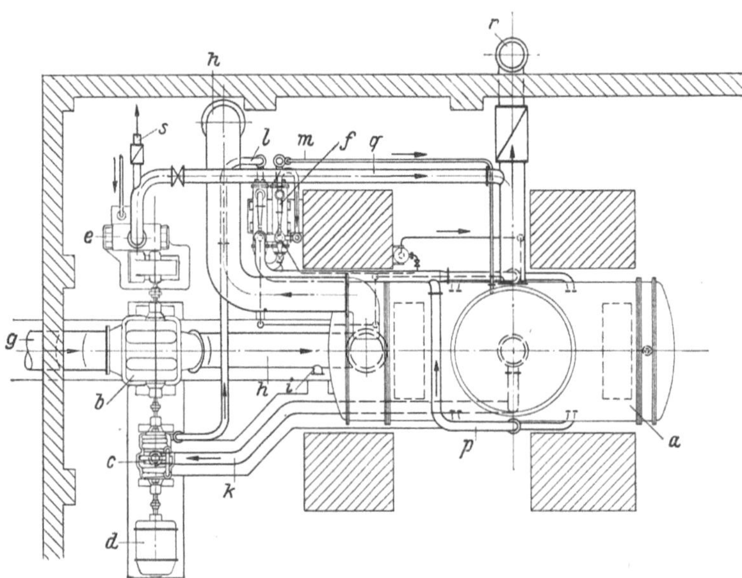

Abb. 29. Rohrplan einer Kondensationsanlage mit Dampfstrahl-Luftsauger.

a Kondensator; *b* Kühlwasserpumpe; *c* Kondensatpumpe; *d* Motor; *e* Hilfsturbine; *f* Dampfstrahl-Luftsauger; *g* Kühlwassersaugleitung; *h* Kühlwasserdruckleitung für Kondensator; *i* Kühlwasserdruckleitung für Luft- und Ölkühler; *k* Kondensatsaugleitung; *l* Kondensatdruckleitung; *m* Kondensatumlaufleitung; *n* Barométrische Rohrschleife; *o* Entleerung der Atmosphärenstufe; *p* Luftsaugleitung; *q* Abdampfleitung der Hilfsturbine; *r* Auspuffleitung der Hauptturbine; *s* Auspuffleitung der Hilfsturbine; *t* Entleerungsleitung.

In der Regel werden von der Kühlwasserdruckleitung des Kondensators auch die Ölkühler und die Luftrückkühler des Stromerzeugers mit Kühlwasser versorgt. Ihre Höhenlage und ihr Durchflußwiderstand sind dabei zu berücksichtigen, besonders bei Kraftschluß, da es sonst vorkommen kann, daß diese Kühler nicht genügend Wasser erhalten. Die Abzweigungen müssen in Strömungsrichtung verlaufen. Zur Reglung der Kühlwassermenge sind Absperrschieber, an den höchsten Stellen der Kühler sind Entlüftungshähne vorzusehen.

Anschlüsse an eine Werkwasserleitung sichern den Betrieb der Kühler auch bei Versagen der Kühlwasserpumpe und erhöhen dadurch die Betriebsicherheit der Anlage.

Kondensatleitungen bestehen aus nahtlosen oder geschweißten Stahlrohren. In der Saugleitung sind Flanschverbindungen möglichst zu vermeiden. Man kann sie durch Verschweißen der einzelnen Rohrstränge ersetzen, wobei die Schweißnaht vollkommen dicht sein muß. Etwa notwendige Schieber werden mit Wassertassen an den Stopfbuchsen versehen, die ständig mit Kondensat zu bewässern und aufmerksam zu überwachen sind. Bei Verwendung von zwei Kondensatpumpen für einen Kondensator erhält jede ihre eigene Saugleitung. Wenn nur eine von ihnen in Betrieb ist, empfiehlt es sich, die andere durch zeitweises Öffnen der Auffülleitung unter Wasser zu halten, weil die Schieber mitunter nicht vollkommen dicht sind und dann Luft in die Saugleitung der in Betrieb befindlichen Pumpe eindringen würde.

Das Niederschlagwasser muß der Pumpe zulaufen. Zu diesem Zweck muß im Saugraum der Pumpe Unterdruck vorhanden sein. Er wird daher durch eine zur Entlüftung dienende Leitung mit der Luftsaugleitung des Strahlsaugers verbunden. Außerdem muß die Kondensatpumpe tiefer stehen als der Kondensator. Bei guten Pumpen beträgt die lotrechte Entfernung zwischen Kondensatorunterkante und Pumpenmitte etwa 0,5 m; je nach der Bauart der Pumpe kommen Abweichungen nach oben oder unten vor. Die Kondensatsaugleitung muß mit stetigem Gefälle zur Pumpe verlegt sein und darf keine weiteren Anschlüsse besitzen. Die Höhe des Kondensates im Kondensator kann an einem Wasserstandanzeiger abgelesen werden, einem zwischen zwei Hahnköpfen eingesetzten Glasrohr. Zum Ablassen des Niederschlages vor längerem Stillstand ist der Kondensator mit einem Ablaßhahn versehen, der auch zum Auffüllen und Entleeren des Dampfraumes für die Dichtheitsprobe dient.

Stetige Kondensatförderung verlangt einen möglichst gleichbleibenden Kondensatspiegel im Kondensator. Deshalb wird eine Kondensatumlaufleitung angebracht, welche die Kondensatdruckleitung mit dem Kondensator verbindet und bei zu niedrigem Kondensatstand durch ein Ventil geöffnet wird. Besonders bei Entnahmemaschinen, bei denen unter Umständen nur sehr wenig Dampf in den Kondensator gelangt, ist eine den Betriebsverhältnissen sich anpassende Reglung des Kondensatstandes notwendig. Das geschieht am besten durch eine selbsttätig wirkende Regelvorrichtung, für die es verschiedene Ausführungsformen gibt.

Ein Beispiel einer Kondensatstandreglung zeigt Abb. 30. Mit sinkendem Wasserstand im Kondensator geht nach Unterschreiten einer von der Bauart der Pumpe abhängigen Zulaufhöhe die Fördermenge der Kondensatpumpe zurück. Eine Rückschlagklappe *b* in der lotrechten Druckleitung steuert gegenläufig einen Hohlschieber *c*, der so viel Kondensat über die Umlaufleitung *d* in den Kondensator zurückführt, daß die Pumpe ihre Förderung nicht unterbricht. Bei geschlossener Rückschlagklappe, also bei sehr geringer Förderung, wird

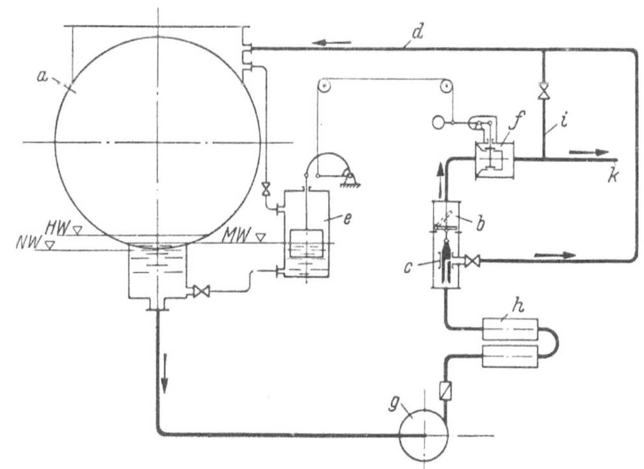

Abb. 30. Kondensatreglung mit gesteuerter Rückschlagklappe und HANNEMANN-Wasserstandsregler.

a Kondensator; *b* Rückschlagklappe; *c* Steuerschieber; *d* Umlaufleitung; *e* Schwimmer; *f* Drosselventil in der Kondensatdruckleitung; *g* Kondensatpumpe; *h* Dampfstrahl-Luftsauger; *i* Fülleitung; *k* Leitung zum Vorwärmer.

die gesamte Fördermenge zurückgeführt, bei steigender Fördermenge öffnet die Rückschlagklappe, der Hohlschieber drosselt die Umlaufleitung und sperrt sie bei weiterem
Öffnen der Rückschlagklappe ab. Durch Anordnung dieses Umlaufreglers hinter dem
Dampfstrahl-Luftsauger erhält dieser beim Anfahren und bei geringem Kondensatanfall
genügend Kühlwasser zum Niederschlagen des Treibdampfes.

Beim Anfahren wird die Kondensatpumpe durch eine oberhalb der Rückschlagklappe an die Kondensatdruckleitung angeschlossene Fülleitung i über die Umlaufleitung und den Kondensator aufgefüllt. Wird genaueres Einhalten des Wasserstandes
verlangt, so kann dies durch zusätzliches Drosseln der Druckleitung erreicht werden.
Die Abbildung zeigt einen hinter dem Umlaufregler eingebauten HANNEMANN-Ablauf-
regler. Bei geringem Unterschreiten des Normwasserstandes wird das Drosselventil f
in der Druckleitung mit Hilfe des Schwimmers e geschlossen und die gesamte Fördermenge über die Umlaufleitung in den Kondensator zurückgeführt.

Damit das in der Kondensatdruckleitung befindliche Kondensat bei Stillstand
nicht in den Kondensator zurückläuft, wird am Druckstutzen der Kondensatpumpe
eine Rückschlagklappe angeordnet. Sie hält zugleich in der Kondensatdruckleitung
etwa auftretende Stöße von der Pumpe fern.

Zur Bewässerung der Stopfbuchsen der Kondensatpumpe wird Wasser aus dem
Druckraum der Pumpe verwendet. Dazu ist es nötig, daß die Pumpe auf 5 bis 6 m
fördert. Ist diese Förderhöhe nicht vorhanden, so kann sie z. B. durch eine Gewicht-
belastung der Rückschlagklappe geschaffen werden. Auch Drosselscheiben können zu
diesem Zweck verwendet werden.

Liegt der Kondensatsammelbehälter tiefer als die Pumpe, so kann in der Kondensatleitung Kraftschluß entstehen. Um das zu vermeiden, wird in der Druckleitung
ein Zwischenbehälter mit Überlauf in entsprechender Höhe angeordnet.

Die Anschlüsse der *Luftsaugleitung* am Kondensator, d. h. die Luftsaugstutzen,
sollen nicht zu tief angebracht sein, da sonst die Gefahr besteht, daß der Strahlsauger
durch das Ansteigen des Kondensates außer Tätigkeit gesetzt wird. Die einzelnen Stutzen
werden zunächst untereinander so verbunden, daß die Strömungswiderstände möglichst
klein bleiben, und dann mit einer gemeinsamen Leitung von reichlichem Querschnitt
an den Strahlsauger angeschlossen. Absperrvorrichtungen in dieser Leitung werden
wegen der damit verbundenen Undichtheitsmöglichkeiten besser vermieden.

Für größere Kondensationsanlagen und größere Ansaugeleistungen können mehrere
Strahlsauger mit besonderen Saugstutzen am Hauptkondensator nebeneinander geschaltet werden.

Für den Dampfraum der Kondensatoren ist üblicherweise ein höchster innerer
Überdruck von etwa 1,5 at zulässig (gleich Probedruck des Kondensatormantels). Die
Dichtungen vertragen kaum Temperaturen über 100° C. Auch der Abdampfstutzen der
Turbine ist weder für hohe Drücke noch für hohe Temperaturen geeignet. Als Schutz
gegen unzulässigen Druck- und somit Temperaturanstieg im Abdampfraum wird ein
selbsttätig wirkendes Notauspuffventil vorgesehen. Die *Auspuffleitung* zweigt an der
Verbindung zwischen Kondensator und Turbine, bei Platzmangel auch am oberen Teil
des Kondensatormantels ab, führt zum Notauspuffventil und von da ins Freie. Dessen
Ventilkegel wird durch schwachen Federdruck oder besser noch durch das Eigengewicht
und den Unterdruck auf seinen Sitz gedrückt, Abb. 31. Gute Dichtung der Sitzflächen
ist unerläßlich, um ein Absinken der Luftleere zu vermeiden. Zu empfehlen sind Ventile
mit einem den Sitz umgebenden, erhöhten Rande, in welchem sich Niederschlagwasser
ansammelt und dadurch einen einfachen und wirkungsvollen Wasserverschluß bildet.
Zur Beobachtung dieses Wasserverschlusses kann ein Wasserstandsanzeiger am Ventil
vorgesehen werden. Auch eine dauernde Fremdbewässerung des Ventiltellers mit Kondensat wird bisweilen ausgeführt. Bei geringem Überdruck im Kondensator wird die Ventil-
belastung aufgehoben, das Ventil öffnet sich und läßt den Abdampf ins Freie treten.
Ein Handrad gestattet zwangsweises Öffnen und Offenhalten des Ventiles. Es ist zu

beachten, daß dieses Ventil gut zugänglich angebracht wird, da es bei einer Überprüfung der Kondensationsanlage gleichfalls überprüft werden muß. Bei großen Auspuffventilen ist es zu empfehlen, oberhalb dieser eine mit Riffelblech abgedeckte Deckenöffnung vorzusehen, damit man mit dem Kran an das Ventil herankann. Muß das Ventil tiefer als seine Anschlußstelle verlegt werden, so ist die tiefste Stelle des Raumes zwischen Kondensator und Ventil durch eine Leitung nach dem Kondensator zu entwässern.

Um mit einer kleineren Auspuffleitung auszukommen und gleichzeitig eine weitere Sicherheit zu schaffen, kann die Schnellschlußauslösung der Hauptturbine vom Druck im Kondensator abhängig gemacht werden. Eine mechanisch oder elektrisch betätigte Sicherheitsvorrichtung sorgt in diesem Falle dafür, daß der Schnellschluß bei etwa 0,5 at Überdruck im Kondensator schließt.

Alle in den Kondensator mündenden Dampf- und Entwässerungsleitungen müssen so angeschlossen sein, daß der Strahl nicht unmittelbar auf die Kühlrohre trifft. Wenn nötig, ist ein Prallschutz anzubringen, um die Kühlrohre vor Erosion zu schützen.

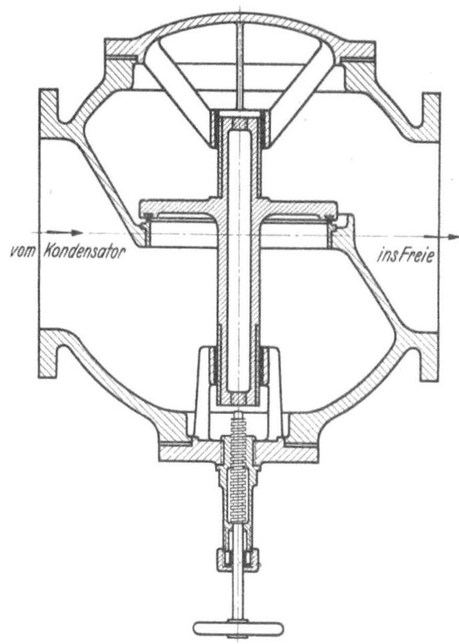

Abb. 31. Notauspuffventil für Oberflächenkondensator.

6. Die Bauteile der Axialturbinen.

Die Unterschiede der hauptsächlichen *Bauarten*, Arbeitsverfahren (Gleichdruck- und Überdruckwirkung) und Sonderausführungen für Industriekraftwerke kennzeichnen die folgenden Längsschnittzeichnungen neuerer Turbinen. Abb. 32 zeigt eine eingehäusige

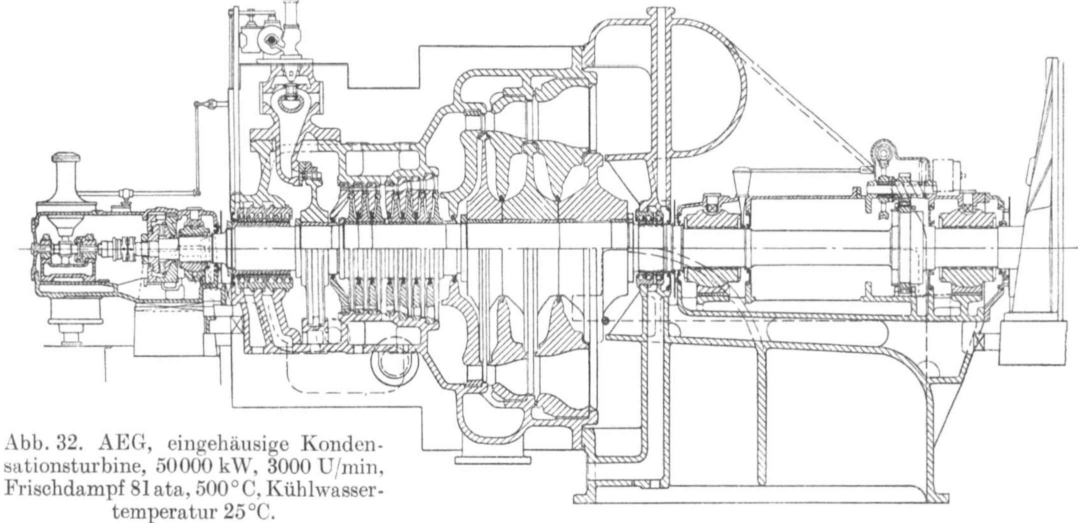

Abb. 32. AEG, eingehäusige Kondensationsturbine, 50000 kW, 3000 U/min, Frischdampf 81 ata, 500° C, Kühlwassertemperatur 25°C.

Kondensationsturbine für 50 000 kW bei 3000 U/min in *Gleichdruck*bauart, Abb. 33[5] eine zweigehäusige im Niederdruckteil dreiflutige Kondensationsturbine für 100 000 kW bei 3600 U/min in *Gleichdruck*bauart. Abb. 34[6] stellt eine eingehäusige Vorschalt-*Gegen*

---

[5] Nach Power Generating Jg. 53 (1949) S. 66/73 Abb. 7.
[6] Nach BBC-Nachr. Bd. 37 (1950) S. 32 Abb. 7.

druckturbine in *Überdruck*bauart dar. Abb. 35 ist eine eingehäusige Überdruck-*Ent-nahme-Kondensationsturbine* für 4120 kW. Abb. 36 zeigt eine zweigehäusige Doppel-Entnahmeturbine für 31 000 kW bei 3600 U/min. Reine Überdruckturbinen sind heute überaus selten und für Industrieturbinen insbesondere nicht zweckmäßig.

Lagerböcke und Gehäusefüße ortfester Turbinen ruhen allgemein auf *Grund-platten* und sind mit diesen entweder fest verschraubt, wenn sie einen Festpunkt der

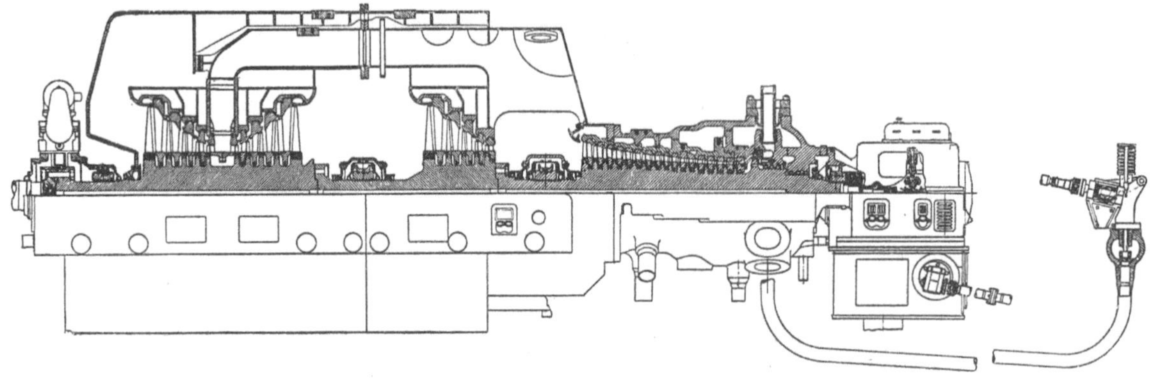

Abb. 33. GEC, zweigehäusige, im Niederdruckteil dreiflutige Kondensationsturbine, 100000 kW, 3600 U/min.[5]

Turbinenanlage bilden, oder auf ihnen gleitend geführt, damit Wärmedehnungen un-behindert erfolgen. Durchgehende Grundplatten, auf denen alle Teile eines Turbo-satzes ruhen, wendet man heute nur bei Turbinen kleiner Leistung an. Für größere Maschinen werden durchgehende Grundplatten aus einem Stück groß und schwer, überdies können sie sich leicht verziehen. Ein genaues Ausrichten der Maschine ist hierbei somit schwieriger. In der Regel erhält bei größeren Anlagen daher jedes Tur-

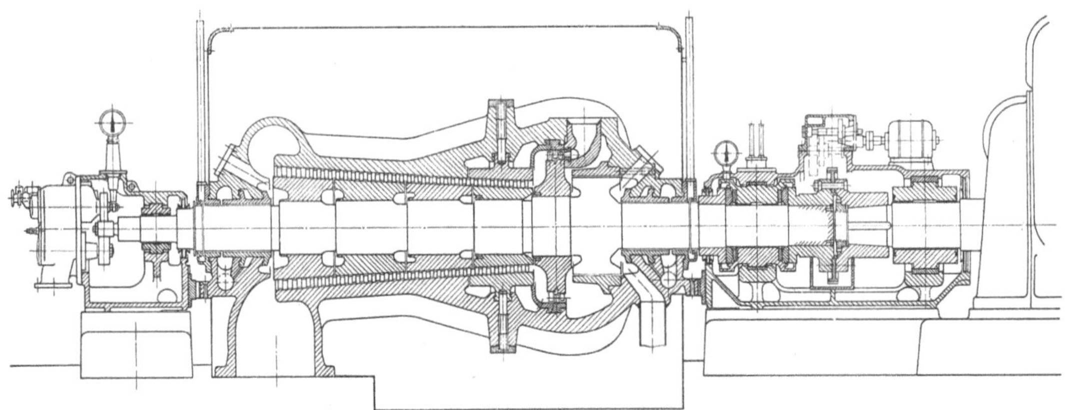

Abb. 34. BBC, eingehäusige Vorschalt-Gegendruckturbine, 24500 kW, 3000 U/min, Frischdampf 146/151 ata, 500°C, Gegendruck 23 ata.[6]

binenlager eine Grundplatte für sich. Wo große Grundplatten verwendet werden müssen, wie z. B. bei Stromerzeugern großer Leistung, werden sie in mehreren Teilen hergestellt und diese dann miteinander verschraubt.

Für den ruhigen Lauf der Turbine ist es vorteilhaft, den Abstand der Wellenmitte vom Fundament klein zu halten; Fliehkräfte und Wärmedehnungskräfte wirken dann an einem kleineren Hebelarm als bei großer Bauhöhe, die Momente werden also kleiner. Diese Forderung bedingt, daß die Grundplatte ebenfalls so niedrig wie möglich ist. Mitunter geht man darin so weit, daß nur Auflageplatten aus Flacheisen angewendet werden. Der Ausgleich verschiedener Fußhöhen der Lagerböcke, die Möglichkeit, an der Grundplatte Ölleitungen, Böckchen für das Schnellschlußgestänge u. dgl. zu befestigen, ferner das Bestreben, der Maschine ein gefälliges Aussehen zu geben, bedingen allerdings eine gewisse Höhe der Grundplatten. Die Platte selbst kann gegossen oder aus Formeisen und Blech geschweißt hergestellt werden.

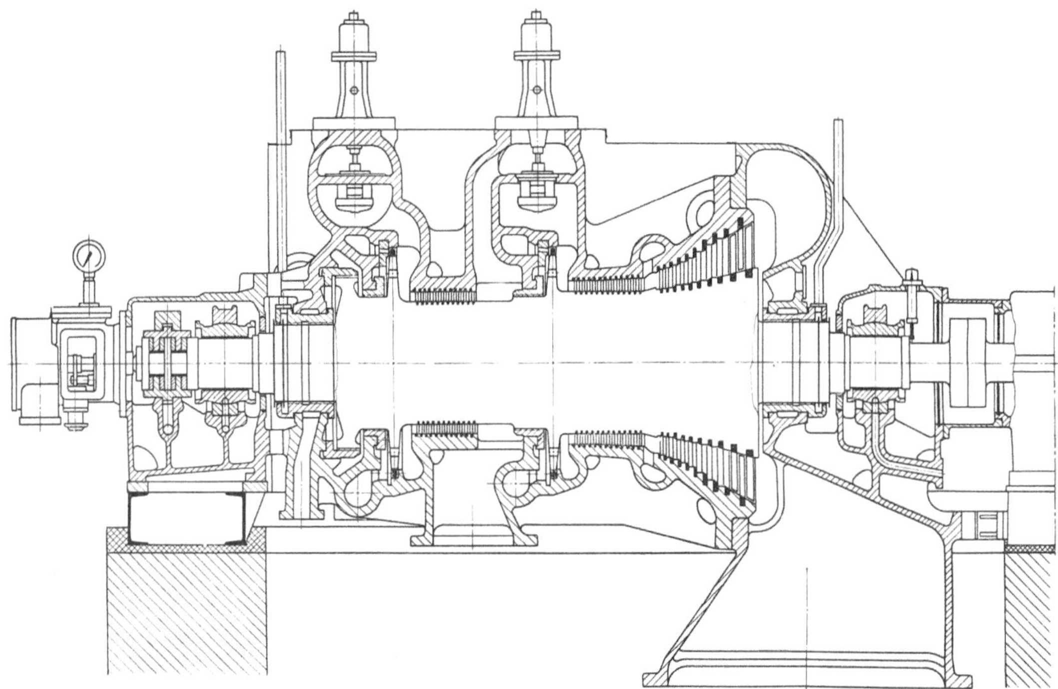

Abb. 35. SSW, eingehäusige Entnahme-Kondensationsturbine, 4120 kW, 3000 U/min.

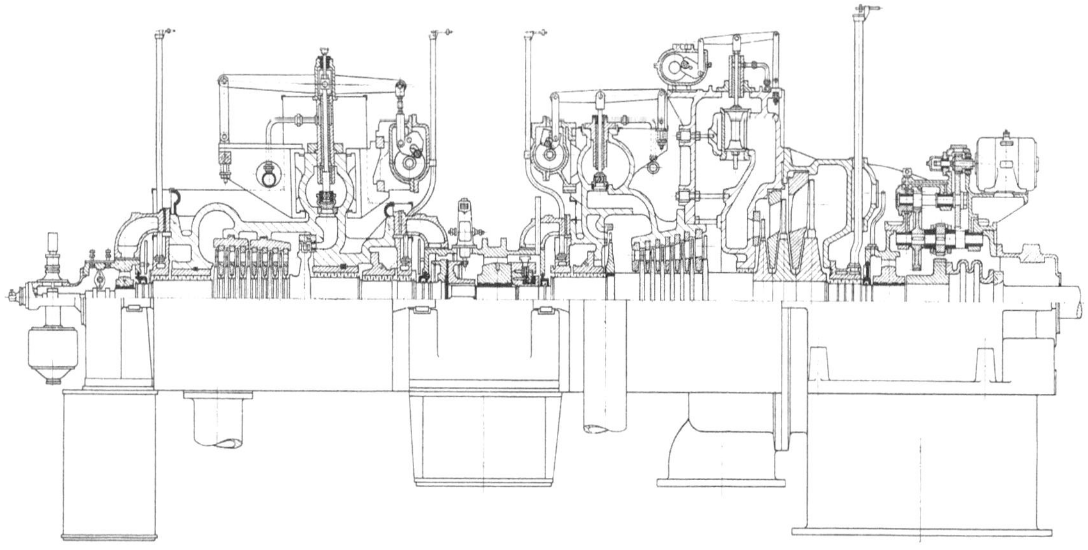

Abb. 36. BTH, Doppel-Entnahme-Kondensationsturbine, 31000 kW, 3600 U/min, Frischdampf 57 ata, 425° C, Entnahme 0 bis 109 t/h bei 13,3 ata und 0 bis 140 t/h bei 1,84 ata.

Mit dem Fundament ist die Grundplatte durch Anker oder Steinschrauben verbunden. Die Verankerung besteht aus den Ankerbolzen mit zugehörigen Muttern und den Ankerplatten. Für die Ankerbolzen werden Aussparungen im Fundament vorgesehen. Die Ankerplatten liegen auf der Unterseite der Balken oder in Aussparungen der Wangen

3a

der Fundamente. Wegen der oft beträchtlichen Länge der Bolzen muß es möglich sein, sie beim Anziehen der Muttern in deren Nähe festzuhalten und an der Drehung zu verhindern, da sonst die Bolzen verdreht werden und die Muttern nicht festzuziehen sind. Zum Festhalten werden die Bolzen mit je zwei parallelen Flächen am oberen Ende versehen. Steinschrauben sollten nur dort verwendet werden, wo eine Verankerung nicht möglich ist oder wo keine oder nur geringe Zugkräfte auftreten. Ihr sicherer Halt ist sehr von der Güte ihres Einbaues abhängig.

Das *Gehäuse* einer Turbine hat einerseits ihren eigentlich wirksamen Teil, d. i. den Läufer und die dazugehörigen Leitvorrichtungen, nach außen dampfdicht abzuschließen und vor Wärmeabstrahlung zu schützen, andererseits als Träger der Einbauten (Düsen, Leitvorrichtungen, Stopfbuchsen) zu dienen. Ersteres erfordert vom Gehäuse die nötige Steifigkeit, also Ausbildung als Behälter unter innerem Überdruck, letzteres Gleichmäßigkeit der Wärmedehnungen, damit nicht Verformungen die Lage der feststehenden Bauteile so verändern, daß der Läufer zum Anstreifen kommt. Die Gehäuse sind allgemein in Höhe der Wellenmitte waagerecht geteilt, damit Zusammenbau und Auseinandernehmen der Turbinen leicht und rasch durchführbar sind. Nebst dieser Teilung werden nur dann weitere, senkrecht dazu verlaufende Teilfugen vorgesehen, wenn der Ober- oder der Unterteil des Gehäuses ungefügig groß würde oder verschiedene Baustoffe verwendet werden, wie Stahlguß für den HD-Teil und Gußeisen für die Teile mittleren und niedrigen Druckes.

Das Temperaturgefälle, dem das Gehäuse ausgesetzt ist, hängt von dem Aufbau der Turbine ab. Bei Überdruckturbinen mit reiner Drosselreglung tritt der Frischdampf unmittelbar in das Gehäuse, bei allen anderen Bauarten aber, sofern sich als Regelstufe ein Gleichdruckrad vorfindet und besondere Einströmkammern (Düsenkästen) vorgesehen sind, wird der Frischdampf, bevor er in das Turbinengehäuse eintritt, in den Düsen der ersten Stufe bereits zu einem gewissen Teil entspannt. Für das Gehäuse selbst und die Auswahl seines Baustoffes ist dann nur der Druck und die Temperatur des Dampfes in der ersten Stufe maßgebend. Wo hohe Drücke und besonders hohe Temperaturen zu verarbeiten sind, wird man daher entweder auf kleine Abmessungen für das Gebiet der hohen Drücke und Temperaturen übergehen (Teilung der Turbine in Teilturbinen mit kleinem HD-Gehäuse) oder aber, wenn die Rücksicht auf den Gesamtwirkungsgrad es zuläßt, bereits in der Regelstufe den Dampf auf mäßigen Druck und mäßige Temperatur herunterarbeiten und die Frischdampf führenden Einströmteile in das Gehäuse besonders einsetzen.

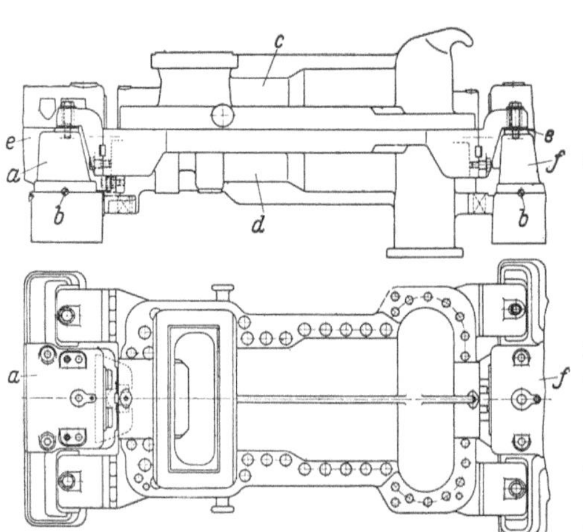

Abb. 37. AEG, Verbindung des Gehäuses einer HD-Turbine mit den Lagerböcken.

a vorderer Lagerbock; *b* Festpunkt; *c* Gehäuseoberteil; *d* Gehäuseunterteil; *e* waagerechte Gleitführung; *f* hinterer Lagerbock.

Eine der wichtigsten Forderungen ist, daß sich das Gehäuse bei der Erwärmung unbehindert dehnen kann und die Ausrichtung der Maschine im Betriebe nicht gefährdet wird. Dieser Forderung müssen auch die Verbindungen zwischen Gehäuse und Lagerböcken nachkommen. Die bekannteste, einfachste und für mittlere Dampfverhältnisse vollkommen ausreichende Verbindungsart ist die durch Halbringflächen am Gehäuseunterteil und am Lagerbock, die mittels zweier waagerechter Führungskeile nahe der waagerechten Teilfuge und eines lotrechten unten am Gehäuse Wärmedehnungen ungefähr radial von der Mitte aus zuläßt. Bei sehr hohen

Betriebstemperaturen ist es zweckmäßig, Gehäuse oder Gehäuseteile mit Pratzen genau in Höhe der Wellenmitte auf den Lagerböcken zu lagern, Abb. 37, wodurch eine allseitige Wärmedehnung unter vollkommener Einhaltung der mittengleichen Lage von Gehäuse und Läufer möglich wird. Bei HD-Teilturbinen und Gegendruckturbinen werden daher solche Tragpratzen sowohl auf der Einström- als auch auf der Ausströmseite angeordnet, während sie bei mäßigen und niedrigeren Dampftemperaturen nur auf der Einströmseite vorgesehen zu werden brauchen. Da die Pratzen auf den Lagerböcken gleiten müssen oder entsprechend der Art der Befestigung auch der ganze Lagerbock auf seiner Grundplatte sich verschieben muß, ist geringe Fußhöhe des Lagerbockes auch aus diesem Grunde vorteilhaft.

Die Wärmedehnungen der Gehäuse in axialer Richtung werden durch entsprechende Wahl der Festpunkte und Gleitverbindungen berücksichtigt, wie durch Abb. 38[7] veranschaulicht wird. Das ND-Gehäuse ist durch Keile in der Mittelebene $(g - h)$ und senkrecht dazu $(e - f)$ in der Dehnungsrichtung nachgiebigen Widerlagern i und k

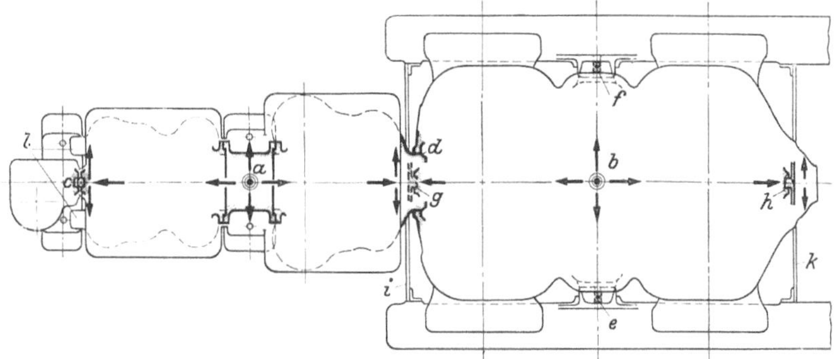

Abb. 38. BBC, Anordnung der Festpunkte und Gleitverbindungen an einer dreigehäusigen Kondensationsturbine, 85000 kW, 1500 U/min.[7]

a Festpunkt für HD- und MD-Gehäuse und -Läufer; *b* Festpunkt für ND-Gehäuse; *c, e, f, g, h* Führungskeile; *d* Gleitführung zwischen MD- und ND-Gehäuse; *i, k* nachgiebige Widerlager für *g* und *h*; *l* Tragpratzen des HD-Gehäuses.

geführt. Die ND-Welle ist im linksseitigen Lager axial festgelegt. HD- und MD-Gehäuse und -Welle erhalten einen gemeinsamen, das Zwischenlager festhaltenden Festpunkt bei a.

Bei großen Kondensationsturbinen erfordern Formgebung und Bemessung der Abdampfgehäuse besondere Sorgfalt. Diese sind einerseits durch den äußeren Luftdruck, andererseits durch einen Teil des Gewichtes der Läufer der Turbine und des Stromerzeugers beansprucht, da deren Lager entweder in das Turbinengehäuse eingegossen oder in dieses mittels Schraubenverbindung eingehängt sind. Die Abdampfgehäuse sind in der Regel durch kräftige Füße auf Grundplatte und Fundament abgestützt. Insbesondere bei großen Abmessungen ist darauf zu achten, daß der Abstand dieser Füße voneinander nicht zu groß ist, da sich sonst die am Abdampfgehäuse angeordneten Lager im Betriebe, wenn Wärmeverformung und innerer Unterdruck sich auswirken, gegenüber dem Zustand bei stillstehender und kalter Maschine verlagern, was unruhigen Lauf zur Folge haben kann.

Auch die übrigen Einbauten der Gehäuse, wie Stopfbuchsen und Düsendeckel, müssen im Gehäuse derart befestigt sein, daß sie im Betriebe einerseits ihre mittengleiche Einstellung beibehalten, andererseits durch ihre Wärmedehnung das Gehäuse nicht verspannen. Die Düsendeckel sind daher mit genügendem Spiel im Gehäuse vermittels seitlicher, in Teilfugenhöhe angebrachter Knaggen oder Nasen aufzuhängen oder abzustützen, die oberen Hälften überdies so, daß sie beim Abheben des Gehäuseoberteiles mit diesem abgehoben werden. Ferner erhalten die einzelnen Deckelhälften meist noch im oberen und im unteren Scheitelpunkt Führungen.

---

[7] Nach S. 33, Abb. 20a, in: Gesamtbericht Zweite Weltkraftkonferenz, Bd. 5. Berlin: VDI-Verlag 1930.

Um eine möglichst gleichmäßige Wärmedehnung der Gehäuse zu gewährleisten, sind auch die Verhältnisse beim Anfahren, bei Teil- und Höchstlastbetrieb zu berücksichtigen. So ist es nicht gleichgültig, in welcher Reihenfolge die einzelnen Düsengruppen nacheinander beaufschlagt werden, weil unter Umständen das ganze Gehäuse einseitig erwärmt wird und sich dadurch unzulässig verziehen kann. Auch können durch zu große Dehnungsunterschiede die Teilfugen undicht werden. Sind die Dampfwege von den Regelventilen zu den Düsen der ersten Stufe nicht in das Turbinengehäuse eingegossen, sondern als besondere Gußstücke ausgebildet, so ist die Erwärmung des Gehäuses selbst wesentlich geringer. Eine solche Anordnung ist daher bei größeren Abmessungen und insbesondere bei höheren Frischdampftemperaturen vorzuziehen. Nicht außer acht zu lassen ist, daß sich im Innern des Gehäuses an keiner Stelle Wasser ansammeln darf, daß also jeweils an der tiefsten Stelle eine Entwässerung vorzusehen ist.

Die Turbinengehäuse müssen Angriffstellen für die Kranseile haben. Soweit sie nicht schon durch die Form der Gehäuse von selbst gegeben sind, müssen Angüsse, bei kleineren Teilen Hebeösen u. dgl. vorgesehen sein (vgl. Abb. 3 u. 37). Am Abdampfteil können die Angüsse für die Schaulochdeckel als Aufhängepunkte ausgebildet werden.

Die Turbinengehäuse bestehen im allgemeinen aus Gußeisen oder Stahlguß. Gußeisen wird bei mittleren und großen Abmessungen bis ungefähr 300° C Betriebstemperatur verwendet. Bei Kleinturbinen läßt man im Hinblick auf die kleinen Abmessungen bis etwa 400° C zu, wenn ein erprobt gutes Heißdampfgußeisen verfügbar ist. Bei Dampftemperaturen von etwa 450° C ab wird Stahlguß mit Zusätzen (Cr, Mn und V oder auch Mo) verwendet. Stahlgehäuse, aus dem Vollen oder zusammengeschweißt, sind bisher nur vereinzelt ausgeführt worden.

Für die *Beschauflung* der Dampfturbinen hat sich eine Reihe von Grundformen von Schaufeln herausgebildet. Bei geringen Kräften wird die Formschaufel mit gleichem Querschnitt vom Kopf- bis zum Fußende verwendet. Sie erhält beim Zusammenbau zwischen je zwei benachbarten Schaufeln ein Füllstück. Sind die auftretenden Kräfte größer, so wird die eigentliche Schaufelform aus einem größeren Querschnitt herausgearbeitet, wobei der Fuß stärker bleibt als das Schaufelblatt; man bezeichnet diese Form als fußverstärkte Schaufel. Sie erfordert Füllstücke geringerer Dicke. Reicht auch diese Form nicht mehr aus, so werden die Schaufeln aus je einem Rohblock der vollen Schaufelteilung herausgearbeitet, also füllstücklos ausgeführt. Bezüglich der Ausbildung des Schaufelblattes sind zu unterscheiden: die im Blatt auf der ganzen Länge gleiche Schaufel, die verwundene Schaufel, bei der mit Rücksicht auf gute Dampfführung die Schaufelform am Kopf eine andere ist als am Schaufelfuß, und schließlich die verjüngte Schaufel, die wegen der Fliehkraft in der Stärke oder in der Breite oder in beiden zugleich vom Fuß zum Kopf sich verjüngt.

Die Befestigung der Laufschaufeln im Schaufelträger erfolgt allgemein auf rein mechanische Art, und zwar durch einen Fuß, der entweder als Schwalbenschwanz, Hammerkopf oder Tannenzapfen in eine Nut im Schaufelträger eingreift oder in Reiterform über Ansätze desselben übergreift. Bis auf wenige Ausnahmen ist dadurch für jede Schaufelreihe ein sogenanntes Schlußstück oder Schaufelschloß erforderlich; an einer Stelle des Umfanges muß die Nut erweitert bzw. die Wulst des Reiterträgers abgenommen werden. Falls ein Herumführen der Schaufeln über einen Teil des Umfanges des Schaufelträgers erforderlich ist, so geschieht es meist mittels einer besonderen Maschine, Abb. 39. Die Einführungstelle wird nach erfolgter Beschauflung des betreffenden Schaufelkranzes durch ein Schlußstück geschlossen, dessen Ausbildung je nach der Schaufelform verschieden ist. Ein Verschweißen mit dem Schaufelträger ist nicht zu empfehlen, weil durch die dadurch bedingte hohe Erwärmung sich schwer kontrollierbare Veränderungen des Baustoffes ergeben und überdies das Ersetzen von Schaufeln sehr schwierig wird. Bei der Bemessung der Beschauflung sind insbesondere die Schwingungsmöglichkeiten zu berücksichtigen. *Die tiefste Eigenschwingungzahl der Schaufeln im Betriebe soll über der 3,5fachen sekundlichen Drehzahl liegen und auch kein ganzes*

Vielfaches dieser betragen. Resonanz mit irgendwelchen Impulsen, wie Düsen- und Düsensegmentfrequenz u. a., ist zu vermeiden.

Um den Dampfweg zwischen zwei Schaufeln nach außen zu begrenzen und außerdem die Schaufeln gegeneinander besonders gegen Schwingungen in axialer und Umfangsrichtung zu versteifen, dienen die Deckbänder, die mit den Schaufelköpfen allgemein vernietet werden. Falls Deckbänder nicht vorgesehen sind, oder zur weiteren Versteifung langer Schaufeln gegen Schwingungen werden ein oder mehrere, in Umfangsrichtung entsprechend unterteilte Bindedrähte vorgesehen und mit den Schaufeln allgemein hart verlötet.

Die Zwischenräume zwischen dem stillstehenden Gehäuse oder seinen Einbauten und der Läuferbeschauflung (freies Schaufelende, Nietzapfen oder Deckband) sind für die Betriebsicherheit einer Dampfturbine von größter Bedeutung. Diese Spalte können bei Gleichdruckturbinen sowohl in axialer als auch in radialer Richtung wesentlich größer sein als bei Überdruckturbinen, bei denen vor und hinter der Laufschaufel verschiedener Druck

Abb. 39. Radscheibe mit Umfangsnut beim Einsetzen der Schaufeln mit Hilfe einer Beschaufelungsmaschine.

herrscht und die Strömung durch den Spalt, also um die Schaufelreihe herum, unter einem Druckgefälle steht.

Die Wahl der Baustoffe für die Beschauflung richtet sich nach den Betriebsverhältnissen und -beanspruchungen. Bei Stufentemperatur bis 400° C wird Mn-Stahl, bis 450° C Cr-Mn-V-Stahl, über 450° C Cr-Mo-V-Stahl verwendet. Bei Auswaschungsund Verrottungsgefahr andererseits wird meist nichtrostender Stahl verwendet. Für Deckbänder hat sich nichtrostender Stahl bzw. für hohe Temperaturen Cr-Mo-V-Stahl gut bewährt. Bindedrähte sind meist aus nichtrostendem Stahl.

Die *Läufer* haben als Schaufelträger entweder Scheiben oder Trommeln. Sie können entweder aus einer durchgehenden Welle mit besonderen, aufgezogenen Radscheiben oder Trommeln, oder aber mit diesen Teilen aus einem Stück bestehen. Aufgezogene Räder und Trommelsterne sind meist durch Schrumpf mit oder durch Zwischenbuchse auf der Welle befestigt, vereinzelt aber auch mit dieser zusammengeschweißt[8].

Die einzelnen Laufräder werden in unbeschaufeltem und fertig beschaufeltem Zustand statisch und die zusammengebauten oder aus einem Stück bestehenden Läufer dynamisch im Turbinenwerk ausgewuchtet, da an der Baustelle oder im Kraftwerk die für den Zusammenbau des Läufers, seine Beschauflung und Erprobung erforderlichen Vorrichtungen und Maschinen nicht vorhanden sind.

Baustoff für Räder, Wellen und Trommeln ist im allgemeinen Mn-Stahl; bei größeren Abmessungen und Beanspruchungen wird Cr-Mn-V-Stahl oder Cr-Mo-V-Stahl verwendet, für sehr hohe Temperaturen mit geringem Ni-Zusatz. Jede Turbinenwelle und jeder Läufer sollten im Turbinenwerk einer Probe auf einer Anwärmbank unterzogen werden. Unter gleichmäßigem Drehen ist das Schmiedestück allgemein auf 400° C, grundsätzlich aber auf 30 bis 50° C über die höchste Betriebstemperatur zu erwärmen. Dabei soll der Schlag unter Einwirkung der Temperatur keinesfalls mehr als 0,01 mm für jeden Meter der freien Wellenlänge, gerechnet von Lagermitte zu Lager-

---

[8] Vgl. S. 31, Abb. 19a, in: Gesamtbericht Zweite Weltkraftkonferenz, Bd. 5. Berlin: VDI-Verlag 1930.

mitte, betragen. Demnach ist also z. B. für eine Welle von 5000 mm Lagermittenabstand ein Schlag von 0,05 mm bei der Erwärmung noch zulässig. Nach Erreichen der Ausgangstemperatur darf kein größerer Schlag vorhanden sein als bei Beginn des Anwärmens. Bei Überschreitung dieser Werte ist das Stück zurückzuweisen. Schmiedestücke von sehr großem Durchmesser, die zu Turbinenläufern verarbeitet werden sollen, werden zweckmäßig wie Schmiedestücke für große Läufer von Stromerzeugern längs

Abb. 40. Winkelfernrohr mit Bildaufnehmer und Führungschlitten zur Untersuchung der Oberflächenbeschaffenheit von Mittenbohrungen in Schmiedestücken für Stromerzeuger- und Turbinenläufer (das Gerät wurde von der *Askania-Werke A.-G.* für die AEG gebaut).

ihrer Achse durchbohrt und in dieser Bohrung auf Baustoffbeschaffenheit untersucht. Dazu bedient man sich eines drehbaren Winkelfernrohres, an das für genauere Feststellungen ein Bildaufnehmer, Abb. 40, angeschlossen werden kann. Damit kann man die Oberfläche der Bohrung abfahren und auf einem Bildstreifen abbilden. Lunker, Risse usw. können auf diese Weise nach Ort und Ausdehnung genau bestimmt und auf ihre Zulässigkeit hin beurteilt werden, Abb. 41.

Die *Stopfbuchsen* von Dampfturbinen haben das Turbinengehäuse gegen die Außenluft (Außenstopfbuchsen) oder einzelne Kammern innerhalb der Turbine gegeneinander (Innen- oder Zwischenstopfbuchsen) an den Durchtrittstellen der Welle abzudichten. Sie sollen also bewirken, daß möglichst wenig Dampf nach außen entweicht oder, allgemein, aus Räumen höheren Druckes in solche niedrigeren Druckes, ohne Arbeit zu leisten, überströmt und keine Luft in das Turbineninnere von außen eindringt, falls in ihm Unterdruck herrscht. Es gibt drei Hauptarten von Dampfturbinenstopfbuchsen, nämlich Labyrinthstopfbuchsen, Wasserstopfbuchsen und Kohlestopfbuchsen. Diese Reihenfolge kennzeichnet zugleich die Häufigkeit ihrer

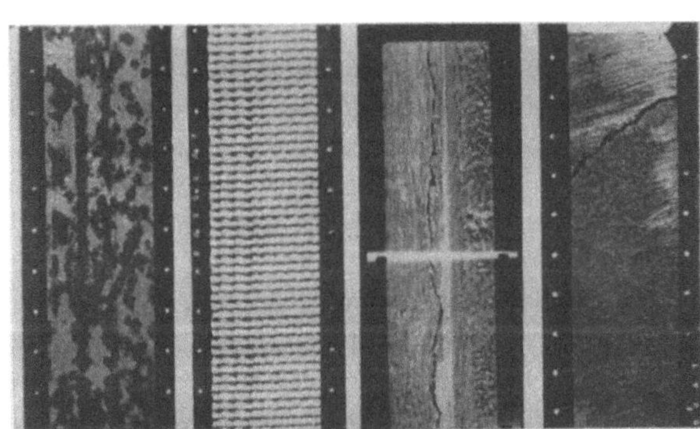

Abb. 41. Oberflächenbeschaffenheit und Risse in der Mittenbohrung großer Schmiedestücke, aufgenommen mit dem Gerät Abb. 40.

Verwendung. Allerdings haben sich diese Urformen nicht in ihrer strengen Trennung erhalten. So werden häufig die beiden erstgenannten Bauformen in Kombination verwendet und werden Kohlestopfbuchsen auch als Kohle-Labyrinth-Stopfbuchsen ausgeführt. Immerhin sollen der Einfachheit halber die Bauformen im folgenden vorwiegend nach den Grundformen erörtert werden. Als Innenstopfbuchsen werden allgemein Labyrinthstopfbuchsen, selten Kohlestopfbuchsen und niemals Wasserstopfbuchsen verwendet.

In den *Labyrinth*stopfbuchsen wird der Dampf durch mehrfache Droßlung in engen Ringspalten zwischen der Welle und den Kämmen der Stopfbuchsringe und anschließende Verwirbelung in den Zwischenräumen nach und nach so weit entspannt, daß aus dem letzten Ringspalt nur noch eine sehr kleine Dampfmenge austreten kann. Je enger die Spalte und je wirkungsvoller die Verwirbelung, um so besser ist die Stopfbuchse vom Standpunkt der Dampfverluste. Andererseits setzt die Betriebsicherheit der Größe der Spalte eine untere Grenze, da ein Anstreifen der Stopfbuchsenspitzen zu Schäden führen kann. Die einfachste Form der Labyrinthe ist die, daß die Dich-

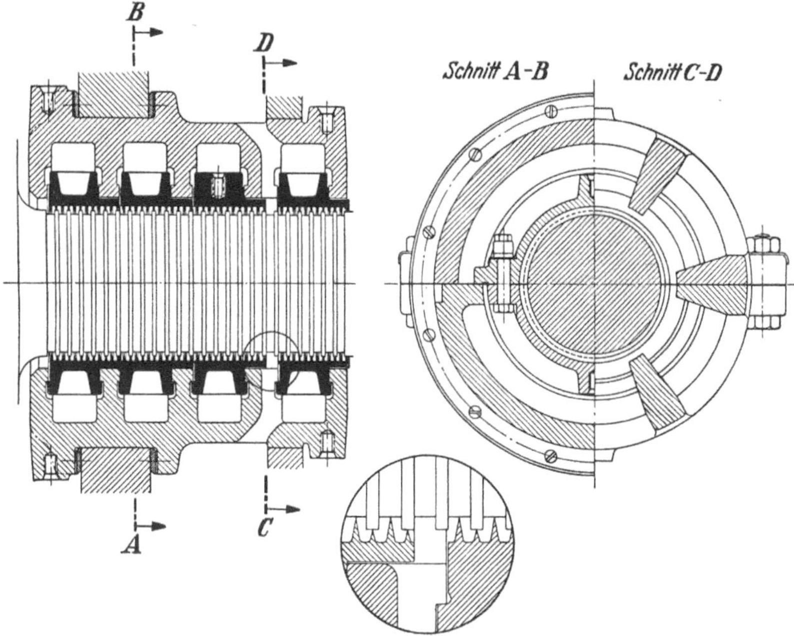

Abb. 42. AEG, Außenstopfbuchse mit Labyrinthdichtung.
Einzelne Stopfbuchsringe in ein besonderes Gehäuse eingesetzt.

tungspitzen der Buchse im Gehäuse mit kleinstzulässigem Spiel gegen die glatte Welle eingestellt werden. Sie wird für Kleinturbinen und sonst fast ausschließlich für Innenstopfbuchsen verwendet. Stopfbuchsen für größere Turbinen werden meist so aus-

gebildet, daß die Dichtungspitzen gegen entsprechende Kämme rechteckigen oder quadratischen Querschnittes abdichten. Die Dichtungspitzen können dabei im feststehenden Teil und die Kämme auf der Welle sein, oder umgekehrt die Spitzen auf der Welle und die Kämme im feststehenden Teil. Eine vielfach bewährte Ausführung der ersten Art zeigt Abb. 42. Bei beiden Ausführungen dichten die längeren Spitzen gegen den Nuten-

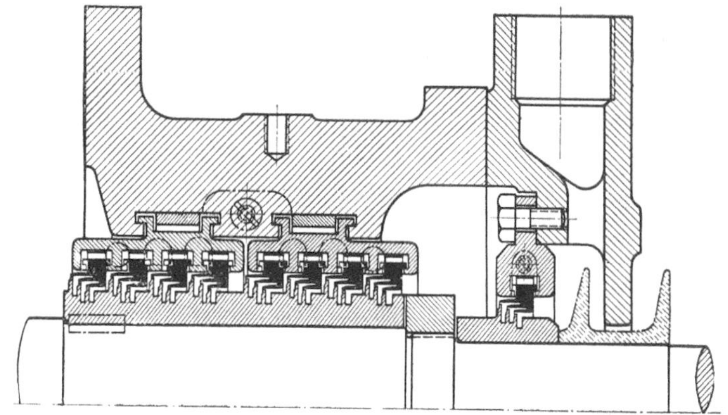

Abb. 43. *Metro-Vick*, Außenstopfbuchse mit Labyrinthdichtung für die Austrittseite einer HD-Turbine[9].

grund zwischen zwei Kämmen, die kürzeren gegen den Kamm. In der Absicht, die Abdichtung zugleich auch etwas nachgiebiger zu gestalten, sind Sonderbauarten entwickelt worden, wie die HD-Stopfbuchse der *Metro-Vick*, Abb. 43[9].

Wo die stillstehenden und die umlaufenden Stopfbuchsenteile ineinandergreifen, müssen die Stopfbuchsen zweiteilig ausgeführt werden. Bei allen größeren Turbinen sind die stillstehenden Buchsen in einzelne zweiteilige Ringe unterteilt. Sie werden bei

---

[9] Nach Engineer Bd. 154 (1932) S. 658 Abb. 4.

Außenstopfbuchsen entweder unmittelbar in das Turbinengehäuse oder besser in ein besonderes Stopfbuchsengehäuse eingesetzt. Dadurch wird der Zusammenbau und die Einstellung der Stopfbuchsen wesentlich erleichtert.

Baustoff für die Dichtungsspitzen ist je nach der Betriebstemperatur Messing, Ni-Messing, Ni-Gußbronze, kohlenstoffarmes Weicheisen oder bei eingewalzten Blechen nichtrostender Stahl.

Da Labyrinthstopfbuchsen nicht ganz dicht sein können, wird ihnen häufig noch ein Wasserverschluß nachgefügt, wodurch jedweder Dampfaustritt verhindert werden kann.

Auch Kohlestopfbuchsen werden im Dampfturbinenbau seit je in gewissem Umfang verwendet. Kohle-*Ring*-Stopfbuchsen dichten allein durch den Spalt zwischen dem Läufer und dem stillstehenden Bauteil. Auch bei ihnen wird der stillstehende Teil in mehrere hintereinander angeordnete Ringe unterteilt. Im neuen Zustand liegen bei einigen Bauarten die Kohleringe unmittelbar an der Welle oder einer darübergezogenen Laufbuchse an, andere lassen ein sehr geringes Spiel gegen diese. Geringe Ungleichmäßigkeiten der inneren Ringfläche schleifen sich während des Betriebes ab, so daß schon nach kurzer Betriebzeit die Laufflächen der Kohleringe eine vollkommen geglättete Oberfläche annehmen. Der weitere Verschleiß durch die gleitende Reibung hängt von der Gleitgeschwindigkeit sowohl wie von dem Anpressungsdruck und dem Lauf der Turbine im allgemeinen ab. Die erwähnten Nachteile treten bei den sogenannten Kohle-Labyrinth-Stopfbuchsen nicht auf. Diese bestehen aus fest eingebauten Kohleringen, denen Labyrinthkämme der Welle oder einer Laufbuchse gegenüberliegen. Bei einem vorkommenden Anstreifen der Laufkämme werden nur feine Rillen in die Kohleringe eingegraben, wodurch sich nur wenig Reibungswärme bildet. Es ist bei diesen Kohlelabyrinthen somit ohne Bedenken zulässig, sehr kleine Spiele vorzusehen. Die Undichtheitsverluste bleiben daher gering. Diese Bauart ist bis zu Dampftemperaturen von 500° C verwendet worden. Für noch höhere Temperaturen gelangen allerdings fast ausschließlich Metalllabyrinthe zur Anwendung.

*Wasser*stopfbuchsen sind ihrem Wesen nach einfache Schleuderpumpen. Sie werden erst wirksam, wenn eine gewisse Drehzahl der Turbine erreicht ist. Erst dann darf Wasser in die Stopfbuchsenkammer gegeben werden und erst dann wird sich der abdichtende Wasserring ausbilden. Beim Anfahren würde daher entweder viel Dampf durch die Stopfbuchse entweichen oder bei Unterdruck viel Luft durch sie einströmen, wenn nicht noch zusätzliche Sperrdampfschaltungen vorhanden sind. Zum Betriebe der Wasserstopfbuchsen ist vollkommen reines Wasser (Niederschlagwasser) erforderlich, von dem dauernd eine genügende Menge zu- und abgelassen werden muß, da es sich in der Schleuderkammer erwärmt. Würde unreines Wasser verwendet werden, so würde die Wasserstopfbuchse in kurzer Zeit verschmutzen und dadurch den Betrieb der Maschine gefährden. Da die Reibungsverluste der Wasserstopfbuchsen nicht unbeträchtlich sind — für kleine und mittlere Maschinen jedenfalls größer als die Wärmeverluste durch Labyrinthstopfbuchsen —, so ist es verständlich, daß sie nur für größere Maschineneinheiten verwendet werden und auch dann meist nur in Kombination mit Labyrinthstopfbuchsen. Die üblichen Wrasenrohre für den Stopfbuchsenleckdampf entfallen dann meist ganz. Einen Ausnahmefall bilden Schiffsturbinen, wo an Kondensat besonders gespart werden muß und ein dauernder Austritt von Dampfschwaden in den meist beengten Maschinenraum unerwünscht ist.

Durch die *Stopfbuchsdampfleitung* wird aus den Stopfbuchsen der Turbine, die unter innerem Überdruck stehen, der Leckdampf abgeleitet und den Stopfbuchsen, die gegen Unterdruck abdichten, Sperrdampf zugeführt. Die Steigerung der Frischdampfdrücke und der Einheitsleistungen hat dazu geführt, die HD-Stopfbuchsen in zunehmendem Maße mit Anzapfstellen zu versehen. Dies ergibt besonders bei mehrgehäusigen Turbinen mannigfache Schaltmöglichkeiten.

Abb. 44 zeigt als einfaches Beispiel die Stopfbuchsschaltung einer eingehäusigen Kondensationsturbine mittlerer Leistung. An die Wrasendampfkammern *e* der Stopfbuchsen sind die Wrasenrohre angeschlossen, aus denen der restliche Leckdampf als gerade noch sichtbarer Hauch ins Freie entweichen soll. Die Wrasendampfmenge hängt außer von der Bauart der Stopfbuchsen von dem Druck ab, der in der benachbarten Anzapfkammer f der Stopfbuchse herrscht. Diese Kammern aller Stopfbuchsen der Turbine werden durch die Stopfbuchsverbindungsleitung untereinander verbunden, so daß Dampf aus der HD-Stopfbuchse zum Abdichten des Unterdruckes in die ND-Stopfbuchse strömen kann. Der Druck in der Verbindungsleitung und damit auch in den Kammern f wird auf 1,1 bis 1,2 ata gehalten. Würde dieser Druck ansteigen, so würden die Wrasenrohre zu stark blasen, Leckdampf würde entlang der Welle zu den Lagern entweichen, kondensieren und das Öl mit Wasser anreichern. Würde andererseits der Druck in der Verbindungsleitung unter 1 ata sinken, so würde durch die Wrasenrohre Luft in den Kondensator strömen und das Vakuum verschlechtern. Bei Überlast der Turbine fällt aus der HD-Stopfbuchse meist mehr Dampf an, als Sperrdampf für die ND-Stopfbuchse gebraucht wird. Der überschüssige Dampf wird durch Öffnen des Absaugeventiles h in den Kondensator geführt. Andererseits ist bei Teillasten die von der HD-Stopfbuchse gelieferte Dampfmenge zu klein, um die ND-Stopfbuchse abzudichten. Durch Öffnen des Sperrdampfventiles i wird dann Frischdampf zugesetzt. Absauge- und Sperrdampfventil können auch zu einem Stopfbuchsdampfregler zusammengefaßt und in Abhängigkeit vom Druck in der Verbindungsleitung selbsttätig geöffnet und geschlossen werden. Zur Verstellung dient im allgemeinen ein Ölkraftgetriebe. Die selbsttätige Stopfbuchsdampfreglung ist nur dort angebracht, wo große Schwankungen im Leistungsbedarf auftreten.

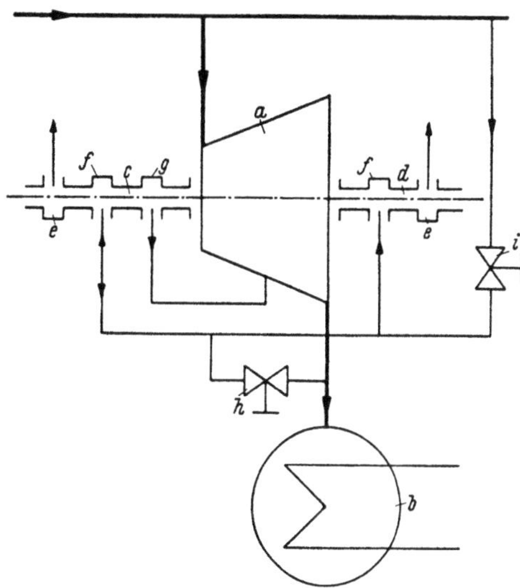

Abb. 44. Schaltung der Stopfbuchsen einer eingehäusigen Kondensationsturbine mittlerer Leistung.

a Turbine; b Kondensator; c HD-Außenstopfbuchse; d ND-Außenstopfbuchse; e Wrasendampfkammer; f 1,1 ata Anzapfkammer; g HD-Anzapfkammer; h Absaugeventil; i Sperrdampfventil.

Bei größeren Kondensationsturbinen mit Drücken hinter dem ersten Laufrad von 10 ata und mehr wird die HD-Stopfbuchse oft mit einer zweiten Anzapfstelle g versehen, die an eine passende Stufe der Turbine, am besten an eine ungeregelte Anzapfstelle für Speisewasservorwärmung, angeschlossen wird. Die aus der Verbindungsleitung in den Kondensator abzuführende Leckdampfmenge wird dadurch beträchtlich verringert.

Bei Gegendruckturbinen muß auch die Stopfbuchse auf der Gegendruckseite gegen Überdruck abdichten. Die in der Stopfbuchsverbindungsleitung anfallende Dampfmenge wird bei Turbinen kleiner Leistung ins Freie abgeleitet, wodurch Wärme und Kondensat verlorengehen. Besser ist es, den Stopfbuchsdampf in ein vorhandenes Heizdampfnetz abzuführen. Ein derartiger Anschluß muß mit zwei Ventilen und dazwischenliegender Belüftung versehen werden, um bei Stillstand der Turbine ein Eindringen von Sickerdampf, das zum Rosten der Beschauflung führen würde, zu vermeiden. Auch für Entwässerung ist zu sorgen, damit nicht etwa in den Leitungen stehendes Wasser durch die Stopfbuchse auf die heiße Turbinenwelle gelangen kann. Am besten ist es, wie dies heute bei großen Gegendruckturbinen üblich ist, den 1,1 ata-Dampf in einem Stopfbuchsdampfkondensator niederzuschlagen und seine Wärme nutzbringend zu verwenden.

Die *Lauflager* von Dampfturbinen sind allgemein Gleitlager, und zwar entweder Ringschmierlager (bei Klein- und Hilfsturbinen) oder Lager für DrucköIschmierung.

Die Ringschmierlager von Turbinenanlagen unterscheiden sich nicht von denen anderer Maschinen. Grenzwerte der Belastung und Gleitgeschwindigkeit sind etwa 5 kg/cm² und 12 m/s.

Die Dampfturbinenlauflager mit Drucköischmierung sind zunächst dadurch gekennzeichnet, daß sie bei stetiger Belastung und bei im Vergleich zu den bei anderen Maschinen üblichen Werten außerordentlich hohen Gleitgeschwindigkeiten hohe Lagerdrücke auszuhalten haben. Hierbei sind Werte von 15 bis 20 kg/cm² und 60 m/s unbedenklich. Sie haben durchweg Laufflächen aus Weißmetall (meist 10 % Sn, 15,5 % Sb, 1 % Cu, 73,5 % Pb), die in der meist gußeisernen Lagerschale durch zahlreiche axial und in Umfangsrichtung verlaufende Schwalbenschwänze verhakt sind.

Die Laufflächen dürfen keinesfalls durch Schmiernuten unterbrochen sein, da deren Einfluß hier eher schädlich als nützlich wäre. Das Schmieröl wird an Stellen zugeführt, an denen die Welle gegen das Lager Spiel hat, also nicht dort, wo das Gewicht der Welle oder der auftretende Lagerdruck die Zuströmöffnung verschließen würde und in der tragenden Ölschicht der höchste Druck herrschen sollte.

Die Bohrung des Lagers muß wegen der stärkeren Ausdehnung der Welle und wegen der erforderlichen Ölschicht etwas größer sein als der Wellendurchmesser. Im allgemeinen beträgt das Spiel etwa 1⁰/₀₀ des Wellendurchmessers. Die Bohrung des Lagers ist zwecks leichterer Ölkeilbildung an der Teilfuge etwas zu erweitern.

An ihrem Außenumfang sind die Lagerschalen meist kugelig ausgebildet, wodurch erreicht wird, daß sie sich der geringen, durch den Durchhang der Welle bedingten Neigung der Wellenschenkel von selbst anpassen. Bei außen walzenförmigen Turbinenlagern strebt man den gleichen Zweck dadurch an, daß man sie nicht auf ihrer ganzen Länge, sondern nur auf einem schmalen Streifen in der Mitte aufliegen läßt. Bei Zahnradvorgelegen, deren Wellen durchweg starrer sind und auch starrer gelagert werden müssen, ist kugelige Lagerung nicht anzuwenden. Es erleichtert Zusammenbau und Ausrichtung, wenn die Lagerschale nicht unmittelbar, sondern unter Verwendung einer unten ebenen Zwischenlage in den Lagerbock eingepaßt wird, besonders dort, wo zwei benachbarte Lager in einem gemeinsamen Lagerbock angeordnet sind.

Als *Drucklager* finden einfache Wellenbunde (Kleinturbinen), Kammlager mit mehreren Kämmen (veraltet und daher zur Zeit nur noch vereinzelt angewendet) und Einring-Klotzdrucklager (heute allgemein und insbesondere für alle Turbinen mit nennenswertem Axialschub) Verwendung. Zur Aufnahme eines auf den Läufer einer Dampfturbine wirkenden Axialschubes dienen auch die sogenannten Ausgleichskolben. Ihre Anwendung ist jedoch auf die zur Zeit seltenen reinen Überdruckbauarten beschränkt; sie legen außerdem den Läufer in seiner axialen Lage nicht vollkommen fest.

Die Verwendung der früher allein üblichen *Kammlager* mit mehreren Kämmen ist durch die hierfür zulässigen Werte eng begrenzt: etwa 3 bis 8 kg/cm² als Flächenbelastung und höchstens 10 m/s als Geschwindigkeit im mittleren Teilkreis. Ist mit wechselnder Schubrichtung (wie bei Schiffsturbinen) zu rechnen, so nehmen in der Regel die unteren Ringhälften den Schub der Welle bei der üblichen Schubrichtung auf, wogegen die oberen Ringhälften bei entgegengesetzter Schubrichtung anliegen. Nachteilig ist dabei, daß nur die untere oder die obere Buchsenhälfte als Ganzes verschiebbar, ein Nachstellen einzelner Kämme also unmöglich ist. Ferner ist ein gleichmäßiges Tragen der meist zahlreichen Kämme selbst bei sorgfältigster Werkstattarbeit und Einstellung nicht erzielbar; die ungleiche Wärmedehnung der aus verschiedenen Baustoffen hergestellten feststehenden und kreisenden Teile wird im Betriebe ein Abheben einzelner Ringe bewirken.

Die zeitgemäße, fast allgemein angewendete Form des Dampfturbinendrucklagers ist das *Einringdrucklager*. Bei diesem sind höhere Flächenpressungen deshalb zulässig, weil die stillstehende Druckfläche mehrfach unterteilt ist, jeder einzelne Druckklotz unter der Belastung im Betriebe eine geringe Kippbewegung gegen die Lauffläche ausführen kann und sich dadurch nach der REYNOLDSschen Lehre wirksame Ölkeile ausbilden, die sehr hohe Drücke aufnehmen können. 35 kg/cm² Flächenpressung und 65 m/s mittlere Gleitgeschwindigkeit können für Einringdrucklager unbedenklich zugelassen werden (bei Versuchen haben solche Lager Belastungen von mehreren 100 kg/cm² anstandslos ausgehalten). Der Reibungsbeiwert dieser Einringdrucklager beträgt nur etwa $^1/_{10}$ bis $^1/_{20}$ dessen von Vollringlagern, also 0,003 bis 0,0015.

Abb. 45 stellt ein Turbinen-Einringdrucklager üblicher Bauart dar. Die wichtigsten Teile sind die Druckklötze. Ihre Rückenfläche wird verschieden ausgebildet. Entweder erhält sie eine Bohrung, in die ein gehärteter Bolzen oder eine Kugel eingelegt wird oder eine radiale Kippkante oder eine walzenförmige Auflagefläche mit radialer Erzeugenden. Der Klotz selbst besteht allgemein aus Stahl. Er trägt an der Lauffläche eine Weißmetallschicht (meist 80% Sn, 12% Sb, 6% Cu, 2% Pb). Für den üblichen Betriebsfall, d. i. solange rein flüssige Reibung stattfindet, ist die Art des Lagermetalles ohne nennenswerten Einfluß. Die Stärke der Weißmetallschicht ist geringer anzunehmen als das kleinste unter Berücksichtigung der Wärmedehnung vorhandene axiale Spiel des Läufers, damit, wenn das Weißmetall infolge irgendeiner Betriebsunregelmäßigkeit nachgeben oder ausschmelzen sollte,

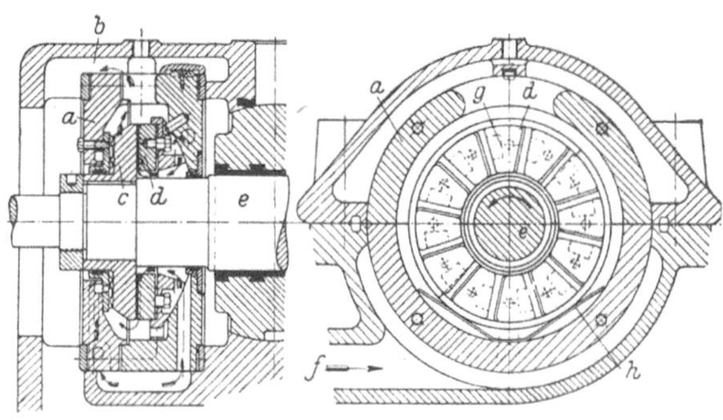

Abb. 45. AEG, Einringdrucklager mit beweglichen Druckklötzen.

a Drucklagergehäuse; *b* Ölabfluß; *c* Laufring; *d* Druckklotz; *e* Turbinenlager; *f* Ölzufluß; *g* Kippkante; *h* Stützfeder.

keine Verletzung der Beschauflung oder größere Maschinenbeschädigung auftreten kann. Eine Schicht von etwa 1,5 mm Stärke. ist ausreichend.

Die axiale Einstellbarkeit der Turbinendrucklager hat durch bei Hochdruckturbinen vereinzelt aufgetretene Wellenschwingungserscheinungen an Bedeutung erheblich gewonnen. Die Stützplatten sind häufig als ebene Scheiben ausgebildet. Sie sind entweder im Drucklagergehäuse befestigt oder bilden einen Teil desselben. Zweckmäßig ist es, eine besondere, vom Gehäuse getrennte Stützplatte vorzusehen, damit etwaige Ungleichmäßigkeiten während des Zusammenbaues oder Abnutzungen durch Unterlegen von Paßblechen unter den Stützring leicht ausgeglichen werden können. Soll sich ein Lager ohne besondere Ausgleichsvorrichtung bei Verlagerung oder Durchbiegung der Welle selbsttätig so einstellen, daß die Druckaufnahmefläche stets genau senkrecht zur Wellenachse steht, so muß der Stützring so gelagert sein, daß er sich etwas geneigt einstellen kann, d. h.

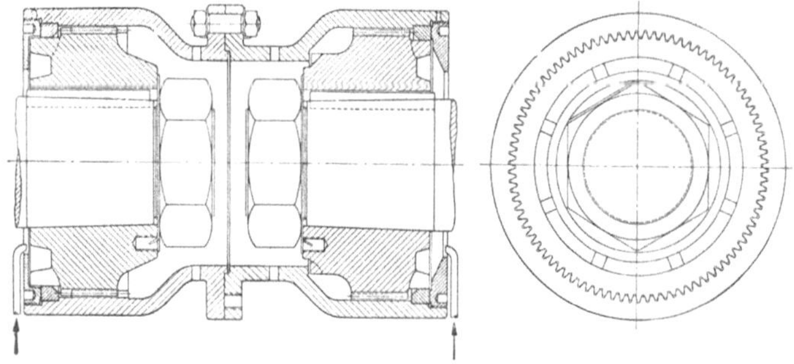

Abb. 46. AEG, Doppelverzahnungskupplung, Übertragungsleistung 30000 kW bei 3000 U/min.

also in Kugelflächen. Kleinere Drucklager kann man dem benachbarten Lauflager unmittelbar angliedern; da sich das Lauflager auf einer Kugelfläche drehen kann, wird sich gleichzeitig mit ihm auch das Drucklager stets in die richtige Lage einstellen.

Von den drei Hauptbauformen der *Kupplungen*, der starren, der längsverschiebbaren und der elastischen, kann jede in bestimmten Fällen zweckmäßig sein, und in diesem Sinne kommt also keiner eine grundsätzliche Überlegenheit zu. Keine der Bauarten entbindet aber von der unbedingten Notwendigkeit größter Genauigkeit im Ausrichten der beiden zu kuppelnden Wellen. Nachgiebige Kupplungen stellen in dieser Hinsicht bei hohen Drehzahlen die gleichen Anforderungen wie starre, denn die Fähigkeit, Achsenverlagerungen zweier schnellaufender Wellen gegeneinander auszugleichen, ist bei allen Bauarten der nachgiebigen Kupplungen außerordentlich gering. Längsverschiebbare Kupplungen lassen axiale Verschiebungen der Wellen gegeneinander in geringem Maße zu. Sie werden daher z. B. verwendet bei mehrgehäusigen Turbinen zur Kupplung der Wellen der Teilturbinen, wenn bei starrer Kupplung der Wellen der Unterschied der Wärmeausdehnung zwischen den Wellen und den Turbinengehäusen zu groß und damit das axiale Schaufelspiel in Richtung der Wellendehnung zu sehr verringert würde.

Feste Kupplungen sind meist einfache Flanschkupplungen. Nachgiebige Kupplungen können als Klauenkupplungen oder besser als Verzahnungskupplungen ausgebildet sein. Sonderkupplungen verwenden federnde Kupplungsglieder.

Klauen- und Verzahnungskupplungen stellen unter Belastung in Umfangsrichtung eine starre Verbindung dar. Eine Verzahnungskupplung, wie in Abb. 46 dargestellt, ist leichter beweglich, da bei ihr die zu übertragende Kraft auf eine größere Zahl von Übertragungstellen verteilt ist, wodurch sich geringe spezifische Drücke und eine gute Ölzirkulation ergeben. Aus dem gleichen Grunde ist auch ihr Verschleiß wesentlich geringer. Das Schmieröl für eine Verzahnungskupplung wird dem Drucköllnetz der Anlage entnommen und durch Düsen in die Kupplungshülse nahe der Verzahnung eingespritzt, Abb. 47.

Bei der starken Steigerung der Turbinen-Einheitsleistung in letzter Zeit war das Streben verständlich, nachgiebige Kupplungen möglichst ganz zu vermeiden. So wurden bei neuzeitlichen Turbinen von 100 000 kW und 3600 U/min die drei Turbinenläufer und der Läufer des Hauptstromerzeugers und auch der des Hausstromerzeugers starr miteinander verbunden, so daß sie ein gemeinsames Ganzes bilden. Ein gewisser Ausgleich der auftretenden axialen Wärmedehnungen wird dabei dadurch erreicht, daß das einzige Drucklager der Anlage zwischen der HD- und der MD-Teilturbine angeordnet ist und die Dampfströmung in diesen und damit auch deren Wärmedehnung vom Drucklager aus in entgegengesetztem Sinne erfolgen. Nachgiebige Kupplungen sind bei diesen Anlagen nur mehr für Hilfsantriebe vorgesehen, wie die für die Erregerläufer und die Ölpumpen.

Kupplungen, die bei Belastungstößen eine gewisse federnde oder dämpfende Wirkung ausüben, werden in größerem Umfang nur bei Kleinturbinen verwendet. Sie erhalten zwischen den beiden Wellen Kupplungsglieder aus Leder oder Gummi (*Eupex*-Kupplung) oder Stahlbandfedern (*Bibby*-Kupplung). Stets ist bei der Berechnung der Schwingungzahlen der ganzen Anlage auch der Grad der Nachgiebigkeit dieser Kupplungen zu berücksichtigen, da unter

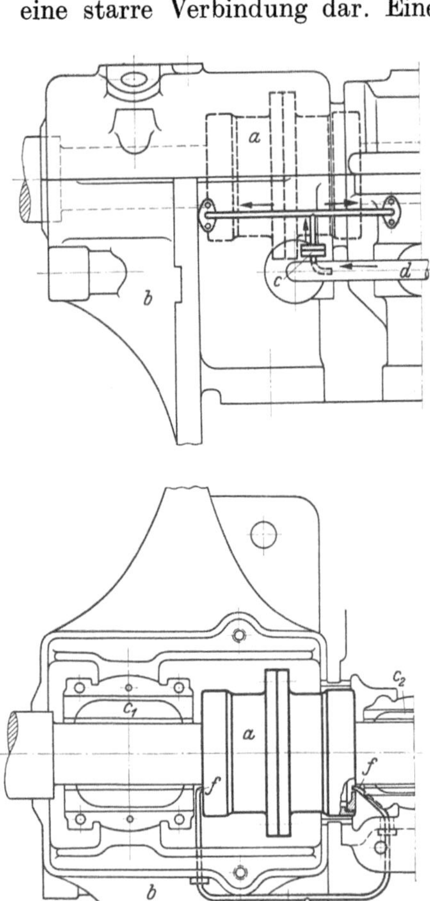

Abb. 47. AEG, Schmierung einer Doppelverzahnungskupplung.

a Doppelverzahnungskupplung; b Lagerbock; c_1 und c_2 Lauflager; d Ölzuflußleitung zu c_1; e Abzweig von der Ölzuflußleitung d zur Schmierung der Kupplung; f Spritzdüse.

Umständen gerade starke Federung unruhigen Lauf bewirken kann.

Die wesentlichen Kennzeichen der *Turbinengetriebe* für Land- und Schiffsanlagen sind:

Hohe Drehzahlen, d. h. Erstdrehzahlen meist über 3000 U/min, oft bis 15 000 U/min, seltener darüber. Da hierbei fast stets verhältnismäßig große Leistungen zu übertragen sind — Turbinengetriebe wurden zur Übertragung von über 20 000 PS mit *einem* Ritzel ausgeführt; die zusammengehörigen Grenzwerte für Drehzahlen und Leistungen bei für ortfeste Anlagen zulässigen Beanspruchungen zeigt Abb. 48, — so treten in der Verzahnung hohe Umfangsgeschwindigkeiten auf. Oberer Grenzwert hierfür ist nach dem heutigen Stande der Getriebetechnik etwa 100 m/s. Das wieder bedingt höchste Genauigkeit sowohl der Verzahnung wie der Lagerung und Ausrichtung, da sonst ein einwandfreier, geräuschloser Lauf nicht zustande kommen kann. Zugleich werden von Turbinengetrieben, da sie die Aufgabe haben, sehr hochwertige Kraft- und Arbeitsmaschinen über lange, ununterbrochene Betriebzeiten miteinander zu kuppeln, auch höchste Wirkungsgrade verlangt, woran unter anderem die sorgfältigst auszubildende Ölversorgung wesentlichen Anteil hat. Hohe Übersetzungsverhältnisse — bis zu 16 : 1 für die einstufige, bis 100 : 1 und darüber für die mehrstufige Bauart — sind nicht ungewöhnlich. Ferner kennzeichnet diese Getriebe der starre Aufbau. Mechanische und thermische Einflüsse von seiten der treibenden und getriebenen Maschinen auf ein Getriebe sind zu vermeiden.

Abb. 49 zeigt die Gesamtanordnung eines mittelgroßen Turbinengetriebes vielfach erprobten Aufbaues.

Turbinengetriebe erhalten fast ausschließlich Schrägverzahnung. Bei dieser sind stets mehrere Zähne gleichzeitig im Eingriff, die Eingriffstrecke wandert allmählich über die ganze Zahnbreite fort, Ein- und Auslauf der Zähne überlagern sich dauernd, die einzelnen Zähne werden also allmählich be- und entlastet, ihre Mittelkraft bleibt nach Lage, Größe und Richtung unveränderlich.

Je nach dem Verwendungzweck, der zu übertragenden Leistung und dem Übersetzungsverhältnis wird einfache oder doppelte Schrägverzahnung vorgesehen und die ein- oder mehrstufige Bauform gewählt.

Infolge der Schrägung der Zähne tritt in jedem Zahnkranz ein Axialschub auf, der durch ein Bundlager od. dgl. aufgenommen werden muß. Bei größeren Leistungen empfiehlt sich daher die doppelte Schräg- oder Pfeilverzahnung, bei der sich die gleich großen und entgegengesetzt gerichteten Schübe der Zahnkränze gegenseitig aufheben.

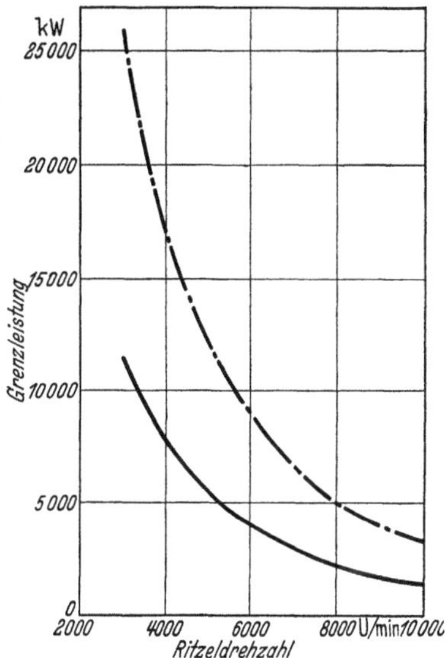

Abb. 48. Grenzleistungen von ortfesten Turbinengetrieben mit Doppel-Schrägverzahnung für verschiedene Ritzeldrehzahlen.

—— Getriebe mit zweifach gelagertem Ritzel; —·—·— Getriebe mit dreifach gelagertem Ritzel. Grenzwerte: Mindestzähnezahl des Ritzels = 33; Zahngeschwindigkeit im Teilkreis = 70 m/s; k Zahndruck je cm Verzahnungsbreite durch Umfangsteilung = 55 kg/cm²; Ritzellagerabstand höchstens 2,7facher Ritzeldurchmesser.

Als Zahnform kommt für alle diese Getriebe nur die Evolvente in Betracht. Sie läßt sich einfach und sehr genau herstellen und ist gegen geringe Unterschiede in der Achsenentfernung unempfindlich. Zwischen den Zahnflanken wird für die Wärmedehnung im Betriebe und für das Schmiermittel ein Spiel von etwa 0,3 bis 1,0 mm vorgesehen, das gleich bei der Herstellung der Verzahnung erzeugt wird.

An den Zahnflanken von Getrieben, die geräuschlos arbeiten sollen, ist jede Nacharbeit von Hand unzulässig, da hierdurch niemals die erforderliche Genauigkeit und Gleichmäßigkeit der Zahnform erzeugt werden kann. Die Verzahnungen von Turbinengetrieben werden daher nach dem Schlichten allgemein weder gehärtet noch geschliffen. Auch das sogenannte „Einlaufen" wird bei diesen Getrieben seit langem als verfehlt betrachtet. Vor der Verwendung ist die Verzahnung mittels geeigneter Geräte genauestens auf Teilungsfehler zu untersuchen, Abb. 50. Läuft ein Getriebe trotz genauer Verzahnung zu geräuschvoll, so kann mit Sicherheit angenommen werden, daß die Zähne nicht richtig kämmen, die Wellen also nicht sachgemäß ausgerichtet sind oder sich verlagert haben oder die umlaufenden Teile nicht vollkommen ausgewuchtet sind. Diesen Übelständen kann leicht abgeholfen werden.

Nächst der Genauigkeit der Verzahnung beeinflußt die Lagerung der Verzahnungsteile den ruhigen Gang eines Getriebes. Die mit Weißmetall ausgegossenen Lagerschalen erhalten wie die Turbinenlager glatte Laufflächen ohne Schmiernuten, um die Bildung einer gut tragenden Ölschicht zu ermöglichen. Die Schalen werden so eingelegt,

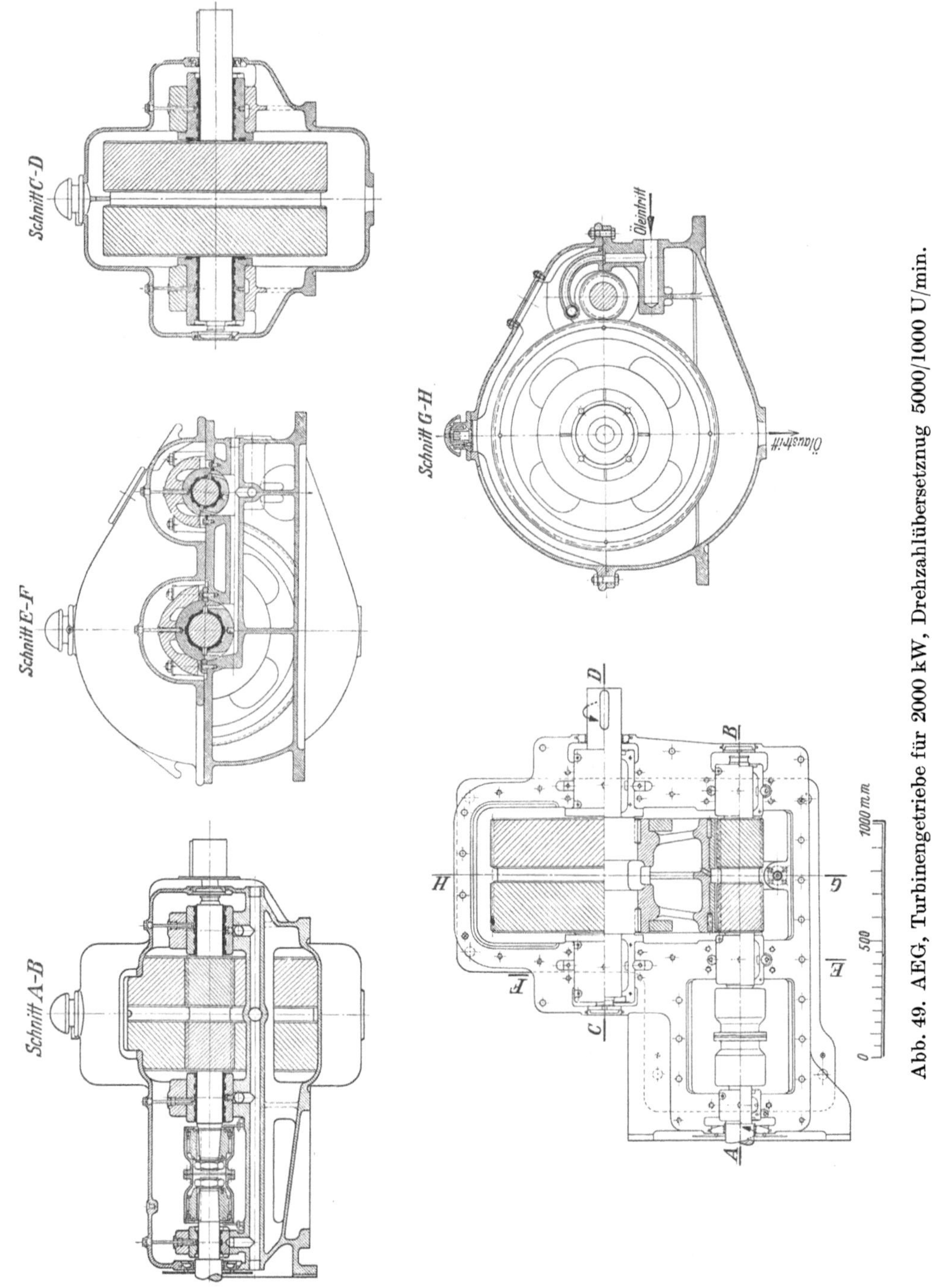

Abb. 49. AEG, Turbinengetriebe für 2000 kW, Drehzahlübersetzung 5000/1000 U/min.

daß ihre Teilfuge senkrecht zur Mittelkraft aus allen auf sie wirkenden Einzelkräften liegt. Sie sind auf ihrer Außenseite walzenförmig, nicht kugelig auszubilden und im Gehäuse vollkommen starr, dabei möglichst auf ihrer ganzen Länge abzustützen, so daß die Wellen im Betriebe dauernd in gleicher Entfernung voneinander bleiben und der Zahneingriff nicht gestört wird. Bewegliche Lagerung der Ritzel oder federnde Ausbildung der Räder bieten keinen Vorteil.

Für die Wahl der Abmessungen der Getriebelager sind die gleichen Belastungen je Flächeneinheit und Umfangsgeschwindigkeiten wie bei den Turbinenlagern zulässig.

Die Turbinenwellen werden bei einfacher Schrägverzahnung mit den schnell-laufenden Ritzeln im allgemeinen starr gekuppelt; bei Pfeilverzahnung dagegen sind axial nachgiebige Kupplungen erforderlich, damit sich die Ritzelverzahnung selbsttätig in die des Rades einspielen kann.

Die Größe des in der Schmierschicht zwischen den Zähnen entstehenden Druckes ist von der Zähflüssigkeit des Schmiermittels, von der gegenseitigen Verschiebungs-geschwindigkeit und von der Krüm-mung der Zahnflanken abhängig. Je größer diese drei Werte sind, desto größer ist auch der Druck, der durch die Flüssigkeit übertragen werden kann. Es ist demnach unrichtig, bei geschmierten Arbeitsrädern, wie sie bei Turbinen allein in Frage kom-men, durch entsprechende Ausbil-dung der Zahnform nur rollende Rei-bung anzustreben. Bei gegebener Umfangsgeschwindigkeit steigt mit der Zähflüssigkeit des Schmiermit-tels die Belastbarkeit, also bei Zahn-radvorgelegen der zulässige lineare Zahndruck. Es wird daher bei ihnen allgemein ein zäheres Öl verwendet. Das Öl wird zwischen die ineinander-greifenden Zähne meist durch Düsen eingespritzt. Die Bohrung der Düsen darf wegen Verstopfungsgefahr nicht zu klein angenommen werden, muß also wenigstens ungefähr 3 bis 5 mm im Durchmesser betragen.

Abb. 50. AEG, Vorrichtung zum Messen der Genauigkeit von Zahnteilungen. Auf einer Grundplatte mit geschliffener Auf-lage sind zwei feste Anschläge angebracht, die beim Messen auf den Grund der Zahnlücken oder bei kleiner Zahnteilung auf den Kopf der Zähne eingestellt werden. Außerdem sind zwei bewegliche Hebel vorgesehen, welche die Flanken zweier benachbarter Zähne ungefähr im Teilkreis berühren und die gegenseitige Lage dieser Berührungspunkte auf je einer Meßuhr anzeigen. Wird der eine dieser Meßhebel stets wieder auf den gleichen Wert eingestellt, so zeigt die Meß-uhr des zweiten Hebels die Abweichung der Teilung bis auf 2 μ genau an.

Die Reibungsverluste neuzeitlicher Turbinenvorgelege einschließlich der Lager-reibung betragen bei Verwendung von Öl mittlerer Zähflüssigkeit und für mittlere Leistungen bei einstufigen Getrieben nur 1 bis 2 %, bei zweistufigen Vorgelegen 3 bis 4 % der zu übertragenden Leistung. Die Verluste der Zahnradvorgelege sind somit so gering, daß sie durch den Gewinn, der durch das wirtschaftlichere Arbeiten der Maschinen erzielt wird, reichlich aufgewogen werden. Da die Lager der schnellaufenden Ritzel den größten Teil der Verluste verursachen, die Verluste in der Verzahnung aber sehr gering sind, so ergeben niedrige Umfangsgeschwindigkeiten und hohe Drücke im allgemeinen höhere Wirkungsgrade als hohe Geschwindigkeiten und niedrige Drücke. Für die Verzahnung selbst dagegen bilden sich bei höherer Geschwindigkeit zwischen den Zahnflanken wirksamere Ölkissen, die eine metallische Berührung um so sicherer verhindern.

Eine Sonderausführung mit engbegrenztem Anwendungsgebiet ist die *Queck-silberdampfturbine*, die von der GE nach den Plänen von W. L. R. EMMET bisher in einigen Fällen gebaut und in Betrieb gesetzt worden ist. Es ist hier nicht der Ort, auf die wissenschaftlichen Grundlagen und die Entwicklungsaussichten dieser Turbinen-art einzugehen. Nur so viel soll zum allgemeinen Verständnis angeführt werden, daß es sich hierbei um eine Verbindung zweier Dampfkreisläufe handelt, eines Quecksilber-dampfkreislaufes mit Quecksilberdampfturbine in der Vorschaltstufe und eines gewöhnlichen Wasserdampfkreislaufes mit üblicher Turbine als Zweitstoffverfahren. Der Kondensator der Quecksilberdampfturbine ist gleichzeitig der Abwärme-Dampferzeuger für den nachgeschalteten Wasserdampfkreislauf. Die Leistungen der beiden Kreisläufe verhalten sich, wenn die Arbeitsvorgänge in zur Zeit beherrschbaren Temperaturgrenzen verlaufen, ungefähr wie 3 : 10.

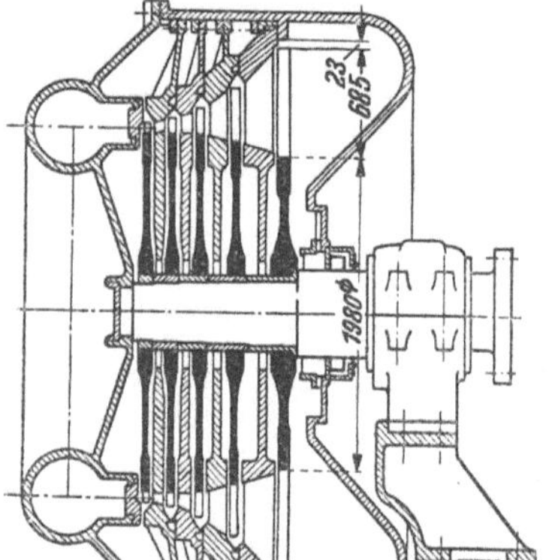

Abb. 51. GE, Quecksilberdampfturbine für das Kraftwerk South Meadow (V. St. A.), 10000 kW, 720 U/min[10].

Für die Turbine bedingt die Verwendung der giftigen Quecksilberdämpfe einige Abweichungen von der üblichen Bauart. Zunächst wird man trachten, die HD-Stopfbuchse durch fliegende Anordnung des Läufers ganz zu vermeiden. Tatsächlich weisen die bisherigen Ausführungen, auch wenn es sich um mehrstufige Turbinen handelt durchweg fliegende Läufer auf, Abb. 51[10]. Die ND-Stopfbuchse ist eine Unterdruckstopfbuchse, die Gefahr des Austretens von Dämpfen in den Maschinenraum ist hier also gering. Trotzdem wird auch hierfür eine Sonderstopfbuchse verwendet. Um jedes Entweichen von Dämpfen aus dem Turbinengehäuse oder durch die Flanschanschlüsse der Rohrleitungen zu verhindern, werden sämtliche Flanschen nach dem Zusammenbau verschweißt. Das erschwert zwar deren Trennung, wird aber angesichts der Gefährlichkeit etwa austretender Quecksilberdämpfe für zweckmäßig gehalten. Bezüglich weiterer Einzelheiten muß auf das einschlägige Schrifttum verwiesen werden.

7. Der Zusammenbau und das Ausrichten von ortfesten Axialturbinen.

Vor dem Zusammenbau und dem Ausrichten der Turbinenanlage muß das Fundament bis auf etwa 50 mm unter Grundplattenunterkante fertiggestellt sein. Dann werden die Grundplatten auf Flacheisenunterlagen aufgelegt und nach der Wasserwaage ausgerichtet, worauf die Ankermuttern leicht anzuziehen sind. Auf Keilen dürfen die Grundplatten nicht ruhen, da sich ihre Lage sonst beim Aufsetzen schwerer Gehäuseteile verändert; an einem Keil aufliegende scharfe Kanten werden nämlich leicht verdrückt. Keile dürfen nur benutzt werden, um beim Ausrichten der Grundplatten die Lage oder Stärke der Flacheisenunterlagen zu verändern; vor dem Anziehen der Ankermuttern sind sie zu entfernen. Untergossen werden die Grundplatten erst nach dem Einlagern der Läufer und nachdem durch Aufsetzen der schweren Gehäuseteile festgestellt worden ist, daß die Flacheisenunterlagen durch die Belastung nicht nachgegeben haben. Der Unterguß muß auch die Hohlräume der Grundplatten ausfüllen, die zu diesem Zweck mit Eingußlöchern versehen sind (vgl. Abb. 174). Nach dem Untergießen werden die Ankermuttern fest angezogen.

Die untere Auflagefläche von Grundplatten, gleichgültig ob sie gegossen oder geschweißt ausgeführt sind, ist sauber genug, daß auch an den Stellen, wo Eisenunterlagen darunterkommen, eine Bearbeitung nicht erforderlich ist. Lediglich für Turbinen, deren Grundplatten auf ein Stahlfundament aufgesetzt werden, ist es üblich, auch die Unterseite der Grundplatten zu bearbeiten. Der Abstand zwischen Betonfundament und Grundplatte soll 50 mm nicht unterschreiten, weil sonst das Untergießen und Unterstopfen schwierig ist. Wenn sich andererseits beim Ausrichten ein wesentlich größerer Abstand als 50 mm ergibt, empfiehlt es sich nicht, das Fundament durch Nachschütten höher zu ziehen, da bei derartigen nachträglichen Arbeiten stets die Gefahr besteht, daß die Nachschüttung mit dem Fundament nicht richtig bindet und sich daher mit der Zeit wieder löst. Es ist in einem solchen Falle besser, zur Überbrückung des Abstandes ein Formeisen zu verwenden. Die Unterlagen unter den Grundplatten

---

[10] Nach Z. VDI Bd. 75 (1931) S. 507 Abb. 10.

sollen nicht aus vielen dünnen, übereinandergelegten Blechen, sondern aus wenigen starken Stücken bestehen. Die Grundplatten sollen so kräftig sein, daß sie sich beim Ausrichten nicht verspannen.

Der Ausgangspunkt für den Zusammenbau jeder Turbine ist das Achsenkreuz des Abdampfstutzens, gleichgültig, ob es sich um eine Kondensations- oder Gegendruckturbine handelt. Das muß der Erbauer der Turbine sowohl wie der Fundamenthersteller beachten. Der Richtmeister richtet dann bei Kondensationsturbinen die Mitte des Kondensatorstutzens in der Waagerechten nach diesem Achsenkreuz und in der Höhe nach dem vom Baumeister festgelegten Maschinenhausflur (Fliesenbelag) aus. Auf diese Weise ist am besten zu erreichen, daß beim Zusammenbau alle Teile, insbesondere die fertig gelieferten Rohrleitungen, zueinander passen.

Jede Turbinenanlage wird zwar im Werk des Herstellers zusammengebaut und ausgerichtet und ihre Ausrichtung durch Paßstifte festgelegt; trotzdem ist beim Zusammenbau im Kraftwerk ohne Ausnahme jeder Bauteil, ob Turbinengehäuse, Welle oder Lager, nochmals zu überprüfen und nicht etwa nur nach den Paßstiften aufzubauen. Oft dienen Paßstifte auch nur für den Zusammenbau und sind vor Inbetriebsetzung der Turbine wieder zu entfernen, z. B. überall dort, wo Gehäusefüße oder Lagerböcke auf den Grundplatten gleiten müssen.

Die *Lagerböcke* müssen auf ihren Grundplatten überal gut aufruhen. Wenn erforderlich, sind die Flächen zwischen Lagerbocksohle und dazugehöriger Grundplatte durch Nacharbeit mittels Feile oder Schabers nachzurichten. Es muß jedenfalls verhindert werden, daß die Lagerböcke nur auf einer oder zwei Ecken aufsitzen und dann nur durch die Fußschrauben zur Anlage gebracht, d. h. verspannt werden. Sind dort, wo Lagerböcke auf der Grundplatte gleiten sollen, Zwischenbuchsen um die Fußschrauben vorgesehen, so werden diese Buchsen für die Dauer des Zusammenbaues entfernt, d. h. Grundplatte und Lagerbock miteinander fest verschraubt. Die Lagerschalen sind dann auf der Lagerung des Lagerbockes gut einzuschaben.

Die Turbinen*gehäuse* sind nach der Bohrung für die Außenstopfbuchsen auszurichten.

Zum Aufsetzen des Gehäuseoberteiles sind, falls es sich um größere Turbinen handelt, besondere Hebevorrichtungen zweckmäßig; sie sind so auszubilden, daß die Gehäuseoberteile, wenn sie mit deren Hilfe am Kranhaken hängen, in der Hauptteilfuge unbedingt waagerecht sind (vgl. Abb. 3). Dadurch wird ein Aufsetzen in genau lotrechter Richtung ermöglicht und ein Verkanten oder Schiefstellen, das bei den verhältnismäßig kleinen Schaufelspielen die Beschauflung beschädigen könnte, vermieden. Trotzdem erfordert das Aufsetzen eines großen Gehäuseoberteiles stets besondere Sorgfalt. Zur Erleichterung des Aufsetzens und Abhebens des Gehäuseoberteiles bedient man sich oft nach oben etwas verjüngter Führungstangen, die, auf dem waagerechten Flansch des Unterteiles befestigt, den Oberteil bis zum Aufsetzen auf dem Unterteil führen, so daß eine Beschädigung der Beschauflung ausgeschlossen ist. Bei kleineren Turbinen, insbesondere den im Aufbau einfacheren Gegendruckturbinen, sind besondere Hebevorrichtungen nicht erforderlich, da es im allgemeinen bereits mit einfachen Mitteln gelingt, den Oberteil mittels gewöhnlicher Seilschleifen waagerecht aufzuhängen.

Bei Schiffsturbinen, wo genügend tragfähige Kräne im Maschinenraum nicht zur Verfügung stehen, sieht man manchmal Gewindespindeln vor, an denen mit Hilfe von vier Knarren der Gehäuseoberteil hochgeschraubt werden kann, Abb. 52. Zur lotrechten Führung dienen auch hier Führungstangen.

Die Turbinen*läufer* werden mit ganz wenigen Ausnahmen — z. B. wenn die Abmessungen der letzten Stufen das Eisenbahnlademaß überschreiten — vollkommen fertig zusammengebaut in das Kraftwerk geschickt. Ein Einbau der Beschauflung in den Schaufelträger bei der Errichtung der Turbine im Krafthaus wird nur überaus selten vorgenommen und von den Herstellern im allgemeinen mit Recht abgelehnt. Wo besondere Gründe ein Abgehen von dieser Regel erfordern, ist die Arbeit nur von erfahrenen

Richtmeistern des Lieferwerkes auszuführen. Zum Anheben und Einlegen des Turbinenläufers größerer Maschinen in das Gehäuse kann eine besondere Anhebevorrichtung dienen. Dort, wo die Kranhöhe ausreicht, kann der Läufer auch ohne eine besondere Vorrichtung mittels langer Hanf- oder Drahtseilschleifen, die die Beschauflung nicht verdrücken, behandelt werden. Zur lotrechten Führung des Läufers beim Einlegen in die Lager können auf die Gehäuseteilfuge Führungsbacken aufgesetzt werden, bei einigermaßen sachkundiger Leitung der Arbeiten sind sie indessen nicht erforderlich, Abb. 53.

Abb. 52. Gehäuseoberteil einer Schiffsturbine, an vier Gewindespindeln mit Hilfe von Knarren vom Unterteil abgehoben.

Sind Lagerböcke und Gehäuse roh ausgerichtet, so können die Lagerschalen eingelegt werden, was zunächst unter Beibehaltung der beim Zusammenbau in der Werkstatt festgelegten Stärke der Paßplatte vor sich geht. Das weitere Ausrichten, d. h. die eigentliche Feinausrichtung, kann nun nach verschiedenen Verfahren ausgeführt werden. Sie beziehen sich gewöhnlich nur auf einen Teil des gesamten Ausrichtvorganges, dessen einzelne Teilvorgänge ungefähr die folgenden sind:

Sämtliche Lagerböcke des Maschinensatzes werden nach beiden Richtungen in genau waagerechte Lage gebracht; zum Ansetzen der Wasserwaage sind entsprechende Flächen angefeilt.

Die Lagerböcke und die Gehäuse werden nach Mitte Einsatzring und Mitte Stopfbuchsenbohrung ausgeschnürt.

Der Durchhang der einzelnen Wellen wird durch Überprüfen der Kupplungen berücksichtigt.

Besondere Maßnahmen werden getroffen, wo die Bauart der Maschine solche erfordert.

Es wäre unrichtig, anzunehmen, daß diese Teilvorgänge einer *nach* dem anderen berücksichtigt werden können. Ein erfahrener Richtmeister wird bei ihm bekannter

Abb. 53. Einlegen des Läufers in das Gehäuse einer eingehäusigen 50000 kW-Kondensationsturbine für 1500 U/min ohne besondere Hebevorrichtungen.

Turbinenbauart schon handwerks- und gefühlsmäßig mehrere oder alle Einzelhandlungen zu einer einzigen zusammenfassen können. Es muß hier jedoch an dieser Teilung festgehalten werden, weil nur dadurch eine übersichtliche Beschreibung der Vorgänge ermöglicht wird.

Zunächst werden die einzelnen Läufer des ganzen Wellenstranges nacheinander in ihre Lager eingelegt und mit der Wasserwaage an den Lagerstellen auf Höhenlage geprüft. Hierbei bereits muß der Durchhang der einzelnen Läufer, wenigstens größenordnungsmäßig, beachtet werden. Muß man beim Einpassen die Lagerschale mehrfach ausbauen, so kann man sich dazu einer Vorrichtung nach Abb. 54 bedienen. Sind für den aus Turbinen- und Stromerzeugerläufer bestehenden Wellenstrang nur *insgesamt drei Lager* vorgesehen, so ist zuerst *die* Welle einzulegen, die in zwei Lagern ruht. Dann wird an diese der zweite Läufer so weit herangebracht, daß er in der mittigen Führung der ersten Welle gerade aufliegt und mit dem freien Ende in dem dritten Lager ruht. Dieses Lager wird nun durch Veränderung der Höhenlage und seitliches Verschieben so eingestellt, daß die beiden Kupplungsflächen genau parallel zueinander sind, was an drei Stellen der Kupplungsflächen durch Meßuhren festzustellen ist. Sind keine

Abweichungen mehr vorhanden, so werden die Läufer gekuppelt, wobei die Kupplungsbolzen vollkommen gleichmäßig anzuziehen sind. Danach baut man das dritte Lager wieder aus und läßt die Welle mit Hilfe einer Seilschlinge im Kranhaken ablaufen. Ergeben sich hierbei unzulässig große Ausschläge am freien Wellenende, so sind entweder die Kupplungsbolzen nicht gleichmäßig angezogen — sie müssen dann so weit gelöst oder noch fester angezogen werden, bis

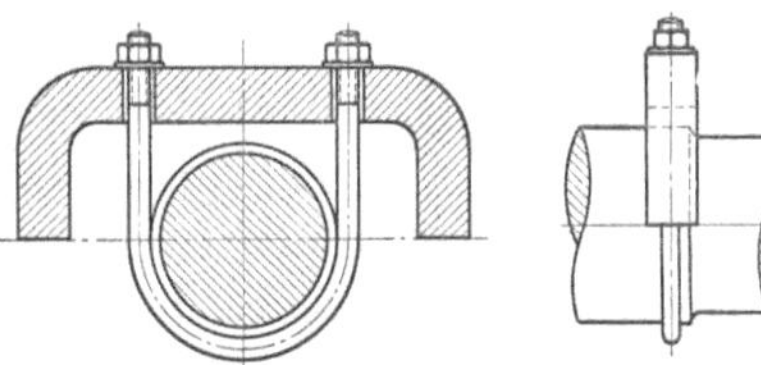

Abb. 54. Vorrichtung zum Abheben des Turbinenläufers von der Lagerschale.

die Ausschläge verschwinden —, oder es liegt eine Ungenauigkeit in den Kupplungsflächen vor. In diesem Falle müssen die Kupplungsflächen nachgeschabt werden.

Zur Prüfung der seitlichen Ausrichtung wird noch, solange die Welle im Kranhaken hängt, der „Lagereinschlag" untersucht. Durch Abtasten mit einer Mikrometerschraube von Welle zum Einsatz der Lagerschale wird die seitliche Ausrichtung überprüft und gegebenenfalls durch seitliches Verschieben des Lagerbockes berichtigt. Die Lagerschale muß dann von beiden Seiten aus gleichmäßig leicht eingedreht werden können.

Liegt die Welle in ihren Lagern richtig, so ist ihre Lage zu den Bohrungen im Turbinengehäuse zu überprüfen und, falls erforderlich, das Turbinengehäuse nachzurichten. Das geschieht meist, indem man den Abstand der Gehäusebohrungen für die Stopfbuchsen von der Wellenoberfläche mißt. Man bedient sich hierzu einer Feinmeßschraube und mißt diesen Abstand an drei Stellen links, rechts und unten. Die Bohrungen müssen mittig zum Turbinenläufer sein oder, falls eine Ausdehnung des Gehäuses von der Auflage auf den Lagerböcken nach oben zu berücksichtigen ist, um diesen Betrag tiefer eingestellt werden, was sich durch Nachrichten des Gehäuses erreichen läßt. Führungskeile sind erst dann einzupassen, wenn Gehäuse und Lagerböcke in die richtige gegenseitige Lage gebracht sind.

Dieses Verfahren, nach dem die Lage von Läufer und Gehäuse unmittelbar gemessen wird, hat sich immer mehr eingebürgert; dabei kann man, wie das häufig beim ersten Zusammenbau der Maschine in der Werkstatt des Herstellers geschieht, bei kurz gebauten Turbinen für das Ausrichten statt des Turbinenläufers erst eine Lehrwelle verwenden, wenn sie ungefähr den gleichen Durchhang hat wie dieser. Besser ist es allerdings, den Turbinenläufer selbst zu benutzen, da der Durchhang verschiedener Läufer mitunter nicht genau gleich groß ist.

Nach einem anderen Verfahren spannt man mittels angehängter Gewichte längs durch die Lagermitten einen Draht und prüft die gleichachsige Lage der Lagerschalen sowohl wie die der Gehäusebohrungen gegen diesen Draht. Hierbei ist der Durchhang des Drahtes zu berücksichtigen, was stets, wenn nicht immer der gleiche Draht und die gleichen Spanngewichte verwendet werden, eine kleine Rechnung an Ort und Stelle erforderlich macht. Nachteilig ist dabei, daß ein Draht auch in gespanntem Zustand bei jeder Berührung sehr nachgiebig ist, so daß für richtiges Messen große Übung und

Geschicklichkeit erforderlich ist. Um Meßfehler zu vermeiden, benutzt man daher hierfür mitunter einen elektrischen Stromschluß, der bereits die geringste Berührung des Drahtes mit der Meßschraube anzeigt.

Beim Ausrichten der Gehäusebohrungen nach der Welle ist es nicht unbedingt erforderlich, daß die Gehäuseteilfuge waagerecht ist. Denn durch die zweifache Art der Bearbeitung eines Turbinengehäuses — Ausbohren meist auf einer Karuselldrehbank, Bearbeiten der Teilfugenflanschen dagegen auf einem Fräswerk oder, allerdings nach entsprechendem Umspannen, wieder auf der Drehbank — sind geringe Abweichungen zwischen der Achse der Bohrungen und der Lage der Teilfugenebene nicht immer vollkommen zu vermeiden. Bei der heute allgemein sehr hochwertigen Werkstattarbeit aller Dampfturbinenwerke von Ruf sind diese Abweichungen infolge der verschiedenen Bearbeitungsgänge allerdings sehr gering.

Sind die Läufer eines Turbosatzes in *mehr als drei Lagern* unterstützt, so liegen Verhältnisse vor wie bei einem durchlaufenden Träger auf mehreren Stützen. Der Wellendurchhang zwischen je zwei Lagern wird das Nachbarfeld entsprechend beeinflussen. In dem Falle eines zweifach gelagerten Turbinenläufers und eines daran zu kuppelnden, ebenfalls zweilagerigen Stromerzeugerläufers, also einer Vierlagermaschine, wird ersterer zwischen Lager *1* und *2* durchhängen, letzterer zwischen Lager *3* und *4*. In dem Kupplungsfeld zwischen Lager *2* und *3* treffen dann, wenn man zunächst in einer waagerechten Ebene ausgerichtete Lage aller vier Lager voraussetzt, zwei Wellenenden zusammen, deren Flanschen unter dem Einfluß des Durchhanges der Wellen oben sperren. Das Maß dieser Sperrung läßt sich mit einer Fühlerlehre feststellen. Würde man die Kupplungsbolzen in dieser Lage fest anziehen, so würden die Wellen dadurch verspannt werden, was sich unbedingt auf den Lauf der Maschine auswirken müßte. Die Lagerböcke *1* und *4* des Maschinensatzes müssen daher jetzt aus der Ebene so weit herausgenommen werden, daß der gesamte Wellenstrang durch die beiden mittleren Lager *2* und *3* nicht mehr an der Ausbildung seiner elastischen Linie mit den Stützpunkten in Lager *1* und *4* behindert wird. Man erreicht das dadurch, daß man die Lagerböcke *1* und *4* entsprechend hebt, bis die beiden zusammengehörigen Kupplungsflanschen in vollkommen gleicher Entfernung voneinander stehen oder sich vollkommen berühren, also nicht mehr sperren.

Ob das der Fall ist, wird mitunter mit einer Fühlerlehre an mehreren Punkten des Flanschumfanges gemessen. Fühlerlehren sollte man dazu jedoch nur für rohe Vormessungen benutzen, da sie außerordentliche Geschicklichkeit und Übung im Messen erfordern; jeder Unterschied in der Einstecktiefe verursacht bereits Fehlmessung. Besser sind folgende Verfahren: ein Kupplungsflansch z. B. erhält einen Meßarm mit Feinmeßschraube oder Meßuhr. Man dreht nun den Läufer dieses Flansches und mißt den Abstand vom stillstehenden Gegenflansch an vier Punkten. Auch dieses Verfahren ist aber noch nicht ganz frei von Fehlermöglichkeiten: der stillstehende Kupplungsflansch kann nämlich außermittig zur Lagerstelle stehen oder man trifft bei der Messung auf Unebenheiten wie Druckstellen von der Beförderung u. dgl. Diese Fehler können dadurch ausgeschaltet werden, daß beide Flanschen Meßarme erhalten, der eine mit Feinmeßschraube, der andere mit einem Gegenstift. Die vier Meßpunkte werden dann nach jedesmaliger Drehung beider Wellen um 90° aufgenommen. Dadurch ist jede nur im Flansch liegende Ungenauigkeit ausgeschaltet. Die Schraube soll eine gerundete Kuppe, der Gegenstift eine kleine Fläche haben, die stets genau mittig zueinander stehen müssen. Die beiden auf ihre genaue Lage zu prüfenden Wellen müssen während der Drehung gegen Axialverschiebung gesichert sein.

In grundsätzlich gleicher Weise und unter Verwendung der gleichen dafür entsprechend ausgebildeten Meßarme mißt man auch die mittengleiche Lage der beiden Wellen, wozu eine zweite, jetzt in radialer Richtung messende Meßuhr angebracht wird, Abb. 55.

Auch bei den Läufern mit vier Lagern und fester Kupplung muß man den Lagereinschlag zuerst beim vorderen, dann beim hinteren Turbinenlager überprüfen.

Sind die Läufer der Turbine und der angetriebenen Maschine durch eine nachgiebige Kupplung — Verzahnungs- oder Klauenkupplung — miteinander verbunden, so sind sie genau so auszurichten wie bei starrer Kupplung, es entfällt nur die Lagereinschlagprobe. Statt dieser Messungen muß festgestellt werden, ob sich die Kupplungshülse nach erfolgter Ausrichtung in jeder Winkelstellung der Läufer — es genügt jeweilige Drehung um 90° — leicht schieben läßt. Klemmt die Hülse, obwohl die Läufer gut ausgerichtet sind, so stehen die Kupplungsterne zu den Zähnen oder Klauen schief. Die Kupplungsterne haben entweder auf ihrer ganzen Länge gleiche oder kegelige Bohrung. Kegelsitz ist vorzuziehen. Die Kegel müssen sauber bearbeitet, sorgfältig aufgepaßt und, wenn erforderlich, durch Nachschaben zum einwandfreien Tragen gebracht werden. Hierauf werden die Kupplungsterne mit einem vorher rechnerisch genau festgelegten Schrumpf aufgezogen.

Überschläglich kann man das Ausrichten zweier Wellen mit nachgiebiger Kupplung auch bei geschlossener Kupplung überprüfen.

Abb. 55. Überprüfung des axialen Abstandes (oben) und der Gleichmittigkeit (unten) zweier starr zu kuppelnden Wellenflanschen mittels mehrerer Meßarme und Meßuhren.

Dazu benutzt man einen Meßbügel, wie er in Abb. 56 gezeigt ist. Liegt eine der Wellen zu hoch oder zu tief, so können die Meßkanten des Bügels nicht auf der ganzen Länge aufliegen. Das Maß der Sperrung gibt gleichzeitig an, welche Abhilfe zu treffen ist. Sperrt z. B. nur eine der beiden Meßkanten, während die andere glatt aufliegt, so sind die beiden Wellen nicht nur nicht auf gleicher Höhe, sondern sie liegen auch unter einem Winkel zueinander. Sperren dagegen beide um das gleiche Maß, so ist nur ihre Höhenlage verschieden. Da man den Meßbügel in mehreren Ebenen des Umfanges ansetzen kann, so kann man damit gleichzeitig die Höhenlage wie die seitliche Ausrichtung des Wellenstranges überprüfen. Da dieses Verfahren jedoch nicht vollkommen genau sein kann, so wird es nur dort, wo unter Umständen rasche, behelfsmäßige Neuausrichtung erforderlich ist, wie z. B.

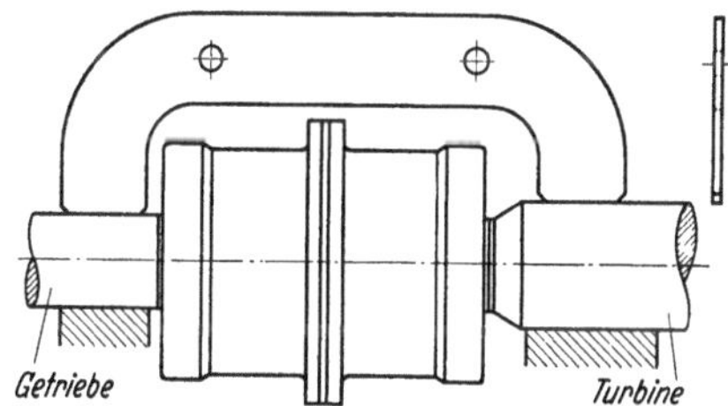

Abb. 56. Überprüfung der Lage zweier durch eine Doppel-Verzahnungskupplung zu kuppelnder Wellen mittels Meßbügels.

im Schiffsbetrieb, verwendet. Im ortfesten Turbinenbau hat es keinen Eingang gefunden.

Besitzt eine auf einem Wellenstrang angeordnete Maschine *mehr als vier Lauflager*, wie z. B. bei einer zweigehäusigen Turbine und einem Stromerzeuger, so ergeben sich dadurch für das Ausrichten keine neuen Probleme. Je zwei Wellen sind entweder starr oder nachgiebig miteinander gekuppelt, ihr Ausrichten ist daher nach den bereits erörterten Verfahren durchzuführen. Bei zweigehäusigen Turbinen sind allgemein die HD- und die ND-Turbinen wegen der starken Wärmedehnung der ersteren miteinander durch eine axial verschiebbare Kupplung verbunden, während die ND-Turbine und der Stromerzeuger miteinander starr gekuppelt sind. Daß man bei sehr großen Turbineneinheiten mitunter alle Wellen miteinander starr kuppelt, wurde bereits auf S. 48 erwähnt.

Alle Stopfbuchsen und Einsatzringe müssen beim Ausrichten der Wellen ausgebaut sein, damit der oder die Turbinenläufer keinesfalls in der freien Beweglichkeit — etwa durch Anstreifen — behindert sind. Die Lager sind vorher sorgfältig zu reinigen und mit reinem Öl zu benetzen. Bei Lagerschalen mit walzenförmiger Auflage im Lagerbock muß die Auflage nachgeprüft und notfalls nachgeschabt werden. Lager mit Kugelauflage brauchen nicht nachgeschabt zu werden und tragen nach genauem Ausrichten bereits über die ganze Länge. Hierbei ist das Ausrichten somit wesentlich erleichtert.

Selbst ausführliche Angaben für das Ausrichten der Lager einer Turbinenanlage werden notwendigerweise lückenhaft sein, da sie immer nur Beispiele geben, nie aber alle Sonderfälle mit einschließen können. Hier muß der Richtmeister auf der Baustelle nach freiem Ermessen oder nach Sondervorschriften des Lieferwerkes verfahren. Als wichtige Sonderart soll hier nur die Getriebeturbine kurz behandelt werden.

Der Zusammenbau der *Turbinengetriebe* wird dadurch erleichtert, daß alle Lager eines Getriebes stets in einem gemeinsamen, starren Gehäuse untergebracht sind. An der Notwendigkeit, die einzelnen Lagerschalen auf Hundertstel von mm genau gegeneinander auszurichten und das Lagerspiel genau nach Vorschrift einzustellen, ändert diese Tatsache jedoch nichts.

Ein Getriebe einfachster Bauart besteht aus zwei Wellensträngen in gleicher Entfernung voneinander. Für den Wellenstrang des Rades gilt das gleiche wie für einen einfachen, unmittelbar gekuppelten Turbosatz, da beim Getrieberad der Zahndruck — bis auf ganz seltene Ausnahmen — in unbelastetem und in belastetem Zustand nach unten wirkt. Die Achsen der Ritzel und der Radwellen müssen auf ihrer ganzen Länge in gleichem und rechnerisch genau festgelegtem Abstand eingestellt sein. Bei Getrieben waagerechten Aufbaues liegen die beiden Wellen im allgemeinen in gleicher Höhe. Bei mehrstufigen Getrieben und auch einstufigen für Sonderzwecke werden die Ritzel mitunter oben oder an einer beliebigen Stelle des Umfanges des Rades angeordnet. In solchen Fällen liegen die einzelnen Wellenstränge des Getriebes in verschiedenen Höhenlagen, jedoch müssen auch hierbei die vier Lager jedes Räderpaares in einer gemeinsamen Ebene liegen, die aber nicht waagerecht zu sein braucht. Ist sie waagerecht, so kann die Wasserwaage zum Ausrichten und Prüfen benutzt werden. Einfacher und dabei sehr genau ist das Messen mit Meßlatten oder -schienen, die von einem Festpunkt aus zugleich über die Laufflächen der beiden Wellen eines Zahnpaares erst auf der einen Seite der Verzahnung, dann auf der anderen aufgelegt werden. Werden nicht beide Wellen durch die Schiene gleichzeitig berührt oder beträgt bei der Berührung der einen der Abstand der Schiene von der anderen auf der einen Seite der Verzahnung mehr als auf der anderen, so liegen die beiden Wellen nicht in einer gemeinsamen Ebene.

Ist beim ersten Zusammenbau eines Getriebes in der Werkstatt die genaue Lage der Wellen eingestellt, so erübrigt sich im allgemeinen ein Nachmessen oder Nachrichten beim Aufbau im Maschinenhaus. Den Abstand der Wellen mißt man mit einem Meßbügel, der quer über die aus den Lagern herausragenden Wellen gelegt wird. Man stellt hiermit den Abstand von Außenkante zu Außenkante der Wellen fest. Vorher sind die genauen Durchmesser der einzelnen Wellen zu bestimmen. Durch Abzug der Halbmesser der beiden Wellen vom gemessenen Außenabstand erhält man den Achsenabstand. Ist dieser an den Lagern vor und hinter der Verzahnung gleich, so liegen die beiden Wellen, wenn sie im übrigen in einer gemeinsamen Ebene sind, richtig. Da Getriebelagerschalen im Gehäuse allgemein ohne Zwischenlagen eingepaßt werden, so kann sich der Achsenabstand im Betriebe nur dann ändern, wenn ein oder mehrere Lager abgenutzt oder ausgelaufen sind. Da in ordnungsgemäßem Betriebe aber eine Abnutzung der Lager nicht vorkommt, so ist ein Nachmessen des Achsenabstandes nur nach längerer Betriebzeit erforderlich oder gegebenenfalls nach einer aufgetretenen Störung.

Erst wenn alle Wellen und ihre Lauflager genau ausgerichtet sind, darf der ganze Maschinensatz endgültig auf dem Fundament befestigt werden. Die Lagerböcke oder die als Festpunkte ausgebildeten Füße der Turbinengehäuse werden dann auf ihren Grundplatten verbohrt und die Grundplatten selbst, nachdem etwa verwendete Keilunterlagen durch Flacheisen und Blechbeilagen ersetzt sind, mittels ihrer Fundamentanker auf dem Fundament festgezogen und schließlich vergossen. Das geschieht, indem der Zwischenraum zwischen Fundament und Grundplatten und sämtliche Hohlräume der Grundplatten mit Ausnahme derer, in denen die Ankermuttern sind oder durch welche Durchbrüche gehen, mit Beton ausgefüllt werden. Für das *Vergießen* müssen in den Grundplatten gut zugängliche Löcher vorhanden sein. Es ist sehr wichtig, daß der Vergußbeton mit dem Fundament gut bindet. Die Fundamentoberfläche ist deshalb vor dem Vergießen sorgfältig zu reinigen und reichlich anzunässen. Auch die Hohlräume, durch welche die Ankerbolzen gehen, müssen unter kräftigem Nachstopfen vollständig ausgegossen werden. *Nach dem Abbinden müssen Grundplatten, Anker, Verguß und Fundament ein zusammenhängendes starres Bauwerk bilden.* Bei Grundplatten, die Kippmomenten ausgesetzt sind, sollen Bewehrungseisen in erforderlicher Zahl aus dem Fundament in die Grundplattenhohlräume ragen. Auch sollen solche Platten mit ihrem unteren Teil in das Fundament eingegossen werden. Grundplatten versieht man auf ihrer Unterseite mit Riefen oder aufgeschweißten Flacheisen, um zufolge der dann größeren Rauhigkeit der Auflageflächen eine gute Verbindung mit dem Fundament zu erzielen.

Das Ausrichten einer neuen Turbine muß vor dem Untergießen vollkommen beendet sein. Ein Ausrichten bei bereits vergossener Grundplatte kommt nur bei Überholungsarbeiten an Turbinen in Betracht.

Beim Zusammenbau einer Turbine wird das *Drucklager* so eingestellt, daß die axialen Schaufelspiele in der Dehnungsrichtung des Läufers mindestens gleich den zeichnungsmäßigen Sollgrößen sind. Die Lauffläche des Drucklagers muß zur Welle vollkommen senkrecht sein. Dieses Überprüfen ist der Beginn der Drucklagereinstellung. Bei Einringdrucklagern ist sodann die Stützplatte mit den Klötzen, die auf ihr mit den Halteschrauben gehalten werden, einzubringen, wobei erforderlichenfalls eine Unstimmigkeit durch Nachschaben beseitigt werden muß. Der Grundring, auf dem die Stützplatte aufliegt, kann im Drucklagergehäuse durch Zwischenlegen von Blechen in eine solche Lage gebracht werden, daß der Läufer die vorgeschriebene axiale Lage einnimmt. Liegt der Druckring gegen die Klötze in der Hauptschubrichtung an, so soll sein Abstand von den Anlaufflächen oder den Klötzen auf der anderen Seite nicht weniger als 0,3 mm betragen. Selbstverständlich sind beim Einbau des Drucklagers auch alle Ölverbindungen und Ölwege auf etwaige Verstopfung und genaue Lage sorgfältig zu prüfen.

Einbau und Einstellen der *Stopfbuchsen* sind im allgemeinen die letzte Arbeit vor dem Schließen der Turbinengehäuse. Bei den verhältnismäßig kleinen Stopfbuchsspielen und der Mannigfaltigkeit des Aufbaues der Turbinen verschiedenen Ursprunges ist das Einstellen der Stopfbuchsen eine Aufgabe, die sorgfältig überlegte Vorschriften vom Erbauer der Turbine verlangt. Zu beachten sind zunächst die Unterschiede der Wärmedehnungen, insbesondere in axialer Richtung, der Gehäuse und Läufer gegeneinander, ferner die Lage der Drucklager, die Art der Verbindung von Turbinengehäuse und Lagerbock, die Befestigung der Gehäuse und Lagerböcke auf den Grundplatten. Bei höheren Betriebstemperaturen ist die Berücksichtigung der Läuferdehnung für das axiale Einstellen der Stopfbuchsen von besonderer Wichtigkeit.

Für die *Innen*stopfbuchsen ist meist nur das genaue Einhalten des vorgeschriebenen Radialspieles maßgebend; wenn die Kämme der Ringe nicht in Gegenkämme des Läufers eingreifen, lassen die Zwischenstopfbuchsen beliebige Axialverschiebungen des Läufers zu. Je nach der Bauart der Maschine wird das Gesamtspiel gleichmäßig auf oben und unten verteilt, wie in dem Beispiel der Gegendruckturbine, oder die Stopfbuchsenachse wird gegen die Wellenachse etwas nach unten versetzt. Diese zuletzt genannte Maßnahme ist dort angebracht, wo damit zu rechnen ist, daß Wärmedehnung das Gehäuse gegenüber dem Läufer hebt. Das Einstellen der Innenstopfbuchsen ist im Gehäuseunterteil durch Meßbänder zu überprüfen, während eine unmittelbare Messung im

Gehäuseoberteil nicht möglich ist. Es gibt indessen ein einfaches Verfahren zum Überprüfen, das jeder Richtmeister auf der Baustelle anwenden kann: er bestreicht die Dichtungstellen der Welle so stark mit Schlämmkreide, daß die Spitzen der unteren Ringhälften gerade leicht berühren. Darauf wird der Gehäuseoberteil aufgesetzt und der Läufer gedreht. Ist z. B. das Spiel der Ringhälften im Oberteil kleiner als unten, so müssen die Spitzen tiefere Einschnitte in der Kreideschicht hinterlassen haben. Eine derartige Prüfung ist jedoch nur bei vielstufigen Einstückläufern erforderlich. Laufen die Innenstopfbuchsen gegen Naben aufgezogener Räder, so kann man damit rechnen, daß genügende Sicherheit und Genauigkeit schon durch das Ausrichten der Zwischendeckel im Gehäuse und der Stopfbuchsringe in diesen erreicht ist.

Wichtig ist, daß die mittige Lage der Ringe in den Zwischendeckeln stets erhalten bleibt, damit die Ringe, falls sie sich verziehen sollten, nicht an der Welle anstreifen.

Leichter lassen sich die *Außen*stopfbuchsen einstellen, obwohl hier die still-

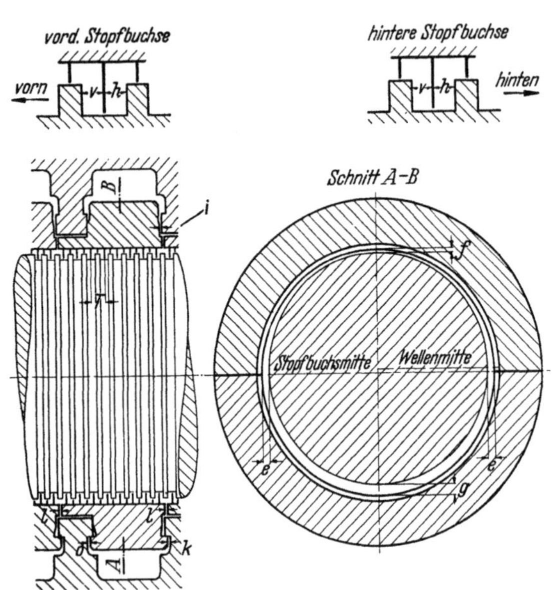

Abb. 57. Vordere Stopfbuchse = HD-Stopfbuchse, hintere Stopfbuchse = ND-Stopfbuchse. Die Richtung „vorn" bedeutet „auf das Wellendrucklager zu", die Richtung „hinten" bedeutet „vom Wellendrucklager weg". Die angegebenen Axialspiele beziehen sich auf eine Stärke des Dichtungsbleches von 0,2 mm.

Stopfbuchse	Teilung	Axialspiele		Radialspiele			Einbauspiele			
	T mm	v mm	h mm	e mm	f mm	g mm	o mm	i mm	k mm	l mm
1. Beispiel: eingehäusige Kondensationsturbine 25000 kW, 3000 U/min.										
HD	6 ÷ 3	2,9	2,9	0,3	0,3	0,3	0,5	0,3	0,8	0,4
ND	8 ÷ 4	4,9	2,9	0,3	0,3	0,3	0,5	0,3	0,8	0,4
2. Beispiel: eingehäusige Gegendruckturbine 2400 kW, 3000 U/min.										
HD	6 ÷ 3	2,9	2,9	0,3	0,3	0,3	0,5	0,3	0,8	0,4
ND	8 ÷ 4	4,5	3,3	0,3	0,2	0,4	0,5	0,3	0,8	0,4

AEG, Einstellung von Außenstopfbuchsen.

stehenden und die umlaufenden Kämme meist ineinander eingreifen; denn bei den Außenstopfbuchsen ist unmittelbare Messung der Spiele möglich. Einbau und Einstellen von Labyrinthaußenstopfbuchsen wird in vereinfachter Darstellung in Abb. 57 an je einem Beispiel einer Kondensations- und einer Gegendruckturbine gezeigt. Die Kondensationsturbine ist eine eingehäusige Gleichdruck-Scheibenturbine für 25000 kW bei 3000 U/min und hat mit dem Stromerzeuger vier Lager. Die Gegendruckturbine ist eine vielstufige Gleichdruckturbine von 2400 kW bei 3000 U/min und hat nur drei Lager, der Abstand der beiden Stopfbuchsen ist hier jedoch wesentlich kleiner als bei der Kondensationsturbine. Bei beiden Turbinen ist das Wellendrucklager auf der HD-Seite angeordnet. Die HD-Stopfbuchse der Kondensationsturbine in dem gewählten Beispiel wird mittig zur Wellenachse eingestellt, da die Abstützung des Gehäuses genau in Höhe der Wellenmitte erfolgt, wie auf S. 39 beschrieben. Die ND-Stopfbuchse wird ebenfalls mittig eingestellt, da das hintere Läuferlager in diesem Falle in den Abdampfstutzen eingegossen ist, so daß es jede Bewegung des Abdampfgehäuses mitmacht. Eine Verlagerung des Läufers gegen die Stopfbuchse kann hier also nicht stattfinden. Bei der als Beispiel gewählten Gegendruckturbine, die nur für mäßige Dampftemperaturen bestimmt sein soll, wird nur die HD-Stopfbuchse genau so eingestellt wie bei der Kondensationsturbine. Die Stopfbuchse auf der Gegendruckseite dagegen wird, weil dann die erwähnte Gehäuseabstützung genau in Höhe der Wellenmitte (Pratzenauflage) nicht vorgesehen ist, gegen die Wellenachse lotrecht etwas nach unten versetzt eingestellt. Das Turbinengehäuse, das das Stopfbuchsengehäuse trägt, kann sich nämlich in diesem Falle gegenüber dem im Betriebe kälter bleibenden Lagerbock, in dem die Welle abgestützt ist, trotz annähernd mittengleicher Aufhängung durch Wärmedehnung etwas heben. Bevor die Welle in die Lager gelegt wird, schraubt man die einzelnen Ringe über der Welle zusammen und prüft das Spiel in der Waagerechten und in der Lotrechten. Stimmt es mit dem Sollspiel überein, so kann der Einbau beginnen. Die vorgeschriebene Höheneinstellung wird durch entsprechende Nacharbeit an der Auflagefläche der oberen Ringhälften erzielt.

Die axiale Lage der Dichtungsspitzen gegenüber den Wellenkämmen ist in gleicher Weise von dem Gesamtaufbau und den Betriebsverhältnissen der Turbine abhängig. In der Stopfbuchse, die dem Drucklager des Läufers zunächst liegt — meist das HD-Ende der Turbine —, ist auch bei höheren Temperaturen keine nennenswerte Verschiebung des Läufers gegen die Stopfbuchsenspitzen zu befürchten. Dort sind somit die Spitzen des Stopfbuchsenringe genau auf Mitte von Nut oder Kamm des Läufers einzustellen. An der anderen, also der ND-Stopfbuchse, wo die verschieden große Längung von Gehäuse und Läufer infolge der Erwärmung im Betriebe sich fühlbarer auswirkt, werden die Stopfbuchsenringe um ein bestimmtes Maß nach hinten zu aus der Mitte eingestellt. Während des Einstellens und Messens der Axialspiele müssen alle Ringe so festgelegt werden, wie sie durch den Dampfdruck während des Betriebes gehalten werden, d. h. das volle Spiel k muß jeweils auf *der* Seite vorhanden sein, wo im Betriebe der höhere Druck herrscht. Bei dieser Art der Einstellung werden im Betriebzustand alle Stopfbuchsen angenähert auf Mitte stehen.

Bei den wesentlich selteneren *Kohle*stopfbuchsen werden die Dichtungsflächen vor dem ersten Einbau mit Vaselin oder auch flockigem Graphit geschmiert, manchmal auch ohne Schmierung gelassen. Im Betriebe selbst erhalten sie keinerlei Schmierung. Da die Kohle Graphit enthält, schmiert sie sich, wo sie zum Anstreifen kommt, selbst. Beim Einbau sind die Kohleringteile mit Vorsicht zu behandeln, da sie leicht zerbrechen. Daß Kohlestopfbuchsen in Einbau oder Wartung einfacher wären als Labyrinthstopfbuchsen, ist eine verbreitete, aber unrichtige Ansicht.

Die Kohleringe werden nicht immer mit dem gleichen Spiel gegen die Welle ausgeführt. Bei allen Bauarten wird aber angestrebt, den zusammengesetzten Kohlering mittig zur Welle zu halten; sein Gewicht wird daher durch eine Feder od. dgl. aufgefangen. Die einzelnen Kohleringstücke liegen meist stumpf aneinander an. Mitunter wird auch vorgeschrieben, daß zwischen den einzelnen Ringstücken ein Zwischenraum von wenigstens 0,15 mm je 100 mm Wellendurchmesser vorhanden sein muß, wenn die Stopfbuchse eingebaut wird, die Welle also eingelegt ist. In einem anderen Falle ist für die HD-Stopfbuchse bei einem Wellendurchmesser von 200 mm für die Kohleringe eine Bohrung von 200,6 bis 200,8 mm vorgeschrieben. Das Spiel verringert sich im Betriebe, wenn die Welle sich stärker ausdehnt als die etwas kälter bleibenden und sich weniger ausdehnenden Kohleringe. Für die ND-Stopfbuchse werden in dem gleichen Falle kleinere Spiele vorgeschrieben, und zwar für den gleichen Wellendurchmesser eine Bohrung von 200,3 bis 200,45 mm in den Kohleringen.

Die *Dichtung der Teilfugen* und Rohranschlüsse am Turbinengehäuse erfolgt grundsätzlich durch Flanschverbindungen. Die Dichtungsflächen der Flanschen werden — mit Ausnahme der HD-Teilfugen, die geschabt werden — nur sauber gedreht oder gehobelt. Die Hauptflanschen der Turbinengehäuse, die sich den Gehäuseformen anpassen müssen, erfordern besondere Beachtung und Berechnung von Fall zu Fall. Bei den Rohranschlüssen mit Rundflansch dagegen ist man der Einzelberechnung im allgemeinen durch die Normung der Flanschen und ihrer Schrauben für die verschiedenen

Druckbereiche enthoben. Es ist besser, die Hauptflanschen am Turbinengehäuse schmal mit entsprechend höherem Anpressungsdruck auszuführen. Für Dichthalten der Flanschen ist genügende Flanschdicke Voraussetzung.

Kreuzfugen sind möglichst zu vermeiden. Kleine und mittlere Gehäuse bestehen daher in der Regel nur aus je einem Ober- und einem Unterteil. Große Turbinengehäuse müssen mitunter mit Rücksicht auf ihre Abmessungen auch in lotrechter Richtung geteilt werden, wobei in der Regel das HD-Gehäuse aus Stahlguß, das ND-Gehäuse aus Gußeisen hergestellt wird. Wichtig ist in diesem Falle, daß die Kreuzfuge bereits in ein niedrigeres Temperaturgebiet (unter 100° C) gelegt wird, da andernfalls ihr Abdichten Schwierigkeiten verursachen kann. Bei Kreuzfugen zweier Stahlgußteile können die Fugen nach dem Schließen auch verschweißt werden. Trifft Stahlguß an einer Teilfuge auf Gußeisen, wie z. B. bei besonderem Einströmkasten aus Stahlguß und einem Turbinengehäuse aus Gußeisen, so ist bereits bei der Gestaltung der Ausdehnungsunterschied bei Erwärmung zu berücksichtigen, Abb. 58.

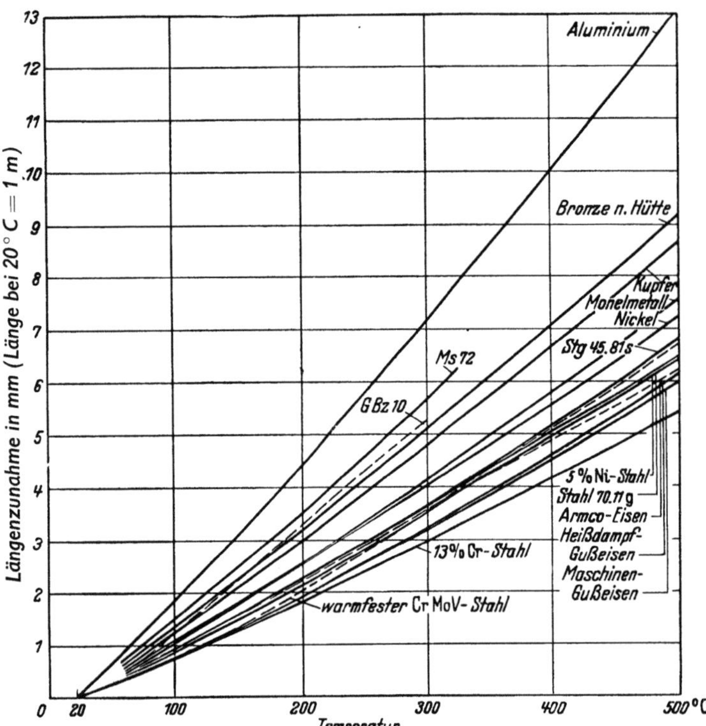

Abb. 58. Längenzunahme verschiedener Baustoffe bei Erwärmung von 20°C auf die Meßtemperatur.

Durchgehende Bolzen mit Kopf und Mutter oder beiderseitigen Muttern sind allgemein Stiftschrauben vorzuziehen. Letztere sind aber nicht zu vermeiden, wenn die Bolzen sehr nahe aneinander und an dem walzenförmigen Gehäuseteil anzuordnen sind. Bei HD-Teilfugen sind eingeschraubte Stiftschrauben sogar zweckmäßig, weil sie zufolge der guten Wärmeleitung im Gewinde verhältnismäßig rasch erwärmt werden, was insbesondere für das Anfahren wesentlich ist, weil die zusätzlichen Wärmespannungen dann geringer sind. Demgegenüber würden bei durchgehenden Schraubenbolzen infolge schlechten Wärmeüberganges an den wenigen Berührungstellen am Bolzenende und an der Mutter größere Temperaturunterschiede zwischen Flansch und Bolzen und damit höhere Beanspruchungen entstehen. Hinzuweisen ist in diesem Zusammenhang auch auf die zunehmende Anwendung von Einrichtungen, mittels welcher die HD-Teilfugenflanschen vor dem Anfahren erwärmt werden. Schraubenbolzen sind bis 400° C aus unlegiertem Stahl, von 401 bis 450° C aus Cr-Mn-V-Stahl und darüber aus Cr-Mo-V-Stahl herzustellen. Für die Muttern reicht meist ein guter SM-Stahl aus. Bolzen und Muttern sollen aus verschiedenem Baustoff sein, die Muttern sollen außerdem Flankenspiel erhalten, da sonst Gefahr des Fressens besteht.

Um die für hohe innere Drücke erforderliche hohe Vorspannung in den Teilfugenbolzen zu erreichen, ist es zweckmäßig, die Bolzen im wärmegedehnten Zustand zu verschrauben. Das geschieht entweder durch eine elektrische Heizvorrichtung, die in die durchbohrten Bolzen eingeführt wird, oder durch Erwärmen von außen durch eine dann beliebige Heizvorrichtung, Abb. 59[11]. Bei derartigen Verfahren ist jedoch große

---

[11] Nach Engineer Bd. 157 (1939) S. 414 Abb. 3.

Sorgfalt anzuwenden, da die Muttern auf den durch die Heizung gedehnten Bolzen leicht so weit angezogen werden können, daß diese beim Erkalten bereits über ihr Elastizitätsmaß hinaus gereckt werden. Die Anwärmtemperatur und der Anzugsweg der Mutter sind daher stets vorher rechnerisch genau festzulegen.

Wenn die Teilfugenbolzen vor dem Anziehen der Muttern nicht erwärmt werden, so ist es notwendig, diese nach dem ersten Probebetrieb, solange die Maschine noch warm ist, nachzuziehen. Da dieses Nachziehen ein sicheres Gefühl für das zulässige Anzugsmaß voraussetzt, sollte es nur vom Richtmeister selbst, keinesfalls von Hilfskräften vorgenommen werden.

Dichtung der Gehäuseteilfugen mittels Feder und Nut wird dort angewendet, wo sich die Teilfugenschrauben, z. B. an den Durchtrittstellen der Wellen, nicht günstig anordnen lassen. Für Gehäuseeinbauten, vor allem für die gegenseitige Abdichtung der Zwischendeckelhälften, wird Feder und Nut häufig angewendet.

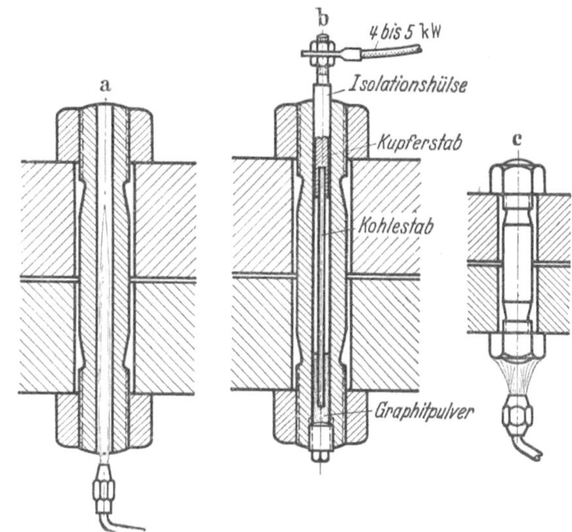

Abb. 59. Anwärmen der Teilfugenschraubenbolzen vor dem Anziehen oder Lösen der Muttern[11].

a Anwärmen eines durchbohrten Bolzens mit offener Flamme; *b* Anwärmen eines durchbohrten Bolzens mit elektrischer Heizung; *c* Anwärmen eines vollen Bolzens mit offener Flamme.

Die waagerechten Teilfugen der Turbinengehäuse werden meist mit Kitt und Asbestschnur gedichtet. Bei Gehäuseeinsätzen mit eingebauten Zwischendeckeln sind die Teilfugen zu schaben und nur mit Kitt zu dichten, Asbestschnur darf hierfür nicht verwendet werden. Das gleiche gilt für die geschabten und zusammengeschraubten Teilfugen der Stopfbuchsengehäuse.

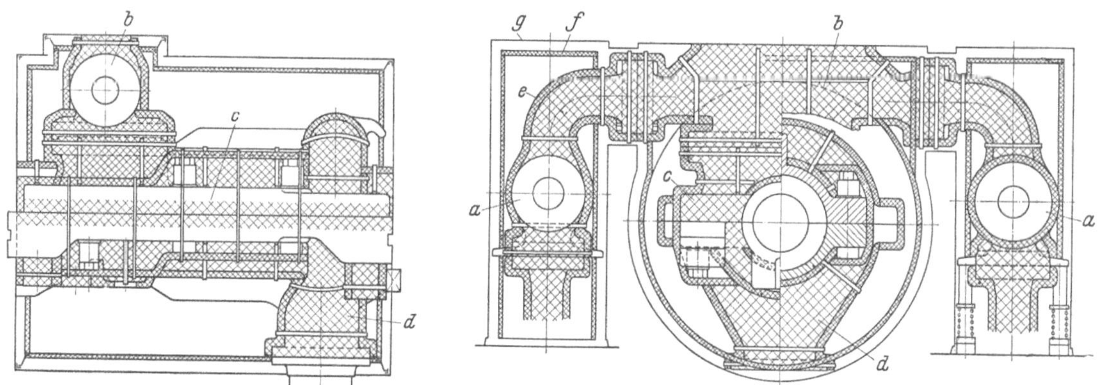

Abb. 60. Wärmeschutz der Frischdampfeinströmteile und des Gehäuses einer Gegendruckturbine für 100 ata, 500°C.

a Schnellschlußventil; *b* Einströmkasten; *c* HD-Gehäuse; *d* Gegendruckstutzen; *e* innerer Wärmeschutzmattenbelag; *f* äußerer Wärmeschutzmattenbelag; *g* Glanzblechverkleidung.

Der *Wärmeschutz* der Turbinengehäuse und Dampfrohrleitungen hat einerseits diese im Betriebe vor Wärmeverlusten zu schützen, andererseits von außen eindringende scharfe Temperaturwechsel (Zug) von den heißen Teilen fernzuhalten, damit sie nicht durch ungleichmäßige Abkühlung verzogen oder durch dadurch hervorgerufene Wärmespannungen beschädigt werden. Der üblichste Warmeschutz besteht aus einer Turbinengehäuse und Einströmteile vollkommen umhüllenden Verkleidung mit einzelnen Matten, die mittels Blechbänder unmittelbar auf diesen Bauteilen befestigt werden, Abb. 60.

Als Schutzmasse dient Asbest, Schlacken- oder Glaswolle. Sie muß auf jeden Fall brandsicher sein. Vereinzelt werden auch geknitterte Aluminiumblätter („Alfol") verwendet.

Für besonders hohe Frischdampftemperaturen sieht man mitunter auch doppelten Wärmeschutz vor (vgl. Abb. 60). Um die unmittelbar auf das HD-Gehäuse aufgebrachten Matten wird zunächst ein Luftraum gelassen und dann noch ein zweiter größerer Mattenmantel angeordnet. Mit besonderer Sorgfalt sind Frischdampfrohre und Einströmteile von HD-Turbinen auch deshalb zu schützen, damit ihre Wärmestrahlung nicht das Fundament zu sehr erwärmt.

Die ND-Teile der Turbinengehäuse oder auch ganze Turbinen, wenn sie nur niedrigen Temperaturen ausgesetzt sind, werden meist gar nicht verkleidet. Sie erhalten lediglich Spachtelüberzug und Anstrich oder neuerdings nur letzteren.

Über die eigentliche Wärmeschutzmasse der Turbine wird meist eine Verkleidung aus Glanz- oder Schwarzblech gelegt, durch die das äußere Bild der Turbine bestimmt wird. Da die Verkleidung die Turbine — mit Ausnahme des Abdampfteiles — vollkommen umschließt, so ist sie so auszubilden, daß man möglichst leicht zu den am häufigsten zu überprüfenden Einzelteilen gelangen kann. So muß lediglich nach Abnehmen eines möglichst kleinen Teiles der Verkleidung das Dampfsieb zugänglich sein. Bei besonders großen Turbinen wird oft die Verkleidung entlang der waagerechten Gehäuseteilfuge geteilt, so daß entweder der obere Verschalungsteil mit dem Turbinenoberteil zugleich abgehoben werden kann oder die Gehäuseteilfuge und ihre Bolzen nach Entfernen eines schmalen Längsstreifens der Verschalung freigelegt werden.

Neuerdings ist man vereinzelt, und zwar vorwiegend auf Schiffen, von dieser üblichen Verkleidungsart der Turbinen abgegangen. Die ganzen Turbinen werden in einem solchen Falle, in Anlehnung an die Wärmeschutzummauerung der Kessel, nur mit einer Schicht aus Magnesia und Zementmörtel umhüllt. Zwar muß dann bei jeder Öffnung der Turbine — wenn die Teilfugenschrauben nicht ausgespart sind — der gemauerte Mantel teilweise zerstört werden, doch ist seine Wiederherstellung mit einfachen Mitteln durchzuführen. Diese Art von Wärmeschutz kann bei den beschränkten Raumverhältnissen auf Schiffen auch deshalb vorteilhaft sein, weil sie sich knapper der Form der Turbinengehäuse anpaßt und dadurch die Außenabmessungen kleiner werden.

8. Die Dampfleitungen der Turbine.

Am Frischdampfanschluß des Schnellschlußventiles endet in der Regel die Lieferung des Turbinenwerkes. Die anschließende Rohrleitung muß richtig bemessen und verlegt sein. In ihr muß wenigstens *eine* Hauptabsperrung vorhanden sein, damit der Rohrstrang unmittelbar vor dem Schnellschlußventil während eines Betriebstillstandes belüftet werden kann. Soweit man es für erforderlich hält, wird noch ein Wasserabscheider vorgesehen. Es empfiehlt sich, den Rohrplan vor der Ausführung mit dem Turbinenwerk wegen der zweckmäßigsten Anordnung und Abstützung der Frischdampfleitung zu besprechen.

Die allgemeine Anordnung der Dampfleitungen in Kraftwerken ist weniger von der Turbine als vielmehr von der Gesamtplanung des Kraftwerkes und dessen Betriebsart abhängig. Die Frischdampfrohrleitungen werden daher hier nur so weit behandelt, als sie unmittelbar an die Turbinenanlage anschließen oder sie beeinflussen können.

Die Dampfgeschwindigkeit in den Frischdampfleitungen soll einerseits nicht zu groß sein, damit der durch die Rauhigkeit der Rohrwandungen und durch die Zerwirbelung der Strömung verursachte *Druckverlust* gering ist, andererseits soll ihr *Durchmesser* nicht zu groß angenommen werden, damit die Wärmeverluste der Rohroberfläche klein bleiben. Für die Nennlast wählt man nach wie vor eine Dampfgeschwindigkeit von etwa 30 m/s. Die genaue Berechnung der Druck- und Wärmeverluste in Dampfleitungen ist zeitraubend; Kurvenblätter dienen zur überschläglichen Ermittlung, Abb. 61[12].

---

[12] Nach AEG-Mitt. 1923 S. 280 Abb. 2

Die *Baustoffe* für Frischdampfleitungen werden nach den „Regeln für den Bau von Heißdampfrohrleitungen" der Vereinigung der Großkesselbesitzer ausgewählt. Diese enthalten alle erforderlichen Bestimmungen. Werden Frischdampfleitungen geschweißt, so ist sorgfältig darauf zu achten, daß keine Schweißperlen in das Innere der Rohrleitung gelangen. Selbstverständlich muß ihre Innenseite auch frei von Zunder, Sand u. dgl. sein. Grobe Verunreinigungen werden wohl durch das Dampfsieb aufgefangen,

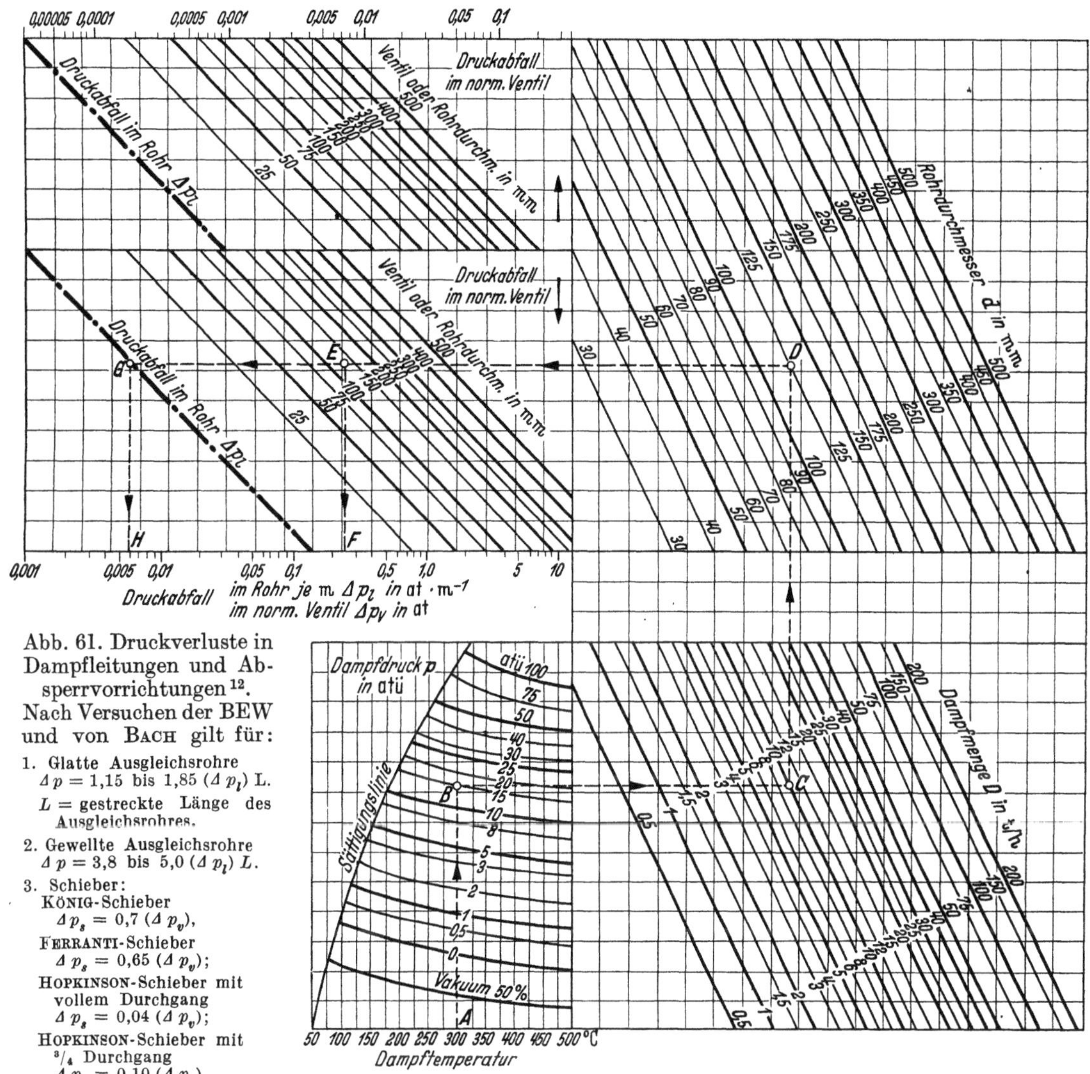

Abb. 61. Druckverluste in Dampfleitungen und Absperrvorrichtungen[12]. Nach Versuchen der BEW und von BACH gilt für:

1. Glatte Ausgleichsrohre
$\Delta p = 1{,}15$ bis $1{,}85\,(\Delta p_l)\,L$.
$L =$ gestreckte Länge des Ausgleichsrohres.

2. Gewellte Ausgleichsrohre
$\Delta p = 3{,}8$ bis $5{,}0\,(\Delta p_l)\,L$.

3. Schieber:
KÖNIG-Schieber
$\Delta p_s = 0{,}7\,(\Delta p_v)$,
FERRANTI-Schieber
$\Delta p_s = 0{,}65\,(\Delta p_v)$;
HOPKINSON-Schieber mit vollem Durchgang
$\Delta p_s = 0{,}04\,(\Delta p_v)$;
HOPKINSON-Schieber mit $^3/_4$ Durchgang
$\Delta p_s = 0{,}10\,(\Delta p_v)$.

die Turbinenschaufeln werden aber auch durch kleinere, vom Dampf mitgerissene Fremdkörper beschädigt.

Als *Wärmeschutz* benutzt man für die Dampfleitungen meist Kieselgur, womit auch bei Höchstdruckanlagen sehr gute Erfahrungen gemacht wurden, ferner, ähnlich wie für die Turbinengehäuse, Asbest, Glaswolle, Schlackenwolle oder Aluminiumblätter. Über diese werden Blechmäntel oder Überzüge aus Aluminium gelegt. Oft werden die Leitungen nur mit Aluminiumfarbe gestrichen. Es empfiehlt sich, nur beste Wärmeschutzmasse zu verwenden. Asbestmatten aus nicht einwandfreiem Baustoff können sich entzünden, Glaswolle kann nach einiger Zeit innerhalb des sie umgebenden Drahtgeflechtes zu Staub zerfallen. Wichtig ist, daß auch die Absperrvorrichtungen und die Flanschen mit Wärmeschutz umgeben werden. Rohrleitungsflanschen erhalten leicht abnehmbare Kappen, damit die Schrauben auch während des Betriebes nachgezogen werden können.

Schieber und *Ventile* sollen der Dampfströmung möglichst geringen Widerstand bieten. Ihre Widerstandsbeiwerte schwanken je nach Größe und Bauart zwischen 0,1 bei einem gut gebauten Schieber und 30 bei einem Durchgangsventil besonders ungünstiger Form, woraus zu ersehen ist, wieviel durch günstige Ausbildung der Absperrvorrichtungen gespart werden kann. Keineswegs vereinzelt sind Fälle, wo eine hochwertige Turbine an ein unwirtschaftliches Rohrleitungsnetz angeschlossen wird.

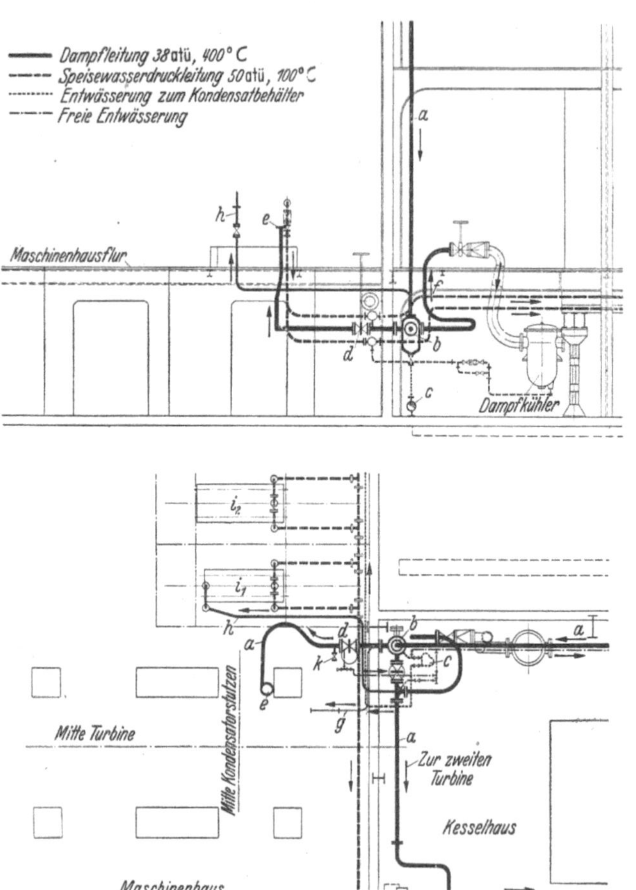

Abb. 62. Frischdampfrohrleitung für eine Entnahme-Kondensationsturbine.

a Frischdampfleitung vom Kessel zur Turbine; *b* Wasserabscheider; *c* Kondenstopf; *d* Frischdampfschieber; *e* Anschluß an das Schnellschlußventil der Turbine; *f* Dampfleitung mit Druckminderventil und Dampfkühler für Heizdampf; *g* Dampfleitung zur Turbohilfsölpumpe; *h* Frischdampfleitung zur dampfangetriebenen Kesselspeisepumpe; i_1, i_2 Kesselspeisepumpen; *k* Belüftungsventil.

Der zur Turbine führende Rohrstrang der *Frischdampfleitung* enthält den Hauptabsperrschieber und häufig auch einen Wasserabscheider. Einen Wasserabscheider wird man auf jeden Fall bei Turbinen einbauen, die Dampf von annähernd Sättigungstemperatur zu verarbeiten haben. Bei überhitztem Dampf kann man auf ihn verzichten, zumal sein stets verhältnismäßig nur geringer Fassungsraum nicht in der Lage ist, bei stärkerem Überkochen der Kessel die großen, vom Dampf mitgerissenen Wassermengen aufzunehmen. Wichtig ist die richtige Lage des Festpunktes der Frischdampfzuleitung zur Turbine und seine einwandfreie Verankerung. Wird der Wasserabscheider als Festpunkt vorgesehen, so muß er so kräftig ausgebildet sein, daß er die oft beträchtlichen Rohrleitungsschubkräfte aufnehmen kann. Abb. 62 zeigt eine Frischdampfleitung bewährter Anordnung.

Der tiefste Punkt einer Frischdampfleitung, also üblicherweise der Wasserabscheider, muß entwässert werden. Dazu ist bei Turbinen, die mit Sattdampf arbeiten, also vor allen Dingen bei Abdampfturbinen und in Anzapfleitungen, ein Kondenstopf zu verwenden. Dieser führt das Niederschlagwasser in einen Sammelbehälter ab und besitzt für das Anfahren eine Umführungsleitung. Bei überhitztem Dampf sind Kondenstöpfe nicht zweckmäßig. Sie werden dort vielfach durch einfache Durchgangsventile ersetzt, die mit freiem Abfluß, nicht ansteigend, in den Kondensatbehälter entwässern.

Je nach der Bauart und Größe der Turbine sind Lage und Anzahl der Einströmteile — Schnellschlußventile, Dampfsiebe und Regelventile mit ihrem Ventil- oder Einströmkasten — verschieden. Es ist üblich, den Dampf dem Schnellschlußventil von unten zuzuführen. Die Dampfleitung steigt dann vom Wasserabscheider nach der Turbine zu an. Gelegentlich wird der Frischdampf auch von oben zu der Turbine geführt, wodurch sich eine wesentliche Vereinfachung der Rohrleitungsführung ergibt. In diesem Falle muß der frischdampfseitige Raum des Schnellschlußventiles entwässert werden.

Bei einer Durchführung durch Wände dürfen weder Frischdampf- noch Anzapf- oder Gegendruckleitungen in diese fest vermauert werden.

Bei kleineren Anlagen schließen Schnellschlußventil, Dampfsieb, Einströmkasten und Turbinengehäuse unmittelbar aneinander an oder sind zum Teil sogar zusammengegossen. Die anschließende Frischdampfleitung muß so unterstützt sein, daß sie sich frei ausdehnen kann und kein unzulässiger Rohrleitungschub auf die Turbine übertragen wird. Wird der Frischdampf von unten zur Turbine geführt, so wird unter dem Schnellschlußventil ein Federkrümmer angebracht, Abb. 63. Ein gleicher Krümmer ist in der Abdampfleitung von Gegendruckturbinen vorzusehen. Die Federn des Krümmers stützen einerseits das Gewicht der Rohrleitung ab, andererseits nehmen sie die Wärmedehnung des lotrechten Stranges auf. Seine lotrechte Gleitführung hält alle seitlichen Schübe von der Turbine fern und überträgt sie über die Abstützung auf das Fundament.

Bei größeren Maschinen wird das Frischdampfventil mitunter von der Turbine getrennt aufgestellt. Wird der Schnellschluß mittels Gestänges betätigt, so wird das Ventil meist als Festpunkt der Rohrleitung ausgebildet. Die das Ventil mit der Maschine verbindenden Rohrleitungen müssen dann so nachgiebig sein, daß die Wärmedehnungskräfte und Biegungspannungen in zulässigen Grenzen bleiben. Bogenform, Abb. 64, ist einfacher und betriebsicherer als Ausgleichstücke. Die Rohrleitung ist mit Vorspannung zu verlegen; bei der üblichen Vorspannung von 50 % sind die durch die Wärmedehnungen im Betriebe ausgelösten Kräfte und Beanspruchungen nur halb so groß wie bei einem ohne Vorspannung eingebauten Rohr. Richtige Ausführung der Verbindungsbögen zwischen Schnellschlußventil und Turbine setzt eine genaue Vorausberechnung der Dehnungen und Beanspruchungen und eine klare Bauvorschrift voraus. Da größtmögliche Nachgiebigkeit anzustreben ist, dürfen besonders bei hohen Drücken und Temperaturen die Durchmesser der Frischdampfleitungen nicht zu groß angenommen werden. Bei größeren Dampfmengen werden daher mehrere Rohrbögen kleineren Durchmessers nebeneinander angeordnet.

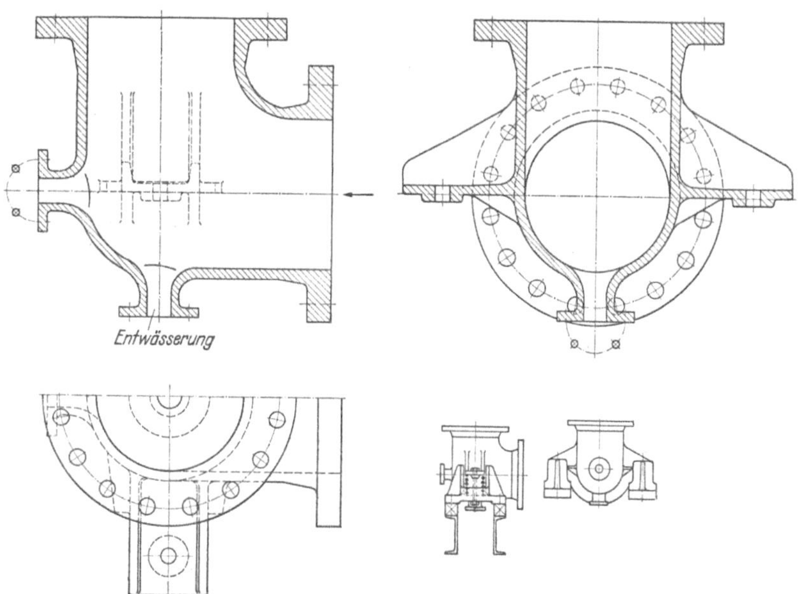

Abb. 63. Federkrümmer in der Frischdampfleitung unterhalb des Turbinenschnellschlußventiles.

Als Dichtungen für Flanschverbindungen von Frischdampfleitungen werden im allgemeinen Asbestfaserpappe, für ausgesprochene HD-Dampfleitungen wird vielfach Weicheisen als flacher Ring oder Linse verwendet, oder man verzichtet im letzten Falle auf jegliche Dichtungsbeilage und schabt die zusammengehörigen Flanschen aufeinander ein.

Die *Hilfsleitungen* für die Entwässerung und die Entlüftung, für den Frischdampf zu den Außenstopfbuchsen und zur Turbohilfsölpumpe müssen ebenfalls möglichst übersichtlich angeordnet und die zugehörigen Ventile leicht bedienbar sein. Soweit es die örtlichen Verhältnisse zulassen, sollten die Handräder aller dieser kleinen Ventile auf einem gemeinsamen Bedienungstand vereinigt werden. Sie dürfen nicht so heiß werden, daß eine Bedienung unmöglich ist; wo erforderlich, sind sie daher mit Wärmeschutzmasse zu versehen. Der Dampf soll bei geschlossenem Ventil unter dem Kegel stehen. Wenn diese Ventile wie bei dauernd in Betrieb befindlichen Maschinen nur selten bedient werden, besteht bei Verwendung gewöhnlicher Baustoffe die Gefahr, daß sich die Spindeln in der Mutter oder in der Stopfbuchse infolge Verrottung festsetzen. Es empfiehlt sich daher in einem solchen Falle, die Spindeln aus nichtrostendem Stahl herzustellen. Ihre Stopfbuchse muß gut zugänglich und leicht zu verpacken sein. Die Ventilsitzflächen sollen eben sein, damit sie leicht nachgeschliffen werden können. Undichtheiten treten meist dadurch auf, daß ein Fremdkörper die Sitzflächen beschädigt,

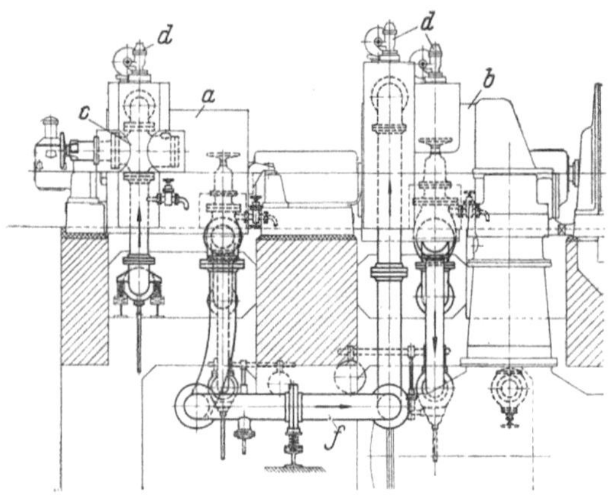

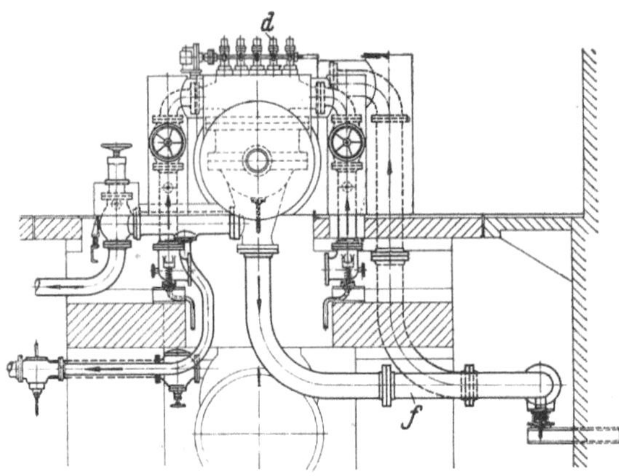

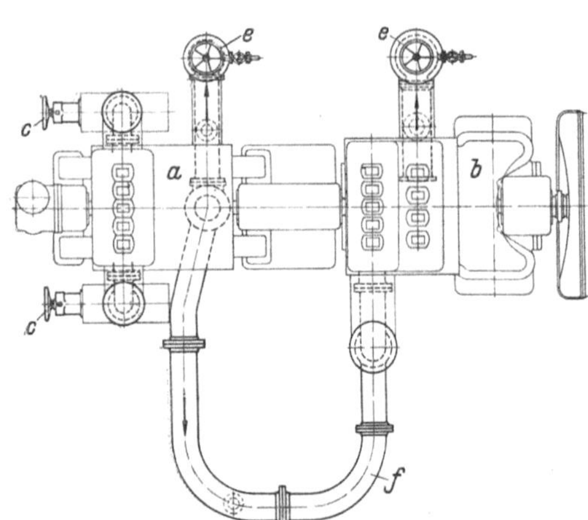

Abb. 64. AEG, Dampfleitungen einer zweigehäusigen Doppel-Entnahme-Kondensationsturbine, 15000 kW, 3000 U/min.

a HD-Turbine; *b* ND-Turbine; *c* Frischdampf-Schnellschlußventil mit Dampfsieb; *d* Regelventile; *e* Entnahme-Schnellschlußventil; *f* Überströmleitung.

der Dampf die zunächst feinen Vertiefungen benutzt, um mit hoher Geschwindigkeit durchzudringen, und sie durch Auswaschung mehr und mehr erweitert. Für eine feinere Regelbarkeit der Dampfmenge sind Ventile mit Drosselkegel unterhalb der ebenen Sitzfläche erforderlich. Solche Drosselkegel schützen den Sitz in gewissem Maße auch gegen Auswaschungen.

Bei Stillstand muß die Turbine unbedingt vor dem Eindringen von Undichtheitsdampf geschützt werden, da sonst ihr Inneres verrostet. Die Frischdampfleitungen erhalten daher ebenso wie Entnahme- und Gegendruckleitungen, die an ein ständig unter Dampf stehendes Rohrleitungsnetz angeschlossen sind, zwischen Schnellschlußventil und Absperrschieber ein Belüftungsventil, das durch den geschlossenen Schieber etwa eindringenden Wrasen ins Freie entweichen läßt. Eine Belüftung auf der Turbine selbst anzubringen, wie es bei älteren Bauarten der Fall war, ist nicht zweckmäßig, weil dadurch dem Wrasen Gelegenheit gegeben wird, mindestens einen Teil der Turbine zu bestreichen und dort Anfressungen zu verursachen.

Wenn der Abdampf der Turbohilfsölpumpe in irgendeine andere Abdampfleitung geführt wird, so ist die Verrottungsgefahr für ihre Antriebsturbine, da sie nur selten in Betrieb ist, besonders groß. Geeignete Schutzmaßnahmen sind daher erforderlich.

Rückschlagklappen in Entnahme- und Gegendruckleitungen bilden für die Turbine keinen genügenden Schutz. Es besteht die Gefahr, daß sie hängenbleiben und daß die

Turbine infolge des Rückdampfes durchgeht. Sie müssen daher zwangläufig gesteuert werden, oder es müssen in diesen Leitungen Schnellschlußventile eingebaut werden, welche ebenso wie das Frischdampfschnellschlußventil bei einer bestimmten Turbinendrehzahl schließen. Auch eine Kopplung von Frischdampf- und etwa vorhandenem Abdampfzusatzventil, durch welche beide mit Sicherheit gleichzeitig geschlossen werden, ist zweckmäßig.

9. Die Ölversorgung.

Die gesamte Ölversorgung ist für eine Turboanlage von lebenswichtiger Bedeutung. Öl wird nicht nur für die Schmierung, sondern auch als Antriebmittel für die verschiedensten Regeleinrichtungen verwendet. Eine dem Betriebe einer solchen Anlage gewidmete Abhandlung muß daher eingehend die Bedingungen erörtern, die an das Öl selbst und an den ganzen Ölkreislauf gestellt werden.

Lauflager, Drucklager, Reglung, bewegliche Kupplungen, Schnecken- und Getriebeverzahnungen müssen dauernd mit einer reichlichen Menge reinen Öles versorgt werden. Das ist nur möglich in der Form eines stetigen Ölkreislaufes. Bei den weitaus meisten Dampfturbinen wird das Öl von einer Umlaufpumpe zu den Verbrauchstellen gedrückt; dieses Verfahren wird im folgenden eingehender behandelt. Nur in Sonderfällen, wie z. B. mitunter auf Schiffen, wird das Öl von den Pumpen aus dem Sammelbehälter in Hochbehälter gedrückt. Von diesen bis zu den zu schmierenden Stellen muß ein genügend großes Gefälle vorhanden sein, damit das Öl lediglich infolge seiner Schwere unter Druck den Lagern und Verzahnungen zu- und hierauf in den Sammelbehälter wieder abfließt. Eine Ausnahme bilden ferner Kleinturbinen (Hilfsturbinen) mit reiner Gestängereglung, die mit Ringschmierlagern ausgerüstet werden. Hierbei entfallen alle bei Druckölschmierung erforderlichen Hilfseinrichtungen, wie Ölkühler, Ölbehälter usw.

Das *Öl* nimmt während seines Kreislaufes durch die Maschine und ihre Hilfseinrichtungen durch Berührung mit warmen Maschinenteilen und durch Reibung Wärme auf; es muß daher vor seiner Wiederverwendung gekühlt werden. Damit es den betriebsmäßigen Beanspruchungen möglichst lange Zeit gewachsen bleibt, müssen seine Eigenschaften und Pflege einer Anzahl von Bedingungen entsprechen. Ungeeignetes Öl, Ölmangel, verschmutztes oder zu wenig gekühltes Öl können schwere Betriebstörungen verursachen.

Für die Schmierung von Dampfturboanlagen werden ausschließlich veredelte Erdöle verwendet. Das Ursprungsland des Erdöls läßt keine Rückschlüsse auf die Eigenschaften des daraus gewonnenen Schmieröles zu, weil diese in erster Linie von dem angewendeten Herstellungsverfahren abhängig sind. Für Dampfturboanlagen darf nur ein vollkommen reines Öl verwendet werden, das frei von Mineralsäuren, fettem Öl und Harz, widerstandsfähig gegen Alterung, Emulsion und Schaumbildung ist und folgende Bedingungen erfüllt:

Raumgewicht bei 20° C	nicht über	0,93 kg/dm³
Zähigkeit (Viskosität) bei 50° C	{ Turbinenöl	2,5 bis 4,5° E
	{ Getriebeturbinenöl	4,5 bis 7,0° E
Flammpunkt für Öle mit Zähigkeit bei 50° C		
von 2,5 bis 3,4° E	nicht unter	165° C
über 3,4 bis 7,0° E	„ „	180° C
Stockpunkt	nicht über	+5° C
Neutralisationzahl	„ „	0,05
Verseifungzahl	„ „	0,15
Wassergehalt	„ „	0,1%
Aschegehalt	„ „	0,01%

(siehe auch Richtlinien für Schmiermittel, Dampfturbinenöle, DIN 6554).

Für das Schmieröl von Turbogetrieben, deren Ölversorgung grundsätzlich mit der von Turbine und Stromerzeuger gemeinsam ausgebildet wird, gelten an sich die gleichen Bedingungen. Abweichend lautet für solche Anlagen allein die Vorschrift für die Zähig-

keit. Sofern nicht sehr hohe Ritzeldrehzahlen vorliegen, kann Öl von etwa 4,5° E bei
50° C sowohl für unmittelbar gekuppelte als auch für Getriebeturbinen verwendet
werden.

Die nachstehenden Erläuterungen sollen dazu dienen, dem Betriebsingenieur Auf-
schluß über die bei der Ölprüfung in Betracht kommenden Gesichtspunkte zu geben.
Für die Prüfung selbst muß auf das einschlägige Schrifttum verwiesen werden, ins-
besondere die DIN DVM Blätter 3651 bis 3662, ferner „Ölbewirtschaftung, Betriebs-
anweisung für Prüfung, Überwachung und Pflege der im elektrischen Betrieb verwendeten
Öle", herausgegeben von der Wirtschaftsgruppe Elektrizitätsversorgung (WEV), und
„Richtlinien für Einkauf und Prüfung von Schmierstoffen", herausgegeben vom Verein
Deutscher Eisenhüttenleute und vom Deutschen Normenausschuß.

Das *Raumgewicht* wird entweder durch Ermittlung des Auftriebes, den ein in das
Öl eingebrachter Rauminhalt von bekanntem Gewicht erfährt, bestimmt (Aräometer,
Mohrsche Waage) oder durch die unmittelbare Feststellung des Gewichtes eines bestimmten Rauminhaltes (Pykno-
meter). In der Hauptsache dient
das Raumgewicht zur Feststellung der gelieferten Menge. Das
Raumgewicht bei Dampfturbinenölen nach oben zu begrenzen,
ist auch deshalb zu empfehlen,
weil dadurch eine Trennung des
Wassers vom Öl erleichtert wird.
Zur Beurteilung der Güte ist
das Raumgewicht nur für den
Ölfachmann ein Anhaltspunkt,
der unter Umständen auf Beimengungen oder auf den Grad
der Veredelung schließen kann.

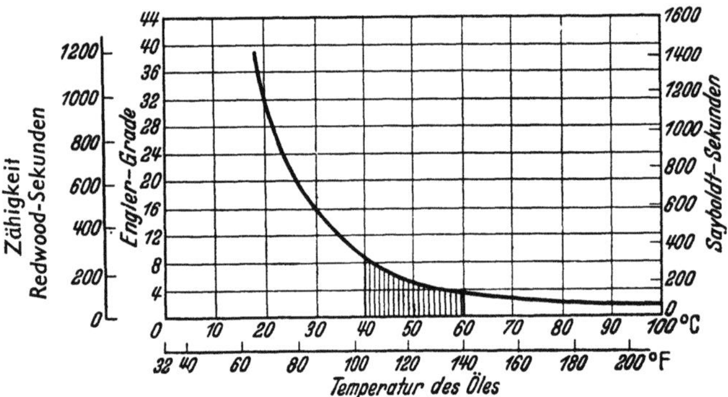

Abb. 65. Zähigkeit des Schmieröles für Getriebeturbinen.
||||| übliches Verwendungsgebiet.

Ein leichteres Öl ist etwas wirtschaftlicher, weil der Ölverbrauch der Turbine in der
Hauptsache vom Rauminhalt des Öles abhängt.

Gute Schmierfähigkeit des Dampfturbinenöles hängt in hohem Maße von seiner
Zähigkeit (Viskosität) ab. Dasjenige Öl, welches bei kleinster innerer Reibung gerade
noch zähflüssig genug ist, um die metallische Berührung in den Lagern und Verzahnungen
zu verhindern, ist das bestgeeignete. Zu zähflüssiges Öl bedingt größere Reibungsverluste
und damit größere Erwärmung des Öles. Die rasche Betätigung der Reglungsteile erfordert dünnflüssiges, die Lagerschmierung etwas zähflüssigeres Öl, die Schmierung
von Verzahnungen einen noch höheren Zähigkeitsgrad. Diesen Anforderungen durch
Verwendung von drei verschiedenen Ölarten in der gleichen Turboanlage nachzukommen,
wäre verfehlt, weil dann eine unübersichtliche Ölversorgung die Betriebsicherheit der
Anlage in Frage stellen würde. Die Zähigkeit ist in hohem Maße abhängig von der
Temperatur. Dem Erfordernis von niedriger Zähigkeit für die Lager und hoher Zähigkeit
für die Verzahnung der Getriebe wird in hinreichendem Maße durch Verwendung von
Öl mit steiler Zähigkeitskennlinie entsprochen, weil ein solches Öl in den Lagern —
infolge der stärkeren Erwärmung — dünnflüssiger wird, während es sich in der Verzahnung infolge ihres sehr hohen Wirkungsgrades nur wenig erwärmt und somit dick-
flüssiger bleibt, Abb. 65. Die Zähigkeit läßt darauf schließen, wie fest die einzelnen
Teilchen einer Flüssigkeit aneinanderhaften und welchen Widerstand sie einer gegenseitigen Verschiebung entgegensetzen. Für Schmieröl wird sie meist mit dem Engler-
schen Gerät bestimmt, bei welchem man das erwärmte Öl durch ein 20 mm langes
Röhrchen von 2,9 mm oberem und 2,8 mm unterem Durchmesser fließen läßt. Die Aus-
flußzeit von 200 cm³ wird mit der Stoppuhr bestimmt und gibt, geteilt durch die Aus-
flußzeit der gleichen Menge Wassers von 20° C, die Zähigkeit in Engler-Graden (° E).

Andere Vergleichseinheiten für die Zähigkeit sind die REDWOOD-Sekunden (R, in England gebräuchlich) und die SAYBOLT-Sekunden (S, in Amerika gebräuchlich). Diese drei Einheiten können jedoch, da sie nur erfahrungsmäßige Maßeinheiten sind, insbesondere bei dünnflüssigem Öl ein gefälschtes Bild ergeben, da beim Austritt aus der Öffnung des Meßgefäßes Zerwirbelung auftreten kann. Werden hohe Ansprüche an Genauigkeit gestellt, so muß daher die kinematische Zähigkeit, als absolute Maßeinheit, bestimmt werden (Maßeinheit cm^2/s), was verhältnismäßig einfach mit dem UBBELOHDE-schen Kapillarviskosimeter oder mit dem auf den gleichen Grundlagen beruhenden VOGEL-OSSAG-Zähigkeitsmesser erfolgen kann. Bezüglich Umrechnung der Zähigkeitseinheiten sei auf DIN DVM 3655 verwiesen.

Der *Flammpunkt* ist die tiefste Temperatur, bei der eine Entzündung des Öldampf-Luft-Gemisches gelingt. Beim Erwärmen entwickelt Öl bereits unterhalb der Siedetemperatur an seiner Oberfläche Dämpfe, die sich mit Luft mischen und an offener Flamme entzünden. Der Flammpunkt wird meist mit dem genormten Gerät nach MARCUSSON am offenen Tiegel bestimmt. Der Flammpunkt gibt also einen Anhalt für die Feuergefährlichkeit und die Verdampfbarkeit eines Öles. Mit *Brennpunkt* dagegen bezeichnet man die Temperatur oberhalb des Flammpunktes, bei der das Gemisch an der Öloberfläche dauernd zu brennen beginnt. Der *Zündpunkt* endlich ist die Temperatur, bei der infolge Zersetzung des Öles sich das Dampfgemisch ohne Zuführung einer Flamme von selbst entzündet. Der Zündpunkt liegt bei allen Schmierölen, unabhängig von ihrem Flammpunkt, fast in gleicher Höhe. Angabe und Bestimmung des Brennpunktes und des Zündpunktes sind bei Dampfturbinenölen weder erforderlich noch üblich.

Unter *Stockpunkt* versteht man jene Temperatur, bei der das Öl teigartig wird und kaum mehr fließt. Er muß stets so niedrig liegen, daß die Turbinenanlage auch bei niedrigsten Maschinenhaustemperaturen anstandslos angefahren werden kann, ohne daß sich das Öl in den Rohrleitungen festsetzt. Der Stockpunkt wird durch Eintauchen eines mit Öl gefüllten Prüfröhrchens in eine Kältemischung festgestellt.

Die *Neutralisationzahl* gibt an, wieviel mg Kaliumhydroxyd (KOH) nötig sind, um die in 1 g Öl enthaltenen freien Säuren zu neutralisieren. Sie wird durch Zusatz von Kalilauge ermittelt, wobei als Anzeiger eine neutrale Lösung von Alkohol, Benzol und Alkaliblau verwendet wird. Freie Mineralsäuren dürfen in einem guten Öl nicht vorkommen, sie sind stets ein Zeichen mangelhafter Veredelung. Dagegen sind in fast allen Erdölen geringe Mengen freier organischer Säuren vorhanden. Die Prüfung muß sich daher auf die Bestimmung der Neutralisationzahl und auch auf den Nachweis erstrecken, daß keine freie Mineralsäure vorhanden ist; das erfolgt durch Ausschütteln des Öles mit Wasser, als Anzeiger wird Methylorange verwendet. Bei Dampfturbinen-Neuölen ist eine Neutralisationzahl bis 0,05, bei gebrauchten Ölen bis 3,0 zulässig.

Die *Verseifungzahl* gibt an, wieviel mg KOH erforderlich sind, um die in 1 g Öl enthaltenen freien Säuren zu neutralisieren und die vorhandenen Fettsäuren zu verseifen. Ganz allgemein gibt die Verseifungzahl Aufschluß über den Gehalt an freien und gebundenen Säuren zusammen, während durch die Neutralisationzahl nur die freien Säuren erfaßt werden. Die Verseifungzahl soll bei Neuölen 0,15, bei gebrauchten Ölen 6,0 nicht überschreiten.

Der *Wassergehalt* wird in einem Meßgefäß so bestimmt, daß durch Mischen mit Xylol und nachfolgendes Verdampfen eine scharfe Trennung von Wasser und Öl herbeigeführt wird. Wasser stellt einen Fremdkörper im Öl dar, der die Schmierfähigkeit vermindert.

Der *Aschegehalt* wird durch Verschwelen und Verbrennen einer Ölprobe ermittelt. Je weniger Asche zurückbleibt, desto reiner ist das Öl. Er darf bei Neuölen 0,01 %, bei gebrauchten Ölen 0,05 % nicht überschreiten.

Die *Emulgierbarkeit* ist eine Bezeichnung für die unerwünschte Fähigkeit eines Öles, Wasser in größeren Mengen in fein verteilter Form aufzunehmen und auch in der Wärme festzuhalten. Hierbei entsteht eine trübe, hellbraun, gelb oder weiß gefärbte Mischung, die Emulsion. Bei Dampfturbinen ist es nicht vollkommen vermeidbar, daß geringe Mengen Wasser in das Umlauföl gelangen. Entsteht dann eine Emulsion, so kann diese zu Störungen führen, weil die Emulsion eine zwei- bis dreimal höhere Zähigkeit als das Grundöl aufweist. Dampfturbinenöl darf also nicht emulgieren. Als Emulsionsbildner kommen im Öl gelöste oder suspendierte Erdölharze, Schleimstoffe oder im Wasser gelöste Alkaliseifen, Sulfosäuren usw. in Betracht. Es ist daher besonders wichtig, darauf zu achten, daß Dampfturbinenöle durch keinerlei öllösliche Stoffe verunreinigt werden. Bei der Prüfung wird der Ölprobe etwa die halbe Menge Wasser beigegeben und das Gemisch auf 100° C erwärmt. Hierauf wird 10 min lang reiner Dampf durchgeblasen, die Probe weitere 10 min auf 100° C gehalten und schließlich bis zum Erkalten (1 h) bei Zimmertemperatur stehengelassen. Nicht emulgierendes Öl hat sich dann vollkommen vom Wasser getrennt und ist ungetrübt. Bei schwach emulgierendem Öl ist zwischen Öl und Wasser noch eine Emulsionschicht geringer Dicke vorhanden. Mit Sicherheit kann jedoch auf Grund dieser Prüfung nicht auf das Verhalten des Öles im Betriebe geschlossen werden.

Die Bestimmung von Neutralisation- und Verseifungzahl, die Feststellung des Aschegehaltes und der Emulgierbarkeit sind die maßgebenden chemischen Prüfungen für die Beurteilung der *Ölalterung.* Man versteht darunter alle chemischen und physikalischen Vorgänge, die die Ausgangseigenschaften eines gegebenen Schmieröles während seiner Betriebzeit verändern. Diese Veränderungen werden hauptsächlich durch Einwirkung von Sauerstoff (Luft), Wasser, Wärme und Metalle hervorgerufen. Durch künstliche Alterung des Dampfturbinenöles im Laboratorium wird die Alterungsneigung oder auch die Alterungsbeständigkeit überprüft. Allgemein wird der Alterungstest nach BAADER angewendet. Nach diesem Prüfverfahren wird das Dampfturbinenöl 48 Stunden auf 95° C unter ständigem Rühren ohne und mit Metallen (Kupfer und Blei) erhitzt und von den so gealterten Ölen die Verseifungzahl bestimmt. Nach dieser Behandlung soll bei geeigneten Dampfturbinenölen weder Bodensatz noch Trübung und zu intensive Verfärbung zu beobachten sein. Die Verseifungzahl darf dann nicht über 0,30 liegen.

Die Bestimmung der vom VDE (Verband Deutscher Elektrotechniker) eingeführten *Teerzahl* und *Verteerungzahl* wird noch vereinzelt durchgeführt. Die Teerzahl gibt die Menge der teerigen Stoffe in Mineralölen in % an, die beim Kochen des Neuöles mit wässeriger alkoholischer Natronlauge entstehen. Die Verteerungzahl ist eine Teerzahl am gealterten Öl. Zu ihrer Bestimmung wird das Öl ohne Sauerstoffbehandlung 50 Stunden auf 120° C erhitzt.

Die bisher genannten Ölprüfungen werden durch eine Reihe von *überschläglichen Untersuchungen* ergänzt.

Bei der *Fettfleckprobe* gibt man einen Tropfen Öl auf weißes Filterpapier. Bei gutem Öl ist dieser Ölfleck in der Ansicht und in der Durchsicht vollkommen gleichmäßig. Grobe Verunreinigungen sind leicht als Ungleichmäßigkeiten zu erkennen. Auch der Vergleich der Fettfleckproben von angebotenem und geliefertem Öl ist zu empfehlen.

Bei der *Spratzprobe* wird Öl in einem Probeglas zum Kochen gebracht. Treten dabei spratzende Geräusche auf, so kann man daraus auf freies Wasser schließen. Bei der Anwendung dieser Probe ist Vorsicht zu empfehlen.

Ergibt die *Reaktionsprobe,* daß das Öl sauer oder basisch ist, so ist es ohne weitere Prüfung zurückzuweisen. Als Anzeiger wird für Säure Methylorange, für Basen Phenolphthalein verwendet.

Das *Verhalten* des Öles *gegen gesättigte Schwefelsäure* ist insofern von einiger Bedeutung, als Öle mit einem beträchtlichen Anteil ungesättigter Kohlenwasserstoffe, die in den Neuölen hauptsächlich von gesättigter Schwefelsäure gelöst werden, weniger widerstandsfähig gegen Alterungseinflüsse zu sein scheinen. Als Maß Sk gilt die Zunahme des Rauminhaltes der gesättigten Schwefelsäure durch die von ihr gelösten Ölbestandteile, die bei neuen Dampfturbinenölen 12 % nicht überschreiten soll.

Neuöle dürfen bei einer *Mischung mit Normalbenzin* weder eine Fällung noch Trübung ergeben. Das Auftreten von Normalbenzinunlöslichem (Nbu) ist ein Anzeichen der beginnenden Schlammbildung. 1 m³ gefilterten Öles wird mit 20 cm³ Normalbenzin gut gemischt. Die Probe wird in bedecktem Glas unter Lichtabschluß stehengelassen. Bleibt sie ohne Trübung und Bodensatz, so ist das Öl frei von Nbu anzusehen.

Ein *Mischen von Dampfturbinenölen* verschiedener Herkunft kann unter Umständen infolge Emulgieren, Schlammausfällung, beschleunigter Alterungzunahme usw. zur Gefährdung der Betriebsicherheit führen. Besteht die Notwendigkeit, Öle zu mischen, so ist vor der Verwendung des Gemisches durch Vergleichsanalyse und Untersuchung von Mischungsproben die Mischbarkeit festzustellen.

Die allgemeine *Ausbildung des Ölkreislaufes* und die Art der Anordnung aller Teile der Ölversorgung einer einfachen Dampfturbinenanlage zeigt Abb. 66. Die in der Regel von der Turbinenwelle durch Schnecken- oder Stirnradübersetzung angetriebene Hauptölpumpe saugt das Öl aus dem möglichst nahe unter ihr angeordneten Behälter und drückt es unmittelbar zur Reglung und durch den Ölkühler zu den einzelnen Schmierstellen. Für die Betätigung der Ölkraftgetriebe der Reglung ist ein Druck von 4 bis 6 at üblich. Für die Schmierung wird der Öldruck in einem Druckminderventil, dem sogenannten Ölverteilungsventil, so weit herabgesetzt, daß, unter Berücksichtigung des Druckverlustes im Ölkühler, vor dem Lager noch etwa 0,5 bis 1,0 at vorhanden sind. Das für die Reglung benötigte Öl wird also vor dem Ölverteilungsventil abgezweigt, das aus der Reglung abfließende Öl hinter dem Ölkühler der Lageröldruckleitung zugeführt. Das für die Schmierung benötigte Öl wird hinter dem Ölverteilungsventil durch einen Kühler gedrückt und dann den Lagern und den Spritzdüsen der Verzahnungen zugeleitet. Am Ölbehälter oder in seiner Nähe ist eine Hilfsölpumpe vorgesehen, welche vor dem Anfahren die Ölwege der Turbine auffüllt. Sie saugt aus dem Behälter und drückt in den Raum vor dem Ölverteilungsventil, um den für das Öffnen der Reglung notwendigen Druck zu erzeugen.

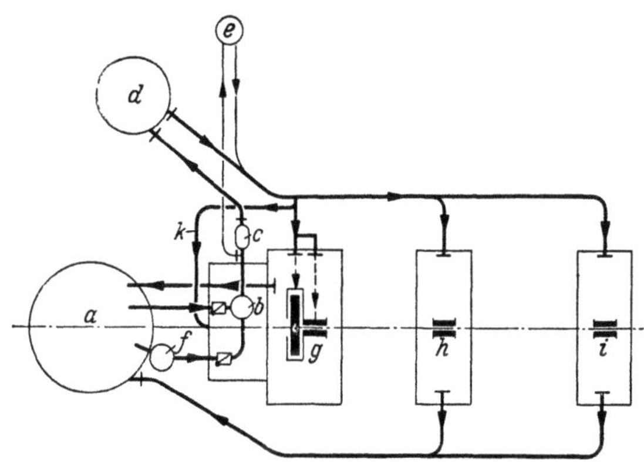

Abb. 66. Ölversorgung einer eingehäusigen Gegendruckturbine mit Stromerzeuger, 5000 kW, 3000 U/min.

a Ölbehälter; *b* Hauptölpumpe; *c* Ölverteilungsventil; *d* Ölkühler; *e* Ölkraftgetriebe der Reglung; *f* Hilfsölpumpe; *g* vorderes Lauflager und Drucklager der Turbine; *h* gemeinsames Mittellager für Turbine und Stromerzeuger; *i* Erregerlager des Stromerzeugers; *k* Ölzuleitung zu den Spritzdüsen des Schneckenantriebes für Regler und Ölpumpe.

Der *Ölbehälter* soll nicht zu klein sein. Je größer sein Fassungsraum ist, desto geringer ist die Beanspruchung des Öles, desto mehr Zeit hat das Öl, die während des Kreislaufes aufgenommenen Fremdstoffe und den entstandenen Schlamm abzusetzen, ferner Luft und schädliche Dämpfe auszuscheiden. Erfahrungsgemäß ist dies der Fall, wenn die Ölmenge nicht häufiger als 8- bis höchstens 12mal in der Stunde umgewälzt wird. Diese Umwälzzahlen ergeben sich, wenn der Behälterinhalt das 4- bis 6fache und die Füll- oder Umlaufmenge, also die Menge im Behälter, in der Maschinenanlage und deren Leitungen, je nach der Größe der Maschine 25 bis 50 % mehr als ersterer oder rund das 5- bis 7,5fache der minutlichen Fördermenge der Hauptölpumpe bzw. -pumpen beträgt. Die Bemessung der Ölleitungen hat selbstverständlich von der Reibungsarbeit der betreffenden Schmierstellen auszugehen. Die Ölablaufleitung soll waagerecht knapp über dem Ölspiegel münden, damit einerseits kein lebhaftes Schäumen eintritt, andererseits mitgeführte Gase und Dämpfe schon an der Oberfläche ausgeschieden werden, wobei darauf hingewiesen sei, daß das Ausscheiden saurer Dämpfe das Ansteigen der Neutralisationzahl verlangsamt. Empfehlenswert ist es, das Rücklauföl beim Eintritt in den Ölbehälter über eine schräge, mit scharfkantigen Stäben besetzte Leitplatte zu führen. Die dünne Ölschicht erleichtert den Austritt der Dämpfe, und die Stege wirken als Blasenbrecher. Für die Abfuhr des Öldunstes aus dem Ölbehälter ist ein Anschluß vorzusehen, der Abzug selbst wird durch die Kaminwirkung der anschließenden, ins Freie führenden Rohrleitung oder auch durch kleine Ventilatoren unterstützt. Wo eine Öldunstleitung nicht angebracht werden kann, ist eine überdachte Dunsthaube vorzusehen. Zu beachten ist, daß das Kondensat des Öldunstes nicht in den Behälter zurückfließen darf. Das in den Behälter eintretende Öl wird erst durch ein Sieb geleitet, ehe es von der Haupt- oder Hilfsölpumpe wieder angesaugt wird. Das Sieb muß leicht herausgenommen werden können, damit eine Reinigung auch während des Betriebes möglich ist. Ein Teil des Behälterdeckels wird zu diesem Zweck und auch für das Nachfüllen abnehmbar ausgeführt. Das Öl muß im Behälter so geführt sein, daß mit Ausnahme der untersten Schichten sich nirgends Öl anstaut. Wasser scheidet sich im unteren Teil des Behälters aus. Am Boden des Behälters ist eine mit einem Hahn versehene Ablaßöffnung anzubringen, durch welche das Wasser auch während des Betriebes abgezogen werden kann und soll. Zweckmäßiger ist es, eine zwischen zwei Hähnen liegende Schleuse anzuordnen. Sämtliche Hähne sind zu sichern. Schlamm setzt sich am Boden des Behälters ab. Er wird während der üblichen Betriebsunterbrechungen, bei denen auch Behälterreinigungen vorzunehmen sind, entfernt. Ein Entfernen von Schlamm während des Betriebes ist auch bei schrägem Behälterboden nur dann möglich, wenn es sich um ganz losen Schlamm handelt. Wesentlich wirksamer ist die Reinigung, wenn von Zeit zu Zeit ein Teil des Öles geschleudert oder gefiltert wird. Dieses Öl ist ebenfalls an der tiefsten Stelle des Behälters zu entnehmen. Der Ölbehälter erhält einen Ölstandsanzeiger, meist in Form eines einfachen Schwimmers mit einer Anzeigevorrichtung, welche den höchsten, mittleren und tiefsten Ölstand anzeigt. Oberhalb des Behälters ist im Maschinenhausfußboden ein abnehmbarer Belag vorzusehen, damit Behälter und Hilfsölpumpe leicht zugänglich sind.

Die *Hauptölpumpe* ist fast stets eine Zahnradpumpe. In ihrer Saugleitung wird ein Rückschlagventil vorgesehen. Dieses verhindert, daß das von der Hilfsölpumpe geförderte Öl einen Ausweg durch die Hauptölpumpe und ihre Saugleitung in den Behälter findet, ohne durch die Reglungsgetriebe und die Lager zu gehen. In gleichem Sinne wirkt das in der Druckleitung der Hilfsölpumpe angeordnete Rückschlagventil während des Betriebes der Hauptölpumpe. Saugleitung und Pumpe müssen unbedingt dicht sein. Kühler und engmaschige Filter sollen nicht in die Saugleitung der Pumpen eingebaut werden, da sie hohe Reibungsverluste verursachen und die Zuverlässigkeit der Pumpen, insbesondere bei Lufteintritt, in Frage stellen. Eindringen von Luft kann zum Abreißen des Ölstromes und damit zum Auslaufen der Lager der Turbinenanlage führen. Gut ausgeführte Zahnradpumpen saugen bei den üblichen Saughöhen auch dann an, wenn sie nicht gefüllt sind. Größere Maschinen haben mehrere Hauptölpumpen, die auch so eingerichtet sein können, daß die einen auf Regelöldruck, die anderen auf Lageröldruck fördern.

Die *Hilfsölpumpe* wird bei kleinsten Anlagen als Handölpumpe, bei größeren dampf- oder elektrisch angetrieben, ausgeführt. Es werden Kolbenpumpen, Kreiselpumpen oder vorzugsweise Zahnradpumpen verwendet. Werden dampfangetriebene Turbopumpen mit lotrechter Welle auf dem Deckel des Behälters angeordnet, so muß darauf geachtet werden, daß durch ihre Wellenstopfbuchsen kein Dampf oder Wasser in den Ölbehälter gelangen kann. Bisweilen wird eine Vorrichtung angebracht, die bei sinkendem Öldruck die Hilfsölpumpe selbsttätig in Betrieb setzt (vgl. S. 83 u. 115). Zur Erhöhung der Betriebsicherheit empfiehlt es sich, neben der dampfangetriebenen eine elektrisch angetriebene Hilfsölpumpe aufzustellen.

Das *Ölverteilungsventil* hat in der Regel einen feder- oder gewichtsbelasteten Drosselkegel. Die Belastung des Kegels wird beim Zusammenbau der Maschine eingestellt. In dem Ausführungsbeispiel der Abb. 67 stellt ein Differenzkolben mit abgestimmten Durchmessern die für den Betrieb erforderlichen Öldrücke ein. Dieses Ventil kann auch mit einer Vorrichtung versehen werden, welche eine Druckveränderung in geringen Grenzen während des Betriebes gestattet. Ein kleiner Schlitz in der oberen Schraube des Zylinders ermöglicht dessen Entlüftung unter Öldruck.

Der *Ölkühler* wird zweckmäßig als Gegenstromkühler ausgeführt. Diese Bauart ist bezüglich Wärmeübertragung günstiger und kühlt das Öl weiter herab als die Gleichstrombauart, was besonders wichtig ist, wenn nur wenig Kühlwasser zur Verfügung steht. Am Kühler werden Öleintritts- und -austrittstemperatur dem angestrebten Temperaturbereich an der Turbinenanlage von 40 bis 60° C entsprechen. Beim Anfahren ist das Kühlwasser für den Ölkühler erst dann anzustellen, wenn sich das Öl auf etwa 45° C erwärmt hat. Mit niedrigeren Öltemperaturen zu fahren, ist nicht zu empfehlen, weil das dann zähflüssigere Öl die Pumpen und ihren Antrieb zu sehr beansprucht und in den Rohrleitungen infolge des größeren Strömungswiderstandes zu große Druckverluste erleidet. Ölkühler bestehen im wesentlichen aus einem Bündel von Rohren, durch die Kühlwasser gedrückt wird. Über ihre Außenseite, und zwar quer zur Längsachse, wird das Öl, durch Blecheinbauten zu vielfacher Umkehr gezwungen, geführt. Die Kühler sollen in die Druckleitung eingeschaltet sein, einerseits um größere Strömungsgeschwindigkeiten zu erzielen, die den Wärmedurchgang erhöhen, andererseits damit der Druck des Öles im Kühler höher ist als der des Wassers, so daß durch Leckstellen wohl Öl in das Kühlwasser, nicht aber Wasser in das Öl eindringen kann.

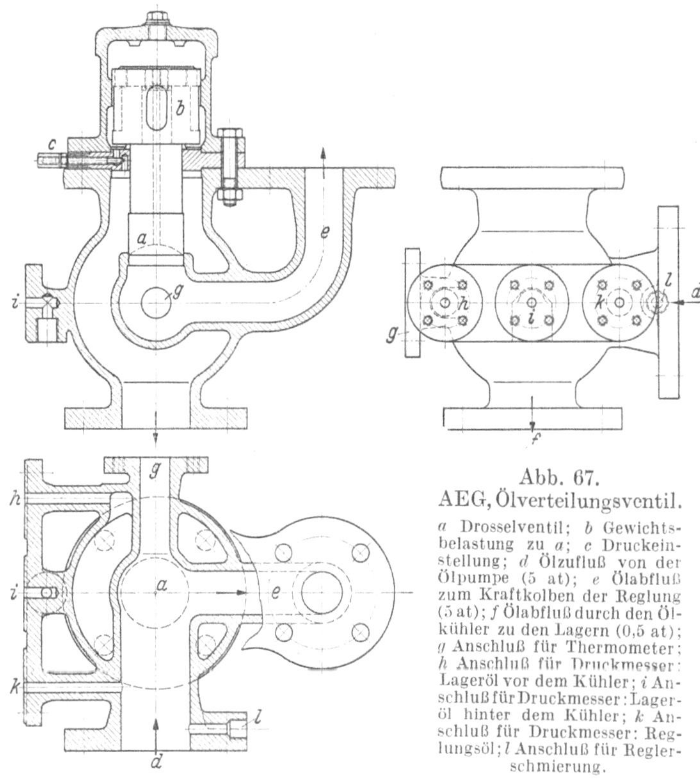

Abb. 67.
AEG, Ölverteilungsventil.

a Drosselventil; *b* Gewichtsbelastung zu *a*; *c* Druckeinstellung; *d* Ölzufluß von der Ölpumpe (5 at); *e* Ölabfluß zum Kraftkolben der Reglung (5 at); *f* Ölabfluß durch den Ölkühler zu den Lagern (0,5 at); *g* Anschluß für Thermometer; *h* Anschluß für Druckmesser: Lageröl vor dem Kühler; *i* Anschluß für Druckmesser: Lageröl hinter dem Kühler; *k* Anschluß für Druckmesser: Reglungsöl; *l* Anschluß für Reglerschmierung.

Vereinzelt ist bei älteren Anlagen der Wasserdruck höher als der Öldruck, z. B. wenn das Öl aus dem Kühler gesaugt wird. Eine derartige Anordnung ist sehr nachteilig, da durch Leckstellen Wasser in das Öl gelangen kann.

Die Größe des Ölkühlers hängt von der zu kühlenden Ölmenge, von der abzuführenden Wärmemenge, von der Kühlwassertemperatur und von der durch seine Bauart bedingten Wärmedurchgangzahl ab. Es ist vorteilhaft, den Kühler etwas größer als unbedingt nötig zu wählen; damit auch bei einer gewissen Verschmutzung die Kühlung noch ausreicht. Noch besser ist es, zwei Kühler, von denen jeder für die volle Leistung ausgelegt ist, vorzusehen. Sie werden nebeneinander geschaltet; es ist dann auch möglich, ohne den Betrieb der Maschine zu beeinträchtigen, einen Kühler aus dem Kreislauf herauszunehmen und zu reinigen, Abb. 68. Vor dem Zuschalten ist der Kühler mit Öl zu füllen.

Die *Ölleitungen* müssen vollkommen dicht sein und genügend großen Querschnitt haben, um dem Öl keinen zu großen Strömungswiderstand zu leisten. Der Durchmesser der Zuflußleitungen zur Turbinenanlage, die unter Druck stehen, ist kleiner als der Durchmesser der Abflußleitungen. Diese müssen mit stetem Gefälle zum Ölbehälter verlegt und so reichlich sein, daß das Öl sich in den Lagern und Getriebegehäusen nicht anstaut. Die Leitungen selbst müssen kräftig ausgeführt sein. Man verwendet dazu nahtloses Stahlrohr, am besten mit aufgewalzten Halsflanschen. Die Abzweigungen werden angeschweißt, die Schweißnähte müssen sorgfältig ausgeführt und unbedingt öldicht sein. Vollständig geschweißte Ölleitungen ohne Flanschverbindungen sind nicht zu empfehlen, da sie schlecht gereinigt werden können. Leichte Zugänglichkeit aller Flanschen des Ölkreislaufes ist erforderlich. Die Flanschendichtungen dürfen vom Öl nicht aufgelöst werden. Es sind also nur ölbeständige Hartpackungen zu verwenden.

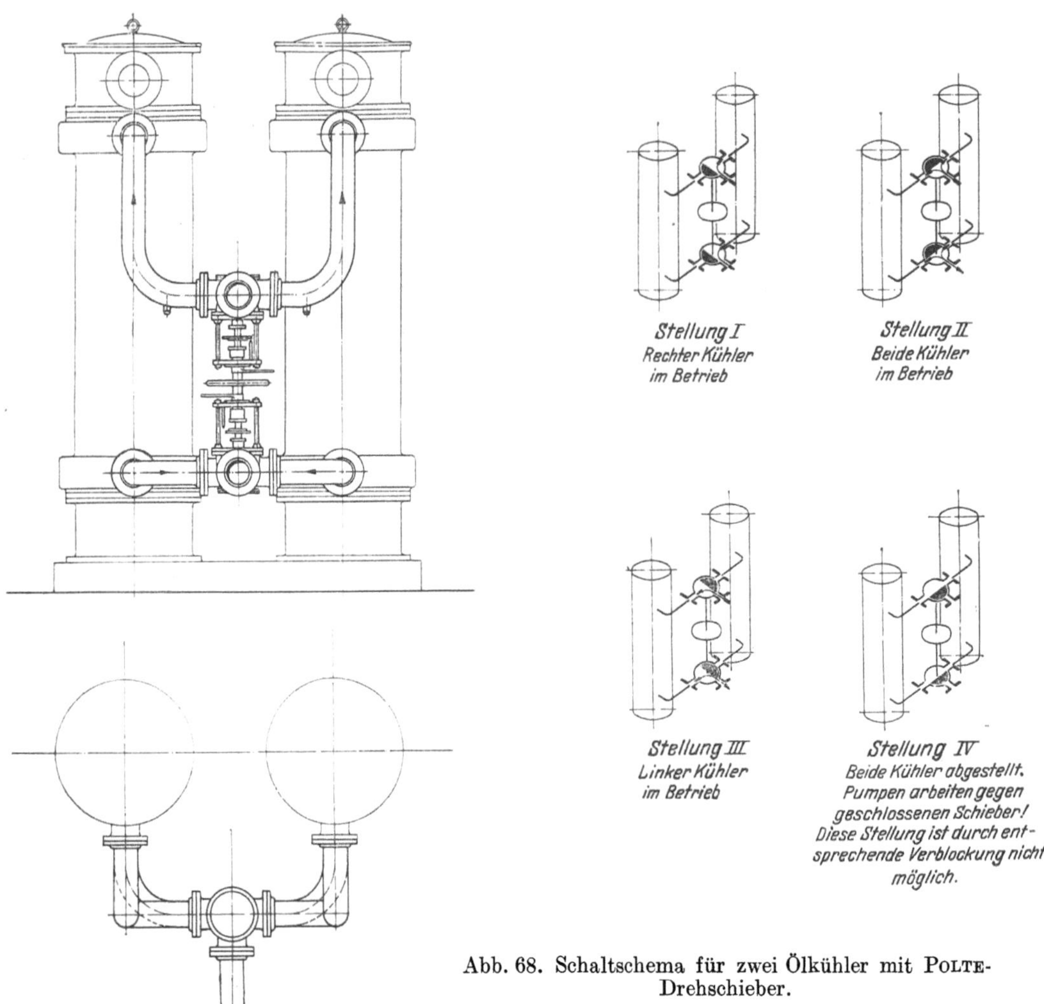

Abb. 68. Schaltschema für zwei Ölkühler mit POLTE-Drehschieber.

Die freien Längen der Leitungen müssen so angenommen sein, daß diese nicht zu Eigenschwingungen erregt oder durch die Wärmedehnungen der Maschine überbeansprucht werden; Undichtwerden der Flanschverbindungen, der Walzstellen oder der Schweißnähte, schließlich auch Durchscheuern an den Rohrhaltern ist sonst die Folge. Rohrschellen sind öfter nachzuziehen. Ölleitungen sollen in möglichst reichlichem Abstand von Dampfleitungen verlegt werden. Bei einer Kreuzung von Öl- und Dampfleitung soll nach Möglichkeit die Ölleitung unterhalb der Dampfleitung liegen. Alle Heißdampf führenden Teile in der Nähe von Ölleitungen sind mit gutem Wärmeschutz zu umgeben. Da die meisten Wärmeschutzmassen etwa abtropfendes Öl aufsaugen würden, ist es notwendig, die Wärmeschutzschicht an allen gefährdeten Stellen mit Blech abzuschirmen.

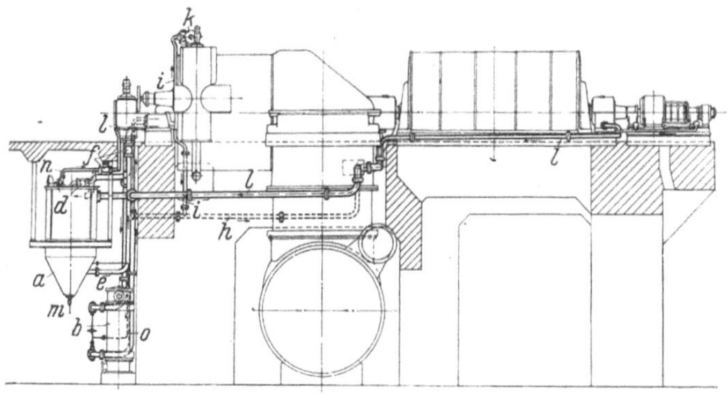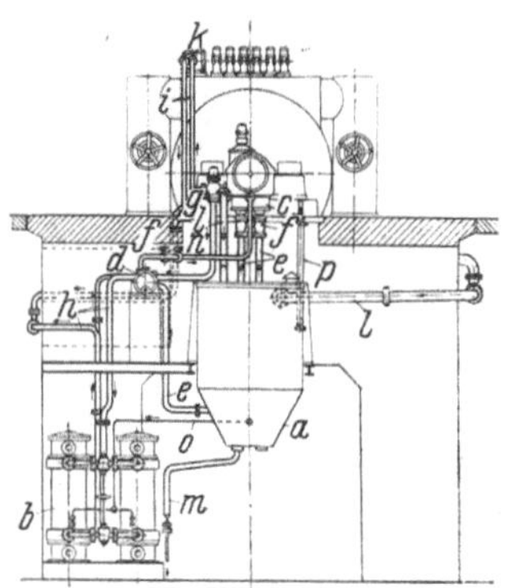

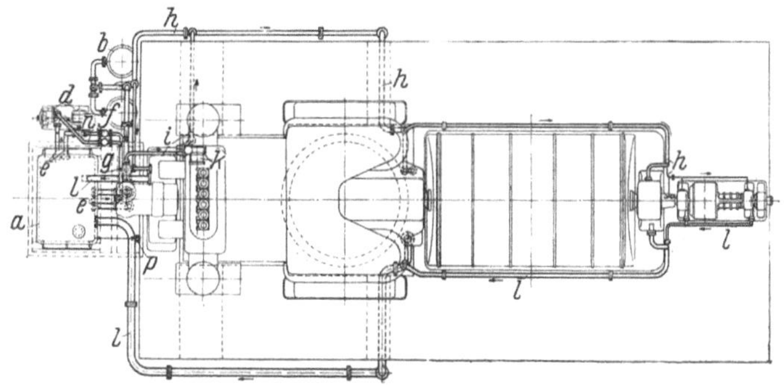

Abb. 69. Ölversorgung eines 30000 kW-Turbostromerzeugers.

a Ölbehälter; *b* Ölkühler; *c* Hauptölpumpen; *d* Hilfsölpumpen; *e* Saugleitungen; *f* Rückschlagventile; *g* Ölverteilungsventil; *h* Lageröl-Druckleitung; *i* Steuerölleitung; *k* Steuerzylinder; *l* Lageröl-Abflußleitung; *m* Wasser-Ablaßleitung; *n*, *o* Auffülleitungen; *p* Ölstandsanzeiger.

Abb. 69 zeigt als Beispiel den Plan einer Ölversorgung für einen 30000 kW-Turbo-Stromerzeuger.

10. Die Sicherheitsvorrichtungen.

Jede Dampfturbine muß bei einer auftretenden Betriebsunregelmäßigkeit in kürzester Zeit stillgesetzt werden können, damit sie vor weiterem Schaden bewahrt bleibt. Das geschieht mittels der sogenannten *Schnellschlußvorrichtung*. Durch bestimmte Antriebe ausgelöst, schließt sie augenblicklich die gesamte Dampfzufuhr zur Turbine ab und verhindert dadurch, daß diese im Falle eines Ventil-, Netz- oder Stromerzeugerschadens „durchgeht" oder im Falle von Schäden an Turbinenbauteilen (Drehzahlregler, Regelventile, Ölpumpen, Ölleitungen, Kondensator usw.) durch weiteres Im-Betriebe-Bleiben stärker beschädigt oder gar vollkommen zerstört wird.

Schnellschlußregler wirken im allgemeinen mechanisch. Sie sind entweder als Schlagbolzen wie in Abb. 70[13] oder als Schwungring, Abb. 71, ausgebildet und sollen unmittelbar auf der Turbinenwelle angeordnet sein, damit sie unter allen Umständen in unmittelbarem Zusammenhang mit dem Läufer sind, den sie zu schützen haben. Da sowohl der Bolzen als auch der Schwungring so ausgebildet ist, daß sie einen zur Drehachse außermittigen Schwerpunkt haben, so tritt im Betriebe eine einseitige Fliehkraft auf. Durch entsprechende Bemessung und Spannung einer Gegenfeder kann die Drehzahl, bei der der Regler ausschlägt, in gewissen Grenzen beliebig eingestellt werden. In Einzelheiten weicht die eine oder die andere Ausführung von diesen beiden Grundformen ab, dem Wesen nach lassen sie sich jedoch alle auf sie zurückführen. Die Schnellschlußdrehzahl liegt meistens 10 bis 12 % über der üblichen Betriebsdrehzahl.

Da diese Schnellschlußregler Fliehkraftregler sind, so sichern sie die Anlage zunächst nur für den Fall, daß eine unzulässige Drehzahlsteigerung eintritt. Nicht alle Schadenursachen jedoch beeinflussen unmittelbar die Drehzahl. Schäden z. B. an der Ölpumpe oder an der Versorgung der Lager mit Schmieröl sind ohne Einfluß auf sie,

---

[13] Nach Brown Boveri Mitt. Bd. 17 (1930) S. 58 Abb. 58.

können aber ebenfalls Beschädigungen der Turbinenanlage verursachen. Um sie zu vermeiden, kann man das Absinken des Öldruckes im Regel- oder Lagerölkreislauf mit Hilfe eines Differenzkolbens zum Auslösen der Schnellschlußvorrichtung verwenden. Abb. 72 zeigt eine derartige Einrichtung. In ähnlicher Weise können auch andere Antriebe zur Betätigung des Schnellschlußreglers benutzt werden, z. B. ein Ansteigen des Unterdruckes im Kondensator, was vermieden werden muß, da infolge der dann gleichfalls zunehmenden Temperatur der Abdampfstutzen der Kondensator und die Ausrichtung der Turbine gefährdet werden können. Um das Stillsetzen der Turbine nach einem Ansprechen des Schnellschlusses zu beschleunigen, kann der Druck im Kondensator durch eine geeignete Vorrichtung rasch gesteigert werden (vgl. S. 145). Als durchaus zweckmäßig hat sich auch eine mechanisch wirkende Vorrichtung erwiesen, die das Schnellschlußventil schließt, wenn der Turbinenläufer sich durch Beschädigung oder Abnutzung des Drucklagers unzulässig stark nach hinten verschiebt und die Gefahr besteht, daß der Läufer axial an den fest stehenden Bauteilen anstreift. Für den gleichen Zweck kann auch eine elektrische, durch Kontakt über einen Hubmagneten wirkende, in unmittelbarer Nähe des Drucklagers angebrachte Vorrichtung dienen. Durch einen Kontakt am Axialspielanzeiger kann ebenfalls über einen Hub-

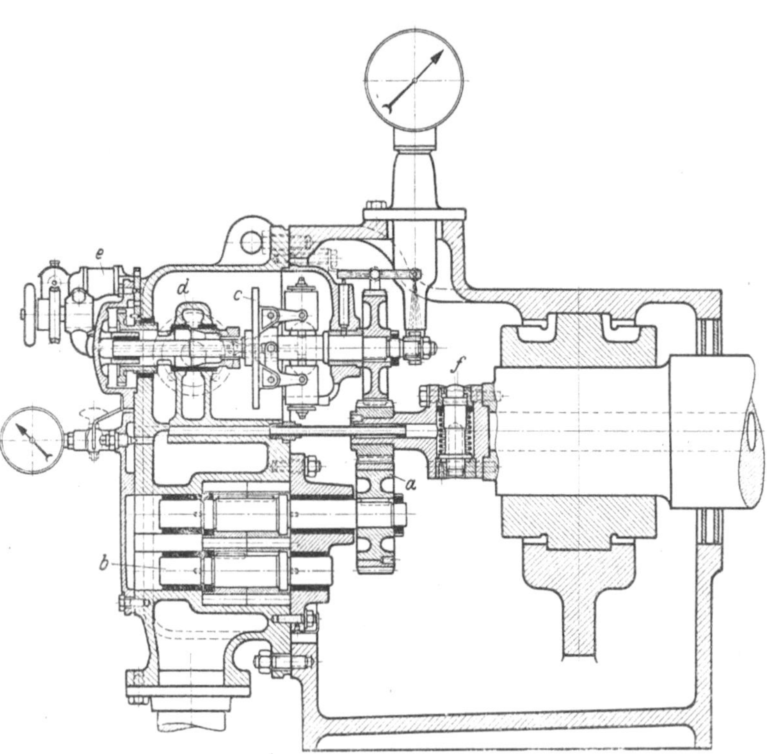

Abb. 70. BBC, Drehzahlregler, Schnellschlußregler (Schlagbolzen) und Hauptölpumpe einer Dampfturbine[13].

a Stirnräder zum Antrieb von Drehzahlregler und Hauptölpumpe; *b* Hauptölpumpe; *c* Drehzahlregler; *d* Steuerkolben der Reglung, durch den Drehzahlregler betätigt; *e* ferngesteuerter Motor der Drehzahlverstellvorrichtung; *f* Schnellschlußregler.

magneten die Schnellschlußvorrichtung ausgelöst werden, wenn durch unvorsichtiges Anfahren, durch plötzliches Entlasten oder Belasten der Maschine oder durch sonstige starke Temperaturschwankungen zwischen Turbinengehäuse und -läufer das kleinste zulässige axiale Spiel unterschritten wird. Gelegentlich werden auch Thermometer angebracht, die bei unzulässig hoch ansteigenden Lagertemperaturen durch einen Kontakt ein Warnsignal ertönen lassen. Auch diese Einrichtung kann verwendet werden, um die Schnellschlußvorrichtung zum Ansprechen zu bringen. In manchen Fällen wird auch ein Stillsetzen der Maschine von der Schaltwarte aus als erforderlich angesehen. Dies geschieht auf elektrischem Wege, wobei ein bereits für eine andere Sicherheitsvorrichtung verwendeter Hubmagnet ohne weiteres benutzt werden kann. Der Schnellschlußregler wird meist so ausgebildet, daß er durch Einspritzen von Öl und damit ohne Erhöhen der Drehzahl in bestimmten Zeitabständen geprüft werden kann.

Volle Sicherung bei Ansprechen der Schnellschlußvorrichtung ist jedoch erst dann erreicht, wenn vom Schnellschluß über einen Kraftverstärker auch der Stromerzeuger vom Netz abgeschaltet wird. Das Abschalten des Stromerzeugers darf jedoch erst dann erfolgen, wenn Rückstrom vom Netz fließt und der Stromerzeuger als Motor die Turbine weitertreibt. Durch diese Maßnahme wird ein Durchgehen der Maschine vermieden, wenn beispielsweise das Schnellschlußventil und auch noch die Regelventile infolge starker Verschmutzung oder sonstiger Mängel hängenbleiben. In einfacher Weise läßt sich dies erreichen, wenn der Kontakt zum Abschalten des Stromerzeugers von der Schließstellung des Schnellschlußventiles abhängig gemacht wird.

Alle derartigen elektrisch arbeitenden Vorrichtungen besitzen aber gewisse Mängel, die sich aus den Schwierigkeiten bei der Isolation der unter Spannung stehenden Teile ergeben, da mit verhältnismäßig hohen Temperaturen und auch häufig mit starker Öleinwirkung gerechnet werden muß. Es können dann in der Maschine Fremdströme auftreten, für deren Ableitung durch geeignete Vorrichtungen wieder gesorgt werden muß, wenn man nicht allmähliche Zerstörungen von Baustoffen an den verschiedensten Stellen in Kauf nehmen will.

Bei großen Turbinen werden mitunter zwei Schnellschlußregler neben-

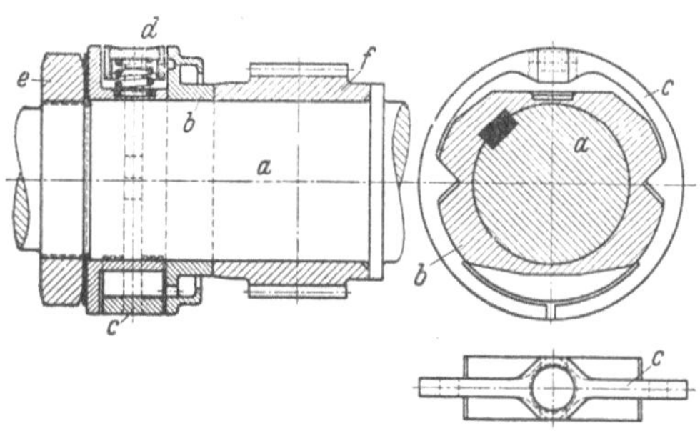

Abb. 71.
AEG, Schnellschlußregler (Schwungring).

a Turbinenwelle; *b* Buchse des Schellschlußreglers; *c* Schwungring; *d* Spannfeder; *e* Wellenmutter; *f* Schnecke zum Antrieb des Drehzahlreglers und der Hauptölpumpe.

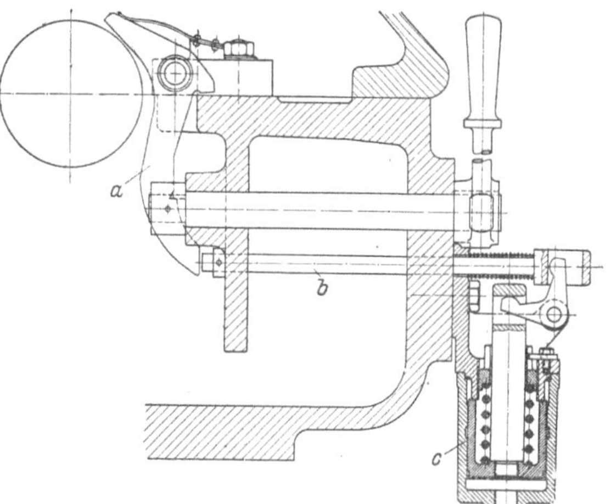

Abb. 72.
AEG, Vorrichtung zum Auslösen des Schnellschlusses bei sinkendem Öldruck.

a Schnellschlußklinke; *b* Druckstift; *c* Ölzylinder mit Ölkolben.

einander angeordnet, so daß bei Versagen des einen Reglers der andere eine unzulässige Drehzahlsteigerung verhindert. Eine einfache Vorrichtung zeigt nach außen hin an, welcher Schnellschlußregler angesprochen hat.

Jede Schnellschlußvorrichtung kann auch von Hand ausgelöst werden, so daß einerseits die Dampfzufuhr bei irgendeiner Unregelmäßigkeit im Betriebe sofort unterbunden, andererseits in regelmäßigen Abständen geprüft werden kann, ob die Vorrichtung sich in einwandfreiem Zustand befindet.

Der Schnellschlußregler wirkt vermittels eines Übertragungsmittels auf das Schnellschlußventil, das allgemein gleichzeitig das Hauptabsperrventil der Turbine ist. Als Übertragungsmittel kommen in der Hauptsache Gestänge oder Drucköl, daneben vereinzelt andere mechanische (z. B. Kugelschlauch) und elektrische Mittel in Betracht. Gestänge sind zunächst überall dort zu finden, wo auch die übrige Reglung mittels Gestängeübertragung wirkt, aber auch zum Teil dort, wo für die Reglung sonst Ölübertragung angewendet wird. Nur wenige Bauarten mit Druckölreglung wenden diese auch auf die Schnellschlußvorrichtung an. Gestänge sowohl wie Flüssigkeitsübertragung haben Vorzüge und Nachteile. Gestänge können infolge der Wärmedehnung der Turbine in ihren Gelenken klemmen, wenn sie nicht sachgemäß ausgeführt oder zusammengebaut sind. Ölleitungen können aus dem gleichen Grunde leck werden, und außerdem ist die Häufung von Ölleitungen gerade am heißesten Teil der Maschine im Hinblick auf mögliche Ölbrände keineswegs erwünscht (vgl. S. 309). Elektrische Übertragungen sind erfahrungsgemäß am wenigsten sicher und zuverlässig, so daß sie heute nicht mehr angewendet werden. Alles in allem wird man vom Betriebstandpunkt aus dem Gestänge den Vorzug geben, zumal hier weniger Störungen, zugleich aber bessere Überwachung möglich sind.

Die *Schnellschlußventile* sind im allgemeinen Tellerventile, die bei größerem Durchmesser und hohen Drücken einen Vorhubkegel erhalten. Da es bei ihnen auf ein unbedingt verläßliches Dichthalten ankommt, vermeidet man hier Doppelsitzventile auch dann, wenn solche an der Maschine als Regelventile verwendet werden. Der Einbau der Stopfbuchsen für die Spindeln der Schnellschlußventile erfolgt nach Sondervorschriften. Keineswegs dürfen die Stopfbuchsen während des Betriebes nachgezogen werden, weil dadurch unter Umständen Klemmungen eintreten können und so die Verläßlichkeit der Sicherheitsvorrichtung in Frage gestellt wird.

Bei den mechanisch wirkenden und mechanischer Übertragung sich bedienenden Schnellschlußvorrichtungen ist die Mutter, in der durch die Handbetätigung das Hauptabsperrventil hochgeschraubt wird, bei gespannter Schließfeder durch eine Klinke festgehalten. Löst der Schnellschlußregler aus, so wird diese Klinke durch eine Feder herausgezogen, und die Schließfeder schlägt ihrerseits dann das Ventil augenblicklich zu. Die Ausbildung eines derartigen mechanisch wirkenden Ventiles zeigt Abb. 73.

Eine mit reiner Flüssigkeitsübertragung arbeitende Schnellschlußvorrichtung unterscheidet sich hiervon nur dadurch, daß zum Öffnen des Hauptabsperrventiles an Stelle der Handbetätigung ein Ölkraftkolben vorhanden ist. Der ansprechende Schnellschlußregler betätigt einen Ölschieber, der seinerseits dem Kraftkolben des Hauptabsperrventiles das Öl fortnimmt. Dieses wird, da auch hier die Öffnung des Ventiles entgegen einer Schließfeder vor sich geht, dann durch die Federkraft augenblicklich geschlossen. Die Ausbildung eines derartigen Ventiles und die Wirkungsweise der zugehörigen Schnellschlußvorrichtung zeigt Abb. 74[14]. Ist gleichzeitig die Reglung durch Drucköl betätigt, so kann sie so eingerichtet werden, daß auch ihre Ventile im Falle des Ansprechens des Schnellschlußreglers geschlossen werden, worin eine gewisse zusätzliche Sicherheit erblickt wird.

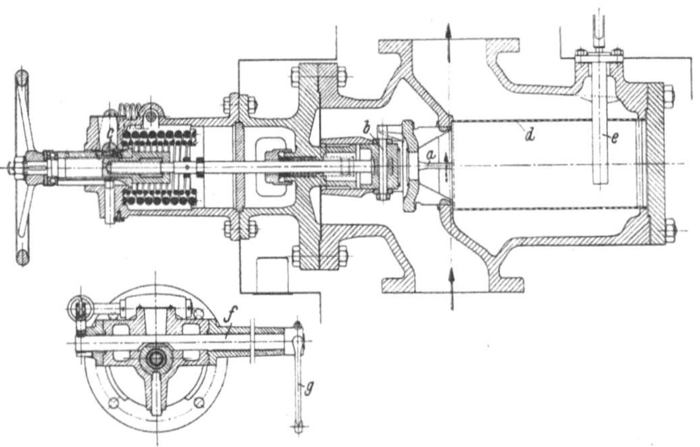

Abb. 73. AEG, Anfahr- und Schnellschlußventil.

a Hauptventil; *b* Vorhubventil; *c* Schnellschlußklinke; *d* Dampfsieb; *e* Frischdampfthermometer; *f* Drehwelle der Schnellschlußklinke; *g* Schnellschlußgestänge.

Da die Maschine auf alle Fälle vor dem Durchgehen und sich daraus ergebenden Schäden bewahrt werden muß, so genügt es nicht immer, sich nur um das Abschließen der Frischdampfzufuhr zu kümmern. Entnahmeturbinen stehen durch die Entnahmeleitungen mit Dampfnetzen in Verbindung, aber auch fast alle neueren Kondensationsturbinen haben für Zwecke der Speisewasservorwärmung eine oder mehrere ungeregelte Anzapfstellen. Mitunter wird auch der Abdampf der Kondensationshilfsturbine in eine ND-Stufe der Turbine geführt. Da aus diesen Dampfräumen Dampf in die Turbine zurückströmen und sie zum Durchgehen bringen könnte, so müssen auch diese Anschlüsse durch Schnellschlußventile — Rückschlagklappen sind weniger zu empfehlen — abgesperrt werden, die gleichzeitig mit dem in der Frischdampfleitung vom Schnellschlußregler betätigt werden. Selbst bei mehrfacher ungeregelter Anzapfung — allerdings

---

[14] Nach BBC-Nachr. Bd. 32 (1950) S. 25 Abb. 9.

nur bei großen Maschinen vorzufinden — wird dadurch die gesamte Schnellschluß-
einrichtung nicht unübersichtlich. Abb. 75 zeigt die Gestängeanordnung für eine Kondensationsturbine mit doppelter Anzapfung. Bei der üblichen Einrichtung — Schließen
der Entnahme-Schnellschlußventile gleichzeitig mit dem Schnellschlußventil durch den
Schnellschlußregler — kann nun aber folgender Fall eintreten. Durch eine plötzliche
Entlastung der Maschine steigt die Drehzahl etwas an. Die Turbine würde von der
Reglung ohne weiteres abgefangen werden können, wenn nicht durch den Rückdampf
aus der Entnahmeleitung die Drehzahl weiter ansteigen und die Schnellschlußdrehzahl

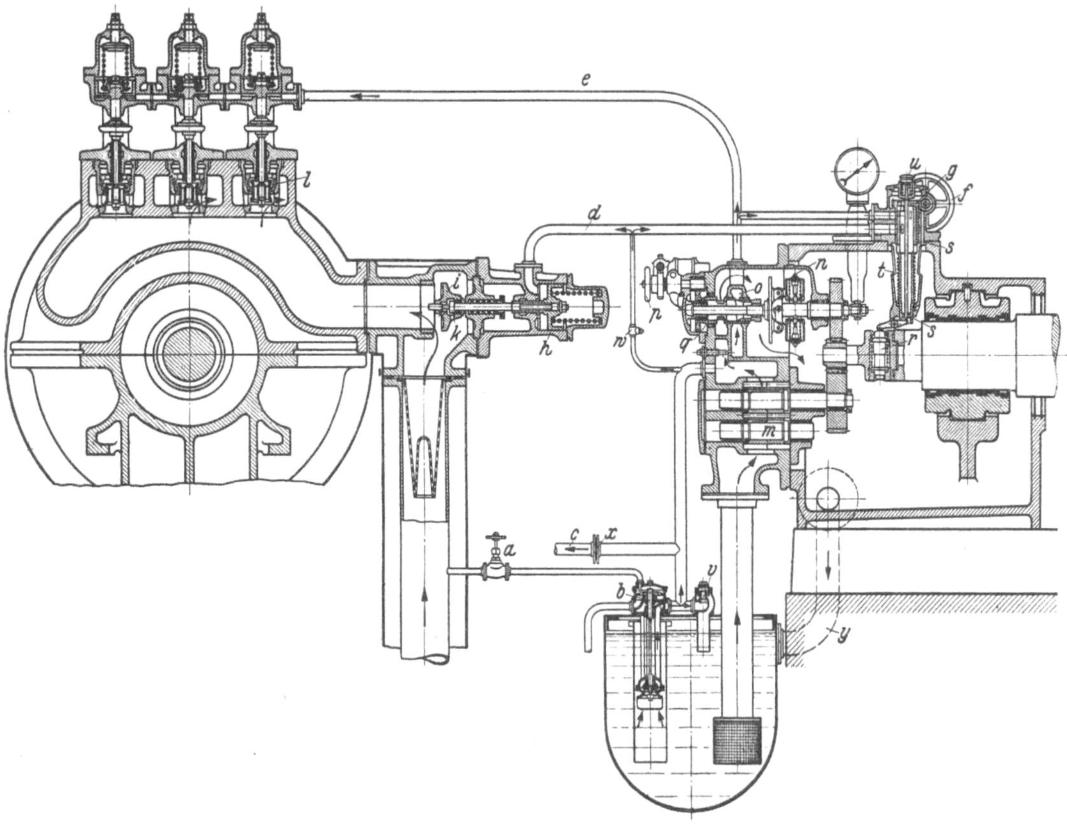

Abb. 74. BBC, gestängelose Reglung mit ölgesteuertem Schnellschlußventil[14].

a Absperrventil zur Hilfsölpumpe; *b* Hilfsölpumpe; *c* Ölleitung zu den Lagern; *d* Schnellschlußölleitung; *e* Regelölleitung;
f Handrad der Anlaßvorrichtung; *g* Steuerschieber; *h* Kraftkolben zum Hauptabsperrventil; *i* Hauptabsperrventil; *k* Vorhubventil; *l* Regelventil; *m* Hauptölpumpe; *n* Drehzahlregler; *o* Ölsteuerschlitz; *p* Drehzahlverstellvorrichtung; *q* Ölsteuerbüchse;
r Schnellschlußregler; *s* Ölsteuerschieber für Schnellschluß; *t* Verdrehungsfeder zu *s*; *u* Druckknopf zur Schnellschlußvorrichtung; *v* Überdruckventil in der Ölleitung; *w* Öldruckregelventil; *x* Blende; *y* Ölablaufleitung.

erreicht würde. Die Folge davon ist, daß durch das Auslösen des Schnellschlusses bei
diesem an sich üblichen Betriebsvorgang einer Entlastung eine längere Betriebsunterbrechung eintritt. Um dies zu vermeiden, ist eine Vorrichtung zweckmäßig, durch die
die Entnahme-Schnellschlußventile von der Nockenwelle der Regelventile aus geschlossen werden, und zwar kurz bevor der Leerlaufbetrieb erreicht wird. Da dann
kein Rückdampf einströmen kann, wird die Schnellschlußdrehzahl nicht erreicht. Die
Maschine fällt dann also nicht heraus und läuft leer weiter, so daß sie ohne weiteres
wieder belastet werden kann.

Mitunter wird an ungeregelten Anzapfstellen ein Druckregler mit einem zwei-
fachen Impuls vorgesehen, durch den das Absperrventil geschlossen wird, wenn der
Druck der Anzapfstufe kleiner wird als der Druck in der Anzapfleitung. Die Schließzeit
muß in diesem Falle wesentlich kürzer sein als sonst beim Schließen der Anzapfventile

durch den Sicherheitsregler, da z. B. bei dem kleinen Schwungmoment eines Höchstdruckturbinenläufers die geringe, möglicherweise noch zurückströmende Dampfmenge schon ausreichen würde, den Läufer so zu beschleunigen, daß die Schnellschlußdrehzahl erreicht wird.

Das *Einstellen* der Schnellschlußvorrichtungen für den Betrieb beschränkt sich in der Regel darauf, daß der Richtmeister genauestens die einzelnen Teile und ihren Zusammenbau mit den Angaben der Werkstattzeichnungen vergleicht. Stimmen Ausführung und Zeichnung überein, so ist festzustellen, ob Fehler oder Mängel in der Übertragung liegen können. Sind auch diese beseitigt, so bleibt als letztes eine Anfahrprobe bis zum Auslösen des Schnellschlusses, die den Nachweis erbringen muß, daß der Schnellschluß sowohl unmittelbar nach dem Anfahren als auch bei vollständig durchgewärmter Turbine ordnungsmäßig anspricht. Je nach dem Ergebnis dieser Probe wird man die Feder im Regler nachspannen oder entlasten, bis die für das Ansprechen der Schnellschlußvorrichtung vorgeschriebene Drehzahl genügend genau erreicht ist, wovon man sich durch weitere wenigstens drei Proben überzeugen muß. Die Streuung der einzelnen Auslösedrehzahlen darf dabei nicht mehr als $\pm 1 \%$ der Solldrehzahl betragen.

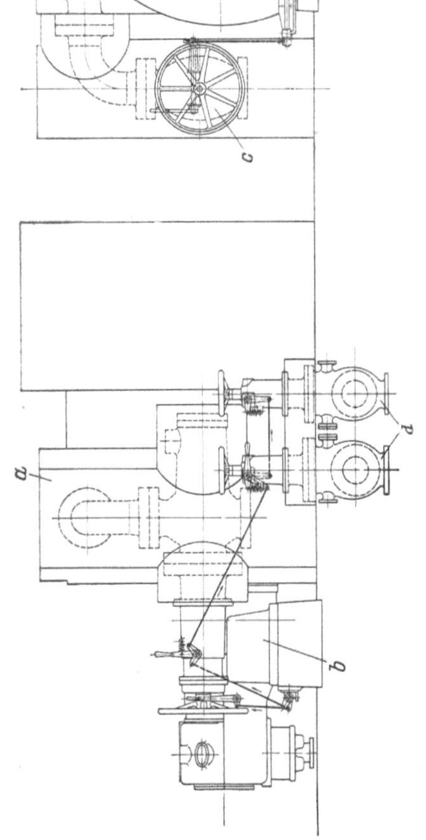

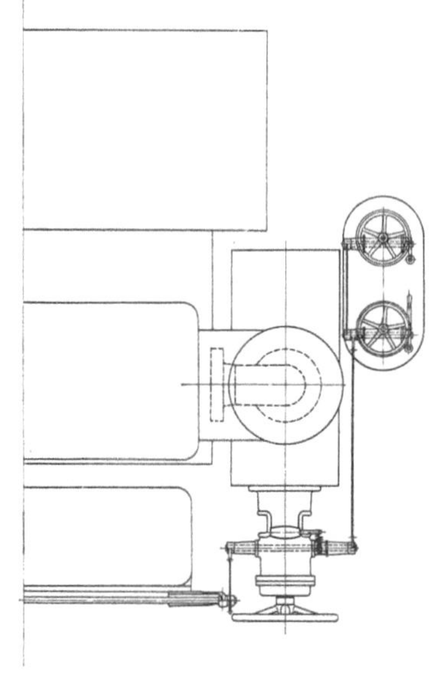

Abb. 75. AEG, Gestänge zur Betätigung der Frischdampf- und der zwei Anzapfschnellschlußventile für eine eingehäusige Kraftwerksturbine von 50000 kW, 3000 U/min.

a Turbine; *b* Außenlagerblock; *c* Frischdampf-Schnellschlußventil mit Dampfsieb; *d* Anzapf-Schnellschlußventile.

Außer den Schnellschlußvorrichtungen wird bei Entnahme- und Gegendruckturbinen zu ihrem Schutz vor unzulässigem Überdruck in der Entnahme- und Gegendruckleitung ein *Hochhubsicherheitsventil* vorgesehen. Die von der Turbine zu diesem führende Rohrleitung darf keinerlei Absperrmöglichkeit erhalten. Das Ventil wird mit gewichtsbelastetem Kegel und Dämpfung durch eine Ölbremse ausgeführt, öffnet selbsttätig bei dem Überdruck, für den es geeicht wurde, und muß imstande sein, die gesamte Abdampfmenge ins Freie strömen zu lassen, bevor der Probedruck des Turbinengehäuses erreicht wird. Bei Entnahme-Kondensationsmaschinen muß die Entwässerungsleitung dieses Ventiles einerseits an den Kondensator angeschlossen werden, da beim Anfahren der Maschine der Unterdruck bis zu diesem Ventil reicht, andererseits über einen Kondenstopf ins Freie führen, damit sie auch während des Betriebes entwässern kann.

Das Abdampfgehäuse von Kondensationsturbinen und der Kondensator werden gegen unzulässigen Druckanstieg durch das sogenannte *Notauspuffventil* (vgl. S. 34) gesichert. Auch wenn man, wie erwähnt, den Schnellschluß der Hauptmaschine so einrichtet, daß er beim Erreichen eines bestimmten Druckes im Kondensator selbsttätig schließt, ist es empfehlenswert, ein solches Notauspuffventil zur Sicherheit beizubehalten.

Zur Sicherung des Turbinenbetriebes dient schließlich eine Reihe von selbsttätig wirkenden Schaltungen von Hilfsmaschinen, wie z. B. der Anlauf der Hilfsölpumpe bei absinkendem Lageröldruck (vgl. S. 74 u. 115), oder die Verwendung neuartiger, nicht brennbarer Schmiermittel zur Verhütung von Ölbränden (vgl. S. 310). Ob Sicherheits- und Schutzeinrichtungen dieser Art erforderlich oder zweckmäßig sind, wird vor allen Dingen nach den allgemeinen Wartungs- und Betriebsverhältnissen in dem betreffenden Kraftwerk zu entscheiden sein.

11. Die Reglung.

Die Leistung einer Dampfturbine wird durch Drossel- oder Füllungsreglung verändert. Die Drosselreglung wirkt durch Verändern des Dampfdruckes vor der Turbine (Drosseln) und damit der Größe des verfügbaren Wärmegefälles; der gesamte Dampfdurchtrittsquerschnitt durch die Turbine bleibt ungeändert. Die Füllungsreglung dagegen wirkt durch Verändern des Dampfeintrittsquerschnittes in die Turbine; der Dampfdruck vor der Turbine bleibt hierbei unverändert, und damit ist bei den Teillasten das verfügbare Wärmegefälle größer als bei Drosselreglung. Bei beiden Verfahren verschlechtern sich Gesamtwirkungsgrad und spezifischer Dampfverbrauch für Teillasten gegenüber den Werten besten Dampfverbrauches. Die Erklärung liegt unter anderem darin, daß für die davon abweichende Belastung die Strömungsverluste in den nun zu weiten oder zu engen Dampfwegen zunehmen und bei Teillasten auch die bei gleicher Drehzahl sich wenig verändernden mechanischen Verluste anteilig größer sind. Bei Drosselreglung ist die Verschlechterung des Dampfverbrauches stärker als bei Füllungsreglung.

Turbinen mit *Drosselreglung* haben meist zwei Regelventile, von denen das erste etwa für 80 % der Nennleistung ausreicht. Ist bei geöffnetem ersten Ventil die erste Stufe bereits voll beaufschlagt, so daß durch sie nicht mehr Dampf hindurchgebracht werden kann, dann wird der Dampf des zweiten Ventiles in eine spätere Stufe eingeführt. Beide Ventile stehen unter dem Einfluß des Reglers.

Bei einer vollkommenen *Füllungsreglung* müßten die Dampfwege aller Turbinenstufen jeweils dem Dampfdurchsatz genau entsprechen, also je nach der Belastung entweder kleiner oder größer sein. Eine derartige Ausbildung der Turbine ist jedoch aus baulichen Gründen nicht ausführbar; man muß sich deshalb mit einer vereinfachten Füllungsreglung begnügen. Bei dieser wird nur der Düsenquerschnitt der ersten Turbinenstufe verändert, indem nach Bedarf einzelne Düsen oder, wie in der Mehrzahl der Fälle, einzelne Düsengruppen durch Ventile zu- oder abgeschaltet werden. So entsteht die fast ausschließlich ausgeführte Art der Füllungsreglung, die sogenannte Düsengruppenreglung; daß ihre Herstellungskosten höher sein müssen als die der Drosselreglung, ist durch die größere Zahl der Ventile usw. ohne weiteres erklärt. Ein Beispiel zeigt Abb. 76.

Von den tatsächlichen Vorgängen in einer vielstufigen Kondensationsturbine bei Belastungsänderungen kann man sich dadurch ein anschauliches Bild machen, daß man den HD-Teil, also meist das ein- oder zweikränzige Gleichdruckrad der ersten Stufe und den anschließenden, oft vielstufigen ND-Teil für sich allein betrachtet. Dabei zeigt es sich, daß bei Kondensationsturbinen die Düsengruppenreglung hinsichtlich des Dampfverbrauches bei Teillasten der Drosselreglung überlegen sein muß. Die Unter-

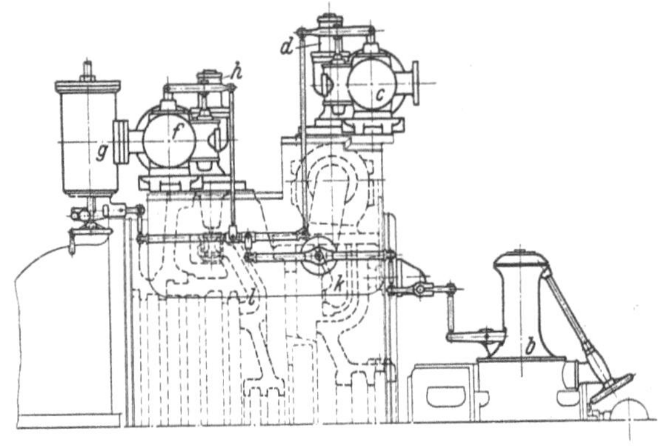

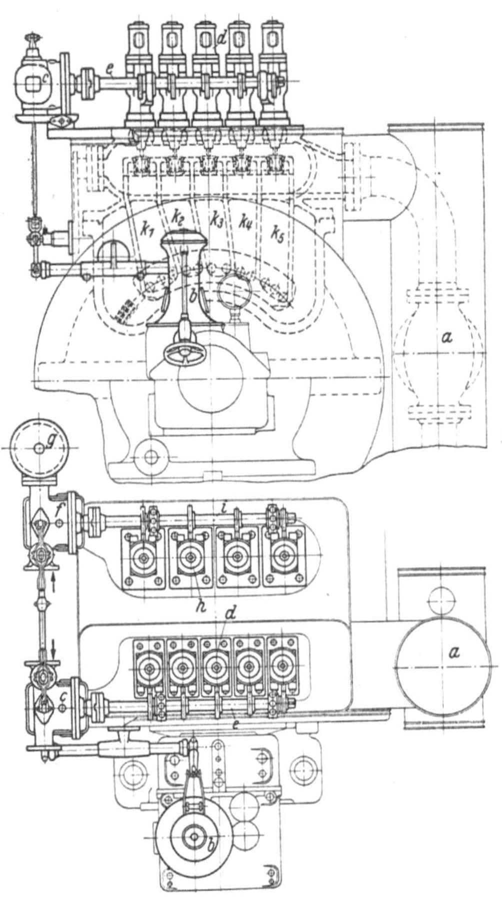

Abb. 76. AEG, Düsengruppenreglung einer Entnahmeturbine.

a Frischdampfschnellschlußventil; *b* Drehzahlregler; *c* Kraftgetriebe der Frischdampfreglung; *d* Frischdampfregelventile; *e* Nockenwelle der Frischdampfreglung; *f* Kraftgetriebe der Entnahmedampfreglung; *g* Entnahmedampfdruckregler; *h* Entnahmedampfregelventile; *i* Nockenwelle der Entnahmedampfreglung; k_1 bis k_5 Frischdampfdüsengruppen; *l* Entnahmedampfdüsengruppen.

schiede betragen mehrere Hundertteile. In Fällen, in denen große Einfachheit — wie bei Turbinen kleiner Leistung oder bei meist gleicher Belastung — angestrebt wird, kann aber auch die Drosselreglung durchaus am Platz sein. Je stärker jedoch im Betriebe die Belastung schwankt und je kleiner das verfügbare Wärmegefälle ist, um so größer wird der Unterschied zwischen Drossel- und Düsengruppenreglung. Aus diesem Grunde ist Düsengruppenreglung bei allen mittleren und größeren Industrieturbinen, vor allem bei den Gegendruck- und Entnahmeturbinen, vorzuziehen. Die Überlegenheit der Düsengruppenreglung über die Drosselreglung zeigt Abb. 77 am Beispiel von vier Gegendruckturbinen verschiedenen Aufbaues.

Die hauptsächlichen Antriebe für die *Betätigung* der Reglung sind die Drehzahl (Drehzahlregler), bestimmte gleichzuhaltende Dampfdrücke oder Förderdrücke oder -mengen angetriebener Verdichter und Pumpen (Druck- und Mengenregler) oder die abzugebende Leistung (Leistungsregler, Isodynregler). An Sonderreglern haben sich außerdem die Isodrom-Leistungsübergabe-, Leistungsbegrenzungs- und Druckbegrenzungsregler eingeführt. Diese Regler werden besonders in großen Netzen mit mehreren nebeneinander arbeitenden Maschineneinheiten verwendet.

Kondensationsturbinen mit Stromerzeugern, die ohne Sonderbedingungen auf ein gemeinsames Netz arbeiten, erhalten — und das ist der weitaus häufigste Fall — nur einen Drehzahlregler. Wirken bei anderen Turbinenarten Drehzahl- und Druckregler getrennt auf die zu steuernden Teile ein, so müssen nach dem Ansprechen nur eines Reglers im allgemeinen auch die anderen auf ihre Regelteile einwirken, da jede Leistungsänderung das Gleichgewicht der Dampfmengen und umgekehrt jede Mengenänderung das Leistungsgleichgewicht stört. Drehzahl- und Druckregler müssen also bei jeder beliebigen Änderung eines Gleichgewichtzustandes gemeinsam in Tätigkeit treten, um das Gleichgewicht wiederherzustellen. Die Nachteile dieser Reglungsart wirken sich dahin aus, daß starke Frequenz- und Druckschwankungen auftreten können (Pendeln der Maschinen). Diese Nachteile treten bei der Verbundreglung nicht auf, bei der jeder Regler auf alle Reglungsteile gleichzeitig im richtigen Sinne einwirkt, ohne daß der Gleichgewichtzustand der im Augenblick nicht zu regelnden Größen gestört wird. Bei Gegendruckturbinen, deren Stromerzeuger zwecks Leistungsausgleich mit einem Fremdnetz gekuppelt sind, können zwei Regler auf dieselben Reglungsteile einwirken, wenn die Frequenzänderungen gering sind. Bei stark schwankender Frequenz ist es zweckmäßig, nur den Druckregler in Betrieb zu lassen.

Ließe man bei einer Reglung mit Ölkraftgetrieben (mittelbare Reglung) den Reglerhebel unmittelbar und ohne jede weitere Verbindung mit dem Kraftgetriebe auf den Steuerkolben einwirken, so würde jeder Änderung der Reglerstellung eine ungehemmte Bewegung des Kraftkolbens bis in eine Endlage folgen; die Reglung könnte sich also nicht in eine neue Gleichgewichtslage einspielen. Es ist daher eine „Rückführung" nötig, die den Steuerkolben des Kraftgetriebes nach jeder Regelbewegung wieder in seine Mittellage zurückführt. Diese Rückführung ist also eine Vorrichtung, die bei mittelbarer Reglung im Beharrungzustand Verhältnisgleichheit zwischen Regler- und Ventilhub herstellt. Eine Ausnahme davon bildet die nachgiebige Rückführung, die bei Isodrom- und Leistungsreglern verwendet wird.

Wenn es sich mit dem inneren Aufbau der Turbine verträgt, wird die erste Turbinenstufe bei der üblichen Belastung, d. h. für den von der Maschine am häufigsten verlangten Betriebsfall, voll beaufschlagt. Die für eine höhere Belastung erforderliche Dampfmenge wird dann in eine oder nacheinander in mehrere spätere Stufen der Turbine geleitet. Da die bei der Entspannung des Dampfes vom Frischdampfdruck auf den Druck der betreffenden Stufe

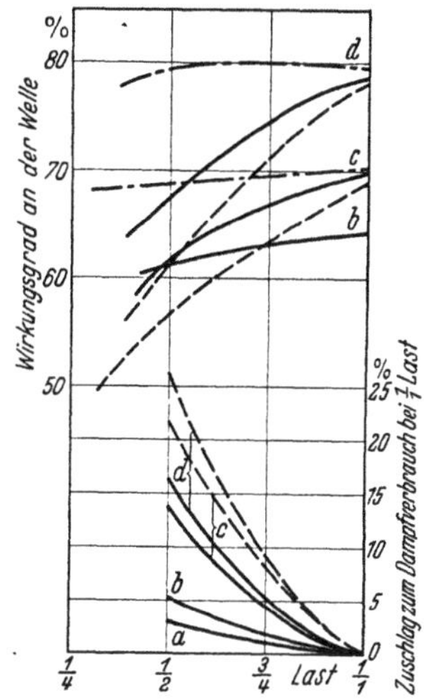

Abb. 77. Wirkungsgrad und Dampfverbrauch von Gleichdruck-Gegendruckturbinen bei veränderlichem Dampfdurchsatz.

a, b zweikränziges Geschwindigkeitsrad für a: $c_o/u = 5$,
für b: $c_o/u = 4$;
c, d mehrstufige Gegendruckturbine für c: Gütezahl

$$\frac{\Sigma\, u^2}{H_o} = 1400\ \frac{\mathrm{m^2/s^2}}{\mathrm{kcal/kg}},$$

für d: Gütezahl $= 1850\ \dfrac{\mathrm{m^2/s^2}}{\mathrm{kcal/kg}}$

—— Düsengruppenreglung, bezogen auf das Gesamtgefälle;
— — — Drosselreglung, bezogen auf das Gesamtgefälle;
—·—·— Drosselreglung, bezogen auf das Drosselgefälle.

sich entwickelnde Geschwindigkeit größer ist als bei der üblichen Belastung, so wird ihr Wirkungsgrad wegen des dann größeren Geschwindigkeitswertes von c_o/u geringer sein. Trotzdem ist eine derartige Lösung vorteilhaft, da sie ermöglicht, die vorgesehene Höchstleistung zu erzeugen, ohne den Wirkungsgrad der Maschine bei der üblichen Belastung nennenswert zu beeinträchtigen. Die für die Höchstlast erforderlichen zusätzlichen Dampfmengen werden ebenso wie der Dampf für die niedrigeren Belastungen durch ein oder mehrere Ventile vom Drehzahlregler ausgeregelt.

Die Mehrzahl der *Drehzahlregler* sind Fliehkraftfederregler, bei denen Schwunggewichte die Reglerspindel und damit die Reglermuffe, von der die Regelbewegung abgenommen wird, entgegen einer Federkraft bewegen. Fast jede der Turbinenbauarten hat ihre eigene Reglerform, so daß für Einzelheiten auf Veröffentlichungen, Druckschriften und Zeichnungen der Lieferwerke verwiesen werden muß. Für das Errichten der Dampfturbine im Kraftwerk wird der Drehzahlregler stets als in der Werkstatt fertig zusammengesetzte Einheit angeliefert und eingebaut. Das entbindet den Betriebsmann aber nicht von der Verpflichtung, sich mit seinen wesentlichen Gestaltungsgrundsätzen vertraut zu machen, da er imstande sein muß, den Drehzahlregler im Betriebe auf Kennlinie und Ungleichförmigkeit zu prüfen und seine Unempfindlichkeit laufend zu überwachen.

Je nach der Art der Anordnung des Reglers unterscheidet man solche unmittelbar auf der Turbinenwelle, die man meist als Achsregler bezeichnet, und solche, die mit Zwischentrieb entweder auf lotrechter oder auf waagerechter, also mit der Turbinenwelle gleichlaufender oder zu ihr senkrechter Spindel angeordnet sind. Bei den von der Hauptwelle durch einen Trieb betätigten Reglern erfordert das Übersetzungsgetriebe beim Zusammenbau sowohl als auch später im Betriebe (Zweitdrehzahl etwa 400 bis 1000 U/min) größte Sorgfalt. Ist der Regler auf lotrechter Spindel angeordnet, so wird er in der Regel durch ein Schneckengetriebe angetrieben, das außerdem gleichzeitig zum Antrieb der Ölpumpe herangezogen wird. Sind, wie bei großen Turbinen, zwei Ölpumpen erforderlich, so werden beiderseits der Hauptwelle je ein Schnecken- oder Schraubenrad vorgesehen, die von einer gemeinsamen Schnecke angetrieben werden. Für den Zusammenbau derartiger Getriebe an Ort und Stelle ist im wesent-

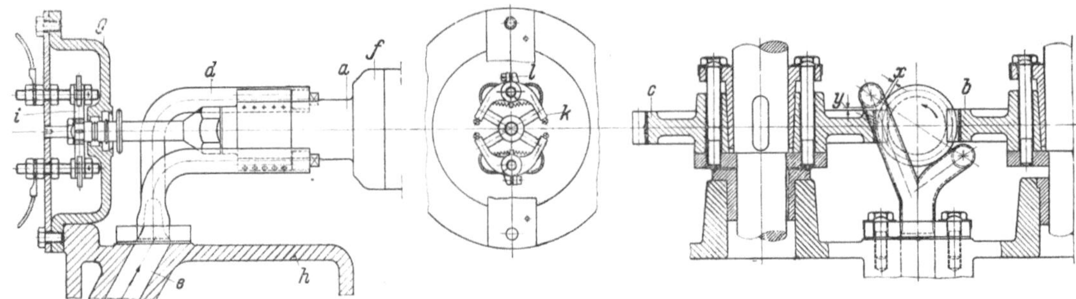

Abb. 78. AEG, Schmierung des Schneckengetriebes für Drehzahlregler und Ölpumpe, sowie Vorrichtung zum Kurzschließen von Wellenströmen.

a Turbinenwelle mit Schnecke; *b* Schneckenrad zum Antrieb der Ölpumpe und des Drehzahlmessers; *c* Schneckenrad zum Antrieb der Ölpumpe und des Drehzahlreglers; *d* Ölspritzdüse für Schneckenschmierung; *e* Druckölleitung zur Ölspritzdüse; *f* Schnellschlußregler; *g* Stirndeckel des Vorderlagerbockes; *h* Vorderlagerbock; *i* Schleifbürsten; *k* Bürstenhalter; *l* Klemmschraube für Bürstenhalter.

lichen folgendes zu beachten. Für anstandslosen Betrieb ist ein Härteunterschied zwischen Schnecke und Rad zweckmäßig; man stellt daher die Schnecke grundsätzlich aus einem härteren Baustoff als das zugehörige Rad her. Ein Rad mit ungewöhnlich großer Härtezahl soll aber nicht mit einer Schnecke ungewöhnlich niedriger Härtezahl zusammen verwendet werden. Der Achsenabstand von Schnecke und Rad muß genau nach Zeichnung eingestellt sein. Das Flankenspiel zwischen ihnen soll 0,3 mm bei 3000 U/min- und 0,5 mm bei 1500 U/min-Turbinen nicht unterschreiten. Schnecke und Rad müssen unbedingt in der richtigen Höhenlage zueinander stehen. Bei doppelseitigen Schneckengetrieben kann man das Eindringen des Ölstrahles zwischen die eingreifenden Zahnflanken dadurch begünstigen, daß das Schneckenrad der Reglerspindel, dessen Ölspritzdüse oben angeordnet ist, etwas *über* Schneckenmitte versetzt eingebaut wird. Das andere Schneckenrad dagegen, bei dem die Öldüse unten ist, ist entsprechend *unter* Schneckenmitte versetzt anzuordnen, damit sich zwischen den miteinander arbeitenden Flanken eine keilförmige Ölschicht bildet. Durch Ablaufprobe kann man sich von dem Vorhandensein des angestrebten Spaltes überzeugen. An Stelle der Schneckenräder werden auch Schraubenräder verwendet, bei denen eine keilförmige Ölschicht sich von selbst ohne besondere Maßnahmen ausbildet. Beim Einbau der Ölspritzdüsen ist der zeichnungsmäßig vorgeschriebene Abstand x von der Schnecke y vom Schraubenrad, Abb. 78, genau einzuhalten. Dabei soll der Ölstrahl so gerichtet sein, daß er bei stillstehender Turbine die Schnecke radial trifft. Dann wird er bei laufender Turbine so abgelenkt, daß er die Eingriffstrecke des Schnecken- oder Schraubenrades trifft. Axial sollen die Düsen etwa 3 mm entgegen der Schneckensteigung außer Mitte versetzt eingebaut werden. Nach der richtigen Einstellung ist die Düse stets durch zwei Stifte festzulegen. Öldrücke und Spaltabmessungen der Düse sollen so sein, daß der Ölstrahl geschlossen ist und mit größerer Geschwindigkeit als die Schneckenradumfangsgeschwindigkeit auf die eingreifenden Zahnflanken trifft, damit er durch die Fliehkraft nicht abgeschleudert und somit wirkungslos wird. Stirnradantrieb ist meist dann vorhanden, wenn die Reglerspindel zur Turbinenwelle gleichlaufend liegt (BBC).

Bei der reinen Flüssigkeitsreglung ist der Drehzahlregler ein Flügelpumpenrad, das unmittelbar auf der Turbinenwelle angeordnet ist. Der Druck des von ihm geförderten Öles ändert sich mit der Drehzahl der Turbine. Mit zunehmender Belastung, also abnehmender Drehzahl, sinkt der Öldruck im quadratischen Verhältnis der Drehzahländerung, wodurch die Regelventile geöffnet werden und umgekehrt. Möglich ist auch eine Flüssigkeitsreglung, bei der an Stelle des Öldruckes die Veränderung der Menge des geförderten Öles als Regelantrieb benutzt wird. Da Kreiselpumpen im allgemeinen nicht selbst ansaugen, so muß dem Regler hierbei entweder das Öl durch eine Strahlpumpe zugeführt werden oder es muß ihm aus einem Hochbehälter zulaufen.

Die *Druckregler* sind in der Regel Membranregler, wobei Balgmembranen oder Flachmembranen verwendet werden können. Die Membran steht durch dünne Antriebsleitungen mit dem zu regelnden Dampfraum in Verbindung. Eine Balgmembran zieht sich demgemäß bei sinkendem Dampfdruck unter der Wirkung einer Gegenfeder zusammen und dehnt sich mit steigendem Druck aus. Bei Balgmembranen, die von außen beaufschlagt sind, gehen die Bewegungen umgekehrt vor sich. Die Vorspannung dieser Feder kann wie beim Drehzahlregler verändert werden. Damit ändert sich der Druck, den der Regler gleichhält. Da man in verwickelteren Dampfnetzen, wenn zwei oder mehr Dampfdrücke an der Turbine gleichzeitig zu regeln sind, immer damit rechnen muß, in bestimmten Verhältnissen auf die Gleichhaltung *eines* Druckes verzichten zu müssen, kann jeder Druckregler durch einen einfachen Handgriff auch außer Betrieb gesetzt werden.

Handelt es sich um eine Reglung mit mechanischem Drehzahlregler und Gestängeübertragung, so greift die Druckreglerspindel mit einem Anschlußhebel unmittelbar an das Gestänge des Drehzahlreglers an. Bei einer Ausführung mit mechanischem Drehzahlregler und Flüssigkeitsübertragung (Durchflußölreglung, BBC) betätigt der Druckregler eine Drosselvorrichtung in der Druckölleitung. Bei reiner Flüssigkeitsreglung (WESTINGHOUSE) kann der Druckregler ebenfalls eine Drosselvorrichtung in der Regelölleitung betätigen, er kann aber auch auf wesentlich verwickeltere Art (z. B. mit Hilfe von Gleitspindelzahnrädern, ESCHER WYSS) in die Reglung eingefügt werden.

Die Druckregler haben mit den Drehzahlreglern eine Vorrichtung gemeinsam, die den gleichzuhaltenden Dampfdruck oder die Drehzahl in bestimmten Grenzen willkürlich zu ändern ermöglicht. Bei Druckreglern genügt es im allgemeinen, diese Vorrichtung für Handbetätigung einzurichten. Sie gestattet eine Veränderung des Druckes um etwa ± 25 bis 35% des Mittelwertes. Bei Drehzahlreglern dagegen, insbesondere bei größeren Kraftwerksturbinen, ist neben der Handbetätigung in der Regel noch Fernbetätigung mit Hilfe eines kleinen Elektromotors vorgesehen, dessen Stärke und dessen Übersetzungsverhältnis zum Drehzahlverstellgetriebe des Reglers der vorgeschriebenen Schnelligkeit der Be- oder Entlastung der Maschinen entsprechen muß. Der Verstellbereich ist meist $+10\%$ und -5% von der üblichen Drehzahl aus gerechnet, doch können für besondere Zwecke auch andere Verstellbereiche vorgesehen werden. Auf die Drehzahlverstellvorrichtung wirken auch Leistungs-, Frequenz- und Druckregler ein.

Die Drehzahlregler sind im allgemeinen statisch, sie haben einen gewissen Ungleichförmigkeitsgrad, d. h. zu jeder Drehzahl gehört eindeutig eine bestimmte Stellung der Reglermuffe und damit auch der Dampfregelventile. Daraus ergibt sich, daß jeder

Belastung der Turbine ohne Eingriff in die Einstellung des Reglers eine andere Drehzahl entspricht. Laufen mehrere derartige Maschinen in einem gemeinsamen Netz, so wird auch hier zu jeder Netzbelastung eine andere Drehzahl oder Frequenz gehören. Soll aber unabhängig vom Belastungzustand die gleiche Frequenz eingehalten werden, so muß zur üblichen Turbinenreglung eine Zusatzeinrichtung hinzukommen, welche die ursprüngliche Drehzahl und Frequenz immer wieder herstellt. Derartige Zusatzeinrichtungen sind elektrische Leistungs- und Frequenzregler oder mechanisch wirkende Isodromvorrichtungen. Am besten läßt sich in die Turbinenreglung eine *Isodromvorrichtung* einfügen, die eine nachgiebige Rückführung in Form einer Ölbremse mit Rückführfeder darstellt. Die Isodromvorrichtung kann unter Umständen auch in den Drehzahlregler hinein verlegt werden.

Den Schaltplan einer üblichen Turbinenreglung mit Isodromvorrichtung (nachgiebige Rückführung) zeigt Abb. 79. Der Regelvorgang spielt sich wie folgt

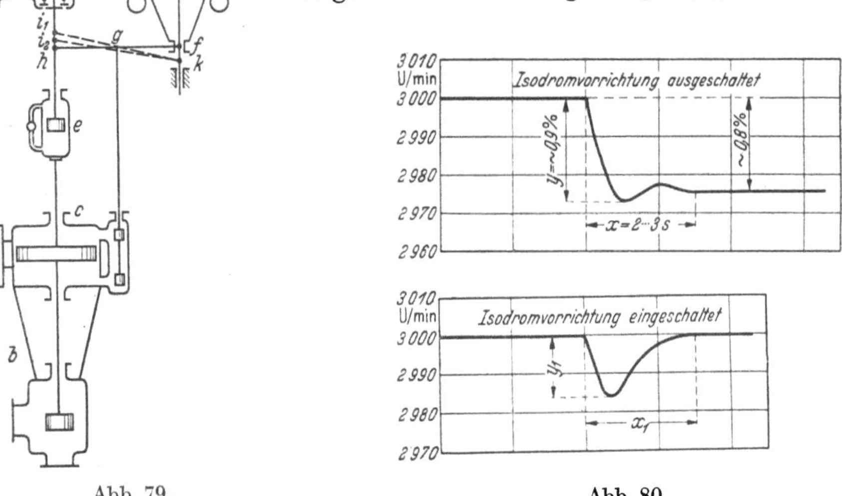

Abb. 79.   Abb. 80.

Abb. 79. AEG, nachgiebige Rückführung als Isodromvorrichtung in einer Dampfturbinenreglung.
a Drehzahlregler mit Verstellmotor; *b* Dampfreglung; *c* Kraftgetriebe; *d* Rückführfeder; *e* Ölbremse; *f* Reglermuffe; *g* Drehpunkt; *h* Gelenkpunkt; i_1, i_2 Stellungen von *h*; *k* Stellung von *f*.
Abb. 80. Drehzahlverlauf einer Kondensationsturbine 3000 U/min bei plötzlicher Belastung mit 6000 kW, ohne Isodromvorrichtung (oben) und mit Isodromvorrichtung (unten).

ab: sinkt infolge einer Belastungzunahme die Drehzahl ab, so bewegt sich die Reglermuffe von *f* nach *k*. Der Hebel *h — f* dreht sich dabei um *h*, so daß der Steuerschieber verstellt und Drucköl unter den Kraftkolben von *c* geleitet wird. Dieser ist über die Ölbremse *e* mit *h* verbunden und bewegt den Punkt *h* in Richtung auf i_1, so daß die darüber befindliche Rückführfeder zusammengedrückt wird. Der Reglerhebel würde bei starrer Rückführung in die Lage i_1 — *g* — *k* kommen; dabei wäre der Steuerschieber wieder in seiner Mittellage und der Regelvorgang somit beendet. Die gespannte Feder drückt nun aber schon bei der geringsten Aufwärtsbewegung des Punktes *h* auf den Kolben der Ölbremse *e*, wodurch die Aufwärtsbewegung von *h* verzögert wird (nachgiebige Rückführung). Der Reglerhebel gelangt also nur in die Lage i_2 — *k*. Die Folge ist, da der Steuerschieber noch nicht in seine Mittellage zurückgebracht worden ist, ein weiteres Öffnen der Regelventile; die Drehzahl beginnt zu steigen. Dieser Vorgang spielt sich langsam, aber stetig so lange ab, bis der Reglerhebel wieder in die Lage *h — f* gelangt ist. In dieser Lage ist jetzt sowohl die Rückführfeder als auch der Steuerschieber in Mittellage und die Drehzahl hat wieder die ursprüngliche Größe. Der Gesamtregelvorgang ist beendet. Die Auswirkung einer derartigen Isodromvorrichtung auf die Drehzahlkennlinie ist beispielsmäßig für eine bestimmte Maschine und eine bestimmte Belastungzunahme in Abb. 80 dargestellt. Die obere Darstellung gibt den Drehzahlverlauf bei starrer Rückführung wieder, die untere zeigt den Verlauf bei eingeschalteter Isodromvorrichtung, bei sonst unveränderten Voraussetzungen. Die Werte y_1 und x_1 sind von der Ungleichförmigkeit des Drehzahlreglers und von der „Isodromzeit" abhängig. Da diese, d. h. die nach einer Belastungsänderung bis zum Erreichen der Ausgangsdrehzahl erforderliche Zeit, eingestellt werden kann, so lassen sich bei eingeschalteter Isodromvorrichtung sowohl der vorübergehende Drehzahlabfall wie die Dauer des Regelvorganges kleiner halten als bei starrer Rückführung.

Isodromvorrichtungen, wie die beschriebene, lassen sich in jede Gestängereglung einbauen, selbst dann, wenn es sich um Gegendruck-, Zweidruck-, Entnahme- oder Mehrfachentnahmemaschinen handelt.

Eine isodromgeregelte Maschine nimmt im Rahmen ihrer Leistungsfähigkeit alle Lastschwankungen des Netzes in kürzester Zeit auf. Infolgedessen muß hierbei auch der Zufluß des Sperrdampfes zu den Turbinenaußenstopfbuchsen fortwährend nachgeregelt werden. Es ist bei einer solchen Maschine daher zu empfehlen, die Bedienungsmannschaft durch eine selbsttätige Reglung des Stopfbuchsensperrdampfes zu entlasten (vgl. S. 123—126).

Arbeiten Turbinen mit *Leistungsreglern*, so heißt das, daß außer dem Drehzahlregler — Gemeinschaftsbetrieb mit anderen Maschinen vorausgesetzt, eine Leistungsreglung bei allein laufender Turbine ist selten (Holzschleifer) — Strom-, Spannungs- oder Leistungsmesser des Stromerzeugers auf die Turbinenreglung einwirken. Obwohl für diese Regler selbst hier nur auf das einschlägige Schrifttum verwiesen werden kann, sollen hier doch wenigstens zwei Schaltpläne derartiger Leistungsregler wiedergegeben werden (vgl. S. 149 ff.).

Abb. 81 [15] zeigt den Schaltplan eines Leistungsreglers, der unmittelbar auf die Dampfreglung einwirkt. Drehzahlregler und Leistungsregler wirken über eine kinematische Kette auf den gleichen Regelteil des Flüssigkeitsgetriebes der Dampfreglung.

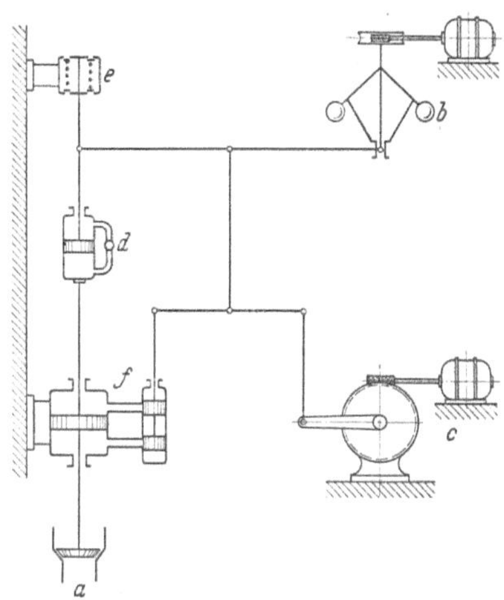

Abb. 81. AEG, Dampfturbinenreglung mit Leistungsregler [15].

a Turbinenreglung; *b* Drehzahlregler mit Verstellmotor; *c* Leistungsregler mit Verstellmotor; *d* einstellbare Ölbremse; *e* Rückführfeder mit Anschlägen; *f* Ölkraftgetriebe der Turbinenreglung.

Im ordnungsgemäßen Betriebe befindet sich der Drehzahlregler während des Anschlusses an das Überlandwerk in seiner tiefsten Lage in Bereitschaftstellung und das Wattmeter regelt den Eigenbedarf des Industriewerkes, nachdem es von der Schaltwarte aus mit Hilfe des Einstellmotors auf die vorgeschriebene Übergabeleistung nach Größe und Richtung eingestellt worden ist. Ist Fremdbezug eingestellt und fällt dieser unversehens aus, so muß vorausgesetzt werden, daß die eigene Kraftversorgung imstande ist, den Fremdbezug zu ersetzen. Das Wattmeter wird dann zwar die Dampfreglung sofort ganz schließen wollen, es wird aber durch ein Relais mit Hilfe des Einstellmotors so umgestellt, daß es die Dampfreglung öffnet. Der Drehzahlregler übernimmt dann die Reglung, jedoch mit einer etwas erhöhten Frequenz, die von der zu übernehmenden Gesamtleistung der Turbine abhängig ist und in gewohnter Weise nachgestellt werden kann. Ist dagegen Abgabe von Strom an das Überlandwerk eingestellt, so wirkt das Wattmeter sofort im richtigen Sinne ohne Zuhilfenahme des Relais. Die geringe Erhöhung der Frequenz, die entsprechend dem Ungleichförmigkeitsgrad des Drehzahlreglers bei plötzlichem Ausbleiben des Fernstromes oder bei plötzlichem Abschalten der Stromabgabe an das Überlandnetz auftritt, muß zugelassen werden, weil sonst kein

---

[15] Nach S. 262 Abb. 4 in: Gesamtbericht Weltkraftkonferenz Teiltagung Skandinavien, Bd. 2. Stockholm: Kungl. Bocktryckeriet P. A. Norstedt u. Söner 1934.

beständiger Betrieb möglich wäre. Eine gleichartige Vorrichtung für eine gestängelose Reglung zeigt Abb. 82[16], bei der ein Leistungsregler durch Öffnen und Schließen eines Ölabflußquerschnittes die Höhe eines Regelöldruckes verändert, der die Dampfventile entgegen einer Federbelastung mehr oder weniger weit offen hält.

Übertragungsmittel für die von Reglern ausgehenden Antriebe sind heute entweder Gestänge oder Drucköl, nachdem früher versuchsweise auch Dampf und Luft verwendet worden waren. Dabei haben — mit Ausnahme von Kleinturbinen — beide erstgenannten Arten gemeinsam, daß die Bewegungen der Ventile durch Drucköl hervorgerufen werden. Meist wirkt dieses Drucköl in Ölkraftgetrieben mit Vorsteuerung (Steuerkolben), in einem Falle, der ursprünglichen BBC-Durchflußölreglung, ohne diese. Auch bei den sogenannten Gestängereglungen sind also Regelölleitungen erforderlich, wenn auch nicht in gleichem Umfang wie bei den gestängelosen Reglungen. Andererseits benutzen mit alleiniger Ausnahme der BBC-Reglung auch die sogenannten gestängelosen Reglungen Hebel zum Bewegen der Steuerschieber sowie zur Rückführung. Die Gelenke der Regelgestänge sind entweder Gabelgelenke oder besser Kugelgelenke, die eine allseitige Bewegung ermöglichen und geringere Reibung verursachen. Beim Errichten einer Dampfturbine muß die größte Sorgfalt darauf gewendet werden, daß die Gelenke der Regelgestänge nicht klemmen und ihre Drehpunkte so eingepaßt sind, daß die Hebelbewegungen nicht windschief erfolgen. Dafür ist genaueste Werkstattarbeit Vorbedingung; so müssen z. B. bei Hebeln mit Gabeln an beiden Enden die Gabelbolzen unbedingt genau in einer Ebene liegen.

Für das Verlegen der Druckölübertragungsleitungen gelten die gleichen Grundsätze wie für Schmierölleitungen.

Zu den Übertragungsmitteln gehören ferner die Ölkraftgetriebe, bestehend aus Steuerschieber und Kraftkolben, außerdem die Nockenwellen, Nocken und Nockenrollen, soweit sie verwendet werden, schließlich Ölbremsen, z. B. bei Isodromreglungen. Reichen bei der üblichen Übertragungsart die Kräfte des Reglers für das Öffnen und Schließen der Ventile nicht aus, so sieht man zweckmäßigerweise noch einen Kraftverstärker vor.

Kraftgetriebe können für Axialbewegung oder für Drehbewegung, Abb. 83, ausgebildet sein. Diese werden zum Drehen von Nockenwellen (AEG), jene zum Heben einzelner Ventile (BBC) verwendet. Zu beachten ist, daß die Ölkraftgetriebe sich auch im Betriebe, also unter Öldruck entlüften lassen sollen, um Pendlungen der Reglung zu vermeiden. So wird z. B. bei dem Drehkraftgetriebe eine Entlüftungsschraube mit eingefrästem oder angefeiltem Schlitz vorgesehen, so daß man die Schraube unter Öldruck etwas lösen kann und dadurch die Luft an der höchsten Stelle entweicht.

Die Öffnen- und Schließkräfte können, wie bereits angedeutet, entweder unmittelbar oder durch Vermittlung von Nockenwellen, Jochquerträgern od. dgl. von den Kraftgetrieben auf die Ventilspindeln übertragen werden. Oft wird die Schließbewegung einer Federkraft überlassen. Vereinzelt wird wohl die Ansicht vertreten, daß zwangläufiger Schluß der Regelventile einen Vorzug gegenüber einem Schlusse durch Federkräfte bedeute. Nach den umfangreichen Betriebserfahrungen kann demgegenüber aber festgestellt werden, daß bei den vollkommen durchentwickelten und erprobten Reg-

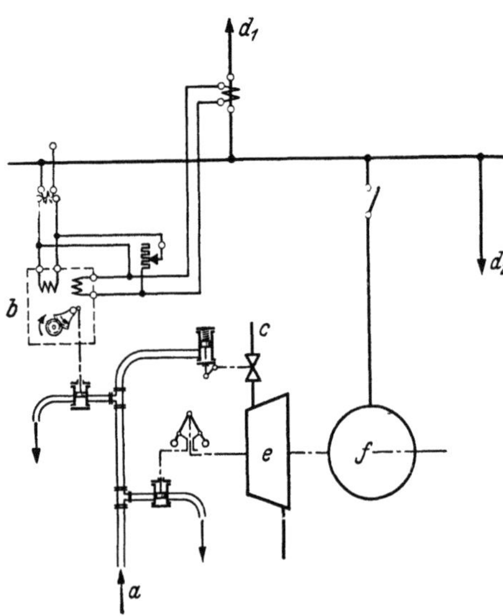

Abb. 82. BBC, Dampfturbinenreglung mit Leistungsregler[16].

a Regelölzufluß; *b* Leistungsregler; *c* Frischdampfzufluß; d_1, d_2 Anschluß zweier elektrischer Netze; *e* Turbine; *f* Stromerzeuger.

[16] Nach BBC-Nachr. Bd. 16 (1929) S. 177 Abb. 17.

lungen beider Bauarten gleiche Sicherheit besteht. Auch zwangläufig schließende
Ventile sind vor dem Hängenbleiben nicht vollkommen gefeit; andererseits wird entsprechende Wartung ein Hängenbleiben federbelasteter Ventile stets verhindern. Wichtig
ist allerdings, daß Federn, Nockenrollen, Wälzhebel usw. möglichst nicht im Dampfraum angeordnet sind, daß sie also weder den hohen Temperaturen (Ermüdung!) noch
der Rostgefahr des Dampfraumes ausgesetzt sind. Wo trotzdem eine solche Bauart
beibehalten ist, muß sie so ausgeführt sein, daß der Betriebsmann mit wenigen Handgriffen (Lösen eines Verschlußdeckels od. dgl.) sich Zugang zum Dampfraum verschaffen
kann. Zieht man in Betracht, daß bei großen Turbinen schon für die Abkühlung der
Einströmteile unter Umständen Stunden vergehen, bis man an das Lösen von Flanschen

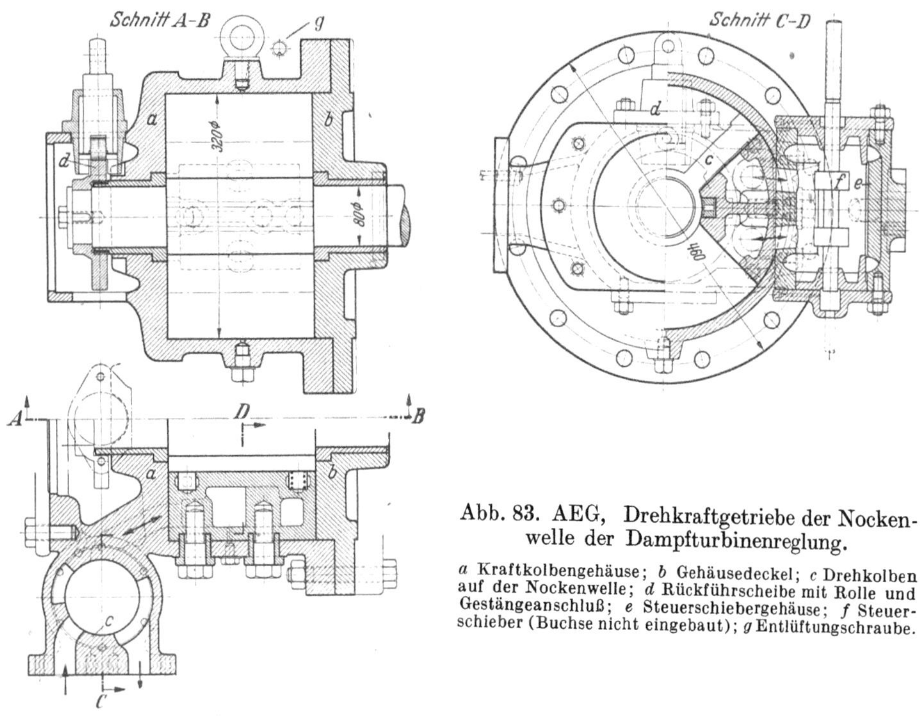

Abb. 83. AEG, Drehkraftgetriebe der Nockenwelle der Dampfturbinenreglung.

a Kraftkolbengehäuse; *b* Gehäusedeckel; *c* Drehkolben
auf der Nockenwelle; *d* Rückführscheibe mit Rolle und
Gestängeanschluß; *e* Steuerschiebergehäuse; *f* Steuerschieber (Buchse nicht eingebaut); *g* Entlüftungschraube.

denken kann, so ergibt sich als notwendige Folgerung, daß solche Reglungen, wenn
überhaupt, nur bei Kleinturbinen oder mäßiger Frischdampftemperatur angewendet
werden sollten.

Die für die Reglung verwendeten Federn müssen die vorgeschriebenen Eigenschaften
stets genauestens einhalten. Sie sind sorgfältigst zu eichen und dürfen unter keinen
Umständen Kräfte ausüben, die nicht in ihrer Achsenrichtung wirken. Abweichungen
müssen durch sorgfältiges Schleifen der am Federteller anliegenden Endwindung beseitigt werden (Gefahr des Ausglühens beim Schleifen!).

Als *Regelventile* finden sowohl Einsitz- wie Doppelsitzventile Verwendung. Auf
entlastete Doppelsitzventile ist man übergegangen, damit die Ventilaufbauten leichter,
die Kraftgetriebe kleiner und leichter und damit gleichzeitig die Leistung der Ölpumpen
und ihre Antriebsverluste geringer werden. Dabei mußten Vorurteile und zweifellos
früher vorhandene Schwierigkeiten überwunden werden; denn Doppelsitzventile standen
und stehen zum Teil noch heute — wenn auch zu Unrecht — in dem Ruf, daß sie nicht
vollkommen dampfdicht abschließen. Werden Kegel und Korb so ausgebildet, daß
sie durch die auf sie wirkenden Kräfte nicht verformt werden können, und bestehen
sie außerdem aus dem gleichen Baustoff, am besten aus geschmiedetem, hochwertigem
Stahl, so können schädliche Unterschiede in der Wärmeausdehnung überhaupt nicht

auftreten. Ist außerdem die Form des Sitzes derartig, daß sie den wahrscheinlichen Dehnungsverhältnissen von vornherein Rechnung trägt — jedes Herstellerwerk ist in dieser Beziehung erfahrungsmäßig zu gewissen eigenen Formen gelangt —, so kann heute das Dichthalten eines derartigen Doppelsitzventiles nicht mehr angezweifelt werden.

Da die Regelventile, gleichgültig, ob es sich um Drosselreglung oder Düsengruppenreglung handelt, bei kleiner Öffnung einer starken auswaschenden Wirkung des im Dampf enthaltenen Wassers an ihren Sitzen ausgesetzt sind, so ist der Ausbildung der Sitze besondere Aufmerksamkeit zuzuwenden. Für Heißdampf sind bei Dampfmaschinen und bei ähnlichen Zwecken die Sitze der Ventilkörper und die Gegensitze im Ventilkorb im allgemeinen eingestemmte Ringe aus besonders verschleißfestem Baustoff. Es kann dabei nicht unbedingt vermieden werden, daß nach stärkeren Auswaschungen schließlich Teile dieser eingestemmten Ringe ausbrechen und unter Umständen in die Turbine gelangen. Hier stellt die Ausführung der AEG[17] eine beachtliche Verbesserung dar; danach wird verschleißfester Stahl gleicher Wärmeausdehnungzahl wie der Grundstoff in tropfbar flüssiger Form an den Sitzkanten des Ventilkörpers und des Korbes aufgeschweißt. Die Schutzkanten bilden sonach mit ihren Grundkörpern ein unteilbares Ganzes, das wohl nach Maßgabe der Widerstandsfähigkeit des aufgeschweißten Stahles auch verschleißen kann, aus dem aber einzelne Stücke, die die Beschauflung der Turbine beschädigen könnten, nicht herausbrechen können. Selbstverständlich sind für diese Ausführung besondere Herstellungserfahrungen erforderlich. Das Verfahren läßt sich nicht nur für Doppelsitz-, sondern ebensogut für Tellerventile verwenden; es wird vom genannten Werk z. B. auch für die Tellerventilkörper der Schnellschlußventile verwendet.

Die Regelventile sind mit ihren Ventilspindeln entweder fest oder mittels Gelenke verbunden. Stets muß beachtet werden, daß der Ventilkörper zu Beginn des Betriebes sich schneller erwärmt als die Spindel; er muß also genügendes Spiel zum Ausdehnen haben.

An der Durchführungstelle der Spindel durch die Wand des Dampfraumes (Einströmkastens, Ventilkastens) sind als Dichtungen Buchsen oder Packungen verschiedener Art im Gebrauch. Im ersten Falle werden Buchsen aus Nitrierstahl vorgesehen, an deren äußeren Ende nur eine kurze Weichpackung (weiches Kupfer oder Asbest) angeordnet wird. Für den zweiten Fall haben sich einzelne mit Graphitmasse gefüllte Kupferringe quadratischen Querschnittes gut bewährt. Außerdem sind meist die Durchführungstellen mit Zwischenkammern versehen, aus denen ein Teil des Schleichdampfes abgesaugt wird.

Die Reglungen neuer Turbinen werden allgemein in der Werkstatt des Turbinenwerkes zusammengebaut und eingestellt, ihre Ventile eingeschliffen, deren Spindeln verpackt, die Federn eingepaßt, die Gestänge und Ölleitungen verlegt und angeschlossen, so daß sich im allgemeinen Nacharbeiten hieran an Ort und Stelle nicht mehr ergeben. Sind einzelne Berichtigungen erforderlich, so sind sie wie Wiederherstellungen im Betriebe zu handhaben.

12. Die Schiffsturbine.

Die Dampfturbine als Antriebsmaschine von Schiffen kann drei Bauformen haben: die mit der Schraubenwelle unmittelbar gekuppelte, langsam laufende Turbine, die Getriebeturbine, deren Getriebe zwischen der hohen Turbinendrehzahl und der niedrigen der Schiffschraube oder -schaufelräder vermittelt, und schließlich der Turbostromerzeuger für turbo-elektrischen Schiffsantrieb. Jede dieser drei Formen kann alle auch im ortfesten Turbinenbau üblichen Bauarbeiten aufweisen und kann ein- oder mehrgehäusig sein. Die unmittelbar auf die Schiffswelle arbeitende Turbine hat heute allen-

---

[17] DRP. 330707.

falls noch geschichtlichen Wert, sie wurde abgelöst durch die Getriebeturbine, die ihr sowohl im Gewicht und Raumbedarf als auch im Dampfverbrauch erheblich überlegen ist. Neben die Getriebeturbine tritt in neuerer Zeit mehr und mehr der Turbostromerzeuger als Kraftquelle für den an sich schon vor fast 40 Jahren vorgeschlagenen und auch in zahlreichen Ausführungen verschiedenster Größe bereits erprobten turboelektrischen Schiffsantrieb. Die Mehrzahl aller Schiffsturbinen sind zur Zeit jedoch noch Getriebeturbinen. Diese Bauform wird daher hier vorzugsweise behandelt.

Die Schiffs*getriebeturbine* muß entsprechend dem doppelten Drehsinn der Schiffschraube oder der Schaufelräder gleichfalls für beide Drehrichtungen eingerichtet sein. Beim Steuern des Schiffes muß der Übergang von Vorwärts- auf Rückwärtsfahrt häufig und rasch vor sich gehen. Ein jedesmaliges Aus- oder Einkuppeln ganzer Turbinen oder Turbinenteile ist nicht angängig, da insbesondere bei größeren Leistungen, wie sie zum Schiffsantrieb häufig vorkommen, das Aus- oder Einrücken von Kupplungen zu lange Zeit erfordern würde. Es ist daher üblich, jeder Turbine einen besonderen Rückwärtsteil einzufügen, so daß beim Übergang von Vorwärts- auf Rückwärtsfahrt lediglich der Frischdampf von der Vw-Einströmung auf die Rw-Einströmung umzuleiten ist. Rw-Turbinen leisten bei gleichem Gesamtdampfverbrauch infolge ihres einfacheren Aufbaues und daher niedrigeren Wirkungsgrades je nach der Art des Schiffes 25 bis 70 % der Vw-Leistung. Der Läufer einer Schiffsturbine einfachen Aufbaues (nur ein Gehäuse) erhält neben den Vw-Stufen noch eine oder mehrere Rw-Stufen. Vw- und Rw-Turbine sind an einen gemeinsamen Kondensator angeschlossen. Mehrgehäusige Turbinen haben mitunter nur in einer oder nur in einigen ihrer Teilturbinen Rw-Teile; sind mehrere Rw-Teile vorgesehen, so können sie je nach der Gesamtanordnung der Anlage nebeneinander oder hintereinander geschaltet sein, Abb. 84[18].

Handelsdampfer niedriger Fahrtgeschwindigkeit erhalten in der Regel zweistufige, Schiffe für höhere Geschwindigkeit einstufige Getriebe. Dem großen Geschwindigkeitsbereich von Kriegschiffen entsprechend werden für diese noch besondere Marschturbinen, die dann gleichfalls als Getriebeturbinen ausgebildet sind, oder in einer oder mehreren Teilturbinen besondere Stufen vorgesehen, die bei Marschfahrt zugeschaltet werden, Abb. 85[19].

Die beschränkteren Raumverhältnisse auf Schiffen stellen an die Formgebung, die Errichtung und den Betrieb von Schiffsturbinen Sonderanforderungen. Da meist keine fahrbaren, fest eingebauten Kräne und auch nur eine beschränkte Maschinenraumhöhe vorhanden sind, so ist die Schiffsturbine mehr auf Anhebe- und Ausbauvorrichtungen angewiesen als ortfeste Turbinen (vgl. Abb. 52). Ein- und Ausbaumöglichkeit setzen zudem für die Abmessungen der einzelnen Teile Grenzen. Das bedingt vor allem bei Kriegschiffen mit ihren hohen Maschinenleistungen bei knappsten Raum- und Gewichtsverhältnissen Sonderausführungen, wie Verwendung von Stahlguß oder Schweißkonstruktion statt Gußeisen auch für nicht dampfberührte Bauteile (Lagerböcke, Getriebegehäuse), unmittelbare Befestigung der Turbinen im Schiffskörper, also ohne Grund- und Sohlplatten u. dgl.

Das Errichten im Schiff geht im übrigen nach den gleichen Grundsätzen vor sich wie bei ortfesten Getriebeturbinen. Ausrichten der Gehäuse, der Wellen, der Lager und der Zahnräder bringt grundsätzlich keine Abweichungen. Um den engen Maschinenraum von Leckdampf und Schwitzwasser möglichst frei zu halten, werden auf Schiffen oft an Stelle der oder neben den Labyrinthwellenstopfbuchsen als äußerer Abschluß Wasserstopfbuchsen verwendet.

Da Zusammenbau und Auseinandernehmen der Turbinengehäuse auf Schiffen zeitraubend und auch schwierig ist, werden häufig Stopfbuchsen vorgezogen, die man ausbauen kann, ohne den Turbinengehäuseoberteil abheben zu müssen.

---

[18] Nach Werft Reed. Hafen Bd. 8 (1927) S. 480 Abb. 56.
[19] Nach Engineering Bd. 121 (1926) Tafel 55.

Schiffsturbinen müssen, da voller Ersatz nie vorhanden ist, jederzeit betriebsbereit
sein und auch nach beliebig langen Stillständen, etwa zum Verholen im Hafen oder beim
Steuern, sofort wieder hochgefahren werden können. Dazu sind Drehvorrichtungen
zweckmäßig. Diese werden entweder in irgendeiner Form an das Getriebe angebaut
oder mit dem Schiffshauptdrucklager vereinigt.

Schiffsturbinen werden in der Regel von Hand gesteuert. Selbsttätig wirken nur
die Schnellschlußregler, die an jeder Teilturbine vorzusehen sind. Der Frischdampf
gelangt von den Kesseln zunächst zum Schnellschlußventil und hierauf entweder durch
das Vw-Steuerventil in die Vw-Turbine oder durch das Rw-Ventil in die Rw-Turbine.

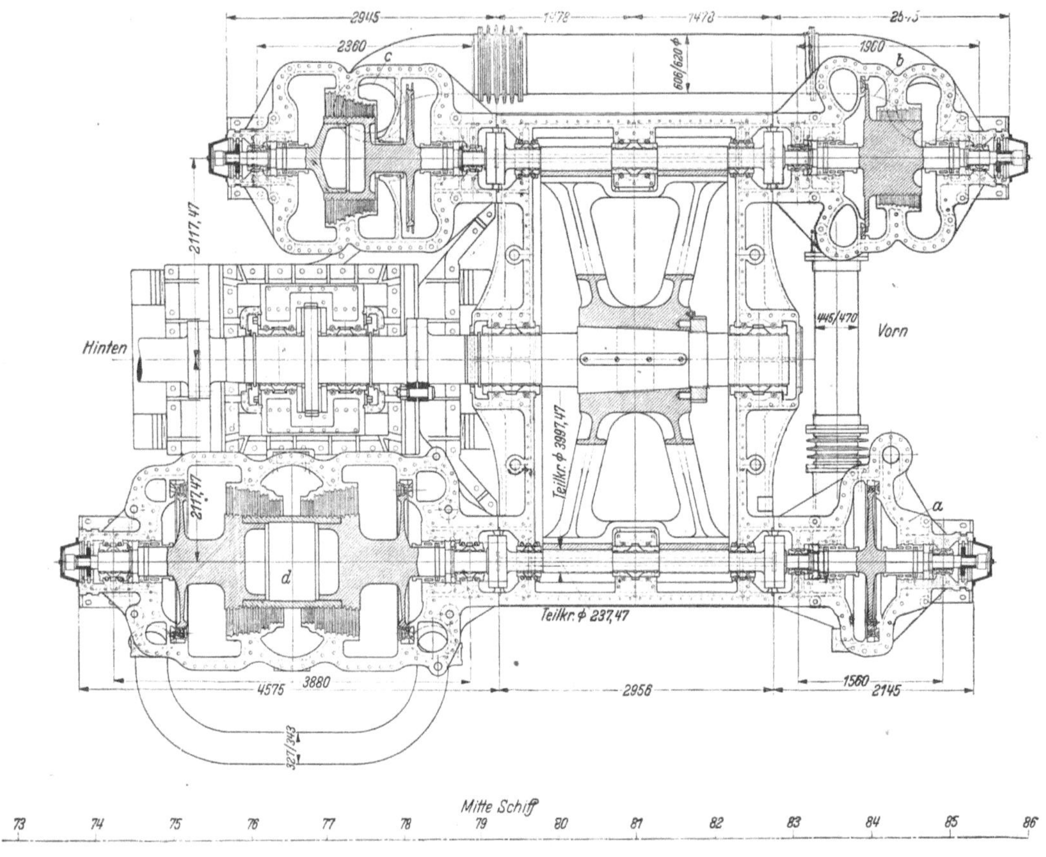

Abb. 84. *Blohm* und *Voss*, viergehäusige Schiffsgetriebeturbine für den Fahrgastdampfer „Cap Arcona".
Turbinenleistung 12000 WPS, 2150/125 U/min[18].

a HD-Turbine; *b* MD-Turbine II mit einem zweistufigen Geschwindigkeitsrad als HD-Rw-Stufe; *d* ND-Turbine mit zwei
zweistufigen, nebeneinander geschalteten Geschwindigkeitsrädern als ND-Rw-Stufe.

Diese Ventile sind zweckmäßigerweise so miteinander zu verriegeln, daß jeweils nur
eines von ihnen geöffnet werden kann. Um zuverlässig zu erreichen, daß vor dem Öffnen
des Schnellschlußventiles, dessen Feder stets gespannt und somit das Schnellschlußgestänge eingeklinkt ist, kann man das Ventil so einrichten, daß z. B. beim Drehen
seines Handrades in *einem* Drehsinn zuerst die Feder gespannt und das Gestänge eingeklinkt und dann erst das Ventil durch Drehen des Handrades im entgegengesetzten
Sinne geöffnet wird. Schiffsturbinen für wechselnde Drehrichtung sind mit Drehsinn-
anzeigern auszurüsten.

Getriebeturbinen sind auch die Abdampfturbinen, die nach BAUER-WACH oder
nach BBC hinter Kolbenmaschinen zur Erhöhung der Leistung eingebaut werden.
Dem Sonderzweck entsprechend sind hierfür besondere Bauformen und Schaltungen
der Getriebe erforderlich.

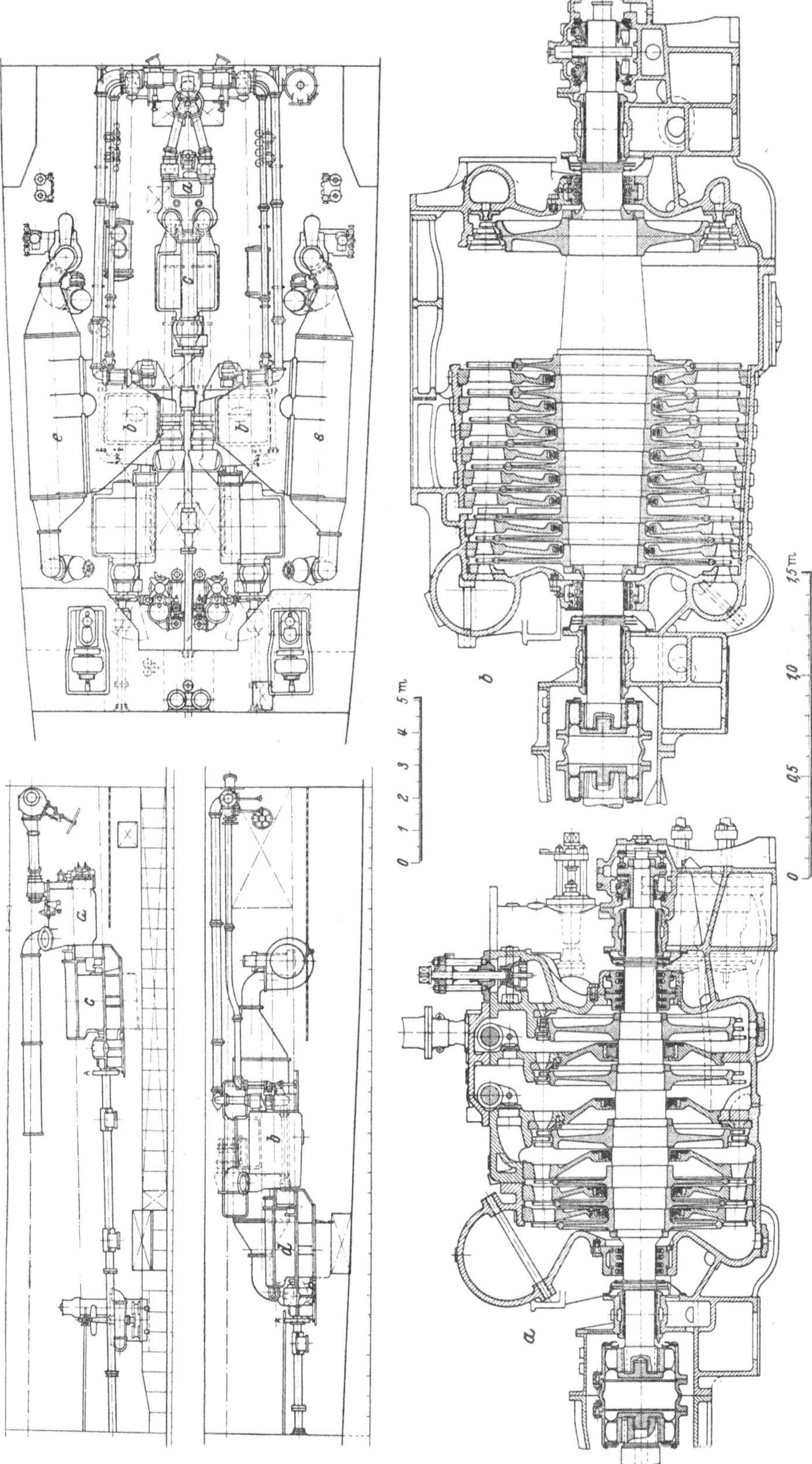

Abb. 85. *J. I. Thornycroft and Co., Ltd.*, Southampton, und *J. Brown and Co.*, Clydebank, dreigehäusige Getriebeturbine für ein Dreiwellen-Torpedoboot. Turbinenleistung 22000 PS bei 2500/474 U/min.[19]

a HD-Turbine mit zwei vorgeschalteten Marschfahrtstufen; *b* ND-Turbine mit Rw-Teil; *c* Getriebe der HD-Turbine; *d* Getriebe der ND-Turbinen; *e* Kondensator.

Der *turbo-elektrische* Schiffsantrieb verlegt die Umsteuerung von Vw- auf Rw-Fahrt in die elektrische Schaltanlage. Mit wechselnder Drehrichtung arbeiten allein die Motoren an den Schraubenwellen, während die Turbinen und die Stromerzeuger nur einen einzigen Drehsinn haben und somit im Aufbau denen ortfester Anlagen sehr ähnlich sind. Turbinen für elektrischen Schiffsantrieb unterscheiden sich von ortfesten eigentlich nur dadurch, daß sie mit den Motoren zusammen hochgefahren und gesteuert werden müssen, also mit verschiedenen Drehzahlen laufen. Eine Schiffs-Turbostromerzeugeranlage mit den verschiedensten Schaltungsarten stellt ein Kraftwerk dar, das wesentlich größeren Ausfallersatz bietet als eine mit seinen Schiffswellen unmittelbar verbundene Getriebeturbine, da von jedem Stromerzeuger alle Schiffschrauben, wenn auch mit verminderter Leistung, angetrieben werden können. Hierin liegt zugleich der besondere Vorteil einer solchen Anlage für Kriegschiffe, da sich hierdurch in einfachster Weise hohe Wirtschaftlichkeit und damit größerer Fahrbereich bei Marschfahrt ergibt. Weitere Vorteile dieser Antriebsart sind:

freiere Wahl in der Raumausnutzung,
günstigere Wahl der Schraubendrehzahl,
geringere Länge der Schraubenwellen, damit Ersparnis an Wellentunnel,
volle Maschinenleistung für Rw-Fahrt, damit raschere Umsteuerung,
Geräuschlosigkeit und
Ersparnis an Bedienungsmannschaft.

Naturgemäß ist die ganze Frage des turbo-elektrischen Schiffsantriebes auf das allerengste verknüpft mit den Arten und Schaltungen der elektrischen Stromerzeugermotoranlage. Darauf einzugehen, ginge über den Rahmen dieses Buches hinaus. Es muß daher auf das Schrifttum dieses Sondergebietes verwiesen werden.

13. Die Radialturbine.

Neben den zahlreichen Axialturbinen verschiedener Bauart wurden seit den Versuchen von PARSONS in den 90er Jahren des vorigen Jahrhundertes mit Radialturbinen, zu denen ihn die zeitweilige Sperrung seiner Axialturbinenschutzrechte zwang, nur in geringem Umfang Radialturbinen gebaut. Zu einer gewissen Bedeutung gelangte vorübergehend die gegenläufige LJUNGSTRÖM-Turbine. Rein radiale Bauart für Kondensationsbetrieb kann jedoch selbst bei Gegenläufigkeit nur bis etwa 3000 bis 4000 kW Leistung ausgeführt werden, darüber ist die Anfügung eines meist doppelflutigen, nichtgegenläufigen Axialteiles erforderlich, Abb. 86. Bei einläufigen Radialturbinen ergeben sich in dieser Hinsicht noch ungünstigere Verhältnisse. Allgemein kann infolge der baulichen Beschränkung in radialem Sinne (Beanspruchungen!) auf Scheiben geringen Durchmessers nur eine mäßige Zahl von Stufen untergebracht werden. Dadurch ergibt sich entweder ein nur geringer Anwendungsbereich (sehr geringe Wärmegefälle) oder, wenn man diesen Nachteil durch weitgehende Verschmälerung der Schaufelbreiten umgehen wollte, eine hinsichtlich Lebensdauer und Betriebsicherheit wenig befriedigende Lösung, Abb. 87. Die *Elektra*-Turbine, die meist einstufig mit mehrfacher Dampfstromumkehrung ausgeführt worden ist, beschränkte sich auf kleinste Leistungen (Hilfsmaschinenantrieb). Die EYERMANN-Turbine scheiterte unter anderem an der Frage der zuverlässigen Aufnahme des Axialschubes der einseitig beschaufelten Laufscheibe.

Alle bisher gebauten mehrstufigen Radialturbinen, gegenläufige wie einläufige, arbeiten nach dem Überdruckverfahren. Sie müssen daher mit sehr kleinen Beschaufelungspielen ausgestattet sein, die z. B. bei einer gegenläufigen Kondensationsturbine mittlerer Leistung im Radialteil nur etwa 0,15 bis 0,4 mm betragen. Noch wesentlich kleinere Spiele erfordern die Stopfbuchsen und Ausgleichscheiben, und das im Falle der Ausgleichscheiben außerdem auf zum Teil sehr viel größeren Durchmessern als bei den Stopfbuchsen der Axialturbinen.

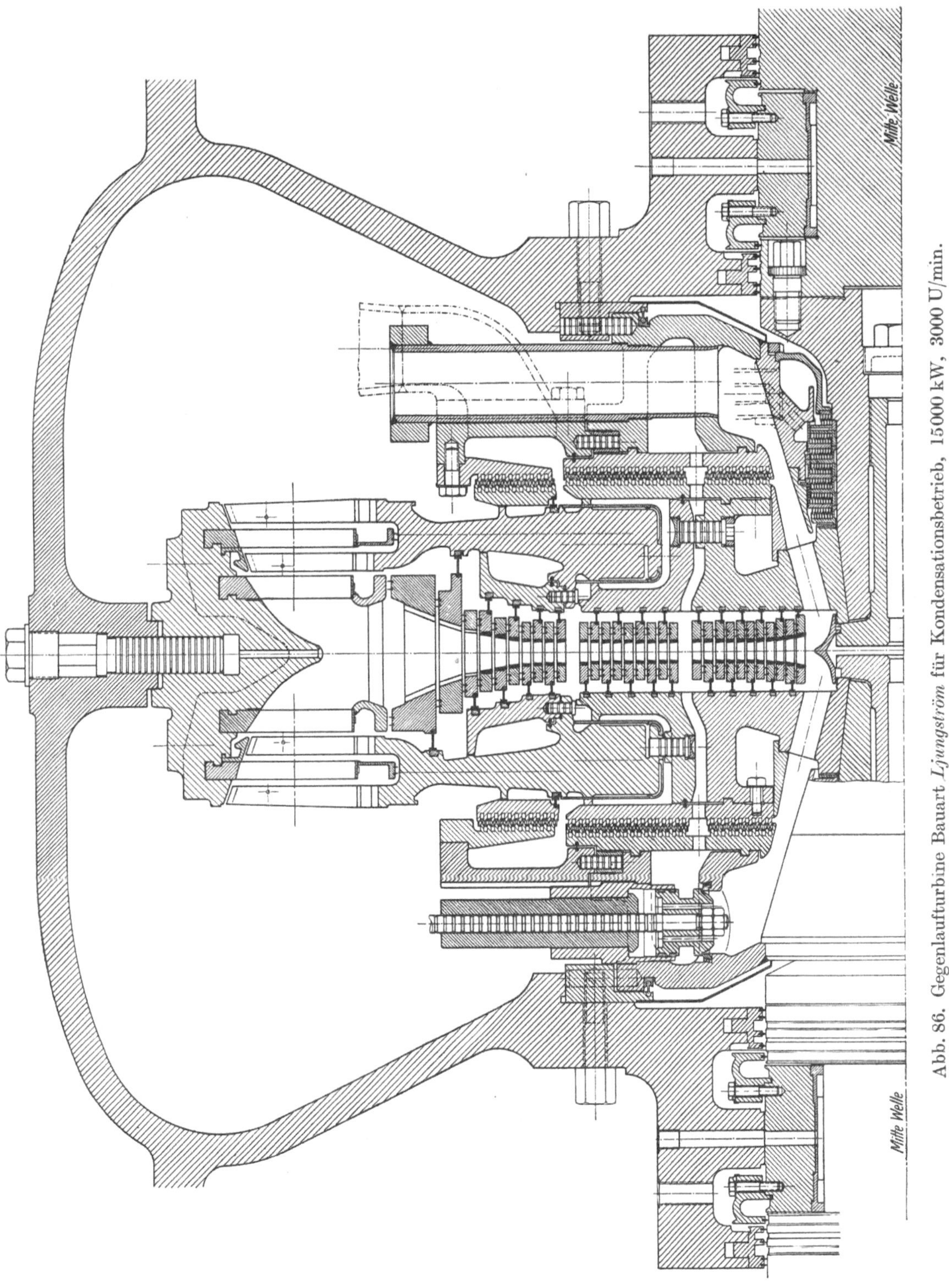

Abb. 86. Gegenlaufturbine Bauart *Ljungström* für Kondensationsbetrieb, 15000 kW, 3000 U/min.

Im Zusammenbau und in der Errichtung haben alle Radialturbinen im Unterschied zu den Axialmaschinen das eine gemeinsam, daß ihre Läufer nicht einzeln lotrecht in ihre Lager gelegt werden und damit ihre Lage zu ihrem Gegenläufer (LJUNGSTRÖM) oder zu ihren feststehenden Leitschaufeln (EYERMANN, SSW) im Betriebzustand

weder gemessen noch überprüft werden kann. Bei der LJUNGSTRÖM-Turbine ist das
ganze Laufwerk in betriebsmäßigem Zustand, d. h. mit axial ineinandergreifenden
Schaufelreihen, in das offene Gehäuse einzubringen, und danach sind die Flanschen
der Stromerzeugerwellen mit den freiliegend angeordneten Wellenstümpfen des Lauf-
werkes zu verbinden. Bei der einrädrigen, einläufigen Radialturbine kann zwar der
Turbinenläufer in sein Lager eingelegt werden, aber danach erst kann der ganze Leit-
schaufelteil, und zwar axial, eingeschoben werden. Aus mehreren Scheiben bestehende
einläufige Radialturbinen haben den weiteren Nachteil, daß bei ihrem Errichten und
Überholen ein Ein- und Abbau des äußeren Lagers, der Regeleinrichtungen, der feststehenden Einbauten, ja sogar ein vollkommenes Zerlegen des Turbinenläufers erforderlich ist, oder, anders ausgedrückt, daß die Turbine nur so zusammengebaut oder zerlegt

Arbeitsverfahren	Gleichdruck		Überdruck	
Strömung	axial		radial	
Bauart	nicht gegenläufig		gegenläufig	nicht gegenläufig
Breite mm	20	14	10	6
Fläche mm²	84,0	27,6	37,0	10,0
Flächenverhältnis	8,4	2,76	3,7	1,0
Widerstandsmoment mm³	68,5	9,0	11,3	2,0
Verhältnis der Widerstandsmomente	34,25	4,5	5,65	1,0

Abb. 87. Schaufeln einer Dampfturbine mittlerer Leistung in verschiedenen Bauarten.

werden kann, daß ihr Läufer Stück für Stück abwechselnd mit den Gehäuseteilen axial
zusammengesetzt oder auseinandergenommen wird, und daß ihre gegenseitige Einstellung nicht unmittelbar überprüft werden kann.

Turbinen mit radialer Dampfströmung von innen nach außen erhalten im allgemeinen Drosselreglung, d. h. sie erfordern bei kleinem Gesamtgefälle (Gegendruckturbinen) höhere Teillastzuschläge. Erst in letzter Zeit wurden auch für solche Turbinen
Bauformen mit Teilbeaufschlagung vorgeschlagen.

Die LJUNGSTRÖM-Turbine ist durch ihren Abdampfstutzen unmittelbar auf dem
Kondensator gelagert. Dessen Mantel muß daher eine wesentlich größere Wandstärke
erhalten. Besondere Fundamentaufbauten sind bei diesem Aufbau wohl nicht erforderlich, die Sohlplatte aber muß in gleicher Weise für die Aufnahme des ganzen Gewichtes
der gesamten Anlage ausgebildet sein wie bei Axialturbinen. Da für gegenläufige Turbinen zwei Stromerzeuger (je von halber Leistung) erforderlich sind, so ist der Bau-
aufwand für eine solche Maschinenanlage, also das Gewicht der Turbine, der Stromerzeuger, der Erreger und des Kondensators, trotz des geringeren Turbinengewichtes
wesentlich größer als bei Axialturbinenanlagen.

II. Der Betrieb.

14. Die allgemeinen Betriebsbedingungen.

Beginn des Betriebes einer Dampfturbinenanlage ist in technischer Hinsicht das erste Anfahren der Turbine im Kraftwerk. Zwischen dem ersten Anfahren und dem Beginn der regelmäßigen Stromlieferung oder sonstigen Lastabgabe liegt eine Vorbereitungzeit, die unter anderem zum Trocknen des Stromerzeugers erforderlich ist. Bis nach Beendigung des folgenden sogenannten Probebetriebes steht die Turbine meist noch unter der Verantwortung des Herstellers. Nach anstandslosem Ablauf des Probebetriebes, wenn die Verantwortung für den Betrieb der Turbine also schon auf das Kraftwerk übergegangen ist, bleibt indessen noch eine Reihe vertraglicher Bindungen zwischen dem Besteller und dem Turbinenwerk, so vor allem die Gewährleistungzeit in mechanischer Hinsicht und die Verpflichtung zum Nachweis der vertraglich gewährleisteten Dampfverbrauchswerte.

Diese Zwischenzeit bis zur endgültigen Übereignung der Turbinenanlage an den Besteller muß auch von der vertraglichen Seite aus betrachtet werden, bevor auf die technischen Einzelheiten des Turbinenbetriebes eingegangen wird; denn der Probebetrieb, die Gewährleistungzeit, der Abnahmeversuch spielen für Besteller und Lieferer eine so wichtige Rolle, daß es nicht angängig ist, sie als rein technische Vorgänge zu behandeln.

Im allgemeinen gilt die *Inbetriebsetzung* von Kondensationsturbinenanlagen als ordnungsmäßig erfolgt, wenn die Turbine einschließlich Stromerzeuger und Kondensationsanlage auf Nennleistung (vgl. S. 172) oder auf eine vom Werk gerade geforderte niedrigere Last gebracht ist, von da an 24 h lang ohne Unterbrechung allein oder mit anderen Turbinen zusammen Strom ins Netz geliefert und hierbei keine größeren Mängel gezeigt hat, die den Weiterbetrieb verhindern. Die Inbetriebsetzung gilt auch dann als erfolgt, wenn die gelieferte Maschinenanlage ohne Verschulden des Herstellers nicht volle 24 h lang unter Last laufen konnte.

Die vereinbarte Lieferfrist läuft in der Regel bis zu dieser Inbetriebsetzung. Die Lieferfrist gilt vorbehaltlich unvorhergesehener Hindernisse — gleichviel, ob sie im Turbinenwerk selbst oder bei dessen Unterlieferern oder auf der Baustelle eintreten; als unvorhergesehene Hindernisse gelten Fälle höherer Gewalt, Mobilmachung, Krieg, Aufruhr, Ausschußwerden eines wichtigen Arbeitstückes oder andere unverschuldete Verzögerungen in der Fertigstellung oder bei der Beförderung wesentlicher Teile. Die Lieferzeit wird im Falle solcher Hindernisse um die Dauer derselben verlängert.

Nach der Inbetriebsetzung führt das Turbinenwerk auf eigene Verantwortung einen *Probebetrieb* auf die Dauer von üblicherweise 1 bis 2 Wochen durch. Es steht der Betriebsleitung frei, die tägliche Betriebzeit der Turbinensätze während dieser Zeit zu bestimmen, insbesondere die Maschinen zu beliebigen Zeitpunkten unter Beachtung der Betriebsvorschriften stillzusetzen und wieder anzufahren. Die Verantwortung des Turbinenwerkes während des Probebetriebes erstreckt sich nur auf den Umfang seiner Lieferung und gilt unter der Voraussetzung geeigneter Betriebsmittel. Schäden, die an der Turbinenanlage nachweislich durch Fehler des Betriebes auftreten, fallen nicht unter die Gewährleistung des Herstellers.

Der Probebetrieb soll den Nachweis der Betriebstüchtigkeit der Turbinenanlage erbringen. Er sollte daher möglichst bei voller Belastung und unter den Bedingungen, wie sie der Gewährleistung zugrunde liegen, durchgeführt werden. Wird demgegenüber beispielsweise nur mit wesentlich niedrigerer Frischdampftemperatur gefahren und erst später auf höhere Temperatur übergegangen, so wird es nicht vollkommen ausgeschlossen sein, daß vielleicht einmal eine Ventilspindel klemmt. Dafür kann der Hersteller nicht verantwortlich gemacht werden. Während der für den Probebetrieb festgesetzten Zeit dürfen keine größeren Störungen auftreten. Kleinere Instandsetzungsarbeiten und Nachprüfungen aber dürfen auch während des Probebetriebes vorgenommen werden. Wenn der Probebetrieb zwei- oder mehrmals ohne Verschulden des Herstellers unterbrochen werden muß und anzunehmen ist, daß bei nicht unterbrochenem Betriebe die Betriebstüchtigkeit der Turbine im Sinne dieser Bedingungen erwiesen wäre, so gilt der Probebetrieb im allgemeinen als erledigt. Nach erledigtem Probebetrieb ist insbesondere bei vielstufigen Turbinen eine eingehende Überprüfung der Anlage unerläßlich. Sie erfüllt aber natürlich nur dann ihren Zweck, wenn bereits mit vollem Dampfdruck, voller Dampftemperatur und möglichst hoher Last gefahren worden ist.

Mit Beendigung des Probebetriebes und der Überprüfung der Maschine übernimmt der Besteller den Betrieb der Turbinenanlage; der Hersteller hat noch während der Gewährleistungzeit den Nachweis über das Einhalten der eingegangenen Verpflichtungen durch die Abnahmemessung zu erbringen. Zu diesem Nachweis hat das Kraftwerk dem Hersteller innerhalb der vereinbarten Zeit die Möglichkeit zu geben, falls nicht während dieser Zeit eintretende Umstände eine anderweitige Reglung bedingen. Gibt der Besteller dem Hersteller innerhalb der vereinbarten Frist nicht die Möglichkeit des Nachweises, so gilt dieser Nachweis als erbracht und die Lieferung als erfüllt.

Die *Gewährleistungzeit* dauert in der Regel 12 Monate, gerechnet bei Turbostromerzeugern vom ersten Tage des Betriebes auf das Netz. Während der Gewährleistungzeit hat der Hersteller unentgeltlich alle diejenigen Teile auszubessern oder gegen neue auszuwechseln, die nachweisbar wegen mangelhafter Bauart, schlechter oder ungeeigneter Baustoffe oder mangelhafter Ausführung unbrauchbar werden.

Dem Hersteller liegt ferner die Pflicht zur Nachbesserung oder Ersatzlieferung ob, wenn Abnahmeversuche und Dampfverbrauchsmessung Nichteinhaltung der Zusicherungen ergeben haben. Diese Pflicht bezieht sich jedoch nicht auf natürliche Abnutzung, ferner nicht auf Schäden infolge fehlerhafter oder nachlässiger Behandlung, Nichtbeachtung der vom Hersteller herausgegebenen Betriebsvorschriften, übermäßiger Beanspruchung, ungeeigneter Betriebsmittel, mangelhafter Bauarbeiten, ungeeigneten Baugrundes, es sei denn, daß diese Umstände auf ein Verschulden des Turbinenherstellers zurückzuführen sind. Wenn Anhaltspunkte dafür bestehen, daß der Betriebsdampf unrein ist, so hat den Dampfverbrauchsmessungen unbedingt ein Öffnen und Überprüfen des Dampfteiles auf Kosten des Bestellers voranzugehen.

Für eine Überschreitung des zugesicherten Dampfverbrauches wird häufig, sofern sie sich in bestimmten Grenzen bewegt, ein Recht auf Abzug einer in bestimmtem Verhältnis zur Höhe der Überschreitung stehenden Summe vom Verkaufspreis der Turbine vereinbart, zuweilen auch, allerdings seltener, eine Zuschlagzahlung für den Fall einer Dampfverbrauchsunterschreitung.

Die Nichterfüllung der Zusicherungen in bestimmtem Ausmaß räumt im allgemeinen dem Besteller ein *Rücktrittsrecht* ein, dessen Voraussetzungen im einzelnen durch den Kaufvertrag oder ihm zugrunde liegende allgemeine Lieferungsbedingungen festgelegt sind.

Mit der Turbinenanlage wird stets eine *Betriebsvorschrift* übergeben. Sie enthält Anweisungen, deren Beachtung der Hersteller für erforderlich hält, wenn der Betrieb mit der von ihm gelieferten Turbinenanlage störungsfrei verlaufen soll. Die Vorschriften werden vom Hersteller aufgestellt auf Grund der Erfahrungen mit den von ihm gebauten Turbinen. Da jede Bauart in baulicher und auch in betrieblicher Hinsicht ihre Eigenheiten hat, so können das grundsätzliche Verhalten der Turbinenanlage und die diesem entsprechenden Maßnahmen nur vom Hersteller vollkommen beurteilt werden. Das schließt die jedem erfahrenen Betriebsmann bekannte Tatsache nicht aus, daß trotz gleicher Bauart und gleichen Ursprunges Turbinen in gewissem Maße verschieden zu behandeln sind. Diese Verschiedenheit kann aber erst während des Betriebes durch sorgfältiges Beobachten aller Begleitumstände klar erkannt werden. Zuweilen wird sie überhaupt erst gerade durch diese Begleitumstände hervorgerufen und hat keine Ursache in der Turbinenanlage selbst; sie läßt sich oft durch geringfügige Änderungen, z. B. an Rohrleitungen oder am Fundament, beseitigen. Über diese Betriebsvorschriften hinaus werden häufig noch vom Hersteller oder auch von der Betriebsleitung des Kraftwerkes Vorschriften erlassen, die den besonderen örtlichen Verhältnissen (Wasserbeschaffenheit, Verschmutzung usw.) Rechnung tragen. Auch diese ergänzenden Sondervorschriften ersetzen aber keinesfalls die Schulung und Sachkunde der Maschinenwärter, die täglich die Anlage zu behandeln und zu beobachten haben. Es ist oft der Fall, daß in einem Kraftwerk Turbinen verschiedener Bauart und verschiedenen Ursprunges nebeneinander stehen oder Turbinen zwar gleichen Ursprunges, aber aus ganz verschiedenen Herstellungsjahren vorhanden sind. Deren Betriebsvorschriften werden zum Teil stark voneinander abweichen. Maschinenwärter, die ihre Arbeit rein handwerksmäßig verrichten, müssen für jede neu zu erstellende Turbine erneut in den einzelnen Handgriffen usw. unterwiesen werden. Wer seinen Beruf mehr mit fachlicher Selbständigkeit auffaßt, wird Unterschiede im Verhalten verschiedener Turbinenbauarten alsbald in ihren Ursachen erfassen lernen. Diese Schulung muß in allen Fällen — natürlich abgesehen von der allgemeinen Schulung oder Ausbildung zum Maschinenwärter — durch die Ingenieure oder Richtmeister des Werkes, das die Turbine geliefert hat, durchgeführt werden. Zweckmäßig sollte bei dem Errichten der Maschinen im Kraftwerk die für die Wartung der Maschine vorgesehene Bedienungsmannschaft dem Richtmeister zur Hilfeleistung beigegeben werden. Dadurch kann sich diese mit den Einzelheiten der Anlage und ihrer Wirkungsweise am besten vertraut machen. Zumindesten aber sollte die Bedienungsmannschaft bereits beim ersten Anfahren zur Stelle sein und während des anschließenden Probebetriebes alle erforderlichen Handgriffe unter Aufsicht des Richtmeisters beherrschen lernen. Sehr häufig ergänzen die Betriebsleitungen der Dampfturbinenanlagen den Stamm ihrer Maschinenwärter aus den Reihen der Richtmeister des Herstellers, die wohl zunächst nur mit einer oder wenigen Bauarten vertraut sind, aber aus dieser genauen Kenntnis und ihrer umfangreichen Sondererfahrung heraus schon rein gefühlsmäßig alle Vorbedingungen auch zum Umgang mit ihnen zunächst fremden Bauarten mitbringen.

Dampfturbinen erfordern mithin wie alle Großmaschinen eine sachkundige, sorgfältige Pflege und Wartung, und es steht außer Frage, daß der verantwortliche Leiter eines Dampfturbinenbetriebes nicht nur die Betriebsvorschriften kennen, sondern auch einen hinreichenden Einblick in die Wirkungsweise einer Dampfturbine haben und über den Aufbau und die Herstellung ihrer Einzelteile in großen Zügen Bescheid wissen muß. Mit aus diesem Grunde sind im ersten Teil des vorliegenden Buches nicht nur das Errichten einer Dampfturbine, sondern zugleich die wesentlichen baulichen Grundsätze für ihre Einzelteile behandelt. Denn nur durch die Kenntnis der für den Aufbau maßgebenden Gegebenheiten und der dadurch bedingten Bauformen kann der einzelne Bauteil oder die eine oder die andere Maßnahme voll gewürdigt und dann auch vom betrieblichen Standpunkt aus richtig beurteilt werden. Das wird dadurch erleichtert, daß das Turbinenwerk dem Besteller Hauptschnitt der Maschinen, Übersicht- und Rohrleitungzeichnungen, Schaltpläne der Ölversorgung, der Stopfbuchsenleitungen u. dgl. zur Verfügung stellt. Ein Ausliefern sämtlicher Bauzeichnungen ist hierfür aber nicht erforderlich und daher mit Recht abzulehnen.

Das Archiv der größeren, älteren Turbinenwerke stellt durch die große Zahl der in gesunden und kranken Tagen beobachteten Turbinen eine wahre Schatzkammer von Betriebserfahrungen dar, die durch keine Kraftwerksammlung übertroffen werden kann. In neuerer Zeit brachte die Zusammenarbeit der größeren Elektrizitätswerke eine gemeinsame Erfahrungsverwertung (z. B. VDEW in Deutschland, NELA in Amerika), die unter anderem auch Betriebserfahrungen an großen Kraftwerksturbinen und ihre zahlenmäßige Auswertung der Öffentlichkeit zugänglich macht. Aber die kleineren Turbinen und vor allen Dingen die notwendigerweise außerordentlich mannigfaltigen Bauarten der Gegendruck-, Entnahme-, Doppelentnahme-, Entnahmegegendruck- und Mehrdreckturbinen sind dadurch nicht erfaßt und lassen sich auch kaum in gleichem Maße erfassen, da einmal eine umfassende Einrichtung zur Erfassung aller dieser kleinen und mittleren Betriebe nicht gut möglich ist, dann aber auch geeignete Grundlagen für Vergleiche auf diesen so verschiedenen Anwendungsgebieten schwer zu schaffen sind. Demgegenüber sind Elektrizitätswerksturbinen fast stets Kondensationsturbinen und weisen daher ähnliche Betriebsbedingungen auf. Es ist somit für Besteller und Lieferwerk in gleicher Weise von Wert, wenn mit der Abnahme der Turbine und dem Ablauf der Gewährleistungzeit der Faden der Beziehungen nicht abreißt, sondern, auch abgesehen von gelegentlichen Nachlieferungen, Fragen des Betriebes weiterhin miteinander gemeinsam erörtert werden.

Was den Betrieb mit Dampfturbinen selbst betrifft, so sind im folgenden Teil zunächst die Vorschriften und Vorgänge behandelt, die während des üblichen, also störungsfreien Betriebes, beim Anfahren, zur Vornahme von Dampfverbrauchsmessungen, zum Überwachen und Überholen usw., zu beachten sind. Es ist jedoch erforderlich, diesen Einzelbehandlungen noch einige allgemeine Bemerkungen über den Betrieb vorwegzuschicken.

Die Dampfturbine hat trotz ihrer zum Teil höher als bei anderen Maschinen liegenden Beanspruchungen und daher besser ausgenutzten Baustoffe eine im Vergleich zu anderen Maschinen sehr hohe *Lebensdauer*, was zugleich ein Zeugnis für ihre Betriebstüchtigkeit ist. Auch die ältesten Turbinen in Kraftwerken sind in der Regel, wenn sie gut gewartet und gepflegt worden sind, noch heute so betriebstüchtig wie an ihrem ersten Tage. Dabei haben sie einen vergleichsweise außerordentlich geringen Verschleiß, erfordern also auch nur mäßige Ausgaben für Ersatzteile. Unter allen Bauarten, die nicht wieder nach einiger Zeit aus dem Markt zurückgezogen wurden, sondern sich bewährt haben, gibt es Maschinen, die 10, 15, ja 20 Jahre und darüber Dienst getan haben und bei den regelmäßigen Überholungen niemals ungewöhnlich hohen Ersatzteilbedarf hatten. Es sind sogar Fälle darunter, in denen man kaum von einer einwandfreien Wartung oder von besonders guten Betriebsbedingungen sprechen kann. Aber allgemein erhöht die Sorgfalt der Wartung und Instandhaltung die Lebensdauer.

Je gleichmäßiger die Betriebsbedingungen für eine Turbine sind, um so geringer ist die Gefahr irgendwelcher Schäden. In diesem Sinne ist die Turbine, die lange Betriebzeiten ohne Abstellen durchläuft, weniger gefährdet, da sie stets gleichen oder doch sehr ähnlichen Betriebsverhältnissen unterworfen ist und da insbesondere keine größeren Temperaturwechsel in ihr auftreten können. Aber auch bei Turbinen, die häufig angefahren werden, kann ein Schaden im allgemeinen nur dann eintreten, wenn beim Anfahren oder Abstellen nicht mit der nötigen Sorgfalt vorgegangen wird. Man wird Turbinen, die häufig und rasch angefahren werden sollen — unter häufig ist hier etwa täglich einmal, unter rasch weniger als etwa 15 min für mittelgroße Turbinen verstanden —, unter Umständen anders bauen als Turbinen für langen Dauerbetrieb, es sei denn, daß die Bauart selbst einen Unterschied in dieser Beziehung nicht erfordert. Gleichdruck-Räderturbinen mit ohnehin wenigen Stufen und reichlichen Schaufelspielen eignen sich daher besonders zum schnellen Anfahren, während Überdruckturbinen mit ihrer größeren Stufenzahl und ihren kleineren Spielen diesbezüglich weniger günstig sind. Die dauernde Betriebsbereitschaft läßt sich auch durch zusätzliche Vorrichtungen, wie vor allen Dingen Läuferdrehvorrichtungen, erhöhen.

Zuweilen soll eine Turbine später unter anderen *Betriebsbedingungen und -verhältnissen*, als wofür sie gebaut ist, betrieben werden. Es ist nicht ohne weiteres möglich, eine Kondensationsturbine auf Auspuff oder eine Gegendruckturbine auf Kondensation zu fahren. Auspuffbetrieb kann bei Kondensationsturbinenanlagen einer üblichen Bauart nur ganz kurzzeitig, etwa während des Anfahrens, ohne besondere Vorkehrungen zugelassen werden. Erfordert der Betrieb zeitweise längeres Fahren mit Auspuff, so kann bei kleineren Anlagen zwischen Turbine und Kondensator ein Schieber eingebaut werden. Zwischen diesem und der Turbine wird dann eine Leitung zum Auspuffventil angeschlossen. Größere Anlagen können mit Auspuff fahren, wenn aus einer Hilfswasserleitung durch die Kühlrohre des Kondensators stets so viel Wasser geleitet wird, daß im Dampfraum des Kondensators Temperaturen von höchstens 80 bis 90° C auftreten. Die Rohrleitung für das Hilfswasser ist so zu schalten, daß dieses Kühlwasser zunächst durch den Ölkühler und dann durch den Kondensator fließt. Ein Notbehelf für zeitweises Fahren mit Auspuff ist das Füllen des Kondensatordampfraumes mit Wasser, das bis über die obersten Rohrreihen reichen muß. Wenn dafür gesorgt wird, daß dauernd eine geringe Menge des erwärmten Wassers abgeführt und durch Frischwasser ersetzt wird, so wird der Kondensator keinen Schaden erleiden.

Sollen die Dampfverhältnisse vor oder hinter der Turbine nachträglich, etwa bei Neubau von Kesseln, verändert werden, so muß der Hersteller befragt werden, ob die Gehäuse, Zwischendeckel, Schaufeln usw. die veränderten Drücke und Temperaturen noch zulassen. Oft werden dann die Frischdampfdüsen, die für niedrigere Temperaturen noch aus Gußeisen ausgeführt waren, durch solche aus Gußeisen mit Zusätzen, Stahlguß oder aus Stahl und dazu vielleicht auch noch gußeiserne Düsendeckel oder Messingschaufeln durch solche aus anderen Baustoffen ersetzt werden müssen. Es ist dabei ferner zu untersuchen, ob die einzelnen Bauteile unter der sich mit den Dampfverhältnissen zugleich ändernden Gesamtleistung oder der neuen Leistungsverteilung im Inneren der Turbine nicht überbeansprucht werden und daher ersetzt werden müssen.

Bei der Änderung der Betriebsverhältnisse kann auch der Fall eintreten, daß die vorhandene Turbine zwar den neuen mechanischen Ansprüchen noch voll gewachsen wäre, aber trotz eines nach ihrem Baujahr als gut zu beurteilenden Wirkungsgrades den nun höher gespannten Dampf nur mehr unbefriedigend ausnutzen würde. Hier empfiehlt sich der Ersatz der ganzen Turbine, während Stromerzeuger und Kondensationsanlage oft beibehalten werden. Aus dem Kondensator kann dann unter Umständen sogar ein Teil der Kühlfläche entfernt werden, da die niederzuschlagende Dampfmenge trotz gleicher oder sogar noch etwas gesteigerter Leistung infolge des höherwertigen Frischdampfzustandes und des besseren Wirkungsgrades der Ersatzturbine kleiner geworden ist. Zuweilen, wenn die Drehzahl des alten Stromerzeugers zu niedrig ist, wird die Ersatzturbine auch als Getriebeturbine, also mit höherer Drehzahl, ausgeführt.

Eine Änderung der Betriebsart bedeutet es auch, wenn ältere Turbostromerzeuger zeitweilig als Phasenschieber verwendet werden. Es muß dabei, abgesehen von der Möglichkeit des Hochfahrens, die Lagerung und Kupplung mit der Turbine und vor allen Dingen, falls man den Turbinenläufer ankuppelt oder ausbaut, die Ölversorgung der Stromerzeugerlager beachtet werden. Mitunter wird in einem solchen Falle durch das Turbinengehäuse bis zur Hauptölpumpe eine Blindwelle geleitet, wenn nicht Betrieb mit der Turbohilfsölpumpe oder von einer anderen Stelle her möglich ist. Bei neuen Turbinen wird häufig spätere Verwendungsmöglichkeit des Stromerzeugers als Phasenschieber von vornherein vorgeschrieben. Die Kupplung zwischen den Läufern der Turbine und des Stromerzeugers wird dann so ausgebildet, daß der Stromerzeuger abgekuppelt laufen kann, ohne daß das Turbinengehäuse aufgedeckt und der Turbinenläufer herausgenommen zu werden braucht.

Besonders vielseitigen Betriebsbedingungen sind von vornherein Turbinen für ortveränderliche Anlagen unterworfen, also für Schiffe und für die allerdings erst in wenigen Fällen ausgeführten Lokomotiven, Kraftwagen und Flugzeuge mit Dampfturbinenantrieb.

15. Die erste Inbetriebsetzung.

Die erste Inbetriebsetzung einer Dampfturbinenanlage geht unter Verantwortung des Herstellers vor sich und erfordert von dem Richtmeister oder Ingenieur, der sie vorzunehmen hat, besondere Sorgfalt und Umsicht. Ihr hat zunächst eine Reihe von Überprüfungen voraufzugehen, die zum Ziel haben, noch einmal die Richtigkeit und Vollständigkeit der während das Errichten durchgeführten Arbeiten und getroffenen

Maßnahmen festzustellen und Versäumtes noch rechtzeitig nachzuholen. Insbesondere sind noch einmal alle Dampf-, Öl-, Wasser- und Stromanschlüsse zu überprüfen und die Schaltungen mit den Zeichnungen zu vergleichen. Dann ist noch einmal, soweit noch durchführbar, zu prüfen, ob alle Leitungen, Luftkanäle usw. von Fremdkörpern gesäubert sind. Die Dampf- und Ölleitungen sind ordnungsmäßig zu durchspülen. Zum Durchspülen des Ölkreislaufes bei abgedeckten Lagern — mehrere Stunden — wird ein Teil des für die Füllung bereitstehenden Öles und die Hilfsölpumpe verwendet. Das Spülöl wird hierauf abgelassen und kann nach sorgfältiger Reinigung durch Filter als Schmieröl verwendet werden. Nach dem Durchspülen sind Ölbehälter, Lagerböcke und Lagerschalen nochmals sauber auszuwischen.

Handelt es sich um eine Kondensationsturbine, so muß die Kondensation vorher getrennt angefahren werden. Wenn dabei die vorgeschriebene Luftleere nicht erreicht wird, so ist eine Dichtheitsprobe des mit allen Rohranschlüssen versehenen Kondensators durch Auffüllen vorzunehmen. Die Motoren zum Antrieb der Kondensationspumpen müssen, um Gefährdung der Bedienung zu verhüten, gut geerdet sein. Ob das geschehen ist und ob die Motoren richtigen Drehsinn haben, ist vor der ersten Inbetriebnahme ebenfalls festzustellen. Schrauben an Unterdruckflanschen wird man zweckmäßig während der ersten Betriebzeit, d. h. im allgemeinen während des Probebetriebes, von Zeit zu Zeit nachziehen, um vollkommen dichte Verbindung zu erhalten.

Bei der ersten Inbetriebsetzung wird schrittweise etwa folgendermaßen verfahren. Dabei ist zunächst der Fall einer reinen Kondensationsturbine angenommen; es kann davon aber ohne weiteres sinngemäß auch auf andere Bauarten geschlossen werden.

Der wie die gesamte Ölleitung vorher gut mit Öl durchgespülte Ölbehälter wird zunächst bis zum vorgeschriebenen Spiegel mit Öl gefüllt. Da dieser durch das Auffüllen des gesamten Leitungsnetzes und der Reglung mit Öl nach Inbetriebnahme der Hilfsölpumpe absinkt, muß er durch Nachfüllen des Behälters wieder auf die vorschriftsmäßige Höhe gebracht werden. Weitere Schritte zum Anfahren sind erst zu unternehmen, wenn man sich überzeugt hat, daß zu allen Lagern und Spritzdüsen der Turbinenanlage reichlich Öl fließt, was einen gewissen Öldruck in den Zuleitungen voraussetzt. Besonders bei Getriebeturbinen sollte der Druck des Öles hinter dem Kühler, also unmittelbar vor seinem Eintritt in das Schmierölleitungsnetz, nicht niedriger als 0,5 atü sein.

Alle Gelenke und Lagerungen der Reglungsgestänge sind mit Turbinenöl zu ölen, desgleichen die Lagerung von Nockenwellen und Rollen.

Bei Gegendruckturbinen ist zu prüfen, ob sich im Abdampfrohrstrang Wasser gesammelt hat. Alle Entwässerungen dort müssen geöffnet und das Hochhubsicherheitsventil betriebsklar sein.

Es ist festzustellen, ob die Entwässerung in der Frischdampfleitung vor dem Schnellschlußventil offen und der Rohrstrang zuverlässig frei von Wasser ist. Erst danach ist das Absperrventil in der Frischdampfzuleitung zu öffnen, so daß nunmehr Dampf bis unmittelbar vor dem Schnellschlußventil steht.

Es ist weiter festzustellen, ob alle Entwässerungen an der Turbine geöffnet sind.

Bei einer Kondensationsturbine sind nunmehr die Strahlsauger anzustellen und die Kühlwasserpumpe anzufahren. Vorher sind die Entwässerungsleitungen aus Unterdruckräumen, die nicht an den Kondensator angeschlossen sind, zu schließen. Bei Mischkondensation ist das Strahlwasser anzustellen.

Danach ist das Schnellschlußventil so weit zu öffnen, daß die Turbine anspringt und sich langsam dreht.

Erst wenn der Läufer sich dreht, ist Stopfbuchsensperrdampf oder bei Wasserstopfbuchsen erst von einer entsprechenden Drehzahl an Sperrwasser anzustellen.

Beim ersten Anfahren wird man nicht sofort auf volle Drehzahl gehen, sondern die Turbine zunächst bei einer niedrigeren Drehzahl ausreichend lange durchwärmen. Schon während dieser Anwärmzeit und dann auch später beim weiteren Hochfahren ist sorgfältigst auf etwaige Unregelmäßigkeiten, ungewöhnliches Geräusch, Erschütterungen und Schwingungen zu achten. Der die Inbetriebsetzung leitende erfahrene Ingenieur oder Richtmeister kann meist schon aus einem Geräusch beim Anfahren oder dessen Veränderung während des Betriebes auf mögliche Unregelmäßigkeiten schließen und wird je nach der mutmaßlichen Ursache die Inbetriebsetzung unterbrechen oder nicht. Sein Tastsinn sagt ihm weiterhin beim Abfühlen der Lager, ob etwa vorhandene Erschütterungen zulässig oder Anzeichen einer Unregelmäßigkeit sind. Verschwindet die Unregelmäßigkeit nicht, so ist die Turbine stillzusetzen und erst wieder anzufahren, wenn die Ursache festgestellt und beseitigt ist.

Eine Turbine ist im Betriebe verschiedenen Ausdehnungen oder Zusammenziehungen unter dem Wechsel der Belastungen und Dampfverhältnisse unterworfen. Das Fundament ist ebenfalls Wärmeeinflüssen unterworfen und braucht Zeit, sich den Betriebsbedingungen anzupassen. Auch daher sollte das erste Durchwärmen recht lange ausgedehnt werden. Genaue Zeiten hierfür können ebensowenig angegeben werden wie für das dann anschließende Hochfahren auf volle Drehzahl. Das hängt von der Bauart der Turbine ab und muß dem verantwortlichen Leiter der Inbetriebsetzung überlassen werden.

Wenn die Turbine genügend durchwärmt ist und der Lauf bei niedriger Drehzahl befriedigt, ist die Drehzahl allmählich zu erhöhen.

Hat die Temperatur des Öles ungefähr 45° C erreicht, so ist das Kühlwasser für den Ölkühler anzustellen.

Die noch offenen Entwässerungen am Turbinengehäuse sind nun zu schließen und die Luftleere soweit als möglich zu erhöhen.

Schließlich ist die Drehzahl bis zur Nenndrehzahl zu steigern. Ist diese erreicht und steht die Turbine unter dem Einfluß des Reglers, so ist das Schnellschlußventil voll zu öffnen und danach der Schnellschluß sowohl von Hand wie durch Drehzahlerhöhung zu erproben. Löst er nicht vorschriftsmäßig aus, so ist er nachzustellen oder sein Gestänge zu überholen. *Die Maschine ist unbedingt so oft hochzufahren, bis der Schnellschlußregler ordnungsmäßig arbeitet.*

Nach dem ersten Anfahren und einem kurzen Leerlauf von etwa $^1/_2$ bis 1 h ist die Turbine abzustellen. Lager, Schneckengetriebe usw. sind sorgfältigst auf gutes Tragen zu überprüfen, desgleichen im Falle von Getriebeturbinen die Verzahnung des Getriebes auf gleichmäßiges Tragen über die ganze Zahnbreite. Ist ein Nachrichten der Lager erforderlich, so ist das Anfahren danach noch einmal zu wiederholen und die Maschine nach kurzem Leerlauf zwecks Überprüfens wieder abzustellen.

Sind die Prüfungen und, falls erforderlich, die Nacharbeiten beendet, so ist erneut, diesmal unter Umständen schon in kürzerer Zeit, anzufahren. Fällt die Leerlaufprobe zur Zufriedenheit aus, so kann vorsichtig belastet werden, falls der Stromerzeuger nicht vorher getrocknet werden muß. Dieses Trocknen wird je nach dem Zustand des Stromerzeugers wenige Stunden bis einige Tage erfordern. Hierbei kann es vorkommen, daß die Turbine während der Trockenzeit auf Auspuff gefahren werden muß, nämlich dann, wenn für den Antriebsmotor des Pumpensatzes kein Fremdstrom zur Verfügung steht. Dabei ist dann den hohen Temperaturen im Kondensator und im Abdampfstutzen und dessen Wärmedehnungen besondere Beachtung zu schenken.

Ist nach dem Überprüfen des Drehsinnes und der Schalt- und Schutzeinrichtungen des Stromerzeugers auch die Belastung anstandslos erfolgt, so ist die Inbetriebsetzung des Turbosatzes beendet. In Vereinbarung mit der Betriebsleitung beginnt, sofern ausreichende Dauerbelastung für die neue Turbine frei gemacht werden kann, der Probebetrieb. Während dieser Zeit arbeitet die Turbine im allgemeinen bereits in der für ihren späteren Betrieb beabsichtigten Weise. Oft wird sie nach Beendigung des Probebetriebes ohne Unterbrechung ihres Laufes in die Obhut des Betriebes übernommen. In der Regel jedoch, und besonders bei größeren Turbinen, werden nach dem Probebetrieb noch einmal die Lager und Stopfbuchsen aufgenommen und untersucht.

Mit Beendigung des Probebetriebes ist in der Regel auch die Errichtung bis in die letzten Einzelheiten beendet, so daß die Turbine dann endgültig betriebsbereit ist.

16. Das Anfahren.

Der Vorgang des Anfahrens ist je nach der Bauart der Turbine, je nach den örtlichen Verhältnissen und je nach dem Umfang der Verwendung selbsttätig wirkender Vorrichtungen verschieden. Eine Kondensationsturbine erfordert andere Vorschriften als eine Gegendruck- oder eine Entnahmeturbine. Eine ganz oder vorwiegend mit Überdruck und kleinen Schaufelspielen arbeitende vielstufige Turbine benötigt längere Zeiten zum Anfahren als eine wenigstufige, mit großen Spielen versehene Gleichdruckturbine. Im übrigen sind die Erkenntnisse über das Anfahren im allgemeinen und über die Vorbedingungen für ein rasches Anfahren im besonderen durchaus nicht so neu, wie das bei der seit einiger Zeit lebhaft gewordenen Erörterung dieser Fragen zunächst scheinen könnte. Es ist bekannt, daß noch heute alte eingehäusige Gleichdruckturbinen, die oft vor mehr als 30 Jahren in Dienst gestellt wurden, in kürzesten Zeiten, im Bedarfsfall in nur wenigen Sekunden, hochgefahren werden. Das bei neuzeitlichen Axialturbinen — insbesondere wenn von vornherein die Bedingung kurzer Anfahrzeit gestellt wird — ebenfalls zu erreichen, ist daher ohne weiteres möglich. Man muß sich hierbei vergegenwärtigen, daß diese Bedingung in früherer Zeit kaum jemals gestellt worden ist, das bedeutet, daß so kurze Anfahrzeiten, wie sie heute hier und da genannt oder gefordert werden, zu jenen Zeiten nicht benötigt oder gefordert wurden; auch führen gegenwärtig in vielen Fällen weniger Betriebsnotwendigkeiten als vielmehr die bestimmten Turbinenbauarten — u. a. durch scharfen Wettbewerb ausgelöst — diesbezüglich zugesprochene angebliche Überlegenheit zu schärferen Anfahrbedingungen für Turbinen.

Will man *allgemein* das Anfahren von Dampfturbinen behandeln, so kann das nur an einem gewissermaßen zum Normfall erhobenen Beispiel geschehen. Dafür ist hier eine Kondensationsturbine, für die keine besonderen Bedingungen bezüglich des Anfahrens gestellt sind, ausgewählt.

Jedem Anfahren einer Turbine haben bestimmte *Feststellungen* voranzugehen. Diese werden sich hauptsächlich auf folgende Gebiete erstrecken:

Ist im Ölbehälter genügend Öl vorhanden? Ist außerdem eine hinreichende Menge Öl als Vorrat vorhanden? Sind die Schnellschlußhebel und die Schnellschlußklinke eingeklinkt? Sind Regler, Regelgestänge und Drehzahlanzeiger geschmiert? Sind die Entwässerungshähne geöffnet, und zwar nicht nur an der Turbine, sondern auch an den Wasserabscheidern und Kondenstöpfen? Entwässerungen ins Freie aus Unterdruckräumen sowie Umführungsleitungen bei Kondenstöpfen an solchen Stellen sind zu schließen. Sind sämtliche Regelventile geöffnet und die Ölkraftkolben der Reglung entlüftet? Ist letzterer nicht vollkommen entlüftet, so wird die Reglung im Betriebe pendeln. Falls eine Kondensationsturbine mit Auspuff angefahren wird: sind die Kondensatorrohre mit Kühlwasser gefüllt?

Das *Anfahren selbst* geht dann etwa in folgenden Einzelschritten vor sich:

1. Hilfsölpumpe anfahren. Erst wenn aus allen Lagern ein reichlicher Ölstrom zurückfließt, was nach Abnehmen der Verschlußpfropfen in den Ölabflußleitungen zu ersehen ist, darf mit dem Anfahren der Hauptmaschine begonnen werden. Die Hilfsölpumpe muß so lange in Betrieb bleiben, bis die Hauptölpumpe genügend Öl fördert.

2a. Anfahren mit Auspuffbetrieb: Notauspuffventil des Kondensators öffnen. Dann das Hauptabsperrventil öffnen, bis die Turbine anspringt. Danach das Ventil so weit schließen, daß die Turbine bei kleiner, aber dauernd steigender Drehzahl — bis etwa 500 U/min — einige Minuten lang durchgewärmt wird. Dann die Turbine in wenigen Minuten vollends hochfahren. Nach Erregung des Stromerzeugers ist die Kondensationspumpengruppe sofort hochzufahren. Mit Auspuff werden solche Maschinen auf jeden Fall dann angefahren, wenn die Kondensationspumpen durch Motoren angetrieben werden und der Eigenbedarf des Werkes an elektrischer Energie nur von dem Hauptstromerzeuger gedeckt wird.

2b. Anfahren mit Kondensation: Kühlwasserpumpe und Strahlsauger anstellen. Ist eine Luftleere von wenigstens 30 bis 40 % erreicht, kann die Hauptturbine wie unter

2a angefahren werden. Während sie mit niedriger Drehzahl läuft, ist Sperrdampf zu den Stopfbuchsen anzustellen. Dann die Turbine auf volle Drehzahl hochfahren.

3. Hauptabsperrventil, das meistens gleichzeitig Schnellschlußventil ist, ganz öffnen, sobald der Turbinenregler die Reglung übernommen hat.

4. Entwässerungstellen (Hähne und Ventile) nach Belastung des Stromerzeugers schließen, wenn kein Wasser mehr herausläuft.

5. Frischdampfventil der Hilfsölpumpe schließen, sobald an der Erhöhung des Öldruckes über den von der Hilfsölpumpe gehaltenen Druck hinaus erkennbar ist, daß die Hauptölpumpe fördert. Ist das Frischdampfventil der Hilfsölpumpe mit einem selbsttätigen Öldruckregler versehen, so schaltet sich die Hilfsölpumpe von selbst aus, sobald die Hauptölpumpe die volle Ölversorgung der Maschine übernommen hat.

6. Nach Beendigung des Anfahrvorganges hat man sich durch eine Probe davon zu überzeugen, daß die Schnellschlußvorrichtung in Ordnung ist.

Diese allgemeingültige Vorschrift gibt ungefähre Richtlinien für das Anfahren. Jede Turbinenbauart, jeder Verwendungzweck, ja fast jeder einzelne Betrieb macht gewisse sinngemäße Abweichungen oder Ergänzungen erforderlich. Diese werden im folgenden einzeln behandelt.

Eine vollkommene *Entwässerung der Frischdampfleitung* ist vor jeder Inbetriebsetzung unbedingt erforderlich. Es genügt keineswegs, die Entwässerungsleitung unmittelbar vor dem Schnellschlußventil — meist ist es eine Umführungsleitung des Kondenstopfes vom Wasserabscheider — vor der Inbetriebsetzung nur eine Zeitlang offen zu halten, man muß sich vielmehr vor dem Anfahren der Turbine unbedingt davon überzeugen, daß die Frischdampfleitung tatsächlich wasserfrei ist. Die beste Möglichkeit dazu bietet eine unmittelbar ins Freie geführte Entwässerung; erst wenn nach Öffnen dieser Entwässerung aus der unter Druck stehenden Frischdampfleitung kein Wasser mehr austritt, darf angefahren werden.

Allgemein üblich ist auch heute noch, daß der Anfahrvorgang von Hand eingeleitet und durchgeführt wird. Das Anfahren einer größeren, mit reiner Drucköschmierung ausgerüsteten Turbine wird stets eingeleitet durch das *Ingangsetzen des Ölkreislaufes* mit Hilfe der von einer kleinen Dampfturbine oder elektrisch angetriebenen Hilfsölpumpe. Wenn Absperrschieber oder -ventile in der Ölzu- und -abflußleitung oder Saug- und Druckventile der Ölpumpe vorhanden sind, so sind diese zu öffnen. Danach erst wird die Hilfsölpumpe in Betrieb gesetzt. Die Entlüftungshähne an den Ölkühlern und an den höchsten Stellen der Rohrleitungen, insbesondere bei den Ölkraftbetrieben, sind zu öffnen, bis Öl austritt. Über die richtige Verteilung des Öles vergewissert man sich durch sorgfältiges Beobachten der Öldruckmesser, -thermometer und, soweit vorhanden, der durch Schauöffnungen oder -gläser zugänglichen Zu- oder Abflußstellen an den Lagern. Wo Reglungs- und Lageröl in einem gemeinsamen Kreislauf enthalten sind, ist zur Einstellung des Regel- und Lageröldruckes meist ein Ölverteilungsventil vorgesehen (vgl. S. 74). In diesem werden zweckmäßig die hauptsächlichsten Druckmesser und Thermometer des Ölkreislaufes zusammengefaßt.

Der Ölkühler ist erst einzuschalten, wenn sich das Öl auf etwa $45°$ C erwärmt hat, damit im Betriebe die richtige Zähigkeit des Öles, nämlich etwa $2,5$ bis $4,5°$ E bei unmittelbar gekuppelten Turbosätzen oder $4,5$ bis $7,0°$ E bei Getriebeturbosätzen, vorhanden ist. Dieser Wert ist als allgemeiner Richtwert anzusehen; je nach der Ölart wird die Temperatur etwas höher oder tiefer liegen.

Bei Getriebeturbinen ist der Vorgang der gleiche, nur sind möglicherweise weitere Absperrventile vor dem Ingangsetzen des Ölkreislaufes zu bedienen und einige Beobachtungstellen mehr zu verfolgen als bei einer unmittelbar gekuppelten Turbine.

Das *Anfahren der Kondensation* beginnt in der Regel mit dem Anstellen des Dampf- oder Wasserstrahl-Luftsaugers.

Die am häufigsten verwendeten Dampfstrahl-Luftsauger sind meistens zweistufig, d.h.

sie bestehen aus einer Unterdruck- und einer Druckstufe. Angefahren wird mit der Druckstufe, die bei richtiger Bemessung in der Lage sein wird, eine Luftleere von wenigstens 70 bis 80 % zu erzeugen. Erst später, wenn die anfallende Kondensatmenge so groß ist, daß der Treibdampf der ersten Stufe im Zwischenkühler niedergeschlagen wird und die Temperatur des Strahlkondensates rund 45° C nicht übersteigt, schaltet man die Unterdruckstufe zu. Kann mit Hilfe der Kondensatumlaufleitung genügend Kondensat durch die Zwischenkühler fließen, so kann mit beiden Stufen angefahren werden. Zur weiteren Verkürzung der Entlüftungzeit kann auch eine besondere Anfahrstufe vorgesehen werden, die aus der Luftsaugeleitung saugt und unmittelbar ins Freie fördert.

Die bei Anlagen mit Kraftschluß auftretende Saugwirkung der Kühlwasserleitung hinter dem Kondensator kann dazu benutzt werden, um beim Anfahren den Kondensator rasch zu entlüften. Die Kühlwasserabflußleitung wirkt dann wie ein großer Wasserstrahl-Luftsauger und ist fähig, große Luftmengen in kurzer Zeit wegzuschaffen. Dadurch kann unter Umständen die Anfahrzeit der Turbine auf einfache Weise beträchtlich verkürzt werden.

Die übrigen Kondensationsgruppen sind fast ausschließlich Kreiselpumpen. Da eine Kreiselpumpe, wenn man sie mit luftgefüllter Saugleitung anfahren wollte, im Verhältnis der Raumgewichte von Luft zu Wasser schneller laufen müßte als mit Wasser, d. h. also etwa im Verhältnis 1 : 800, so muß sie vor dem Anfahren entlüftet und Saugleitung und Pumpe mit Wasser aufgefüllt werden. Während des Anfahrens erreicht die Pumpe dann bei geschlossenem Druckschieber den Leerlaufdruck der betreffenden Drehzahl, der stets höher liegen sollte als der Betriebsdruck bei dieser Drehzahl. Wird dann der Schieber geöffnet, so geht die Pumpe allmählich auf den Betriebzustand über. Mit Ausnahme der Kondensatpumpe, der das Niederschlagwasser zuläuft, müssen die Kondensationspumpen somit vor dem Anfahren gefüllt werden, sei es durch Entlüften oder mittels Druckwassers. Nur bei Rückkühlanlagen kann die Anordnung auch der Kühlwasserpumpen meist so getroffen werden, daß ihnen das Wasser zuläuft. Steht zum Auffüllen Druckwasser zur Verfügung, so muß in der Saugleitung der Pumpe ein Fußventil vorhanden sein, das während des Auffüllens durch das Druckwasser geschlossen und im Betriebe durch die Wasserströmung offen gehalten wird. Ist bei Kühlturmbetrieb das Wasser aus einer tiefer liegenden Zuflußstelle anzusaugen, so kann die Pumpe durch Öffnen des Druckschiebers durch das in der Druckleitung befindliche Wasser aufgefüllt werden. Dagegen muß Unterdruck hergestellt werden, wenn kein oder nicht genügend Druckwasser zur Verfügung steht oder das Auffüllen wegen zu langer Saugleitungen oder aus sonstigen Gründen zu lange dauern würde. Hierfür wird zweckmäßig ein einstufiger Dampfstrahl-Luftsauger gewählt, dessen Größe aus der gewünschten Auffüllzeit und den zu entlüftenden Räumen bestimmt wird. Sein Dampfverbrauch spielt keine Rolle, weil er nur ganz kurzzeitig in Betrieb ist. Wichtig ist es jedoch, während des Entlüftens auf die Stopfbuchsen der Pumpe zu achten. Sind beim Entlüften große Saughöhen zu überwinden, so ist es zweckmäßig, bereits während des Entlüftens den Pumpenstopfbuchsen Sperrwasser aus einer Fremdleitung zu geben, weil dadurch die Zeit bis zur Betriebsbereitschaft der Pumpe wesentlich abgekürzt werden kann.

Handelt es sich um eine Flurturbine, d. i. eine Anlage, bei der Turbine und Kondensator auf gleicher Höhe liegen und durch einen am Turbinengehäuseunterteil seitlich angeordneten Abdampfstutzen unmittelbar miteinander verbunden sind, so ist ein Anfahren der Maschine auf Auspuff nur unter besonderen Vorsichtsmaßregeln möglich. Hier muß so bald als möglich die Kondensatpumpe in Betrieb genommen werden, da sonst die Gefahr besteht, daß der Wasserspiegel im Kondensator nach kurzer Zeit so hoch ansteigt, daß das Wasser in die auf gleicher Höhe liegende Turbine übertritt und dort, etwa in der Beschauflung der letzten Stufe, Schaden verursacht.

Ein *Anwärmen* der Turbine mit Dampf darf keinesfalls im Stillstand vorgenommen werden. Im entgegengesetzten Falle würde nämlich, da der Dampf zum Anwärmen meist nur einen Teil des Umfanges des ersten Schaufelkranzes beaufschlagt oder aber, falls volle Beaufschlagung vorgesehen ist, nicht ausreicht, die ganze Dampfkammer gleichmäßig zu erwärmen, ein Teil des Umfanges stärker erwärmt werden, so daß Gehäuse und Läufer sich verziehen. Das Anwärmen darf daher erst stattfinden, wenn die Turbine bereits angesprungen ist. Nur dann sind die Voraussetzungen für gleichmäßiges Durchwärmen der Läufer und ein schwingungsfreies Anfahren gegeben. Aus dem gleichen Grunde darf auch Sperrdampf in die Stopfbuchsen erst dann gegeben werden, wenn die Turbine bereits läuft.

Ob, wie im Punkt 2a des angeführten Beispieles einer Anfahrvorschrift, das Anwärmen bei langsamer, aber stetig steigender oder bei einer niedrigen, gleichbleibenden Drehzahl zu erfolgen hat, darüber sind die Ansichten geteilt. Verschiedene Turbinenbauarten sind auch in dieser Beziehung verschieden zu behandeln. Turbinen z. B., bei deren Gestaltung schon auf rasches Anfahren Rücksicht genommen ist, und allgemein die Gleichdruckturbinen erreichen eine fast geradlinige Drehzahlzeitkurve, ein Anwärmen bei einer bestimmten, gleichgehaltenen niedrigen Drehzahl ist hierbei nicht erforderlich. Wo indessen eine solche „Anwärmdrehzahl" notwendig ist, da ist sie mit Rücksicht auf den Dampfverbrauch während des ganzen Anfahrvorganges so zu wählen, daß bei ihr die Lagerreibung nicht zu groß ist und die Ventilationsverluste von Turbine und Stromerzeuger noch nicht in Erscheinung treten. Diese Anwärmdrehzahl bestimmt man zweckmäßig aus der Auslaufkurve (vgl. S. 201).

Wie lange das Anwärmen zu dauern hat, bis eine genügende Durchwärmung eingetreten ist, läßt sich allgemein nicht sagen. Am günstigsten verhalten sich in dieser Beziehung die Räderturbinen mit dünner Welle und die rasch laufenden Getriebeturbinen mit ihren kleinen Läufern.

Beim Einströmen des Dampfes erwärmt sich im allgemeinen zunächst der Läufer etwas rascher als das Gehäuse. Die Turbine muß daher in der Beschauflung und an den Stopfbuchsen genügend Spiel haben, um den Unterschied der Dehnungen zuzulassen, während man andererseits die Beschauflungspiele, soweit es sich um Überdruckturbinen handelt, des besseren Dampfverbrauches wegen möglichst klein zu halten sucht. Große Dehnungsunterschiede bilden sich im allgemeinen aber nur beim Anfahren aus, also nur dann, wenn der sich schneller erwärmende Läufer gegen das langsamer nachkommende Gehäuse voreilt. Sie nehmen mit zunehmendem Beharrungzustand wieder ab oder verschwinden bei Stahlgußgehäusen fast ganz. Bei den Stopfbuchsen sind besonders die axialen Spiele wichtig, wenn die stillstehenden Dichtungspitzen in Gegenkämme des Läufers eingreifen oder umgekehrt. Schon bei dem Einstellen der Außenstopfbuchsen (vgl. S. 60/61) muß auf die Dehnungsverhältnisse beim Anfahren Rücksicht genommen werden. Die Ungleichmäßigkeit der Erwärmung von Läufer und Gehäuse ist um so größer, je rascher das Anfahren vor sich geht. Turbinen mit kurzer Anfahrzeit, also hoher Betriebsbereitschaft, erfordern im allgemeinen größere Spiele. Infolgedessen ist das Gleichdruckverfahren hierfür den anderen Verfahren überlegen und vorzuziehen. Das gleiche gilt auch für Turbinen mit starken Lastschwankungen, da sich bei jeder Belastungsänderung auch die Temperaturverteilung innerhalb der Turbine — wenn auch in geringerem Ausmaß — ändert.

Die einfachste Feststellung, ob die Anwärmung so weit vorgeschritten ist, daß die Drehzahl der Maschine schneller gesteigert werden kann, ist dann möglich, wenn das vordere Wellenende durch eine Bohrung im Stirndeckel des Vorderlagerbockes sichtbar hindurchgeführt ist. Ist die Turbine gleichmäßig durchwärmt, so läuft dieser Zapfen genau rund, und die Turbine kann dann in gleichmäßiger, nun rascherer Steigerung in wenigen Minuten auf volle Drehzahl gebracht werden. Tritt beim weiteren Hochfahren doch noch eine Unruhe auf, so ist die Drehzahl zunächst zu senken und hierauf nochmals vorsichtig zu steigern.

Diese Angaben beziehen sich sämtlich auf das Anfahren aus vollkommen kaltem Zustand. Das Anfahren „ab kalter Maschine" ist immer leichter und weniger gefahrvoll als ein Anfahren aus warmem Zustand, d. h. wenn die Maschine nach dem letzten Abstellen noch nicht vollkommen erkaltet ist. Auch hierin verhalten sich Turbinen verschiedener

Bauart, ja sogar sonst gleiche Turbinen in verschiedenen Kraftwerken durchaus verschieden. Eine allgemeine Regel hierfür aufzustellen, ist daher unmöglich. Nur um ganz allgemein ein Beispiel zu zeigen, ist in Abb. 88[20] für eine 21stufige Einwellenturbine von 60000 kW die Dauer des Anwärmens in Abhängigkeit von der Zeit, die seit dem letzten Abstellen verstrichen ist, dargestellt. In ähnlicher Weise muß jeder Betriebsleiter durch Anfahrversuche das Verhalten seiner Turbinen ermitteln.

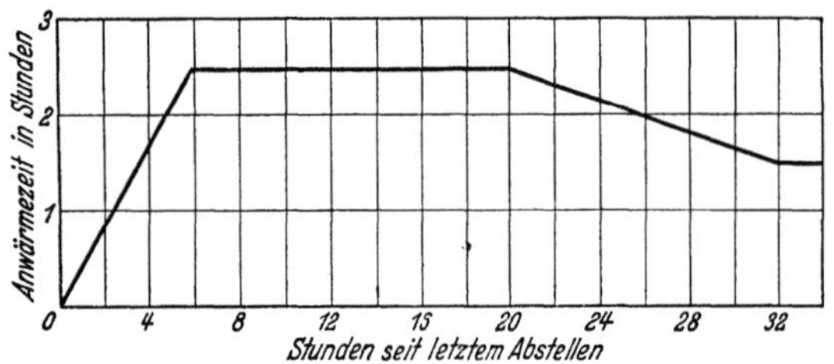

Abb. 88. Anwärmezeit bei 5 bis 10% der Betriebsdrehzahl für eine 21stufige Einwellenturbine, 60000 kW, abhängig von der Zeit seit dem letzten Abstellen[20].

Ist damit zu rechnen, daß eine Maschine nur für so kurze Zeit aus dem Betriebe genommen wird, daß sie nicht ganz abkühlen kann, so empfiehlt es sich, wenigstens bei größeren Einheiten, eine Drehvorrichtung vorzusehen, mit deren Hilfe man nach dem Abstellen den Läufer in langsamer Drehung hält (etwa eine Umdrehung in 4 min). Diese Drehvorrichtungen bestehen aus einem Elektromotor, der über eine mehrfache Zahnräder- und Schneckenübertragung auf einen meist an der Wellenkupplung angebrachten Zahnkranz arbeitet, Abb. 89. Wird mit dieser Drehvorrichtung der Läufer des Turbosatzes längere Zeit gedreht, so bleibt die Hilfsölpumpe in Betrieb, damit die Lager mit Öl ver-

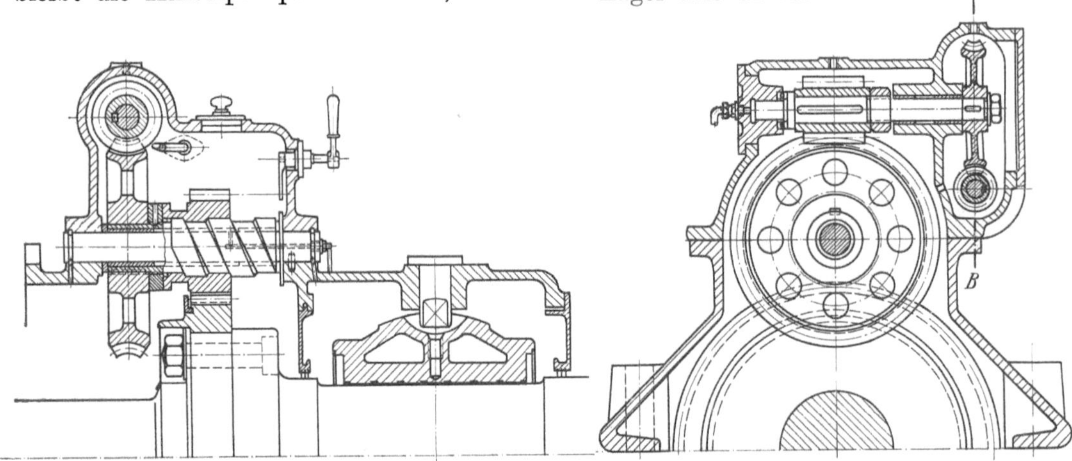

Abb. 89. AEG, Läuferdrehvorrichtung für eine größere Kondensationsturbine.

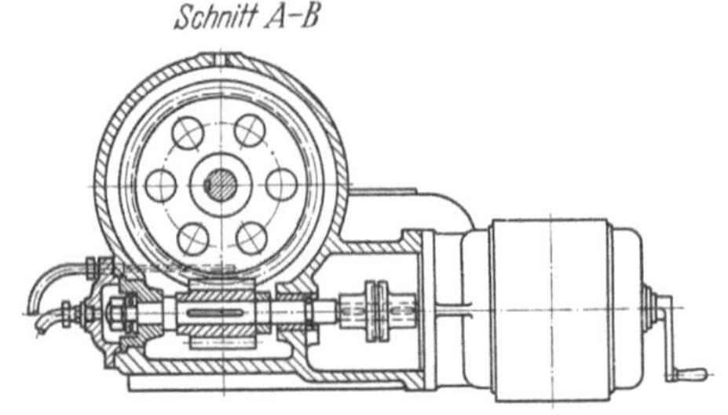

sorgt werden. Bei kleineren Turbinen wird der Läufer — falls eine besondere Vorrichtung überhaupt für erforderlich gehalten wird — mit Hilfe eines Sperrgetriebes nach Art einer Knarre entweder von Hand oder mittels eines kleinen Ölkolbens gedreht, allerdings nur zur Veränderung der Läuferlage, also etwa stündlich oder halbstündlich einmal um 180°. Abb. 90[21] zeigt ein solches Getriebe im Umriß.

Wie sich eine neue Turbine bezüglich der *Wärmedehnungen* beim Anfahren verhält und welche in Abhängigkeit davon ihre kürzeste Anfahrzeit ist, kann im voraus nicht genau festgestellt werden. Man wird daher beim ersten Anfahren mit besonderer Sorgfalt

[20] Nach Elektr.-Wirtsch. Bd. 27 (1928) S. 478 Abb. 11.
[21] Nach Elektr.-Wirtsch. Bd. 27 (1928) S. 477 Abb. 5.

das Verhalten der Maschine zu beobachten haben. Zu diesem Zweck ist für jedes Gehäuse das Maß der Längsdehnung an der Axialverschiebung der Lagerböcke, soweit diese verschiebbar sind, auf den Grundplatten festzustellen. Die Wärmedehnung des *Läufers* ist für jede

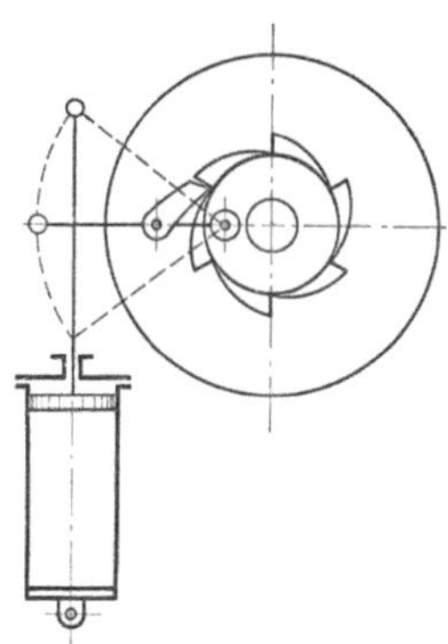

Abb. 90. Umriß einer einfachen Läuferdrehvorrichtung mittels Druckölkolbens. Veränderung der Läuferlage um 180° je $^1/_2$ bis 1 h [21].

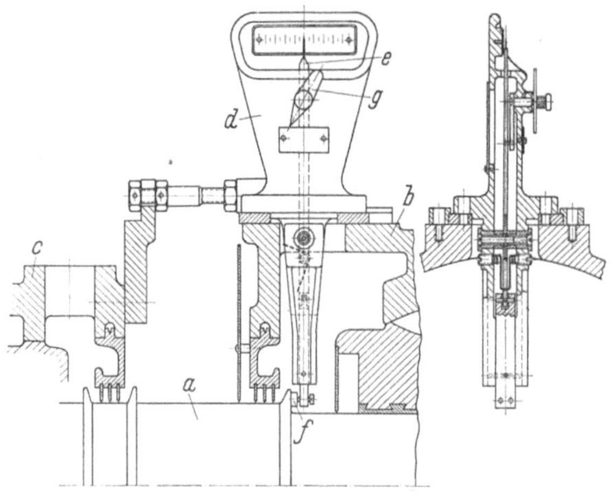

Abb. 91. AEG, Axialspielanzeiger für eine mehrstufige Hochdruckturbine.

a Turbinenrolle; *b* Turbinengehäuse; *c* Lagerbockdeckel; *d* Gehäuse des Axialspielanzeigers mit Zeiger; *e* Anzeigehebel; *f* Gleitklötzchen; *g* Ausschaltvorrichtung.

vom Drucklager durch ein Gehäuse getrennte Stopfbuchse am nächstzugänglichen Wellenstück zu messen. Bei Turbinen für besonders heißen Frischdampf sind in der Regel zu diesem Zweck noch besondere Meß- und Überwachungsvorrichtungen vorhanden. So zeigt Abb. 91 die Anordnung eines Axialspielanzeigers an einer eingehäusigen vielstufigen HD-Turbine.

Als Beispiel dafür, wie die Beobachtung der Ausdehnungen beim Anfahren vorzunehmen ist, sind in Abb. 92 für eine zweigehäusige Maschine die Stellen bezeichnet, an denen die Messungen vorzunehmen sind. Zur Beurteilung der hier einzutragenden Meßwerte ist, falls keine ausführlichen Betriebsaufzeichnungen für den Tag der Maßaufnahme beigefügt werden können, festzustellen: Frischdampfdruck und -temperatur; Drücke und Temperaturen in den einzelnen Stufen oder Gehäuseteilen, soweit sie gemessen werden können; Druck im Abdampfstutzen; Belastung der Turbine; bei Gegendruck- und Entnahmemaschinen außerdem Druck und Temperatur des Entnahme- oder Gegendruckdampfes, möglichst auch An-

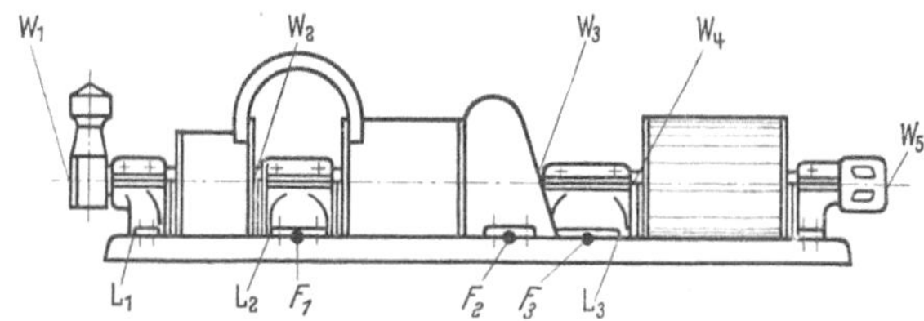

	Leerlauf kurz nach dem Anfahren	$^1/_2$ Last	$^3/_4$ Last	$^1/_1$ Last	Leerlauf bei durchgewärmter Turbine
Tag und Stunde der Messung					
Frisch-Dampf { Druck atü					
Temperatur °C					
Längsdehnung der Welle gegenüber dem Gehäuse in mm bei { $\widehat{W_1}$					
$\widehat{W_2}$ *					
$\widehat{W_3}$					
$\widehat{W_4}$ **					
$\widehat{W_5}$ ***					
Axiale Verschiebung des Lagerbockes in mm bei { L_1					
L_2					
L_3					

Abb. 92. Plan zum Messen der Wärmedehnungen an einer zweigehäusigen Turbine im Betriebe.

F Festpunkt: F_1 oder F_3 bei Gegendruckturbinen; F_2 bei Kondensationsturbinen.

* Nur bei Turbinen mit zwei Drucklagern zu messen.
** Nur bei Turbinen mit angetriebenen Kreiselverdichtern zu messen.
*** Nur bei Turbinen mit angetriebenen Stromerzeugern zu messen.

gabe der ungefähren stündlichen Entnahme- oder Abdampfmengen während der Zeit der Messung.

Bei einigen Bauformen reiner Überdruckmaschinen wird die axiale Lage des Läufers nach dem Anfahren verändert, damit im Betriebe die Axialspiele der Beschauflung mög-

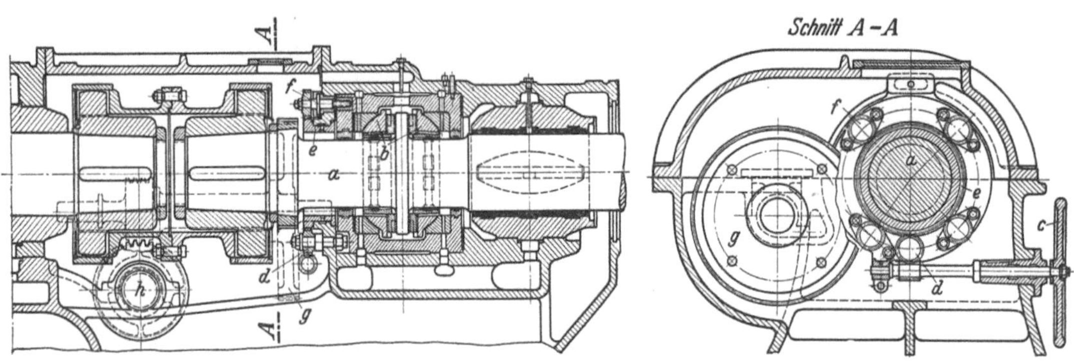

Abb. 93. *Parsons,* Lagerbock einer mehrgehäusigen Kraftwerksturbine mit Kupplung, Drucklager, Läuferverstellvorrichtung und Läuferdrehvorrichtung [22].

a Turbinenwelle; *b* Einringdrucklager; *c* Handrad zur Läuferverstellvorrichtung; *d* Schraubenräderpaar; *e* Zwischenrad der Läuferverstellvorrichtung; *f* Verstellbolzen mit Ritzel; *g* Endstufe der Läuferdrehvorrichtung; *h* Zwischenstufe der Läuferdrehvorrichtung.

lichst klein sind. Diesem Zweck dient eine *Läuferverstellvorrichtung,* die meist mit dem Drucklager vereinigt ist, Abb. 93 [22]. Das ganze Drucklager und damit der Läufer der Turbine kann durch Drehen einer Schnecke von Hand im Lagerbock axial verschoben werden. Auf diese Läuferverschiebung muß natürlich schon bei der Gestaltung und mehr noch beim Einbau der Stopfbuchsen Rücksicht genommen werden. Es finden sich auch vereinzelt Stopfbuchsformen, die axiale Dichtung ähnlich der Axialdichtung in der Be-

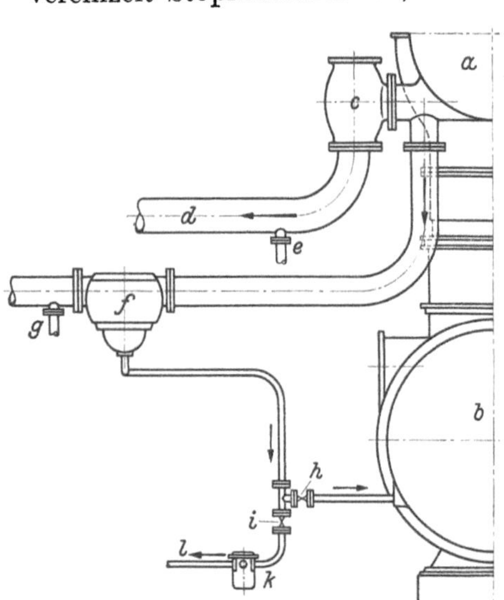

Abb. 94. Hochhubsicherheitsventil in der Entnahmeleitung einer Entnahmekondensationsturbine.

a Turbine; *b* Kondensator; *c* Schnellschlußventil in der Entnahmeleitung; *d* Entnahmeleitung; *e* Entwässerung der Entnahmeleitung; *f* Hochhubsicherheitsventil; *g* Entwässerung der Auspuffleitung; *h, i* Ventile, vom Maschinenraum aus zu bedienen; *k* Kondenstopf; *l* Entwässerungsleitung mit freiem Abfluß.

schauflung haben. Das Stopfbuchsenspiel wird dann durch Verschiebung des Läufers in seine Betriebstellung gleichzeitig auf den kleinsten zulässigen Wert gebracht. Die gleiche Art der Dichtung wird oft auch für den Ausgleichskolben der Überdruckturbinen verwendet.

Entnahmeturbinen werden grundsätzlich in der gleichen Weise hochgefahren wie Kondensationsturbinen. Die Entnahmeregelung ist dabei geöffnet, der Druckregler ausgeschaltet und das Schnellschlußventil in der Entnahmeleitung geschlossen. In diesem Zustand stellt jede Entnahmeturbine eine reine Kondensationsturbine dar. Sie kann daher auch in genau der gleichen Weise angefahren werden. An Entwässerungen, die über das bei Kondensationsturbinen übliche Maß hinausgehen, ist die der Entnahmeleitung und des Hochhubsicherheitsventiles besonders zu beachten, Abb. 94. Die Entwässerung *g* hinter dem Sicherheitsventil ist beim Anfahren stets offen zu halten. Während des Anfahrens oder wenigstens so lange, als an der Entnahmestelle Unterdruck in der Turbine herrscht, ist das Ventil *i*

---

[22] Nach Engineering Bd. 121 (1926) S. 284 Abb. 16/17.

geschlossen, h dagegen geöffnet zu halten, beim üblichen Betriebe umgekehrt, damit dann das Sicherheitsventil über den Kondenstopf k ständig entwässert wird. Der freie Abfluß der Entwässerungsleitung l muß stets tiefer liegen als die Entwässerungstelle am Sicherheitsventil selbst.

Ist die Entnahmeturbine auf volle Drehzahl gebracht, ihr Stromerzeuger synchronisiert, auf das Netz geschaltet und belastet, so wird der Druckregler der Entnahmeregelung eingeschaltet. Dieses Ein- und Ausschalten der Druckregelung geschieht meist durch Betätigen der Druckverstellvorrichtung und durch einfaches Umlegen eines kleinen Hebels am Druckregler selbst, Abb. 95. Ist der Druckregler eingeschaltet, so muß auch das Schnellschlußventil in der Entnahmeleitung offen sein. Dann stellt der Druckregler im Zusammenwirken mit der Reglung selbsttätig den gewünschten Entnahmedruck ein. Bei jeder Verbundreglung, bei der also der Drehzahlregler und der Druckregler gemeinsam auf beide Reglungen einwirken, geht dieses Umschalten vom reinen Kondensationsbetrieb auf Entnahmebetrieb ohne merkliche Laststöße vor sich.

Anders ist es, wenn keine Verbundreglung vorgesehen ist. Da dann jeder der beiden Regler seinen Antrieb erst von der Änderung des Dampfzustandes in der Turbine, der durch den anderen Regler bewirkt wird, erhält, können die Regelvorgänge nicht mit der gleichen Schnelligkeit und nicht, ohne die Belastung der Turbine wenigstens vorübergehend zu beeinflussen, stattfinden. Hinzu kommt, daß die Turbine bei einem Versagen der Schnellschlußvorrichtung in der Entnahmeleitung nicht vor dem Durchgehen durch rückströmenden Dampf geschützt ist. In diesem Falle nämlich schlägt wohl der Schnellschlußregler das Schnellschlußventil in der Frischdampfleitung zu und schließt der Drehzahlregler die Frischdampfreglung, die Reglung des Kondensationsteiles jedoch bleibt, da sie nicht unter dem Einfluß des Drehzahlreglers steht, geöffnet, so daß die Turbine durchgehen kann. Bei einer Verbundreglung ist das nicht möglich, da selbst beim Versagen des Entnahmeschnellschlusses sowohl die Frischdampf- als auch die Entnahmereglung vom Drehzahlregler her geschlossen werden.

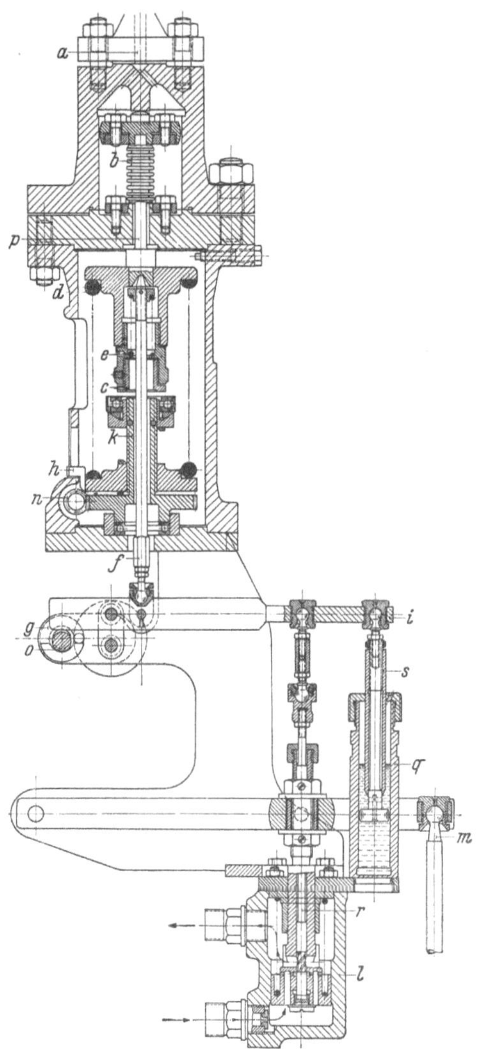

Abb. 95. AEG, Dampfdruckregler.

a Anschluß zum Dampfnetz; *b* Membran; *c* Hubbegrenzung; *d* Hauptfeder; *e* Stützfeder; *f* Reglerspindel; *g* Umschalthebel; *h* Zeiger; *i* Übersetzungshebel; *k* Verstellspindel; *l* Kraftverstärker; *m* Reglergestänge; *n* Druckverstellung; *o* Exzenter; *p* Membranstütze; *q* Ölbremse; *r* Drosselstift; *s* Drosselhülse.

Aus dieser nicht unmittelbar mit dem Anfahren zusammenhängenden Tatsache ist zu ersehen, daß man beim Anfahren einer Entnahmeturbine ohne Verbundreglung mit größerer Sorgfalt zu Werke gehen muß als bei einer anderen Turbine.

Das Anfahren einer *Gegendruckturbine* vollzieht sich in derselben Weise wie das einer Kondensationsturbine. Auch hier sind zwei Arten möglich. Man kann nämlich bei Auspuff oder bei Gegendruck anfahren. Der weitaus häufigere Fall ist das Anfahren mit Auspuff, wobei das Auspuffventil in der Gegendruckleitung von Hand geöffnet werden muß, doch bedeutet das Anfahren auf Gegendruck keine Erschwerung des Vorganges. Ist ein Gegendruckregler vorhanden, so wird er eingeschaltet, wenn die Maschine auf voller Drehzahl und belastet ist. Dann wird der Drehzahlregler nur mehr zu einem Sicherheitsregler, die Drehzahl muß durch den mit anderen Maschinen auf ein gemeinsames Netz arbeitenden Stromerzeuger auf gleicher Höhe gehalten werden.

Handelt es sich um Einwellenturbosätze, so ist der Anfahrvorgang für ein- und mehrgehäusige Turbinen grundsätzlich der gleiche. Eine Sonderstellung unter den mehrgehäusigen Turbinen nehmen jedoch die *Mehrwellensätze* ein. Damit sollen hier aber nicht Zweiwellenmaschinen mit einem gemeinsamen Zahnradgetriebe gemeint sein, wie sie häufig auf Schiffen und manchmal auch bei ortfesten Anlagen vorkommen. Da hierbei beide Turbinenwellen durch das Getriebe zwangsläufig miteinander gekuppelt sind, vollzieht sich das Anfahren nicht anders als bei einer Turbine mit zwei hintereinander angeordneten gleichachsigen Gehäusen. In dem hier zu betrachtenden Falle handelt es sich vielmehr um solche Turbosätze, bei denen die einzelnen Teilturbinen mehrgehäusiger Turbinen jede für sich oder gruppenweise verschiedene Stromerzeuger auf nicht gleichachsigen Wellen antreiben. Da die ND-Teile viel größere Abmessungen haben und bei den kleinen für das Anfahren erforderlichen Dampfmengen fast das ganze Gefälle bereits im HD-Teil verarbeitet wird, so ist es meist nicht möglich, beide Teile mit dieser geringen Dampfmenge, die zuerst den HD-Teil und dann den ND-Teil durchströmt, zum Anspringen und auf die gewünschte Drehzahl zu bringen. Um dem abzuhelfen, gibt es zwei Möglichkeiten. Die erste besteht darin, auch in die ND-Turbine Frischdampf einzuführen. Da in dieser aber meist kein teilbeaufschlagtes Rad vorhanden ist, so sind dann beträchtliche Dampfmengen erforderlich, um ein ausreichendes Drehmoment zu erzeugen. Gleichzeitig wird der ND-Teil dadurch höheren Temperaturen ausgesetzt. Die zweite Art des Anfahrens ist, beide Drehstromerzeuger elektrisch miteinander zu kuppeln, so daß beim Anspringen der eine als Stromerzeuger, der andere als Motor läuft. Diese Art des Anfahrens hat sich z. B. im *Klingenberg*-Werk als zweckmäßig erwiesen; die beiden getrennten Wellensätze springen fast so gleichzeitig an, als ob sie miteinander starr gekuppelt wären. Gegenüber Einwellenanordnungen gleicher umlaufender Massen wird daher auch die Anfahrzeit nicht verlängert.

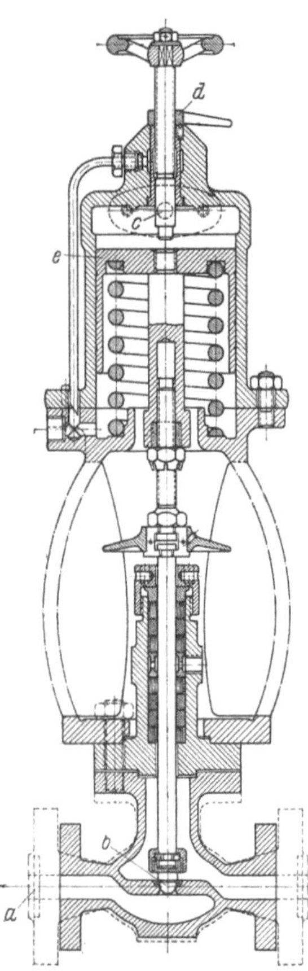

Abb. 96. AEG, vom Lageröldruck gesteuertes Frischdampfventil der Turbohilfsölpumpe.

a Frischdampf zur Turbine; *b* Ventil; *c* Regelölanschluß; *d* Begrenzung des Ventilhubes; *e* Kraftkolben des Ventils *b*.

Das *Anfahren unter Belastung*, das im Kraftwerksbetrieb und allgemein bei Turbostromerzeugern außerordentlich selten vorkommt, dagegen bei Schiffsturbinen und beim Antrieb von Pumpen, Verdichtern u. dgl. fast die Regel ist, bietet für eine Dampfturbine keine grundsätzlichen Schwierigkeiten, da das Drehmoment einer Turbine beim Anfahren bekanntlich etwa doppelt so groß ist als bei voller Drehzahl. Daß im Bedarfsfall auch unter Belastung sehr schnell auf volle Leistung gegangen werden kann, beweisen vor allen Dingen die Schiffsturbinen, besonders auf Kriegschiffen, bei denen sogar von voller Vorwärtsleistung in kürzester Zeit auf volle Rückwärtsleistung übergegangen werden muß. Bei Pumpen und Verdichtern wird so verfahren, daß man bei geschlossenen Druckschiebern anfährt und diese erst öffnet, wenn die volle Drehzahl erreicht ist.

Die Bestrebungen, den Betrieb der großen Kraftwerke weitgehend von der Achtsamkeit der Bedienung unabhängig zu machen, bezwecken einerseits, Störungsmöglichkeiten zu verringern, andererseits soll damit aber auch die Geschwindigkeit, mit der die Maschinen auf Änderungen ihrer Betriebsbedingungen ansprechen, erhöht werden.

Für die Turbinen selbst ist hierfür eine ganze Reihe von Hilfs- und Regeleinrichtungen und zweckdienlichen Schaltungen entwickelt worden, von denen einige auch mit dem Vorgang des Anfahrens in engem Zusammenhang stehen. So gibt es z. B. verschiedene Ausführungsformen für das *selbsttätige Anfahren der Hilfsölpumpe*, falls bei in Betrieb befindlicher Hauptturbine der Regel- oder Lageröldruck absinkt, also entweder an den Hauptölpumpen oder im Leitungsnetz der Ölversorgung eine Störung aufgetreten ist. Zweckmäßig wird mit dem Anfahren der Hilfsölpumpe zugleich, gegebenenfalls unter Einschaltung einer Zeitverzögerung, der Schnellschluß der Hauptturbine ausgelöst, was in der auf S. 77/78 beschriebenen Art geschehen kann, und außerdem eine Licht- oder Schallwarnvorrichtung für den Maschinenwärter und den Schaltraum in Tätigkeit gesetzt. Der Anfahrvorgang der kleinen Hilfsturbine ist in einfacher Weise durch einen Öldruckregler

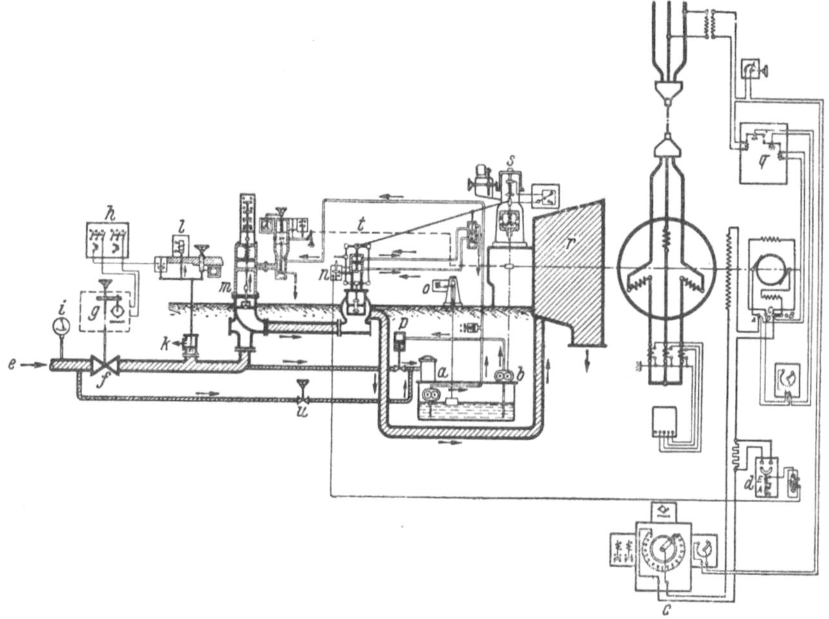

Abb. 97. AEG, Schaltung einer selbsttätig anlaufenden Notturbine.

a Hilfsölpumpe; *b* Hauptölpumpe; *c* Hauptstromregler; *d* Feldschwächungsgerät; *e* Frischdampfleitung; *f* Hauptdampfschieber; *g* Schieberantrieb; *h* Steuerschütz; *i* Druckanzeiger; *k* Belüftungsventil; *l* Hubmagnet; *m* selbsttätiges Anfahrventil; *n* Drosselventil; *o* Ölstandsanzeiger; *p* Ventil der Hilfsdampfleitung; *q* Tirillregler; *r* Turbine; *s* Drehzahlverstellmotor; *t* Schnellschlußgestänge; *u* Umgehungsventil.

in Form eines Differenzkolbens, Abb. 96, der beim Ausschlagen nach Regelöldruckseite hin das Dampfventil der Hilfsturbine öffnet, einzuleiten.

Von dem gleichen Gedanken ausgehend ist auch das *selbsttätige Anfahren ganzer Turbosätze* entwickelt worden, die bereits in mehreren großen Kraftwerken zur unbedingten und sofortigen Sicherstellung des Eigenbedarfes aufgestellt worden sind. Am besten wird das selbsttätige Anfahren eines solchen Satzes an einem bestimmten Beispiel erläutert, wobei es grundsätzlich gleichgültig ist, ob sich Anlagen verschiedenen Ursprunges in Einzelheiten von diesem unterscheiden. Die Turbine des hier gewählten Turbosatzes ist für Auspuffbetrieb ausgebildet und für Frischdampfverhältnisse von 28 atü 425° C gebaut. Der zugehörige Stromerzeuger ist für eine Spannung von 380/420 V und eine Leistung von 700 kVA bei einem Leistungsfaktor 0,8 bemessen. Turbine und Stromerzeuger sind unmittelbar miteinander gekuppelt. Die Drehzahl beträgt 3000 U/min. Die Maschine kann von Hand sowie vollkommen selbsttätig in Betrieb gesetzt werden. An Hand des Schaltbildes, Abb. 97, wird der selbsttätige Anlaufvorgang erläutert. Bei Ausfallen der Spannung an der Hauptsammelschiene des Werkes wird der Anlauf durch ein Nullspannungsrelais eingeleitet. Eine Zeitverzögerung von 5 s verhindert bei kurz-

8*

zeitigem Ausbleiben der Spannung das Anlaufen der Notturbine. Nach Ablauf dieser 5 s wird das Bereitschaftsrelais eingeschaltet, das den Zweck hat, den Anlaufvorgang nunmehr ohne Rücksicht darauf, ob die Spannung wiederkommt, durchzuführen. Durch einen Hilfschalter am Bereitschaftsrelais wird der Hubmagnet l an Spannung gelegt; er zieht an und schließt das Rohrleitungs-Belüftungsventil k. Er bleibt so lange unter Spannung, bis nach erfolgtem Anlauf das Bereitschaftsrelais wieder abfällt. Das Belüftungsventil wird dann durch den Frischdampfdruck geschlossen gehalten. Durch eine Kontaktvorrichtung des geschlossenen Belüftungsventiles wird das Steuerschütz h „öffnen" des Motorantriebes g für den Hauptfrischdampfschieber f betätigt. Der Schieber wird geöffnet und gibt dem Frischdampf den Weg zur Hilfsölpumpe und zum selbsttätigen Anfahrventil m frei. Die Hilfsölpumpe a läuft an und liefert das erforderliche Drucköl zum Öffnen des Anfahrventiles m sowie zur Lagerschmierung. Bei genügend hohem Dampfdruck beginnt das Anfahrventil sich zu öffnen, und die Turbine läuft an. Bei der vorgeschriebenen Turbinendrehzahl schließt das Drosselventil n bis in seine Leerlaufstellung, wodurch der Frischdampfdruck hinter dem Vorhubkegel des Anfahrventiles m ansteigt. Mit Unterstützung des Dampfdruckes kann nunmehr der Öldruck auch den Hauptkegel des Ventiles m öffnen, so daß der gesamte Einlaßquerschnitt der Frischdampfzuführung freigegeben wird. Mit zunehmender Drehzahl beginnt die von der Turbinenwelle angetriebene Hauptölpumpe zu fördern. Das von der Hauptölpumpe belieferte Ventil p setzt schließlich die Hilfsölpumpe still. Damit ist der eigentliche Umlaufvorgang der Turbine beendet; es folgen jetzt die Erregung des Stromerzeugers und das Einschalten der Notanlage auf das Eigenbedarfsnetz.

Turbinen, deren kritische Drehzahl unterhalb ihrer Betriebsdrehzahl liegt, müssen beim Anfahren durch den kritischen Bereich hindurchfahren. Das *Verhalten der Turbine beim Durchfahren der kritischen Drehzahlen* ist daher für das Anfahren überkritisch laufender Turbinen von Wichtigkeit. Über Erfahrungen mit kritischen Drehzahlen in den Anfängen des Turbinenbaues überhaupt berichtet STODOLA[23]. Er stellte schon damals fest, daß „moderne, in äußerst vollkommener Weise ausgewuchtete Turbinen über die kritischen Drehzahlen ohne merkliche Erschütterung hinwegkommen können".

Das Wesen der kritischen Drehzahlen — darunter sind im allgemeinen nur kritische Biegungschwingungszahlen zu verstehen; kritische Verdrehungschwingungen spielen allenfalls bei Getriebeturbinen eine Rolle — als eines labilen Gleichgewichtzustandes setzt für unruhigen Lauf der Maschine im Bereich der als kritisch errechneten Drehzahlen bereits eine Auslenkung der Welle voraus. Tatsächlich sind die statischen und dynamischen Auswuchtverfahren, die in den Turbinenwerken heute angewendet werden, so weit verfeinert, daß man ohne Bedenken überkritische Wellen verwenden kann, also beim Anfahren durch die erste kritische Drehzahl hindurchfährt. Für die Berechtigung dieser Feststellung spricht am deutlichsten, daß zahlreiche ältere Turbinen, deren kritische Drehzahlen seinerzeit noch nicht so genau bestimmt worden sind, seit Jahren sogar unmittelbar in oder dicht neben ihrem rechnungsmäßig kritischen Drehzahlbereich laufen, ohne daß sie jemals deswegen zu Beanstandungen Anlaß gegeben hätten. Nach dem heutigen Stande kann ganz allgemein festgestellt werden, daß zwischen den auf dem Berechnungsweg ermittelten kritischen Drehzahlen — bei deren Ermittlung verschiedene Annahmen gemacht werden müssen — und den sich im Betrieb ergebenden tatsächlichen kritischen Bereichen eine gute und für die Wirklichkeit vollkommen ausreichende Übereinstimmung besteht.

Vorteile der „weichen" Wellen liegen in ihrer rascheren und gleichmäßigeren Durchwärmung, der dadurch ermöglichten Abkürzung der Anfahrzeit, in geringeren Stopfbuchsverlusten, da die Stopfbuchsendurchmesser kleiner sind, sowie darin, daß die verhältnismäßig dünnen Wellen besser durchgeschmiedet und daher auch im Baustoff gleichmäßiger hergestellt werden können als schwerere Läufer. Zu erwähnen ist hier ferner,

---

[23] STODOLA, A.: Dampf- und Gasturbinen, 5. Aufl., S. 786 f. Berlin: Springer 1922.

daß bei einer durch die Reibung bei einem gelegentlichen Streifen hervorgerufenen Wellendurchbiegung die Stelle der größten Durchbiegung einer überkritischen, also weichen Welle der durch die Durchbiegung verursachten Verlagerung des Schwerpunktes nacheilt und damit die Welle durch die Fliehkraft wieder geradegerichtet wird, also eine weiche Welle im Betriebe sich sozusagen von selbst etwas streckt und dadurch eine unerwünschte Störung vermeidet. Demgegenüber wird bei einer unterkritischen, also starren Welle, die Durchbiegung durch die Fliehkraftwirkung vergrößert[24].

Kritische Drehzahlen sind stets rasch zu durchfahren. Keinesfalls darf die Turbine gerade in diesem Drehzahlbereich längere Zeit festgehalten werden. Wird das beachtet, so geht das Anfahren sorgfältig ausgewuchteter überkritischer Turbinen ohne jede Schwierigkeit vonstatten.

Vereinzelt ist beim Anfahren noch eine weitere kritische Drehzahl beobachtet worden, die der Vollständigkeit halber hier auch erwähnt werden soll. Diese hat jedoch nicht in den federnden Eigenschaften der Welle, sondern in der Nachgiebigkeit des Ölpolsters im Lager ihre Ursache und hängt unter anderem vom Spiel der Lagerschalen und der Zähigkeit des verwendeten Öles, jedoch nicht von der sonstigen Lage der Biegungseigenschwingungzahlen, also nicht von der unter- oder überkritischen Ausbildung des Läufers ab. Das Wesen dieser Erscheinung, die im Betriebe besonders beim Anfahren von 1500 U/min-Turbinen mit kaltem Öl beobachtet wurde, ist ebenfalls bereits seit längerer Zeit geklärt[25]. Danach können durch die Ölschichten zwei kritische Drehzahlen hervorgerufen werden, von denen die höhere störend wirken kann. Durch engeres Spiel der oberen Lagerschalen in der Teilfuge kann man die Ausschläge auf ein unschädliches Maß beschränken.

In früheren Jahren wurden Turbinenläufer wohl bevorzugt „unterkritisch", also starr, ausgebildet, was entweder zur Trommelbauart oder, wenn Räderaufbau verwendet wurde, zu einer Beschränkung der Stufenzahl in den einzelnen Gehäusen führte. Dieser Standpunkt ist durch das Fortschreiten der Erkenntnisse aber bereits seit langem überholt. Wenn die starre Welle im Kampf um den Absatz trotzdem vereinzelt noch als der weichen Welle unbedingt überlegen hingestellt wird, so handelt es sich in einem solchen Falle mit großer Wahrscheinlichkeit um eine Turbinenbauart, die aus anderen Gründen (z. B. wegen besonderer Empfindlichkeit infolge kleiner Spiele) einen starren Läufer bedingt.

Die gesamte *Anfahrzeit* eines Turbostromerzeugers ist vom Trägheitsmoment seiner umlaufenden Massen nahezu unabhängig. Dieses ist nämlich für alle erprobten Bauarten so gering, daß bei plötzlichem gleichzeitigem Öffnen aller Düsen selbst bei großen Einheiten nur etwa 10 bis 15 s notwendig wären, um die volle Drehzahl zu erreichen. Würde man jedoch die Düsen oder Düsengruppen der Reihe nach nur so weit öffnen, daß stets gerade das der Vollast entsprechende und nicht das beim Anfahren sonst entwickelte doppelt so hohe Drehmoment erzeugt wird, so wären trotzdem nur etwa 25 s Beschleunigungzeit notwendig[26]. Daß die tatsächlichen Anfahrzeiten im Betriebe länger sind, hat

---

[24] Vgl. S. 144/145, 149, 251 in: E. A. KRAFT: La turbine à vapeur moderne. Paris: DUNOD 1939.

[25] Auf Anregung von STODOLA (Dampf- und Gasturbinen, Nachtrag zur 5. Aufl., S. 11. Berlin: Springer 1924) durch CH. HUMMEL: Kritische Drehzahlen als Folge der Nachgiebigkeit des Schmiermittels im Lager. Forsch.-Arb. Ing.-Wes. 1926 Heft 287.

[26] Die rechnerische Anfahrzeit wird ermittelt aus der allgemeinen Beziehung

$$M_d = J_m \frac{d\omega}{dt},$$

worin ω (s^{-1}) die Winkelgeschwindigkeit, M_d (cmkg) das sich mit ω verändernde Drehmoment, J_m (cmkgs^2) das Massenträgheitsmoment bedeuten. Das Schwungmoment GD^2 (kgm^2) steht zu J_m in der Beziehung $J_m = 2{,}55\, GD^2$. Durch Integration der Ausgangsgleichung bis zur betriebsmäßigen Winkelgeschwindigkeit ω_0 erhält man die Anfahrzeit

$$t = J_m \int_0^{\omega_0} \frac{d\omega}{M_{d(\omega)}} \;[\mathrm{s}].$$

Je nach den Annahmen für den Verlauf von $M_{d(\omega)}$ fällt t etwas verschieden aus.

seine Ursache vor allem in den auftretenden Temperaturen, Temperaturunterschieden, Wärmedehnungen, -spannungen und -verformungen.

Die wirkliche, im Betriebe erreichbare Anfahrzeit von Turboanlagen ist naturgemäß je nach ihrer Bauart und der allgemeinen Anordnung der ganzen Anlage, ihrer Rohrleitungen usw. verschieden. Selbst nach gleichen Zeichnungen gebaute Maschinen haben möglicherweise infolge unvermeidbarer Restungleichheiten der Baustoffe von Läufer und Gehäuse oder verschiedener Anordnung im Kraftwerk und dadurch bedingter unterschiedlicher äußerer Abkühlungsverhältnisse oder sonstiger Ursachen verschiedene Anfahrzeiten, und es ist daher stets Sache des erfahrenen Betriebsleiters, ihre untere zulässige Grenze durch Versuche zu ermitteln und gegebenenfalls danach zu verfahren. Da das Hochfahren ganz allgemein einer der kritischen Zustände auch für die Betriebsicherheit der Turbine ist — bekanntlich tritt die überwiegende Anzahl von Turbinenschäden beim Anfahren auf —, so decken sich die Forderungen, die man hinsichtlich Bereitschaft und Sicherheit stellen muß, zum großen Teil. Hat eine Turbine nicht derartige Abmessungen, daß ihre Beanspruchungen Grenzwerte darstellen, so kann man sagen, daß sie desto sicherer ist, je rascher sie sich anfahren läßt, und umgekehrt; dabei dürfen natürlich nur Maschinen von ungefähr gleicher Leistung verglichen werden, weil die durchschnittliche Anfahrzeit mit steigender Leistung zunimmt.

Man kann daher die Gesichtspunkte, nach denen Turbinen für schnelle Anfahrzeit gebaut sein müssen, etwa dahingehend zusammenfassen: je einfacher der Aufbau einer Turbine ist, insbesondere je größer die Schaufelspiele sind, um so kürzer wird die Anfahrzeit sein. Daneben spielt die Lagerung samt der Anordnung der Festpunkte von Läufer, Gehäuse und Lagerböcken sowie die Bauart der Stopfbuchsen eine wesentliche Rolle. Denn während des Anfahrens treten einerseits infolge der rascheren Durchwärmung des Läufers die größten Temperaturunterschiede und damit Dehnungsunterschiede zwischen Läufer und Gehäuse auf, andererseits können örtlich ungleiche Erwärmungen vorübergehend Wärmeverziehungen, Verwerfungen u. dgl. verursachen. Daher ist der Frischdampftemperatur, genauer der höchsten betriebsmäßig im Gehäuse auftretenden Dampftemperatur oder allgemein dem auf ein Turbinengehäuse insgesamt entfallenden Temperaturgefälle, ein viel größerer Wert für die Beurteilung des Anfahrvorganges beizumessen als etwa dem Dampfdruck. Das Schaufelspiel ist für die beiden Arbeitsverfahren, nach denen Dampfturbinen gebaut werden — Gleichdruck und Überdruck —, von verschiedener Wichtigkeit. Während kleinstmögliche Spiele, axial oder radial, für das Überdruckverfahren mit Rücksicht auf die sonst unzulässig groß werdenden Undichtheitsdampfverluste zwingende Notwendigkeit ist, können beim Gleichdruckverfahren, da im Laufschaufelspalt kein Druckgefälle vorhanden ist, wesentlich reichlichere Spiele zugelassen werden, ohne daß der Dampfverbrauch dadurch nennenswert beeinträchtigt wird. Selbstverständlich darf nie die Größe des Schaufelspieles an sich zum Vergleich herangezogen werden, sondern es muß dabei stets der Stufendurchmesser berücksichtigt werden. Das Gleichdruckverfahren erfordert außerdem für gleichen Wirkungsgrad viel weniger Stufen als das Überdruckverfahren — für gleichen Wirkungsgrad muß die Güteziffer [27] einer Überdruckturbine rund 50 % größer sein als die einer Gleichdruckturbine —, die Gleichdruckturbine kann daher kürzer und insbesondere mit kleinerem Lagerabstand gebaut werden. Die Lagerung selbst muß dem Läufer unter allen Betriebsumständen sicheren Halt gewähren; freifliegend angeordnete Turbinenläufer sollten daher nur für ganz kleine, einstufige Turbinen angewendet werden.

Demnach ist für die Bedingung besonders kurzer Anfahrzeit die Gleichdruckturbine der Überdruckturbine unbedingt überlegen. Die Frage der tatsächlichen Anfahrzeit entzieht sich allerdings einer rein rechnerischen Erfassung. Selbst Faustformeln, die hier und da für eine bestimmte Bauart genannt werden, können nur recht rohe Annäherungswerte ergeben und zahlreiche nach oben wie nach unten weit herausfallende Ausnahmen

---

[27] Vgl. S. 31/32 in: E. A. KRAFT: The Modern Steam Turbine. Berlin: VDI-Verlag 1931 und S. 50/52 in: La turbine à vapeur moderne. Paris: Dunod 1939.

müssen in Kauf genommen werden. Als Einflußgrößen enthalten derartige Formeln meist die Dampftemperatur und, zur Kennzeichnung der Abmessungen, Leistung oder Drehzahl oder beides zugleich. Die nach solchen Formeln errechneten Anfahrzeiten sind jedoch nur von recht fragwürdigem Wert, und tatsächlich halten sich auch kaum die Hersteller der Turbinen, für die sie gelten sollen, an ihre Formeln.

Will man Anfahrzeiten zahlenmäßig benennen, so kann man das nur unter der Voraussetzung tun, daß diese Zahlen nicht als feststehende Werte, sondern höchstens als Richtwerte gelten für eine einigermaßen begrenzte Bauart. Die hier folgenden Zahlen gelten als Richtwerte für Räderturbinen üblicher Bauart, die *nicht* für kurze Anfahrzeit gebaut sind.

Unmittelbar mit Stromerzeugern gekuppelte kleine Turbinen (Notturbinen) einfachsten Aufbaues sind in etwa 20 s hochzufahren; Kesselspeisepumpen, Hilfsturbinen der Kondensationsanlage sowie allgemein kleine kurzgebaute Getriebeturbinen lassen sich in etwa 1 min, notfalls auch noch schneller bis hinunter zu 30 s, anfahren; mittlere eingehäusige Turbinen erfordern etwa 15 min; große, mehrgehäusige Turbinen erfordern 20 bis 30 min. Es ist zweckmäßig, die erste Belastung des Stromerzeugers nach jedesmaligem Anfahren nicht zu rasch vorzunehmen; so ist es heute allgemein üblich, die Last um 1000 kW je 1 min zu steigern.

Hierzu sind nach oben und nach unten weit herausfallende Grenzzeiten bekannt. So wurde z. B. mit einer 1000 kW-AEG-Turbine bei Anfahrversuchen eine Gesamtzeit von nur 30 s erreicht. Die Anfahrzeit einer eingehäusigen 1500 kW-BBC-Turbine wurde nach und nach von 5 min auf 25 s verkürzt[28]. Eine eingehäusige, mehrstufige Scheibenturbine der AEG von 16 000 kW, 1500 U/min, die seit 1916 in Betrieb ist, wurde im Bedarfsfall sogar in 19 s auf volle Drehzahl gebracht und ihr Stromerzeuger in weiteren 5 s synchronisiert. Bei derartigen Spitzenwerten ist natürlich geschulte Bedienungsmannschaft Voraussetzung. Es genügt hierfür nicht, die einzelnen Schaltvorgänge und ihre Wirkung zu verstehen, sondern die Handhabung muß geübt werden, bis sie vollkommen selbstverständlich vor sich geht, ohne noch besondere Anforderungen an die Überlegungskraft und Geistesgegenwart zu stellen[29].

Andererseits erfordern große Maschinen, besonders wenn sie als Grundlastmaschinen gebaut sind und daher bei ihrer Erstellung keine besondere Rücksicht auf rasche Betriebsbereitschaft gelegt worden ist, je nach ihrer Bauart mitunter bedeutend längere Anfahrzeiten. Als Beispiel dafür sind in Abb. 98[30] Anfahrkurven einer großen Zweiwellenmaschine der BEWAG dargestellt. Hierbei muß außer dem bisherigen noch besonders darauf hingewiesen werden, daß die hier ausgewählte Maschine schon vor Jahren unter für damalige Zeit geltenden Gesichtspunkten gebaut worden ist; man würde heute mit neueren Maschinen gleicher Größe wesentlich kürzere Anfahrzeiten erreichen können.

Die Forderung nach kurzer Anfahrzeit ist somit heute ohne weiteres zu erfüllen, wenn sie bei der Bestellung festgelegt und bei der Gestaltung der Turbine von vornherein berücksichtigt wird und wenn man insbesondere die Kondensationsanlage entsprechend reichlich bemißt. Dann lassen sich z. B. mit Gleichdruckturbinen in der üblichen Axialbauart Anfahrzeiten von wenigen Minuten einhalten, die auch den oft angegebenen

---

[28] BROWN, E.: Der außer Betrieb befindliche Turbogenerator als Momentanreserve. S. 86/102 in: Gesamtbericht Zweite Weltkraftkonferenz Bd. 4. Berlin VDI-Verlag 1930; ferner E. RIBARY: Verkürzung der Anlaufzeit bei Dampfturbinen S. 510/514 in: Festschrift Prof. Dr. A. STODOLA zum 70. Geburtstag. Zürich: Orell Füssli 1929.

[29] Hierzu macht PEUKER (Beeinflussung der Betriebsbereitschaft durch die Bauart und Größe von Dampfturbinen bei Elektrizitätswerken mit und ohne Dampfspeicher, S. 75/85 in: Gesamtbericht Zweite Weltkraftkonferenz Bd. 4. Berlin: VDI-Verlag 1930) recht beachtenswerte Angaben. Nach ihm hat z. B. eine eingehäusige 16 000 kW-Turbine, 1500 U/min., nicht weniger als 50 Ventile, von denen während des Anfahrens 30 zu öffnen und 12 davon wieder zu schließen sind. Eine eingehäusige 20 000 kW-Turbine, 3000 U/min, hat 145 Ventile, wovon beim Anfahren 42 zu öffnen und 26 wieder zu schließen sind, und eine dreigehäusige 37 500 kW-Turbine hat sogar 154 Ventile, von denen 52 (27) beim Anfahren zu betätigen sind.

[30] Nach Abb. 1 in Aufsatz lt. Fußnote 29.

kurzen Anfahrzeiten von Radialturbinen keineswegs nachstehen. Billigerweise darf man nicht Turbinen, bei deren Bau andere Bedingungen maßgebend und Anfahrbedingungen überhaupt nicht gestellt worden waren, mit Bauarten vergleichen, die von vornherein darauf abgestellt sind. Allgemein muß man leider zur Frage der Anfahrzeit von Turbostromerzeugern die Feststellung machen, daß selbst der sonst so nüchterne Ingenieur Modeströmungen gegenüber nicht immer frei ist. Der Begriff kurze Anfahrzeit ist vor einiger Zeit zum Teil zu einem Schlagwort geworden, das in der übertriebenen und durch „Paradeversuche" noch unterstrichenen Form mit den wirklich vorkommenden Betriebsanforderungen oft schon nicht mehr allzuviel zu tun hat. In vielen Fällen wird für neuzeitlichen Betrieb die Forderung möglichst abgekürzter Anfahrzeit berechtigt sein und

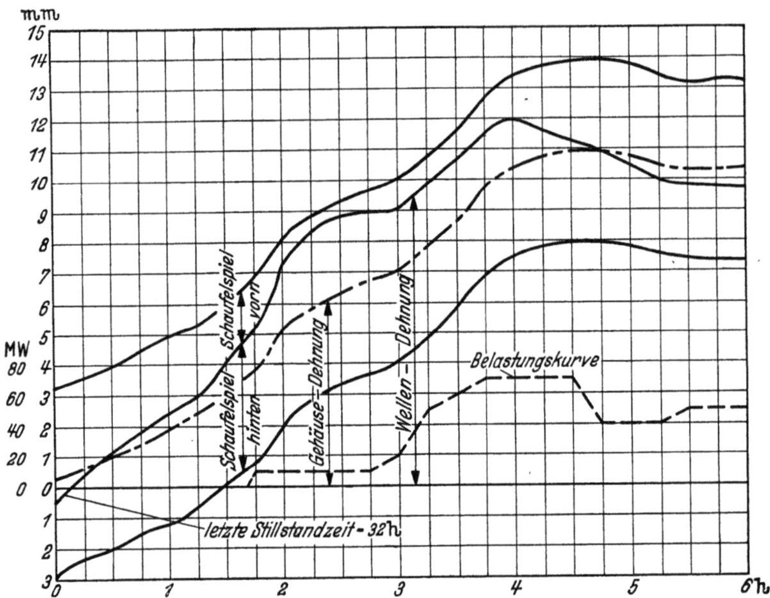

Abb. 98. Anfahrkurven einer Zweiwellenturbine, 85000 kW, 1500 U/min, für 32,5 atü, 400°C Frischdampf[30].

dort wird sich der für die Wahl der Bauform Verantwortliche dem nicht verschließen· Aber auf diese Fälle sollten die hochgeschraubten Forderungen auch wirklich beschränkt bleiben.

17. Das Überwachen während des Betriebes.

Jede Dampfturbine erfordert im Betriebe, soll sie auch in langen Betriebzeiten möglichst störungsfrei arbeiten und im ganzen eine lange Lebensdauer haben, aufmerksame Wartung. Von ihr ist die Betriebsicherheit nicht weniger abhängig als von dem Aufbau der Turbine, der verantwortungsbewußten Herstellung und dem Zusammenbau an Ort und Stelle. Je höher die Ansprüche an die Gleichmäßigkeit der Frequenz im Stromnetz auch bei starken Lastschwankungen, je stärker die Abhängigkeit eines ganzen Industriebetriebes von dem zuverlässigen Arbeiten der Turbine in ihrem Kraftwerk, um so empfindlicher würde ein unvorhergesehener Ausfall einer größeren Turbine sich auswirken. Daher sind Überwachungsvorrichtungen für die verschiedensten Sonderzwecke in großer Zahl und Mannigfaltigkeit entstanden, die teils bei Eintritt irgendeiner Unregelmäßigkeit selbsttätig auf die Reglung und den Schnellschluß einwirken, teils auch nur Warnzeichen für die Maschinenwärter geben. Gleichzeitig sind diese Vorrichtungen zum Schutz der Turbine selbst da, damit drohende Schäden noch rechtzeitig verhindert oder doch in ihren Auswirkungen durch rasche Stillsetzung der Turbine abgeschwächt werden können. *Keine noch so ausgeklügelte Anordnung von Warn- und Schutzeinrichtungen aber kann den mit der Maschine vertrauten, wachsamen und umsichtigen Wärter*

oder Pfleger ersetzen; sie können höchstens dazu dienen, ihn zu unterstützen. Er hat die
Maschine sauber zu halten von Staub und Schmutz. Er muß Leckstellen von Dampf,
Wasser oder Öl sofort erkennen, ihren Ursachen nachgehen und sie beseitigen. Sauberkeit
ist Voraussetzung dafür, da sonst das Erkennen erschwert und hinausgezögert wird.
Seinem für die Geräusche seiner Maschine geschärften Ohr darf keine Veränderung im
Lauf und kein ungewöhnliches Geräusch im Inneren der Turbine, an ihren Lagern oder
ihren Kupplungen entgehen. Er muß ständig die Zuverlässigkeit der Vorrichtungen
prüfen, deren er sich zur Messung, Prüfung oder Überwachung bedient, also vor allem
der Thermometer, Druckmesser und Drehzahlanzeiger. Seine Beobachtungen hat er in
regelmäßigen Zeitabständen im Betriebstagebuch zu vermerken, damit diese Aufzeichnungen oder auch die Anzeigestreifen der — falls vorhanden — selbstschreibenden
Druck-, Temperatur-, Strom- und Frequenzmeßgeräte jederzeit über den Zustand der
Maschine Auskunft geben können.

Zur Säuberung der Turbinen von außen dürfen keine Putzwolle, sondern nur faser-
freie Lappen und Tücher verwendet werden. Wird dieser Grundsatz mit der Begründung, daß er zwar für das Gestänge der Reglung oder des Schnellschlusses oder für ähnliche Teile richtig, für die Verschalung des Turbinengehäuses z. B. aber überflüssig sei,
nicht einheitlich befolgt, so besteht die Gefahr, daß im Betriebe doch nicht streng zwischen
den verschieden zu behandelnden Teilen unterschieden wird. So kommen dann doch
Reste der Putzwolle in die Gelenke der Hebel oder auch in das Öl und verursachen möglicherweise dort Klemmungen, hier Verstopfungen. Verhindern solche Klemmungen, um
ein krasses Beispiel anzuführen, daß trotz ordnungsmäßigen Ansprechens des Schnellschlußreglers das Schnellschlußventil schließt, so wird die Tragweite einer an sich unerheblich erscheinenden Verfehlung ohne weiteres deutlich.

Die *Rohrleitungen* vom Kesselhaus zur Turbine sind in mehrfacher Hinsicht zu
überwachen. Neben der Wartung, die sie wie jede andere Dampfrohrleitung im allgemeinen erfordern und die als Nebengebiet hier nicht eingehender behandelt werden kann,
sind es in der Hauptsache zwei Gesichtspunkte, die für den Dampfturbinenbetrieb
eine Bedeutung gewinnen.

Erstens muß die Rohrleitung so angeordnet sein, daß ein Rohrleitungschub
von der Turbine unter allen Umständen ferngehalten wird. Zu diesem Zweck sind
wiederholt die Verankerungen und sonstigen Befestigungen der Rohrleitung zu beobachten und sofort nachzuziehen, wo sie sich gelockert haben. Dehnungstücke —
Stopfbuchsen und S-Bögen — müssen ihrem Zweck entsprechend unbehindert arbeiten können.

Zweitens muß die Frischdampfrohrleitung auf den Zustand des durch sie zur Turbine strömenden Dampfes hin überwacht werden. Mittel dazu sind zunächst Druckmesser
und Thermometer, die gewöhnlich am Anfang der Rohrleitung, d. h. beim Austritt des
Dampfes aus dem Kessel oder Überhitzer, und am Ende, also am Schnellschlußventil
der Turbine, angeordnet sind. Der Vergleich der Anzeigen der Meßeinrichtungen im
Kesselhaus und an der Turbine gibt über den Rohrstrang vom Kessel zur Turbine genauestens Auskunft. Wird z. B. ein ungewöhnlich hoher Temperaturabfall zwischen
den beiden Endpunkten angezeigt, so ist anzunehmen, daß der Wärmeschutz verbesse-
rungsbedürftig ist.

Ganz besondere Aufmerksamkeit ist den Entwässerungseinrichtungen an der Rohrleitung zuzuwenden. Die Kondenstöpfe sind in regelmäßigen Zeitabständen während
des Betriebes auf richtiges Arbeiten zu überprüfen. Da ihr Durchgangsquerschnitt meist
sehr klein ist — nur wenige mm im Durchmesser auch bei großen Rohrleitungen —,
so liegt hier, besonders in der ersten Betriebzeit oder nach Wiederherstellung am Kessel
oder an der Turbine, die Gefahr der Verstopfung durch kleine, etwa in der Rohrleitung
verbliebene Zunderstückchen oder Schweißperlen besonders nahe. In nicht ordnungsgemäß entwässernden Leitungen können sich, falls die anfallenden Wassermengen nicht
so gering bleiben, daß sie durch den darüber strömenden Dampf immer wieder verdampft

werden, Wasseransammlungen bilden, die oft Ausgangspunkt für gefährliche Wasserschläge geworden sind. Im übrigen muß man sich darüber klar sein, daß auch Wasserabscheider einen Wasserschlag weder mildern noch gar verhindern können.

An sich sollte heute, wo fast ausschließlich nur noch überhitzter Dampf für den Turbinenbetrieb verwendet wird, der zur Turbine gelangende *Dampf* ohne jede Feuchtigkeit sein. Er muß ferner frei sein von Salzen, Kesselstein und anderen Verunreinigungen. Treffen solche Beimengungen mit dem Dampf im Dauerbetrieb auf die Schaufeln, so werden sie dort rasche Abnutzung, Rückgang der Schluckfähigkeit und damit der Leistung der Turbine, Verschlechterung des Wirkungsgrades, möglicherweise sogar Gleichgewichtstörungen im Läufer oder ähnliche Folgen zeitigen.

Sind Turbinen in Krafthäusern von Industrien, wie Zellstoff-, Zucker-, chemischen Werken usw., aufgestellt, wo ihr Betriebsdampf außerdem zum Kochen, Trocknen und Heizen gebraucht wird, muß Vorsorge getroffen sein, daß keine Säure- oder Laugenrückstände mit dem Niederschlagwasser in den Kessel zurück und von dort wieder in die Turbine gelangen. Derartige Verunreinigungen des Dampfes greifen das Innere der Turbine an und können dort in Gestalt von Verrottung oder Auswaschung großen Schaden anrichten. Die Verfahren zur zweckmäßigen Aufbereitung des Zusatzkesselspeisewassers oder zur Reinigung des zurückfließenden Niederschlagwassers sind somit nicht nur für den Kesselbetrieb, sondern in wenigstens gleichem Maße auch für den Betrieb der Turbine von Wichtigkeit.

Zur Überwachung der *Dampfverhältnisse*, unter denen die Turbine während ihres Betriebes steht, sind unmittelbar vor dem Hauptabsperrventil stets je ein Thermometer und ein Druckmesser vorgesehen. Da diese für den Betrieb die wichtigsten Überwachungsgeräte sind, sollte eigentlich jedes größere Kraftwerk hierfür eine selbstschreibende Ausführung beschaffen, damit nicht nur Ablesungen in bestimmten Zeitabständen zur Beurteilung zur Verfügung stehen, sondern fortlaufend auch die Auf- und Abwärtsschwankungen von Frischdampftemperatur und -druck aufgezeichnet werden. Die bekannte Erscheinung des Wasserschlages z. B. bringt einen ganz plötzlichen Temperatursturz mit sich, der zwischen zwei Ablesungen auspendeln kann, so daß er an einem gewöhnlichen Thermometer nicht festgestellt wird. Es gibt sogar Fälle, wo größere Wassermengen mit derartiger Geschwindigkeit durch die Rohrleitung in die Turbine befördert worden sind, daß die Thermometer der üblichen Bauart, die bekanntlich sehr träge arbeiten, weder den kurzzeitigen Temperatursturz noch die nachfolgende Wiedererwärmung auf die vorher gehaltene Frischdampftemperatur angezeigt haben. Leider gilt das allerdings auch noch für die selbstschreibenden Temperaturmeßgeräte, so daß man sagen kann, daß ein durch ein derartiges Gerät angezeigter Wasserschlagtemperatursturz schon auf einen schweren Fall hindeutet. Ein besonders bemerkenswerter Fall einer durch Wasserschlag verursachten Betriebstörung sei hier als Beispiel angeführt. An einer größeren Turbine wurde beim Anfahren die Welle krumm. Das Überprüfen des Vorganges durch das Turbinenwerk ergab, daß der Maschinenwärter an dem betreffenden Tage, entgegen den Vorschriften, nur eine knappe halbe Stunde vor dem Anfahren das Kraftwerk betreten hatte, so daß für die Vorbereitung des Anfahrens der ganzen Anlage, also das Entwässern der Rohrleitungen und der Turbine, das Öffnen der Dampfleitungen usw. nur wenige Minuten zur Verfügung standen. Das Registrierthermometer für den Frischdampf zeigte den aus Abb. 99 ersichtlichen Temperaturverlauf an. Nach diesem trat das erste Zucken der Aufzeichnung um $1^h 45'$ ein, es betrug nur $10°$ C. Um 2^h aber wurde ein Temperatursturz von $290°$ auf $104°$ C, also von $186°$, verzeichnet und damit mußten zweifelsohne große Wassermassen in die Turbine gekommen sein. Die Erklärung hierfür war die folgende: Das Kesselhaus war ungefähr 50 m vom Turbinenhaus entfernt und die Frischdampfleitung war im Freien über den Hof geführt. In der Nacht des betreffenden Tages war der erste Frost aufgetreten und das Frostwasser, das sich in der langen Zuleitung gebildet hatte, war bei dem zu frühen und raschen Öffnen der Frischdampfventile an der Turbine durch den Dampf in vollem Umfang in diese mitgerissen worden. Überdies fand der Vorfall an einem Montagmorgen statt, der bekanntlich eine kritische Zeit ist für Maschinen, die über das Wochenende abgestellt werden.

Alle Dampfdruckmesser müssen Prüfanschluß haben, so daß jederzeit durch Zuschalten eines geeichten Prüfgerätes der Zustand des Betriebsgerätes überprüft werden kann. Daneben muß darauf geachtet werden, daß die Meßgeräte so angebracht sind, daß sie nicht zusammen mit ihrer Befestigung zwangsweise oder durch zufällige Übereinstimmung mit irgendeinem Schwingungserreger in Schwingungen geraten, wodurch ihre Innenteile oft zerstört, zum wenigsten aber so beeinflußt werden, daß sich die Genauigkeit oder Zuverlässigkeit des Gerätes stark vermindert.

Außer den Frischdampfmeßgeräten und den Geräten im Gegendruck- oder Abdampfstutzen — über die Überwachung des Unterdruckes im Kondensator wird an anderer Stelle (S. 134/136) gesprochen — ist *von besonderer Wichtigkeit der Druckmesser im Dampfraum des HD-Gehäuses der Turbine.* Bei Gleichdruckturbinen und auch bei allen Überdruckturbinen mit einer Gleichdruckregelstufe an erster Stelle zeigt dieses Gerät den Druck in der ersten Radkammer an, bei reinen Überdruckturbinen den vor der ersten Stufe, und ist somit unmittelbar ein Maß für die Belastung der Turbine. Umgekehrt ist aus der Anzeige gerade dieses Gerätes bei bekannter Belastung ohne weiteres zu ersehen, ob die Turbine in ihrem Inneren, und zwar insbesondere in ihrer Beschauflung und in ihren Stopfbuchsen, in Ordnung ist. Ausgehend von der Beziehung, daß der Dampfdruckabfall in der Regelstufe umgekehrt verhältnisgleich dem Rauminhalt des Dampfes und damit verhältnisgleich dem Dampfgewicht ist, das durch die Dampfturbine hindurchgeht, kann man eine Kurve entwerfen, die für bestimmte Frischdampf- und Unterdruckverhältnisse die jeweils den verschiedenen Belastungen zugeordneten Dampfdrücke in der ersten Stufe angibt. Durch Vergleichen der Druckmesser- und Wattmesserablesungen miteinander und mit dieser Kurve können Rückschlüsse auf den Zustand des Betriebes und der Turbine im Inneren gezogen werden. Ist z. B. dieser Druck höher, als er bei der betreffenden Leistung sein sollte, so hat sich die Schluckfähigkeit des ND-Teiles verringert, d. h. die Schaufelwege haben sich zum Teil zugesetzt, oder die Beschauflung ist durch Anstreifen am feststehenden Teil oder dadurch, daß ein Fremdkörper durch sie hindurchgegangen ist, zugedrückt. Je nach dem Grade des Druckanstieges in der ersten Stufe ist die Turbine dann früher oder später zu öffnen, zu reinigen und zu überholen. Man kann ebenso aus der Anzeige des Druckmessers der ersten Stufe jede Unregelmäßigkeit im Betriebe, Unachtsamkeit des Maschinenwärters, vorübergehende plötzliche Überlastung der Turbine (Drucklagerschaden!) ablesen. Es sind Anlagen bekannt, wo der Druckmesser der ersten Stufe zusammen mit dem Wattmesser als einzige und wichtigste Überwachungsgeräte im Zimmer des Betriebsingenieurs angebracht werden, ein Zeichen dafür, daß die Wichtigkeit gerade dieser Meßgeräte richtig erkannt worden ist.

Die *Stopfbuchsen* von Kondensationsturbinen sind in der Regel nach dem auf S. 44/45 und Abb. 44 angegebenen Schaltplan angeordnet. Bei Gegendruckturbinen mit hohen Stopfbuchsendrücken wird Dampf aus den Stopfbuchsen abgesaugt. Das Einstellen des abzusaugenden Leckdampfes oder der Sperrdampfmenge für die Unterdruckstopfbuchsen obliegt dem Maschinenwärter, der von Hand die entsprechenden Ventile zu betätigen hat. Mit der Belastung verändert sich die Druckverteilung in der Turbine. Damit ändert sich auch der Dichtungsdruck der Überdruckstopfbuchsen. Bei der Kon-

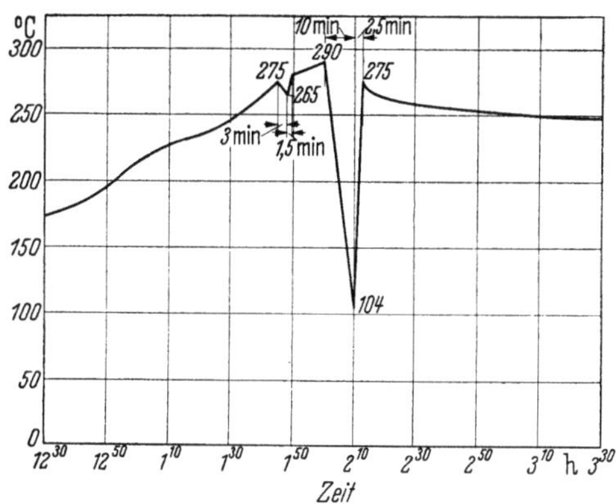

Abb. 99. Frischdampftemperatur vor der Turbine beim Anfahren.

Das Registrierthermometer zeigt einen Temperatursturz von 186° C beim Anfahren der Turbine an einem Montagmorgen.

densationsturbine mit untereinander verbundenen Stopfbuchsen bedeutete das ein Mehr oder Weniger an Sperrdampf für die Unterdruckstopfbuchsen; diese werden also entweder stärker abblasen oder nicht mehr genügend gegen Luft absperren. Der Maschinenwärter muß somit, sobald seine Maschine mit wechselnder Belastung arbeitet, auf die Stärke des Dampfschleiers aus den Wrasenabzugsrohren der Stopfbuchsen achten und danach das Absaugventil oder das Ventil für den Frischdampfzusatz nachregeln. Es liegt daher nahe, die Bedienung der Stopfbuchsen von der Achtsamkeit des Maschinenwärters unabhängig zu machen, also selbsttätige Vorrichtungen hierfür vorzusehen. Derartige Vorrichtungen sind dort zweckmäßig, wo Kondensationsturbinen während des Betriebes zeitweilig auch mit so kleinen Belastungen gefahren werden, daß Stopfbuchsen, die sonst bei höheren Belastungen gegen inneren Überdruck zu drosseln haben, zu Unterdruckstopfbuchsen werden, also Sperrdampf erhalten müssen. Hier hat dann der einzuschaltende Regler im gegebenen Augenblick von Absaugung auf Frischdampfzusatz zu schalten. Meist reicht der Leckdampf der HD-Stopfbuchsen aus, um die Unterdruckstopfbuchsen mit Sperrdampf zu versorgen. Durch Lastschwankungen während des Betriebes verändert sich dann nur die

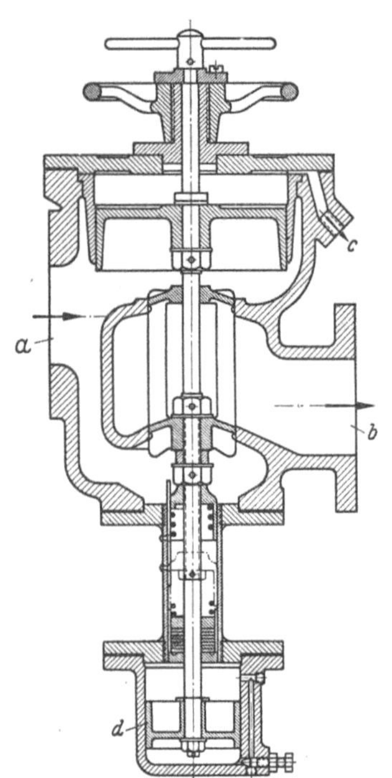

Abb. 100. BTH, Absaugventil für Stopfbuchsendampf.

a Leckdampf von der HD-Stopfbuchse; *b* Auslaß in eine Zwischenstufe der Turbine; *c* Auslaß ins Freie; *d* Wasserpuffer.

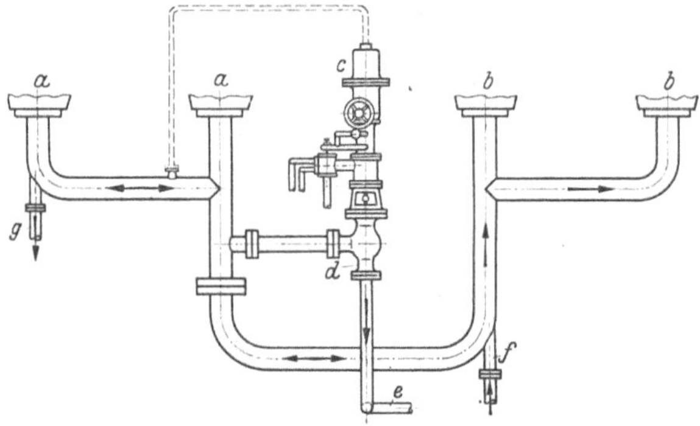

Abb. 101. AEG, Stopfbuchsenschaltung einer zweigehäusigen Kondensationsturbine mit selbsttätiger Absaugvorrichtung.

a Anschluß zu den HD-Stopfbuchsen; *b* Anschluß zu den ND-Stopfbuchsen; *c* Membrandruckregler; *d* Absaugventil; *e* Absaugleitung zum Kondensator; *f* durch Handventil zu betätigende Frischdampfzusatzleitung.

Menge des aus den Überdruckstopfbuchsen austretenden Leckdampfes. Hier ist also, will man von der Bedienung unabhängig werden, eine selbsttätige Vorrichtung am Platz, die entsprechend dem Druck in der Stopfbuchsenverbindungsleitung mehr oder weniger Dampf zu einer Stelle niedrigeren Druckes im Dampfkreislauf (Kondensator, ND-Vorwärmer) überströmen läßt.

Ein solches Absaugventil zeigt Abb. 100. Es ist ein entlastetes Doppelsitzventil, das in der Leitung von der Absaugstelle der Stopfbuchsen zu einer Unterdruckstufe der Turbine angeordnet wird. Ein durch Dampf unmittelbar betätigter Kraftkolben auf der Ventilspindel öffnet das Ventil, sobald der Druck an der Absaugstelle der Stopfbuchse über den Wert ansteigt, für den das Ventil und der Kraftkolben entworfen sind. Da Dampf kein vollkommenes Betätigungsmittel für einen Kraftkolben ist, wird die Ventilspindel gleichzeitig durch einen Wasserpuffer abgedämpft. Diese verhältnismäßig einfache, im Betriebe allerdings auch nicht besonders empfindlich arbeitende Vorrichtung wird nur bei größeren Kondensationsturbinen über etwa 4000 kW, und auch da nicht überall, verwendet.

Die vollständigere Vorrichtung für eine zweigehäusige Turbine zu dem gleichen Zweck, Abb. 101, setzt die gleichen allgemeinen Verhältnisse voraus. Die ND-Turbine enthält einen doppelflutigen Läufer, seine beiden Außenstopfbuchsen stehen also unter Unterdruck und benötigen Sperrdampf. Die Absaugstellen der HD-Stopfbuchsen sind untereinander und mit den ND-Stopfbuchsen in der üblichen Weise verbunden. Ein Anschluß für Frischdampfzusatz, von Hand zu bedienen, ist vorgesehen. Von der Verbindungsleitung zwischen HD- und ND-Stopfbuchsen zweigt die Absaugleitung ab, in der das selbsttätig gesteuerte Ventil angeordnet ist. Dieses Ventil wird von einem Druckregler mit Balgmembran über ein Ölkraftgetriebe betätigt. Der Druckregler erhält seine Antriebe aus der Verbindungsleitung zwischen den beiden HD-Stopfbuchsen. Stopfbuchsendampf sollte stets in den Kondensator oder einen anderen Unterdruckbehälter, nicht aber in eine Unterdruckstufe der Turbine abgesaugt werden, da einerseits der mögliche Gewinn an Arbeitsvermögen aus dem Stopfbuchsenleckdampf doch nur gering

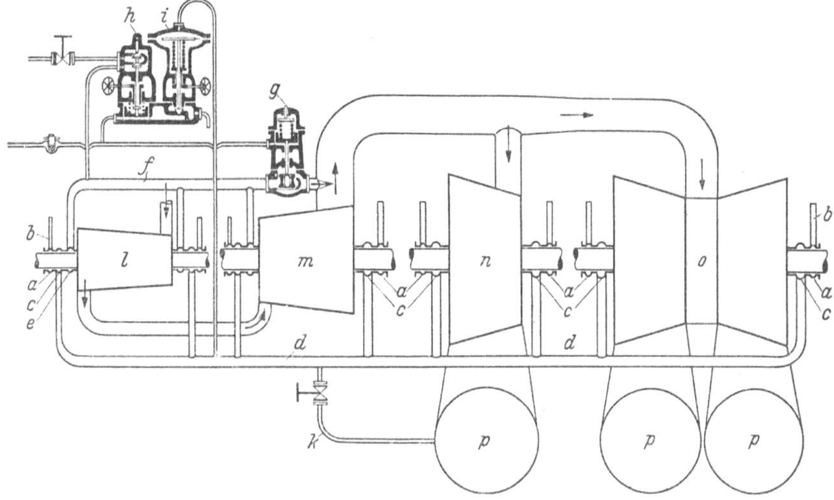

Abb. 102. BBC, selbsttätige Absaug- und Sperrdampfreglung der Außenstopfbuchsen einer viergehäusigen Kondensationsturbine, 50000 kW, 3000 U/min [31].
a Wrasenrohrkammer; *b* Wrasenrohr; *c* Sperrdampfkammer; *d* Sperrdampfleitung; *e* Kammer der HD-Stopfbuchsen für Sperrdampfanzapfung bei hohen Belastungen; *f* Leitung von den HD-Stopfbuchsen für Dampfabsaugung bei hohen Belastungen; *g* Drosselventil in der Absaugleitung; *h* Frischdampfzusatzventil für kleine Belastungen; *i* Druckregler für Sperrdampfleitung; *k* Absaugleitung zum Kondensator; *l* HD-Turbine, *m* MD-Turbine; *n* einflutige ND-Turbine I; *o* doppelflutige ND-Turbine II; *p* Kondensator.

sein kann, andererseits aber eine Verbindung der Stopfbuchsen mit einer ND-Stufe der Turbine den Betrieb nicht sicherer gestaltet.

Soll die Absaugung sowohl wie der Zusatz von Sperrdampf für alle Stopfbuchsen einer Turbine vollkommen selbsttätig gesteuert werden, so müssen das Sperrdampfzusatzventil und das Ventil zur Absaugleitung von einem Druckregler gesteuert werden. Dieser Druckregler erhält dann seinen Antrieb aus der Verbindungsleitung der HD- und der ND-Stopfbuchsen, Abb. 102 [31]. Der Druckregler betätigt vermittels einer Steuerscheibe den Kraftkolben eines Wechselventiles, zu dem die sonst getrennten Ventile für den Zusatz von Frischdampf und für die Absaugung vereinigt sind. Das erforderliche Drucköl für den Kraftkolben wird der Druckölleitung der Turbine entnommen. Im üblichen Betriebe, d. h. wenn der Druck an der Absaugstelle der Stopfbuchse seine gewöhnliche Höhe hat, hält der Druckregler durch das Ölkraftgetriebe das Absaugventil des Wechselventiles geöffnet. Wird die Turbine entlastet, so daß nur noch ganz wenig oder gar kein Dampf mehr durch die HD-Stopfbuchse entweicht, so fällt auch der Druck in der Stopfbuchsenverbindungsleitung, der Druckregler greift ein und öffnet das Frischdampfzusatzventil, während er gleichzeitig das Absaugventil schließt. Je empfindlicher der Druckregler arbeitet, um so genauer kann die Reglung der Stopfbuchsendampf-

---

[31] Nach Brown Boveri Mitt. Bd. 19 (1932) S. 32 Abb. 64.

verhältnisse eingestellt werden. Durch die auch sonst bei Druckreglern übliche Verstellvorrichtung des Regelbereiches kann man die Stärke des aus den Wrasenrohren entweichenden Leckdampfschwadens beeinflussen. Eine derartig selbsttätig wirkende Stopfbuchsendampfreglung verhindert somit, daß einerseits bei Teillasten aus Unachtsamkeit der Bedienungsmannschaft infolge fehlenden Sperrdampfes sich die Luftleere verschlechtert, andererseits bei hoher Belastung zuviel Dampf durch die Wrasenrohre ins Freie entweicht.

Zur Überwachung der *Drehzahl* eines Turbostromerzeugers dient der Drehzahlanzeiger, der an jeder Turbine vorgesehen ist. Er ist in der Regel am vorderen Lagerbock so angeordnet, daß man seine Anzeige, während man das Schnellschlußventil bedient, ablesen kann. Die gebräuchlichsten Drehzahlanzeiger für Turbostromerzeuger sind Fliehkraftgeräte, die durch irgendeinen Zahn- oder Schneckentrieb mit der Turbinenwelle gekuppelt sind. Daneben kommen für Betriebsuntersuchungen auch „Vibrationstachometer" (nach Frahm) in Betracht. Man hat bei Turbinen mit Drehstromerzeugern außerdem im Frequenzmesser einen sehr genauen Drehzahlmesser. Von dieser Möglichkeit wird häufig dort Gebrauch gemacht, wo die hauptsächlichen Überwachungsgeräte eines Maschinensatzes außer an der Maschine selbst auch noch entfernt davon an einer Hauptüberwachungstelle angebracht sind. Auch dafür gibt es besondere Meßgeräte, wie z. B. an der Turbine einen mitlaufenden kleinen Wechselstrommagnetläufer als Geber und ein Drehspulgerät als Anzeiger.

Die gewöhnliche Drehzahlanzeiger sind mit leichtflüssigem, nichtharzendem Knochenöl (Nähmaschinenöl) öfters, aber nur wenig auf einmal zu schmieren. Das Eindringen zähflüssigen Öles würde die Empfindlichkeit des Gerätes beeinflussen. Die Richtigkeit und Genauigkeit der Anzeige ist von Zeit zu Zeit mittels eines Handdrehzahlmessers zu überprüfen.

Ebenso wie die Ablesungen der Druck- und Temperaturmesser sind die Drehzahlen in das Betriebstagebuch einzutragen.

Der *Lauf* einer Turbine wird, einwandfreien Zustand vorausgesetzt, auch bei langer Betriebzeit gleichmäßig bleiben und sich nicht verändern. Jede Veränderung deutet eine Unregelmäßigkeit an. Der Grund dafür kann außerhalb oder innerhalb der Turbine liegen. Die verschiedenen Teile der ganzen Anlage müssen ständig in guter Ausrichtung gehalten werden und ihre Auflage muß unverändert fest und sicher bleiben. Wenn durch Erschütterungen oder Schwingungen oder andere Ursachen die Lagerböcke, Grundplatten u. dgl. lose geworden sind, so sind sie sofort wieder zu befestigen; die Ankerbolzen der Grundplatten dürfen jedoch nicht bei laufender Turbine nachgezogen werden. Ihr Nachziehen macht vielmehr eine Überprüfung der gesamten Lagerung erforderlich. Fundamentverlagerungen beeinträchtigen die Ausrichtung der Turbine. *Die Eigenschwingungzahlen der Fundamente für Turbinen sollen, wie bereits erwähnt, wenigstens 20 % von der Betriebsdrehzahl der Turbine entfernt liegen, so daß eine Resonanz mit der Betriebsdrehzahl nicht vorhanden ist.* Treten bei einem nach diesen Richtlinien ordnungsgemäß ausgeführten Fundament dennoch Schwingungen auf, so handelt es sich um erzwungene Schwingungen, die allerdings einer starken Erregung bedürfen. Diese wiederum muß vom Turbosatz selbst ausgehen, so daß Schwingungen richtig bemessener Fundamente bei ruhig laufenden Turbosätzen nahezu unmöglich sind und die übliche Schwingungsbeobachtung der Turbinen und Stromerzeuger auch die der Fundamente bereits in sich schließt. Auch eine Resonanz von Anbauten an den Turbinenfundamenten ist zu vermeiden und, da sie meist bereits bei der ersten Inbetriebnahme beobachtet wird, umgehend zu beseitigen. Treten an einer Maschinenanlage Schwingungserscheinungen auf, die auf eine Resonanz zwischen Turbine und Fundament schließen lassen, so empfiehlt es sich, entsprechende Messungen durchzuführen. Für derartige Untersuchungen eignen sich am besten Rüttelmaschinen, die unmittelbar auf das Fundament aufgesetzt werden. Bereitet jedoch die Aufstellung und die Verankerung der Rüttelmaschine mit dem Fundament Schwierigkeiten, so kann man auch die Turbomaschine als Erreger verwenden. Diese verhältnismäßig einfache Art der Erregung genügt meist vollkommen, besonders dann, wenn es sich weniger um einen unmittelbaren Vergleich der Amplituden bei den verschiedenen Drehzahlen handelt, sondern nur um die Frequenzermittlung der Resonanzstellen.

Die Lagerspiele der Turboanlagen dürfen im Dauerbetrieb die vorgeschriebenen Werte nicht nennenswert überschreiten. Ist das der Fall, so sind die ursprünglichen Spiele wiederherzustellen. Es ist ferner darauf zu achten, daß die Befestigung- und Druckschrauben der Lagerdeckel sich nicht lockern. Lose Schrauben sind unverzüglich nachzuziehen. Etwa vorhandene Lagerdruckschrauben müssen stets von Hand, dürfen nie mit dem Schlagschlüssel nachgezogen werden, da sonst die obere Lagerschale verdrückt werden kann. Unterlassung dieser Maßnahme kann zu unruhigem Lauf Anlaß geben. Unruhiger Lauf wiederum kann Störungen verschiedenster Art bewirken. Selbst dort, wo Schwingungserschütterungen nicht zu ernsteren Schäden führen — und das ist glücklicherweise der größte Teil der Fälle —, vergrößern sich meist die Stopfbuchsenspiele durch Anstreifen der Welle. Der Dampfverbrauch wird somit schlechter.

Schwingungen können aber auch durch Veränderung des Läufers selbst entstehen. Alle umlaufenden Teile der Dampfturbinen axialer Bauart und der von ihnen angetriebenen Arbeitsmaschinen, auch der Zahnradgetriebe, werden im Lieferwerk sorgfältig statisch und dynamisch ausgewuchtet. Dieser Gleichgewichtzustand kann sich im Betriebe z. B. dadurch ändern, daß die Dampfwege zwischen den Laufschaufeln sich infolge unreinen Dampfes ungleichmäßig zusetzen, doch sind solche Fälle selten. Häufiger sind Verlagerungen und damit Unwucht innerhalb der Läufer der Stromerzeuger. Dadurch hervorgerufene Unruhe im Lauf kann sich auf den ganzen Turbosatz übertragen. Überschreiten die Schwingungen ein zulässiges Maß, wird der Lauf der Anlage somit so unruhig, daß für die Sicherheit des Betriebes gefürchtet werden muß, so muß die Anlage sofort stillgesetzt und überholt werden. Geringe Unruhe dagegen ist noch kein Grund zur Unterbrechung des Betriebes, ihre Beseitigung kann bis zum nächsten Abstellen oder bis zur nächsten planmäßigen Überholung zurückgestellt werden.

Ob eine Unruhe im Lauf die Betriebsicherheit bereits gefährdet oder nicht, wird am besten der mit der Maschine vertraute Wärter oder Ingenieur beurteilen können. Entscheidend ist dabei das Maß, in dem die Ursache etwa zunimmt. In Zweifelsfällen empfiehlt es sich, als Berater einen Ingenieur des Lieferwerkes hinzuzuziehen, das die Turboanlage gebaut hat. Dem Erfahrenen wird es in den meisten Fällen bereits nach kurzer Untersuchung gelingen, durch das unmittelbare Gefühl und durch Messungen mit den dafür zur Verfügung stehenden Meßgeräten die mutmaßliche Ursache mit guter Treffsicherheit festzustellen und je nach dem Ergebnis der Messungen zweckentsprechende Abhilfemaßnahmen, z. B. Nachwuchten, Beseitigen von Ausrichtveränderungen usw., durchzuführen. Die in Aufbau und Bedienung einfachen Meßgeräte, die durch Aufsetzen auf den zu messenden Bauteil die lotrechten, die axialen und die Querschwingungen abzulesen gestatten, sind bei einiger Übung für den Betriebsingenieur zur Beurteilung des Laufzustandes der Maschine von Wert. Die Handhabung von hochempfindlichen, meist auf elektrischem Wege arbeitenden Geräten jedoch, deren Anschaffung für die einzelnen Werke wegen der unverhältnismäßig hohen Kosten nicht in Frage kommt und deren Anwendung nur auf Sonderfälle beschränkt wird, ist ohne genaue Kenntnis nicht möglich und sollte daher nur den damit besonders Vertrauten überlassen bleiben, zumal die Deutung der mit diesen Geräten gewonnenen Meßergebnisse nicht geringe Sachkenntnis voraussetzt.

Da bezüglich der Beurteilung der Meßwerte von Lagerausschlägen mitunter Unklarheiten bestehen, seien hierfür Angaben gemacht, die als allgemeine Richtwerte angesehen werden können:

Ausschläge am Lagerbock in μ	Beurteilung der Meßwerte
bis zu 20	sehr gut
20 bis 40	gut
40 bis 60	gerade noch zulässig
70	schlecht
über 70	völlig unzulässig

Betragen die Lagerausschläge über 60 μ. so ist somit ehestens für Abhilfe zu sorgen, um eine Gefährdung der Maschine zu vermeiden.

Es muß allgemein hierzu gesagt werden, daß zu einer dauernden Überwachung aller Dampfturbinenanlagen durch Schwingungsmeßgeräte durchaus keine Veranlassung vorliegt. Aufgabe der betriebsmäßigen Schwingungsüberwachung der Anlagen kann es nur sein, Änderungen im Lauf der Maschinen oder, was dasselbe bedeutet, das Auftreten und Anwachsen von Schwingungen festzustellen.

Die Vorrichtungen und Geräte zur Überprüfung oder Anzeige der *Wellenlage* der Turbine sind ebenfalls nicht grundsätzlich erforderlich und auch nicht in allen Fällen vollkommen zuverlässig. Es kommt hinzu, daß Schäden am Läufer oder an den Lagern von Dampfturbinen sich selten vorher ankündigen und meist so plötzlich eintreten, daß schon ein Zufall walten müßte, wenn der Eintritt des Schadens zeitlich mit einer Ablesung des Anzeigers der Wellenlage zusammenfällt. Immerhin kann und wird man sich derartiger Geräte, vor allen Dingen der Axialspielanzeiger, als zusätzlicher Überwachungshilfsmittel bei besonders großen Turbinen bedienen und überall dort, wo es sich um Turbinen für besonders hohe Drücke und Temperaturen des Dampfes handelt.

Die Höhenlage der Welle in den Lagern kann während des Betriebes mit einer Vorrichtung nach Abb. 103 gemessen werden. Dem gleichen oder einem ähnlichen Grundsatz folgen andere, in Einzelheiten wohl davon abweichende Ausführungen. Erfahrungsmäßig ist jedoch eine derartige Vorrichtung bei ortfesten Turbinenanlagen nicht erforder-

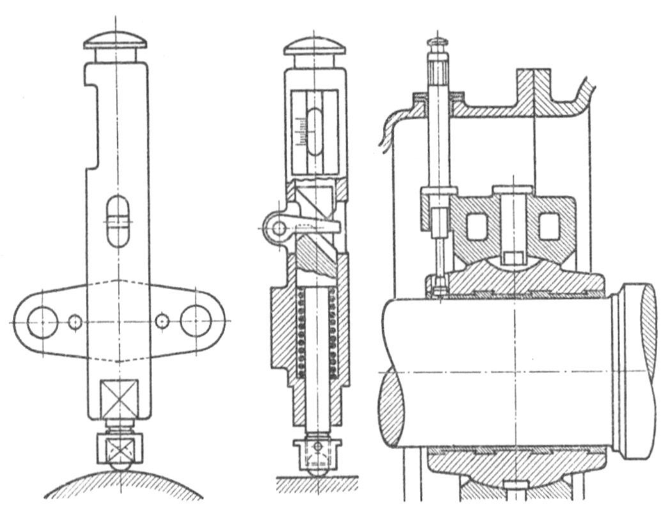

Abb. 103. Meßvorrichtung zum Überprüfen der Höhenlage von Wellen im Betriebe (links und Mitte), sowie Anwendungsbeispiel dafür (rechts).

lich, da infolge der Starrheit der Lagerung und der in der Regel recht gleichmäßigen oder doch sich nur allmählich ändernden Belastung der Turbine Wellenverlagerungen infolge abgenutzter Lagerschalen bei ordnungsgemäßer Schmierung kaum jemals eintreten. Im Schiffsbetrieb werden solche Vorrichtungen jedoch häufig noch verwendet, insbesondere bei Getriebeturbinen.

Durch regelmäßige Stichproben mit dem *Axialspielanzeiger* (vgl. Abb. 91), der bekanntlich nicht dauernd in Betriebstellung stehen soll, erhält der Maschinenwärter ein genaues Bild davon, wie sich die Lage der Welle mit der Belastung, mit der Durchwärmung der Maschine usw. verändert, und er wird, vor allen Dingen beim Anfahren, unregelmäßige Verlagerungen sofort feststellen können, bevor sie sich zu solcher Größe auswachsen, daß sie das Axialspiel der Beschauflung und der Stopfbuchsen gefährden und damit Schaden verursachen können. In Sonderfällen sind solche Axialspielanzeiger auch schon mit Selbstschreibgeräten ausgestattet worden.

Jede Veränderung der axialen Lage des Läufers nach vollkommener Durchwärmung der Turbine deutet zunächst auf eine Veränderung (Abnutzung) des Drucklagers hin, das indessen, richtige Bemessung vorausgesetzt, nur infolge einer Störung (Zusetzen der Schaufelwege, Wasserschlag, Ölmangel u. dgl.) beschädigt oder auch nur abgenutzt werden kann. Auf einfache Weise kann man eine Abnutzung des Drucklagers dann feststellen, wenn das vordere Ende der Hauptwelle oder ein dünner Verlängerungzapfen derselben durch eine Bohrung im Stirndeckel des vorderen Turbinenlagerbockes hindurchragt und dort bei richtiger Wellenlage bündig mit einer angearbeiteten Meßfläche abschließt, eine Anordnung, die auch, wie bereits auf S. 109 erwähnt, der Beobachtung des Rundlaufens der Welle beim Anfahren dient. Jede Veränderung der axialen Lage des Läufers ist am Unterschied zwischen Meßfläche und Zapfenstirnfläche zu ersehen. Ist eine derartige axiale Verlagerung der Welle festgestellt, so ist die Beobachtung des Drucklagers (Öltemperatur!) stets der erste Schritt zur weiteren Untersuchung.

Eine unmittelbare *Überprüfung der Wellenlage* gegenüber den Stopfbuchsen während des Betriebes ist nicht möglich. Man kann lediglich, falls Axialspielanzeiger vorgesehen sind, auf die axiale Stellung des Läufers zu den Stopfbuchsen schließen. Zur Besichtigung der Stopfbuchsen ist bei der überwiegenden Mehrzahl der Turbinenbauarten ein Abheben des Oberteiles des Turbinengehäuses erforderlich. Nur vereinzelt finden sich Ausführungen, bei denen die Stopfbuchsengehäuse und -ringe bei geschlossenem Turbinengehäuse herausgenommen werden können. Ob man diese Ausführung wählen soll, hängt hauptsächlich von der Art der Wellendichtung ab. Für Kohlestopfbuchsen ist diese Bauart berechtigt, da deren Kohleringe infolge ihrer größeren Empfindlichkeit, Abnutzung oder Bruch häufiger ausgewechselt werden müssen. Für Labyrinthstopfbuchsen dagegen lohnt der Vorteil leichterer Zugänglichkeit den größeren Aufwand nicht. Zudem ist die Dichtung einer weiteren Teilfuge, die den höchsten in der Turbine auftretenden Dampftemperaturen und -drücken ausgesetzt ist, aus Betriebsgründen nicht erwünscht. Sind die Außenstopfbuchsen einer Turbine beschädigt oder zu groß im Spiel, so ist zu vermuten, daß das auch bei den Zwischenstopfbuchsen zutrifft. Hat das auf den Lauf und damit auf die Betriebsicherheit der Maschine keinen störenden Einfluß, so bestehen keine Bedenken, die Erneuerung oder das Nachpassen der Stopfbuchsen bis zur nächsten planmäßigen Überholung zu verschieben. Sind die Stopfbuchsen dagegen infolge einer Unregelmäßigkeit im Betriebe stärker ausgeschlagen, so ergibt sich damit meist eine Verschlechterung des Laufes der Maschine, also eine Veränderung des Läufers, etwa dergestalt, daß der Läufer zu weit ausgeschwungen hat und infolge einer einseitigen Erwärmung beim Anstreifen gegen die Stopfbuchsen krumm geworden ist. In diesem Falle muß die Maschine ohnedies geöffnet werden, eine Besichtigung oder Erneuerung der Stopfbuchsen allein bringt hier in den seltensten Fällen Abhilfe. Überdies brauchen die Stopfbuchsen nur sehr selten herausgenommen zu werden.

Einen guten, bei vielen Turbinen den einzigen und ausreichenden Überblick über die Lager- und damit die Läuferverhältnisse geben die Lagerthermometer, die die Temperatur des Schmier- und Kühlöles in den einzelnen Lagern anzeigen. Aus der übermäßigen Erwärmung eines Lagers kann ohne weiteres auf eine Unregelmäßigkeit geschlossen werden. Erhält das Lager genügend Öl, so hat es dann entweder zu geringes Spiel oder es hat vielleicht wegen einer Verunreinigung des Öles „geschmiert".

Die Überwachung eines Turbinen*getriebes* erfordert, soweit es die Lagerung betrifft, die gleichen Beobachtungen wie die der Turbinenlager. Da im Gegensatz zu den Lagern des Turbinenläufers und des Stromerzeugers die der Getriebewellen mit steigender Leistung durch den Zahndruck stärker belastet werden, so ist hier eine Einhaltung der Lagerspiele noch notwendiger als bei den übrigen Lagern der Turbinenanlagen. Bei zu großen Lagerspielen läuft viel Öl aus dem Lager und die eine Schalenhälfte bekommt dann zu wenig Öl, läuft sich blank und trägt hart. Dann kann aber durch zu reichliches Spiel in einem Getriebelager und sich dadurch ergebende Verlagerung der Getriebe unruhig laufen.

Betreffs der Verzahnungsteile ist darauf zu achten, daß sie genügend Öl erhalten. Daneben ist der Ursache einer etwa zunehmenden Veränderung des Arbeitsgeräusches im Getriebe nachzugehen.

Bei Freilufturbinenanlagen, die allerdings bisher nur vereinzelt ausgeführt worden sind, werden fernanzeigende Meßgeräte zur Überwachung von Dampfturboanlagen im Betriebe in stärkerem Maße verwendet. Solche *Fernanzeigegeräte* sind zunächst Axialspielanzeiger, dann solche, die die Ausdehnungsunterschiede der Welle gegen das Gehäuse während der Anwärm- oder Abkühlzeiten anzeigen, ferner Meßeinrichtungen für den größten Ausschlag der Welle beim Hochfahren und beim Durchfahren der kritischen Drehzahl, schließlich Schwingungsmesser, die man etwa auf die Lagerböcke setzt. Mitunter sieht man auch Schallaufnahmegeräte vor, z. B. um einen unregelmäßigen Ton im Inneren des Turbinengehäuses, wie er durch das Anstreifen des Läufers hervorgerufen wird, festzustellen und bei seinem Auftreten einen Warnruf ertönen zu lassen. Bisher hat sich für solche Geräte allerdings keine allgemeine Notwendigkeit ergeben, überdies sind sie nur dann einigermaßen verläßlich, wenn sie im Aufbau nicht zu verwickelt, also für einen Dauerbetrieb wirklich geeignet sind.

Die Überwachung der *Kondensationsanlage* bezweckt, für die Turbine dauernd gute Luftleere zu schaffen und den Kesseln reines Kondensat zu liefern.

Schlechte Luftleere kann folgende Ursachen haben:

Zu knappe Kühlwassermenge,
Verschmutzung der Kühlfläche des Kondensators,
ungenügende Kondensatförderung,
ungenügende Luftförderung,
Lufteinbruch in den Vakuumraum.

Die durch den Kondensator fließende *Kühlwassermenge* kann aus der Kühlwassererwärmung festgestellt werden. Überschläglich genügt es, sie aus der Formel $W = \dfrac{550\,K}{\varDelta t_w}$ zu ermitteln. Darin bedeutet W die Kühlwassermenge in kg/h, K die Kondensatmenge in kg/h und $\varDelta t_w$ die Kühlwassererwärmung in ° C. Eine Verminderung der Kühlwassermenge im Lauf der Betriebzeit läßt darauf schließen, daß sich Fördermenge oder Förderhöhe der Kühlwasserpumpe geändert haben, was auf Schäden im Pumpenkreisel, Verstopfung der Pumpe oder ihres Saugkorbes durch Fremdkörper, Ansaugen von Luft, aber auch auf Erhöhung des Durchflußwiderstandes des Kondensators oder der Kühlwasserleitung durch Ablagerungen oder Verstopfung zurückzuführen ist. Für die laufende Überwachung des Kühlwasserkreislaufes muß je ein Thermometer zum Ablesen der Kühlwasserein- und -austrittstemperatur angebracht werden. Druckmesser an den Kühlwasserstutzen der Pumpe sind zu empfehlen, um Veränderungen der Saug- und Druckhöhen beobachten zu können. Bei elektrisch angetriebenen Kühlwasserpumpen wirken sich solche Veränderungen auch in der Anzeige des Strom- oder Leistungsmessers aus.

Verschwindet das Vakuum infolge Versagens der Kühlwasserpumpe vollständig, so öffnet sich das Notauspuffventil. Die Temperatur des Turbinenabdampfes und des in den Rohren stehenden Kühlwassers steigt rasch und nimmt unzulässige Werte an. Die Turbine muß dann von Hand abgestellt werden, falls nicht eine Vorrichtung eingebaut ist, die bei steigendem Kondensatordruck den Schnellschluß auslöst.

Die Maßnahmen, um eine *Verschmutzung* der Kondensatorkühlfläche zu verhindern, sind verschieden, je nachdem ob es sich um Frischwasser oder um Kühlturmwasser handelt. Bei Verwendung von *Frischwasser* sind in erster Linie grobe Unreinigkeiten von Pumpen und Kondensatoren fernzuhalten. Die Stichkanäle, welche das Wasser zum Kraftwerk führen, sollen nicht in Strömungsrichtung vom Flusse abzweigen, sondern senkrecht oder besser noch in leicht spitzem Winkel. Es werden dann große Schwimmstoffe schon durch die natürliche Wasserströmung ferngehalten. Vor der Kanalmündung dürfen keine schlammsammelnden Wirbel entstehen. Die Kanalsohle ist regelmäßig auf Schlammablagerungen zu prüfen und zu reinigen. Für die Prüfung kann man durch Rohre Preßluft auf die Kanalsohle blasen, die den Schlamm aufwirbelt und sichtbar macht. Schlamm und Sandinseln können sich durch Gasbildung beim Faulen plötzlich vom Boden lösen und durch Verstopfen der Reinigungsvorrichtungen den Betrieb stören. Die Wassergeschwindigkeit im Einlauf soll 0,6 bis 1 m/s betragen. Führt der Fluß Sand mit, so empfiehlt es sich, mit der Geschwindigkeit auf 0,3 m/s herunterzugehen, da dann die Sandkörner zu Boden sinken. Die Kanalsohle soll möglichst höher liegen als die Flußsohle, damit Bodengeröll ferngehalten wird. Bei größeren Ansprüchen werden Absetzbecken mit Schlammbaggern am Kanaleinlauf angelegt.

Größere Schwimmstoffe, wie Holzstücke, Äste, Gras und Laub, werden durch Rechen ferngehalten. *Grobrechen* mit Spaltweiten von 20 bis 100 mm stellen geringe Ansprüche an die Wartung. Ein- bis zweimalige Reinigung während der Schicht von Hand oder mit Hilfe von Vorrichtungen ist ausreichend, Abb. 104[32]. Bei stärkerem Anfall von Verunreinigungen während der Heuernte, beim Laubfall, nach heftigem Regen, besonders bei Hochwasser, muß der Rechen dauernd überwacht werden. Dies kann auch selbsttätig durch Messen des Wasserspiegels vor und hinter dem Rechen in Verbindung mit einer Warnvorrichtung geschehen. Die größten Schwimmteile, Balken, Äste, Eisschollen, müssen schon vor dem Grobrechen durch einen Schwimmbalken festgehalten und zeitweilig entfernt werden.

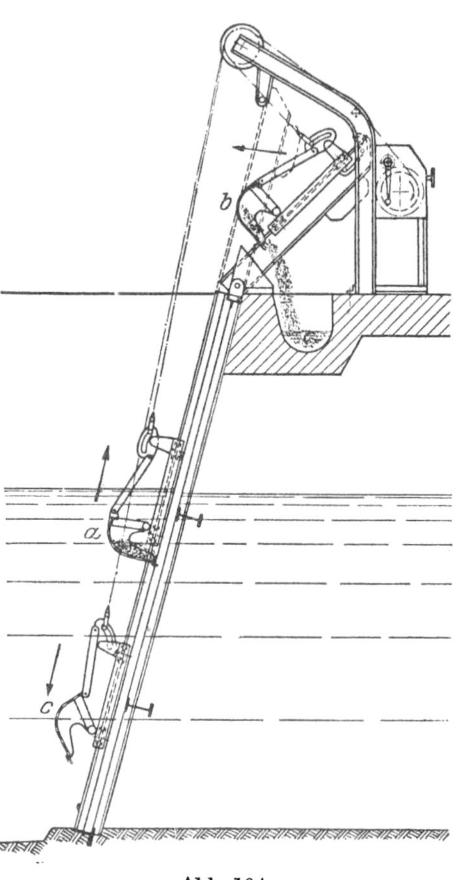
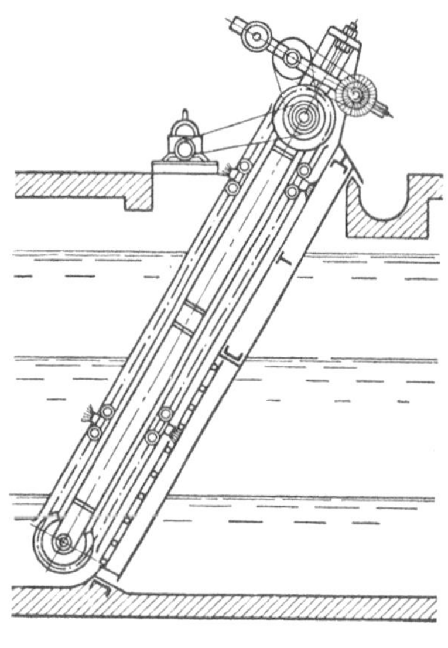

Abb. 104.   Abb. 105.

Abb. 104. Grobrechen. Mechanische Abstreifvorrichtung mit Seilzug und handbetätigter Winde[32]. Rechenkamm in drei verschiedenen Stellungen: *a* Hochziehen; *b* Auskippen; *c* Absenken des Wagens.
Abb. 105. Feinrechen mit umlaufenden Bürsten[33].

Feinrechen mit Spaltweiten von 2 bis 20 mm sind anspruchsvoller in der Überwachung und Reinigung. Gereinigt wird, und zwar mit Unterbrechung, durch umlaufende Bürsten, Abb. 105[33]. Die bewegten Teile, welche mit Schlamm dauernd in Berührung kommen, haben großen Verschleiß und müssen rechtzeitig ausgewechselt werden, wenn Betriebstörungen vermieden werden sollen. Die Wartung der Rechen erstreckt sich insbesondere auf das Nachstellen der Bürsten und zeitweise Erneuerung des Rostschutzes.

Umlaufende *Siebbänder* mit 200 bis 400 Maschen je cm² fangen feinere Schwebestoffe auf. Sie werden dauernd durch Abspritzen mit Druckwasser gereinigt, Abb. 106[34].

[32] WIRTH, S.: Aufbau und Betriebseignung von Grob- und Feinrechen. Arch. Wärmewirtsch. Bd. 22 (1941) S. 44 Abb. 4.
[33] WIRTH, S.: Aufbau und Betriebseignung von Grob- und Feinrechen. Arch. Wärmewirtsch. Bd. 22 (1941) S. 46 Abb. 10.
[34] THIELSCH, K.: Wirtschaftliche Betriebsführung von Kondensationsanlagen *AEG*-Mitt. (1925) S. 26 Abb. 9.

Gerissene Siebe müssen so schnell wie möglich ausgewechselt werden. Ersatzrahmen müssen daher bereitstehen. Die Laufrollen der Siebbänder verschleißen rasch und müssen rechtzeitig ersetzt werden.

Gute Zugänglichkeit aller Teile ist beim Antrieb von Rechen und Sieben besonders nötig, damit schadhafte Teile leicht ausgewechselt werden können. Für gute Schmierung, besonders der dem Spritzwasser ausgesetzten Teile, ist zu sorgen.

Im Winter besteht große Gefahr der Rechenvereisung. Einen wirklichen Schutz bietet die Einleitung von Warmwasser, das am Kondensatoraustritt reichlich zur Verfügung steht, in den Zulaufkanal. Die Rechen können auch dadurch eisfrei gehalten werden, daß an den Stäben flache Körbe mit glühendem Koks knapp über dem Wasserspiegel aufgehängt werden. Auch elektrische Rechenbeheizung ist mit Erfolg ausgeführt worden.

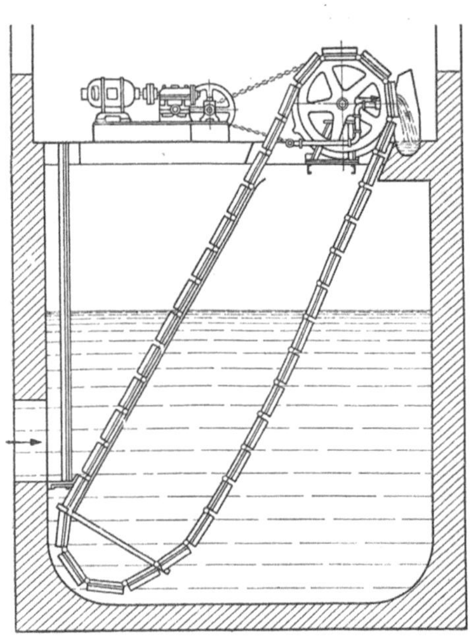

Abb. 106. Siebband. Schräganordnung mit äußerer Beaufschlagung[34].

Der am Beginn der Saugleitung vorgesehene *Saugkorb* dient weniger der Entfernung von Unreinigkeiten als zur Sicherung der Pumpe bei einem Versagen der vorgeschalteten Rechen und Siebe. Werden Reinigungseinrichtungen nicht vorgesehen, so können unliebsame Überraschungen in Kraftwerksbetrieben eintreten. Es ist z. B. schon vorgekommen, daß Kondensatoren durch Schwärme von Fischen vollständig verstopft wurden.

In manchen Großkraftwerken hat in letzter Zeit das *Chloren* des Frischwassers Anwendung gefunden. Durch geringen Zusatz von Chlor werden im Wasser enthaltene Kleinlebewesen, wie Spaltpilze und Algen, getötet und lagern sich dann nicht an den Rohrwandungen ab. Durch Verbesserung des durchschnittlichen Unterdruckes und geringere Häufigkeit der Kondensatorreinigungen werden beträchtliche Ersparnisse erzielt. Das Chlorgas wird entweder unmittelbar dem Kühlwasser zugesetzt, indem man es durch ein Drosselventil in einen unter Wasser mündenden kegeligen Einlauf strömen läßt, oder es wird zunächst in einem Mischbehälter in Wasser gelöst und dann in das Kühlwasser gespeist. Das Chlor wird bei größeren Anlagen zeitweise, bei kleineren Anlagen dauernd im allgemeinen zwischen den Sieben und den Kühlwasserpumpen in den Kühlwasserstrom eingeführt. Die Menge des Zusatzes richtet sich nach der Wasserbeschaffenheit und -temperatur. Sie schwankt zwischen 0,05 und 5 Teilen Chlor je eine Million Teile Wasser bei unterbrochener Speisung und zwischen 0,05 und 0,2 Teilen je eine Million bei ununterbrochener Speisung. Der Gehalt an freiem Chlor am Kühlwassereintrittstutzen des Kondensators schwankt zwischen 0,03 und 1,0 Teilen je eine Million. Ob oder unter welchen Umständen das Chloren auf die Rohre verrottend wirkt, ist noch nicht restlos geklärt. Auch ein Verfahren, bei welchem außer Chlor Kupfersulfat zugesetzt wird, hat sich sehr gut bewährt. In einem Berliner Großkraftwerk, bei welchem im Sommer alle 10 Tage, im Winter alle drei bis vier Wochen eine Kondensatorreinigung notwendig war, brauchten die Kondensatoren nach Einbau der Kupfer-Chlorungsanlage nach einem Jahr Betriebzeit noch nicht gereinigt zu werden. Je 1 m³ Kühlwasser werden 2,8 g Chlor und etwa 0,6 g Kupfersulfat 5 Minuten lang je Stunde zugesetzt. Abb. 107 zeigt das Schema einer Anlage der Firma *Chlorator*, Berlin. Aus dem Behälter *1* gelangt gasförmiges Chlor über ein Druckminderventil *2*, ein Einstellventil *3* und einen Mengenmesser *4* in das Mischglas *6*, wo zusammen mit einer durch das Ventil *5* eingestellten Wassermenge die Chlorlösung bereitet wird. Diese fließt von dort dem großen Steinzeugbehälter *7* zu. Zur Herstellung der Kupfersulfatlösung wird dem in das Lösungsglas *8* gebrachten Kupfersulfat durch ein Ausgleichsgefäß und eine Düse *9* die erforderliche Wassermenge zugemessen. Diese Lösung fließt ebenfalls in den Steinzeugbehälter *7* und mischt sich dort mit der Chlorlösung. Hat sich der Behälter bis zu einem bestimmten Höchststand gefüllt, so wird durch den Schwimmerschalter *10* das Elektroventil *11* kurzzeitig geöffnet. Der dadurch bewirkte Wasserstrom erzeugt in der Heberglocke *7a* einen Unterdruck, der die Lösung zum Abfließen nach dem Kühlwasser-Zulaufkanal *12* bringt. Die so eingeleitete rasche Entleerung des Behälters wird auch durch das Schließen des Ventils *11* nicht unterbrochen; sie hört erst auf, wenn der Flüssigkeitsspiegel bis zum unteren Rande der Heberglocke gesunken ist. Während des Entleerens wird durch das wassergefüllte Druckausgleichgefäß *14* Luft in den Behälter nachgesaugt. Während des Füllens wird die überschüssige Luft durch eine kleine Wasserstrahlpumpe *13* abgesaugt und so ein lästiger Chlorgeruch vermieden.

Bei *Rückkühlung* verdunstet ein Teil des Wassers im Kühlturm. Um eine Anreicherung des umlaufenden Kühlwassers mit Beimengungen zu begrenzen, ist eine kleine Wassermenge, etwa 1%, aus einer Fangschale im Kühlturm oder aus dem Kühlturmsammelbecken abzulassen. Der Wasserverlust, der insgesamt etwa 3 bis 5% beträgt, muß ersetzt werden. In den meisten Fällen ist eine chemische Enthärtung des Zusatzwassers wirtschaftlich. Wasser mit einer Gesamthärte bis zu 8 deutschen Härtegraden (° d) wird als weich, von 8 bis 16° d als mittelhart, von 16 bis 30° d als hart und von mehr als 30° d als sehr hart bezeichnet. Der Hauptbestandteil der Steinablagerungen ist der kohlensaure Kalk, der bei der Erwärmung des Kühlwassers aus dem im

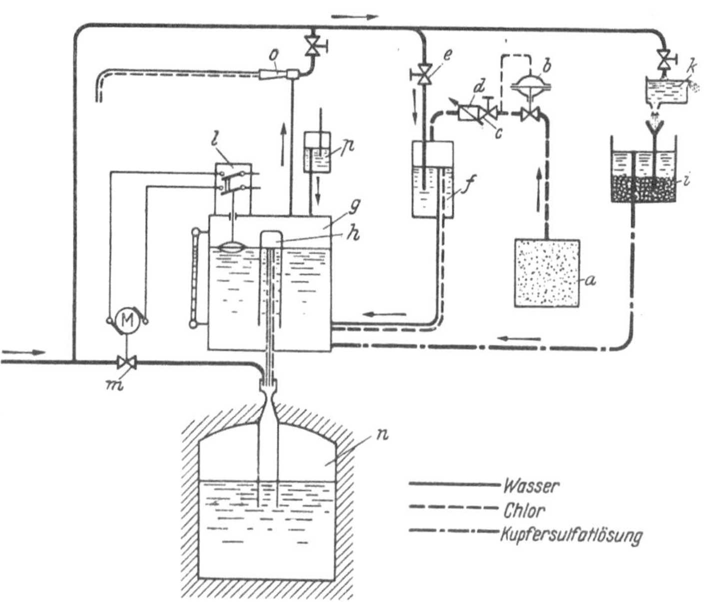

Abb. 107. Chlor-Kupferungsanlage, *Chlorator*, Berlin.

a Chlorbehälter; *b* Druckminderventil; *c* Einstellventil für Chlor; *d* Chlormesser; *e* Einstellventil für Wasser; *f* Mischglas; *g* Steinzeugbehälter für Cl-CuSO₄; *h* Lösung mit Heberglocke; *i* Lösungsglas für Kupfersulfat; *k* Wasserzumessung für *i*; *l* Schwimmer-Zeitschalter für *m*; *m* Elektroventil für Druckwasser zum Einleiten der stoßweisen Entleerung von *g*; *n* Kühlwasser-Zulaufkanal; *o* Wasserstrahlpumpe für Absaugung chlorhaltiger Luft während des Füllens von *g*; *p* Druckausgleichgefäß zum Einlassen von Luft während des Entleerens von *g*.

Wasser gelösten doppeltkohlensauren Kalk entsteht. In gleicher Weise, jedoch wegen seiner Löslichkeit in geringerem Maße, scheidet sich kohlensaures Magnesium aus. Die Ausscheidung von Sulfaten ist bei den im Kühlwasserkreislauf vorkommenden Temperaturen nur bei sehr großer Gipshärte des Wassers (60° d und mehr) zu erwarten. Die bekanntesten Aufbereitungsverfahren sind:

Filtern über Basenaustauschstoffe (Permutit, Invertit, Wofatit, Neckarit, Alusit) enthärtet das Wasser vollständig. Beim Permutitverfahren wird ein Aluminiumsilikat, welches schwach gebundenes Natrium enthält, in Form eines Filters in den Wasserweg eingeschaltet und bindet die Härtebildner. Das Filter muß von Zeit zu Zeit durch Kochsalzlösung aufgefrischt werden.

Entkarbonisieren mit Ätzkalk. Durch Zusatz von Kalkmilch wird die Karbonathärte allein entfernt, indem die löslichen Bikarbonate in unlösliche Monokarbonate überführt und ausgefällt werden. Hierzu sind Mischbehälter und Filter nötig, welche das Zusatzwasser mit geringer Geschwindigkeit durchströmt, damit das Ausscheiden der Karbonate

nicht etwa erst im Kondensator vor sich geht. Für die Herstellung der Kalkmilch wird
Stückkalk, der in der Grube gelöscht wird, verwendet. Bei großer Gipshärte des Wassers
wird außer Kalkmilch auch Soda zugesetzt.

Impfen mit Salzsäure. Das von der Firma *Balcke* eingeführte Verfahren wandelt
die Härtebildner in leicht lösliche Chloride um. Je nach der Beschaffenheit des Kühlwassers wird eine bestimmte Menge verdünnter Salzsäure aus einem Vorratsbehälter
selbsttätig dem Wasser beigegeben. Frei werdende Kohlensäure wird dadurch gefahrlos abgeführt. Elektrisch betätigte Warner treten in Tätigkeit, wenn sich Spuren freier Salzsäure im Kühlwasserkreislauf bemerkbar machen. Übersäuerung gefährdet alle kühl-
wasserberührten Teile der Kondensationsanlage. Auch die Chloridanreicherung des
Wassers begünstigt schädliche Elementbildung.

Zugabe von Gerbsäure. Dem Zusatzwasser wird ständig eine geringe Menge dünner
Gerbsäurelösung beigegeben. Sie beeinflußt den Kristallisationsprozeß und verzögert
das Ausfallen der Härtebildner. Bei
nicht zu hartem Kühlwasser (12 bis
15° d) hat das Verfahren gute Erfolge.

Phosphatimpfung. Ein Zusatz von
0,5 bis 2 g Natriumhexametaphosphat
je 1 m³ Kühlwasser verhindert das Entstehen von Kesselstein dadurch, daß die
in der übersättigten Lösung zusammen-
treffenden Moleküle des kohlensauren
Kalkes als kleinste Keime von Phosphat
umhüllt und im Wachstum behindert
werden. Gute Durchmischung des Kühlwassers mit Phosphat und stets gleichmäßiger Zusatz sind nötig. Das Verfahren hat sich in letzter Zeit gut bewährt. In einigen Fällen ist es gelungen,
damit auch alten Steinansatz von den
Rohren zu lösen.

Zur *elektrochemischen Verhütung von
Kesselsteinablagerungen* an den Kon-
densatorrohren wird in verschiedenen
Schutzrechten (DRP 481 208, 419 351,

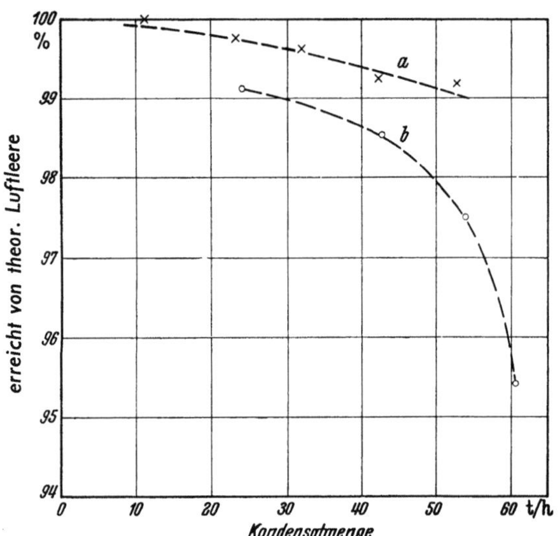

Abb. 108. Verschlechterung der Luftleere durch
Verschmutzen der Kühlfläche, gemessen an einer
20 000 kW-AEG-Dampfturbinenanlage.

a Luftleere bei reiner Kühlfläche; *b* Luftleere bei Steinansatz
in den Kühlrohren.

494 417 u. a. m.) die leitende Verbindung des Kondensators mit einer Gleichstromquelle
empfohlen. Es ist zwar nachgewiesen, daß ein geringer Stromdurchgang vom Kühlwasser
zu den Rohren das Ansetzen von Kesselstein verhindert, ein Erfolg derartiger Verfahren
ist jedoch zweifelhaft.

Ein Beispiel für die *Vakuumverschlechterung bei Verschmutzung* zeigt Abb. 108. Die
obere Kurve gibt die bei sauberen Kühlrohren, die untere die bei Steinansatz gemessenen
Vakua am Abdampfstutzen einer 20 000 kW-AEG-Turbine in Abhängigkeit von der
Dampfbelastung an. Zu beachten sind nicht nur die niedrigeren Werte, sondern auch der
steilere Abfall der unteren Kurve. Je kleiner die Belastung ist, desto kleiner ist auch der
Einfluß des Belages. Es ist daher von Vorteil, große Kühlflächen vorzusehen, wenn Kühlwasser verwendet werden muß, das rasche Verschmutzung erwarten läßt.

Bei *ungenügender Kondensatförderung* staut sich das Kondensat im Kondensator an,
bedeckt zunächst einen Teil der Kühlfläche, der für die Wärmeübertragung dann aus-
scheidet, und erreicht schließlich die Luftsaugestutzen, was das vollkommene Verschwinden des Vakuums zur Folge hat. Das Steigen des Kondensatspiegels kann durch den Wasserstandsanzeiger überwacht werden. Eine Selbstreglung ist in begrenztem Maße dadurch
gegeben, daß infolge Vergrößerung der Zulaufhöhe die Förderleistung der Kondensatpumpe steigt, so daß sich ein neuer Gleichgewichtzustand bei höherem Kondensatspiegel

einstellen kann. Tritt diese nicht ein, so muß die Maschine sofort stillgesetzt, der Fehler gesucht und behoben werden. Verstopfung der Pumpe, Beschädigung des Pumpenkreisels, auch Lufteinbruch in die unter Vakuum stehende Kondensatsaugleitung oder Pumpe kann die Ursache sein. Das Ansteigen des Wasserspiegels kann aber auch auf Einbruch von Kühlwasser durch lecke Kühlrohre zurückzuführen sein.

Fördert die Kondensatpumpe zu reichlich, so kommt es vor, daß sie zeitweise den ganzen Kondensatvorrat wegsaugt, was unstetiges bis stoßweises Arbeiten der Pumpe zur Folge hat. Bei geringem Kondensatanfall, also bei kleiner Belastung der Turbine, oder bei großem Bedarf an Entnahmedampf ist deshalb die Kondensatumlaufleitung zwischen Kondensatdruckleitung und Kondensator von Hand zu öffnen, falls hierfür keine selbsttätige Regelung eingebaut ist.

Bei *ungenügender Luftförderung* ist die Luftpumpe nicht imstande, im Kondensator ein hohes Vakuum aufrechtzuerhalten. Als Ursache kommen bei Dampfstrahl-Luftsaugern Verstopfung der Düsen oder ungenügender Kondensatabfluß aus den Dampfstrahlkondensatoren in Betracht. Dieser wiederum kann durch Leckwerden der Kühlrohre des Strahlsaugers, Verstopfung der Barometerschleife der Kondensatorstufe oder Schäden am Schwimmer der Atmosphären-

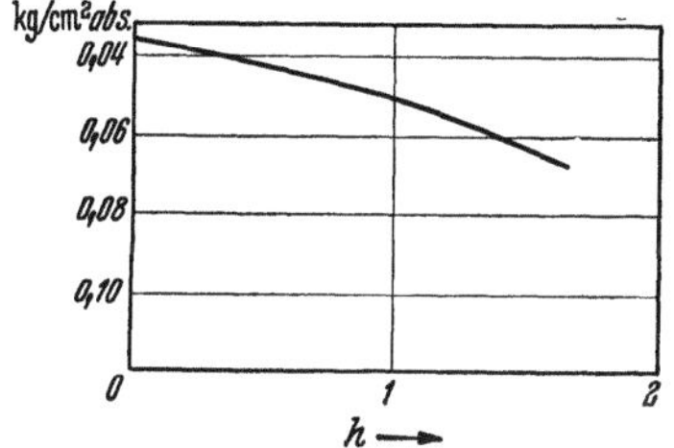

Abb. 109. Verlauf der Luftleere einer 16000 kW-BBC-Dampfturbinenanlage bei abgestellter Luftpumpe[35].

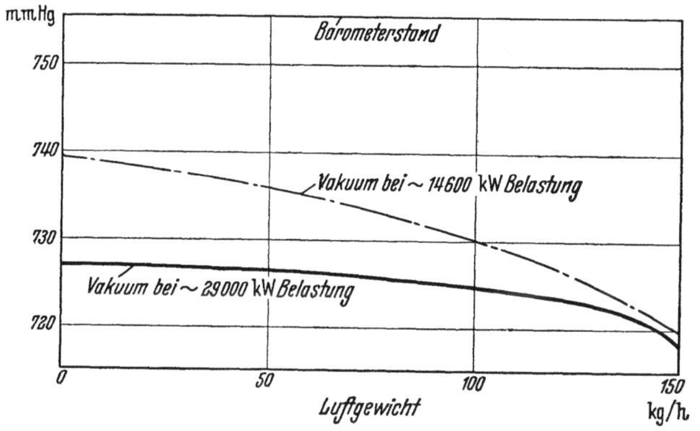

Abb. 110. Abfall der Luftleere in Abhängigkeit von der eindringenden Luftmenge, gemessen an einer 30000 kW-AEG-Dampfturbinenanlage.

stufe verursacht sein. Fließt zu wenig Kondensat durch die Kühlrohre der Strahldampfkondensatoren, so erhöht sich in diesen der Druck, was ebenfalls eine Vakuumverschlechterung zur Folge hat. Abhilfe ist vorübergehend durch Öffnen der Kondensatumlaufleitung zu erreichen.

Bei Wasserstrahl-Luftsaugern sind Auswaschungen an den Strahldüsen oder Diffusoren, Schäden an der Strahlwasserpumpe, Verstopfung ihrer Leit- und Laufschaufelkanäle oder zu hohe Temperaturen des Strahlwassers als Ursache möglich.

Bei vollständig abgestellter Luftpumpe sinkt, falls die Maschine ordnungsgemäß dicht ist, das Vakuum nur sehr langsam. Abb. 109[35] zeigt das Ergebnis eines Betriebsversuches an einer 16000 kW-BBC-Turbine, die während zwei Stunden mit abgestellter Luftpumpe betrieben wurde, ohne daß bis dahin ein störender Vakuumabfall eingetreten war.

Lufteinbruch in den Vakuumraum. Im allgemeinen sind die Luftpumpen für Oberflächenkondensatoren reichlich bemessen. Dringen größere Luftmengen in den Kondensator ein, so bedecken sie einen großen Teil der Kühlfläche, die dann für die Wärmeübertragung vom Dampf an das Kühlwasser ausfällt, und das Vakuum wird schlechter. Abb. 110 zeigt den Vakuumabfall, der bei einer 30000 kW-AEG-Turbine in Abhängigkeit von versuchsweise eingelassenen Luftmengen bei zwei verschiedenen Belastungen auftritt. Die Maschine besitzt eine sehr reichlich ausgelegte Luftpumpe. Bei knapper Bemessung wäre der Kurvenverlauf beträchtlich steiler. Tritt übermäßig Luft in den

---

[35] Nach Brown Boveri Mitt. Bd. 24 (1937) S. 17 Abb. 31.

Kondensator ein, so muß die Einbruchstelle ermittelt werden, was meist sehr zeitraubend ist. Ein einfaches Mittel, das aber nicht immer zum Ziel führt, ist, alle vermutlich undichten Stellen mit brennender Kerze abzugehen. Die Ablenkung der Flamme zeigt die Luftströmung an. Besser ist es, den Dampfraum mit Wasser, möglichst mit Kondensat, bis zur Teilfuge der Turbine aufzufüllen und festzustellen, wo Wasser austritt. Es kommen in Frage: unvollkommene Abdichtung der Teilfuge des Turbinengehäuses, der Flanschverbindungen und der Spindelstopfbuchsen der unter Vakuum stehenden Schieber und Ventile. Besonders zu achten ist auf guten Abschluß des Sitzes des Notauspuffventiles. Während des Betriebes ist auf die Bedampfung der Unterdruckstopfbuchse der Turbinenwelle zu achten, auf die Bewässerung der Wassertassen am Stopfbuchsrohr zwischen Turbine und Kondensator und an den unter Vakuum stehenden Schiebern und Ventilen.

Die laufende Beobachtung der Vakuummeteranzeige und ihre Auswertung in Form von Kurven, welche das Vakuum in Abhängigkeit von der Kondensatmenge und der

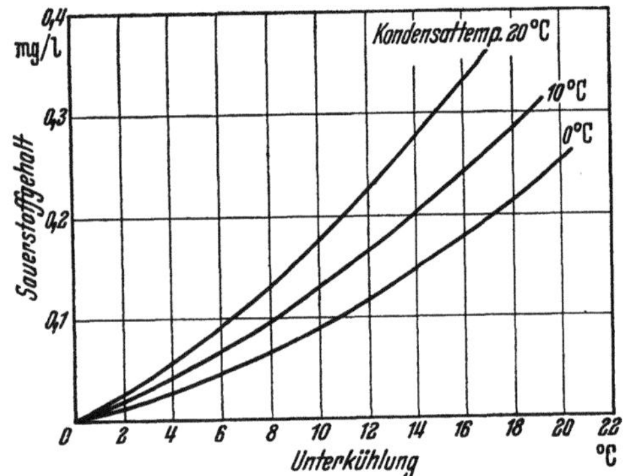

Abb. 111. Sauerstoffgehalt des Kondensates bei Sättigung in Abhängigkeit von der Kondensatunterkühlung[36].

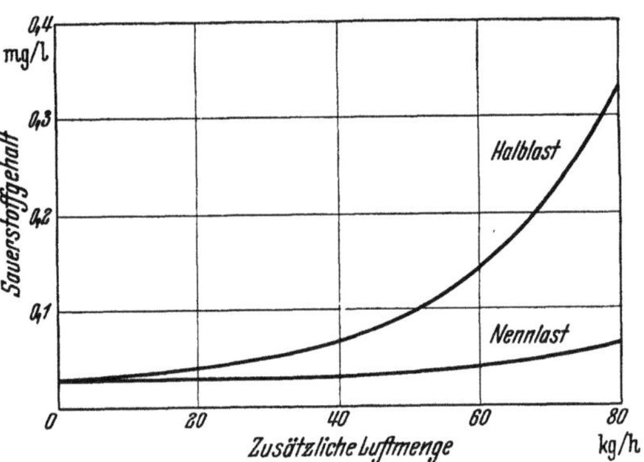

Abb. 112. Sauerstoffgehalt des Kondensates in Abhängigkeit von der in den Kondensator eindringenden Luftmenge. Versuchsergebnisse an einer 30000 kW-AEG-Turbine.

Kühlwassereintrittstemperaturen zeigen, läßt gute Schlüsse auf den Betriebzustand der Kondensationsanlage zu. Unter Umständen kann daraus sogar der Ort des Lufteinbruches ermittelt werden. Dringt z. B. an einer Stelle der Turbine, die je nach der Belastung der Maschine zeitweise im Überdruck-, zeitweise im Unterdruckgebiet liegt, Luft ein, so kann das Vakuum bei Teillast schlechter sein als bei Vollast. Liegt die Leckstelle dagegen im reinen Unterdruckgebiet, so wird bei größeren Lufteinbrüchen der Vakuumunterschied zwischen Teillast und Vollast beträchtlich geringer sein als bei ordnungsgemäß dichtem Kondensator (vgl. Abb. 110). Umgekehrt wird bei Verschmutzung der Kühlfläche der Vakuumunterschied zwischen Teillast und Vollast größer (vgl. Abb. 108).

Der Kraftwerksbetrieb verlangt größtmögliche *Reinheit des Kondensates*. Die Überwachung erstreckt sich auf den Sauerstoffgehalt und den Salz- und Säuregehalt.

Niedriger *Sauerstoffgehalt* schützt die Kondensatleitung vor Korrosion und entlastet den Speisewasserentgaser. 0,05 mg Sauerstoff je Liter sind für den Kesselbaustoff auch bei Hochdruckkesseln unschädlich. Die im Kondensator über der Kondensatentnahmestelle herrschende Druck ist die Summe aus den Teildrücken des Dampfes und der beigemengten Gase, unter denen die Luft weitaus überwiegt. Die im Kondensat gelöste Sauerstoffmenge ist um so größer, je größer der Teildruck der Luft ist. Ein Maß dafür ist bei vollkommener Entgasung die Unterkühlung des Kondensates, d. h. der Unterschied zwischen der Kondensattemperatur und der dem Druck an der Luftsaugestelle entsprechenden Sattdampftemperatur. Abb. 111[36] zeigt in errechneten Kurven

---

[36] Nach Arch. Wärmewirtsch. Bd. 16 (1935) S. 110.

das Ansteigen des Sauerstoffgehaltes bei wachsender Kondensatunterkühlung, drei verschiedenen Kondensattemperaturen und vollständiger Sättigung. Ein weit höherer Sauerstoffgehalt ergibt sich, wenn über die Sättigungsgrenze hinaus Luft, etwa in Form kleinster Bläschen, dem Kondensat beigemengt ist. Dies kommt bei kleiner Belastung und großem Lufteinbruch vor, besonders aber bei undichter Unterdruckstopfbuchse der Kondensatpumpenwelle. Das Kondensat hat dann ein milchiges Aussehen. Abb. 112 zeigt das an einer 30000 kW-AEG-Turbine gemessene Ansteigen des Sauerstoffgehaltes im Kondensat bei wachsendem Lufteinbruch und zwei verschiedenen Belastungen. Sehr hoher Sauerstoffgehalt bis etwa 4,5 mg/l bei älteren Kondensationsanlagen rührt von der früher üblichen gemeinsamen Luft- und Kondensatförderung her. Veraltete Naßluftpumpen und Schleuderluftpumpen sollten schon aus diesem Grunde durch neuzeitliche Strahlluftpumpen ersetzt werden.

Die Messung des Sauerstoffgehaltes wird auf chemischem oder elektrolytischem Wege durchgeführt (Verfahren nach WINKLER-ALSTERBERG, nach MAKRAY). Es gibt hierfür auch selbstschreibende Überwachungsgeräte, bezüglich ihrer Einzelheiten sei auf das Schrifttum verwiesen.

Das *Eindringen von Salzen* aus dem Kessel oder von Kühlwasser durch Leckwerden der Kühlrohre verunreinigt das Kondensat und macht es als Speisewasser ungeeignet. Mit dem Salzgehalt wächst die elektrische Leitfähigkeit des Kondensates. Dieser Umstand wird in einem Meßgerät ausgenutzt, das auf der Bestimmung des elektrischen Widerstandes zwischen zwei Elektroden beruht, die in das Kondensat eintauchen. Diese werden am besten in den unter dem Kondensator befindlichen Kondensatsammeltopf eingebaut. Sie müssen regelmäßig gereinigt werden, da sonst bei der hohen Empfindlichkeit des Gerätes falsche Werte angezeigt werden. Die Leitfähigkeit des Kondensates ist fortlaufend, etwa jede halbe Stunde, abzulesen und in Kurvenform über der Zeit als Abszisse aufzutragen. Diese Kurven sind außerordentlich aufschlußreich für die Betriebsüberwachung der Anlage, wie an einem Beispiel, das aus einem Berliner Großkraftwerk stammt,

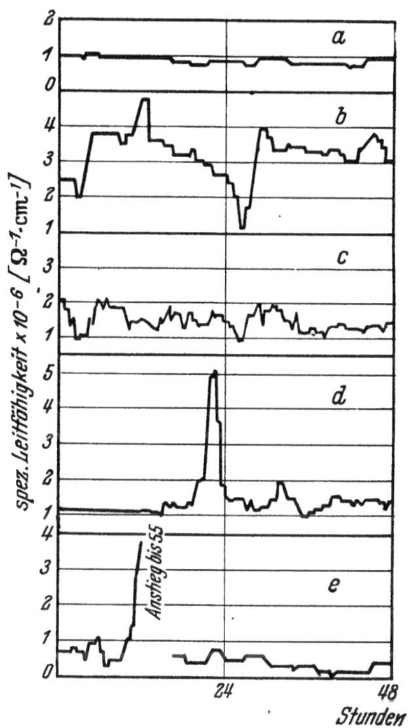

Abb. 113.
Kennzeichnende Leitfähigkeitskurven[37].

a gutes Kondensat; *b* alkalisches Kondensat; *c* undichte Stopfbuchsen; *d* beginnender Kondensatorrohrbruch; *e* vollendeter Kondensatorrohrbruch.

in Abb. 113[37] gezeigt ist. Kurve *a* zeigt gutes Kondensat an, der Linienzug verläuft ohne größere Schwankungen. Die Leitfähigkeit ist gering; erfahrungsgemäß soll sie nicht über 2,5 bis 3·10⁻⁶ [$\Omega^{-1} \cdot$ cm⁻¹] steigen. Linienzug *b* zeigt alkalisches Kondensat infolge Überschäumens der Kessel an. Die Spitzen lassen sich dadurch erklären, daß Teile der Salzkrusten aus der Turbine in das Kondensat gelangt sind. Während der niedrigen Nachtbelastung hört das Überschäumen der Kessel auf und das Kondensat wird besser. *c* zeigt Eindringen von Kühlwasser in das Kondensat durch undichte Stopfbuchsen der Kühlrohre. Bereits bei vier bis fünf leicht undichten Stopfbuchsen von 6000 Rohren ergeben sich derartige Schwankungen. In *e* ist das plötzliche Ansteigen der Kurve bis auf den Wert 55·10⁻⁶ durch einen Kühlrohrbruch verursacht. Die Untersuchung ergab, daß ein einziges Rohr in Querrichtung gerissen war. *d* ist zwei Tage vorher aufgenommen. Der bisher gleichmäßige Kurvenverlauf zeigt nach einiger Zeit starke

---

[37] HIEBLE, L.: Kondensatorüberwachung durch Leitfähigkeitsmessung. Arch. Wärmewirtsch. Bd. 21 (1940) S. 56 Abb. 1 bis 5.

Schwankungen, vermutlich ist zu dieser Zeit der erste Anriß des später gebrochenen Rohres erfolgt.

Wo kein Leitfähigkeitsmesser eingebaut ist, soll wenigstens einmal täglich eine Kondensatprobe hinter der Kondensatpumpe entnommen und chemisch auf Verunreinigungen untersucht werden. Als vereinfachtes Erkennungsmittel kann außerdem eine Schüttelprobe gemacht werden. Dem zu untersuchenden Wasser werden einige Tropfen Seifenlösung zugesetzt. Bei reinem Kondensat entsteht nach kräftigem Schütteln Schaum, was bei verunreinigtem Kondensat nicht der Fall ist. Die Probe ist bei niedriger Belastung zu entnehmen, da dann die Salzanreicherung im Kondensat größer ist.

Die Betriebsicherheit der *Ölversorgung* verlangt eine ständige Überwachung des Öles und seines Kreislaufes. Dazu gehört in erster Linie die laufende Beobachtung der Drücke und Temperaturen des Öles an allen wichtigen Stellen seines Verteilungsnetzes. Im Ölkreislauf sollen im allgemeinen drei Druckmesser vorhanden sein, von denen der erste den *Druck* des Regelöles, der bei warmem Öl etwa 4 bis 6 at betragen soll, der zweite den Druck vor dem Ölkühler und der dritte den Druck vor den Lagern anzeigt. Der Lageröldruck soll etwa 0,5 bis 1,0 at sein. Bei größerer Länge der Öldruckleitungen ist es besser, je einen Lageröldruckmesser am Anfang und am Ende der Leitung anzubringen. Bei Getriebeturbinen soll auch in der Ölzuflußleitung unmittélbar vor dem Getriebe ein Druckmesser vorgesehen sein.

Die Höhe der Öldrücke läßt sich in geringen Grenzen durch eine Verstellvorrichtung am Ölverteilungsventil (vgl. Abb. 67) einstellen. Das Einhalten der vorgeschriebenen Drücke ist auch für die Reglung von Bedeutung, da von dem Differenzdruck zwischen Regel- und Lageröldruck die Verstellkraft eines Kraftverstärkers oder das Drehmoment eines Kraftgetriebes abhängig ist. Das Ölverteilungsventil muß unbedingt zuverlässig arbeiten, damit keine wesentlichen Schwankungen im Öldruck auftreten. Eine entsprechende sorgfältige Überwachung ist unerläßlich. Der Kolben des Ölverteilungsventiles muß sich in warmem Zustand leicht und stoßfrei bewegen lassen. Wenn kein Öldruck vorhanden ist, also bei stehender Maschine, wird der Kolben durch Einschrauben einer Gewindeöse durch die Haube hindurch auf Gängigkeit überprüft.

Außer den Lagerthermometern sollen wenigstens zwei Thermometer im Ölkreislauf vorhanden sein, von denen das eine die *Temperatur* des Öles vor dem Kühler, das andere die des gekühlten Öles vor den Lagern anzeigt. Auch für die Temperaturmessung des Kühlwassers am Eintritt und Austritt des Kühlers muß je ein Thermometer vorhanden sein. Die Kühlwassermenge ist je nach der Kühlwassertemperatur so zu regeln, daß die Temperatur des aus dem Kühler austretenden Öles etwa 40 bis 50° C beträgt.

Alle von diesen Meßgeräten angezeigten Drücke und Temperaturen sind laufend abzulesen und aufzuschreiben. Jede Veränderung ist auf ihre Ursache zu untersuchen. In den einzelnen Abflußleitungen der Schmierstellen sind Schauöffnungen vorzusehen, durch welche man das Abfließen des Öles beobachten kann. Sie sind mit abbnehmbaren Deckeln verschlossen. An diesen Deckeln können ebenfalls Thermometer angebracht werden, welche die Temperatur des abfließenden Öles messen. Eine richtige Anzeige ist nur dann zu erwarten, wenn die Thermometer genügend weit in den Ölstrom eintauchen. Vereinzelt werden auch Schaugläser in den Abflußleitungen angebracht. Sie können springen oder zerschlagen werden und sind deshalb nicht zu empfehlen.

Die Austrittstellen der Wellen aus den Lagern, die Flanschen und Verschraubungen der Ölleitungen, überhaupt alle Dichtungstellen der Anlage sind ständig zu beobachten. Im Betriebe auftretende Undichtheiten, auch geringfügiger Art, sind so bald wie möglich zu beseitigen. Ein Versagen der Hauptölpumpe ist oft auf Undichtheiten in der Ölsaugleitung zurückzuführen. Wo Lecköl betriebsmäßig in kleinen Mengen austritt, etwa an Reglungsteilen, müssen Ölfangschalen angebracht sein. Die Ableitungen aus den Fangschalen können sich leicht verstopfen, besonders wenn sich das Lecköl mit Staub vermischt oder wenn die Leckölleitung an heißen Teilen vorbeiführt, so daß es zur Bildung von Ölkrusten kommt. Diese Leitungen sind daher öfter auf freien Durchtritt zu prüfen.

Verunreinigtes Lecköl darf nicht in den Ölkreislauf zurückgeführt werden. Ferner dürfen sich im Ölkreislauf keine Luftsäcke bilden, was vor allem an den höchsten Stellen des Ölkühlers der Fall sein kann, wenn die ständige Entlüftung verstopft ist. Durch diese Entlüftungsleitung des Kühlers muß stets eine kleine Menge Öl in den Behälter zurücklaufen, was von Zeit zu Zeit zu überprüfen ist.

Es ist ferner darauf zu achten, daß die Siebe im Ölbehälter nicht verstopft werden. Nach Abnehmen des Behälterdeckels ist nachzusehen, ob etwa ungesiebtes Öl über den Sicherheitsüberlauf unter Umgehung der Siebe vom Ablauf in den Saugraum übertritt. Bei Turbinen, die beträchtlich mehr Öl für die Betätigung der Reglung als für die Schmierung der Lager benötigen, wird ein Teil des geförderten Öles vor dem Ölkühler über ein Sicherheitsventil in den Behälter zurückgeführt. Dieses Ventil, das meist federbelastet ausgeführt wird, muß öfter auf richtiges Arbeiten nachgesehen werden, besonders dann, wenn der Lageröldruck sinkt und die Lagertemperaturen steigen. Auch die in den Ölkreislauf eingeschalteten Ölfilter sind von Zeit zu Zeit zu reinigen.

Die Ölpumpen dürfen keine unzulässige Erwärmung oder ungewöhnliche Abnutzung während des Betriebes aufweisen. Sie sind infolgedessen ständig zu beobachten, was auch schon durch das laufende Überwachen der Öldrücke erfolgt. Höhere Drücke als 4 bis 6 at bei warmem Öl sind unzulässig, da das Antriebsgetriebe der Ölpumpe sonst überlastet würde. Auch müssen die Rückschlagklappen leicht beweglich sein und genügend öffnen, damit keine Droßlung eintritt.

Die Hilfsölpumpe ist täglich für einige Minuten in Betrieb zu nehmen, damit man sich von ihrer Betriebsbereitschaft überzeugt. Ist die Hilfsölpumpe mit selbsttätiger Anlaßvorrichtung ausgerüstet, so ist sie durch Handbetätigung dieser Vorrichtung täglich kurze Zeit in Betrieb zu nehmen.

Aus dem Ölkreislauf jeder Turbinenanlage entweicht durch Verdunsten und durch Leck-

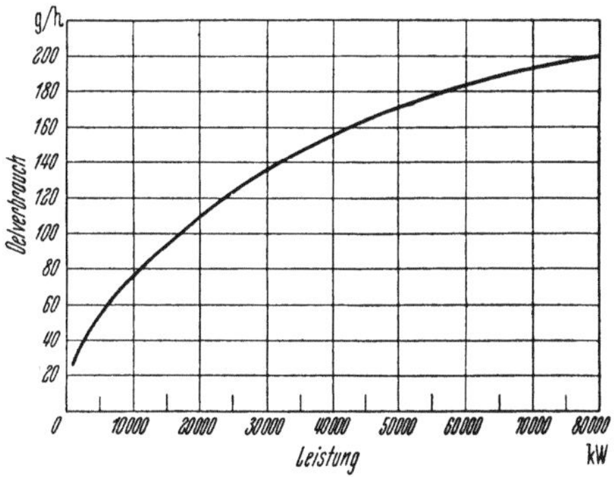
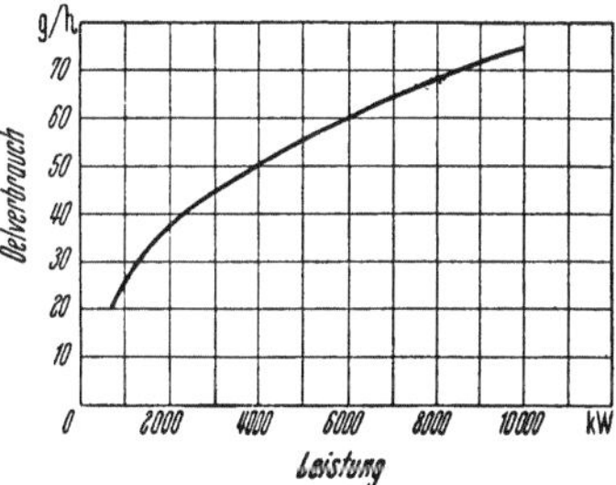

Abb. 114.
Ölverbrauch von Turbostromerzeugern.

stellen ständig eine geringe Menge des umlaufenden Öles, die ergänzt werden muß, um den Ölspiegel auf normale Höhe zu halten. Der Ölverbrauch hängt von der Art des verwendeten Öles, von der Bauart der Lager und Kupplungen, von der Umwälzzahl, von der Temperatur des Öles und vor allem von der Wartung der Maschine ab. Abb. 114 gibt Höchstwerte in g/h für den Nachfüllbedarf von Dampfturbinenöl abhängig von der Maschinenleistung an. Dabei ist es gleichgültig, ob die nachgefüllte Menge aus neuem, filtriertem oder regeneriertem Öl besteht. Bevor der Ölstandsanzeiger den niedrigsten Ölstand anzeigt, ist Öl in den Behälter nachzufüllen. Dazu ist möglichst das ursprüngliche Öl zu verwenden, es soll nicht unterkühlt sein und mindestens die Temperatur des Maschinenhauses haben, da sonst die Gefahr des Schäumens besteht. Genügend Öl zum Nachfüllen muß in ständiger Bereitschaft gehalten werden, und zwar in sauberen, nur hierfür bestimmten Behältern. Bezüglich Schmierstoffeinsparung durch sachgemäße Lagerung und Ausgabe im Betriebe sei auf das *ADK*-Merkblatt 6, VDI 3046 verwiesen.

Das *Öl im Betriebe* muß ständig auf sein Verhalten untersucht und beobachtet werden, und zwar etwa wöchentlich auf Wasser und Ausscheidungen, etwa halbjährlich ist eine vollständige Untersuchung durchzuführen. Bei der Entnahme von Ölproben ist mit peinlichster Sauberkeit zu verfahren, weil Verunreinigungen, die während der Entnahme oder nachträglich in die Ölprobe gelangen, bei der Untersuchung ein falsches Bild über den Zustand des Öles geben würden. Die Proben sind richtig zu bezeichnen, wobei zu unterscheiden ist, ob sie vom Ölein- oder -austritt oder am Boden des Behälters entnommen wurden. Die Bodenprobe gibt am deutlichsten darüber Aufschluß, ob Fremdstoffe in das Öl eingedrungen sind.

Die Untersuchungen haben den Zweck, festzustellen, welche besonderen Anforderungen an das Umlauföl durch die vorliegenden Betriebsverhältnisse gestellt werden, ob und von wo Verunreinigungen oder Wasser in den Ölkreislauf gelangen und wie weit die Alterung des Öles fortgeschritten ist. Jedes Öl ist im Betriebe Veränderungen unterworfen. Es kommt auf seinem Wege mit der Luft in Berührung und nimmt Sauerstoff auf, Fremdstoffe, Wasser, Staub, bisweilen auch Metallabrieb dringen ein. Die Berührung mit Metallen wirkt chemisch oder elektrolytisch auf das Öl ein, die Erwärmung beschleunigt die verändernd wirkenden Einflüsse. An Stellen sehr hoher Temperatur bilden sich Verbrennungsprodukte. Die örtliche Öluntersuchung erstreckt sich auf folgende Prüfungen [38]: äußere Merkmale, Fremdstoffe, Ausscheidungen, Ölruß, Wassergehalt, Normalbenzinunlösliches, Verhalten gegen verdünnte Schwefelsäure, Neutralisation- und Verseifungzahl (Nz und Vz).

Abb. 115 zeigt Nz-Kurven von zwei verschiedenen Turbinenanlagen. Das Ansteigen der Nz bei Öl A ist unbedenklich, da der Kurvenverlauf mit steigender Betriebstundenzahl flacher wird. Die Abweichungen im Kurvenverlauf erklären sich aus Frischöl-Nachfüllungen. Öl B zeigt einen steil ansteigenden Verlauf der Nz, der einen baldigen Zusammenbruch

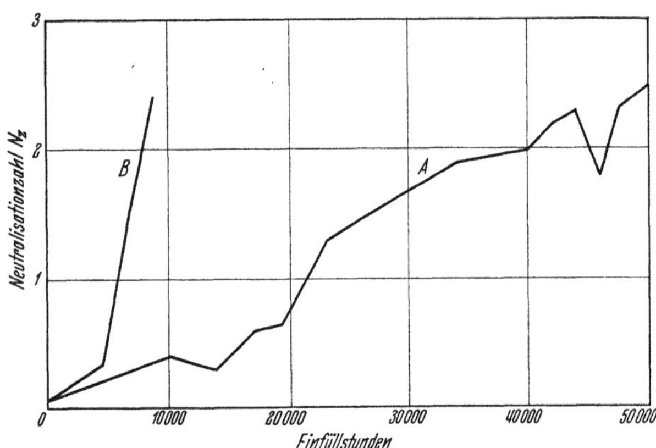

Abb. 115. Alterung von Dampfturbinenölen, Anstieg der Neutralisationzahl.
Öl A unbedenklich; Öl B wegen steilen Nz-Verlaufes schlecht und daher auszuwechseln.

der Ölfüllung wahrscheinlich macht. Der bedenkliche Anstieg zeigt, daß in der Ölfüllung oder der Maschine etwas nicht in Ordnung ist. Diese Füllung mußte nach kurzer Betriebzeit ausgewechselt werden. Im allgemeinen soll man die Nz nicht über 3, die Vz nicht über 6 ansteigen lassen. Auch aus den Prüfungen aus Aschegehalt, Emulgierbarkeit und Normalbenzinunlösliches können Schlüsse auf das Altern der Ölfüllung gezogen werden. Das *Altern* des Öles läßt sich aber am besten verfolgen, wenn man dauernd den Unterschied zwischen mittlerer Lagertemperatur und Raumtemperatur beobachtet. In einigen Anlagen ergab Öl mit einer Nz von 4 bis 4,5 keine Anstände. Erst das Ansteigen der Lagertemperaturen und vermehrter Schlammanfall machen ein Auswechseln der Füllung nötig.

Wird gealtertes Öl nicht rechtzeitig ausgewechselt, so muß man mit nachstehenden Folgen rechnen:

Verringerte Öldurchtrittsquerschnitte infolge reichlicher Ablagerungen, also hohe Öldrücke auf der Zulaufseite, behinderter Abfluß auf der Ablaufseite und Störungen in den ölgetriebenen Reglungsteilen. Durch Schlammablagerung stark beeinträchtigte Kühlwirkung des Ölkühlers, also höhere Lagertemperaturen. Vergrößerte Lagerreibung, die ebenfalls eine Erhöhung der Lagertemperaturen zur Folge hat. Sie kann schließlich zur Abnutzung von Lagerschalen und Verzahnungen führen.

---

[38] WEV, Ölbewirtschaftung. Berlin: Springer 1937.

Zu bemerken ist, daß eine *Farbänderung* des Öles nicht ohne weiteres eine Verschlechterung bedeutet. Auch bei frischem Öl kann man aus der Farbe allein nicht auf seine Güte schließen.

Wichtig ist, daß das Öl im Betriebe nicht in fein verteilter Form mit der Luft in Berührung kommt. Die Oxydation ist der hauptsächlichste Alterungsbeschleuniger. Begünstigt wird sie durch hohe *Temperaturen*. Es dürfen daher die ölbetätigten Reglungsteile nicht zu nahe an den dampfführenden Ventilen liegen und die Dampfleitungen keine unzulässige Wärme an die Ölleitungen oder den Ölbehälter übertragen. Je höher die an einer Turbine verwendete Frischdampftemperatur ist, desto größer ist die Möglichkeit örtlicher unzulässiger Erwärmung. Wo sich hohe Temperaturen ölberührter Oberflächen nicht vermeiden lassen, ist für entsprechend schnellen und reichlichen Ölwechsel zu sorgen. Bei Lagern, deren Zapfen eine erhebliche Wärmezufuhr aus dem Inneren der Turbine erhalten, ist zu beachten, daß auch nach dem Stillsetzen der Turbine diese Wärmezufuhr noch längere Zeit anhält; es soll deshalb das Bespülen der Wellen mittels der Hilfsölpumpe nach dem Abstellen der Maschine so lange fortgesetzt werden, bis die Zapfentemperatur 90° C nicht mehr übersteigt.

Wasser im Öl beschleunigt ebenfalls die Alterung. In vielen Fällen bildet sich eine Emulsion mit stark verminderter Schmierfähigkeit. Einbrüche von Wasser in das Öl kommen vor allem bei undichten Außenstopfbuchsen der Turbine und bei undichten Ölkühlern vor. Sie müssen rasch abgestellt werden. Hohe Öldrücke und kleine Ölsammelbehälter begünstigen die Emulsionsbildung. Wird Emulsionsbildung festgestellt, so ist das Öl sofort zu untersuchen. Liegt eine unbeständige Emulsion vor, so muß die Maschine stillgesetzt werden und das Öl einige Zeit der Ruhe überlassen bleiben. Nach Abziehen des abgesetzten Wassers kann man ohne Schleudern des Öles wieder in Betrieb gehen. Handelt es sich um eine beständige Emulsion, was selten vorkommt, so muß die Ölfüllung abgelassen werden. Auch das Wasser ist zu untersuchen, aus seiner Analyse läßt sich auf seine Herkunft schließen.

Fremdkörper, welche im Öl in Schwebe bleiben, wirken an den zu schmierenden Teilen wie Schleifmittel und führen zu erhöhter Temperatur und Verschleiß dieser Teile. Außerdem beschleunigen sie das Altern des Öles. Fremdkörper können z. B. in das Öl gelangen, wenn die Ölwege der Turbinenanlage vor der Inbetriebnahme nicht sorgfältig gereinigt worden sind, wenn sich in ihnen Rost angesetzt hat oder wenn der Ölbehälter nicht sorgfältig gegen das Eindringen von Schmutz oder Staub geschützt ist. Ein Innenanstrich der Ölbehälter ist zu unterlassen, weil selbst ölbeständige Lacke abgelöst werden, wenn sie etwa mit alkalischem Wasser in Berührung kommen.

Die *Ölpflege*[39] umfaßt das regelmäßige Entfernen von Wasser und Schlamm aus dem Behälter, das Filtern oder Schleudern der Ölfüllung und das Regenerieren der Ölfüllung.

Schlamm und Wasser sammeln sich an der tiefsten Stelle des Ölbehälters. Vor jeder Inbetriebsetzung und bei Dauerbetrieb täglich einmal ist am Schlammablaßstutzen des Ölbehälters zu prüfen, ob sich Wasser oder sonstige Verunreinigungen abgesetzt haben. Diese sind so lange abzulassen, bis reines Öl austritt. Danach ist der Ölstand zu prüfen, wenn nötig, ist Öl nachzufüllen. Tote Ecken und Räume im Behälter, Kühler, Lagerböcken usw., in denen sich Verunreinigungen ansammeln können, sind nach Möglichkeit zu vermeiden.

Sind Fremdstoffe in Form von Schlamm und Wasser in größerer Menge im Öl vorhanden, so ist unbedingt eine *Reinigung* des Öles erforderlich. Dazu dienen Filterpressen oder Schleudern. Bei den Filterpressen wird das Öl unter Druck durch hintereinandergeschaltete Rahmen getrieben, die, mehrfach abgestuft, mit groben Sieben, feinen Sieben und Filterpappe bespannt sind. Um etwa noch gelöste Alterungstoffe vor der Filterung auszufällen, empfiehlt es sich, das Öl vor Eintritt in das Filter durch einen Ölkühler zu führen.

---

[39] ADK-Merkblatt 2, Einsparung und Pflege von Dampfturbinenöl. Berlin: VDI-Verlag 1940.

Die Reinigung des Öles beruht darauf, daß die meisten Fremdstoffe und Wasser ein größeres Raumgewicht haben als das Öl, sie werden daher in der Schleuder durch die Fliehkraft vom Öl getrennt, gesammelt und ausgeschieden. Um das Anwachsen des Schlammes im Ölkreislauf von vornherein zu verhindern, ist es bei größeren Maschinen zu empfehlen, ständig einen Teil des umlaufenden Öles aus dem Behälter zu entnehmen, durch eine Schleuder zu leiten und gereinigt dem Behälter wieder zuzuführen, Abb. 116.

Bei kleineren Anlagen wird man nur von Zeit zu Zeit schleudern. Die Schleuder soll dann so bemessen sein, daß sie die Füllung in einer Schicht (acht Stunden) reinigt. Nach einmaligem Durchgang durch die Schleuder muß das Öl vollkommen klar sein, nötigenfalls ist es vor dem Schleudern auf etwa 70° C zu erwärmen. Die Umfangsgeschwindigkeit der Schleuder muß größer sein als die größte Umfangsgeschwindigkeit der geschmierten Bauteile, insbesondere etwaiger in den Ölkreislauf eingeschalteter Wellenkupplungen. Wird im Nebenschluß zum Turbinenkreislauf geschleudert, so empfiehlt es sich, eine Warnvorrichtung anzubringen, die bei Stillstand der Schleuder anspricht. Es kann sonst vorkommen, daß bei Ausfall der Umwälzung der Ölbehälter über die Schleuder leerläuft. Als Warnvorrichtung eignet sich ein Kontaktmanometer oder eine Kontaktvorrichtung an der Rückschlagklappe der Druckleitung.

Unbrauchbar gewordene Ölfüllungen können durch chemische Behandlung, Regenerieren, wieder voll verwendungsfähig gemacht werden. Solche Öle werden als Regenerate bezeichnet. Das Regenerieren wird meist von Spezialfirmen vorgenommen. Die Verfahren sind je nach der Beschaffenheit des Altöles, verschieden. Verbreitet ist das Schwefelsäure-Bleicherde-Verfahren, bei dem nach mechanischer Vorreinigung und alkalischer Vorbehandlung zur Verseifung der Oxydationsprodukte die Alterungsstoffe durch konzentrierte Schwefelsäure restlos entfernt werden. Danach wird das Öl zur Neutralisation und Aufhellung mit Bleicherde gebleicht. Über Einzelheiten der verschiedenen Verfahren wird auf das Schrifttum verwiesen.

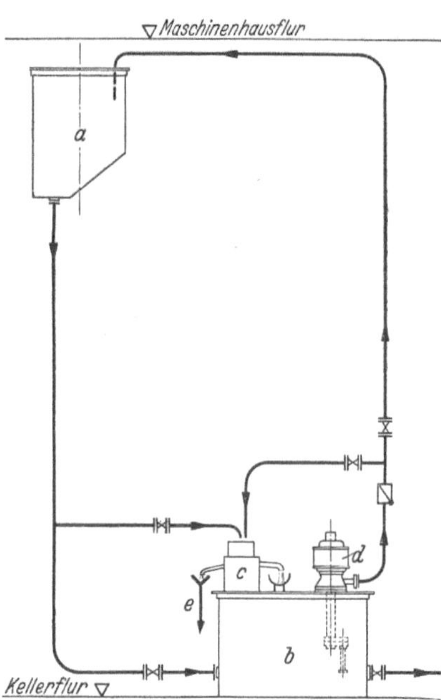

Abb. 116. Ölreinigung durch Ölschleuder im Nebenstrom.

a Ölbehälter der Turbine; *b* zusätzlicher Ölbehälter; *c* Ölschleuder; *d* elektrisch angetriebene Hilfsölpumpe; *e* Ablauf zum Ölsumpf.

Wird eine Ölfüllung ausgewechselt, so müssen vor dem Einfüllen des neuen Öles alle ölführenden Teile, Lagerböcke, Leitungen, Kühler, Behälter usw., gründlich gereinigt werden, da sonst das neue Öl durch Rückstände, die im Kreislauf verblieben sind, sofort wieder verdorben wird. Nach dem Reinigen ist der ganze Kreislauf mit neuem Öl durchzuspülen. Das Spülöl ist abzulassen, es kann nach Filtern oder Schleudern als Nachfüllöl verwendet werden.

18. Die Sicherung des Betriebes.

Für die erforderliche Pflege der *Schnellschluß*vorrichtungen während des Betriebes werden von den Turbinenherstellern *Betriebsvorschriften* herausgegeben, die für die verschiedenen Turbinenbauarten in den Hauptfragen der Überwachung grundsätzliche Übereinstimmung zeigen, gleichgültig, ob es sich um Gestänge- oder Ölauslösung handelt.

Im wesentlichen wird in den Betriebsvorschriften darauf hingewiesen, daß der Schnellschluß bei jeder Außerbetriebnahme der Turbine und bei Dauerbetrieb mindestens jede Woche einmal zu prüfen ist. Dabei ist die Turbine mittels der Drehzahlverstellung oder durch Ausschalten des Steuerschiebers und Handreglung auf Überdrehzahl zu bringen, bis das Schnellschlußventil schließt.

Es soll in den Betriebsaufzeichnungen vermerkt werden, bei welcher Drehzahl der Schnellschluß bei den einzelnen Proben ausgelöst hat. Spricht der Schnellschlußregler bei 10 bis 12 % Überdrehzahl nicht an, so ist der Schnellschluß von Hand auszulösen und der Schnellschlußregler so bald als möglich nachzusehen.

Bevor die Schnellschlußvorrichtung wieder eingeklinkt wird, muß die Drehzahl im allgemeinen etwas unter die übliche gesunken sein. Ist Ölauslösung für den Schnellschlußregler vorgesehen, so entfällt die Drehzahlsteigerung, der Schnellschluß kann dann bei der Betriebsdrehzahl zum Ausschlagen gebracht werden. In diesem Falle muß die Rückstelldrehzahl des Schnellschlußreglers ohne Öl oberhalb der Betriebsdrehzahl liegen, da der Stromerzeuger sonst jedesmal, wenn die Schnellschlußvorrichtung mittels Ölauslösung erprobt wird, aus dem Netz genommen werden müßte (vgl. S. 144).

Die Stopfbuchse der Schnellschlußventilspindel darf nach der Schnellschlußprobe und auch während des Betriebes nicht mehr nachgezogen werden, da ein einseitiges oder zu starkes Anziehen die Ventilspindel festklemmen und damit den Schnellschluß außer Tätigkeit setzen kann.

Die Gelenke des Schnellschlußgestänges sowie die Spindel des Schnellschlußventiles sind dauernd auf leichte Beweglichkeit zu beobachten. Das Schnellschlußgestänge ist vor jedem Anfahren zu schmieren, die Spindel des Schnellschlußventiles täglich mehrmals durch einige Umdrehungen des Handrades etwas zu bewegen. Bei reiner Ölreglung sind sinngemäß die Übertragungsleitungen und ihre Regel- und Absperrvorrichtungen zu überprüfen.

Die Führung der Ventilspindel sowie die Spindelmutter des Schnellschlußventiles dürfen nicht geschmiert werden, sondern müssen trocken sein, da andernfalls die Spindel durch verharztes Öl in der Spindelmutter festbrennen kann. Zu schmieren ist lediglich die Führung der Handradspindel in der Führungsbuchse, und zwar durch das dafür vorgesehene kleine Schmierloch. Bei jeder Schnellschlußprobe ist die Spindelmutter daraufhin zu überprüfen.

Vor dem Anfahren ist nach dem Abheben des Schaulochdeckels am Reglerbock nachzusehen, ob der Hebel des Schnellschlusses richtig eingeklinkt ist.

Die Regelventile werden entweder unabhängig vom Schnellschluß ausgeführt, so daß sie beim Ansprechen dieses zunächst geöffnet bleiben, oder in Abhängigkeit vom Schnellschlußregler gebracht, so daß gleichzeitiges Schließen beider erfolgt. Für letzteren Fall zeigt Abb. 117 ein Beispiel.

Im allgemeinen ist für die vom Schnel'schlußregler zu betätigende Hauptabsperrung des Dampfes nur ein einziges Ventil vorgesehen. Will man bei der Probe des Schnellschlußreglers und des Übertragungsgestänges oder der Drucköfanlage die Turbine in Betrieb halten, so könnte man auch das Schnellschlußventil in geöffneter Stellung verblocken und lediglich feststellen, ob die Schnellschlußklinke ordnungsmäßig ausschlägt. Eine solche Einrichtung ist indessen nicht zu empfehlen, da dann die Möglichkeit gegeben wäre, daß diese Verblockung nach Abschluß der Probe versehentlich nicht entfernt wird, wodurch ernstester Schaden entstehen könnte. Außerdem ist dabei keine Gewähr vorhanden, daß das Schnellschlußventil im Notfall auch wirklich schließt. Wo zwei Schnellschlußventile nebeneinander vorgesehen sind — bei ganz großen Maschineneinheiten oder bei solchen Turbinen, die besonders große Dampfmengen verarbeiten —, kann man die Turbine bei der Schnellschlußprobe dadurch in Betrieb halten, daß man bei geringer Last jeweils das eine Ventil verblockt und das zweite zuschlagen läßt und umgekehrt. Auch hier aber erfordert die Verblockungsvorrichtung verantwortungsvolle Beachtung.

In der Sicherung großer Maschineneinheiten ist man in einigen Fällen noch einen Schritt weiter gegangen, insofern zwei Schnellschlußvorrichtungen *hinter*einander in die Frischdampfleitung eingebaut wurden, die beide von einem oder auch getrennt von je einem eigenen Schnellschlußregler betätigt werden. Mitunter ist die vordere Absperrvorrichtung dann kein Ventil, sondern ein Drehschieber („KRÄMER-Hann"[40]), da hierfür keine vollkommene Dichtheit erforderlich ist.

In einigen Betrieben ist es zeitweilig als Mangel empfunden worden, daß nach dem Ansprechen des Schnellschlusses der Schnellschlußregler zufolge seiner Feder- und Gewichtsverhältnisse erst unterhalb der Betriebsdrehzahl wieder in seine Ruhelage zurückgeht. Allerdings hat das nur dann Bedeutung, wenn der Schnellschlußregler durch Öleinspritzen ausgeschlagen hat. Um ein Abschalten des Stromerzeugers vom Netz zu vermeiden, kann man die Federn und Gewichte des Schnellschlußreglers so abstimmen, daß der Regler bereits zwischen der Schnellschluß- und der üblichen Betriebsdrehzahl der Turbine wieder in seine Ruhelage zurückgeht.

Die Auslösung des Schnellschlußreglers durch Einspritzen von Öl bietet für die laufende Betriebsüberwachung den Vorteil, daß bei den Proben der Schnellschlußvorrichtung der Turbostromerzeuger nicht der erhöhten Drehzahl ausgesetzt zu werden braucht. Daß der Schnellschlußregler im Falle des Durchgehens der Maschine bei der vorgesehenen Schnellschlußdrehzahl auslösen würde, läßt sich auch bei der Ölauslösung feststellen, wenn man im Schwungringregler (z. B. der *AEG*), auf den das eingespritzte Öl nur zufolge seines Gewichtes und dessen Fliehkraft wirkt, den Ölaufnahmeraum im Reglerschwungring entsprechend bemißt oder die eingespritzte Ölmenge (Druck und Zeit) feststellt.

Beim Schlagbolzenregler (z. B. nach WESTINGHOUSE) wirkt das Öl vermöge seines Druckes, es ist hierbei also leicht festzustellen, bei welchem Öldruck der Schnellschlußregler ausschlägt. Bei der ersten Einstellung wird ein Vergleichsversuch durchzuführen sein, der bei späteren Ölspritzversuchen einen Schluß darüber ermöglicht, ob der Regler bei der vorgeschriebenen Drehzahl auslöst. Daß mit Hilfe derartiger Öleinspritzvorrichtungen der Schnellschluß der Turbine auch in selbsttätige Abhängigkeit von zu beobachtenden beliebigen Größen (z. B. Lageröldruck, Luftleere) gebracht werden kann, wurde bereits erwähnt (vgl. S. 78).

Entnahme- oder Mehrdruckturbinen aller Art müssen nicht nur von der Frischdampfseite, sondern auch an den übrigen Zudampfstellen sowie an den Entnahmestellen durch Schnellschlußventile gesichert sein. Auch die ungeregelten Anzapfstellen der Kondensationsturbinen, denen Dampf für Speisewasservorwärmung entnommen wird, sind in gleicher Weise zu sichern. Alle diese Schnellschlußvorrichtungen und Übertragungsmittel sind in der angegebenen Weise in bestimmten Zeitabständen Proben zu unterziehen.

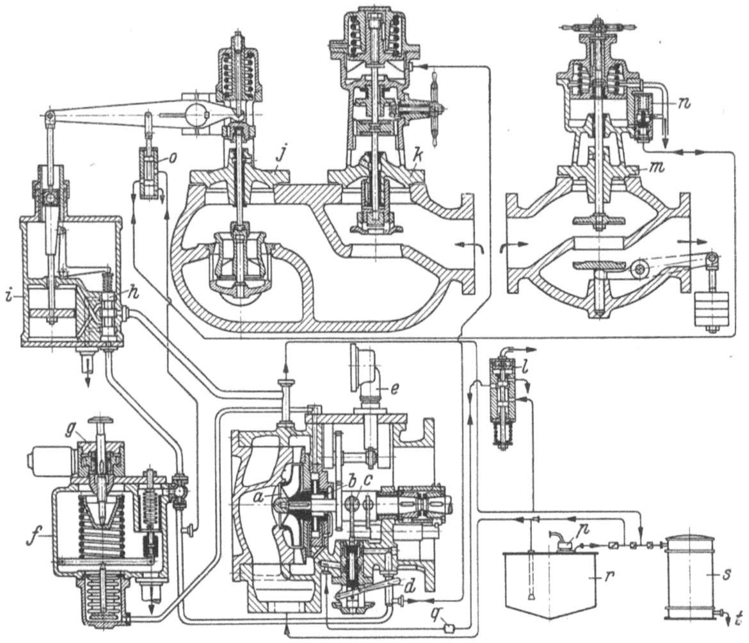

Abb. 117.
SSW, Reglung und Sicherheitseinrichtungen einer Kondensationsturbine.

a Hauptölpumpe; *b* Regelkreisel; *c* Sicherheitsregler; *d* Schnellschluß; *e* Drehzahlmesser; *f* Drehzahlregler; *g* Drehzahlverstellung; *h* Steuerschieber; *i* Kraftzylinder; *j* Steuerventil; *k* Schnellschlußventil; *l* Kondensatorschutz; *m* Anzapf-Rückschlagventil; *n* Umschaltschieber; *o* Hilfsschieber zu *n*; *p* Hilfsölpumpe; *q* Ölfilter; *r* Ölbehälter; *s* Ölkühler; *t* zu den Lagern.

---

[40] DRP. 529168.

Bezüglich der Überwachung der Ventile, Spindeln und Packungen gelten die gleichen Vorschriften wie für die Regelventile (vgl. S. 153).

Der Zweck der Schnellschlußvorrichtungen, die Turbine bei drohender Gefahr durch Schließen der Frischdampfzufuhr vor Beschädigung überhaupt oder vor einer Vergrößerung des bereits eingetretenen Schadens zu bewahren, kann für Kondensationsturbinen durch sogenannte *Unterdruckbrecher* unterstützt werden. Die Läufer von Turbine und Stromerzeuger haben je nach dem in ihnen aufgespeicherten lebendigen Arbeitsvermögen eine bestimmte Auslaufzeit. Je kürzer diese ist, desto geringeren Umfang wird ein Schaden, sei es z. B. Schaufelbruch oder Ölbrand, annehmen. Luft im Turbinengehäuse vergrößert die Radreibung und übt eine Bremswirkung aus. Wie Versuche ergaben, ist dadurch eine Verkürzung der Auslaufzeit um etwa 30 % erreicht worden. Als Unterdruckbrecher benutzt man das Notauspuffventil. Es wird mit dem Schnellschluß durch ein Gestänge verbunden und erhält eine Auslösung durch Klinke und Feder. Mitunter sieht man auf der Spindel des Notauspuffventiles einen Kolben vor, dessen beide Seiten bei üblichem Betriebe unter Unterdruck stehen, während bei Auslösen des Schnellschlusses ein Hilfsventil betätigt wird, das Luft unter diesen Kolben strömen läßt. Der Luftdruck öffnet dann das Notauspuffventil. Man kann den Unterdruckbrecher auch durch ein Ölkraftgetriebe betätigen und den Öldruck als Antrieb benutzen. Schließlich sei auch die Möglichkeit einer elektrischen Auslösung erwähnt.

19. Die Reglung im Betriebe.

Für den Betrieb einer Dampfturbinenanlage ist sorgfältigste Ausbildung ihrer Reglung überaus wichtig, besonders wenn der Turbosatz mit anderen auf ein gemeinsames Stromnetz arbeitet. Die durch die Kenngrößen der Regler und ihre Wechselwirkung mit den Auslegungsgrößen des Turbostromerzeugers bestimmte *Drehzahlkennlinie* gewinnt besonders in solchen Kraftwerken Wichtigkeit, die mit anderen zusammenarbeiten, und in deren gemeinsamem Netz die Frequenz genau eingehalten werden muß.

Die *Einstellung* einer Reglung für den Betrieb erfolgt bereits in der Werkstatt des Erbauers. Hierfür lassen sich naturgemäß allgemeine umfassende Vorschriften nicht geben; denn nicht nur jede Reglungsart stellt ihr eigene Bedingungen, sondern selbst für Turbinen gleichen Ursprunges erfordert jede Bauart (Kondensations-, Entnahme-Gegendruckturbine), ja fast jede einzelne Turbine Sondervorschriften.

Um aber wenigstens beispielmäßig eine Einstellvorschrift zu geben, sei eine Entnahmeturbine erprobter Bauart herausgegriffen, und zwar eine Turbine mit Verbundgestängereglung, ausgestattet mit einem Fliehkraftdrehzahlregler und einem Membrandruckregler, Abb. 118. Als notwendige Voruntersuchungen sind die Proben des Drehzahlreglers und des Druckreglers selbst anzusehen. Nach diesen ist das Übertragungsgestänge zu prüfen, wobei wie folgt zu verfahren ist:

Sämtliche Bolzen des Regelgestänges sowie der Hebel zum Druckregler müssen rund und rillenfrei geschliffen sein.

Sämtliche Gelenke der Zugstangen sowie des Regelgestänges und der Verbindungstange zum Druckregler müssen leicht beweglich sein.

Bei zusammengebautem Regelgestänge müssen sich alle Zugstangen in den Kugelgelenken und alle Bolzen mit zwei Fingern spielend leicht drehen lassen.

Der Steuerschieber muß so eingeschliffen sein, daß er sich ebenfalls mit zwei Fingern spielend leicht drehen läßt.

Bei der Einstellung der Reglung, die bei stillstehender Turbine erfolgt, muß die Hilfsölpumpe in Betrieb sein, damit Drucköl vorhanden ist. Allgemeiner Grundsatz für die Einstellung ist: ist die Muffe des Drehzahlreglers in ihrer höchsten Lage, so müssen in jeder Stellung der Membran des Druckreglers beide Reglungen, also sowohl die Frischdampf- wie die Entnahmereglung, geschlossen sein, da sonst die Turbine zufolge Einströmens von Dampf entweder von der HD- oder von der ND-Seite aus durchgehen könnte. Ferner ist zu prüfen, ob der Ausschalthebel h am Druckregler richtig angebaut ist, d. h. ob in der mit h_2 gekennzeichneten Lage der Druckregler tatsächlich in Betrieb ist und umgekehrt. Dann ist der *HD-Steuerschieber* in folgender Weise einzustellen:

Die Muffe des Drehzahlreglers ist um 30 mm zu heben (am Zeiger des Reglers nachprüfen).

Die Zugstange g des Druckreglers ist in ihrer tiefsten Lage. Die Membran ist entspannt, der Ausschalthebel h des Druckreglers liegt in der Lage h_2 für Entnahmebetrieb.

Der HD-Steuerschieber ist so einzustellen, daß die HD-Reglung um 15° geöffnet hat, wenn er in Mittelstellung steht. (Dieser Fall ist in Abb. 118 durch die ausgezogenen Linien dargestellt.)

Danach wird die *ND-Reglung* eingestellt wie folgt:

Die Muffe ist um 23,7 mm zu heben (am Zeiger des Reglers nachprüfen).

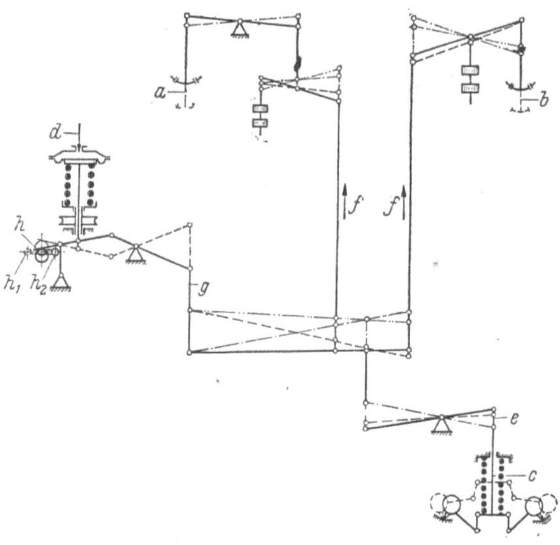

Abb. 118. AEG, Einstellvorschrift der Reglung einer Entnahmeturbine mit Verbundgestängereglung.

a Entnahmedampfreglung; *b* Frischdampfreglung; *c* Drehzahlregler mit 35 mm Muffenhub; *d* Membrandruckregler; *e* ausgenutzter Hub des Drehzahlreglers; *f* Bewegungsrichtung der Gestänge beim Öffnen der Regelventile; *g* Zugstange; *h* Ausschalthebel des Druckreglers; h_1 Druckregler ausgeschaltet (Kondensationsbetrieb); h_2 Druckregler eingeschaltet (Entnahmebetrieb).

Die Zugstange g des Druckreglers ist in ihrer höchsten Lage. Die Membran ist gespannt, der Ausschalthebel h liegt in der Lage h_1 für Kondensationsbetrieb.

Der ND-Steuerschieber ist so einzustellen, daß die ND-Reglung um 15° geöffnet hat, wenn er in Mittelstellung steht. (Dieser Fall ist in Abb. 118 durch die gestrichelten Linien dargestellt.)

Die hiernach bei betriebswarmer Maschine vorgenommene Einstellung ist durch mehrere beliebige Proben auf ihre Richtigkeit nachzuprüfen, z. B. durch folgende zwei Proben:

Probe I. Muffe des Drehzahlreglers in tiefster Lage. Zugstange g in tiefster Lage, Ausschalthebel h in der Lage h_2 für Entnahmebetrieb. HD-Reglung hat um 270° geöffnet (abzulesen an der Regelscheibe der Nockenwelle). ND-Reglung hat um 270° geöffnet.

Probe II. Muffe des Drehzahlreglers in tiefster Lage. Zugstange g in höchster Lage, Ausschalthebel h in der Lage h_1 für Kondensationsbetrieb. HD-Reglung hat um 171° geöffnet. ND-Reglung hat um 270° geöffnet.

Bei Kurzschlüssen im Netz und darauf folgender Abschaltung des Stromerzeugers darf die Drehzahl des Turbosatzes nicht so weit steigen, daß der Schnellschluß eingreift und die Dampfzufuhr absperrt. Die Reglung muß also der Bewegung des Drehzahlreglers so schnell folgen können, daß der Regelvorgang beendet, der der verminderten Belastung entsprechende neue Beharrungzustand also eingetreten ist, bevor die Schnellschlußdrehzahl erreicht ist. Als übliche Werte wird man bei 10 % Überdrehzahl beim Ansprechen des Schnellschlusses etwa 7 % als höchste vorübergehende Drehzahlsteigerung bei plötzlicher Entlastung von der Höchstlast auf Leerlauf und eine 4 % über der üblichen Drehzahl liegende Leerlaufdrehzahl zulassen. Ist eine andere Schnellschlußdrehzahl gefordert, so sind entsprechend andere Zwischenwerte zulässig, wie z. B. bei Höchstdruckturbinen.

Die drei Betriebskurven, Abb. 119, sind an einer 10 000 kW-Turbine der AEG aufgenommen, deren übliche Drehzahl 3000 U/min ist. Man sieht, daß bei einer plötzlichen Entlastung von 10 000 kW auf Leerlauf nur eine Drehzahlsteigerung von vorübergehend 5,7 %, bleibend 4,5 % eingetreten ist, bei geringeren Laststürzen entsprechend weniger.

Es läßt sich mit dieser Reglung auch bei größten Maschinen erreichen, daß die Schlußzeit keinesfalls 1 s überschreitet.

Die Forderung des Zusammenarbeitens mehrerer Maschinen, oft verschiedener Bauarten, auf ein gemeinsames Netz und die Kupplung ganzer Netze miteinander hat zugleich die Ansprüche an die Turbinenreglung bedeutend verschärft. Das kann als Beispiel dafür dienen, wie der Anlaß zu Änderungen und Verbesserungen an den Maschinen vom Betriebe ausgehen und nur durch enge Zusammenarbeit der Turbinenwerke mit den Kraftwerken zu fruchtbaren Lösungen führen kann. Hier greifen die Aufgaben zudem so weit über den Rahmen des eigentlichen Turbinenbaues hinaus in das Gebiet der elektrischen Vorgänge bei der Reglung der Stromerzeuger, der Schaltung und elek

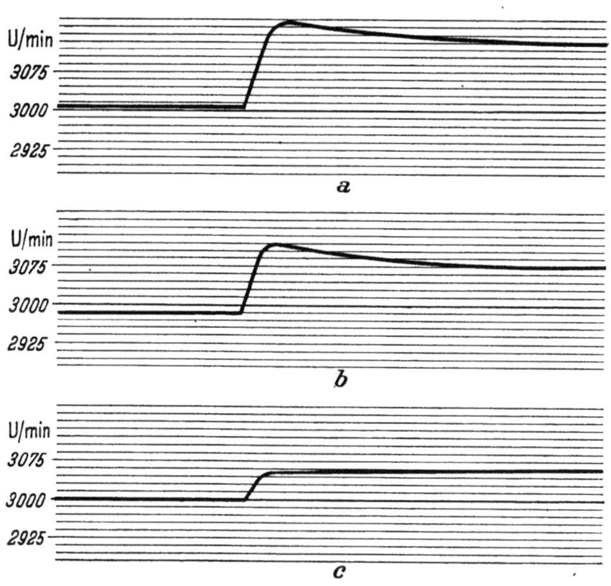

Abb. 119. Entlastungsvorgang an einer AEG-Kondensationsturbine, 10000 kW, 3000 U/min.

a plötzliche Entlastung von Vollast auf Leerlauf: Drehzahlerhöhung höchstens 5,7%, bleibend 4,5%; *b* plötzliche Entlastung von 7000 kW auf Leerlauf: Drehzahlerhöhung höchstens 4,1%, bleibend 3%; *c* plötzliche Entlastung von 3000 kW auf Leerlauf: Drehzahlerhöhung höchstens und bleibend 2,2%.

trischen Sicherung der Netze und Maschinen, daß es ungewöhnlich umfangreicher Betriebsuntersuchungen bedurfte, um einigermaßen befriedigende Lösungen zu finden. Mit großzügigen Mitteln hat z. B. die *A.G. Sächsische Werke* bahnbrechend gewirkt, indem sie in ihren Großkraftwerken Hirschfelde und Böhlen umfangreiche Versuche über Maschinenreglung und Gemeinschaftsbetrieb vornehmen ließ und die Ergebnisse dieser Versuche in vorbildlicher Freimütigkeit veröffentlichte[41]. Auf diesen Untersuchungsbericht sei hier zur Durcharbeitung des ganzen Fragenbereiches nachdrücklichst hingewiesen. Obwohl nicht alle der darin aufgestellten Forderungen neu waren und ein Teil der geforderten Einrichtungen zur Zeit der Abfassung des Berichtes an der Turbinenreglung einer Bauart bereits verwirklicht war, soll hier doch wörtlich dem zusammenfassenden Abschnitt „Ergebnisse und Folgerungen" das entnommen werden, was darin über die Reglung der Turbinen im einzelnen gesagt ist.

Das vermutete und erwartete Mißverhältnis zwischen den Drehzahlkennlinien und der Auslösedrehzahl des Schnellschlußventiles wurde für die Mehrzahl der Maschinen durch die Aufzeichnungen bestätigt. Bei der Mehrzahl der untersuchten Maschinen lag die sich bei Entlastung von der Höchstlast einstellende Drehzahlerhöhung über dem Ansprechpunkt für das Schnellschlußventil. Bei mehreren Maschinen genügten schon mehr oder weniger weit unter der Nennlast liegende Entlastungen, um dieses Ventil auszulösen.

Die Werte der Drehzahlerhöhung waren fast durchweg zu hoch, um gegenüber der durch die Prüfdrehzahl der Rotoren festliegenden Auslösedrehzahl der Schnellschlußventile einen ausreichenden Abstand einzuhalten, der deren unnötiges Ansprechen mit Sicherheit vermeiden ließe.

In dem Verlauf der Drehzahlkennlinien der einzelnen Maschinen bestanden große Unterschiede sowohl hinsichtlich des Charakters der Kurven als auch hinsichtlich der Höhe der Absolutwerte.

Die reine Arbeitzeit des Schnellschlußventiles ist immer noch so beachtlich groß, daß die Drehzahl des Läufers auch nach dem Ansprechen noch ansteigt. Dabei kann dieser weitere Drehzahlanstieg in der Regel nicht dem Arbeitsinhalt des noch in der Turbine befindlichen Dampfes zugeschrieben werden.

Die wirksame Schlußzeit der Regelventile war bei einigen Maschinen für höhere Leistung bzw. Vorbelastung größer als bei kleinen Leistungen, und zwar im wesentlichen dadurch verursacht, daß bei größeren Ventilöffnungen der für den Ölservomotor verwendete Öldruck sank.

---

[41] FRENSSDORFF, E., K. KÜHN, R. MAYER u. W. PETERS: Versuche über Maschinenreglung und Parallelbetrieb in den Großkraftwerken Hirschfelde und Böhlen. Elektrotechn. Z. Bd. 52 (1931) S. 791, 1185, 1215, 1270, 1349, 1382, 1509, 1549, 1565.

An diese Feststellungen, die unter anderem das allzu leichte und häufige Ansprechen der Schnellschlüsse erklären, lassen sich einige Forderungen anschließen, deren zum Teil den Reglerkonstrukteuren zufallende Verwirklichung angestrebt werden sollte.

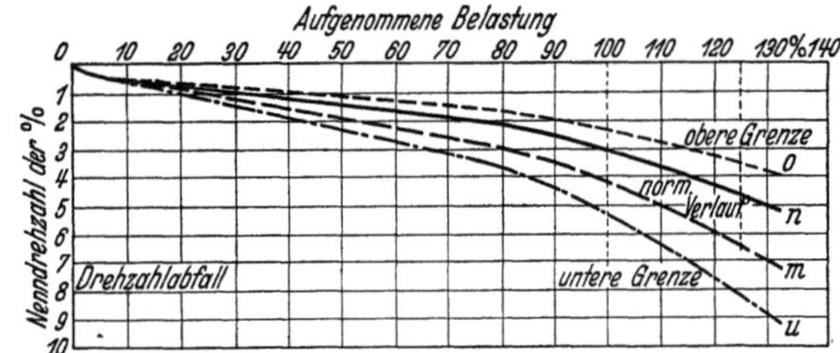

Abb. 120. Empfehlenswerte Drehzahlkennlinien eines Turbostromerzeugers[42].

Durch Erhöhung der mechanischen Verstellkräfte mußten die wirksamen Schlußzeiten wesentlich verkürzt und die Drehzahlerhöhungen bei Entlastung erniedrigt werden.

Der Ausbildung, der Form der Drehzahlcharakteristik und ihrer Überprüfung sollte größere Sorgfalt geschenkt werden. Es konnte eine im dritten Aufsatz beschriebene Drehzahlcharakteristik abgeleitet werden, die sich mit bekannten Mitteln durchaus erzielen läßt und die gewisse betriebliche Vorteile verspricht. Abb. 120[42]. Sie ist durch einen von etwa 80% der Belastung ab stärkeren Drehzahlabfall gekennzeichnet, um bei Lastschwankungen der schwächer belasteten Maschine einen prozentual größeren Lastanteil zuzuschieben.

Darüber hinaus wäre es recht erwünscht, wenn die Neigung der Drehzahlcharakteristik nicht nur nach Außerbetriebnahme der Maschinen und, wie es bei Auswechslung der Reglerfedern der Fall ist, nur unstetig zu beeinflussen wäre; man sollte sie vielmehr stetig und während des Betriebes der Maschinen ändern können.

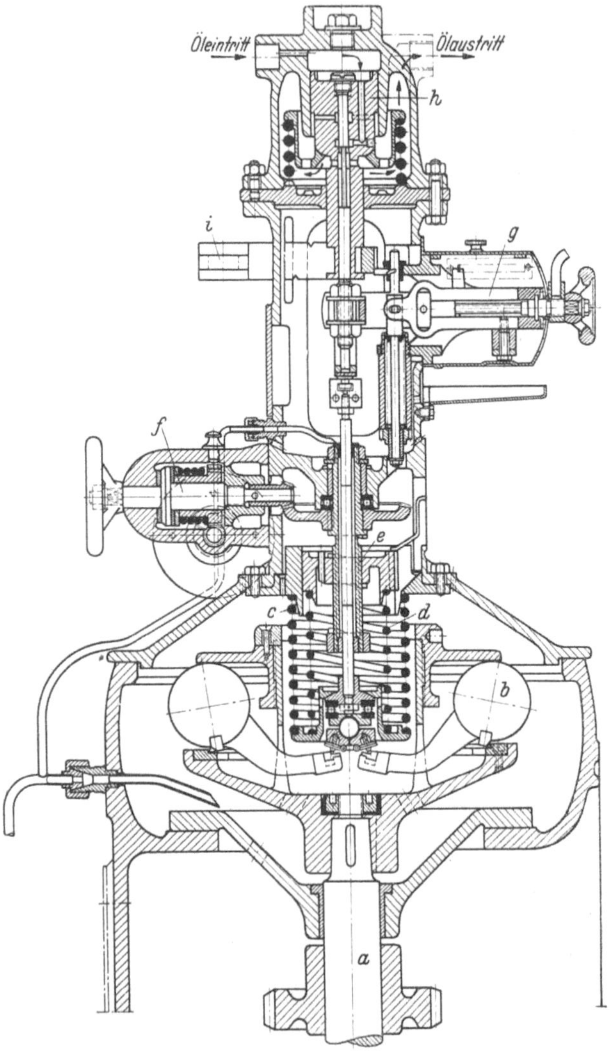

Zu diesem Bericht ist zu sagen, daß es sich hier für den Betriebsleiter nicht erst neu erstellter Kraftwerke im wesentlichen um die Frage handelt, wie er mit vorhandenen Turbinen zum Teil früherer Bauzeit auf dem Wege des Reglungsumbaues zu befriedigenden Ergebnissen kommen kann. Es ist verständlich, daß zum Erreichen dieses Zieles die verschiedenen Reglungsbauarten sich verschieden gut umbauen lassen. Zu welchen Ergebnissen die Versuche in dieser Hinsicht geführt haben, geht aus dem Bericht nicht klar hervor, da die Maschinen nicht nach Bauart oder Herkunft gekennzeichnet sind. Grundsätzlich werden sich derartige Umbauten aber leichter und mit besserer Aussicht auf Erfolg an Gestängereglungen als an Flüssigkeitsreglungen vornehmen lassen. Die geforderte Verstellung des Ungleichförmigkeitsgrades des Drehzahlreglers während des Betriebes wird neuerdings in den Drehzahlregler selbst gelegt und kann in einfacher Weise vorgenommen werden, wie aus Abb. 121 hervorgeht.

Die Wünsche für die Drehzahlkennlinien wirken sich schließlich aus in den für den eigentlichen Turbinenbau gewissermaßen zu festen Begriffen ge-

Abb. 121. Geschwindigkeitsregler mit Kraftverstärker und eingebauter Ungleichförmigkeitsgradverstellung.

a Reglerspindel; *b* Reglergewichte; *c* Hauptfeder; *d* Zusatzfeder; *e* Spindel mit Mutter; *f* elektrische Drehzahlverstellung; *g* Ungleichförmigkeitsgradverstellung; *h* Kraftverstärker; *i* Reglerhebel.

<hr>

[42] Nach Elektrotechn. Z. Bd. 52 (1931) S. 1352, Abb. III 6.

wordenen beiden Sonderreglungsgebieten: der Frequenzreglung und der Fahrplan-
reglung.

Isodromvorrichtung und *Leistungsregler* sind bisher bereits so oft ausgeführt worden,
daß es gerechtfertigt erscheint, sich mit ihren Betriebseigenschaften eingehender zu be-
schäftigen.

Umbauten von Reglungen älterer Turbinen für Isodromreglung sind mehrfach ausgeführt worden. Vollen Erfolg brachte z. B. der auf Grund gemeinschaftlicher Untersuchungen der BEWAG und der
AEG vorgenommene Reglüngs-
umbau der drei Hauptturbinen
im Großkraftwerk Klingenberg,
das dadurch aus einem Grund-
lastwerk, als das es gebaut
war, zu einem frequenzgeregelten
Spitzenkraftwerk geworden ist,
Abb. 122[43]. Für neu zu bauende
Maschinen stellen sich die neuen
Fragen der Reglung wesentlich
einfacher dar, da man bei Kenntnis der Anforderungen die Durchbildung der Reglung und unter
Umständen der ganzen Turbine
von vornherein darauf einstellen
kann.

Der Schaltplan einer neu zu
erbauenden Kondensationsturbine, die mit Leistungs- und Frequenzregler arbeiten soll, ist in
Abb. 123 dargestellt. Arbeitet der
zu betrachtende Turbosatz *a* mit
einem Turbosatz *b* in einem Nachbarwerk elektrisch zusammen und
ist die Isodromvorrichtung *n* ausgeschaltet, so wird die Drehzahl
durch den Drehzahlregler *s* entsprechend seiner Ungleichförmigkeit angenähert gleichgehalten.
Dabei liegt der Anschlag *t* auf;
der Drehzahlregler arbeitet über
den Kraftverstärker *p* auf den
Steuerschieber des Kraftgetriebes *q*, das die Dampfeinlaßventile

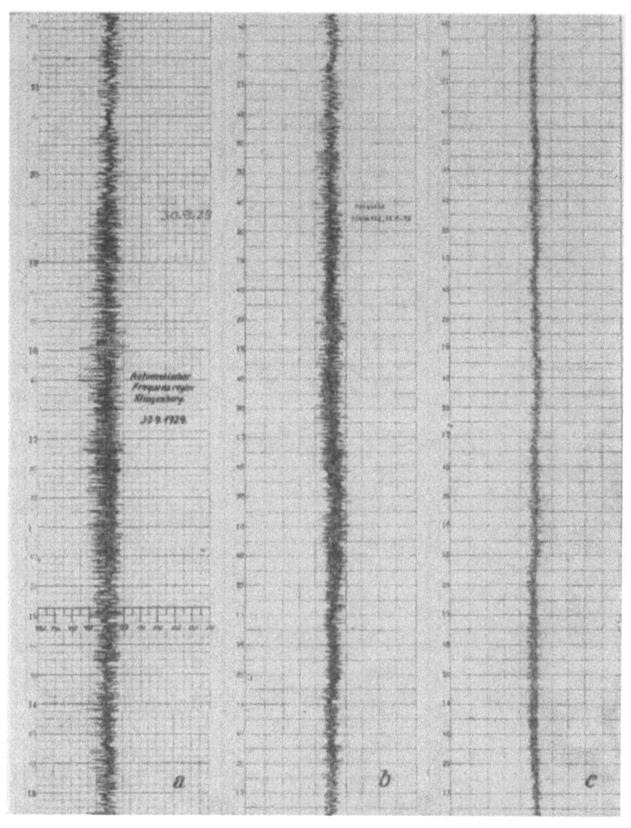

Abb. 122. Frequenzstreifen des Großkraftwerkes Klingenberg
vor und nach dem Umbau der Turbinenreglungen[43].

a 30.9.29 Unmittelbar nach der Übernahme des Frequenzfahrens vor jedem
Umbau, gefahren mit einem einfachen Abtastregler, Reichsbahn zum Teil
im Netz; *b* 24.5.32 Reglung umgebaut, Isodromvorrichtung in Betrieb,
Reichsbahn voll im Netz, in den auf das gleiche Netz arbeitenden Werken
Trattendorf und Zschornewitz sind Fahrplanregler in Betrieb; *c* 24.11.33
Verbesserte Isodromvorrichtung in Betrieb, Reichsbahn voll im Netz, in
Zschornewitz ist ein einfacher Fahrplanregler, in Trattendorf ein Fahrplan-
regler mit Frequenzzusatz in Betrieb.

der Turbine vorstellt. Da nun die Isodromvorrichtung *n* ausgeschaltet ist, wird durch
die Bewegung des Kraftkolbens dessen Steuerschieber über den Kraftverstärker *p* wieder zurückgeführt. Fällt der Turbosatz des Nachbarwerkes aus, so daß die Maschine *a*
den Lastausfall zu übernehmen hat, so ändert sich deren Drehzahl entsprechend der
Reglerkurve. Man kann aber in diesem Betriebsfall den Sollwert der Frequenz durch
fernbetätigtes Einschalten der Isodromvorrichtung *n*, also ohne Handeingriff an der
Maschine, selbsttätig wieder erhalten, indem man den Verstellmotor der Isodromvorrichtung *n* durch den Schalter l_2 betätigt, der dann über ein Schneckengetriebe die
Vorblockung der nachgiebigen Rückführung löst und damit die Starrheit der Rück-

[43] Nach Arch. Wärmewirtsch. Bd. 15 (1934) S. 74 Abb. 3.

führung aufhebt. Mit der jetzt eingeschalteten Isodromvorrichtung arbeitet die Reglung nun folgendermaßen:

Bei einer Laständerung verstellt infolge der vorübergehenden Änderung der Frequenz der Drehzahlregler s über den Kraftverstärker p den Steuerschieber des Kraftgetriebes q, durch das nun die Regelventile r der Turbine und gleichzeitig die Buchse der nachgiebigen Rückführung entsprechend verstellt werden. Da diese Buchse mit Öl gefüllt ist, wird der Kolben der nachgiebigen Rückführung n ebenfalls verstellt, so daß durch die Spannkraft der Isodromrückführfedern eine Kraft auf den Bremskolben wirkt

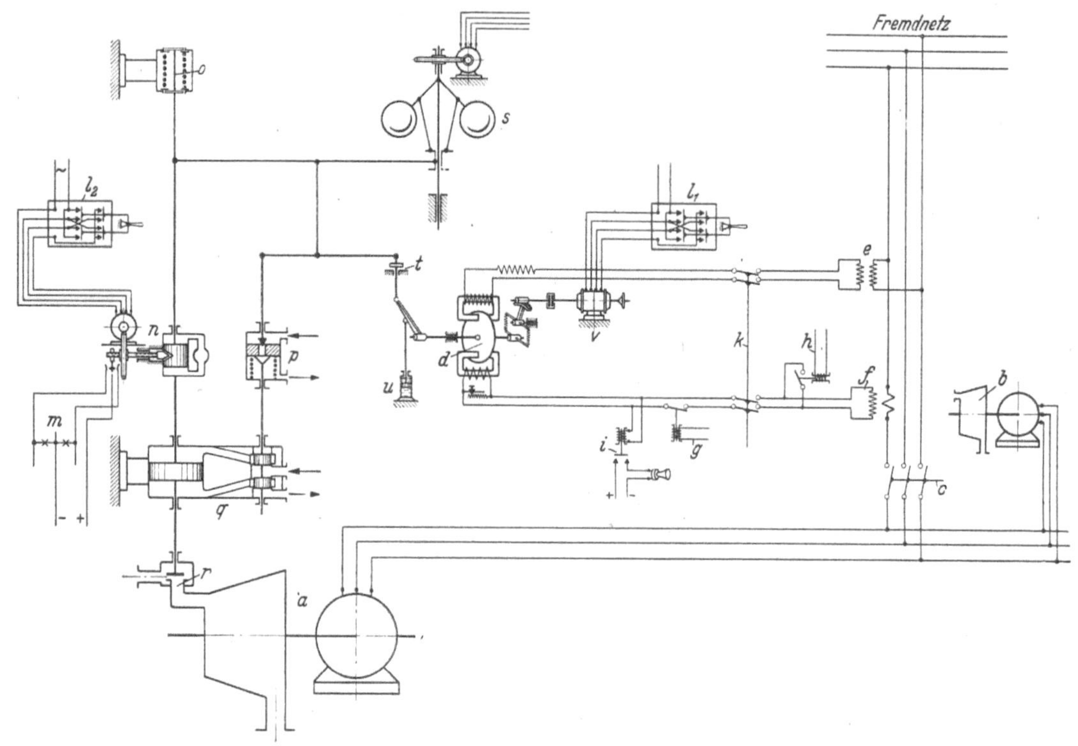

Abb. 123. AEG, Leistungs- und Frequenzreglung eines Turbosatzes, 25000 kW, 3000 U/min.

a Turbine mit Stromerzeuger; b Turbine mit Stromerzeuger im Nachbarwerk; c Ölschalter; d Leistungsregler; e Spannungswandler; f Stromwandler; g Überstromschalter; h Kurzschlußschalter; i Hörzeichengeber; k Gruppenschalter; l_1, l_2 Schalter; m Leuchtzeichengeber; n Ölbremse mit Einstellvorrichtung der Isodrom- oder Isodynzeit und Ausschaltvorrichtung; o Rückführfeder; p Kraftverstärker; q Ölkraftgetriebe der Regelventile; r Regelventile der Turbine a; s Drehzahlregler der Turbine a mit Verstellvorrichtung; t Anschlag; u einstellbare Ölbremse für Leistungsregler; v Leistungsverstellvorrichtung zu d.

und Öl von der einen Seite dieses Kolbens nach seiner anderen Seite über eine einstellbare Droßlung drängt. Dadurch wird die Rückführung des Steuerschiebers des Kraftkolbens so lange verzögert, bis die Muffe des Drehzahlreglers ihre Ausgangstellung wieder erreicht hat, d. h. die Solldrehzahl wieder eingestellt ist. Die Zeit (Isodromzeit), bis die Solldrehzahl wieder erreicht ist, kann durch die Droßlung bei n eingestellt werden.

Arbeiten der Turbosatz a und der Tubosatz b über den Ölschalter c mit einem Fremdnetz zusammen und soll die an dieses Netz abzugebende Leistung gleichgehalten werden, so muß der Leistungsregler d eingeschaltet werden. Dabei ist dann der Drehzahlregler s mittels der Drehzahlverstellvorrichtung auszuschalten, er wirkt dann nur noch als Sicherheitsregler.

Um die Ungleichförmigkeit des Leistungsreglers genau wie vorher beim Drehzahlregler auf Null zu bringen, bleibt die nachgiebige Rückführung n in Betrieb und wirkt nun als Isodyneinrichtung. Bei Leistungsänderungen verstellt der Leistungsregler wie vorher der Drehzahlregler über den Kraftverstärker p und das Ölkraftgetriebe q die Dampfzufuhr zur Turbine a. Auch die Rückführung arbeitet in der gleichen Weise.

Zur Einstellung der gleichzuhaltenden Abgabeleistung an das Fremdnetz ist eine Leistungsverstellvorrichtung v vorgesehen, die durch den Schalter l_1 von der Schalttafel aus betätigt werden kann. Ferner ist eine einstellbare Ölbremse u vorgesehen, damit man die Verstellgeschwindigkeiten des Leistungsreglers und des Kraftkolbens abstimmen kann. Der Überstromschalter g schützt das Netz des Leistungsreglers vor zu großem Stromdurchfluß. Bei Unterbrechung des Stromwandlerzweitkreises wird durch einen Kurzschlußschalter h dieser Stromkreis kurzgeschlossen. Der Leistungsregler ist infolge einer Kunstschaltung vom $\cos\varphi$ unabhängig. Die Isodynzeit kann durch die Drosselstelle bei n eingestellt werden. Bei Ausfall des Ölschalters d schaltet sich der Leistungsregler d aus und der Drehzahlregler mit etwas erhöhter Frequenz selbsttätig ein.

Arbeiten mehrere isodromgeregelte Maschinen mit starrer Frequenz auf ein gemeinsames Netz, so wird die gegenseitige Lastverteilung unbestimmt, weil die Ungleichförmigkeit der Drehzahl zwischen Vollast und Leerlauf, die je für die Lastverteilung zwischen nebeneinander laufenden Maschinen maßgebend ist, fehlt. Sie kann von Zeit zu Zeit nach Bedarf dadurch geregelt werden, daß mit Hilfe einer unmittelbar an der Ölbremse angebrachten motorgetriebenen Zahnradpumpe der Ölinhalt der Bremse von der einen Seite des Bremskolbens zur anderen Seite befördert wird. Dementsprechend stellt sich dann die Dampfreglung, also die abgegebene Leistung, ein. Der Motor der Zahnradpumpe wird entweder von der Schaltwarte aus von Hand oder selbsttätig durch den Leistungsregler gesteuert. Arbeiten zwei isodromgeregelte Maschinen zusammen, so braucht nur eine der beiden diese Zusatzreglung zur Isodromvorrichtung zu erhalten, weil die andere sofort die von der ersten abgeworfene oder aufgenommene Last übernimmt oder abgibt.

Die Betriebsvorschriften werden ergänzt durch Vorschriften und Beobachtungen, die der laufenden *Überprüfung und Überwachung aller Einzelteile* der gesamten Reglung dienen.

Die *Drehzahlregler* werden auf den Prüfständen des Herstellers einzeln geprüft (geeicht). Kaum jemals dürfte es sich angesichts der überragenden Wichtigkeit des Drehzahlreglers für den Betrieb des ganzen Turbosatzes als zweckmäßig erweisen, vom Kraftwerk aus Eingriffe in die Regler selbst vorzunehmen, es sei denn, daß mit dem Regler gleichzeitig gelieferte Ersatzschneiden für die Schwunggewichte einzubauen sind. Sonst sollten die Reglereinbauten stets an das Lieferwerk zurückgesendet werden, falls wirklich in ihnen der Grund für eine Beanstandung liegt. Das aber muß in jedem einzelnen Falle sorgfältig geprüft werden, indem nacheinander der Reglerantrieb — meist ein Schneckengetriebe — das Übertragungsgestänge, die Steuerschieber, die Nocken usw. einzeln untersucht werden.

Bei der Prüfung im Lieferwerk werden zweckmäßig gleichzeitig durch ein Zweifachschreibgerät die Hub- und die Drehzahllinie des Drehzahlreglers aufgenommen, aus denen dann sowohl die Unempfindlichkeit $\varepsilon = \dfrac{n_{\mathrm{auf}} - n_{\mathrm{ab}}}{0,5\,(n_{\mathrm{auf}} + n_{\mathrm{ab}})}$ für jede Stellung der Reglermuffe wie die Ungleichförmigkeit $\delta = \dfrac{n_{\max} - n_{\min}}{0,5\,(n_{\max} + n_{\min})}$ des Reglers für seinen Muffenhub abgegriffen werden kann, Abb. 124. Eine ähnliche, wenn auch nicht so genaue Untersuchung des Drehzahlreglers kann der Betriebsmann auch ohne Schreibgerät an seiner Turbine anstellen, wenn er den Stromerzeuger vom Netz abgeschaltet hat. Beim Durchfahren des ganzen Hubbereiches der Reglermuffe aufwärts und abwärts ist für möglichst viele verschiedene Muffenstellungen immer gleichzeitig der Reglerhub — der durch einen Zeiger oder sonstige Merkmale kenntlich gemacht werden muß — und die dazugehörige Drehzahl aufzunehmen. Aus der Auftragung dieser Aufnahmen über dem Reglerhub, Abb. 125, sind dann ebenfalls die Kenngrößen des Reglers, seine Ungleichförmigkeit und seine Unempfindlichkeit festzustellen.

Die Schmierstellen des Drehzahlreglers sind zeitweilig zu überprüfen und, wenn erforderlich, mit Öl aufzufüllen. Die umlaufenden Teile des Reglers werden meist selbsttätig mit Öl versorgt, besonders dann, wenn noch ein mit Drucköl arbeitender Kraftverstärker vorhanden ist. Die Verstellungen des Ungleichförmigkeitsgrades müssen während des Betriebes vorsichtig durchgeführt und die dabei etwa auftretenden Lastveränderungen gleichzeitig mit der Drehzahlverstellvorrichtung ausgeregelt werden.

Ein häufig vorhandenes *Schneckengetriebe*, das auch in den meisten Fällen gleichzeitig noch die Ölpumpen antreibt, muß besonders sorgfältig auf mechanische Abnutzung oder auf Anfressungen durch Wellen- oder Fremdströme untersucht werden. Sind diese ungewöhnlich groß, so ist deren Ursache umgehend zu ermitteln und zu beseitigen, da anderenfalls Ölversorgung und Reglungsfähigkeit der Turbine gefährdet sind.

Baustoffehler als Ursache von Abnützungen sind so gut wie ausgeschlossen, da von einem erfahrenen Turbinenhersteller stets bester und gleichmäßiger Baustoff verwendet und außerdem die Eignung von Schnecke und Schneckenrad in jedem einzelnen Falle durch Kugeldruckprobe festgestellt wird. Auch die Beanspruchung des gesamten Antriebes geht nie über eine auf Grund langer Erfahrungen festgelegte Grenze hinaus.

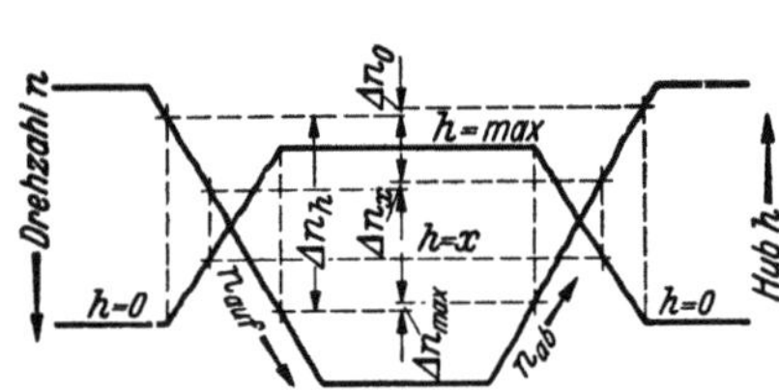

Abb. 124. Unempfindlichkeit und Ungleichförmigkeit eines Fliehkraft-Drehzahlreglers, aufgenommen mit einem Zweifachschreibgerät auf einem Reglerprüfstand.

$$\text{Unempfindlichkeit} \quad \varepsilon = \frac{n_{\text{auf}} - n_{\text{ab}}}{0{,}5\,(n_{\text{auf}} + n_{\text{ab}})}$$

$\Delta n_0 = (n_{\text{auf}} - n_{\text{ab}})$ für Muffenstellung $h = 0$

$\Delta n_{\text{max}} = (n_{\text{auf}} - n_{\text{ab}})$ für Muffenstellung $h = \text{max}$

$\Delta n_x = (n_{\text{auf}} - n_{\text{ab}})$ für Muffenstellung $h = x$

$$\text{Ungleichförmigkeit} \quad \delta = \frac{n_{\text{max}} - n_{\text{min}}}{0{,}5\,(n_{\text{max}} + n_{\text{min}})}$$

$\Delta n_h = (n_{\text{max}} - n_{\text{min}})$ für den vollen Muffenhub h.

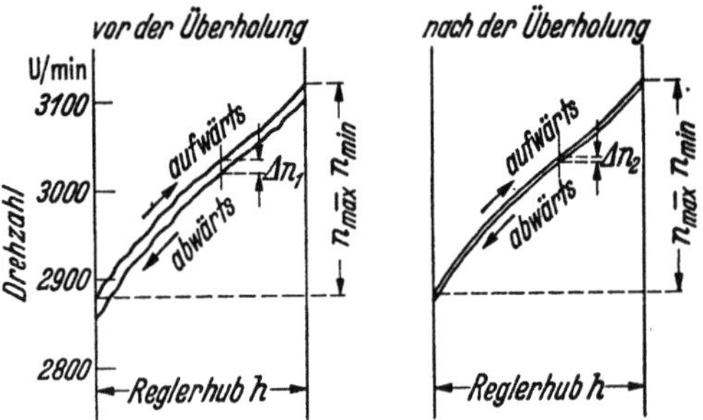

Abb. 125. Aufnahme der Unempfindlichkeit und der Ungleichförmigkeit einer Turbinenreglung während des Betriebes, vor und nach einer Überholung der Reglung.

$$\text{Unempfindlichkeit } \varepsilon = \frac{n_{\text{auf}} - n_{\text{ab}}}{0{,}5\,(n_{\text{auf}} + n_{\text{ab}})}$$

vor der Überholung: $\Delta n_1 = n_{\text{auf}} - n_{\text{ab}}$

nach der Überholung: $\Delta n_2 = n_{\text{auf}} - n_{\text{ab}}$

$$\text{Ungleichförmigkeit } \delta = \frac{n_{\text{max}} - n_{\text{min}}}{0{,}5\,(n_{\text{max}} + n_{\text{min}})}\,.$$

Nur zusammengehörige und nach der Bearbeitung zusammen oder mit einer gemeinsamen Mutterschnecke oder einem Mutterrad geprüfte Räder und Schnecken sollen eingebaut werden.

Bei Auftreten von Strömen wird häufig eine Stromableitvorrichtung nach Abb. 78 verwendet. Zum mindesten muß bei jedem Anfahren der Turbine das Getriebe durch den Schaulochdeckel im Außenlagerbock beobachtet werden. Die Schmierung sowie die Stellung der Spritzöldüsen ist vor jedem Anfahren zu überprüfen. Der Schmieröldruck unmittelbar vor den Spritzdüsen soll mindestens 0,3 at betragen.

Betriebsuntersuchungen an den *Druckreglern* erstrecken sich entweder auf eine Überprüfung des Druckreglerhubes oder auf die Auswechslung schadhaft befundener Membranen. Das richtige Arbeiten eines Druckreglers kann durch Anschließen einer besonderen Druckölpumpe geprüft werden. Die Untersuchung wird sich insbesondere auf die Überprüfung des vorgeschriebenen Hubes und auf die Feststellung etwaiger Klemmungen oder ausgeschlagener Gelenke erstrecken. Gelegentlich wird auch, ähnlich wie bei Drehzahlreglern (vgl. Abb. 120), die Kennlinie aufgenommen werden. Auch für ausreichende Schmierung ist zu sorgen. Bei der Mannigfaltigkeit der Bauarten dieser Regler lassen sich im einzelnen die hierfür vorzunehmenden Arbeiten nur an einem ganz bestimmten Beispiel darstellen. Hierfür wird ein Membrandruckregler der AEG und die bereits für Abb. 118 benutzte Ausführung einer Entnahmeturbinenreglung gewählt. Dann ist wie folgt zu verfahren:

Die Membran ist durch Pumpendruck in ihre tiefste Lage zu bringen (vgl. Abb. 95).

Der Ausschalthebel h in Abb. 118 ist in die Lage h_1 für „außer Betrieb" zu legen. Er muß den Druckreglerhebel gerade berühren.

Die Verbindungstange des Druckreglers muß so eingestellt werden, daß sie gerade die Membran berührt.

Die Membran ist durch Ablassen des Öles zu entspannen.

Der Ausschalthebel h ist in die Lage h_2 „in Betrieb" zu legen. Dann muß sich die Zugstange g um 33,5 mm nach unten bewegen.

Vor dem Anschließen der Impulsleitung ist die Membran mit Wasser zu füllen.

Das Füllen der Membran mit Wasser darf nicht vergessen werden, weil ein Reißen von Membranblechen häufig nur darauf zurückzuführen ist.

Arbeiten mehrere Druckregler miteinander parallel und entsprechen die Anteile, die die einzelnen Druckregler bei einem vom Dampfnetz kommenden Impuls innerhalb des Regelvorganges übernehmen, nicht dem gewünschten Verhältnis, dann kann durch Verstellen der Ungleichförmigkeitsgradvorrichtung die richtige Abstimmung erfolgen. Druckregler, die als Isobar-Druckregler arbeiten, d. h. also keine Ungleichförmigkeit besitzen, verlangen eine sorgfältige Abstimmung. Wichtig ist hier, daß in einer Dampfleitung jeweils nur einer der angeschlossenen Druckregler als Isobar-Druckregler arbeiten darf.

Druckregler an Gegenturbinen dürfen niemals so ausgelegt sein, daß sie imstande sind, die von ihnen beeinflußte Steuerung vollständig zu schließen. Sie müssen vielmehr in ihrem Hube so begrenzt sein, daß sie bei geringem Gegendruckdampf wenigstens noch die Leerlaufdampfmenge durch die Regelventile strömen lassen. Man vermeidet dadurch, daß der Turbinenläufer vom Stromerzeuger als Motor angetrieben wird.

Die Betriebsüberwachung der *Übertragungsgestänge*, Nocken, Wellen, Gelenke usw. für die Reglung sowohl wie für die Schnellschlußvorrichtung erstreckt sich in erster Linie darauf, daß alles sauber gehalten wird und die Gelenke und Lager richtig und ausreichend geölt werden. Abgenutzte Nocken sind rechtzeitig zu erneuern. Staub und andere Unreinigkeiten im Kraftwerk wirken verschleißfördernd auf die Reglungsteile. Reibstellen müssen sofort beseitigt werden, da sie die Empfindlichkeit beeinträchtigen und Anlaß zu Pendlungen der Reglung sein können.

In den Steuerzylindern der *Ölkraftgetriebe* dürfen keine größeren Undichtheiten und Luftstauungen auftreten. Sie sind daher ständig zu entlüften. Die Ölfangschalen, in denen das Lecköl aufgefangen wird, sollen nicht überlaufen. Die Ablaufleitungen sind infolgedessen stets sauber zu halten.

Werden die *Regelventile* einer Turbine durch Steuernocken und Ventilhebel betätigt, so sind die Wellenlager und die Ventilhebelrollen genauestens zu überwachen und gegebenenfalls zu schmieren. Bei Höchstdruckturbinen, bei denen infolge der hohen Temperaturen das Schmiermittel verkrusten und verharzen würde, werden häufig für diese Teile Rollenlager vorgesehen, die praktisch keine Schmierung erfordern.

Die Durchgangstellen der *Ventilspindeln* vom Dampfraum zur Atmosphäre müssen sehr sorgfältig abgedichtet sein. Lassen die dafür verwendeten Dichtungsringe (meist Weichmetallpackungen) Dampf durch, so sind neue Dichtungsringe einzusetzen, wobei die Einbauvorschriften der Lieferwerke genauestens zu beachten sind (vgl. S. 318). Bei ungünstigen Dampfverhältnissen können sich durch Salzablagerungen die Spindeln in den Stopfbuchsen festsetzen, besonders dann, wenn die Turbine lange Zeit mit gleicher Last gefahren ist, so daß die Spindeln stets in der gleichen Lage blieben. Es ist daher zweckmäßig, in gewissen Zeitabständen die Ventilspindeln etwas zu bewegen, um ein Festsetzen zu vermeiden. Man erreicht dies durch kurzzeitiges Absenken der Belastung der Maschine. Gleichzeitig läßt sich bei dieser Untersuchung noch feststellen, ob die Spannung der Ventilfeder, die durch Temperatureinflüsse und Ermüdungserscheinungen nachgelassen haben kann, noch ausreicht, die Ventile zu bewegen.

Isodromvorrichtungen und *Leistungsregler* sind als Sonderausführungen anzusehen. Insofern muß auch jede Vorschrift für ihre Betriebsüberwachung, Überholung usw. auf den Einzelfall zugeschnitten sein. Zudem sollte ein Eingriff in diese Vorrichtungen unter keinen Umständen eigenmächtig vom Betriebe vorgenommen werden. Um auch hierfür ein Beispiel zu geben, sind in Abb. 126 die Wirkungsweise und die Betriebsvorschrift für eine Isodromvorrichtung der AEG wiedergegeben.

Wirkungsweise. Infolge der nachgiebigen Rückführung hat die Reglermuffe im Beharrungzustand stets die gleiche Stellung innerhalb des Reglerhubes. Die vom Drehzahlregler selbsttätig eingestellte Drehzahl hängt daher nur ab von der Unempfindlichkeit des Reglers a, die von der Vorausströmung des Steuerschiebers b und der Eigenreibung des Reglers bestimmt wird, nicht aber von dessen Ungleichförmigkeitsgrad.

Im Beharrungzustand wirkt die Ölbremse und damit die Rückführung wie eine starre Verbindung. Ändert sich infolge einer Lastveränderung die Drehzahl der Turbine und somit die Stellung der Reglermuffe, so wirkt die Reglung auch im ersten Augenblick noch wie eine solche mit starrer Rückführung, bei der jeder Stellung der Reglermuffe eine bestimmte Stellung der Frischdampf-Düsengruppenventile entspricht. Erst wenn der einstellbare tote Weg des Steuerschiebers f der Ölbremse

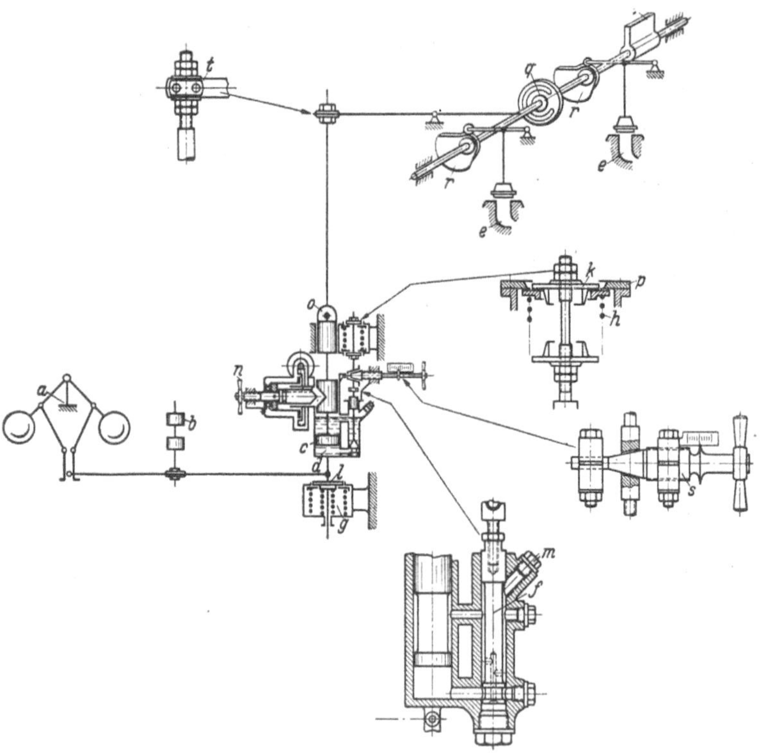

Abb. 126. AEG, Wirkungsweise, Einstell- und Betriebsvorschrift für eine Isodromvorrichtung in mittelbar wirkender Reglung.

a Drehzahlregler; b Hauptsteuerschieber; c Bremskolben; d Ölbremse als nachgiebige Rückführung; e Frischdampf-Düsengruppenventil; f Steuerschieber der Ölbremse; g Rückführfeder; h Hilfsrückführfeder; i Drehkolben des Ölkraftgetriebes; k Anschlagteller für Hilfsrückführfeder; l Anschlagteller für Rückführfeder; m Füllöffnung mit Verschlußschraube; n Einschaltvorrichtung mit Handgriff und ferngesteuertem Elektromotor; o Kupplungsbolzen; p Deckel; q Rückführschieber; r Steuernocken für Düsengruppenventil; s Einstellschraube; t Gelenk des Rückführgestänges.

durchlaufen ist, wird die Ölbremse nachgiebig, die Rückführfeder g greift ein und bewegt den Hauptsteuerschieber b zusätzlich im gleichen Sinne wie der Drehzahlregler. Dadurch wird die Rückfühung verzögert, und die Drehzahl der Turbine nähert sich bei nunmehr veränderter Last wieder ihrem Sollwert, die Muffe des Drehzahlreglers und damit auch der Hauptsteuerschieber b gehen wieder in ihre Ausgangslage zurück.

Mit Hilfe der Einstellschraube s kann der tote Gang des Steuerschiebers f der Ölbremse und damit die Eingriffzeit der Ölbremse, die sogenannte Isodromzeit, eingestellt werden.

Auf den Anschlag l wirken eine nach oben gerichtete, endliche Kraft von der äußeren Feder zu g und eine gleich große, jedoch nach unten gerichtete Kraft, die als Unterschied zwischen der Kraft der inneren Feder zu g und dem Eigengewicht der Ölbremse übrigbleiben. Diese Kräfte bewirken, daß die Ölbremse d gegenüber ihrem Bremskolben c

aus ihrer Mittellage in jeder Richtung sofort mit einer endlichen Kraft in Bewegung gesetzt wird.

Durch die Feststellvorrichtung n kann die nachgiebige Rückführung während des Betriebes von Hand oder von der Schaltwarte aus ferngesteuert ein- und ausgeschaltet werden.

Einstellvorschrift. An der betriebswarmen Turbine ist die Einstellschraube s hineinzudrehen, bis der Steuerschieber f der Ölbremse festgelegt ist. Die Anschlagteller k sind so einzustellen, daß sie die an den Deckeln p anliegenden Federteller der Hilfsrückführfeder h gerade berühren. Mittels der Einschaltvorrichtung n ist der Bremskolben c festzusetzen. Danach ist das Gelenk t des Rückführgestänges so einzustellen, daß die Hilfsrückführfeder h bei voll geöffneter Turbinenreglung um gleich viel nach der einen Seite wie bei geschlossener Turbinenreglung nach der anderen Seite zusammengedrückt ist. Der Steuerschieber f der Ölbremse ist so einzustellen, daß er bei vollkommen hereingedrehter Einstellschraube s den Ölumlauf innerhalb der Ölbremse unterbindet. Der Hauptsteuerschieber b der Turbinenreglung wird nun bei aufgehobener Nachgiebigkeit der Rückführung — d. h. also bei mit Hilfe von n ausgeschalteter Isodromvorrichtung — so eingestellt, daß bei tiefster Muffenlage des Drehzahlreglers a die Turbinenreglung voll geöffnet ist. Während dieser Einstellung muß die Hilfsölpumpe der Turbine in Betrieb sein.

Betriebsvorschrift. Vor der Inbetriebnahme der Isodromvorrichtung sind deren Gelenke und Gleitflächen gut zu schmieren. Von Zeit zu Zeit ist in die Ölbremse durch die Füllöffnung m Öl nachzufüllen.

Einschalten. Wird die Isodromvorrichtung von der Schaltwarte aus eingeschaltet, so ist der Betätigungschalter am Schaltbrett solange in die Stellung „Einschalten" zu bringen, bis die rote Lampe oberhalb dieses Schalters aufleuchtet.

Wird die Isodromvorrichtung von Hand eingeschaltet, so ist der Handgriff n so lange nach rechts zu drehen, bis die Gleitmuffe auf der Spindel der Einschaltvorrichtung ganz nach außen gelangt ist.

Beim Einschalten sind die Belastung der Turbine und die Frequenz zu beobachten und, wenn nötig, mittels der Drehzahlverstellvorrichtung nachzuregeln.

Betrieb. Ist die Isodromvorrichtung eingeschaltet, so ist die Frequenz des Netzes nur durch die Drehzahlverstellvorrichtung der isodromgeregelten Turbine zu verstellen. Die Belastung der isodromgeregelten Turbine kann nur durch Laständerung der im gleichen Netz arbeitenden, nicht isodromgeregelten Turbinen verändert werden.

Während des Betriebes ist darauf zu achten, daß die isodromgeregelte Turbine stets genügend be- und entlastungsfähig bleibt, damit die im Netz auftretenden Laststöße gut aufgenommen werden können.

Ausschalten. Wird die Isodromvorrichtung von der Schaltwarte aus ausgeschaltet, so ist der Betätigungschalter am Schaltbrett so lange in die Stellung „Ausschalten" zu bringen, bis die grüne Lampe aufleuchtet.

Wird die Isodromvorrichtung von Hand ausgeschaltet, so ist der Handgriff n so lange nach links zu drehen, bis die Gleitmuffe auf der Spindel der Einschaltvorrichtung ganz nach innen gelangt ist.

Beim Ausschalten sind die Belastung der Turbine und die Frequenz zu beobachten und, wenn nötig, mittels der Drehzahlverstellvorrichtung nachzuregeln.

Nach dem Ausschalten der Isodromvorrichtung regelt der Drehzahlregler die Turbine wieder entsprechend seiner Ungleichförmigkeit.

Wartung. Die Isodromvorrichtung ist wie folgt zu reinigen: Der Handgriff n ist nach rechts zu drehen, bis seine Gleitmuffe ganz außen ist. Dann ist der Kupplungsbolzen o zu entfernen und der Bremskolben c auszubauen. Die Einschaltvorrichtung selbst kann nach dem Lösen von vier Flanschschrauben abgebaut und gereinigt werden. Die Einstellschraube s ist ganz herauszuschrauben, die Deckel p sind zu entfernen und der Steuerschieber f auszubauen. Nach dem Reinigen der Teile ist die Ölbremse wieder mit Öl zu füllen, nachdem der Bremskolben c bis zu seiner tiefsten Stellung eingeführt ist. Das

Öl ist durch die Füllöffnung *m* einzufüllen, bis der Ölspiegel in der Füllöffnung sichtbar ist. Danach kann dann auch der Steuerschieber *f* wieder eingebaut werden.

Alle diese Vorschriften, insbesondere die mit genauen Maßangaben versehenen, gelten nur — was hier ausdrücklich noch einmal betont werden soll — jeweils für einen ganz bestimmten Fall. Für jeden anderen Fall gelten sinngemäß gleiche Vorschriften, die in den Bauanweisungen niedergelegt sind. Zeigen sich im Betriebe Ungenauigkeiten an der Reglung, so ist stets die Befragung des Lieferwerkes der Turbine zu empfehlen, das zur Klärung einen Richtmeister oder Ingenieur entsenden wird.

20. Die wärmetechnischen Meßverfahren.

Als Geräte für wärmetechnische Messungen sind nach Möglichkeit nur solche zu verwenden, deren Fehler bekannt sind und deren Anzeige während der Versuche durch Hilfsgeräte einwandfrei überprüft werden kann. Meßgeräte, deren Prüfung während der Messungen nicht möglich ist, sind vor und nach den Versuchen zu eichen. Schreibende Meßgeräte sollten bei genauen Messungen nur zur Überwachung der eigentlichen Meßgeräte verwendet werden. Empfindliche Meßgeräte, insbesondere Zeigergeräte, sind so anzubringen oder aufzustellen, daß sie vor Erschütterungen und hohen Temperaturen geschützt sind. Der Meßbereich der Geräte ist so zu wählen, daß die Meßwerte mit größtmöglicher Genauigkeit abgelesen werden können.

Die *Drücke* werden mit Federdruckmessern, offenen Quecksilberdruckmessern und -unterdruckmessern gemessen. Zum Messen von Druckunterschieden werden Flüssigkeits-Differenzdruckmesser (Wirkdruckmesser) verwendet.

Federdruckmesser werden im allgemeinen für Dampfdrücke über 3,5 ata angewendet und geben den Unterschied des Druckes in dem zu untersuchenden Raum gegen den Druck der Außenluft an. Für Messungen an Dampfanlagen kommen nur Röhrenfederdruckmesser in Frage. Membrandruckmesser sind nicht zu verwenden. Beim Ablesen des Druckmessers empfiehlt es sich, durch leichtes Klopfen am Gehäuse eine möglicherweise auftretende Reibung der Zeigerübersetzung zu beseitigen. Da die Röhrenfedern der Druckmesser beim Warmwerden leicht ihre Spannkraft ändern, sind sie durch Wassersäcke oder -schleifen zu schützen, in denen sich Wasser ansammelt und das Eintreten von Dampf in die Röhrenfedern verhindert. Zwischen Druckmesser und Wassersack setzt man allgemein einen Dreiwegehahn mit Prüfflansch. Die Anzeige des Meßgerätes kann dann auch während der Messungen durch einen geeichten Hilfsdruckmesser nachgeprüft werden. Für genauere Messungen ist der Meßbereich der Federdruckmesser so zu wählen, daß man den Überdruck noch auf 1 % genau ablesen kann.

Für Unterdruckmessung eignen sich Federdruckmesser nur zur Betriebsüberwachung, nicht aber zu genauen Messungen. Der Maßstab ist in mm QS oder in at Unterdruck eingeteilt; eine Einteilung in Hundertteile Unterdruck ist falsch, denn die Ablesung stimmt dann nur für den Barometerstand, bei dem das Gerät geeicht wurde. Bei allen Unterdruckmessungen muß daher stets auch der Barometerstand abgelesen werden.

Quecksilberdruckmesser oder -unterdruckmesser verwendet man zur Bestimmung von Drücken unter 3,5 ata, insbesondere zum genauen Messen von Unterdrücken. Die Quecksilberdruckmesser bestehen meistens aus einem U-förmig gebogenen Glasrohr, dessen einer Schenkel offen ist, während der andere mit dem zu untersuchenden Druckraum verbunden wird. Zur Vermeidung von Kapillaritätsfehlern sind Rohre von mindestens 6 mm lichtem Durchmesser zu verwenden. Leichter abzulesen sind einschenkelige Quecksilberdruckmesser, bei denen das Glasrohr in ein weites Gefäß taucht. Der Meßdruck wird bei Überdruck auf den Quecksilberspiegel geleitet und treibt das Quecksilber in dem oben offenen Rohr in die Höhe. Beim Messen von Unterdrücken wird die Meßleitung am oberen Ende des Rohres angeschlossen und das Quecksilber durch den Unterdruck im Rohr hochgesaugt. Das Gefäß wird nachstellbar ausgeführt, damit man den Nullpunkt des Maßstabes nach dem Quecksilberspiegel im Gefäß einstellen kann. Für die Umrechnung der wirksamen Quecksilbersäule auf metrische Atmosphären ist die Fadentemperatur mit Hilfe eines Thermometers zu ermitteln, das man in halber Höhe der Quecksilbersäule aufhängt.

Messungen sehr kleiner absoluter Drücke (z. B. im Abdampfstutzen von Turbinen oder in Kondensatoren) mit Hilfe sogenannter abgekürzter Barometer, die auch drehbar als Barowaage ausgeführt werden, geben durch Eindringen von Luftbläschen unter Umständen zu hohe Luftleere an. Bei gesättigtem Wasserdampf kann man die Druckmessung mit genügender Genauigkeit auch durch eine Temperaturmessung ersetzen, da Druck und Temperatur voneinander abhängig sind. Das gilt zwar strenggenommen nur für luftfreien Dampf, doch ist der Einfluß der Luftbeimischung bei gut gewarteten neuzeitlichen Dampfturbinenanlagen derart gering, daß man in den meisten Fällen ohne Bedenken zur Bestimmung der Drücke im Abdampfgehäuse der Turbine und im Kondensator die Temperaturmessung benutzen kann. Zu beachten ist, daß in diesem Falle das Thermometer den absoluten Druck anzeigt. Thermometer, die neben der Gradeinteilung auch eine entsprechende Druckeinteilung besitzen, sind in vielen Dampfkraftwerken im Gebrauch.

Es ist üblich, die Luftleere als absoluten Druck oder in Hundertteilen des Normbarometerstandes von 760 mm QS und 0° C oder auch als Unterdruck unter dem jeweiligen Barometerstand anzugeben. Mit B = Barometerstand in mm QS, p = absoluter Druck in kg/cm², Vak = Luftleere in % von 760 mm QS und Vak_G = Unterdruck in mm QS bei dem jeweiligen Barometerstand lautet die Beziehung zwischen dem absoluten Druck der atmosphärischen Luft und der Luftleere folgendermaßen:

$$p = 1{,}033 \left(1 - \frac{\text{Vak}}{100}\right) [\text{kg/cm}^2]$$

$$p = 13{,}595 \,(B - \text{Vak}_G) \cdot 10^{-4} \,[\text{kg/cm}^2].$$

Zum einfachen gleichzeitigen Ablesen des Barometerstandes, der Luftleere und des absoluten Druckes im Kondensator gibt es Geräte, die aus nebeneinander angebrachtem Quecksilberbarometer und -unterdruckmesser bestehen und deren Maßstäbe zwecks einfacher Einstellung zwangläufig miteinander verbunden sind.

Zur Feststellung des während der Messungen herrschenden Luftdruckes benutzt man Quecksilberbarometer, Aneroidbarometer oder Siedegeräte. Quecksilberbarometer sind schwierig zu befördern und zeigen bei ungenügender Wartung mitunter falsch an. Aneroidbarometer verändern durch Stoß oder Erschütterungen sehr oft ihre Angaben. Es ist daher am sichersten, wenn auch nicht am einfachsten, den Luftdruck durch Messung des Siedepunktes von Wasser mit einem Hypsometer festzustellen. Das mit einer besonders feinen Einteilung versehene Thermometer befindet sich hierbei in Wasserdampf von gerade herrschendem Luftdruck und zeigt die Siedetemperatur an. Es sind aber auch Thermometer erhältlich, deren Maßstab in mm QS eingeteilt ist. Eine Fadenberichtigung fällt hier fort, da das Thermometer so verschoben werden kann, daß der Quecksilberfaden gerade nur in der zur Ablesung erforderlichen Höhe herausragt. Bei Quecksilber- und Aneroidbarometern dagegen muß die Raumtemperatur berücksichtigt werden. Die Mehrzahl der Messungen wird, besonders zur laufenden Betriebsüberwachung, mit Quecksilberbarometern vorgenommen.

Der mittlere Barometerstand hängt von der Höhenlage über dem Meeresspiegel ab:

Höhe über dem Meeresspiegel:	0	500	1000	2000	3000 m.
Mittlerer Barometerstand:	760	716	674	598	512 mm QS.

In Südafrika gibt es Turbinenkraftwerke in 1600 bis 1700 m Höhe, in Südamerika sogar in mehr als 2000 m Höhe über dem Meeresspiegel.

Verwendet man zur Ermittlung des Barometerstandes Quecksilberbarometer, so muß man strenggenommen die Veränderung des Raumgewichtes des Quecksilbers mit der Temperatur berücksichtigen. Legt man wie üblich ein Raumgewicht von 13,595 kg/dm³ bei 0° C zugrunde, so wären für je 1000 mm QS vom abgelesenen Barometerstand abzuziehen:

$$\text{bei } 0 \quad 10 \quad 20 \quad 30° \text{C}$$
$$0,0 \quad 1,819 \quad 3,64 \quad 5,462 \text{ mm QS.}$$

Für Kältegrade sind ebensoviel zuzuzählen. Bei der für Dampfturbinen üblichen Luftleere von 95 % und darüber kann man jedoch in Meereshöhe und bis zu etwa 1000 m über dem Meer ohne große Fehler mit der Luftleere in Hundertteilen vom Barometerstand ohne Umrechnung auf 760 mm QS und ohne Rückführung auf 0° C rechnen.

Zum Messen von Druckunterschieden bedient man sich der sogenannten Wirkdruckmesser. Für Unterschiedmessungen niedriger Drücke kann man ein gewöhnliches U-Rohr aus Glas verwenden, während für hohe Drücke entsprechend bewehrte U-Rohre erforderlich werden. Als Meßflüssigkeit kommt in den meisten Fällen Quecksilber in Frage. Nur wenn es sich um Messung sehr kleiner Druckunterschiede handelt, werden leichtere Flüssigkeiten verwendet, damit man einen genügend großen Ausschlag der Meßflüssigkeit erhält. Hierfür eignet sich besonders Azetylentetrabromid, dessen Raumgewicht — rund 3 kg/dm³ — man sich vom Lieferwerk für die Meßtemperaturen genau angeben läßt. Bei allen Dampf- und Wassermessungen ist darauf zu achten, daß bei der Umrechnung des in mm abgelesenen Druckunterschiedes infolge der auf der Meßflüssigkeitsäule ruhenden Wassersäule eine Berichtigung erforderlich wird. Der Wirkdruckmesser wird am häufigsten in Verbindung mit einem Drosselgerät (Blende, Düse, Venturirohr) verwendet. Da ein Drosselgerät bei Dampfmessungen sehr hohe Temperaturen (bis 500° C) auszuhalten hat, die Temperatur am Wirkdruckmesser aber aus baulichen Gründen und mit Rücksicht auf die Meßflüssigkeit nicht höher als die Raumtemperatur sein darf, müssen in diesem Falle in die Verbindungsleitungen zwischen Drosselgerät und Wirkdurchmesser besondere Kondensatstrecken eingebaut werden. Man erreicht hierdurch auf einfache Weise eine Temperaturverminderung. Die Kondensatstrecken sind so auszuführen, daß, wenn keine Strömung im Drosselgerät vorhanden ist, die Wassersäulen über der Meßflüssigkeit in gleicher Höhe stehen und daß beim Arbeiten der Meßeinrichtung die Verdrängung des Kondensates keine Änderungen in der Spiegelhöhe der Wassersäulen bewirkt. Die Verbindungsleitungen müssen sich unmittelbar am Drosselgerät durch Ventile absperren lassen und sind vor dem

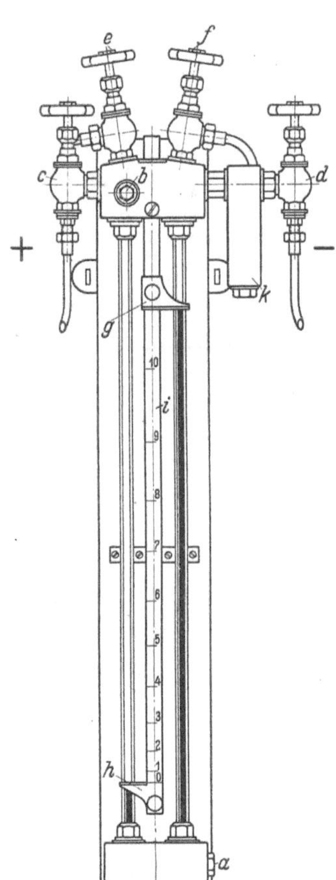

Abb. 127.
Bopp u. Reuther G.m.b.H., Mannheim, Quecksilber-Wirkdruckmesser.

a Quecksilberablaßöffnung; *b* Quecksilbereinfüllöffnung; *c* Ventil in der Meßleitung höheren Druckes; *d* Ventil in der Meßleitung niederen Druckes; *e, f* Entlüftungsventil; *g, h* Schieber; *i* Maßstab; *k* Quecksilberfänger.

Anschließen an den Wirkdruckmesser auszublasen, um etwa vorhandenen Schmutz zu entfernen, Abb. 127. Sie sind dann unter geringem Druck anzuschließen, damit sich keine Luftblasen in den Leitungen bilden können.

Die *Temperaturen* mißt man mit Flüssigkeitsthermometern (hauptsächlich Quecksilber), elektrischen Widerstandsthermometern oder Thermoelementen. Quecksilberthermometer sind überall dort am Platz, wo die Meßstelle leicht zu erreichen ist. Elektrische Widerstandsthermometer und Thermoelemente haben dagegen den Vorzug, daß man die Geräte selbst auch an schlecht zugänglichen Stellen und ihre Anzeigevorrichtungen in beliebiger Entfernung davon an einem leicht erreichbaren Platz anordnen kann.

Als Flüssigkeitsthermometer sind nur volle Stabthermometer mit eingeätztem Maßstab oder sogenannte Einschlußthermometer mit Milchglasmaßstab zu verwenden. Da sich aber bei Einschlußthermometern gelegentlich der Maßstab lockert, sind Stabthermometer vorzuziehen. Quecksilberthermometer werden mit den verschiedensten Meßbereichen hergestellt und sind bei Verwendung besonderer Glassorten bis 500° C zu gebrauchen. Die Thermometer sind meist mit ganz eingetauchtem Quecksilberfaden geeicht. Nur Thermometer für hohe Temperaturen werden in besonderen Fällen mit herausragendem Faden geeicht, sind dann aber mit einer entsprechenden Bezeichnung versehen. Läßt sich ein Herausragen des Fadens aus der Meßstelle nicht vermeiden, so ist die Temperatur desselben mit einem besonderen Fadenthermometer zu messen. Beträgt die freie Länge des Quecksilberfadens $n°$ (gemessen am Maßstab) und bezeichnet man seine Temperatur mit t' und die abgelesene Temperatur mit t, so ist die berichtigte Temperatur

$$t'' = t + n\alpha\,(t - t'),$$

worin $\alpha = \dfrac{1}{6000}$ für Glasthermometer ist.

Das elektrische Widerstandsthermometer benutzt zur Temperaturmessung die Änderung des elektrischen Widerstandes metallischer Leiter mit der Temperatur. An der Meßstelle wird als Thermometer eine Widerstandswindung eingebaut, die zum Schutz gegen Beschädigung mit einer besonderen Bewehrung versehen wird. Durch eine Meßschaltung (WHEATSTONEsche Brücke oder Schaltung mit einem Kreuzspulgerät) wird dieses Thermometer mit einer Stromquelle und einem Strommesser verbunden. Bei Änderung der Temperatur an der Meßstelle ändert sich der elektrische Widerstand des Thermometers und damit die Stärke des durchfließenden Stromes, die vom Strommesser angezeigt wird. Der Strommesser wird meistens als Zeigergerät ausgebildet und innerhalb gewisser Meßbereiche nach Temperaturgraden geeicht. Mit Hilfe eines Umschalters können die einzelnen Thermometer an mehreren Meßstellen wahlweise mit dem Strommesser verbunden und abgelesen werden. Die Widerstandsthermometer bestehen in ihrem wirksamen Teil meistens aus Platin und sind für Temperaturen bis $+500°$ C verwendbar. Widerstandsthermometer dürfen nur mit den zugehörigen Leitungen geeicht und verwendet werden. Die Leitungen müssen sorgfältig verlegt und gegen hohe Temperaturen geschützt werden, da sonst der Temperaturmesser leicht falsche Werte anzeigt.

Beim Thermoelement wird die Verbindungstelle zweier miteinander verlöteter oder verschweißter Drähte aus verschiedenen Metallen oder Metallverbindungen der zu messenden Temperatur ausgesetzt, während die freien Enden kalt bleiben. Die dadurch entstehende elektromotorische Kraft wird mit einem einfachen Spannungsanzeiger gemessen. Die Größe dieser Kraft wird bestimmt durch den Temperaturunterschied zwischen der Verbindungstelle der beiden Drähte („warme" Lötstelle) und den freien Enden des Thermoelementes („kalte" Lötstelle) und vom Baustoff der Drähte, nicht aber von deren Länge und deren Querschnitt. Das Anzeigegerät (Millivoltmesser) kann ohne weiteres nach Temperaturgraden geeicht werden. Um Meßfehler zu vermeiden, ist es zweckmäßig, die „kalte" Lötstelle in einen Ort gleichbleibender Temperatur (Thermosflasche) einzubauen. Das Anzeigegerät wird dann auf diese Temperatur eingestellt. Das Thermoelement eignet sich besonders zum Messen hoher Temperaturen (bis 1600° C), also dort, wo sich das Widerstandsthermometer nicht mehr verwenden läßt. Die gebräuchlichsten Thermoelemente bestehen aus Kupfer-Konstantan (bis 500° C) oder Eisen-Konstantan (bis 800° C). Auch bei den Thermoelementen können durch Einbau eines besonderen Umschalters mehrere Temperaturmeßstellen mit Hilfe einer gemeinsamen Stromquelle und eines gemeinsamen Strommessers wahlweise abgelesen werden.

Mengenmessungen von Wasser können durch Wiegen, durch Abmessen in geeichten Behältern oder als Ausfluß- oder Durchflußmessungen durchgeführt werden. Bei allen diesen Messungen ist stets die Temperatur des Wassers zu berücksichtigen. Luft- und Dampfmengen werden fast nur mittels Durchflußmessung bestimmt.

Beim Wiegen wird das Wasser mit Hilfe zweier auf Waagen stehender Gefäße gewogen. Man läßt das Wasser abwechselnd in das eine oder andere Gefäß laufen und wiegt die Menge in der Zeiteinheit. Das Verfahren ergibt Gesamtwerte für bestimmte Zeitabschnitte und nicht die augenblicklichen Werte. Die Waagen sind vor der Messung auf Genauigkeit und Empfindlichkeit zu prüfen. Es sind nur geeichte Gewichte zu verwenden. Die Messung ist sehr genau, doch bei sehr großen Wassermengen nicht gut anwendbar.

Die Behältermessung wird meist mit Hilfe zweier geeichter Meßbehälter durchgeführt, die entweder mit Eichstrichen für ganz bestimmte Mengen oder mit Wasserstandsgläsern versehen sind, an denen man jede beliebige Wassermenge ablesen kann. Man läßt entweder das Wasser in gleichen Zeitabständen abwechselnd in die beiden Behälter laufen und bestimmt nach jedem Umschalten den Wasserstand, oder es wird die genaue Zeit bestimmt, die zum Füllen der Behälter bis zum Eichstrich erforderlich ist. Da man die Behälter in der Regel bei einer anderen Wassertemperatur als der Meßtemperatur eicht, so müssen die Ergebnisse entsprechend der verschiedenen Dichte des Wassers umgerechnet werden, Zahlentafel 1. Liegt die Temperatur nahe der Siedetemperatur des Wassers, so ist darauf zu achten, daß keine nennenswerten Verluste durch Verdunstung auftreten. Man vermeidet diese durch Bedecken der Meßbehälter. Über die zweckmäßigste Ausführung und Aufstellung derartiger Behälter sowie über Meßgeräte und Einrichtungen überhaupt gibt das einschlägige Schrifttum Auskunft.

Zahlentafel 1[44]. *Umrechnungsbeiwerte für Raumgewicht und Rauminhalt des luftfreien Wassers für Temperaturen von 0 bis 100° C gegenüber 4° C.*

Temperatur des Wassers °C	Umrechnungsbeiwert für		Temperatur des Wassers °C	Umrechnungsbeiwert für		Temperatur des Wassers °C	Umrechnungsbeiwert für	
	Raumgewicht	Rauminhalt		Raumgewicht	Rauminhalt		Raumgewicht	Rauminhalt
0	0,99987	1,00013	22	0,99780	1,00221	50	0,98807	1,01207
2	0,99997	1,00003	24	0,99732	1,00268	55	0,98573	1,01448
4	1,00000	1,00000	26	0,99681	1,00320	60	0,98324	1,01705
6	0,99997	1,00003	28	0,99626	1,00375	65	0,98059	1,01979
8	0,99988	1,00012	30	0,99567	1,00435	70	0,97781	1,02270
10	0,99973	1,00027	32	0,99505	1,00497	75	0,97489	1,02576
12	0,99953	1,00048	34	0,99440	1,00563	80	0,97183	1,02899
14	0,99927	1,00073	36	0,99371	1,00633	85	0,96865	1,03237
16	0,99897	1,00103	38	0,99299	1,00706	90	0,96534	1,03590
18	0,99862	1,00138	40	0,99224	1,00782	95	0,96192	1,03959
20	0,99823	1,00177	45	0,99024	1,00985	100	0,95838	1,04343

Scheiben- und Kolbenwassermesser, die durch fortlaufende Rauminhaltmessung wirken, sind zwar sehr gut zur Betriebsüberwachung, jedoch nicht für genaue Mengenbestimmung geeignet, da sie bei längerem Betriebe oft erhebliche Abweichungen von der Eichung aufweisen. Auch die ziemlich verbreiteten Kippwassermesser, die wegen ihres verwickelten Aufbaues eine sehr sorgfältige Pflege erfordern, da sie sonst nicht mit der erforderlichen Genauigkeit arbeiten, sind für genaue Messungen oder Abnahmeversuche nach Möglichkeit nicht zu verwenden.

Die Ausflußmessung wird meist dort angewendet, wo sehr große Wassermengen zu bestimmen sind. Das Wasser fließt in ein Gefäß (Danaide), an dem seitlich oder an dessen Boden scharfkantige oder abgerundete Öffnungen gleichen oder verschiedenen Querschnittes angebracht sind. Durch Verschließen der einen oder der anderen Öffnung kann dann bei den Messungen annähernd eine bestimmte Druckhöhe eingestellt werden. Die

---

[44] Nach S. 73/75 in: LANDOLT-BÖRNSTEIN: Physikalisch-chemische Tabellen, 5. Aufl. Bd. 1. Berlin: Springer 1923.

Ausflußzahlen der einzelnen Öffnungen müssen durch besondere Messungen ermittelt werden. Die sekundliche *Ausflußmenge* ist hierbei

$$G = \mu F \gamma \sqrt{2gh} \, [\text{kg/s}];$$

hierin ist μ die Durchflußzahl, F die Öffnungsfläche in m², γ das Raumgewicht des Wassers in kg/m³, g die Erdbeschleunigung in m/s², h die Druckhöhe in m WS. Die Durchflußzahl ist bei gut abgerundeten Düsen etwa 0,96 bis 0,99, bei scharfkantigen Öffnungen liegt sie dagegen beträchtlich niedriger (etwa 0,6 bis 0,8). Bei der Anwendung von Ausflußgeräten ist auf gleichmäßigen Wasserzufluß zu achten. Nötigenfalls sind zur Beruhigung der Wasseroberfläche Scheidewände oder Gitter einzubauen. Sind mehrere Öffnungen vorhanden, so sollen sie in gleicher Höhe liegen. Die Druckhöhe rechnet bei seitlichem Ausfluß von Mitte Öffnung, bei Ausfluß am Boden von dort an, wo sich der Strahl von der Öffnung löst. Scharfkantige Öffnungen sind nach Möglichkeit nicht zu verwenden, da sich bei Beschädigungen ihre Ausflußzahlen stärker ändern als die der abgerundeten Düsen.

Das einfachste und zuverlässigste Verfahren, durch Rohrleitungen strömende Gas-, Dampf- und Flüssigkeitsmengen zu bestimmen, ist die Druckunterschiedmessung. Zu diesem Zweck wird in die Rohrleitung eine passend gewählte Verengung (Drosselgerät) eingebaut und der dadurch erzeugte Druckunterschied zur Feststellung der Durchflußmenge benutzt. Der Druckunterschied steht in genau bekannten rechnerischen Beziehungen zur Strömungsgeschwindigkeit im Rohr, zur Verengung und zur Durchflußmenge.

Für raumbeständige Flüssigkeiten ist die sekundliche *Durchflußmenge*

$$K = \alpha F_0 \sqrt{2g\gamma(p_1 - p_2)} \, [\text{kg/s}];$$

hierin ist α eine aus Eichversuchen zu ermittelnde Durchflußzahl, F_0 der Drosselquerschnitt in m², g die Erdbeschleunigung in m/s², γ das der gemessenen Temperatur der Flüssigkeit entsprechende Raumgewicht in kg/m³, $(p_1 - p_2)$ der Wirkdruck in kg/m². Die Größe der Durchflußzahl α hängt von der Form, Größe und Beschaffenheit des Drosselgerätes ab.

Bei Gasen und Dämpfen darf die Dichteänderung beim Durchfluß durch die Drosselstelle nicht vernachlässigt werden. Um diese zu berücksichtigen ist eine erfahrungsmäßig ermittelte Dehnungsberichtigung ε in die Formel einzusetzen. Die sekundliche Durchflußmenge ist dann

$$D = \alpha \varepsilon F_0 \sqrt{2g\gamma_1(p_1 - p_2)} \, [\text{kg/s}];$$

hierin ist γ_1 das Raumgewicht in kg/m³ des strömenden Stoffes vor Eintritt in die Verengung. Zu dessen Bestimmung ist Druck- und Temperaturmessung im Einlaufrohr erforderlich. Bedeutung und Maßeinheit der übrigen Größen sind die gleichen wie für raumbeständige Flüssigkeiten.

Für den praktischen Gebrauch der Formeln bei Dampfturbinenversuchen ist zu beachten, daß an dem oben beschriebenen Wirkdruckmesser der Wirkdruck $(p_1 - p_2)$ nicht in kg/m² oder mm WS abgelesen wird, sondern in h mm Sperrflüssigkeit (meist Quecksilber) mit dem Raumgewicht γ'_h [kg/dm³]. Über der Sperrflüssigkeit befindet sich ein Meßgerät und in den Druckentnahmeleitungen Kondensat mit dem Raumgewicht γ' [kg/dm³]. Auf der Plus-Seite bleibt eine Wassersäule in Höhe des Ausschlages h unausgeglichen, da bei richtiger waagerechter Anordnung der Druckentnahmestellen am Drosselgerät sich die Wassersäulen auf beiden Schenkeln bis zur oberen (Minus-) Kuppe der Sperrflüssigkeit aufheben. Der Druckabfall des Drosselgerätes ist daher

$$p_1 - p_2 = h(\gamma'_h - \gamma') \, [\text{kg/m}^2].$$

Für γ'_h und γ' ist die Raumtemperatur am Wirkdruckmesser maßgebend. Für die Rechnung ist es übersichtlicher, statt des Querschnittes in m² den engsten Durchmesser d in mm einzuführen und die Durchflußmenge, wie im Turbinenbau üblich, auf die Stunde zu beziehen. Die Durchflußformeln erhalten dann die folgende Form:

für Kondensmessung:

$$K = 3600 \cdot 10^{-6}\, \alpha\, \frac{d^2\,\pi}{4} \sqrt{2g\gamma h\,(\gamma_h' - \gamma')}$$

$$= 0{,}01252\, \alpha\, d^2 \sqrt{\gamma\, h\,(\gamma_h' - \gamma')}\ [\text{kg/h}],$$

und für Dampfmessung:

$$D = 0{,}01252\, \alpha\, \varepsilon\, d^2 \sqrt{\gamma_1\, h\,(\gamma_h' - \gamma')}\ [\text{kg/h}].$$

Bei der Auswertung einer Versuchsreihe ist es schließlich zweckmäßig, alle unveränderlichen Größen einer Meßstelle in eine Konstante C zusammenzufassen:

$$C = 0{,}01252\, \alpha\, d^2 \sqrt{\gamma_h' - \gamma'}\,.$$

Hierbei ist zu beachten, daß der Öffnungsdurchmesser d des Drosselgerätes auf betriebswarmen Zustand (im Verhältnis zur linearen Temperaturausdehnungzahl des benutzten Baustoffes) umgerechnet eingesetzt werden muß. Diese Berichtigung ist auch bei den in den Zahlentafeln 4 bis 6 aufgeführten Abnahmemessungen (vgl. S. 188/192) berücksichtigt.

Die angegebenen Formeln gelten nur für Unterschallgeschwindigkeiten.

Bei Messungen mit Drosselgeräten geht ein Teil des verursachten Druckabfalles an statischer Druckhöhe verloren. Die Höhe des bleibenden Druckabfalles ist von der Art der angewandten Durchflußöffnung abhängig. Für die Betriebsleitung kann dieser Verlust eine Bedeutung haben, z. B. bei Kühlwasserleitungen, die meist mit sehr niedrigen Drücken betrieben werden, auf die Messung selbst hat er keinen Einfluß. Man benutzt als Drosselgerät vorwiegend die Blende, die abgerundete Düse und das Venturirohr.

Die Blende ist das einfachste Drosselgerät. Sie besteht aus einem Flansch mit scharfkantiger kreisrunder Öffnung, läßt sich daher leicht herstellen und kann wegen ihres geringen Platzbedarfes ohne Schwierigkeit zwischen zwei Flanschen einer Rohrleitung eingebaut werden. Die der Strömung abgekehrte Seite der Öffnung ist unter $45°$ auszudrehen. Die Druckentnahme erfolgt entweder an Einzelbohrungen oder an Ringteilen unmittelbar vor und hinter der Blende. Wegen der erheblichen Strahleinschnürung liegen die Durchflußzahlen α zwischen 0,6 und 0,8. Der bleibende Druckabfall ist bei der Blende am größten. Er wird durch das Verhältnis vom Blenden- zum Rohrdurchmesser stark beeinflußt und liegt etwa zwischen 50 bis 90 % des Wirkdruckes $(p_1 - p_2)$. Schon eine geringe Beschädigung oder Abnutzung der scharfen Eintrittskante ändert die Strahleinschnürung und damit die Durchflußzahl. Für Messungen von längerer Dauer empfiehlt es sich, die Blende aus nichtrostendem Stahl, Monelmetall, Rübelbronze oder ähnlichem Baustoff herzustellen.

Die einfache Meßdüse ist am Austritt in einer Länge von mindestens 1 mm zylindrisch. Die Abrundung des Einlaufes wird mit gleichbleibendem Halbmesser, besser jedoch parabolisch ausgeführt, da dann die Strahleinschnürung fast ganz fortfällt. Die Durchflußzahlen liegen zwischen 0,98 und 1,10, also wesentlich höher als bei der Blende. Der Einbau der Düse ist wegen der größeren Baulänge umständlicher als bei der Blende. Die Düse ist innen sauber auszudrehen und zu glätten, da die Beschaffenheit der Düsenoberfläche die Durchflußzahl beeinflußt. Die Druckentnahme erfolgt wie bei der Blende unmittelbar an der Düse. Auch bei der Düse geht ein großer Teil des zur Messung benutzten Druckabfalles verloren.

Die Venturidüse besteht grundsätzlich aus einer erweiterten Düse mit stetiger Querschnittsänderung und einem kurzen Stück gleichbleibenden Querschnittes an der engsten Stelle, Abb. 128[45]. Die Venturidüse hat im allgemeinen dieselben meßtechnischen Eigenschaften wie die Düse ohne Erweiterung, da Strahleinschnürung und Strahlablösung nicht auftreten. Annähernd 85 bis 90 % des Druckunterschiedes werden in dem kegeligen

---

[45] Nach Abb. 13 in: H. Jordan: Die Mengenmessung von Gasen, Dampf und Flüssigkeiten auf Hüttenwerken, Ber. Nr. 76 Ver. dtsch. Eisenhüttenl. 1929.

Auslaufrohr wiedergewonnen. Die Venturidüse kann daher zum Zweck der Betriebsüberwachung dauernd eingebaut bleiben, doch erfordert der Einbau wegen der großen
Baulänge eine Unterbrechung der Rohrleitung. Bei der Venturidüse wird der Druck in
ringförmigen Kammern gemessen. Die Durchflußzahlen schwanken im allgemeinen
zwischen 0,96 und 1,0.

Für Dampfmengenmessungen benutzt man in neuerer Zeit mit gutem
Erfolg auch stark verengte Meßdüsen,
in denen der Dampf bis zur Schall-
geschwindigkeit gedehnt und in einem
anschließenden Erweiterungstück nahezu wieder auf den Anfangsdruck gebracht wird. Die Dampfmenge wird in
diesem Falle auf Grund des Druckes

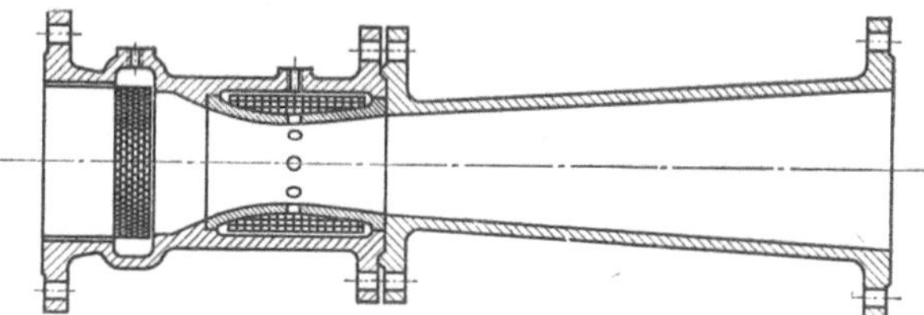

Abb. 128. Venturidüse mit ringförmigen Druckentnahme-
kammmern [45].

und der Temperatur des Dampfes vor der Düse ermittelt, also nicht durch Druckunterschiedmessung, und berechnet sich nach der Gleichung

$$G = f\psi \sqrt{\frac{p_1}{v_1}} \quad [\text{kg/s}],$$

wobei f der engste Düsenquerschnitt in m², ψ ein Beiwert in $\sqrt{\frac{m}{s^2}}$, p_1 der Druck in kg/m²
und v_1 der Rauminhalt des Dampfes in m³/kg vor der Düse ist. ψ hängt von der Düsen-
form ab und wurde von Josse[46] nach Versuchen zu 207 ermittelt.

Über die Ableitungen der Grundgleichungen sowie über Untersuchungsergebnisse
und Erfahrungen bei Benutzung von Drosselgeräten liegen zahlreiche und ausführliche
Veröffentlichungen vor. 1928 wurde vom Verein deutscher Ingenieure ein „Strömungs-
messerausschuß" berufen mit der Aufgabe, Normen für die Drosselgeräte zu schaffen.

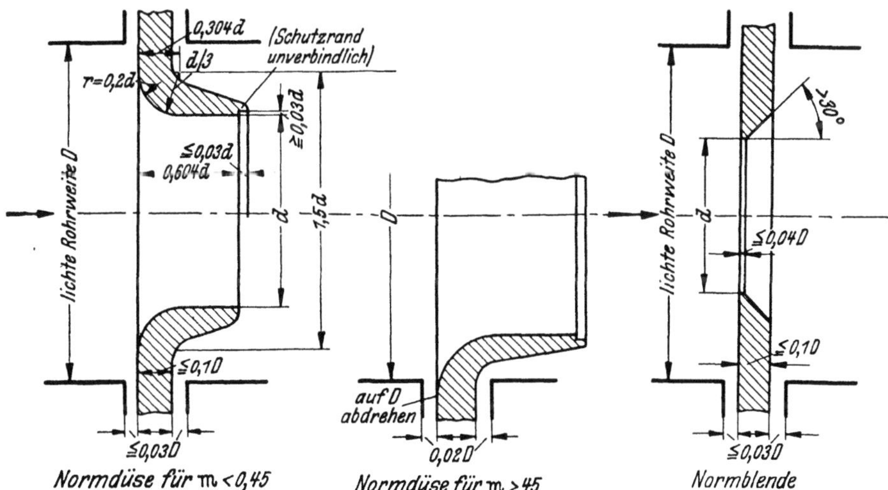

Abb. 129. Deutsche Normdüse, Öffnungsverhält-   Abb. 130. Deutsche Normblende[48].
nis $m = d^2/D^2$ [48].

Diese Regeln[47] ermöglichen es, bestimmte genormte Ausführungsformen der Düsen
(Normdüsen, Abb. 129[48]) und Blenden (Normblenden, Abb. 130[48]) ohne Eichung zu
benutzen. Die Durchflußmengen können hierbei ohne weiteres mit Hilfe der in den Regeln

---

[46] Josse E.: Beitrag zur Dampfverbrauchsmessung an Gegendruck- und Anzapfturbinen. Arch.
Wärmewirtsch. Bd. 10 (1929) S. 169/173.

[47] DIN 1952.

[48] Nach DIN 1952, 4. Aufl., Arbeitsblatt 1.

angegebenen Gleichungen und Durchflußzahlen sowie des gemessenen Druckabfalles (Wirkdruckes) ermittelt werden, wenn man die in den Regeln angegebenen Vorschriften befolgt. Der Vorteil der genormten Drosselgeräte liegt darin, daß sie innerhalb weiter Meßbereiche von der REYNOLDSschen Zahl unabhängig sind. Für andere Formen der Blende und Düse ist die Durchflußzahl abhängig von der Arbeitflüssigkeit, der Gerät-größe, der Strömungsgeschwindigkeit und daher vom Wirkdruck und muß durch besondere Eichung ermittelt werden. Die Durchflußzahl von Venturidüsen wird meistens vom Lieferwerk ermittelt und angegeben, da sie im hohen Maße von der Form, dem Einbau und der Art der Druckabnahme abhängt. Den Druckverlauf im Dampf beim Durchgang durch die drei hauptsächlichsten Meßgeräte, Venturirohr, Blende und Düse, zeigt Abb. 131.

Die *Leistungsmessung* an Dampfturbinen erfolgt in den meisten Fällen durch elektrisches Abbremsen, und zwar unmittelbar oder über ein Zahnradgetriebe durch Gleichstrom- oder Drehstromerzeuger. Bei Dampfturbinen mit verhältnismäßig niedrigen Drehzahlen (Schiffsturbinen, Turbinen zum Antrieb von Pumpen) sind zur genauen Bestimmung der Leistung die Flüssigkeitsbremse und der Verdrehungskraftmesser am besten geeignet. Für Leistungsmessungen an Turbinen zum Antrieb von Kreiselradluftverdichtern ist nur ein Verdrehungskraftmesser zu verwenden. Der früher oft verwendete PRONYsche Zaum ist auf sehr kleine Leistungen und niedrige Drehzahlen beschränkt.

Die meisten Dampfturbinen dienen zur Erzeugung elektrischen Stromes. Die genaueste und einfachste Art der Leistungsmessung besteht bei diesen darin, daß man das an den Klemmen des Stromerzeugers zur Verfügung stehende elektrische Arbeitvermögen bestimmt. Für Abnahme- und Betriebsmessungen — und nur von solchen kann in einem dem Turbinenbetrieb gewidmeten Buch die Rede sein — kommt ein anderes Verfahren schon aus dem Grunde kaum jemals in Frage, weil die zugesicherten Dampfzahlen sich fast immer auf die Klemmenleistungen beziehen. Das schließt natürlich nicht aus, daß der Wirkungsgrad des Stromerzeugers

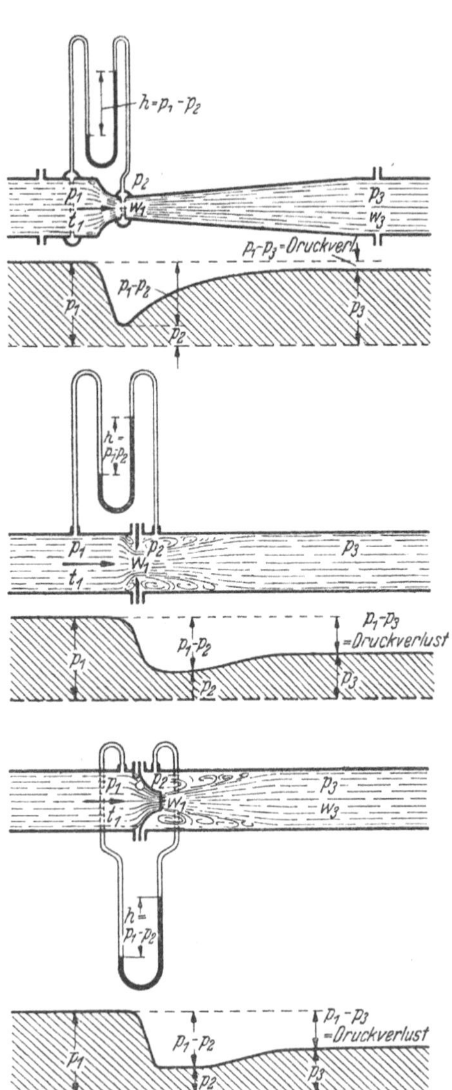

Abb. 131. Druckverlauf und Druckverlust in einer Venturidüse (oben), Blende (Mitte) und Düse (unten).

für sich gemessen wird, doch kann das im allgemeinen nicht im Betriebe, sondern nur im Prüffeld des Lieferwerkes geschehen.

Man sollte grundsätzlich Abnahmemessungen möglichst im üblichen, ungestörten Betriebe vornehmen, so daß die erzeugte elektrische Leistung also im Betriebe voll verbraucht wird. Einen Wasserwiderstand, der das Arbeitvermögen oder einen Teil davon vernichtet, sollte man nur dann verwenden, wenn aus irgendeinem Grunde die in der Zusicherung vorgesehenen Leistungen oder Entnahmemengen zur Zeit des Abnahmeversuches vom Betriebe nicht aufgenommen werden können.

Dampfturbinen, die nicht zum Antrieb von Stromerzeugern, sondern von anderen

Arbeitmaschinen dienen, wird man nur in jenen Fällen elektrisch abbremsen, in denen ein nach Drehzahl und Leistung geeigneter Stromerzeuger zufällig vorhanden ist. Da das im Betriebe wohl nur selten vorkommt, ist dieses Verfahren im allgemeinen auf das Prüffeld des Lieferers beschränkt.

Für genaue Messungen der elektrischen Stromstärke J, der Spannung E und der Leistung N sind nur Sondermeßgeräte zu verwenden. Sie lassen sich ohne besondere Schwierigkeiten einbauen und können jederzeit leicht nachgeeicht werden. Die Benutzung von Schalttafelgeräten ist nicht zu empfehlen, da sie häufig Fehler von mehreren Hundertteilen aufweisen. Als Strom- und Spannungsmesser werden meist Weicheisengeräte sowohl bei Gleich- als auch bei Drehstrom angewendet. Drehspulgeräte sind dagegen nur dür Gleichstrom brauchbar. Bei Gleichstrom wird für höhere Stromstärken ein Nebenschluß verwendet, für höhere Spannung ein Zusatz- oder Vorschaltwiderstand vor die Meßgeräte gesetzt. Bei Wechsel- und Drehstrom werden dagegen zum Messen höherer Stromstärken und höherer Spannungen Strom- und Spannungswandler zwischengeschaltet, was auch den Vorteil hat, daß die Meßgeräte nicht unter Hochspannung stehen und durch Sicherungen geschützt werden können. Bei Gleichstrom ist der Einbau eines besonderen Leistungsmessers nicht erforderlich, da sich die Leistung aus der Stromstärke mal der Spannung ohne weiteres ergibt. Bei Wechsel- und Drehstromerzeugern wird dagegen zur Bestimmung der Leistung der Einbau von Wattmessern erforderlich. Bei Drehstromerzeugern mit ungleicher Phasenbelastung wird die Leistung meistens nach dem Zweiwattmesserverfahren ermittelt, Abb. 132. Die Spannungspule jedes Wattmessers ist in diesem Falle zwischen die die Stromspule enthaltende und die freie dritte Leitung

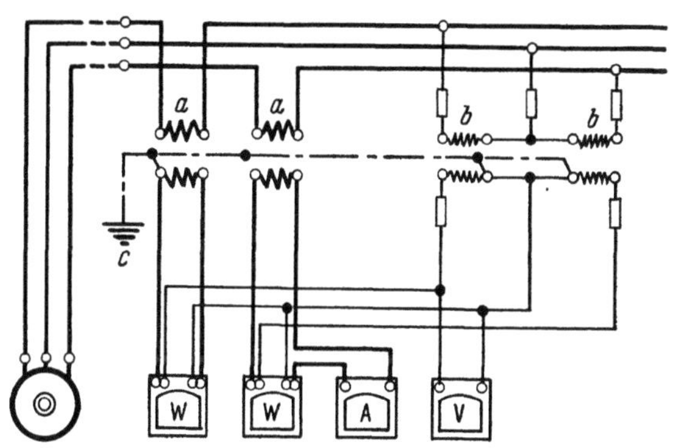

Abb. 132.
Schaltung zur Bestimmung der Leistung eines Drehstromerzeugers nach dem Zweiwattmesserverfahren.
W Wattmesser; *A* Strommesser; *V* Spannungsmesser; *a* Stromwandler; *b* Spannungswandler; *c* Erde.

zu schalten. Durch Zusammenzählen der Angaben beider Geräte erhält man die Gesamtleistung. Die Wattmesser werden an das Stromnetz meist nur unter Zwischenschaltung von zwei Stromwandlern angeschlossen. Zweckmäßig ist es, außer den Wattmessern auch Strom- und Spannungsmesser anzuschließen und die Phasenverschiebung nach

$$\cos \varphi = \frac{1000\,N}{1{,}73\,E\,J}$$

zu errechnen, wobei N in kW, E in Volt und J in Ampere gemessen wird. Da von der Phasenverschiebung die Wirkungsgrade des Stromerzeugers und damit die Dampfzahlen abhängen, ist die Bestimmung von $\cos \varphi$ oft wichtig.

Die Wirkungsweise der Flüssigkeitsbremse besteht darin, daß in einem mit Wasser gefüllten Gehäuse von der zu messenden Antriebsmaschine eine Scheibe in Umlauf gebracht und durch deren Oberflächenreibung das Wasser mitgerissen wird. Das umlaufende Wasser versucht hierbei das Gehäuse um seine Achse zu drehen. Die Drehkraft, die auf das Gehäuse ausgeübt wird, bestimmt dann zusammen mit der Drehzahl der Betriebsmaschine die Leistung. Die ersten Wasserbremsen bestanden aus einer oder mehreren glatten Scheiben, die in einer Wasserkammer umliefen. Eine Veränderung der Leistung wurde durch Regeln der Füllung erreicht. Später verwendete man durchbohrte oder mit Vorsprüngen versehene Laufscheiben, um die Reibung zwischen Wasser und Scheiben zu erhöhen. Hierdurch wurde zwar die Verwendung dieser Bremsen für wesentlich größere Leistungen möglich, ihre Abmessungen sind aber dennoch sehr *groß; sie sind daher schwer und teuer.* Abb. 133 zeigt den Hauptschnitt einer Wasserbremse für 10 000 PS und einen Drehzahlbereich von 100 bis 125 U/min. Über Wirkungsweise, Bauart und Betrieb von Wasserbremsen liegen zahlreiche Veröffentlichungen vor[49].

Das von einer rasch umlaufenden Maschinenwelle übertragene Drehmoment verdreht die Welle infolge ihrer Federung um einen gewissen Winkel. Die Größe dieser Winkelverdrehung ist abhängig von der übertragenen Leistung, der Drehzahl, dem Durchmesser und dem Baustoff der Welle. Sind also Trägheitsmoment und Gleitmaß bekannt und wird die Winkelverdrehung mit einem Verdrehungsmesser[50] gemessen, so läßt sich das Drehmoment errechnen. Mißt man außerdem die Drehzahl der übertragenden Welle, so ist auch die abgegebene Leistung der Maschine ohne weiteres zu bestimmen. Die Winkelverdrehung wird mechanisch, optisch oder elektrisch gemessen. Der AMSLER-Verdrehungskraftmesser[51] ist meistens als Kupplung ausgebildet, die zwischen die treibende und die getriebene Maschine eingeschaltet wird. Durch einen federnden Stab wird die Kraft übertragen und an einer besonderen Ablesevorrichtung

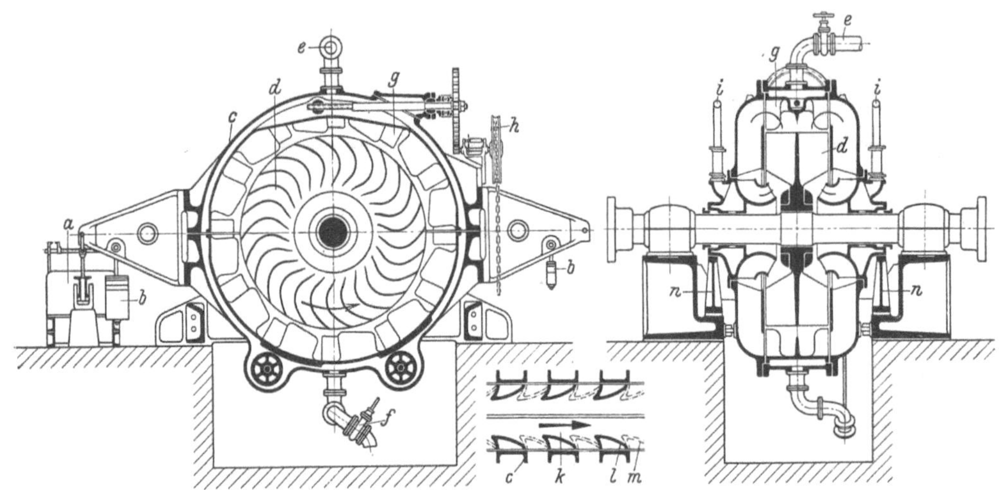

Abb. 133. AEG, Wasserbremse für 10000 PS bei 100 bis 125 U/min.

a Waage; *b* Ausgleichgewicht; *c* Gehäuse; *d* Laufrad; *e* Wasserüberlauf; *f* Wasserablauf; *g* Ringschieber; *h* Drehvorrichtung zu *g*; *i* Wasserzulauf; *k* Abwicklung des Ringschiebers; *l* Leittaschen des Ringschiebers, offen; *m* Leittaschen des Ringschiebers, geschlossen; *n* Pendelstütze.

der Verdrehungswinkel des Stabes abgelesen. In ein und dasselbe Gerät können verschiedene Stäbe eingebaut und so Kräfte verschiedener Größe damit gemessen werden. Die Stäbe werden aus hochwertigem Federstahl angefertigt, damit man bei möglichst kleiner Länge möglichst große Verwindung ohne bleibende Verdrehung erhält. Der Zusammenhang zwischen Verdrehung und Drehmoment wird nicht etwa, wie es nach obigen Darlegungen möglich wäre, aus den Wellenmaßen und dem Gleitmaß rechnerisch ermittelt, die Stäbe werden vielmehr auf einfache Weise geeicht, indem man an die Endflanschen Hebel anschraubt und sie mit gleich großen Gewichten belastet. Man legt zu diesem Zweck den Kraftmesser auf waagerechte, ebene Unterlagen, auf denen die Endflanschen frei rollen können. Das auf den Stab wirkende Drehmoment ergibt sich aus der Länge des Hebelarmes mal dem daranhängenden Gewicht. Zwecks Ausschaltung der Reibungsfehler mißt man jedes Drehmoment zweimal, im Uhrzeiger- und im entgegengesetzten Sinne. Die Verdrehungskraftmesser werden gebaut für Drehmomente bis 2000 mkg. Die erreichbare Genauigkeit der Messung ist sehr groß. Eine

---

[49] Z. VDI Bd. 50 (1906) S. 1353f. — AEG-Mitt. 1926, S. 281. — Ferner: A. GRAMBERG: Technische Messungen bei Maschinenuntersuchungen und zur Betriebskontrolle, 5. Aufl., S. 289f. Berlin: Springer 1923.

[50] VIEWEG, V.: Die Messung des Drehmomentes durch Torsionsdynamometer bei mechanischer Kraftübertragung. Maschinenbau Bd. 3 (1920/21) S. 378f.

[51] GRAMBERG, A.: Technische Messungen, 5. Aufl., S. 307f. Berlin: Springer 1923.

Fehlergrenze von nur $\pm 1\%$ des Drehmomentes bei der Höchstbelastung jedes Feder-stahles und bei gleichmäßigem Widerstand der getriebenen Maschine wird zugesichert. Für die Leistung kommt natürlich noch der Fehler der Drehzahlbestimmung hinzu.

Bei dem Fernverdre-hungsmesser nach Schae-fer[52] beruht die Bestimmung der Wellenverdrehung auf der Dehnung eines dünnen Stahl-drahtes (Meßsaite). Diese Meßsaite ist an beiden Enden in Spannschlössern fest ein-gespannt, die mit zwei an den Meßquerschnitten be-festigten Schellen verbunden sind. Die Meßsaite wird je nach der Größe der Ver-drehung mehr oder weniger gespannt und gibt dadurch ein Maß für das Drehmoment und die Leistung. Die Meß-saite wird elektromagnetisch zum Schwingen gebracht, ihr Ton in einem besonderen Empfänger abgehört und mit dem Ton einer gleichfalls in Schwingung gebrachten ge-eichten Saite verglichen, de-

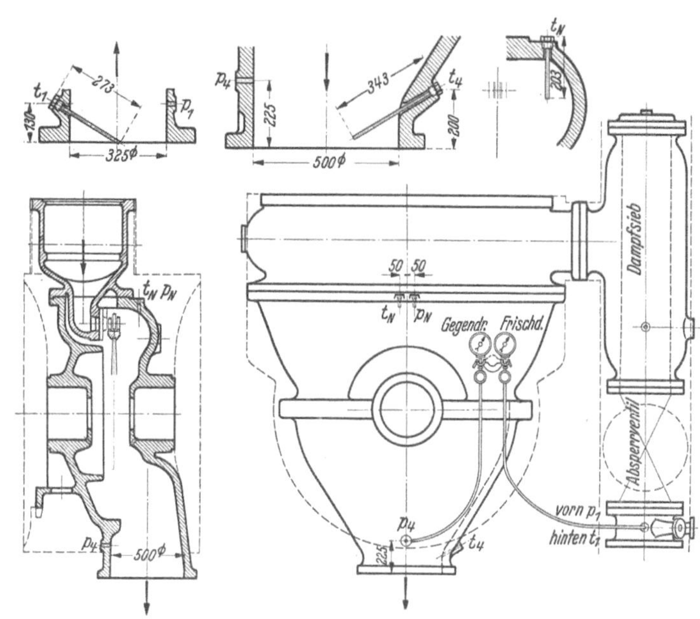

Abb. 134. Meßstellen für Druck und Temperatur des Dampfes an einer einstufigen Gegendruckturbine.

p_N, t_N Druck und Temperatur des Abdampfes im Gehäuse; alle sonstigen Zeichen nach der Zusammenstellung auf S. 171/172.

ren Spannung durch eine Feinmeßschraube eingestellt und an einem Maßstab ab-gelesen wird. Auch bei diesem Verdrehungsmesser muß zur Bestimmung der Leistung

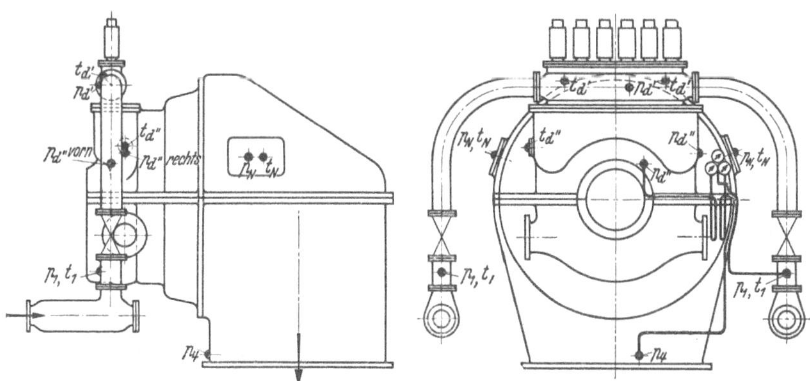

Abb. 135. Meßstellen für Druck und Temperatur des Dampfes an einer eingehäusigen Kondensations-turbine mit teilbeaufschlagter Gleichdruck-Regelstufe.

p_d', t_d' Druck und Temperatur des Frischdampfes vor den Düsen der ersten Stufe; p_d'', t_d'' Druck und Temperatur des Dampfes vor der zweiten Stufe im Gehäuse; p_N, t_N Druck und Temperatur des Abdampfes im Gehäuse; alle sonstigen Zeichen nach der Zusammenstellung auf S. 171/172.

die genaue minutliche Drehzahl der Welle ermittelt werden; er besitzt gegenüber anderen Meßgeräten eine sehr kurze Baulänge und ist fast an jeder Welle leicht an-

---

[52] Gehlen, A. v., u. H. Hoppe: Leistungsmessungen an Bord. Werft Reed. Hafen Bd. 11 (1930) S. 421f.; Bd. 12 (1931) S. 38f. — Ferner: H. D. Brasch u. A. v. Gehlen: Neuer Torsionsmesser für Wellenleistungen. Z. VDI Bd. 75 (1931) S. 303f.

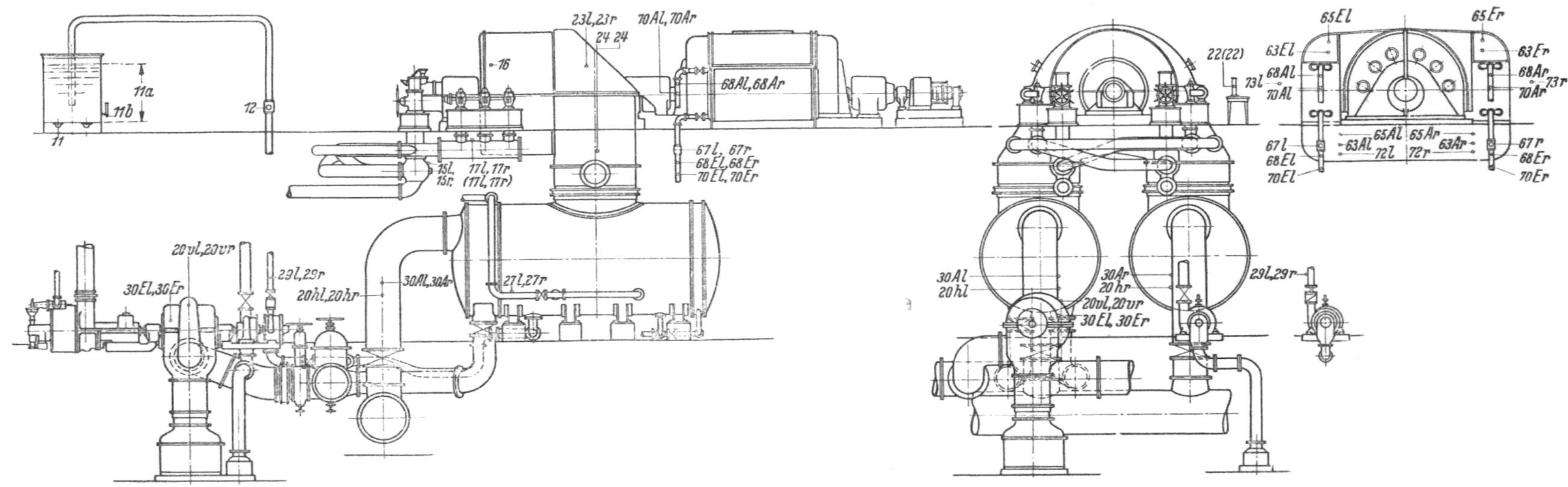

Abb. 136. Meßstellen für Dampf, Wasser und Luft an einem großen Kraftwerkstromerzeugersatz. Turbine eingehäusig mit Gleichdruck-Regelstufe, zwei Schnellschlußventilen, zwei Kondensatoren und zwei Kondensationspumpensätzen; Stromerzeuger mit zwei seitlich angebauten Luftkühlern.

11 Meßbehälter für Kondensat, Düsenmessung; *11a* Meßbehälter, Höhe des Wasserspiegels; *11b* Meßbehälter, Kondensattemperatur; *12* Wassermesser im Maschinenraum; *15l* Turbine, Frischdampfdruck hinter dem linken Schnellschlußventil; *15r* Turbine, Frischdampfdruck hinter dem rechten Schnellschlußventil; *16* Dampfdruck vor der zweiten Stufe im Gehäuse; *17l* Turbine, Frischdampftemperatur vor den linken Regelventilen; *17r* Turbine, Frischdampftemperatur vor den rechten Regelventilen; (*17l*, *17r*) Fadentemperaturen zu *17l*, *17r*; *20vl* linke Kühlwasserpumpe, Kühlwasserdruck am Austrittstutzen; *20vr* rechte Kühlwasserpumpe, Kühlwasserdruck am Austrittstutzen; *20hl* linker Kondensator, Kühlwasseraustrittsdruck; *20hr* rechter Kondensator, Kühlwasseraustrittsdruck; *22* Versuchstand, Luftdruck; (*22*) Fadentemperatur zu *22*; *23l* Abdampfgehäuse links, Abdampftemperatur; *23r* Abdampfgehäuse rechts, Abdampftemperatur; *24* Abdampfstutzen, Luftleere; (*24*) Fadentemperatur zu *24*; *27l* Luftabsaugleitung am linken Kondensator, Luftleere; *27r* Luftsaugleitung am rechten Kondensator, Luftleere; (*27l*, *27r*) Fadentemperatur zu *27l*, *27r*; *29l* linke Kondensatpumpe, Kondensattemperatur im Druckstutzen; *29r* rechte Kondensatpumpe, Kondensattemperatur im Druckstutzen; *30El* linke Kühlwasserpumpe, Kühlwassertemperatur; *30Er* rechte Kühlwasserpumpe, Kühlwassertemperatur; *30Al* linker Kondensator Kühlwasseraustrittstemperatur; *30Ar* rechter Kondensator, Kühlwasseraustrittstemperatur; *63El* Stromerzeuger, Lufteintrittstemperatur für linken Luftkühler; *63Er* Stromerzeuger, Lufteintrittstemperatur für rechten Luftkühler; *63Al* Stromerzeuger, Luftaustrittstemperatur für linken Luftkühler; *63Ar* Stromerzeuger, Luftaustrittstemperatur für rechten Luftkühler; *65El* Stromerzeuger, Lufteintrittsdruck für linken Luftkühler; *65Er* Stromerzeuger, Lufteintrittsdruck für rechten Luftkühler; *65Al* Stromerzeuger, Luftaustrittsdruck für linken Luftkühler; *65Ar* Stromerzeuger, Luftaustrittsdruck für rechten Luftkühler; *67l* Stromerzeuger, Kühlwassermenge für linken Luftkühler; *67r* Stromerzeuger, Kühlwassermenge für rechten Luftkühler; *68El* Stromerzeuger, Kühlwassereintrittstemperatur für linken Luftkühler; *68Er* Stromerzeuger, Kühlwassereintrittstemperatur für rechten Luftkühler; *68Al* Stromerzeuger, Kühlwasseraustrittstemperatur für linken Luftkühler; *68Ar* Stromerzeuger, Kühlwasseraustrittstemperatur für rechten Luftkühler; *70El* Stromerzeuger, Kühlwassereintrittsdruck für linken Luftkühler; *70Er* Stromerzeuger, Kühlwassereintrittsdruck für rechten Luftkühler; *70Al* Stromerzeuger, Kühlwasseraustrittsdruck für linken Luftkühler; *70Ar* Stromerzeuger, Kühlwasseraustrittsdruck für rechten Luftkühler; *72l* Stromerzeuger, Luftfeuchtigkeit am Austritt aus dem linken Luftkühler; *72r* Stromerzeuger, Luftfeuchtigkeit am Austritt aus dem rechten Luftkühler; *73l* Maschinenraum, Lufttemperatur am linken Luftkühler; *73r* Maschinenraum, Lufttemperatur am rechten Luftkühler.

zubringen. Die Meßgenauigkeit auch dieses Verdrehungsmessers wird mit 1 % des Drehmomentes angegeben.

Die Genauigkeit von Dampfverbrauchsmessungen hängt in hohem Maße von der *Anordnung der Meßgeräte* ab. Es ist daher schon vor den Messungen von der zu prüfenden Maschine oder Anlage ein möglichst genauer Übersichtsplan etwa in der Art der Abb. 134, 135 und 136 anzufertigen, aus dem hervorgeht, an welchen Stellen die Drücke, Temperaturen usw. zu messen sind und welche Art von Meßgeräten benutzt werden soll.

Bei Druckmessungen müssen die Zuleitungsrohre, in denen sich Dampf niederschlagen kann, mit Wasser vollständig gefüllt sein, da sonst erhebliche Fehler, besonders bei niedrigen Drücken, entstehen können. Bei Dampfüberdrücken kann durch Befühlen der Zuleitung zum Meßgerät leicht festgestellt werden, ob sie Wasser oder Dampf enthält; im ersten Falle müßte die Leitung kalt, im zweiten heiß sein. Gegebenenfalls ist die Leitung durch feuchte Tücher od. dgl. zu kühlen. Sehr zweckmäßig ist es, zwischen Meßstelle und Meßgerät eine Absperrvorrichtung einzubauen, damit man das Gerät jederzeit auswechseln kann. Die Zuleitung ist vor dem Anbringen des Meßgerätes zu durchblasen, damit Luftblasen und Schmutz aus ihr entfernt werden. Bei Unterdrücken sind die Zuleitungen möglichst kurz zu halten und Steigungen zu vermeiden. Etwa vorhandenes Wasser läßt sich dann leicht durch Einlassen von Luft in die Anschlußleitung entfernen. Der Höhenunterschied zwischen der Druckmeßstelle und dem Anzeigegerät ist genau festzustellen und in die Meßzeichnung einzutragen.

Bei Unterdruckmessungen können beträchtliche Fehler durch Undichtheiten entstehen, die Anschlüsse sind daher vorher sorgfältig auf Dichtheit zu prüfen. Das Eindringen von Luft in die Meßleitung kann oft dadurch verhindert werden, daß undicht erscheinende Verbindungstellen mit Schellack überstrichen werden. Die Anschlußleitungen sind möglichst kurz auszuführen und erforderliche Absperrvorrichtungen unmittelbar an die Meßstelle zu setzen. Der Unterdruckmesser muß, wie jedes Quecksilbergerät zur Unterdruckmessung, so aufgestellt werden, daß die Verbindungsleitung vom Meßgerät zur Meßstelle stetig fällt, damit der sich während der Messung in dieser Leitung bildende Niederschlag frei zurückfließt. Sollte sich auf der mit der Meßstelle verbundenen Seite der Quecksilbersäule Wasser ansammeln, so muß dessen Höhe getrennt gemessen und auf Quecksilber umgerechnet werden. Das Quecksilber muß rein sein. Der Schlauch zur Verbindung mit der Meßstelle soll starkwandig sein, damit er nicht durch den Außendruck zusammengequetscht wird, er muß ferner vollkommen dicht sein und sich an die Anschlüsse luftdicht anschmiegen. Für längere Anschlußleitungen von Unterdruckmessern ist eine lichte Weite von 10 bis 20 mm nötig. Bei engeren Leitungen können schon geringe Undichtheiten zur Folge haben, daß eine schlechtere Luftleere angezeigt wird, als tatsächlich vorhanden ist. Außer den für ständige Betriebsüberwachung erforderlichen Druck- und Temperaturmeßstellen werden auch die für Abnahmemessungen wichtigen Meßstellen meistens schon beim Bau der Turbine vorgesehen und durch Gewindepfropfen verschlossen, da ein späteres Anbringen viel Arbeit und Zeit kostet und im Betriebe oft unmöglich ist. Die Gewindepfropfen, die einheitlich meistens $^3/_4''$ Rohrgewinde erhalten, können dann jederzeit und ohne große Schwierigkeit vor Beginn der Messungen gelöst und später wieder eingesetzt werden. Sind gleichzeitige Ablesungen an weit voneinander entfernt liegenden, wichtigen Meßstellen erforderlich, so müssen Schall- oder Lichtzeichen vereinbart werden (z. B. bei Durchflußmessungen).

Um die für die Turbine tatsächlich zur Verfügung stehende Luftleere zu ermitteln, soll die Meßstelle am Abdampfstutzen der Turbine etwa in Teilfugenhöhe angebracht sein. Da die Strömung im Abdampfteil je nach seiner Form oft beträchtliche Druckunterschiede aufweist, darf man sich für die Ermittlung eines genauen Wertes nicht nur mit einer einzigen Meßstelle begnügen (vgl. Abb. 136).

Die Temperaturmeßgeräte werden in der Regel in besondere Tauchrohre (Stutzen) eingesetzt, deren Eintauchtiefen für jede Meßstelle vorher festzulegen sind. Die Tauchrohre sind so anzuordnen, daß sie bei kleinen Rohrdurchmessern oder Räumen bis in die Mitte, sonst aber mindestens 150 mm in den Meßraum eintauchen. Bleiben die Tauchrohre für fortlaufende Betriebsmessungen dauernd eingebaut, so sind, um die Gefahr des Abrostens zu vermindern, verhältnismäßig starkwandige Schutzhülsen zu verwenden. Ihr Durchmesser ist so groß auszuführen, daß man neben dem Betriebsgerät noch ein Prüfthermometer einführen kann. Für genauere Messungen (Abnahmemessungen) sind dagegen dünnwandige Stutzen zu benutzen, weil damit kurzzeitige Temperaturschwankungen besser festzustellen sind. Eine schnellere Anpassung an Temperaturänderungen wird auch dadurch erreicht, daß man die Stutzen im Dampfraum mit Gewinde oder Rippen versieht. Beim Messen von Sattdampftemperaturen ist es zweckmäßig, die Meßstelle in einen sogenannten toten Raum zu legen, in dem die Dampfgeschwindigkeit möglichst niedrig ist. Bei Temperaturmessungen von überhitztem Dampf, strömendem Wasser oder strömender Luft ist dagegen der wärmeempfindliche Teil des Meßgerätes so einzubauen, daß er in der Strömung liegt. Es ist weiter darauf zu achten, daß an den Temperaturmeßstellen keine Wärme durch Leitung oder Strahlung verlorengeht. Die Umgebung der Meßstelle und der herausragende Teil des Meßgerätes sind daher soweit als möglich zu verkleiden. Die Tauchrohre werden bei Verwendung von Quecksilberstabthermometern zur besseren und schnelleren Wärmeübertragung meist mit flüssigen, seltener mit festen Stoffen gefüllt. Für niedrige Temperaturen werden meistens Wasser oder Öl, für höhere Temperaturen bis 325° C Öl, Quecksilber oder auch Metallspäne als Füllmittel benutzt. Für Temperaturen über 325° C dagegen eignet sich Öl oder Quecksilber wegen Verdampfens nicht mehr. Ist ein geeignetes Füllmittel nicht vorhanden, so unterbleibt am besten ein Ausfüllen des Luftraumes zwischen Thermometer und Tauchrohr ganz, doch ist dann die Bohrung des Thermometerstutzens nach außen hin durch Asbest so abzudichten, daß im Tauchrohr keine Luftbewegung stattfinden kann. Für besonders wichtige Temperaturmessungen empfiehlt es sich, zwei Meßstellen dicht nebeneinanderliegend anzuordnen.

Für die Messung der elektrischen Leistung sind die erforderlichen Meßgeräte so nahe wie möglich am Stromerzeuger anzuschließen, um Kabelverluste und Fehler durch zusätzliche elektrische Beeinflussungen zu vermeiden.

Dampf- und Wassermengen sind mittels Durchflußmessung nur dann genau und einwandfrei zu bestimmen, wenn beim Einbau der Normdüsen und -blenden die Vorschriften eingehalten werden, die in den „Regeln für die Durchflußmessung mit genormten Düsen und Blenden"[53] festgelegt sind. Schon bei der Anfertigung der Rohrleitungspläne ist darauf Rücksicht zu nehmen. Abzweigungen, Formstücke und Absperrvorrichtungen in unmittelbarer Nähe der Einbaustelle haben einen ungünstigen Einfluß auf die Messung; es ist daher anzustreben, daß die Geräte stets in gerade und, wenn irgend möglich, waagerechte Rohrleitungstrecken eingebaut werden. Absperrschieber in ganz geöffnetem Zustand verursachen keine merkliche Störung, doch können wesentliche Fehler entstehen, wenn sie nur teilweise geöffnet sind. Besonders große Fehler verursachen Raumkrümmer (in zwei oder mehr aufeinander senkrechten Ebenen gewundene Doppelkrümmer). Beim Einsetzen des Drosselgerätes ist auch darauf zu achten, daß es genau gleichmittig zum Rohr eingebaut wird und die Flanschdichtungen nicht einseitig nach innen vorstehen. Bei Venturirohren und Normdüsen ist vor und hinter der Einbaustelle eine gerade Rohrleitungstrecke von mindestens dem fünffachen Rohrdurchmesser, bei Normblenden dagegen von mindestens dem zehnfachen Rohrdurchmesser vorzusehen. Meßstellen für Druck und Temperatur am Drosselgerät sind in einer Entfernung von mindestens 0,5 m in der Rohrleitung vor dem Gerät anzuordnen. Die Anschlüsse der Verbindungsleitungen für die Wirkdruckmesser müssen leicht zugänglich sein.

---

[53] DIN 1952.

21. Der Dampfverbrauch.

Der Behandlung der Fragen, die mit den Dampfverbrauchsmessungen an Dampfturbinen und ihrer Auswertung zusammenhängen, wird im Sinne durchgehend *einheitlicher Bezeichnungen* eine Zusammenstellung vorausgeschickt, die die wichtigsten Zeichen, ihre Bedeutung, Erklärung und ihre Einheiten angibt. Es wurden dazu die in den VDI-Dampfturbinenregeln DIN 1943 (3. Auflage der Regeln für Abnahmeversuche an Dampfturbinen) angegebenen Zeichen verwendet.

	Zeichen	Bedeutung	Erklärung	Maßeinheit
	1	Eintrittsdampf	Meßstelle in der Frischdampfleitung unmittelbar vor dem Dampfsieb, falls dieses mit dem Einlaßventil verbunden oder ihm benachbart ist, sonst vor dem Einlaßventil	
	2	Austrittsdampf aus der Turbine zum Zwischenüberhitzer	Meßstelle in der Dampfleitung unmittelbar am Austrittsflansch der Turbine zum Zwischenüberhitzer	
	3	Wiedereintrittsdampf vom Zwischenüberhitzer in die Turbine	Meßstelle in der Dampfleitung vom Zwischenüberhitzer unmittelbar am Eintrittsflansch vor der Turbine	
	4	Abdampf	Meßstelle unmittelbar am Austrittsflansch der Turbine	
	5	Kondensat	Meßstelle in der Kondensatleitung am Kondensatoraustritt	
Fußzeiger	6	Kondensat vorgewärmt	Meßstelle in der Kondensatleitung hinter dem letzten Vorwärmer	
	e	Entnahmedampf	Meßstelle unmittelbar am Entnahmeflansch der Turbine	
	e', e''		1., 2. usw. Entnahmestelle in Richtung der Dampfströmung durch die Turbine	
	E	Kühlwassereintritt	Meßstelle am Kondensator	
	A	Kühlwasseraustritt	Meßstelle am Kondensator	
	kl	Klemmenleistung		
	k	Kupplungsleistung		
	i	innere		
	u	Umfang		
	o	rein rechnerisch oder verlustlos		
	m	Meßwert		
	n	Nutzleistung		
p	absoluter Druck[54]			ata (kg/cm^2)
p	Überdruck			atü (kg/cm^2)
t	Temperatur			° C
Δt_v	Kondensataufwärmung im Vorwärmer			° C
i	Enthalpie (Wärmeinhalt) des Dampfes oder Kondensates			kcal/kg
N	Leistung			kW
K	Kondensatstrom	die stündliche Dampfmenge, die im Kondensator niedergeschlagen wird		kg/h

[54] Absoluter Druck = Überdruck + $\dfrac{B}{735,5}$ ata bzw. absoluter Druck = $\dfrac{B - \text{Vak}_G}{735,5}$ ata, wobei B den atmosphärischen Druck und Vak$_G$ den Unterdruck in mm QS bei 0° C bedeuten.

Zeichen	Bedeutung	Erklärung	Maßeinheit
D	Dampfstrom	die stündliche Dampfmenge, die der Turbine zu- oder abgeführt wird	kg/h
d_{kl}	spezifischer Dampfverbrauch	die stündliche Dampfmenge bezogen auf die Klemmenleistung	kg/kWh
d_k	spezifischer Dampfverbrauch	die stündliche Dampfmenge bezogen auf die Kupplungsleistung	kg/kWh
Q	Wärmestrom	die in der Turbine stündlich verbrauchte Wärmemenge	kcal/h
q_{kl}	spezifischer Wärmeverbrauch	die stündliche Wärmemenge bezogen auf die Klemmenleistung	kcal/kWh
q_k	spezifischer Wärmeverbrauch	die stündliche Wärmemenge bezogen auf die Kupplungsleistung	kcal/kWh
W	Kühlwassermenge		kg/h
B	Barometerstand		mm QS
H	Wärmegefälle	Unterschied zweier Enthalpien	kcal/kg
H_o	adiabatisches Wärmegefälle	das Wärmegefälle bei adiabatischer Dampfausdehnung	kcal/kg
N_{kl}	Klemmenleistung (elektrische Leistung)	die an den Klemmen eines Stromerzeugers gemessene Leistung	kW
N_k	Kupplungsleistung (Bremsleistung) der Turbine	die am Kupplungsflansch der Turbinenwelle übertragene Leistung. Bei Stromerzeugern ist diese gleich der Klemmenleistung, vermehrt um die gesamten nach VDE 0530 zu bestimmenden Stromerzeugerverluste	kW
N	innere Leistung	Kupplungsleistung vermehrt um die mechanischen Verluste der Turbine	kW
N_u	Leistung am Umfang	innere Leistung vermehrt um die Ventilations- und Radreibungsverluste der Turbine	kW
N_o	Leistung der verlustlosen Turbine		kW
N_v	Leerlaufverlust		kW
N_h	Leistungseigenbedarf	der Leistungsbedarf sämtlicher Hilfsmaschinen, soweit deren Antrieb nicht von der Turbinen- oder Stromerzeugerwelle abgeleitet ist. Derartige Hilfsmaschinen dienen zur a) Erregung b) Stromerzeugerbelüftung c) Kühlwasserförderung d) Luftabsaugung e) Kondensatförderung f) Ölförderung	kW
N_n	Nutzleistung	der Unterschied zwischen der Klemmenleistung und dem Leistungseigenbedarf, wenn die Hilfsmaschinen nicht mittels Dampf angetrieben werden	
N_b	Bestleistung	die Leistung mit dem kleinsten spezifischen Dampf- oder Wärmeverbrauch	kW·
N_{max}	Nennleistung	die größte dauernd mögliche Leistung der Turbine bei den vertraglich festgelegten Betriebsverhältnissen	kW

Wärmetechnische Messungen an Dampfturbinenanlagen dienen vorwiegend dazu, die vom Hersteller gewährleisteten Zusagen nachzuweisen (Abnahmemessungen), oder dazu, festzustellen, ob und wie sich der Dampfverbrauch der Turbine oder die Wirtschaftlichkeit der ganzen Anlage bei längerer Betriebsdauer ändert (Betriebsmessungen). Abnahmemessungen beschränken sich meistens auf die notwendigsten Ablesungen, damit der allgemeine Betrieb nicht gestört wird. Es wird aber auch in vielen Fällen ohne besondere Schwierigkeiten möglich sein, zusätzliche Messungen durchzuführen, z. B. um zu ermitteln, wie sich der Dampfverbrauch mit den Betriebsverhältnissen ändert. Betriebsmessungen werden unter anderem vorgenommen, um die Ursache einer Dampfverbrauchsverschlechterung zu finden.

Gegenstand der Messungen können sein:

die Nutzleistung der Hauptturbine,

der Dampf- oder Wärmeverbrauch sowie der thermodynamische Wirkungsgrad der Hauptturbine,

der Leistungsbedarf oder Dampfverbrauch der Hilfsmaschinen (Kühlwasser-, Luft- und Kondensatpumpen),

die Dampf- und Luftzustände und die Wasserverhältnisse in der Kondensationsanlage,

die Vorwärmung des Kondensates,

die Zwischenüberhitzung des Dampfes,

der Stopfbuchsenverlust und

die mechanischen Verluste der Turbine.

Bei allen Messungen sind einige *allgemeine Grundsätze* zu beachten, die im folgenden erörtert werden sollen, mit denen man sich aber am besten durch die Vertiefung in die von bekannten Fachleuten veröffentlichten Versuche vertraut macht. Die Leistung, der Frischdampfdruck und die Frischdampftemperatur, der Gegendruck und der Entnahmedruck sowie ferner die Kühlwassereintrittstemperatur und die Kühlwassermenge sind während der Messungen möglichst gleichzuhalten. Für Gewährleistungsmessungen (Abnahmeversuche) in Deutschland sind die zulässigen Abweichungen in Punkt 17 der Regeln für Abnahmeversuche an Dampfturbinen[55] festgelegt (vgl. S. 196). Die Zeitabstände der Ablesungen sind so zu wählen, daß Schwankungen mit Sicherheit erfaßt werden. In den meisten Fällen genügen Zeitabstände von 3 bis 5 min. Nach eingetretenem Beharrungszustand genügt bei Messungen von Kondensat- oder Dampfmengen mittels Düsen oder Blenden eine Versuchsdauer von $^1/_2$ bis 1 h. Der Barometerstand und die Raumtemperatur sind bei längerer Dauer der Messungen mehrmals festzustellen. Bei allen Messungen sind die Ablesungen unverzüglich in das Meßberichtbuch einzutragen. Die Kennzeichen der benutzten Geräte sind dabei anzugeben, damit bei der Auswertung der Messungen etwaige Anzeigefehler berücksichtigt werden können. Bei Temperaturmessungen mittels Stabthermometer ist die Eintauchtiefe und die Fadentemperatur zu vermerken. Wasser, das auf Druckmessern oder Quecksilbersäulen steht, ist besonders anzugeben und nötigenfalls durch Zeichnung zu erläutern.

Um bei Quecksilber- oder Wassersäulen zum Ausdruck zu bringen, ob ein Über- oder Unterdruck gegenüber dem Barometerstand vorhanden ist, sind diese mit positivem oder negativem Vorzeichen zu kennzeichnen, je nachdem die Säule ihm zuzuzählen oder von ihm abzuziehen ist. Bei der Angabe des Vakuums entfällt das Vorzeichen, da dieses stets negativ ist. Quecksilbersäulen sind zweckmäßig nur mit festen Maßstäben (nicht mit zusammenklappbaren Zollstöcken) zu messen. Die Maßstäbe sind vor Gebrauch nach Möglichkeit mit einem „Normmeter" zu vergleichen.

Ist die Turbine schon längere Zeit im Betriebe, so ist nach Möglichkeit vor den Versuchen, auf alle Fälle aber vor Abnahmemessungen, die ganze Anlage eingehend auf ihren Zustand zu prüfen. Verschmutzte Kondensatoren sind zu reinigen, nötigenfalls auch die Düsen und die Laufschaufeln der Turbine. Für die Messungen nicht benötigte Rohrleitungen sind grundsätzlich durch Blindflansche abzusperren. Ist das aus betrieblichen Grunden nicht angängig, so muß man sich damit begnügen, die Flansch-

---

[55] DIN 1943.

verbindung hinter der nächsten Absperrvorrichtung etwas zu lösen; Undichtheiten machen sich dann durch austretende Dampfschwaden oder durch Tropfwasser bemerkbar. Entwässerungsvorrichtungen an der Turbine müssen geschlossen sein und dürfen während der Messungen nicht betätigt werden, da hierdurch beträchtliche Fehler entstehen können.

Dampfmengen, die einer Kondensationsturbine für die Vorwärmung des Speisewassers oder für andere Zwecke entnommen werden und daher nicht in der gemessenen Kondensatmenge enthalten sind, müssen entsprechend berücksichtigt werden. Derartige, meist verhältnismäßig kleine Dampf- oder Kondensatmengen (z. B. Stopfbuchsendampf) aus dem Unterschied von zugeführtem und abgeführtem Dampf oder Kondensat zu errechnen, ist unzuverlässig; wird auf Genauigkeit der Bestimmung auch dieser Dampfmengen Wert gelegt, so sind dafür besondere Messungen vorzunehmen.

Bei Messungen an Turbinen mit mehreren Regelventilen ist die Stellung der einzelnen Ventile, besonders bei Gegendruck- und Entnahmeturbinen, für die Beurteilung des Dampfverbrauches von großer Wichtigkeit. Es empfiehlt sich daher, den Hub der Spindeln oder den Drehwinkel der Nockenwelle, durch die die Regelventile geöffnet werden, im Meßbericht zu vermerken.

Wird zum Niederschlagen der Dampfmenge ein Oberflächenkondensator verwendet, so empfiehlt es sich, diesen vor den Versuchen zu prüfen, ob durch Undichtheiten Kühlwasser in das Kondensat übertreten kann. Zu diesem Zweck wird der Kühlwasserraum des Kondensators längere Zeit unter einen Probedruck gesetzt, der gleich dem höchsten Wasserdruck im Kondensator ist zuzüglich 0,9 bis 0,95 kg/cm², damit der im Betriebe gegen Luftleere tatsächlich vorhandene Druckunterschied auch bei diesem Abdrücken gegen den Außendruck erreicht wird. Undichtheiten können dann am Wasserstandsglas des Kondensators leicht abgelesen werden. Oft genügt zur Prüfung des Kondensators auf Dichtheit auch das Auffüllen des Kondensatraumes mit Wasser bis zum Abdampfstutzen der Turbine. Durch die Schaulöcher in den Deckeln kann dann leicht festgestellt werden, ob Wasser aus den Rohren austritt. Während des Betriebes kann der Kondensator auf Undichtheit laufend mittels chemischer oder elektrischer Verfahren überwacht werden (vgl. S. 137/138). Bei Kondensationsanlagen mit Wasserstrahl-Luftpumpen können unter Umständen Dampfmengen (bis zu 3%) durch Nachkondensation verlorengehen. Um diesen Betrag ist der durch die Kondensatmessung ermittelte Dampfverbrauch dann zu niedrig, wenn Kühlwasser für die Strahlsauger verwendet wird. Bei Dampfstrahl-Luftsaugern, die mit Frischdampf betrieben werden, ist die hierfür erforderliche Dampfmenge von der Kondensatmenge abzuziehen, wenn dieser Dampf im Hauptkondensat mitgemessen wird und der Dampfverbrauch der Turbine ausschließlich Kraftbedarf oder Dampfverbrauch der Kondensation festgestellt werden soll.

Zu diesen allgemeinen Grundsätzen über wärmetechnische Messungen an Dampfturbinen treten für die verschiedenen Turbinenarten sowie für zusätzliche Untersuchungen weitere Richtlinien.

Bei der reinen *Kondensationsturbine*, soweit sie nicht mit ungeregelter Dampfanzapfung zur Vorwärmung des Kesselspeisewassers oder mit Zwischenüberhitzung oder mit Abdampfzusatz in ND-Stufen arbeitet, genügt zur Ermittlung des Dampfverbrauches und zur Bestimmung des thermodynamischen Wirkungsgrades die Messung des Frischdampfdruckes und der Frischdampftemperatur unmittelbar vor der Turbine, des Dampfdruckes oder der Luftleere im Abdampfstutzen, der Dampf- oder Kondensatmenge und der Leistung. Eine besondere Messung der Dampfverluste der Außenstopfbuchsen ist selten erforderlich, da bei fast allen Kondensationsturbinen der Stopfbuchsendampf in den Kondensator abgesaugt wird. Der aus den Stopfbuchsen ins Freie entweichende Dampfwrasen ist bei richtiger Einstellung der Absaugventile so gering, daß dieser Dampfverlust in den meisten Fällen vernachlässigt werden kann. Zweckmäßig ist es aber, um die Meßergebnisse überprüfen, etwaige Fehler aufklären oder auch Wirkungsgrade einzelner Teile der Turbine und der Kondensationsanlage bestimmen zu können, zusätzliche Druck- und Temperaturablesungen vorzunehmen. Hierfür kommen in Betracht:

der Druck und die Temperatur in der ersten Stufe oder Radkammer bei Turbinen mit Düsenreglung,

der Druck und die Temperatur des ein- und des austretenden Dampfes für jede Teilturbine einer mehrgehäusigen Turbine,

der Druck und die Temperatur im Turbinenabdampfgehäuse, im Abdampfstutzen, am Eintritt in den Kondensator und an dessen Luftabsaugstutzen,

die Ein- und die Austrittstemperatur des Kühlwassers und die Kondensattemperatur.

Bei Messungen zum Nachweis von Dampfverbrauchzahlen, die sich auf ganz bestimmte Kühlwasserverhältnisse beziehen, ist auch die Bestimmung der Kühlwassermenge nötig. Ist diese nicht unmittelbar meßbar, so kann sie mit ausreichender Genauigkeit aus der Kühlwassererwärmung errechnet werden.

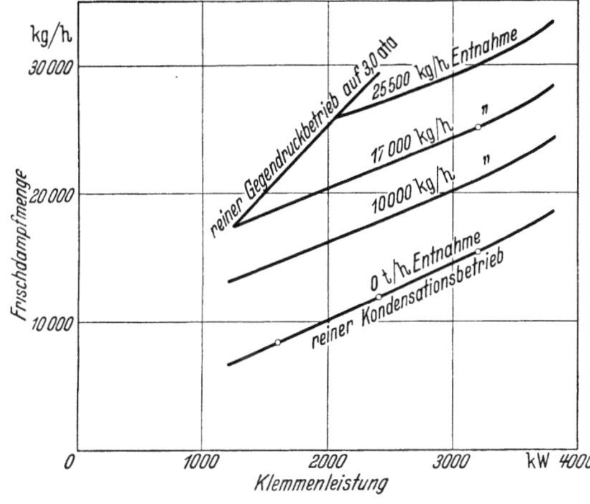

Abb. 137. Entnahmeschaubild einer Entnahme-Kondensationsturbine 3200 kW, 3000 U/min.

Dampf: $p_1 = 26\,\text{kg/cm}^2$, $t_1 = 375°\text{C}$, $p_e = 3{,}0\,\text{kg/cm}^2$; Kühlwasser: $t_E = 15°\text{C}$, $W = 850\,000\,\text{kg/h}$.

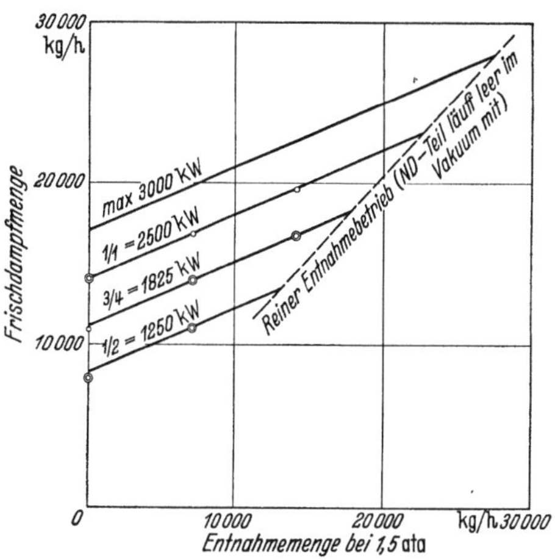

Abb. 138. Entnahmeschaubild einer Entnahme-Kondensationsturbine 2500 kW, 3000/Umin.

Dampf: $p_1 = 22\,\text{kg/cm}^2$, $t_1 = 350°\text{C}$, $p_e = 1{,}5\,\text{kg/cm}^2$; Kühlwasser: $t_E = 25°\text{C}$, $W = 900\,000\,\text{kg/h}$.

Bei der *Entnahme-Kondensationsturbine* wird die jeweils benötigte Heiz- oder Kochdampfmenge einer Zwischenstufe der Maschine entnommen und der Dampfdruck an dieser Stelle durch in die Turbine eingebaute Drossel- oder Überströmventile auf gleicher Höhe gehalten. Deckt die im HD-Teil der Turbine von der durchströmenden Dampfmenge geleistete Arbeit gerade den Leistungsbedarf des Betriebes und kann darüber hinaus keine Leistung an ein Fremdnetz abgegeben werden, so sind die Überströmventile geschlossen und der ND-Teil der Turbine läuft leer in Luftleere mit. Übersteigt dagegen der Leistungsbedarf die von der Entnahmemenge im HD-Teil geleistete Arbeit, so werden die Frischdampfventile weiter und gleichzeitig die Überströmventile vom Regler geöffnet und lassen eine entsprechende zusätzliche Dampfmenge durch den ND-Teil nach dem Kondensator strömen. Wird zeitweise kein Heizdampf benötigt, so öffnen sich die Überströmventile ganz; die Turbine arbeitet dann als reine Kondensationsturbine. Die Zusammenhänge zwischen Leistung, Entnahme- und Gesamtdampfmenge werden üblicherweise in den Entnahmeschaubildern dargestellt, deren gebräuchlichste Formen in den Abb. 137 und 138 wiedergegeben sind.

Die Entnahme-Kondensationsturbine ist somit eine Mehrstromturbine, bei der der Entnahmedampf wie in einer Gegendruckturbine, die in den Kondensator geführte Dampfmenge dagegen wie in einer Kondensationsturbine arbeitet. Die Messungen erstrecken sich daher auf die Ermittlung der Dampfzustände vor der Turbine und der Endzustände des Entnahme- und des Kondensationsdampfes beim Verlassen der Turbine.

Der Entnahmedampf wird in der Regel aus Durchflußmessungen bestimmt, während die Kondensationsdampfmenge als Kondensat gemessen wird. In besonderen Fällen kann auch die gesamte Frischdampfmenge durch eine Durchflußmessung vor der Turbine ermittelt werden. Die Entnahmemenge ergibt sich dann als Unterschied aus Frischdampf- und Kondensatmenge. Der Stopfbuchsendampf wird wie bei den reinen Kondensationsturbinen fast immer nach dem Kondensator abgesaugt, es ist daher auch hier selten erforderlich, ihn gesondert zu bestimmen. Ungünstige Stellungen der Regelventile können den Dampfverbrauch wesentlich verschlechtern, es ist daher gerade bei Dampfverbrauchsmessungen an Entnahmeturbinen mit zwei und auch mehreren Reglungen auf die Einhaltung der den Gewährleistungen zugrunde liegenden Dampf- und Belastungsverhältnisse größter Wert zu legen.

Bei der *Gegendruckturbine* wird der gesamte Dampf, der die Maschine durchströmt, zu Heiz-, Koch- und anderen Zwecken verwendet. Der Druck des Abdampfes wird in den meisten Fällen gleichgehalten. Die zur Bestimmung des Dampfverbrauches erforderlichen Meßwerte sind: der Druck und die Temperatur des Frischdampfes unmittelbar vor der Turbine, der Druck und die Temperatur des Abdampfes am Austrittstutzen der Turbine, die Dampfmenge und die Leistung. Bei Turbinen mit Düsenreglung ist außerdem der Dampfdruck in der ersten Stufe, bei Turbinen mit Drosselreglung der Druck und die Temperatur des Frischdampfes hinter dem Hauptdrosselventil und der Dampfdruck in der ersten Stufe zu messen. Da in fast allen Fällen in der ersten und in der letzten Stufe der Maschine Überdruck herrscht, muß der aus den beiden Außenstopfbuchsen austretende Leckdampf besonders gemessen werden, soweit er nicht bereits in der gemessenen Hauptdampfmenge enthalten ist. Während der Druck am Austritt unverändert bleibt, ändert er sich in der ersten Stufe ungefähr verhältnisgleich der Dampfmenge. Bei Überdrucktrommelturbinen wird er meistens durch einen Ausgleichskolben, bei Gleichdruckscheibenturbinen durch einen der eigentlichen Stopfbuchse vorgeschalteten Dichtungsteil auf den Gegendruck herabgesetzt, so daß beide Stopfbuchsen annähernd unter dem gleichen Druck und mit der gleichen Leckdampfmenge arbeiten. Über die verschiedenen Schaltungsmöglichkeiten der Stopfbuchsen vgl. S. 44/45.

Bei der *Entnahme-Gegendruckturbine* wird der Abdampf des ND-Teiles nicht in einem Kondensator niedergeschlagen, sondern für Heiz-, Koch- oder andere Zwecke verwendet. Die Messungen erfolgen in ähnlicher Weise wie bei der Entnahme-Kondensationsturbine. Der Stopfbuchsendampf ist dagegen, wie bei der reinen Gegendruckturbine, durch besondere Messung zu bestimmen.

Während die *Abdampfturbine* meist Sattdampf von annähernd unveränderlichem Druck aus einem Glocken- oder Raumspeicher erhält, arbeitet die *Speicherdampfturbine* mit gesättigtem Dampf, der einem unter stark veränderlichem Druck stehenden Wärmespeicher (RUTHS-Speicher) entnommen wird. Der Abdampf wird im Kondensator niedergeschlagen, die Messungen können daher in derselben Weise durchgeführt werden wie bei Frischdampf-Kondensationsturbinen. Wird der Dampf in verschiedene Stufen der Turbine geleitet, so sind an diesen Zuführungstellen die Drücke zu messen. Da die Bestimmung der Dampffeuchtigkeit schwierig und unsicher ist, empfiehlt es sich, bereits bei der Abgabe der Gewährleistung für eine Sattdampfturbine festzulegen, welcher Feuchtigkeitsgehalt im zugeführten Dampf angenommen worden ist. Ist der Wasserabscheider in der Zudampfleitung ausreichend bemessen und ein Mitreißen von Wasser nicht zu befürchten, so kann die Feuchtigkeit mit 1 bis 2 % eingesetzt werden.

Die *Mehrdruckturbinen* (Frischdampf-Abdampfturbinen und Frischdampf-Speicherdampfturbinen) erhalten Dampf von verschiedenen Drücken, und zwar in der Regel Frischdampf mit gleichbleibendem Druck aus einem Dampfkessel und Sattdampf von annähernd ebenfalls gleichbleibendem Druck aus einem Niederdruckspeicher, oder aber Sattdampf von stark veränderlichem Druck aus einem Hochdruckspeicher (RUTHS-Speicher). Der Abdampf oder der Speicherdampf wird in eine Zwischenstufe, bei hohen

Speicherdrücken durch besondere Düsen vor die erste Stufe der Turbine geführt[56]. Für Dampfverbrauchsmessungen gilt sinngemäß das gleiche wie für die Entnahme-Kondensationsturbine. Bei gemischtem Betriebe wird die gesamte Dampfmenge im Kondensator niedergeschlagen und der zugeführte Frischdampf durch Durchflußmessung bestimmt. Die Menge des Speicherdampfes läßt sich wegen seines unbestimmten Feuchtigkeitsgehaltes nicht sicher unmittelbar bestimmen und kann daher nur als Unterschied aus Gesamtkondensatmenge und Frischdampfmenge ermittelt werden.

Bei Dampfturbinenanlagen, die mit *Zwischenüberhitzung*, mit *Vorwärmung* ihres eigenen Kondensates oder mit Zwischenüberhitzung und Vorwärmung arbeiten, sind zur Bestimmung der stündlich verbrauchten Wärmemengen an zusätzlichen Messungen erforderlich: Druck- und Temperaturmessung in der Dampfleitung unmittelbar am Austrittstutzen der Turbine zum Zwischenüberhitzer, Druck- und Temperaturmessung in der Dampfleitung vom Zwischenüberhitzer unmittelbar am Eintrittstutzen vor der Turbine, Temperaturmessung des Kondensates in der Leitung hinter dem letzten Vorwärmer.

Da die unmittelbare Bestimmung der für die Vorwärmung benötigten Entnahmedampfmengen durch Einbau von Normdüsen oder -blenden in den meisten Fällen sehr zeitraubend, kostspielig und schwierig ist, können diese Mengen auch mit genügender Genauigkeit aus der Wärmegleichgewichtsrechnung der einzelnen Vorwärmer errechnet werden. Erforderlich sind hierzu die Ablesungen der Kondensattemperaturen vor und hinter den Vorwärmern und die Druck- und Temperaturmessung des Vorwärmdampfes. Bei Anlagen mit Endtemperaturen des vorgewärmten Kondensates von 120 bis 130° C ist es ohne weiteres zulässig, Temperatur und Wärmeinhalt gleichzusetzen, darüber hinaus führt man besser den Wärmeinhalt in die Rechnung ein. Die Wärmeverluste sowohl der Vorwärmer als auch der Rohrleitungen zwischen Turbine und Vorwärmer werden durch den sogenannten Vorwärmerwirkungsgrad berücksichtigt, der allgemein zu etwa 0,98 bis 0,99 angenommen wird und angibt, wieviel von der zur Vorwärmung ausnutzbaren Wärmemenge des Entnahmedampfes tatsächlich in dem vorgewärmten Kondensat wieder erscheint. Für Vorwärmanlagen gibt es eine große Zahl von Schaltungsarten; oft sind auch Verdampferanlagen in der verschiedensten Weise mit der Vorwärmung verbunden. Da die Behandlung dieser Fragen jedoch über den Rahmen dieses Buches hinausgehen würde, kann hier nur auf das einschlägige Schrifttum verwiesen werden.

Die Gewährleistung für den Wärmeverbrauch einer Kondensationsturbine mit Vorwärmung gilt fast immer ausschließlich der damit meist verbundenen Speisewasseraufbereitung. Diese Anlage ist daher vor den Messungen entweder auf eine andere Maschine umzuschalten oder ganz abzustellen.

Der nach außen tretende *Stopfbuchsendampf* kann auf verschiedene Art gemessen werden. Am einfachsten ist das Absaugen des Stopfbuchsendampfes durch einen Wasserstrahlapparat, wobei man mit einem geeichten Wassermesser die benötigte Wassermenge bestimmt und aus deren Erwärmung die Stopfbuchsendampfmenge ermittelt. Der Stopfbuchsendampf kann auch in einem für diesen Zweck besonders aufgestellten Hilfskondensator niedergeschlagen und unmittelbar gemessen werden. Die Durchflußmessung wird wegen der meist sehr kleinen Stopfbuchsendampfmenge und des oft schwierigen Einbaues des Drosselgerätes nur selten angewendet, zumal es unsinnig wäre, den Stopfbuchsendruck aufzustauen und dadurch die Leckdampfmenge zu vergrößern.

Um die *mechanischen Verluste* einer Turbine festzustellen, läßt man den mit ihr gekuppelten Stromerzeuger als Motor bei der üblichen Drehzahl laufen und ermittelt hierbei den Stromverbrauch. Nach Abzug der Luft- und der Lagerreibung und der elektrischen Verluste des Stromerzeugers erhält man die mechanischen Verluste der Turbine, die aber noch den *Radreibungsverlust* des leer mitlaufenden Turbinenläufers

---

[56] DRP. 417662.

enthalten. Zur Verminderung dieser Verluste läßt man den Turbinenläufer meistens in Luftleere laufen. Wird die Motormessung bei mindestens drei verschiedenen Dampfdrücken durchgeführt, so kann die Radreibung ohne weiteres ermittelt werden, indem man die gemessenen Gesamtverluste in Abhängigkeit vom mittleren Raumgewicht des Dampfes aufträgt, Abb. 139. Erforderlich ist hierfür die Messung des Druckes und der Temperatur in der ersten Stufe und im Abdampfstutzen der Turbine. Die Summe der von der Dampfdichte unabhängigen Verluste (Lagerreibung usw.) ergibt sich als Schnittpunkt der durch die aufgenommenen Meßpunkte gelegten Geraden mit der Ordinate, die Radreibung somit als in gleicher Entfernung zur Meßgeraden durch den Nullpunkt gehende Gerade. Es ist kaum nötig, zu bemerken, daß derartige Messungen im allgemeinen nicht zu den Abnahmeversuchen gehören.

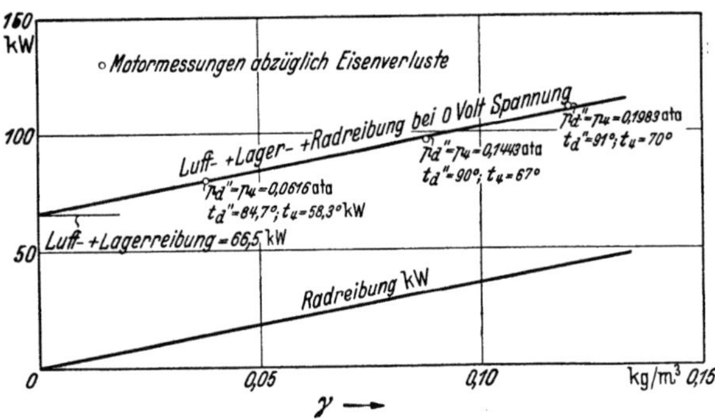

Abb. 139.
Ermittlung der Radreibungsverluste einer Kondensationsturbine (2500 kW, 3000 U/min) durch Motormessung.

Die *Hilfsmaschinen der Kondensationsanlage* bestehen aus der Hilfspumpengruppe und den Luftabsauggeräten. Die Pumpengruppe wird entweder durch einen Elektromotor oder durch eine Dampfturbine oder aber durch beide wechselweise (vgl. S. 26/27) angetrieben. Der *Kraftbedarf der Pumpen* wird bei elektrischem Antrieb durch die Leistungsaufnahme des Antriebsmotors bestimmt. Ist der Dampfverbrauch der Hilfsturbine zugesichert, so wird die Dampfmenge entweder durch eine Durchflußmessung oder durch Kondensatmessung mittels eines Hilfskondensators bestimmt. Zu messen sind außerdem der Druck und die Temperatur des Frischdampfes und des Abdampfes der Hilfsturbine.

Saug- und Druckhöhe der *Kühlwasserpumpe* sind etwa nach Abb. 140 zu bestimmen. Dazu sind Quecksilberdruckmesser oder -unterdruckmesser einzubauen, da die Betriebsgeräte oft ungenau anzeigen. Die Fördermenge wird zweckmäßig mit einer Venturi-Düse gemessen. Hinreichend genau kann man sie, wie später noch gezeigt werden wird, auch aus dem

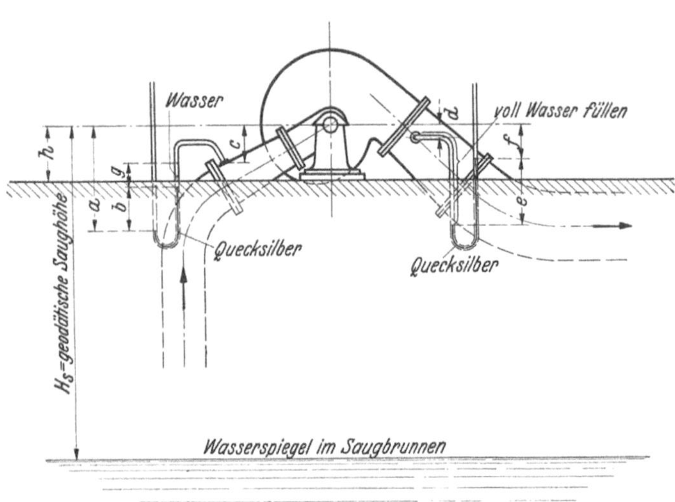

Abb. 140.
Anordnung der Quecksilberdruckmesser an einer Kühlwasserpumpe.

Manometrische Saughöhe $H_{s\,\mathrm{man}} = 13{,}6\,b + g + c$ in m WS;
Manometrische Druckhöhe $H_{D\,\mathrm{man}} = 13{,}6\,e - (e + f)$ in m WS.

Dampfverbrauch der Hauptturbine und der Kühlwasserwärmung errechnen, die man zu diesem Zweck auf Zehntelgrade genau messen muß. Normdüsen oder Normblenden sind für Kühlwassermengenmessung weniger geeignet, da sie infolge ihres Durchflußwiderstandes die Fördermenge der Pumpe vermindern.

Die Messung der Fördermenge der *Kondensatpumpe* dient zur Feststellung der Dampfdurchsatzmenge der Turbine. Welche Meßverfahren hierzu für genaue Messungen zugelassen werden können, ist bereits auf S. 159 bis 164 niedergelegt. Zur betriebsmäßigen Kondensatmessung werden in größeren Anlagen mitunter in der Kondensatdruckleitung Durchflußmesser, Venturi-Düsen oder Flügelradwassermesser fest eingebaut, die mit einem Anzeigegerät oder einem Selbstschreiber verbunden sind.

Die *Luftsaugleistung* von Wasser- oder Dampfstrahl-Luftpumpen wird meistens dadurch bestimmt, daß man die Luftsaugleitung vom Kondensator durch Blindflansch abschaltet und durch besondere Luftdüsen ganz bestimmte Luftmengen aus der Außenluft ansaugt. Es können dann für verschiedene Strahlwassertemperaturen oder Treibdampfverhältnisse am Strahlsauger Kennlinien der erreichten Luftleere aufgenommen werden, Abb. 141, 142 und 143.

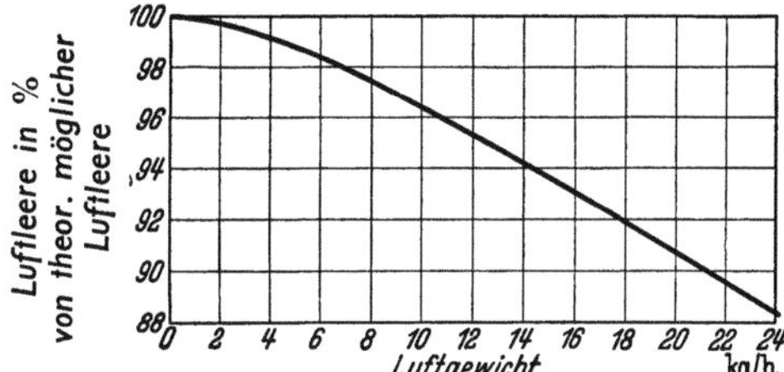

Abb. 141.
Durch einen Wasserstrahl-Luftsauger bestimmter Größe mit 21 m WS Strahlwasserdruck bei verschiedener Luftsaugleistung erzeugbare Luftleere.

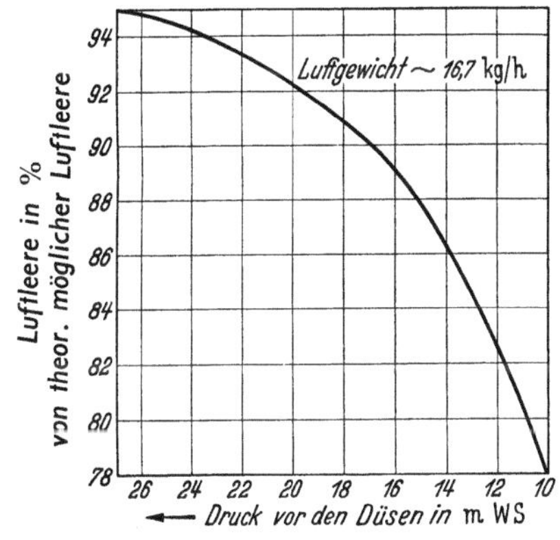

Abb. 142.
Durch einen Wasserstrahl-Luftsauger von etwa 16,7 kg/h Luftsaugleistung mit verschiedenen Strahlwasserdrücken erzeugbare Luftleere.

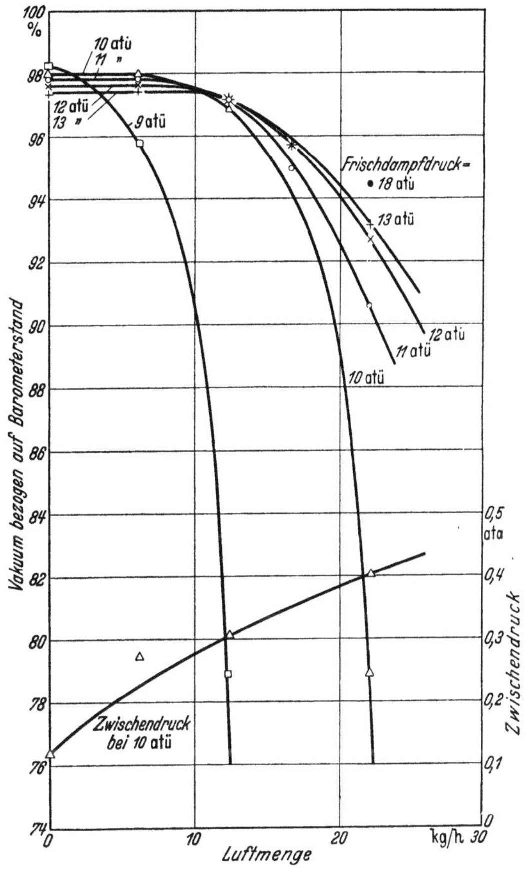

Abb. 143.
Durch einen zweistufigen Dampfstrahl-Luftsauger bestimmter Größe bei verschiedener Luftsaugleistung und verschiedenen Treibdampfdrücken erzeugbare Luftleere. Treibdampftemperatur gleichbleibend etwa 320°C.

Um festzustellen, ob bei einer Kondensationsanlage, die mit Wasserstrahl-Luftsauger arbeitet, Dampf mit abgesaugt wird (*Nachkondensation*), sind die Strahlwassermenge und die Strahlwassertemperatur vor und hinter der Strahlpumpe genau zu messen. Da es sich in den meisten Fällen nur um ganz geringe Temperaturunterschiede handelt, sind besonders empfindliche und fein unterteilte Thermometer zu benutzen. Außerdem sind die Luftleere und die Temperatur in der Saugleitung genau zu messen. Die abgesaugte Dampfmenge ist dann leicht aus der Erwärmung der Strahlwassermenge zu errechnen.

Der *Dampfverbrauch eines Dampfstrahl-Luftsaugers* ist aus den Abmessungen der Düsen des Strahlsaugers und den Dampfzuständen vor dem Strahlsauger zu errechnen. Man kann ihn auch aus der Erwärmung des Kühlmittels der Zwischenkühler, in denen der Treibdampf des Strahlsaugers niedergeschlagen wird, errechnen.

Bei der *Auswertung der Dampfverbrauchsmessungen* müssen die unzuverlässigen oder unwahrscheinlichen Werte der Einzelablesungen ausgeschieden und, wo erforderlich,

Umrechnungen vorgenommen werden. Durch größere Schwankungen der wichtigsten Meßwerte der Turbine (Frischdampfdruck und -temperatur, Luftleere oder Gegendruck am Abdampfstutzen, Leistung) kann die Genauigkeit der Versuche wesentlich beeinflußt werden; es empfiehlt sich daher, die Einzelablesungen schon vor der arithmetischen Mittlung über der Zeit aufzutragen, um unzuverlässige Werte zu erkennen. Die Schwankungen der Ablesewerte dürfen nach den deutschen Abnahmeregeln nicht mehr als die Hälfte der zulässigen Abweichungen der Versuchsmittelwerte von den Zusicherungswerten, bei Leistung und Entnahmemengen nicht mehr als $\pm 5\%$ betragen. Diese zulässigen Abweichungen sind in Zahlentafel 2 angegeben.

Zahlentafel 2. *Nach den deutschen Abnahmeregeln zulässige Abweichungen des Versuchsmittelwertes vom Zusicherungswert.*

Meßwert	Kondensationsturbinen	Entnahme-Kondensationsturbinen	Gegendruckturbinen	Entnahme-Gegendruckturbinen
Absoluter Frischdampfdruck . . . . %	± 5	± 5	± 5	± 5
Frischdampftemperatur . . . . ° C	± 25	± 25	± 25	± 25
Absoluter Gegendruck oder Entnahmedruck . %	—	± 5	± 5	± 5
Adiabatisches Wärmegefälle . . . . %	—	± 7	± 7	± 7
Leistung . . . . %	± 7	± 7	± 7	± 7
Entnahmedampfstrom . . . . %	—	± 5	—	± 5
Kühlwassertemperatur	keine Begrenzung			
Luftleere	keine Begrenzung			

Wie unzuverlässig Dampfverbrauchsmessungen bei größeren Schwankungen der Dampfverhältnisse und der Belastung sein können, geht aus Abb. 144 und 145 hervor. Die Abnahmeversuche ergaben etwa 4% bessere oder schlechtere Werte als die genauen Messungen im Prüffeld des Lieferwerkes, bei denen die Dampfverhältnisse usw. genauer eingehalten werden konnten. Dagegen zeigt Abb. 146 eine Zusammenstellung von Einzelablesungen einer einwandfreien Messung.

Man trägt der Einfachheit halber meist die unmittelbar abgelesenen (nicht berichtigten) Werte auf. Die arithmetischen Mittelwerte der Einzelablesungen werden danach zweckmäßig in einer besonderen Tafel nach der Art der Zahlentafel 3 zusammengestellt. Die für die Berechnung des thermodynamischen Wirkungsgrades oder des Wärmeverbrauches der Turbine benutzte Wärmetafel (is-Tafel) ist in der Zahlentafel zu vermerken. Auf keinen Fall dürfen für *eine* Ermittlung verschiedene Wärmetafeln benutzt werden, da zwischen ihnen mehr oder weniger große Unterschiede bestehen. Sind Messungen bei verschiedenen Belastungen der Maschine ausgeführt, so kann man die gemessenen Dampf- oder Kondensatmengen in Abhängigkeit der gemessenen Leistungen in einem Schaubild auftragen. Erforderlich ist aber vorher die Umrechnung der einzelnen Meßpunkte auf gleiche Dampfverhältnisse oder auf die Gewährleistungsgrundlagen. Die aufgetragenen umgerechneten Meßpunkte sind durch eine stetige Kurve zu verbinden, aus der dann für die einzelnen Belastungen die entsprechenden Dampfmengen ohne weiteres abgegriffen werden können. Die Dampfmengen geteilt durch die zugehörigen Leistungen ergeben den Dampfverbrauch, bezogen auf die Leistungseinheit der Turbine.

Sind bei einer Versuchsreihe auch die Dampfdrücke in einzelnen Stufen der Turbine abgelesen worden, so kann die Genauigkeit der Mengenmessungen dadurch überprüft werden, daß man die gemessenen Drücke über den gemessenen Dampf- oder Kondensatmengen aufträgt. Bekanntlich verhält sich eine vielstufige Kondensationsturbine wie eine mit überkritischem Gefälle arbeitende Düse, das Durchsatzgewicht der ersteren in kg/h ist daher

$$D = \alpha \sqrt{\frac{P}{v}},$$

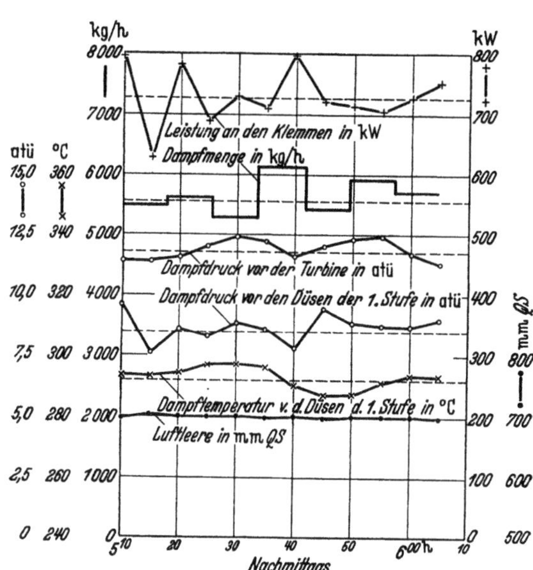

Abb. 144. Dampfverbrauchsversuch (Betriebsversuch) an einer 1000 kW-Kondensationsturbine im Kraftwerk.

Aus den Mittelwerten errechneter Dampfverbrauch 7,64 kg/kWh. Nach genauen Prüffeldmessungen an der gleichen Turbine bei gleicher Belastung betrug der Dampfverbrauch 7,35 kg/kWh.

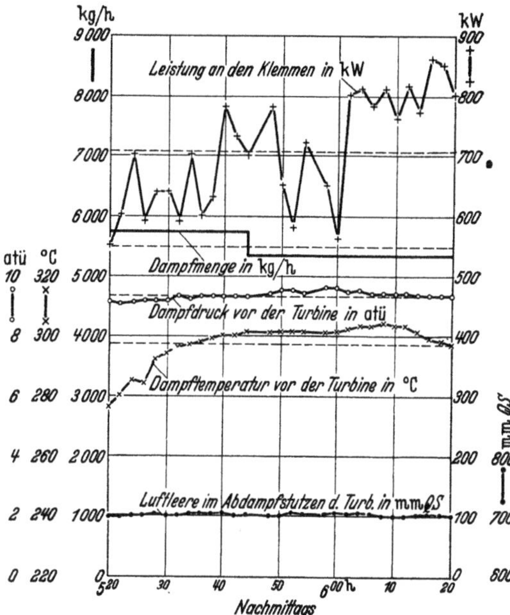

Abb. 145. Dampfverbrauchsversuch (Betriebsversuch) an einer 1000 kW-Kondensationsturbine im Kraftwerk.

Aus den Mittelwerten errechneter Dampfverbrauch 7,8 kg/kWh. Nach genauen Prüffeldmessungen an der gleichen Turbine bei gleicher Belastung betrug der Dampfverbrauch 8,1 kg/kWh.

wo α ein für die betreffende Turbinenstufe unveränderlicher Beiwert (Einheit $= \mathrm{m}^{2,5} \cdot \mathrm{h}^{-1}$), P der Druck in einer Stufe in $\mathrm{kg/m^2}$, v der Rauminhalt von 1 kg Dampf an dieser Stelle in $\mathrm{m^3/kg}$ ist. Man kann mit genügender Genauigkeit $P \cdot v = RT$ setzen ($R =$ Gaskonstante in $\mathrm{m/°C}$ abs.; $T =$ Temperatur in °C abs.), woraus sich

$$D = \frac{\alpha}{\sqrt{R}} P \sqrt{\frac{1}{T}}$$

ergibt.

Die durch eine vielstufige Kondensationsturbine strömende Dampfmenge ist daher dem Dampfdruck einer Stufe unmittelbar, der Quadratwurzel aus der absoluten Temperatur umgekehrt verhältnisgleich. Diese Beziehung gilt mit um so größerer Genauigkeit, je näher dem Dampfeintritt die Stufe liegt, am genauesten daher für die erste, gar nicht für die letzte Stufe.

In einer vielstufigen Gegendruckturbine sinkt der Druck einer Stufe nicht verhältnisgleich dem Dampfgewicht, sondern etwas langsamer. Über dem Dampfgewicht aufgetragen, ist die Drucklinie

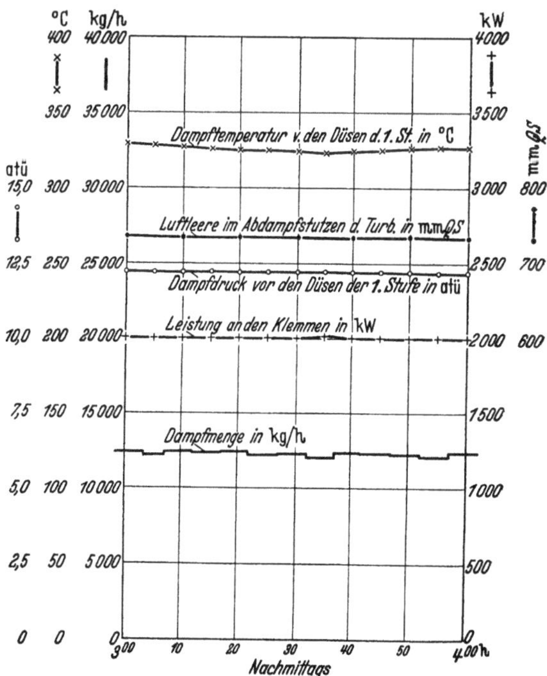

Abb. 146. Dampfverbrauchsversuch an einer 4000 kW-Kondensationsturbine. Drehzahlregler ausgekuppelt, Dampfdruck vor den Frischdampfdüsen durch Absperrventil von Hand gleichgehalten; Luftleere genau, Dampftemperatur annähernd genau gleichgehalten.

nicht, wie bei einer Kondensationsturbine, eine Gerade, sondern eine Hyperbel. Sind D und D' die beiden Dampfmengen, p und p' die ihnen entsprechenden absoluten Dampfdrücke und p_N der Gegendruck hinter der letzten Stufe, so gilt die Gleichung

$$\frac{D}{D'} = \frac{p}{p'} \sqrt{\frac{1 - (p_N/p)^2}{1 - (p_N/p')^2}}.$$

Diese Beziehung ist nur für gleichbleibende Temperatur und nur für die vorderen Stufen mit genügender Genauigkeit gültig. Bei Messungen an Gegendruckturbinen verwendet man sie am besten für den Druck in der ersten Stufe oder zwischen zwei Gehäusen.

Da die Dampftemperatur bei den einzelnen Messungen fast immer verschieden ist, müssen die Dampf- oder Kondensatmengen auf eine mittlere Temperatur umgerechnet werden nach der Gleichung $D' = D\sqrt{\dfrac{T}{T'}}$, worin D und T die gemessenen Werte für Menge und Temperatur, T' die mittlere Temperatur und D' die umgerechnete Menge bedeuten. Die Auftragung muß annähernd eine Gerade ergeben, deren Verlängerung bei Kondensationsturbinen durch den Nullpunkt gehen muß, wenn die Außendichtungen der Turbine keinen Frischdampf als Sperrdampf erhalten, Abb. 147.

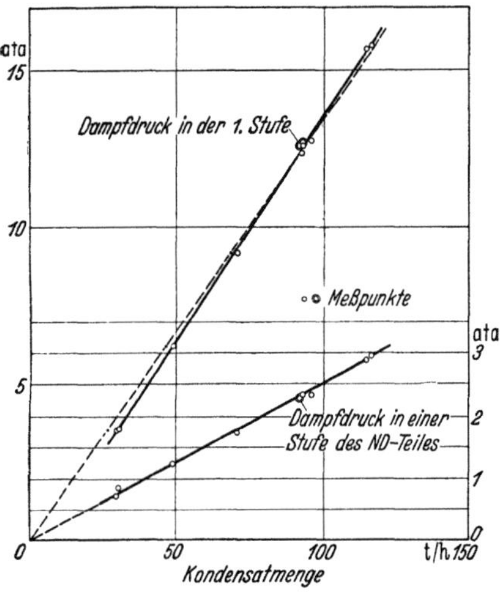

Abb. 147. Überprüfung der Mengenmessung durch Messung der Stufendrücke. Ausgezogene Linien: Verbindung der Meßpunkte; gestrichelte Linien: Dampf- und Kondensatmengen auf gleiche mittlere Temperatur umgerechnet.

Zur Beurteilung der bei Messungen an Kondensationsturbinen erreichten Luftleere ist außer der Kühlwassererwärmung die Kenntnis der Kühlwassermenge wichtig. Läßt sich die Wassermenge nicht unmittelbar messen, so kann sie annähernd auch aus dem Dampfverbrauch der Turbine und der Erwärmung des Kühlwassers berechnet werden. Bei einer gegebenen Kühlwassermenge von W kg für D kg Dampf je Stunde erhält man die Erwärmung des Kühlwassers mittels der Gleichung

$$t = t_A - t_E = \frac{D}{W}(i_4 - t_5) \text{ in } ^\circ\text{C}$$

und hieraus

$$W = D\frac{i_4 - t_5}{t_A - t_E} \ [\text{kg/h}].$$

Der Wärmeinhalt des Abdampfes für eine Kondensationsturbine ist aus der Zustandskurve der Turbine zu bestimmen und beträgt je nach der Bauart und der Größe der Turbine und je nach den Dampf- und Kühlwasserverhältnissen 550 bis 600 kcal/kg.

Da die Messungen an Dampfturbinen selten genau bei den Betriebsbedingungen durchgeführt werden können, auf welche die Gewährleistungen lauten, müssen die gemessenen Werte mittels vorher vereinbarter Formeln oder Kurven umgerechnet werden. Der Zweck der *Umrechnung* ist, auf Grund der Versuche festzustellen, welchen Dampfverbrauch eine Turbine haben würde, wenn sie nicht bei den Abnahme-, sondern bei den Gewährleistungsverhältnissen gemessen wäre. Die Umrechnung soll also klare Verhältnisse auch dann schaffen, wenn die Dampf-, Leistungs- und Unterdruckverhältnisse bei der Messung von denen der Gewährleistung abweichen. Die Größe der zulässigen Abweichungen der Meßverhältnisse von den Gewährleistungsgrundlagen ist auf S. 180 bereits angegeben.

Bei Gegendruckturbinen und allen diesen gleichzusetzenden Turbinenteilen wird der gemessene Dampfverbrauch meist umgekehrt verhältnisgleich zum adiabatischen Wärmegefälle, d. h. mit gleichbleibendem Wirkungsgrad umgerechnet, soweit die Dampfdehnung nur im Heißdampfgebiet verläuft.

Zahlentafel 3. *Auswertungsplan für Dampfverbrauchsmessungen an einer zweigehäusigen Kondensationsturbine.*
Dampfverbrauchsmessungen.

Kraftwerk: .... Turbine Nr.: .... Bauart: ....

Leistung: .... kW; Drehzahl: .... U/min; Gewährleistungsverhält-

nisse: $p_1 =$ .... ata; $t_1 =$ .... ° C; benutzte *is*-Tafel ....

1	Versuch.	Nr.	
2	Tag		
3	Zeit	h'	von bis
4	Barometerstand	B	mm QS
5	Drehzahl	n	U/min
6	Offene Düsen		
7	Frischdampf	p_1	ata
8		t_1	° C
9	Vor der 2. Stufe.	p_{d_2}	ata
10		t_{d_2}	° C
11	Überströmleitung	$p_{d_ü}$	ata
12		$p_{d_ü}$	° C
13	Abdampfgehäuse	p_N	ata
14		t_N	° C
15		p_4	ata
16	Abdampfstutzen . . . . . . Luftleere		%
17		t_4	° C
18	Stündliche Dampfmenge	D	kg/h
19	Stopfbuchsendampfmenge vorn		kg/h
20	Stopfbuchsendampfmenge hinten . . .		kg/h
21	Spannung.	E	V
22	Stromstärke.	J	A
23	Klemmenleistung.	N_{kl}	kW
24	Eisenverluste		kW
25	Kurzschlußverluste.		kW
26	Erregerverluste		kW
27	Luft- und Lagerreibung		kW
28	Kupplungsleistung	N_k	kW
29	Mechanische Verluste.		kW
30	Innere Leistung	N_i	kW
31	Wärmeinhalt des Frischdampfes. . .	i_1	kcal/kg
32	Wärmeinhalt des Abdampfes	i_4	kcal/kg
33	Wärmegefälle	H_0	kcal/kg
34	Dampfverbrauch je kWh	d_0	kg/kWh
35		d_{kl}	kg/kWh
36		d_k	kg/kWh
37		d_i	kg/kWh
38	Klemmenwirkungsgrad	η_{kl}	%
39	Kupplungswirkungsgrad	η_k	%
40	Innerer Wirkungsgrad	η_i	%
41	Innerer Wirkungsgrad ohne Auslaßver-lust	η_i'	%
42	Innerer Wirkungsgrad ohne Auslaßver-lust und ohne Dampfnässe . . .	η''	%

Bei Kondensationsturbinen und Gegendruckturbinen, bei denen die Dampfdehnung zum Teil auch im Naßdampfgebiet verläuft, müssen die Umrechnungskurven außer der Änderung des adiabatischen Wärmegefälles auch die Änderung des thermodynamischen Wirkungsgrades berücksichtigen.

Bei Kondensationsturbinen beziehen sich die Gewährleistungen großenteils auf eine bestimmte Kühlwassereintrittstemperatur und Kühlwassermenge. Die hierbei vorausgesetzte erreichbare Luftleere ist für jeden Gewährleistungspunkt verschieden und erfordert daher unter Umständen mehrere Umrechnungskurven. Eine Umrechnung des Dampfverbrauches auf Frischdampfdruck und -temperatur laut Gewährleistung ist nur bei Düsenreglung zulässig, während bei Drosselreglung eine Druckumrechnung überhaupt nicht statthaft und die Temperatur auf die zum Schnittpunkt der Drosselkurve mit der Kurve des Gewährleistungsdruckes gehörige Temperatur umzurechnen ist. Bei der Aufstellung der Umrechnungskurven sind demnach zusammengefaßt folgende Grundsätze zu befolgen[57]:

1. Für jede Turbine sind im allgemeinen drei Umrechnungskurven, je eine für den Anfangsdruck, die Anfangstemperatur und den Gegendruck oder die Kühlwassertemperatur, notwendig und hinreichend, Abb. 148. Bei besonders hohen Ansprüchen

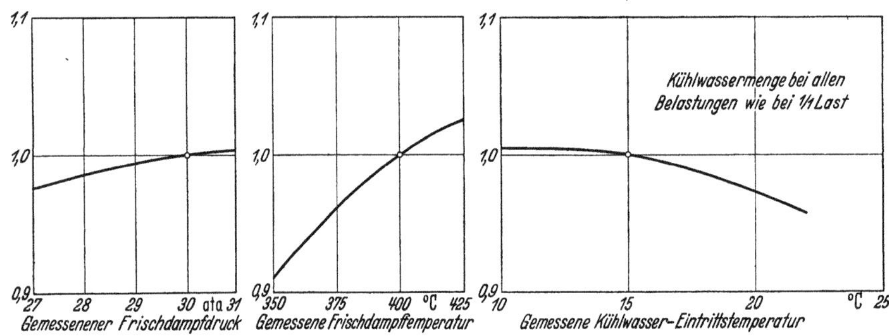

Abb. 148. Werte für die Umrechnung gemessener Dampf- und Kühlwasserverhältnisse auf die Gewährleistungsverhältnisse 31 ata, 400°C, 15°C (Ausführungsbeispiel).

an Genauigkeit sind gegebenenfalls für die Kühlwasserumrechnung ebenso viele Kurven zu verwenden, wie Dampfzahlen gewährleistet wurden.

2. Zum Entwurf der Umrechnungskurven ist vom Wärmegefälle auszugehen. Sie sollen einen stetigen Verlauf, insbesondere im Gewährleistungspunkt keinen Knick, also für den oberen und unteren Ast eine gemeinsame Berührende haben.

3. Bei Gegendruckturbinen genügt die Umrechnung nach dem Gefälle; dafür können allgemeingültige Kurven gegeben werden.

4. Bei Kondensationsturbinen ist die Umrechnung nach dem Wärmegefälle nicht zulässig; es müssen für alle drei Umrechnungskurven Berichtigungen vorgenommen werden. Die Berührenden an diese Kurven im Gewährleistungspunkt sind nicht Berührende an die zugehörigen Gefällekurven.

5. Den vielfachen Unsicherheiten der Rechnung für veränderte Betriebsbedingungen ist beim Entwurf der Umrechnungskurven Rechnung zu tragen, insbesondere mit Rücksicht darauf, daß sie für Mittelwerte innerhalb verhältnismäßig weiter Grenzen gelten sollen. Auf keinen Fall dürfen aus diesen Unsicherheiten für den Lieferer zusätzliche Verpflichtungen hergeleitet werden.

6. Jeder Gewährleistungspunkt soll mit vollgeöffneten Regelventilen betriebsmäßig gefahren werden, mindestens nicht mit ungünstigerer Ventilstellung, d. h. mit stärkerer Drosslung, als er bei den Gewährleistungsbedingungen gehabt hätte.

7. Entnahme-Kondensations- und Entnahme-Gegendruckturbinen mit geregelten und ungeregelten Entnahmestellen sowie alle anderen vereinigten Turbinenbauarten

---

[57] Vgl. AEG-Mitt. 1932 S. 14.

erfordern Umrechnungskurven für jedes Teilgefälle. Sie beziehen sich zweckmäßig nicht auf den Dampfverbrauch der Leistungseinheit, sondern auf den gesamten Dampfverbrauch. Ist schließlich der Wärmeverbrauch je kWh gewährleistet, so sind zusätzliche Vereinbarungen über die Abweichungen der Betriebsbedingungen unerläßlich.

Die *Berechnung des thermodynamischen und des thermischen Wirkungsgrades und des Wärmeverbrauches* aus den gemessenen Dampfverbrauchzahlen gibt die Möglichkeit, die Güte einer Turbine zu beurteilen und einwandfreie Vergleiche mit anderen Turbinen anzustellen. Mit Hilfe der *is*-Tafel (*is*-Diagramm nach MOLLIER, Abb. 149) kann der Dampfverbrauch d_0 der als vollkommen angenommenen, also verlustlosen Maschine aus dem adiabatischen Wärmegefälle H_0 bestimmt und hieraus der thermodynamische Wirkungsgrad der Maschine berechnet werden.

Bekanntlich ist der Dampf in einem bestimmten Zustand nicht nur durch den Druck und die Temperatur (Zustandsgrößen) gekennzeichnet, sondern auch durch seinen Entropiewert s und seinen Wärmeinhalt i. Bei adiabatischer Dampfdehnung bleibt der Entropiewert des Dampfes gleich, die verlustlose Dampfdehnung stellt also in der *is*-Tafel eine Lotrechte mit dem Anfangzustand A und dem Endzustand B dar. Da der Wärmewert der kWh 860 kcal/kg ist, ergibt sich der Dampfverbrauch der verlustlosen Maschine zu $d_0 = \dfrac{860}{H_0}$ in kg/kWh. Ist der gemessene Dampfverbrauch d, so ist der Wirkungsgrad $\eta = \dfrac{d_0}{d}$, bezogen auf die Leistung N. Für die Berechnung des Wirkungsgrades ist bei allen Turbinen der vor dem Absperrventil gemessene Anfangzustand des Dampfes maßgebend. Bei Maschinen mit Drosselreglung wird jedoch auch häufig der auf den gedrosselten Druck bezogene, selbstverständlich höhere Wirkungsgrad ermittelt.

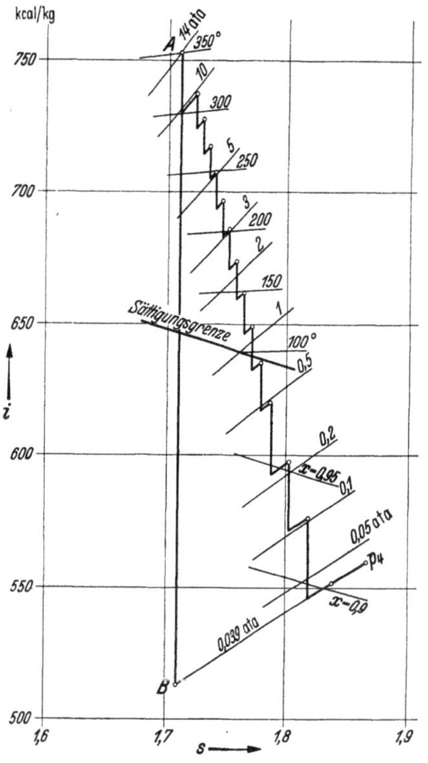

Im Dampfturbinenbau unterscheidet man verschiedene Wirkungs- oder Gütegrade. Berücksichtigt man nur die inneren Reibungsverluste einer Stufe, und zwar

h_d Düsenverluste,

h_z Laufschaufelverluste,

h_a Austritts- oder Auslaßverluste,

Abb. 149.
Gefälleaufteilung einer 20000 kW-Kondensationsturbine in der *is*-Tafel (Ausführungsbeispiel).

sämtlich ausgedrückt in kcal/kg, so erhält man den *Wirkungsgrad am Radumfang* dieser Stufe

$$\eta_u = \frac{H_0 - (h_d + h_z + h_a)}{H_0}.$$

Den *inneren Wirkungsgrad* einer Stufe erhält man, wenn außer diesen Verlusten auch noch die Radreibungs- und Ventilationsverluste h_R, die zum größten Teil durch teilweise Beaufschlagung entstehen, und die innerhalb der Stufe auftretenden Spaltverluste h_{sp} berücksichtigt werden:

$$\eta_i = \frac{H_0 - (h_d + h_z + h_a + h_R + h_{sp})}{H_0}.$$

Alle diese verschiedenen Verluste finden sich im Wärmeinhalt des Dampfes hinter der Stufe wieder. Der Gesamtverlust an Nutzarbeit einer vielstufigen Turbine ist daher kleiner als die Summe aller Einzelverluste.

Außerdem treten in jeder Turbine noch Mengenverluste (Undichtheit der Außenstopfbuchsen) und schließlich mechanische Verluste auf (z. B. Lagerreibung und Leistungsverluste durch die Ölpumpe für Lagerschmierung und Reglung), die man aus Auslauf- und Leerlaufversuchen ermitteln kann. Diese Verluste faßt man in dem sogenannten *mechanischen Wirkungsgrad* η_m zusammen, der je nach Größe und Bauart der Turbine 0,98 bis 0,99, bei kleineren Leistungen weniger beträgt.

Durch Vervielfältigung von η_i mit η_m erhält man dann η_k, den *thermodynamischen Wirkungsgrad an der Kupplung*, der zur Beurteilung einer Dampfturbine besonders wichtig ist.

Aus den Dampfverbrauchsmessungen an Turbinen können die verschiedenen Wirkungsgrade wie folgt ermittelt werden:

$$\eta_{kl} = \frac{N_{kl}}{N_0} \quad \text{der Klemmenwirkungsgrad des Turbostromerzeugers,}$$

$$\eta_k = \frac{N_k}{N_0} \quad \text{der Kupplungswirkungsgrad der Turbine,}$$

$\eta_i = \dfrac{N_i}{N_0}$ der innere Wirkungsgrad der Turbine, d. h. der Wirkungsgrad der Turbine bei Vernachlässigung aller mechanischen, aber Berücksichtigung der inneren Verluste der Turbine.

Über die Wirtschaftlichkeit der Turbine im Rahmen des Wärmeplanes der ganzen Anlage gibt der *thermische Wirkungsgrad* η_t Aufschluß. Ist i_1 der Wärmeinhalt des eintretenden Dampfes (entsprechend p_1 und t_1), i_5 die Kondensatwärme (bei Kondensationsturbinen ohne Vorwärmung, Zwischenüberhitzung und Entnahme), i_4 (entsprechend p_4 und t_4 bei Gegendruckturbinen) der Wärmeinhalt des Endzustandes des Dampfes und d_k der Dampfverbrauch, bezogen auf die Leistung an der Kupplung, so ist das aufgewendete Wärmegefälle

$$H' = i_1 - i_5 \quad \text{oder} \quad H' = i_1 - i_4 \ [\text{kcal/kg}]$$

und

$$\eta_t = \frac{860}{d_k\,H'}\,.$$

Der stündliche Wärmeverbrauch der Turbine ist dann:

$$q_k = d_k\,H' = \frac{860}{\eta_t} \ [\text{kcal/kWh}].$$

Die Berechnung des stündlichen Wärmeverbrauches für Kondensationsturbinen mit Vorwärmung ihres Kondensates oder mit Zwischenüberhitzung, ferner für Entnahmeturbinen, Abdampf- und Speicherturbinen erfolgt nach den gleichen Ansätzen, nur sind dabei alle im Verlauf der Dampfdehnung zu- oder abgeführten Wärmemengen entsprechend mit einzusetzen[58].

Der *Wirkungsgrad des Kondensators* ist das Verhältnis der tatsächlich erreichten zu der rechnerisch erreichbaren Luftleere. Dabei wird die rechnerisch erreichbare Luftleere im Dampfturbinenbau üblicherweise auf die Kühlwasseraustrittstemperatur bezogen. Zuweilen verwendet man für die Bezeichnung „rechnerische Luftleere" auch andere Begriffe. Nähme man z. B. eine unendlich große Kühlwassermenge an, so würde die Kühlwassereintrittstemperatur gleich der Kühlwasseraustrittstemperatur sein; unter dieser Voraussetzung würde dann die dem Sättigungsdruck der Kühlwassereintrittstemperatur entsprechende Luftleere als die rechnerisch erreichbare bezeichnet. Man könnte die Luftleere auch auf den der Kondensattemperatur, der Lufttemperatur, der Strahlwassertemperatur (bei Verwendung von Wasserstrahl-Luftsaugern) entsprechenden Sättigungsdruck beziehen und dieses Verhältnis als rechnerisch erreichbare Luftleere bezeichnen. Um bei diesen mannigfachen Möglichkeiten Irrtümer auszuschließen, sollte man allgemein den am weitesten anerkannten und eingebürgerten Begriff ausschließlich verwenden. Es ist darum auch in diesem Buch unter rechnerischer Luftleere nur die

---

[58] Berechnungsverfahren hierfür enthalten im einzelnen die „Regeln" DIN 1943.

auf die Kühlwasseraustrittstemperatur und auf einen Barometerstand von 760 mm QS bezogene Luftleere verstanden. Bei guten Oberflächenkondensatoren mit guten, ausreichend bemessenen und zweckmäßig angeordneten Hilfsmaschinen sind Kondensatorwirkungsgrade bis zu 99,5 % selbst bei voller Belastung tatsächlich erreichbar.

Als Beispiele für die Auswertung von Dampfverbrauchsversuchen sind in Zahlentafel 4 die Ergebnisse der Abnahmemessungen an einer Kondensationsturbine, in Zahlentafel 5 und Abb. 150 solche an einer Gegendruckturbine und in Zahlentafel 6 und Abb. 151 solche an einer Entnahmeturbine wiedergegeben.

Der *Leerlaufdampfverbrauch* einer Turbine läßt sich oft nicht mit der nötigen Genauigkeit unmittelbar messen. Es ist andererseits auch nicht ohne weiteres zulässig, aus der Auftragung der Dampfmengen über der Leistung auf die Leerlaufdampfmenge zu schließen, da die Kurve nach oben oder nach unten durchgebogen sein kann. Im wesentlichen sind folgende Einflüsse auf den Leerlaufdampfverbrauch zu nennen:

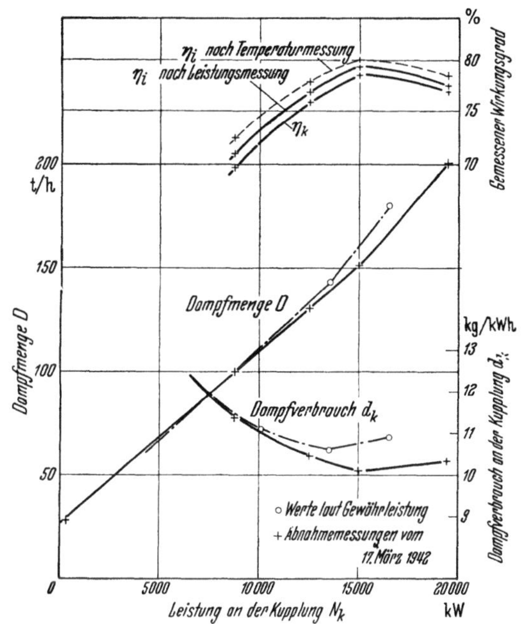

Abb. 150. Dampfverbrauch und Wirkungsgrad einer AEG-Gegendruckturbine 20000 kW, 3000 U/min für 110 ata, 490° C Frischdampf und 20 ata Gegendruck, mit Gewährleistungs- und Meßpunkten (vgl. Zahlentafel 5).

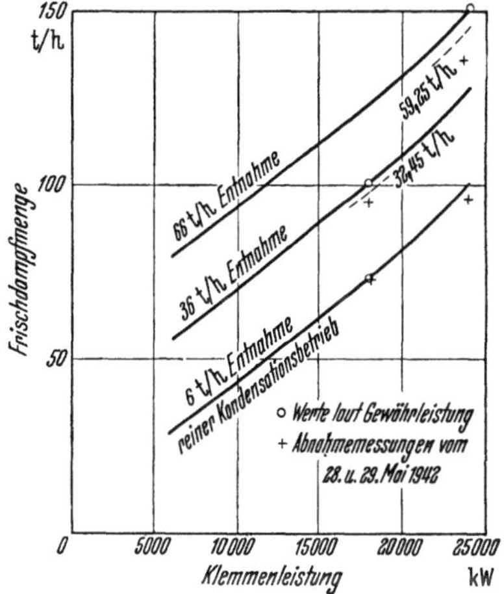

Abb. 151. Dampfmengenschaubild einer AEG-Entnahmeturbine 24000 kW, 3000 U/min für 43 ata, 450° C Frischdampf, 12 ata Entnahmedruck und 27° C Kühlwasser, mit Gewährleistungs- und Meßpunkten (vgl. Zahlentafel 6).

1. Adiabatisches Gesamtwärmegefälle. Bei zwei Turbinen, die für die gleiche Dampfmenge ausgelegt, deren ND-Teile gleich sind und die auf gleiche Luftleere arbeiten, die jedoch für verschiedene Frischdampfverhältnisse gebaut sind, ist die Bremswirkung der letzten Stufen bei Leerlauf, ausgedrückt in kW, die gleiche. Wenn die Nennleistungen und die Summe der mechanischen und elektrischen Verluste im Verhältnis der Wärmegefälle stehen, dann müßten die Leerlaufdampfmengen bei beiden Turbinen ungefähr gleich sein. Die Bremsarbeit jedoch ist bei der Turbine mit großem Gefälle anteilig kleiner als bei der Turbine mit kleinem Gefälle. Der Leerlaufdampfverbrauch ist also für Turbinen gleicher Bauart bei großem Wärmegefälle niedriger als bei kleinem Wärmegefälle.

2. Stufenaufbau der Turbine. Bei Leerlauf wird die Arbeit von den vorderen Stufen der Turbine geleistet. In den ND-Stufen ist bei Leerlauf der Rauminhalt der Gewichtseinheit wohl größer als bei belasteter Maschine, das Dampfgewicht dagegen wesentlich kleiner; der Gesamtrauminhalt ist daher geringer. Infolgedessen sind die Dampfgeschwindigkeiten im Verhältnis zu den Umfangsgeschwindigkeiten zu klein, die letzten Stufen haben einen sehr schlechten Wirkungsgrad. Unter Umständen leisten sie keine

Zahlentafel 4. *Abnahmemessungen an einer eingehäusigen AEG-Kondensationsturbine, Nennleistung 45000 kW.*

Versuch	Nr.		1	2	3	4	5	6	
Tag		—	10. 12. 42	10. 12. 42	10. 12. 42	10. 12. 42	9. 12. 42	10. 12. 42	
Zeit { von	h'		21^{20}	12^{15}	9^{15}	10^{55}	16^{30}	14^{45}	
{ bis			22^{00}	13^{00}	10^{15}	11^{55}	17^{00}	15^{30}	
Barometerstand B	mm QS		740,0	740,0	740,0	740,0	737,5	740,0	auf 0° C umgerechnet
Drehzahl n	U/min		3000	3000	3000	3000	3000	3000	
Klemmenleistung N_{kl}	kW		13992	21168	27576	35064	39216	45140	
$\cos\varphi$	—		0,96	0,83	0,85	0,865	0,91	0,95	
Dampfdruck vor Turbine p_1	ata		58,0	58,6	56,2	56,6	56,0	56,6	
Dampftemperatur vor Turbine t_1	° C		455,8	465,2	462,6	466,3	472,0	474,8	
Dampfdruck in der 1. Turbinenstufe	ata		7,4	11,0	14,2	18,5	20,9	24,8	
Luftleere im Abdampfstutzen p_4	mm QS		699,7	693,6	688,7	678,9	671,4	661,5	auf 0° C umgerechnet
	%		94,7	93,9	93,25	91,95	91,3	89,7	
Abdampftemperatur t_4	° C		34,7	37,6	39,5	42,6	44,2	47,0	
Kühlwassertemperatur									
Eintritt Kondensator t_E	° C		29,6	30,0	29,6	30,0	30,6	31,2	
Austritt Kondensator t_A	° C		33,0	34,8	35,4	37,3	38,7	41,1	
Kondensattemperatur									
Eintritt Strahlsauger	° C		32,1	34,0	33,3	35,1	36,9	40,1	
Austritt Strahlsauger	° C		51,8	44,6	41,6	41,7	48,0	44,8	Normblende in Kondensatableitung vor Dampfstrahl-Luftsauger:
Blendenmessung der Kondensatmenge:									$D = 202$ mm, $d = 100$ mm
Raumgewicht des Kondensates γ_5	mm QS		995	994	995	994	993,5	992	$\alpha = 0,625$, Raumtemperatur
Wirkdruck h	kg/m³		44,5	87,9	147,0	237,0	301,3	401,4	$= 30°$ C
Gemessene Kondensatmenge K'	kg/h		58300	81900	105900	134500	151600	174800	$C^{59} = 277,0 \qquad K' = C\sqrt{\gamma_5\, h}$
Dampfverbrauch des Dampfstrahl-Luftsaugers D_s	kg/h		1500	1200	1200	1200	2300	1100	errechnet aus Kondensaterwärmung
Turbinenkondensatmenge K	kg/h		56800	80700	104700	133300	149300	173700	
Gemessener Dampfverbrauch d_{Kl}	kg/kWh		4,06	3,81	3,80	3,80	3,805	3,85	
Adiabatisches Wärmegefälle bei Meßverhältnissen H_0	kcal/kg		297,9	297,6	293,3	289,3	288,8	285,0	*is*-Tafel nach WE. KOCH 1937
Wirkungsgrad an den Klemmen η_{kl}	%		71,1	75,8	77,2	78,25	78,3	78,4	
Wirkungsgrad des Stromerzeugers	%		94,2	95,4	96,1	96,6	96,8	97,0	
Wirkungsgrad an der Kupplung η_k	%		75,5	79,5	80,3	81,0	80,9	80,8	
Innerer Wirkungsgrad η_i	%		76,8	80,4	81,0	81,6	81,4	81,3	

Umrechnung auf Gewährleistungsverhältnisse: $\quad p_1 = 57$ ata, $t_1 = 480°$ C; $\quad t_E = 27°$ C

Umrechnungsbeiwert für:			1	2	3	4	5	6
Frischdampfdruck	—		1,002	1,003	0,997	0,998	0,996	0,998
Frischdampftemperatur	—		0,962	0,978	0,973	0,980	0,988	0,993
Kühlwassereintrittstemperatur	—		0,982	0,978	0,982	0,978	0,973	0,966

[59] Formel vgl. S. 162.

Zahlentafel 4. (Forts.)

Versuch	Nr.	1	2	3	4	5	6	
Gesamter Umrechnungsbeiwert	—	0,946	0,959	0,952	0,956	0,957	0,957	
Umgerechneter Dampfverbrauch	kg/kWh	3,84	3,655	3,62	3,63	3,64	3,685	
Zugesicherter Dampfverbrauch	kg/kWh	3,90	3,74	3,66	3,70	ca. 3,74	ca. 3,78	
Unterschreitung	kg/kWh	0,06	0,085	0,04	0,07			
Unterschreitung	%	1,5	2,3	1,1	1,9			
Mittlere Unterschreitung	%	$\dfrac{1,5 \;+\; 2,3 \;+\; 1,1 \;+\; 1,9}{4} = 1,7$						

Zahlentafel 5. Abnahmemessungen an einer eingehäusigen 20000 kW-AEG-Gegendruckturbine.

Versuch	Nr.	1	2	3	4	5	
Tag	—	17. 3. 42	17. 3. 42	17. 3. 42	17. 3. 42	17. 3. 42	
Zeit $\{$ von bis	h′	16^{30} 14^{46}	15^{50} 16^{20}	12^{35} 13^{05}	11^{00} 11^{30}	11^{45} 12^{15}	
Drehzahl n	U/min	3000	3000	3000	3000	3000	
Klemmenleistung N_{kl}	kW	Leerlauf erregt	8348	11966	14374	18818	
$\cos\varphi$	—		0,70	0,696	0,70	0,855	
Wirkungsgrad des Stromerzeugers	%	—	95,4	96,0	96,2	96,9	nach Angabe der Lieferfirma
Leistung an der Kupplung N_k	kW	—	8750	12465	14940	19420	Stromerzeuger Fremdfabrikat, Gewähr-
Dampfdruck vor Turbine p_1	ata	118,0	113,6	110,4	109,9	108,8	leistung daher auf N_k bezogen
Dampftemperatur vor Turbine t_1	° C	482,1	487,1	494,1	496,7	489,1	
Dampfdruck hinter:							
Regelventil 1	ata	33,7	111,0	108,4	107,8	107,3	
Regelventil 2	ata	25,1	51,7	107,1	108,0	107,5	
Regelventil 3	ata	24,9	51,4	66,9	99,7	107,4	
Regelventil 4	ata	25,0	51,4	65,4	75,3	100,0	
Dampfdruck in der 1. Turbinenstufe	ata	25,0	51,1	65,3	75,3	99,5	
Abdampfdruck p_4	ata	20,37	20,47	20,63	20,56	20,72	
Abdampftemperatur t_4	° C	377,3	289,7	289,2	288,2	286,1	
Düsenmessung der Frischdampfmenge:							
Einströmung links:							Normdüse:
Dampfdehnungsberichtigung ε	—	1	0,999	0,998	0,997	0,9945	$D = 178$ mm
Druck vor Meßdüse	ata	119,1	114,3	111,9	110,6	109,7	$d = 120$ mm
Temperatur vor Meßdüse	° C	486,7	491,8	503,7	501,1	492,2	$\alpha = 1,0607$
Raumgewicht γ_1	kg/m³	37,15	35,12	33,55	33,28	33,55	Raumtemperatur $= 26°$ C
Wirkdruck h	mm QS	12,0	149,6	264,1	362,6	659	$C = 685,7$
Frischdampfmenge D_1	kg/h	14500	49650	64400	75100	101400	$D_1' = C \,\varepsilon\, \sqrt{\gamma_1 h}$

Zahlentafel 5. (Forts.)

Versuch	Nr.	1	2	3	4	5	
Einströmung rechts:							**Normdüse:**
Dampfdehnungsberichtigung ε	—	1	0,999	0,998	0,997	0,9945	$D = 178$ mm
Druck vor Meßdüse	ata	119,6	115,3	112,5	111,2	110,3	$d = 120$ mm
Temperatur vor Meßdüse	° C	479,6	484,5	486,5	494,4	488,1	$\alpha = 1,0607$
Raumgewicht γ_1	kg/m³	37,82	35,98	34,85	33,90	34,01	Raumtemperatur $= 26°$ C
Wirkdruck h	mm QS	10,7	145,5	262,5	356,5	659	$C = 685,7$
Frischdampfmenge D_1''	kg/h	13800	49550	65450	75100	102100	$D_1'' = C\,\varepsilon\sqrt{\gamma_1\,h}$
Gesamte Frischdampfmenge D_1	kg/h	28300	99200	129850	150200	203500	$D_1 = D_1' + D_1''$
Blendenmessung der Abdampfmenge:							**Normblende:**
Dampfdehnungsberichtigung ε	—	1	0,999	0,998	0,997	0,995	$D = 497$ mm
Druck vor Meßblende	ata	20,03	20,10	20,15	20,13	20,25	$d = 397,1$ mm
Temperatur vor Meßblende	° C	377,3	289,7	289,2	288,2	286,1	$\alpha = 0,7635$
Raumgewicht γ_4	kg/m³	6,74	8,03	8,06	8,065	8,14	Raumtemperatur $= 26°$ C
Wirkdruck h	mm QS	4,1	41,9	72,9	97,1	179,5	$C = 5380$
Abdampfmenge D_4'	kg/h	28200	98600	130100	150100	204600	$D_4' = C\,\varepsilon\sqrt{\gamma_4\,h}$
Blendenmessung der Stopfbuchsendampfmenge:							**Normblende:**
Dampfdehnungsberichtigung ε	—	0,965	0,967	0,971	0,967	0,967	$D = 202$ mm
Druck vor Meßblende	ata	1,275	1,26	1,204	1,22	1,22	$d = 110$ mm
Temperatur vor Meßblende	° C	331	291,3	302,8	298,9	308	$\alpha = 0,633$
Raumgewicht γ	kg/m³	0,450	0,476	0,445	0,454	0,447	Raumtemperatur $= 26°$ C
Wirkdruck h	mm QS	104,8	100,0	82,6	97,1	98,5	$C = 342$
Stopfbuchsendampfmenge D_{st}	kg/h	2250	2280	2010	2200	2200	$D_{st} = C\,\varepsilon\sqrt{\gamma\,h}$
Gesamte Abdampfmenge D_4	kg/h	30450	100900	132100	152300	206800	$D_4 = D_4' + D_{st}$
Mittlere Dampfmenge D	kg/h	29400	100050	131000	151250	205150	$D = (D_1 + D_4)/2$
Gemessener Dampfverbrauch an der Kupplung d_k	kg/kWh	—	11,43	10,51	10,12	10,57	
Adiabatisches Wärmegefälle bei Meßverhältnissen H_0	kcal/kg	105,0[60]	108,0	107,9	108,2	106,0	*is*-Tafel nach WE. KOCH 1937
Wirkungsgrad an der Kupplung η_k	%	—	69,7	75,9	78,6	76,9	
Innerer Wirkungsgrad nach Leistungsmessung η_i	%	—	71,0	76,9	79,4	77,5	
Innerer Wirkungsgrad nach Temperaturmessung η_i	%	—	72,5	77,9	79,9	78,5	

Umrechnung auf Gewährleistungsverhältnisse: $p_1 = 110$ ata, $t_1 = 490°$ C, $p_4 = 20$ ata, $H_0 = 108,4$ kcal/kg (*is*-Tafel nach WE. KOCH 1937)

	Nr.	1	2	3	4	5	
Umrechnungsbeiwert für Wärmegefälle	—	0,969	0,996	0,995	0,998	0,977	
Umgerechnete Dampfmenge	kg/h	28500	99650	130350	150950	200400	vgl. Abb. 150
Umgerechneter Dampfverbrauch an der Kupplung	kg/kWh	—	11,38	10,45	10,10	10,32	
Gewährleistungsvergleich:							
Leistung an der Kupplung nach Gewährleistung	kW		10125	13500	16500		
Zugesicherter Dampfverbrauch	kg/kWh		11,1	10,6	10,9		
Gemessener Dampfverbrauch	kg/kWh		10,97	10,29	10,18		vgl. Abb. 150
Unterschreitung	kg/kWh		0,13	0,31	0,72		
Unterschreitung	%		1,2	2,9	6,6		
Mittlere Unterschreitung	%			$\dfrac{1,2 + 2,9 + 6,6}{3}$			$= 3,57$

---

[60] Für das Gefälle wurde der Frischdampfdruck $p_1 = 110$ ata, d. h. gleich dem Gewährleistungsdruck, gesetzt, da der gemessene höhere Druck im ersten Regelventil ohnehin weggedrosselt wird.

Zahlentafel 6. *Abnahmemessungen an einer eingehäusigen AEG-Entnahmeturbine, Nennleistung 24 000 kW.*

Versuch Nr.		1	2	3	4	
Betriebsart	—	Entnahme-betrieb		reiner Konden-sationsbetrieb		
Tag	—	28. 5. 42		29. 5. 42		
Zeit $\{$ von	h′	10^{20}	11^{45}	10^{55}	12^{05}	
$\{$ bis		11^{00}	12^{30}	11^{25}	12^{45}	
Barometerstand B	mm QS	749,6	749,6	750,6	750,6	auf 0° C umgerechnet
Drehzahl n	U/min	3000	3000	3000	3000	
Klemmenleistung N_{kl}	kW	23 600	18 002	23 952	18 075	
$\cos\varphi$	—	0,94	0,76	0,98	0,76	
Dampfdruck vor Turbine p_1	ata	42,5	43,15	42,8	45,3	
Dampftemperatur vor Turbine t_1	° C	445,6	430,3	443,8	440,1	
Entnahmedruck p_e	ata	12,60	12,05	10,7	9,8	
Entnahmetemperatur t_e	° C	327,0	314,5	—	—	
Luftleere im Abdampfstutzen p_4	mm QS	691,9	698,0	699,0	706,7	auf 0° C umgerechnet
	%	92,40	93,21	93,21	94,22	
Abdampftemperatur t_4	° C	41,4	40,0	40,2	36,9	
Kühlwassertemperatur:						
Eintritt Kondensator t_E	° C	32,15	32,2	28,8	28,0	
Austritt Kondensator t_A	° C	39,5	38,3	38,0	34,9	
Kondensattemperatur:						
Eintritt Strahlsauger	° C	41,0	39,7	39,9	36,8	
Austritt Strahlsauger	° C	49,4	49,5	46,2	45,9	
Blendenmessung der Entnahme-dampfmenge:						Normblende:
Dampfdehnungsberichtigung ε	—	0,996	0,9985			$D = 400$ mm
Druck vor Meßblende	ata	11,96	11,62			$d = 307$ mm
Temperatur vor Meßblende	° C	327	314,5			$\alpha = 0,737$ mm
Raumgewicht γ_e	kg/m³	4,35	4,31			Raumtemperatur
Wirkdruck h	mm QS	93,2	—			$= 28°$ C
	mm Az[61]	—	178,5			$C = 3100$
						$C_{Az} = 1213$
Entnahmedampfmenge D_e	kg/h	62 150	33 600	0	0	$D_e = C\,\varepsilon\sqrt{\gamma_e\,h}$
Adiabatisches Wärmegefälle bei Meß-verhältnissen	kcal/kg	80,8	81,8			
Blendenmessung der Kondensat-menge:						Normblende in Kondensatleitung hinter Dampfstrahl-Luftsauger:
Raumgewicht des Kondensates γ_5	kg/m³	988	988	990	990	$D = 150$ mm
Wirkdruck h	mm QS	161,5	112,2	233,7	135,5	$d = 85$ mm
Gemessene Kondensatmenge K'	kg/h	82 350	68 650	99 100	75 500	$\alpha = 0,643$ Raumtemperatur $= 28°$ C $C = 206$ $K' = C\sqrt{\gamma_5\,h}$
Dampfverbrauch des Dampfstrahl-Luftsaugers D_s	kg/h	900	900	850	900	Errechnet aus Kondensaterwärmung
Turbinenkondensatmenge K	kg/h	81 450	67 750	98 250	74 600	$K = K' - D_s$
Gemessener Dampfverbrauch d_{kl}	kg/kWh	—	—	4,10	4,13	

Umrechnung auf Gewährleistungsverhältnisse:

$p_1 = 43$ ata, $t_1 = 450°$ C, $p_e = 12$ ata, $H_0 = 84,7$ kcal/kg, $t_E = 27°$ C. (*is*-Tafel nach WE. KOCH 1937.)

Umrechnung der Entnahmedampf-menge:					
Umrechnungsbeiwert für Wärme-gefälle	—	0,954	0,966	—	—
Umgerechnete Entnahmedampf-menge	kg/h	59 250	32 450	0	0

[61] Azetylentetrabromid: $\gamma'_h = 2,92$ kg/dm³ bei 28° C.

Zahlentafel 6. (Forts.)

Versuch Nr.		1	2	3	4	
Umrechnung der Kondensatmenge:						
Umrechnungsbeiwert für:						
Frischdampfdruck	—	0,998	1,000	1,000	1,004	
Frischdampftemperatur	—	0,994	0,970	0,991	0,985	
Kühlwasser	—	0,956	0,956	0,989	0,994	
Gesamtbeiwert	—	0,948	0,928	0,980	0,983	
Umgerechnete Kondensatmenge	kg/h	77200	62900	96300	73350	
Umgerechnete Gesamtdampfmenge	kg/h	136450	95350	—	—	
Zugesicherte Gesamtdampfmenge	kg/h	143700	98300			vgl. Abb. 151
Unterschreitung	kg/h	7250	2950			
Umgerechneter Dampfverbrauch	kg/kWh			4,02	4,06	
Zugesicherter Dampfverbrauch	kg/kWh			ca. 4,20	4,10	
Unterschreitung	kg/kWh				0,04	
Unterschreitung	%	5,0	3,0	—	1,0	
Mittlere Unterschreitung	%		$\dfrac{5,0\ +\ 3,0\ +\ 1,0}{3} = 3,0$			

Arbeit oder bremsen sogar, da die Dampfströmung gegen den Schaufelrücken gerichtet sein kann. Es muß also in den ersten Stufen Arbeit aufgewendet werden, um die Bremswirkung der letzten Stufen auszugleichen. Diese Bremswirkung ist im allgemeinen um so kleiner, je weniger Stufen im Dampf gedreht werden müssen, ohne Leistung abzugeben. Mit anderen Worten: je weniger Stufen eine Turbine hat, um so kleiner ist ihr Leerlaufdampfverbrauch.

3. Bemessung der Regelventile. Bei Düsenreglung wäre es mit Bezug auf den Leerlaufdampfverbrauch am günstigsten, wenn das erste Regelventil für die Leerlaufdampfmenge bemessen würde; dadurch würde das bei Leerlauf ausnutzbare Gefälle bedeutend vergrößert und der Dampfverbrauch entsprechend herabgesetzt. In Sonderfällen kann eine derartige Auslegung der Regelventile von großem Wert sein, bei großen Kraftwerksturbinen hat sie jedoch keinen Sinn, da man solche Maschinen wohl nicht längere Zeit im Leerlauf betreiben wird. Zudem würde der Einfluß eines Leerlaufventiles schon bei mäßigen Belastungen nicht mehr merkbar sein. Man kann jedoch sagen, daß bei Düsenreglung um so weniger Dampf für den Leerlauf verbraucht wird, je geringer die Dampfmenge des ersten Regelventiles ist. Bei Drosselreglung muß der Anfangsdruck so weit herabgedrosselt werden, bis er der Leerlaufdampfmenge entspricht. Von diesem Gesichtspunkt aus ist es daher gleichgültig, ob man ein einziges oder mehrere Drosselventile verwendet. Ist, wie üblich, nur *ein* Drosselventil für die gesamte Dampfmenge von Vollast bis Leerlauf vorhanden, so muß dieses eine besondere Form (sogenannte Drosselnasen) erhalten, damit bei Leerlauf der Hub des Regelventiles nicht zu klein ist und die Reglung genügend empfindlich bleibt.

4. Mechanische Verluste der Turbine. Mehrgehäusige Turbinen mit schweren Läufern und großem Axialschub müssen mehr Lauf- und Drucklager und damit höhere mechanische Verluste haben als eingehäusige Turbinen mit leichten Läufern und geringem Axialschub. Allerdings sind die mechanischen Verluste nicht so groß wie die im allgemeinen weit höheren Stromerzeugerverluste.

Größenordnungsmäßig kann der Leerlaufdampfverbrauch für Gleichdruck-Räderturbinen wie folgt angenommen werden:

Für Kondensationsturbinen bis etwa 3000 kW Leistung ist die Leerlaufdampfmenge

$$G_v = N_v \cdot 12 \text{ kg/h,}$$

wenn N_v der Leerlaufverlust in kW (Stromerzeugerverlust und mechanische Verluste der Turbine) ist. Weiter unten wird gezeigt, daß das Ergebnis dieser auf den ersten Blick sonderbar anmutenden Faustformel — rund 12 kg Dampf stündlich je 1 kW

innerer Leistung — für ein- und mehrgehäusige Kondensationsturbinen aus dem Schrift·
tum recht gut belegt werden kann.

Bei Kondensationsturbinen mit größerer Leistung und Düsenreglung ist die Leerlaufdampfmenge etwa 6 bis 9 % des Dampfverbrauches bei der Nennleistung der Turbine. Wenn der Gefälleanteil der ersten Stufe sehr groß ist, kann der Leerlaufdampfverbrauch unter Umständen noch etwas kleiner sein.

Bei Gegendruckturbinen ist der Leerlaufdampfbedarf in besonders starkem Maße
vom Wärmegefälle und vom Stufenaufbau der Turbine abhängig. Für mehrstufige
Gleichdruck-Gegendruckturbinen gilt etwa die Kurve in Abb. 152, wonach der Leerlaufdampfbedarf bei kleinem Gefälle, kleiner Nennleistung und schlechtem $\cos\varphi$ bis zu
30 % der Nennleistungsdampfmenge betragen kann.

Die Verhältnisse bei Leerlauf sollen durch die Betrachtung zweier sehr sorgfältig
ausgeführter Versuche an Kondensationsturbinen annähernd gleicher Leistung noch
etwas näher beleuchtet werden (Zahlentafel 7).
Die Leerlaufverluste, bezogen auf die innere
Leistung, sind bei der dreigehäusigen Turbine 11,05 kg/kWh, bei der eingehäusigen
11,6 kgk/Wh, also annähernd gleich, und entsprechen der oben angeführten Faustformel.
Die mechanischen Verluste betrugen bei der
dreigehäusigen Turbine 158 kW, bei der eingehäusigen 115 kW, sie waren also bei der ersten um rund 0,4 % der Vollast größer als bei
der zweiten. Sehr lehrreich ist auch, daß der
innere Wirkungsgrad der Turbinen im Leerlauf durchaus nicht so stark abnimmt, wie
man gewöhnlich vermutet. Auf den Zustand
hinter dem Regelventil bezogen, beträgt er bei
der dreigehäusigen Turbine immer noch rund
60 %, bei der eingehäusigen rund 52 %. In dem
Unterschied äußert sich zum Teil der Einfluß
der Düsenreglung, der hier wegen des kleinen

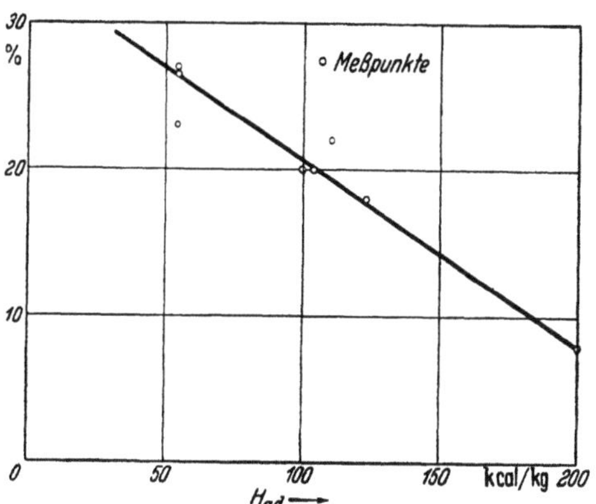

Abb. 152. Leerlaufdampfverbrauch mehrstufiger
Gleichdruck-Gegendruckturbinen in Abhängigkeit von dem adiabatischen Gesamtgefälle H_0,
angegeben in % der Dampfmenge bei der Nennleistung.

Durchmessers der Regelstufe allerdings nicht groß sein kann. Auf den Zustand vor dem
Absperrventil bezogen, sind die Wirkungsgrade rund 35 und 32 %. Wichtig ist auch die
Zunahme des Rauminhaltes. Bei Maschine 1 beträgt das Leerlaufdampfgewicht 6,95 %
des Vollastgewichtes, der Rauminhalt aber 15 % des Vollastrauminhaltes. Bei der
Maschine 2, bei der aus irgendeinem nicht ersichtlichen Grunde die Luftleere im Leerlauf nicht besser, sondern sogar etwas schlechter war als bei Vollast, sind die entsprechenden Werte 9,4 und 11,5 %. Der Rauminhalt des Dampfes und damit die Dampfgeschwindigkeiten nehmen daher nicht so rasch ab wie die Dampfgewichte. Das kommt natürlich
daher, daß man mit gleichbleibenden Kühlwassermengen arbeitet, die eine mit fallender
Belastung steigende Luftleere ergeben. Da andernfalls die noch weitere Verkleinerung
der Dampfgeschwindigkeiten im Leerlauf die Ursache einer stärkeren Verschlechterung
des Wirkungsgrades werden müßte, so ist in diesem Sinne eine unveränderliche Kühlwassermenge vorteilhaft.

In fast allen für die Herstellung und Verwendung von Dampfturbinen in Frage
kommenden Staaten sind *Regeln für Abnahmeversuche* an Dampfturbinen aufgestellt
worden. Sie enthalten allgemeine Bestimmungen, Zeichen, Einheiten und Formeln,
Versuchsbedingungen, Angaben über Meßgeräte und -verfahren, über die Auswertung
der Versuche und über zulässige Abweichungen (Spiel oder Toleranz) der Versuchsergebnisse von den Gewährleistungen. Die wichtigsten dieser Regeln sind:

Deutschland: VDI-Dampfturbinenregeln (DIN 1943)[62].

---

[62] Aufgestellt vom VDI-Ausschuß für Dampfturbinenregeln.

Zahlentafel 7. *Leerlaufdampfverbrauch zweier 11000 kW-Kondensationsturbinen verschiedener Bauart.*

		S. 419	S. 747
Veröffentlichung Z. VDI Bd. 71 (1927)		1	2
Maschine		Bielefeld	Wehrden
Ort		*Josse*	*Stodola*
Prüfer		3	1
Gehäusezahl		*BBC*	*Zoelly*
Bauart		Düsengruppen	Droßlung
Reglung			

Nennlast

		1	2
Ventilzahl		2	1
Durchmesser der Regelstufe	mm	1000	—
Dampfmenge	t/h	57,01	51,38
Leistung an den Klemmen	kW	10866	10975
Innere Leistung	kW	11510	11686
Druck vor dem Regelventil	ata	12,43	13,72
Druck hinter dem Regelventil	ata	12,34	12,56
Temperatur vor dem Regelventil	°C	323,9	348,7
Temperatur hinter dem Regelventil	°C	323	347,4
Gegendruck	ata	0,0908	0,0426
Dampfnässe hinter der letzten Stufe	%	8,7	9,3
Innerer Wirkungsgrad bezogen auf den Druck vor dem Regelventil	%	84,7	82,38
Innerer Wirkungsgrad bezogen auf den Druck hinter dem Regelventil	%	84,9	83,93
Wirkungsgrad des Stromerzeugers	%	95,72	94,9
Rauminhalt von 1 kg Abdampf	m³/kg	15,7	30,3
Rauminhalt der stündlichen Abdampfmenge	m³/h	895000	1557000

Leerlauf

Dampfmenge	t/h	3,96	4,827
Elektrische Verluste	kW	200	300
Mechanische Verluste	kW	158	115
Gesamte innere Leistung	kW	358	415
Druck vor dem Regelventil	ata	12,36	14,92
Druck hinter dem Regelventil	ata	0,86	1,004
Temperatur vor dem Regelventil	°C	305,4	324,8
Temperatur hinter dem Regelventil	°C	292,5	308
Gegendruck	ata	0,0491	0,0454
Temperatur im Abdampfstutzen	°C	80,3	86,4
Innerer Wirkungsgrad bezogen auf den Zustand vor dem Regelventil	%	35,5	32
Innerer Wirkungsgrad bezogen auf den Zustand hinter dem Regelventil	%	60,2	52,3
Rauminhalt von 1 kg Abdampf	m³/kg	33,8	37,2
Rauminhalt der stündlichen Abdampfmenge	m³/h	133850	179560
Dampfmengenverhältnis Leerlauf/Nennlast	%	6,95	9,4
Rauminhaltsverhältnis des Abdampfes Leerlauf/Nennlast	%	15,0	11,5
Dampfverbrauch bezogen auf die innere Leistung	kg/kWh	11,05	11,6

Amerika: Test Code for Steam Turbines[63].

England: Britisch Standard Test Code for Acceptance Tests for Steam Turbines[64].

Frankreich: Spécifications pour la fourniture des turbines à vapeur[65].

Italien: Norme par l'ordinazione ed il collaudo delle turbine a vapore d'acqua a condensazione[66].

International: IEC Publication on Steam Turbines[67].

---

[63] Herausgegeben vom Committee on Power Test Codes der American Society of Mechanical Engineers (ASME). 1938.

[64] Herausgegeben von der British Standard Institution. 1937.

[65] Herausgegeben von der Union technique des Syndicats de L'Electricité (USE). 1937.

[66] Herausgegeben vom Comitato Elettrotecnico Italiano (CEI). 1938.

[67] Aufgestellt von der International Electrical Commission (IEC). 1931. Deutsche Übersetzung im VDI-Verlag.

Die *deutschen* Regeln (in der folgenden Gegenüberstellung abgekürzt „d") gelten für Kondensations-, Gegendruck-, Entnahmekondensations-, Entnahmegegendruck-, Mehrdruck- und Speicherdampfturbinen. Die Regeln enthalten unter anderem auch Formeln zur Berechnung der stündlich verbrauchten Wärmemenge für diese verschiedenen Turbinenbauarten. Bei Durchflußmessungen des Dampfes oder Kondensates sind die Regeln für die Durchflußmessung mit genormten Düsen und Blenden[68] zu beachten, da sie eine Ergänzung der Hauptregeln darstellen.

Die *amerikanischen* Regeln (abgekürzt „a") ergeben im Vergleich mit den deutschen und englischen Regeln wesentliche Abweichungen. Auffallend ist, daß die amerikanischen Regeln viel mehr ins einzelne gehen. Auch die zulässigen Spiele, die Versuchsdauer und zum Teil auch die Meßverfahren sind andere.

Die *englischen* Regeln (abgekürzt „e") stimmen fast vollkommen mit den internationalen Regeln überein und beziehen sich nur auf Kondensationsturbinen. Ausführliche Vorschläge für die wissenschaftliche Auswertung von Messungen und Bestimmungen über Turbinen mit Speisewasservorwärmung und Zwischenüberhitzung sind in dem zusätzlichen Report of the Committee on Tabulating the Results of Heat Engine Trials (1927) enthalten.

Die *französischen* Regeln (abgekürzt „f") beziehen sich auf Kondensations-, Gegendruck-, Entnahme- und Mehrdruckturbinen und stimmen sonst fast vollkommen mit den internationalen Regeln überein.

Die *internationalen* Bestimmungen für Abnahmeversuche (abgekürzt „IEC") an Dampfturbinen sind im Auftrag der Weltkraftkonferenz mit internationaler Geltung aufgestellt; sie beschränken sich zunächst auf Kondensationsturbinen mit und ohne Vorwärmung oder Zwischenüberhitzung und sind unter Mitwirkung des deutschen Dampfturbinenausschusses beim VDI entstanden. Die Regeln sind als Rahmenbestimmungen für Deutschland anerkannt worden.

Der Vergleich der einzelnen Regeln ergibt für die wichtigsten Punkte folgendes:

Leistung.

d, a, e, f und IEC: Volle Leistung des Stromerzeugers oder größte Kupplungsleistung der Turbine.

Bester Dampfverbrauch.

d —
a —
e —
f Bei 80% der Nennleistung.
IEC Bei 80% der Nennleistung.

Mittlerer Dampfverbrauch.

d, a, e, f und IEC: $\dfrac{c_{\mathrm{I}} d_{\mathrm{I}} + c_{\mathrm{II}} d_{\mathrm{II}} + c_{\mathrm{III}} d_{\mathrm{III}} + c_{\mathrm{IV}} d_{\mathrm{IV}}}{c_{\mathrm{I}} + c_{\mathrm{II}} + c_{\mathrm{III}} + c_{\mathrm{IV}}}$, worin

d_{I}, d_{II}, d_{III}, d_{IV} = Dampfverbrauch bei 100, 80, 60, 40% der Nennleistung,
c_{I}, c_{II}, c_{III}, c_{IV} = Beiwerte, die im Liefervertrag zu vereinbaren oder mangels Vereinbarung gleich zu setzen sind.

Beharrungzustand.

d, a, e, f und IEC: Vor Beginn der Versuche muß Beharrungzustand eingetreten sein.

Gleichmäßige Versuchsverhältnisse.

d Die Schwankungen der Ablesewerte um den Versuchsmittelwert dürfen nicht mehr als die Hälfte der zulässigen Abweichungen vom Zusicherungswert betragen, mit Ausnahme der Leistung und des Entnahmestromes, die um $\pm 5\%$ schwanken dürfen.

---

[68] DIN 1952. Die Düsen und Blenden der deutschen Regeln wurden 1932 von der International Federation of National Standardizing Associations als „Düse ISA 1932" und als „Blende ISA 1932" angenommen; es wurden dabei nur unwesentliche Änderungen gegenüber den deutschen Regeln beschlossen. Die Normdüse ist auch von der Association Française de Normalisation als französische Normdüse angenommen.

a Die Leistung soll so häufig abgelesen werden, daß der Mittelwert, gebildet aus allen Ablesungen, von dem Mittelwert, gebildet auf Grund jeder zweiten Ablesung, um nicht mehr als 1% abweicht. Die Belastung darf um $\pm 3\%$ schwanken.

e Wie IEC.

f Wie IEC.

IEC Die Leistung soll so häufig abgelesen werden, daß der Mittelwert, gebildet aus allen Ablesungen, von dem Mittelwert, gebildet auf Grund jeder zweiten Ablesung, um nicht mehr als 0,5% abweicht. Alle anderen Ablesewerte sollen möglichst gleichbleiben.

Mengenmessung.

d Flüssigkeitsmengen sind entweder zu wiegen oder in geeichten Behältern zu messen oder auf Grund der Durchflußmessung oder Ausflußmessung zu ermitteln. Bei Durchflußmessungen des Dampfes oder Kondensates sind die VDI-Durchflußregeln zu beachten. Speisewassermessung ist nicht zulässig.

a Kondensatmengen sind entweder zu wiegen oder in geeichten Behältern zu messen oder auf Grund der Durchflußmessung oder Ausflußmessung zu ermitteln. Für Dampfmengen kommt die Durchflußmessung in Frage. Speisewassermessung wird nicht anerkannt.

e Wie IEC.

f Wie IEC.

IEC Die Messungen können ausgeführt werden: durch Wiegen mittels Behälter und geeigneter Waagen mit geeichten volumetrischen Meßbehältern, mit einem offenen Behälter mit geeichten Düsen, mit Venturimesser, Düsen oder Blenden für Kondensat- oder Speisewassermessung, mit Düsen oder Blenden für Dampfmengenmessung.

Meßstelle für Frischdampfdruck.

d, a, e, f und IEC: Unmittelbar vor dem Dampfsieb, falls dieses mit dem Einlaßventil verbunden oder ihm benachbart ist, sonst vor dem Einlaßventil.

Meßstelle für Luftleere.

d, a, e, f und IEC: Unmittelbar am Austrittsflansch der Turbine.

Versuchsdauer.

d Nach eingetretener Beharrung $^1/_2$ bis 1 h.

a Bei Kondensatwägung u. ä. Messungen mindestens 3 h. Kürzere Zeit nur, wenn Einzelmessungen in gleichen Zeitabständen sich nicht mehr als 0,75% unterscheiden. Bei Düsenmessung oder Temperaturwirkungsgrad mindestens 20 aufeinanderfolgende Ablesungen in 20 min.

e Wie IEC.

f Wie IEC.

IEC Bei Kondensatmessung $^1/_2$ bis 1 h, bei Messung mit Düse oder Blende mindestens sieben aufeinanderfolgende Ablesungen, bei Speisewassermenge mindestens 6 h.

Umrechnung und Vergleich mit den gewährleisteten Dampfverbräuchen.

d Die Meßwerte werden auf die Gewährleistungsverhältnisse umgerechnet nach besonderen Vereinbarungen. Die zugesicherten Punkte sind mit einer Kurve zu verbinden, die im Liefervertrag anzugeben ist. Die Meßwerte sind mit den für die gleiche Leistung geltenden Werten der Kurve zu vergleichen.

a Wie d, doch können Umrechnungswerte auch durch besondere Versuche bestimmt werden.

e Wie d.

f Wie d.

IEC Wie d.

Zulässige Abweichungen von gewährleisteten Verhältnissen.

d Wie bereits auf S. 180 angegeben.

a

	Größte zulässige Abweichung des Mittelwertes von den Gewährleistungsverhältnissen	Größte zulässige Schwankung vom Mittelwert während eines Versuches
Frischdampfdruck (abs.)	$\pm 3\%$	$\pm 3\%$
Frischdampftemperatur	$\pm 10\%$ der Überhitzung	$\pm 5\%$ der Überhitzung
Abdampfdruck		
≤ 2 lb/in² (abs.)	$\begin{cases} 0{,}25\ \text{lb/in}^2\ \text{über} \\ 0{,}05\ \text{lb/in}^2\ \text{unter} \end{cases}$	$\pm 0{,}1$ lb/in²
> 2 bis 5 lb/in² (abs.)	$\pm 10\%$ des abs. Druckes	$\pm 5\%$ des abs. Druckes
> 5 lb/in² (abs.)	$\pm 20\%$ des abs. Druckes	$\pm 5\%$ des abs. Druckes
Dampftemperatur am Eintritt in die Turbine vom Zwischenüberhitzer	$\pm 10\%$ der Überhitzung	$\pm 5\%$ der Überhitzung

	Größte zulässige Abweichung des Mittel- wertes von den Gewährleistungs- verhältnissen	Größte zulässige Schwankung vom Mittelwert während eines Versuches
Speisewassertemperatur	$\pm 5\%$ über Sättigungstemperatur	$\pm 3\%$ über Sättigungstemperatur
Entnahmemenge	$\pm 5\%$	$\pm 5\%$
Entnahmedruck	$\pm 5\%$ des abs. Druckes	$\pm 5\%$ des abs. Druckes
Drehzahl	$\pm 5\%$	$\pm 2\%$
Leistungsfaktor	Von der Einheit 10 Punkte unter normal	
Spannung	$\pm 5\%$	$\pm 2\%$
Leistung	$\pm 5\%$	$\pm 3\%$
Wärmegefälle	$\pm 10\%$	$\pm 5\%$

Das arithmetische Mittel aller Berichtigungen darf nachstehende Werte nicht überschreiten:

10% bei Kondensations- und Gegendruckturbinen,

15% „ Turbinen mit Speisewasservorwärmung,

12% „ Entnahme- und Mischdruckturbinen.

e Wie IEC.

f Wie IEC, außerdem für Gegendruck $\pm 10\%$, für Entnahmedruck $\pm 5\%$.

IEC Eintrittsdampfdruck $\pm 5\%$.

Eintrittsdampftemperatur $\pm 5\%$.

Bei einer Turbine für überhitzten Dampf soll kein Versuch mit weniger als $14°$ C oder $25°$ F Überhitzung ausgeführt werden.

Abdampfdruck Der tatsächliche absolute Druck soll nicht mehr als 150% und nicht weniger als 75% des absoluten Druckes betragen, der als Abdampfdruck vereinbart ist.

Dampftemperatur am Eintritt in die Turbine vom Zwischenüberhitzer $\pm 5\%$.

Speisewassertemperatur $\pm 10°$ C oder $18°$ F.

Drehzahl $\pm 5\%$.

Während eines Versuches soll die Drehzahl nicht um mehr als 2% über oder unter den Mittelwert für diesen Versuch pendeln.

Leistungsfaktor Von der Einheit bis 5% unter den zugrunde gelegten Wert.

Belastungschwankung $\pm 5\%$.

Belastungsberichtigung $\pm 5\%$.

Kühlwassertemperatur $\pm 5°$ C oder $9°$ F.

Kühlwassermenge $\pm 10\%$.

Zulässiges Spiel.

d Für *Kondensatmessung* durch Wiegen oder mit geeichten Gefäßen $\pm 0,5\%$ Spiel.

Für *Mengenmessung* nach den VDI-Durchflußregeln gilt das Spiel nach Angabe dieser Regeln.

Für Leistungsschwankungen 0 % Spiel bei mittlerer Abweichung bis 2%

„ „ 0,5% „ „ „ „ „ 3%

„ „ 1,0% „ „ „ „ „ 4%

„ „ 1,5% „ „ „ „ „ 5%

a Bei Kondensatmessung durch Wiegen oder Behälter mit geeichter Skala . . . . $\pm 0,25\%$ Spiel

Bei Kondensatmessung mit geeichtem volumetrischem Meßbehälter . . . . $\pm 0,5$ % „

Bei Dampfmessung mit Düsen . . . . $\pm 1,5$ % „

Bei Kondensatmessung mit Düsen oder Venturimessern . . . . $\pm 1,25\%$ „

Bei Kondensatmessung mit offenem Behälter mit geeichten Düsen . . . . $\pm 0,5$ % „

e Wie IEC.

f Wie IEC.

IEC Bei Kondensatmessungen durch Wiegen oder mit geeichten Gefäßen . . . . . . 0 % Spiel

Bei Kondensatmessungen mittels offenen Behälters mit geeichten Düsen . . . . 1,5 % „

Bei Kondensat- oder Speisewassermessung mit Venturimesser, Düse oder Blende 2 % „

Bei Dampfmessung mit Düse oder Blende . . . . 3 % „

Höchstdrehzahl.

d —

a —

e —

f Wie IEC.

IEC 5 min lang 15% über der Nenndrehzahl.

Reglungen.

d —
a —
e —
f Wie IEC.

IEC Zulässig ist eine dauernde Drehzahländerung von höchstens 4% bei plötzlicher Entlastung von Nennleistung auf Leerlauf. Drehzahlverstellung 5%.

Schnellschluß.

d —
a —
e —
f Wie IEC.
IEC Schnellschluß soll bei 10% über der Nenndrehzahl auslösen.

Besondere Bestimmungen.

d Ausführliche Begriffsbestimmung der Leistung einschließlich und ausschließlich Kondensation.
Abnahmeversuche innerhalb von 3 Monaten nach Inbetriebnahme der Turbine. Während der Versuche darf die Reglung weder vom gewöhnlichen Betriebe abweichend eingestellt noch verstellt
oder festgeklemmt werden. Der Lieferer darf einen Abnahmeversuch mit bestimmten Ventilstellungen
(ausgesteuerten Regelventilen) nur dann verlangen, wenn es im Liefervertrag besonders vereinbart ist.
a Ausführliche Angaben über Messungen und Berichtigungskurven. Hinweis auf Code on General
Instructions, Test Code for Speed-Responsive Governors, Code on Definitions and Values, Code on
Instruments and Apparatus.
Der Abnahmeversuch dient außer zum Nachweis der Gewährleistung auch zur Bestimmung des
thermischen und thermodynamischen Wirkungsgrades.
Bei Abnahmeversuchen dürfen die Kondensatorundichtheiten höchstens betragen:

Turbinenleistung   bis   500 kW   1   %
      ,,   von   500 ,, 1000 ,,   0,75%
      ,,   ,, 1000 ,, 5000 ,,   0,5 %
      ,,   ,   über 5000 ,,   500 lb in der Stunde.

Abnahmeversuche sind innerhalb von 2 Monaten nach Inbetriebsetzung der Maschine durchzuführen,
wenn nichts anderes vereinbart ist.
e Zulässige Kondensatorundichtheiten wie IEC.
f Die Abnahmeversuche sollen spätestens 6 Monate nach der Aufstellung der Maschine durchgeführt
werden, wenn die Inbetriebnahme innerhalb dieser Zeit erfolgt. Ist dies nicht möglich, so müssen
die Abnahmeversuche innerhalb von höchstens 2 Monaten nach der Inbetriebnahme vorgenommen
werden.
Zulässige Kondensatorundichtheiten wie IEC.
IEC Abnahmeversuche innerhalb von 2 Monaten nach erster Indienststellung der Turbine. Kein Versuch soll mit Undichtheiten des Kondensators oberhalb folgender Vomhundertsätze, bezogen auf den
gewährleisteten Dampfdurchsatz bei Nennleistung, durchgeführt werden:

Turbinenleistung bis 500 kW   0,5%
      ,,   von 500 bis 1000 kW 0,4%
      ,,   über 1000 kW 0,3%

Es soll alles getan werden, um die Versuche bei den gewährleisteten Zuständen durchzuführen. Ist
das nicht möglich, soll die Belastung so eingestellt werden, daß die Regelventile, seien es selbsttätige
oder handgesteuerte, in *den* Stellungen sind, die sie einnehmen würden, wenn die gewährleisteten
Zustände während der Versuche vorhanden wären.
Es ist zulässig, während der Dampfverbrauchsversuche die Versuchslast bis zu 5% über oder unter
der Belastung, für die die Gewährleistungen abgegeben sind, einzustellen, um die wirtschaftlichste
Leistung unter den Versuchsbedingungen zu erhalten.

22. Das Abstellen und das Auslaufen.

Für das *Abstellen* eines im Betriebe befindlichen Turbostromerzeugers gelten je
nach seiner Bauart im einzelnen voneinander abweichende Vorschriften, besonders über
die Reihenfolge der vorzunehmenden Maßnahmen. Darüber hinaus werden diese Vorschriften häufig im Einvernehmen mit dem Lieferwerk durch Sondervorschriften ergänzt, die mancher Betriebsleiter auf Grund seiner Erfahrungen und Beobachtungen
an den von ihm betreuten Maschinen einführt. Es kann daher hier nur eine allgemeine

Vorschrift gewissermaßen als Normvorschrift angegeben werden, die etwa folgendermaßen lautet:

Der Stromerzeuger ist zu entlasten und von der Sammelschiene abzuschalten. Die Erregung ist abzuschalten. Es empfiehlt sich, bei jedem Abstellen der Turbine nach dem Abschalten des Stromerzeugers den Schnellschlußregler durch Drehzahlerhöhung zu prüfen. Versagt er dabei, so soll bis zum nächsten Anfahren Abhilfe geschaffen werden.

Das Hauptdampfabsperrventil ist zu schließen. Wo Sperrdampf in die Stopfbuchsen gegeben wird, ist dieser zum wenigsten auf den Leerlaufzustand der Turbine einzuregeln. Sperrwasser für Wasserstopfbuchsen, falls vorgesehen, ist abzustellen.

Die dampfangetriebene Hilfsölpumpe ist in Betrieb zu setzen. Wo diese Hilfsölpumpe mit selbsttätiger Anfahrvorrichtung ausgerüstet ist, hat sich der Maschinenwärter zu überzeugen, ob die Pumpe ordnungsmäßig in Betrieb gegangen ist. Desgleichen hat er die Ölversorgung der Lager zu prüfen.

Noch bevor die Turbine zum Stillstand kommt, ist die Sperrdampfzufuhr zu den Stopfbuchsen gänzlich zu unterbinden.

Steht die Turbine still, muß die Hilfsölpumpe noch eine Zeitlang in Betrieb bleiben, um die von dem im Turbinengehäuse noch heißen Wellenteil zu den Lagerschenkeln fließende Wärme abzuführen. Ist mit einer Erhöhung der Lagertemperatur über die im Betriebe vorhandene Temperatur nicht mehr zu rechnen, so ist die Hilfsölpumpe und das Wasser für den Ölkühler abzustellen.

Die Kondensation ist stillzusetzen, wobei die Absperrvorrichtungen in den Kühlwasserleitungen so zu betätigen sind, daß der Kondensator voll Wasser bleibt.

Soll die Turbine längere Zeit stillstehen, so ist außer dem Hauptabsperrventil das vor diesem in der Frischdampfleitung angeordnete Absperrventil zu schließen und die Dampfleitung zwischen diesen Ventilen unter Umgehung des Kondenstopfes durch das Belüftungsventil in der Frischdampfleitung dauernd zu belüften, so daß etwaiger Sickerdampf des Absperrventiles ins Freie und nicht durch das Hauptabsperrventil in die Turbine entweicht.

Um das Turbineninnere möglichst vor Rostgefahr zu schützen, ist besonders darauf zu achten, daß die Turbine nach dem Stillsetzen gut austrocknet. Die in den Gehäuseeinbauten und Läufermassen aufgespeicherte Wärme verdampft die Feuchtigkeit, die mit dem Restdampf in der Turbine verbleibt. Es muß also wenigstens dafür gesorgt werden, daß die Dampfschwaden aus der Turbine entfernt werden, damit sie sich nicht nach Abkühlung der Wände niederschlagen können. Bei Kondensationsturbinen soll man zu diesem Zweck die Luftpumpe noch einige Zeit nach dem Auslaufen der Hauptmaschine in Betrieb lassen. Besondere Vorkehrungen können getroffen werden, um die Rostgefahr zu vermindern (Zwangsbelüftung mit Warmluft) oder den Läufer vor ungleichmäßiger Abkühlung zu schützen (Drehvorrichtungen).

Schließlich sind bei jeder stillgesetzten Maschine alle Entwässerungsleitungen zu öffnen und bis zum Wiederanfahren offenzuhalten.

Wie das Stillsetzen eingeleitet wird, ist grundsätzlich gleichgültig. Handelt es sich um ein beabsichtigtes Stillsetzen, so wird der Turbosatz zunächst bis auf Leerlauf entlastet, was bei Maschinen, die auf ein Fremdnetz arbeiten, durch die Drehzahlverstellvorrichtung geschieht, die Erregung abgeschaltet und dann das Hauptabsperrventil zugedreht oder mittels der Handauslösung durch die Schnellschlußvorrichtung zugeschlagen. Spricht die Schnellschlußvorrichtung selbsttätig an, gleichgültig, ob infolge Drehzahlerhöhung oder durch das Absinken des Öldruckes oder der Luftleere, so fällt der Stromerzeuger infolge seiner Drehzahlveränderung von selbst aus dem Tritt, oder er wird ebenfalls vom Netz abgeschaltet. Der Auslauf vollzieht sich also bei auf ein Fremdnetz arbeitenden Turbosätzen stets im Leerlauf des Stromerzeugers. Der Auslauf erfordert somit, vorausgesetzt, daß keine Beschädigung der Lager oder der Läufer vorliegt, stets einige Zeit. Unter Last laufen unter Umständen aus: allein laufende

Drehstrom- und Gleichstromerzeuger, ferner vor allen Dingen alle Turbinen zum Antrieb von Pumpen, Verdichtern, mechanischen Arbeitsmaschinen und Schiffen.

Turbinen, die mit mehr als einem Dampfnetz in Verbindung stehen, also Entnahme-, Gegendruck- und Abdampfturbinen, aber auch Kondensationsturbinen mit Vorwärmanzapfung, bei denen die Möglichkeit besteht, daß sie nach der Absperrung der Frischdampfzufuhr Rückdampf aus einer der anderen Leitungen bekommen könnten, werden am besten durch Auslösen des Schnellschlusses stillgesetzt, da dann gleichzeitig auch die Schnellschlußventile in den Entnahmeleitungen zugeschlagen werden. Hierher gehört auch die Abdampfleitung der Kondensationshilfsturbine, falls deren Abdampf in eine ND-Stufe der Hauptmaschine geleitet wird. Diese Dampfeinführung kann man nur dann ohne vom Schnellschlußregler gesteuerte Sicherung belassen, wenn der Abdampf der Hilfsturbine nicht ausreicht, die Hauptturbine zum Durchgehen zu bringen, sondern sie allenfalls bei einer niedrigen Drehzahl laufend erhält. Jedenfalls ist bei allen diesen Maschinen besonders darauf zu achten, daß gleichzeitig sämtliche Dampfzufuhr abgesperrt wird.

Bei Turbinen, die Kreiselpumpen antreiben, muß noch beachtet werden, daß nach dem Stillsetzen der Turbine die Pumpe nicht als Wasserturbine mit umgekehrter Drehrichtung zu laufen beginnt, wodurch die Turbine, deren Ölversorgung nicht mehr arbeitet, an ihren Lagern, Schneckenrädern u. dgl. beschädigt werden kann.

Sperrdampf in die Stopfbuchsen darf ebenso wie beim Anfahren auch beim Abstellen nicht gegeben werden. Zwar ist die daraus entstehende Gefahr beim Abstellen der Turbine nicht so groß wie beim Anfahren, da eine einseitige Verbiegung der Welle infolge örtlicher Erwärmung sich im Stillstand wieder rückbildet, während sie beim Anfahren zu unruhigem Lauf führen muß; sie sollte aber auch beim Abstellen vermieden werden, zumal dann, wenn das Wiederanfahren der Anlage möglicherweise zu einem Zeitpunkt erfolgen soll, in dem die Wärmeverformung des Läufers noch nicht wieder ganz zurückgegangen ist.

Die *Überwachung der Ölversorgung* beim Auslaufen erfolgt in der Regel mit Hilfe der Temperatur- und Druckmesser, die im Ölkreislauf eingebaut sind, nicht anders als die übliche Überwachung während des Betriebes. Da besonders die Drucklager und bei Getriebeturbinen auch die Verzahnungen beim Auslaufen nur gering belastet oder ganz unbelastet laufen, so ist es im allgemeinen nicht erforderlich, die gleichen Werte einzuhalten wie während des Betriebes.

Die Absperrvorrichtungen der *Kondensation* sind, wie erwähnt, so zu betätigen, daß der Kondensator voll Wasser bleibt. Diese Maßnahme soll einerseits verhindern, daß sich Luftsäcke im Kondensator bilden können, die beim jedesmaligen Anfahren der Kondensation erneut erst beseitigt werden müßten, andererseits soll sie verhüten, daß jemals die Gefahr bestehen könnte, daß durch Einführung von Dampf in den Kondensator seine Rohre zu stark erwärmt werden. Dadurch kann bei Kondensatoren mit Stopfbuchsenabdichtung der Rohre die Dichtung eintrocknen und ein Leckwerden verursachen. Bei beiderseits eingewalzten Rohren wirkt sich die Erwärmung weniger schädlich aus. In beiden Fällen jedoch können die Dichtungen zwischen Mantel und Rohrböden in Mitleidenschaft gezogen werden. Diese Maßnahme hat außerdem bei Anlagen, die ohne Fremdstrom arbeiten, andererseits aber auch keinen getrennten Dampfantrieb für ihre Kondensationshilfsmaschinen haben, den Zweck, daß die Hauptturbine mit Hilfe des Notauspuffventiles auf Auspuff angefahren werden kann. Wo dieser Betrieb zugelassen ist, wird stets als Begrenzung die Zeit angegeben, in welcher das Wasser in den Kondensatorrohren zum Kochen kommt. Hier ist es also unerläßlich, dafür zu sorgen, daß der Kondensator voll Wasser bleibt. Schließlich muß, trotz aller Vorsichtsmaßregeln, im Notfall damit gerechnet werden, daß sämtliche Kondensationshilfsmaschinen versagen können (Motor- oder Turbinenschaden); dann muß die Hauptturbine auslaufen können, ohne daß der Kondensator durch zu hohe Temperatur gefährdet wird. Es ist somit zweckmäßig, die Kühlwasserleitung so auszubilden, daß der

Kondensator bei Fortfall des Kühlwasserpumpendruckes nicht von selbst leerläuft. Handelt es sich jedoch beim Stillsetzen einer Turboanlage um anschließende wochenlange Außerbetriebhaltung, so ist das Kühlwasser aus dem Kondensator abzulassen, um eine Niederschlagsbildung im Inneren der Turbine infolge zu starker Abkühlung und dadurch sich ergebende Verrottung der Einbauten zu verhüten.

Beim Stillsetzen der Kondensationsanlage ist nicht zu vergessen, auch dort sämtliche Entwässerungsleitungen der Dampfräume zu öffnen, d. h. den Dampfraum des Kondensators, das Gehäuse der Antriebsturbine, die Dampfräume des Strahlsaugerzwischenkühlers zu entwässern. Es ist selbstverständlich, daß alle diese Entwässerungen erst geöffnet werden dürfen, wenn die Luftpumpe stillgesetzt ist, da deren weiterer Betrieb sonst nicht, wie beabsichtigt, einer beschleunigten Austrocknung des Turbineninneren, sondern nur dem Ansaugen neuer, unter Umständen feuchter Außenluft dienen würde.

Das *Verhalten der Turbine beim Auslaufen* läßt auch Rückschlüsse in zweierlei Richtung zu; erstens gibt es in gewissem Sinne Anhaltspunkte für die beim Anfahren erforderlichen Maßnahmen, und zweitens läßt es den Zustand der Maschine (z. B. Lagerbeschädigung) erkennen.

Hält man eine bestimmte Anwärmdrehzahl für erforderlich (vgl. S. 108/109), so kann die günstigste Drehzahl dafür aus der Auslaufkurve des Turbosatzes festgestellt werden; denn daraus lassen sich Schlüsse ziehen über den Verlauf der Lagerreibung und der Ventilationsverluste mit ansteigender Drehzahl. Auf Grund zahlreicher Auslaufversuche können 10 bis 12 % der Betriebsdrehzahl als die richtige Anwärmdrehzahl angesehen werden.

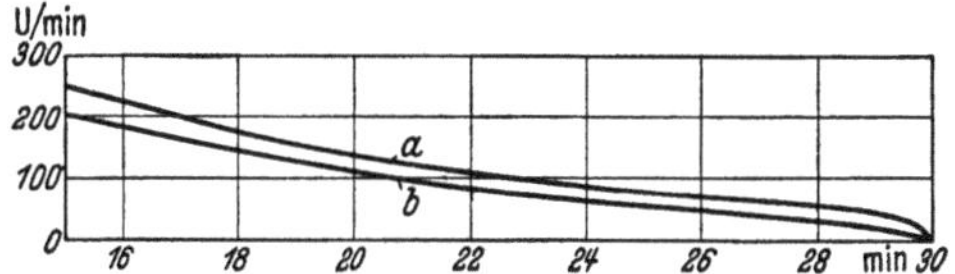

Abb. 153. Auslauf einer neuen (a) und einer alten (b) Turbine[69].

Während beim Anfahren die Beobachtung der Wärmedehnung der einzelnen Turbinenteile zueinander, insbesondere die des Gehäuses und des Läufers, unerläßlich ist, wird die Wärmebewegung während des Erkaltens nach dem Abstellen der Turbine sich in unbedenklichem Ausmaß vollziehen. Sie wird im allgemeinen derartig sein, daß die Ausdehnungen nach dem Stillsetzen nach und nach zurückgehen und nach einer gewissen Zeit vollkommen verschwinden. Erst mit zunehmendem Maschinenalter ist ein geringer Unterschied gegenüber dem gleichen Zustand bei neuer Maschine festzustellen, der dann ein Maß darstellt für die Dauerverformung (Kriechverformung) der Bauteile, sofern er nicht auf irgendwelche Verlagerungen, Lockerung von Verbindungen, Abnutzung u. dgl. zurückzuführen ist und durch Beseitigung dieser Ursachen ebenfalls beseitigt werden kann.

Aus den Auslaufkurven kann man auch eingetretene Schäden durch Vergleich feststellen oder wenigstens vermuten. So zeigt z. B. Abb. 153[69] das Ende des Auslaufens einer neuen und einer alten, schon seit längerer Zeit nicht mehr überholten Maschine. Hieraus lassen sich verschiedene Rückschlüsse auf die Beschaffenheit der Regelventile, Kondensations- und Umschaltventile, des Öles und der Lager ziehen, die für eine notwendige Überholung sehr wichtig sind.

Spitzenlastmaschinen oder auch Turbinen in Industriekraftwerken, die keinen Anschluß an ein Fremdnetz haben, müssen rasch und oft angefahren werden können, womit sich das Bestreben verbindet, auch ihre Auslaufzeit abzukürzen und zu vereinfachen. Ein Mittel zur Abkürzung der reinen Auslaufzeit, die bei Turbostromerzeugern mittlerer Größe in gutem Betriebzustand (sauberes Öl, einwandfreie Lagerung und Ausrichtung) bis zu 25 min andauern kann, ist der Unterdruckbrecher, der durch Einlassen von Luft in das Turbinengehäuse die Ventilationsverluste vergrößert und dadurch den Turbinenläufer bremst (vgl. S. 145). Man kann zum Verkürzen der Auslaufzeit

---

[69] Nach Arch. Wärmewirtsch. Bd. 7 (1926) S. 307/308 Abb. 8.

auch die Erregung eingeschaltet lassen. Im übrigen muß die Anlage des gesamten Rohrnetzes den besonderen Betriebsbedingungen weitgehend angepaßt sein. Große Kühlwasserschieber wird man nicht von Hand, sondern durch einen Elektromotor betätigen lassen. Die Anzahl der beim Stillsetzen zu betätigenden Absperrvorrichtungen sowie ihre räumliche Entfernung wird man klein halten, damit Bedienungzeit gespart wird. Da Spitzenmaschinen häufig zugleich zur Augenblicksbereitschaft herangezogen werden, so ist. die Forderung des Betriebes verständlich, daß sie möglichst ganz ohne Sperrzeit nach dem Stillsetzen wieder angefahren werden können. Eine Turbinenanlage kann dem ohne weiteres entsprechen, sofern bereits vor dem Bau der Turbine ihre spätere Verwendungsart bekanntgegeben wird. Läufer, die gleichmäßig abkühlen und sich bei Wiederinbetriebnahme ebenso gleichmäßig wieder durchwärmen, sind in dieser Hinsicht vorteilhaft. Drehvorrichtungen unterstützen diese Bestrebungen.

Eine ganz besondere Art von häufigem Abstellen haben Schiffsmaschinen während des Steuerns dauernd auszuhalten. Hierbei müssen sie oft innerhalb weniger Sekunden von Vollast-Vorwärts auf Vollast-Rückwärts umgesteuert werden, wobei der in die Rückwärtsturbine eingeleitete Dampf als Gegendampf bremsend wirkt. Allerdings bleibt bei allen diesen Steuervorgängen der Läufer immer durchgewärmt, Verformungen infolge ungleichmäßiger Abkühlung, wie sie beim Stillsetzen üblicher ortfester Anlagen auftreten, treten während dieses Steuerns also nicht auf. Immerhin werden auch hier Turbinen mit reichlichen Schaufelspielen von Vorteil sein.

23. Der Stillstand.

Die Fürsorge für eine Turbine darf nicht aufhören, wenn die Maschine abgestellt ist. Im Gegenteil erfordert gerade eine stillgesetzte Maschine besondere Sorgfalt, wenn man sie jederzeit betriebsbereit erhalten oder wenigstens vor dem Schadhaftwerden schützen will. Unter diesem Gesichtspunkt sind es hauptsächlich drei verschiedene Erscheinungen, auf die sich die Sorge für die stillstehende Dampfturbine erstrecken muß: erstens die Abkühlungsverhältnisse und die damit zusammenhängenden Verformungen von Gehäuse und Läufer, zweitens die Rostgefahr bei Vorhandensein feuchter Luft im Turbineninneren und drittens, falls ein lange andauernder Stillstand vorauszusehen ist, die Pflege ganzer Turbinen oder ihrer Einzelteile mittels besonderer Schutzmittel.

Der Frage der *Abkühlung* insbesondere des Läufers kommt insofern eine besondere Bedeutung zu, als davon im gewissen Sinne unmittelbar die Zeit des Wiederanfahrens ab noch nicht ganz erkalteter Maschine abhängt. In jeder Kondensationsturbine besteht auch nach dem Stillsetzen ein Temperaturunterschied zwischen Turbine und Kondensator. Die noch durchwärmten Wände des Turbinengehäuses mit ihrem großen Wärmeinhalt strahlen während des Abkühlens Wärme aus. Vom Kondensator her dagegen breitet sich Kaltluft nach der Turbine hin aus. Der Turbinenläufer bleibt also zunächst in einem Teil wärmer, während er auf der anderen, dem Kondensator zugekehrten Seite abgekühlt wird. Das hat zur Folge, daß der Läufer sich durchbiegt. Diese Durchbiegung nimmt eine gewisse Zeitlang zu, um dann, wenn die Gehäusewände sich allmählich auf den Temperaturspiegel der Umgebung abkühlen, langsam auf den ursprünglichen Zustand zurückzugehen. Eine gleiche Abkühlungsdurchbiegung kann beim Läufer des Stromerzeugers je nach der Art der Kühlluftführung und der Jahreszeit auftreten, was infolge seiner Kupplung mit dem Turbinenläufer selbstverständlich auch dessen Lauf mit beeinflussen kann. Solange ein Teil des Wellenstranges eine solche Krümmung aufweist, ist ein Wiederanfahren der Anlage mit Schwierigkeiten verbunden, da sich ein derart unruhiger Lauf einstellen kann, daß die Turbine noch einmal stillgesetzt werden muß. Meist allerdings, besonders bei den weniger Masse enthaltenden Räderturbinen, wird die Unruhe nach kurzer Betriebzeit von selbst verschwinden, da die Welle dann, von neuem gleichmäßig durchgewärmt, auch ihre durch die ungleiche Abkühlung bewirkte Verformung wieder verloren hat. Eine Unruhe im Läufer kann im

Zusammenhang mit dem hier behandelten Abkühlungzustand auch ganz unabhängig davon durch nicht einwandfreie Befestigung der Scheiben oder der Trommel auf der Welle hervorgerufen werden. Ihr Losewerden beim Anfahren muß daher durch die Art der Befestigung von vornherein ausgeschlossen sein.

Will man sich darum über die Anfahrmöglichkeit einer Turbine aus jedem Zustand heraus ein Bild machen, so muß in Ergänzung zu den Auslaufkurven besonders das Verhalten des Turbinenläufers nach dem Stillsetzen der Turbine untersucht werden.

Jede Turbinenbauart, ja fast jede Turbine verhält sich bei ihrer Abkühlung anders. Je größer die abzukühlenden Massen sind, um so länger ist auch die Zeit, bis eine gleichmäßige Abkühlung erreicht und die Verbiegung des Läufers wieder zurückgegangen ist. Verhältnismäßig schnell ist das bei Räderläufern, also verhältnismäßig dünnen Wellen mit aufgesetzten Radscheiben, der Fall, wesentlich länger dauert es bei schweren Trommelläufern. Den allgemeinen Verlauf einer Durchbiegungskurve für eine Turbine ohne irgendwelche besondere Hilfsmittel für gleichmäßige Abkühlung zeigt Abb. 154[70]. Die Durchbiegung erreicht hier ihren Höhepunkt etwa 7 h nach dem Stillsetzen der Turbine, sie verschwindet ganz erst nach rund 24 h. Zum Vergleich ist in die gleiche Abbildung eine Kurve über den Verlauf der Läuferdurchbiegung bei Kaltluftkühlung

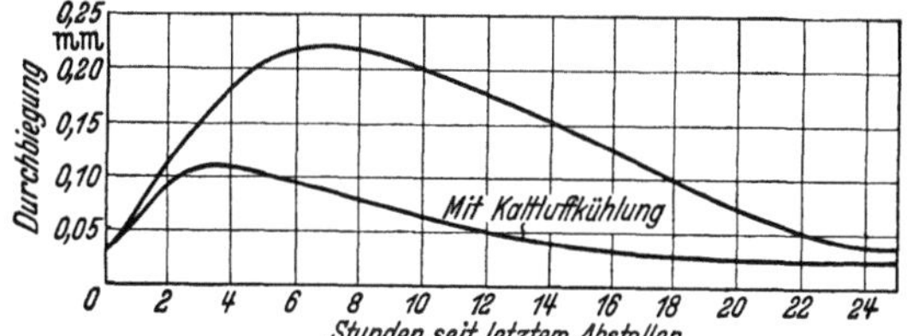

Abb. 154. Durchbiegung einer Turbinenwelle nach dem Stillsetzen der Turbine[70].

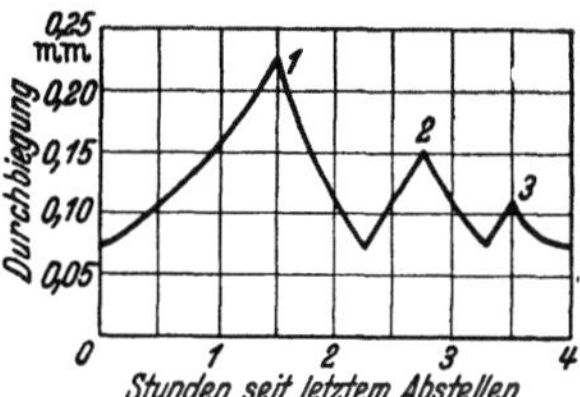

Abb. 155. Durchbiegung einer Turbinenwelle nach dem Stillsetzen der Turbine. Bei 1, 2, 3 wurde die Welle jeweils um 180° gedreht[70].

eingetragen. Unter Kaltluftkühlung ist hier ein Verfahren zu verstehen, nach dem bei stillstehender Maschine mehrere Stunden lang Kaltluft unter Druck (rund 5 atü) durch die Turbine geblasen wird. Obwohl damit, der Kurve nach, die Abkühlzeit ganz wesentlich abgekürzt und auch der Höchstausschlag der Welle stark verringert wurde, hat sich dieses Verfahren bisher nicht weiter eingeführt (Gefahr von Wärmespannungen!).

Mehr Aussicht und weitere Verbreitung kommt dagegen dem Drehen der Läufer nach dem Abstellen der Maschine zu. Dreht man z. B. einen Läufer nur jeweils in gewissen Zeitabständen um 180°, so wird die Durchbiegungskurve etwa den in der Abb. 155[70] angedeuteten Verlauf haben. Man erreicht also dadurch eine bedeutende Verkürzung der Abkühlzeit und damit früher eine Bereitschaft zum Wiederanfahren der Turbine. Dieses mehrmalige Drehen in großen Zwischenräumen kann auf verschiedene Weise erreicht werden. Die einfachste Art ist die, daß der Läufer vom Maschinenhauskran aus mit Hilfe eines herumgeschlungenen Seiles gedreht wird, eine andere ist die Verwendung eines knarrenähnlichen Zahntriebes, der durch einen Preßölkolben betätigt wird, falls unmittelbare Handbetätigung der Größe der Maschine wegen nicht mehr möglich ist. Mitunter wird es, im Zusammenhang hiermit, für notwendig erachtet, daß die Welle vorher durch Drucköl von 80 bis 100 atü angehoben wird. Meist genügt jedoch bereits die im Lager vorhandene Ölschicht zur Schmierung, auch der Andrehwiderstand läßt sich damit überwinden.

Zweckmäßiger als ein derartiges unterbrochenes Drehen des Läufers ist ein gleichmäßiges langsames Laufen für mehrere Stunden nach dem Abstellen der Turbine. Hierzu dient dann ein besonderer Motor, der mittels einer mehrfachen Zahnräder- und Schneckenübertragung oder mehrerer Stirnräderpaare die Turbinenwelle antreibt. Ein Beispiel für

---

[70] Nach Elektr.-Wirtsch. Bd. 27 (1928) S. 477 Abb. 7 u. 8.

die erstere Anordnung zeigte Abb. 89. Bezüglich der geeignetsten Drehzahl hierfür hat sich die Ansicht durchgesetzt, daß $1/3$ bis $1/2$ U/min ausreichen, während früher oft 20 bis 50 U/min genannt wurden, was natürlich einen wesentlich größeren Kraftaufwand und größeren Antriebsmotor bedingen würde.

In welcher Form überhaupt die Anfahrzeit abhängen kann von der Zeit seit der letzten Stillsetzung, zeigte deutlich bereits Abb. 88. Diese Abhängigkeit wird unterstrichen durch die Beobachtung, daß bei einigen langen, mehrgehäusigen Trommelturbinen ohne besondere Hilfsmittel ein Wiederanfahren von der 3. bis 18. Stunde nach dem Abstellen der Maschine nahezu unmöglich war.

Der schlimmste Schaden, der an einer stillstehenden Turbinenanlage auftreten kann, ist das *Rosten* ihrer Innenteile. Da in besonders starkem Maße die Lauf- und Leitschaufeln davon betroffen werden, so bedeutet dieser Schaden zugleich eine erhebliche Vergrößerung der Ausgaben für Ersatzteile. Im übrigen verursachen rauhe Schaufeloberflächen größere Reibungsverluste, also etwas schlechteren Wirkungsgrad. Man kann dieser Gefahr allerdings durch entsprechende Wahl der Schaufelbaustoffe entgegenwirken. So gut wie gar nicht sind ihr unterworfen Messing und Nickelmessing, die jedoch für hohe Betriebstemperatur und hohe Beanspruchungen nicht zu verwenden sind. Die häufigsten Schaufelbaustoffe sind nicht vollkommen rostbeständig. Es bleibt somit nur übrig, Mittel anzuwenden, die die Verrottungsursachen weitgehend verringern oder beseitigen. Das ist bei sachgemäßem Betriebe auch zu erreichen, wobei man auf verschiedene Weise vorgehen wird, je nachdem, ob es sich um kurzfristige Stillstände mit jederzeitiger Anfahrbereitschaft oder um längere Zeiten handelt, während welcher die Maschine bis zu einem gewissen Grade auseinandergenommen werden kann. Trifft man aber die Vorkehrungen, die gegen das Rosten im Stillstand vorgeschlagen werden und erprobt sind — vorausgesetzt natürlich, daß außergewöhnliche Zerstörungsursachen nicht vorliegen —, dann braucht nicht mit vorzeitigem Verschleiße von Innenteilen gerechnet zu werden.

Als Rostschutzmittel für vorübergehenden betriebsmäßigen Stillstand sind zunächst zu nennen: sorgfältige Austrocknung und weitere Trockenerhaltung des Turbineninneren, wie für den Fall längerer Stillsetzung. Jede Art der *Belüftung* dient diesem Zweck, und in vielen Fällen reicht eine sorgfältige und sachgemäße Belüftung der Innenräume bereits aus. Trotzdem wird sich, da Temperaturschwankungen im Maschinenraum sich nicht immer vermeiden lassen, von Zeit zu Zeit auch Schwitzwasser im Turbineninneren bilden. Man muß also, zugleich mit der Belüftung, danach streben, die Luft im Maschinenraum durch geeignete Heizung oder künstliche Trocknung möglichst trocken zu halten.

Natürlich muß auch streng darauf geachtet werden, daß außer den besonders vorgesehenen Belüftungs- und den Entwässerungsöffnungen alle Zu- und Ableitungen der Turbine vollkommen dicht abgeschlossen sind. Besonders ist darauf zu achten, daß das Hauptabsperrventil keinen Sickerdampf in die Turbine gelangen läßt. Ebenso gefährlich ist Sickerdampf aus Vorwärmleitungen oder, falls eine derartige Schaltung vorliegt, durch die Hilfsturbine und deren Abdampfleitung in den ND-Teil der Hauptturbine eindringender Sickerdampf. Bei mehreren auf einen gemeinsamen Rohrstrang geschalteten Gegendruckturbinen ist, sofern eine davon außer Betrieb bleibt, diese natürlich auch vor Rückdampf aus der Gegendruckleitung zu schützen. Alle irgendwie mit Dampfbehältern verbindenden Zu- oder Ableitungen sollten daher doppelte Absperrung mit dazwischenliegender, reichlicher Belüftung haben, da nur auf diese Weise das Eindringen von Sickerdampf, dem gefährlichsten Verrottungserreger, verhindert werden kann. Da sich Dampfschwaden mitunter auch nur in bestimmten Räumen der Turbine festsetzen, empfiehlt es sich auch aus diesem Grunde, den Läufer einer stillstehenden Turbine in gewissen Zeitabständen in eine andere Stellung zu drehen.

Wirksamer als diese einfache Belüftung, und vor allen Dingen für ungünstigere Verhältnisse geeignet, ist die Zwangsbelüftung des Turbineninneren mit besonders getrockneter, d. h. geheizter Luft. Zweckmäßig in der Nähe der Dampfeinströmung ist hierfür ein Anschlußstutzen vorzusehen — auch bei älteren Anlagen wird meist ohne besondere Schwierigkeiten irgendeine Öffnung hierzu verwendet werden können —, durch den einige Zeit hindurch nach dem Stillsetzen der Turbine und später in geeigneten Zwischenräumen warme Luft eingeblasen wird, die entweder durch ein besonderes Ventil am Abdampfstutzen oder durch das geöffnete Notauspuffventil des Kondensators wieder entweicht. Als Luftverdichter genügt ein einfaches Schmiedegebläse, in dessen Druckleitung eine elektrische Heizvorrichtung eingebaut ist. Abb. 156 zeigt eine solche Anordnung. Für mehrere Maschinen in der gleichen Halle kann man entweder, wenn die Verrottungsangriffe besonders stark auftreten, je Maschine ein besonderes Gebläse vorsehen oder aber für alle Maschinen eine gemeinsame Belüftungsanlage verwenden, die, trag- oder fahrbar ausgebildet, je nach Bedarf für die eine oder die andere Maschine verwendet wird. Es genügt, das Gebläse täglich 1 bis 2 Stunden laufen zu lassen.

Die Frage der *Pflege von Dampfturbinenanlagen* bei längerem Stillstand — ebenso für Kessel, Stromerzeuger, Vorwärmer, Rückkühlanlagen usw. — hat bei andauerndem starkem Rückgang des Stromabsatzes Bedeutung. Umfassende Richtlinien[71] hierfür hat die BEWAG ausgearbeitet. Sie bildeten den Ausgangspunkt für eine Tagung der VDEW 1932, deren Vorträge in einem Sonderheft[72] zusammengefaßt wurden.

Alle Maßnahmen zur Stillstandspflege von Kraftwerksanlagen müssen unter folgenden drei Gesichtspunkten geprüft werden: Schutzverfahren als solche, Pflege der stillgesetzten Anlage, ihre Wiederinbetriebsetzung,

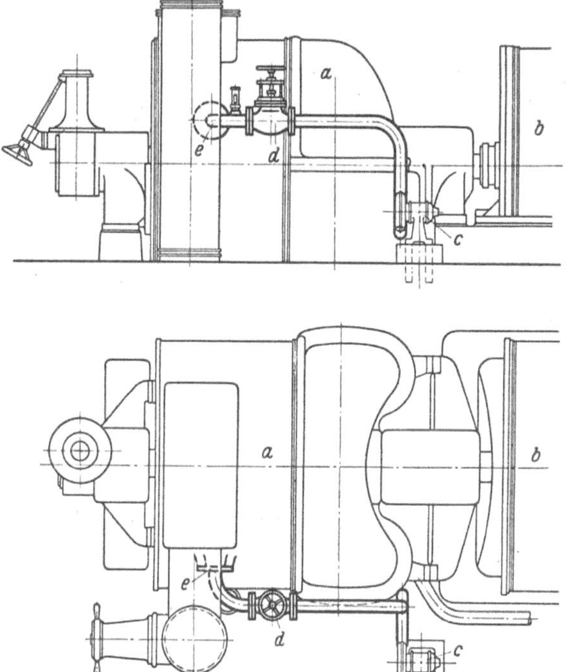

Abb. 156. Warmbelüftungsanlage für eine eingehäusige Kondensationsturbine.

a Turbine; *b* Stromerzeuger; *c* Warmluftgebläse; *d* Absperrventil; *e* Anschluß am Turbinengehäuse.

wie das auch bereits in der Dreiteilung der BEWAG-Richtlinien zum Ausdruck kommt. Es können somit z. B. manche Schutzverfahren, die sonst ihren Zweck gut erfüllen würden, nicht verwendet werden, weil sie bei der späteren Wiederinbetriebnahme nachteilig sein können, wie, um nur ein Beispiel zu nennen, der Schutzanstrich irgendwelcher Ölbehälter, der später die Alterung des Öles beschleunigen würde.

Die Ursachen von Schäden, die an außer Betrieb genommenen Turbinen auftreten können, sind, von Sonderfällen abgesehen, Rost, Frost, Hartwerden organischer Stoffe, Verharzen oder Sauerwerden von Ölen, Angriff durch Elektrolyse. Gegen alle Ursachen sind Abwehrmittel im Gebrauch. Ihre Verwendung ist meist auf eigene Erfahrungen des Kraftwerkes zurückzuführen, erst in neuerer Zeit werden die erwähnten BEWAG-Richtlinien in gewisser Einheitlichkeit befolgt. Als Folge der an vielen einzelnen Stellen

---

[71] Drei Druckschriften: Richtlinien für die Konservierung stillgesetzter Kraftwerksanlagen, Richtlinien für die Wartung stillgesetzter, konservierter Kraftwerksanlagen und Richtlinien für die Wiederinbetriebnahme stillgesetzter, konservierter Kraftwerksanlagen. Berlin: BEWAG 1932, mit Ergänzungen von 1934.

[72] Konservierung, Wartung und Wiederinbetriebnahme stillgesetzter Kraftwerksanlagen. Berlin: VDEW 1933.

zugleich, aber unabhängig voneinander eingeführten Abhilfemaßnahmen ergibt sich, daß manche Verfahren hier als gut bewährt, dort als unzweckmäßig bezeichnet werden.

Gegen *Rost* hilft am besten, falls die Turbine aufgenommen wird, ein Schutzanstrich, der Sauerstoff und Wasser vom Eisen fernhält. Bei der Auswahl der Schutzanstrichmittel ist auf die Wiederinbetriebsetzung Rücksicht zu nehmen (z. B. Ölbehälter!). Mit einem einfachen Schutzanstrich ist es im allgemeinen nicht getan. Sorgfältigste Reinigung aller zu schützenden Teile ist Vorbedingung, die die Forderung begründet, *erst überholen, dann schützen.* Turbinenschaufeln werden zweckmäßig durch einen Anstrich mit gelbem, säurefreiem, flüssigem Vaselin geschützt; Gehäuse, Räder, Trommeln — aber nicht die Lagerstellen — und Labyrinthstopfbuchsen werden mit Öl eingerieben, Kohlestopfbuchsen mit heißem Paraffin behandelt. Ähnliche Wirkung, wenigstens für die Beschauflung, wurde verschiedentlich ohne Öffnen der Turbinen in der Weise versucht, daß in der letzten Betriebzeit vor dem Stillsetzen Vaselin mit dem Dampf in die Turbine gebracht wird, oder daß, beabsichtigt oder unbeabsichtigt, Öl im Kessel mit dem Wasser verdampft und mit dem Dampf in die Turbine gelangt. Von anderer Seite wurde vorgeschlagen, Öl in einem Behälter zu verdampfen und die Dämpfe in das Turbineninnere zu leiten. Keines dieser Verfahren ist unwirksam, keines aber erreicht die Sicherheit, die man durch Schutzanstriche nach Aufdecken der Maschine erreicht. Sie sind daher nur für verhältnismäßig kurze Stillstände zweckmäßig, die ein Öffnen der Turbinen nicht rechtfertigen.

Um das im Turbineninneren nach dem Betriebe zurückbleibende Wasser erst einmal zu beseitigen und dann das Wiedereindringen neuen Wassers zu verhindern, sind zunächst die gleichen Mittel möglich, die für kurzfristige Stillstände bereits erwärmt wurden, d. h. Belüftung und Zwangsumlauf warmer Luft. MAAS[73] hat eingehende Versuche über den Verlauf der Luftfeuchtigkeit im Inneren von Turbinen, die durch die üblichen Belüftungsanschlüsse mit der Raumluft in Verbindung standen, vorgenommen und für sein Werk feststellen können, daß mit der Trockenbelüftung ein ausreichender Schutz gewährleistet ist. Gestattet die voraussichtliche Dauer der Stillsetzung eine gewisse Zerlegung der Turbine, so ist es zweckmäßig, den Gehäuseoberteil anzuheben und nach Zwischenlegen von Blöcken wieder aufzusetzen, so daß ein breiter Zwischenraum zwischen den Flanschen bleibt. Der Läufer wird zweckmäßig von Zeit zu Zeit gedreht.

Ein anderes Mittel, das Turbineninnere trocken zu halten, ist das Einbringen eines Feuchtigkeit anziehenden Stoffes, zum Teil allein, zum Teil in Verbindung mit der Zwangsbelüftung. Am besten eignet sich Chlorkalzium, billiger, aber auch weniger wirksam ist Ätzkalk. Die zunächst versuchte Anwendung dieser Mittel in Schränken, die durch eine Rohrleitung mit der Turbine verbunden wurden, hat sich nicht bewährt. Man muß vielmehr das Chlorkalzium in offenen Schalen mitten in den Dampfraum der Turbine oder in den Kondensator einhängen oder stellen.

Wo Turbinen für lange Zeit stillgesetzt werden, wird man zweckmäßig alle Zu- und Ableitungen von Dampf zur Turbine blind flanschen, um mit Sicherheit Schwadendampf fernzuhalten. Die Labyrinthstopfbuchsen sind durch Einsetzen dichtender Scheiben, die überdies zweckmäßig mit Lack verklebt werden, möglichst luftdicht zu schließen.

Eine gewisse Besonderheit unter den einer Stillstandspflege zu unterziehenden Dampfturbinen sind solche, deren Stromerzeuger als Phasenschieber verwendet werden. Die Turbinen werden hier allenfalls zum Hochfahren der Stromerzeuger mit Dampf und versuchsweise auch mit Preßluft gebraucht, ihre Stillstandspflege muß daher auf diese Verhältnisse zugeschnitten sein.

Gegen *Frost*schäden gibt es als Mittel nur entweder das Fernhalten der Kälte (Raumheizung) oder das Fernhalten des Wassers. Das letztere ist das zuverlässigste,

---

[73] S. 15 bis 18 in: VDEW-Sonderdruck nach Fußnote 72, S. 205.

da Frost oft unvorhergesehen auftritt und die Raumheizung, wenn sie unter allen Umständen ausreichen soll, schwierig und kostspielig zugleich ist. In diesem Sinne dürfen auch die Kondensatoren, wenn Frostgefahr besteht, nicht aufgefüllt gehalten werden. Wo die Rohre beiderseits eingewalzt sind, wird man auf die Bedingung der vollen Wasserfüllung verzichten können, weniger aber dort, wo Rohrpackungen verwendet sind, die eintrocknen könnten. Jegliches Wasser muß aus der Anlage entfernt werden. Unzugängliche Räume sind gegebenenfalls anzubohren oder durch vorsichtiges Erwärmen auszutrocknen.

Das *Hartwerden* organischer Stoffe spielt eine Rolle z. B. bei den Gummidichtungen der Wasserstopfbuchsen zwischen Turbine und Kondensator. Man füllt die Wassertasse mit schwacher Natronlauge, zu der man von Zeit zu Zeit Wasser als Ersatz für verdunstetes nachfüllen muß.

Bei guten Ölen ist ein *Verharzen* eigentlich nicht zu befürchten. Um aber vollkommen sicher zu gehen, daß bei der Inbetriebnahme von Maschinen in den Gelenken der Reglungsteile keine Hemmungen auftreten, ist es zu empfehlen, das Öl von den betreffenden Stellen durch eine Abwaschung mit Trichloräthylen zu entfernen und die Bolzen mit säurefreiem Vaselin einzufetten. Die Neutralisationzahl des Turbinenöles wird bei Stillstand der Maschine wesentlich weniger steigen als im Betriebe; dennoch soll man dessen Überwachung nicht aus den Augen lassen, besonders dann nicht, wenn das Öl mit Farbstoffen in Berührung steht oder Schlamm absetzt.

Elektrolytische Vorgänge durch Schleichströme oder sonstige elektromotorische Kräfte erfordern die gleiche Beachtung wie im Betriebe (vgl. S. 236 bis 243 und 264 bis 272).

24. Die regelmäßige Besichtigung und Überholung.

Jede Turbine muß in gewissen Zeitabständen einer *Besichtigung* unterzogen werden, und zwar möglichst einmal im Jahr, mindestens jedoch in jedem zweiten Jahr. Längere Zeiten zwischen den Überholungen sollten nicht zugelassen werden, da sonst aus kleinen Ursachen, nur weil sie nicht rechtzeitig entdeckt und beseitigt wurden, große Schäden entstehen können. Tritt z. B. während gelegentlicher Betriebstillstände, Sickerdampf in die Turbine ein, dessen beginnende Wirkung infolge zu weit auseinanderliegender Überholungen nicht rechtzeitig festgestellt wird, so kann der Sickerdampf die Beschauflung nach und nach unbrauchbar machen, ehe Anzeichen dafür überhaupt entdeckt worden sind.

Bei der planmäßigen Besichtigung und Überholung sind alle, insbesondere die einem *Verschleiße* unterworfenen Teile auf Abnutzung zu untersuchen. Zeigt sich an irgendeiner Stelle ein im Verhältnis zur Betriebzeit ungewöhnlich hoher Verschleiß, so ist nicht nur der betroffene Teil auszubessern oder auszuwechseln, sondern auch der Grund des starken Verschleißes festzustellen und zu beseitigen. Die Besichtigung muß zugleich dazu benutzt werden, zu untersuchen, ob Anzeichen dafür vorhanden sind, daß der Wirkungsgrad sich verschlechtert haben könnte. Solche Anzeichen wären z. B. ausgeschlagene Außen- oder Innenstopfbuchsen, in stärkerem Ausmaß abgenutzte Schaufeln u. dgl. Schließlich läßt jede Besichtigung des Turbineninneren aus dem Befunde der Dampfwege und Schaufeln Schlüsse zu auf den Zustand und die Reinheit des von den Kesseln kommenden Dampfes.

Die Maschinenwärter sollen, unbeschadet, daß zweckmäßig jede größere Überholung unter Aufsicht oder Anleitung eines Richtmeisters des Lieferwerkes vor sich gehen sollte, mit dem richtigen Ein- und Ausbau der einzelnen Bauteile vertraut sein.

Ganz besonders muß darauf geachtet werden, daß die Lagerzapfen der Wellen und die Verzahnungen der Getriebe nicht beschädigt werden. Bevor die Hebezeuge zum Anheben von Bauteilen, die nach längerer Betriebzeit festgebrannt sein können, in Tätigkeit gesetzt werden, sind diese mittels der Abdrückschrauben ein wenig anzuheben. Schwerere Teile dürfen nicht unmittelbar auf die Flurplatten gesetzt werden. Es sind Balken unterzulegen, um das Gewicht auf eine größere Bodenfläche zu verteilen.

Beim *Öffnen des Turbinengehäuses* und Herausnehmen des Läufers sind folgende Gesichtspunkte zu beachten:

Zuerst sind Drehzahlmesser, Druckmesser, Thermometer und alle anderen empfindlichen Meßgeräte abzubauen. Danach ist die Verschalung und der Wärmeschutz so weit abzubauen, daß die waagerechte Teilfuge des Gehäuses zugänglich wird.

Die Hauptdampfleitungsanschlüsse am Einströmkasten oder am Schnellschlußventil sind zu lösen, desgleichen die Entwässerungsleitung vom Schnellschluß, die Ölzufluß- und -abflußleitungen von den Ölkraftgetrieben, Entwässerungs- und Leckölleitungen von den Nockenwellenlagern usw., die Wrasenrohre an den Außenstopfbuchsen.

Die Muttern der Teilfugenbolzen und -schrauben sind zu lösen und die Bolzen zu entfernen. Dabei ist zu beachten, daß wenigstens alle Paßbolzen und ihre zugehörigen Bohrungen gezeichnet werden, falls sie dies noch nicht sind. Beim Lösen der Schrauben ist darauf zu achten, ob die Teilfuge der Gehäuse klafft oder sperrt. Wo in HD-Turbinengehäusen durchbohrte Bolzen für Warmanziehen der Muttern verwendet werden (vgl. Abb. 59), müssen sie auch vor dem Lösen angewärmt werden, damit man die Muttern leicht lösen kann.

Wo zum Ausbau des Gehäuseoberteiles Führungstangen verwendet werden, sind diese einzusetzen und zu schmieren. Danach sind die Seilschleifen oder die Hebevorrichtung anzulegen.

Schließlich ist die waagerechte Teilfuge mittels der Abdrückschrauben zu lösen. Hat man sich überzeugt, daß der Gehäuseoberteil nirgends mehr hakt, so kann er langsam mittels des Kranes angehoben werden, wobei darauf zu achten ist, daß er in Waage bleibt.

Ist das Turbinengehäuse geöffnet, so sind zunächst die inneren Teilfugen daraufhin zu untersuchen, ob etwa der Dampf sich längs dieser Teilfugen, gewissermaßen in einem inneren Kurzschluß, einen Weg von einer Gehäusekammer in eine andere gebahnt hat. Zu prüfen ist auch, ob die Entwässerungen des Gehäuses etwa verstopft sind. Dann sind die Lagerdeckel und die oberen Hälften der Lagerschalen und des Drucklagers abzuheben. Die oberen Hälften der Innenstopfbuchsen werden in der Regel mit dem Gehäuseoberteil zugleich abgehoben. Nachdem der Regler abgebaut und die Kupplung zum Läufer des Stromerzeugers gelöst ist, kann der ganze Turbinenläufer aus dem Gehäuseunterteil herausgehoben werden.

An dem aus dem Gehäuse herausgehobenen *Läufer* ist zunächst festzustellen, ob an den Deckbändern oder an der Beschauflung Reibstellen vorhanden sind. Unter Umständen kann diese Untersuchung auch vorgenommen werden, ohne daß der Läufer aus seinen Lagern genommen wird, da man ihn durch langsames Drehen auf seinem ganzen Umfang besichtigen kann. Man sollte sich auch dann nicht von dieser Untersuchung abhalten lassen, wenn vorher schon die Unversehrtheit des Drucklagers festgestellt worden ist. Sind Reibstellen erkennbar, so ist deren Ursache zu ermitteln und zu beseitigen. Schon aus Art und Form der Reibspuren, ob nur an einzelnen Stellen des Umfanges oder rundherum, lassen sich Schlüsse ziehen. Ist eine Reibstelle z. B. nur auf einem Teil des Umfanges, unter Umständen aber an entsprechender Stelle bei allen Stufen des Läufers, vorhanden, so liegt die Ursache wahrscheinlich im Läufer, der sich krummgezogen oder verlagert hat. Gleichmäßige Schleifspuren über den ganzen Umfang, die meist nur an einer Stufe auftreten, können durch Verziehen eines Gehäuse- oder Laufteiles verursacht sein. Diese andeutenden Bemerkungen gelten natürlich nicht in gleichem Maße für Fälle schwererer Störungen, bei denen meist verschiedene Einflüsse zugleich, ursächlich oder erst durch den eintretenden Schaden mit verursacht, wirksam werden und daher auch die Erscheinungsformen weniger eindeutig sind.

Die *Beschauflung* ist seit Beginn des Dampfturbinenbaues stets der Teil gewesen, dem Hersteller und Besitzer von Turbinen die größte Aufmerksamkeit gewidmet haben. So ist die Herstellung von Schaufeln für Dampfturbinen eine Sonderwissenschaft geworden, während die Pflege der Beschauflung durch entsprechende Behandlung und Wartung der Turbine im Lauf und im Stillstand mit zu den wichtigsten Aufgaben des Betriebsmannes gehören. Wie wohl kaum ein anderer Bauteil einer Maschine überhaupt, zwingt also die Beschauflung Lieferwerk und Turbinenbesitzer zur Gemeinschaftsarbeit, damit sich die Erfahrungen beider zum beiderseitigen Vorteil gegenseitig ergänzen.

Will man das Verhalten der Turbinenbeschauflung im Betriebe zum Gegenstand einer möglichst allseitigen Betrachtung machen, so kommt man leicht zu einer Darstellung, die bei einem nichtfachkundigen Leser den Eindruck aufkommen lassen könnte, als bestünde das Wesen der Beschauflung in „Schaufelsalat", Schwingungsbrüchen oder durch Wasser verursachten Auswaschungsruinen. Das entspricht jedoch in keiner Weise den Tatsachen. „Schaufelsalat" ist glücklicherweise seit einer Reihe von Jahren zu einer Seltenheit geworden, und auch der Schwingungen und Auswaschungen — von den wenigen Gewaltbrüchen und vereinzelten Verrottungschäden abgesehen — ist man Herr geworden. Heute halten sich die Schaufelschäden nach Zahl und Schwere trotz der dauernd gesteigerten Anforderungen in erträglichem Umfang, was jedoch nicht besagen soll, daß man nicht mit vollstem Einsatz aller Hilfsmittel und Forschungsmöglichkeiten daran arbeiten sollte, sie zu weiterem Zusammenschrumpfen zu zwingen.

Manchmal hat man als Beispiel und als Vorbild der Widerstandsfähigkeit die oft ganz ungewöhnlichen Beanspruchungen von Fahrzeugen, die bei Gestaltung und Bau niemals in vollem Umfang vorausgesehen werden können, hingestellt, wenn Anlaß zu Beanstandungen an Turbinenbeschauflungen wegen stärkerer Abnutzung oder ungenügender Stoßfestigkeit vorzuliegen schien. Zum Teil zu Unrecht; denn keine Dampfturbine wird für so geringe Lebensdauer und so häufige Überholung gebaut wie z. B. Fahrzeugmotoren, die entweder nach einer bestimmten, vergleichsweise sehr niedrigen Betriebstundenzahl ganz oder doch in ihren wichtigsten Teilen ersetzt werden müssen. Nach einer gewissen, und zwar im allgemeinen recht hohen Betriebstundenzahl, die im einzelnen allerdings beträchtlich von den örtlichen Gegebenheiten und der Art der Betriebsleitung abhängt, hat auch eine Beschauflung, als der den höchsten Anforderungen im Betriebe ausgesetzte Bauteil, ihre Schuldigkeit getan und sozusagen das Recht, ersatzbedürftig zu sein. Daß viele Turbinen und Turbinenteile von diesem Recht nur allerspärlichsten Gebrauch machen, ist jedenfalls ein beredtes Zeugnis für die gewissenhafte und hochwertige Arbeit, die die ihrer Verantwortung bewußten und auf ihren guten Ruf bedachten Turbinenwerke gerade auf die Beschauflung verwenden.

Eine Veränderung der Schaufeln, seien es nun Ablagerungen und Verkrustungen auf ihrer Oberfläche oder langsame Aufrauhung der Kanten und Flächen durch Auswaschung und Verrottung, ist bis zu einem gewissen Grade als üblicher Verschleiß anzusehen. Andererseits sind alle Ursachen und ihre Erscheinungsformen die gleichen wie bei entsprechenden Schaufelschäden; der Unterschied liegt somit nicht in der Art, sondern einzig in dem Grade. Die Pflege der Beschauflung im Betriebe wird daher zweckmäßig im Zusammenhang mit den Schäden behandelt, die zum Teil die Folgen mangelhafter Pflege sind, zum Teil auch ihre Ursache in anderen Erscheinungen haben. Zwei Arten von Schaufelschäden müssen unterschieden werden, nämlich solche, an denen die Schaufeln gewissermaßen schuldlos sind, und solche, die in den Schaufeln selbst ihren Ausgangspunkt haben. Zu der ersten Gruppe gehört z. B. die Verschmutzung, aber auch der Bruch von Schaufeln oder sonstige Beschädigungen der Beschauflung durch Fremdkörper, schadhafte Drucklager, Stopfbuchsen, Abschreckung durch Wassereinbruch usw. In die zweite Gruppe gehören die Abnutzung durch Verrottung oder Auswaschung und schließlich die unmittelbar verursachten Gewalt- und Schwingungsbrüche.

Bei jeder Überholung der Turbine sind der Zustand der Beschauflung mit besonderer Sorgfalt zu untersuchen und die Veränderungen gegenüber dem Befunde bei der voraufgegangenen Überholung und dem Ursprungzustand festzulegen. Für die beiden hauptsächlichen Arten der natürlichen Veränderungen an den Schaufeln, d. h. für die Verkrustung einerseits, die Abnutzung oder Verrottung andererseits, gibt es keine allgemein-gültige Regel, wann ein Befund weiteren Betrieb zuläßt oder nicht.

Bei einem Schaufelbruch in der Turbine ist zunächst grundsätzlich zu unterscheiden zwischen dem Bruch einer einzigen oder doch nur weniger Schaufeln und dem Bruch ganzer Schaufelreihen. Der letztere Fall tritt im allgemeinen nicht ohne Rückwirkung auf den Lauf oder überhaupt die Betriebsmöglichkeit der Turbine auf; er muß somit als Schaden behandelt werden und erfordert Ersatz der Schaufelreihe, je nach Befund und Untersuchungsergebnis in gleicher oder geänderter Ausführung. Man kann lediglich, um die Turbine nicht vollkommen entbehren zu müssen, die von dem Schaden betroffenen Schaufelreihen entfernen und die Turbine behelfsmäßig ohne sie wieder in Betrieb nehmen, wobei man mit einem Rückgang an Wirkungsgrad und an Leistung zu rechnen hat. Zu beachten ist hierbei allerdings, daß dadurch die Beanspruchung der verbleibenden Beschauflung unzulässig steigen kann. Vorherige Rückfrage beim Lieferwerk ist in einem solchen Falle daher unerläßlich.

Sind nur einzelne Schaufeln eines Läufers gebrochen, so ist festzustellen, ob es sich um Zufallsbrüche oder um kennzeichnende Brüche handelt. Jene können z. B. durch eine trotz aller Proben vorher nicht entdeckte Ungleichmäßigkeit im Baustoff verursacht sein, diese durch Fehler in Formgebung, Herstellung oder Betrieb. Bei Zu-fallsbrüchen wird man im allgemeinen nur die gebrochenen Schaufeln und, um das gestörte Gleichgewicht wiederherzustellen, die gleiche Anzahl in Richtung des Durch-messers gegenüberliegender aus demselben Schaufelkranz entfernen. Kennzeichnende Brüche sind den größeren Turbinenschäden gleichzusetzen und wie solche zu be-handeln.

Nicht anders als die Schaufeln sind im Hinblick auf Brüche die Deckbänder und die Bindedrähte zu betrachten. Schaufelschlußstücke, die im Verlauf des Betriebes sich gelockert haben, dürfen bei der Überholung nicht ohne weiteres wieder hineingeschlagen oder nachgesetzt werden, sondern sind vollkommen zu ersetzen.

Von Ablagerungen sind die Schaufeln bei jeder Überholung der Turbine zu befreien. Mit welchen Mitteln das möglich ist und durch welche vorbeugenden Schutzmaßnahmen die Ursache der Verschmutzung beseitigt werden kann, wird später ausführlich be-handelt (vgl. S. 278/285).

Zweifellos der häufigste Fall von Schaufelverschleiß ist die Aufrauhung an den im Naßdampf arbeitenden ND-Laufschaufeln durch Auswaschung, über die auf S. 252/261 Näheres mitgeteilt wird. Es gibt bis heute keinen Baustoff, der dieser Bean-spruchung gegenüber vollkommen verschleißfest wäre, daher ist, falls mit feuchtem Dampf gearbeitet werden muß, eine gewisse Schaufelabnutzung unvermeidlich. Kenn-zeichen dieser Auswaschungsnarben ist, daß sie im allgemeinen in der ersten Betriebzeit der Turbine zunächst verhältnismäßig rasch, dann aber immer langsamer fortschreiten, was man sich wohl am besten damit erklären kann, daß die der Zerstörung ausgesetzte Fläche und also die von dem auswaschenden Dampf abzutragende Baustoffmenge um so größer wird, je weiter die Auswaschung die Eintrittskante der Schaufel weggefressen hat. Wieweit eine solche Auswaschung an ND-Schaufeln zulässig ist, entscheidet sich in mechanischer Hinsicht nach der Festigkeit und Beanspruchung des Restquerschnittes, in thermodynamischer nach der als tragbar angesehenen Dampfverbrauchsverschlechte-rung. Diese Verschlechterung des Wirkungsgrades infolge schlechterer Dampfführung und erhöhter Wandreibung in den Schaufelwegen hält sich allerdings in verhältnismäßig engen Grenzen. Man sollte daher, solange die angerauhten Schaufeln in mechanischer Hinsicht unbedenklich sind, nicht durch Feilen oder Schaben die Schaufeloberfläche wieder zu glätten versuchen; denn man nimmt damit von der Schaufel unnötigerweise Baustoff ab, der sonst in wesentlich längerer Zeit erst von dem Dampf oder seiner Feuchtigkeit weggefressen werden würde. Die Tiefe der Auswaschungen bei jeder Über-holung wie die örtliche Lage der tiefsten Stellen an der Schaufel müssen unbedingt im Maschinentagebuch festgehalten und zweckmäßigerweise zugleich an das Lieferwerk gemeldet werden, das dann seinerseits prüft, ob die ausgewaschenen Schaufeln noch weiter in Betrieb gehalten werden dürfen oder ersetzt werden müssen.

Die *Stopfbuchsen*, und zwar Außen- wie Innenstopfbuchsen, sind in erster Linie daraufhin zu untersuchen, ob sie Schleifspuren zeigen und ob dadurch die Dichtungspitzen abgeschliffen oder verdrückt sind. Es ist ferner festzustellen, ob die Stopfbuchsenringe in ihrem Gehäuse und dieses seinerseits im Turbinengehäuse noch ordnungsgemäß eingepaßt sind. Die Teilfugen sind zu überprüfen auf Kriechwege des Dampfes, der durch diese von der Stopfbuchse aus in das Turbineninnere oder umgekehrt entweichen würde.

Bei stärkerer Beschädigung wird man angelaufene Stopfbuchsen durch neue ersetzen. Dabei erweisen sich die Ausführungsformen, wie sie bei mittleren und größeren Turbinen vorgesehen werden, als besonders vorteilhaft, bei denen die ganzen Stopfbuchsen nicht unmittelbar in das Turbinengehäuse, sondern in einzelnen Ringen in ein eigenes Stopfbuchsengehäuse eingesetzt sind; denn bei ihnen ist ein Ersatz einzelner Ringe leicht und rasch auszuführen und außerdem weniger kostspielig, als wenn eine ganze Buchse auszuwechseln und gegen das Turbinengehäuse vollkommen neu abzudichten wäre.

Bei Kohlestopfbuchsen sind die Kohleringe nach festgestellter Abnutzung wieder einzupassen oder zu ersetzen. Außerdem sind vor allen Dingen die hierfür erforderlichen Spann- oder Haltefedern der Ringe auf Ermüdung hin zu prüfen. Wasserstopfbuchsen müssen von jeglichem Kesselsteinansatz gesäubert werden.

Beim Wiedereinbau der Stopfbuchsen und Einlegen der Läufer ist die Ausrichtung der Stopfbuchsen sowohl nach ihren radialen Spielen als auch nach ihrer axialen Stellung mit der gleichen Sorgfalt wieder vorzunehmen wie beim ersten Zusammenbau der Turbine.

Die *Lager* rechnet man im Turbinenbau allgemein zu den „dem Verschleiße unterworfenen Teilen". Trotzdem ist, verglichen mit Kolbenmaschinen, das Ersatzbedürfnis bei Turbinenlagern verschwindend gering. So mußten z. B. nach einer zahlenmäßigen Zusammenstellung von *Metro-Vick* von 940 nach Ablauf einer bestimmten Zeitspanne gelegentlich der üblichen Überholung untersuchten Lagern nur 2%, also noch nicht 20 Paar Lagerschalen, erneuert werden. Ebenso viele ließen sich noch durch Neuausgießen mit Weißmetall wieder herrichten. Mehr als 900 Lager waren somit ohne jede Einschrankung noch betriebsbrauchbar!

Die Lauflager sind sämtlich auf Tragspuren an der Lauffläche zu untersuchen und je nach dem Befunde ohne Nacharbeit wieder einzubauen, nachzuschaben, durch Neuausgießen mit Weißmetall wiederherzustellen oder schließlich vollkommen zu ersetzen. Die gleiche Sorgfalt muß der Auflage der Lagerschalen im Lagerbock bei der Untersuchung zugewendet werden; denn lose Lagerschalen können unruhigen Lauf der Turbinen bewirken. Auch hier ist durch genaueste Besichtigung der Beilagen oder der Auflageflächen festzustellen, ob irgendwelche Bewegungen zwischen Lagerschale und Auflage stattgefunden haben. Mitunter sind die Beilagen, wenn die Lager nicht mehr richtig eingepaßt waren, schon in vollkommen zerhämmertem Zustand vorgefunden worden.

Wird bei der Untersuchung der Turbine der Läufer nicht aus dem Gehäuse herausgehoben, so daß man nicht frei an alle Lagerstellen herankommen kann, so besteht bei allen Turbinenbauarten die Möglichkeit, die Unterschalen der Lager unter dem leicht angehobenen Läufer, unter Umständen sogar bei geschlossenem Turbinengehäuse, herauszudrehen. Bei diesem Herausdrehen der Lagerschalen leistet eine Läuferanhebevorrichtung nach Abb. 157 gute Dienste. Die beiden Backen werden mit ihren Auflagerflächen in eine Bohrung des Lagerbockunterteiles eingelegt, aus dem die untere Hälfte des Einsatzringes vorher herausgedreht worden ist. Mit der Sperrschraube spreizt man dann die freien Schenkel der Backen und hebt so mit der nötigen Feinabstufung die Welle um einige Zehntelmillimeter, die einerseits ausreichen, daß man die unteren

Lagerschalenhälften unter Benutzung von Ösenschrauben unter der Welle herausdrehen kann, andererseits aber noch klein genug sind, daß die Spitzen der Stopfbuchsen nicht weggedrückt und die Schaufeln nicht infolge Andrückens an das Gehäuse oder seine Einsätze beschädigt werden.

Die Drucklager sind in der gleichen Weise wie die Lauflager auf Tragstellen oder sonstige Unregelmäßigkeiten zu überprüfen. Dabei ist auch die Oberfläche des Laufringes auf der Welle zu untersuchen und festzustellen, ob sie genau lotrecht zur Welle ist. Alle Ölwege im Drucklager sind zu reinigen.

Wo mit Rücksicht auf etwaige Lagerströme die Lagerböcke gegen die Grundplatten elektrisch geschützt sind, ist die Unversehrtheit der Schutzstoffe zu überprüfen und, falls erforderlich, wiederherzustellen.

Nachgiebige *Kupplungen* sind auszubauen und zu besichtigen. Ungleichmäßiges Tragen der Klauen oder Zähne ist durch Nacharbeit und Neuausrichtung zu beseitigen, bei fortgeschrittener Abnutzung sind die betreffenden Teile auszuwechseln. Ursache für ungewöhnlich rasche Abnutzung sind meist Ölmangel, mitunter auch Wellenströme. Bei Vorhandensein dieser wird man, wenn sie nicht vollkommen zu beseitigen sind, die beiden zu kuppelnden Wellen durch irgendeine Überbrückung elektrisch verbinden. Die Kupplungshülsen sind von Ölrückständen zu reinigen.

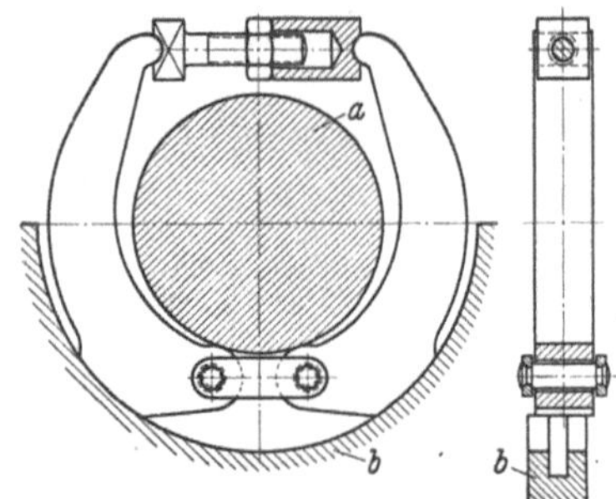

Abb. 157.
Vorrichtung zum Anlüften der Turbinenwelle.
a Turbinenwelle; *b* Turbinengehäuse oder Lagerbock (Bohrung für Abdichtungsring).

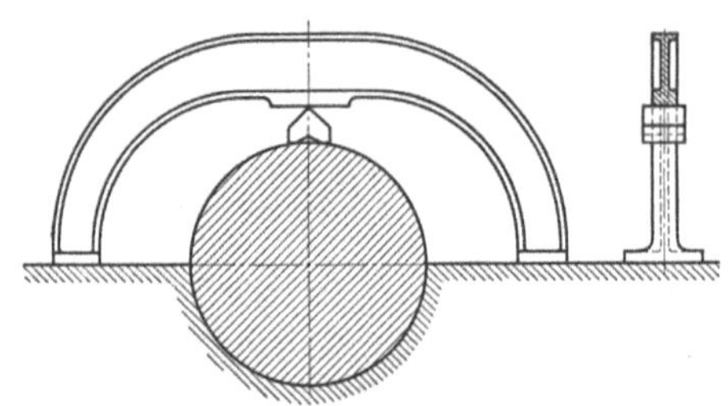

Abb. 158. Vorrichtung zum Überprüfen der Höhenlage von Turbinen- und Getriebewellen.

Bei der Überholung der Turbine kann man zur Überprüfung der *Ausrichtung* der Welle genau so verfahren wie beim ersten Zusammenbau. Man stellt also alle erforderlichen Maße durch unmittelbare Messung mit entsprechenden Behelfseinrichtungen fest. Man kann diese Überprüfung durch eine Meßvorrichtung erleichtern — und das geschieht häufig bei Schiffsturbinenanlagen —, die aus einem Meßbügel und einem reiterförmigen Paßstück besteht, also eine Art Lehre darstellt, Abb. 158. Nach dem Zusammenbau und Ausrichten wird der Meßbügel auf der waagerechten Teilebene über den Lagerstellen der Welle aufgestellt und der Reiter schließend zwischen Oberkante Welle und Meßbügel gepaßt. Ersatzlagerschalen müssen, damit die Welle wieder in ihre ursprüngliche Lage gebracht wird, unter Umständen so weit durch Abschaben von Weißmetall nachgearbeitet werden — natürlich unter Berücksichtigung des vorgeschriebenen Lagerspieles —, bis der Reiter wieder schließend zwischen Welle und Meßbügel paßt.

Bei den *Getrieben* sind die Gehäusedeckel abzunehmen, sämtliche Lager auf Abnutzung zu untersuchen, die Verzahnungsteile zu besichtigen und alle Schmiervorrichtungen und Ölwege auf Sauberkeit zu überprüfen. Es ist besonders darauf zu achten, daß die Stellung der Ölspritzdüsen so ist, daß das Öl unmittelbar vor das Eingriffsfeld der Verzahnung gespritzt wird.

Die Verzahnung eines Getriebes sollte, obwohl bei richtiger Bemessung und ordnungsgemäßer Ölversorgung eine Beschädigung oder unzulässige Abnutzung so gut wie nie vorkommt, Zahn für Zahn geprüft werden. Die Tragspuren an den Zahnflanken sollen sich gleichmäßig über die ganze Verzahnungsbreite erstrecken und keine Unregelmäßigkeiten aufweisen. Aus den Tragspuren kann auch auf die Richtigkeit oder auf eine Veränderung der Ausrichtung der Lager geschlossen werden.

Ist nach längerem Betriebe festzustellen, daß die Tragspuren auf der Verzahnung sich nicht über die ganze Verzahnungsbreite erstrecken, so ist, da bei derartigen, von einer erfahrenen Werkstätte hergestellten Hochleistungsgetrieben Herstellungsfehler nicht angenommen werden können, daran stets eine nicht vollkommen richtige Ausrichtung schuld. Ein Nachrichten wird in allen Fällen ein gleichmäßigeres Tragen der gesamten Verzahnung herbeiführen.

Mitunter trifft man auch heute noch auf eine gewisse Abneigung gegen Getriebeturbinen. Vielfach ist es die hohe Turbinendrehzahl, der man mit Mißtrauen begegnet. Man läßt dabei allerdings außer acht, daß bei höheren Drehzahlen infolge der dann wesentlich kleineren Abmessungen aller sich drehenden Teile die Umfangsgeschwindigkeiten und damit auch die Fliehkraftbeanspruchungen nicht nur nicht größer, sondern in den meisten Fällen wesentlich kleiner sind als bei Turbinen üblicher Drehzahl, somit auch ihre Betriebsicherheit größer ist. Dann aber ist manchmal auch die Unkenntnis der wesentlichen Betriebseigenschaften von Turbinengetrieben eine weitere Quelle des Mißtrauens. Aus diesen Gründen soll hier das Verhalten von Verzahnungen im Betriebe einer etwas eingehenderen Betrachtung unterzogen werden.

Die Lebensdauer von Turbinengetrieben, sachgemäße Bauart und Herstellung und hinreichende Ölversorgung vorausgesetzt, ist in Wirklichkeit unbegrenzt. Es ist eine völlig unrichtige Vorstellung, daß mechanische Übertragungen dieser Art nach einer gewissen Betriebzeit einen schädlichen und unzulässigen Verschleiß aufweisen müssen. Denn wenn der Flüssigkeitsdruck zwischen den Zahnflanken so groß ist, daß die Kräfte allein durch die Schmierschicht übertragen werden — was meist der Fall sein wird — und in keinem Punkt der Flanken unmittelbare metallische Berührung stattfindet, kann eine den Betrieb störende oder die Sicherheit gefährdende Abnutzung überhaupt nicht auftreten. Tatsächlich ist es auch noch nie vorgekommen, daß eine richtig bemessene Verzahnung, wenn die Ölversorgung im Betriebe in Ordnung gehalten wurde, zufolge Abnutzung unbrauchbar geworden ist. Zum vollständigen Verständnis muß indes hier auf zwei Erscheinungen hingewiesen werden, die in den ersten Betriebsmonaten manchmal auftreten, da deren Wesen trotz vorliegender jahrelanger Erfahrungen noch immer nicht allgemein bekannt ist.

In der ersten Zeit des Baues von schnell laufenden Zahnradvorgelegen konnte man noch nicht eine so hohe Genauigkeit der Verzahnung erreichen, wie es heute möglich ist. Man hielt es daher früher allgemein für erforderlich, Turbinengetriebe ähnlich wie Zahnräderpaare für geringe Drehzahlen und andere Zwecke vor der Inbetriebnahme einlaufen zu lassen, was zum Teil unter Verwendung von Schleifmitteln, wie Glas, Graphit u. dgl., durchgeführt wurde. Mit der fortschreitenden Vervollkommnung des Herstellungsverfahrens ist dieses Einschleifen aber vollkommen entbehrlich geworden, so daß es heute bei ungehärteten Zahnrädern seit Jahren als überholt anzusehen ist. Die Verzahnungen sind also nach der Herstellung auf der Bearbeitungsmaschine ohne weitere Nacharbeit oder sonstige Maßnahmen betriebsbereit, womit man allerdings in Kauf nimmt, daß in der ersten Betriebzeit selbst ein gewisses Einlaufen stattfindet, bei dem eine geringe Baustoffabnahme, sei es in Form von Grübchen- oder Gratbildung, auftreten kann. Bei der Beurteilung dieser Erscheinungen ist auch zu berücksichtigen, daß die Herstellung der Verzahnung auf der Bearbeitungsmaschine in spannungslosem Zustand, d. h. ohne Drehmoment in den Ritzel- und Radwellen, erfolgt, während im Betriebe entsprechend der zu übertragenden Leistung eine gewisse, wenn auch sehr geringe Verdrehung auftritt und diese von dem einen Ende der Verzahnung von Null zum anderen Ende auf der Antriebseite bis zur vollen Höhe zunimmt. Es wird deshalb auf alle Fälle an der Antriebseite zunächst ein etwas stärkeres, härteres Anliegen und Anpressen der Zahnflanken aufeinander stattfinden, das unter Umständen in der ersten *Betriebzeit* an dieser Stelle eine gewisse Verformung oder Abnutzung der Flanken bewirken kann, bis sich nach einiger Zeit der Druck über die ganze Verzahnungsbreite verteilt und damit der der Berechnung zugrunde gelegte mittlere Zahndruck eingestellt hat. Die tatsächliche Baustoffabnahme ist indes bei diesem Vorgang stets nur überaus gering und auf alle Fälle viel geringer als bei einem gewaltsamen Einlaufen mittels eines Schleifmittels, so daß der auf die ersten Betriebsmonate beschränkte Vorgang lediglich als ein verfeinertes, die Zähne mehr schonendes Einlaufverfahren angesehen werden kann. Die hierbei sich abarbeitenden Stahlspänchen, die mit in den Ölkreislauf gelangen, müssen natürlich aus diesem nach Erfordernis — in der ersten Betriebzeit also häufiger — durch entsprechende Vorrichtungen (Ölsiebe, Ablaßhähne, Schleudern usw.) entfernt werden. Denn eine wichtige Voraussetzung für störungsfreien Lauf und hohe Lebensdauer eines Zahnradvorgeleges ist nebst reichlicher Ölversorgung und Verwendung geeigneten Öles die Reinhaltung des gesamten Ölkreislaufes, um unzulässige Verschlechterung des Schmiermittels und -vorganges zu verhindern.

An den Zähnen der Räder zeigt sich nun manchmal in der ersten Betriebzeit in der Nähe des Teilkreises eine geringe Veränderung der Oberfläche, eine Erscheinung, die mit Grübchenbildung, Pockennarben oder „pittings" bezeichnet wird. Ihr Auftreten ist durch verschiedene Umstände zu erklären. Ein Grund sind zunächst die Abwälz- und Abrollvorgänge der Verzahnung selbst. Der Zahneingriff beginnt nämlich am Kopf des Radzahnes und am Fuße des Ritzelzahnes. Der arbeitende Teil des Ritzelzahnfußes ist aber kürzer als die Kopfhöhe des Radzahnes. Da die ungleich langen Flankenwege vom Eingriffspunkt in gleicher Zeit zurückgelegt werden, bewegt sich der Eingriffspunkt auf dem Radzahn vom Kopfkreis zum Teilkreis schneller, so daß auf ihm eine gewisse Zerrung der Zahnoberfläche nach dem Teilkreis zu stattfindet. Das gleiche, aber in entgegengesetzter Richtung, erfolgt auf dem Fuße der Radverzahnung. Infolge dieses Gleitens auf den Flanken der Radzähne von beiden Seiten nach dem Teilkreis zu und der sich dadurch dort ergebenden, allerdings sehr geringen Baustoffansammlung treten nun in der Nähe des Teilkreises unebene Stellen auf, die höher beansprucht werden, als dem mittleren Zahndruck entspricht. Infolge der höheren örtlichen Beanspruchung bilden sich dann kleine Druckkegel aus, von denen etwas Baustoff abgetragen wird. Das Auftreten dieser Druckkegel oder Grübchen am Teilkreis wird dadurch begünstigt, daß dort reines Abrollen der Zahnflanken aufeinander, also kein gegenseitiges Gleiten mehr stattfindet und daher die trennende Schmiermittelschicht, die sich bekanntlich am besten bei einer gegenseitigen Gleitgeschwindigkeit und einem keilförmigen Zwischenraum zwischen den zu schmierenden Flächen ausbildet, am wenigsten wirksam ist.

Auf die Grübchenbildung kann auch ungenügende Steifheit des Getriebegehäuses und dessen Auflage von Einfluß sein. So konnte als Ursache des Versagens einiger Schiffszahnradvorgelege aus früherer Zeit tatsächlich das Verziehen des Getriebegehäuses als Folge von Formänderungen des Schiffskörpers festgestellt werden. Bei ortfesten Vorgelegen sind die Verhältnisse diesbezüglich wegen der größeren Steifigkeit der Fundamente und der im allgemeinen geringeren Gehäuseabmessungen wesentlich günstiger. Die Grübchen sind von verschiedener Größe, meist von einem Durchmesser von ungefähr 0,5 mm, mitunter bis 3 mm. Ihre Tiefe ist meist sehr gering, im Mittel etwa 0,1 mm, obwohl sie zufolge ihrer schwarzen Färbung wesentlich größer erscheint. Die Grübchen treten vereinzelt oder mehr zusammenhängend auf, Abb. 159[74]. Die durch das Ausbrechen der zerstörten Metallteilchen eingeleitete Bildung von Grübchen nimmt aber bereits nach verhältnismäßig kurzer Zeit ab, kommt nach den ersten Betriebsmonaten vollständig zum Stillstand und hat daher keinerlei nachteilige Wirkung[75].

---

[74] Nach Gen. Electr. Rev. Bd. 23 (1920) S. 64/65 Abb. 5 u. 6.

[75] Vgl. H. FRAHM: Zahnradgetriebe für Turbinen- und Motorschiffe der Werft *Blohm & Voss*. Jb. schiffbautechn. Ges. Bd. 26 (1924) S. 100. — BAUER, G.: Der Schiffsmaschinenbau, Bd. 2, Anhang S. 107. München: R. Oldenbourg 1927. — KLEIN, R.: Einiges aus der Praxis des Getriebebaues. Glasers Ann. Bd. 105 (1929) S. 185.

Ebenso unschädlich und unbedenklich wie diese Grübchenbildung ist eine andere häufig mit ihr gleichzeitig anzutreffende Erscheinung. Häufig wird nämlich in der ersten Betriebzeit an der äußeren Kante der Ritzelzähne ein Grat festgestellt. Die Erklärung hierfür ist, daß hier das Gleiten der Zahnflanken vom Teilkreis nach beiden Richtungen erfolgt, also ein gewisses Verdrängen des Baustoffes vom Teilkreis weg stattfindet. Das Auftreten dieser Gratbildung ist bei Verzahnungen, die vor Inbetriebnahme nicht eingeschliffen worden sind, ein in der ersten Betriebzeit mehr oder weniger erforderlicher Vorgang, da ja in dieser erst das Einlaufen der Verzahnung erfolgt. Bei Maschinen mit stark schwankendem Drehmoment, wie z. B. Schiffsgetrieben, tritt dieser Grat manchmal in stärkerem Maße auf. Aber auch solche Getriebe sind erfahrungsgemäß seit vielen Jahren in anstandslosem Dauerbetrieb und haben trotz hoher Beanspruchungen nie zu irgendwelchen Beanstandungen Anlaß gegeben. Tritt ein Grat auf, so wird er gelegentlich eines Stillstandes des Getriebes mit einfachen Mitteln, meist mit einem Schaber abgenommen. Nach einiger Zeit kommt auch diese Gratbildung zum Stillstand. Beim getriebenen Rade, auf dessen Zahnflanken das Gleiten, wie erwähnt, von beiden Seiten zum Teilkreis hin erfolgt, tritt diese Erscheinung nicht auf.

Daß die Auffassung von dem Wesen dieser beiden Erscheinungen, also die Erklärung beider als Folge des Einlaufvorganges, richtig ist, wird auch dadurch bestätigt, daß beide Erscheinungen, vorausgesetzt natürlich, daß das Getriebe im übrigen richtig entworfen und gebaut ist, nur in den ersten Betriebsmonaten auftreten. Demnach handelt es sich hier um völlig unbedenkliche und vor allem die Betriebsicherheit der

Abb. 159. Grübchenbildung an den Zähnen eines Schiffsturbinengetriebes (links) und eines ortfesten Turbinengetriebes (rechts)[74].

Ritzeldurchmesser	291 mm	184,5 mm
Drehzahl	427 U/min	3670 U/min
Umfangsgeschwindigkeit	6,5 m/s	35,5 m/s
Zahndruck	205 kg/cm	535 kg/cm
Betriebzeit	400 h	263 h

Getriebe in keiner Weise beeinflussende Erscheinungen. Es genügt erfahrungsgemäß immer, den Grat zu entfernen und dafür zu sorgen, daß die aus den Grübchen ausgebrochenen Stahlteilchen nicht dauernd im Ölkreislauf verbleiben. Mit Gestaltung und Aufbau des Getriebes, also etwa der Zahl der Traglager oder der Art der Lagerung der Wellen oder ihren Kupplungen, haben diese Erscheinungen nichts zu tun. Sie sind keineswegs ungewöhnlich, sondern im Gegenteil eher sogar erwünscht, weil sie im Sinne der gegebenen Erklärung die zusammenarbeitenden Zahnflanken zum besseren Tragen bringen.

Niemals ist es notwendig gewesen, ein Turbinengetriebe, welches auf den Zahnflanken Grübchen der erwähnten Art aufweist, als betriebsunzuverlässig anzusehen. Die Erfahrung hat sogar wiederholt gezeigt, daß gerade Maschinen mit stärkerer Grübchenbildung ganz besonders ruhig und geräuschlos laufen. Vollständig abwegig und verfehlt wäre es daher, ein solches Getriebe lediglich dieser Erscheinung wegen durch ein anderes ersetzen zu wollen.

Die *Schnellschlußvorrichtung* ist so oft als möglich zu besichtigen, um sich von ihrer Betriebsfähigkeit zu überzeugen und etwa eintretende Abnutzung oder Änderung der Einstellung rechtzeitig feststellen zu können. Gelegentlich dieser Besichtigung ist der Regler zu reinigen und zu schmieren. So manche Störung an Turbinen hatte ihre Ursache in der Vernachlässigung der Überwachung der Sicherheitsregler und ihrer Übertragungsmittel.

Am Schnellschlußventil ist bei jeder Überholung insbesondere auf den Zustand der Sitzfläche am Ventilkegel und am Ventilkorb und der Schnellschlußklinke zu achten. Die Ventilspindel ist an der Stopfbuchsenstelle auf ihre Oberflächenbeschaffenheit zu untersuchen, leichte Anrauhungen sind zu glätten, jeder stärkere Angriff durch Verrottung oder Auswaschung erfordert Auswechslung der Spindel. Zugleich ist die Ursache für den Verschleiß festzustellen und, wenn möglich, zu beseitigen.

Das Getriebe zum *Antrieb des Drehzahlreglers* und der Ölpumpen ist bei der regelmäßigen Besichtigung vor allem auf richtigen Zahneingriff des Ritzels oder der Schnecke im Rade zu untersuchen. Die Radzähne werden, wenn die Ausrichtung einwandfrei ist, über die ganze Zahnbreite gleichmäßig tragen. Festgestellter Verschleiß ist in der auf S. 152 und 314/315 eingehend erörterten Weise zu ermitteln und seine Ursache zu beseitigen.

Auch die üblichen Überholungsarbeiten an *Drehzahl-* und *Druckreglern* samt den Übertragungsmitteln sind bereits (vgl. S. 151/153) behandelt. Sie erstrecken sich im wesentlichen auf die Untersuchung aller Schneiden, Bolzen, Gelenke, Lager usw. auf Abnutzung. Toter Gang im Übertragungsgestänge ist durch Erneuerung oder Nachrichten abgenutzter Gelenke oder Zapfen zu beseitigen. Die Ventilsitze, -kegel und -spindeln sind zu reinigen und zu glätten, unter Umständen gegen Ersatzteile auszuwechseln.

Die *Kondensatoren* sind bei den regelmäßigen Besichtigungen und Überholungen auf Dichtheit der Flanschverbindungen und der Kühlrohre zu überprüfen. Undichte Flansche sind neu zu verpacken, die Stopfbuchsen an Kondensatorrohren, wenn nötig, nachzuziehen, undichte Rohre sind abzublinden oder zu ersetzen.

Beim *Einwalzen von Ersatzrohren* ist folgendes zu beachten: Die Bohrungen in den Rohrböden müssen genau walzenförmig und senkrecht zum Boden sein; sie sollen etwa 0,25 mm im Durchmesser größer sein als der Rohraußendurchmesser, damit das Rohr nicht unnötig weit aufgeweitet werden muß. Die Mittelachse der Rohrwalze muß beim Walzen mit der Längsachse des Rohres zusammenfallen. Die Walzen müssen abgerundet sein oder kegelig auslaufen, damit der Übergang vom aufgeweiteten Durchmesser zum Normdurchmesser allmählich ist, und sollen nicht zu tief in das Rohr eingeführt werden. Die Abrundung oder der kegelige Auslauf der Steine soll beim Walzen noch 1 bis 2 mm innerhalb des Rohrbodens liegen.

Gleichzeitig ist die *Lagerung* des Kondensators auf seinen Stühlen sowie seine Abstützung gegen die Tischplatte des Fundamentes zu untersuchen. Nötigenfalls sind die Muttern der Befestigungschrauben nachzuziehen. Die *Wasserstopfbuchse* zwischen Turbine und Kondensator, sofern eine solche vorhanden ist, ist zu reinigen, brüchig gewordene Gummidichtung auszuwechseln und das Wasserzuflußrohr sowie der Überlauf zu reinigen. Schließlich ist die *Ausrichtung* der Turbine gegen den Kondensator zu überprüfen und zu berichtigen.

Neben diesen, etwa in den gleichen Zeitabständen wie die Überholung der Turbine selbst vorzunehmenden Überprüfungen und Überholungsarbeiten am Kondensator muß die *Reinigung der Kondensatorrohre* je nach Bedarf vorgenommen werden, wenn die Leistungsfähigkeit und Wirtschaftlichkeit der ganzen Turbinenanlage dauernd gewährleistet sein soll. In Kraftwerken angestellte Beobachtungen über die Wärmedurchgangzahl von Kondensatorrohren nach der Reinigung, Abb. 160[76], ergeben, daß sich auch bei sorgfältiger und genügend häufiger Reinigung der Rohre ihre Wärmedurchgangzahl mit dem Betriebsalter der Rohre etwas verschlechtert, andererseits zeigen die Kurven der Abbildung, daß bei allen Rohren bereits in wenigen Stunden nach der Reinigung der Wärmedurchgang verhältnismäßig stark zurückgeht, um dann allerdings nur noch sehr allmählich weiter abzusinken.

Die Zeitabstände und die Art der erforderlichen Reinigung sind abhängig von der Beschaffenheit des Kühlwassers und der dadurch hervorgerufenen Verschmutzung der Rohre. Manche Kraftwerke sind in der glücklichen Lage, daß eine Reinigung erst nach Jahren vorgenommen werden muß, während andere wöchentlich reinigen müssen. Die wirtschaftliche Zeitspanne zwischen zwei Reinigungen kann man ermitteln, wenn

---

[76] Nach Abb. 34 in: NELA: Condensing Equipment, a Report of the Prime Movers Committee, Nr. 250. 1933.

man die Kosten der Reinigung einschließlich der für das Stillsetzen der Turbine und für die Änderung der Lastverteilung gegenüber den Kosten der Dampfverbrauchsverschlechterung infolge der Kühlflächenverschmutzung abwägt.

Bei der Rohrreinigung müssen die Ablagerungen restlos beseitigt werden, ohne daß dabei die Rohre selbst angegriffen oder beschädigt werden.

Sehr lose anhaftender Schlamm kann schon durch eine *zeitweilige Erhöhung der Kühlwassergeschwindigkeit* während des Betriebes entfernt werden. Diesen Zweck verfolgt z. B. die Spülung nach BOGNER-HÜLSMEYER. In den Wasserkammern sind hier verschiebbare Platten vorgesehen, Abb. 161, mit denen man von außen einen Teil der Rohre vom Kühlwasser vollständig absperren kann. Wird auf diese

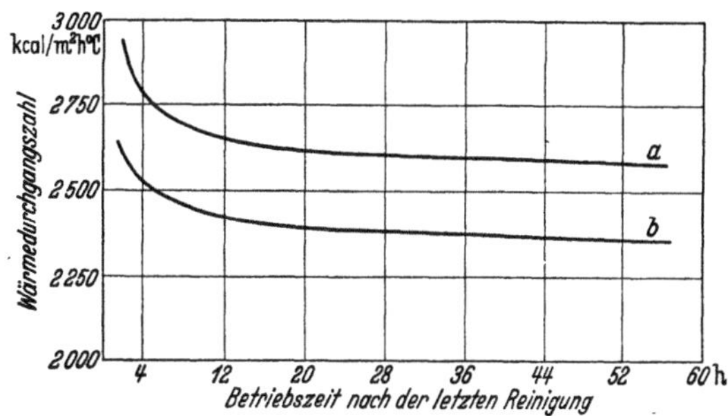

Abb. 160. Änderung der Wärmedurchgangszahl eines 8350 m²-Oberflächenkondensators nach dem Reinigen der Rohre. Vergleichsversuch mit neuen (a) und alten (b) Rohren[76].

		Versuch	
		Anfang	Ende
Luftleere	%	93,13	93,03
Kühlwassereintrittstemperatur	°C	24,5	25,0
Kühlwasseraustrittstemperatur, neue Rohre	°C	31,4	31,0
„ alte Rohre	°C	30,4	30,9
Kühlwassermenge	m³/h	40000	
Kühlwassergeschwindigkeit in den Rohren	m/s	2,42	
Dampfbelastung	kg/m²h	61	

Weise z. B. die Hälfte der Rohre abgedeckt, so fließt das Kühlwasser mit erhöhter Geschwindigkeit durch die andere Hälfte und spült den lockeren Schlamm fort. Eine

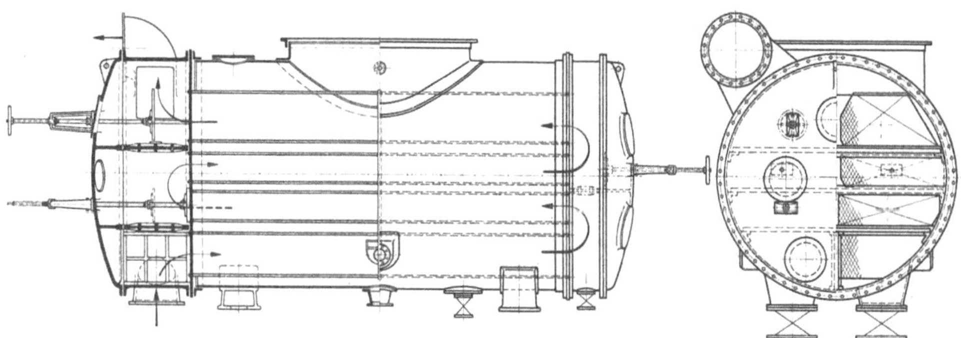

Abb. 161. Oberflächenkondensator mit Rohrspülvorrichtung nach *Bogner-Hülsmeyer.*

Geschwindigkeitserhöhung auf den doppelten Betrag wird nicht erzielt, da auch der Durchflußwiderstand größer wird; je nach der Kennlinie der Pumpe wird die Geschwindigkeit auf das 1,7- bis 1,85fache erhöht. Da diese Art der Reinigung sehr einfach ist, kann sie ohne besondere Mehrkosten beliebig oft vorgenommen werden.

In ähnlicher Weise arbeitet der KRUPPsche Kondensatorspüler. Hierbei wird in der Wasserkammer eine schwenkbare Düse angebracht, die von außen mit Druckwasser gespeist wird. Die Einrichtung ist so getroffen, daß die Düse mittels außenliegender Handräder an die Mündung eines jeden Rohres herangebracht werden kann. Die Rohre werden durch den mit großer

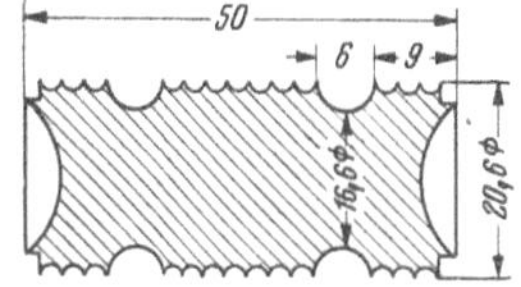

Abb. 162. Gummi-Rillenpropfen für Kondensatorrohre von 21 mm l.W.[77].

Geschwindigkeit austretenden Wasserstrahl kräftig durchspült. Eine außen angebrachte Zeigervorrichtung, welche zwangläufig mit der Düse verbunden ist, zeigt an, welches

[77] RAU, A.: Erfahrungen beim Reinigen von Kondensatoren. Arch. Wärmewirtsch. Bd. 24 (1943) S. 63 Abb. 1.

Rohr gerade gespült wird. Die Reinigung der gesamten Kühlfläche kann auf diese Weise ebenfalls ohne Betriebsunterbrechung vorgenommen werden.

Von Kleinlebewesen gebildeter Schlamm kann auch durch *Heißfahren* entfernt werden. Das Wasser in den Rohren wird durch kurzzeitiges Abstellen der Kühlwasserzufuhr auf 80 bis 90° C erwärmt. Die Kleinlebewesen werden auf diese Weise getötet und fallen von der Rohrwand ab. Dieses Mittel muß aber mit größter Vorsicht angewendet werden, da durch zu starkes Erwärmen die Dichtungen des Kondensators unbrauchbar werden können. Auch kann bei manchen Schlammarten dadurch das Gegenteil, nämlich ein Festbacken, erreicht werden.

Einige Werke berichten, daß das Durchblasen heißer Luft durch die Rohre den Kesselstein zum Abplatzen bringt.

Geräte zum *mechanischen Entfernen* der Ablagerungen während des Stillstandes der Maschine gibt es in großer Zahl. Nicht allzu fest anhaftender Schlamm kann durch Gummipfropfen, Abb. 162[77], entfernt werden, die mittels Druckluft durch die Rohre hindurchgepreßt werden. Durch Anwendung von Druckwasser kann die Wirkung erhöht werden. Sind genügend Handlöcher vorgesehen, so erübrigt sich hierbei das zeitraubende Abnehmen der schweren Stirnböden.

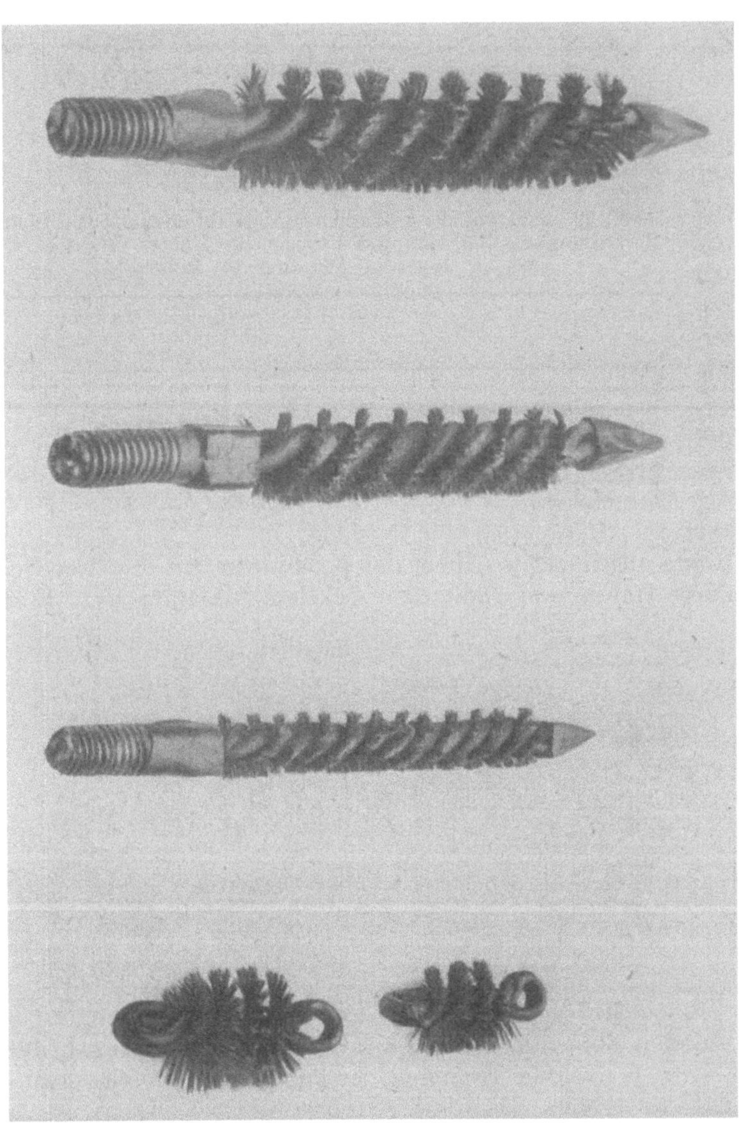

Abb. 163. Drahtbürsten zum Reinigen von Kondensator- und Kühlerrohren.

Mit den Reinigungsarbeiten ist sofort nach dem Entleeren des Kondensators zu beginnen, da sich in nassem Zustand die Schlammablagerungen am leichtesten entfernen lassen. Für fester haftenden Schlamm werden runde Bürsten von 15 bis 20 cm Länge, die mit Kalkutta- oder Drahtborsten versehen sind, angewendet, Abb. 163. Auch korbartige Geräte, bei denen sich Drähte an die Rohre anschmiegen, Abb. 164[78], Metallpfropfen und Werkzeuge mit scharfen schabenden Kanten werden verwendet. Es muß bei scharfkantigen Werkzeugen aber stets

---

[78] BRENDLIN, A.: Die chemische und mechanische Reinigung der Kondensatorrohre und ihr Einfluß auf den Rohrwerkstoff. Elektr.-Wirtsch. Bd. 35 (1936) S. 326 Abb. 5.

darauf geachtet werden, daß sie die Rohrinnenfläche nicht beschädigen; schon ein geringes Aufrauhen begünstigt Ablagerungen und beschleunigt die Verrottung. Auch die Korrosions- und Schwingungsbruchgefahr ist bei beschädigten Rohren weit größer. Die

Geräte werden an Stangen oder Gasrohren befestigt und von Hand im Rohr hin- und hergeschoben. Nur bei größeren Anlagen wird Preßluft oder Druckwasser zur Betätigung verwendet. Das Reinigen muß stets mit Wasserspülung, die gleichzeitig oder nachher angewendet werden kann, verbunden sein, damit der abgelöste Schlamm auch wirklich entfernt wird. Es gibt Vorrichtungen, welche den Rohrreiniger selbsttätig im Rohr unter gleichzeitiger Wasserspülung vortreiben und zurückholen, Abb. 165[79]. Die Anschaffung eines entsprechend teuren selbsttätigen Gerätes ist dort gerechtfertigt, wo große Kühlflächen oft gereinigt werden müssen.

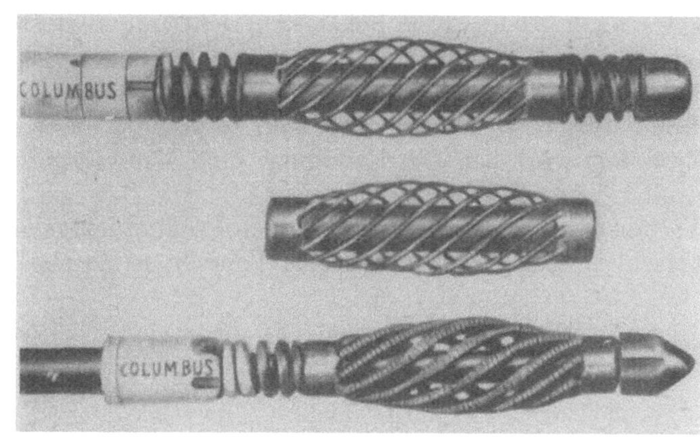

Abb. 164.
Rohrreiniger aus spiralförmig gewundenen Stahlrunddrähten[78].

Mitunter wird auch mit Sandstrahlgebläsen gereinigt.

Sehr harter, fest anhaftender Stein kann durch Ausbohren der Rohre entfernt werden. Dabei kann der Bohrkopf durch eine biegsame Hohlwelle angetrieben werden, durch die gleichzeitig Spülwasser zugeführt wird. Bei regelmäßigem Ausbohren der dünnwandigen Kondensatorrohre wird aber in kurzer Zeit die Wandstärke beträchtlich vermindert werden, selbst wenn dabei allergrößte Sorgfalt angewendet wird. Es empfiehlt sich daher, nicht dieses Verfahren anzuwenden, sondern durch häufige anderweitige Reinigung dafür zu sorgen, daß sich keine harte Steinkruste bilden kann.

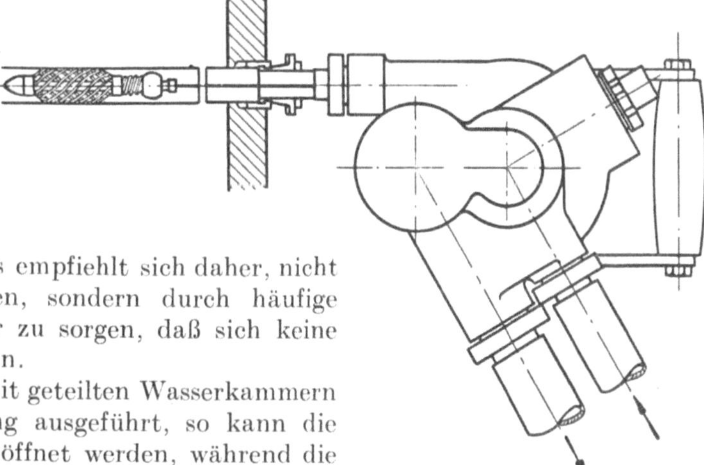
Abb. 165.
Spritzpistole zur Reinigung mit Geräten nach Abb. 163[79].

Wird der Kondensator mit geteilten Wasserkammern und getrennter Wasserführung ausgeführt, so kann die eine Hälfte zur Reinigung geöffnet werden, während die andere mit erhöhter Kühlflächenbelastung und entsprechend verringerter Luftleere in Betrieb bleibt. Dies ist auch bei Turbinen mit zwei Kondensatoren möglich, wenn durch entsprechende Formgebung des Abdampfteiles der Turbine oder durch eine dampfseitige Verbindung beider Kondensatoren dafür gesorgt ist, daß der gesamte Abdampf zu jedem der beiden Kondensatoren strömen kann. Die Luftsaugleitung des außer Betrieb befindlichen Kondensators oder Kondensatorteiles muß dabei abgesperrt werden.

Chemische Reinigung der Kondensatorrohre wird nur bei sehr fest haftendem, zementiertem Stein vorgenommen. Sie wird in den meisten Fällen mit Salzsäure durch-

---

[79] S. 327, Abb. 10 im Aufsatz laut Fußnote 78.

geführt. Für die Entfernung der dabei frei werdenden Kohlensäure muß durch Öffnungen in den Wasserkammern, bei mehrflutigen Kondensatoren auch in den Zwischenwänden der Wasserkammern, gesorgt werden. Die Salzsäurelösung wird meistens in einer Anreicherung von 5 % angewendet. Sie stumpft sich während des Reinigungsvorganges auf etwa 0,5 % ab. Eine höhere Anreicherung anzuwenden, ist wegen der erhöhten Gefahr für den Rohrbaustoff nicht zu empfehlen. Die Reinigungsäure wird in einem Behälter mit möglichst weichem Wasser gemischt und dann in den Wasserraum des Kondensators abgelassen. Das wird so lange wiederholt, bis der Kondensator gefüllt ist. Zuweilen wird bei der Reinigung eine Umwälzpumpe verwendet, welche die Säure während des Reinigungsvorganges stets in Bewegung hält, Abb. 166[80]. Nach anderen Verfahren wird in den Wasserraum Preßluft eingeleitet, um das Aufsteigen der Gasblasen zu beschleunigen; erhöhte Vorsicht ist hierbei geboten, da die Anwesenheit von

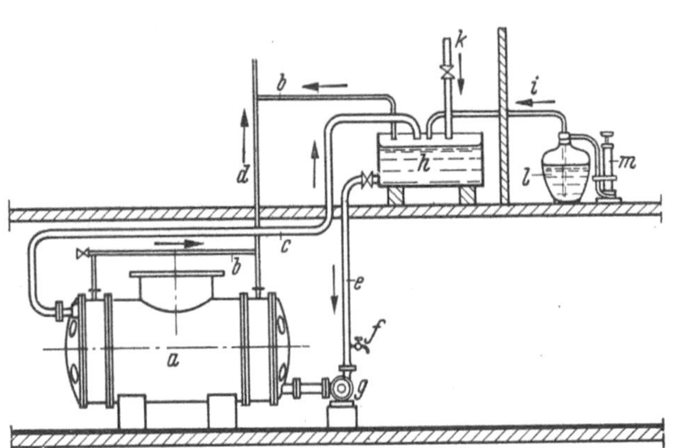

Abb. 166. Säurereinigung des Kondensators unter Anwendung von Pumpen.[80]

a Kondensator; *b* Entlüftungsleitung; *c* Rückleitung; *d* Leitung ins Freie; *e* Fülleitung; *f* Prüfhahn; *g* Pumpe; *h* Mischgefäß; *i* Säurezulauf; *k* Wasserzulauf; *l* Druckgefäß mit Säure; *m* Luftpumpe.

Luft die Korrosionsgefahr erhöht. Auch mit durch Einleiten von Dampf etwas erwärmter Lösung wird gearbeitet. Alle diese Mittel sparen Zeit, wobei jedoch zu beachten ist, daß bei allzu rascher Lösung des Steinansatzes die Rohre selbst stärker gefährdet werden können. Während der Reinigung ist durch Stichproben (Titrieren) die Anreicherung der Säure ständig zu überprüfen. Sinkt sie unter 0,5 %, so wird die Lösung abgelassen. Das Verfahren wird so oft wiederholt, bis der ganze Steinansatz entfernt ist. Der Dampfraum des Kondensators soll während der Reinigung mit Wasser gefüllt sein. Nach der Reinigung ist der Wasserraum gründlich durchzuspülen, die Rohre sind durch Bürsten vom Schlamm zu säubern. Man kann den Wasserraum auch nach der Reinigung mit einer Sodalösung anfüllen, um die noch vorhandenen Säurereste unwirksam zu machen. Um den Säureangriff auf die Rohre zu hemmen, wird der Zusatz eines Schutzkolloides zur Reinigungsäure empfohlen. In einigen Werken, besonders bei stehenden Kondensatoren, wird die Reinigungsäure in Tropfenform mit Preßluft auf die Rohre aufgespritzt. Bei den Arbeiten mit Säure sind Schutzbrillen und Handschuhe zu tragen. Die einschlägigen Unfallverhütungsvorschriften sind zu beachten.

Die *Hilfsmaschinen der Kondensationsanlage* sind in derselben Weise und mit der gleichen Gründlichkeit zu überholen wie die Hauptmaschinen. Ist zum Antrieb der Pumpen eine Dampfturbine vorgesehen, so sind deren Gehäuse zu öffnen und Stopfbuchsen und Beschauflung auf ihren Zustand zu untersuchen, ebenso sämtliche Lager und Reglungsteile.

Alle Kreiselpumpen sind zu öffnen. Fremdkörper und Schmutz sind zu beseitigen. Es ist vor allen Dingen zu untersuchen, ob die Pumpenräder durch Fremdkörper beschädigt oder so weit abgenutzt sind, daß ein Ersatz notwendig ist. Wo die Pumpenwellen an ihren Stopfbuchsstellen Rauhigkeiten aufweisen, sind diese zu beseitigen, die Wellen zu glätten. Hartgewordene Weichpackungen der Stopfbuchsen sind zu ersetzen.

Kondensationsanlagen, die Frischwasser als Kühlwasser verwenden, entnehmen dieses meist durch Kühlwassergräben und lassen es durch Ablaufgräben abfließen.

---

[80] Baader, A.: Chemische Gesichtspunkte der Kondensatorreinigung. Elektr.-Wirtsch. Bd. 37 (1938) S. 139 Abb. 6.

Trotz Rechen und Sieben gelangen feiner Sand und Wasserpflanzen in die Leitungen und bilden hier einen Schlammansatz, der von Zeit zu Zeit entfernt werden muß. Die Schlammbildung hängt von der Art des Wassers und von der Wassergeschwindigkeit ab. Je kleiner die Geschwindigkeit ist, desto öfter muß gereinigt werden. Der zu reinigende Teil des Grabens muß zu diesem Zweck beiderseits abgesperrt und leergepumpt werden. Gereinigt wird mit Besen und ähnlichen Werkzeugen. Sind große Schlammengen vorhanden, so ist die Verwendung einer Schlammpumpe zu empfehlen. Die Grabenwände können dann durch Abspritzen mit Druckwasser gesäubert werden. Nach der Reinigung sind sie auf Undichtheiten, Risse und Senkungen zu untersuchen, festgestellte Schäden sind zu beseitigen.

Saugkörbe in der Kühlwasserleitung sind wenigstens bei jeder Überholung zu reinigen. Die Kühlwasserrohrleitung selbst wird in den meisten Fällen erst nach längerer Betriebzeit zu reinigen sein, da hier die allgemein höhere Geschwindigkeit des Kühlwassers die Ablagerung von Schlamm erschwert. Die zu reinigenden Rohrstücke müssen ausgebaut werden. Nach der Reinigung ist der Rostschutzanstrich zu erneuern. Die großen Kühlwasserschieber sind auf gute Gängigkeit zu prüfen. Der Betriebzustand etwaiger Elektroantriebe muß einwandfrei sein.

Bei den Wasserstrahl-Luftsaugern sind die Düsen sowohl wie die anschließenden Erweiterungstücke auf Ausspülungen zu untersuchen. Bei Dampfstrahl-Luftsaugern können die Düsen verschmutzt oder ausgeblasen sein. Wo erforderlich, sind Ersatzteile einzubauen. Bei den Dampfstrahl-Luftsaugern sind außerdem die Zwischenkühler von Zeit zu Zeit auf Dichtheit der Rohre zu prüfen; da hier als Kühlwasser meist Niederschlagwasser verwendet wird, so entfällt die Gefahr der Verunreinigung des Kesselspeisewassers durch Undichtheiten der Kühlrohre, wie sie bei Undichtheiten der Kondensatorrohre besteht. Barometerschleife und Schwimmerventil zur Rückführung des Treibdampfkondensates in den Kondensator sind auf guten Betriebzustand zu prüfen.

Da Lufteinbrüche in den Dampfraum des Kondensators sofort eine Verschlechterung der Luftleere verursachen, so ist bei jeder Überholung der Kondensationsanlage ganz besonders auf die Möglichkeiten des Eindringens von Luft zu achten. Undichtheiten am Kondensatormantel kommen nur selten vor, meistens sind sie in den Anschlußstellen und den Verbindungen der unter Unterdruck stehenden Rohrleitungen zu suchen. Entwässerungs-, Notauspuff- und Stopfbuchsabsaugleitungen, die Wasserstopfbuchse zwischen Turbine und Kondensator, Verschlußdeckel am Kondensatormantel und am Turbinenabdampfgehäuse und auch die Teilfugen dieser Gehäuse können Quellen von Lufteinbrüchen sein und müssen daraufhin gründlich untersucht werden. Ventilsitze, besonders der des Notauspuffventiles, und die Spindelstopfbuchsen aller Unterdruckventile müssen auf Dichtheit geprüft werden. Ihre Wassertassen oder Sperrstopfbuchsen müssen in Ordnung sein, ihre Packungen sind, wenn nötig, nachzuziehen, unter Umständen zu erneuern. Auch die Hahnköpfe des Wasserstandsanzeigers können Luft einlassen, man erkennt das daran, daß während des Betriebes im Wasserstandsglas Blasen aufsteigen. Bei jeder Überholung ist der gesamte Unterdruckraum bis zur Teilfuge der Turbine mit Wasser, am besten mit Kondensat, aufzufüllen. Sämtliche Leckstellen sind abzudichten.

Bei jeder größeren Turbinenüberholung und bei jedem Ölwechsel ist eine Besichtigung und Reinigung der gesamten *Ölversorgung*, also aller Ölleitungen, Pumpen, Behälter, Kühler, Siebe, Ventile und überhaupt aller ölbespülten Teile erforderlich. Ölrückstände im Verteilungsnetz können eine neue Ölfüllung in kurzer Zeit unbrauchbar machen. Das Öl ist aus der Maschine möglichst noch in betriebswarmem Zustand abzulassen, also unmittelbar nachdem die Maschine stillgesetzt und die Hilfsölpumpe abgestellt wurde. Hierzu sind die an den tiefsten Stellen des Kreislaufes, also am Ölbehälter und Ölkühler, angebrachten Ablaßhähne zu öffnen. Die Füllung ist in saubere Fässer abzulassen. Dann sind, soweit möglich, sämtliche ölführenden Teile auszubauen.

Die *Ölrohre* werden außerhalb des Maschinenraumes mit Dampf durchgeblasen, etwa dann noch vorhandene Reste von Unreinigkeiten mit Stahlbürsten entfernt. Nach nochmaligem Durchblasen werden die Innenwände mit Hilfe nichtfasernder Lappen mit Turbinenöl benetzt. Um sie bis zu ihrem Wiedereinbau vor Staub zu schützen, sind die Rohrenden zu verschließen.

Aus dem *Ölbehälter* werden alle abnehmbaren Teile ausgebaut und mit Lappen gereinigt. Die Siebe werden mit Dampf durchgeblasen. Im Behälter selbst werden Schlammrückstände beseitigt, der Rest wird mit Lappen entfernt, die in Trichloräthylen (Tri) getaucht sind. Schließlich wird mit Turbinenöl nachgewischt.

Auf gleiche Weise wird bei allen Teilen vorgegangen, die nicht ausgebaut werden können. Besonders sorgfältig ist bei Lagerböcken, Kupplungsgehäusen, Reglerantrieben, Getriebegehäusen usw. zu verfahren. Die Reinigung muß auch schwer zugängliche Ecken erfassen. Nach dem Auswischen mit Tri ist mit Dampf auszublasen und schließlich mit Turbinenöl zu streichen. Kein ölberührter Teil darf bei der Reinigung übergangen und etwa ungereinigt wieder in Betrieb genommen werden.

Ölkühler sind wasser- und ölseitig zu reinigen, schadhafte Dichtungen und Rohre sind auszuwechseln. Auf der Wasserseite ist die Reinigung einfach, da das Innere der Kühlrohre gut zugänglich ist. Die anzuwendenden Mittel sind die gleichen wie bei Oberflächenkondensatoren. Die Verschmutzung auf der Ölseite ist meist größer als auf der Wasserseite. Da der Kühler der kälteste Teil des Ölkreislaufes ist, wird hier das Ausfällen des zum größten Teil aus Teer- und Erdpechstoffen bestehenden Schlammes begünstigt. Eine mechanische Reinigung des Rohrbündels mit seinen notwendigerweise eng gestellten Rohren ist auch bei ausziehbarem Rohrbündel unvollkommen. Am gebräuchlichsten ist die Reinigung durch Auskochen mit Sodalösung oder einem anderen öllösenden alkalischen Mittel (etwa P 3 der Firma *Henkel*). Das ausziehbare Bündel wird in einen Behälter gelegt und 24 Stunden ausgekocht, danach wird es mit Sattdampf durchgeblasen und so lange mit heißem Wasser bespült, bis Proben des Wassers und Tupfproben von der Bündeloberfläche vollkommen neutrale Reaktion zeigen. Nicht ausziehbare Kühler sind abzuflanschen und mit Soda- oder P 3-Lösung zu füllen. Durch Einblasen von Dampf niedriger Spannung wird etwa 24 Stunden lang ausgekocht. Falls nötig, ist das Kochen mit neuer Füllung zu wiederholen. Dann ist mit heißem Wasser zu spülen, bis die letzten Reste von Alkali entfernt sind, wovon man sich mit Hilfe von Lackmuspapier überzeugt.

Ein weiteres Reinigungsverfahren, das besonders bei stark verschmutzten Kühlern angewendet wird, ist die Füllung des Kühlers mit Trichloräthylen. Das Lösungsmittel wird 4 bis 6 Stunden lang durch Einblasen kalter Preßluft in ständiger Bewegung gehalten. Danach wird es abgelassen, kaltes Wasser eingefüllt und wiederum Preßluft durchgeblasen. Dieses wird zweimal wiederholt. In die nächste Wasserfüllung wird Dampf eingeblasen und der Kühler ausgekocht. Nach mehrmaligem Durchspülen mit heißem Wasser wird mit warmer staubfreier Preßluft getrocknet. Die Tri-Lösung kann mehrmals benutzt werden, da sich nach dem Ablassen die Verunreinigungen an der Oberfläche oder am Boden des Behälters sammeln und entfernt werden können. Der Behälter muß verschlossen sein, da Tri leicht flüchtig ist. Ein Vorteil ist, daß es weder brennbar noch explosiv ist. Wird es in größerer Menge eingeatmet, so wirkt es berauschend, bei größerer Dichte auch betäubend. Hautempfindliche Personen dürfen mit solchen Arbeiten nicht beschäftigt werden. Das Tri-Gas ist schwerer als die Luft, was besonders bei der Anwendung zur Reinigung des Ölbehälters zu beachten ist. Der Gebrauch einer Gasmaske ist zu empfehlen. Für gute Lüftung muß gesorgt sein, ferner muß eine ständige Aufsicht zugegen sein, wie es in den Unfallverhütungs-Vorschriften der Berufsgenossenschaft für Feinmechanik und Elektrotechnik, Abschnitt 1, § 36 und Anhang 4 verlangt wird.

Verrottung oder Auswaschung an den Ölkühlerrohren oder den Rohrböden ist genau wie bei den Kondensatoren zu behandeln.

Die *Dampfleitungen* sind, wenn auch nicht auseinanderzunehmen, so doch bei jeder Überholung der Turbine auszublasen und auf Verlagerungen und dadurch etwa hervorgerufene freie Schübe auf die Turbine zu überprüfen. Unbedingt sind jedoch bei jeder größeren Überholung alle Kondenstöpfe zu öffnen und zu reinigen. Ventile und Schieber sind auszubauen und zu überholen. Leitungen kleiner lichter Weite, besonders Entwässerungsleitungen, sind auf freien Durchgang zu prüfen. Siebe in den Dampfleitungen, besonders das Hauptsieb in der Frischdampfleitung unmittelbar vor der Turbine, sollten unabhängig von den Turbinenüberholungen mindestens einmal im Jahr, nach Bedarf auch öfter, gereinigt werden. Das wird bei den meisten neueren Dampfturbinen dadurch erleichtert, daß diese Dampfsiebe ohne Ausbau irgendeines anderen Turbinenteiles oder Abbau der Frischdampfleitung lediglich nach Entfernen einer leichten Verschalungshaube zugänglich sind.

25. Die Sondermaßnahmen für Radialturbinen.

Für Radialturbinen — gegenläufige und einläufige — sind die Betriebsvorschriften grundsätzlich nicht anders als für Axialturbinen. Wo sich die Betriebsvorschrift einer Radialturbine von der einer anderen Bauart unterscheidet, da liegt — mit einziger

Ausnahme der durch Doppelstromerzeuger der LJUNGSTRÖM-Turbine bedingten zusätzlichen Vorschriften — der Grund dafür nicht in der Bauart der Turbine, sondern in den Ansichten und Erfahrungen des Herstellers. So wird z. B. von einem Hersteller vorgeschrieben, daß vor dem Anfahren, besonders nach längerem Stillstand, die beiden Läufer einer LJUNGSTRÖM-Turbine von Hand etwas zu drehen sind.

Auch das, was früher (S. 117/120 über die Anfahrzeit der Turbinen gesagt ist, gilt für alle Bauarten. Eine grundsätzliche Überlegenheit hinsichtlich des Anfahrens kommt den Radialturbinen nicht zu. Sowohl bei der Axial- als auch bei der Radialturbine erwärmen sich beim Anfahren die Laufteile zunächst rascher als die mehr Masse besitzenden feststehenden Teile; erst nach einiger Zeit wird sich annähernd die gleiche Temperatur einstellen. Es kommt also nicht auf die Masse des umlaufenden Teiles an sich, sondern vielmehr auf das Massenverhältnis des Läufers zum Gehäuse an. Wie bei allen Überdruckturbinen ohne vorgeschaltete Gleichdruckstufe herrscht auch bei Radialturbinen, die durchweg im Überdruckverfahren arbeiten, in der ersten Radkammer fast die volle Frischdampftemperatur. Da bei ihnen außerdem, im Gegensatz zu Gleichdruckturbinen, die Spiele wesentlich kleiner sind und das zum Teil bei wesentlich größeren Umfangsgeschwindigkeiten, bedingt das Anfahren wie

Abb. 167. Innenteile einer 12500 kW-*Ljungström*-Turbine für Kondensationsbetrieb, in der Hebevorrichtung hängend.

bei jeder Bauart für höhere Drücke und Temperaturen größere Aufmerksamkeit.

Der Zusammenbau der Läufer, Stopfbuchsen usw. von Radialturbinen allgemein und bei der einläufigen Radialbauart auch der Einbau der Läufer in die Gehäuse können nicht in lotrechtem, sondern nur in axialem Sinne vorgenommen werden. Bei einer gegenläufigen Radialturbine muß das bereits zusammengebaute Laufzeug samt den Stopfbuchsen mittels einer geeigneten Hebevorrichtung, Abb. 167, in das Gehäuse eingebracht werden. Die Spiele in der Beschauflung und in den Stopfbuchsen können, wie bereits erwähnt, weder im kalten noch im Betriebzustand nachgemessen werden. Man ist bei allen Radialturbinen darauf angewiesen, bei jeder Überholung und dem nachfolgenden Zusammenbau die Durchmesser der Schaufel- und Dichtungsringe genauestens aufzumessen, um sie mit den Messungen beim ersten Zusammenbau vergleichen zu können und dadurch sowie durch Unterschiedsrechnung die Veränderungen in den Spielen und ihre wahrscheinliche Größe zu ermitteln.

Der Betrieb mit Radialturbinen bietet somit dem Betriebsmann weder grundsätzliche Vorteile noch grundsätzliche Nachteile gegenüber Axialturbinen. Dagegen ist bei jeder Überholung und mehr noch bei einem Schadenfall, der Stopfbuchsen oder Läufer in Mitleidenschaft zieht, die Axialturbine der Radialturbine an Einfachheit und in der Möglichkeit, den Schaden rasch und mit einfachen Mitteln festzustellen und zu beheben, überlegen, es sei denn, daß für Radialturbinen jeweils vollständige Ersatzläufer im Kraftwerk verfügbar sind. Diese einfache, aber immerhin kostspielige Möglichkeit besteht aber in gleichem Maße auch für Axialturbinen, deren Ersatzläufer sogar im allgemeinen weniger kostspielig sind als die vollständigen Innenteile einer Radialturbine.

III. Die Störungen.

26. Die zahlenmäßige Erfassung der Störungen.

Jeder Betrieb mit Maschinen, gleich welcher Art, schließt die Möglichkeit von Betriebstörungen ein, da es eine in jeder Hinsicht vollkommene Maschine und Maschinenwartung nicht gibt und Betriebzufälligkeiten, auch bei bester Wartung, mitunter vorkommen. Von dieser Regel macht auch die Dampfturbine keine Ausnahme. Wie aber unbestritten feststeht, daß die Dampfturbine eine Maschine sehr langer Lebensdauer ist, so kann hier mit gleicher Berechtigung ausgesprochen werden, daß die Dampfturbine zugleich eine Maschine mit vergleichsweise sehr seltenen Betriebstörungen ist. Dabei ist zu berücksichtigen, daß die Dampfturbine, zum wenigsten als Kraftwerksturbine, mitunter außerordentlich lange Betriebzeiten ohne jede Unterbrechung durchläuft. Dauerbetrieb von mehreren Monaten, ja Jahren, ohne jede Unterbrechung ist keine Seltenheit für Dampfturbinen.

Wertvollen Aufschluß darüber, in welchem Umfang

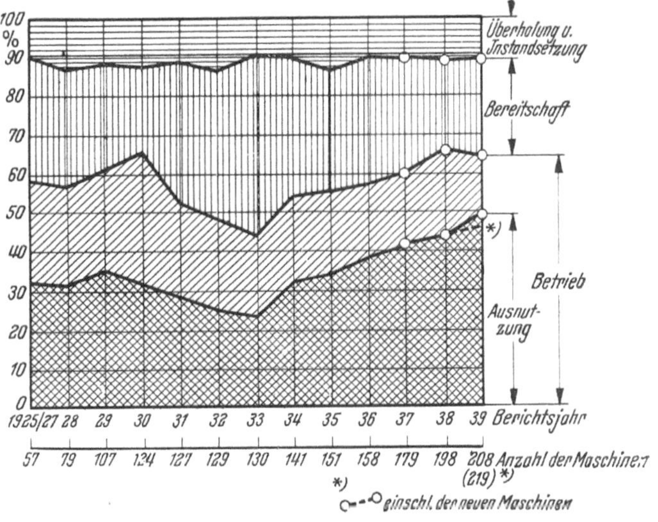

Abb. 168. Mittlere Betriebs-, Bereitschaft- und Wiederherstellungzeiten von Kraftwerks-Turboanlagen für die Jahre 1925 bis 1939[81].

Schadenfälle an Dampfturbinen zu Betriebstörungen führen und welcher Art diese Schäden sind, gibt die zahlenmäßige Übersicht großer Verbände von Turbinenkraftwerken, da in ihr eine große Zahl von Turbinen überhaupt durch laufende Beobachtungen erfaßt wird und zugleich die verschiedensten Bauarten inbegriffen sind, so daß die zusammengefaßten Ergebnisse dieser Beobachtungen nahezu als allgemeingültig bezeichnet werden können.

Sammelbeobachtungen dieser Art, die durch den Kreis der daran beteiligten Kraftwerke von allgemeiner Bedeutung sind, werden seit Jahren angestellt und von Zeit zu Zeit veröffentlicht von der VDEW und von dem *Edison Electric Institute* (früher NELA).

Abb. 168[81] faßt die von der VDEW gesammelten Beobachtungen der Berichtsjahre 1925 bis 1939 zusammen und zeigt, daß in diesen Jahren die durchschnittlich aufgewendete Zeit für Wiederherstellung beschädigter Turbinenanlagen einschließlich der

---

[81] Nach Elektr.-W. Bd. 37 (1938) S. 392 Abb. 3, erweitert durch die von der Wirtschaftsgruppe Elektrizitätsversorgung zur Verfügung gestellten Untersuchungsergebnisse.

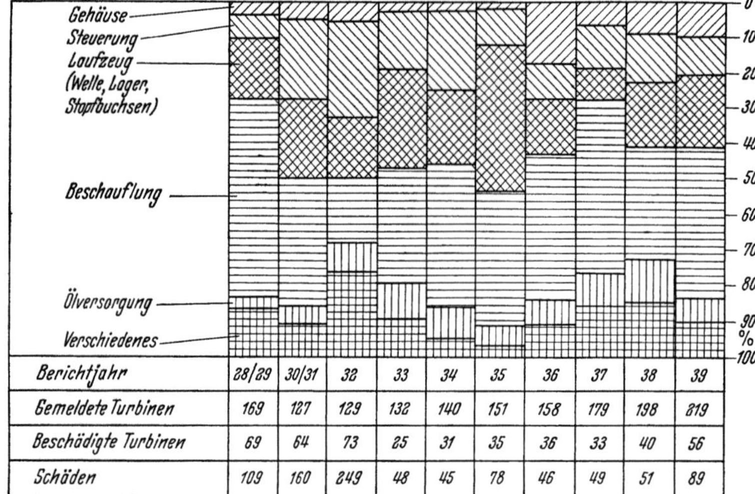

Berichtjahr	28/29	30/31	32	33	34	35	36	37	38	39
Gemeldete Turbinen	169	127	129	132	140	151	158	179	198	219
Beschädigte Turbinen	69	64	73	25	31	35	36	33	40	56
Schäden	109	160	249	48	45	78	46	49	51	89

Abb. 169. Zusammensetzung der Turbinenschäden in den Jahren 1928 bis 1939[82].

planmäßigen Überholungen bis 12 % der Gesamtzeit beträgt. Diese Übersicht wurde aufgestellt auf Grund von Einzelbeobachtungen an nur 57 Turbinen im Berichtsabschnitt 1925/27, dagegen bereits an 219 Turbinen im Berichtsjahr 1939. Wie sich die in den Berichtsjahren aufgetretenen Schäden auf die einzelnen Bauteile der Turbinen verteilen und wie viele Turbinen überhaupt von Schäden betroffen wurden, darüber gibt Abb. 169[82] Aufschluß. Es geht daraus hervor, daß nach der Häufigkeit der Schäden die Beschauflung im Mittel an

Bauart	Berichtsjahr	Betriebsfaktoren 1936 bis 1939 1 Jahr = 8760 h = 100 %	Anz. der Turb.	Mittl. Alter Jahre	Mittlere Leistung kW
Einwellen-Eingehäuse 1500 U/min	1936		7	11	17 200
	1937		9	12	16 750
	1938		9	12,3	16 150
	1939		9	13,4	16 100
	mittel		—	—	16 500
Einwellen-Eingehäuse 3000 U/min	1936		36	7,5	15 500
	1937		45	6,6	15 000
	1938		42	6,0	15 200
	1939		65	6,4	16 000
	mittel		—	—	15 400
Einwellen-Mehrgehäuse 1500 U/min	1936		18	11,4	41 800
	1937		18	9,4	40 800
	1938		18	9,8	38 400
	1939		18	10,9	38 500
	mittel		—	—	40 000
Einwellen-Mehrgehäuse 3000 U/min	1936		83	7,33	20 500
	1937		88	8,1	20 900
	1938		88	8,6	20 400
	1939		97	8,7	21 000
	mittel				20 500
Ljungström- u. Radial-Turbinen	1936		11	5	15 400
	1937		16	4,1	17 850
	1938		18	4,4	16 700
	1939		25	4,4	17 300
	mittel		—	—	16 500

Abb. 170. Betriebsfaktoren verschiedener Turbinenarten[83].

---

[82] Veröffentlichung nach Fußnote 81, Abb. 6.   [83] Veröffentlichung nach Fußnote 81, Abb. 4.

erster Stelle steht, während alle anderen Teile in weitem Abstand davon folgen. Wie groß bei verschiedenen Turbinenbauarten der Anteil der durch Schäden bedingten Stillstandzeiten ist, zeigt Abb. 170[83]. Unter Abzug der Stillstandzeiten für planmäßige Überholungen und der für Stromerzeuger- und Kondensatorschäden ergibt sich, daß die beobachteten Maschinen durchschnittlich nur rund 1,5% der Gesamtzeit wegen Turbinenschäden stillstehen mußten.

Neben diesen auf sehr breiter Grundlage beruhenden Betriebsübersichten finden sich im Schrifttum und in den Sammlungen der Turbinenwerke, der Maschinenversicherungsgesellschaften usw. unzählige weitere Beobachtungen, die alle mit den angeführten Zusammenstellungen in guter Übereinstimmung im Endergebnis die Tatsache bestätigen, daß die durchschnittliche Stillstandzeit einer Dampfturbine infolge von Schäden sehr gering ist und außerdem von Jahr zu Jahr dank der unablässigen Verbesserungen in Gestaltung, Herstellung und Betriebsleitung weiter abnimmt. Erfreulicherweise sind auch wirklich schwere Schäden an Turbinen außerordentlich selten. Aus den letzten Jahren sind nur wenige bekannt, die zu einer Zerstörung einer Turbine führten.

In den folgenden Abschnitten werden die wesentlichen Schadensmöglichkeiten behandelt, wobei die Gesichtspunkte raschester, gegebenenfalls behelfsmäßiger Weiterführung des Betriebes und möglichster Klarstellung der Störungsursachen in den Vordergrund gerückt sind.

27. Die Schäden am Fundament.

In größeren Kraftwerken sind vielfach Fundamentschäden beobachtet worden, die mitunter zu langen Betriebsunterbrechungen infolge Gefährdung oder Beschädigungen der Maschinen geführt oder sogar zu vollständig neuer Aufstellung der betreffenden Maschinen gezwungen haben.

Veränderungen im Baugrund. Auch ein nach den Erfahrungen mit ruhenden Lasten als gut bezeichneter Baugrund kann versagen, wenn er dauernd kleinen Erschütterungen ausgesetzt ist. So waren z. B. in einem Kraftwerk am Fundament einer 20 000 kW-Maschine die Ecken der Sohlplatte nach und nach um 32, 18, 2 und 5 cm abgesackt. Das Fundament war auf guttragendem Sand im wechselnden Grundwasserspiegel gegründet. Das Absacken kam erst zum Stillstand, als die Sohlplatte durch nachträglich eingebrachte Druckbetonpfähle abgefangen worden war, Abb. 171[84]. In einem anderen Kraftwerk, bei welchem Risse im Fundament und im Maschinenhaus auftraten, war das Absacken des Fundamentes unter anderem auf Undichtheiten in den Kühlwasserkanälen zurückzuführen; durch das aus diesen austretende Wasser wurde der Baugrund unter der Sohlplatte nach und nach weggespült. In Bergschadengebieten müssen Turbinenfundamente so gebaut werden, daß sie alle Beanspruchungen aufnehmen können, die durch die möglichen Baugrundverformungen (Gipfellage, Hohllage, Auskragung usw.) auftreten. Verlagert sich das Fundament als Ganzes, so braucht das, wenn es sich um kleine Beträge handelt, den Lauf der Maschine noch nicht zu gefährden. Treten Durchbiegungen der Tischplatte auf, so muß die Maschine neu ausgerichtet werden. Wenn es zu Rissen in der Sohlplatte kommt, so kann das Rahmenwerk so in Mitleidenschaft gezogen werden, daß schwerer Maschinenschaden die Folge ist.

Risse im Beton des Fundamentwerkes treten häufig auf. Soweit es sich um Oberflächenrisse handelt, sind sie nicht gefährlich. Meistens können sie auf das natürliche *Schwinden des Betons* zurückgeführt werden. Beton schwindet im Verlauf der ersten 6 Jahre bis zu 0,5 mm je 1 m. Sind einzelne Stellen des Fundamentes hohen Temperaturen ausgesetzt, so schwindet es dort rascher; dadurch kann sich das Fundament so verziehen, daß es zu einer Wellenverlagerung der Turbinenanlage kommt. Größere Schwindspannungen treten dann auf, wenn das Betonieren längere Zeit unterbrochen

---

[84] Z. VDI Bd. 71 (1927) S. 1444.

worden ist. Es ist schon vorgekommen, daß das Rahmenwerk des Fundamentes ein Jahr später betoniert wurde als die Sohlplatte, bei der das Schwinden zu dieser Zeit fast beendet war. Zu reichlicher Wasserzusatz vergrößert den Betrag des Schwindens und damit die Schwindbeanspruchungen. *Infolge des unvermeidlichen Schwindens des Betons ist eine Überprüfung der Wellenlage einige Zeit nach dem Inbetriebsetzen der Maschine unerläßlich.* Besonders wichtig ist diese Überprüfung, wenn bei Neubauten Teile vorhandener alter Fundamente verwendet werden, die vollständig ausgetrocknet und dem Schwinden nicht mehr ausgesetzt sind. In einem solchen Falle sind kleine Höhenunterschiede zwischen den vorhandenen und den neu errichteten Fundamentteilen nach einiger Zeit mit Sicherheit zu erwarten.

Spannungsrisse können im Fundament durch ungleiche Wärmedehnung, durch Kerbwirkung oder durch Überbeanspruchung bei schwerem Maschinenschaden auftreten. Ausschnitte an Stützen und Balken sind deshalb schon beim Entwurf des Fundamentes zu vermeiden, besser sind allseitig umschlossene Durchbrüche. Auch diese sollen, besonders

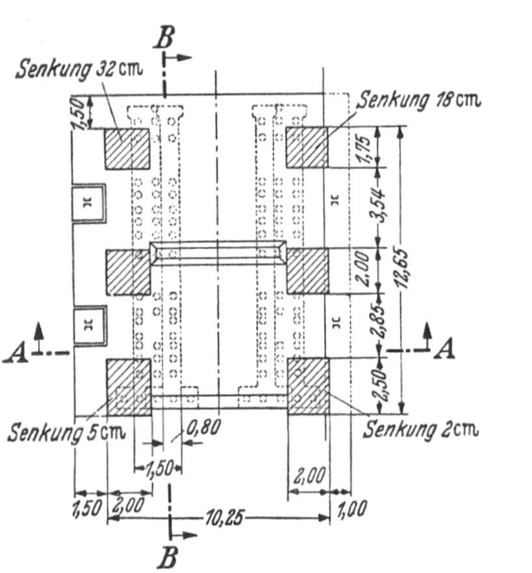

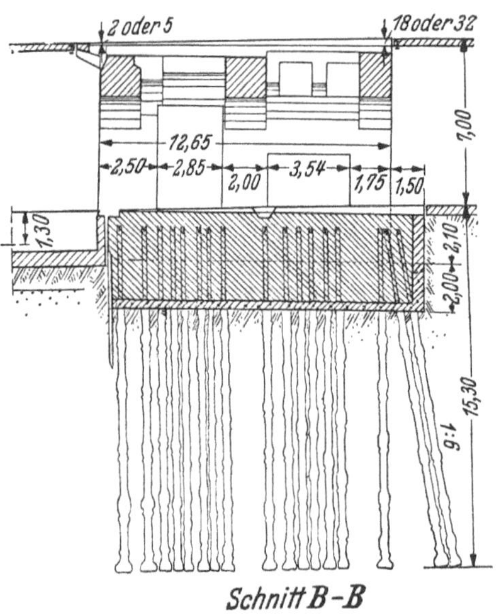

Abb. 171. Abfangen eines abgesackten Stahlbetonfundamentes einer 20000 kW-Dampfturbine[84].
a ursprünglicher Zustand; *b* Unterfahrung und Verbreiterung durch Stampfbeton; *c* Verstärkung durch Pfähle.

wenn sie an hoch beanspruchten Querschnitten angeordnet werden müssen, möglichst nicht mit viereckigen, sondern mit runden Querschnitten ausgeführt werden. Auch Spannungsrisse brauchen die Standfestigkeit eines Fundamentes noch nicht zu gefährden, wenn die Bewehrung unter der Annahme von Rißbildung ermittelt wurde. Ausbessern der Risse ist vor allem deswegen nötig, weil durch entgegengesetzte Bewegungen an den Rißfugen, sei es durch Schwingungen oder Temperaturänderungen, der Beton im Lauf der Zeit zermahlen wird. Handelt es sich nur darum, die Risse gut

zu schließen, so genügt es, sie auszustemmen, zu säubern, anzufeuchten und mit Preß-
beton etwa nach dem TORKET-Verfahren, zu füllen. Muß dagegen die Festigkeit, die
durch den Riß vermindert worden ist, wieder hergestellt werden, so sind Stützkonstruk-
tionen aus Stahlbeton, z. B. Ummanteln der vorhandenen oder Errichtung von neuen

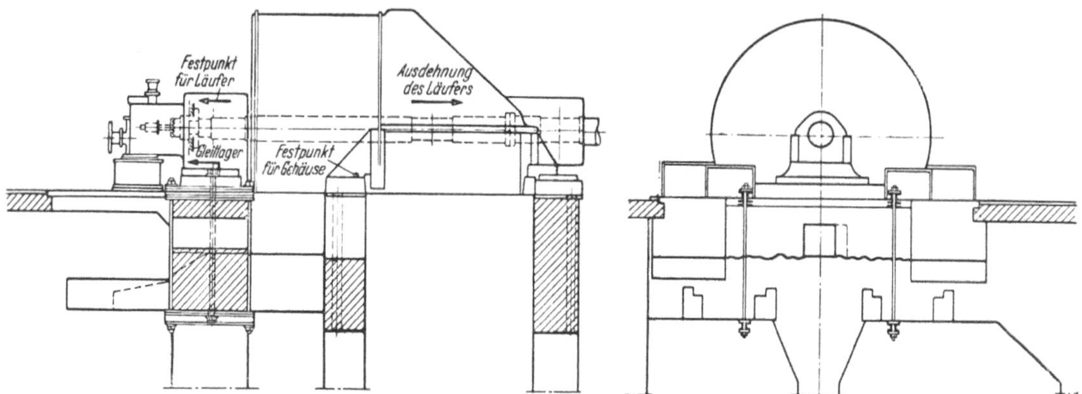

Abb. 172. Riß in einer Arbeitsfuge des Stahlbetonfundamentes einer 50000 kW-Dampfturbine. Querbalken
unter dem Außenlager.

Traggliedern, notwendig. Die neue Bewehrung muß mit der vorhandenen fest verbunden sein, wie durch Verschweißen oder Verflechten mittels Drahtschlaufen. Sehr oft
treten Risse an Arbeitsfugen auf. Es soll, wenn irgend möglich, in *einem* Guß betoniert
werden. Treten, etwa durch Frost, Unterbrechungen auf, so müssen die Anschlußflächen
sehr sorgfältig abgedeckt werden. Bevor weiter betoniert wird, müssen diese gründlich
gereinigt und gut genäßt werden. Oft ist schon
eine Staubschicht auf der Arbeitsfuge der Anlaß zu späteren Rissen gewesen. Es ist auch
schon vorgekommen, daß Schalungsbretter auf
der Anschlußfläche vergessen und mit ein-
betoniert wurden. Abb. 172 zeigt den Riß in
der Arbeitsfuge eines Außenlagerbalkens einer
50000 kW-Turbine mit 1500 U/min. Die Rißbildung wurde durch Kerbwirkung des quadratischen Durchgangsloches gefördert. Die behelfsmäßige Ausbesserung wurde mit Klammern
aus Stahlträgern und Ankern ausgeführt, um
die Maschine bis zur nächsten größeren Überholung in Betrieb halten zu können.

Ist der Wasserzusatz in der Betonmasse
zu groß, was bei Guß- und Pumpbeton der Fall
sein kann, so kommt es vor, daß sich Zement
und Kies trennen, ehe sie an Ort und Stelle an-
gelangt sind. Entmischte Teile im Fundament
mit zu wenig Zementgehalt haben ungenügende
Festigkeit, die zu Rißbildung führt.

Bezüglich *Schwingungen* werden Funda-

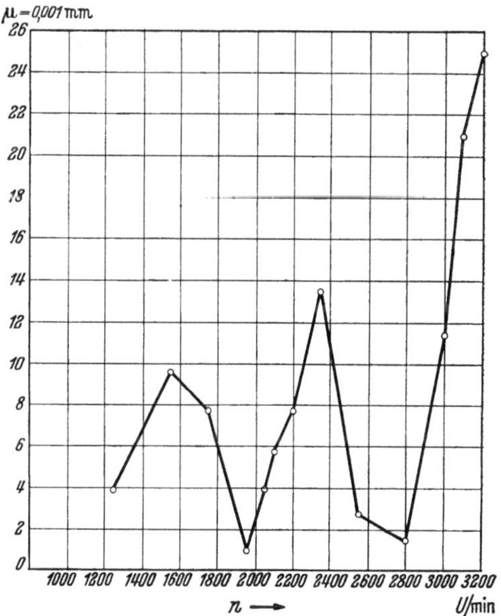

Abb. 173. Lotrechte Schwingungsausschläge
einer Fundamentsäule beim Auslauf der Turbine.

mente am besten gleich nach der ersten Inbetriebnahme der Maschine überprüft (vgl.
S. 126/127). Ist eine Resonanz festgestellt worden, Abb. 173, so muß die Eigenschwingungzahl des Fundamentes durch zweckentsprechende Änderungen verlegt werden.

Einseitige Erwärmung. Sind einzelne Stellen des Fundamentes hohen Temperaturen
ausgesetzt, was insbesondere am HD-Ende der Turbine, beim Hauptabsperrventil und

bei den Frischdampfrohrleitungen sein kann, so schwindet das Fundament dort rascher;
dadurch kann es sich derart verziehen, daß es zu einer Wellenverlagerung und dadurch
zu unruhigem Lauf der Turbinenanlage kommt. Es können dadurch auch Risse im
Fundament auftreten. An solchen Stellen ist daher stets eine besonders wirksame
Abschirmung gegen Wärmestrahlung vorzusehen.

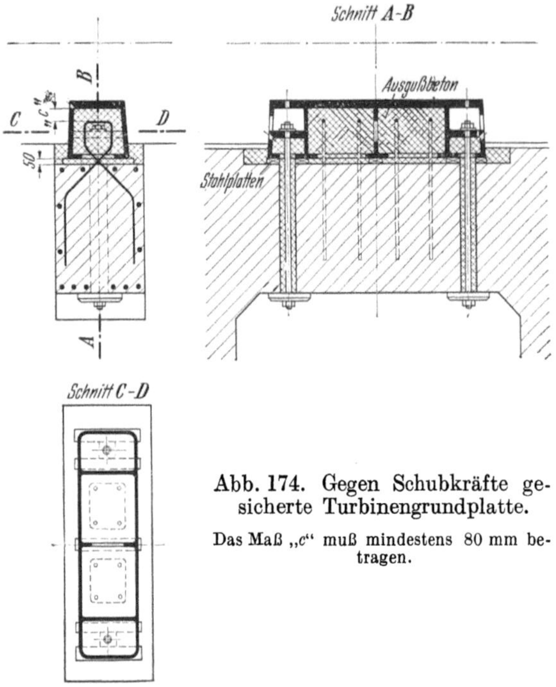

Einseitige Abkühlung. Die Temperatur im Maschinenhaus soll möglichst gleichmäßig sein. Unruhiger Lauf sämtlicher Turbinen wurde in einem Kraftwerk beobachtet, als im Winter die nur auf einer Seite des Maschinenhauses befindlichen Fenster geöffnet wurden. Die Fundamente waren dann auf der einen Seite der kalten Außenluft ausgesetzt, während auf der anderen Seite die Kesselhauswand Wärme ausstrahlte; dadurch kam es zu ungleichmäßigen Wärmedehnungen im Fundament.

Kleinere Schäden können durch *Lecköl*, das auf das Fundament läuft, verursacht werden. Da Öl in die Poren von Beton eindringt und ihn bei lange andauernder Einwirkung allmählich zerstört, ist der Flurbelag an die Außenkante der Maschinengrundplatte so anzuschließen, daß in den Verbindungsfugen zwischen Grundplatte und Betonverputz kein Ölrest stehenbleiben kann.

Abb. 174. Gegen Schubkräfte gesicherte Turbinengrundplatte.

Das Maß „c" muß mindestens 80 mm betragen.

Die Möglichkeit eines Maschinenschadens liegt auch vor, wenn die *Untergußmasse*
mit dem Fundament nicht richtig gebunden hat. Die Maschinengrundplatte kann dann
durch die Wärmedehnungskräfte der Turbinengehäuse verschoben werden. Die lotrechten Anker können, besonders wenn ihr Verguß ebenfalls nicht einwandfrei ist, einer
solchen Verschiebung im waagerechten Sinne nur wenig Widerstand leisten, da sie sich
in diesem Falle federnd ausbiegen werden. Die Welle wird dann in den Lagerschalen
verzwängt, sie läuft unruhig und kann zum Anstreifen kommen. Maschinengrundplatten,
die beträchtliche waagerechte Kräfte aufzunehmen haben, sollen gegen Verschiebung
dadurch gesichert werden, daß die Bewehrung des Fundamentes bis in den Hohlraum
der Grundplatte hochgezogen wird, Abb. 174, der ebenfalls *vollkommen* auszugießen
ist. Vor dem Untergießen der Maschinengrundplatten sind die möglichst rauhen Anschlußflächen der Fundamenttischplatte sorgfältig zu säubern und anzunässen.

28. Die Schäden am Kondensator.

Die meisten Schäden an Kondensatoren entstehen durch *Leckwerden der Kondensatorrohre*. Das Kühlwasser tritt dadurch in das Niederschlagwasser über und reichert
dieses mit Kesselsteinbildnern und Sauerstoff an. Die Überwachung des Kondensates
gibt somit auch das erste Anzeichen von Undichtheiten der Rohre, wenn die Undichtheit
nicht so groß ist, daß der Wasserstand im Kondensator ungewöhnlich ansteigt. Die
Ursachen solcher Undichtheiten können sein: ungenügende Befestigung der Rohre in
den Böden, Brüche der Rohre infolge von Fehlern bei ihrer Herstellung oder bei ihrem
Einwalzen, Schwingungen, Auswaschung und schließlich Verrottung.

Behelfsmäßig kann man nadelstichartige Löcher in den Kondensatorrohren, ohne
die Maschine aus dem Betriebe zu nehmen, nach einem im Schiffsbetrieb üblichen

Verfahren dadurch abdichten, daß man dem Kühlwasser Sägespäne zusetzt. Diese werden dann durch den Unterdruck im Dampfraum in die Löcher gesaugt und verschließen sie. Bei kürzeren Betriebstillständen sind die schadhaften Rohre an ihren Enden durch Pfropfen zu verschließen; der Ausfall einiger Rohre hat keinen nennenswerten Einfluß auf die erreichbare Luftleere. Bei der nächsten Überholung der Maschine sind schadhafte Rohre durch neue zu ersetzen und gleichzeitig, wenn irgend möglich,

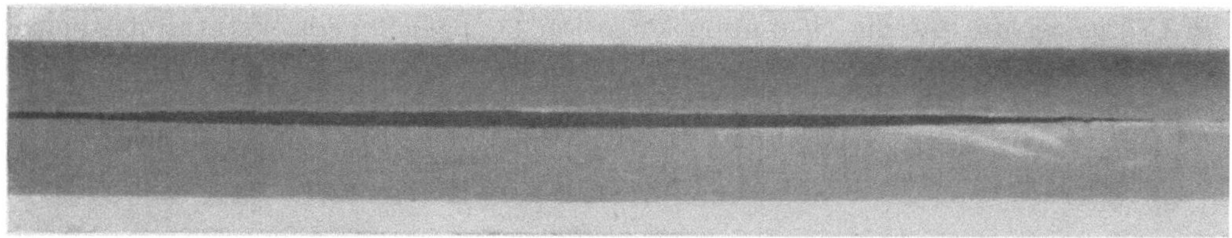

Abb. 175. Längs eines Ziehfehlers im Betriebe aufgerissenes Kondensatorrohr aus Ms 60. Naturgröße.

die Ursache des Schadens zu beseitigen. Um festzustellen, welche Rohre leck sind, wird der Dampfraum des Kondensators mit Wasser aufgefüllt.

Sind in dem Gußblock, aus dem die Rohre hergestellt werden, irgendwelche *Fehlstellen*, so kommen diese während der Herstellung an die Rohroberfläche und bilden hier den Ausgangspunkt von Brüchen oder Verrottungen. Durch den Ziehvorgang können auf der Oberfläche des Rohres Ziehriefen entstehen, wenn die verwendeten Ziehdorne nicht vollkommen sauber gehalten werden. Es werden dann vorzugsweise längs der Ziehriefen Verrottungen auftreten. Tiefere Ziehriefen können beim Einwalzen der Rohre auch zu Längsrissen führen. Die gleiche Auswirkung haben radial verlaufende

Abb. 176. Durch innere Spannungen im Betriebe längs und quer gerissenes Kondensatorrohr aus hartgezogenem Messing. Vergrößerung 1,2fach.

Faltungen mit oxydierten Rändern. Abb. 175 gibt ein im Betriebe längs eines Ziehfehlers aufgerissenes Kondensatorrohr aus Ms 60 wieder.

Die Kondensatorrohre müssen vollständig spannungsfrei sein, da es sonst während des Betriebes zum Auslösen der *Eigenspannungen* in Form von Längs- und Querrissen kommen kann. Abb. 176 zeigt durch innere Spannungen infolge ungenügenden Anlassens aufgerissene Messingrohre. Es handelt sich um hartgezogenes Messing mit einer Vickershärte von 160 kg/mm². Welche Spannungen in ungenügend angelassenen Rohren vorhanden sein können, veranschaulicht Abb. 177. Das hier gezeigte Rohr besteht aus Ms 63 mit stark gestreckten α-Kristallen; die Vickershärte betrug 180 kg/mm². Das Rohr war längs aufgerissen und sollte für die weitere Untersuchung zerlegt werden. Beim Abschneiden federten die durch Längsrisse getrennten Teile auseinander.

Sind an dem Aufreißen infolge innerer Spannungen Korrosionseinflüsse maßgebend
beteiligt, so spricht man von *Spannungskorrosion*. Zu den die Spannungskorrosion besonders stark auslösenden Agenzien gehören unter anderem ammoniakalische Lösungen,
die ebenso wie Quecksilberoxydulnitrat auch zum Nachweis von Restspannungen in
Messingrohren verwendet werden. Während bei Quecksilberoxydulnitrat das Aufreißen
längs der Korngrenzen erfolgt, sind bei den im Betriebe wirksamen Salzlösungen vielfach
auch Risse, die durch die Körner hindurch verlaufen, beobachtet worden. Abb. 178
und 179 geben die für die Spannungskorrosion kennzeichnende Verästelung der Risse

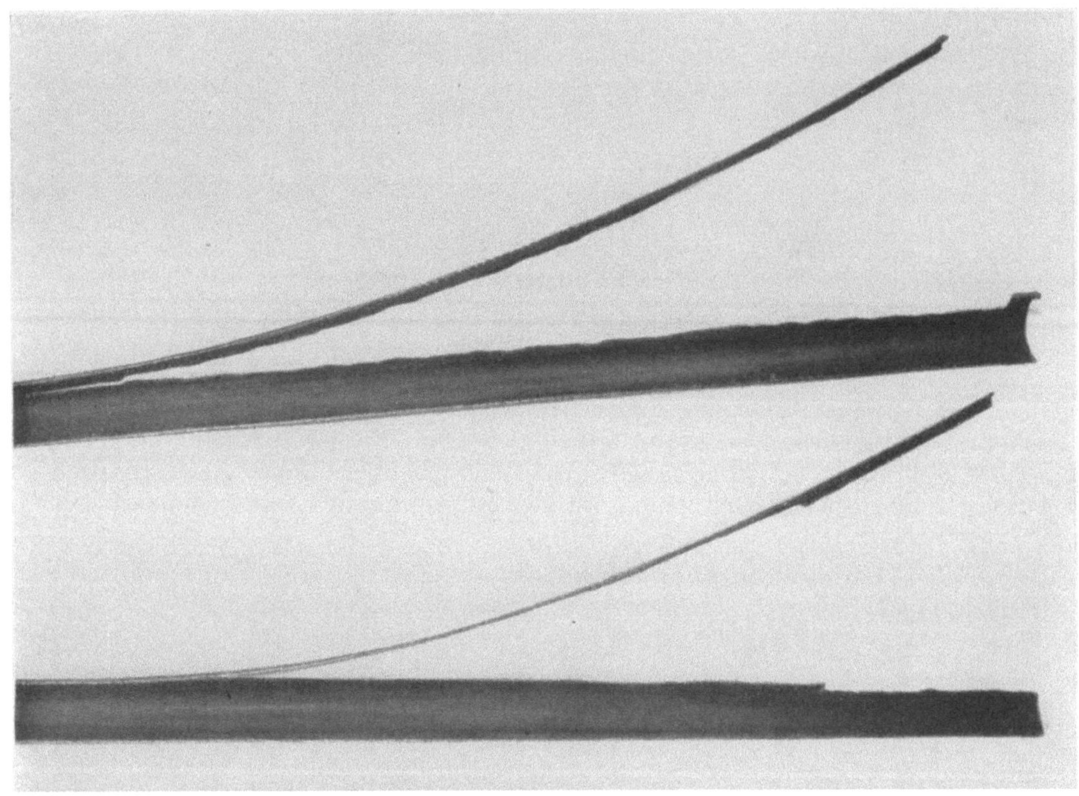

Abb. 177.
Mit Reckspannungen behaftete, im Betriebe aufgeplatzte Kondensatorrohre aus Ms 63. 0,5 Naturgröße.

an einem ungeätzten und einem geätzten Messingschliff wieder. Bei gut entspannten
Messingrohren wird diese Korrosionserscheinung nicht beobachtet.

Bei eingewalzten Rohren können Brüche unmittelbar neben den Walzstellen auftreten, wenn durch unsachgemäßes *Einwalzen* Kerben in der Rohrinnenfläche eingearbeitet werden.

Durch *Schwingungen* können die Durchbiegungen der Rohre so vergrößert werden,
daß die Rohre sich aneinander- oder an den Stützplatten durchreiben. Ferner können
Schwingungsbrüche auftreten. Da ein Kondensatorrohr als beiderseits eingespannter
Stab mit gleichförmiger Belastung zu betrachten ist, liegt sein gefährlicher Querschnitt
und damit der Ort der Schwingungsbrüche unmittelbar am Rohrboden. Solche Schwingungsbrüche sind durch ein muschelförmiges Aussehen der Bruchflächen gekennzeichnet.
Die oberen Rohrreihen eines Kondensators sind infolge Aufprallens des einströmenden
Dampfes Schwingungen am meisten ausgesetzt. Bei derartigen Schäden kann Abhilfe
dadurch geschaffen werden, daß man die gefährdeten Rohre durch solche mit größerer
Wandstärke ersetzt. Bisweilen werden auch an Stelle der obersten Rohre volle Eisen-

stäbe vorgesehen, so daß der Dampf zunächst auf einen Rost aufprallt, welcher die darunterliegenden Rohre schützt. Andere Schutzmittel sind: Anbringen von Prallblechen, Verbinden der Rohre untereinander durch Blechstreifen oder Abstützen der Rohre gegeneinander durch Eintreiben von Holzkeilen in die Zwischenräume.

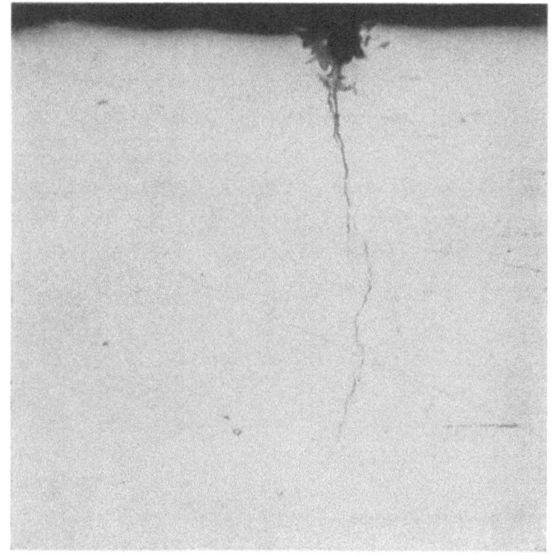

Abb. 178. Von Spannungskorrosion befallenes Messingrohr. Korrosionsgruben als Ausgang der verästelten Risse. Ungeätzter Schliff. Vergrößerung 100fach.

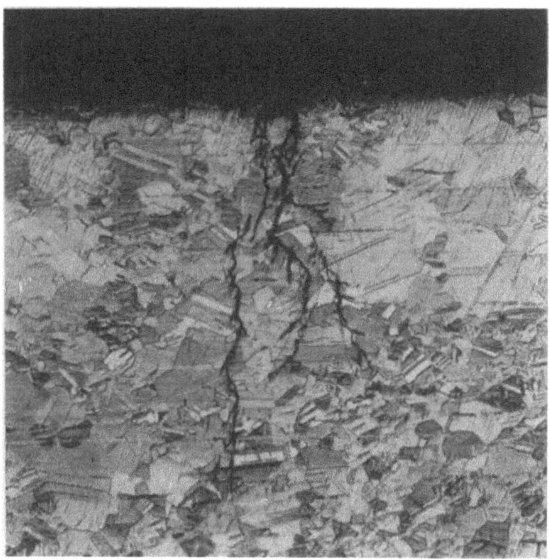

Abb. 179. Von Spannungskorrosion befallenes Kondensatorrohr aus Messing der Legierung 70/29/1. Mit ammoniakalischer Kupferammoniumchloridlösung angeätzter Schliff. Vergrößerung 100fach.

In den Kondensator wird außer dem Dampf der Hauptturbine meistens noch Abdampf von Hilfsmaschinen und von Stopfbuchsen und Niederschlag von Entwässerungen eingeleitet. Diese Anschlüsse müssen mit einem Prallschutz versehen werden, wenn unmittelbar dahinter Kondensatorrohre liegen. Geschieht das nicht, so werden diese Rohre in kurzer Zeit durch *Auswaschung* zerstört, Abb. 180. Eine andere Art von Auswaschung tritt manchmal an den Eintrittsenden der Rohre auf. Es bilden sich an dieser Stelle leicht Wasserwirbel, die mit Gasblasen vermischt sind und gleichzeitig auswaschend und verrottend wirken. Diese Möglichkeit liegt insbesondere dann vor, wenn für die Rohre Stopfbuchsverschraubungen verwendet werden. Kegelige Erweiterung der Rohreintrittsenden ist in dieser Hinsicht vorteilhaft. Als Abhilfe beim Auftreten derartiger Schäden können

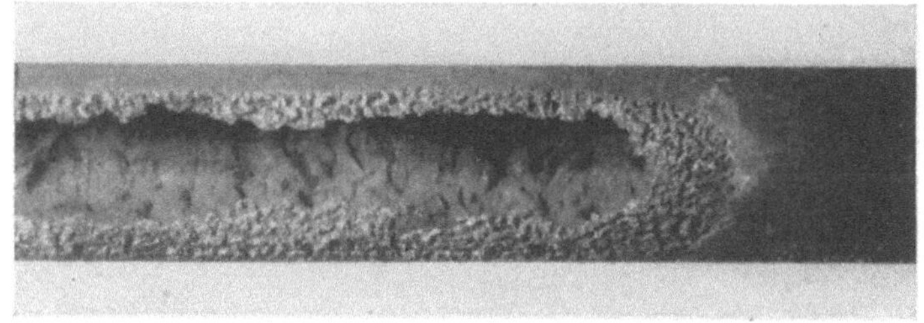

Abb. 180. Durch Auswaschung zerstörtes Kondensatorrohr.

auch nachträglich noch kegelige Einsätze in die Eintrittsenden der Rohre gesteckt werden, wodurch die Wirbelbildung vermindert wird. Kommt es dennoch zu derartigen Anfressungen, so beschränkt sich die Zerstörung auf die Einsätze, während das Rohr unbeschädigt bleibt.

Der ärgste Feind der Kondensatorrohre ist die *Verrottung*. Sie geht meist von der Innenwand der Rohre nach außen, also von der Wasser- nach der Dampfseite. Seltener sind Verrottungen der äußeren Rohroberfläche. Die Zerstörung wird durch chemische oder elektrochemische Einflüsse hervorgerufen. Die Korrosion kann sowohl die ganze Rohroberfläche etwa gleichartig erfassen oder auch örtlich begrenzt auftreten; in letzterem Falle führt sie dann oft zum Lochfraß.

Bei einem allgemeinen, sich auf die ganze wasserberührte Oberfläche erstreckenden Angriff kann reine Abtragung oder aber eine flächenhafte Entzinkung mit Brüchigwerden der Rohre vorliegen. Die allgemeine Abtragung, durch welche die Rohre so weit abgezehrt werden, daß sie schließlich nur noch papierdünn und dem Druck oder dem Gewicht des Wassers nicht mehr gewachsen sind, ist zu den *rein chemischen Korrosionen* zu zählen. Die Innenfläche kann metallisch blank, zum Teil wie angeätzt aussehen oder auch von dünnen Ablagerungen bedeckt sein. Bisweilen ist die Abtragung in bezug auf den Querschnitt nicht mittig, sondern außermittig, wofür Abb. 181 ein Beispiel gibt. Es handelt sich um ein Messingrohr der Legierung 70/29/1. Das Rohr war 12 Jahre in Betrieb. Das Wasser enthielt bei einem p_H-Wert[85] von 6 geringe Mengen schwefeliger Säure. Diese Abtragung sowie die nachfolgend beschriebene allgemeine Entzinkung sind auf *aggressive Kühlwässer* zurückzuführen. Vor allem kommt hier Säure in Frage, die,

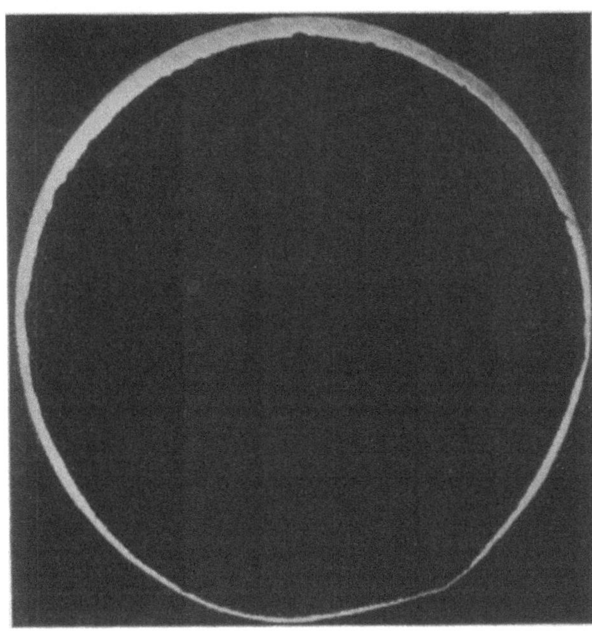

Abb. 181. Durch schwach saures Kühlwasser abgezehrtes Messingrohr der Legierung 70/29/1. Querschliff. Vergrößerung 4fach.

wie es bei manchem Grubenwasser der Fall ist, von Natur aus vorhanden ist oder etwa durch Industrieabwässer in die Flüsse gelangt. Sehr stark werden zinkhaltige Kupferlegierungen angegriffen, bei denen es zunächst zu einer Lösung des Messings und bei der mit Entzinkung bezeichneten Korrosionsart anschließend zu einem

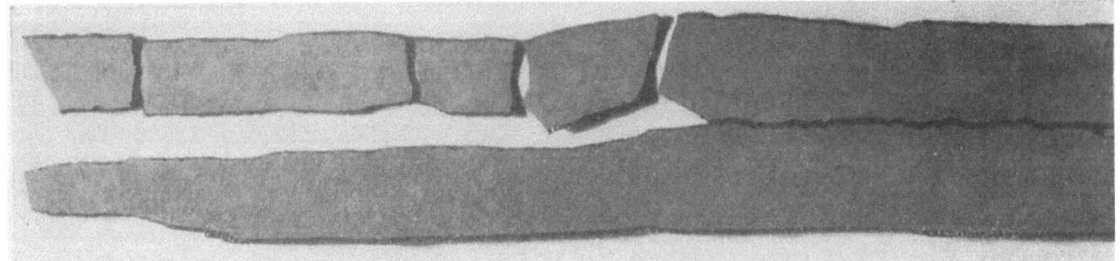

Abb. 182.
Durch schwach säurehaltiges Wasser vollständig entzinktes, mürbes Messingrohr. Bruchstücke. Naturgröße.

kathodischen Abscheiden des Kupfers kommt, während das Zink in Lösung bleibt. In fortgeschrittenen Fällen bestehen derartige Kondensatorrohre schließlich nur

---

[85] Der Wasserstoffexponent p_H gibt den negativen dekadischen Logarithmus der Wasserstoffionenkonzentration an. Für viele chemische Vorgänge kommt es nicht darauf an, die Gesamtsäurenmenge, die durch die Normalität der Säure angegeben sind, zu kennen, sondern um die Konzentration der freien Wasserstoffionen. Da diese Dissoziationskonstante des Wassers 10^{-14} ist, ist für eine normale Lauge $p_H = 14$. Für eine normale Säure ist $p_H = 1$; einer neutralen Lösung entspricht $p_H = 7$.

noch aus brüchigem Kupfer und Kupferoxyden, Abb. 182; sie zerbrechen bei den geringsten mechanischen Beanspruchungen. Abb. 183 zeigt an einem ungeätzten Querschliff eine von der Kühlwasserseite vordringende, den Querschnitt stellenweise bis nahe an die Außenwand erfassende Entzinkung. Das Rohr war

Abb. 183. Ein von innen weitgehend entzinktes Kondensatorrohr (dunkelgefärbte Zone) aus der Legierung 70/29/1. Querschliff. Vergrößerung 3fach.

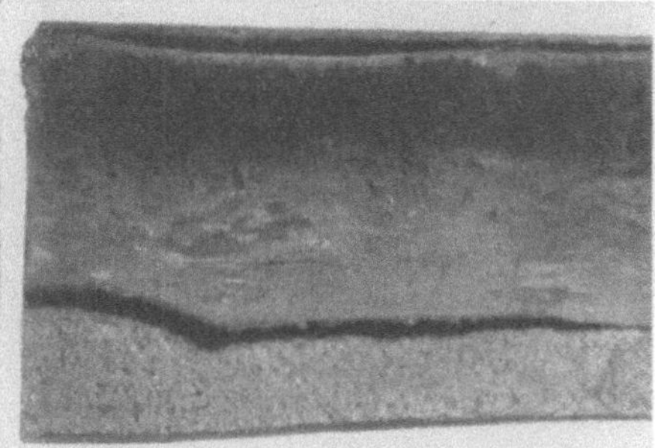

Abb. 184. Schalenbildung bei einem entzinkten Messingrohr. Vergrößerung 1,5fach.

14 Jahre in Betrieb und wurde häufig durch Säure gereinigt. Die aus niedergeschlagenem Kupfer und Kupferoxyden bestehende entzinkte Zone bildet bisweilen eine zusammenhängende Schale, die sich von dem noch verbleibenden nicht entzinkten Messingrohr ablösen läßt, wie dies an dem aufgeschnittenen Rohr der Abb. 184 zu erkennen ist. Abb. 185 und 186 geben Mikroaufnahmen von

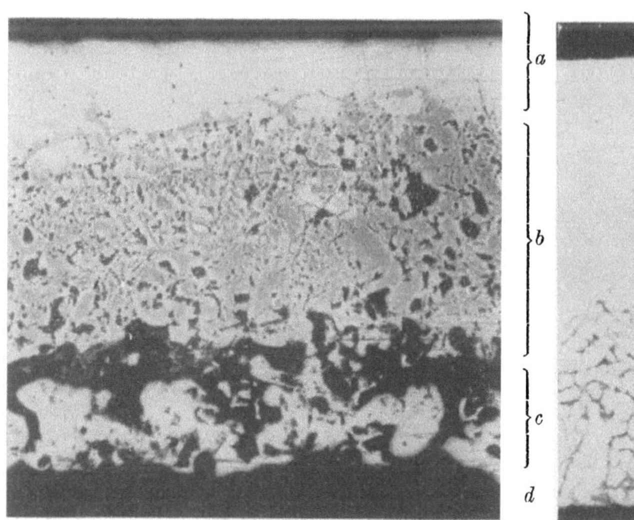

Abb. 185. 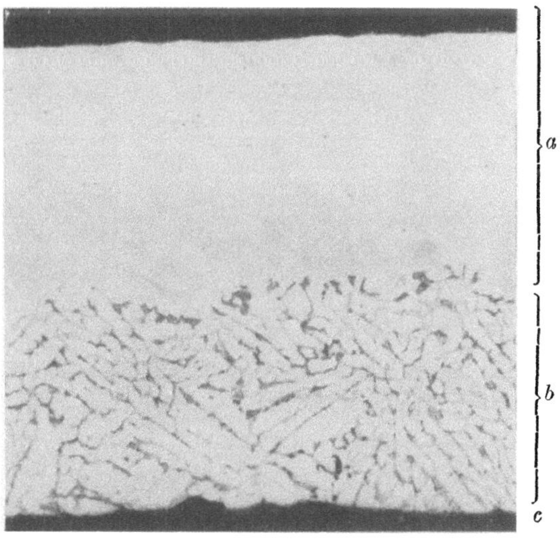   Abb. 186.

Abb. 185. Wand eines von der Kühlwasserseite aus bereits weitgehend entzinkten Kondensatorrohres aus α-Messing. Ungeätzter Schliff. Vergrößerung 100fach.

a nicht angegriffenes α-Messing; *b* entzinkte Zone (kathodisch abgeschiedenes Kupfer, Hohlräume, Kupferoxyde); *c* Schalenbildung; *d* innere, wasserberührte Oberfläche.

Abb. 186. Ein von innen her bis zur Hälfte der Wandstärke entzinktes Kondensatorrohr aus α + β-Messing Ms 60. Ungeätzter Schliff. Vergrößerung 100fach.

a nicht angegriffenes α+β-Messing; *b* entzinkte β-Kristalle: *c* innere Oberfläche.

ungeätzten Querschliffen durch entzinkte Kondensatorrohre. Besonders anfällig gegenüber Entzinkung sind die zinkreichen, aus zwei Kristallarten bestehenden Messingsorten, wobei dann der zinkreichere β-Kristall bevorzugt angegriffen wird (vgl. Abb. 186).
Zinkreiche, aus zwei Kristallarten aufgebaute Messingsorten, wie Ms 60 und Ms 62, sind
daher bei säurehaltigem Wasser oder häufigen Säurereinigungen ungeeignet. Die Nei-

Abb. 187. Lochfraß bei einem Kondensatorrohr der Legierung 70/29/1.
Vergrößerung 2fach.

gung des Messings zur Entzinkung kann durch einen Arsenzusatz, der zur Bildung eines stabilen Schutzfilmes beiträgt, unterbunden werden. Es genügen hierfür bereits Anteile von 0,02 % As. Besonders gut haben sich bei säurehaltigem Wasser Rohre aus reinem Kupfer bewährt. Ihre Wandstärke wird zwar durch die Säure langsam vermindert, sie behalten aber ihre Festigkeitseigenschaften bei.

Wie erwähnt, erstreckt sich diese Art der Korrosion durch saure Kühlwässer etwa gleichmäßig auf die ganze Rohrinnenfläche oder die vom Kühlwasser berührte Fläche der
Rohrböden. Den Beginn der Verrottung kann man dadurch feststellen, daß das Messing
ein kupferfarbiges Aussehen annimmt. Auch schmiedeeiserne Rohrböden werden schon
durch einen geringen Säuregehalt stark angefressen. Meistens kommt hier zu der che-

Abb. 188. Pustelförmig ausgebildete Korrosionsprodukte in einem aufgeschnittenen Kondensatorrohr aus Messing der Legierung 70/29/1. Vergrößerung 2fach.

mischen Wirkung noch die *Elementbildung*. Eine verzögernde Wirkung kann bei Rohrbodenverrottung ein salz- und säurefester Anstrich, der öfters erneuert werden muß, ausüben. Abhilfe schafft aber nur der kostspielige Ersatz der Rohrböden durch solche aus einem korrosionsbeständigeren Baustoff. Man ersieht daraus, wie wichtig es ist, vor Bestellung eines Kondensators die Kühlwasserbeschaffenheit genau festzustellen und dem Hersteller bekanntzugeben.

Rohrverrottung kann auch bei der *Säurereinigung* auftreten. Hier kommt zu dem
rein chemischen Angriff ebenfalls die Bildung eines galvanischen Elementes, welche
durch die bei der Kesselsteinauflösung frei werdende Kohlensäure ausgelöst wird. Die
Verrottung tritt als gleichmäßige Zerstörung der Rohrinnenflächen oder auch in Form
von punktförmigen Anfressungen auf, deren Aussehen aber nicht wie bei der Verrottung
durch Schleichströme durch die Muldenform, sondern durch nahezu walzenförmigen
Verlauf der Lochbegrenzung gekennzeichnet ist. An der Außenseite der Rohre sind
von den oben und seitlich befindlichen Löchern ausgehend nach unten verlaufende

Rillen bemerkbar, die von der austretenden Säurelösung gebildet wurden. Es hat sich gezeigt, daß Rohre aus der sogenannten Marinelegierung gegen Schäden durch Säurereinigung widerstandsfähiger sind als Rohre aus Muntzmetall. Kupferrohre haben sich da, wo Säurereinigung öfters vorgenommen werden muß, am besten bewährt.

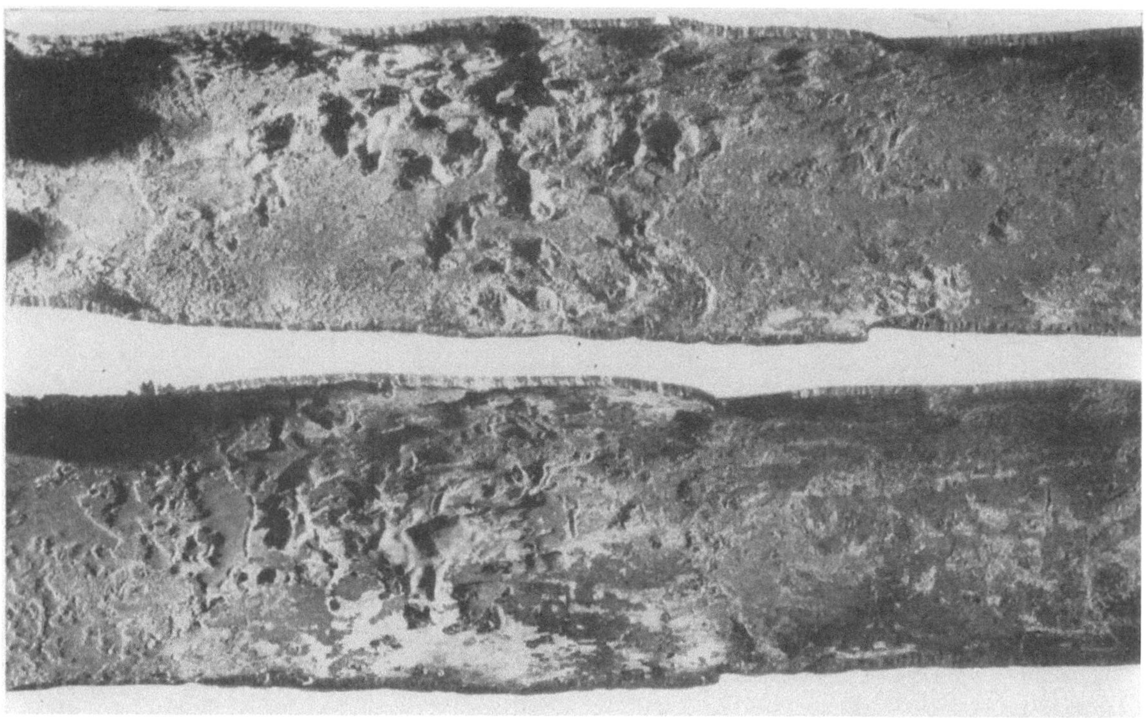

Abb. 189. Innen in regelloser Verteilung örtlich angegriffenes Kondensatorrohr aus Messing der Legierung 70/29/1. Rohr aufgeschnitten. Vergrößerung 1,5fach.

Örtlich begrenzte Korrosionen haben elektrochemische Prozesse, galvanische Elementbildung oder Austritt von Fremdstrom als Ursache.

Das Aussehen der von örtlichen Anfressungen infolge *elektrochemischer Umsetzungen* befallenen Rohre, bei denen *Lokalelemente* eine wesentliche Rolle spielen, kann sehr verschiedenartig sein. Oftmals sind die Rohre auf der Innenseite von mehr oder weniger stark verfärbten Korrosionsprodukten und Ablagerungen bedeckt, zum Teil gleichmäßig,

Abb. 190. Ablagerungen aus dem Kühlwasser und pustelförmige Korrosionsprodukte in einem aufgeschnittenen Messingrohr. Naturgröße.

zum Teil in pustelförmiger Verteilung. Unter diesen Ablagerungen und insbesondere unter den pockenartig aufgeblähten Korrosionsprodukten ist die Rohrwand oft lochartig angefressen oder örtlich entzinkt. Bisweilen liegen diese Korrosionstellen regellos verteilt, bisweilen auch auf einer Mantellinie des Rohres angeordnet wie in Abb. 187, die ein Messingrohr der Legierung 70/29/1 mit lochartigen Durchbrüchen zeigt. Abb. 188, 189 und 190 geben aufgeschnittene, auf der Innenseite mehr oder weniger stark mit gleichmäßigen und mit pustelförmig ausgebildeten Korrosionsprodukten bedeckte, zum

Teil auch an einigen Stellen bereits lochartig durchgefressene Rohre wieder. Ein Querschliff durch eine derartige, noch nicht bis zur Außenwand vorgedrungene Korrosionsgrube bietet etwa das in Abb. 191 gegebene Bild. Das Messing ist herausgelöst, die

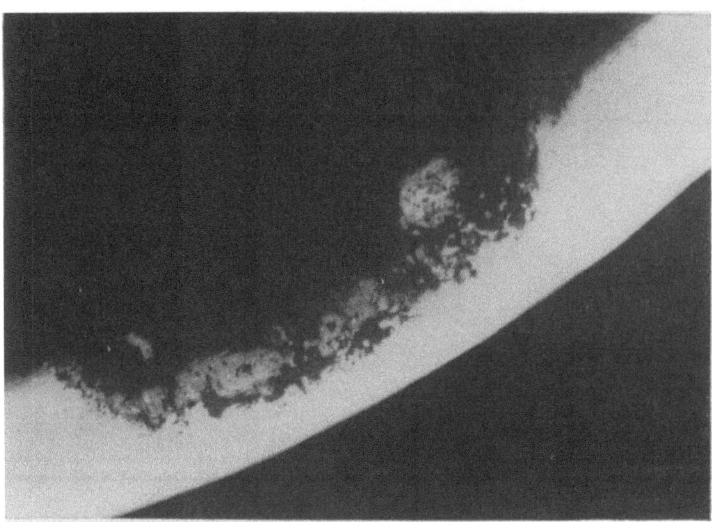

Abb. 191.
Korrosionsgrube in dem Messingrohr der Abb. 189. Vergrößerung 35fach.

entstandene Vertiefung zum Teil mit Kupfer-oxyden gefüllt. Im Bereich der Angriffsfront kann oftmals Entzinkung festgestellt werden. Abb. 192 und 193 zeigen an einem ungeätzten und einem geätzten α-Messing-schliff von der Oberfläche entlang den Korngren-zen vordringende örtliche Entzinkung. Ein weiteres Beispiel eines sich bilden-den sogenannten Kupfer-pfropfens, der schließ-lich zum Rohrdurchbruch führt und dann meist her-ausfällt, geben Abb. 194 und 195. Potentialunter-schiede und damit Lokal-elemente können auch entstehen durch Ablagerungen aus dem Kühlwasser, z. B. Kohle-teilchen, Eisenoxyde, unterschiedliche Belüftung benachbarter Oberflächenstellen, ferner durch Fehlstellen im Werkstoff, durch Einschlüsse von Fremdkörpern, z. B. Eisen.

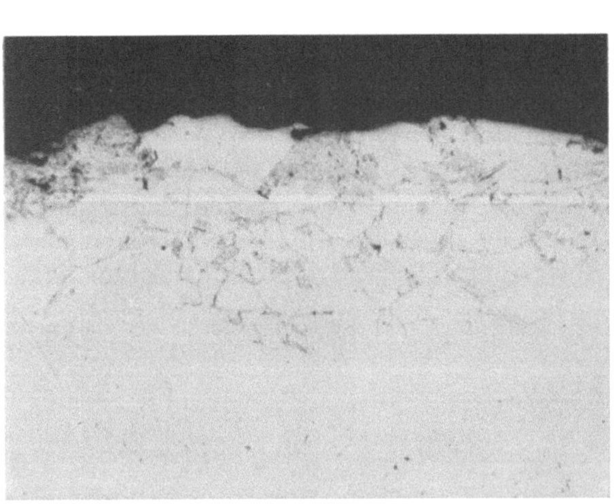

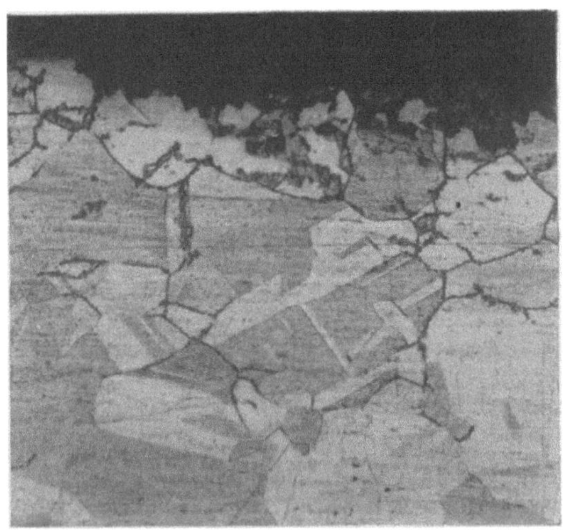

Abb. 192.   Abb. 193.

Abb. 192. Örtliche, an den Korngrenzen vordringende Entzinkung bei α-Messing der Legierung 70/29/1,
Schliff ungeätzt. Wasserberührte Innenfläche. Vergrößerung 100fach.

Abb. 193. Örtliche, an den Korngrenzen vordringende Entzinkung bei α-Messing der Legierung 70/29/1,
Schliff mit ammoniakalischem Kupferammoniumchlorid geätzt. Vergrößerung 100fach.

Korrosion durch *Elementbildung* infolge des Vorhandenseins verschiedener Metalle,
die einerseits untereinander leitend verbunden, andererseits mit dem als Elektrolyt
wirkenden Kühlwasser in Verbindung stehen, ist von den eben beschriebenen Kor-

rosionserscheinungen nicht zu trennen; sie ergibt ein ähnliches Zerstörungsbild. Auch die Korrosion durch Luftblasen gehört in dieses Gebiet. Bei reiner Elementbildung und im Falle der Luftblasenkorrosion tritt der Angriff meist unter Fehlen von Ent-

zinkungserscheinungen als glatter Lochfraß auf. Abb. 196 zeigt einen Querschliff durch eine infolge einer abgesetzten Luftblase entstandene Korrosionstelle an einem Messingrohr der Legierung 70/29/1. Es sei noch

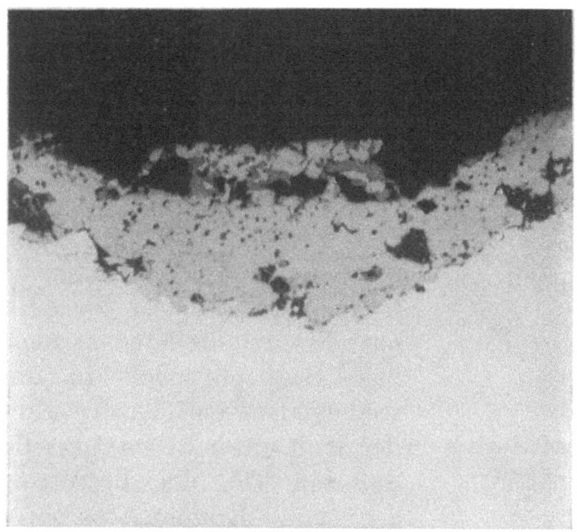

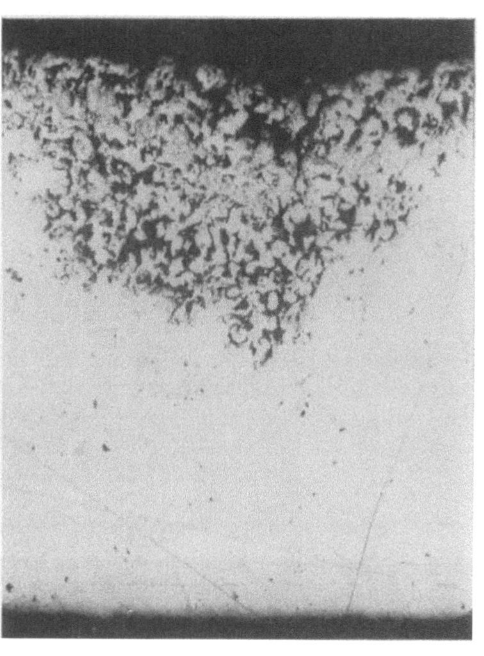

Abb. 194. Von der Wasserseite aus sich bildender Kupferpfropfen bei einem Kondensatorrohr aus α-Messing. Ungeätzter Schliff. Vergrößerung 100fach.

Abb. 195. Von der Wasserseite aus sich bildender Kupferpfropfen bei einem Kondensatorrohr aus α-Messing. Ungeätzter Schliff. Vergrößerung 100fach.

erwähnt, daß es bei verzinnten Rohren durch das Vorhandensein von Poren in der Verzinnung ebenfalls zu örtlichen Anfressungen durch Elementbildung kommen kann.

Das Entstehen galvanischer Ströme wird besonders dann begünstigt, wenn das Kühlwasser ein guter Elektrolyt ist, wie z. B. Seewasser oder insbesondere brakiges Hafenwasser und säurehaltiges Wasser. Die Anfressungen treten meistens an den schmiedeeisernen Rohrböden, Abb. 197, selten nur an den Kondensatorrohren auf. Der Grund liegt wohl darin, daß der Rohrbaustoff meist Kathode ist, vielleicht auch darin, daß sich die wasserberührte Rohrinnenfläche schon kurz nach der Inbetriebnahme mit einer dünnen Oxydschicht über-

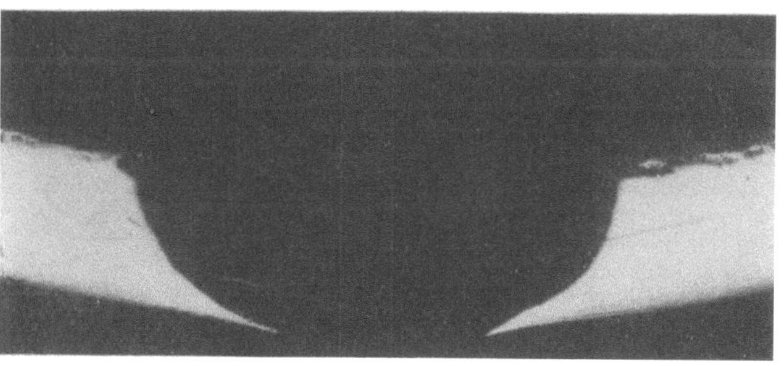

Abb. 196. Luftblasenkorrosion bei α-Messing; Querschliff durch ein Kondensatorrohr der Legierung 70/29/1. Vergrößerung 17fach.

zieht, welche, soweit sie unverletzt ist, die Elementbildung verhindert. Anfangs bilden die galvanischen Ströme eine trichterförmige Vertiefung im Rohrboden rings um das Rohr. In fortgeschrittenen Fällen kommt es dann zum Leckwerden der Einwalzstellen. Ist man gezwungen, nicht einwandfreies Kuhlwasser zu benutzen, so müssen Rohrböden und Rohre des Kondensators aus Baustoffen bestehen, die verschwindend kleine Potentialunterschiede in der elektrolytischen Spannungsreihe aufweisen. Gegen galvanische

Anfressungen werden bisweilen in den Wasserkammern *Schutzplatten* angebracht, meistens aus Zink die mit den Rohrböden gut leitend verbunden sind. Sie bilden ihrerseits mit den Rohrböden, den Rohren und dem Kühlwasser ein Element, in welchem sie die Anode darstellen. Der galvanische Strom wird auf diese Weise gezwungen, aus den Schutzplatten auszutreten. Er zerstört diese und läßt Rohre und Rohrböden, welche die Kathode bilden, unangetastet[86]. Solche Schutzeinrichtungen müssen ständig überwacht werden, wenn sie wirklich nützen sollen. Zerstörte Anoden müssen rechtzeitig ausgewechselt werden. Es gelingt aber kaum, die Rohre dadurch auf ihre ganze Länge dauernd zu schützen.

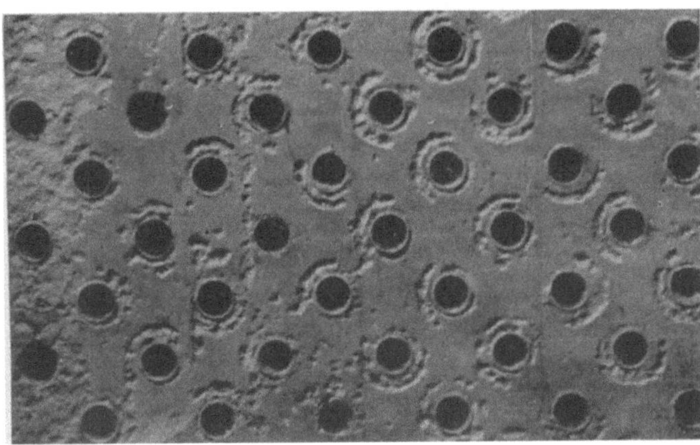

Abb. 197.
Anfressungen durch galvanische Ströme an einem schmiedeeisernen, mit Messingrohren berohrten Kondensatorboden. Naturgröße.

Weiterhin ist die Zerstörung der Rohre durch *Fremdströme* zu erwähnen. Die AEG hat durch jahrelange planmäßige Beobachtungen in den verschiedensten Kraftwerken der Welt unter Beweis gestellt, daß ein Teil der Verrottungen von Kondensatorrohren auf den Austritt von *schleichendem Gleichstrom* zurückzuführen ist. Derartige Verrottungen hörten stets sofort auf, wenn es gelang, den Ausgangspunkt der Schleichströme zu ermitteln und ihre Ursache zu beseitigen. Kennzeichnende Merkmale dieser Verrottung sind: muldenförmige Vertiefungen, die bisweilen dem bloßen Auge kaum erkennbar sind und bisweilen Durchmesser bis zu etwa 5 mm haben. Sie treten vereinzelt oder gruppenweise auf, können aber auch große Teile der Rohre bedecken, Abb. 198, 199, 200 u. 201. Die Mulden sind metallisch blank, solange die Schleichströme wirken, und oft mit schwammigem Kupfer ausgefüllt. Die sie umgebende Rohroberfläche ist in der Regel mit Ablagerungen basischer Kupfersalze bedeckt. Hören die Schleichströme auf, so oxydieren auch die metallisch blanken Flächen der Mulden sehr bald.

Abb. 198. Durch Schleichströme verrottetes Kondensatorrohr (Außenfläche). Vergrößerung 8fach.

Die Verrottungen durch Gleichstrom treten in genau gleicher Art an allen metallischen Werkstoffen auf — also auch ein Verzinnen ist wirkungslos — und nicht nur an Kondensatorrohren. Sie wurden in derselben Erscheinungsform an Kondensator-

---

[86] Die elektrolytische Spannungsreihe ist: Gold, Kohle, Platin, Silber, Kupfer, Blei, Zinn, Nickel, Kadmium, Eisen, Chrom, Zink, Aluminium. Wenn zwei verschiedene Stoffe dieser Reihe in Flüssigkeiten stehen oder mit Flüssigkeiten in Berührung kommen, bildet sich ein galvanisches Element, wobei der „edlere" (in der Reihenfolge früher genannte) Stoff die Kathode und der „unedlere" (später genannte) Stoff die Anode bildet. Letzterer wird dann chemisch umgesetzt, also zerstört. So werden bei besonders leicht zu bauenden Anlagen die Kondensatormäntel aus dünnem Kupferblech hergestellt und dann Schutzplatten aus Eisen verwendet.

böden, an Ölkühlern, in manchen Fällen auch an anderen Teilen der Anlage, wie Lagern, Ventilen, Pumpen, Wellen und Schneckengetrieben, beobachtet. Diese Anfressungen sind unabhängig vom Gefüge des Baustoffes. Baustoffe mit feinem, mittlerem und

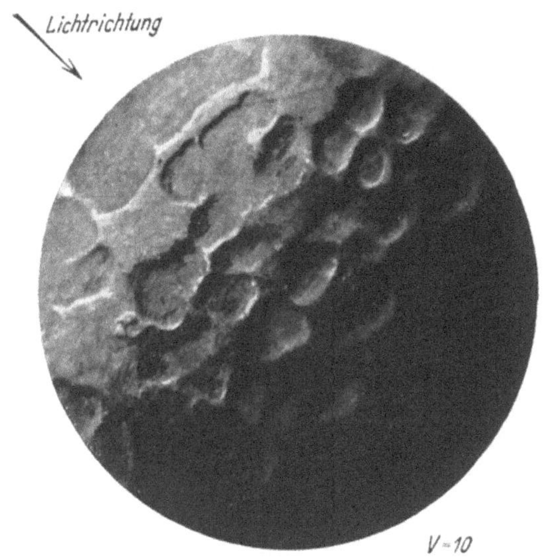

Abb. 199. Durch Schleichströme angegriffene innere Oberfläche eines Kondensatorrohres. Vergrößerung 10fach.

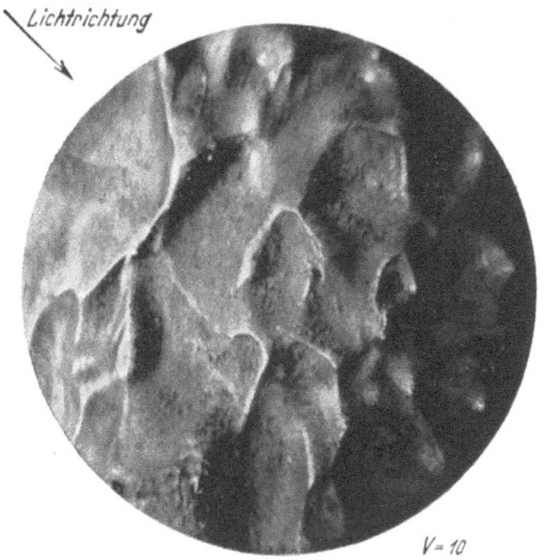

Abb. 200. Durch Schleichströme angegriffene innere Oberfläche eines Kondensatorrohres. Vergrößerung 10fach.

grobem Gefüge wurden in ganz gleicher Art angegriffen. Unabhängig sind diese Anfressungen auch von der Beschaffenheit des Kühlwassers; sie kommen ebenso bei Seewasser, Flußwasser wie auch bei reinem Niederschlagwasser vor. Ferner sind sie unabhängig von der Lage der Rohre im Kondensator, von ihrer Herstellungsart und von der Wasserführung im Kondensator. Die Entwicklungsgeschwindigkeit der Verrottung hängt hauptsächlich von der Stromdichte ab. Gleichstrom von 0,01 A/dm² ist bei dauernder Einwirkung schon schädlich, bei 0,1 A/dm² werden die Rohre sehr rasch durchgefressen. Die Verrottung tritt stets an der Anode auf, d. h. an der Stelle, wo der Strom austritt. Bei Kondensatoren ist es somit die Rohrinnenfläche oder die kühlwasserberührte Fläche der Rohrböden, die zuerst vom Strom angegriffen wird. Ausgangspunkt des Schleichstromes ist stets der Pluspol einer Gleichstromquelle, sein Endpunkt der Minuspol.

Man wird beim Auftreten von Schleichströmen zunächst die in Betracht kommenden Stromquellen und ihre Lage untersuchen müssen, also etwa vorhandene Gleichstromerzeuger, Umformer, Erregermaschinen, Batterien, Bahn- und Krananlagen, Schweißgeräte u. dgl. Besonders gefährlich sind diese, wenn sie geerdete Rückleitung haben. Außerdem können Isolationsfehler des elektrischen Teiles der Anlage die Ursache von Schleichströmen werden. Die den Gleichstromübertragenden Bürsten des Erregerstromkreises oder die Verbindungen der Schalttafel

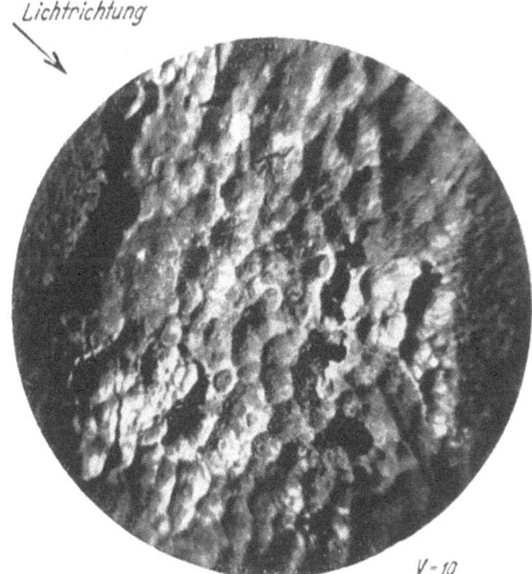

Abb. 201. Durch Schleichströme angegriffene innere Oberfläche eines Kondensatorrohres. Vergrößerung 10fach.

können verschmutzt, Gleichstromkabel können beschädigt und so gegen Erde überbrückt sein. Werden die Fehler beseitigt, so hören auch die Anfressungen auf. Von
Vorteil ist es daher stets, die Erregermaschine von der Grundplatte und den anschließenden Rohrleitungen durch nichtleitende Zwischen-
lagen zu trennen.

Folgende Beispiele seien als Beweis angeführt. Es
wurde festgestellt, daß die Anfressungen in einem Kraft-
werk, in dem jahrelang Rohrschäden an Kondensatoren und
Ölkühlern vorkamen, sofort aufhörten, nachdem eine alte
Notbeleuchtung abgeschaltet war. In einem anderen Kraft-
werk kam man den Schleichströmen durch Zufall auf die
Spur, als eine in der Nähe befindliche Schweißanlage infolge
Erkrankung des Schweißers längere Zeit stillag. Die elek-

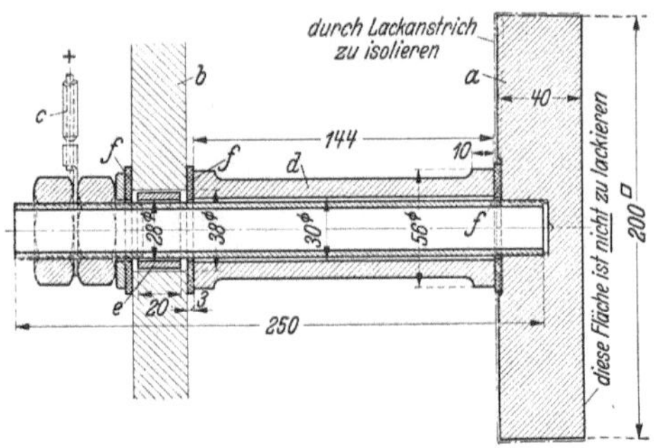

Abb. 202. Befestigung einer Anode des *Cumberland*-Schutzes in der
Wasserkammer eines Oberflächenkondensators.

a Anodenplatte; b Wand der Wasserkammer; c Anschluß zum Pluspol des Schutz-
stromerzeugers; d Schutzrohr; e Schutzring; f Gummidichtung.

trische Schweißanlage wurde daraufhin verlegt; seither sind
dort keine Rohranfressungen mehr vorgekommen. Zweckmäßig wird man bei Schweißarbeiten im Kraftwerk für die
Stromrückführung ein besonderes Kabel verwenden.

Die Beseitigung der Schleichströme ist das einzige sichere
Mittel zur Verhinderung derartiger Verrottung. Die Stromquelle ist jedoch nicht immer einfach aufzufinden; am ehesten
kommt man zum Ziel, wenn es gelingt, durch planmäßige
Spannungsmessung den Verlauf des Schleichstromes zu ermitteln.

Andere Mittel gehen darauf aus, die Einwirkung der
Ströme auf den Kondensator zu unterbinden. So wurde in
einem Kraftwerk das Auftreten von Verrottungen dadurch
beseitigt, daß alle Teile des Kondensators gut leitend mit dem
Minuspol der Erregermaschine verbunden wurden. Schleichströme ziehen dann diesen bequemen Weg vor und treten
nicht in das Kühlwasser aus. Nach anderen Verfahren, z. B.
dem nach GEPPERT-CUMBERLAND, wird ein Schutzstrom
durch den Kondensator geleitet, der vom Kühlwasser in
die Rohre fließt. Hierzu wird ein Schutzstromerzeuger aufgestellt, mit dessen Minuspol die zu schützenden Teile verbunden werden, während der Pluspol mit Anoden in Ver-

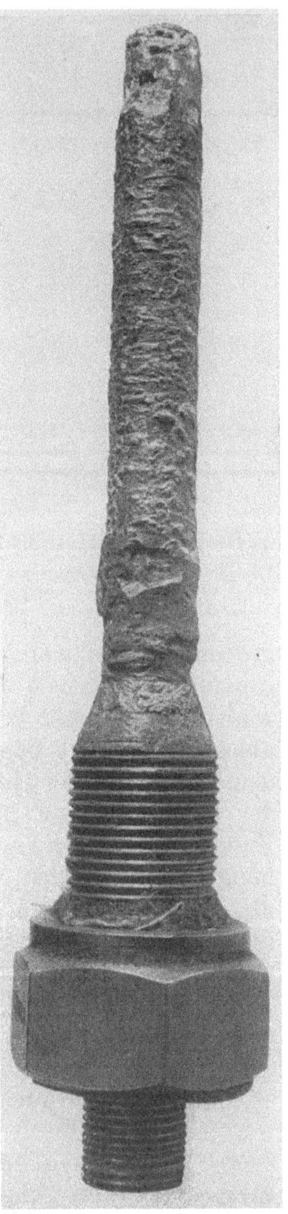

Abb. 203. Durch aggressives
Kühlwasser angefressene, aus
kohlenstoffarmem unlegiertem
Stahl hergestellte Thermometerhülse nach etwa zweijähriger Betriebzeit. 0,7 Naturgröße.

bindung steht, die, von allen Teilen des Kondensators nichtleitend getrennt, in der
Wasserkammer untergebracht werden, Abb. 202. Diese und ähnliche Verfahren wirken
aber nur dann, wenn die Stromführungen sehr reichlich bemessen sind, ihre Kabel-

verbindung blank und ihre Schutzüberzüge nicht zerstört oder überbrückt sind. Auch werden dadurch keineswegs alle Teile der Kühlfläche gleich wirksam geschützt.

An *Stahlrohren*, die in Kondensatoren vereinzelt eingebaut wurden, sind größere Störungen bislang nicht bekanntgeworden. Solche Rohre werden durch eine Feuerverzinkung oder durch einen meist auf Phenolharzbasis aufgebauten Einbrennlack gegen Rosten geschützt. Ungeschützte Rohre dagegen rosten sehr rasch, setzen sich schnell zu und erschweren den Wärmeübergang. Säurereinigung scheidet bei verzinkten Rohren naturgemäß aus. Eine gut ausgeführte Lackierung ist günstig zu beurteilen; bei entsprechender Wassergeschwindigkeit kommt es nicht zum Ansetzen von ausfallendem Kesselstein, sondern lediglich zur Bildung von Schlamm, der durch Ausspritzen der Rohre mit dem Wasserstrahl entfernt werden kann. Bei den mannigfaltigen Wasser- und Betriebsverhältnissen muß allerdings ebenso wie bei den Messingrohren auch bei den oberflächengeschützten Stahlrohren gelegentlich mit Störungen gerechnet werden, zumal das Wasser wegen der großen, für die Kühlung benötigten Mengen im allgemeinen nicht beeinflußt werden kann.

Steht als Kühlwasser nur Seewasser zur Verfügung, so wird man Stahlrohre nicht verwenden können, da nach verhältnismäßig kurzer Betriebzeit mit starken Anfressungen gerechnet werden muß. Sie würden etwa in der Art angegriffen wie die in Abb. 203 dargestellte Thermometerhülse aus kohlenstoffarmem, unlegiertem Stahl. Infolgedessen wird man bei derartigen Kühlwasserverhältnissen stets Messingrohre verwenden.

Die Verrottungsfrage ist bei den Kondensatoren auch heute noch keineswegs vollkommen geklärt. Wichtiger als die wissenschaftliche Forschung und Untersuchungen im Versuchsraum ist hier der Austausch von Betriebserfahrungen. Tritt Verrottung auf, so ist dringend zu empfehlen, sich mit dem Hersteller des Kondensators in Verbindung zu setzen, verrottete Stücke zur Untersuchung einzusenden und alle in Betracht kommenden Einflüsse bekanntzugeben.

29. Die Schäden an den Hilfsmaschinen der Kondensationsanlage.

Die Schäden an den *Kühlwasserpumpen* können mannigfaltiger Art sein. Etwa durch die Kühlwassersaugleitung oder durch die Saugstopfbuchsen der Kühlwasserpumpe eingedrungene Luft kann sich an Stellen einer ungünstig angeordneten Kühlwasserleitung (Luftsäcken) ansammeln und in unregelmäßigen Abständen plötzlich entweichen. Die Pumpe fördert dann ungleichmäßig, außerdem treten Schläge und Stöße in Pumpe und Leitung auf, die so heftig sein können, daß Brüche der Leitung oder der Kondensatorwasserkammern die Folge sind. Bei besonders großen Lufteinbrüchen reißt die Saugwassersäule ab, und die Pumpe hört auf zu fördern. Es ist infolgedessen besonders wichtig, die Rohrleitung möglichst so anzuordnen, daß sich keine Luftsäcke bilden können, oder falls hierfür doch die Möglichkeit besteht, für eine ausreichende Entlüftung aller höchster Stellen des Kühlwasserkreislaufes zu sorgen. Luft kann auch angesaugt werden, wenn der Saugkorb nicht tief genug liegt, so daß sich der Unterwasserspiegel, etwa in der trockenen Jahreszeit, bis unter den Saugkorb senken kann.

Die Fördermenge der Pumpe kann sich vermindern infolge Verstopfens durch Fremdkörper, die bei fehlenden oder schadhaften Sieben und Saugkörben eindringen und den Widerstand erhöhen. Mitgerissene Holzstücke können den Pumpenkreisel bis zur Unbrauchbarkeit beschädigen. Fremdkörper können auch zu harten Schlägen im Kühlwasserkreislauf führen.

Verrottungen durch aggressives Wasser können besonders dann, wenn es sehr lufthaltig ist, zu einem starken Verschleiße und damit zu einem frühzeitigen Verbrauch der Pumpenräder führen. Auswaschung tritt in Kreiselpumpen auf, wenn sich Wasserwirbel bilden. In ihrer Erscheinungsform sehr ähnlich sind die Anfressungen infolge von Hohlraumbildung (Kavitation). Sinkt an einer Stelle der Pumpe der Druck bis auf

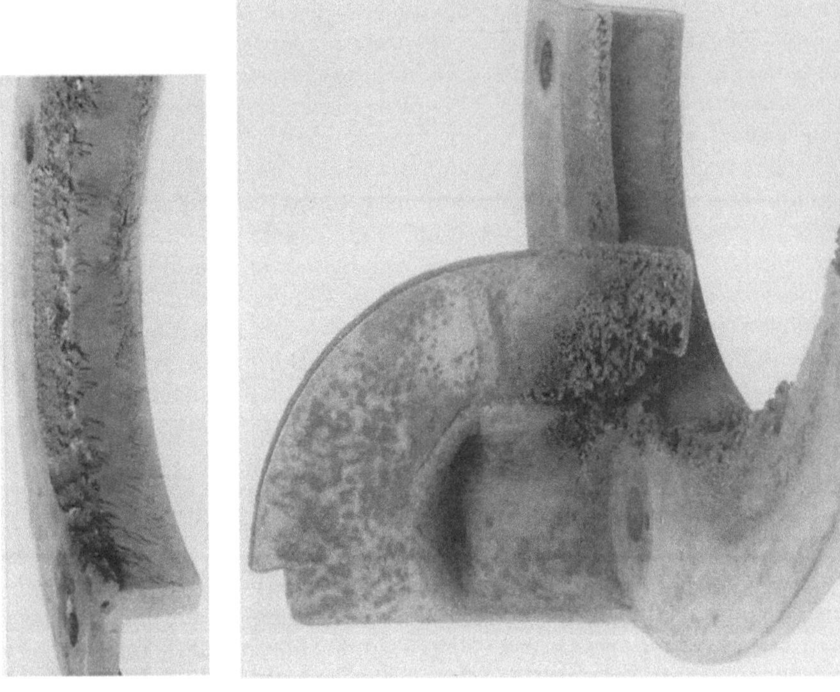

Abb. 204.   Abb. 205.

Abb. 204 u. 205. Auswaschungen durch Hohlraumbildung am Einlauf einer Pumpe.

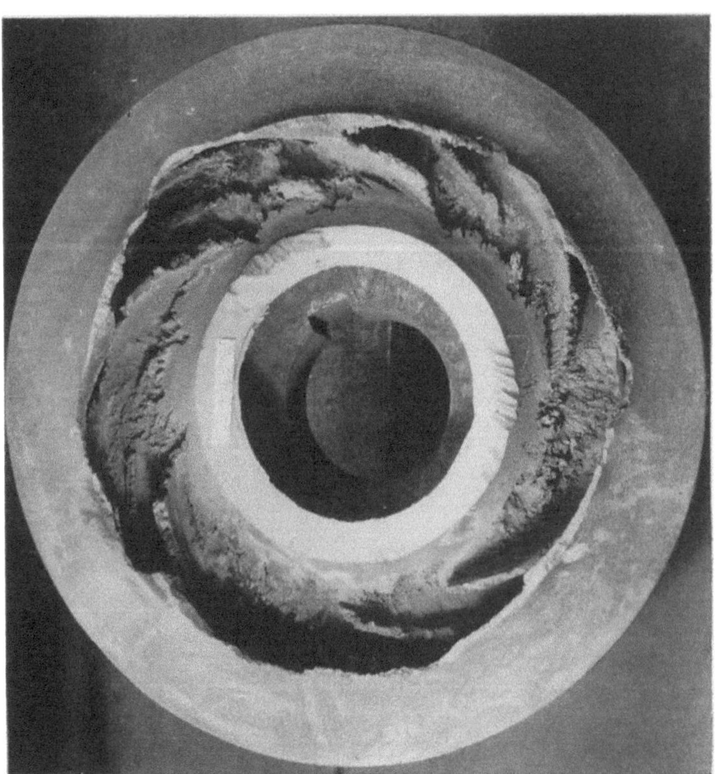

Abb. 206. Auswaschungen durch Hohlraumbildung an einem Pumpenlaufrad aus Gußeisen. 0,2 Naturgröße.

den der Wassertemperatur entsprechenden Sattdampfdruck, so bildet sich Dampf, es entsteht ein Hohlraum. Bei Druck- und Temperaturschwankungen kommt es dann zu plötzlichem Niederschlagen des angesammelten Dampfes, der Hohlraum bricht schlagartig zusammen. Dadurch und auch durch Ansammlung der im Wasser enthaltenen Gase an der Stelle des kleinsten Druckes (Einlauf) können Anfressungen in stärkerem Ausmaß auftreten. Abb. 204 und 205 zeigen Auswaschungen am Einlauf einer Pumpe. Abb. 206 stellt ein Pumpenlaufrad aus Gußeisen dar, bei dem durch Kavitation so starke Anfressungen hervorgerufen waren, daß das Rad unbrauchbar wurde und aus-

gewechselt werden mußte. Mitunter werden die Schaufeln des Laufrades auch örtlich derart angefressen, daß sich Löcher bilden, Abb. 207. Das Auftreten von Kavitation wird gefördert, wenn die Pumpe unter anderen Betriebsverhältnissen betrieben wird, als beim Entwurf vorgesehen wurde. Sie bei beliebigen Betriebzuständen mit Sicherheit zu unterbinden, ist nicht möglich.

Vereinzelt ist es auch vorgekommen, daß Stücke aus Pumpenkreiseln, die in gleicher Ausführung an anderen Pumpen ohne Anstände in Betrieb waren, herausbrechen. Die Ursache zu diesen Schäden lag in starken Wasserstößen von dem Rohrnetz her, auf das zahlreiche Pumpen gemeinsam arbeiteten. Die gleichen Erscheinungen treten auch auf, wenn durch falsches Bedienen beim Anfahren zuerst die Pumpe und erst dann die Ansaugvorrichtung für das Füllen der Ansaugleitung angestellt wird. Die Kreiselschaufeln schlagen hierbei auf das ansteigende Wasser, so daß sie harten Schlägen ausgesetzt sind, die zum Bruch führen können.

Elektrolyse durch Fremdströme ist auch bei Pumpen in vielen Fällen die Ursache zu Schäden. Neben den Fremdströmen, die von außen her in die Pumpe hineingelangen, sind auch Ströme von 50 bis 100 mV möglich, die durch die Reibung des Wassers in der Pumpe und in den Stopfbuchsen entstehen.

Abb. 207. Örtliche Auswaschung durch Hohlraumbildung an einem Pumpenlaufrad aus Gußeisen.

Bei den *Kondensatpumpen* können im allgemeinen die gleichen Ursachen für Störungen auftreten wie bei den Kühlwasserpumpen. Anfressungen durch Hohlraumbildung — hiervon wird bei mehrstufigen Pumpen nur das erste Rad betroffen — werden auftreten, wenn die Zulaufhöhe zu gering ist. Auswaschungen werden meist auf der Rückseite der Schaufeln am Wasseraustritt festgestellt, wenn die Pumpe im Betriebe gegen eine kleinere Druckhöhe zu arbeiten hat, als für die sie bestellt worden ist. Solche Anstände können dadurch beseitigt werden, daß der äußere Durchmesser der Laufräder so weit abgedreht wird, daß er der wirklichen im Betriebe vorhandenen manometrischen Druckhöhe entspricht. Die gleichen Erscheinungen treten auch bei den Laufrädern für Aufschlagwasser der Wasserstrahl-Luftsauger auf.

Ein Verschleiß ist auch möglich an der Welle und an den Schutzbuchsen. Um den Verschleiß in geringen Grenzen zu halten, darf keine Stopfbuchsenpackung aus Hanf, sondern nur getalgte Baumwollpackung verwendet werden. Ferner darf die Stopfbuchse nicht zu stark angezogen werden; es muß immer noch so viel Leckwasser nach außen

durchtreten können, daß die Reibungswärme abgeführt wird. Der Verschleiß an
den Dichtungsringen hängt in der Hauptsache von der Beschaffenheit des Wassers
ab. Ist das Wasser sandhaltig, so ist der Verschleiß größer
als bei reinem Fluß- oder Brunnenwasser.

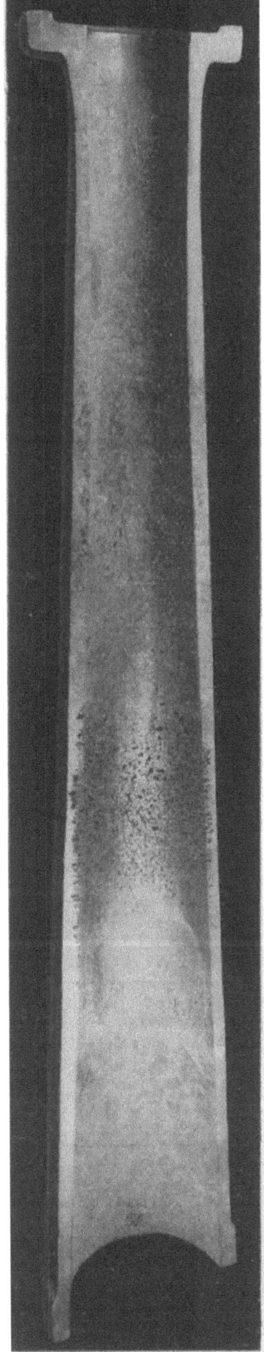

Die *Wasserstrahl-Luftsauger* erleiden mitunter Auswaschungen am Einlaufstück. Sie werden meist durch mechanische Einwirkung des durchströmenden Wassers hervorgerufen. Derartige Auswaschungen werden begünstigt, wenn das Treibwasser verunreinigt oder sandhaltig ist. Da das Wasser stark mit Luft vermischt ist, treten auch Anfressungen auf, die offenbar auf Hohlraumbildung zurückzuführen sind. In einem solchen Falle sind die kennzeichnenden, tiefgehenden Anfressungen auf einen verhältnismäßig engen Raum begrenzt. Der an das Einlaufstück anschließende Diffusor weist gelegentlich an einer ebenfalls engbegrenzten Stelle Auswaschungen durch Hohlraumbildung auf. Abb. 208 zeigt einen Diffusor aus Gußeisen mit derartigen Anfressungen. Die Ursache ist auf ungleichmäßige innere Form des Diffusors zurückzuführen, der zufolge sich das Wasser-Luft-Gemisch von der Diffusorwand ablöst. Werden derartige Anfressungen beobachtet, dann kann Abhilfe nur durch vollständiges Auswechseln des Diffusors gegen einen solchen mit glatter und vollständig symmetrischer, dem Wasserstrahl angepaßter Form geschaffen werden.

Bei den *Dampfstrahl-Luftsaugern* gehen die Störungen meist von den Düsen aus. Diese können durch Kesselstein so stark belegt sein, daß der freie Querschnitt erheblich verengt ist, oder sie können durch den strömen-

Abb. 208.   Abb. 209.

Abb. 208. Auswaschung durch Hohlraumbildung an dem gußeisernen
Diffusor eines Wasserstrahl-Luftsaugers.

Abb. 209. Auswaschungen durch Dampf am Einlaufstück eines
Dampfstrahl-Luftsaugers.

den Dampf so ausgewaschen sein, daß Stücke aus ihnen herausbrechen. In beiden Fällen wird das Vakuum absinken. Sind die Düsen nicht genau nach Vorschrift ausgerichtet, so prallen die Dampfstrahlen auf die Wandung des Einlaufstückes und rufen dort Auswaschungen hervor, wie sie in Abb. 209 zu sehen sind.

Die Schäden an den Zwischenkühlern der Dampfstrahl-Luftsauger werden meist durch Verrottungen verursacht. Die Kühlrohre für Dampfstrahl-Luftsauger, die außen von einem Dampf-Wasser-Luft-Gemisch umspült werden, und in denen meist Kondensat fließt, werden von innen im allgemeinen selten, dagegen häufig auf ihrer Außenseite angegriffen. Abb. 210 zeigt ein Messingrohr der Legierung 70/29/1, das von zahlreichen Vertiefungen bedeckt und stellenweise weitgehend abgezehrt ist. Abb. 211 stellt ein Aluminiumrohr aus dem Atmosphärenstufen-Zwischenkühler eines Dampfstrahl-Luft-

Abb. 210. Korrosion der äußeren Oberfläche eines Messingrohres aus der Legierung 70/29/1 für den Zwischenkühler eines Dampfstrahl-Luftsaugers. Vergrößerung 2fach.

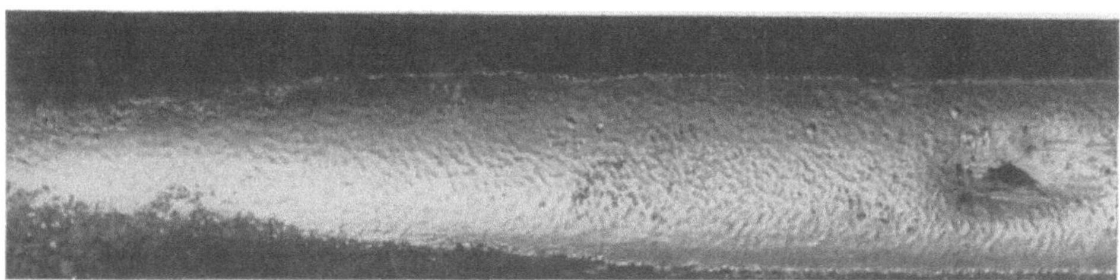

Abb. 211. Auswaschung eines Aluminiumrohres aus dem Atmosphärenstufen-Zwischenkühler eines Dampfstrahl-Luftsaugers. Vergrößerung 2,5fach.

saugers dar. Das Rohr lag im Strahl des im Diffusor verdichteten Dampf-Luft-Gemisches. Offenbar ist der Schaden durch Auswaschungen entstanden, wie sie in ähnlicher

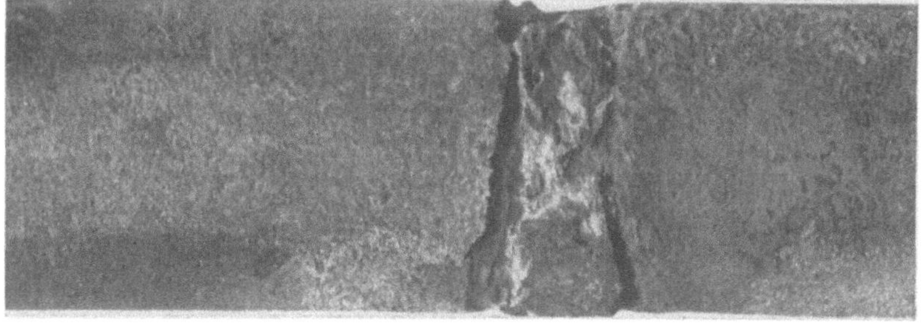

Abb. 212. Elektrolytische Anfressungen und Auswaschungen durch Dampf eines Messingrohres für einen Dampfstrahl-Luftsauger. Vergrößerung 2,3fach.

Weise auch an Kondensatorrohren beobachtet wurden. Diese Auswaschungen werden begünstigt durch mitgerissene Wassertröpfchen. Sie treten hauptsächlich in der Atmosphärenstufe auf.

Bei der Zerstörung von Rohren für die Kühler der Dampfstrahl-Luftsauger sind vielfach auch elektrolytische Anfressungen beteiligt. An den äußeren Stützwänden der Kühler können Korrosionen galvanischer Elementbildung auftreten. Abb. 212 gibt ein Beispiel elektrolytischer Anfressungen, gleichzeitig aber auch für Auswaschungen durch den strömenden Dampf.

In Erde verlegte *Rohrleitungen* der Kondensationsanlage sind besonders bei feuchtem Boden in hohem Maße durch schleichenden Gleichstrom gefährdet. Als Schutzmittel ist zu empfehlen, den elektrischen Widerstand der Rohrleitungen so klein wie möglich zu machen und den Rohrstrang hauptleitend mit dem Minuspol der Gleichstrommaschine zu verbinden. Den Schleichströmen wird dadurch die Möglichkeit genommen, aus der Rohrleitung in das Erdreich oder in das die Leitung durchströmende Mittel auszutreten und an der Austrittstelle das Rohr zu verrotten. Der Schutz besteht aber nur so lange, als gut leitende Verbindung an allen Stellen des zu schützenden Rohrstranges vorhanden ist. Das sicherste Mittel bleibt daher nach wie vor die Beseitigung der Schleichströme selber.

30. Die Schäden an Turbinenbauteilen.

Die Schäden an *Turbinengehäusen* sind an Zahl und Schwere beträchtlich seltener geworden, seitdem man für dampfberührte *Gußeisenteile* allgemein Temperaturgrenzen einhält, die je nach der Größe und Beanspruchung etwa bei 300 bis höchstens 400° C (S. 40) liegen, und außerdem bestimmte Gußeisensorten durch eingehende Versuche sich als brauchbar und zuverlässig erwiesen haben. Wenn Gehäuseschäden überhaupt noch auftreten, so nur an älteren Turbinen und meist durch das sogenannte „Wachsen" des Gußeisens verursacht. Es bilden sich dadurch zunächst Risse im Baustoff, oft sogar erst nach vielen Jahren anstandslosen Betriebes, die nur durch Ausströmen von Dampf entdeckt werden. Das häufigste Behelfsmittel bei derartigen Schäden, das Einstemmen von Kupferstreifen in die Risse, bringt keine dauernde Abhilfe, da hierdurch die Ursache nicht beseitigt wird. Die Risse erweitern sich mit fortschreitendem Zerfall des Gußeisens und die Kupferstreifen werden lose und fallen heraus. Das gelegentlich angewendete Schweißen der Risse mit Sonderelektroden bringt, da auch dadurch das Grundübel nicht beseitigt wird, ebenfalls keine endgültige Abhilfe.

Selbst dann aber, wenn Risse nicht auftreten, können Bauteile aus ungeeignetem Gußeisen im Verfolge seiner Wachstumserscheinungen zu Schaden führen, z. B. wenn die Turbinengehäuse sich so stark verformen, daß die Stopfbuchsen zum Anstreifen kommen. In besonders hohem Maße ist mit derartigen Erscheinungen dort zu rechnen, wo die ursprünglichen Dampfverhältnisse durch inzwischen vorgenommene Änderungen an den Kesseln selbst erhöht und somit auch die Gehäuse der Turbinen höheren als bei der Herstellung zugrunde gelegten Temperaturen ausgesetzt werden.

Das Wachsen ist auch bei gußeisernen *Gehäuseeinbauten* zu beobachten, wenn sie zu hohen Temperaturen ausgesetzt sind. Die Raumvergrößerung dieser Einbauten, wie z. B. Zwischendeckel, kann unter Umständen dazu führen, daß die Gehäuse gesprengt werden und sich, wie beim Wachsen des Gehäuses selber, nach außen hin Risse zeigen.

Die Ursache des Wachsens von Gußeisen ist hauptsächlich in dem Zerfall des Eisenkarbides bei zu hohen Temperaturen unter Abscheidung von Temperkohle, Abb. 213, in geringerem Umfang in der Oxydation des Silikoferrites der Randzonen zu sehen. Diese Vorgänge sind mit nicht umkehrbaren Raumvergrößerungen verbunden. Die Verwendung besonderen Heißdampfgußeisens mit niedrigem Kohlenstoff- und Siliziumgehalt, dichtem Gefüge und kurzen Graphitlamellen, Abb. 214, das im Turbinenbau für dampfberührte Teile seit etwa 20 Jahren üblich ist, hat neben der Temperaturbegrenzung dazu beigetragen, daß Schäden durch das Wachsen an neueren Turbinen praktisch nicht mehr auftreten. Eine weitere Verbesserung der Raumbeständigkeit des Gußeisens kann durch den Zerfall der Karbide verhindernde Legierungzusätze, wie z. B. Chrom und Mangan, erzielt werden. Darüber hinaus werden Gußstücke von verwickelterer Form zum Entspannen ungefähr 2 Stunden lang bei 500 bis 550° C geglüht, wobei besonders darauf zu achten ist, daß auch das Abkühlen im Glühofen erfolgt. Bei derart behandelten Gußteilen wird eine Formänderung im Betriebe nicht mehr auftreten.

Verformungen von *Stahlguß*gehäusen, die von sich erst im Betriebe auslösenden inneren Spannungen herrühren, sind, wenn die Turbinenwerke das Glühen°der Stahlgußstücke nach vorhergegangenem Vorschruppen der zu bearbeitenden Stellen mit Sorgfalt durchführen und überwachen, so gut wie ausgeschlossen. Dagegen nehmen alle unter Spannung und zugleich erhöhter Temperatur stehenden Baustoffe eine gewisse bleibende Verformung im Betriebe an, die sogenannte Kriechverformung; diese hält sich jedoch bei den im allgemeinen zugelassenen Beanspruchungen und Temperaturen und bei gutem Baustoff in den zulässigen Grenzen, was wohl in jedem Turbinenwerk bereits im voraus durch Berechnung überprüft wird. Die Überprüfung der Gußstücke im Rahmen der Abnahmeprüfung erstreckt sich, soweit warmfester, d. h. mit Mangan, Chrom, Vanadin oder Molybdän legierter Stahlguß verwendet wird, auch auf die der Berechnung zugrunde liegende Dauerstandfestigkeit bei der höchsten Betriebstemperatur.

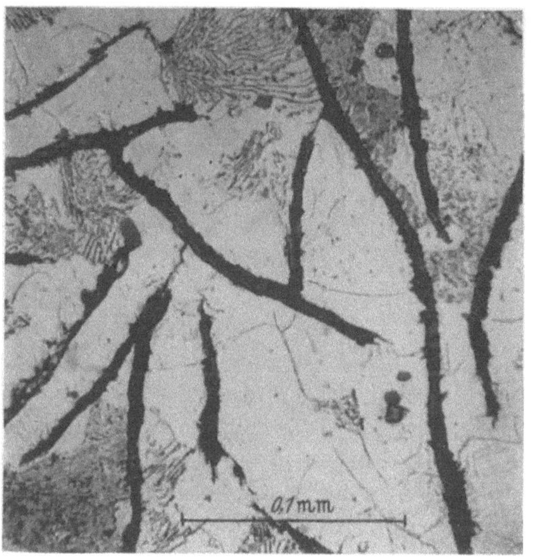

Abb. 213. Gefüge von „gewachsenem" Gußeisen mit Abscheidungen von Temperkohle. Vergrößerung 300fach.

Abb. 214. Gefüge von Heißdampfgußeisen. Vergrößerung 300fach.

Trotz aller Sorgfalt in Herstellung und Prüfung können sich die Gehäuse im Betriebe dennoch verziehen, wenn sie einseitig erwärmt oder abgekühlt werden. Ersteres kann auftreten bei ungünstiger Anordnung der Frischdampfzuleitung oder -ventile, letzteres infolge mangelhaften Wärmeschutzes, durch Abschrecken bei unvorsichtigem Spülen der Turbine oder durch plötzliche und ungleiche Temperaturänderung im Maschinenraum, wie etwa bei Öffnen einseitig angeordneter Fenster bei niedriger Außentemperatur. Gelegentlich wurde auch beobachtet, daß sich Gehäuse bei vorübergehend teilweise abgenommenem Wärmeschutz durch Luftströmung einseitig abgekühlt und verzogen haben. Der Wärmeschutz an Turbinengehäusen muß daher sorgfältigst angeordnet und aufgebracht werden. Auf keinen Fall darf Wärmeschutz-Füllmasse, die vereinzelt noch verwendet wird, so locker eingefüllt werden, daß sie während des Betriebes zusammensackt und dadurch das Gehäuse nur ungleichmäßig isoliert. Verzieht sich ein Gehäuse, so können seine Teilfugen undicht und, wie bereits für gußeiserne Gehäuse erwähnt, der Lauf der Maschinen durch Anstreifen der Welle an den Stopfbuchsen oder der Beschauflung an den Gehäuseeinbauten unruhig werden. Außerdem können sich durch Gehäuseverformungen Veränderungen in der Ausrichtung einstellen, die sich ebenfalls in einer Verschlechterung des Laufes auswirken.

Vereinzelt werden in Stahlgußteilen bereits bei der Herstellung Risse und poröse Stellen festgestellt, besonders bei verwickelteren Bauformen. Dagegen sind Risse, die sich erst im Betriebe bilden, an sorgfältig ausgeglühten Stücken äußerst selten. Sie werden auch nur dann möglich sein, wenn sich die Gehäuse aus den angeführten Gründen stark einseitig abgekühlt haben, so daß große Spannungen hervorgerufen werden. Das Schweißen des Stahlgusses bei etwa vorhandenen Rissen bietet keine Schwierigkeiten, wenn das Gehäuse hierfür mit Dampf vorgewärmt wird. Für warmfesten Stahlguß sind entsprechend legierte Elektroden zu verwenden. Der rissige Baustoff ist durch Aushauen, Bohren oder Fräsen vollständig, also bis auf den Grund der Risse, zu entfernen, wobei die feinen Rißausläufer durch Aufsetzen von Elektromagneten und Bespülen mit Magnetpulver sichtbar gemacht werden. Zur größeren Sicherheit wird auch die fertige Schweißnaht noch elektromagnetisch untersucht.

Schäden an *Ventilgehäusen* und anderen Gußteilen sind ebenfalls sehr selten und haben meist die gleiche Ursache wie die Schäden an Turbinengehäusen. Darüber hinaus sind Ventilgehäuse allerdings noch durch Wasserschläge besonders gefährdet, da sie bei ihren verhältnismäßig kleinen Massen infolge des plötzlichen Temperatursturzes stark abgeschreckt und durch den harten Stoß des Wassers sehr hoch mechanisch beansprucht werden. Die Ventilgehäuse können durch diese im gleichen Sinne wirkenden Ursachen zu Bruch gehen, so daß sie nicht mehr verwendbar sind und ausgewechselt werden müssen. Abb. 215 zeigt ein durch Wasserschlag zerstörtes Ventilgehäuse aus Gußeisen. Dieser Baustoff wird bei den jetzt allgemein höheren Temperaturen für Ventile allerdings nicht mehr verwendet. In einfacheren Fällen können an Ventilgehäusen aufgetretene Risse wohl auch elektrisch verschweißt werden. Doch ist auch hierbei ganz besonders zu beachten, daß die Gehäuse vor und nach dem Schweißen erwärmt werden müssen.

Abb. 215. Durch Wasserschlag zerstörtes gußeisernes Gehäuse eines Anzapfventiles.

Schäden oder sonstige Veränderungen an der *Beschauflung*, dem lebenswichtigsten und zugleich am höchsten beanspruchten Teil der Turbine, verdienen ganz besondere Aufmerksamkeit.

In erster Linie werden dies alle die Erscheinungen sein, die auf einen natürlichen und auch üblichen Verschleiß zurückzuführen sind. Derartige Schäden entstehen an den Düsen und Laufschaufeln am häufigsten durch *Auswaschung*. Diese besonders in den ND-Stufen von Kondensationsturbinen auftretende Erscheinung hat zunächst ihre Ursache in der Entspannung des Arbeitsdampfes, also in den Betriebsverhältnissen an der Turbine selbst. Sie läßt sich daher nicht wie die chemischen Verrottungen durch eine Änderung der Betriebsweise der Kessel und auch nicht wie die Stillstandsverrottungen durch höhere Sorgfalt in der Wartung vermeiden; sie ist vielmehr durch die thermodynamischen Gesetze der Entspannung des Wasserdampfes ursächlich bedingt und daher höchstens größenordnungsmäßig, nicht jedoch grundsätzlich zu bekämpfen.

Das Abtragen von Baustoff von den Düsen- und Schaufeloberflächen durch Auswaschung erfolgt durch den zwischen ihnen im Betriebe hindurchströmenden Dampf; je nach dessen Dichte und Beschaffenheit wird die abtragende Wirkung größer oder kleiner sein. Am größten ist sie in *dem* Strömungsgebiet, wo Wasser in mehr oder weniger feiner Verteilung im Dampf enthalten ist, also in den ND-Stufen von Kondensationsturbinen. Nur in seltenen Fällen ist Auswaschung auch an HD-Schaufeln beobachtet worden, durch die zwar dichterer, aber stets fast vollkommen wasserfreier, überhitzter Dampf im Betriebe strömt.

Diese kleinere Gruppe von Schaufelauswaschungen *im HD-Teil* sei zuerst besprochen. Am leichtesten lassen sich derartige Auswaschungen dann erklären, wenn

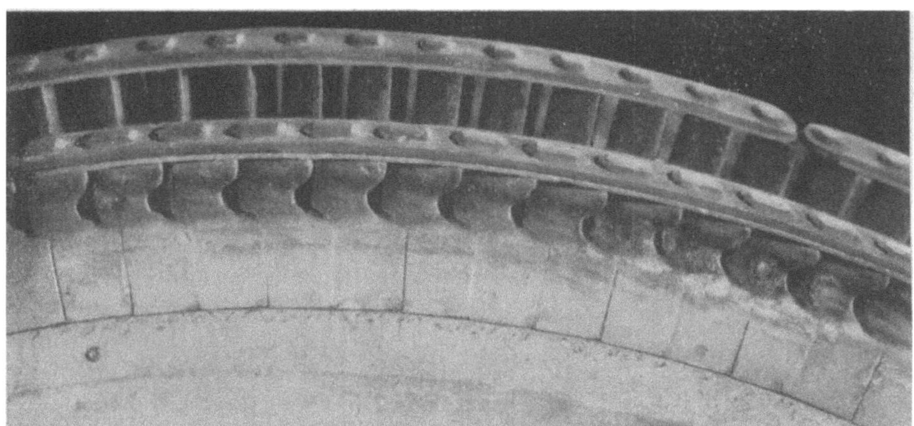

Abb. 216. Durch Dampfstrahl infolge abweichender Strömungsrichtung ausgewaschene Schaufeln der ersten Schaufelreihe einer Turbine mittlerer Leistung.

der Strahl des Frischdampfes infolge abweichender Dampfverhältnisse längere Zeit hindurch unter einem nicht passenden Winkel gegen die Eintrittskante der ersten Schaufelreihe bläst. Ein Beispiel dieser Art zeigt Abb. 216. Es handelt sich hier um die erste Schaufelreihe einer Turbine mittlerer Leistung, die während einer Betriebzeit von 4 Jahren in dieser Weise stark ausgewaschen wurde. Durch starke Salzbeimengungen wurde die auswaschende Wirkung des unter einem falschen Winkel aufprallenden Dampfes noch erhöht.

In einer anderen Turbine waren die HD-Laufschaufeln in ähnlicher Weise ausgewaschen, ohne daß wesentliche Abweichungen in den Dampfverhältnissen vorlagen. So wurde festgestellt, daß die Frischdampfdüsen, die aus einem vielfach bewährten und einwandfreien Baustoff hergestellt waren, stark ausgewaschen waren, so daß der aus den Düsen austretende Dampfstrahl eine andere Richtung erhielt und damit auf den Rücken der Laufschaufeln aufprallte. Die Ursache des starken Auswaschens der Frischdampfdüsen war darin zu sehen, daß die Maschine sehr lange Zeit hindurch mit niedriger Last gefahren wurde. Infolgedessen war in dem entsprechenden Düsensegment die Dampfgeschwindigkeit sehr groß, so daß die Austrittstege der Düsen in dieser ungewöhnlichen Weise ausgewaschen werden konnten.

Eine andere Art von Auswaschungen wurde in der ersten Stufe des HD-Teiles einer mehrgehäusigen großen Kondensationsturbine beobachtet. Schon nach kurzer Betriebzeit wurden die aus nichtrostendem Stahl hergestellten Umkehrschaufeln des zweikränzigen Geschwindigkeitsrades verhältnismäßig stark ausgewaschen. Druck und Temperatur des Dampfes in dieser Stufe waren 28 ata und 370 ° C bei voller Belastung. Die Schaufeln, Abb. 217, sind nicht, wie sonst

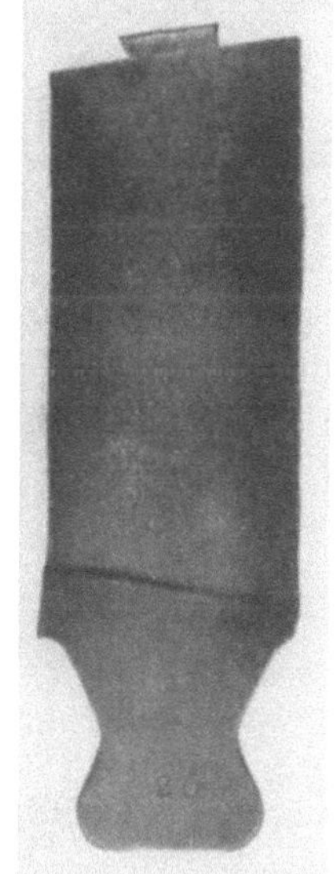

Abb. 217. Durch Frischdampf (28 at, 370 ° C) ausgewaschene Umkehrschaufel aus nichtrostendem Stahl. Betriebzeit etwa 3700 h.

üblich, muldenförmig, sondern über die ganze Fläche des Schaufelbauches gleichmäßig ausgewaschen. Dadurch hat sich am äußeren Rande der Füllstücke — es handelt sich um Schaufeln gleichen Querschnittes auf der ganzen Länge — ein scharfer Absatz aus-

geprägt; die Auswaschungen sind bis 2 mm tief. Der Baustoff war einwandfrei und
hatte sich während der Betriebzeit nicht verändert. Offenbar handelt es sich hierbei
auch um die Auswirkung von Wasser und Salz im Dampf.

An einer eingehäusigen Kondensationsturbine mittlerer Leistung für einen Dampfzustand von 40 ata und 475° C wurden Auswaschungen an den beiden ersten Schaufel-
kränzen bereits nach der sehr kurzen Betrieb-
zeit von nur 14 Tagen festgestellt. Da die verwendeten Baustoffe einwandfrei waren und nach
den üblichen Betriebsaufzeichnungen keine ab-
weichenden Dampfverhältnisse vorhanden zu
sein schienen, fand man für diese völlig un-
erwartet auftretende Erscheinung zunächst keine
Erklärung. Erst die eingehende Beobachtung der
Betriebsgepflogenheiten durch einen Ingenieur
des Lieferwerkes führte zu einer überraschend
einfachen Erklärung: Die Turbine wurde täglich
angefahren, und zwar stets mit dem Kessel zusammen. Die Folge davon war, daß die Turbine
täglich etwa eine Stunde lang mit Naßdampf und
sehr niedrigem Dampfdruck gefahren wurde. Infolge dieser ungewöhnlichen Dampfverhältnisse
während der langen Anfahrzeit und der damit
zusammenhängenden Abweichungen der Dampfströmung konnten die Schaufeln so schnell ausgewaschen werden. Die einfache Abhilfe bestand
darin, daß die Kessel eine Stunde vor dem Anfahren der Turbine hochgeheizt wurden, so daß
von der ersten Umdrehung der Turbine an Dampf
richtigen Zustandes zur Verfügung stand. Seitdem ist die Maschine mehrere tausend Stunden
in Betrieb ohne Wiederholung der anfangs aufgetretenen Anstände.

In den allerseltensten Fällen von HD-Düsen-
und Schaufelauswaschungen liegt nur eine einzige Ursache vor, sondern meist führen mehrere
Ursachen, in gleichem Sinne wirkend, den Schaden herbei.

Unter solchen Verhältnissen ist auch die
Art des Schaufelbaustoffes bis zu einem gewissen

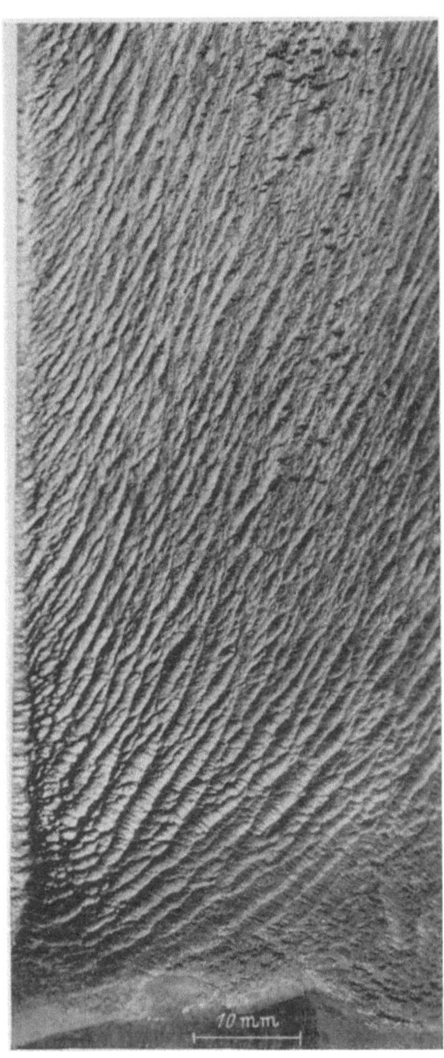

Abb. 218. Durch Wasser und Fremdkörper
ausgewaschene ND-Schaufel. Vergrößerung
1,5fach.

Grade gleichgültig. Natürlich widerstehen allgemein härtere Baustoffe länger als weniger
feste; keiner der heute verfügbaren Stähle ist
aber, selbst bei Anwendung besonderer Her-
stellungsverfahren, derartigen Angriffen auf die Dauer gewachsen. Am wirksamsten
werden betriebliche Maßnahmen auf der Kesselseite sein. Durch sorgfältige Überwachung muß daher angestrebt werden, daß stets die der Auslegung der Turbine zugrunde gelegten Dampfzustände eingehalten werden und daß der Wasser- und Salzgehalt des Dampfes auf ein Mindestmaß beschränkt bleibt.

Eindeutiger in Erscheinungsform und Ursache dagegen sind die Schaufelauswaschungen *im ND-Teil* der Kondensationsturbinen. Abgesehen von gleichmäßig über
die ganze Oberfläche verteilten Abtragungen, etwa in Art der Abb. 218, deren Entstehen außer durch ausfallendes und nach außen abgeschleudertes Wasser auf mit-
strömende Fremdkörper zurückzuführen ist und deren wellige Struktur der Sand-

erosion von Wasserturbinenschaufeln ähnelt, handelt es sich bei diesen Auswaschungen der Schaufeleintrittskanten um Auswaschungen durch Wassertropfen (Tropfenschlag). Die Erscheinungsform wechselt hier je nach der Dauer der auswaschenden Einwirkung zwischen einer leichten Aufrauhung der Schaufeloberfläche und einer bis tief in den Baustoff eindringenden Zerstörung mit unmittelbar nebeneinanderliegenden Auswaschungstrichtern. Da die Ursache hier stets die im feuchten Dampf mitgeführten Wassertropfen sind, werden Schaufeln nur solcher Stufen angegriffen, die unterhalb der Sattdampflinie arbeiten. Außerdem treten die Auswaschungen stets am äußeren Schaufelende am stärksten auf (Fliehkraftwirkung).

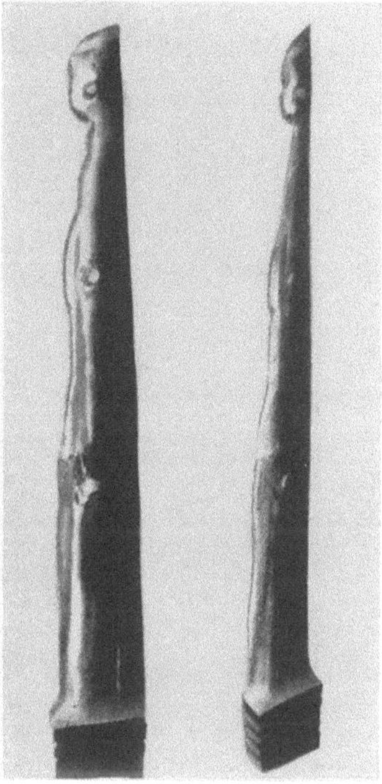

Abb. 219[87] zeigt zwei Endschaufeln aus einer Überdruckturbine mittlerer Leistung mit 3600 U/min. Die Spitzengeschwindigkeit der Schaufeln

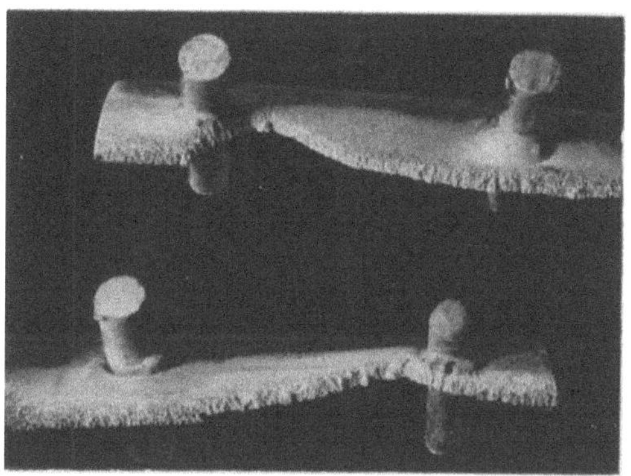

Abb. 220. Durch ND-Dampf ausgewaschene Eintrittskanten zweier Laufschaufeln aus 5% Ni-Stahl, von der Rückenseite aus gesehen[88].

Abb. 219. Ungewöhnlich stark ausgewaschene ND-Laufschaufeln einer 10000 kW, 3600 U/min-Überdruckturbine nach einjährigem Betrieb[87].

ist etwa 290 m/s, die Abdampfnässe der Stufe beträgt 13 bis 14%. Das Bild zeigt den Zustand der Schaufeln nach erst einjähriger Betriebzeit. Die Ersatzschaufeln erhielten in diesem Falle an den besonders gefährdeten äußeren Teilen der Eintrittskanten Schutzstreifen aus Hecla-Stahl; sie waren dann nach $2^1/_2$ Jahren noch brauchbar, größere Auswaschungen hatten sich nur an den Rändern der Schutzstreifen im Grundbaustoff der Schaufeln gezeigt.

Ganz ähnliche Auswaschungen zeigten sich in den Endstufen einer großen Überdruckturbine mit 3000 U/min, obwohl hier die Abdampfnässe nur 9,5 bis 10% betrug. Nachdem die ursprünglichen Schaufeln aus 5% Ni-Stahl bereits nach rund 11000 Betriebstunden wegen der Auswaschungen ersetzt werden mußten, ergaben sich auch für die Ersatzschaufeln in ungefähr der gleichen Betriebzeit unzulässige Abnutzungen, Abb. 220[88]. Auch für die Ersatzschaufeln war wieder 5proz. Ni-Stahl verwendet worden, zu Vergleichzwecken waren jedoch in die Endstufen 25% der Schaufeln aus nichtrostendem Stahl eingesetzt. Der Vergleich ergab grundsätzlich die gleichen Zerstörungen, doch waren die Schaufeln aus nichtrostendem Stahl weniger tief ausgewaschen als die Schaufeln aus 5proz. Ni-Stahl.

Sehr aufschlußreiche Beobachtungen über Auswaschungen an ND-Schaufeln hat GROPP veröffentlicht[89]. Diesen Veröffentlichungen ist das folgende Beispiel entnommen.

[87] Nach S. 17 Abb. 7 in *NELA*: Turbines, Report of the Prime Movers Committee, Nr. 234, 1932.
[88] Nach Elektr.-Wirtsch. Bd. 32 (1933) S. 144 Abb. 5.
[89] Nach Elektr.-Wirtsch. Bd. 30 (1931) S. 589; Bd. 31 (1932) S. 413. — Ferner: Elektr.-Wirtsch. Bd. 32 (1933) S. 50 u. 232.

Abb. 221 zeigt eine Überdruck-Endschaufel einer größeren Turbine mit 3000 U/min nach 3421 Betriebstunden. Die Schaufeln waren aus nichtrostendem Stahl und bis zu 4,7 mm Tiefe abgenutzt. Die Schaufeleintrittskante ist an ihrem äußeren Ende stark „ausgefranst" und der Schaufel-

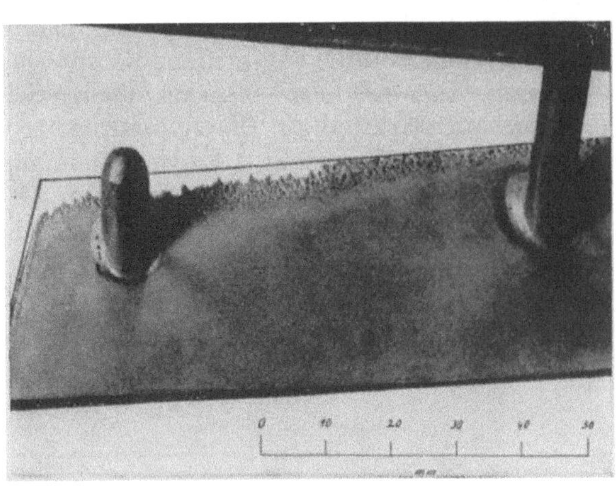

Abb. 221. Durch ND-Dampf ausgewaschene Eintrittskante einer End-schaufel aus nichtrostendem Stahl einer Überdruck-Kraftwerksturbine nach 3421 Betriebstunden.

Abb. 223. Zufolge Auswaschungen an der Eintrittskante ausgebrochene Schaufel der letzten Stufe einer größeren Kondensationstur-bine nach 27000 Betriebstunden.

rücken aufgerauht. Das Kraftwerk rechnete in diesem Falle damit, die Beschauflung dieser Endstufen bereits nach rund 16000 Betriebstunden auswechseln zu müssen.

Abb. 222[90] zeigt zwei Schaufeln der gleichen Endstufe einer großen zweigehäusigen Scheibenturbine (Gleich-

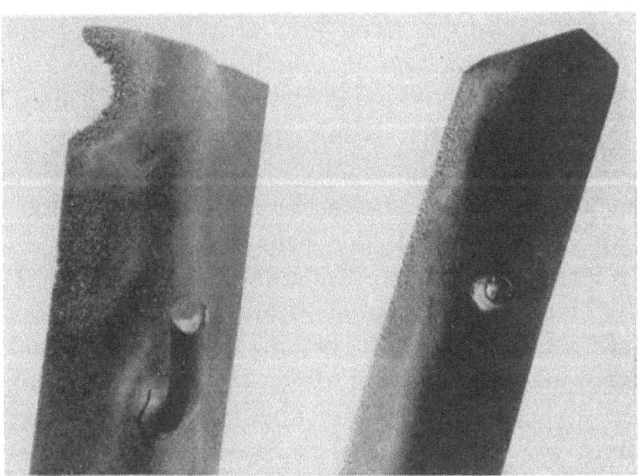

Abb. 222. Durch ND-Dampf ausgewaschene Eintrittskanten von End-schaufeln aus nichtrostendem Stahl einer Gleichdruck-Kondensations-turbine. Durch Abschrägen des Schaufelkopfes wurde die scharfe An-fressung (Bild links) beseitigt; 2500 Betriebstunden danach (Bild rechts) war die Auswaschung kaum merklich fortgeschritten.[90]

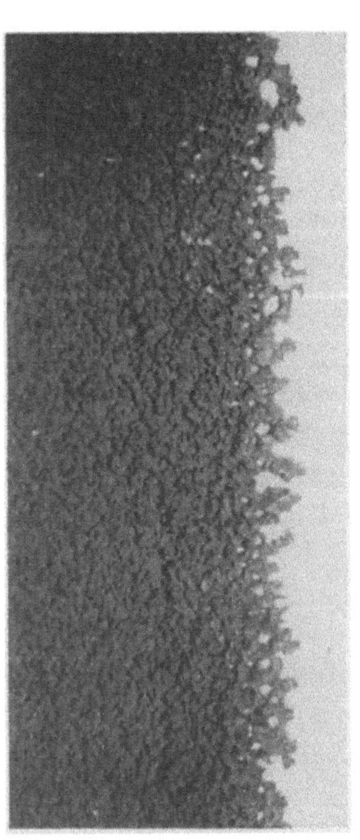

Abb. 224. Teilansicht der ausge-brochenen Schaufelkante nach Abb. 223. Vergrößerung 7fach.

druckbauart) mit 3000 U/min. Auch hier ist die Eintritts-kante an ihrem äußeren Ende stark aufgerauht, im linken Teilbild ganz am Ende stark und auffallend tief ein-

---

[90] Nach einem Bericht von W. QUACK vor der Schaufeltagung der mitteldeutschen Turbinenkom-mission am 8. Mai 1931 in Berlin.

gefressen. Derartige örtliche Auswaschungen sind entweder die Folgen von Wirbelbildung des Dampf-Wasser-Gemisches am Austritt aus den Leitschaufeln oder so zu erklären, daß das in der vorhergehenden Laufschaufelreihe durch die Fliehkraft ausgeschleuderte Wasser sich an der äußeren Begrenzungsfläche der Düsen sammelt und dann von dort auf die Schaufelkanten der gleichen Stufe in fast geschlossenem Strahl mit besonderer Wucht auftrifft. Im vorliegenden Falle wurden die Schaufeln oben abgeschrägt (Teilbild rechts). Nach rund 2500 Stunden — um soviel später ist das rechte Teilbild aufgenommen worden — war die Aufrauhung nicht mehr allzu stark fortgeschritten.

Abb. 223 zeigt an einem Einzelfall, wie weit die Auswaschungen an den Schaufeleintrittskanten der letzten Stufe einer größeren Kondensationsturbine fortschreiten können. Es sind hier sogar Teile der Schaufelkante herausgebrochen. An anderen Stellen sind die Schaufeln sehr stark ausgewaschen, wie Abb. 224 zeigt. In diesem Zustand befand sich die Schaufel nach 27000 Betriebstunden.

Durch die Einführung von Fremddampf in eine spätere Stufe der Turbine wird die Dampfströmung in mitunter ganz unvorhergesehenem Maße gestört, da die zeitliche Änderung der einströmenden Menge in keinem Abhängigkeitsverhältnis steht zu den in der Turbine selbst auftretenden Strömungsverhältnissen. Besonders rasch fortschreitende Auswaschungen, wenn es sich um Naßdampf (Abdampf) handelt, oder sogar unvermittelte Schaufelbrüche infolge von Querströmungen können die Folge sein.

Angesichts einer derartig kennzeichnenden Erscheinung, die nicht ohne Einfluß auf die Betriebsicherheit und Wirtschaftlichkeit der Kraftwerke bleiben kann, ist der große materielle und ideelle Aufwand erklärlich, der zur Erforschung der Ursachen

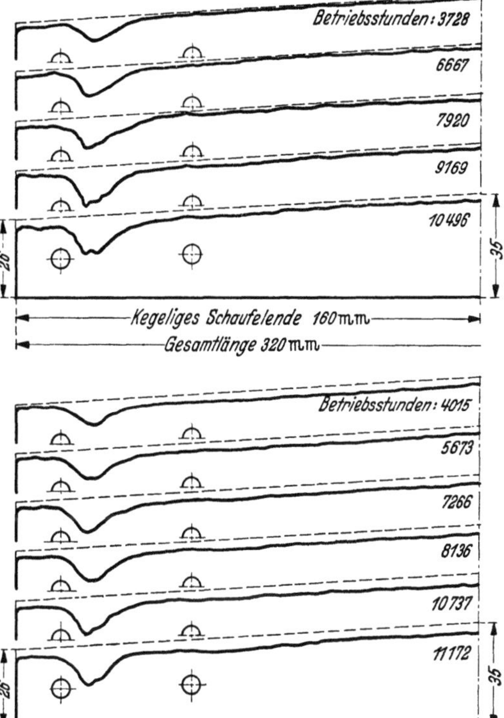

Abb. 225. Verlauf der Auswaschungen an den Laufschaufeln der Endstufen zweier zweiflutigen Kondensationsturbinen. Oben: Endstufe der einen Turbine, Turbinenseite, 5% Ni-Stahl. Unten: Endstufe der anderen Turbine, Stromerzeugerseite, nichtrostender Stahl.[92]

und Folgen der Auswaschungen auf erfahrungs- und zahlenmäßigen sowohl wie auf wissenschaftlichen Wegen von allen Beteiligten, den Turbinenwerken, den Turbinenbetreibern und schließlich den Baustoffherstellern, eingesetzt wurde[91].

Mit der zahlenmäßigen Verfolgung der Schaufelauswaschungen versucht man, einerseits aus dem Verlauf der Angriffe auf die voraussichtliche Lebensdauer der beobachteten Beschaufelung selbst zu schließen, dann aber, durch Vergleiche ähnlicher Untersuchungen, auf allgemeingültige Gesetzmäßigkeiten zu kommen. Ein Beispiel einer solchen Einzelübersicht ist Abb. 225[92]. Dieses Bild ist insofern besonders lehrreich, als hier zwei gleiche Maschinen im gleichen Kraftwerk, also unter gleichen äußeren Bedingungen beobachtet worden sind und trotzdem hinsichtlich ihrer Auswaschungen an den Endstufen etwas unterschiedliches Verhalten gezeigt haben.

---

[91] Außer den bereits zu diesem Abschnitt genannten Arbeiten gehören hierher: REUTER, PH.: Die Anforderungen der Endverbraucher an den Werkstoff für Dampfturbinenschaufeln. Vortrag auf der Werkstofftagung in Berlin 1927. — Ferner: RAY, J. L.: Steam Turbine Blade Wear. Power Bd. 123 (1931) S. 804f.

[92] Nach Elektr.-Wirtsch. Bd. 32 (1933) S. 144 Abb. 2 u. 3.

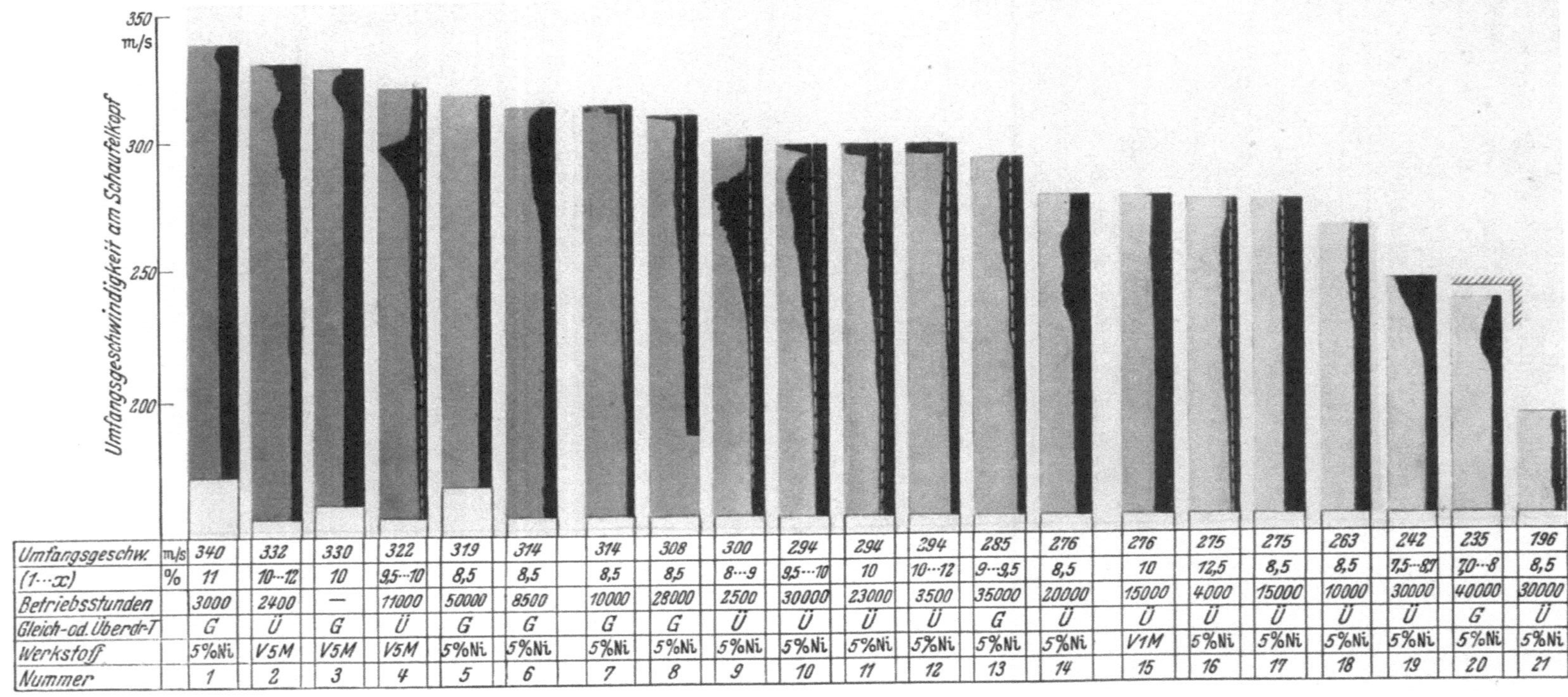

		1	2	3	4	5	6	7	8	9	10	11	12	13	14	15	16	17	18	19	20	21
Umfangsgeschw.	m/s	340	332	330	322	319	314	314	308	300	294	294	294	285	276	276	275	275	263	242	235	196
(1···x)	%	11	10···12	10	9,5···10	8,5	8,5	8,5	8,5	8···9	9,5···10	10	10···12	9···9,5	8,5	10	12,5	8,5	8,5	7,5···8?	10···8	8,5
Betriebsstunden		3000	2400	—	11000	50000	8500	10000	28000	2500	30000	23000	3500	35000	20000	15000	4000	15000	10000	30000	40000	30000
Gleich-od.Überdr-T		G	Ü	G	Ü	G	G	G	G	Ü	Ü	Ü	Ü	G	Ü	Ü	Ü	Ü	Ü	Ü	G	Ü
Werkstoff		5%Ni	V5M	V5M	V5M	5%Ni	5%Ni	5%Ni	5%Ni	5%Ni	5%Ni	5%Ni	5%Ni	5%Ni	5%Ni	V1M	5%Ni	5%Ni	5%Ni	5%Ni	5%Ni	5%Ni
Nummer		1	2	3	4	5	6	7	8	9	10	11	12	13	14	15	16	17	18	19	20	21

Abb. 226. Auswaschungen an den Eintrittskanten von Schaufeln der letzten ND-Stufe in Abhängigkeit von Umfangsgeschwindigkeit, Dampfnässe, Betriebstunden, Bauart (Gleichdruck- oder Überdruckturbinen) und Baustoff [93].

[93] POHL, E.: Beitrag zur Frage der Haltbarkeit von Dampfturbinenschaufeln gegen die Wasserwirkung durch Dampfnässe. Masch.-Schaden Bd. 13 (1936) S. 185; Bd. 14 (1937) S. 1, 17 u. 37.

Die Ergebnisse weiterer Untersuchungen über den Grad von Auswaschungen an Schaufeln sind in Abb. 226 niedergelegt[93].

Im großen und ganzen handelt es sich bei der Erscheinung der Auswaschungen an den ND-Schaufeln um das Auftreffen von Wassertropfen mit mehr oder weniger großer Geschwindigkeit und in unerwünschter Strömungsrichtung auf die Oberfläche der Schaufeln, also um einen vorwiegend mechanischen Vorgang, wobei es grundsätzlich gleichgültig ist, ob man sich die Tröpfchen als ruhend und die Schaufel als bewegt vorstellt oder umgekehrt. Im einzelnen weichen die vertretenen Ansichten zum Teil voneinander ab.

GARDNER[94] kommt unter Annahme einer gegenseitigen Geschwindigkeit zwischen Tropfen und Schaufel von rund 300 m/s auf Oberflächenbeanspruchungen in der Größenordnung von 6000 kg/cm². Auch die Hohlraumbildung in der Strömung hat er rechnerisch behandelt und erhielt dafür ebenfalls Beanspruchungen in der Nähe von 6000 kg/cm²; er sieht die Hohlraumbildung aber für weniger wahrscheinlich an als die Erscheinung des federnden Stoßes.

ORROK[95] dagegen erklärt die der Auswaschung vorangehende Baustoffzerstörung an der Oberfläche der Schaufeln nicht durch rein mechanische Wirkung, sondern vielmehr mit als eine Folge der Temperaturspannungen, die durch das Auftreffen der Wassertropfen und die dabei auftretende Temperaturerhöhung hervorgerufen werden, wobei er der Unterkühlung des Dampfes Rechnung trägt.

Da die Frage der Auswaschungen an den Schaufeln der letzten Stufen der Kondensationsturbinen von größter Wichtigkeit ist, soll sie im folgenden etwas eingehender erläutert werden.

Daß die Auswaschungen in erster Linie durch hohe Dampfgeschwindigkeiten verursacht würden, ist eine irrige Ansicht; der Grad der Auswaschungen hängt vielmehr von anderen Größen und Vorgängen ab und ist in hohem Maße durch die Bauart der Turbine bestimmt. Die Stärke der Auswaschungen wird, zunächst abgesehen von der Beschaffenheit und Auswaschungsfestigkeit des Schaufelbaustoffes, zweifellos wesentlich beeinflußt von der Geschwindigkeit der Wassertropfen gegenüber der bewegten Schaufel, von der Tropfengröße, von der Zusammenballung der Wassertropfen infolge der Schleuderwirkung der Schaufeln[96] — und ferner von der Richtung, mit der die Tropfen auf die Schaufeloberfläche aufprallen.

Durch Versuche wurde festgestellt, daß Auswaschung überhaupt erst von einer bestimmten Wassergeschwindigkeit an auftritt und ihre gewichtsmäßige Größe sich etwa mit der zweiten Potenz des Unterschiedes der Wassergeschwindigkeit gegenüber der bewegten Schaufel und der Mindestgeschwindigkeit des Wassers, unterhalb der kein Angriff mehr erfolgt, ändert.

Die Tropfengröße hat insofern Einfluß, als die Schlagwirkung erfahrungsgemäß bei kleineren Tropfen nicht so groß ist wie bei großen. Bei trockenem oder nahezu trockenem Dampf sind daher auch, wie man aus Erfahrung weiß, Auswaschungen durch reinen Dampf selbst an weichen Baustoffen, wie Messing u. dgl., nicht zu befürchten.

Die Zusammenballung der Wassertropfen ist um so größer, je mehr Stufen im Naßdampfgebiet arbeiten und durch ihre Schleuderwirkung das Wasser am äußeren Umfang der Beschauflung zusammendrängen, so daß der Wasserangriff in der Hauptsache nur auf einen kleinen Teil der Schaufellänge beschränkt wird.

Die Richtung, in der die Wassertropfen auf die Eintrittsfläche der bewegten Schaufel auftreffen, ist insofern wichtig, als die Schlagwirkung der Tropfen um so stärker ist, je mehr sich ihr Stoßwinkel 90° nähert.

Für die Wahl der Turbinenbauart muß daraus folgendes gefolgert werden:

Die Strömungsgeschwindigkeit der Wassertropfen nimmt zunächst zu, wenn die Dampfgeschwindigkeit größer wird, da dann auch die auf die Tropfen wirkende Antriebs-

---

[94] Engineer Bd. 153 (1932) S. 174, 202.
[95] S. 11 in *NELA*: Boilers, Superheaters and Economizers, Nr. 289—75, 1929.
[96] HONEGGER, E.: Über Erosionsversuche. Brown Boveri Mitt. Bd. 14 (1927) S. 95.

kraft größer ist und außerdem die Tropfendurchmesser kleiner sein werden, da die Tropfen durch den Dampfstrom gewissermaßen zerblasen oder zerstäubt werden. Je kleiner nun die Tropfen sind, um so größer ist das Verhältnis Tropfenquerschnitt zu Tropfengewicht; kleinere Tropfen bieten daher dem strömenden Dampf mehr Widerstand, so daß sie von ihm auch stärker beschleunigt werden. Die Tropfengeschwindigkeit wird ferner um so größer, je länger der Weg des Dampfes in der Düse oder in der Leitschaufelreihe und je höher der mittlere Druck in dieser ist, da die vom Dampf ausgeübte Kraft dann länger und stärker wirksam ist.

Die in einer Leitschaufelreihe gebildete Dampffeuchtigkeit ruft an den zugehörigen Laufschaufeln nur vernachlässigbare Anfressungen hervor. Die Tropfen dieser Feuchtigkeit sind nämlich noch sehr klein, weil sie gerade erst entstanden sind, haben daher eine verhältnismäßig hohe Geschwindigkeit und sind über die ganze Schaufellänge annähernd gleichmäßig verteilt, weil sie durch die Fliehkraft noch nicht zusammengeballt sind. Die Auswaschung, z. B. der letzten Laufschaufelreihe, wird aus diesem Grunde um so kleiner sein, je mehr Feuchtigkeit erst in der letzten Düsen- oder Leitschaufelreihe entsteht und je weniger aus den vorhergehenden Stufen stammende, schon zusammengeballte Nässe vorhanden ist.

Um diese Überlegungen wenigstens der Größenordnung nach zahlenmäßig nachzuprüfen, wurde ein Vergleich durchgerechnet für 30 000 kW bei 3000 U/min. Verglichen werden eine Gleichdruck- und eine Überdruckturbine, wie sie für die angenommenen Verhältnisse bestens gebaut würden, und zwar eine eingehäusige Gleichdruck-Scheibenturbine und eine zweigehäusige Überdruckturbine mit doppelflutiger Trommel im ND-Teil, Abb. 227. Betrachtet werden in beiden Fällen nur die Stufen, die bereits mit feuchtem Dampf arbeiten, das sind im Falle der Gleichdruckturbine die beiden letzten Stufen, im Falle der Überdruckturbine die acht letzten Doppelstufen. Für die Gleichdruckturbine ist hierbei, wie bei dieser Bauart und Leistung üblich, in ihren letzten Stufen bereits mäßige Überdruckwirkung angenommen. Die Zusammenstellung zeigt folgendes:

Bei der Gleichdruckturbine ist die Gesamtnässe vor der letzten Laufschaufel kleiner als bei der Überdruckturbine (8,6 gegenüber 9,5%). Die in der letzten Düsen- oder Leitschaufelreihe entstandene Nässe ist bei der Gleichdruckturbine 2,9mal größer als bei der Überdruckturbine, so daß die Nässe vor der letzten Düsenreihe der Gleichdurckturbine, d. h. die bereits in früheren Stufen zusammengeballte Nässe, die die Auswaschung an der letzten Laufschaufel hauptsächlich hervorruft, nur 72,5% derjenigen bei der Überdruckturbine ist.

Die Dampfgeschwindigkeit in der letzten Düsenreihe der Gleichdruckturbine ist das 1,6fache derjenigen in der letzten Leitschaufelreihe der Überdruckturbine und daher die Tropfengröße nur das 0,2fache (nach Abb. 5 in [97]). Der Weg für die Strömung in der Düse dagegen ist 7,25mal so lang und der mittlere Dampfdruck darin 1,92mal so groß wie in der letzten Leitschaufelreihe der Überdruckturbine.

Die tatsächliche Tropfengeschwindigkeit ist infolge der Wirkung aller dieser Größen in der letzten Stufe der Gleichdruckturbine etwa 10- bis 11mal so groß wie bei der Überdruckturbine [nach Gl. (16) in [97]], wobei für die Gleichdruckturbine ein Teil des geraden Düseneinlaufes nicht berücksichtigt wurde, da dort keine Beschleunigung erfolgt.

Damit ergibt sich aus den Geschwindigkeitsdreiecken die Geschwindigkeit der Wassertropfen gegenüber dem in Bewegung befindlichen äußeren Schaufelende, mit der sie auf die Schaufeln auftreffen. Sie ist bei der Gleichdruckturbine nur etwa die Hälfte (132 m/s) derjenigen bei der Überdruckturbine (268 m/s). Von Einfluß ist dabei, daß die Düsenwinkel bei Gleichdruck im allgemeinen kleiner sind als die Leitschaufelwinkel bei Überdruck, wodurch die gegenseitigen Geschwindigkeiten bei Gleichdruck

---

[97] FREUDENREICH, J. VON: Der schädliche Einfluß der Dampfnässe in Dampfturbinen. Brown Boveri Mitt. Bd. 14 (1927) S. 119.

an sich schon kleiner werden. Außerdem prallen die Tropfen, wie aus dem Geschwindigkeitsdreieck zu ersehen ist, unter einem wesentlich größeren Winkel auf die Schaufeleintrittsfläche auf. Die Feuchtigkeit bei der Gleichdruckturbine wird nur in zwei Stufen, bei der Überdruckbauart dagegen in zweimal acht Stufen außen zusammengeballt. Dieser Umstand ergibt im übrigen für die Gleichdruckturbine einen wesentlich geringeren Aufwand für erforderlich werdende Ersatzbeschauflungen.

Die Auswaschung muß daher bei der Gleichdruckturbine wesentlich geringer sein als bei der Überdruckturbine, was auch an zahlreichen Turbinen beobachtet wurde.

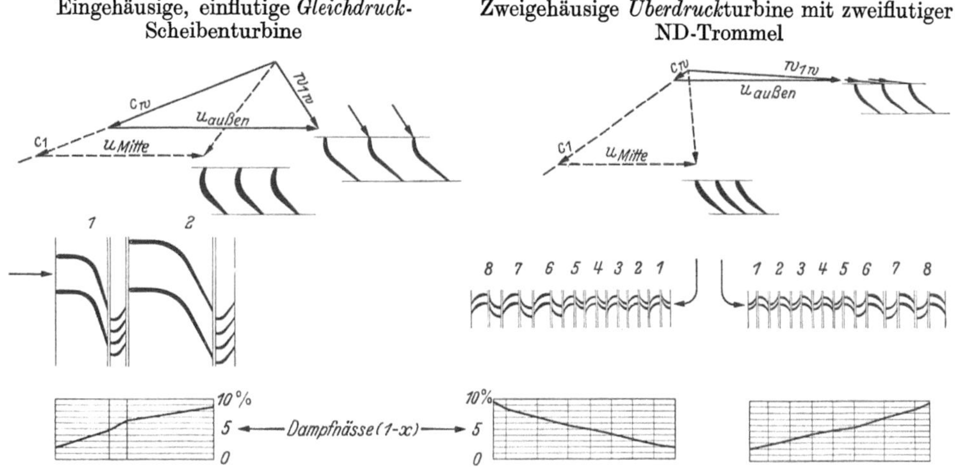

Abb. 227. Auswaschung durch Dampffeuchtigkeit an ND-Laufschaufeln in Kondensationsturbinen verschiedener Bauart. Ausführungsbeispiel: 30000 kW, 3000 U/min.

Letzte Stufe		Gleichdruck	Überdruck	Gleichdruck zu Überdruck
Mittlerer Durchmesser	mm	1850	1500	
Zahl der Laufschaufelreihen		1	2	
Umfangsgeschwindigkeit, Laufschaufelmitte u_{Mitte}	m/s	291	236	
Länge der Laufschaufel	mm	460	360	
Umfangsgeschwindigkeit, Laufschaufelende $u_{außen}$	m/s	362	293	
Nässe vor Laufschaufelreihe	%	8,6	9,5	0,906
Nässe gebildet in Leitschaufelreihe	%	2,3	0,8	2,9
Nässe gebildet in Leitschaufelreihe zu Nässe vor Laufschaufelreihe	%	27	8,4	3,2
Nässe vor Leitschaufelreihe, schon zusammengeballt	%	6,3	8,7	0,725

Letzte Stufe		Gleichdruck	Überdruck	Gleichdruck zu Überdruck
Rechnerische Dampfgeschwindigkeit c_0	m/s	470	295	1,6
Dampfgeschwindigkeit c_1 bei $\varphi = 0,95$	m/s	445	280	1,6
Weg der Strömung in Leitschaufelreihe	mm	290	40	7,25
Mittlerer Dampfdruck in Leitschaufelreihe	ata	0,125	0,065	1,92
Größter Tropfendurchmesser	mm	0,03	0,15	0,2
Tropfengeschwindigkeit c_w	m/s	315	30	10,5
Größte Tropfengeschwindigkeit gegenüber bewegter Laufschaufel w_{1w}	m/s	132	268	0,493
Auswaschung durch Wasser				0,18
Zahl der Stufen im Naßdampfgebiet		2	8	0,25

Übereinstimmend wurde festgestellt, daß die Auswaschung bei Gleichdruck nur etwa ein Fünftel oder noch weniger derjenigen von reinen Überdruckturbinen ist. Gerade in diesem Sinne ist somit die mäßige Σu^2 der Gleichdruckturbine günstiger als der wesentlich höhere Wert, der für die Überdruckturbine erforderlich ist.

Bei obiger Untersuchung wurde die zusätzliche günstige Wirkung von Entwässerungsvorrichtungen, die man bei Gleichdruck- und bei Überdruckturbinen vorsehen kann, außer acht gelassen. Auch der Leistungsverlust zufolge der Bremswirkung des Wassers und der dadurch verursachte Rückgang des Wirkungsgrades ist hier, wo nur die Frage der Schaufelbeschädigung durch die Dampffeuchtigkeit zu untersuchen war, nicht behandelt worden.

Diese Untersuchung und ebenso die Erfahrung zeigen somit, daß für die Stärke der Auswaschungen durch Dampffeuchtigkeit keinesfalls die Größe der Umfangsgeschwindigkeit der Laufschaufeln und damit die der Dampfgeschwindigkeit an sich, sondern in viel stärkerem Maße, zum mindesten bei großen Turbinen, die Bauart der Turbine ausschlaggebend ist. Denn die Vergrößerung der Stufendurchmesser und damit die Steigerung der Umfangsgeschwindigkeiten beeinflußt die wärmetechnische Auslegung und die Abmessungen bei Gleichdruckturbinen in einer Richtung, die die schädliche Wirkung der Dampfnässe in hohem Maße vermindert. Die mitunter anzutreffende Annahme, daß bei Vergrößerung der Umfangsgeschwindigkeiten der letzten Stufen ihre Laufschaufeln durch Auswaschungen in unzulässig kurzer Zeit übermäßig angegriffen würden, trifft daher für Gleichdruck-Scheibenturbinen nicht zu.

Die Abwehr der Schäden richtet sich gleichzeitig gegen Ursache und Wirkung. Es muß hierzu allerdings noch bemerkt werden, daß eine Aufrauhung der äußeren Enden der Eintrittskanten keineswegs sofort als ein Anzeichen eines unmittelbar bevorstehenden Zusammenbruches der Beschauflung anzusehen ist. Die Auswaschungen schreiten nämlich meist nur anfangs rasch, dann aber immer langsamer fort und sind, solange sie sich in mäßigen Grenzen halten, ungefährlich, da an den betroffenen Stellen — Schaufelenden — ja nur geringe Beanspruchungen auftreten. Daß die anfänglich oft rasch fortschreitenden Auswaschungen sich dann später ganz wesentlich verlangsamen oder sogar zu vollkommenem Stillstand kommen, kann folgende Begründung haben: das dauernde Hämmern der Wassertropfen härtet die Oberfläche der Schaufeln, kleine Dampfblasen setzen sich in den kleinen Trichtern fest und bilden federnde Kissen und schließlich wird die angegriffene Oberfläche der Schaufeln um so größer, je tiefer sich die Auswaschungen in die Schaufeln hineinfressen.

Die Ursache der Auswaschungen, d. h. der Feuchtigkeitsgehalt des Dampfes in den ND-Stufen, wird durch Erhöhung der Frischdampftemperatur oder durch Zwischenüberhitzung des Dampfes gemildert.

Um das im Dampf enthaltene Wasser wenigstens teilweise zu entfernen, werden allgemein bauliche Mittel[98] vorgesehen. Das Wasser wird dabei unmittelbar in den Kondensator geleitet. Ein völliges Entfernen des Wassers ist dadurch aber nicht möglich.

Ein weiteres Abwehrmittel gegen die Wirkung der Auswaschung ist die Verwendung möglichst widerstandsfähiger Baustoffe. Die in letzter Zeit verschiedentlich[99] durchgeführten Versuche zur Frage der Auswaschung durch Tropfenschlag sowie Betriebserfahrungen haben ergeben, daß durch hohe Oberflächenhärte die Abnutzung der Schaufelkanten verringert werden kann. Auch austenitische, verschleißfeste Stähle haben sich, obwohl bei diesen die Härten vielfach mit 200 bis 260 kg/mm² nur mäßig hoch sind, bewährt. Letzteres geht auch aus den Veröffentlichungen der BEWAG hervor, die Versuche in dieser Richtung frühzeitig unternommen und nachdrücklich gefördert hat. Die den Veröffentlichungen der BEWAG[100] entnommene Abb. 228 zeigt die Betriebsergebnisse verschiedener Baustoffe, unter anderem auch des *Krupp*schen WF 100-Stahles[101] und eines Manganstahles. Die größere Widerstandsfähigkeit dieser beiden austenitischen Stähle ist bemerkenswert, allerdings ist — abgesehen vom Preis — auch die Bearbeitung viel schwieriger.

Es hat weiter nicht an Versuchen gefehlt, Schaufeln örtlich zu härten oder sie aus verschiedenen Baustoffen, etwa durch Löten oder Schweißen, herzustellen, wobei an den am höchsten beanspruchten Eintrittskanten Schutzstreifen oder -leisten aus besonders harten Stoffen — Manganstahl, Wolframstahl — aufgebracht wurden. Daneben sind zu allen Zeiten immer wieder Versuche mit Schutzüberzügen aus Chrom, Tantal,

---

[98] Vgl. E. A. KRAFT: Die neuzeitliche Dampfturbine, 2. Aufl., S. 49/50. Berlin: VDI-Verlag 1930 — La turbine à vapeur moderne, S. 50/60. Paris: Dunod 1939 — ferner Elektr.-Wirtsch. Bd. 32 (1933) S. 231/232.

[99] Vgl. E. SIEBEL: Handbuch der Werkstoffprüfung. Erosion durch Tropfenschlag, Bd. 2, S. 474.

[100] Aus Elektr.-Wirtsch. Bd. 31 (1932) S. 413; Bd. 32 (1933) S. 51.

[101] Vgl. Krupp. Mh. Bd. 12 (1931) S. 188.

Wolfram usw. auf gewöhnlichen Stahlschaufeln gemacht worden. Zu dauerndem Erfolge haben alle diese Versuche bisher nicht geführt. Am besten haben sich noch Schaufeln mit gehärteten Kanten oder mit aufgeschweißten Hartmetalleisten oder -kanten aus austenitischen manganhaltigen Stählen bewährt. Für Schaufeln mit gehärteten Kanten wird im allgemeinen nichtrostender 13 bis 14% Cr-Stahl genommen, der lufthärtende Eigenschaften hat. Die zu härtenden Kanten werden mit dem Schweißbrenner oder durch Wirbelströme bis über den oberen Umwandlungspunkt erhitzt und durch anschließende Luftabkühlung gehärtet. Die hierbei erzielten Brinellhärten betragen etwa 400 bis 500 kg/mm².

Um stark, aber noch nicht unzulässig weit abgenutzte Schaufeln wieder verwendungsfähig zu machen, kann der abgetragene Baustoff durch Aufschweißen ergänzt werden. Hierfür haben sich auch besonders für Schaufeln aus 13 bis 14% Cr-Stahl austenitische Baustoffe, z. B. auf Mangan- oder Chrom-Mangan-Basis, bewährt.

Der Vollständigkeit halber muß noch ein anderes Verfahren zur Wiederherstellung ausgewaschener ND-Schaufeln erwähnt werden, nämlich das Aufbringen von Silberlot auf ausgewaschene Schaufeln. Es ist verständlich, daß auch dieses Verfahren nicht vollen Erfolg bringen kann, wenn es auch die Lebensdauer der Schaufeln um einen gewissen Betrag zu erhöhen vermag.

Zu *Verrottung* an der Beschauflung und oft auch im gesamten Turbineninneren führen Beimengungen im Dampf stets dann, wenn er Laugen, Säuren u. dgl. enthält. Am häufigsten tritt Kohlensäure auf, die besonders schädlich auf die Turbinenbeschauflung einwirkt, wenn außerdem auch Luft (Sauerstoff) im Dampf enthalten ist. Ferner kommen auch stickstoffhaltige Säuren (salpetrige Säure, Salpetersäure) vor. Es besteht die Möglichkeit, daß beide als nitrose Gase in die Turbine gelangen und hier als Gas schädlich wirken oder sich zu Säure zurückbilden. Kohlensäure und Salpetersäure, gleichzeitig vorkommend, verstärken die verrottende Wirkung. Schwefelsäure geht

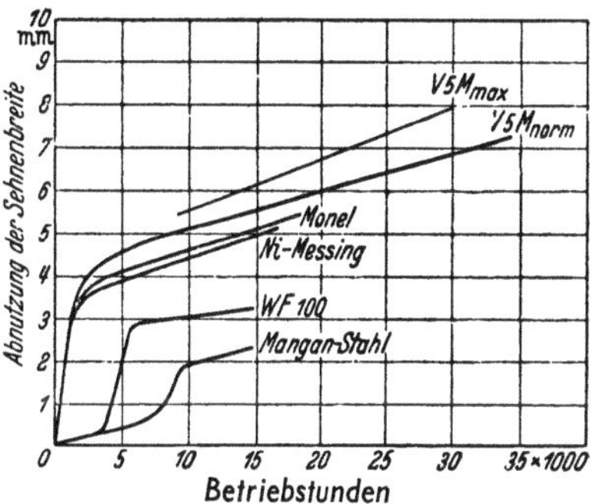

Abb. 228. Auswaschung an den Schaufeln der Endstufe einen Kondensationsturbine in Abhängigkeit von der Betriebzeit. Vergleich verschiedener Schaufelbaustoffe.

kaum oder nur sehr schwer und unter besonders ungünstigen Umständen in die Turbine über, schweflige Säure dagegen leichter. Schließlich sind Chloride zu erwähnen, von denen besonders das Magnesiumchlorid gefährlich ist, weil es sich bei höheren Temperaturen unter Abspaltung von Salzsäure zersetzt. Das Salzsäuregas geht mit dem Dampf in die Turbine über. Obwohl diese Säuren nur in ganz geringen Mengen im Kesselspeisewasser vorhanden sein können, genügen sie doch in vielen Fällen, in denen ihre Bildung durch besondere Umstände begünstigt wird, Stahlschaufeln anzugreifen. Die Verrottung wird jedoch nur selten durch rein chemische Reaktionen ausgelöst; meist handelt es sich um elektrochemische Vorgänge.

Schon nach diesen wenigen andeutenden Angaben ist es erklärlich, daß Turbinen in bestimmten Industrien vom Kesselspeisewasser her in kennzeichnender Weise angegriffen werden. Zu den besonders angriffslustigen Wässern gehören z. B. bestimmte Grubenwässer, die in Oberschlesien zur Kesselspeisung verwendet werden. Magnesiumchlorid und die dann auch meist im Dampf vorhandene Salzsäure scheinen Gründe für die außergewöhnlich starken Anfressungen zu sein, denen die Turbinenschaufeln in Kalibergwerken ausgesetzt sind. In einem chemischen Werk fand sich Phenol im Kesselspeisewasser.

Ein kennzeichnendes Bild einer Verrottung durch *Säure* im Dampf zeigt die Schaufel aus Nickelstahl in Abb. 229 und die Abb. 230, die in etwa sechsfacher Vergrößerung einen Ausschnitt aus der Oberfläche dieser Schaufel wiedergibt. Da hier die Bearbeitungsrichtung mit der Dampfströmungsrichtung zusammenfällt, ist diese Richtung auch durch die Verrottungsnarben besonders ausgeprägt.

Abb. 229.
Durch säurehaltigen
Dampf verrottete Lauf-
schaufel einer Kraftwerksturbine.

Ein weiteres Beispiel von Verrottung an Schaufeln zeigt Abb. 231. Es handelt sich hier um Schaufeln aus warmfestem Cr-Mo-Stahl der ersten Stufe einer großen Turbine. Die innerhalb weniger Wochen erfolgte starke Zerstörung ist auf eine Störung im Kesselbetrieb zurückzuführen. Durch die undichten Rohre eines hinter dem Überhitzer angeordneten Dampfkühlers ist Kessellauge in den Dampf übergetreten und hat die Schaufeln, deren Baustoff einwandfrei war, in dieser Weise zerstört.

In den seltensten Fällen kann man bei diesen Verrottungsangriffen durch im Betriebsdampf enthaltene Säuren u. dgl.

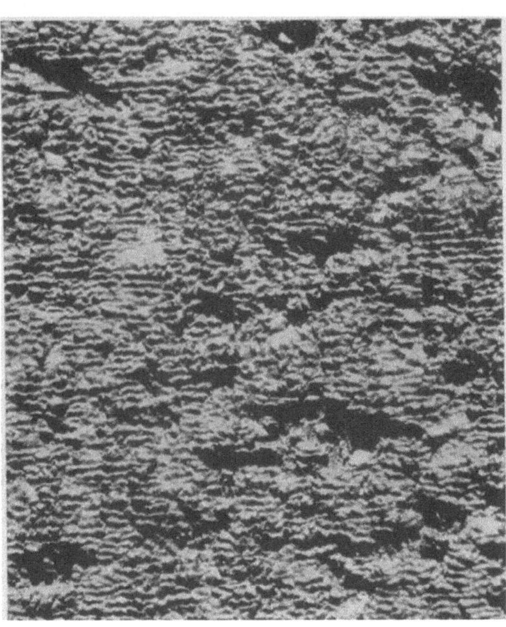

Abb. 230. Ausschnitt aus der Oberfläche der verrotteten Schaufel nach Abb. 229. Vergrößerung etwa 6fach.

von reiner Verrottung sprechen. Meist wird die verrottende Wirkung noch durch Auswaschung verstärkt.

Eine andere Form der Verrottung zeigt sich, wenn in die stillstehende Turbine *Sickerdampf* eindringt. Beispiele dafür sind Abb. 232 und 233. Im ersten Falle ist ein gußeiserner Leitschaufeldeckel mit eingegossenen Stahlblechen durch Rost zerstört, im anderen Falle sind es Schaufeln aus Nickelstahl aus dem ND-Teil einer anderen Turbine. In beiden Fällen waren die Dampfabsperrventile undicht oder im Stillstand nicht vollkommen geschlossen und die Turbine außerdem nicht ausreichend belüftet.

Die Bekämpfung der Verrottung ist stets am wirksamsten, wenn die Ursachen beseitigt werden, wenn also für die erste Gruppe der Pflege des Kesselspeisewassers größere Sorgfalt gewidmet wird und für die zweite Gruppe alle Absperrvorrichtungen in Ordnung gehalten und

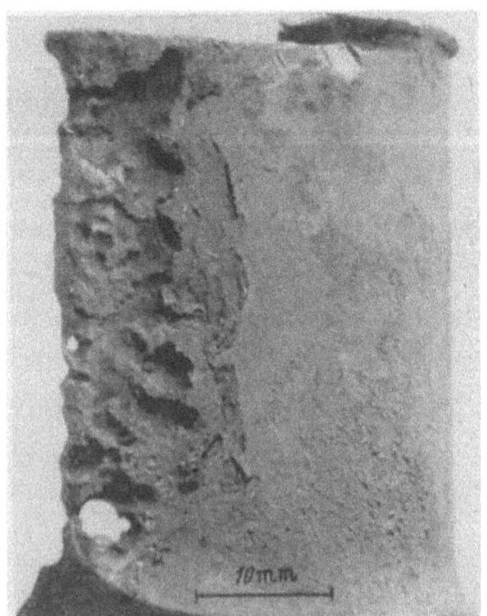

Abb. 231. Durch Lauge verrottete Schaufel der ersten Stufe einer großen Turbine. Vergrößerung 1,3fach.

alle Dampfräume gut belüftet werden. Eine Bekämpfung ist natürlich auch von der Baustoffseite her möglich, insofern z. B. an Stelle anderer Baustoffe nichtrostende Stähle für die Beschauflung

Abb. 232. Durch Sickerdampf verrotteter Zwischendeckel einer Dampfturbine. Deckel Gußeisen, Düsenbleche Stahl.

Abb. 233. Durch Sickerdampf verrottete Laufschaufeln aus 5% Ni-Stahl einer Gegendruckturbine.

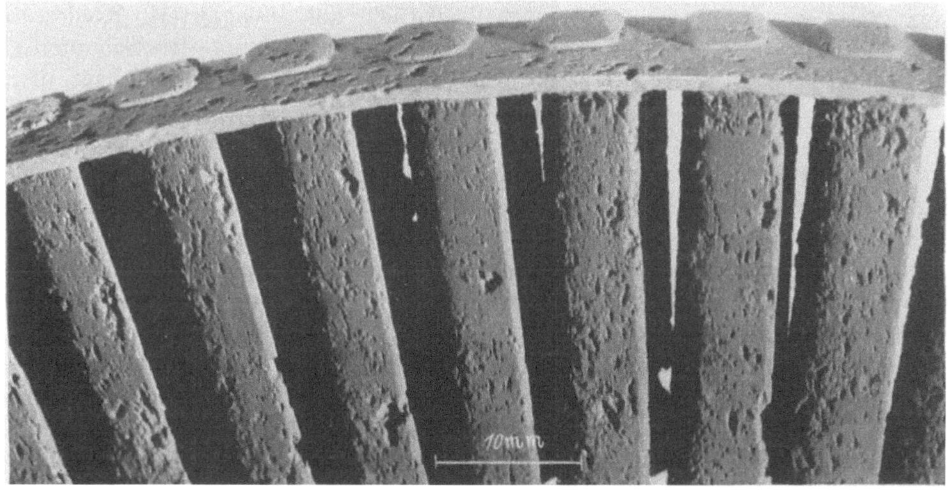

Abb. 234. Durch Chloride lochartig verrottete Schaufeln und Deckband aus nichtrostendem Stahl einer kleinen Turbine. Vergrößerung 2fach.

verwendet werden. Der Erfolg dieser Gegenwirkung ist allerdings selten vollkommen befriedigend. Auch nichtrostende Stähle sind gegen eine derartige Verrottung nicht beständig, wenn sie auch zum Teil bedeutend längeren Widerstand leisten. Auch der unter der Sammelbezeichnung nichtrostende Stahl meist verwendete 13 bis 14 % Cr-Stahl ist gegen chlorhaltige Agenzien unbeständig. Die im allgemeinen gute Beständigkeit von chromhaltigen Stählen ist auf die Ausbildung dichter passiver Deck-

Abb. 235. Durch Chloride verrottetes Schaufelblatt aus nichtrostendem Stahl einer Turbine mittlerer Leistung. Einkerbung am Füllstückrand. Vergrößerung 3fach.

schichten zurückzuführen. Eine Beständigkeit des chromhaltigen Oxydfilmes kann jedoch nicht gegenüber Agenzien erwartet werden, die Chrom selbst angreifen. Hierher gehören insbesondere Salzsäure und Chloride (Natriumchlorid, Magnesiumchlorid) in wässeriger Lösung. Diese Salze verursachen eine örtliche Auflösung der passiven Deckschichten, wodurch auf der Oberfläche die Ausbildung galvanischer Elemente zwischen den aktivierten und den passiven Stellen möglich wird. Die sich bildenden *Lokalelemente* führen dann zu lochartigen Anfressungen; häufig werden die Löcher unter der Oberfläche durch sekundäre Korrosionsvorgänge erweitert. Ein Beispiel dieser Art von Verrottung (*Lochfraß*) zeigt Abb. 234, die Schaufeln und Deckband einer kleinen Gegendruckturbine aus 13 bis 14 % Cr-Stahl nach nicht ganz dreijähriger Betriebzeit wiedergibt. Die Anfressungen haben bereits zu einer merkbaren örtlichen Schwächung der Ein- und Austrittskanten geführt.

Durch die Verschwächung der Schaufeln infolge Verrottung erhöht sich zugleich die Beanspruchung im noch verbleibenden Querschnitt. Aus dem gleichen Grunde verändert sich auch die Eigenschwingungzahl der Schaufeln, so daß als Folge der Verrottung Trennungsbrüche sowohl wie Schwingungsbrüche auftreten können. Auch auf die *Kerbgefahr* bei Ausbildung örtlicher Rostanfressungen muß nachdrücklich hingewiesen werden. Abb. 235 gibt als Beispiel eine Schaufel aus 13 bis 14 % Cr-Stahl aus einer Turbine mittlerer Leistung nach sechsjähriger Betriebzeit wieder. Der punktförmige Korrosionsangriff des Schaufelblattes hat dort, wo das Füllstück aus unlegiertem Kohlenstoffstahl aufhört, zu einer Einkerbung der Schaufel geführt. Die primäre Ursache des Angriffes liegt in chloridhaltigem Dampf; zweifellos hat jedoch eine *Elementbildung zwischen den verschiedenen Stahlsorten (Berührungskorrosion*) zur Entstehung der kerbartigen Anfressung beigetragen.

Als weiteres Beispiel einer Schaufelverschwächung durch Verrottung sei Abb. 236 gegeben, welche die Schaufeln (unlegierter Kohlenstoffstahl) einer Hilfsturbine für Ölpumpenantrieb nach 18jähriger Betriebzeit zeigt. Die Schaufeln sind dort, wo sie aus dem Rade herausragen, stark unterhöhlend angefressen worden, einzelne Schaufeln auch im Schaufelblatt.

Um den gegen Verrottung beständigsten Baustoff zu ermitteln, wurden an mehreren Maschinen im Betriebe eingehende Versuche angestellt. So wurden z. B. in die letzte Stufe einer Turbine mittlerer Leistung mit einer Endnässe von 10 % Schaufeln verschiedener Baustoffe eingebaut und die Veränderungen der Schaufeloberflächen in bestimmten Zeitabständen beobachtet. Dabei zeigte sich, daß die Schaufeln aus 5proz. Ni-Stahl am stärksten angegriffen waren, während sich die Schaufeln aus nichtrostendem

Stahl sehr gut bewährt hatten. Abb. 237 zeigt einen Teil der Beschauflung, aus der das verschiedenartige Aussehen der Schaufeln aus Ni-Stahl und nichtrostendem Stahl

Abb. 236. Verrottungen an den Schaufeln einer Hilfsturbine für Ölpumpenantrieb nach 18jähriger Betriebzeit. Vergrößerung 1,3fach.

zu erkennen ist. Andere, mit Mangan, Vanadin und niedrigerem Chromgehalt legierte Stähle verhielten sich zwar auch günstiger als der Ni-Stahl, jedoch durchweg schlechter als nichtrostender Stahl. Diese Versuche haben klar und deutlich gezeigt, daß von den untersuchten Stählen der nichtrostende Stahl, also Stahl mit einem Chromgehalt von 13 bis 14%, gegen die auswaschende und verrottende Wirkung des Dampfes am widerstandsfähigsten ist.

Neben den bisher erwähnten Arten von örtlicher Korrosion durch elektrochemische Reaktionen (Lochfraß, Berührungskorrosion) sind noch diejenigen bemerkenswert, bei denen der Angriff in die Tiefe geht und die deshalb besonders gefährlich sind, zumal die Anfänge auch bei sorgfältigster Überwachung oft nicht erkannt werden. Da man derartige Schäden im allgemeinen nicht vermutet, wird man auf diese Erscheinung meist erst durch Schaufelbrüche aufmerksam. Erfreulicherweise sind jedoch diese Arten von Korrosion seltener. Hierher gehören die Fälle von interkristalliner Korrosion und von Spannungskorrosion. Bei der *interkristallinen Korrosion* handelt es sich um eine in die Tiefe gehende örtliche Auflösung der Korngrenzen, welche durch Elementbildung unedel werden. Voraussetzung ist die Gegenwart entsprechender Korrosionsmittel,

Abb. 237. Verrottungen an den Schaufeln der letzten ND-Stufe aus nichtrostendem Stahl und 5% Ni-Stahl, die gleichzeitig in einem Schaufelkranz eingebaut waren.

die die Korngrenzensubstanz oder einzelne Ausscheidungen angreifen. Mechanische Spannungen wirken verstärkend, sowohl dadurch, daß die Auflösung der Korngrenzen be-

Abb. 240. Spannungskorrosionsrisse mit büschelartigen Ausstrahlungen an der Eintrittskante einer Schaufel der gleichen Stufe und Maschine wie in Abb. 239. Vergrößerung 2fach.

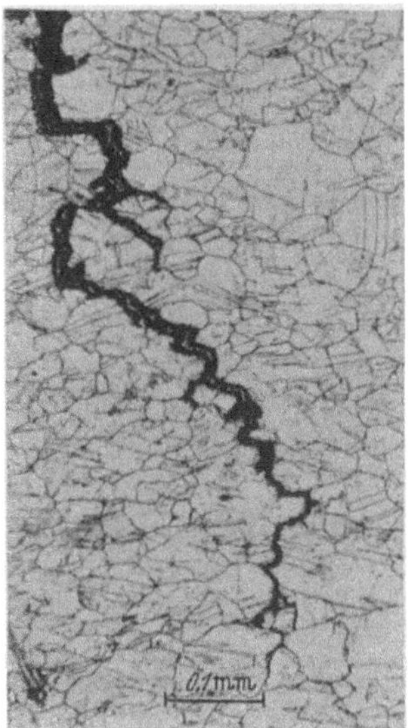

Abb. 238.
Schliffbild eines interkristallin verlaufenden Spannungsrisses einer Schaufel aus Ni-Messing. Vergrößerung 100fach.

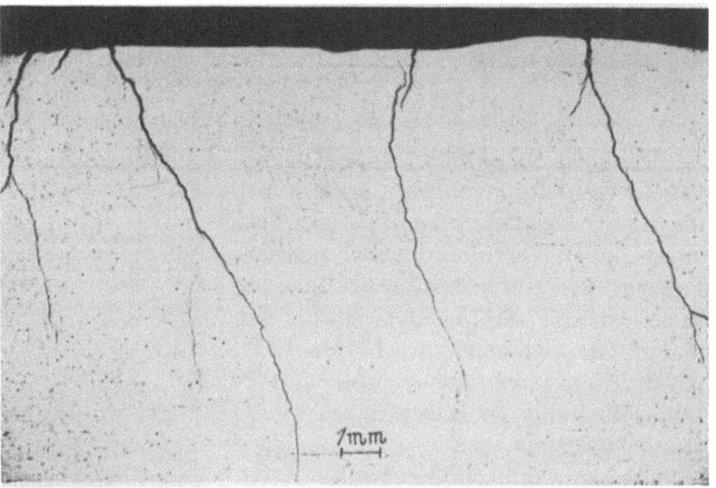

Abb. 241. Längsschliff durch den Eintrittschenkel einer Schaufel aus 5% Ni-Stahl nach zweijähriger Betriebzeit. Vergrößerung 5fach.

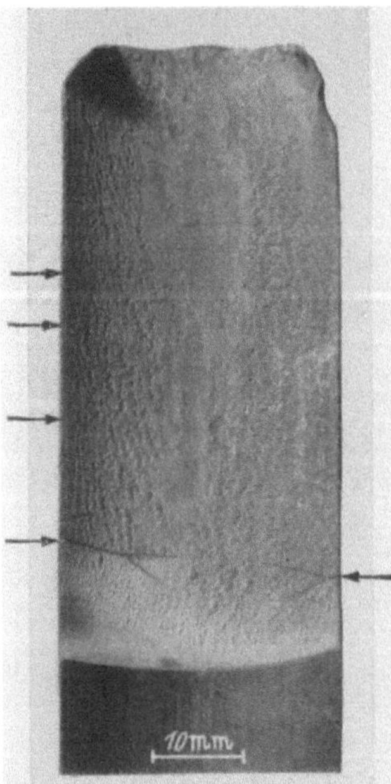

Abb. 239.
Anrisse durch Spannungskorrosion einer Schaufel aus 5% Ni-Stahl für eine größere Turbine. Naturgröße.

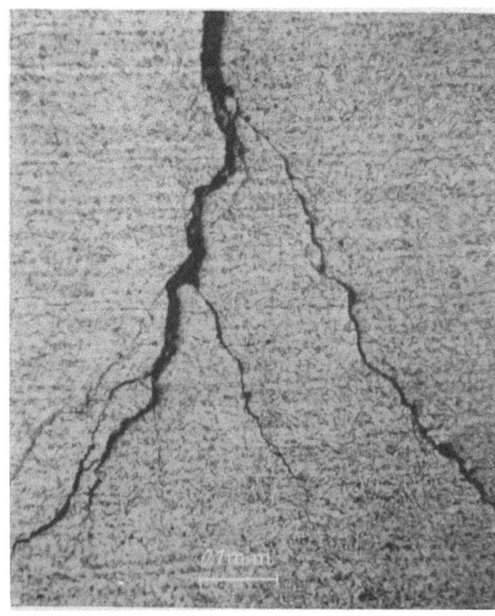

Abb. 242. Rißausläufer und angeätztes Mikrogefüge der Schaufel von Abb. 241, stärker vergrößert. Vergrößerung 100fach.

schleunigt wird, als auch rein mechanisch durch Erweiterung und Aufreißen der kerbartigen Anfressungen. Abb. 238 gibt als Beispiel einen interkristallin verlaufenden Riß in einer Schaufel aus Nickelmessing, das stärker mit Eisen und Mangan verunreinigt

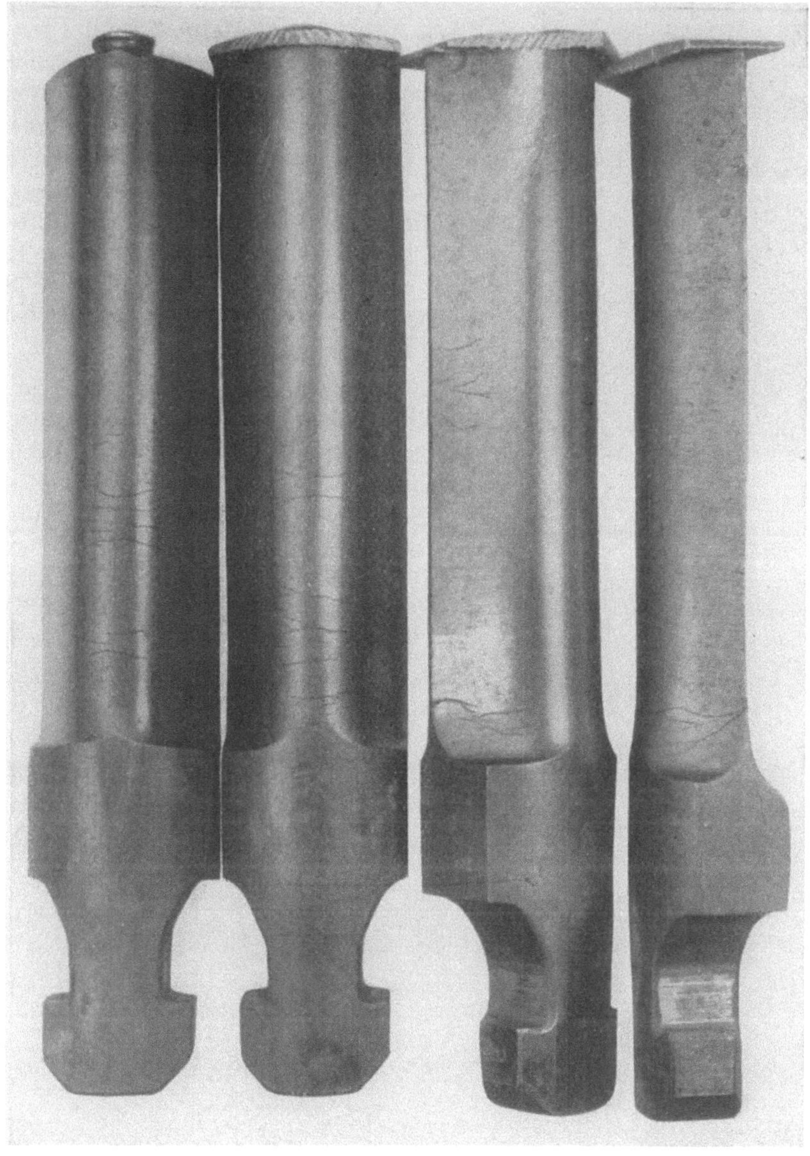

Abb. 243.
Spannungskorrosionsrisse auf dem Rücken und an den Schenkeln von Schaufeln aus 5% Ni-Stahl.

war und Aushärtungserscheinungen zeigte. Diese interkristalline Korrosion hatte zum Bruch der Schaufel geführt.

Ähnliche Fälle wurden wiederholt an Schaufeln aus Aluminiumbronze beobachtet, die in früherer Zeit häufiger verwendet wurden. Bei Stahlschaufeln ist diese Erscheinung, wenn man von den in geringem Umfang verwendeten austenitischen Stählen absieht, kaum beobachtet worden, dagegen eine ähnliche Form der Korrosion, die auf ein Zusammenwirken von Zugspannungen und Korrosionsangriff zurückzuführen ist, bei der jedoch die Risse bevorzugt intrakristallin, also durch die Kristallkörner hindurch verlaufen und die unter dem Namen *Spannungskorrosion* oder *Rißkorrosion* bekannt

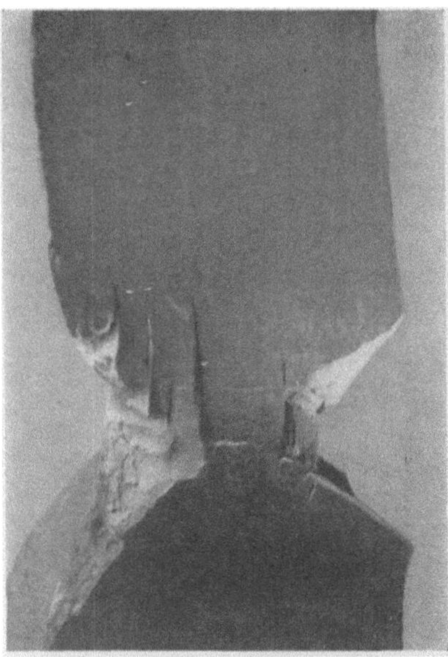

Abb. 244. Schaufel nach Abb. 243 gewaltsam aufgebrochen, um die Tiefe der Anrisse zu zeigen.

ist. Die Spannungserhöhungen im Grunde feinster Risse sind beträchtlich und können das 30fache der rechnerischen Mittelwerte erreichen, woraus sich das bisweilen rasche Vordringen der Rißkorrosion erklärt. Abb. 239 zeigt eine Schaufel aus einer größeren Turbine; der Schaden wurde nach einer Betriebzeit von 5 Monaten bemerkt. Schaufeln waren noch nicht gebrochen. Man erkennt in dem Bilde sowohl den dünnen reliefartig modellierten Salzbelag als auch die feine Verästelung der Risse. Die Anrisse sind in verschiedener Höhe des Blattes zu finden. Abb. 240 gibt eine Teilaufnahme der Eintrittskante einer anderen Schaufel der gleichen Stufe wieder, welche das zum Teil büschelartige Ausstrahlen der Risse gut erkennen läßt.

Ein ganz ähnlicher Fall wurde in einer großen Turbine hohen Frischdampfzustandes nach zweijähriger Betriebzeit beobachtet. Auch hier waren Brüche noch nicht erfolgt. Die Magnetpulverprüfung der Schaufeln der betreffenden Stufe ergab, daß bereits drei Viertel davon mit Rissen behaftet waren.

Abb. 245. Durch Spannungskorrosion in verschiedener Höhe gebrochene Schaufeln einer großen Turbine.

Die Schaufeln bestanden aus 5 % Ni-Stahl. Abb. 241 läßt an einem durch den Eintrittschenkel gelegten Längsschliff die dichte Folge der Risse und deren verästelten Verlauf erkennen. Abb. 242 gibt einen Rißausläufer in stärkerer Vergrößerung und das angeätzte Mikrogefüge wieder.

Bei einer großen eingehäusigen Kondensationsturbine hohen Druckes und hoher Temperatur wurde man durch verschiedene Schaufelbrüche in ein und derselben Stufe auf Spannungskorrosionen aufmerksam. Die Schaufeln bestanden aus 5 % Ni-Stahl und waren bereits jahrelang ohne Anstände in Betrieb. Abb. 243 gibt einige Schaufeln dieser Stufe wieder, deren Risse nach dem Magnetpulververfahren besser sichtbar gemacht wurden. Sie gehen in der üblichen Weise von den Eintritts- und Austrittskanten in verschiedener Höhe aus, aber — und das ist das besonders Bemerkenswerte in diesem

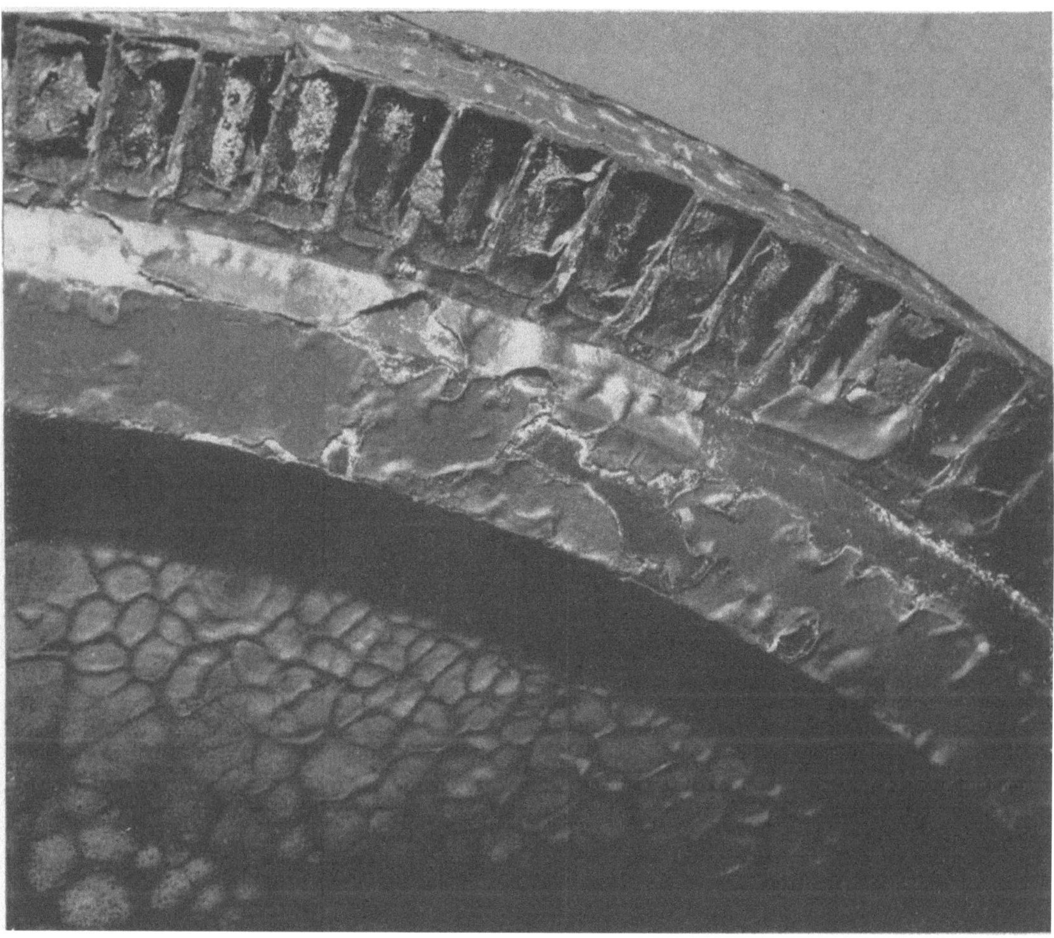

Abb. 246. Lockere Ablagerungen aus Natriumkarbonat an HD-Schaufeln einer großen Turbine.

Falle — in starkem Maße auch vom Rücken aus. Werden die Schaufeln gewaltsam aufgebrochen, so kann man die Ausdehnung der Anrisse erkennen, Abb. 244.

Zu einem größeren Schaden führte die Spannungskorrosion an der HD-Beschauflung einer großen zweigehäusigen Kondensationsturbine, die ebenfalls mit hohem Frischdampfzustand betrieben wurde. Eine größere Anzahl von Schaufeln war im Blatt in verschiedener Höhe gebrochen, Abb. 245. Große Teile der Beschauflung waren mit weißgrauen bis dunklen, meist lockeren Ablagerungen bedeckt, die zum Teil auch blätterig auskristallisiert waren, Abb. 246. Bemerkenswert ist, daß der Läufer unmittelbar nach dem Ausbau aus der Turbine mit einer dünnen, rotbraunen Ablagerung bedeckt war. Die Erklärung dafür ist, daß sich auf den Schaufeln Natriumhydroxyd niedergeschlagen hatte, das im feuchten Zustand farblos ist, so daß die eingelagerten roten Eisenoxyde den Farbton gaben. Nach einigen Tagen hatte sich dann das Natriumhydroxyd durch Einwirken der Kohlensäure der Luft in weiß auskristallisierendes Natriumkarbonat

umgewandelt, das nunmehr in der Farbwirkung vorherrschte. Abb. 247 zeigt eine
Schaufel der besonders stark angegriffenen Stufe, für die 5proz. Ni-Stahl verwendet
war. Ein Teil der Risse ist in einem Längsschliff durch den Eintrittschenkel einer
Schaufel zu sehen, Abb. 248. Die Risse sind durchweg auf Spannungskorrosion mit
Natriumhydroxyd als Korrosionsmittel zurückzuführen. Besonders günstig für die Ausbildung der Spannungskorrosion war noch der Umstand,
daß nach einem früheren Schaden die Schaufeln ausgebeult
worden waren, eine Maßnahme, die allgemein üblich ist und

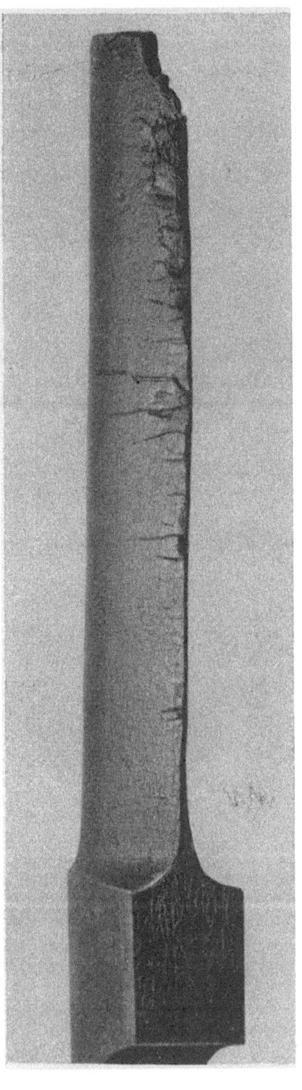

Abb. 247. Durch Natriumhydroxyd korrodierte Schaufel
aus 5% Ni-Stahl einer großen
Turbine.

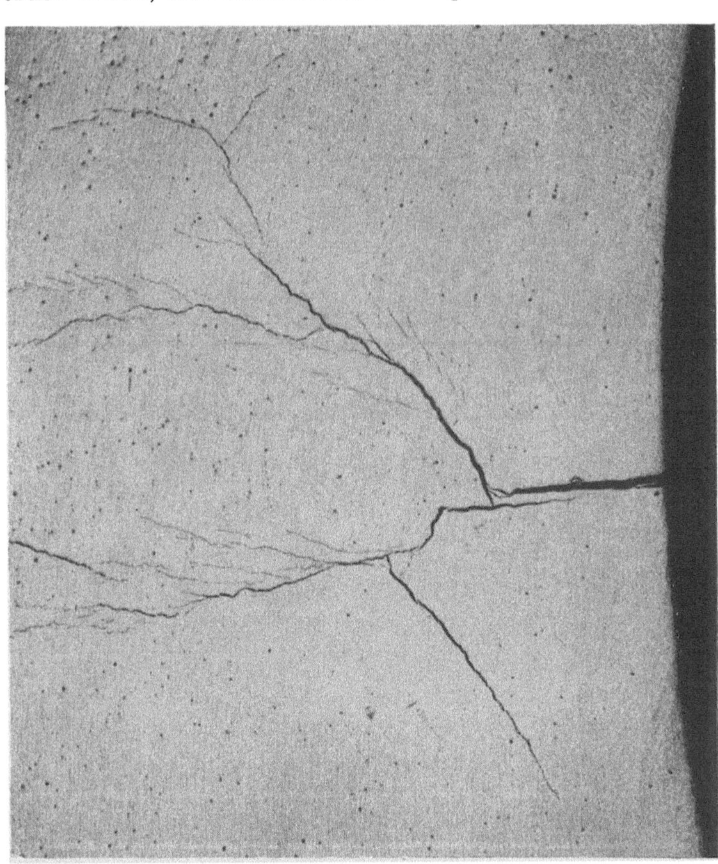

Abb. 248. Längsschliff durch den Eintrittschenkel der Schaufel nach
Abb. 247. Vergrößerung 20fach.

bisher auch noch in keinem anderen Falle zu irgendwelchen
Anständen Anlaß gegeben hat. Die durch das Kaltverformen
beim Ausbeulen entstandene Spannungserhöhung begün-
stigte die Ausbildung der Risse, so daß mehrere Schaufeln
abbrachen und in die Schaufelreihen der folgenden Stufen
gerieten. Infolge der dort entstehenden Zerstörungen mußte die Maschine längere
Zeit außer Betrieb genommen werden.

Abb. 249 zeigt die Bruchfläche einer Schaufel aus 5 % Ni-Stahl. Der Bruch geht
vom Rücken der Schaufel aus und zeigt in diesem Teil die Kennzeichen der durch
Spannungskorrosion entstandenen Brüche. Nach den Schenkeln der Schaufel zu setzt
sich der Bruch in glattem, von Rastlinien durchsetzten Schwingungsbruch fort. Der
Bruch ist dadurch zu erklären, daß nach dem Anriß durch Spannungskorrosion der
Querschnitt der Schaufel geschwächt war und die nunmehr veränderte Eigenschwingungzahl in Resonanz mit der Düsenerregung stand (vgl. S. 264).

In den bisher bekanntgewordenen Fällen von Spannungskorrosion wurden stets Schaufeln betroffen, die am Anfang des Sattdampfgebietes arbeiteten. Offenbar ist der Korrosionsangriff an einen geringen Feuchtigkeitsgehalt gebunden, der hoch genug sein muß, um den auf den Schaufeln haftenden Salzbelag anzufeuchten, so daß eine hohe Konzentration des Elektrolyten entsteht, und niedrig genug, um das Salz nicht wegzuspülen. Die Betriebserfahrung hat gezeigt, daß auch benachbarte Schaufelreihen gefährdet sind, wenn infolge Laständerung eine Verschiebung des Kondensationspunktes eintritt. In einigen Fällen, in denen der Salzbelag untersucht werden konnte, wurde Natriumhydroxyd als korrodierende Substanz festgestellt. Die Spannungskorrosion konnte auch laboratoriumsmäßig nachgewiesen werden, z. B. in 10 % Natronlauge in einem Druckgefäß an unter Zugspannung stehenden Proben bei 200° C.

Die Anfälligkeit der einzelnen Stahllegierungen und Schmelzen innerhalb der gleichen Stahlgruppe gegen Spannungskorrosion ist ver-

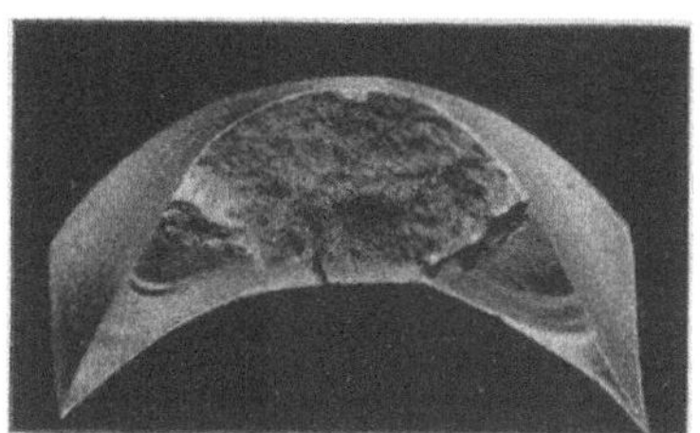

Abb. 249. Spannungskorrosion und dadurch ausgelöster Schwingungsbruch einer Schaufel aus 5% Ni-Stahl. Bruchfläche. Vergrößerung 1,5fach.

Abb. 250. Durch Spannungskorrosion zerstörtes Düsenblech aus 29% Ni-Stahl einer Turbine aus dem Jahre 1910. Vergrößerung 1,5fach.

schieden. Beim 13 bis 14 % Cr-Stahl wurde diese Erscheinung sowohl versuchs- als auch betriebsmäßig nicht beobachtet, so daß in Schadensfällen durch Einbau von Schaufeln aus nichtrostendem Stahl bisher befriedigende Abhilfe geschaffen werden konnte. Eine andere Möglichkeit, sich bis zu einem gewissen Grade durch Verwendung geeigneten Baustoffes vor Schäden ähnlicher Art zu schützen, besteht darin, den Schaufelwerkstoff schmelzungsweise durch Laboratoriumsversuche auf seine Anfälligkeit gegenüber Spannungskorrosion zu prüfen.

Als weiteres Beispiel für die beschriebene Spannungskorrosion sei auf die vor etwa 30 Jahren bekanntgewordenen Rißerscheinungen an 25 bis 30 % Ni-Stahl erinnert. Dieser Stahl wurde sowohl für Düsenbleche als auch für Laufschaufeln verwendet. In manchen Fällen ergaben sich keine Anstände, in anderen dagegen hat der Stahl in kurzer Zeit infolge Rißbildung versagt. Abb. 250 gibt einige Stücke von Düsenblechen aus 29% Ni-Stahl wieder, die aus einer im Jahre 1910 gelieferten 5000 kW-Turbine stammen. Im Jahr 1940 kam diese Maschine dadurch zu Schaden, daß Teile der brüchigen Düsenbleche in die Laufbeschauflung gerieten.

Eine besondere Art von Schaufelabnutzung, die meist neben Verrottung und gleichzeitig mit ihr zu beobachten ist, deren Erscheinungsform aber auf *elektrolytische Ursachen* (Fremdströme) hinzeigt, wurde von Zeit zu Zeit festgestellt. Wo sie auftritt, zeigt die angegriffene Oberfläche das kennzeichnende Bild, das z. B. auch von Fremdströmen zersetzte Kondensatorrohre (vgl. Abb. 198 bis 201) aufweisen: kleine punktartige, trichter- oder wurmstichartige Narben. Die angegriffene Oberfläche ist, wenn die Ströme bis zur Feststellung des Schadens wirksam waren, metallisch blank, sonst auch bereits wieder oxydiert, ähnlich wie bei galvanischen Anfressungen. Abb. 251 zeigt solche Narben an den Nietköpfen einer Schaufelreihe aus nichtrostendem Stahl. Daneben, wenn auch seltener, zeigen sich die gleichen Narben auf dem Deckband. Im gleichen Werk zeigten sich an einer anderen Maschine, ebenfalls in der ersten Stufe, aber auch in späteren Stufen ähnliche Erscheinungen, und zwar sowohl bei nichtrostendem Stahl als auch bei 5% Ni-Stahl.

Die Herkunft der offenbar aus den Beschauflungsteilen austretenden Ströme ist nicht immer eindeutig zu ermitteln. Zuweilen wurden beträchtliche Wellenspannungen festgestellt. Die Ursache kann in elektrostatischen Aufladungen durch den strömenden Dampf liegen oder in von der Stromerzeugerwelle herrührenden Span-

Abb. 251. Verrottungsangriffe an den Nietköpfen und Deckbändern von HD-Schaufelreihen, die auf elektrolytische Einflüsse hindeuten.

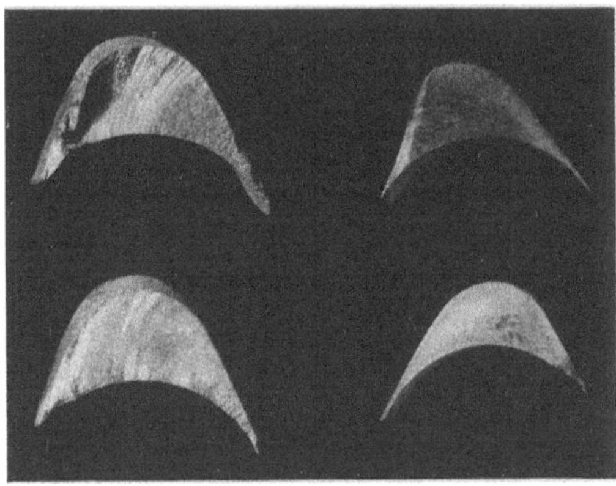

Abb. 252. Bruchflächen von Dampfturbinenschaufeln. Links: Ermüdungs- oder Dauerbruch, rechts: Gewaltbruch.

nungen. Ob und inwieweit auch Thermoströme in Frage kommen, ist noch ungeklärt. Im allgemeinen treten diese Anfressungen allerdings nicht im betriebsgefährdenden Umfang auf.

Wenn so die Frage nach der Ursache dieser offensichtlich elektrolytischen Anfressungen zum Teil auch noch nicht zufriedenstellend beantwortet werden kann, so kann die Tatsache als solche doch kaum bezweifelt werden. Die Ansicht, daß an Verrottungserscheinungen, wie sie in Abb. 229 und 230 wiedergegeben sind, Vorgänge elektrolytischer Art mitbeteiligt sind, gewinnt sogar an Wahrscheinlichkeit. Ob nun aber für Angriffe an der Beschauflung auch Wellenströme, wie man sie heute für elektrolytische Anfressungen an Kupplungsteinen, Schneckenzähnen und Stopfbuchsenkämmen mit großer Sicherheit als Ursache annehmen muß, verantwortlich gemacht werden können, ist zur Zeit noch nicht zu beantworten. Selbstverständlich müssen alle Fälle von elektrolytischen Anfressungen, gleichgültig, an welchen Turbinenbauteilen sie beobachtet werden, nach gemeinsamen Gesichtspunkten untersucht werden; denn die Ursache müssen stets elektrische Ströme sein, wenn auch deren Quelle von Fall zu Fall durchaus verschieden sein kann.

Schaufelbrüche können entweder durch einmalige Überbeanspruchung (Gewaltbruch) oder durch wiederholte Beanspruchungen (Ermüdungs- oder Dauerbruch) verursacht werden. Nach diesen zwei Bruchformen, deren Kennzeichen die Bruchflächen der Schaufeln meist unzweideutig tragen, Abb. 252, sind aufgetretene Schaufelschäden in der Regel ohne weiteres einzuordnen, worauf dann die weitere Untersuchung der Schadenursache bereits enger begrenzte Möglichkeiten vor sich hat.

Ein *Gewaltbruch* (Verformungsbruch, Trennungsbruch) einer Schaufel kann seine Ursache haben erstens in Fehlern oder Mängeln im Baustoff, in der Form des Bauteiles, in seiner werkstattmäßigen Ausführung, zweitens in betriebsmäßigen Erscheinungen oder Schäden (Auswaschung, Verrottung, Beeinflussung durch Verformung oder Beschädigung anderer Bauteile) sowie drittens durch einmalig oder wiederholt auftretende Betriebzufälligkeiten (Fremdkörper im Dampf, Wasserschlag und dadurch bewirkte Abschreckung).

Baustoffehler sind in allen Fällen nach eingetretenem Schaden durch Untersuchung der gebrochenen Schaufel festzustellen. Dabei ist zu unterscheiden, ob es sich um Unregelmäßigkeiten in der Baustofflieferung oder um den Einbau von vornherein nicht entsprechender Baustoffe handelt. Bei neuen Turbinen entfällt dieser letzte Grund wohl stets, er kann aber z. B. dort eine Rolle spielen, wo mit älteren Maschinen und ihren unter damaligen Verhältnissen richtigen Baustoffen später andere Betriebsverhältnisse bewältigt werden sollten. Baustoffehler wird man dort nicht annehmen dürfen, wo durch örtliche Überhitzung (z. B. Anstreifen der umlaufenden Beschauflung) das Gefüge oder die Festigkeit eines ursprünglich guten Baustoffes verdorben worden ist.

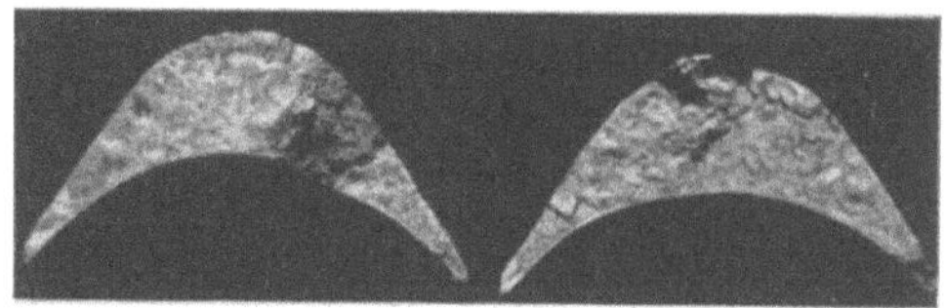

Abb. 253. Durch örtliche Verrottung (Spannungskorrosion) hervorgerufener Gewaltbruch einer Schaufel. Vergrößerung 1,5fach.

Formgebungsmängel an den Schaufeln sind nicht ausgeschlossen, aber im heutigen Turbinenbau außerordentlich selten Ursache von Gewaltbrüchen. Gelegentlich sind Mängel an anderen Bauteilen (Lauflager, Drucklager, Stopfbuchsen) der Ausgangspunkt von Schäden, die dann mittelbar sich auf die Beschauflung auswirken.

Herstellungs- und Zusammenbaumängel sind ungenügende Ausrundung von Kanten, nicht eingehaltene Maße, Schleifspuren vom Glätten, unsachgemäß ausgeführte Lötung (Bindedrähte) oder Nietung (Deckbänder), schließlich nicht eingehaltene Genauigkeitsvorschriften für Nut und Fuß und das unzulässige Nachrichten von eingebauten Schaufeln, damit sie fluchten. Bei der Sorgfalt der Prüfungen, der so wichtige Bauteile wie die Laufschaufeln in jedem Turbinenwerk unterworfen werden, ist auch diese Ursache der Schaufelbrüche erfreulicherweise selten geworden.

Angriffe durch Auswaschung und Verrottung verringern die *Schaufelquerschnitte*. Bis zu welchem Grade diese Schwächung zulässig ist, wann also in dem verbleibenden Querschnitt die Beanspruchungen größer werden als die zulässigen Spannungen, ist eine Frage der Zeit und selbstverständlich auch davon abhängig, ob der unverletzte Querschnitt schon hoch oder nur mäßig beansprucht war. Ein Beispiel dieser Art zeigt Abb. 253. Es handelt sich hier um eine Schaufel mit örtlicher Verrottung durch Spannungskorrosion. Die Bruchflächen zeigen, abgesehen von der Restbruchfläche, keine Verformung, sie haben andererseits jedoch auch nicht das glatte, von Rastlinien durchsetzte Aussehen der Dauerbrüche, sondern sind rauh und zerklüftet. Die Bruchflächen sind, im Gegensatz zur Restbruchfläche, durch Korrosionsprodukte, die die Flächen in dünner Schicht bedecken, meist dunkel gefärbt. Durch eine metallographische Untersuchung lassen sich derartige Fälle eindeutig nachweisen. Meist liefert auch die Magnetpulverprüfung der betreffenden Schaufelreihe schon klare Anhaltspunkte. Als Abhilfe kommt, da die Kessel- und Dampfverhältnisse meist nicht ohne weiteres mit Sicherheit zu ändern sind, der Einbau korrosionsfesterer Stähle in Frage.

Ungleich häufiger als zu Gewaltbrüchen werden Auswaschung und Verrottung zu Ermüdungs- und Dauerbrüchen führen. Verhältnismäßig häufig dagegen werden Gewaltbrüche auf Ursachen zurückzuführen sein, die nur als *Begleiterscheinungen* Schaufelschäden herbeiführen, wie das Verziehen von Turbinengehäusen, Werfen der Wellen.

Anstreifen der Stopfbuchsen, Auslaufen der Lauf- oder Drucklager. Die Schaufeln
werden durch Anstreifen mitunter so weit zugedrückt, daß kein Dampf mehr hindurch-
treten kann und ein großer Axialschub entsteht. In anderen Fällen brechen Schaufeln
ganz ab oder sie werden durch gleichzeitiges Anstreifen des Radkopfes lose und fallen
heraus. Als Beispiel sei nur ein Schaden angeführt, bei dem das Wachsen eines gußeisernen Zwischendeckels dazu geführt hat, daß eine Radscheibe stark gestreift hat
und der Radkopf abgeschliffen wurde. Die Schaufeln fielen dadurch zum größten Teil
heraus, so daß auch noch Gewaltbrüche in den folgenden Stufen entstanden. Der Deckel
selber saß durch das Wachsen und durch das Anstreifen am Läufer so fest im Gehäuse,
daß er herausgebrannt werden mußte.

Fremdkörper im Dampf können versehentlich nicht entfernte und im Betriebe sich
lösende Kernstützen od. dgl. aus Gußteilen, irgendwo ausgebrochene oder abgebröckelte
Baustoffstücke, gelöste Niete (falls vorhanden), Sicherungsbleche, Muttern, abgebrochene
Schrauben, ferner Schweißperlen, vom Zusammenschweißen von Frischdampfleitungen
oder von Schweißarbeiten im Kessel herrührend, oder schließlich für die Beschauflung
späterer Stufen auch ausgebrochene Schaufelteile vorderer Stufen sein. Sind bei einem
Schaufelschaden mehrere Stufen durch Gewaltbruch, Verquetschung usw. beschädigt,

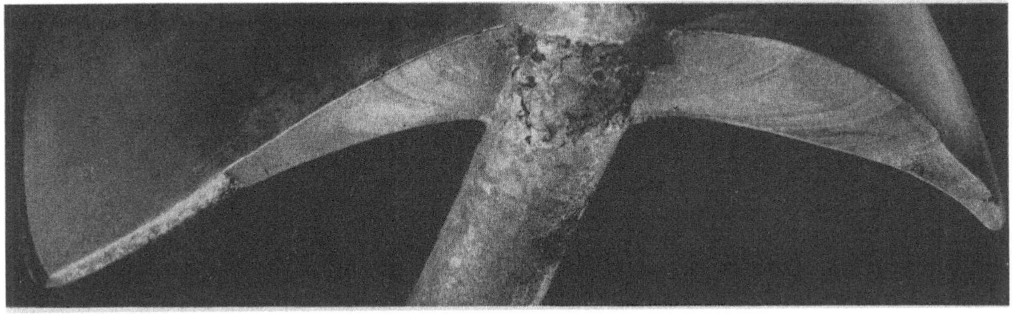

Abb. 254. Dauerbruchfläche einer Schaufel der letzten Stufe einer großen Turbine nach Anriß durch
Wasserschlag. Vergrößerung 2fach.

so kann man meist mit großer Sicherheit zwischen den ursächlich beschädigten und
den davon nur in Mitleidenschaft gezogenen Stufen unterscheiden. Auch hier kann
nur die Augenscheinnahme und sorgfältigste Prüfung des besonderen Falles die gewünschte Klarheit schaffen, allgemeine Regeln sind unmöglich.

Eine weitere Ursache für Schaufelschäden ist schließlich der sogenannte *Wasserschlag
oder Wasserstoß*, d. h. ein plötzlicher, durch Überspeisen, Überschäumen oder Überkochen der Kessel oder Ausblasen von Wassersäcken in den Rohrleitungen verursachter
Wassereinbruch in die Turbinen, der also einerseits einen plötzlichen Temperaturunterschied für die Schaufeln (Abschrecken), andererseits eine ganz außerordentliche Über-
belastung der Schaufeln bedeutet. So sicher es ist, daß richtig gebaute Turbinen
Wasserschläge von mäßiger Stärke auch bei wiederholtem Auftreten ohne Schaden
ausgehalten haben — das zu verlangen, ist ein unbestreitbares Recht des Turbinen-
besitzers —, so sicher ist es, daß es unmöglich ist, Beschauflungen zu entwerfen und
zu bauen, die Wasserschläge *beliebiger* Höhe aushalten können. Es muß daher nach wie
vor unbedingt angestrebt werden, Wassereinbrüche durch geregelten Kesselbetrieb
möglichst zu vermeiden.

Durch einen Wasserschlag werden nicht nur die ersten Schaufelreihen einer Turbine,
sondern in gleichem Maße auch die anderen Schaufelreihen gefährdet. Das Wasser wird
zwar nach dem Stoß auf die erste Schaufelreihe in den folgenden Schaufelreihen nahezu
über den ganzen Beschauflungsumfang gleichmäßig verteilt sein, es wird jedoch derartige Abweichungen von der Strömungsrichtung hervorrufen, daß die Schaufeln durch
den Aufprall des Wassers auf den Schaufelrücken sehr hart angeschlagen werden. Wenn

die Schaufeln dazu noch durch Fliehkräfte verhältnismäßig hoch beansprucht sind, so ist es ohne weiteres möglich, daß durch die bei einem Wasserschlag auftretende zusätzliche Beanspruchung Anrisse hervorgerufen werden, die dann Ausgangspunkt von Dauerbrüchen sein können. Es sind demnach gerade die Endstufen großer Turbinen besonders gefährdet, auch dann, wenn es sich um zwei- oder mehrgehäusige Turbinen handelt, bei denen das eingebrochene Wasser erst noch durch die Überströmrohre vom Hochdruckteil zum Niederdruckteil strömen muß. Abb. 254 zeigt die Bruchfläche einer Schaufel der letzten Stufe einer großen zweigehäusigen, im ND-Teil zweiflutigen Kondensationsturbine. Die Schaufel war an der Stelle ihrer größten Beanspruchung im Blatt, nämlich am Bindedrahtloch, durch Wasserschlag angerissen. Von diesem Anriß ausgehend ist dann die Schaufel nach verhältnismäßig kurzer Betriebzeit durch Dauerbruch zerstört worden. Der Wasserschlag konnte an dieser Turbine sehr eindeutig beobachtet werden, da das Wasser aus allen Öffnungen der Turbine

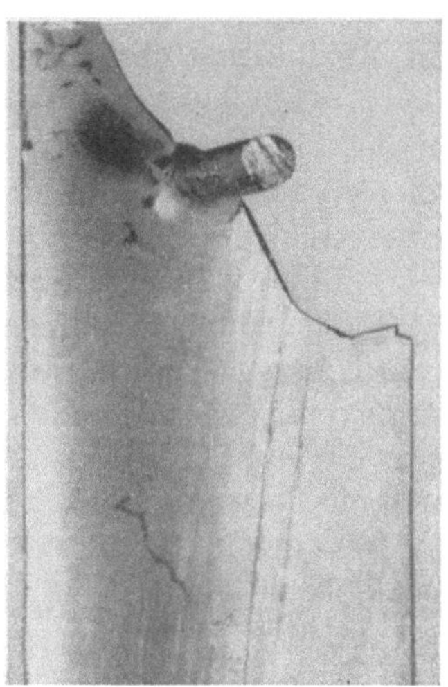

Abb. 255. Gewaltbruch einer Schaufel der letzten Stufe einer großen Turbine durch Wasserschlag.

Abb. 256. Verrottete Innenfläche einer Schaufel aus 5% Ni-Stahl einer Turbine mittlerer Größe nach 16jähriger Betriebzeit. Vergrößerung 2fach.

herausspritzte, so daß sich auf dem Maschinenhausflur große Wasserlachen bildeten. Da bei dieser Anlage mit einer Wiederholung von Wasserschlägen gerechnet werden mußte, wurden, um gegen derartige Betriebsfälle eine etwas größere Sicherheit als bisher zu haben, stärkere Schaufeln eingebaut, was vollen Erfolg brachte.

In einem anderen Falle hat sich der Wasserschlag am äußeren Bindedrahtloch der Schaufeln der letzten Stufe einer großen Kondensationsturbine durch einen Bruch ausgewirkt, wie er aus Abb. 255 zu ersehen ist.

Dauerbrüche sind stets an dem muscheligen, mehr oder weniger glatten und häufig von Rastlinien durchsetzten Gefüge des Anbruches eindeutig zu erkennen. Das Wesen der Dauerbrüche und ihre verschiedenen Erscheinungsformen eingehend zu beschreiben, kann hier nicht der Ort sein. Es kann sich in diesem Rahmen vielmehr nur darum handeln, ihre Hauptursachen anzuführen. Wie bei Gewaltbrüchen, können auch bei Dauerbrüchen als Ursache Baustoff-, Herstellungs- oder Zusammenbaufehler vorliegen.

Baustoffehler werden sich in der Regel dadurch bemerkbar machen, daß bei im übrigen vollkommen unversehrt bleibender Schaufelreihe entweder eine einzelne Schaufel oder doch mehrere, aber über den Umfang nicht gleichmäßig verteilt und auch nicht an gleichen Stellen ihrer Länge, brechen. Liegt ein derartiger Befund vor, so kann man auf Ungleichmäßigkeit im Baustoff schließen, wobei allerdings darauf hingewiesen werden muß, daß eine nach Jahren einwandfreien Betriebes zu Bruch gehende Einzelschaufel billigerweise keine Ansprüche mehr an den Turbinen- oder Baustoffhersteller rechtfertigen kann.

Ähnlich im Befunde wie Baustoffehler können sich *Herstellungs- und Zusammenbaufehler* auswirken, doch wird dabei, wenn mehrere Schaufeln einer Reihe zu Schaden kommen (einreißen oder ganz zu Bruch gehen), der Bruch stets an der gleichen Stelle der Schaufeln auftreten müssen, da bei gleicher Herstellung und Behandlung der zahlreichen Schaufeln einer Reihe Fehler sich notwendigerweise bei allen Schaufeln gleichmäßig auswirken müssen. Als solche sind zu nennen: mangelhafte Abrundungen, von der Bearbeitung herrührende Riefen oder auch Einrisse, die, als Kerben wirkend, zum Ausgangspunkt von Dauerbrüchen werden können, und zu wenig sorgfältiges Einlöten von Bindedrähten, wodurch unter Umständen der Schaufelbaustoff selbst verändert werden kann. Auch auf die Ausführung und Ausrundung der Bindedrahtlöcher in den Schaufeln muß besondere Sorgfalt verwendet werden, denn auch von nicht genügend geglätteten und ausgerundeten, zum Teil auch durch die Verlötung im Gefüge veränderten (Härtungsflecke, Auflockerung der Korngrenzen) Bindedrahtlöchern können Dauerbrüche ausgehen. Im allgemeinen kommen diese Ursachen nur selten vor. Sie lassen sich bei hinreichender Sorgfalt ohne weiteres vermeiden.

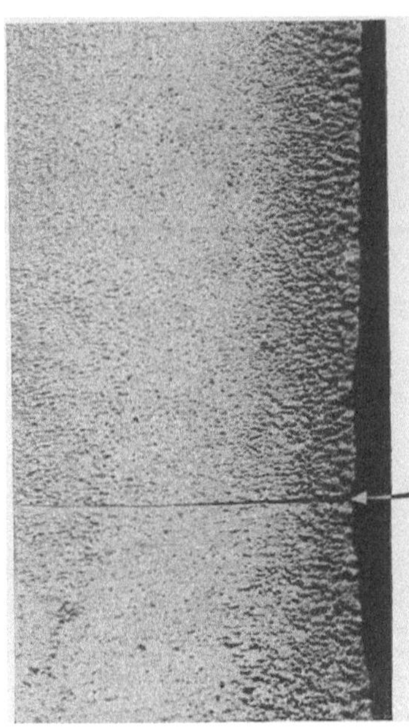

Abb. 257. Eintrittskante mit Einriß der Schaufel nach Abb. 256. Vergrößerung 3fach.

Dauerbrüche als Folgeerscheinung von *Verrottung* im Betriebe kommen häufiger vor. Sie werden durch die am Grunde der kerbartigen Anfressungen auftretende Spannungserhöhung begünstigt. Abb. 256 zeigt eine Ansicht der verrotteten Schaufelinnenfläche, Abb. 257 eine Teilaufnahme der eingerissenen Schaufeleintrittskante, vom Schaufelrücken aus gesehen, aus einer Turbine mittlerer Größe nach 16jähriger Betriebzeit. Die Dauerbrüche folgen den feinzahnig ausgewaschenen und ausgefressenen Rillen. Die Schaufeln bestehen aus 5% Ni-Stahl und arbeiteten im Naßdampfgebiet. Abb. 258 zeigt die Bruchstelle mehrerer Schaufeln einer mittelgroßen Turbine. Die in der gleichen Schaufelreihe aufgetretenen Brüche liegen aber nicht an der gleichen Stelle des Schaufelblattes, sondern immer an den Stellen der größten Kerbwirkung, also an den tiefsten Anfressungen, womit das eingangs Gesagte bestätigt wird.

Dauerbrüche können auch auftreten durch *Schwingungen*, wenn die Schaufel-Eigenschwingungzahl mit der Betriebsdrehzahl oder einem ihrer ganzen Vielfachen zusammenfällt (Resonanz) oder wenn den Schaufeln Schwingungen aufgezwungen werden.

Formgebungsfehler, die Schaufelschwingungen mit nachfolgenden Schäden ermöglichen, können heute, sofern Entwurf und Werkstattsarbeit einwandfrei sind, nur mehr in dem Maße auftreten, als menschlicher Irrtum überhaupt sich trotz vielfältiger und gewissenhafter Überprüfungen in jedes Werk doch noch einschleichen kann. Die Grundlagen für einen auch in dieser Richtung zuverlässigen Entwurf sind durch die bei größeren Turbinenwerken vorliegenden Erfahrungen wissenschaftlich und versuchsmäßig genügend geklärt.

Ungenügender Sitz der Schaufeln in der Nut des Schaufelträgers kann Schwingungsbrüche im Schaufelfuß verursachen, da der der rechnerischen Bestimmung der Schaufel-Eigenschwingungzahl zugrunde gelegte Einspannungzustand dann nicht vorhanden ist. Es kann vorkommen, daß Schaufeln in der Nut lose sind, wenn sie z. B. bei Reparaturen nicht wieder genügend fest eingesetzt worden sind (daher Stahlband unter Schaufelfuß einsetzen zum Ausgleich der Abnutzung bei wiederholtem Ent- und Beschaufeln), oder wenn die Nut sich im Betriebe aus irgendeinem Grunde, z. B. bei gelegentlicher Überschreitung der Schnellschlußdrehzahl, geweitet hat. Auf vereinzelt bekanntgewordene Dauerbrüche im Schaufelträger ist man durch Schwingungsbrüche der an dieser Stelle sitzenden Schaufeln aufmerksam geworden. Auch *unsachgemäßes Vernieten* von Deckbändern, das allerdings bei sorgfältig hergestellten Turbinen kaum zu befürchten ist, ergibt infolge der dann ungenügenden Einspannung am Schaufelende eine von der rechnerischen Ermittlung abweichende Eigenschwingungzahl der Schaufel, so daß Schwingungsbruch auftreten kann.

Von vornherein nicht erfaßbar, sondern nur durch zweckmäßige Betriebsüberwachung — und auch dann nur zum Teil — vermeidbar sind die Schaufelschwingungschäden, die von Abnutzung durch *Auswaschung* (Veränderung der Eigenschwingungzahl durch Schwächung der Schaufelquerschnitte) oder durch *Verrottung* ausgehen.

Durch Einwirken von feuchtem Dampf wird die Schwingungsfestigkeit des Schaufelbaustoffes, auch wenn noch keine makroskopisch merkbaren Anfressungen vorhanden sind, bei den meist niedrig legierten rostanfälligen Stählen erheblich erniedrigt (*Korrosionschwingungsfestigkeit, Korrosionsermüdung*), so daß auch dadurch Schwingungsbrüche möglich sind.

Die *Spannungskorrosion*, die bei weiterem Fortschreiten oft mit einem Gewaltbruch endet, kann auch in Verbindung mit Wechselbeanspruchungen auftreten und dann zu Dauerbrüchen führen. Als Beispiel hierfür seien in Abb. 259 Dauerbrüche von Schaufeln

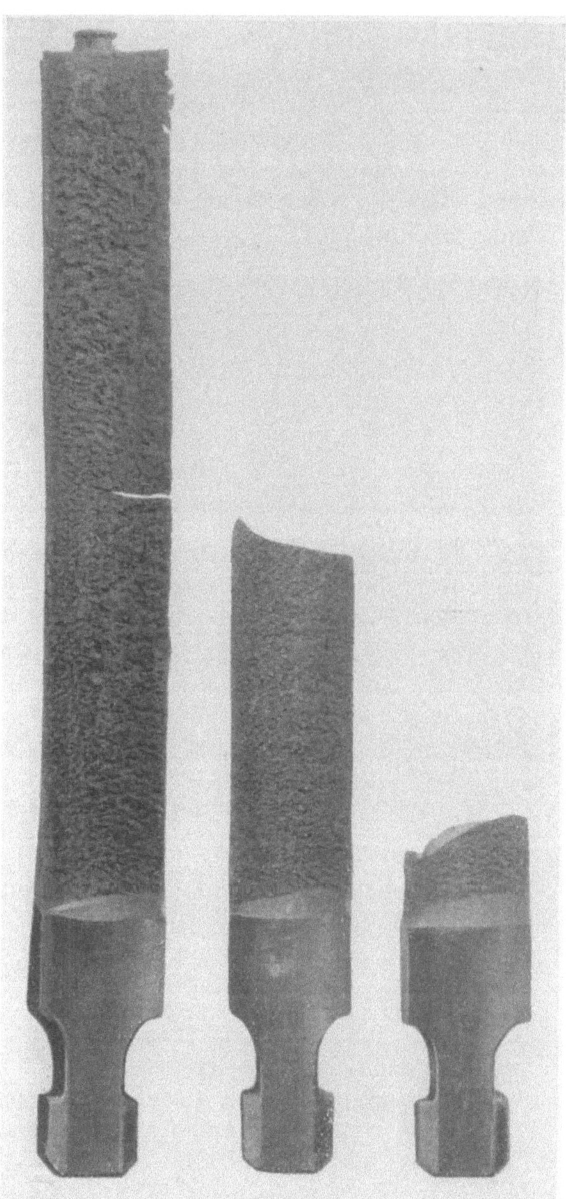

Abb. 258. Durch Korrosionseinrisse verursachte Brüche des Schaufelblattes in verschiedener Höhe.

einer großen Turbine gezeigt. Die Schaufeln bestehen aus 5% Ni-Stahl und arbeiteten am Anfang des Sattdampfgebietes. Die Brüche traten bereits nach 6 Monaten Betriebzeit auf. Wie ersichtlich, sind die Restbruchflächen sehr klein, d. h. die statische Beanspruchung der Schaufeln war gering. Bei der Magnetpulverprüfung und der metallographischen Untersuchung ließen sich eindeutige Anzeichen von Spannungskorrosion (verästelte, intrakristallin verlaufende Risse) nachweisen. Der Korrosionsangriff konnte auf Natriumhydroxyd zurückgeführt werden. So leicht es ist, das Vorhandensein von Spannungskorrosion nachzuweisen, wenn diese Erscheinung bereits stark ausgeprägt ist, so schwer ist es, den Nachweis bei geringem Auftreten dieser Korrosionsart zu führen. Im letzteren Falle spricht nämlich die Magnetpulverprüfung wegen der geringen Ausdehnung der Risse noch nicht an und ist das Erkennen bei der metallographischen Untersuchung davon abhängig, ob in der gewählten Schliffebene Risse enthalten sind oder nicht. Sorgfältige Untersuchungen im Schaufelblatt oder am Nietzapfen gebrochener Schaufeln, deren Brüche die Kennzeichen von Dauerbrüchen trugen, ließen erkennen, daß derartige Dauerbrüche in ihren ersten Anfängen doch häufiger auf Spannungskorrosion zurückzuführen sind, als gemeinhin angenommen wird. Der Verdacht auf das Mitwirken von Spannungskorrosion bei Dauerbrüchen liegt insbesondere dann vor, wenn die Brüche in verschiedener Höhe des Schaufelblattes liegen (vgl. Abb. 258) und es sich um niedrig legierte Stähle, z. B. 5 % Ni-Stahl, handelt.

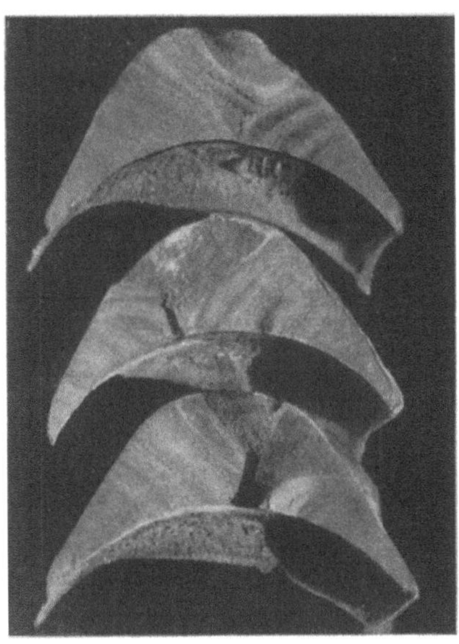

Abb. 259. Durch Spannungsverrottung ausgelöste Dauerbrüche von Schaufeln einer großen Turbine. Vergrößerung 1,5fach.

Ferner sind noch Dauerbrüche von Schaufeln zu erwähnen, die als *Folgeerscheinungen* von Scheiben- oder Wellenschwingungen aufgetreten oder entstanden sind durch eine stärkere *Unruhe* der Maschine oder durch *Fundamente*, deren Eigenschwingungzahl in Nähe der Turbinendrehzahl liegt. Die Schaufeln werden in solchen Fällen zu erzwungenen Schwingungen angeregt und brechen nach einer gewissen Betriebzeit an schwächeren Stellen des Blattes (an Bindedrahtlöchern oder Korrosionsnarben) im Dauerbruch, während Schaufeln gleicher Formgebung und gleichen Baustoffes in anderen, ruhig laufenden und auf einwandfreien Fundamenten stehenden Maschinen jahrelang ohne Schaden in Betrieb sind.

Eine häufige und meist alle Stufen einer Turbine gleichzeitig betreffende Betriebsveränderung an der Läuferbeschauflung einer Turbine ist die *Verschmutzung* (Verschlammung, Versalzung, Verkrustung); harmlos dann, wenn sie die Schaufeln selbst nicht angreift, gefährlicher, wenn sie, chemisch wirksam, die Schaufeln verrottet. Auch für den Betrieb des Kraftwerkes hat sie bedeutende Nachteile. Denn wo sie auftritt, bedeutet sie stets eine gewisse Verringerung des Wirkungsgrades durch die rauhe Oberfläche der Schaufeln und damit einen Rückgang der Leistungsfähigkeit der Maschine. Die Ablagerungen auf den Schaufeln verengen die Dampfdurchtrittsquerschnitte und verringern damit die Schluckfähigkeit der Turbine. In vielen, vielleicht sogar in den meisten Kraftwerken tritt eine nennenswerte Verschmutzung der Laufschaufeln wohl überhaupt nicht auf. Wo sie aber auftritt, da kann sie die verschiedensten Formen annehmen und dementsprechend auch die verschiedensten Folgen nach sich ziehen. Neben solchen Fällen, wo in einer ununterbrochenen Betriebzeit von 26 Monaten die Leistungsfähigkeit der Turbine um 15 % zurückging, stehen solche, wo bereits in 45 Tagen eine Einbuße an Leistung von 16 % verzeichnet wurde, und auch noch krassere Fälle.

Die Ablagerungen auf den Schaufeln können als schlammige Verschmutzung, als lockerer Belag oder als steinartige Verkrustung auftreten. Verkrustungen treten auf, wenn infolge höherer Betriebstemperaturen die Ablagerungen unmittelbar zu einem steinartigen Belage ausgebrannt werden oder erhebliche Mengen an Kieselsäure enthalten. Diese Form des Belages ist weniger harmlos als schlammartige Verschmutzung oder lockerer Belag. ND-Stufen haben seltener festen Belag, hier hat die Verschmutzung mehr schlammige Beschaffenheit.

Die Ursache für diese Arten der Verschmutzung ist fast ausschließlich im Speisewasser der Dampfkessel zu suchen, teils in den Eigenschaften des zur Kesselspeisung
benutzten Rohwassers, teils in den verschiedenen Zusätzen, die man dem Kesselspeisewasser zur Enthärtung usw. gibt.

Im Hochdruck-Kesselbetrieb werden die Beimengungen unmittelbar vom Dampf
in die Turbine übergeführt, da hochgespannter Wasserdampf als „nichtwässeriges"
Lösungsmittel anzusehen ist und erhebliche Mengen von Salzen aufnimmt. Das Mitreißen von Beimengungen im Mitteldruck- und Niederdruck-Kesselbetrieb dagegen ist
nur eine Frage der Feuchtigkeit des dem Kessel entströmenden Dampfes[102].

Im Überhitzer und in den Rohrleitungen abgesetzte Salze gelangen besonders bei
Laständerungen oder erneutem Anfahren in die Turbine. Schäumen und Spucken des
Kessels erhöht die Versalzung. Es sind dies Fragen, die neben dem Kesselbetrieb (weit-

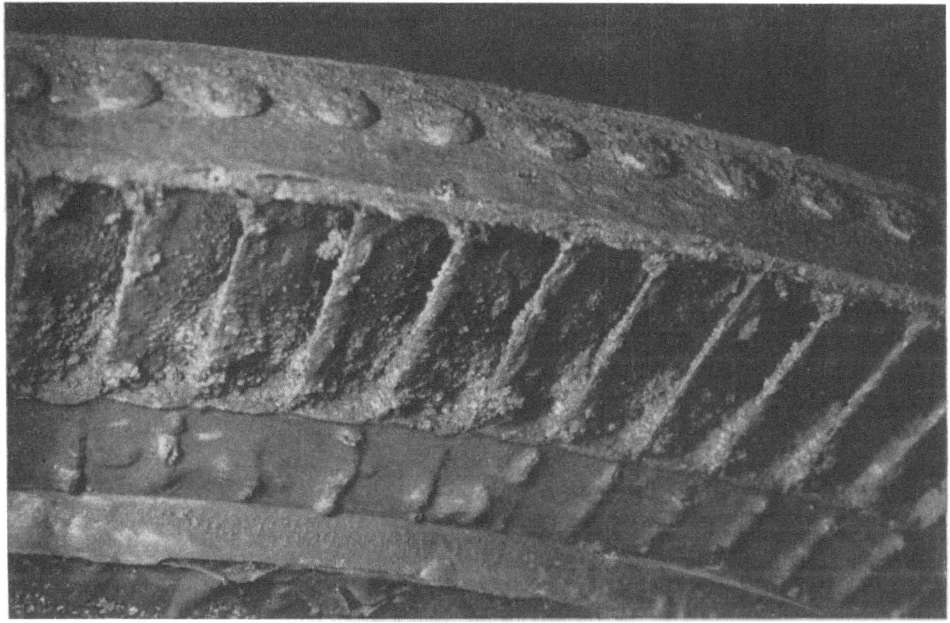

Abb. 260. Durch Salze stark belegte Schaufeln einer großen Turbine. Farbe des Belages tiefschwarz.

gehend enthärtetes Speisewasser, niedriger Salzgehalt im Kessel, niedrige Alkalität,
geringe Mengen an organischen Verunreinigungen, Öl usw.) die Kesselbauart und
-bemessung, die Ausdampfziffer oder Dampfraumbelastung usw., betreffen. Bei Hoch-
druckdampf empfiehlt sich die Speisung mit Destillat oder Kondensat oder es ist für
sehr niedrigen Salzgehalt Sorge zu tragen, da hochgespannter Wasserdampf, wie erwähnt, als „nichtwässeriges" Lösungsmittel erhebliche Salzmengen mitführt.

Die Ablagerungen umgeben die Schaufeln meist mit einer Schicht, deren Stärke
gegen das äußere Schaufelende zu zunimmt und besonders unter den Deckbändern oft
bis zu Zentimeterstärke ansteigt. Je nach der besonderen Ursache der Ablagerungen
zeigt sich entweder ein weißlicher Belag, der meist nicht nur die Beschauflung, sondern
auch den ganzen im Dampfraum befindlichen Läufer bedeckt. Das läßt in der Regel
auf Soda oder andere Salze (Glaubersalze, Kochsalz usw.) im Speisewasser schließen.
Dann aber gibt es alle Farben bis zum tiefsten Schwarz, in denen derartiger Belag
auftreten kann, Abb. 260. Bisweilen werden auch Farbänderungen an dem stillstehenden

[102] SPILLNER, F.: Hochgespannter Wasserdampf als Lösungsmittel. Chem. Fabrik Bd. 13 (1940)
S. 405. — SCHMIDT, O., u. F. WIESE: Auswirkung der Wasserbeimengungen auf Kessel- und Turbinen-
betrieb, S. 19/34, in: Eignung von Speisewasseraufbereitungsanlagen im Dampfkesselbetrieb. ADK.
Berlin: VDI-Verlag 1940.

Läufer festgestellt (vgl. S. 269/270). Bei Bestimmung von Soda als Schaufelbelag ist stets zu berücksichtigen, daß diese ursprünglich als Natriumhydroxyd vorgelegen haben kann, zumal die in den Kessel eingespeiste Soda unter Kohlensäureabspaltung weitgehend in Natriumhydroxyd übergeht.

Am häufigsten erscheint neben dem weißlichgrauen und dem schwarzen Belage ein rotbrauner, rostähnlicher Belag, der meist größere Mengen Eisensauerstoffverbindungen enthält. In diesem Falle handelt es sich allerdings nur noch vereinzelt um einen reinen, durch das Speisewasser hervorgerufenen Belag, sondern hier wird meist gleichzeitig Verrottung auch an den Schaufeln selbst vorhanden sein.

Die Ablagerung der einzelnen Salze erfolgt bevorzugt, jedoch nicht ausschließlich in bestimmten, allerdings nicht genau zu begrenzenden Temperaturgebieten. Bei den hohen Temperaturen, also im HD-Teil der Turbinen und mitunter auch noch vor der Turbine, setzt sich häufig Glaubersalz, dann Ätznatron, Soda und weiterhin Kochsalz und Wasserglas ab. Ätznatron und Wasserglas in geringen Mengen geben infolge ihrer klebrigen Beschaffenheit in gewissen Temperaturbereichen vielfach das Bindemittel ab, das andere Anteile auf den Schaufeln festhält. In Stufen niedrigerer Temperatur setzt sich die Kieselsäure ab.

Es hat nicht an Stimmen gefehlt, die einem Belage an der Beschauflung eine gewisse Schutzwirkung gegen Verrottungsangriff zugesprochen haben. Wieweit das zutrifft, möge dahingestellt bleiben. Diese Ansicht gewinnt allerdings in einem besonderen Falle an Wahrscheinlichkeit, nämlich dann, wenn das Kesselspeisewasser Öl, etwa bei Wiederverwendung von Kolbenmaschinenabdampf, enthält. Das vom Dampf mitgeführte Öl wird in allen Stufen, deren Temperatur den Übergang vom gasförmigen in den dampfförmig-feuchten Zustand gestattet, an den Laufschaufeln, Radscheiben, Trommeln usw. ausgeschieden werden und dort eine Hülle bilden, die nach dem Abstellen der Maschine gegen Dampfschwaden oder Luftfeuchtigkeit eine Zeitlang einen gewissen Schutz gewährt. Man ist vereinzelt in dieser Richtung sogar so weit gegangen, daß man einige Zeit vor dem Stillsetzen von Turbinen dem Dampf bewußt als Rostschutzmittel Öl zusetzt. Es ist nicht zu bestreiten, daß diese Maßnahme einen gewissen Erfolg bringt.

So verschieden die Ursachen für die Verschmutzung sind, so verschiedenartig sind auch die Mittel zur Beseitigung der Ursachen wie zur Beseitigung der Folgen. Eine Aufzählung einzelner Beispiele kann auch nicht im entferntesten ein Bild von den möglichen Erscheinungsformen derartiger Verschmutzungen vermitteln. Genaueste Überwachung des Kesselspeisewassers — für dessen Zusammensetzung gewisse Richtlinien aufgestellt wurden — ist auf alle Fälle erforderlich.

Speisewasser, das chemisch aufbereitet wird, enthält stets Salze. In Industrieanlagen, bei denen Dampfverbraucher angeschlossen sind, werden die Turbinen bei dieser Art der Aufbereitung verhältnismäßig schnell verschmutzen, da die gesamte Wassermenge zugesetzt werden muß. Viele Industriewerke sind infolgedessen dazu übergegangen, ihre Kessel nur mit Kondensat oder Destillat zu speisen, das in besonderen Verdampferanlagen erzeugt wird. In Kondensationskraftwerken ist unter sonst normalen Betriebsverhältnissen die Verschmutzung der Turbinen wesentlich geringer, da die Kessel mit Kondensat gespeist werden und nur ein geringer Teil von aufbereitetem Rohwasser zugesetzt wird.

Bei bereits eingetretener Verschmutzung der Beschauflung haben sich im praktischen Betriebe einige *Reinigungsverfahren* bewährt, auf die hier kurz eingegangen werden soll[103].

Die Reinigung der Beschauflung von wasserlöslichen Verunreinigungen ist durch *Spülen* verhältnismäßig einfach. Sobald durch die Überwachung der Stufendrücke oder durch den Leistungsrückgang festgestellt wurde, daß die Turbine versalzt ist und

---

[103] HiebLe, L.: Ausspülen von versalzten Dampfturbinen. Arch. Wärmewirtsch. Bd. 21 (1940) S. 84. — Dreier, H.: Die Entsalzung und Entkieselung von Dampfturbinen. BBC-Nachr. Bd. 29 (1942) S. 49.

gespült werden muß, wird in die Frischdampfleitung Kondensat eingespritzt oder die Dampftemperatur auf Sattdampftemperatur abgesenkt. Um ein Abschrecken und damit Anstreifen des Turbinenläufers zu vermeiden, muß die Temperatur langsam gesenkt werden. Es werden als zweckmäßig meist etwa 0,75° C/min, mitunter aber auch bis 5° C/min empfohlen. Bei heißen Läufern ist es natürlich richtiger, die niedrigen Werte einzuhalten. Am besten ist es, wenn die einzelnen Werke durch eingehende Versuche, bei denen der Axialspielanzeiger der Turbine genauestens zu beobachten ist, sich innerhalb der Richtwerte selber die für sie in Frage kommende Temperaturabsenkung festlegen. Die Drehzahl der Turbine wird zum Spülen durch Drosseln des Frischdampfventiles auf etwa 500 U/min gesenkt. In einigen Werken wird auch mit höherer Drehzahl gespült, beispielsweise mit 1200 U/min. Vereinzelt wird auch unter Last bei voller Drehzahl gespült. Hierbei muß bei vollem Frischdampfdruck die Dampftemperatur vorsichtig gesenkt werden. Hoher Dampfdruck wird allgemein empfohlen, damit durch großen Dampfdurchsatz das Spülen beschleunigt wird. Um unnötig langes Spülen zu vermeiden, wird während der Reinigung der Salzgehalt des Abdampfes ständig überprüft.

Turbinen, die mindestens wöchentlich einmal abgestellt werden, spülen sich oft selber durch den beim Abstellen niedergeschlagenen Dampf, so daß, falls die Turbine aufgedeckt würde, kein Salzbelag mehr festgestellt wird. Auch beim Anfahren kann eine gewisse Spülwirkung hervorgerufen werden, da hierbei in den zunächst noch kalten Rohrleitungen oder Turbinen Wasser niedergeschlagen wird.

Wesentlich ungünstiger dagegen liegen die Verhältnisse, wenn sich in der Turbine wasserunlösliche Salze abgelagert haben, wie z. B. Kieselsäure mit Ätznatron in kleinen Mengen als Bindemittel. Die Reinigung der Beschauflung könnte in diesem Falle wohl auf mechanischem Wege erfolgen — die Turbine muß hierzu aufgedeckt werden —, dieses Verfahren ist jedoch nicht zu empfehlen, da das Abkratzen des Belages für die Schaufeloberflächen nachteilig ist.

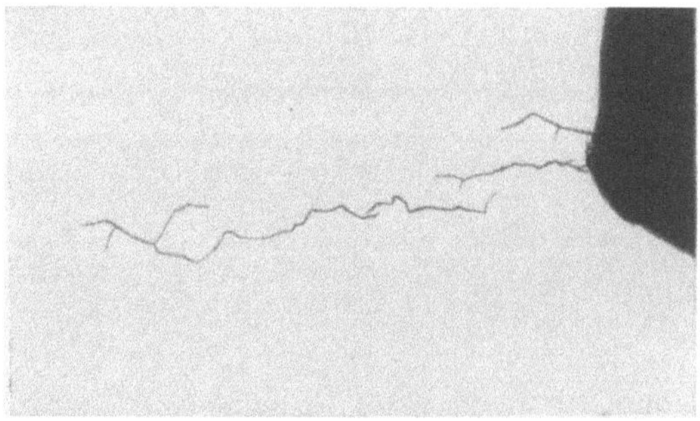

Abb. 261. Interkristalliner Spannungsriß am Nietzapfen einer Schaufel aus Cr-Ni-Mo-Stahl nach dem Spülen mit einer 20 % Natronlauge. Vergrößerung 100fach.

Besser ist es, den Belag durch Spülen mit verdünnter Natronlauge zu beseitigen. Durch die Natronlauge werden sich die kieselsäurehaltigen Krusten unter Umbildung in wasserlösliches Silikat lösen. Das Silikat kann dann durch Einfüllen von heißer Ätznatronlösung oder durch Spülen mit Sattdampf und Einspritzen von Natronlauge ausgewaschen werden. Kalte Lauge ist bei weitem nicht so wirksam wie heiße Lauge von etwa 200° C. Zu beachten ist, daß die Natronlauge möglichst auf 10 % verdünnt sein soll. Hat die Lösung einen höheren Anteil an Lauge als 10 %, so lösen sich die Krusten keineswegs rascher, dafür besteht aber die Gefahr von Baustoffbeschädigungen. Als dies noch nicht bekannt war, traten bei Verwendung von 40- bis 50proz. Natronlauge flächenhafte Anfressungen an Schaufeln, Läufern und Gehäuseteilen auf. Auch die Flanschschrauben der HD-Gehäuse wurden dabei durch austretende Lauge beschädigt. Eine weitere Gefahr besteht darin, daß in Stählen, die unter Spannung stehen, durch die Lösung mit hohem Laugenanteil interkristallin verlaufende Risse auftreten. So wurden z. B. durch eine 20proz. Natronlauge mit Zusätzen an Natriumsilikat, die wiederholt mehrere Stunden bei 210° C auf Schaufeln aus Cr-Ni-Mo-Stahl mit aufgenieteten Deckbändern einwirkte, am Übergang des Nietzapfens in die Schaufel interkristalline Spannungsrisse beobachtet, Abb. 261. Es handelt sich hier um eine Erscheinung, die im Kesselbau als *Laugensprödigkeit* seit langem bekannt ist. Die Anfälligkeit der Stähle zu dieser ist je nach Legierung und Schmelzungsart verschieden.

Bei Vorschaltturbinen wird die Lauge in die Frischdampfleitung eingespritzt, wobei wegen der Gefahr des Abschreckens für den Läufer auch hier sehr vorsichtig vorgegangen werden muß. Die Drehzahl soll hierfür in gleicher Weise abgesenkt werden.

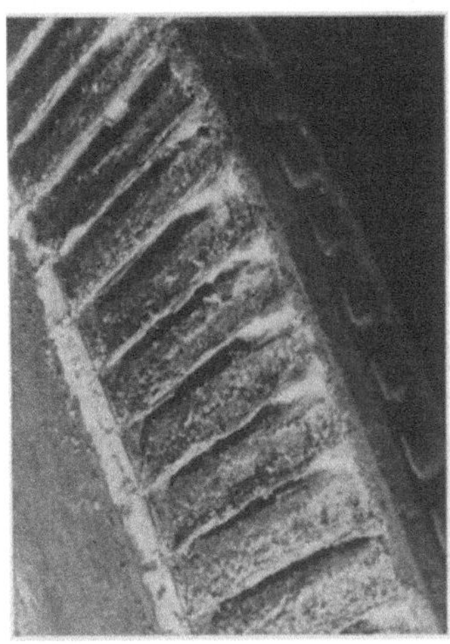

Abb. 262.   Abb. 263.

Abb. 262. Infolge unreinen Kesselspeisewassers verschlammte Laufschaufelreihe einer 2000 kW-Turbine.
Abb. 263. Durch unreinen und säurehaltigen Dampf verrottete Stahlschaufeln einer 3000 kW-Turbine.

Einige Werke, die Gegendruckturbinen betreiben, sind dazu übergegangen, die Turbine im Stillstand durch Natronlauge zu spülen. Die Turbine wird hierbei von der Gegendruckleitung aus mit Lauge aufgefüllt und in kurzen Zeitabständen mit der Drehvorrichtung um etwa $^1/_4$ Umdrehung gedreht. Das Spülen ist beendet, wenn die laufend untersuchte abfließende Lauge praktisch keinen Anteil an Silikaten mehr enthält.

Abb. 264. Vollständig verschlammte Leitschaufelreihen einer Dampfturbine.

Die Verkieselung der Turbine stellt eine erhebliche Behinderung im Betriebe dar. Es ist indessen inzwischen von der Dampferzeugerseite her gelungen, die Verkieselung weitgehend auszuschalten, zum Teil sogar ganz zu beseitigen. Außerdem sind durch neue Aufbereitungsverfahren die Anteile von Kieselsäure im Speisewasser auf ein Mindestmaß beschränkt worden.

Als Beispiele für die Erscheinungsformen und Begleiterscheinungen der bisher behandelten Ablagerungen sollen anschließend noch einige Fälle besprochen werden.

Eine kleinere Turbine war rund 5 Jahre in Betrieb. Beim Aufdecken erwies sie sich als vollkommen verschlammt, die Beschauflung war mit einer dicken Sodaschicht bedeckt. In der dritten, vierten und fünften Stufe war die Verschlammung am stärksten und erreichte eine Dicke bis zu 40 mm, so daß die Zwischenräume zwischen einigen Schaufeln vollkommen zugesetzt waren, Abb. 262. Der Grund für die Verschlammung war ein ganz unzureichend enthärtetes Speisewasser.

In einer anderen Turbine waren sämtliche Schaufeln, besonders aber die der letzten Stufe, stark verrottet und mit einer dicken körnigen Schicht bedeckt. Unter den Deckbändern fand sich eine beträchtliche Schlammschicht, Abb. 263. Der Grund hierfür war, daß die Turbine mit unreinem und säurehaltigem Dampf betrieben wurde. Sie war ohne Reinigung $3^1/_2$ Jahre in Betrieb gewesen.

Ein besonders bemerkenswerter Fall ereignete

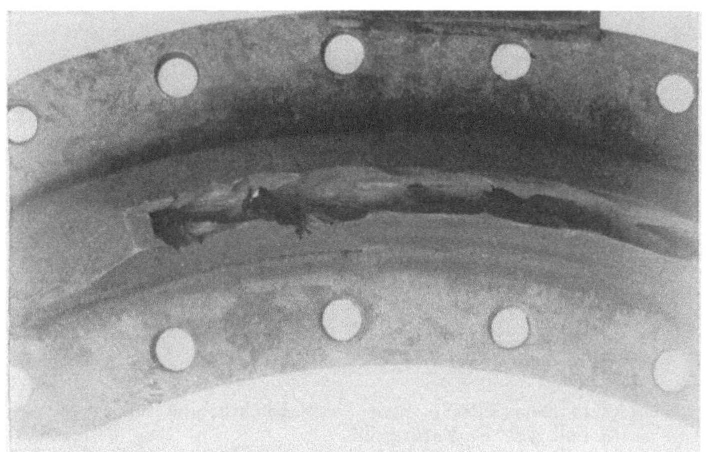

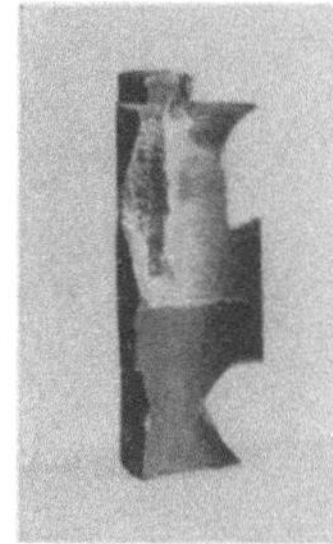

Abb. 266. Durch unreinen Dampf ausgeblasene Stahlschaufel aus der ersten Stufe einer Dampfturbine.

Abb. 265. Durch unreinen und mit Fremdkörpern durchsetzten Dampf ausgeblasene Frischdampfdüsen einer Dampfturbine.

sich an einer Turbine, die mit Sattdampf mäßigen Druckes betrieben wurde. Erst 11 Jahre (!) nach ihrer Inbetriebsetzung wurde sie zum ersten Male aufgedeckt und ergab einen Befund, der durch Abb. 264 wiedergegeben wird. Diese zeigt zwar nur stillstehende Leitschaufeln, doch lassen auch diese Rückschlüsse auf die Läuferbeschauflung zu: die Stahlschaufeln des ersten Kranzes waren ausgebrochen, die Bronzeschaufeln der folgenden zersetzt. Sämtliche Schaufelwege waren mit einem schwarzen, erdigen Schlamm fast vollkommen zugesetzt. Infolge des unreinen Dampfes sind auch die Düsen vollständig ausgeblasen, so daß ihre ursprüngliche Form kaum noch zu erkennen ist, Abb. 265. Ursache ist auch hier ganz eindeutig das unbrauchbare Kesselspeisewasser. Es ist unverständlich, daß hier nicht schon früher eine Innenbesichtigung der Turbine vorgenommen worden ist.

Welche verheerende Wirkung unreiner Schlamm oder sogar feste Bestandteile mit sich führender Dampf auf die Läuferbeschauflung ausüben kann, sei noch an einem weiteren Beispiel erläutert. Die Düsen einer Turbine waren ähnlich wie im letzten Beispiel gänzlich verschlammt und ausgeblasen. Alle mit dem Dampf in Berührung kommenden Teile waren stark verschlammt. Die allgemeine Verschlammung be-

Abb. 267. Mit Soda und Ätznatron belegte Schaufeln des HD-Teiles einer großen Kondensationsturbine.

wirkte sowohl einen geringeren Dampfdurchlaß als auch eine Veränderung der Austrittsrichtung des Dampfes aus den Düsen, so daß dieser zum Teil fast axial auf die Laufschaufeln auftraf. Dort verursachte er durch die mitgeführten Schlammteilchen außerordentlich verstärkte Auswaschungen. Die Eintrittskanten der Schaufeln der ersten Stufe waren fast 10 mm tief ausgeblasen, und zwar auf halber Schaufelhöhe am stärksten, Abb. 266. Kurze Zeit später hätten diese Schaufeln brechen müssen.

Abb. 267 zeigt den Schaufelbelag in einer Turbine großer Leistung (65 ata, 500° C), der bereits nach kurzer Betriebzeit aufgetreten war, da deren Kessel mit ätznatronhaltigem Kondensat gespeist wurden und häufiger schäumten. Die wasserlöslichen Be-

Abb. 268. Durch Verkieselung stark zugesetzte Schaufelreihe einer Gegendruckturbine für Frischdampf von 54ata und 400° C. Naturgröße.

läge, von denen erst mehrere Tage nach dem Öffnen der Turbine Proben entnommen wurden, enthielten 83 % Soda und 6 % Ätznatron.

Abb. 268 gibt eine durch Verkieselung stark zugesetzte Schaufelreihe einer Gegendruckturbine wieder, die mit 54 ata und 400° C betrieben wurde. Die Temperatur betrug an den stark zugesetzten Schaufelreihen etwa 200° C. Die Krusten enthielten über 90 % Kieselsäure. Der Belag war zur Zeit der Aufnahme bei einigen Schaufeln und auf einem Teil des Deckbandes bereits abgeplatzt; der schichtenartige Aufbau kann an der Hell- und Dunkelfärbung der Bruchflächen erkannt werden, wie auch aus der vergrößerten Teilaufnahme, Abb. 269 hervorgeht. Die

Abb. 269. Vergrößerte Wiedergabe der Verkieselung nach Abb. 268. Vergrößerung 2,5fach.

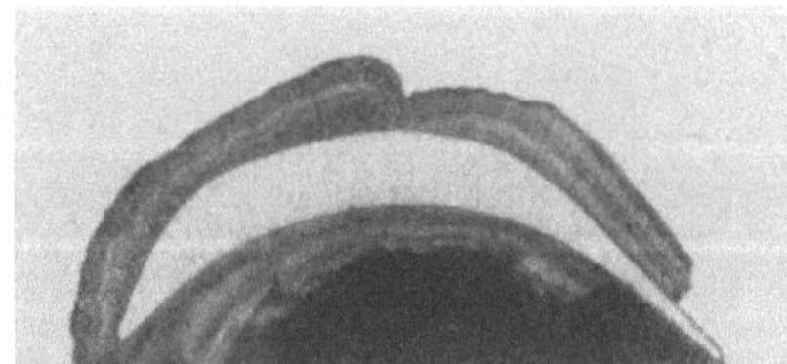

Abb. 270. Schnitt einer Schaufel mit Verkieselung nach Abb. 268. Vergrößerung 2fach.

Krusten sind durch eingelagerte Eisenoxyde hell- bis dunkelbraun gefärbt. Abb. 270 gibt eine Aufsicht auf eine durchgeschnittene Schaufel, um ein Bild der Auftragstärke zu vermitteln. Am Austrittschenkel sind die Krusten abgeplatzt.

Eine Verkrustung größeren Ausmaßes führt unter Umständen auch zu schwereren Schäden und längerem Stillstand. So trat ein größerer Schaden bei einer kleineren Gegendruckturbine für einen Frischdampfzustand von 118 ata und 400° C ein. Abb. 271 zeigt die Verkrustung einer Laufschaufel, deren Stufentemperatur im Betriebe allgemein rund 270° C betrug. Der Belag enthielt 97 % Kieselsäure. Abb. 272 stellt eine vergrößerte Teilaufnahme der Schaufel dar und zeigt nach dem Abplatzen eines Teiles des Belages deutlich den schichtenartigen Aufbau der Verkrustung. Es geht daraus hervor, daß die Ablagerungen während einer längeren Betriebzeit entstanden sind. Auch die Zwischendeckel sind stark verkrustet. Abb. 273 zeigt den letzten Zwischendeckel mit seinem starken Belage. Der Dampfdurchtrittsquerschnitt war infolge der Verschmutzung derart verengt, daß sich der Druck in der Turbine stark anstaute und beim letzten Deckel ein Mehrfaches des normalen Druckes betrug. Obwohl der Deckel sehr kräftig ausgebildet war, bog er sich durch und kam trotz des vorgesehenen reichlichen axialen Spieles mit der folgenden Laufscheibe in Berührung. Die Schleifspuren sind deutlich auf dem Bilde des Deckels zu erkennen. Eine Wiederholung dieses verhältnismäßig umfangreichen Schadens konnte durch häufigeres und gründliches Spülen der Turbine mit Natronlauge vermieden werden. Die Speisewasserverhältnisse waren in diesem Falle besonders schlecht; für Abhilfe wurde später gesorgt.

Es ist selbstverständlich, daß in solchem Ausmaß auftretende Verschmutzung nicht nur einen Rückgang der Leistungsfähigkeit, sondern unter Umständen auch vorzeitiges Stillsetzen, häufiges Überholen u. dgl. zur Folge haben muß. Eine derartige Verschmutzung kann andererseits auch eine unzulässige Belastung des Drucklagers bewirken. Wenn auch eindeutige Anzeichen für ungeeignetes Kesselspeisewasser in neuzeitlichen Kraftwerken, besonders Großkraftwerken, so gut wie

Abb. 271. Durch Kieselsäure stark belegte Schaufel einer kleineren Gegendruckturbine. Vergrößerung 1,5fach.

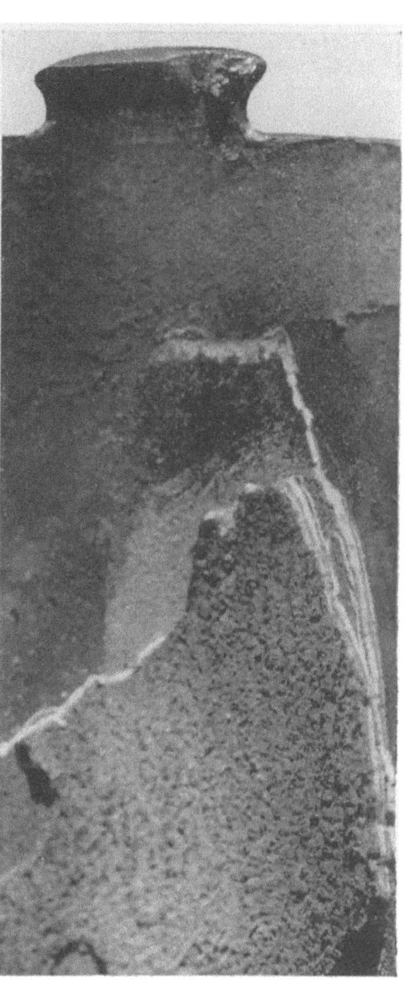

Abb. 272. Teilaufnahme der verkrusteten Schaufel nach Abb. 271. Vergrößerung 4fach.

ausgeschlossen sind bzw. sehr bald bemerkt werden und dann Abhilfe geschaffen wird, so ist man doch in alten, kleineren, oft nur als Aushilfswerke noch benutzten Anlagen auch heute noch nicht immer vor ähnlichen Überraschungen beim Aufdecken von Turbinen sicher.

Die *Schlußstücke*, mit denen die Laufschaufelreihen verschlossen werden, sind bei allen Turbinenwerken und für alle Turbinenarten gleichmäßig Gegenstand besonderer Aufmerksamkeit. Meist werden „gebaute", d. h. aus mehreren Stahlteilen bestehende Schlußstücke aus einem Weichstahl (Armco-Eisen) oder Stahl verwendet. Die Ausbildung des Schlußstückes ist je nach der Formgebung der Schaufeln, insbesondere des Schaufelfußes, verschieden.

Einige wenige Schaufelbefestigungsarten können ein Schlußstück überhaupt entbehren, das sind auf- oder eingenietete Reiterschaufeln (z. B. *GEC* und *Metro-Vick*)

oder Schaufeln mit Axialnuten (z. B. DE LAVAL und WESTINGHOUSE). Die erste dieser
Bauarten wird neuerdings auch bei hohen Beanspruchungen vorgesehen, die Verwendung
von vielen hunderten Nieten im Inneren einer Turbine ist allerdings unerwünscht; die
zweite ist, da sie Einzelherstellung der Nuten je Schaufel und Einzeleinpassen der Schaufeln
in diese erfordert, weniger einfach und damit auch teurer als die Befestigung in Ringnuten,
ohne grundsätzlich größere Sicherheit zu versprechen.

Bei Verwendung eines Schlußstückes in der Ringnut ist unter Umständen eine Abweichung von der Schaufelteilung an dieser Stelle nicht zu vermeiden. Damit verbunden, kann die in Drehrichtung auf das Schlußstück folgende Schaufel stärkerer Auswaschung — da auf sie ein größerer Wasseranteil entfällt als bei üblicher Teilung — ausgesetzt sein.

Für die *Deckbänder* ist im Gebiet kurzer Schaufeln und kleiner Umfangsgeschwindigkeiten früher häufig einfacher Stahl verwendet worden. Wo schlechte Dampfverhältnisse herrschten oder die stillstehende Turbine vor Sickerdampf nicht genügend geschützt war, wurden die Deckbänder aber manchmal stark zersetzt, Abb. 274. Die Deckbänder waren nur 3 Jahre in Betrieb. Aus diesen Gründen werden heute vielfach die Deckbänder aus nichtrostenden Stählen hergestellt, auch dort, wo Dampfzustand und Beanspruchungen es nicht erfordern.

Abb. 273. Stark verkrusteter letzter Zwischendeckel einer kleineren Gegendruckturbine.

Bei dem Deckband mit seinen vielfachen Durchbrechungen liegt Kerbgefahr nahe,
wenn die Nietzapfenlöcher nicht genügend ausgerundet oder abgefast werden. Wo
runde Zapfen ausführbar sind, werden sie mit Rücksicht auf die Möglichkeit, die Deckbandlöcher fertig zu bohren und auszusenken, vorgezogen. Deckbandbrüche und -risse
sind daher bei neueren Turbinen selten. Starke Wasserschläge können allerdings zu
einem Abreißen oder teilweisen Aufbiegen der Deckbänder führen. Auch bei Temperaturerhöhungen, die durch Störungen am Überhitzer auftreten können, besteht die
Möglichkeit, daß die Deckbänder abfliegen, wenn die Festigkeit des Deckbandbaustoffes bei den erhöhten Temperaturen nicht mehr ausreicht.

Bei Stufentemperaturen über etwa 450° C wird als Baustoff warmfester Stahl verwendet. Deckbänder aus nichtrostendem 13 bis 14% Cr-Stahl können ebenso wie Schaufeln durch Chloride lochartig angefressen und bei der geringen Stärke von 2 bis 3 mm dann erheblich geschwächt werden. Als Beispiel ist in Abb. 275 ein Querschliff durch ein von Chloriden zerstörtes Deckband aus 13 bis 14% Cr-Stahl wiedergegeben. Es ist daraus die bereits sehr weit vorgeschrittene Zerstörung des Deckbandes zu erkennen, die nach kurzer Zeit völlig zum Bruch geführt hätte.

Als weitere Ursache für Schäden an Deckbändern kommen Nietzapfenbrüche in Frage, die als reine Dauerbrüche der Zapfen (bei richtiger Bemessung und Ausführung selten), als Brüche der Zapfen infolge Spannungskorrosion, wie auf S. 277/278 bereits erwähnt, oder durch ein Zusammenwirken von Spannungskorrosion und Schwingungen auftreten. Vereinzelt werden auch Schwingungsbrüche an den Deckbändern selbst beobachtet, z. B. wenn durch sehr hohe Dampfgeschwindigkeit (Maschine fährt lange Zeit mit niedriger Last) die Deckbänder wie die Zunge einer Pfeife zu Schwingungen angeregt werden. Derartige Schäden lassen sich meist durch eine Verstärkung, also ein Verlegen der Schwingungzahl der Deckbänder, beheben.

Ist eine Neubeschauflung im Kraftwerk erforderlich, so ist damit auch wegen der Deckbänder und ihrer Vernietung unbedingt eine mit derartigen Arbeiten vertraute Kraft, am besten ein Richtmeister des Lieferwerkes, zu beauftragen.

*Bindedraht*schäden können, wenn Baustoffe, Bemessung, Befestigung und Betriebsverhältnisse nicht ausgesprochen mangelhaft sind, nur durch Schwingungen verursacht sein, und zwar meist erzwungen,

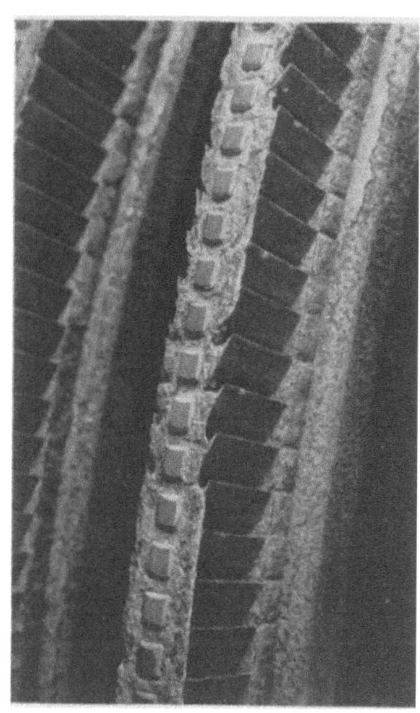

Abb. 274. Durch Sickerdampf verrottete Deckbänder aus Stahl. Betriebzeit 3 Jahre.

also durch Schwingungen der Schaufeln oder ihrer Träger hervorgerufen. Bindedrahtbrüche verändern die Eigenschwingungzahl der Schaufelgruppen oder der einzelnen Schaufeln und können dadurch zu Schwingungsbrüchen der Schaufeln selbst Anlaß geben. Schwingungsbrüche von Bindedrähten können begünstigt werden durch Aus-

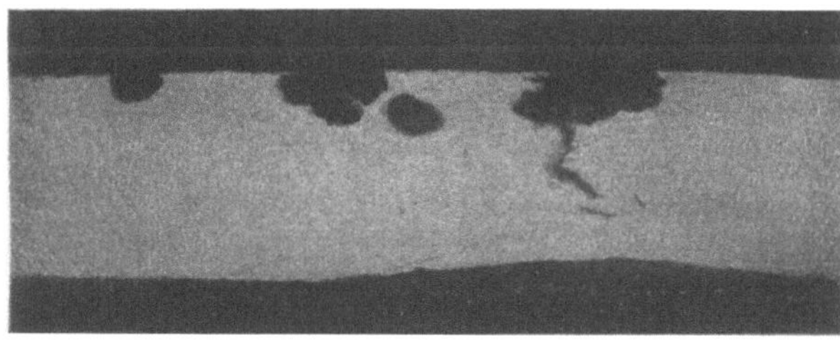

Abb. 275.

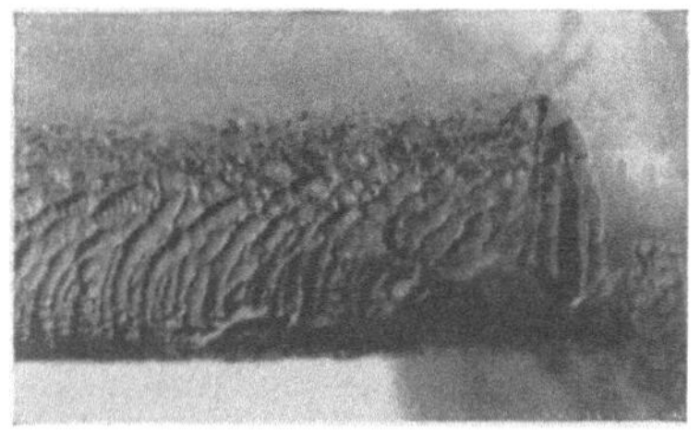

Abb. 275.

Abb. 275. Durch Chloride lochartig angefressenes Deckband aus nichtrostendem Stahl. Vergrößerung 10fach.
Abb. 276. Durch im Dampf enthaltenes Wasser ausgewaschener Bindedraht aus 5% Ni-Stahl. Vergrößerung 3fach.

waschung und dadurch bewirkte Schwächung ihres Querschnittes. Abb. 276 zeigt einen durch Naßdampf ausgewaschenen Draht. Abb. 277 zeigt einen Längsschliff durch einen Bindedraht mit kerbartigen Auswaschungen an der Stelle, an der der Lötwulst ansetzte, der den Draht mit der Schaufel verband. Dauerbrüche an Bindedrähten können ferner begünstigt werden durch riefige Oberflächen oder durch Oxyde, die beim Ziehen der Drähte eingepreßt wurden, schließlich auch durch Auflockerung der Korngrenzen durch

Flußmittel und Lot bei zu langem oder zu heißem Löten. Abb. 278 zeigt einen Längsschliff durch einen Draht, auf den Flußmittel und Lot zu lange Zeit einwirkten.

Gegenüber den Schäden an der Beschauflung treten solche an *Läufern* oder deren Einzelteilen nur in sehr geringem Maße auf. Insbesondere gehören Brüche an Radscheiben, Trommelkörpern und Wellen zu den Seltenheiten.

Abb. 277. Kerbartige Auswaschung eines Bindedrahtes an der Stelle der Lötwulst. Vergrößerung 3fach.

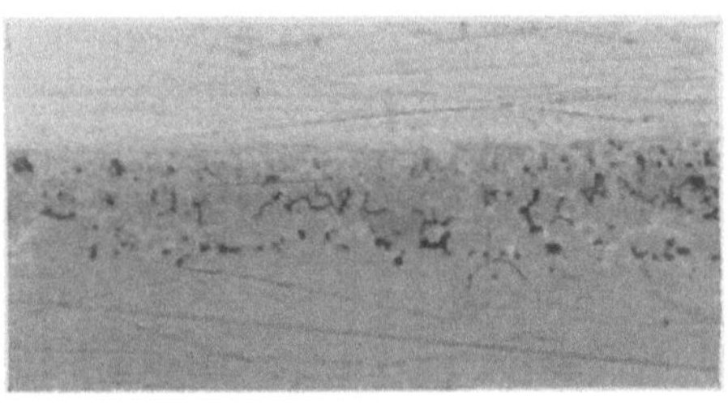

Abb. 278. Durch zu heißes Löten aufgelockerte Korngrenzen eines Bindedrahtes. Längsschliff. Vergrößerung 300fach.

In einigen Fällen ist man auf Dauerbruchanrisse am Umfang von *Radscheiben* durch an den Schaufeln aufgetretene Dauerbrüche aufmerksam geworden. So brachen in einer Turbine mittlerer Größe nach 14jähriger Betriebzeit vier nebeneinander liegende Schaufeln im Fuß ab. Wie an den Rastlinien der Bruchfläche zu erkennen war, gingen die Dauerbrüche alle von einer Seite aus und hatten den Fußquerschnitt in axialer Richtung durchtrennt. Die Ursachen dieser axialen Pendelschwingungen der Schaufeln konnte nur in einem Nachgeben ihrer Einspannung zu suchen sein. Es war im Radkopf, ausgehend von einer Ecke der Nut, ein etwa 120 mm langer Dauerbruch-

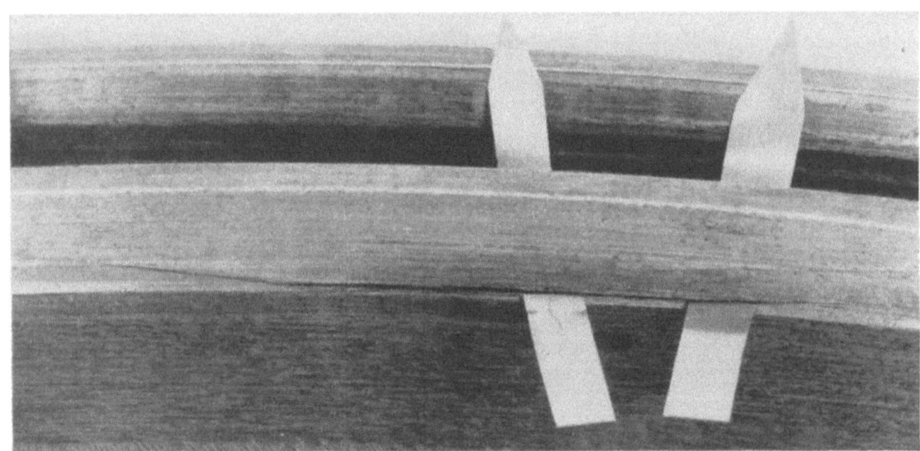

Abb. 279. Dauerbruch eines Radkopfes nach 14jährigem Betriebe. Naturgröße.

anriß entstanden, der bis zu den Außenflächen des Radkopfes vorgedrungen war. Abb. 279 zeigt die betreffende Stelle des entschaufelten Rades. Um den Riß besser sichtbar zu machen, wurden 0,1 mm starke Blechstreifen hindurchgesteckt.

Einige Hersteller von Scheibenturbinen hatten in früherer Zeit, ehe die Gesetze der Scheibenschwingungen bis in alle Einzelheiten erforscht waren, in einigen Fällen in großen Turbinen mit 1500 oder 1800 U/min mit Schwingungsbrüchen zu kämpfen. Meist wurden die beginnenden Schwingungseinrisse rechtzeitig bei Überholungsarbeiten entdeckt, so daß der Bruch der Radscheibe und seine Folgen verhindert werden konnten. Die Schwingungsbruchflächen sind auch hier deutlich an dem Muschelgefüge des Anrisses zu erkennen, Abb. 280. Würde dagegen eine Radscheibe infolge zu hoher Drehzahl zerstört werden, so würde die Bruchfläche stets den unregelmäßigen Verlauf des Gewaltbruches zeigen.

Scheibenschwingungen an den Scheiben von Einstückläufern sind so gut wie ausgeschlossen, da derartige Einstückläufer allgemein so geformt sind, daß die Scheiben eigentlich nur Ringansätze geringer radialer Breite sind.

Scheibenschwingungen haben in der Regel die Dampfströmung selbst als Erreger. Durch eine Änderung der Strömungsverhältnisse oder der Eigenschwingungzahl der Scheiben kann somit auch die Schwingungsgefahr beseitigt werden. Es gibt aber auch Fälle, wo Schwingungen in Radscheiben durch Nachbarmaschinen des gleichen Kraftwerkes erregt wurden. Auch auf solche Möglichkeiten muß bei auftretenden Schwingungserscheinungen geachtet werden.

Bei nicht sachgemäßem Anfahren, bei plötzlichem Abschrecken durch Wasserschlag, durch unvorsichtiges Spülen oder bei Versagen des Drucklagers kann ein Turbinenläufer axial an den feststehenden Einbauteilen zum Anlaufen kommen, wodurch auch schwere· Schäden auftreten können. Die dabei entstehende Erwärmung tritt am

Läufer im allgemeinen — zum Unterschied von Scheibenschwingungen — auf dem vollen Umfang gleichmäßig auf, so daß dadurch wohl ein vorübergehendes, seitliches Ausschwingen, aber keine Verkrümmung des Läufers hervorgerufen werden kann. Daher ist die Ursache eines derartigen Schadens nach dem Aufdecken der Turbine und der Untersuchung des Läufers leicht und eindeutig zu erkennen; denn ein radiales Anstreifen in den Stopfbuchsen, das so stark ist, daß deswegen eine

Abb. 280. Schwingungsanriß als Ausgangspunkt für den Bruch einer Radscheibe.

Betriebstörung eintritt, bedingt einseitige Erwärmung und damit eine mehr oder weniger starke, jedenfalls meßbare Verkrümmung des Läufers.

Über einen eigenartigen Fall berichtet KEARTON[104]. Danach hatte ein Zwischendeckel einer großen Turbine infolge Anstreifens am nächsten Laufrad sich derart mit diesem verschweißt, daß er im Gehäuse in immer schnellere Drehung geriet und schließlich, als die Schweißverbindung den auftretenden Fliehkräften nicht mehr standhielt, abgeschleudert wurde. Dadurch zertrümmerten die Deckelhälften das Turbinengehäuse und führten so eine vollständige Zerstörung der ganzen Turbine herbei. Dieser Fall ist jedoch ganz außergewöhnlich, erstens weil derartig starke Durchbiegungen von Zwischendeckeln nur unter vollkommen unvorhergesehenen Betriebsverhältnissen vorkommen können, zweitens aber auch deswegen, weil hier die Befestigung des Zwischendeckels im Gehäuse wohl von vornherein nicht einwandfrei war oder durch ein unglückliches Zusammentreffen gleichzeitig versagt haben muß.

In einem anderen Falle, der sich vor mehreren Jahren ereignete, sind die Leitschaufeln eines gußeisernen Zwischendeckels einer aus dem Jahr 1910 stammenden kleineren Turbine brüchig geworden. Die ausgebrochenen Teile sind in die Laufbeschauflung geraten und haben dort starke Zerstörungen hervorgerufen. Die unruhig laufende Welle griff die im Lauf der Zeit etwas gewachsenen gußeisernen Zwischendeckel an der Bohrung an und nahm sie nach Abscheren der Haltestifte mit. Die Deckel gerieten nach und nach in immer raschere Umdrehung, bis sie schließlich zerplatzten und das gußeiserne Gehäuse der Maschine durchschlugen.

---

[104] KEARTON, W. J.: Steam Turbine Operation, S. 203/205. London: Sir Isaac Pitman & Sons, Ltd. 1931.

Für *Trommel*läufer gelten sinngemäß die gleichen Angaben. Die eigentlichen Trommelkörper sind allgemein so starr ausgebildet, daß Schwingungen an ihnen nicht auftreten werden; lediglich die meist beiderseits an die Trommeln anschließenden Wellenstummel können der Gefahr eines Schwingungsbruches ausgesetzt sein. Dagegen ist bei den Trommelläufern ganz allgemein die Gefahr der Verkrümmung durch örtliche Erwärmung größer, da einerseits wegen des Überdruckverfahrens die Spiele zwischen den stillstehenden und den umlaufenden Teilen an sich kleiner sein müssen, andererseits diese

Abb. 281. Haarrisse in einer Welle einer 2000 kW-Turbine. 0,7 Naturgröße.

kleinen Spiele auf wesentlich größerem Umfang, also bei wesentlich größerer Umfangsgeschwindigkeit einzuhalten sind als in Gleichdruckräderturbinen. Auch benötigen die größeren Massen von Trommelläufern längere Zeit für gleichmäßige Durchwärmung.

Gelegentlich kommt es vor, daß Wellen, Läufer oder Trommeln sich verziehen und dadurch Anlaß zur Unruhe einer Turbine geben. Verkrümmung der Wellen infolge Restspannungen sind bei der beim Bau der Turbinen heute allgemein obwaltenden Sorgfalt gerade derartigen Fragen gegenüber so gut wie ausgeschlossen. Die Wellen werden im Stahlwerk entsprechend hoch und lange angelassen, wobei das Schmiedestück ebenso wie bei der Vergütung zweckmäßig in Vertikal-Schachtöfen frei hängend behandelt wird. Wird im Turbinenwerk darüber hinaus noch eine Überprüfung auf Restspannungen (Warmrundlaufprobe, vgl. S. 41/42) durchgeführt, so ist gewährleistet, daß sich die Wellen auch bei hohen Temperaturen nicht verziehen. Tritt trotzdem eine Verkrümmung auf, so kann nur ein äußerer Anlaß hierfür vorliegen. Solch ein Anlaß kann einseitiges Erwärmen etwa durch in die stillstehende Turbine eindringenden Dampf sein, häufiger dagegen wird, wie bereits erwähnt, das Anstreifen von Außen- oder Innen-stopfbuchsen mit entsprechender örtlicher Erwärmung die Ursache sein. Ein dadurch hervorgerufener „Schlag" des Läufers kann — wenn er nicht allzu groß ist — durch Richten beseitigt werden, eine Maßnahme, die, von kundiger Hand ausgeführt, auch für Einstückläufer unbedenklich ist[105]. Ein gerichteter Läufer muß, genau wie ein neuer, nach dem Richten und vor seinem Einbau in die Turbine längere Zeit auf 30 bis 50° C über seiner höchsten Betriebstemperatur erwärmt werden, damit sich zuverlässig alle Richtspannungen auslösen können. Die Untersuchung einer gerichteten Welle erstreckt sich zweckmäßig auch auf etwaige Risse und Härte-stellen, die jedoch nur bei unsach-gemäßem Richten möglich sind.

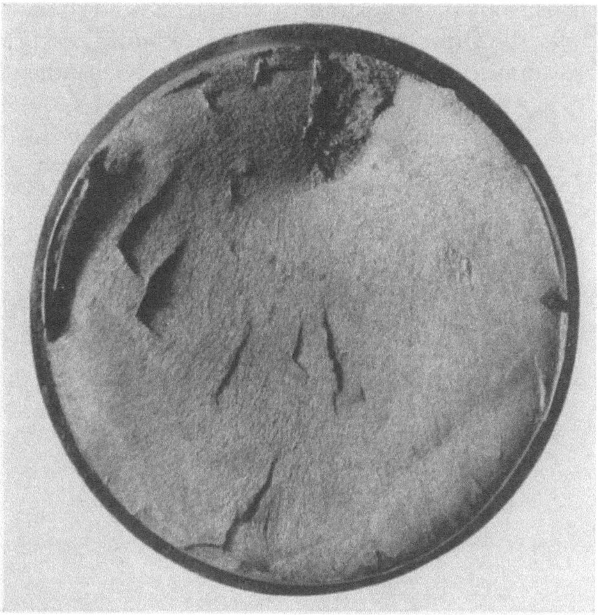

Turbinen*wellen* aller Bauarten sind, wenn bei jeder die für sie gel-tenden Gesichtspunkte in Gestal-tung, Fertigung und Betrieb berücksichtigt werden, unbedingt zuverlässig und betriebsicher.

Das setzt voraus, daß die von der Herstellung im Stahlwerk herrührenden, für umlaufende Teile besonders gefähr-lichen Risse rechtzeitig und voll-ständig erkannt werden. Wenn diese Risse auch selten zu Gewaltbrü-chen führen, so besteht doch die Möglichkeit, daß sich von rißarti-gen Fehlstellen ausgehend, Dauer-brüche entwickeln, die zu folgen-schweren Zerstörungen führen kön-nen. Es gehört deshalb zu den lau-fenden Untersuchungen des Tur-binenherstellers, die Wellen usw. während ihrer Bearbeitung auf Risse zu überprüfen. Das in dem letzten Jahrzehnt entwickelte Ma-gnetpulververfahren hat sich hier-für als besonders geeignet erwie-sen. Abb. 281 gibt einen Aus-schnitt aus einer mit Haarrissen (Flocken) behafteten Welle einer kleineren Maschine; die Risse sind auf der vorgedrehten Welle durch das Magnetpulververfahren besser

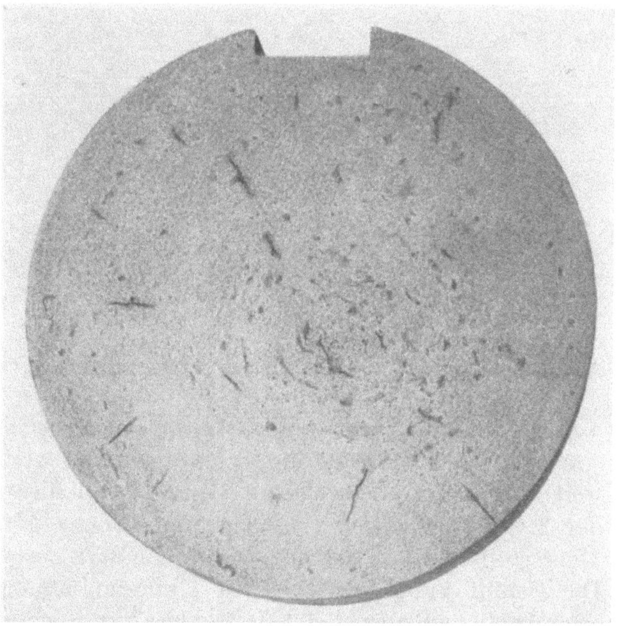

Abb. 282. Durch Haarrisse verursachter Dauerbruch des Wellenendes einer kleinen Turbine nach 10jährigem Betriebe. Naturgröße.

Abb. 283. Querschliff der mit Haarrissen durchsetzten Welle nach Abb. 282. Naturgröße.

[105] Vgl. DREIBHOLZ, R. BERTHOLD: Verkrümmung von Turbinenläufern und ihre Ursachen. Mitt. Ingenieurbüro Allianz und Stuttgarter Ver., Vers. A. 1933, Heft 1.

sichtbar gemacht worden. Eine Welle mit derartigen Fehlstellen darf selbstverständlich nicht verwendet werden.

In früheren Jahren, als man in der Feststellung von Rissen lediglich auf die Aufmerksamkeit des Drehers und in Zweifelsfällen auf Ätzung der einzelnen Wellenteile oder die Ölprobe angewiesen war, konnte es vorkommen, daß rißartige Stellen kleineren Ausmaßes nicht erkannt wurden, wie nachstehend angeführte Beispiele veranschaulichen.

An einem Läufer einer kleinen Turbine war nach einer Betriebzeit von 10 Jahren das Wellenende mit Schnecke zum Antrieb des Reglers und der Ölpumpe abgebrochen. Es handelte sich um einen Dauerbruch mit sehr kleinem Restbruch, Abb. 282. Die

Abb. 284. Dauerbruch einer Welle einer Turbine großer Leistung nach 12 jährigem Betriebe. 0,3 Naturgröße.

weitere Untersuchung ergab, daß der Dauerbruch von feinen Haarrissen ausgegangen war, die bei der Herstellung nicht bemerkt worden sind, wohl insbesondere deshalb, weil nur wenige dieser feinen Risse bis an die Oberfläche vordrangen. Die Mehrzahl der Risse lag in tieferen Teilen des Querschnittes. Abb. 283 gibt einen angeätzten Querschliff wieder, der etwa 20 mm hinter der Dauerbruchfläche entnommen wurde. Der Schliff wurde zunächst mit Kupferammoniumchlorid geätzt, um die Seigerungen zu zeigen, und anschließend längere Zeit noch mit Salzsäure zur Verbreiterung und Sichtbarmachung der äußerst feinen Haarrisse, die sonst nicht oder kaum zu erkennen gewesen wären.

In einem anderen Falle handelte es sich um den schweren ND-Läufer einer sehr großen Turbine von 1500 U/min. Die Maschine lief nach 12 Jahren einwandfreien Betriebes unruhig und sollte nachgewuchtet werden. Da das Nachwuchten keinen Erfolg brachte, wurde die Maschine aufgedeckt und gründlich untersucht. Dabei wurde nun am Übergang von der Trommel in den Wellenzapfen ein feiner Riß entdeckt, der sich bereits auf über die Hälfte des Umfanges erstreckte. Mit einem dünnen Stahlblech konnte festgestellt werden, daß der Riß auch bereits beträchtlich in die Tiefe ging. Daraufhin wurde der Läufer ausgebaut und der angebrochene Zapfen von 450 mm Durchmesser durch ein schweres Gewicht abgeschlagen. Abb. 284 zeigt oben die Bruchfläche mit dem Dauerbruch und unten die mit dem Gewaltbruch. Der Dauerbruch besitzt klar ausgebildete Rastlinien und zeigt an seinem Ausgangspunkt (im Bild oben) und auf der Fläche einige Störstellen. Die weitere Untersuchung der Bruchfläche ergab dann, daß sie mit einigen Haarrissen von etwa 5 bis 15 mm Länge und Breite durchsetzt

war, von denen jedoch nur wenige an der Oberfläche lagen. Von einem dieser Haarrisse in der Hohlkehle war nun der Dauerbruch ausgegangen. Es ist dies ein eindrucksvolles Beispiel dafür, daß auch im Verhältnis zum Querschnitt sehr kleine Risse, die hinsichtlich der statischen Festigkeit der Konstruktion kaum eine Schwächung darstellen können, Anlaß zu Dauerbrüchen geben können.

Auch an einer anderen Turbine großer Leistung wurde man auf einen Wellenschaden durch unruhigen Lauf aufmerksam. Nach 10tägigem einwandfreiem Betrieb wurde die Maschine im vorderen Turbinenlager bei voller Belastung plötzlich so unruhig, daß der

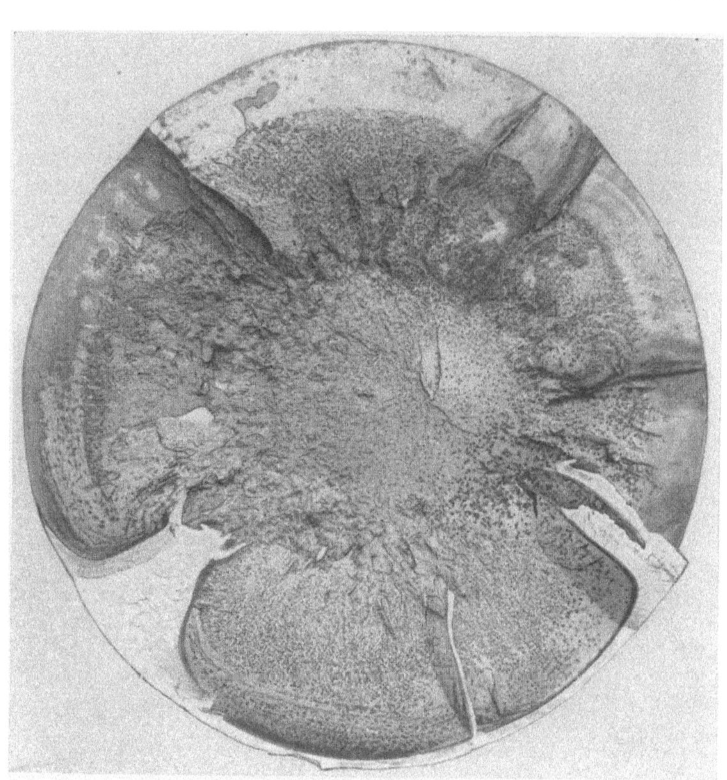

Abb. 285. Schmiedefehler in der Welle einer großen Kondensationsturbine. 0,4 Naturgröße.

Schnellschluß auslöste. Bei den Versuchen, die Maschine wieder hochzufahren, verstärkte sich die Unruhe derart, daß sie stillgesetzt und aufgedeckt werden mußte. Beschädigungen der Stopfbuchsen deuteten auf eine Verkrümmung der Welle hin. Bei der hierauf durchgeführten sorgfältigen Untersuchung des Läufers wurde in der Welle zwischen der vorderen Kammbuchse und der Mutter des ersten Rades ein Riß entdeckt. An dieser Stelle beträgt der Durchmesser der Welle 400 mm. Damit sind dann auch die Beanspruchungen sehr niedrig. Der in Umfangsrichtung verlaufende Riß ließ sich etwa über den halben Umfang verfolgen. War der Riß bei Drehung der Welle oben, so wurde er wegen des Durchhanges der Welle zugedrückt und konnte infolgedessen nur schwer erkannt werden. Lag er aber unten, so klaffte er etwas auseinander. Es konnte dann eine Fühlerlehre von 0,2 mm Stärke etwa 50 mm tief eingeführt werden.

Nach Abziehen der Räder wurde das vordere Wellenende abgeschlagen. Die Bruchflächen Abb. 285 und 286 zeigten eine mittig gelegene, leicht zerklüftete, dunkel oxydierte, nahezu kreisförmige Primärbruchfläche, welche aus einer senkrecht zur Wellenachse

stehenden Mittelfläche von etwa 160 mm Durchmesser und einer anschließend ganz
flach trichterförmig geneigten Ringfläche gleicher Färbung und gleicher Oberflächen-
struktur bestand. Diese Fläche reichte bis zu einem Durchmesser von etwa 320 mm.
Die Öffnung des Trichters liegt in der Hauptsache nach dem vorderen Wellenende zu,
zu einem kleineren Teil jedoch auch davon abgewendet, so daß der äußere Rand der
Primärbruchfläche in axial verschiedenen Ebenen liegt. Ausgehend von den verschiedenen
Stellen der äußeren Begrenzung dieser Primärbruchfläche, haben sich dann Dauerbrüche
entwickelt, die nach außen vorgedrungen sind und etwa zwei Drittel des Umfanges
des zwischen Primärbruchfläche und äußerem Umfang verbleibenden Ringquerschnittes
von etwa 35 bis 40 mm Breite bereits völlig durchtrennt hatten. Die Dauerbruchflächen

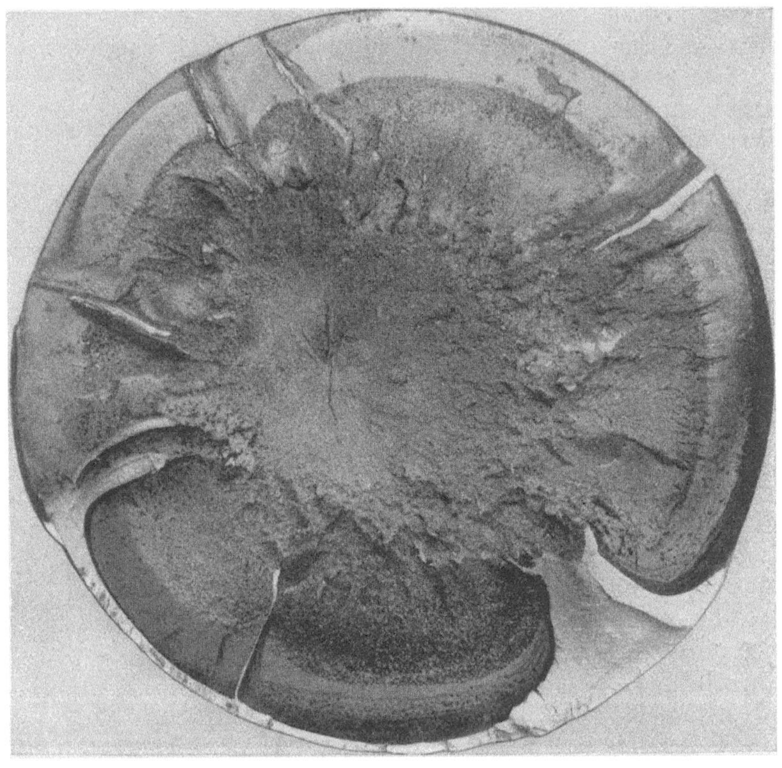

Abb. 286.
Schmiedefehler in der Welle einer großen Kondensationsturbine. Vorderes Wellenende. 0,4 Naturgröße.

sind sehr glatt, flach bogenförmig im Ansatz und Auslauf und zum Teil von Rastlinien
durchsetzt. Zwischen den einzelnen Dauerbruchflächen, die entsprechend der Rand-
begrenzung des Primärbruches in verschiedenen Ebenen liegen und die sich zum Teil
untereinandergeschoben haben, sind beim gewaltsamen Abschlagen des Wellenendes
stufenförmige Abbrüche entstanden. Die in den beiden Abbildungen hell erscheinenden
Flächen stellen die beim Abschlagen entstandenen Restbruchflächen dar. Sie betragen
nur etwa 6 % des gesamten Wellenquerschnittes.

Die Welle war aus Mn-Si-Cr-Stahl und bei der Herstellung in der üblichen Weise
einer sorgfältigen Baustoff- und Anwärmprobe unterworfen worden. Alle hierbei fest-
gestellten Werte entsprachen den gestellten Anforderungen. Nach dem Fertigdrehen
wurde die Welle auch noch nach dem Magnetpulververfahren in ihrer ganzen Länge
auf Fehlstellen geprüft, ohne daß etwas Besonderes festgestellt wurde. Es bestanden
somit keine Bedenken, diese Welle zu verwenden.

Ursache dieses Wellenrisses können nur Spannungen sein, die bei der Herstellung
des Schmiedestückes entstanden waren. Wegen der mittigen Lage der Fehlstellen

konnte der Riß durch keines der üblichen Untersuchungsverfahren festgestellt werden. Auf welche besonderen Umstände das Entstehen der offenbar sehr hohen Spannungen während des Schmiedens zurückzuführen war, konnte vom Stahlwerk nachher nicht mehr angegeben werden. Jedenfalls muß dieser ungewöhnliche Vorfall der Anlaß sein, bei der Herstellung derartiger Schmiedestücke noch größere Sorgfalt anzuwenden.

Ursache von Dauerbrüchen an umlaufenden Teilen können auch Auftragschweißungen sein. Wie die Erfahrung zeigt, sollte an umlaufenden, auf Biegung und Verdrehung beanspruchten Teilen nicht auftraggeschweißt werden, da die Wechselfestigkeit durch die mit der Schweißung im allgemeinen verbundene Härtung der der Schweiße benachbarten Zonen und die dadurch ausgelösten Gefügespannungen erheblich erniedrigt wird. Außerdem stellen Poren, Bindefehler und bisweilen auch kleine Risse, die bei Schweißen selten ganz zu vermeiden sind, Kerben dar, die leicht zum Ausgangspunkt von Dauerbrüchen werden, wie folgendes Beispiel zeigt.

Der Sitz der Spurscheibe für das Drucklager eines Turbokompressors mittlerer Leistung war durch Rost so stark angefressen, daß die Scheibe auf dem Zapfen lose geworden war. Der Zapfen wurde nachgedreht, das fehlende Metall durch elektrische Schweißung wieder aufgetragen, die Scheibe neu aufgepaßt und nachgedreht. Nach einem störungsfreien Betriebe von 9 Jahren ist die Kompressorwelle dann an die-

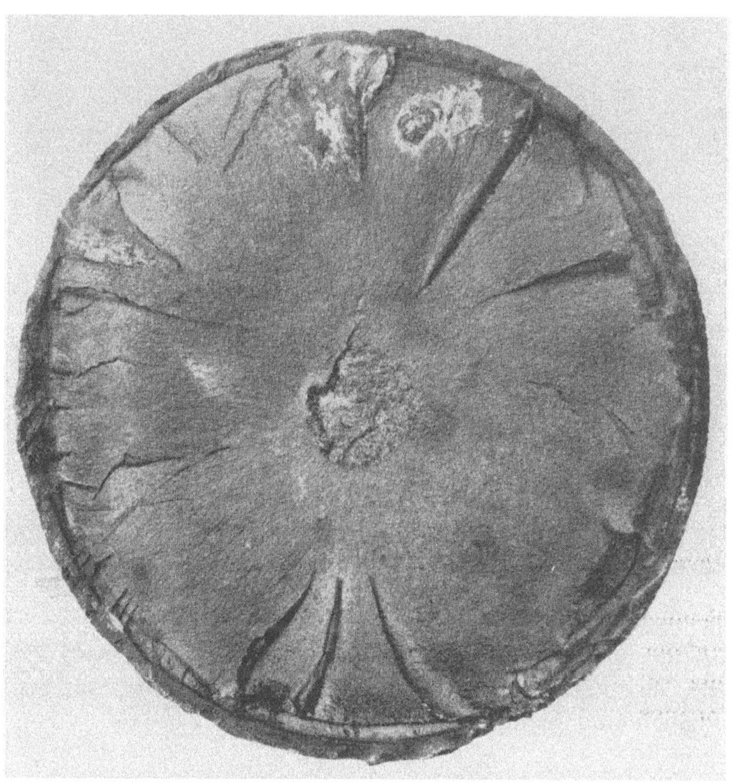

Abb. 287. Dauerbruch einer Kompressorwelle nach Auftragschweißung. Vergrößerung 1,4fach.

ser Stelle gebrochen. Abb. 287 gibt den Dauerbruch mit dem in der Mitte liegenden kleinen Restbruch wieder. Abb. 288 zeigt einen angeätzten, dicht hinter der Dauerbruchfläche entnommenen Querschliff, der die an einigen Stellen von den Poren durchsetzte Auftragschweißung und die durch die Wärmeeinwirkung verursachte Gefügeveränderung (dunkler Saum unter der Schweiße) erkennen läßt. Der Dauerbruch ist von mehreren Stellen des Umfanges von kleinen Fehlern in der Auftragschweiße ausgegangen.

Ausgangstelle von Dauerbrüchen können auch Schrumpf- und Kegelverbindungen werden, wenn sie sich im Betriebe lockern und die Bauteile geringe Bewegungen gegeneinander ausführen. Letzteres kann an den Hämmerstellen und der Bildung von Passungsrost erkannt werden. Unterstützend wirken, mitunter auch für sich allein, zusätzliche Biegemomente, z. B. durch Verlagerung der Welle, einseitiges Tragen von Spurscheiben u. a.

Beschädigungen an umlaufenden Wellen können auch durch Fremdkörper auftreten, die sich zwischen den ruhenden und den bewegten Bauteilen an den Stopfbuchsenstellen oder auch am Drucklager einklemmen. Als Fremdkörper kommen unter anderem harte Schweißperlen aus geschweißten und nicht sorgfältig von dem durch-getretenen Schweißbau-stoff befreiten Rohrlei-tungen in Frage. Abb. 289 gibt als Beispiel eine Kammbuchse mit zum Teil bereits abgeschliffe-nen Dichtungskämmen. Die Zerstörung ist durch eine Schweißperle ein-geleitet worden, die aus der Stopfbuchs-Dampf-absaugleitung stammte und sich in den gegen-überliegenden, aus Mes-sing bestehenden Dich-tungskämmen festgesetzt hatte. Abb. 290 gibt eine Spurscheibe wieder, de-ren Lauffläche nach und nach durch einen harten, zwischen den mit Weiß-metall belegten Druck-steinen eingeklemmten Fremdkörper zerstört wurde. Die dabei ent-standenen, teilweise stark erhitzten Späne wurden durch den reichlich flie-

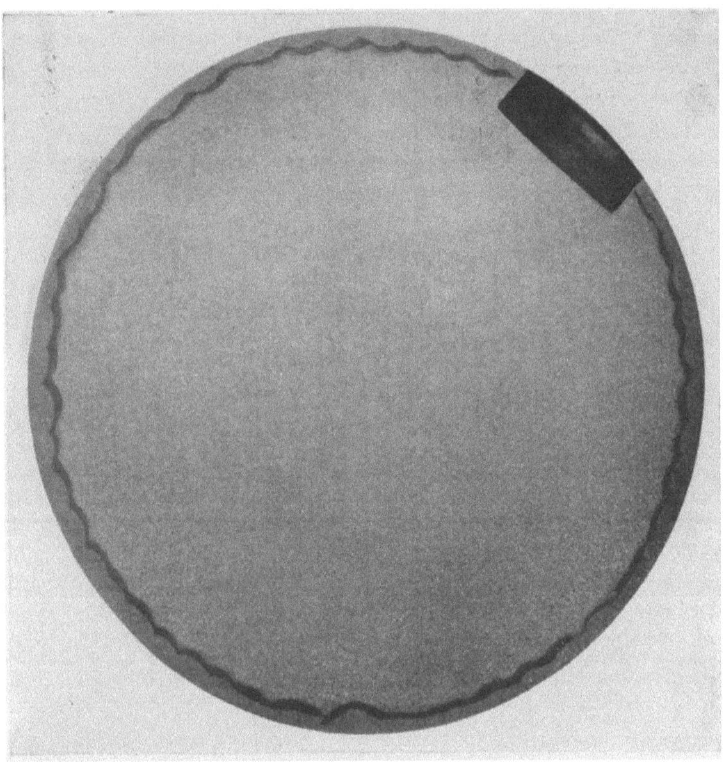

Abb. 288.
Querschliff der geschweißten Welle nach Abb. 287. Vergrößerung 1,2fach.

ßenden Ölstrom abgeschreckt, nahmen hohe Härte an und halfen ihrerseits wieder an der weiteren Verspanung der Lauffläche mit. Abb. 291 zeigt einen Ausschnitt aus der so entstandenen Füllmasse der Spurscheibe, die aus miteinander verschweißten Spänen und Schmelzperlen besteht.

Abb. 289. Durch Fremdkörper an den Stopfbuchsenkämmen zerstörte Welle. 0,5 Naturgröße.

Gewaltbrüche an Wellen und Läufern sind äußerst selten und nur im Zusammen-hang mit unzulässig hoher Drehzahl, z. B. bei einem Versagen des Schnellschlusses und der Reglung bei plötzlichem Entlasten der Maschine bekanntgeworden.

Schäden an *Stopfbuchsen* — Außen- und Innenstopfbuchsen; Labyrinth-, Kohle- und Wasserstopfbuchsen — sind an und für sich meist unerheblich in ihrem Einfluß auf den Betrieb und leicht zu beseitigen. Sie sind jedoch durch die Folgeschäden, die sie mittelbar verursachen können, mitunter der Ausgangspunkt für schwerere und lange dauernde Betriebstörungen. Als häufigster Folgeschaden ist das Verkrümmen des Turbinenläufers infolge örtlicher Erwärmung beim Anstreifen zu nennen. Ganz selten nur kommt es durch die Sperrdampfzufuhr zur ND-Stopfbuchse zu einer Verrottung oder Auswaschung der Welle, die jedoch,

Abb. 290. Durch Fremdkörper zerstörte Spurscheibe eines Drucklagers. 0,6 Naturgröße.

wenn sie auftritt, stets durch elektrische Vorgänge mit verursacht wird.

Lager werden, wenn es an ihnen zu Störungen kommt, meist durch Unregelmäßigkeiten der Ölversorgung in Mitleidenschaft gezogen.

Bei *Lauflagern* verursacht Ölmangel Abnutzung und in schwereren Fällen auch Zerstörung der Lagerlaufflächen sowie Beschädigung der Lagerschenkel der Welle. Durch Fremdkörper, die in den Ölkreislauf gelangt sind, oder durch starke Verschmutzung wird die Weißmetallschicht der Lagerschalen zerstört, so daß die Turbine schweren Schaden nehmen kann. Anfressungen durch Irrströme sind meist ohne Einfluß auf die Betriebsicherheit der Turbine, jedoch empfiehlt es sich, einmal auf diese Art angefressene Laufflächen bei der nächsten sich bietenden Gelegenheit neu auszugießen. Die Ursache der Irrströme ist selbstverständlich sofort festzustellen und zu

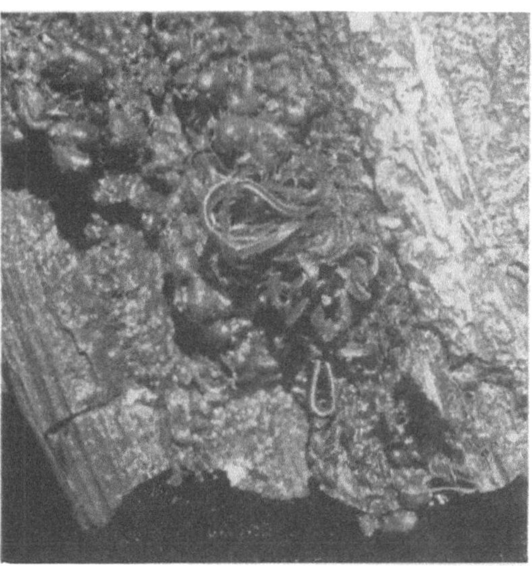

Abb. 291. Teil der Füllmasse der durch Fremdkörper zerstörten Spurscheibe nach Abb. 290. Vergrößerung 3fach.

beseitigen. Unruhiger Lauf der Maschine beansprucht die Lager ungünstig und kann auch zum Ausbrechen von Teilen der Weißmetallschicht führen, abgesehen davon, daß auch der Sitz der Lagerschalen im Lagerbock zertrommelt werden kann und dadurch die Schalen lose werden. Im allgemeinen sind jedoch bei der üblichen sorg-fältigen Herstellung, insbesondere beim Ausgießen der Weißmetallschicht, Schäden, die von den Lagerschalen selber ausgehen, so gut wie ausgeschlossen.

Drucklager weisen dieselben Schadenerscheinungen auf und sind denselben Schaden-ursachen wie die Lauflager unterworfen, nur daß sich bei ihnen wegen ihres größeren Ölbedarfes Ölmangel wesentlich ungünstiger auswirkt. Dazu kommt noch die Möglich-keit von Schäden, die durch zu großen Axialschub infolge Wasserschlages, Versalzung oder sonstiger Verschmutzung eintreten. Wenn auch Klotzlager im allgemeinen sehr hohe spezifische Belastungen vertragen, so ist doch z. B. die bei einem stärkeren Wasser-schlag auftretende plötzliche Erhöhung der Belastung so groß, daß die Weißmetallschicht der Laufflächen zerstört werden kann. Wenn darüber hinaus noch die Drucklagersteine selbst stark beschädigt oder sogar zerstört werden, so ist meist ein schwerer Schaden durch Anstreifen der umlaufenden an den feststehenden Turbinenteilen die Folge.

Störungen an starren *Kupplungen* sind so gut wie ausgeschlossen, daher ergeben solche Kupplungen im Betriebe die wenigsten Anstände. An Klauen- und Verzahnungs-kupplungen kann Abnutzung auftreten, wenn Ölmangel oder -verschmutzung vorliegt. Verschmutzungen des Ölkreislaufes können sogar einen derartigen Umfang annehmen, daß die Kupplungen in ihrer axialen Bewegungsmöglichkeit gehindert werden. Schäden treten zwar dadurch an der Kupplung selber nicht auf, es können jedoch an anderen Stellen der Turbine Anstände auftreten, die zu mehr oder weniger langen Stillständen führen. Derartige Fälle sind im Betriebe möglich, wenn infolge Fehlens einer Ölschleuder im Ölkreislauf die im Öl vorhandenen Schmutzteilchen in der Zahnkupplung ausgeschleu-dert werden und dort eine rasche Verschmutzung hervorrufen. Vereinzelt zeigen sich an den Klauen oder Zähnen einer Kupplung auch Abnutzungen elektrolytischer Art durch Wellenströme. Diese können aber durch Kurzschließen der beiden gekuppelten Wellen leicht beseitigt werden. Ohne die genannten Ursachen und ohne unzulässige Wellenverlagerungen (Fundamentsenkung) kann eine Abnutzung derartiger Kupp-lungen nicht auftreten. Auch andere als die hier genannten Schäden sind bei beweglichen Kupplungen, wenn sie mittig ausgerichtet und sorgfältig ausgewuchtet sind, nicht zu erwarten.

Schäden an Turbinen*getrieben* betreffen entweder die Verzahnung oder die Ölver-sorgung oder schließlich die Lagerung und Ausrichtung. Die *Verzahnung* kann infolge Verlagerungen der Wellen zueinander, durch Fremdkörper oder durch Ölmangel leiden. In schwereren Fällen dieser Art wird die Zahnform so verdorben, daß ein Nachfräsen der Verzahnung erforderlich wird. Beim Wiedereinbau der nachgefrästen Verzahnungs-teile muß dann meist der Achsenabstand dadurch berichtigt werden, daß die Bohrung im Weißmetallausguß der Lagerschalen um ein entsprechendes Maß aus der Mitte gesetzt wird, wobei die anschließenden Teile dann neu auszurichten sind. Solche Änderungen sind in den Werkstattzeichnungen des Lieferwerkes zu vermerken, so daß jede später etwa erforderliche Nachlieferung von Ersatzlagerschalen von vornherein mit nicht gleichmittiger Bohrung ausgeführt wird. Zu einem Zusammenbruch des ganzen Getriebes führen Schadenursachen wie die genannten niemals. Zahnbrüche werden bei richtig geformten Zähnen und den für Turbinengetriebe allgemein sehr niedrig gewählten Beanspruchungen nicht auftreten. Nur ganz vereinzelt sind Zahnteile ausgebrochen, verursacht wohl meist durch Fremdkörper oder bei älteren Getrieben auch durch Baustoffehler, die aus Mangel an geeigneten Prüfverfahren bei der Her-stellung noch nicht festgestellt werden konnten. Die Betriebsfähigkeit und -sicherheit des Getriebes wird in der Regel dadurch nicht beeinträchtigt. Eine aus einem Getriebe-zahn herausgebrochene Ecke zeigt Abb. 292. Die Bruchursache liegt in der Art der hier angewendeten Härtung. Die Einsatztiefe der Härtung ist für den verhältnismäßig kleinen Zahn zu groß. Man hatte die gute Oberflächenbeschaffenheit einer gehärteten und nachgeschliffenen Verzahnung durch erhöhte Bruchgefahr erkauft, die bei un-gehärteten Zähnen zufolge der beträchtlich höheren Formänderungsfähigkeit des Baustoffes ganz wesentlich geringer ist. Aus diesem Grunde werden von fast allen Herstellern für rasch laufende Turbinengetriebe ausschließlich nur ungehärtete Verzahnungen verwendet. Ein Härten der Zahnflanken ist bei Turbinengetrieben auch nicht erforderlich, da bekanntlich die Kraftübertragung durch die Ölschicht erfolgt und daher eine nennenswerte Abnutzung, falls das Getriebe eine ausreichende Menge genügend zähflüssigen und reinen Öles erhält, auch bei ungehärteten Zahnflanken überhaupt nicht auftreten kann.

Schäden an der Ölversorgung, der Lagerung oder der Ausrichtung haben keine kennzeichnenden Ursachen; sie werden in der Regel durch verändertes Betriebsgeräusch oder unruhigen Lauf angezeigt und können beim nächsten Betriebstillstand oder bei der nächsten planmäßigen Überholung in der an sich bekannten Weise beseitigt werden.

Obwohl das *Betriebsgeräusch* eines Turbinengetriebes im allgemeinen keinerlei Anlaß zu einer Betriebstörung ist, so soll hier auf die Geräuschfrage ganz allgemein und für Turbinengetriebe im besonderen doch näher eingegangen werden, weil über sie mitunter noch Meinungsverschiedenheiten entstehen. Mit hohen Zahngeschwindigkeiten arbeitende Getriebe können natürlich nicht vollkommen lautlos laufen. Die regelmäßig wiederkehrende, obschon ganz allmählich vor sich gehende Be- und Entlastung der Zähne, die unvermeidlichen, wenn auch noch so kleinen Herstellungsungenauigkeiten, geringe Verlagerungen und endlich die Ventilationswirkung der Zahnkränze und die im Gehäuse herumgewirbelten Ölmengen sind wohl die hauptsächlichen Quellen von kleinen Schwingungen in Umfangs- und axialer Richtung und damit von Geräuschen. Da es sich hier um sehr hohe sekundliche Erregungen handelt, sind auch die erzeugten Töne hoch; hohe, schrille Töne werden aber

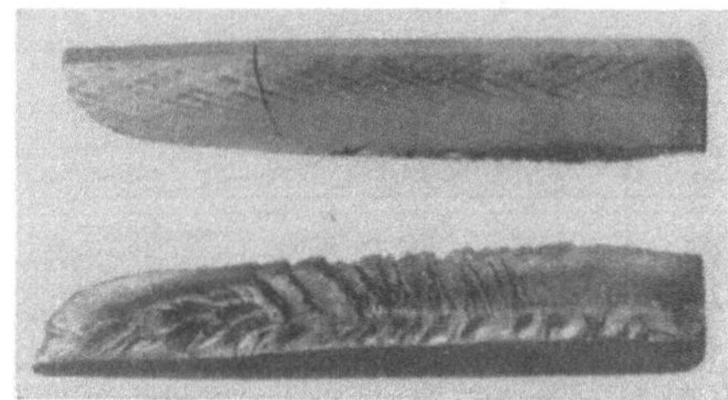

Abb. 292. Ausgebrochene Zahnecke eines Turbinengetriebes mit gehärteten Zähnen. Bruchursache waren Härterisse.

bekanntlich vom menschlichen Ohr unangenehmer empfunden als tiefe. Sinngemäß gelten die gleichen Überlegungen für alle anderen Geräusche, die im Dampfturbinenbetrieb auftreten. Das sind in erster Linie, wenn überhaupt von nennenswerten oder gar störenden Geräuschen an Dampfturbinen oder ihren Hilfsmaschinen gesprochen werden kann, Strömungsgeräusche in Dampf-, Wasser- und Kondensatleitungen oder -ventilen.

Solange objektive Geräuschmeßverfahren nicht genügend entwickelt und vor allen Dingen für den Betriebsingenieur nicht handlich genug waren, erstreckten sich die früheren Versuche in dieser Hinsicht auf rein physiologische, subjektive Hörvergleiche. Allgemein anerkannt wird folgende — vom Verfasser bereits vor Jahren gegebene — Begriffsbestimmung des Getriebegeräusches[106]:

„Der Fachmann bezeichnet ein Zahnradvorgelege dann als praktisch geräuschlos, wenn man sich unmittelbar neben dem Vorgelege mit normaler Stimme, also ohne die Stimme zu verstärken, unterhalten kann oder, falls es sich um einen Turbogenerator mit Vorgelege handelt, wenn das Geräusch des Vorgeleges nicht das Summen des Generators, das Geräusch der Schleifbürsten usw. übertönt."

Tonhöhenvergleiche zwecks Feststellung der Schwingungzahlen und damit der mutmaßlichen Ursache der Geräusche wurden schon frühzeitig herangezogen[107]. Diese Versuche konnten jedoch so lange nur Näherungswerte ergeben, als das menschliche Ohr Tonaufnehmer und Tonscheider zugleich war. Denn dabei wurden die gesamten Getriebegeräusche mit etwa durch Stimmgabeln erzeugten reinen Tönen verglichen und nach Möglichkeit in bestimmten Tonhöhen die Übereinstimmung der Tonschwingungen festgestellt. Für erste, überschlägliche Feststellung werden diese Verfahren auch gegenwärtig und wohl auch noch zukünftig verwendet werden, da sie keine kostspielige oder schwierig zu handhabende Versuchseinrichtung erfordern. Genauere und vor allen

---

[106] KRAFT, E. A.: GLASERS Ann. Bd. 105 (1929) S. 187.
[107] KRAFT, E. A.: Energieumformung durch Zahnradvorgelege. AEG-Mitt. 1924 S. 161/162.

Dingen weniger persönliche, also zuverlässigere Ergebnisse lieferten erst die neuzeitlichen physikalischen Geräuschmesser.

An dieser Stelle ist es erforderlich, mit wenigen Worten auf die bei der Auswertung einer Geräuschmessung zu verwendenden Begriffe einzugehen, wenn das folgende verständlich sein soll. Unter *Schall*stärke versteht man die Stärke eines Geräusches, der häufig auch Schalldruck genannt wird. Als Einheit dieses Schalldruckes, d. h. der Veränderung des Luftdruckes durch den Schall, wird dyn/cm² (Bar) angenommen. Mit *Laut*stärke dagegen bezeichnet man den Eindruck, den das Geräusch auf das menschliche Ohr ausübt. Während also der Schalldruck eine physikalische Größe und somit unmittelbar meßbar ist, ist die Lautstärke nur physiologisch bestimmt und nach dem FECHNERschen Gesetz ungefähr dem Logarithmus des Reizes verhältnisgleich. Das menschliche Ohr kann Töne von etwa 20 bis etwa 20000 Hz unterscheiden. Je nach der Schwingungzahl des Tones sind jedoch die Schallstärken, bei denen der Ton vom Ohr soeben wahrgenommen (Hörschwelle) und noch gerade schmerzlos ertragen werden kann (Schmerzschwelle), verschieden. In seiner größten Ausdehnung, d. i. bei ungefähr 1000 Hz, umfaßt das Ohr etwa einen Bereich zwischen $3 \cdot 10^{-4}$ und $6 \cdot 10^3$ dyn/cm², zwischen Hörschwelle und Schmerzschwelle liegt somit ein Lautstärkenbereich von etwa 0 bis 130 Phon. Abb. 293[108] zeigt den Zusammenhang von Schalldruck und Lautstärke in grundsätzlicher Form. Auf Grund dieser und späterer Untersuchungen, die zum Teil etwas abweichende Einzelwerte ergaben, sind

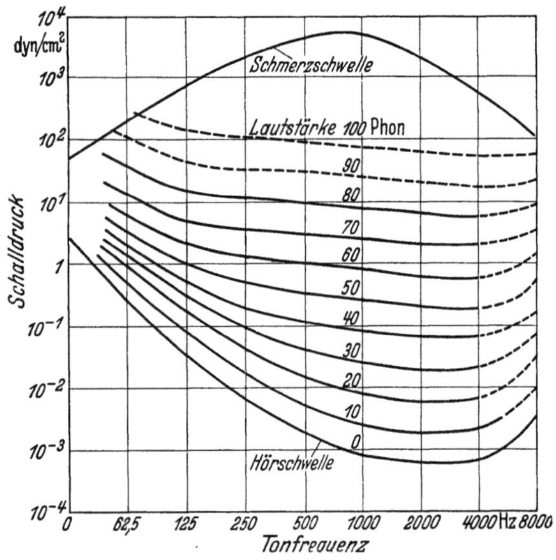

Abb. 293. Kurven gleicher Lautstärke für reine Töne. (Die gestrichelten Kurven sollen die Unsicherheit der Messung in diesen Lautstärkebereichen andeuten.)[108]

schließlich folgende Begriffe und Einheiten festgelegt worden[109]: Als Einheit der Lautstärke S gilt das Phon (englisch: decibel), bestimmt durch die Beziehung

$$S = 20 \lg_{10} \frac{P}{P_0} \ [\text{Phon}],$$

worin P der gemessene Schalldruck, P_0 der Schalldruck des gleichen Tones oder des Vergleichstones an der Hörschwelle (Schwellwert) ist. Die Gleichung ist so aufgestellt, daß für den Normschall mit der Schwingungzahl 1000 Hz, dessen Schwellwert zu ungefähr $3,3 \cdot 10^{-4}$ dyn/cm² festgestellt worden ist, der Schalldruck 1 dyn/cm² einer Lautstärke von 70 Phon entspricht.

Ein Teil der neuzeitlichen, zu guter Brauchbarkeit entwickelten Geräuschmesser bedient sich noch des menschlichen Ohres als Vergleichsgerät, sie sind also auf einem subjektiven Meßverfahren aufgebaut, der BARKHAUSENsche Geräuschmesser z. B. vergleicht die Stärke des zu messenden Geräusches mit einem veränderlichen Normschall, dargestellt durch einen Summerton. Summerton und zu messendes Geräusch treffen je auf ein Ohr.

Geräuschmesser nach dem Verdeckungsverfahren lassen Normton (Heulton) und Geräusch auf das gleiche Ohr einwirken und beobachten die durch das Geräusch bedingte Schwellwerterhöhung des Normtones. Für den gleichen Zweck der Lautstärkenbestimmung eines Geräusches gibt es auch schon brauchbare unpersönliche Meßverfahren:

---

[108] Nach Z. VDI Bd. 76 (1932) S. 146 Abb. 1.
[109] DIN E. 1318.

ihre Hauptschwierigkeit besteht darin, die Schwingungzahlkurve des Meßgerätes der Ohrempfindlichkeit anzupassen[110].

Die eben erwähnten Meßeinrichtungen geben nun zwar ein Bild von der Stärke des Gesamtgeräusches, das die beobachtete Maschine verursacht, sie gestatten jedoch nicht, wenigstens nicht ohne zusätzliche Einrichtungen, eine Zerlegung des Gesamtgeräusches in Einzeltöne, von denen aus man auf ihre Ursache schließen könnte. Für diesen Zweck ist in der Forschungsanstalt der AEG im Jahre 1935 bereits ein Gerät entwickelt worden, das im folgenden kurz beschrieben werden soll: Das Maschinengeräusch wird mit einem Mikrophon aufgenommen, dessen Strom verstärkt und dann einem Tonscheider zugeleitet wird. Dieses Gerät besteht aus 120 elektrischen Schwingungskreisen, die nacheinander eingeschaltet werden können und so abgestimmt sind, daß sie, von der Schwingungzahl 25 Hz beginnend, von Kreis zu Kreis um 5 % steigend, bis zur Schwingungzahl 9000 Hz reichen. Trifft nun der Mikrophonstrom, der entsprechend dem aufgenommenen Geräusch aus einem Gemisch von verschiedenen Schwin-

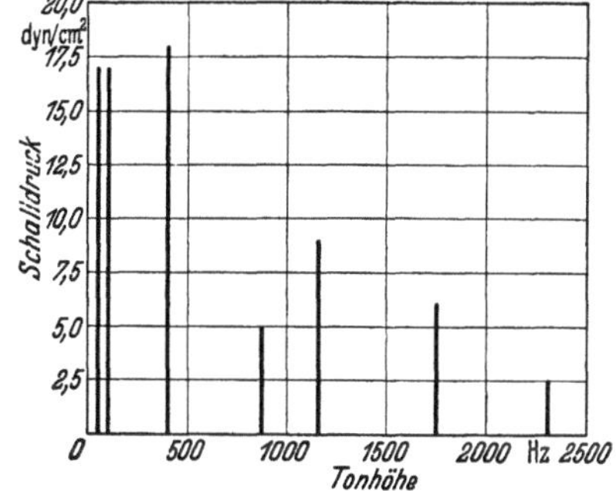

Tonhöhe in Hertz	Erregungen je s					
50,0	1	× Ritzeldrehzahl	=	1	× 3000 : 60	
100,0	2	× Ritzeldrehzahl	=	2	× 3000 : 60	
400,0	8	× Ritzeldrehzahl	=	8	× 3000 : 60	
877,5	90	× Raddrehzahl	=	90	× 585 : 60	
1150,0	0,5	× Zahneingriffzahl	=	0,5	× 50 × 46	
1755,0	180	× Raddrehzahl	=	180	× 585 : 60	
2300,0	1	× Zahneingriffzahl	=	1	× 50 × 46	

Mikrophonabstand 4 m

Abb. 294. Zerlegung und Schalldruck des Betriebsgeräusches eines AEG-Turbinengetriebes für 775 kW, 3000/585 U/min. Das Ritzel hat 46 Zähne.

gungzahlen besteht, auf den Tonscheider, so bildet der eingeschaltete Schwingungskreis für alle Schwingungzahlen einen unendlich großen Widerstand außer für diejenige, auf die er abgestimmt ist. Vom Tonscheider wird also nur der Strom der eingestellten Schwingungzahl durchgelassen. Dieser wird nun nochmals verstärkt, gleichgerichtet und zum Messen seiner Stromstärke einem Gleichstrom-Milliamperemeter zugeführt. Werden die verschiedenen Sperrkreise des Tonscheiders der Reihe nach eingeschaltet, so ergeben sich immer dann, wenn in dem zu messenden Geräusch ein Ton entsprechend dem eingeschalteten Schwingungskreis des Tonscheiders vorhanden ist, maximale Ausschläge am Milliamperemeter. Es besteht somit die Möglichkeit, mit einem derartigen Gerät ein Geräusch in seine Teiltöne zu zerlegen und gleichzeitig die Schallstärke der Einzeltöne zu bestimmen.

Abb. 294 zeigt ein in der angegebenen Weise ermitteltes Geräuschbild eines guten Getriebes. Alle Schallstärken liegen hier unter 18 dyn/cm². Drei Tonreihen sind besonders ausgeprägt. Im tieferen Tonbereich treten Töne entsprechend der Ritzeldrehzahl und ganzer Vielfacher davon auf. Diese Töne sind für die Geräuschempfindung weniger bezeichnend, da sie vom Ohr nicht allzu störend empfunden werden. Zum Teil werden sie wohl auch von der Antriebsturbine -- Turbinen- und Ritzeldrehzahl sind gleich -- hervorgerufen. Als eigentliche Getriebegeräusche sind die Töne der beiden anderen Reihen mit Schwingungzahlen über 500 Hz anzusehen. Hier sind Einzeltöne zu erkennen, deren Schwingungzahlen der sekundlichen Zahneingriffzahl oder ganzen Vielfachen oder Teilen davon entsprechen, und solche, deren Schwingungzahlen 90mal der Zweitdrehzahl oder ganzen Vielfachen davon entsprechen. Die Zahl 90, die zunächst unverständlich erscheint, deutet nun auf Ungenauigkeiten im Tischantrieb der Bearbeitungsmaschine hin. Das Rad wurde nämlich auf einer Fräsmaschine geschnitten, deren Tischantrieb aus einer zweigängigen Schnecke und einem Schneckenrad mit

---

180 Zähnen besteht, so daß ein Fehler des Antriebes sich 90 mal auf dem Umfang des gefrästen Rades ausprägen konnte. Aus diesen Untersuchungen wurde von den Getriebeherstellern erkannt, daß die Zähnezahl des Tischantriebes einer Fräsmaschine so groß wie möglich sein soll. Außerdem soll die Zähnezahl des Tisches ungerade sein. Gewisse Ungenauigkeiten im Tischantrieb sind unvermeidbar, so daß der zu fräsende Zahnkranz stets entsprechende Teilfehler aufweisen wird. Man wird infolgedessen anstreben müssen, die durch die unvermeidbaren Fehler entstehenden Töne so hoch wie möglich zu legen, um aus dem für das Ohr besonders unangenehmen Hörbereich herauszukommen. Dieser Hörbereich dürfte sich etwa von 500 bis 2000 Hz erstrecken. Wird beispielsweise die Zähnezahl des Tischantriebes mit 255 ausgeführt und eine eingängige Schnecke verwendet, so wird der vom Tischantrieb der Fräsmaschine sich ergebende Getriebeton um 255/90 höher liegen als in dem zuvor besprochenen Beispiel. Der Ton fällt somit dann aus dem fraglichen Hörbereich heraus. Gleichzeitig wird aber auch noch mit der Erhöhung der Zähnezahl des Tischantriebes erreicht, daß die Teilgenauigkeit größer wird und damit auch die Teilfehler des fertigen Rades entsprechend kleiner werden, was wiederum zu einer Verbesserung des Laufes beiträgt.

Zwei Geräusche von z. B. je 80 Phon ergeben zusammen ein Gesamtgeräusch von nur etwa 83 Phon, wenn diese mit einem objektiven Geräuschmesser festzustellende Tatsache auch vom Ohr nicht so ohne weiteres wahrgenommen wird. Will man verschiedene Getriebe nach ihrer Lautstärke miteinander vergleichen, so muß darauf geachtet

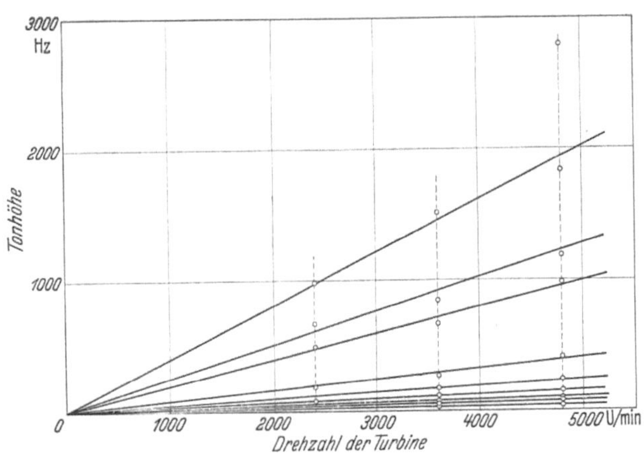

Abb. 295. Tonhöhen des Betriebsgeräusches einer Getriebeturbine in Abhängigkeit von der Turbinendrehzahl.

werden, daß die Messungen in gleichem Abstand vom Getriebe vorgenommen werden.

Die Ursachen der einzelnen Töne eines Geräuschspiegels sind nicht immer sofort ersichtlich. Oft werden besondere Versuchsreihen erforderlich sein. Erhält man z. B. bei verschiedenen Drehzahlen der Turbine Geräuschbilder, worin die einander entsprechenden Tonschwingungzahlen auf geraden Linien liegen, Abb. 295, so ist damit erwiesen, daß die Tonquellen in den umlaufenden Teilen der Maschine zu suchen sind. Zieht man, um bei diesem Beispiel zu bleiben, die Schallstärken der bei drei verschiedenen Turbinendrehzahlen ermittelten Töne mit heran, so zeigt sich, daß durchweg die Töne, die dem Ton um 950 Hz bei der üblichen Betriebsdrehzahl (4800 U/min) entsprechen, am stärksten sind. Also wird der Ton bei der üblichen Betriebsdrehzahl offenbar nicht durch eine nahe gelegene Eigenschwingungzahl eines Gehäuseteiles verstärkt. Auch weitere Untersuchungen in dieser Richtung haben unzweifelhaft ergeben, daß Gehäuseschwingungen nur in den seltensten Fällen Getriebegeräusche verstärken; es müßte denn eine ganz ungewöhnliche Bauform vorliegen.

Schallrückstrahlung der Maschinenhauswände hat bei üblichen örtlichen Verhältnissen auf die Lautstärke des Getriebegeräusches keinen Einfluß. Hingegen spielt psychologisch die Anordnung der Anlage im Maschinenhaus eine erhebliche Rolle. In einer großen, auch mit anderen Maschinen versehenen und von einem allgemeinen Maschinengeräusch durchfluteten Halle z. B. erscheint das Geräusch einer Getriebeturbine ganz anders, als wenn dieselbe Getriebeanlage allein in einem kleinen Raum aufgestellt wäre. Eine unpersönliche, allerseits anerkannte Grenze für die Zulässigkeit eines Getriebe- oder sonstigen Betriebsgeräusches gibt es heute noch nicht. Liegen keine besonderen Verhältnisse vor, so wird man ein Getriebegeräusch, das ungefähr 110 Phon nicht überschreitet, noch als zulässig bezeichnen müssen.

Hat die Geräuschmessung unzulässig oder unerwünscht starkes Geräusch ergeben, so muß versucht werden, auf Grund der Ergebnisse Abhilfe zu schaffen. Stehen die Haupttöne in unmittelbarem Zusammenhang mit der Verzahnung und besteht die Möglichkeit, deren Genauigkeit durch ein Nachschneiden nennenswert zu verbessern, so wird dieses Nachschneiden in Erwägung zu ziehen sein. Selbstverständlich ist vor einem solchen Entschluß die Lagerung, die Ausrichtung aller Wellen, die Auswuchtung aller sich drehenden Teile und die Kupplung der Getriebe sorgfältigst zu überprüfen. Es wird allerdings, falls nicht vorher grobe Fehler vorlagen, nur in wenigen Fällen möglich sein, damit ein starkes Getriebegeräusch wesentlich zu verringern. Da jedoch — Sorgfalt in Gestaltung, Errichtung und Betrieb vorausgesetzt — ein Getriebegeräusch die Betriebsicherheit des Getriebes nicht beeinträchtigt, so besteht an sich, wenn man das Geräusch vermindern will, die Möglichkeit, es in gewissem Maße zu dämpfen. Das kann erfolgen durch eine innen mit einer schalldämpfenden Masse versehene Verkleidung. Als dämpfende Masse hat sich Glaswolle als wirkungsvoll erwiesen. Sie wird allerdings noch durch besondere Schalldämpfungsmassen — wenig federnde Massen hohen Raumgewichtes sind günstig — übertroffen. Allzuviel läßt sich indessen mit derartigen Dämpfungen nicht erreichen, wenn auch zugegeben werden muß, daß solche Verkleidungen als Folge einer rein suggestiven Wirkung Geräusche unter Umständen als wesentlich geringer erscheinen lassen werden, als sie tatsächlich sind.

31. Die Störungen durch unruhigen Lauf.

Die Ursachen eines unruhigen Laufes einer Turbinenanlage sind außerordentlich mannigfaltig und eigentlich stets nur für den besonderen Fall und die betreffende Gesamtanordnung zu erklären, so daß es hierfür allgemein kennzeichnende Fälle kaum gibt. Es kann somit im Rahmen dieser Abhandlung nur angedeutet werden, wie beim Auftreten einer unzulässigen Unruhe am zweckmäßigsten vorzugehen ist.

Die umlaufenden Teile einer Turbinenanlage werden vom Hersteller einzeln für sich dynamisch ausgewuchtet; geschieht dies mit der erforderlichen Sorgfalt, so werden die Läufer, miteinander gekuppelt, meist ebenso einwandfrei laufen wie einzeln. Verschlechtert sich der anfänglich gute Lauf einer Anlage während des Betriebes, so vermutet man im allgemeinen, daß die Ursache dieser Verschlechterung in einer *Unwucht* liege, und sucht nun, diese durch Nachwuchten zu beseitigen. Wenn dieser Vorgang auch in vielen Fällen zweckmäßig und richtig sein mag und zu Erfolg führt, so kann er doch in vielen anderen Fällen falsch sein, da nicht jede Laufunruhe auf eine Unwucht zurückzuführen ist. Unruhiger Lauf kann nämlich außer durch Unwucht auch durch krumme Wellen, zu reichliche Lagerspiele, lose Fundamentschrauben, Veränderungen in der Ausrichtung oder Schwingungen verursacht werden. Ein großes Moment der Unruhe ist ferner eine verlagerte oder von Haus aus falsch sitzende Kupplung, denn eine ganze Reihe harmonischer Schwingungen kommt dadurch in die Maschine. Bevor mit einem erfolgversprechenden Auswuchten begonnen wird, sollte man daher für den zu behandelnden Fall zunächst die wirkliche Ursache des unruhigen Laufes durch eine entsprechende Untersuchung feststellen. Das würde jedoch, insbesondere bei Überprüfung der Ausrichtung, eine längere Untersuchung erfordern, die wegen der damit verbundenen Betriebsunterbrechung meist nicht gern sofort vorgenommen wird. Infolgedessen wird man sich zunächst durch eine einfache Messung davon überzeugen, ob die Wellen der umlaufenden Teile gerade sind und die Frequenz der Unruhe mit der Frequenz der Drehzahl übereinstimmt. Geht dann aus den Beobachtungen noch hervor, daß die Maschine sich nur ganz allmählich während des Betriebes verschlechtert hat und daß die Unruhe bereits bei niedriger Drehzahl auftritt und sich, von Schwankungen bei der kritischen Drehzahl abgesehen, stetig bis zur Betriebsdrehzahl steigert, so kann eine Unwucht angenommen werden. Vor Beginn des Auswuchtens wird man, wenn nicht schon durch Abfühlen der Lagerstellen festgestellt werden konnte, welcher der umlaufenden Teile der Unruheerreger ist, noch die Ausschläge in den drei Hauptschwingungsrichtungen an allen Lagern (vgl. S. 127/128) ermitteln. Aus dem Vergleich dieser Meßwerte mit den während und nach Beendigung des Auswuchtens aufgenommenen Werten ist dann ohne weiteres zu ersehen, in welchem Maße der Lauf verbessert worden ist.

Waren die Anzeichnungen an der Welle oder die Ablesungen an den verwendeten Auswuchtgeräten eindeutig und hat sich nach wenigen Gewichtsveränderungen eine Besserung im Lauf eingestellt, so ist dadurch die Annahme einer reinen Unwucht bestätigt. Durch einige weitere Versuchsfahrten wird die Unruhe dann durch Zufügen oder Entfernen von Gewichten restlos zu beseitigen sein.

Beim *Auswuchten eines Turbinenläufers* wird das dynamische Gleichgewicht meist durch Abschleifen von Baustoff am Übergang vom Radkopf zur Radscheibe oder an den Stirnseiten der Trommel erreicht. Vereinzelt sind an den Radscheiben oder der Trommel von vornherein Ringnuten vorgesehen, in denen entsprechende Ausgleichgewichte befestigt werden können. Mit Rücksicht auf einfacheres Anbringen oder Entfernen der erforderlichen Gewichte wird man bei Scheibenläufern als Auswuchtebenen nur die beiden äußeren Radscheiben benutzen.

Das Auswuchten eines Turbinenläufers im Betriebe ist verhältnismäßig zeitraubend, da nach jedem Versuch das Oberteil des Turbinengehäuses abgehoben werden muß, um die nötigen Gewichtsveränderungen am Läufer vornehmen zu können. Liegt eine Laufunruhe und damit eine Unwucht von nur mäßiger Größe vor, so wird man bei Turbinen, die einen Stromerzeuger antreiben, aus diesem Grunde zunächst versuchen, die vom Turbinenläufer herrührende Unruhe durch Gewichtsveränderungen im Induktor des Stromerzeugers zu beseitigen, da dies in einfacherer Weise durchführbar ist. Dabei ist allerdings zu beachten, daß eine an sich kleine Unwucht des Turbinenläufers, die durch kleine Zusatzgewichte am Turbinenläufer selbst ausgeglichen werden könnte, für einen Ausgleich am Induktor ein wesentlich größeres Gewicht erfordert. Dieses kann sogar so groß werden, daß ein weiteres Wuchten in dieser Weise keinen Zweck mehr hat und es notwendig wird, den Turbinenläufer auszubauen und auf einer Auswuchtbank nachzuwuchten. Soll ein vom Induktor her nachgewuchteter Turbinenläufer später gegen einen anderen Läufer ausgewechselt werden, so müssen die in den Induktor eingelegten Zusatzgewichte selbstverständlich wieder entfernt werden, da sonst die Anlage unruhig laufen und unter Umständen nicht einmal auf volle Drehzahl kommen würde.

Das *Auswuchten eines Induktors* erfolgt — das in einem Turbinenbuch zu erwähnen, ist nach dem eben Gesagten erforderlich — im allgemeinen durch Gewichtsveränderungen an den beiden Stirnseiten des Induktors oder an dessen Belüfterringen. Die Gewichte werden in dafür vorgesehene Nuten eingelegt. Um an diese heranzukommen, sind lediglich die Schutzkappen des Ständers zu entfernen. Mitunter kann es allerdings vorkommen, daß ein Einlegen von Gewichten in die beiden verhältnismäßig nahe an den Induktorlagern liegenden Auswuchtebenen nicht zu vollem Erfolge führt. In einem solchen Falle müssen die Ausgleichsgewichte in den Induktorballen in größerer Entfernung von seinen Lagerstellen oder auch über die ganze Ballenlänge nahezu gleichmäßig verteilt eingelegt werden. Es kann aber auch der Induktor selbst entsprechend ausgebohrt werden. Ist eine derartige Gewichtsveränderung erforderlich, so ist es, da das eine immerhin zeitraubende Arbeit darstellt, zweckmäßiger, den Induktor nach dem Lieferwerk zu senden und dort in einer Auswuchtbank nachzuwuchten. Die Arbeiten lassen sich dann wesentlich schneller und genauer durchführen. Überdies wird im Lieferwerk auch die eigentliche Ursache einer größeren Unwucht viel leichter festzustellen sein.

Die Ursache einer erst im Betriebe sich einstellenden Unwucht kann bei einem Turbinenläufer in einer ungleichmäßigen Verschmutzung oder einer stark ungleichen Schaufelabnutzung liegen, beim Induktor eines Stromerzeugers in einer Verlagerung der Spulenköpfe, die durch häufiges An- und Abstellen der Maschine begünstigt wird. Eine auf derartige Ursachen zurückzuführende Unwucht wird sich in einer allmählichen Laufverschlechterung bemerkbar machen.

Liegt dagegen z. B. ein Schaufelbruch vor, so wird sich der Lauf der Maschine plötzlich verschlechtern. In einem solchen Falle ist ein Nachwuchten in der üblichen Weise zwecklos. Die Maschine muß vielmehr aufgedeckt und das Gleichgewicht durch Entfernen eines gleich großen Beschauflungsteiles auf der den gebrochenen Schaufeln gegenüberliegenden Stelle des Umfanges wiederhergestellt werden, wenn es nicht möglich ist, die gebrochenen Schaufeln sofort zu ersetzen. Bei größerem Umfang eines solchen Schadens kann es auch angebracht sein, die beschädigte Laufschaufelreihe zunächst ganz zu entfernen. (Die zugehörigen Leitschaufeln [Zwischendeckel] dürfen bei diesem Vorgang aber nicht ausgebaut werden, da sonst die Schaufeln der vorhergehenden Stufe zu hoch beansprucht würden.) Erst nach einer dieser Maßnahmen wird eine etwa noch vorhandene Unruhe durch Nachwuchten zu beseitigen sein.

Wurde bei der einleitend erwähnten Überprüfung festgestellt, daß die Turbinen-*welle krumm* ist, so ist in diesem Zustand ein Auswuchtversuch zwecklos und daher überhaupt zu unterlassen. Es muß dann vielmehr zunächst die Ursache der Verkrümmung festgestellt und der Schlag, sofern er bleibend ist, durch Richten der Welle beseitigt werden.

Weniger bedenklich ist eine Verkrümmung der Welle dann, wenn sie nur durch einseitiges Abkühlen oder Anwärmen der Welle während eines kurzen Stillstandes hervorgerufen wurde (vgl. S. 108/109). Sie geht dann nämlich bereits nach kurzem Lauf bei niedriger Drehzahl von selber wieder zurück, was am vorderen Wellenzapfen, sofern er durch den Lagerbock hindurchgeführt und sein Ende sichtbar ist, wie es meist der Fall ist, beobachtet werden kann. Eine bleibende Verformung der Welle kann auch durch örtliche Erhitzung beim Anstreifen an den Stopfbuchsen entstehen. Die Ursache davon kann z. B. in einem Verspannen des Turbinengehäuses durch ungünstig angeordnete oder unrichtig angebaute Rohrleitungen oder durch festsitzende Führungskeile des Gehäuses liegen.

Aber auch die Welle selber kann Anlaß zum Anstreifen geben, wenn sie während des Hochfahrens oder im Betriebe unruhig wird. Die Möglichkeiten hierzu sind gegeben, wenn die Welle infolge von Unachtsamkeit der Bedienung entgegen der Betriebsvorschrift (vgl. S. 117) zu lange in der kritischen Drehzahl gefahren wird oder wenn sie infolge eines durch Wasserschlag verursachten Stoßes stark ausschwingt oder durch dabei erfolgte plötzliche Abkühlung abgeschreckt wird. Darüber hinaus kann ein Wassereinbruch aber auch zur Folge haben, daß bei weichen, also überkritischen Wellen die Drehzahl der Turbine bis auf die kritische Drehzahl absinkt, so daß die Turbine, wenn nicht schnell genug eingegriffen wird, längere Zeit in diesem Gebiet läuft und die Welle anstreift. Auch bei Übereinstimmen der Eigenschwingungzahlen des Fundamentes mit der Betriebsdrehzahl oder mit den Eigenschwingungzahlen der Turbinenanlage kann die Unruhe in der Betriebsdrehzahl oder beim Durchfahren der kritischen Drehzahl so groß werden, daß die Welle anstreift und krumm wird. Im allgemeinen, also bei richtig bemessenen Fundamenten, wird eine derartige Übereinstimmung mit den Fundamenteigenschwingungzahlen nur dann auftreten können, wenn durch Risse im Fundament dessen Eigenschwingungzahlen bis in die genannten Gebiete abgesunken sind.

Demgegenüber kann bei Maschinen mit starren, also unterkritischen Wellen bei einem Versagen des Schnellschlusses die Maschinendrehzahl vor Absperren der Dampfzufuhr so stark ansteigen, daß auch in diesem Falle die kritische Drehzahl erreicht wird und eine Unruhe mit den gleichen Folgen eintritt.

Restspannungen im Wellenbaustoff können bei den heute üblichen sorgfältigen Wärmebehandlungen (vgl. S. 41/42) kaum als Ursache für das Verziehen von Wellen im Betriebe angenommen werden. Wenn jedoch, wie in einem Falle bekannt wurde, die normale Frischdampftemperatur von 400° C infolge von Kesselstörungen mehrfach um

180° C überschritten wurde, so können sich bei der dann wesentlich höheren Temperatur von 580° C, die auch weit über der Anwärmtemperatur der Warmrundlaufprobe liegt, Spannungen auslösen, die die Welle verkrümmen.

Wenn bei der bereits erwähnten Frequenzbestimmung außer der üblichen Drehfrequenz noch eine andere, nicht mit der Drehzahl zusammenhängende Frequenz festgestellt wird, dann ist ein Nachwuchten ebenfalls zwecklos und es muß zunächst diese Unruhe beseitigt werden. Die Ursache wird meist ein Fehler in der Lagerung oder der Ausrichtung sein. Eine genaue Überprüfung in dieser Hinsicht ist somit nicht mehr zu umgehen und es sind nun die gleichen Untersuchungen anzustellen wie für den Fall, daß ein als berechtigt erscheinendes Nachwuchten zu keinem Erfolg geführt hat.

Zunächst wird man sich davon überzeugen müssen, ob die *Lagerung* in Ordnung ist. Abgesehen vom richtigen Tragen der Lager muß auch insbesondere das vorgeschriebene Scheitelspiel der Lagerschalen eingehalten sein. Ein zu großes Lagerspiel ruft häufig unruhigen Lauf hervor, zum mindesten wird es einen solchen stark begünstigen. Ferner darf kein Spiel zwischen der Außenfläche der Lagerschalen und den Lagerdeckeln vorhanden sein. Es sind Fälle bekanntgeworden, in denen die Turbinen bei richtigem Lagerspiel unruhig liefen, weil das Spiel einer Lagerschale im Deckel z. B. 0,2 mm betrug. Da sich bei einem solchen Spiel die Lagerschalen im Lagerbock bewegen können, wird die gesamte Ausrichtung gestört. Außerdem haben die Wellen nicht mehr den richtigen Halt, so daß sie unruhig laufen müssen. Nach Beseitigung dieses Spieles war der Lauf der Maschinen, ohne daß ein Nachwuchten erforderlich wurde, wieder einwandfrei.

Sämtliche Ankerbolzen der Lagerböcke sind wiederholt nachzusehen und gegebenenfalls ihre Muttern nachzuziehen. In einem Falle unruhigen Laufes konnte die Mutter eines Ankerbolzens an einem Lagerbock ohne Mühe um einen vollen Gang nachgezogen werden. Nach Festziehen der Lagerbockschraube lief die Maschine ebenfalls ohne jedes Nachwuchten wieder ruhig.

Die *Ausrichtung* der Turbine kann gestört werden durch ungenügend steife Lagerböcke, so daß diese sich verformen, oder durch zu weiche oder nicht genügend abgestützte Turbinenabdampfgehäuse, bei denen die Lager zwischen Turbine und Stromerzeuger in mit dem Abdampfgehäuse zusammengegossenen Sätteln befestigt sind, so daß die Höhenlage der Lager sich an dieser Stelle infolge etwaigen Durchbiegens des Abdampfgehäuses verändern kann.

Ferner sind die relativen Wärmedehnungen und etwaige Verspannungen der Turbinengehäuse von Einfluß. Bei stärkeren Gehäuseverformungen können auch die Stopfbuchsen zum Anstreifen an den Wellen kommen und diese krumm werden.

Veränderungen in der Ausrichtung sind weiterhin möglich durch Fundamentsenkungen, die in einigen Fällen bis zu mehreren Zentimetern festgestellt wurden; sie werden beseitigt durch Heben der auf den gesenkten Fundamentteilen stehenden Lagerböcke. Dabei muß besonders beachtet werden, daß die Unterlagen auf ihren waagerechten Begrenzungen satt und eben aufliegen, damit die Lagerböcke später im Betriebe keine Kippbewegung ausführen können.

Alle Einflüsse dieser und ähnlicher Art können die Ruhe und Gleichmäßigkeit des Laufes beeinträchtigen. Sie äußern sich in bleibend oder vorübergehend unruhigem Lauf und sind nur durch Beseitigen der Ursachen, niemals durch Nachwuchten allein zu beseitigen.

Vereinzelt machen sich auch, insbesondere an Hochdruckturbinen, Unruhen bemerkbar mit einer Frequenz, die nicht der Drehfrequenz entspricht, sondern der Eigenschwingungzahl der Welle. Die Ursache einer solchen Unruhe, die lastabhängig auftritt, ist nicht in einer Unwucht, einer krummen Welle oder einer Abweichung in der Ausrichtung zu suchen, sondern nur in durch die Dampfströmung angeregten *Schwingungen in der Wellenfrequenz.* Dem Auftreten dieser Unruhe kann durch Beseitigen der Strömungstörung, durch Verkleinern des Axialspieles zwischen den Düsen und den Laufschaufeln oder durch Vermeiden der Resonanz abgeholfen werden. In Fällen, in denen die beiden ersten Maßnahmen nicht zum Ziel führen, muß man den vorhandenen Läufer entweder durch Abdrehen verschwächen oder durch einen stärkeren ersetzen, also die Wellenschwingungzahl verlegen.

Auch eine an einer großen Getriebeturbine beobachtete lastabhängige Unruhe des Getriebes war nicht auf eine Unwucht, sondern auf eine Drehschwingung (Schüttelschwingung) zurückzuführen, wie durch eine eingehende Messung nachgewiesen werden konnte. Durch Änderung der Wellendurchmesser wurde die Wellenfrequenz verlegt und die Unruhe in der Betriebsdrehzahl beseitigt.

Die beiden zuletzt angeführten Beispiele von Laufunruhe sind nur als Einzelfälle zu betrachten. Sie wurden in diesem Zusammenhang aber auch erwähnt, um anzudeuten, daß auch Fälle von Laufunruhen auftreten können, deren Ursachen in zum Teil nicht zu vermutenden und daher von vornherein nicht zu vermeidenden Schwingungen und Resonanzen liegen. Zur Feststellung solcher Erscheinungen sind meist sehr umfangreiche genaueste Messungen·erforderlich.

32. Die Störungen an den Dampfleitungen.

Dampfleitungen können rein mechanisch Störungen des Dampfturbinenbetriebes herbeiführen, sie können aber auch durch Wärmestrahlung benachbarte Maschinen- oder Fundamentteile in betriebschädigender Weise beeinflussen.

Verspannungen in Rohrleitungen haben in manchen Fällen zu schweren Anständen geführt. Das Turbinengehäuse kann dadurch so weit verformt oder verlagert werden, daß der Lauf der Turbine unruhig wird und die Welle in den Stopfbuchsen zum Anstreifen kommt. Die Wärmedehnungen von Frischdampfrohrsträngen zwischen den Kesseln und der Turbine sollen stets in der gleichen Richtung erfolgen wie die des Turbinengehäuses, da andernfalls der Rohrleitungschub durch die Wärmedehnung der Turbine vergrößert, anstatt teilweise ausgeglichen wird.

Insbesondere sind die Frischdampfleitungen von HD-Turbinen mit größter Sorgfalt zu behandeln, da sie einerseits infolge des hohen Dampfdruckes größere Wandstärken erfordern und daher steifer sind, anderer-
seits eine HD-Turbine verhältnismäßig kleine Abmessungen hat. Sind die Schnellschlußventile getrennt vom Turbinengehäuse aufgestellt, so ist die Wärmebeweglichkeit in die Verbindungsrohrbögen zu legen, wobei man mitunter die Rohre in mehrere gleichlaufende Stränge mit kleineren Rohrdurchmessern auflöst. Auch hierbei muß auf das sorgfältigste auf die Verankerung der Ventile und auch reichlich bemessene Ausgleichsbögen in den Rohren geachtet werden. Das gleiche gilt für Anzapfleitungen großen Durchmessers, die an verhältnismäßig kleine

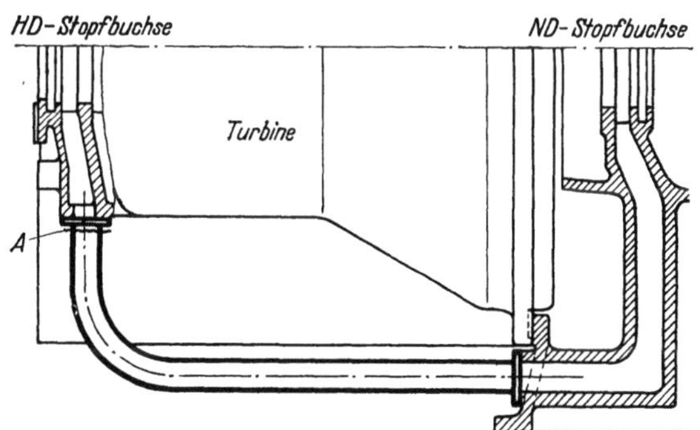

Abb. 296. Durch Wärmespannungen gebrochene Verbindungsleitung der Stopfbuchsen einer Turbine.

Turbinengehäuse angeschlossen werden. Zu großer Rohrleitungschub kann in einem solchen Falle das Turbinengehäuse so verspannen, daß es zum Anstreifen der Beschauflung, Krummwerden der Welle und Auslaufen der Lagerschalen kommt. Ein einfaches Beispiel für eine Überbeanspruchung einer Rohrleitung durch zu steife Anordnung zeigt Abb. 296. Die Verbindungsleitung zwischen HD- und ND-Stopfbuchse einer großen Turbine wurde infolge des Unterschiedes der eigenen Wärmedehnung und der des Turbinengehäuses im Betriebe so hoch beansprucht, daß sie an der Anschlußstelle *A* zu Bruch ging. Abhilfe wurde durch Einbau eines U-Bogens geschaffen, Abb. 297.

Unzweckmäßige *Anordnung* der Dampfleitungen kann Schäden herbeiführen, wenn sie mit zeitweise stillgelegten Verbindungsträngen zu anderen Kesseln oder sonstigen einer Kondenswasseransammlung ausgesetzten Abzweigungen u. dgl. verbunden sind. Ausgiebige Entwässerungsmöglichkeit mit reichlichen Kondenstöpfen ist daher unbedingte Notwendigkeit, aber auch sie sind nur selten in der Lage, größere Wassermengen aufzuhalten oder unschädlich zu machen. Solche Wassermengen können z. B. ohne weiteres durch die Leitung gehen, wenn etwa über bisher unbenutzte Rohrstrecken weitere Kessel zugeschaltet werden. Es kann dann auch vorkommen, daß durch plötzliches Kondensieren des Dampfes Wassermassen so beschleunigt werden, daß durch ihre harten Schläge Absperrvorrichtungen zertrümmert werden. Welche Gefahr größere mit hoher Geschwindigkeit bewegte Wassermengen für die Turbine bedeuten, ist bekannt. Sie ist nur dadurch wirklich zu beseitigen, daß die Rohrleitung oder die Betriebsweise der Kessel auf das sorgfältigste überwacht und im Bedarfsfall entsprechend geändert wird. Auch bei Anzapf- und Gegendruckleitungen muß die Anordnung der Entwässerung wohl überlegt sein, wenn im Betriebe keine unliebsamen Überraschungen eintreten sollen. Die Sicherheitsauspuffleitung einer Gegendruckturbine war z. B. in einem Falle

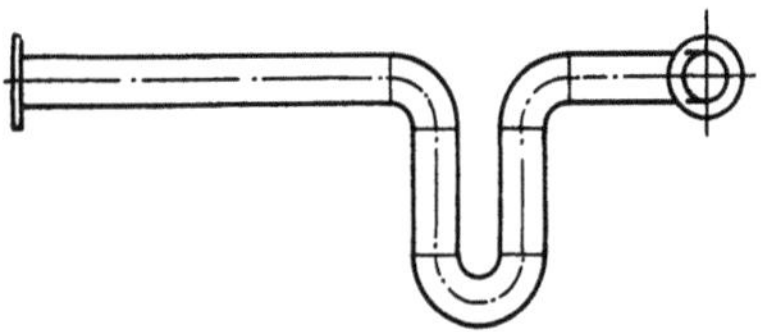

Abb. 297. Einbau eines U-Bogens als Abhilfsmaßnahme des nach Abb. 296 gebrochenen Rohres.

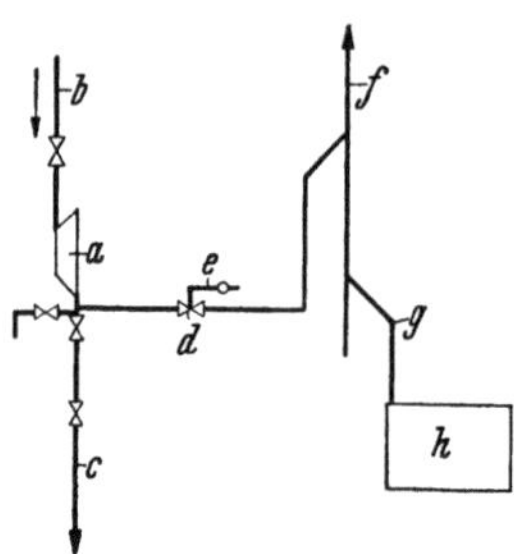

Abb. 298. Unvorteilhafte Vereinigung des Sicherheitsauspuffrohres einer Gegendruckturbine mit dem Brüdenabzug eines Kondensatbehälters [111].

a Gegendruckturbine; *b* Frischdampfleitung; *c* Leitung zu den Wärmeverbrauchern; *d* Sicherheits-Auspuffventil; *e* Auspuffrohr; *f* Schwadenabzug; *g* Brüdenabzugrohr; *h* Kondensatbehälter.

mit dem Schwadenabzug eines Kondensatbehälters verbunden, Abb. 298 [111]. Im Rohrstrang zwischen Auspuffventil und Schwadenabzug sammelte sich bei geschlossenem Auspuffventil Kondenswasser an, das durch die Entwässerung nicht entfernt werden konnte. Beim Öffnen des Auspuffventiles gelangte es in die Turbine und verursachte starke Erschütterungen und harte Schläge. Großer Schaden konnte nur durch sofortiges Stillsetzen der Turbine verhindert werden. Der Strang zwischen Auspuffventil und Schwadenabzug muß in einem solchen Falle eine ständig offene Entwässerung erhalten.

Brüche von Dampfleitungen aus anderen Ursachen sind selten, kommen jedoch an fehlerhaften Schweißnähten oder Walzverbindungen, bisweilen auch infolge fehlerhaften Werkstoffes vor. Abb. 299 zeigt einen gebrochenen Walzflansch nach DIN ND 40 aus Stahl 42.11. Starke Seigerungen, stellenweise auch Lunkerreste in dem mit Phosphor und Schwefel außerordentlich verunreinigten Werkstoff waren die Ursache, daß der Flansch bereits beim Aufwalzen brach. Bei einem Dampfleitungsbruch während des Betriebes tritt der Dampf in den Maschinenraum, mit Kurzschlüssen in den Stromerzeugern und Motoren ist dabei zu rechnen.

Schwingungen von Rohrleitungen sind zu vermeiden, da sie einerseits sich bis in die Turbine fortpflanzen und unruhigen Gang der Maschine, andererseits Rohrbrüche verursachen können. Schwingungen sind möglich, wenn Resonanz zwischen der Eigenschwingungzahl des Rohrstranges und der Betriebsdrehzahl vorhanden ist. Sie lassen sich verhältnismäßig einfach durch Einbau einer zusätzlichen Halterung der Rohrleitung beseitigen, wodurch die freie schwingende Rohrlänge verringert wird.

---

[111] ENGLER, K.: Zweckmäßige Anordnung der Rohrleitungen von Dampfturbinenanlagen. Arch. Wärmewirtsch. Bd. 22 (1941) S. 197 Abb. 4.

Schließlich müssen gerade die HD-Dampfrohrleitungen stets gut mit *Wärmeschutz* versehen sein, da, abgesehen von dem großen Wärmeverlust, zu starke Abstrahlung an eng benachbarten Bauteilen, unter anderem auch an den Fundamenten, Störungen verursachen kann. Schwere Folgen — glücklicherweise sind diese Fälle selten — kann mangelhafte Rohrverkleidung dann haben, wenn in der Nähe der Dampfleitungen Ölrohrleitungen vorbeigeführt sind und diese undicht werden. Durch das auf heiße,

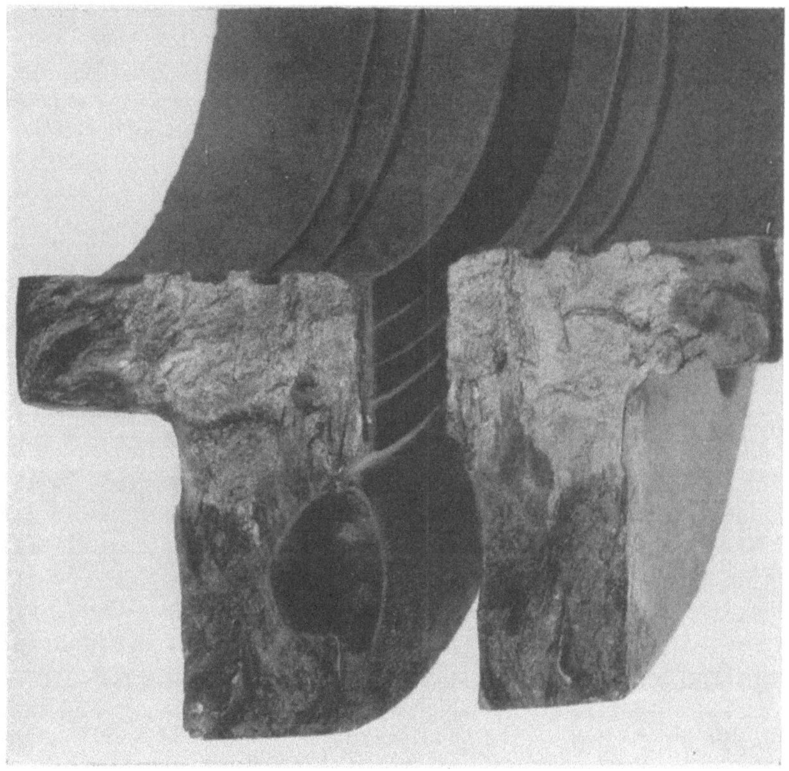

Abb. 299. Infolge Baustoffehler gebrochener Walzflansch.

schlecht geschützte Dampfleitungen herabtropfende oder -spritzende Öl können Ölbrände entstehen, die unter Umständen zur vollständigen Zerstörung der Anlage führen.

33. Die Störungen an der Ölversorgung.

Undichtheiten in Ölleitungen treten auf, wenn die Rohre infolge mangelhafter Ausführung der Schweißstellen reißen, Flanschverbindungen sich lockern oder Absperrvorrichtungen zu Bruch gehen. Ölleitungen müssen so verlegt sein, daß sie durch die Wärmedehnungen der Maschine nicht überbeansprucht werden. Sie dürfen auch keine Erschütterungen erfahren, etwaige Resonanzen sind durch Änderung der Halterung oder der Leitungsführung zu beseitigen. Mitunter wurden Ölleitungsbrüche auch durch die Erschütterungen, denen die Maschine infolge Schaufelbruches ausgesetzt war, verursacht.

Undichte Ölleitungen können folgenschwere *Ölbrände* verursachen. Wenn das Öl, besonders das der Druckleitungen, auf nicht oder nur mangelhaft geschützte heißdampfführende Teile spritzt, so entzündet es sich. Bei dem entstehenden Ölbrand schafft die Ölpumpe immer neues Öl an den Brandherd, Flammen und starke Rauchentwicklung erschweren dann außerordentlich, die Maschine stillzusetzen. Ölbrände können auch entstehen, wenn Lecköl etwa aus Schaulöchern, Wellendurchführungen u. dgl. austritt und auf Dampfleitungen genügend hoher Temperatur auftrifft. Zwar führt nicht jeder Ölbrand unbedingt zur Zerstörung der betroffenen Turbine, aber es werden oft in der Nähe angeordnete Schaltgeräte, Kabel u. dgl. ebenfalls in Mitleidenschaft gezogen. Neben kleineren Ölbrandschadenfällen[112] waren es vor allem die Zerstörung der Maschinenhalle des Großkraftwerkes Brüssel[113] und die gleichfalls vollständige Zerstörung einer neu erstellten 18000 kW-Turbine in Burlington (USA.)[114], die die Aufmerksamkeit auf die Gefahr der Ölbrände lenkten. Insbesondere scheint man in Amerika außer dem einen bekanntgewordenen Schaden eine Reihe weiterer kleineren Umfanges gehabt zu haben, denn erstens werden dort im Schrifttum die Mittel und Möglichkeiten zur Bekämpfung oder Verhinderung derartiger Ölbrände in breiter Form behandelt, zweitens wird gleichzeitig an anderen Stellen über Versuchs- und Probeausführungen großer Kraftwerksturbinen mit nichtbrennbaren Schmier- und Regelmitteln und mit feuersicheren Zusatzeinrichtungen berichtet. Ein nichtbrennbarer Ersatzstoff für das Öl, „Aroclor" genannt, wurde in den Reglungsantrieben von drei Turbinen und im Schmierölnetz einer 5000 kW-Turbine verwendet. „Aroclor" ist ein Diphenylchlorid, das unter dem Namen „Clophen" auch in Deutschland hergestellt wird. Von seiner weiteren Verwendung ist man abgekommen, da es im Gebrauch Giftgase entwickelt. Eine 35000 kW-Turbine wurde versuchsweise so ausgeführt, daß alle Ölpumpen, -ventile usw. in einem feuersicher ausgebauten Raum unterhalb der Turbine untergebracht und auch alle Ölrohrleitungen der ganzen Turbine doppelwandig ausgeführt wurden. Der Ölraum wurde außerdem durch eine selbsttätig wirkende CO_2-Gasanlage gegen Brandgefahr geschützt. Bei anderen Turbinen wurden alle Ölleitungen, Kraftgetriebe usw. auf der einen Seite der Turbine, alle dampfführenden Teile, wie Ventilkästen, Dampfeinströmung, auf der anderen Seite angeordnet. Die Regelkräfte werden dabei von den Ölkolben über die Turbine hinweg auf die Ventile durch Hebel übertragen.

Die genannten Mittel, vor allem der Ersatz des Öles durch nichtbrennbare Stoffe, sind noch nicht genügend erprobt. Es fragt sich auch, ob derart weitgehende Vorkehrungen überhaupt erforderlich sind. Das ist allgemein wohl zu verneinen. Wenn eine Dampfturbine bezüglich ihrer Dampfeinlaßvorrichtungen und ihres Ölrohrnetzes sorgfältig und gut überlegt ausgeführt und angeordnet ist und außerdem in der Betriebsleitung nichts vernachlässigt wird, so haben die üblichen Turbinenanordnungen offenbar einen ausreichenden Grad von Sicherheit gegen Ölbrände. Auf alle Fälle ist es zweckmäßig, die Verwendung brennbarer Stoffe an der Turbine und im Maschinenhaus möglichst zu beschränken. Wichtige Hinweise für die Anordnung und Gestaltung, für den Betrieb und für den Brandschutz enthalten die „Technischen Richtlinien für Ölversorgungsanlagen von Dampfturbinen"[115].

Zur Bekämpfung des Feuers sind Löschgeräte, die mit chemischen Flüssigkeiten, etwa Tetrachlorkohlenstoff, arbeiten, besser noch schnee- und schaumbildende Kohlensäurefeuerlöscher in der Nähe der Maschine bereitzustellen und auf ihre Brauchbarkeit laufend zu prüfen. Der auf die brennenden Teile aufgespritzte Schaum überzieht diese mit einer luftdichten Decke mit CO_2 gefüllter Bläschen und erstickt so das Feuer. Hydranten mit daneben aufgehängter Schlauchleitung, ferner gefüllte Sandkästen mit Schaufeln sind in ausreichender Zahl vorzusehen. Auch Rauchmasken für die Bedienungsmannschaft sollen stets verfügbar sein. Der Einbau einer Vorrichtung, die es gestattet, das Öl aus dem Behälter der Turbine bei einem Brande rasch in einen etwa auf dem Hof aufgestellten Behälter abfließen zu lassen und es dadurch rechtzeitig aus dem Bereich des Feuers herauszunehmen, ist zu empfehlen.

---

[112] Elektr.-Wirtsch. Bd. 26 (1927) S. 302/303.

[113] S. 11/17 in: *Edison Electric Institute*: Turbines, a Report of the Prime Movers Committee of the former *NELA*, Nr. A 3, 1933.

[114] POWER Bd. 78 (1934) S. 2, 12.

[115] Wirtschaftsgruppe Elektrizitätsversorgung: Technische Richtlinien für Ölversorgungsanlagen von Dampfturbinen. Berlin: Franz Weber 1939.

In *Schwingungen* geratene Rohrleitungen führten in einigen Fällen zu der irrigen Schlußfolgerung, daß die Maschine unruhig laufe. Die nähere Untersuchung ergab aber, daß lediglich die Rohrleitung, die infolge der Ölströmung in leichte Schwingungen geraten war, gegen ein Trittblech trommelte, auf das sich der betreffende Beobachter gestellt hatte, um die Maschinenlager auf ihre Laufunruhe zu untersuchen. Die Schwingungen des Trittbleches, die auf den Beobachter übertragen wurden, täuschten einen unruhigen Gang der Maschine vor. Die verhältnismäßig große freie Länge der Ölrohrleitung wurde durch Einbau einer weiteren Halterung verringert und die Schwingung dadurch vollkommen beseitigt. Es ist nicht ausgeschlossen, daß durch die zufällige Beobachtung der Rohrschwingung ein Dauerbruch der Rohrleitung mit den bekannten Folgen vermieden wurde.

Zu *niedriger Öldruck* kann nebst ungenügender Ölförderung seine Ursache auch in dem Versagen des meist federbelasteten Überlaufventiles in der Druckleitung haben. Bei Nachlassen der Federspannung öffnet dieses Ventil bereits bei einem niedrigen Druck, so daß der größte Teil des Drucköles unmittelbar von der Pumpe durch dieses Ventil in den Ölbehälter zurückfließt. Für die Reglung und die Lagerung ist dann nicht der notwendige Öldruck vorhanden, so daß die Maschine stark gefährdet ist.

An *Ölpumpen* können Schäden durch Eindringen von Fremdkörpern auftreten, die den Bruch von Zähnen oder Wellen hervorrufen. Bei verschmutztem Öl können die Pumpenwellen in den Laufbuchsen leicht fressen, da die Schmierung durch Zusetzen des Spülkreislaufes versagt. Ferner können sich die Pumpenräder von den Wellen lösen, wenn nicht für genügende Sicherung gesorgt ist. Die Fördermenge der Ölpumpen kann allmählich nachlassen, wenn Undichtigkeiten in der Saugleitung auftreten oder die Pumpenräder zu stark abgenutzt sind, so daß das axiale und radiale Spiel zu groß ist.

Durch Bedienungsfehler — Absperrvorrichtungen sollten in Ölleitungen soweit wie möglich vermieden werden — oder auch durch Verstopfung der Druckleitung kann der Öldruck so hoch ansteigen, daß die Zähne der Pumpenräder infolge von Überbeanspruchung abgeschert werden, wenn nicht schon zuvor das Schneckengetriebe Schaden genommen hat (vgl. S. 314).

Ölkühler können bei auftretenden Undichtheiten Anlaß zu Störungen geben. Bei der allgemeinen Ausbildung der Kühler, bei der bekanntlich der Druck des Öles höher ist als der des Wassers (vgl. S. 75), kann bei stärkerer Undichtheit so viel Öl in den Wasserraum gelangen, daß der Ölstand im Ölbehälter unzulässig absinkt. Unachtsamkeit in der Beobachtung des Ölstandanzeigers kann dann zum Versagen der Ölversorgung und damit zu schweren Schäden an der Maschinenanlage führen. Bei Kühlern mit höherem Wasserdruck oder bei älteren Anlagen, bei denen das Öl aus dem Kühler gesaugt wird, gelangt bei Undichtheit Wasser in den Ölkreislauf. Auf vermehrten Wasseranfall beim täglichen Wasserablassen aus dem Ölbehälter und auf Steigen des Ölstandanzeigers wird in einem solchen Falle daher besonders zu achten sein, da sonst ebenfalls die Schmierung versagen kann.

Undichtheiten *an Ölkühlern* treten meist durch Korrosionen auf. Bei salz- oder säurehaltigem Wasser werden durch Anfressungen (Element: Eisen-Messing) an den eisernen Rohrböden die Walzstellen der Rohre undicht. Aus dem gleichen Grunde können auch die Ankermuttern an- oder weggefressen werden, so daß durch die dann frei werdenden Öffnungen im Rohrboden Öl überfließen kann. Die Kühlerrohre sind auf der Wasserseite in gleicher Weise durch Korrosionen gefährdet wie die Kondensatorrohre (vgl. S. 233/242). Abb. 300 zeigt ein Ölkühlerrohr aus der Legierung 70/29/1, bei dem die Entzinkung von innen her so weit fortgeschritten ist, daß sich dicke Schalen aus schwammigem Kupfer gebildet haben. Die verbliebene unzerstörte Messingschicht hat stellenweise nur noch Papierstärke. Das hierbei verwendete Wasser war stark säurehaltig.

Um bei solchen Störungen, auch bei einem Rohrbruch od. dgl., weiteren Schaden — durch Ölmangel an den Lagern, Kupplungen, Schnecken- oder sonstigen Zahnrad-

getrieben oder durch weitere Zufuhr von Öl zu Brandherden — zu verhindern, gibt es
selbsttätig wirkende Vorrichtungen, die bei Absinken des Öldruckes unter einen bestimmten Druck den Schnellschluß betätigen und auf diese Weise die Turbine stillsetzen.
Mitunter sind auch die Schnellschlußventile oder die Reglungsteile ölbetätigt ausgebildet,
so daß sie bei sinkendem Öldruck selbsttätig schließen.

Das *Ölverteilungsventil* kann Störungen im Ölkreislauf verursachen, wenn sich die
Regelkolben infolge Verschmutzung des Öles festsetzen oder ruckweise arbeiten. Hierbei
können überdies noch Pendlungen in der Reglung auftreten. Wenn die Dämpfung im
Öldruckregler zu stark ist und der Kolben den Regelimpulsen nicht schnell genug folgen
kann oder wenn das Ölverteilungsventil ungenügend entlüftet ist, tritt ein Trommeln
im Verteilungsventil auf, durch das die Ölversorgung und auch der Regelablauf empfindlich gestört wird.

Schäden größeren Umfanges sind auch möglich, wenn die für die Ölversorgung
wichtigen Vorschriften von der Betriebsleitung nicht genügend beachtet werden. So
wurde in einer Anlage an Stelle des vorgeschriebenen Turbinenöles eine Kompressor-
ölraffinade zum Nachfüllen verwendet mit dem Ergebnis, daß sich die Ölzuflußleitungen
nach und nach vollständig zusetzten. Der Ansatz in einigen Ölleitungen war sogar der-

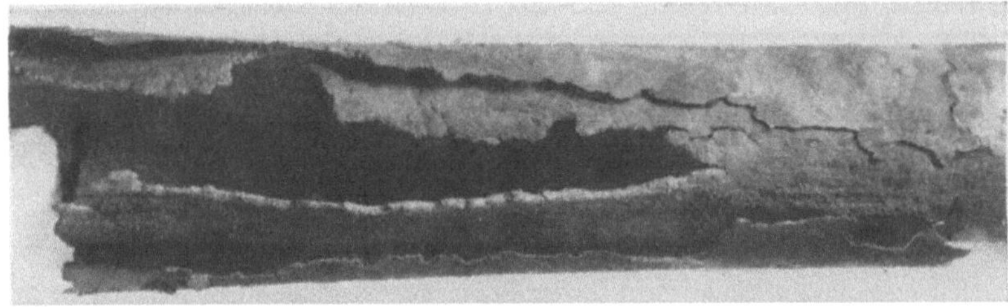

Abb. 300.
Durch Entzinkung zufolge säurehaltigen Wassers von innen her zerstörtes Ölkühlerrohr aus Ms 70/29/1.

artig hart, daß ein Reinigen nicht mehr möglich war. Die Rohrleitungen mußten erneuert
werden. Da außerdem die Ölkühler wasserseitig fast völlig zugesetzt waren, erwärmte
sich das Öl sehr stark, wodurch das Verteeren des Öles noch weiter begünstigt wurde.
Das nahezu vollständige Versagen der Ölzufuhr führte zum Auslaufen sämtlicher Lager
und zu starken Beschädigungen des Reglers. Das Auswechseln aller Teile erforderte
einen längeren Stillstand der Turbine. Bei genügender Aufmerksamkeit hätte er ohne
weiteres vermieden werden können.

34. Die Störungen an den Sicherheitsvorrichtungen.

Kennzeichnende Störungen an einer *Schnellschlußvorrichtung*, und zwar aller Tur-
binen- und Reglungsarten, finden sich eigentlich nur an den Schnellschlußreglern selbst
und allenfalls an den Ventilspindeln und -packungen, während alle anderen Störungen
an den Gestängen, den Ölleitungen, den Klinken, den Federn usw. mehr oder weniger
als Einzelerscheinungen anzusehen sind.

Die Erscheinungsformen der Störungen an den Schnellschlußreglern sind meist
die gleichen: der Regler schlägt bei der Schnellschlußdrehzahl — oder bei der dieser
entsprechenden, zusätzlichen Ölbelastung — nicht aus. In der Folge kann die Maschine
durchgehen, wenn nicht günstigenfalls die achtsame Bedienungsmannschaft noch rechtzeitig das Hauptabsperrventil mit Hilfe der Handbetätigung zuschlagen kann. Die
Ursache für das Nichtansprechen der Regler ist meist in Klemmungen durch Verharzen
des Öles (mangelhafte Ölpflege) zu suchen, besonders bei den Schlagbolzenreglern, die
in dieser Beziehung den Schwungringreglern unterlegen sind. Erstens ist nämlich ihre
Schwungmasse, also auch die durch sie hervorgerufene Fliehkraft, kleiner als bei einem

Schwungring und dann zweitens, im Zusammenhang damit, die auftretende Reibung verhältnismäßig bedeutend größer. Selten nur wird ein Federbruch auftreten. Er kann allerdings für die Maschine keine schädlichen Folgen zeitigen, da in solchem Falle der Regler sofort ausschlägt und die Dampfzufuhr zur Turbine abstellt. Der dann unter Umständen als Motor laufende Stromerzeuger ist, falls keine selbsttätig wirkende Abschaltvorrichtung vorhanden ist, vom Netz abzuschalten. Mitunter schlägt ein Schnellschlußregler nach längerer Betriebzeit der Turbine bei einer wesentlich niedrigeren Drehzahl aus, als der Schnellschlußdrehzahl entspricht, ohne daß er verstellt worden ist. Wenn keine Verschmutzung vorliegt, ist die Ursache für dieses frühzeitige Ausschlagen des Reglers nur in einem Nachlassen der Federspannung zu suchen. Es empfiehlt sich in einem solchen Falle, von einem Nachspannen der Feder abzusehen und eine neue Feder zur endgültigen Beseitigung des Mißstandes einzusetzen. Sind zwei Schnellschluß- regler vorgesehen, wie dies bei einigen großen Maschinen der Fall ist (vgl. S. 79), so muß auch dann die Beobachtung, Wartung und regelmäßige Prüfung der Vorrichtungen mit der gleichen Sorgfalt wie bei nur einem Schnellschlußregler erfolgen.

Gestängeübertragungen sind — gleich sorgfältiger Betrieb in beiden Fällen voraus- gesetzt — zumindest ebenso verläßlich und betriebsicher als etwa reine Flüssigkeits- übertragungen. Die Übertragungswellen und Hebel vom Regler zu den Ventilen ver- laufen im allgemeinen in mäßiger Höhe über Fußboden, wenn sie nicht in überdeckten Fundamentausnehmungen unter Flur verlegt sind. Natürlich dürfen Gestänge und Rohrleitungen beim Putzen der Maschine oder bei der Beobachtung der Lagerthermo- meter od. dgl. nicht als willkommene Fußstütze benutzt werden. Wird das Gestänge unter Flur geführt, so besteht eine gewisse Gefahr an der Durchführungstelle der Hebel durch den Flurbelag, weil dort leicht Holz-, Eisenstücke od. dgl. zwischen Ge- stänge und Ausschnittwand eindringen und so das ganze Gestänge festklemmen können. Die Lager von Drehwellen, Gelenke der Hebel usw. werden zu Störungen keinen Anlaß bieten, wenn sie laufend sorgfältig überwacht werden.

Das Versagen anderer Sicherheitsvorrichtungen, wie z. B. Auslösen des Schnell- schlusses bei sinkendem Öldruck oder bei steigendem Kondensatordruck usw., ist meist auf festsitzende Kolben (Verschmutzung) zurückzuführen. Derartige Fehler sind schnell zu ermitteln und durch entsprechende Nacharbeit oder Reinigung zu beseitigen. Zweck- mäßig sollten auch diese Vorrichtungen wie der Schnellschlußregler in bestimmten Zeitabständen erprobt werden.

Mitunter werden die Spindelstopfbuchsen des *Schnellschlußventiles* schadhaft und beginnen zu blasen, worauf sie, wie bereits angegeben, ersetzt werden müssen. Verrotten die Spindeln an den Stopfbuchsstellen, so ist auch das meist ein Zeichen dafür, daß die Packungen nicht mehr ordnungsmäßig abdichten. Es ist natürlich, daß ein Ver- rotten der Spindeln der Schnellschlußventile, die im Gegensatz zu den Regelventilen oft während langer Betriebzeiten so gut wie gar nicht ihre Stellung verändern, sich unter Umständen eher und stärker ausbildet. Dem soll die bereits erwähnte Vorschrift, daß außer den regelmäßigen Schnellschlußproben auch das Schnellschlußventil in nicht zu langen Abständen leicht auf und ab bewegt wird, vorbeugen.

Mitunter schlägt ein Schnellschlußring aus, ohne daß das Schnellschlußventil sich schließt. Die Ursache hierzu kann darin liegen, daß der Abstand der Klinke vom Schnell- schlußring zu groß ist oder die Klinke verbogen, wenn nicht sogar abgebrochen ist.

Nutzt sich die Klinke des Schnellschlußventiles übermäßig ab, so ist dafür entweder der Baustoff der Klinke oder seltener eine zu starke Schließfeder verantwortlich, wenn nicht Sonderverhältnisse vorliegen.

Hin und wieder werden am Schnellschlußventil und seinem Korbe die Sitze schad- haft, zumal sie beim Auslösen des Ventiles durch den Schnellschluß starken Schlägen ausgesetzt sind. So sind insbesondere die früher üblichen eingestemmten oder ein- gewalzten Sitzringe mitunter zerbrochen. Bei den neuerdings verwendeten aufgeschweiß- ten Sitzkanten (vgl. S. 92) besteht diese Gefahr aber nicht mehr.

Der Fall, daß Fremdkörper aus der Frischdampfleitung sich im Sitz des Schnellschlußventiles festklemmen und dessen Beweglichkeit verhindern, ist nicht ausgeschlossen. Bei der Verlegung der Rohre muß daher auf diese Möglichkeit besonders geachtet werden. War eine Maschine sehr lange in Betrieb und sind Ersatzteile seit langer Zeit nicht eingebaut worden, so kann es vorkommen, daß Teile aus dem Dampfsieb ausbrechen. Daher müssen auch die Siebe, wie früher schon erwähnt, häufiger nachgesehen werden, auch wenn Gesamtüberholungen erst in längeren Zeitabständen vorgenommen werden.

35. Die Störungen an der Reglung.

Schäden an *Drehzahlreglern* äußern sich meist darin, daß die Stetigkeit der Kennlinie gestört wird. Die Reglung arbeitet unregelmäßig und neigt zum Pendeln. Diese Anstände können hervorgerufen werden durch starke innere Reibung infolge abgenutzter Gelenkbolzen, Schneiden, Schneidenpfannen und Reglermuffe. Die Ursache dieser Abnutzungen wird in vielen Fällen in ungenügender Schmierung oder starker Verschmutzung zu suchen sein. Auch durch Reglerfedern, die infolge Ermüdungserscheinungen ausknicken und an dem Reglergehäuse streifen, wird die innere Reibung erhöht. Darüber hinaus können bei Reglern, die mit einem Kraftverstärker ausgerüstet sind, auch Störungen dadurch auftreten, daß der Kolben des Verstärkers infolge irgendeiner Verunreinigung gefressen oder aber durch Abnutzung so viel Luft bekommen hat, daß durch den Drosselstift nicht mehr der erforderliche Öldruck eingestellt werden kann.

Treten jedoch insbesondere an den Schneiden und Schneidenpfannen ungewöhnlich starke und rasche Abnutzungen auf, so liegt die Ursache häufig außerhalb des Reglers selber. So kann sich das *Schneckengetriebe* stark ungleich abgenutzt haben, so daß der Regler stoßweise angetrieben wird und infolgedessen zum Pendeln neigt, wodurch auch die Schneiden und Schneidenpfannen infolge der zusätzlichen Bewegungen übermäßig stark abgenutzt werden.

Der Verschleiß des Schneckengetriebes kann seine Ursache in unzureichender Ölversorgung haben. Entweder ist die Ölzufuhr durch Verschmutzung oder Verstopfung der Spritzdüsen und der Ölleitung gänzlich unterbunden oder der Öldruck ist zu gering, so daß die Geschwindigkeit des Öles nicht groß genug ist, um es in die Verzahnung zu spritzen. Zur Erhöhung des Öldruckes können, vorausgesetzt, daß das Ölverteilungsventil in Ordnung ist und zuverlässig arbeitet, im Einvernehmen mit dem Hersteller die übrigen Verbrauchstellen des Ölnetzes etwas gedrosselt werden. Auch muß die Stellung der Spritzdüsen dahin überprüft werden, daß das Öl richtig in den Zahneingriff gelangt und die Verzahnung hinreichend geschmiert wird (vgl. S. 86).

Weiterhin kann ein rascher Verschleiß des Schneckengetriebes auf einen nicht vorschriftsmäßigen Einbau (vgl. S. 86) zurückzuführen sein. Die Höhenlage von Schnecke und Schneckenrad ist durch Einlaufprobe zu überprüfen und gegebenenfalls zu berichtigen, wobei darauf zu achten ist, daß Gegenmuttern und Anzugschrauben für Kegel usw. angezogen sein müssen, damit das Schneckenrad vollkommen fest sitzt.

Die Reglerspindel mit aufgezogenem Pumpen- und Schneckenrad sowie dem unteren Teil des Reglers muß vollkommen schlagfrei laufen, wovon man sich vor dem Einbau durch eine Prüfung auf der Drehbank überzeugen muß. Kegel, Gegenmuttern usw. sind fest anzuziehen, ohne daß dabei Verspannungen durch etwa nicht eben anliegende Flächen auftreten. Nicht schlagfreier Lauf übt Stöße auf das Schneckengetriebe aus und ruft Abnutzungen hervor. Die gleiche Wirkung haben auch Reglerspindeln, die in ausgeschlagenen Buchsen laufen.

Andererseits kann eine starke Reibung der Ölpumpen zufolge der dann höheren Beanspruchung die Ursache zu rascher Abnutzung des Getriebes sein. Auch zu hoher Öldruck kann das Schneckengetriebe übermäßig stark beanspruchen und entsprechende Abnutzungen hervorrufen.

Ein weiterer Grund zu übermäßiger Abnutzung des Schneckengetriebes kann in einem unruhigen Lauf der Turbine liegen, besonders dann, wenn das vordere Wellenende infolge von Unwucht oder Schlag der Turbinenwelle starke Schwingungen ausübt. Die Turbinenwelle muß in diesem Falle überholt werden.

Durch örtliche Verspannung oder starke Verformung des Turbinengehäuses kann der vordere Lagerbock, in dem das Schneckengetriebe läuft, so verzwängt sein, daß der Achsabstand unzulässig groß oder unzulässig klein geworden ist. Auch durch diese Abweichungen können rasche Abnutzungen von Schnecke und Schneckenrad hervorgerufen werden.

Treten Fremdströme auf, so sind die Schnecken- oder Schneckenradflanken rauh und mit meist nur unter dem Vergrößerungsglas zu erkennenden eigenartigen trichterförmigen Vertiefungen versehen. Sie zeigen also nicht die blanke, abgeschliffene Fläche mit Riefen in der Eingriffsrichtung wie bei Ölmangel oder Überlastung. Das Vorhandensein von Fremdströmen zeigt sich manchmal auch durch ein Abtragen von Oberflächenteilchen des metallenen Schneckenantriebsrades und Übertragen derselben auf die stählerne Schnecke, so daß deren Zähne wie mit einem Metallüberzug versehen erscheinen. Derartige Ströme können nur mit einem guten Voltmeter festgestellt werden. Vor elektrolytischer Abnutzung durch Wellenströme schützt ein Stromabnehmer auf der Turbinenwelle (vgl. Abb. 78).

Darüber hinaus kann eine einmal eingetretene ungleiche Abnutzung des Schneckengetriebes noch durch die vorhandene Unruhe der Reglung verstärkt werden.

An Drehzahlreglern einer reinen Flüssigkeitsreglung (Kreiselpumpenrädern) können Störungen dadurch auftreten, daß durch Verschmutzen der Ölwege sich die Förderleistung (Druck oder Menge des geförderten Öles) während des Betriebes verändert und damit der gesamten Reglung die Grundvoraussetzung für ihr bestimmungsmäßiges Arbeiten entzogen wird.

Liegt die Ursache der Störungen und Abnutzungen, wie aus den angegebenen Möglichkeiten zu ersehen, außerhalb des eigentlichen Reglers — und das ist im Falle raschen Verschleißes eines Reglerteiles meist anzunehmen —, so bringt nur eine Beseitigung der Ursache niemals eine alleinige Bekämpfung der Schadenserscheinung bleibende Abhilfe.

Auch *Druckregler* mit Membran können die Ursache zum Pendeln der Reglung sein. Dieser Fall tritt ein, wenn die Membran stark undicht geworden ist. Muß infolgedessen eine neue Membran eingesetzt werden, so ist folgendermaßen zu verfahren: Zunächst ist das Übersetzungsgestänge vom Druckregler zu lösen (vgl. Abb. 95) und die Membranhaube zu entfernen. Dann sind die Schrauben, die die Membran am Deckel festhalten, zu lösen und die Membran ist herauszuheben. Nach Einbau der neuen Membran und Wiederanbau des Übersetzungsgestänges ist der Hub zu überprüfen (vgl. S. 153).

Eine weitere Störungsursache kann beim Druckregler eine Verstopfung der Impulsleitung sein. So leicht auch eine solche Störung durch einfaches Säubern des Rohres zu beheben sein mag, so groß kann doch ihre Auswirkung sein, wie beispielsweise aus nachfolgendem Betriebsbericht hervorgeht:

„Trotz aller Maßnahmen des Betriebes hat die Reglung vollkommen versagt, so daß die Maschine außer Betrieb genommen werden mußte. Nach Überprüfen und Neueinstellen der Reglung, bei der nennenswerte Unstimmigkeiten nicht gefunden werden konnten, ergab sich als einzige Ursache für das Versagen der Reglung eine Verstopfung der Antriebsleitung zur Membran durch eine schmierige Masse, welche so fest saß, daß sie auch bei einem Dampfdruck von 4 at keinen Hauch mehr durchließ. Nach Säuberung des Rohres arbeitete die Maschine einwandfrei."

Mitunter treten auch Störungen durch ungünstige Anordnung der Impulsleitung auf. Die Leitung darf nicht derart an die Dampfleitung angeschlossen sein, daß Dampfwirbel sich bis zum Druckregler fortpflanzen und damit Pendeln hervorrufen. Das Anschließen der Impulsleitung an einem geraden Teil der Dampfleitung schafft hier Abhilfe. Auch Wassersäcke in der Impulsleitung, die auftreten können, wenn die Leitung nicht mit ausreichendem Gefälle verlegt ist, begünstigen stoßweises Arbeiten der Reglung.

Die Störungen an den *Übertragungsteilen und Ölkraftgetrieben* der Reglung, die hin und wieder auftreten und auch Anlaß zum Pendeln der Reglung sein können, sind grundsätzlich der gleichen Art und des gleichen Umfanges wie für die Schnellschluß- vorrichtung beschrieben (vgl. S. 313). Klemmungen an Gestängegelenken oder das Herausfallen eines Gelenkbolzens od. dgl. werden bei sachgemäßer und sorgfältiger Wartung nicht vorkommen. Ölreglungen können verschmutzen oder leck werden, was durch geringe Übersichtlichkeit und Zugänglichkeit begünstigt wird. Bleiben trotz Ausschlagens des Schnellschlußreglers und ordnungsgemäßer Schließbewegung des Drehzahlreglers die Ventile oder der Steuerschieber des Kraftgetriebes hängen, so kann bei einer Gestängereglung der Turbinenwärter ohne weiteres in das Gestänge greifen und z. B. den Steuerschieber von Hand bewegen, während bei einer Ölreglung keine Möglichkeit zu einem ähnlichen sofortigen Eingriff besteht. Dieser Unterschied ist für die Wahl der Reglungsart wesentlich.

Veränderte Einstellung des Gestänges und der Regelventilspindeln, wie sie gelegent- lich von Überholungen möglich ist, kann ebenfalls Pendelerscheinungen hervorrufen. Dieser Fehler kann nur durch eine vollständige Neueinstellung der Reglung an Hand des Einstellschemas beseitigt werden.

Reglungen mit mehreren Steuerungen, wie bei Mehrfach-Entnahmeturbinen, können bei veränderten Betriebsbedingungen, z. B. stoßweisen Belastungsänderungen in Ent- nahmenetzen, ebenfalls anfangen zu pendeln. In derartigen Fällen wird der nachträgliche Einbau von Ölbremsen Abhilfe schaffen.

Um aus den verschiedenen möglichen Ursachen die wirkliche Ursache des Pendelns der Reglungen zu ermitteln, sind etwa folgende Untersuchungen zu empfehlen: Man beobachtet zunächst, ob die Pendelbewegungen der Drehzahlreglermuffe genau gleich- zeitig verlaufen mit den Drehzahländerungen, die der Drehzahlmesser anzeigt. Trifft dies zu, dann ist der Drehzahlregler nicht die Ursache des Pendelns. Bleibt jedoch die Bewegung der Muffe gegenüber der Drehzahl zurück, so ist der Fehler im Drehzahl- regler selber zu suchen. Die Drehzahlkennlinie ist dann aufzunehmen und aus der Unstetigkeit des Hubes und der großen Unempfindlichkeit an einzelnen Stellen der Fehler zu ermitteln. Zeigt der Drehzahlregler aber keine Reibstellen, so liegt der Fehler im Übertragungsgestänge. Dieses Gestänge und auch das der Druckregler ist dann auf Reibstellen genauestens zu untersuchen.

Ist im Drehzahlregler keine Störung festgestellt worden, so muß die Bewegung der Reglermuffe gleichzeitig mit der Bewegung der Steuerwelle bzw. des Stellmotors beobachtet werden. Stellt man hier eine Ungleichheit in den Bewegungen fest, so sind daran entweder Durchbiegungen im Regelgestänge oder falsche Überdeckungen im Regelschieber des Kraftgetriebes schuld. Bei Flüssigkeitsreglungen betrachtet man sinngemäß gleichzeitig Drehzahl und Öldruck, woraus auf den Zustand des Drehzahl- reglers geschlossen werden kann, und dann Öldruck und Regelventilhübe. Tritt hier Ungleichheit in der Bewegung auf, so ist sicher ungewöhnliche Reibung im Ölkolben oder an den Ventilspindeln vorhanden.

Sind bei den bisher erwähnten Untersuchungen keine Fehler festgestellt oder etwa vorhandene Fehler bereits beseitigt worden und ist das Pendeln der Reglung immer noch vorhanden, so ist die Ursache nur noch in der Einstellung zu suchen, und zwar am häufig- sten in falscher Einstellung der Regelventilspindeln. Zur Bestätigung wird die Maschinen- charakteristik aufgenommen, d. h. man ermittelt die Stellung der Muffe des Drehzahl- reglers in Abhängigkeit von der Leistung. Ist der Anstieg der Kurve nicht stetig und ist an diesen Stellen Unruhe im Regelvorgang vorhanden, so muß die Spindeleinstellung verändert werden, damit der Öffnungsbeginn des betreffenden Ventiles verlegt wird.

Da derartige Untersuchungen häufig nicht unerhebliche Sonderkenntnisse auf dem Gebiet der Reglung erfordern, so wird es für den Turbinenbetreiber am zweckmäßigsten sein, einen erfahrenen Ingenieur zum schnellen Beseitigen der Mängel zu Rate zu ziehen.

Die *Regelventile*, -körbe, -spindeln und -stopfbuchsen, unterliegen den gleichen

Störungsmöglichkeiten wie Schnellschlußventile. Muß ein Ventilkorb ausgewechselt werden, beispielsweise wegen starken Verschleißes der Dichtleisten, so ist etwa wie folgt zu verfahren, Abb. 301: Nach Abbau des Ventilaufsatzes, des Ventildeckels und des Ventilkegels mit Spindel ist der vernietete Baustoff der Sicherungen wegzudrehen und der Ventilkorb herauszuziehen. Sondervorrichtungen dazu hat jedes Turbinenwerk entwickelt und stellt sie auf Anforderung zur Verfügung, falls das Kraftwerk die Anschaffung einer solchen Vorrichtung nicht für zweckmäßig hält. Damit die Ventilkörbe wieder verwendet werden können, soll man vor Inangriffnahme der Arbeiten die genauen Abmessungen der Sicherungstücke feststellen. Der Ventilkorb ist dann mittels eines mit Gewindeloch versehenen Flacheisens, das in die unteren seitlichen Fenster des Korbes eingeschoben wird, herauszuziehen. Für den Einbau eines neuen oder den Wiedereinbau des wiederhergestellten alten Ventilkorbes sind zunächst die alte Dichtung und die Reste der Sicherungstücke zu entfernen und die Dichtungsflächen des Ventilgehäuses zu reinigen. Danach wird der Dichtungsring im unteren Sitz des Gehäuses so eingepaßt, daß oben zwischen Ventilkorb und Gehäuse an der Dichtungsfläche a noch ein Spiel von 0,8 mm vorhanden ist. Die Sicherungsegmente werden dann in den oberen Sitz und der keglige Dichtungsring in den oberen Sitz eingelegt. Dann ist die Dichtungsfläche a mit Dampfdichtungskitt (Magnesitkitt) zu versehen. Der Ventilkorb ist nun mittels Spannvorrichtung fest auf seinen Sitz im Gehäuse zu pressen. Die Sicherungstücke sind zu vernieten, wobei so vorgegangen werden muß, daß nach Vernieten eines Stückes stets das gegenüberliegende zu vernieten ist. Die Spannvorrichtung ist sodann zu entfernen, worauf das Ventil zusammengebaut werden kann.

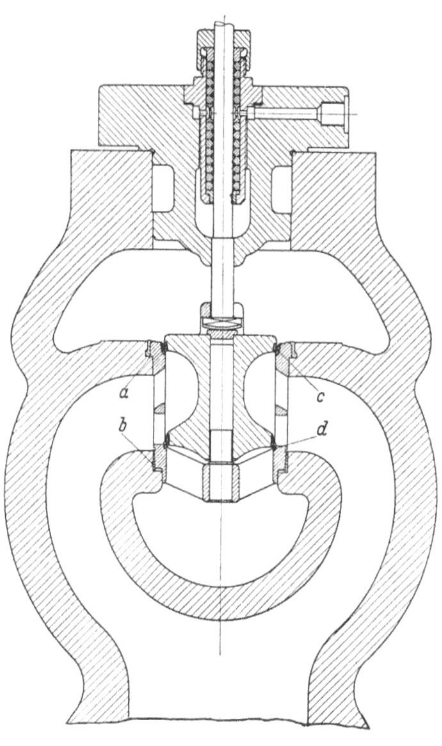

Abb. 301. AEG, Kegel, Korb und Gehäuse eines Doppelsitzregelventiles.

a, b Dichtungsflächen im Ventilgehäuse; c, d Dichtungsflächen am Ventilkorb.

Verrottungsangriffe an *Spindeln* oder Regelventilen erfordern sorgfältigere Beachtung, da die Schließfedern hier nicht so stark sind wie die der Schnellschlußventile. Andererseits spielen jedoch die Spindeln schon infolge der Belastungschwankungen stets etwas; wo dies nicht der Fall ist, sollte im Betriebe von Zeit zu Zeit die Belastung zwangsläufig etwas geändert werden. Die Ursache für Verrottung kann in den Stopfbuchsen liegen, die ausgeweitet oder zu stark angezogen oder sonst unsachgemäß eingebaut sind. Sie kann aber auch allein in den im Dampf enthaltenen, vielleicht auch chemisch wirksamen Unreinigkeiten liegen. Es werden daher besonders dort, wo mit starken Versalzungen und mit chemisch unreinem Dampf zu rechnen ist, die Spindeln aus besonders behandeltem Stahl hergestellt. Um darüber hinaus in einem derartigen Falle auch nach einer gewissen Anrauhung der Spindeln in den Stopfbuchsen noch ein zuverlässiges Arbeiten der Reglung zu gewährleisten, kann man die Ventile auch zwangsläufig durch den Kraftkolben schließen lassen. Es kann auch eine Einrichtung vorgesehen werden, mit der auch während des Betriebes die Spindeldurchführungen mit einem Lösungsmittel gespült werden können. Diese Einrichtung ist dann einfach anzubringen, wenn eine Absaugung des Stopfbuchsdampfes vorgesehen ist.

Alle diese Maßnahmen können jedoch nicht mit voller Sicherheit verhindern, daß trotzdem einmal Ventilspindeln hängenbleiben; sie sind nur dazu geeignet, die Abstände von einer Nacharbeit zur anderen zu vergrößern.

Die Ursache des Undichtwerdens von *Stopfbuchsen* der Regelventile wird in kleinen, meist unvermeidbaren Bewegungen der Spindeln zu suchen sein, die durch den Dampfstrom hervorgerufen werden. In diesem Zusammenhang sei erwähnt, daß Schwingungen von Ventilspindeln in Resonanz mit der Dampfgeschwindigkeit äußerst selten sind. Sie sind im übrigen bereits bei der ersten Inbetriebsetzung der Maschine oder unmittelbar danach festzustellen. Sie werden am einfachsten durch Auswechseln der betreffenden Spindel gegen eine solche anderer Abmessungen beseitigt, so daß damit derartige Anstände an diesem Teil ein für allemal vermieden werden. Ventilspindeln, die sich durch irgendeine ungleichmäßige Erwärmung oder plötzliche Abschreckung, wie z. B. bei einem Wasserschlag, während des Betriebes verzogen haben und damit krumm geworden sind, können ebenfalls die Ursache zum Undichtwerden von Ventilstopfbuchsen sein.

Ist das Auswechseln der Stopfbuchsen in einem Regelventil erforderlich, so ist die Ventilspindel zunächst gründlich zu reinigen. Sie darf keine Riefen und keine Vertiefungen zeigen, sondern muß vollständig glatt sein, besonders an der Stelle der Stopfbuchse (vgl. S. 153).

Mit Öl oder Fett dürfen die Spindeln von Regelventilen keinesfalls bestrichen werden; es darf nur Graphit, dem etwas Erdöl beizumengen ist, zum Einsetzen der Ringe verwendet werden.

Die untere Fläche der Stopfbuchsenbohrung muß vollkommen gerade und scharf in der Ecke sein, damit sich der erste Ring (Grundring) glatt auflegen kann.

Jeder weitere Ring ist mit der Stopfbuchsenbrille auf den darunterliegenden herunterzudrücken. Reicht diese in der Länge nicht aus, so sind ein- oder nach Erfordernis zweiteilige Paßringe dazwischenzulegen, die im Außen- und Innendurchmesser nur 0,1 bis 0,2 mm kleiner oder größer sein dürfen als die Ringe, damit sich die aufeinanderliegenden Ringflächen nicht eindrücken können.

Jeder Metallring ist vor dem Einbau zu untersuchen, ob die in seiner Bohrung vorgesehenen Löcher zum Austritt der Graphitfüllung vorhanden und offen sind; gleichzeitig ist durch Einstecken einer Nadel in diese Löcher festzustellen, ob jeder Ring mit Graphit hinreichend gefüllt ist. Ungefüllte oder ungenügend gefüllte Ringe dürfen nicht verwendet werden.

Die Schnittfugen der einzelnen Ringe sind gegeneinander zu versetzen.

In jede Stopfbuchse sind so viel Ringe einzusetzen, als die Tiefe der Bohrung zuläßt; es soll nur Raum für die Abschlußscheibe, eine etwa 3 mm starke Kupferscheibe, und den daraufzulegenden Weichzopf übrigbleiben. Dieser Schlußzopf selbst ist nur leicht anzuziehen. Bei undichter Stopfbuchse hat es keinen Zweck, durch Nachziehen der Stopfbuchsbrille den Schlußzopf fester anzupressen, es muß vielmehr durch Herausziehen der Metallringe untersucht werden, was die Undichtigkeit verursacht. Beschädigte Ringe sind hierbei stets auszuwechseln.

Ein mehrfaches Auf- und Abbewegen der Spindel nach erfolgtem Neuverpacken ist vorzunehmen.

Nicht jede Störung an den Reglern, den Übertragungsmitteln oder den Kraftverstärkern und -getrieben muß unbedingt zu einem Schaden an der Turbine führen; es gibt vielmehr zahlreiche, die in keiner Weise die Betriebsicherheit der Maschine gefährden. Sie wirken sich lediglich aus in einer Veränderung der Reglung im Sinne einer unerwünschten Drehzahlkennlinie, Lastaufnahmekurve, gestörter Stetigkeit oder vergrößerter Trägheit der Reglung. Mitunter tritt in Zusammenhang damit bei bestimmten Teillasten ein Pendeln der Reglung auf, d. h. die Stetigkeit wird meist nur für bestimmte, besondere Lastpunkte gestört. Je vielseitiger eine Reglung ist, um so größer sind diese Störungsquellen; denn je mehr Regelteile (Drehzahl-, Druck- oder Leistungsregler) gleichzeitig oder wechselweise Einfluß nehmen sollen und je mehr Ventilgruppen zu regeln sind, um so zahlreicher sind die Angriffspunkte.

Nachstehend werden noch einige *Beispiele von Störungen* angeführt, die wegen ihrer Auswirkung auf den Betrieb von Bedeutung sein können. So kann es vorkommen, daß bei plötzlicher Entlastung die Turbine nicht mehr von der Reglung abgefangen wird und der Schnellschluß anspricht. Da gerade die Läufer von Hochdruckturbinen wegen ihrer kleinen Abmessungen ein sehr kleines Schwungmoment haben, können sie leicht bis an die Schnellschlußdrehzahl, die auf etwa 10 bis 12 % der Betriebsdrehzahl eingestellt ist (vgl. S. 77), hochgehen, wenn die Reglung nicht eine sehr kurze Schließzeit hat. Vergrößert sich die Schließzeit, so strömt noch so viel Dampf in die Turbine, um den Läufer auf die Schnellschlußdrehzahl zu bringen. Ursache dieser Vergrößerung der Schließzeit kann ein zu träges Arbeiten des Ölverteilungsventiles infolge starker Reibung oder ein Nachlassen der Förderleistung der Ölpumpe sein. Undichtheiten und Hängenbleiben der Regelventile können die gleiche Wirkung haben.

Gibt eine Maschine wegen zu niedriger Frischdampfverhältnisse trotz vollständiger Öffnung der Regelventile und damit tiefster Lage der Muffe des Drehzahlreglers nicht mehr die volle Leistung her, so wird der Schalttafelwärter in Unkenntnis dessen, daß die Maschine bereits ausgeregelt hat, die Drehzahlverstellung noch weiter in Richtung einer Laststeigerung betätigen. Die Zusatzfeder des Reglers wird dann überspannt, so daß, wenn jetzt die Turbine plötzlich entlastet wird, die Drehzahl erst noch einen gewissen Betrag ansteigt, bevor die Reglung überhaupt eingreift. Die augenblickliche Drehzahlerhöhung geht dann also von einer höheren Anfangsdrehzahl aus, so daß auf jeden Fall die Schnellschlußdrehzahl erreicht wird. Es ist infolgedessen unbedingt zu beachten, daß die Drehzahlverstellvorrichtung nicht weiter betätigt wird, wenn bei Impulsgabe keine oder eine ruckartige Laständerung eintritt.

Gelingt es andererseits nicht, die Maschine vollständig zu entlasten, so liegt hier eine Störung der Reglung etwa durch Hängenbleiben der Regelventile vor. Der Stromerzeuger darf in einem solchen Falle nicht vom Netz getrennt werden, wenn nicht gleichzeitig auch das Schnellschlußventil von Hand geschlossen wird. Auch bei dem Schnellschlußventil muß man darauf achten, daß es dicht schließt. Ist dies nicht der Fall, so muß auch noch das in der Dampfleitung angeordnete Absperrventil geschlossen werden. Erst wenn durch diese Maßnahmen bei Versagen der Reglung die volle Gewähr vorhanden ist, daß kein Dampf mehr in die Maschine strömen kann, darf entlastet werden. Zweckmäßig und wesentlich sicherer für den Betrieb ist es jedoch, wenn eine Vorrichtung angebaut wird, durch die beim Ansprechen des Schnellschlusses auch der Stromerzeuger vom Netz abgeschaltet wird, sofern Rückstrom vom Netz fließt (vgl. S. 78/79).

Bei Parallelbetrieb ist jedoch zuerst der Spannungsregler auf die in Betrieb bleibende Maschine zu schalten, um Schwankungen in der Frequenz zu vermeiden. Bei Einzelbetrieb wird der Spannungsregler erst nach Abschalten des Stromerzeugers von den Sammelschienen außer Betrieb gesetzt.

Wird irgendeine der genannten Erscheinungen bemerkt, so ist zunächst, sobald die Maschine aus dem Netz genommen und zur Untersuchung zur Verfügung gestellt werden kann, an Hand des jeder Maschine mitgegebenen Einstellschemas die Reglungseinstellung auf das genaueste zu überprüfen. Dabei ist unter Umständen darauf Rücksicht zu nehmen, daß Gestänge im warmen Zustand der Maschine, wenn sie vielleicht in nächster Nähe an besonders heißen Teilen der Maschine vorbeigeführt sind (Frischdampfleitung), bei gleicher Reglerstellung zu einer anderen Stellung des Steuerschiebers und damit des Kraftgetriebes führen können als bei kalter Maschine. In sinngemäßer Weise ist bei Ölreglung die Veränderlichkeit der Ölzähigkeit mit der Temperatur in Betracht zu ziehen. Erst wenn die Übertragungsmittel in Ordnung befunden oder wieder in vorschriftsmäßigen Zustand gebracht, Hemmungen beseitigt, die Eigengewichte neu ausgewogen, Ausschläge geprüft, Feder- oder Ölbremsen richtig eingestellt sind, ist das Ölkraftgetriebe, also Steuerschieber und Kraftkolben, genauestens zu untersuchen. Die Schieber sind auf leichten Gang zu prüfen, gegebenenfalls auszubauen, auf Schlag zu messen und zu richten. Ist der Schieber gerichtet, so sind seine Steuerkanten zu überprüfen und gegebenenfalls zu berichtigen, bis auch er wieder in den Ursprungzustand, wie er durch die Einbauvorschrift festgelegt ist, zurückgebracht ist.

Die Kraftkolben sind selten Ursache von Störungen. Wesentlich häufiger sind es die Ventilfedern, -hebel (Nockenrollen) und -nocken. Bei aller Sorgfalt der Herstellung und Baustoffauswahl für die Nockenscheiben läßt sich ein gewisser Verschleiß nicht mit Sicherheit vollkommen ausschließen. Viel häufiger als ein sozusagen echter Verschleiß sind die Fälle, wo von berufener oder unberufener Hand, um die Ventilöffnungskurve zu „verbessern", Nacharbeiten an den Nockenscheiben vorgenommen werden, die selten vollkommenen Erfolg bringen. Denn fast nie wird — außer bei der zuständigen Entwurfsabteilung des Lieferwerkes — der notwendige Einblick in die zweckbedingte Ausmittlung der gesamten Reglung vorhanden sein, um die Folge eines Eingriffes in ihrer vollen Wirkung auf die gesamte Reglung abschätzen zu können. Eine einmal so verdorbene Nocke muß durch eine neue ersetzt werden.

Schließlich ist es auf das Arbeiten einer Reglung von Einfluß, ob die Ventile ihre ursprüngliche Dampfdichtheit behalten oder mit zunehmender Betriebzeit mehr und mehr Dampf hindurchlassen. Auch dadurch werden die Grundlagen der Reglung geändert, und insofern hat der Zustand der Ventilsitze usw. unmittelbaren Einfluß auf die Lastkennlinie der Turbine.

Nicht unerwähnt darf hier die Veränderung der Schluckfähigkeit der Turbine durch Verengung des Dampfdurchtrittsquerschnittes infolge Verschmutzung der Beschauflung bleiben, da durch sie die Beziehung bestimmter Leistungspunkte zu bestimmten Reglungstellungen ebenfalls gestört wird.

Störungen oder besser Mängel der eben erwähnten Art an der Reglung einer Dampfturbine können jedoch noch auf eine andere sehr natürliche Art zustande kommen, und zwar wird das gerade in solchen Zeiten der Fall sein, wo sich die allgemeine Belastungskurve der Kraftwerke und damit auch der einzelnen Maschineneinheiten anders gestaltet, als es bei der Bestellung und Errichtung der Maschine erwartet werden konnte. Wird z. B. eine für Grundlast bestimmte und dementsprechend ausgebildete Turbine später häufig mit Teillasten betrieben, so können hier Mängel in Erscheinung treten, die ihren Grund nicht in Störungen, Schäden oder ähnlichem, sondern lediglich in der nicht vorhergesehenen und daher für die Maschine ungewöhnlichen Verwendungsart haben. In solchen Fällen ist stets eine entsprechende Änderung der Reglung anzuraten und meist wird ein zweckentsprechender Umbau durch sachverständige Ingenieure, denen möglichst vollkommene Betriebsunterlagen (Belastungschaubilder usw.) zur Verfügung zu stellen sind, möglich sein.

36. Der Wirkungsgrad und die Lebensdauer der Turbine.

Auf den *Wirkungsgrad* und das Leistungsvermögen einer Dampfturbine können Verschleiß, Verschmutzung und Abnutzung durch Verrottung, Auswaschung, Fremdkörper usw. nicht ohne Einfluß sein. Für diese „Alterung" der Turbine aber eine allgemeingültige Regel aufzustellen oder sie selbst für gleiche Bauarten auch nur annähernd in Regeln zu fassen, ist, wie angesichts der großen Zahl der unerfaßbaren Einflußmöglichkeiten kaum anders zu erwarten, nicht möglich.

Ursachen einer Verschlechterung des *Dampfverbrauches* mit dem Maschinenalter können zunächst Auswaschungen und Verrottungen an der Beschauflung sein. Sehr oft, bei Gegendruckturbinen sogar fast ausschließlich, ist die ungeeignete Beschaffenheit der Arbeitsmittel die Ursache. Sind Speise- und Kühlwasser unrein, so wird sich in der Turbine und im Kondensator Schmutz ablagern. Gegen unreinen Dampf sind Turbinen mit kleinen Schaufelteilungen und -spielen besonders empfindlich. Die Beeinflussung des Dampfverbrauches durch Schaufelabnutzungen aller Art ist allerdings selbst dann, wenn sie in starkem Maße auftreten, wie bei zu hohem Feuchtigkeitsgehalt an ND-Schaufeln, geringer, als allgemein angenommen wird. Natürlich ist Voraussetzung dabei eine sachkundige Überwachung des gesamten Betriebes, also auch einschließlich der Kesselanlage, und insbesondere eine sorgfältige Wartung und Instandhaltung der Turbine selbst. Sehr großen Einfluß auf Dampfverbrauch und Leistungsvermögen einer Turbine kann dagegen die Verschmutzung der Beschauflung und ein etwa eingetretenes Ausschlagen der Außen- und Innenstopfbuchsen haben.

Da an den meisten Turbinen genaue Dampfverbrauchsmessungen nur bei der Abnahme, den Gewährleistungsmessungen, die späteren Betriebsmessungen aber mit weit geringerer Genauigkeit und meist ohne Kenntnis des inneren Zustandes der Turbine gemacht werden, läßt sich ein verläßlicher Schluß auf die Höhe des Einflusses der genannten Ursachen nicht ziehen. Es trifft jedoch allgemein zu, daß jede gründliche Überholung, bei der alle den Dampfverbrauch beeinflussenden Bauteile, soweit sie ersatzbedürftig sind, ausgewechselt werden, den ursprünglichen Zustand bezüglich Dampfverbrauch und Leistungsvermögen der Turbine nahezu vollkommen wieder herstellt.

Die Verschlechterung des Dampfverbrauches ist übrigens für die Überalterung der Turbinen nur ein und nicht immer der ausschlaggebende Grund. Daneben sind es vielmehr die seit Inbetriebsetzung der betreffenden Turbine durch Fortschritte in Entwurf und Gestaltung ermöglichte Erhöhung des thermodynamischen Wirkungsgrades und Verbesserungen betrieblicher Art, die eine Turbine veralten lassen. Infolgedessen hält man auch in Kraftwerken mit neuen und alten Turbinen vielfach letztere nur noch für Betriebsausfälle bereit, obwohl ihre Betriebzuverlässigkeit trotz größeren Maschinenalters nicht die geringste Einbuße erlitten hat. In Industriekraftwerken, in denen wegen der fast restlosen Ausnutzung der Dampfwärme in den nachgeschalteten Heizvorgängen der Maschinenwirkungsgrad nicht die ausschlaggebende Rolle spielt, findet man daher Betriebsturbinen hohen Lebensalters häufiger als in Elektrizitätswerken.

Auch die *mechanischen Verluste* einer Turbine ändern sich mit zunehmendem Maschinenalter nur wenig, da der Verschleiß an der Reibung ausgesetzten Bauteilen bei achtsamem Betriebe außerordentlich gering ist und sich im wesentlichen auf die Lager und die Reglergetriebe beschränkt. Durch eine gründliche und sachgemäße Überholung dieser Bauteile lassen sich die aufgetretenen Abnutzungen leicht und ohne nennenswerten Kostenaufwand beseitigen, so daß damit auch der mechanische Wirkungsgrad der Turbine wieder seine ursprüngliche Höhe erreichen wird.

Für die *Lebensdauer* einer Turbine bis zum Zustand des Veraltetseins können allgemeingültige Regeln gleichfalls nicht aufgestellt werden. Unzählige Turbinen bewährter Bauart arbeiten nach 20- bis 30jähriger Betriebzeit noch ebenso zufriedenstellend wie am ersten Tage, obwohl sie inzwischen zum Teil weit über 200 000 Betriebstunden hinter sich haben. Wesentlich dafür ist zunächst natürlich eine entsprechende Wartung im Betriebe, also vor allem die ständige Überwachung der Dampfverhältnisse und der Ölversorgung. Planmäßige Überholungen der gesamten Maschinenanlage in nicht zu langen Zeitabständen müssen darüber hinaus die Wartung ergänzen, so daß beginnender Verschleiß rechtzeitig festgestellt werden kann. Allgemein sollte jede Unregelmäßigkeit im Betriebe und im Betriebsverhalten der Maschinenanlage ehestens beseitigt werden. Werden diese Gesichtspunkte beachtet, erfolgt also die Wartung, Überholung und Instandhaltung mit der nötigen Sorgfalt, so wird die Lebensdauer der Dampfturbine nahezu unbegrenzt sein.

Zusammenfassung.

Im vorstehenden wurden die wichtigsten Fragen behandelt, die mit dem Errichten und dem Betriebe von Dampfturbinenanlagen in Zusammenhang stehen.

Es zeigte sich, daß die Bauarten der Dampfturbinen in ihrem Zusammenbau wenig — nur Turbinen radialen Aufbaues machen hier eine Ausnahme —, in den während ihres Betriebes erforderlichen Maßnahmen so gut wie gar nicht verschieden sind. Wohl weist eine jede Bauart im Betriebe in der einen oder der anderen Hinsicht ein ihr eigentümliches Verhalten auf, wie bezüglich der Anfahrzeit oder der Teillastzuschläge zum Dampfverbrauch, wohl sind auch bestimmte Störungsursachen bei der einen Bauart eher vorhanden als bei einer anderen, wie die Auswaschungen der ND-Schaufeln von Kondensationsturbinen, doch sind auch diese Unterschiede im großen und ganzen nicht ausgeprägt genug, als daß deshalb ein für allemal eine Bauart als die Dampfturbine schlechthin bezeichnet werden könnte. Das schließt indessen nicht aus, daß für bestimmte Verwendungzwecke, zufolge wärmetechnischer oder baulicher Einzelvorzüge, doch die eine Bauart vorteilhafter ist als die andere. So eignet sich z. B. für Industrieturbinen die Düsengruppenreglung, bei mehreren Reglungen die Gestänge-Verbundreglung besser als andere. Es gibt sogar Fälle, für die einige Bauarten und -formen überhaupt ausscheiden. Grundsätzlich ist bei einem Vergleich verschiedener Bauarten gleichen Wirkungsgrades und gleicher Regelmöglichkeit unbedingt derjenigen der Vorzug zu geben, die die größere Einfachheit des Aufbaues verkörpert.

Einfachheit in diesem Sinne bedeutet mäßige Stufenzahl, möglichste Beschränkung der Zahl der Teilturbinen und damit der Anzahl der Stopfbuchsen, der Lager und der Kupplungen und vor allem reichliche Spiele zwischen stillstehenden und umlaufenden Teilen. Sie muß gepaart sein mit Übersichtlichkeit im Betriebe, leichter Zugänglichkeit aller ihrer Teile zur Überprüfung und einfacher Wiederherstellmöglichkeit im Störungsfall. In dieser Beziehung kann die axiale Ausführung mit waagerecht geteiltem Gehäuse von keiner anderen übertroffen werden, da hierbei nach Abheben des Gehäuseoberteiles und der Lagerdeckel der Läufer mit allen seinen Einzelteilen sowie die übrigen wichtigen Bauteile jeder erforderlichen Überprüfung zugänglich sind. Denn für die Betriebsicherheit einer Turbine ist es wesentlich, die einzelnen Teile in ihrer gegenseitigen Lage, also die vorhandenen Spiele in Betriebstellung prüfen zu können. Je einfacher eine Turbine zu behandeln ist und je leichter Störungen festgestellt und mit einfachen Hilfsmitteln beseitigt werden können, um so brauchbarer ist diese Turbine für ihren Besitzer.

Der Wertmesser für die Güte einer Dampfturbine ist und bleibt somit unabänderlich die Dreiheit:

Betriebsicherheit, Einfachheit, Wirtschaftlichkeit.

Schrifttum.

Die folgenden Schrifttumhinweise sind entsprechend der Stoffgliederung des vorliegenden Werkes aufgeführt. Die Bezugzahlen der einzelnen Gruppen stimmen daher mit denen der Abschnitte des Buches überein.

Zu 1. Die Beförderung zur Baustelle und im Kraftwerk.

1. CROCE, C.: Erfahrungen bei der Prüfung von Kranen und Hebezeugen. Z. bayer. Rev.-Ver. Bd. 38 (1934) S. 9/11.
2. *Deutsche Reichsbahn:* Verzeichnis der in den Wagenpark der Deutschen Reichsbahn eingestellten Wagen für außergewöhnliche Transporte. 3. Ausgabe. München 1936.
3. DIN DVM 1201: Drahtseile, Richtlinien für Prüfverfahren.
4. MEEBOLD, R.: Die Drahtseile in der Praxis. Berlin: Springer 1938.

Zu 2. Das Fundament.

5. *AEG Baubüro:* Turbinenfundament auf sehr ungünstigem Baugrund. Kraftwerk 1931 S. 24.
6. AREM: Vergießen von Maschinen-Grundplatten auf Fundamenten. Wärme Bd. 58 (1935) S. 25.
7. BÄCHTHOLD, I.: Schwingungen von Maschinenfundamenten. Schweiz. Bauztg. Bd. 100 (1932) S. 167/169.
8. BLAESS, V.: Einwirkung des Fundamentes auf das kritische Verhalten raschumlaufender Wellen. Masch.-Bau Betr. Bd. 5 (1923) S. 1009/1011.
9. BLAESS, V.: Schwingungen von Maschinen und Fundamenten und ihre Beseitigung. Sitzung des Maschinentechnischen Ausschusses der Vereinigung der Elektrizitätswerke am 25. 4. 1929. Herausgegeben von der Vereinigung der Elektrizitätswerke.
10. BOCK, E.: Verhalten von Beton- und Stahlbetonbalken bei Biegeschwingungen. Z. VDI Bd. 86 (1942) S. 145/147.
11. *Deutsche Gesellschaft für Bauwesen:* Richtlinien für den Bau von Dampfturbinenfundamenten in Eisenbeton. Herausgegeben vom Ausschuß für Baugrundforschung. Bauingenieur Bd. 14 (1933) S. 227/228.
12. DIN 1000: Normalbedingungen für die Lieferung von Stahlbauwerken.
13. DIN 1044: Zeichen im Eisenbetonbau.
14. DIN 1045: Bestimmungen für Ausführung von Bauwerken aus Eisenbeton.
15. DIN 1046: Bestimmungen für Ausführung ebener Steindecken.
16. DIN 1047: Bestimmungen für Ausführung von Bauwerken aus Beton.
17. DIN 1048: Bestimmungen für Druckversuche an Würfeln bei Ausführung von Bauwerken aus Beton und Eisenbeton.
18. DIN 1967: Technische Vorschriften für Bauleistungen, Beton- und Eisenbetonarbeiten.
19. EHLERS, G.: Die Berechnung der Schwingungen von Turbinenfundamenten. Festschrift Wayss und Freytag. Stuttgart: Wittwer 1925.
20. EHLERS, G.: Die Berechnung von Dampfturbinenfundamenten. Beton u. Eisen Bd. 27 (1928) S. 194/198.
21. EHLERS, G.: Schwingungen von Dampfturbinenfundamenten und Einfluß der Bodenbeschaffenheit auf die Fundamentbemessung und -gestaltung. Sitzung des Maschinentechnischen Ausschusses der Vereinigung der Elektrizitätswerke am 25. 4. 1929. Herausgegeben von der Vereinigung der Elektrizitätswerke.
22. EHLERS, G.: Der Baugrund als Federung in schwingenden Systemen. Beton u. Eisen Bd. 41 (1942) S. 197.
23. *Engineering:* Steel Foundation for Turbine. Engineering Bd. 141 (1936) S. 54.
24. GIHLER, W.: Erläuterungen zu den Eisenbetonbestimmungen, 3. Aufl. Berlin: W. Ernst und Sohn 1926.
25. GEIGER, I.: Berechnung der Schwingungserscheinungen an Turbodynamos. Z. VDI Bd. 66 (1922) S. 667/669; Bd. 67 (1923) S. 287/288.
26. GEIGER, I.: Dynamische Einwirkungen auf Bauwerke mit besonderer Berücksichtigung von Dampfturbinenfundamenten. Bauingenieur Bd. 6 (1925) S. 339/341.
27. GRAF, O.: Die Druckelastizität und Zugelastizität des Betons. Forsch. Ing.-Wes. 1920 Heft 227.
28. GRAF, O.: Aus Untersuchungen mit Zement, Zementmörtel und Beton. Z. VDI Bd. 77 (1933) S. 813 bis 819.
29. GRAF, O.: Herstellung von Beton mit bestimmten Eigenschaften. Stand der Forschung und weitere Aufgaben. Z. VDI Bd. 85 (1941) S. 647/651.
30. GROPP, F.: Eiserne Turbinenfundamente. Wärme Bd. 51 (1928) S. 250/252.

31. Grün, R.: Der Beton. Herstellung, Gefüge und Widerstandsfähigkeit gegen physikalische und chemische Einwirkungen, 2. Aufl. Berlin: Springer 1937.
32. Haas, K.: Geschweißte Fundamentrahmen. P-Träger Bd. 3 (1932) S. 28/29.
33. Hort, W.: Technische Schwingungslehre, 2. Aufl., S. 191/201. Berlin: Springer 1922.
34. James, J. R.: Turbinenfundamente. Arch. Wärmewirtsch. Bd. 10 (1929) S. 163.
35. Kayser, H.: Über Fundamentschwingungen, theoretische Betrachtungen und Versuche. Z. VDI Bd. 73 (1929) S. 1305/1310.
36. Kleinlogel, A.: Rahmenformeln. Berlin: W. Ernst und Sohn 1939.
37. Laube, O.: Die Bauanlagen des Großkraftwerkes Klingenberg. Z. VDI Bd. 71 (1927) S. 1841/1854.
38. Lübcke, E.: Neue Fragen der Schwingungstechnik. Z. VDI Bd. 85 (1941) S. 826/828.
39. Marguerre, F.: Schwingungsmessungen am Stahlfundament eines 20000 kW-Turbosatzes im Großkraftwerk Mannheim. Elektr.-Wirtsch. Bd. 36 (1937) S. 489/494.
40. Mörsch: Der Eisenbetonbau, 6. Aufl. Stuttgart: Konrad Wittwer 1929.
41. *NSBDT, Fachgruppe Bauwesen:* Richtlinien für den Bau von Dampfturbinen-Fundamenten in Stahlbeton, 2. Ausgabe. 1944.
42. Pöschl, Th.: Angenäherte Berechnung der Schwingungzahlen von Rahmen. Ing.-Arch. Bd. 1 (1930) S. 469/480.
43. Prager, W.: Die Eigenschwingung von Rahmenfundamenten. Z. techn. Phys. Bd. 9 (1928) S. 222.
44. Rausch, E.: Dampfturbinenfundamente. Bauingenieur Bd. 5 (1924) S. 772/775; Bd. 6 (1925) S. 343 bis 344 u. 379/380; Bd. 7 (1926) S. 859/863; Bd. 8 (1927) S. 518.
45. Rausch, E.: Berechnung von Dampfturbinenfundamenten. Beton u. Eisen Bd. 27 (1928) S. 396/400.
46. Rausch, E.: Richtige und fehlerhafte Maschinengründungen. Z. VDI Bd. 75 (1931) S. 1133/1137.
47. Rausch, E.: Zur Frage der Maschinengründung. Z. VDI Bd. 76 (1932) S. 212/213.
48. Rausch, E.: Maschinenfundamente und andere dynamische Bauaufgaben, 3. Teil. Berlin: VDI-Verlag 1942.
49. Rausch, E.: Schwingungsberechnung von Dampfturbinen-Fundamenten in Stahlbeton. Beton u. Eisen Bd. 41 (1942) S. 193/197, 214/219.
50. Ruegg, R.: Eisenfundamente für Dampfturbinen. Wärme Bd. 57 (1934) S. 473/474.
51. Thoma, D.: Das erschütterungsdämpfende Fundament. Elektr.-Wirtsch. Bd. 22 (1923) S. 21/24.
52. Thoma, D.: Über Dämpfung von Maschinenschwingungen. Masch.-Bau Gestaltung Bd. 3 (1928/29) S. 15.
53. Thum, A., u. K. Oeser: Gummifederungen für ortfeste Maschinen. Berlin: VDI-Verlag 1935.
54. Vesselowsky, S.: Experimental and Theoretical Investigation of Turbine Foundation. J. Appl. Mech. Juni 1940 S. 63/70.
55. Voigtländer, O. v.: Power Plant Foundations. Power Bd. 75 (1932) S. 881/884.
56. *Wärme:* Schutz von Maschinenfundamenten gegen Ölzerstörungen. Wärme Bd. 59 (1936) S. 208.
Vgl. auch: 484, 883, 889.

Zu 3. Der Kondensator.

57. Albert, K.: Fortschritte im Bau von Kondensationseinrichtungen, Luftpumpen, Dampfstrahlverdichtern und Verdampferanlagen für Kraftwerke. Skoda-Mitt. 1939 S. 108/113.
58. *BBC:* BBC-Kondensatoren mit eingewalzten vorgebogenen Kühlrohren. BBC-Nachr. Bd. 27 (1940) S. 16/19.
59. Bollier, H.: Untersuchungen über Vakuumausnützung von Kondensationsturbinen. Escher Wyss Mitt. Jg. 12 (1939) S. 71.
60. Bollier, H., u. J. J. Spoerry: Kondensationsanlagen. Escher Wyss Mitt. Bd. 15/16 (1942/43) S. 69/74.
61. Bottomley, W. T.: The Economics of the Design of Condensing Plant and Cooling Water Systems as Applicable to Power Stations. Trans. N-E Coast Instn. Engrs. Shipb., Newcastle Bd. 57 (1941) S. 221 bis 254.
62. ten Bosch, M.: Die Wärmeübertragung. Berlin: Springer 1936.
63. Cremer, W.: Der Luftkondensator im Dampfkraftwerk. Elektr.-Wirtsch. Bd. 39 (1940) S. 452/453.
64. DIN 1785: Kondensatorrohre, Abmessungen, Technische Lieferbedingungen.
65. DIN 2391: Präzisionstahlrohre.
66. Eisenstecken, F.: Über das Verhalten von Stahlröhren bei Einwirkung von aggressiven Stoffen. Mitt. Inst. Verein. Stahlwerke, Dortmund Bd. 3 (1933) S. 81/106.
67. *Engineer:* The Inverted Condenser (*Parsons*). Engineer Bd. 152 (1931) S. 117.
68. *Engineering:* Condensing Plant for 105000 kW Turbo-Alternator at Battersea. Engineering Bd. 141 (1936) S. 109, 122.
69. Fono, A.: The Economic Dimensions of Condensers and Cooling Plants. Engineering Bd. 149 (1940) S. 79/82.
70. Fox, C. F.: All Welded Steel Condensers. Power Bd. 76 (1932) S. 230/231.
71. Fritz, W.: Verdampfen und Kondensieren. Stand der Forschung unter besonderer Berücksichtigung amerikanischer Versuche. Z. VDI-Beiheft Verfahrenstechnik (1943) Nr. 1 S. 1/30.
72. Gnam, E.: Tropfenkondensation von Wasserdampf. Z. VDI Bd. 81 (1937) S. 926/927.
73. Gröber, H.: Einführung in die Lehre von der Wärmeübertragung. Berlin: Springer 1926.

74. GRÖBER, H., u. S. ERK: Die Grundgesetze der Wärmeübertragung, 2. Aufl. Berlin: Springer 1933.
75. GUY, H. L., u. E. V. WINSTANLEY: Some Factors in the Design of Surface Condensing Plant. Engineering Bd. 137 (1934) S. 159/161, 204/207, 242/243, 275/276, 345.
76. GUY, H. L., u. E. V. WINSTANLEY: The Design of Surface Condensing Plant. Engineer Bd. 157 (1934) S. 154/156, 182/184, 204/206, 210/212.
77. HAPPEL, O.: Betriebserfahrungen mit einem Luftkondensator. Arch. Wärmewirtsch. Bd. 22 (1941) S. 265/268.
78. HAUSBRAND, E.: Verdampfen, Kondensieren und Kühlen, 6. Aufl. Berlin: Springer 1918.
79. HELLER, L.: Kondensation mittels Luft für Dampfturbinen mit Einspritzkondensatoren. IV. Weltkraftkonferenz, London 1950, Sektion E 3, Bericht Nr. 7.
80. VAN HENGEL, G. H.: Analysis and Tests on Hydraulic Circuits of Surface Condensers. Trans. Amer. Soc. mech. Engrs. Bd. 59 (1937) S. 151/160.
81. HIRSCH, S., u. A. SCHIMMEL: Die neuere Entwicklung der Kondensatorrohrfrage. Jb. schiffbautechn. Ges. Bd. 30 (1929) S. 229/242.
82. HOEFER, K.: Die Kondensation bei Dampfkraftmaschinen. Berlin: Springer 1925.
83. JAKOB, M.: Kondensation und Verdampfung. Z. VDI Bd. 76 (1932) S. 1161/1170.
84. JUNGNITZ, G.: Der Wärmedurchgang in Oberflächenkondensatoren. Wärme Bd. 54 (1931) S. 721/728.
85. KAISER, P.: Verwendung von sehr hartem Zusatzwasser in einer Rückkühlanlage für Oberflächenkondensatoren. Wärme Bd. 55 (1932) S. 518/519.
86. KEDENBURG, H.: Über die Abkühlung von Dampf-Luft-Gemischen in Oberflächenkondensatoren. Schiffbau Bd. 44 (1943) S. 1/7.
87. KRAFT, E. A.: Kondensatoren und Strahlsauger. AEG-Mitt. 1928 S. 569/579, 621/626.
88. LEE, C. K.: A Huge Condenser Fabricated in the New Manner. Electr. J. Bd. 30 (1933) S. 5.
89. MELAN, H.: Schwingungen von Kondensatorrohren. Z. VDI Bd. 83 (1939) S. 621/622.
90. PAUL, H.: Betriebseignung von Kondensationsanlagen. Arch. Wärmewirtsch. Bd. 17 (1936) S. 212/216.
91. PENDENNIS, R., u. C. M. WHITE: Resistance to Flow Through Nests of Tubes. Engineering Bd. 146 (1938) S. 605/607, 665/666, 723/725.
92. PENDRED, B. W.: The Surface Condenser. London: Pitman & Sons 1935.
93. PETTY, PH.: Regenerative Surface Condensers. Engineer Bd. 147 (1929) S. 229/231, 259/261, 313/316, 346/348, 388/390.
94. PETTY, T.: Heat Transmission in Surface-Condensers. J. Proc. Instn. mech. Engrs., London Bd. 145 (1941) S. 106/114.
95. *Power:* Worlds Largest Condensers. Power Bd. 75 (1932) S. 823/827.
96. *Power:* Six Leading Condenser Manufacturers Approve Commercial Factors for Designing Surface Condensers. Power Bd. 76 (1932) S. 133/134.
97. *Power:* Steam Condensers. Power Bd. 82 (1939) S. 201/210.
98. *Power:* Corrosion Tests of Condenser-Tube-Materials. Power Bd. 84 (1940) S. 97.
99. ROOSEN, R.: Abdampfkondensation durch Luftkühlung auf Fahrzeugen unter besonderer Berücksichtigung des Leistungsbedarfes und der Regelfähigkeit. Forschung Bd. 8 (1937) S. 75/86.
100. SCHACK, A.: Der industrielle Wärmeübergang, 2. Aufl. Düsseldorf: Stahleisen 1940.
101. SCHIEL, H.: Vergleichsmessungen an zwei Oberflächen-Kondensationsanlagen moderner Kraftwerks-Dampfturbinen. Bergbau u. Energiewirtsch. Bd. 4 (1951) S. 129.
102. SCHLICKE, H.: Wirtschaftliche Kondensattemperatur. Wärme Bd. 55 (1932) S. 534/535.
103. SCHWAB, CH.: Bau von Oberflächenkondensatoren in Amerika. Arch. Wärmewirtsch. Bd. 12 (1931) S. 305/306.
104. SIEGEL, A.: Oberflächen-Kondensationslagen für Dampfturbinen. AEG-Mitt. 1925 S. 215/219.
105. SIEGEL, A.: Die Korrosionsfestigkeit der Kondensatorrohre verschiedener Legierungen in Abhängigkeit von der Brinellhärte. Wärme Bd. 58 (1935) S. 173/177.
106. STUEWER, K.: Schwingungsbrüche an Kondensatorrohren. Techn. Überwachg. 1940 S. 124.
107. TAYLOR, C. M.: One Piece Construction Improves Condensers. Power Bd. 75 (1932) S. 442.
108. TÖDTLI, V.: Schiffskondensationsanlagen. Brown Boveri Mitt. Bd. 29 (1942) S. 271/275.
109. *Wärme:* Kondensatunterkühlung bei Dampfturbinenanlagen. Wärme Bd. 60 (1937) S. 532/533.
110. *Wärme:* Die Zusatzspeisemenge reiner Kondensationsanlagen. Wärme Bd. 65 (1942) S. 238/239.
111. WALKER, F.: Metropolitan-Vickers Steam-Condensers and Condenser Auxiliaries. Metro-Vick. Gaz., Manchr. Bd. 17 (1938) S. 416/420, 436/444.
112. WELLMANN, W. E., u. H. GOERKE: Neue Leistungsgarantie für Oberflächen-Wärmeaustauscher in Kraftwerksbetrieben. Elektr.-Wirtsch. Bd. 32 (1933) S. 115/118.
113. ZABEL, H.: Die Kondensation. AEG-Mitt. 1938 S. 367/373.
Vgl. auch: 510, 641.

Zu 4. Die Hilfsmaschinen der Kondensationsanlage.

114. ANDRITZKY: Wirtschaftlichkeit des Hilfsmaschinenantriebes durch Dampfturbinen oder elektrische Motoren. Elektr.-Wirtsch. Bd. 38 (1939) S. 135/139.
115. BOSNJAKOVIC, F.: Wechselnder Betrieb von Dampfstrahlverdichtern. Z. VDI Bd. 85 (1941) S. 389/390.

116. DIETRICH, J.: Größe und Anordnung der Dampfstrahl-Luftsauger für Kondensationsanlagen unter besonderer Berücksichtigung des Anfahrens. Wärme Bd. 65 (1942) S. 251/254.
117. FALK, R.: Betriebsverhältnisse parallel arbeitender Kreiselpumpen mit langen Verbindungsleitungen. Z. VDI Bd. 77 (1933) S. 898/900.
118. FLÜGEL, G.: Berechnung von Strahlapparaten. Berlin: VDI-Verlag 1939.
119. GUILHAUMAN, W.: Der Turboantrieb von Kraftwerks-Hilfsmaschinen. Arch. Wärmewirtsch. Bd. 21 (1940) S. 151/154.
120. HOEFER, K., HEUSER, K. A. KAPFERER, BLAUM u. F. L. RICHTER: Wasser- und Dampfstrahl-Luftpumpen für Oberflächenkondensatoren insbesondere auf Schiffen. Z. VDI Bd. 68 (1924) S. 288/292.
121. HOLLFELDER, E.: Betriebsverhältnisse parallel arbeitender Kreiselpumpen mit langen Verbindungsleitungen. Z. VDI Bd. 76 (1932) S. 513/514.
122. HUTAREW, G.: Betrieb und Regelung der Kondensat-Kreiselpumpen. Arch. Wärmewirtsch. Bd. 22 (1941) S. 157.
123. KLÖNE: Zusammengefaßte Ergebnisse aus Untersuchungen an Wasserstrahl-Luftpumpen. Wärme Bd. 58 (1935) S. 241/242.
124. KRAFT, E. A.: Kreiselpumpen für Kondensationsanlagen. AEG-Mitt. 1929 S. 13/19, 55/59.
125. KRISAM, F.: Kreiselpumpen für Dampfkraftwerke. Techn. Mitt. Haus d. Techn. Essen Bd. 33 (1940) S. 174/179.
126. KRISAM, F.: Über Saug- und Zulaufhöhen bei Kreiselpumpen. Wasserkr. u. Wasserwirtsch. Bd. 36 (1941) S. 238/242.
127. PFLEIDERER, C.: Die Kreiselpumpen, 3. Aufl. Berlin/Göttingen/Heidelberg: Springer 1949.
128. PONOMAREFF, A. J.: Which Pump for Circulating Water? Power Bd. 83 (1939) S. 671.
129. SCHLICKE, H.: Das Ansaugen der Zentrifugalpumpen. Wärme Bd. 56 (1933) S. 741.
130. SCHLICKE, H.: Anordnung der Kühlwasserreinigungsanlage. Wärme Bd. 57 (1934) S. 522/523.
131. SCHLICKE, H.: Wirtschaftlicher Antrieb der Hilfsmaschinen in einem Kraftwerk. Wärme Bd. 63 (1940) S. 1/3.
132. SCHLICKE, H.: Betriebserfahrungen mit Kondensationspumpen. Energie Jg. 3 (1951) S. 179.
133. SEFFL, K.: Über die Verwendung von Luftpumpen bei Turboaggregaten. Skoda-Mitt. Bd. 4 (1942) S. 6/19.
134. *Wärme:* Inbetriebsetzung der Pumpen von Dampfturbosätzen. Wärme Bd. 59 (1936) S. 790/791.
135. WATSON, F. R. B.: The Production of a Vacuum in an Air Tank by means of a Steam Jet. Engineering Bd. 135 (1933) S. 230/233, 262/265.
136. WIEGAND, J.: Bemessung von Dampfstrahlverdichtern und ihr Verhalten bei wechselnden Betriebsbedingungen. Berlin: VDI-Verlag 1940.
137. WEYDANZ, W.: Vorgänge in Strahlapparaten. Berlin: VDI-Verlag 1939.
Vgl. auch: 80, 87, 93.

Zu 5. Die Rohrleitungen der Kondensationsanlage.

138. CARDWELL, P. H.: Neue Wege zur Verhütung von Rohrablagerungen. Power Bd. 94 (1950) S. 98/101.
139. KÖPPE, P.: Kühlwasserversorgung von Dampfkraftwerken. Wärme Bd. 64 (1941) S. 325/327.
140. LANGNER, V.: Elektrische Antriebe für Absperrschieber. Elektrotechn. u. Masch.-Bau Bd. 57 (1939) S. 224/226.
141. SCHWEDLER, F., u. H. v. JÜRGENSONN: Handbuch der Rohrleitungen, 4. Aufl. Berlin/Göttingen/Heidelberg: Springer 1950.

Zu 6 und 7. Die Bauteile, der Zusammenbau und die Ausrichtung von ortfesten Axialturbinen.

142. ACKERET, I., C. KELLER u. F. SALZMANN: Die Verwendung von Luft als Untersuchungsmittel für die Probleme des Dampfturbinenbaues. Escher Wyss Mitt. Jg. 7 (1934).
143. *AEG:* 25 Jahre Dampfturbinen. Berlin: VDI-Verlag 1928.
144. ALTHOFF, F.: Die inter- und intrakristalline Korrosion und ihre Ursachen. Metallforschg. Bd. 2 (1947) S. 321/331.
145. *Arch. Wärmewirtsch.:* Ortbewegliche Kraftanlagen für 10000 kW. Arch. Wärmewirtsch. Bd. 23 (1942) S. 227.
146. BAASCH, J.: Zahnradgetriebe Bauart *Brown Boveri.* Brown Boveri Mitt. Bd. 13 (1926) S. 47/54, 76/83, 102/110, 128/131, 153/157.
147. BALCKE, H.: Neuzeitliche Isolierstoffe und Isolierverfahren in der Wärmetechnik. Brennstoff- u. Wärmewirtsch. Bd. 15 (1933) S. 105/109, 124/127.
148. BAUMANN, K.: Neuere große Dampfturbinen. Z. VDI Bd. 74 (1930) S. 805/822.
149. BBC-Nachr. Bd. 32 (1950) S. 20/25: Dampfturbinen.
150. BERNHARD, H.: Über die Biegungschwingungen von Turbinenschaufeln mit Hammerfuß. Technik Jg. 3 (1948) S. 152/154.
151. BIEZENO, C. B., u. R. GRAMMEL: Technische Dynamik. Berlin: Springer 1939.
152. BLÄNSDORF, M.: Turbosätze. Zunahme der Leistungen, Drücke, Temperaturen und Spannungen. Wärme Bd. 53 (1930) S. 835/839.

153. BLUHM, P.: Gleitlager im Elektromaschinenbau. Elektrotechn. Z. Bd. 59 (1938) S. 1011/1013.
154. BOCK, R.: Fehlerprüfung bei Zahnrädern. Z. VDI Bd. 81 (1937) S. 267/272.
155. BOESE: Quecksilber-Dampfkraftwerk Schenectady. Z. VDI Bd. 79 (1935) S. 1125/1127.
156. BÖTTCHER, L.: Arbeitsbestgestaltung im Dampfturbinenbau. Werkstattstechn./Masch.-Bau Betrieb Bd. 37/22 (1943) S. 369/371.
157. BOLLIER, H., u. J. J. SPOERRY: Kraftwerksturbinen. Escher Wyss Mitt. Bd. 15/16 (1942/43) S. 62/69.
158. BONIN, H.: Die Quecksilber-Wasser-Zweistoff-Dampfturbine. Stahl u. Eisen Bd. 44 (1924) S. 887/890.
159. BORN, E.: Elektrische Turbinenlokomotive. Z. VDI Bd. 83 (1939) S. 1140.
160. BOZIDAR, H.: Erhöhung der Wirtschaftlichkeit vorhandener Dampferzeugungsanlagen durch Umsetzen, Vervollständigung und zweckmäßige Ausstattung. Technik Jg. 1 (1946) S. 221/231.
161. BRENNECKE, C.: Gleitlager mit Austauschwerkstoffen in Kraftmaschinen und Elektromotoren. Konstruktive Grundlage und betriebliches Verhalten. Arch. Wärmewirtsch. Bd. 21 (1940) S. 223/227.
162. BUCKLAND: Effect of nozzle and bucket deposits on turbine capacity and efficiency. Gen. Electr. Rev. Bd. 45 (1942) S. 123/129.
163. BÜTTER, P.: Zahnradgetriebe mit außergewöhnlich hohen Drehzahlen und Umfangsgeschwindigkeiten. Z. VDI Bd. 84 (1940) S. 722.
164. BUSEMANN, A.: Lavaldüsen für gleichmäßige Überschallströmungen. Z. VDI Bd. 84 (1940) S. 857/862.
165. CAMPBELL, C. B.: Trends and development in steam turbine practice for central station service. IV. Weltkraftkonferenz, London 1950, Sektion E 3, Bericht Nr. 2.
166. CHRISTIE, A. G.: Revidierte amerikanische Vorzugsnormen für Turbomaschinensätze mit 3600 U/min. Arch. Energiewirtsch., Zeitungsdienst 25. Juni 1951 Nr. 12/15 S. 422.
167. *Combustion*: Turbinen und Generatoren. Combustion Nr. 7 Januar 1951.
168. COMMISSAIRE, J.: Les grandes centrales américaines. Techn. mod. Bd. 39 (1947) Nr. 17/18 S. 285/292 u. Nr. 19/20 S. 326/333.
169. DAEVES, K.: Werkstoffeigenschaften langjährig bewährter Turbinenscheiben und -schaufeln. Wärme Bd. 61 (1938) S. 595/598.
170. DANNETTEL, R. C., u. G. S. HARRIS: Auswahl des Dampfzustandes für die Einheit Nr. 4 des Kraftwerkes Riverside (der Consolidated Gas, Electric Light and Power Company of Baltimore). Bericht anläßlich der 70. Jahresversammlung der American Society of Mechanical Engineers vom 27. 11. bis 2. 12. 1949. (Für und wider die Rückerhitzung.)
171. DIETZEL, F.: 50 Jahre Entwicklung und heutiger Stand des deutschen Dampfturbinenbaues mit besonderer Berücksichtigung der Industrieturbine. Energie Jg. 2 (1950) S. 139.
172. DOLLIN, F.: Tendenzen im Bau von großen Dampfturbinen. IV. Weltkraftkonferenz, London 1950, Sektion E 3, Nr. 2.
173. DOLLIN, F.: The continued evolution of the steam turbine. Heaton Works Journal. C. A. Parsons & Co., Ltd., Sommer 1949.
174. DÜBBERS: Ermittlung der Durchbiegung belasteter Wellen. Technik Jg. 3 (1948) S. 21/22.
175. *Electrical Review*: Konstruktionseinzelheiten des englischen Kraftwerkes Walsall. Electr. Rev. Nr. 37/13 (1949).
176. *Electrical World*: Reheat can be unprofitable. Electr. Wld. Bd. 131 (1949) H. 1 S. 27.
177. *Electrical World*: Comparative costs of resuperheating installations. Electr. Wld. Bd. 132 (1949) H. 11 S. 87/91.
178. VOM ENDE, E.: Zur Kenntnis der Gleitlagerreibung. Z. VDI Bd. 82 (1938) S. 1282/1283.
179. *Engineer*: Modern Double Helical Reduction Gearing. Engineer Bd. 153 (1932) S. 400/401.
180. *Engineering*: Turbine Driven Express Passenger Locomotive. Engineering Bd. 140 (1935) S. 10/12.
181. *Engineering*: 105000 kW Turbo-Alternator at the Battersea-Station of the London Power Company. Engineering Bd. 141 (1936) S. 53/54.
182. *Engineering*: The Schenectady Mercury Steam Power Station. Engineering Bd. 139 (1935) S. 641.
183. *Engineering*: The 120000 kW Generating Station of the Fulham Borough Council. Engineering Bd. 142 (1936) S. 407/409.
184. FALTIN, H.: Forschungs- und Entwicklungsaufgaben auf dem Gebiet des Dampfturbinenbaues. Energie Technik, 1. Jahrg. (1951) S. 13.
185. FALZ, E.: Lagerspiele für hohe Drehzahlen. Schweiz. Bauztg. Bd. 103 (1934) S. 183/185.
186. FISCHER, F.K.: Entwicklung neuzeitlicher Dampfturbinen. Iron Coal Tr. Rev. Bd. 147 (1943) S. 469/470.
187. FLATT, F.: Schnellaufende Dampfturbinen mit Getriebe. Escher Wyss Mitt. Bd. 10 (1937) S. 18/24.
188. FLATT, F.: Entwicklung der Escher Wyss-Dampfturbine. Escher Wyss Mitt. Bd. 15/16 (1942/43) S. 54 bis 61.
189. FLATT, F.: Untersuchungen über Wasserausscheidung bei Dampfturbinen. Escher Wyss Mitt. Jg. 12 (1939) S. 65.
190. FLÜGEL, G.: Die Dampfturbinen. Ihre Berechnung und Konstruktion. Leipzig: Johann Ambrosius Barth 1931.
191. FLÜGEL, G.: Über Gestaltung und Systematik neuerer Schaufelprofile für Dampf- und Gasturbinen. Forsch. Ing.-Wes. Bd. 16 (1949/50) S. 125/132.
192. FLÜGEL, G.: Die Dampfturbinen bei großen Änderungen des Betriebszustandes. Z. VDI Bd. 93 (1951) S. 721/728.

193. FÖPPL, O.: Graphische Berechnung von Eigenschwingungzahlen. Ing.-Arch. Bd. 11 (1940) S. 178/191.
194. FÖPPL, O.: Angenäherte graphische Berechnung von Drehschwingungs- und Biegeschwingungsfrequenzen. Technik Jg. 2 (1947) S. 25/28.
195. GAGE, A.: Renovation de la Centrale de Gennevilliers. Les machines. Technique Moderne Bd. 42 (1950) S. 341/350.
196. GEIGER, J.: Ermittlung der Eigenschwingzahlen von verjüngten Turbinenschaufeln. Werft Reed. Hafen Bd. 24 (1943) S. 49/58.
197. GIBB, C. D.: Post-War Land Turbine Development. Engineering Bd. 131 (1931) S. 555/557, 578/579, 582/583, 587/590, 656/658, 716/717. — Bericht darüber von E. A. KRAFT: Z. VDI Bd. 75 (1931) S. 980.
198. GILLESPIE, R. D.: Das neue O. H. Hutchings-Kraftwerk in Dayton (USA.). Power Generation Chicago, Februar 1949.
199. GROPP, F., u. W. ELLRICH: Auslegung, Durchbildung und Ausführung von Kondensationsturbinen. Elektr.-Wirtsch. Bd. 32 (1933) S. 74/77.
200. GROPP, FR.: Dampfdurchsatzvolumen und Wirkungsgrad der Gegendruckturbosätze. Energie Jg. 2 (1950) S. 151.
201. GROPP, Fr.: Zukunftsgedanken zum deutschen Dampfkraftwerkbau. BWK Bd. 2 (1950) S. 161.
202. GROPP, Fr.: 125 at-Dampfturbinen ohne Zwischenüberhitzung. BWK Bd. 3 (1951) S. 303/305.
203. GUILHAUMAN, W.: Dampfturbinen zum Antrieb von Holzschleifern. Arch. Wärmewirtsch. Bd. 17 (1936) S. 311/314.
204. GUILHAUMAN, W.: Stopfbuchsschaltungen bei Dampfturbinen. Arch. Wärmewirtsch. Bd. 24 (1943) S. 177/180.
205. HACKETT, H. N.: Mercury cycle power generation, a progress report. IV. Weltkraftkonferenz, London 1950, Sektion E 3, Bericht Nr. 5.
206. HANSEN, H. W.: Der Kleinturbostromerzeuger. Wärme Bd. 65 (1942) S. 173/176.
207. HARRIS, E. E., u. A. O. WHITE: Developments in resuperheating in steam power plants. Trans. Amer. Soc. mech. Engrs. Bd. 71 (1949) S. 685/691.
208. HARTMANN, W.: Versuchsanlage für Dampfturbinen an der Technischen Hochschule Dresden. Z. VDI Bd. 80 (1936) S. 1493/1497.
209. HINZE, W.: Die Dampfturbinenentwicklung in den vergangenen dreißig Jahren. Technik Jg. 4 (1949) S. 398.
210. HEIDEBROEK, E., u. HAGEDORN: Zur Berechnung der Reibungswärme und der Kühlölmenge bei schnellaufenden Gleitlagern. Technik Jg. 6 (1951) S. 21/23.
211. HOFER, H.: Einfluß des Zusammenbaues auf den Lärm der Zahnradgetriebe. Masch.-Bau Betrieb Bd. 14 (1935) S. 433/435.
212. HOFER, H.: Laufruhe von Zahnrädern und ihre Abhängigkeit von Genauigkeit und Art der Verzahnung. Werkstattstechnik Bd. 29 (1935) S. 92.
213. HOFFMANN, K.: Hochbeanspruchte Guß- und Schmiedestücke für Dampfturbinen und· Stromerzeuger. Z. VDI Bd. 77 (1933) S. 128.
214. HOFFMANN, K.: Hinter den Kulissen des Dampfturbinenbaues. Arch. Wärmewirtsch. Bd. 15 (1934) S. 220/221.
215. HOFFMANN, K.: Betriebsicherheit und Ausführungsgrenzen der Dampfturbinen. Wärme Bd. 59 (1936) S. 280/284.
216. HOFFMANN, K.: Spar- und Neustoffe für Dampfturbinen und Stromerzeuger. VDE-Fachberichte 9 (1937) S. 10/12.
217. HOFFMANN, K.: Die Konstruktion. AEG-Mitt. 1938 S. 356/360.
218. HOFFMANN, M. G.: Les turbines à vapeur de grande puissance. Rev. Électr. Mécan. Nr. 70, Juli/August/September 1947.
219. HOFFMANN, M. G.: La turbine de 60000 kW à 3000 t: mn. de la centrale de Saint Denis. Bulletin technique de la Société Générale de constructions Électriques Alsthom, Mai 1944.
220. HOHENEMSER, K., u. W. PRAGER: Dynamik der Stabwerke. Berlin: Springer 1933.
221. HONEGGER, E. (Herausgeber): Festschrift Prof. Dr. A. STODOLA zum 70. Geburtstag. Überreicht von seinen Freunden und Schülern. Zürich: Orell Füssli 1929.
222. HORT, W.: Berechnung der Eigentöne nicht gleichförmiger, insbesondere verjüngter Stäbe. Z. techn. Phys. Bd. 6 (1925) S. 181 — siehe auch Hütte 27, Bd. I, S. 237.
223. HORT, W.: Die Schwingungen der Räder und Schaufeln in Dampfturbinen. Z. VDI Bd. 70 (1926) S. 1375/1381, 1419/1424.
224. JAROSCHEK, K.: Industriedampfturbinen, Bauarten und Betriebseigenschaft. Z. VDI Bd. 82 (1938) S. 993/999.
225. JUNGE, H.: Stand und Entwicklungsmöglichkeiten der Energiewirtschaft. Technik Jg. 1 (1946) S. 193 bis 206.
226. KARAS, K.: Die Schwingungen von Dampfturbinenschaufeln. Ing.-Arch. Bd. 5 (1934) S. 325.
227. KARLIN, H. B.: Das Laval-Getriebe. Z. VDI Bd. 68 (1924) S. 327/329.
228. KELLER, C.: Die Berechnung rotierender Radscheiben mittels konischer Teilringe. Schweiz. Bauztg. Bd. 99 (1932) S. 211/213.
229. KELLER, C.: Labyrinthströmungen bei Turbomaschinen. Escher Wyss Mitt. Bd. 8 (1935) S. 160/166.

230. KELLER, C.: Modellversuche an Dampfturbinen-Elementen. Escher Wyss Mitt. Bd. 10 (1937) S. 3/9.
231. KHALIL, K. H.: Aerodynamic investigation on turbine-blade losses. Engineering Bd. 171 (1951) S. 773/775.
232. KIRCHBERG, G.: Schwingungsversuche an Dampfturbinenschaufeln. Forschung u. Technik AEG. Berlin: Springer 1930.
233. KIRCHBERG, G., u. H. J. THOMAS: Berechnung von Eigenschwingungzahlen der Dampfturbinenschaufeln. Konstruktion Jg. 3 (1951) S. 14/19, 41/46.
234. KLEIN, R.: Einiges aus der Praxis des Getriebebaues. Glasers Ann. Bd. 105 (1929) S. 166/171, 183 bis 186 — mit Zuschrift E. A. KRAFT: S. 186/187.
235. KÖTTGEN, E., u. F. HUSMANN: Ausrichten von Großmaschinen. Werkstattstechnik Bd. 34 (1940) S. 392/393.
236. KRAEMER, K.: BBC-Gegendruck- und Vorschaltturbinen. BBC-Nachr. Bd. 26 (1939) S. 51/59.
237. KRAFT, E. A.: Amerikas Dampfturbinenbau. Berlin: VDI-Verlag 1927.
238. KRAFT, E. A.: Druck, Temperatur und Wirkungsgrad von Kondensationsturbinen. AEG-Mitt. 1927 S. 246/252.
239. KRAFT, E. A.: Der mittelbare Turboantrieb. AEG-Mitt. 1928 S. 297/312, 420/439.
240. KRAFT, E. A.: Neuere Spurlager. Masch.-Bau Betrieb Bd. 7 (1928) S. 357/362.
241. KRAFT, E. A.: Wesen und Anwendung der Gegendruck- und Anzapfturbinen. S. 1041/1065 — Transactions of the Tokyo Sectional Meeting World Power Conference Bd. 3. Tokyo: Kosei-Kai Publishing Office 1930.
242. KRAFT, E. A.: Die neuzeitliche Dampfturbine, 2. Aufl. Berlin: VDI-Verlag 1930.
243. KRAFT, E. A.: Dampf- und Gasturbinen und Kolbenmaschinen. Arch. Wärmewirtsch. Bd. 11 (1930) S. 325/328.
244. KRAFT, E. A.: Die Grenzturbine als Gestaltungsproblem. Masch.-Bau Betrieb Bd. 9 (1930) S. 401/405.
245. KRAFT, E. A.: Die wirtschaftlichen Grundlagen für die Beurteilung neuzeitlicher Dampfkraftmaschinen, S. 218/235. Gesamtbericht Zweite Weltkraftkonferenz Bd. 5. Berlin: VDI-Verlag 1930.
246. KRAFT, E. A.: The Modern Steam Turbine. Berlin: VDI-Verlag 1931.
247. KRAFT, E. A.: Die neuzeitliche Dampfturbine. Russische Übersetzung. Moskau und Leningrad 1933.
248. KRAFT, E. A.: Der Dampfturbinenbau 1933. Arch. Wärmewirtsch. Bd. 15 (1934) S. 73/75.
249. KRAFT, E. A.: Der AEG-Turbogenerator. AEG-Mitt. 1934 S. 342/347, 393/398.
250. KRAFT, E. A.: Entwicklungsrichtungen des Dampfturbinenbaues. Wärme Bd. 57 (1934) S. 144/148.
251. KRAFT, E. A.: Thrust Bearings: Theory, Experimental Work, and Performance. General Discussion on Lubrication and Lubricants. Group I Journal and Thrust Bearings, S. 146/154. Oktober 1937. Published by the Institution of Mechanical Engineers.
252. KRAFT, E. A.: Arbeitsgeschwindigkeit und Dampfnässe in Dampfturbinen. Sonderausgabe aus den Sitzungsberichten der Preußischen Akademie der Wissenschaft, Phys.-math. Klasse 1938. XXIV.
253. KRAFT, E. A.: Die AEG-Dampfturbine. Gestaltung, Herstellung, Erprobung, Anwendung. AEG-Mitt. 1938 S. 345/349.
254. KRAFT, E. A.: La turbine à vapeur moderne. Paris: Dunod 1939.
255. KRAFT, H.: Reaction Tests of Turbine Nozzles for Subzonic Velocities. Mech. Engng. Bd. 70 (1948) S. 1016.
256. KRAIC, F.: Vorschalt- und Gegendruckturbinen der Ersten Brünner Maschinenfabrik Gesellschaft, Brünn. In Sitzungsbericht der Wirtschaftsgruppe Elektrizitätsversorgung vom Januar 1941.
257. KREUZ, F.: Das Drucklager. Die Technik, 6. Jahrg. (1951) S. 339.
258. KRÜGER, H.: Dampfturbinenschaufeln. Profilformen, Werkstoffe, Herstellung und Erfahrungen. Berlin: Springer 1930.
259. KUSE, G.: Eingehäusige Großdampfturbinen mit 3000 U/min. Z. VDI Bd. 81 (1937) S. 1229/1230.
260. KUSE, G.: Die Zahnradgetriebe. AEG-Mitt. 1938 S. 373/377.
261. KUSE, G.: Konstruktive Probleme und neue Wege im Dampfturbinenbau. Technik, 2. Sondernummer der Zeitschrift vom 18./19. 1. 1951 S. 54/60.
262. KUSSMANN, A.: Wege und Ergebnisse der ferromagnetischen Werkstofforschung. Z. VDI Bd. 83 (1939) S. 445/456.
263. KUSSMANN, A.: Quecksilberdampf-Kraftwerk Schenectady. Engineering Bd. 139 (1935) S. 351, 641.
264. LADINEGG, M., u. I. FELLNER: Dampfanlage oder Gasturbine. Masch.-Bau u. Wärmewirtsch. (Wien) Bd. 5 (1950) S. 1/6.
265. LASCHE, O., u. W. KIESER: Konstruktion und Material von Dampfturbinen und Turbodynamos, 3. Aufl. Berlin: Springer 1925.
266. LEHR, E.: Schwingungstechnik. Z. VDI Bd. 76 (1932) S. 1065/1073.
267. LENZ, G.: Die neuere Entwicklung der Zahnradgetriebe. Elektrotechn. u. Masch.-Bau Bd. 58 (1940) S. 322/325.
268. LICENI, F.: Optische Untersuchung der Schaufelschwingungen von Dampfturbinen im Betrieb. Z. VDI Bd. 85 (1941) S. 569 — Auszug aus Pwr. Plant Engng. Bd. 44 (1940) S. 51/54.
269. LÖSEL, F.: Der Turbosatz im Wärmekraftlaboratorium der Technischen Hochschule Wien. Elektrotechn. u. Masch.-Bau Bd. 53 (1935) S. 265/269.
270. LOSCHGE, A., u. K. SCHNAKIG: Konstruktionen aus dem Dampfturbinenbau. Berlin: Springer 1938.

271. Lüben, F.: Eignung nickelarmer bzw. nickelfreier Stähle für Dampfturbinenbeschauflungen im Bereich niedriger und mittlerer Temperaturen. Jb. AEG-Forschg. Bd. 6 (1939) S. 130/144.
272. Maier, A. F., u. W. Ruttmann: Bedeutung der neueren Festigkeitsbegriffe für die Dampftechnik. Arch. Wärmewirtsch. Bd. 18 (1937) S. 265/270.
273. Mayer, H.: Der Stand der Entwicklung im Hochdruck-Dampfturbinenbau. Technik Jg. 3 (1948) S. 145/152.
274. Marguerre, F.: Hohe Dampftemperaturen. Z. VDI Bd. 76 (1932) S. 287/292.
275. Marguerre, F.: Neuere Festigkeitsprobleme des Ingenieurs. (Ausgewählte Artikel aus der Elektrotechnik.) Berlin: Springer 1950.
276. *Masch.-Bau Betrieb:* Herstellung von Dampfturbinenschaufeln. Bildbericht aus einer Dampfturbinenfabrik. Masch.-Bau Betrieb Bd. 15 (1936) S. 70/79.
277. Mayer, H.: BBC-Kondensationsdampfturbinen großer Leistung. BBC-Nachr. Bd. 24 (1937) S. 143/152.
278. Melan, H.: Über eine Näherungsrechnung für Schaufelschwingungzahlen. Forsch. Ing.-Wes. Bd. 4 (1933) S. 188.
279. Melan, H.: Theoretische und praktische Untersuchungen über Schaufelschwingungen an Dampfturbinen. Z. VDI Bd. 80 (1936) S. 747/750.
280. Melan, H.: Neuere Entwicklungen im Hochdruckturbinenbau. Elektr.-Wirtsch. Bd. 42 (1943) S. 207/211.
281. Meldahl, A.: Über die Endverluste der Turbinenschaufeln. Brown Boveri Mitt. Bd. 28 (1941) S. 356/361.
282. Meldahl, A.: Beitrag zur Theorie der Getriebeschmierung und der Beanspruchung geschmierter Zahnflanken. Brown Boveri Mitt. Bd. 28 (1941) S. 374/382.
283. Mesmer, G.: Freie Schwingungen stabförmiger Körper, insbesondere Schwingungen von Turbinenschaufeln. Ing.-Arch. Bd. 8 (1937) S. 396.
284. Mouravieff, M.: Les cycles mixtes gaz-vapeur pour la production de puissance. Rev. Électr. Mécan. Nr. 73 April/Mai/Juni 1948.
285. Moyes, S. J. E.: Determination of Turbine Disc Stresses. Engineering Bd. 142 (1936) S. 109/111.
286. Moyes, S. J. E.: The Deflection of Turbine Rotors. Engineering Bd. 146 (1938) S. 181/182.
287. Müller, F.: Genauigkeit in der größten Dampfturbinenfabrik Europas. Maschine u. Werkzeug Bd. 40 (1939) S. 67/76.
288. Münzinger, F.: Gegenwartsaufgaben im Kraftwerkbau. Z. VDI Bd. 75 (1931) S. 505/510.
289. Münzinger, F.: Dampfkraft, 3. Aufl. Berlin/Göttingen/Heidelberg: Springer 1949.
290. Münzinger, F.: Die Wirtschaftlichkeit von Dampf-, Gas- und Quecksilberturbinen in ortfesten Kraftmaschinen. Z. VDI Bd. 93 (1951) S. 281/289.
291. Niermeyer, H.: Zur Berechnung von Zahnrädern. Konstruktion Bd. 3 (1951) S. 332/338.
292. Noack, W. G.: Grenzen der Wirtschaftlichkeit, des Druckes, der Temperatur und der Leistungen im Turbomaschinenbau. Elektrotechn. u. Masch.-Bau Bd. 47 (1929) S. 633/642.
293. Oehler, E.: Grundzüge der Berechnung und des Baues von Dampfturbinen. Leipzig u. Berlin: G. Teubner 1951.
294. Parker, E. E., u. C. W. Elston: Sind moderne Hochdruck-Hochtemperaturturbinen für den Betrieb von Fernkraftwerken immer geeignet? AIEE Wintertagung, Februar 1949.
295. Parker, E. E., u. C. W. Elston: Suitability of modern turbine units. Electric Light and Power, April 1949 S. 101/102.
296. Parker, E. E.: Steam turbines for resuperheat cycle. Trans. Amer. Soc. mech. Engrs. Bd. 71 (1949) S. 697/698.
297. Parker, E. E.: Konstruktive Fortschritte im Bau von Dampfturbinen für die Erzeugung elektrischer Energie in den USA. IV. Weltkraftkonferenz, London 1950, Sektion E 3, Bericht Nr. 3.
298. Parker, E. E.: Progress in design of steam turbines for Electric Power Generation in the United States. Gen. Electr. Rev. August 1950.
299. Parsons, H.: Eine 36 kV-Turbogenerator-Anlage in Südafrika. Elektrotechn. u. Masch.-Bau Bd. 54 (1936) S. 594/597.
300. Peter, R. W.: Industrieturbinen. Escher Wyss Mitt. Bd. 15/16 (1942/43) S. 75/83.
301. Piwowarsky, E.: Hochwertiges Gußeisen. Berlin: Springer 1942.
302. *Power:* Lubrication practice and bearings. Power Bd. 83 (1940) S. 98.
303. *Power:* Developments of 1948 in power stations and equipment. Power Bd. 93 (1949) S. 58/60.
304. *Power Generation:* Dritte Ausbaustufe des Port Washington-Kraftwerkes geht in Betrieb. Power Generation März 1949.
305. Ranzi, L.: Stopfbuchsendampf von Gegendruckturbinen. Wärme Bd. 58 (1935) S. 11/12.
306. Rembold, V., u. J. Jehlicka: Das Verhalten federnder Kupplungen bei Drehschwingungen. Forsch. Ing.-Wes. Bd. 5 (1934) S. 146/154.
307. Renfordt, A.: Gegendruckdampfturbinen. Wärme Bd. 57 (1934) S. 623/627.
308. Reuter, Ph.: Die Anforderungen der Endverbraucher an den Werkstoff für Dampfturbinenschaufeln. Berlin: VDEW 1927.
309. Roberts, A. M., u. A. R. Cregory: Schwingungsuntersuchungen an Turbinenschaufeln. Engineer Bd. 191 (1951) S. 370/372.
310. Robinson, E.: The Steam Turbine in the United States. Developments by the General Electric Co. Gen. Electr. Rev. Bd. 40 (1937) S. 331/349.

311. ROBINSON, I. V.: Power Stations and their Equipment. Amer. Inst. electr. Engr. Bd. 70 (1932) S. 135 bis 144.
312. RÖDER, K.: Das Hochdruckproblem im Dampfturbinenbau. Wärme Bd. 61 (1938) S. 27/29.
313. RÖDER, K.: Neue schnellaufende Hochdruckdampfturbine. Z. VDI Bd. 43 (1939) S. 1159/1162.
314. RÖDER, K.: Ein Beitrag zum Bau von Hochdruckdampfturbinen. Elektr.-Wirtsch. Bd. 39 (1940) S. 275/280.
315. RÖDER, K.: Große und kleine Dampfturbinen für hohe Drücke und Temperaturen. Wärme Bd. 64 (1941) S. 261/267.
316. RÖDER, K.: Die Zuverlässigkeit der Kolben- und der Turbomaschinen. Konstruktion Jg. 1 (1949) S. 136/141.
317. ROGERS, G. F. C.: The estimation of stresses in Turbine-Disc Rims. Engineering Bd. 165 (1948) S. 1/4, 40/43.
318. ROSENLÖCHER, O.: Wahl des Stufenaufbaues von Dampfturbinen. Wärme Bd. 60 (1937) S. 3/7.
319. ROSENLÖCHER, O.: Die wärmetechnischen Baugrundsätze. AEG-Mitt. 1938 S. 349/356.
320. SALZMANN, F.: Über Spaltverluste bei Dampfturbinen-Beschauflungen. Escher Wyss Mitt. Bd. 8 (1935) S. 95/102.
321. SALZMANN, F.: Versuche an Dampfturbinenelementen. Escher Wyss Mitt. Jg. 12 (1939) S. 79.
322. SCHIWEK, F.: Gesichtspunkte zur Planung von Gegendruckturbinen in der Zuckerindustrie. Zbl. Zuckerind. Bd. 48 (1940) S. 904/907.
323. SCHMIDT, M. A.: Vibrations des aubages mobiles de turbines à vapeur. Rev. Électr. Mécan. Nr. 75 Oktober/November/Dezember 1948.
324. SCHÖNE, O.: Der Stand des deutschen Dampfturbinenbaues. Arch. Wärmewirtsch. Bd. 11 (1937) S. 305.
325. SCHÖNE, O.: Der gegenwärtige Stand des deutschen Dampfturbinenbaues. Wärme Bd. 61 (1938) S. 196/205.
326. SCHÖNFELDER, K.: Die kritischen Drehzahlen der Läuferwellen und ihr Einfluß auf den Betrieb. Elektrotechn. Z. Bd. 60 (1939) S. 385/389.
327. SCHÖNING, W.: Anforderungen an Turbinen-Übersetzungsrädergetriebe. Technik Jg. 6 (1951) S. 186.
328. SCHULTES, M.: Die Dampfturbine des größten mit 3000 U/min laufenden Einwellen-Turbosatzes der Welt für das Kraftwerk Schelle (Belgien). Siemens-Z. Bd. 15 (1935) S. 241/247.
329. SCHULZ, E.: Der Werkstoffaufwand im Dampfkraftwerk. Z. VDI Bd. 81 (1937) S. 1393/1402.
330. SCHULZ, E.: Werkstoffe für Heißdampf von 600° C. Z. VDI Bd. 84 (1940) S. 160/161.
331. SIEBEL, E., u. M. PFENDER: Neue Erkenntnisse der Festigkeitsforschung. Technik Jg. 2 (1947) S. 117 bis 121.
332. SIEBEL, E., u. K. BUSSMANN: Das Kerbproblem bei schwingender Beanspruchung. Technik Jg. 3 (1948) S. 249/252.
333. SIEBEL, E., u. N. LUDWIG: Sonderstähle und Legierungen für hohe Temperatur. Konstruktion 1949, S. 13/25.
334. SÖRENSEN, E.: Über Schwingungen von Dampfturbinenschaufeln. Ing.-Arch. Bd. 8 (1937) S. 381/396.
335. SÖRENSEN, E.: Entwicklungsmerkmale des deutschen Dampfturbinenbaues. Z. VDI Bd. 79 (1935) S. 963/968.
336. *SSW:* Das Mühlheimer Werk der *Siemens-Schuckertwerke A.-G.*, Dampfturbinen, Turbosätze. Berlin: VDI-Verlag 1930.
337. STELLER, A.: Beitrag zur Dynamik des Zapfens im Gleitlager. Masch.-Bau und Wärmewirtsch. Bd. 5 (1950) S. 169/177.
338. STODOLA, A.: Dampf- und Gasturbinen, 6. Aufl. Berlin: Springer 1924.
339. STODOLA, A.: Technisch-wirtschaftliche Fortschritte auf dem Gebiete des Dampfkraft-Maschinenbaues in der Schweiz, S. 3/77. Gesamtbericht Zweite Weltkraftkonferenz Bd. 5. Berlin: VDI-Verlag 1930.
340. SZEWALSKI, R.: Entwurf, Beurteilung und Wahl von Dampfturbinen auf Grund wirtschaftlicher Erwägungen. Wärme Bd. 60 (1937) S. 54/59, 71/74.
341. TAPP, O.: 100 Jahre Turbinenbau. Fachliterarische Auswertung II. Schiff u. Werft Bd. 44/24 (1943) S. 305/312.
342. TIMOSHENKO, S.: Schwingungsprobleme der Technik. Berlin: Springer 1932.
343. *Trans. Amer. Soc. mech. Engrs.:* Symposium on reheat cycle. Trans. Amer. Soc. mech. Engrs. Bd. 71 (1949) S. 673/749.
344. TRUTNOVSKY, K.: Spaltdichtungen. Z. VDI Bd. 83 (1939) S. 857/858.
345. TRUTNOVSKY, K.: Aufbau und Wirkungsweise von Stopfbuchsen. Z. VDI Bd. 85 (1941) S. 385/387.
346. TRUTNOVSKY, K.: Berührungsfreie Dichtungen. Berlin: VDI-Verlag 1943.
347. VOIGT, R.: Mittel gegen Schaufelerosionen von Dampfturbinen. Elektr.-Wirtsch. Bd. 39 (1940) S. 80/83.
348. *Wärme:* Die mechanische Prüfung von Dampfturbinenschaufeln. Wärme Bd. 58 (1935) S. 573/574 — Auszug aus Instruments Bd. 8 (1935) Nr. 6 S. 154/155, 159 (R. P. v. KROON).
349. *Wärme:* Ersatz vielstufiger durch wenigstufige Dampfturbinen. Wärme Bd. 58 (1935) S. 789.
350. WARREN, G. B.: Progress in design and performance of modern large steam turbines for generator drive. Trans. Amer. Soc. mech. Engrs. Bd. 63 (1941) S. 49/75.
351. WEAVER, S. H.: Stabilisation of Steam Turbine Shafts. Gen. Electr. Rev. Bd. 44 (1941) S. 543/547.

332   Schrifttum.

352. WEINIG, F.: Die Strömung um die Schaufeln von Turbomaschinen. Leipzig: J. A. Barth 1935.
353. WIBERG, O. A., u. C. R. NICOLIN: Some views on combined gas and steam turbine plants. IV. Weltkraftkonferenz, London 1950, Sektion E 2, Bericht Nr. 9.
354. WIECZORECK, B.: Einige Probleme der Herstellung von auswechselbaren Dampfturbinen-Schaufeln. Przeglad Mechaniczny, Warszawa 1951 Nr. 2 S. 54.
355. WOLF, O.: Konstruktive Entwicklung der Getriebetechnik unter besonderer Berücksichtigung der Anwendung hochwertiger Werkstoffe. Z. VDI Bd. 80 (1936) S. 1093/1098.
356. YOUNG, H. C.: Some Power Plant Erection Problems. Engineer Bd. 157 (1934) S. 413/414.
357. ZALF, G.: Die Randverluste von Gleichdruckturbinen. Wärme Bd. 63 (1940) S. 399/404.
358. ZEERLEDER, A. v.: Der Alfol-Wärmeschutz. Schweiz. Bauztg. Bd. 103 (1934) S. 47/49.
359. ZERKOWITZ, G.: Das Gegendruckverfahren und seine Anwendung bei der Dampfturbine. Z. VDI Bd. 68 (1924) S. 147/152, 1026/1030, 1093/1096.
360. ZIETEMANN, E.: Berechnung und Konstruktion der Dampfturbine. Berlin: Springer 1930.
361. ZSCHOKKE, H.: Gehärtete Schaufelkanten als Erosionsschutz bei Turbinenschaufeln. Korrosion u. Metallsch. Bd. 13 (1937) S. 386/392.
362. *Z. VDI:* Schwingungen von Dampfturbinenrädern und ihre Axialkräfte. Auszug aus J. K. TSCHERNJISCHEWSKY: Kotloturbostroenie 1939 Nr. 12 — Z. VDI Bd. 85 (1941) S. 557.
Vgl. auch: 487, 548, 549, 562, 563, 587, 588, 589, 590, 821.

Zu 8. Die Dampfleitungen der Turbine.

363. *Arbeitsgemeinschaft deutscher Konstruktionsingenieure:* Eignung von Rohrleitungen im Kraft- und Wärmebetrieb. Berlin: VDI-Verlag 1938.
364. BEYER, K.: Betriebseignung von Rohrleitungsdichtungen. Arch. Wärmewirtsch. Bd. 16 (1935) S. 123 bis 126.
365. *British Electricity Authority (B. E. A.):* Untersuchungsbericht über Korrosions-Ermüdungsrisse in Dampfleitungen. Combustion 21 Nr. 6 (1949) S. 57/58 (Auszug).
366. BRÜCK, W.: Das Schweißen von Hochdruck-Rohrleitungen. Autogene Metallbearbeitung Bd. 17 (1944) S. 129/132.
367. BÜCHELE, R.: Flanschverbindungsschrauben für Hochdruck-Heißdampfrohrleitungen. Wärme Bd. 62 (1939) S. 487/492.
368. BÜCHELE, R.: Dichtungen in Flanschverbindungen für Hochdruck-Heißdampfrohrleitungen. Wärme Bd. 63 (1940) S. 305/307.
369. BÜCHELE, R.: Ausgleich der Wärmedehnungen von Stahl-Rohrleitungen. Energie Jg. 3 (1951) S. 152.
370. *Bureau of Standards:* Schutz von unterirdisch verlegten Rohrleitungen gegen Korrosion. Wärme Bd. 56 (1933) S. 818, 821.
371. COPE, E. T., u. E. A. WERT: How to Obtain Flexibility in Pipe Lines. Power Bd. 75 (1932) S. 434/438.
372. DENECKE, H.: Anordnung der Rohrleitungen im Kraftwerksbau. Wärme Bd. 56 (1933) S. 815/818.
373. *Energie:* Die Entwässerungen von Dampfleitungen. Energie Jg. 3 (1951) S. 31.
374. ENGLER, K.: Zweckmäßige Anordnung der Rohrleitungen von Dampfturbinenanlagen. Arch. Wärmewirtsch. Bd. 22 (1941) S. 195/197.
375. *ETZ:* Korrosions-Ermüdungsbrüche in Kraftwerksdampfleitungen. Elektrotech. Z. Jg. 71 (1950) S. 173.
376. GOERKE, H.: Amerikanische Hochdruckrohrleitungen. Arch. Wärmewirtsch. Bd. 17 (1936) S. 317/320.
377. GRAMBERG, A.: Konstruktion und Verwendung der Wasserableiter. Z. VDI Bd. 68 (1924) S. 1037/1040.
378. HAIER, H., u. K. JAROSCHEK: Heutiger Stand der Hochhubsicherheitsventilfrage. Wärme Bd. 56 (1933) S. 642/648.
379. JÜRGENSONN, H. v.: Elastizität von Heißdampfleitungen. Wärme Bd. 56 (1933) S. 809/812.
380. JÜRGENSONN, H. v.: Membranschweißdichtungen im Hochdruckrohrleitungsbau. Technik Jg. 3 (1948) S. 483/486.
381. JÜRGENSONN, H. v.: Elastizität und Festigkeit im Rohrleitungsbau. Berlin: Springer 1940.
382. KASCHNY, E.: Entwicklung der Absperrvorrichtungen. Wärme Bd. 56 (1933) S. 822/824.
383. KAUB, C.: Rohrleitungen für hohe Drücke und Temperaturen. Wärme Bd. 56 (1933) S. 813/815.
384. KEUTNER, CHR.: Strömungsverhältnisse in einem senkrechten Krümmer. Z. VDI Bd. 77 (1933) S. 1205 bis 1209.
385. KNÖRLEIN, M.: Gestaltung der Absperrorgane unter dem Einfluß des Hochdruckheißdampfes. Arch. Wärmewirtsch. Bd. 20 (1939) S. 241/245.
386. KRUCHEN, R.: Über Versuche mit eingewalzten Rohren. Wärme Bd. 55 (1932) S. 879/883.
387. LANG, M.: Energieverluste durch Druckabfall in Dampfleitungen. BWK Bd. 3 (1951) S. 301/303.
388. LIDECKE, G.: Betriebserfahrungen mit Hochdruckrohrleitungen. Elektr.-Wirtsch. Bd. 40 (1941) S. 512/515.
389. MARSCHEIDER, C.: Erfahrungen im Bau von Hochdruckrohrleitungen. Z. VDI Bd. 79 (1935) S. 292/298.
390. MICHEL, F.: Betriebserfahrungen mit Schiffsrohrleitungen. Schiff u. Werft Bd. 44/24 (1943) S. 229/233.
391. NEHLEP, H.: Betriebseignung verschiedener Rohrarten. Arch. Wärmewirtsch. Bd. 18 (1937) S. 13/17.
392. NIKURADSE, J.: Gesetzmäßigkeit der turbulenten Strömung in glatten Rohren. Forsch. Ing.-Wes. 1932 Heft 356.
393. PETRI, H.: Wärmeverluste von Rohrleitungen im Erdreich. Wärme Bd. 55 (1932) S. 641/643.

394. Pichler, M.: Ventil oder Schieber? Z. VDI Bd. 76 (1932) S. 227/233.
395. Richter, H.: Druckverlust im glatten geraden Kreisrohr. Z. VDI Bd. 76 (1932) S. 1269/1274.
396. Richter, H.: Rohrhydraulik. Berlin: Springer 1934.
397. Richter, H. P.: Untersuchungen über den Wirkungsgrad von Kondenswasserableitern. Brennstoff- u. Wärmew. Bd. 14 (1932) S. 129/133.
398. Ried, G.: Druckstöße in Hochdruck-Rohrleitungen. Z. VDI Bd. 85 (1941) S. 639/643.
399. Schaak, A.: Sind Wasserabscheider in Dampfleitungen notwendig? Z. bayer. Rev.-Ver. Bd. 36 (1932) S. 259/261.
400. Schmidt, A.: Umwälzung im Rohrleitungsbau. Wärme Bd. 56 (1933) S. 819/821.
401. Schult, H.: Schaltung und Auslegung von Frischdampfleitungen in größeren Kraftwerken. Kraftwerk (Beilage zu AEG-Mitt.) 1931 S. 2/9.
402. Schulz, E., u. A. Schiller: Wie berechnet man Flanschverbindungen? Wärme Bd. 58 (1935) S. 493 bis 498, 519/523.
403. Schwenk, E.: Festigkeitsberechnung von Hochdruckdampfleitungen. Arch. Wärmewirtsch. Bd. 17 (1936) S. 273/278.
404. Schwenk, E.: Rohrunterstützungen von Dampfleitungen. Arch. Wärmewirtsch. Bd. 19 (1938) S. 183 bis 186.
405. Siebel, E., u. K. Wellinger: Festigkeitsverhalten von Rohrschweißungen bei Dauerbelastung. Z. VDI Bd. 84 (1940) S. 57/59.
406. Siebel, E., u. S. Schwaigerer: Die Festigkeit von Rohren unter Innendruck bei sehr hohen Temperaturen. BWK Nr. 5 (1951) S. 141/143.
407. Stach, E.: Druckverlust in Formstücken und Absperrungen. Arch. Wärmewirtsch. Bd. 13 (1932) S. 259/262.
408. Stäckler, H.: Kondensatsammelgefäße. Wärme Bd. 61 (1938) S. 97/98.
409. Steinemann, A.: Über die schnelle Ermittlung der Druck- und Wärmeverluste in Dampfleitungen und Ventilen. AEG-Mitt. 1923 S. 278/282, 300/303.
410. Strien, H.: Betriebseignung von Dampfleitungsentwässerungen. Arch. Wärmewirtsch. Bd. 19 (1938) S. 15/19.
411. Trutnovsky, K.: Berührungsdichtungen an ruhenden Maschinenteilen. Z. VDI Bd. 84 (1940) S. 277 bis 282.
412. *Vereinigung der Großkesselbesitzer:* Richtlinien für Werkstoff und Bau von Heißdampf-Rohrleitungen. Ausgabe Januar 1936.
413. Wahls, H.: Glasgespinst und Kieselgur. Werft Reed. Hafen 1936 S. 389/393.
414. Wiese, F.: Betriebseignung von Absperrorganen. Arch. Wärmewirtsch. Bd. 17 (1936) S. 120.
415. Wiese, F.: Eignung von Rohrleitungsdichtungen. Masch.-Schad. Bd. 18 (1941) S. 65/70.
Vgl. auch: 141, 147, 358, 538, 610.

Zu 9. Die Ölversorgung.

416. Auld, S. J. M., u. H. J. Nicholson: Oil Circulation Systems in the Lubrication of Industrial Maschinery. General Discussion on Lubrication and Lubricants. Group II Engine Lubrication, S. 1/9. Oktober 1937. Published by the Institution of Mechanical Engineers.
417. Baum, G.: Die Auswahl der Dampfturbinenöle und ihre Pflege während des Betriebes. Öl u. Kohle Bd. 13 (1937) S. 736/746.
418. Brewer, A. F.: Effect of Speed, Temperature and Pressure upon Lubrication. Power Bd. 75 (1932) S. 357/359.
419. Chittenden, M. J.: Steam Turbine Lubricating Systems and Fire Risk. General Discussion on Lubrication and Lubricants. Group I Journal and Thrust Bearings, S. 52/58. Oktober 1937. Published by the Institution of Mechanical Engineers.
420. Clower, J. J.: Lighter Oil may mean Cooler Bearings. Power Bd. 77 (1933) S. 70/71.
421. Gratzl, M.: Praktische Fragen der Schmierstoffalterung. Technik Jg. 3 (1948) S. 267/270.
422. Hana, F. L.: Chemische Bestimmung von Ölverwendungsgrenzen. Arch. Wärmewirtsch. Bd. 20 (1939) S. 81/82.
423. Johannis, E.: Bestimmung des Wirkungsgrades von Zahnrad-Hochdruckpumpen in Abhängigkeit vom Arbeitsdruck und von der Drehzahl. Konstruktion Bd. 3 (1951) S. 219/221.
424. Kaehler, P.: Mehrzweck-Zahnradgetriebe für Dampfturbinen. Konstruktion Bd. 3 (1951) S. 317/318.
425. Kaiser, W.: Sachgemäße Verlegung von Öldruckleitungen bei Dampfturbinen. Wärme Bd. 55 (1932) S. 91/92.
426. Krekeler, K.: Öl im Betrieb. Werkstattbücher, Heft 48. 2. Aufl. Berlin: Springer 1943.
427. Philippovich, A. v.: Forschung auf dem Gebiet der Schmierung und der Schmiermittel. Z. VDI Bd. 81 (1937) S. 1467/1473.
428. *Power:* Turbines, Engines. Power Bd. 79 (1934) S. 12/13.
429. Reichenbächer, H.: Die Fördermenge der Zahnradpumpe. Die Technik 6. Jg. (1951) S. 420.
430. Richter, H.: Über die Größe der Ölfüllung von Dampfturbinen. Elektr.-Wirtsch. Bd. 33 (1934) S. 322/325, 371/373.
431. Richter, H.: Technische Schmierölfragen für Dampfturbinen. Öl u. Kohle Bd. 11 (1935) S. 571/572.

432. SHEPPARD, R., u. J. W. BARNETT: Turbine-shaft centrifugal oil pump works with oil-driven booster pump. Power Febr. 1947.

433. SPLITTGERBER, A.: Auffallend rasche Alterungserscheinungen an Turbinenölen. Bergbau u. Energiewirtsch. Jg. 3 (1950) S. 317/318.

434. STÄGER: Neuere Gesichtspunkte bei der Prüfung von Dampfturbinenölen. BBC-Nachr. Bd. 16 (1929) S. 74/79.

435. STEINITZ, E. W.: Richtige Maschinenschmierung. Berlin: Springer 1932.

436. *VDEW:* Die Ölbewirtschaftung, Betriebsanweisung für Prüfung, Überwachung und Pflege der Isolier- und Dampfturbinenöle. Berlin: VDEW 1930.

437. *Verein deutscher Eisenhüttenleute und Deutscher Normenausschuß:* Richtlinien für Einkauf und Prüfung von Schmiermitteln, 6. Aufl. Düsseldorf: Stahleisen 1933.

438. VIEWEG, V., u. J. KLUGE: Über die Messung der Schmierfähigkeit von Ölen in Lagern. Arch. Eisenhüttenw. Bd. 2 (1929) S. 805/811.

439. VOGELPOHL, G.: Über das Wesen von Reibung und Schmierung. Arch. Wärmewirtsch. Bd. 23 (1942) S. 11/14.

440. *Wärme:* Ein neuer elektrisch betätigter Ölreiniger. Wärme Bd. 59 (1936) S. 672.

441. *Wirtschaftsgruppe Elektrizitätsversorgung:* Technische Richtlinien für Ölversorgungsanlagen von Dampfturbinen. Berlin: Franz Weber 1939.

442. WOLF, K.: Die Schmierung von Dampfturbinen. Berlin/Göttingen/Heidelberg: Springer 1951.
Vgl. auch: 500, 565, 566, 578, 579, 583, 584, 611, 630, 927.

Zu 10 und 11. Die Sicherheitsvorrichtungen und die Reglung.

443. *AIEE:* Prime mover speed governing. AIEE Juli 1944 Publ. No. 600.

444. AIGNER, V.: Reglung von Kraftwerken im Verbundbetrieb. Elektrotechn. u. Masch.-Bau Bd. 61 (1943) S. 437/449.

445. BARNETT, J. W.: Speed governing design considerations for multivalve condensing steam turbine-generators. AIEE Proc. Bd. 67 (1948).

446. BLÄNSDORF, M.: Heizkraftbetriebe. BBC-Nachr. Bd. 15 (1928) S. 39/52.

447. BOHN, H.: Die Dampfmengenreglung an Dampfturbinen. Bergbau u. Energiewirtsch. Jg. 4 (1951) S. 145/192.

448. BOLL, G.: Automatische Leistungsreglung in elektrischen Netzen. BBC-Nachr. Bd. 16 (1929) S. 167/184.

449. BOLL, G.: Selbsttätige Reglung in elektrischen Netzen. Elektrotechn. Z. Bd. 52 (1931) S. 305/311.

450. CAUGHEY, R. J.: Steam-Turbine Governors. Trans. Amer. Soc. mech. Engrs. Bd. 62 (1940) S. 191/198.

451. DANNINGER, P.: Die Dampfturbinenreglung. Ausmittlung, Ausführung, Betrieb. München: R. Oldenbourg 1934.

452. ERNST, H.: Die Steuerungen der SSW-Dampfturbine. Siemens-Z. 1929 S. 626/632.

453. FREUDENREICH, J. v.: Untersuchung der Stabilität von Regelvorrichtungen. Lfd. Nr. 181 S. 172/179.

454. GUILHAUMAN, W.: Reglung von Hochdruckturbinen. Arch. Wärmewirtsch. Bd. 21 (1940) S. 85/88.

455. JUNGWITZ, G.: Einfluß von Dampfräumen auf die Reglung von Dampfturbinen. Z. VDI Bd. 81 (1937) S. 1142.

456. KELLER, H.: Leistungsreglung an Dampfturbinen. Brown Boveri Mitt. Bd. 21 (1934) S. 63/65.

457. KIESER, H.: Der Einfluß eines in die Dampfführung einer Dampfturbine geschalteten Pufferraumes oder Zwischenüberhitzers auf den Verlauf des Reguliervorganges. Die Größe der vorübergehenden Drehzahlsteigerung bei Lastabschaltung. Diss. Berlin: Paul Frank 1933.

458. KIESER, W.: Über die Reglung von Spitzenlast- und Grundlastmaschinen. Elektr.-Wirtsch. Bd. 30 (1931) S. 164/170.

459. KIESER, W.: Selbsttätige Lastverteilung in parallelgeschalteten Kraftwerken bei gleichbleibender Drehzahl. Elektr.-Wirtsch. Bd. 31 (1932) S. 479/484.

460. KIESER, W., E. COURTIN u. H. LANGREHR: Technische Regelprobleme bei Industriekraftanlagen mit besonderer Berücksichtigung des Energiefremdbezuges, S. 256/269. Gesamtbericht Weltkraftkonferenz Teiltagung Skandinavien, Bd. 2. Stockholm: Kungl. Bocktrycheriet P. A. Norstedt u. Söner 1934.

461. KRAFT, E. A.: Regel- und Sicherheitsvorrichtungen von Dampfturbinen. AEG-Mitt. 1930 S. 747/752.

462. KRAFT, E. A.: Reglung der AEG-Industrieturbinen. AEG-Mitt. 1931 S. 64/69.

463. KRAFT, E. A.: Reglung der AEG-Kondensationsturbinen. AEG-Mitt. 1931 S. 353/358.

464. McLAUGHLIN, R. W.: Turbine governors can't talk. Pwr. Plant (Engng.) Bd. 44 (1940) S. 71/75.

465. LEYER, A.: Mehrfachregelungen für Dampfturbinen. Brown Boveri Mitt. Bd. 28 (1941) S. 362/365.

466. LÜTHI, A.: Spezialregler für Dampfturbinen und Kompressoren. Escher Wyss Mitt. Jg. 13 (1940).

467. LÜTHI, A.: Die Regler der Dampfturbine. Escher Wyss Mitt. Bd. 15/16 (1942/43) S. 84/89.

468. ROSCH, A.: Die Reglung. AEG-Mitt. 1938 S. 361/367.

469. SABINE, M. H.: Turbine Throttle-Valve Design. Engineering Bd. 141 (1936) S. 117/118.

470. SCHULT, H.: Automatik in Dampfkraftwerken. VDE-Fachber. 1931 S. 122/124.

471. SENGER, U., u. F. A. MAYER: Der Einfluß der Reglung auf den Dampfverbrauch von Turbinen. BBC-Nachr. Bd. 20 (1933) S. 105/112.

472. STÄBLEIN, W.: Die Technik der Fernwirkanlagen. München: R. Oldenbourg 1934.

473. STEIN, TH.: Reglung und Ausgleich in Dampfanlagen. Berlin: Springer 1926.
474. TOLLE, M.: Reglung der Kraftmaschinen, 3. Aufl. Berlin: Springer 1926.
475. TROESCH, M.: Die *Brown Boveri*-Dampfturbinenregulierung mit ölgesteuerter Hauptabschließung. Brown Boveri Mitt. Bd. 19 (1932) S. 155/159.
476. WEISS, F.: Einfluß von Dampfräumen auf die Reglung von Dampfturbinen. Z. VDI Bd. 81 (1937) S. 146.
477. *Wirtschaftsgruppe Elektrizitätsversorgung:* Technische Richtlinien für Dampfturbinensteuerungen. Berlin: Franz Weber 1940.
Vgl. auch: 339, 672, 678, 679, 680, 682.

Zu 12. Die Schiffsturbine.

478. BAUER, G.: Hochdruck-Schiffsturbinenanlagen mit Kesseln für natürlichen Umlauf (D. Gneisenau). Werft Reed. Hafen Bd. 17 (1936) S. 67/74.
479. BAUER, G.: Versuche an einer Hochdruck-Kolbenmaschine mit Abdampfturbine für Schiffsantrieb. Z. VDI Bd. 81 (1937) S. 758/762.
480. BAUER, G.: Der Schiffsmaschinenbau. München: R. Oldenbourg 1942.
481. BLEICKEN, B.: Ostasien-Schnelldampfer „Potsdam". Maschinentechnische Einrichtungen. Z. VDI Bd. 79 (1936) S. 969/974.
482. BLEICKEN, B.: Stand und Entwicklungsrichtungen der Schiffsmaschinen. Z. VDI Bd. 86 (1942) S. 289 bis 299.
483. CHRISTIANSEN, R.: Getriebekolbendampfmaschinen für Schiffschraubenbetrieb. Technik Jg. 2 (1947) S. 435/436.
484. DAHLMANN, W.: Grundlagen zur Berechnung der Schiffsmaschinenfundamente. Werft Reed. Hafen Bd. 14 (1933) S. 193/196, 329/332.
485. DITTMER, G., u. P. MÜLLER: Der Zweischrauben-Turbinen-Schnelldampfer „Cap Arcona". Werft Reed. Hafen Bd. 8 (1927) S. 427/441, 466/494.
486. *Engineer:* The P. and O. Turbo-Electric Liner „Viceroy of India". Engineer Bd. 147 (1929) S. 272/274.
487. *Engineering:* The Clyde Passenger Turbine Steamer „King George V.". Engineering Bd. 72 (1926) S. 321/324.
488. *Engineering:* The Quadruple-Screw Turbo-Electric Liner „Normandie". Engineering Bd. 139 (1935) S. 615.
489. *Engineering:* The Twin-Screw Turbine Steamer „Awatea". Engineering Bd. 142 (1936) S. 114/117.
490. *Engineering:* The Cunard White Star Quadruple-Screw Liner „Queen Mary". Engineering Bd. 141 (1936) S. 575/583, 601/603.
491. *Engineering:* Marine Reduction Gear For White Combined Steam Engine. Engineering Bd. 143 (1937) S. 533.
492. *Engineering:* The Cunard White Star Liner „Mauretania". Engineering Bd. 147 (1939) S. 769.
493. FOERSTER, E.: Der transatlantische Schnelldampfer „Normandie". Werft Reed. Hafen Bd. 16 (1935) S. 182/187.
494. FUHRMANN: Elektrischer Schiffsantrieb. Z. VDI Bd. 75 (1931) S. 698/700.
495. HEYDEMANN, R.: Die Turbinen- Fracht- und Fahrgastdampfer „Amstelkerk" und „Maaskerk". Werft Reed. Hafen Bd. 10 (1929) S. 344/348.
496. HILDEBRANDT, H.: Der elektrische Großschiffsantrieb. Schiffbau Bd. 32 (1931) S. 203/205.
497. KEDENBURG, H.: Die Entwicklung der Dampfturbinenanlagen auf deutschen Handelsschiffen. Schiff u. Werft Bd. 44/24 (1943) S. 249/256.
498. KLINGELFUSS, E., u. V. TÖDTLI: Schiffs-Getriebe. BBC-Nachr. Bd. 29 (1942) S. 276/283.
499. KLEINSCHMIDT, E., u. F. PRÜSS: Der Doppelschrauben-Schnelldampfer „Scharnhorst" des Norddeutschen Lloyd. Maschinenbautechnischer Teil. Werft Reed. Hafen Bd. 16 (1935) S. 173/181.
500. KRAFT, E. A.: Richtlinien für die Schmierölversorgung einer Schiffs-Triebturbine. Werft Reed. Hafen Bd. 4 (1923) S. 411/415.
501. KRAFT, E. A.: Die Einschrauben-Turbinen-Frachtschiffe „Leuna" und „Höchst". II. Maschinentechnischer Teil. Werft Reed. Hafen Bd. 9 (1928) S. 257/262.
502. KRAFT, E. A.: Zweigehäusige Schiffstriebturbinen. AEG-Mitt. 1928 S. 313/325.
503. LAUTE: Elektrischer Schiffsantrieb. Technik Jg. 6 (1951) S. 92.
504. *Marine Engineering: Brown Boveri* Combined Reciprocating Engine and Turbine Drive. Mar. Engr Bd. 33 (1928) S. 437/441.
505. MELAN, H.: Neue Aufgaben des Schiffsturbinenbaues. Schiffbau Bd. 34 (1933) S. 390/393.
506. MEYER, A.: Der Schiffsantrieb in der kommenden Periode der Schiffahrt. — Die Dampfkraftanlagen der Nachkriegzeit. Schiff u. Werft (Gemeinschaftsausgabe Schiffbau und Werft Reed. Hafen) Bd. 44/24 (1943) S. 135/142.
507. QUIBY, H.: Neuere Schiffsturbinen kleiner Leistung. Escher Wyss Mitt. Bd. 2 (1929) S. 58/64.
508. ROHR, F. v.: Die Hochdruck-Dampfturbinen- und Kesselanlage des 3. Ostpreußenschiffes „Tannenberg". Werft Reed. Hafen Bd. 16 (1935) S. 344/352.
509. ROTH, M. E.: Turbo-Electric Propulsion Equipment of the Liner „Normandie". Engineering Bd. 141 (1936) S. 187/189.

510. Schäfer, D.: Kondensationsanlagen und Kondensatwirtschaft auf Seeschiffen. Z. VDI Bd. 78 (1934) S. 1368/1372.
511. Schmidt, E.: Schiffsturbinen. AEG-Mitt. 1938 S. 405/410.
512. Schneider: Betriebsergebnisse und -erfahrungen an den drei Ostasien-Schnelldampfern des Norddeutschen Lloyd. Werft Reed. Hafen Bd. 18 (1937) S. 17/19.
513. Schulthes, C.: Der elektrische Schiffsantrieb. Jb. schiffbautechn. Ges. Bd. 34 (1933) S. 73/165.
514. Shipbuild. Marine Engine-Builder: The Brown Boveri Exhaust-Steam Turbine. Shipbuild. Marine Engine-Builder Bd. 39 (1932) S. 151/156, 473/475.
515. Stritzl, P. Frhr. vcn: Der elektrische Schiffschraubenantrieb. Elektrotechn. Z. Bd. 52 (1931) S. 1213 bis 1215, 1250/1253.
516. Wagner, R.: Die leichte Hochdruck-Dampfturbinenanlage in der Schiffahrt. Werft Reed. Hafen Bd. 11 (1930) S. 268/279.
517. Werft Reed. Hafen: Kolbendampfmaschine mit Abdampfturbine System Bauer-Wach. Werft Reed. Hafen Bd. 7 (1926) S. 467/468.
518. Werft Reed. Hafen: „Helgoland", erbaut für den Seebäderdienst der Hamburg-Amerika-Linie auf der Wert von Paul Lindenow, Memel. II. Maschinen- und propulsionstechnischer Teil. Werft Reed. Hafen Bd. 20 (1939) S. 269/272.
519. Z. VDI: Dampf- und Motorantrieb von Schiffen. (Aus der Fachsitzung „Schiffsantrieb" 75. Hauptversammlung in Kiel.) Z. VDI Bd. 81 (1937) S. 1122/1123.
Vgl. auch: 145, 146, 239, 528.

Zu 13 und 25. Die Radialturbine.

520. Alm, E., u. T. Lindmark: 10000/14000-kW Ljungström Steam Turbine. Engineering Bd. 124 (1927) S. 411/413, 507/508, 542/545, 654.
521. Engineer: The Development of the Parsons Steam Turbine. Engineer Bd. 157 (1934) S. 2/3, 33/34, 62/64, 88/90, 114/115.
522. Engineering: 50000-kW Ljungström Turbo-Generator for the Västeras Power Station, Sweden. Engineering Bd. 138 (1934) S. 1/4, 56/58, 86, 114, 204, 366.
523. Engineering: 37500-kW Brush-Ljungström Turbo-Alternator for Brighton Corporation. Engineering Bd. 147 (1939) S. 587/590.
524. Forner, G.: Die einläufige Radial-Dampfturbine. Arch. Wärmewirtsch. Bd. 15 (1934) S. 317/321.
525. Friedrich, H.: Wirkungsgrade und Dampfverbrauch einer 7200 kW-Ljungström-Turbine nach verschiedenen Betriebzeiten. Arch. Wärmewirtsch. Bd. 21 (1940) S. 127/131.
526. Hoffmann, K.: Radialdampfturbinen. Wärme Bd. 57 (1934) S. 607/611.
527. Kirst, H.: Radialdampfturbinen mit besonderer Berücksichtigung der Ljungsiröm-Turbine. Wärme Bd. 53 (1930) S. 569/574, 606/609, 623/626.
528. Melan, H.: Neue Aufgaben des Schiffsturbinenbaues. Schiffbau Bd. 34 (1933) S. 390/393.
529. Melan, H.: Dampfturbinen für veränderlichen Anfangsdruck. Z. VDI Bd. 78 (1934) S. 402/404. — Zuschriften dazu von W. Bredtschneider, H. Mayer u. O. Rosenlöcher: Z. VDI Bd. 78 (1934) S. 1327/1330.
530. Melan, H.: Neuere Entwicklung der Industrieturbine. Siemens-Z. Bd. 14 (1934) S. 153/160.
531. Melan, H.: Neuere Entwicklung im Dampfturbinenbau. Wärme Bd. 57 (1934) S. 335/338.
532. Pohl, E.: Betriebserfahrungen mit Stopfbuchsen und Ausgleichscheiben der Ljungström-Turbinen Masch.-Schad. Bd. 17 (1943) S. 81/86.
533. Reuter, Ph.: Die Ljungström-Turbine in Deutschland. Elektr.-Wirtsch. Bd. 31 (1932) S. 264/270.
534. Schöne, O., u. C. Krafft: Zweigehäusige Hochdruck-Radialdampfturbinen für kleinen Dampfdurchsatz. Z. VDI Bd. 82 (1938) S. 465/470.
535. Schröder, K.: Neue Wege im Dampfkraftwerkbau. Wärme Bd. 57 (1934) S. 529/534.
536. Zublin, C.: Die Entwicklung der Zwanglaufröhren- (Benson-) Kessel. Brennstoff- u. Wärmew. Bd. 15 (1933) S. 121/124.
Vgl. auch: 307, 685, 734, 742.

Zu 14. Die allgemeinen Betriebsbedingungen.

537. Allgemeine Lieferbedingungen für Erzeugnisse und Leistungen der Elektroindustrie, August 1939.

Zu 15. Die erste Inbetriebsetzung.

538. AWF-Betriebsblatt 9: Wartung, Stillsetzung, Inbetriebsetzung und Instandsetzung von Rohrleitungen.
539. Wirtschaftsgruppe Elektrizitätsversorgung: Richtlinien für den Turbinenbetrieb. Berlin: Franckhsche Verlagsbuchhandlung 1937.
540. Young, H. C.: Starting Up a New Turbo-Alternator. Mech. World Bd. 95 (1934) S. 445/446 — Auszug daraus in Wärme Bd. 57 (1934) S. 603/604.
Vgl. auch: 403, 412.

Zu 16. Das Anfahren.

541. BBC: Die rasche Inbetriebnahme von Dampfturbinen mit hohen Frischdampftemperaturen. Brown Boveri Mitt. Bd. 29 (1942) S. 205/211.

542. Brown, E.: Der außer Betrieb befindliche Turbogenerator als Momentanreserve, S. 86/102. Gesamt-bericht Zweite Weltkraftkonferenz Bd. 4. Berlin: VDI-Verlag 1930.
543. Brown, E.: The non-operative turbo-generator as an immediately available power reserve. Engineering Bd. 130 (1930) S. 278/280.
544. Buchaly, E.: Einfahren einer Hochdruckturbine. Elektr.-Wirtsch. Bd. 39 (1940) S. 84/85.
545. Estcourt, V. F.: That's Flexibility, High-Pressure Turbine Takes Load in 36 Sec. Power Bd. 78 (1934) S. 134/136.
546. Falkner, J. C., D. W. Nupier u. C. W. Kellstedt: Neueste Verfahren zum schnellen Anfahren von Großturbinen und Kesseln. ASME Bericht Nr. 50 (1950) S. 1.
547. Falkner, J. C., R. S. Williams u. R. H. Hare: Schnelles Anfahren von Hochdruckdampfturbinen. ASME Bericht Nr. 47 — SA — 18 (1947).
548. Gropp, F.: Anwärmen, Anfahren, Auslaufen und Schnellschlußprobe von Dampfturbodynamos. Arch. Wärmewirtsch. Bd. 7 (1926) S. 305/308.
549. Gropp, F.: Inbetriebsetzen und Anfahren von Dampfturbosätzen. Elektr.-Wirtsch. Bd. 31 (1932) S. 258/264.
550. Jaroschek, K.: Neue schnellanlaufende Hochdruckdampfturbinen. Z. VDI Bd. 83 (1939) S. 1159/1162.
551. Kurth, H.: Schnelles Anfahren von Dampfkraftanlagen. VDE-Fachber. 1934 S. 19/23.
552. *Marine Engineer:* Notes on Turning Gears for Geared Turbines. Marine Engr., Lond. Bd. 54 (1931) S. 405/409.
553. Peucker, A.: Die Beeinflussung der Betriebsbereitschaft durch die Bauart und Größe von Dampf-turbinen bei Elektrizitätswerken mit und ohne Dampfspeicher, S. 75/85. Gesamtbericht Zweite Welt-kraftkonferenz Bd. 4. Berlin: VDI-Verlag 1930.
554. *Power:* How quickly can steam turbines be started? Power Bd. 93 (1949) H. 8 S. 82/85.
555. Ribary, F.: Verkürzung der Anlaufzeit bei Dampfturbinen. Lfd. Nr. 213 S. 510/514.
556. Scharffenberg, G.: Die Anwärmzeit von Dampfturbinen nach beschleunigtem Anfahren. Bull. Oerlikon Nr. 209/210 (1939) S. 1295/1296.
557. Schröder, K.: Betriebsbereitschaft von Dampfturbosätzen. Arch. Wärmewirtsch. Bd. 15 (1934) S. 147/149.
558. Schult, H.: Bereitschaftswert der „laufenden Reserve" in Dampfkraftwerken. Elektrotechn. Z. Bd. 53 (1932) S. 1217/1219.
559. *Wärme:* Dampfturbinen mit kurzen Anlaufzeiten. Wärme Bd. 62 (1939) S. 249.
560. *Wärme:* Betriebserfahrungen an dem Kessel-Maschinenhaus, Anfahren und Abstellen von Turbosätzen. Wärme Bd. 59 (1936) S. 854/855.
Vgl. auch: 134, 470, 658.

Zu 17. Das Überwachen während des Betriebes.

561. *Allianz Versicherungs-A.G., Abt. Maschinenversicherung:* Die Pflege der Kondensationsanlage von Dampfkraftmaschinen — ein Mittel zur Kohlenersparnis. Masch.-Schad. Bd. 20 (1943) S. 53/59.
562. Anderson, J.: Operating Experiences with 1300 lb. Steam Pressure. Engineering Bd. 125 (1928) S. 25/28, 55/58.
563. Arens: Vermeiden von Wasser in Turbinenschmiersystemen. Arch. Wärmewirtsch. Bd. 16 (1935) S. 100.
564. Baader, A., Baum u. F. L. Hana: Dauerversuche über die Alterung von Dampfturbinenölen im Betrieb. Berlin: VDEW und Ver. dtsch. Eisenhüttenl. 1927.
565. Baader, A.: Die Bestimmung der Alterungsneigung von Isolier- und Dampfturbinenölen. Elektr.-Wirtsch. Bd. 27 (1928) S. 338/343, 378/384, 493/495.
566. Baader, A.: Verfahren der Ölregenerierung. Elektr.-Wirtsch. Bd. 35 (1936) S. 220/228.
567. Bertling, G.: Auswahl und Anordnung der Meß- und Überwachungsgeräte bei Dampfturbosätzen. Wärme Bd. 61 (1938) S. 878/879.
568. Brown, C. R., u. I. W. Peterson: Maintaining the Quality of Turbine Oil. Power Bd. 75 (1932) S. 438/439.
569. Burgdorf, K. W.: Die Pflege der Schmieröle im Betriebe als Ingenieuraufgabe. Öl u. Kohle Bd. 39 (1943) S. 409/411.
570. Cremer, W.: Vereinheitlichung der Meß- und Überwachungsanlagen für Dampfturbinen. Elektr.-Wirtsch. Bd. 40 (1941) S. 194/197.
571. Deitmers, F.: Die Reinigung von Schmier-, Kühl- und Vergüteöl, Ölpflege während des Betriebes. Masch.-Bau Betrieb Bd. 18 (1939) S. 403/404.
572. Dolzmann, K.: Betriebserfahrungen mit großen Kondensationsanlagen. Elektr.-Wirtsch. Bd. 30 (1931) S. 402/407.
573. Dolzmann, K.: Betriebserfahrungen mit Dampfturbinen großer Leistung in Amerika. Elektr.-Wirtsch. Bd. 30 (1931) S. 32/37; Bd. 31 (1932) S. 214/217.
574. Dolzmann, K.: Betriebserfahrungen mit Dampfturbinen großer Leistung. Elektr.-Wirtsch. Bd. 31 (1932) S. 253/258.
575. *Edison Electric Institute, New York:* Turbines, a Report of the Prime Movers Committee of the former NELA, Nr. A 3 1933.
576. *Edison Electric Institute, New York:* Turbines 1934, a Report of the Turbines, Auxiliaries and Piping Subcommittee of the Prime Movers Committee, Nr. B 4 1934.

577. *Edison Electric Institute:* Fire Prevention and Fire Protection, joint Report of the Central Traction and Lighting Bureau and the Insurance Committees of the American Gas Association. American Transit Association, Edison Electric Institute. New York: Central Traction and Lighting Bureau 1933.

578. *Edison Electric Institute:* Station Piping, a Report of the Operation Committee, Nr. A 2 1933.

579. *Elektr.-Wirtsch.:* Neuartige Überwachungsgeräte für Dampfturbinen. Elektr.-Wirtsch. Bd. 35 (1936) S. 585/586.

580. ELLRICH, W.: Kritische Beobachtungen in amerikanischen Kraftwerken. Elektrotechn. Z. Bd. 58 (1937) S. 275/278.

581. *Engineering:* High Temperature Steam Experience at Detroit. Engineering Bd. 147 (1939) S. 25/28.

582. ERK, S.: Schmieröle bei tiefen Temperaturen. Z. VDI Bd. 76 (1932) S. 33/36.

583. FELLOWS, C. H., u. H. F. SCHNEIDER: Oxidation Characteristics of Turbine Oil. Power Bd. 75 (1932) S. 49/52.

584. FLOWERS, A. E., u. M. A. DIETRICH: Solubility of Water in Mineral Oils. Power Bd. 75 (1932) S. 232/234.

585. FORT, T., u. S. L. HENDERSSON: Supervisory Instruments for High-Speed Generating Units. Electr. J. Bd. 35 (1938) S. 315/317, 325.

586. GOERKE, H., u. H. BEYER: Erfahrungen mit elektromotorisch angetriebenen Absperrschiebern. Elektr.-Wirtsch. Bd. 32 (1933) S. 427/430.

587. GOERKE, H.: Betriebserfahrungen mit amerikanischen Dampfturbinen. Arch. Wärmewirtsch. Bd. 18 (1937) S. 226/228.

588. GOMBART, H.: Überwachung der Reglung von Dampfturbinen und Verhalten bei Störungen. Masch.-Schad. Bd. 19 (1942) S. 61/69.

589. GROPP, F.: Betriebserfahrungen mit Dampfturbinen. Wärme Bd. 51 (1928) S. 230/231.

590. GROPP, F.: Beobachtungen an amerikanischen Großdampfturbinen. Elektr.-Wirtsch. Bd. 27 (1928) S. 475/480.

591. GROPP, F.: Bewährung von Dampfturbosätzen. Elektr.-Wirtsch. Bd. 31 (1932) S. 125/130, 154/157.

592. HAHN, M.: Behandlung der Oberflächenkondensatoren von Dampfkraftanlagen. Wärme Bd. 55 (1932) S. 488.

593. HANA, F. L.: Turbinenölpflege im Großkraftwerk. Arch. Wärmewirtsch. Bd. 16 (1935) S. 299/302.

594. HANA, F. L.: Grundsätzliches zur Ölreinigung. Elektr.-Wirtsch. Bd. 35 (1936) S. 215/219.

595. HARDIE, P. H., u. W. S. COOPER: Test Methods for Determining Condenser Cleanliness. Power Bd. 77 (1933) S. 154/155.

596. HARDIE, P. H., u. W. S. COOPER: The Accuracy of the Cleanliness-Factor Measurement for Surface Condensers. Trans. Amer. Soc. mech. Engrs. Bd. 58 (1936) S. 349/353.

597. HASCH: Behandlung von Oberflächenkondensatoren. Wärme Bd. 55 (1932) S. 168.

598. HENTZE, F., u. G. A. MATTHAEI: Wärmedurchgangstörungen in Oberflächen-Kondensatoren. Überwachungsverfahren und Betriebsbeobachtungen. Arch. Wärmewirtsch. Bd. 23 (1942) S. 87/90.

599. HIEBLE, L.: Kondensatüberwachung durch Leitfähigkeitsmessung. Arch. Wärmewirtsch. Bd. 21 (1940) S. 56.

600. HOEFER, K.: Erfahrungen an amerikanischen Kondensationsanlagen. Arch. Wärmewirtsch. Bd. 13 (1932) S. 51/52.

601. HOEFER, K.: Reinhalten von Oberflächenkondensatoren. Z. VDI Bd. 80 (1936) S. 127/129.

602. HOFFMANN, K.: Betriebsverhalten von Hochdruckdampfturbinen. Arch. Wärmewirtsch. Bd. 18 (1937) S. 223/226.

603. HÜTTNER, F., u. L. HIEBLE: Temperaturuntersuchungen an hochdruckseitigen Turbinenlagern. Arch. Wärmewirtsch. Bd. 22 (1941) S. 15/17, 36.

604. KELCH, R.: Einrichtung zum Messen der Axialverschiebung von Turbinenwellen während des Betriebes. Arch. Wärmewirtsch. Bd. 18 (1937) S. 287/289.

605. KELCH, R.: Elektromagnetische Messung der Längsverschiebung von Turbinenwellen während des Betriebes. Z. VDI Bd. 82 (1938) S. 1121.

606. KNAB, O.: Erfahrungen mit Curtis-Rädern von Höchstdruckturbinen für 125 ata. Wärme Bd. 57 (1934) S. 762/763.

607. KÖPPE, P.: Vermeidbare Verluste in Dampfturbinenbetrieben. Wärme Bd. 63 (1940) S. 425/430.

608. LANDERS, P.: Das Kühlwasser im Dampfkraftbetrieb und seine Aufbereitung. Techn. Mitt. Haus d. Techn. Essen Bd. 33 (1940) S. 218/222.

609. LEICK, J.: Verhütung wasserseitig entstandener Schäden in Dampfkraftanlagen. Masch.-Schad. Bd. 20 (1943) S. 33/43.

610. LEPPIN, O.: Überwachung und Instandhaltung von Rohrleitungen im Fabrikbetrieb. Masch.-Bau Betrieb Bd. 12 (1933) S. 5/8.

611. MALY-MOTTA, C.: Die Regeneration oder Aufbereitung gebrauchter Öle. BBC-Nachr. Bd. 20 (1933) S. 142/145.

612. MARGUERRE, F.: Erfahrungen mit Hochtemperaturdampf in Detroit. Z. VDI Bd. 78 (1934) S. 567/568.

613. MAURER: Chloramines Clean Condensers. Power Bd. 80 (1936) S. 417.

614. MOLL, H.: Verhütung des Karbonatsteinansatzes in Kühlsystemen durch Impfung des Kühlwassers mit Natriumhexametaphosphat. Glückauf Bd. 76 (1940) S. 684/688.

615. *NELA:* Boiler and Turbine Room Instruments, a Report of the Prime Movers Committee. Nr. 19 (1931).
616. *NELA:* Condensing Equipment, serial Report of the Prime Movers Committee, Nr. 289/311 (1929).
617. *NELA:* Condensing Equipment, a Report of the Prime Movers Committee, Nr. 069 (1930).
618. *NELA:* Condensing Equipment, a Report of the Prime Movers Committee, Nr. 250 (1933).
619. *NELA:* Higher Steam Pressures and Temperatures, a Report of the Prime Movers Committee, Nr. 053 (1930).
620. *NELA:* Higher Steam Pressures and Temperatures, a Report of the Prime Movers Committee, Nr. 154 (1931).
621. *NELA:* Higher Steam Pressures and Temperatures, a Report of the Prime Movers Committee, Nr. 220 (1932).
622. *NELA:* Turbines, Report of the Prime Movers Committee, Nr. 289/298 (1929). — Bericht darüber E. A. KRAFT: Neuzeitliche amerikanische Dampfturbinen. Arch. Wärmewirtsch. Bd. 11 (1930) S. 317/320.
623. *NELA:* Turbines, Report of the Prime Movers Committee, Nr. 078 (1930). — Bericht darüber E. A. KRAFT: Der amerikanische Dampfturbinenbau 1929/30. Arch. Wärmewirtsch. Bd. 12 (1931) S. 368/369.
624. *NELA:* Turbines, Report of the Prime Movers Committee, Nr. 151 (1931). — Bericht darüber E. A. KRAFT: Der amerikanische Dampfturbinenbau 1930/31. Arch. Wärmewirtsch. Bd. 13 (1932) S. 53.
625. *NELA:* Turbines, Report of the Prime Movers Committee, Nr. 234 (1932). — Bericht darüber E. A. KRAFT: Der amerikanische Dampfturbinenbau 1931/32. Arch. Wärmewirtsch. Bd. 14 (1933) S. 53/54. — Ferner K. HOFFMANN: Betriebserfahrungen an Dampfturbinen in amerikanischen Kraftwerken. Wärme Bd. 55 (1932) S. 887/889.
626. ORLAMÜNDER, H.: Prüfung der Kondensatoren auf Dichtheit. Wärme Bd. 56 (1933) S. 268/269.
627. ORROK, G. A.: Operating Experience with High Pressure and High Temperature Steam. Power Bd. 67 (1928) S. 339/341.
628. PETERSEN, A.: Betriebseignung von wassergekühlten Ölkühlern. Arch. Wärmewirtsch. Bd. 19 (1938) S. 69/72.
629. POHL, E.: Die Meßgeräte zur Betriebsüberwachung von Dampfturbinen. Elektr.-Wirtsch. Bd. 50 (1951) S. 244/247.
630. QUEDNAU, H.: Erfahrungen bei der Ölbewirtschaftung im Großkraftwerk Stettin. Elektr.-Wirtsch. Bd. 32 (1933) S. 431/434.
631. REICHELT, H.: Ermittlung von Kondensatorundichtheiten durch Leitfähigkeitsmessung. Wärme Bd. 55 (1932) S. 253/256.
632. RENTON, V. S., u. ST. NEAL: Betriebscharakteristiken des 100000 kW-Essex-Turbosatzes. ASME Bericht Nr. 49 — SA — 28.
633. RICHTER, H.: Betriebserfahrungen mit regenerierten Isolier- und Schmierölen. Masch.-Schad. Bd. 12 (1937) S. 197/202.
634. SCHINDLER, A.: Verfahren zur raschen Überprüfung von Kondensationsanlagen auf ihre Dichtheit. Wärme Bd. 56 (1933) S. 253/255.
635. SCHLICKE, II.: Betriebsüberwachung der Dampfturbinen. Energie Jg. 3 (1951) S. 118.
636. SCHÖNE, O.: Die fünfjährigen Betriebsergebnisse des 120 at-Kraftwerkes der Ilse Bergbau-A.-G. Z. VDI Bd. 79 (1935) S. 707/717.
637. SCHUH, W.: Bestimmung des Salzgehalts mittels Leitfähigkeitsmessung. Arch. Wärmewirtsch. Bd. 19 (1938) S. 95/96.
638. SCHÜLLER, W.: Betrieb und Instandhaltung von Kondensationsanlagen an Turboaggregaten. Bergbau u. Energiewirtsch. Bd. 4 (1951) S. 133.
639. SCHWEISGUT, F.: Reinigung und Regeneration von gebrauchten Mineralschmierölen. Z. bayer. Rev.-Ver. Bd. 39 (1935) S. 159/160.
640. SIMON, W.: Ölpflege im Kraftwerk. Arch. Wärmewirtsch. Bd. 18 (1937) S. 311/315.
641. THIELSCH, K.: Wirtschaftliche Betriebsführung von Kondensationsanlagen. AEG-Mitt. 1925 S. 21/27.
642. THOMAS, K.: Die Wiedergewinnung gebrauchter Öle. Z. VDI Bd. 85 (1941) S. 33/39.
643. THOMPSON, P. W., u. R. M. VAN DUZER: High-Temperature Steam Experience at Detroit. Engineering Bd. 136 (1933) S. 661/663, 673/675.
644. THOMPSON, P. W.: Operating experience with high-pressure high-temperature steam central stations. IV. Weltkraftkonferenz, London 1950, Sektion E 3, Bericht Nr. 4.
645. TROJE, E.: Ölalterung in Übersetzungsgetrieben. Masch.-Bau Betrieb Bd. 19 (1940) S. 348.
646. UHTHOFF, E.: Ölpflege bei Industrieturbinen. Arch. Wärmewirtsch. Bd. 17 (1936) S. 339/342.
647. UHTHOFF, E.: Ölersparnis bei Industrieturbinen. Arch. Wärmewirtsch. Bd. 18 (1937) S. 19/20.
648. UHTHOFF, E.: Instandhaltung von Dampfturbosätzen im Betrieb. Arch. Wärmewirtsch. Bd. 24 (1943) S. 91/95.
649. WAGNER, K. W.: Fortschritte in der Geräuschforschung und Lärmabwehr. Z. VDI Bd. 79 (1935) S. 531/540.
650. *Wärme:* Behandlung im Betrieb befindlicher Dampfturbinenöle. Wärme Bd. 59 (1936) S. 42/43.
651. *Wärme:* Behandlung des Speisewassers zur Verhütung des Mitreißens von Wasser. Wärme Bd. 59 (1936) S. 576 — Auszug aus Power Bd. 80 (1936) S. 365.

652. *Wärme:* Die Instandhaltung von Rohrleitungen in Dampfkraftwerken. Wärme Bd. 65 (1942) S. 26/27.
653. *Wärme:* Die Pflege der Kondensatoren von Dampfturbinen. Wärme Bd. 65 (1942) S. 71/72.
654. WIRTH, S.: Aufbau und Betriebseignung von Grob- und Feinrechen. Arch. Wärmewirtsch. Bd. 22 (1941) S. 43.
   Vgl. auch: 85, 117, 121, 275, 418, 437, 438, 539, 549, 656, 657, 827, 831, 1001.

Zu 18. Die Sicherung des Betriebes.

655. GROPP, F.: Die Schnellschlußprobe bei Dampfturbinen in der BEWAG. Elektr.-Wirtsch. Bd. 33 (1934) S. 171/173.
656. GROPP, F.: Die Schnellschlußprobe bei Dampfturbinen. Wärme Bd. 57 (1934) S. 474/475.
657. GROPP, FR.: Die Schnellschlußprobe bei Dampfturbinen. Bergbau u. Energiewirtsch. Jg. 2 (1949) S. 298/299.
658. HIEBLE, L.: Überwachungseinrichtungen für Dampfturbosätze. Arch. Wärmewirtsch. Bd. 21 (1940) S. 155/156.
659. HORN, E.: Drehzahlmesser. Z. VDI Bd. 81 (1937) S. 1369/1372.
660. JÄGER, A.: Kleinturbogeneratoren für Notstrombetrieb. AEG-Mitt. 1941 S. 29/31.
661. KAISSLING, F.: Einrichtungen zur Sicherung des Betriebes bei einem neuen Dampfkraftwerk. Elektr.-Wirtsch. Bd. 39 (1940) S. 447/451.
662. KENNEY, SCOTT u. RINGLE: Steam turbine governor regulation. Mech. Engng. 1948 S. 698.
663. KRAEMER, K.: Einrichtungen zur Sicherung und Überwachung von Dampfturbinen. BBC-Nachr. Bd. 29 (1942) S. 58/66.
664. QUEDNAU, H.: Bereitschaftsverfahren in Wärmekraftwerken. Wärme Bd. 62 (1939) S. 109/112.
665. SENNEFELDER, A.: Betriebsicherheit in Kraftwerken durch Automatik an Dampfturbinen. AEG-Mitt. 1933 S. 29/32.
   Vgl. auch: 549.

Zu 19. Die Reglung im Betriebe.

666. DE BAL, N.: Selbsttätige Reglung von Industrieturbinen. AEG-Mitt. 1936 S. 338/340.
667. BUCHALY, E.: Die Turbinensteuerung im Verbundbetrieb großer Kraftwerksgruppen. Elektr.-Wirtsch. Bd. 36 (1937) S. 485/489.
668. DANNINGER, P.: Dampfturbinenüberlastung unter Berücksichtigung des Spannungsabfalles. Wärme Bd. 60 (1937) S. 31/37.
669. ERNST, H.: Die Reglung von Gegendruckturbinen. Arch. Wärmewirtsch. Bd. 16 (1935) S. 269/272.
670. FLEISCHER, W.: Tätigkeit der Kommandostelle der Berliner Städtischen Elektrizitätswerke A.-G. (BEWAG). Elektrotechn. Z. Bd. 54 (1933) S. 49/51, 76/78.
671. FRENSSDORFF, E., K. KÜHN, R. MAYER u. W. PETERS: Versuche über Maschinenreglung und Parallelbetrieb in den Großkraftwerken Hirschfelde und Böhlen. Elektrotechn. Z. Bd. 52 (1931) S. 791/794, 1185/1189, 1215/1219, 1270/1276, 1349/1352, 1382/1386, 1509/1513, 1549/1552, 1565/1569.
672. FRIEDLÄNDER, E.: Regulierung parallelarbeitender Maschinen in frequenzhaltenden Kraftwerken. VDE-Fachber. 1931 S. 120/122.
673. GUILHAUMANN, W.: Über Parallelbetrieb von Industrieturbinen mit Elektrizitätswerken. Arch. Wärmewirtsch. Bd. 19 (1938) S. 205/207.
674. HEINZMANN, F.: Betriebserfahrungen mit in Dampfturbinen eingebauten Fliehkraftreglern. Wärme Bd. 66 (1943) S. 6/9.
675. KAISSLING, FR.: Aufgaben der Reglung bei einer Vorschaltanlage. Elektr.-Wirtsch. Bd. 40 (1941) S. 149/151.
676. LANGREHR, H.: Versuche über Leistungs- und Frequenzreglung im Kraftwerk Kiel. VDE-Fachber. 1931 S. 133/135.
677. LEONPACHER, J.: Die Lastverteilung in und zwischen Elektrizitäts-Großversorgungsnetzen. Elektrotechn. Z. Bd. 50 (1929) S. 887/891.
678. OTT, K.: Frequenz- und Leistungsreglung zusammengeschlossener Groß-Kraftwerke. VDE-Fachber. 1931 S. 131/133.
679. REYNOLDS, R. J.: Wirkung von Belastungschwankungen auf Dampfturbinen. AIEE Bericht Nr. 49/98.
680. SCHÄFF, K.: Aufgaben für die Leistungsreglung beim Parallelbetrieb in großen Netzen. VDE-Fachber. 1931 S. 125/127.
681. STÄBLEIN, W.: Fernreglung von Leistungen, insbesondere an der Kuppelstelle großer Netze. VDE-Fachber. 1931 S. 127/130.
682. STEGEMANN, M.: Abschaltversuche an einer Hochdruckmaschine. Elektr.-Wirtsch. Bd. 40 (1941) S. 452/456.
   Vgl. auch: 452, 461.

Zu 20 und 21. Die wärmetechnischen Meßverfahren und der Dampfverbrauch.

683. BAER, H.: Versuche an einer 14000 kW-Entnahmeturbine. Z. VDI Bd. 73 (1929) S. 1472/1474.
684. BAMMERT, K., u. G. KORBACHER: Die Kennfelder einstufiger Überdruckturbinen. Technik Jg. 1 (1946) S. 233/241, 295/301.

685. *Bayer. Rev.-Ver.:* Dampfverbrauchsversuch Nr. 2195 an einer 2160 kW-Ljungström-Turbine. Z. bayer. Rev.-Ver. Bd. 36 (1932) S. 263.
686. *BBC:* Abnahmeversuche an einer 30000/37500 kW-Dreizylinderturbine. Brown Boveri Mitt. Bd. 14 (1927) S. 218/219.
687. *BBC:* Wirkungsgrade von Dampfturbinen. Brown Boveri Mitt. (Mannheim) Bd. 14 (1927) S. 159/160.
688. BECKMANN, H., u. WITTWER: Überwachung der Wirtschaftlichkeit von Dampfturbinen. Arch. Wärmewirtsch. Bd. 13 (1932) S. 13/15.
689. BIERAU: Beitrag zur Messung mit Normblenden in pulsierenden Dampfströmen. Wärme Bd. 60 (1937) S. 70/71.
690. BLOWNEY, W. E., u. G. B. WARREN: The increase in thermal efficiency due to resuperheating in steam turbines. Gen. Electr. Rev. Bd. 28 (1925) S. 662/670.
691. BOLLIER, H.: Untersuchungen über Vakuumausnützung von Kondensations-Dampfturbinen. Escher Wyss Mitt. Bd. 13 (1940) S. 76/81.
692. BROGGI, J.: Wie ist die Güte einer Dampfturbine für sich und im Rahmen einer Dampfanlage zu beurteilen? Brown Boveri Mitt. Bd. 14 (1927) S. 170/174.
693. DANNINGER, P.: Dampfverbrauchsbilder für mehrfachgesteuerte Turbinen. Wärme Bd. 57 (1934) S. 65/69.
694. DAVIDSON, I. M.: Some Properties of the Compression Shoks as in Turbine and Compressor Blade Passage. Inst. Mechan. Eng. Applied Mechanics. Jg. 161 (1949) S. 187/202.
695. DIN 1943: Regeln für Abnahmeversuche an Dampfturbinen.
696. DIN 1944: Regeln für Leistungsversuche an Kreiselpumpen. 2. Aufl. Berlin: VDI-Verlag 1943.
697. DIN 1945: Regeln für Abnahme- und Leistungsversuche an Verdichtern. 3. Aufl. Berlin: VDI-Verlag, 1943.
698. DIN 1952: Regeln für die Durchflußmenge mit genormten Düsen, Blenden und Venturidüsen. Berlin: VDI-Verlag 1943.
699. DÖRFEL, R.: Dampfverbrauch einer neuen Kondensationsturbine. Z. VDI Bd. 70 (1926) S. 1170/1171.
700. DOWSON, R.: The Effect of Circumferential Pitch of Steam Turbine Blades on Torque. Engineering Bd. 145 (1938) S. 722/724.
701. DRABELLE, I. M.: Test of a Multi-Stage Steam Turbine. Pwr. Plant (Engng.) Bd. 29 (1925) S. 236/238.
702. DRESDEN, D.: Dampfverbrauchsmessungen an einer dreigehäusigen 16000 kW-Brown Boveri-Dampfturbine in Rotterdam. Schweiz. Bauztg. Bd. 92 (1928) S. 57/59.
703. DRESDEN, D.: Dampfverbrauchsmessungen an einer 12000 kW-Zoelly-Dampfturbine in der städtischen Zentrale Leiden. Wärme Bd. 51 (1928) S. 181/183 — Schweiz. Bauztg. Bd. 91 (1928) S. 181/183.
704. ENGEL: Die Durchflußzahlen von Staurändern. Diss. München 1931.
705. FORNER, G.: Dampfverbrauch und Wirkungsgrad von Dampfturbinen. Z. VDI Bd. 70 (1926) S. 502/508.
706. FORNER, G.: Die thermodynamische Berechnung der Dampfturbinen. Berlin: Springer 1931.
707. FORNER, G.: Der Dampfverbrauch mehrstufiger Dampfturbinen. Z. VDI Bd. 76 (1932) S. 100/104.
708. FORNER, G.: Dampfverbrauchsversuche an Dampfturbinen. Berlin: VDEW 1933.
709. FORNER, G.: Die Umrechnung des Dampfverbrauches von Turbinen mit Drosselreglung. Arch. Wärmewirtsch. Bd. 16 (1935) S. 77/80.
710. FORNER, G.: Die Umrechnung des Dampfverbrauches von Turbinen mit Düsenreglung. Arch. Wärmewirtsch. Bd. 16 (1935) S. 161/165.
711. FORNER, G.: Einfluß von Menge und Temperatur des Kühlwassers auf den Dampfverbrauch von Kondensationsturbinen. Arch. Wärmewirtsch. Bd. 16 (1935) S. 325/328.
712. FORNER, G.: Gütegrad mehrstufiger Einström-Dampfturbinen. Wärme Bd. 58 (1935) S. 577/579.
713. FORNER, G.: Umrechnung des Dampfverbrauches mehrstufiger Turbinen ohne Entnahme. Arch. Wärmewirtsch. Bd. 19 (1938) S. 297/301.
714. FORNER, G.: Gesichtspunkte für die Abgabe von Garantien bei Dampfturbinen mit ungesteuerter Anzapfung für Speisewasservorwärmung. Elektr.-Wirtsch. Bd. 39 (1940) S. 119/122.
715. FORNER, G.: Vorausberechnung des Wirkungsgrades von Vorschaltturbinen. Elektr.-Wirtsch. Bd. 39 (1940) S. 444/447.
716. FORNER, G.: Die Bewertung der Güte von Kondensations-Dampfturbinen. Z. VDI Bd. 84 (1940) S. 457 bis 463.
717. FORNER, G.: Einfluß der Schwankungen der Betriebsverhältnisse auf den Dampfverbrauch von Dampfturbinen mit Düsenreglung ohne Entnahme. Wärme Bd. 66 (1943) S. 3/6.
718. GAEDECKE, H.: Vereinfachte Berechnung der Maschinenbetriebzeit, des Betriebzeitfaktors und des mittleren spezifischen Wärmeverbrauches. Elektr.-Wirtsch. Bd. 50 (1951) S. 221/222, 250/253.
719. GEIGER, J.: Dampfturbinenanlage der Brikettfabrik Emanuel. AEG-Mitt. 1931. S. 293/296.
720. GERMER, W. K.: Die Grundlagen der Dampfmessung nach dem Differenzdruckprinzip. München: R. Oldenbourg 1927.
721. GOERKE, H.: Zur Frage der Umrechnung des Dampfverbrauches von Turbinen. Arch. Wärmewirtsch. Bd. 18 (1937) S. 310.
722. GOERKE, H.: Umrechnungskurven für Dampfturbinen. Elektr.-Wirtsch. Bd. 38 (1939) S. 132/135.
723. GRAMBERG, A.: Technische Messungen bei Maschinenuntersuchungen und zur Betriebskontrolle. Bd. 1: Maschinentechnisches Versuchswesen, 6. Aufl. 1933; Bd. 2: Maschinenuntersuchungen. Berlin: Springer 1924. In diesem Werke findet man auch die für den Betriebsleiter wichtigen Bezugsquellen der Meßgeräte.

724. GROPP, F.: Der Dampfbedarf von Gegendruckturbosätzen. Braunkohle Bd. 41 (1942) S. 581/586, 593/596.
725. GROSS, A.: Messungen an neueren Escher Wyss-Dampfturbinenanlagen. Escher Wyss Mitt. Bd. 6 (1933) S. 119/126.
726. GROSS, A.: Dampfverbrauchsmessungen an neueren Escher Wyss-Dampfturbinenanlagen. Escher Wyss Mitt. Bd. 10 (1937) S. 10/18.
727. GRUNWALD, A.: Über die Auswahl von Heißwassermessern. Siemens-Z. Bd. 5 (1925) S. 378/385, 423/428.
728. GRUNWALD, A.: Über das Wesen der Druckdifferenzmessung. Siemens-Z. Bd. 5 (1925) S. 49/57, 135/140.
729. GRUNWALD, A., u. F. ENGEL: Die Druckunterschiedsmessung mit Meßrand, Düse und Venturirohr und ihre Auswahl. Siemens-Z. Bd. 8 (1928) S. 553/562, 608/616.
730. HAKE, B.: Die Messung des Wärmeverbrauches einer Hochdruckanlage in Vorschaltanordnung. Wärme Bd. 66 (1943) S. 19/23.
731. HARTMANN, A.: Ausfluß und Kraftmessung an der Beschauflung einer einstufigen Versuchsturbine im Luftversuchstand. VDI-Forschg. Heft 397. Berlin: VDI-Verlag 1937.
732. HARTMANN, W.: Versuche an einer Dampfturbinenstufe. Arch. Wärmewirtsch. Bd. 22 (1941) S. 87/89.
733. HARTMANN, W.: Messung von Stopfbuchsverlusten. Forsch. Ing.-Wes. Bd. 13 (1942) S. 165/168.
734. HENCKY, K., u. F. MASSMANN: Versuche an einer Gegenlauf-Gegendruck-Turbodynamo Bauart Ljungström-MAN. Z. VDI Bd. 74 (1930) S. 44/46.
735. HIEDL, H.: Entwurf von Dampfturbinen-Verbrauchsdiagrammen für Vorprojektierungsarbeiten. Wien: Springer 1935.
736. HODGKINSON, F.: Steam Turbine Efficiencies. Mech. Engng. Bd. 9 (1939) S. 668/671.
737. *Internationale Elektrotechnische Kommission:* Publication on Steam Turbines, Part I Specification (Publ. Nr. 45), Part. II Rules for Acceptance Tests (Publ. Nr. 46). London: Waterlow & Sons Ltd. 1931 — Dazu: Internationale Bestimmungen für Abnahmeversuche an Dampfturbinen, deutsche Übersetzung durch den deutschen Dampfturbinen-Ausschuß beim VDI. Berlin 1932.
738. JAKOB, M., u. W. FRITZ: Anwendbarkeit der einfachsten Durchflußformel für Düsen und Stauränder. Z. VDI Bd. 72 (1928) S. 116/118.
739. JAKOB, M., u. F. KRETZSCHMER: Die Durchflußzahlen von Normaldüsen und Normalstaurändern für Rohrdurchmesser von 100 bis 1000 mm. Z. VDI Bd. 73 (1929) S. 935/937 — Ferner Forsch. Ing.-Wes. 1928 Heft 311.
740. JAKOB, M., u. W. FRITZ: Odqvists Verfahren zur Bestimmung strömender Dampfmengen. Arch. Wärmewirtsch. Bd. 11 (1930) S. 59/61.
741. JAROSCHEK, K.: Abnahmeversuche. Wärme Bd. 53 (1930) S. 434/436.
742. JAROSCHEK, K.: Versuche an einer Radialturbine. Z. VDI Bd. 78 (1934) S. 1053/1058.
743. JAROSCHEK, K.: Der Wirkungsgrad von Industriedampfturbinen, Versuche an 24 Turbinen. Z. VDI Bd. 83 (1939) S. 797/805.
744. JAROSCHEK, K.: Kriegswärmewirtschaft. Z. VDI Bd. 87 (1943) S. 145/150.
745. JORDAN, H.: Die Mengenmessung von Gasen, Dampf und Flüssigkeiten auf Hüttenwerken. Ber. Nr. 76. Ver. dtsch. Eisenhüttenl. 1929.
746. JOSSE, E., u. A. STODOLA: Leistungsversuche an einer Gegendruckturbine der Ersten Brünner Maschinenfabriks-Gesellschaft in der Nestomitzer Zuckerraffinerie in Nestomitz. Z. VDI Bd. 67 (1923) S. 1163/1166.
747. JOSSE, E.: Untersuchungen an neuzeitlichen mehrgehäusigen Dampfturbinen. Z. VDI Bd. 71 (1927) S. 346/350, 419/421.
748. JOSSE, E.: Beitrag zur Dampfverbrauchsmessung an Gegendruck- und Anzapfturbinen. Arch. Wärmewirtsch. Bd. 10 (1929) S. 169/173.
749. JOSSE, E.: Versuche an Hochdruckdampfturbinen mit Anzapfung und Zwischenüberhitzung. Elektr.-Wirtsch. Bd. 34 (1935) S. 273/279 u. 346/351.
750. JOSSE, G.: Versuche über die Messung kleiner stündlicher Dampfmengen mittels Normdüsen. Diss. Berlin: VDI-Verlag 1933.
751. KALMANN, O. v.: Grundlagen für die Berechnung von Venturirohren. Siemens-Z. Bd. 5 (1925) S. 473/478.
752. KARRER, I.: Der Einfluß von zu hohem Vakuum auf den Dampf- und Wärmeverbrauch der Turbinen. Bull. Oerlikon Nr. 209/210 (1939) S. 1291 ff.
753. KLUGE, H.: Bestimmung der Endnässe in Dampfturbinen. Siemens-Z. Bd. 15 (1935) S. 81/83.
754. KLUGE, H.: Über Anzapfung von Dampfturbinen-Stopfbuchsen. Siemens-Z. Bd. 18 (1938) S. 406/411.
755. KOCH, W.: Wirkungsgrade von Gegendruck- und Vorschaltdampfturbinen. Brennstoff-Wärme-Kraft Jg. 1 (1949) S. 129/134.
756. KRAFT, E. A.: Internationale Regeln für Abnahmeversuche an Dampfturbinen. Arch. Wärmewirtsch. Bd. 11 (1930) S. 321.
757. LÖWY, A.: Geometrisch ähnliche Dampfturbinen. AEG-Mitt. 1930 S. 311/318.
758. LÖWY, A.: Abnahmemessungen an neueren Großdampfturbinen. AEG-Mitt. 1931 S. 10/13.
759. LÖWY, A.: Über das Verhalten der Dampfturbine bei kleinen Änderungen der Betriebsbedingungen. AEG-Mitt. 1932 S. 14/19.
760. MAURITZ, K.: Verhalten von raschlaufenden Gegendruckturbinen bei Drehzahländerungen. München: R. Oldenbourg 1927.

761. Melan, H.: Der Wirkungsgrad von Dampfturbinen. Arch. Wärmewirtsch. Bd. 9 (1928) S. 309/312.
762. Melan, H.: Über Wirkungsgrade von Hochdruckturbinen. Siemens-Z. Bd. 8 (1928) S. 186/191.
763. Melan, H.: Die rückgewinnbare Wärme bei Dampfturbinen. Z. VDI Bd. 84 (1940) S. 1033.
764. Melan, H.: Zur Frage der Vorausberechnung der Wirkungsgrade von Dampfturbinen. Z. VDI Bd. 86 (1942) S. 228/229.
765. Meyer, A.: Dampfmessungen an einer BBC-Grenzleistungsturbine. Elektrotechn. u. Masch.-Bau Bd. 43 (1925) S. 800/805.
766. Muir, R. C.: Some Engineering Contribution to Society. Electr. Engng. Bd. 56 (1937) S. 518/523.
767. Musil, L.: Grenzleistungen, Wirkungsgrad und Leerlaufdampfbedarf von Höchstdruck-Vorschaltturbinen. Elektr.-Wirtsch. Bd. 41 (1942) S. 366/368.
768. Niethammer, F.: Neue Dampfverbrauchzahlen von Vielradturbinen. Arch. Wärmewirtsch. Bd. 17 (1936) S. 247/250.
769. Odqvist, F. K. G.: Das Ähnlichkeitsgesetz bei der Dampfströmung und dessen Anwendung auf die Theorie der Dampfmessung mit Drosselscheibe. Ing. Vetensk. Akad. Handl. Stockholm 1925 Nr. 43.
770. Pape, W.: Wirkungsgrade von Dampfturbinen. Arch. Wärmewirtsch. Bd. 9 (1928) S. 351/360.
771. Pflaum, W.: Beitrag zur Mengenmessung strömenden Dampfes mittels Stauringen. Forsch. Ing.-Wes. 1928 Heft 298.
772. Renfordt, A.: Entnahme-Dampfturbine, Konstruktion des Entnahmediagramms. Wärme Bd. 53 (1930) S. 828/834.
773. Renfordt, A.: Kritik der Dampfverbrauchzahlen und Wirkungsgrade von Dampfturbinen. Wärme Bd. 54 (1931) S. 151/155; Zuschrift dazu: Wärme Bd. 54 (1931) S. 391/393.
774. Renton, V. S., u. St. Neal: Heate rate test results of 100000 kW Essex turbine-generator. ASME, Paper No. 49 — SA — 19.
775. Reynolds, R. L.: Obsolescence of Steam Turbines. Electr. J. Bd. 31 (1934) S. 221/223.
776. Rieger, E.: Wärmeersparnis durch Verwertung des Stopfbuchsdampfes von Dampfturbinen. Arch. Wärmewirtsch. Bd. 25 (1944) S. 52/54.
777. Röder, K.: Verluste in Strömungskanälen von Dampfturbinen. Z. VDI Bd. 85 (1941) S. 547 — Auszug aus Engineering Bd. 148 (1939) S. 700/704, 712/716.
778. Rosenlöcher, O.: Messungen an Gegendruck- und Entnahmeturbinen. Elektr. i. Bergbau Bd. 10 (1935) S. 4/8.
779. Rosenlöcher, O.: Strömungsverhältnisse und Gütezahl von Dampfturbinen. Arch. Wärmewirtsch. Bd. 21 (1940) S. 247/250.
780. Ruppel, G.: Amerikanische Eichungen scharfkantiger Meßränder mit Luft. Arch. Wärmewirtsch. Bd. 10 (1929) S. 403/405.
781. Ruppel, G.: Einfluß der Expansion auf die Kontraktion hinter Staurändern. Techn. Mech. u. Thermodyn. Bd. 1 (1930) S. 151/157.
782. Ruppel, G.: Durchflußmessung mit der deutschen Normaldüse 1930 und der deutschen Normblende 1930. Arch. techn. Messen Bd. 2 (1931) S. 114/115.
783. Ruppel, G., u. H. Jordan: Die Durchflußzahlen von Normblenden mit und ohne Störung des Zuflusses. Forsch. Ing. Wes. Bd. 2 (1931) S. 207/212.
784. Schaack, M.: Dampfmessung. Siemens-Z. Bd. 5 (1925) S. 9/17.
785. Schäff, K.: Einfluß des Expansionsverlaufs in der Turbine bei Wärmeersparnis bei Zwischenüberhitzung. Arch. Wärmewirtsch. Bd. 24 (1943) S. 153/158.
786. Schiwek, F.: Die Dampfverbrauchsmessung. AEG-Mitt. 1938 S. 385/391.
787. Schlenk, R.: Neue Darstellung des Dampfverbrauches von Entnahmeturbinen. Arch. Wärmewirtsch. Bd. 16 (1935) S. 217/219.
788. Schlicke, H.: Der Wert einwandfreier Dampf- und Wassermessungen in Dampfturbinenanlagen. Wärme Bd. 61 (1938) S. 408/409.
789. Schmidt, E.: Fortschritte der wärmetechnischen Forschung. Z. VDI Bd. 90 (1948) S. 347/351.
790. Schmidt, E.: Der dritte Hauptsatz der Wärmelehre. Z. VDI Bd. 92 (1950) S. 24/28.
791. Schüle, W.: Technische Thermodynamik, 3. Aufl. Berlin: Springer 1923.
792. Schult, H.: Der Erfolg der Drucksteigerung bei Kondensations- und Gegendruckanlagen. Z. VDI Bd. 83 (1939) S. 405/408.
793. Schurter, W.: Messungen an neueren Escher Wyss-Dampfturbinenanlagen. Escher Wyss Mitt. Bd. 6 (1933) S. 3/13.
794. Sörensen, E.: Hydraulische Ähnlichkeit von Dampfturbinenstufen. Z. VDI Bd. 78 (1934) S. 1403/1410.
795. Sörensen, E.: Einheitsdiagramme für Dampfturbinen. Z. VDI Bd. 83 (1939) S. 565/570.
796. Spitzglass, I. M.: Orifice Coefficients — Data and Results of Tests. Mech. Engng. Bd. 45 (1923) S. 342 bis 348, 399.
797. Stach, E.: Die Beiwerte von Normblenden im Einlauf und Auslauf. Z. VDI Bd. 78 (1934) S. 187/189.
798. Staek, H.: Die wirtschaftliche Größe der Kondensationsturbinen bei Heizkraftwerken. Arch. Wärmewirtsch. Bd. 24 (1943) S. 39/42.
799. Stender, W.: Der innere Wirkungsgrad von Turbinen. Arch. Wärmewirtsch. Bd. 18 (1937) S. 343/346.
800. Stender, W.: Der Gleitdruckbetrieb, sein Wesen und seine Auswirkung. Siemens-Z. Bd. 17 (1937) S. 569/585.

801. Stodola, A.: Leistungsversuche an einer Gegendruckdampfturbine. Z. VDI Bd. 69 (1925) S. 1177/1181.
802. Stodola, A.: Leistungsversuche an einer 11000 kW-Zoelly-Dampfturbine. Z. VDI Bd. 71 (1927) S. 747, 752.
803. *VDI:* Regeln für die Durchflußmessung mit genormten Düsen und Blenden, 3. Aufl. Berlin: Deutsch. Verlag 1935.
804. *Wärme:* Betriebsergebnisse mit der Quecksilberdampfturbine. Wärme Bd. 53 (1930) S. 709/710.
805. *Wärme:* Neue englische Regeln für Abnahmeversuche an Dampfturbinen. Wärme Bd. 60 (1937) S. 810 — Auszug aus World Pwr. Bd. 41 (1937) S. 116 (Beama, J.).
806. Wagner, P.: Der Wirkungsgrad von Dampfturbinen-Beschauflungen. Berlin: Springer 1913.
807. Wellmann, W. E.: Abnahmeversuche an einer 80000 kW-Turbodynamo des Großkraftwerkes Klingenberg. Z. VDI Bd. 72 (1928) S. 1077/1081.
808. Witte, R.: Durchflußzahlen von Düsen und Staurändern. Techn. Mech. u. Thermodyn. Bd. 1 (1930) S. 34/41, 72/85, 113/120.
809. Witte, R.: Die Strömung durch Düsen und Blenden. Forsch. Ing.-Wes. Bd. 2 (1931) S. 245/251, 291/302.
810. Witte, R.: Untersuchung über Wirkungsgrade von Vorschaltturbinen. Z. VDI Bd. 83 (1939) S. 1095 bis 1102.
811. Woodwell, J. E.: Efficiency Test of a 15000 kW Turbo-Generator. Power Bd. 61 (1925) S. 128/131.
812. Woodwell, J. E.: Steam Turbine Tests at Moores Park Station. Pwr. Plant (Engng.) Bd. 32 (1928) S. 222/228.
813. Zinzen, A.: Der Einfluß der Dampftemperatur auf den Wirkungsgrad von Dampfturbinen. Berlin: Springer 1928.
Vgl. auch: 101, 393, 394, 395, 471, 529, 607, 615, 616, 617, 618, 619, 620, 621, 622, 623, 624, 625.

Zu 22. Das Abstellen und das Auslaufen.

814. Rathbone, T. C.: Turbine Shaft Distortion Corrected by Spindle Rotation. Electr. J. Bd. 28 (1931) S. 91/95.
Vgl. auch: 544, 548, 553, 560.

Zu 23. Der Stillstand.

815. *BEWAG:* Richtlinien für die Konservierung stillgesetzter Kraftwerksanlagen. Berlin: BEWAG 1932.
816. *BEWAG:* Richtlinien für die Wartung stillgesetzter, konservierter Kraftwerksanlagen. Berlin: BEWAG 1932.
817. *BEWAG:* Richtlinien für die Wiederinbetriebnahme stillgesetzter, konservierter Kraftwerksanlagen. Berlin: BEWAG 1932.
818. Pohl, E.: Die Dampfturbine im Stillstand. Masch.-Schad. Bd. 17 (1940) S. 42/50.
819. Steinitz, E. W.: Maßnahmen zur Erhaltung stillgelegter Kraftanlagen. Wärme Bd. 56 (1933) S. 119 bis 120.
820. *Technische Überwachung:* Verhinderung von Rostbildung an Turbinenschaufeln. Techn. Überwachung Bd. 1 (1940) S. 54.
821. *VDEW:* Konservierung, Wartung und Wiederinbetriebnahme stillgesetzter Kraftwerksanlagen. Vorträge der Sitzung des Maschinentechnischen Ausschusses der VDEW am 20. Oktober in Stuttgart. Berlin: VDEW 1933.
Vgl. auch: 539.

Zu 24. Die regelmäßige Besichtigung und Überholung.

822. Adloff, K.: Erfahrungen mit Oberflächenkondensatoren. Wärme Bd. 55 (1932) S. 260/261.
823. Adloff, K.: Reinigung von Oberflächenkondensatoren durch Säure. Wärme Bd. 55 (1932) S. 614/615.
824. Baader, A.: Chemische Gesichtspunkte der Kondensatorreinigung. Elektr.-Wirtsch. Bd. 37 (1938) S. 136/140.
825. Brendlin, A.: Die chemische und mechanische Reinigung der Kondensatorrohre und ihr Einfluß auf den Rohrwerkstoff. Elektr.-Wirtsch. Bd. 35 (1936) S. 323/328.
826. Callis, F. T.: The Overhaul and Inspection of Steam Turbines. Metro-Vick. Gaz., Manchr. Bd. 8 (1932) S. 284/286, 307/311.
827. Ehrt, M.: Über die Grübchenbildung an Schneckenrädern aus Bronze. Masch.-Schad. Bd. 17 (1939) S. 37/43.
828. *Engineering:* Deposits in Steam Turbines. Engineering Bd. 142 (1936) S. 203/204.
829. Fisher, H. D.: Balancing Machine Utilized in the Field for Quickly Correcting Turbine Operation. Power Bd. 57 (1923) S. 480/481.
830. Gropp, F., u. W. Ellrich: Erfahrungen mit Niederdruckturbinen-Beschauflung im Kraftwerk Klingenberg. Elektr.-Wirtsch. Bd. 30 (1931) S. 589/593; Bd. 31 (1932) S. 413/415; Bd. 32 (1933) S. 50/56, 230/232.
831. Hieble, L.: Reinigung von Turbinenkondensatoren. Arch. Wärmewirtsch. Bd. 21 (1940) S. 126.
832. Hoefer, K.: Reinhalten von Oberflächenkondensatoren. Z. VDI Bd. 80 (1936) S. 127/129.
833. Kaiser, P.: Die Bedeutung von regelmäßigen Untersuchungen für den Turbinenbetrieb. Wärme Bd. 54 (1931) S. 240/241.

834. KAISER, P.: Vorschuhen von Kondensatorrohren. Wärme Bd. 64 (1941) S. 251.
835. KARAS, F.: Dauerfestigkeit von Laufflächen gegenüber Grübchenbildung. Z. VDI Bd. 85 (1941) S. 341 bis 344.
836. KOCH, B.: Die wirtschaftliche Fertigung von Stirnrädern mit Schrägverzahnung in bezug auf Verschleiß und Geräuschlosigkeit (Hinweis auf PITTINGS bei Turbinengetrieben auf S. 466). Akust. Z. Bd. 18 (1936) S. 404/468.
837. KÖPPE, P.: Das Reinigen von Kondensatoren. Arch. Wärmewirtsch. Bd. 24 (1943) S. 19.
838. KRAFT, E. A.: Werkstoffragen im Dampfturbinenbau, S. 21/27 in: Werkstofftagung. Berlin 1927 — Stahl und Eisen als Werkstoff, gesammelte Vorträge der Gruppe Stahl und Eisen, Bd. 3. Düsseldorf: Stahleisen 1928.
839. LEIDIG, G.: Mittel zur Behebung der Schwierigkeiten des Betriebes von Oberflächenkondensatoren infolge Verkalkung der Kühlrohre. BBC-Mitt. Bd. 26 (1939) S. 224.
840. LIENEWEG, F.: Verhütung von Korrosionen bei der chemischen Reinigung von Kondensatoren und Kesseln. Wärme Bd. 50 (1927) S. 507/511.
841. MERRIT, H. E.: The Lubrication of Gear Teeth. General Discussion on Lubrication and Lubricants. Group II Engine Lubrication, S. 90/101. Oktober 1937. Published by the Institution of Mechanical Engineers.
842. MÜLLER, R.: Die Reinigung von versteinten Kondensatorrohren. Mitt. Ver. Großkesselbes. 1931 Heft 34 S. 343/345.
843. ORLAMÜNDER, H.: Instandsetzung des Kondensators einer 6400 kW-Turbine. Wärme Bd. 64 (1941) S. 114/115.
844. PAUL, F.: Replacing Condenser Tubes. Engineering Bd. 44 (1940) S. 74.
845. POHL, E., u. G. KÜHNELT: Reparaturschweißungen an Leitapparaten von Dampfturbinen mit eingegossenen Leitschaufeln. Masch.-Schad. Bd. 16 (1939) S. 17/24.
846. POHL, R.: Untersuchungen über Wellenspannungen (Lagerströme), besonders bei zweipoligen Turbogeneratoren. Elektrotechn. Z. Bd. 50 (1929) S. 417/422.
847. RAU, A.: Erfahrungen beim Reinigen von Kondensatoren. Arch. Wärmewirtsch. B d. 24 (1943) S. 63.
848. SAUER, TH.: Reinigen von Kondensatoren. Wärme Bd. 60 (1937) S. 79.
849. SCHLIEKE, H.: Wann sind planmäßige Instandsetzungen in Dampfkraftwerken vorzunehmen? Arch. Wärmewirtsch. Bd. 25 (1944) S. 28.
850. SCHNEIDER, H.: Die „Columbus-Pistole", das neue Reinigungsgerät für Oberflächenkondensatorrohre. BBC-Nachr. Bd. 19 (1932) S. 31/34.
851. SODERBERG, R.: Scaling of Turbine Blades. Power Bd. 72 (1936) S. 596/597.
852. STOLL, K. E.: Chlorine treatment of River Water at Powerton Station. Power Bd. 75 (1932) S. 168/170.
853. UHTHOFF, E.: Instandhaltung der Kondensationsanlagen von Dampfturbinen. Arch. Wärmewirtsch. Bd. 24 (1943) S. 129.
854. UHTHOFF, E.: Instandhaltung von Dampfturbosätzen während des Stillstands. Arch. Wärmewirtsch. Bd. 24 (1943) S. 190/194.
855. UHTHOFF, E.: Instandhaltung von Dampfkraftwerken. Z. VDI Bd. 88 (1944) S. 501/504.
856. UHTHOFF, E.: Instandhaltung von Kesselspeisepumpen. Arch. Wärmewirtsch. Bd. 25 (1944) S. 25/28.
857. ULRICH, M.: Zur Frage der Grübchenbildung bei Zahnrädern. Z. VDI Bd. 78 (1934) S. 53/55.
858. *VDI*-Arbeitsblatt: Instandhalten von Dampfkraftanlagen, IV Rohrleitungen 3094. Berlin: VDI-Verlag 1943.
859. *VDI*-Arbeitsblatt: Instandhalten von Dampfkraftanlagen, V Armaturen 3095. Berlin: VDI-Verlag 1943.
860. *VDI*-Arbeitsblatt: Instandhalten von Dampfkraftanlagen, VI Kreiselpumpen 3096. Berlin: VDI-Verlag 1944.
861. *VDI*-Arbeitsblatt: Instandhalten von Dampfkraftanlagen, VIII Dampfturbinen 3098. Berlin: VDI-Verlag 1944.
862. *Wärme:* Regelmäßig vorgenommene Instandsetzungsarbeiten erhöhen die Betriebsicherheit. Wärme Bd. 59 (1936) S. 426/427.
863. WEISS, K.: Das Reinigen von Kondensatorrohren. Wärme Bd. 60 (1937) S. 79.
864. WERKMEISTER: Werkzeuge zum Einwalzen von Rohren. Wärme Bd. 59 (1936) S. 19.
Vgl. auch: 66, 354, 538, 572, 573, 574, 575, 591, 611, 616, 617, 618, 622, 623, 624, 625.

Zu 26 bis 29. Die Schäden am Fundament, am Kondensator und an den Hilfsmaschinen.

865. *Allianz Versicherungs-A.-G. Abt. Maschinenversicherung:* Schaden an einer Dampfturbinenanlage durch Bruch des Kondensatordeckels. Masch.-Schad. Bd. 20 (1943) S. 66 (Schadenauslese).
866. BÖRSIG, F.: Schäden an Rohren durch falsch oder ungenügend aufbereitetes Wasser. Masch.-Schad. Bd. 17 (1940) S. 30/31.
867. BÖRSIG, F.: Beobachtungen an Korrosionschäden. Stahl u. Eisen Bd. 62 (1942) S. 173/181.
868. CARDWELL, P. H.: Neue Wege zur Verhütung von Rohrablagerungen. Power Bd. 94 Nr. 7 S. 98/101.
869. CHRISTMANN, N.: Anfressungen an Kondensatorrohren. Wärme Bd. 55 (1932) S. 689/691.
870. CLARKE, CH.: Condenser tubes and their corrosion. Trans. Amer. Soc. mech. Engrs. Bd. 63 (1941) S. 513/530.

871. DONNER, B.: Oberflächenkondensator. Beschreibung einer sehr schwierigen Reparatur an Oberflächenkondensatoren einer zwölfstufigen Lurgi-Vakuumkühlanlage für gesättigte Chlorkaliumlösung. Fertigungstechn. Jg. 1 (1951) S. 77/108.
872. HAKE, B.: Bemerkenswerte Schäden an Dampfturbinen. 1. Schwingungsbrüche an Kondensatorrohren; 2. Erosionschäden. Elektr.-Wirtsch. Bd. 39 (1940) S. 85/87.
873. HÜTTNER, F.: Ermittlung von Kondensatorschäden bei Dampfturbinen. Arch. Wärmewirtsch. Bd. 21 (1940) S. 42.
874. KALPERS, H.: Inchromierte Kondensatorrohre. Werkstatt und Betrieb 84. Jg. (1951) S. 470.
875. MEYER, E., u. F. BORK: Hörschall- und Ultraschalluntersuchungen von Betonbalken mit Rissen. Akust. Z. Bd. 4 (1939) S. 231/237.
876. MICHEL, F.: Rohrbrüche in Kondensatoren. Arch. Wärmewirtsch. Bd. 14 (1933) S. 185/186.
877. NOWOTNY, H.: Werkstoffzerstörung durch Kavitation. Untersuchungen am Schwinggerät. Berlin: VDI-Verlag 1942 — Auszug Arch. Wärmewirtsch. Bd. 24 (1943) S. 162.
878. PAUL, H.: Betriebseignung von Kondensationsanlagen. Arch. Wärmewirtsch. Bd. 17 (1936) S. 212/216.
879. RAUSCH, E.: Schäden an Maschinenfundamenten. (Vortrag auf der Betriebsleitertagung 1935.) Beton u. Eisen Bd. 35 (1936).
880. REICHNER, M.: Ölleckagen zerstören Fundamente. Wärme Bd. 56 (1933) S. 146.
881. REUTER, PH.: Dauerversuche über die Korrosion von Kondensatorrohren im Betrieb. Elektr.-Wirtsch. Bd. 31 (1932) S. 6/13.
882. SCHIFFNER, F.: Vakuumstörung an einer Anzapfturbine. Arch. Wärmewirtsch. Bd. 20 (1939) S. 63/64.
883. SCHIRP: Maschinenfundamentschäden in Kraftwerken. Z. VDI Bd. 63 (1919) S. 969/973 — Zuschrift dazu von O. SPRINGMANN: Z. VDI Bd. 63 (1919) S. 1289/1291.
884. SCHWARZ, M. v.: Untersuchungen von Messingkondensatorrohren mit starker Korrosion. Elektr.-Wirtsch. Bd. 25 (1926) S. 36/43.
885. SIEGEL, A.: Die Korrosionsfestigkeit der Kondensatorrohre verschiedener Legierungen in Abhängigkeit von der Brinellhärte. Wärme Bd. 58 (1935) S. 173/177.
886. SIEGEL, A.: Korrosionen an Eisen und Nichteisenmetallen. Berlin: Springer 1938.
887. SMOLANSKI, A.: Einfluß der Schienenströme elektrischer Bahnen auf die Korrosion in Turbinenkondensatoren. Elektrotechn. Z. Bd. 56 (1935) S. 100/104.
888. SPLITTGERBER, A., u. K. H. ULRICH: Entwicklung von Giftgasen im Kondensator eines Kraftwerkes. Energie Technik 1. Jg. (1951) S. 17.
889. THÜMEN, V.: Nachträgliche Pfahlgründung eines abgesackten Turbinenfundamentes. Z. VDI Bd. 71 (1927) S. 1444.
890. Wärme: Treibeisgefahr für Frischwasserkondensationsanlagen. Wärme Bd. 64 (1941) S. 15.
891. Wärme: Verhinderung von Störungen an Kondensationspumpen. Wärme Bd. 61 (1938) S. 680/681.
892. WIDDERN, H. C. v.: Über Hohlraumbildung (Kavitation) in Kreiselpumpen. Escher Wyss Mitt. Bd. 9 (1936) S. 14/21.
893. ZABEL, H.: Schäden an Kondensatorrohren. Korrosion u. Metallsch. Bd. 13 (1937) S. 392/394.
Vgl. auch: 7, 67, 90, 138, 371, 573, 577, 578, 596, 601, 616, 617, 618, 626, 842, 843, 844.

Zu 30 bis 36. Die Schäden an Turbinen.

894. ABBOTT, E. J.: Specifications of Power Noises. Power Bd. 75 (1932) S. 537/540.
895. *Allianz Versicherungs-A.G. Abt. Maschinenversicherung:* Lagerschaden an einem Turbogenerator durch Ausfall einer der beiden Hauptölpumpen. Masch.-Schad. Bd. 20 (1943) S. 66/67 (Schadenauslese).
896. *Arbeitsgemeinschaft deutscher Kraft- und Wärmeingenieure:* Eignung von Speisewasser-Aufbereitungsanlagen im Dampfkesselbetrieb. Berlin: VDI-Verlag 1940.
897. *Arch. Wärmewirtsch.:* Lärmminderung in einem Kraftwerk. Arch. Wärmewirtsch. Bd. 22 (1941) S. 54.
898. ASBUKIN, J., u. I.: Das dynamische Auswuchten von schweren Läufern auf einer Auswuchtmaschine mit rollenden Stützen. Elektritschesskije Sstanzii (Rußland) 1950 Nr. 10 S. 18/21.
899. BACHMAIR: Löschversuche bei Ölbränden an Turbinen. Elektr.-Wirtsch. Bd. 38 (1939) S. 616/620.
900. BAKOS, G., u. S. KAGAN: Geräusch- und Lärmmessungen. Z. VDI Bd. 76 (1932) S. 145/150.
901. BANTZER, A.: Verhütung von Turbinenschäden in Dampfkraftwerken. Masch.-Schad. Bd. 23 (1950) S. 116/117.
902. *BBC:* Schaufel-Erosionsversuche und Abnutzung. Brown Boveri Mitt. Bd. 21 (1934) S. 28/32.
903. BERGER, O.: Anlaufstörung an einer 11000 PS-Dampfturbine. Wärme Bd. 58 (1935) S. 376.
904. BOSNJAKOVIC, FR.: Salzablagerungen in Dampfturbinen. Wärmelehre u. Wärmewirtschaft, Bd. 12. Technische Thermodynamik, 2. Teil, S. 228/230. Dresden u. Leipzig: Theodor Steinkopff 1937.
905. BRÄHNIG, R.: Unwuchten als Schwingungserreger und die Mittel ihrer Bekämpfung. Schiff und Werft Bd. 45/75 (1944) S. 27/41.
906. BRENNECKE, C.: Versalzung von Hochdruckturbinen. Elektr.-Wirtsch. Bd. 39 (1940) S. 455/459.
907. BÜTTNER, M.: Eigenartige Rohrschäden an der Lageröldruckleitung einer Dampfturbine. Wärme Bd. 62 (1939) S. 556.
908. CAMPBELL, W.: The Protection of Steam-Turbine Disk Wheels from Axial Vibration. Amer. Soc. Mech. Engnrs. 1924.
909. CLEVE, K.: Der Salzgehalt des von Dampfkesseln erzeugten Dampfes. Z. VDI Bd. 84 (1940) S. 789/795.

910. Daeves, K.: Zur Untersuchung von Dauerbrüchen. Wärme Bd. 66 (1943) S. 81/82.

911. Danninger, P.: Pendeln von Dampfturbinensteuerungen. Arch. Wärmewirtsch. Bd. 16 (1935) S. 189/190.

912. Davis, A. H.: The Measurement of Noise. Engineering Bd. 138 (1934) S. 663/666.

913. Delanghe, C.: Les vibrations des roues de turbines à vapeur. Génie civ. Bd. 87 (1925) S. 8/12. 33/37.

914. Domes, F.: Erfahrungen über Versalzung und Auswaschen einer Dampfturbine. Wärme Bd. 60 (1937) S. 117/119.

915. Dreibholz u. R. Berthold: Verkrümmung von Turbinenläufern und ihre Ursachen. Mitt. Ingenieurbüro Allianz und Stuttgarter Ver. Vers. A.-G. 1933 Heft 1.

916. Dreier, H.: Die Entsalzung und Entkieselung von Dampfturbinen. BBC-Nachr. Bd. 29 (1942) S. 49/54.

917. Eastcott, A. R., u. B. C. Princeton: Erneuerung des Ausgleichkolbens hilft gegen Schwingungen einer Dampfturbine. Power Sept. 1950 S. 124 — Energie Jg. 3 (1951) S. 32.

918. Ellrich, W.: Derzeitiger Stand der Erosionserscheinungen an Niederdruckschaufeln von Dampfturbinen. Elektr.-Wirtsch. Bd. 37 (1938) S. 715/719.

919. *Engineer:* Breakdown of a Turbo-Alternator. Engineer Bd. 157 (1934) S. 359/360.

920. *Engineering:* The Measurement of Noise. Engineering Bd. 133 (1932) S. 564/567.

921. Evans, U. R.: Die Korrosion der Metalle. Deutsche Bearbeitung von E. Honegger. Zürich: Orell Füssli 1926.

922. Gardner, F. W.: The Erosion of Steam Turbine Blades. Engineer Bd. 153 (1932) S. 146/147, 174/176, 202/205.

923. Gerling, H.: Lautstärkemessung und der DIN-Lautstärkenmesser, ein neues akustisches Meßgerät. Siemens-Z. Bd. 21 (1941) S. 149/158.

924. Glaubitz: Festigkeit und Verschleiß oberflächengehärteter Zahnräder. Technik Jg. 3 (1948) S. 276/277.

925. Gönczy, G. v.: Mechanische Resonanzschwingungen an einer Turbogruppe. Elektrotechn. Z. Bd. 54 (1933) S. 279/281.

926. Goerke, H.: Versalzung und Verkieselung von Dampfturbinen. Elektr.-Wirtsch. Bd. 38 (1939) S. 614/616.

927. Gropp, F.: Entzündung von Turbinenöl. Elektr.-Wirtsch. Bd. 26 (1927) S. 302/303.

928. Hake, B.: Erosionen an Niederdruck-Laufschaufeln. Elektr.-Wirtsch. Bd. 32 (1933) S. 144/146.

929. Hake, B.: Erosionen an Dampfturbinenschaufeln. Elekr.-Wirtsch. Bd. 48 (1949) S. 133/138.

930. Heinz, G.: Kohlensäureangriffe an Turbinenbeschauflung. Erfahrung mit basenausgetauschtem Oberflächenwasser als Zusatzwasser für Kesselspeisung. Wärme Bd. 63 (1940) S. 261/265.

931. Hemmerling, E., u. K. Zühlke: Schwingungen bei Turbinenanlagen. Schiff u. Werft Bd. 44/24 (1943) S. 273/279.

932. Hieble, L.: Ausspülen von versalzenen Turbinen. Arch. Wärmewirtsch. Bd. 21 (1940) S. 84.

933. Houghton, B.: Turbines for High Pressures and Temperatures from Operating Point of View. Power Bd. 69 (1929) S. 880/884.

934. Jackson, J. A.: Quiet Electrical Machinery. Gen. Electr. Rev. Bd. 36 (1933) S. 395/388.

935. Kaissling, F.: Zur Verkieselung der Dampfturbine. Arch. Wärmewirtsch. Bd. 20 (1939) S. 89/91.

936. Kirchberg, G.: Auswuchten schwerer Läufer hoher Drehzahl. Forsch. Ing.-Wes. Bd. 6 (1935) S. 72.

937. Kirchberg, G.: Frequenzabsenkung und Schaufelschäden an Dampfturbinen. Technik Jg. 3 (1948) S. 355.

938. Koch, B.: Verdampfen von Kesselsalzen. Wärme Bd. 61 (1938) S. 219/223.

939. Köchling: Erosionen am Niederdruckteil einer 36000 kW-Maschine. Elektr.-Wirtsch. Bd. 37 (1938) S. 719/721.

940. Kot, A.: Über die Bildung von Kieselsäureverbindungen auf Dampfturbinenschaufeln. Arch. Energiewirtsch., Zeitungsdienst Nr. 20/50 (1950) S. 643.

941. Krämer: Schadenverhütung an Dampfturbinen. Elektr.-Wirtsch. Bd. 38 (1939) S. 733/736.

942. Krisam, F.: Werkstoffzerstörungen an Kreiselpumpen. Wärme Bd. 65 (1942) S. 149/155.

943. Kroon, R. P.: Turbine-Blade Fatigue Testing. Mech. Engng. Bd. 62 (1940) S. 531/535.

944. Kühnelt, G.: Zerstörungen an Zahnrädern durch elektrischen Strom. Masch.-Schad. Bd. 19 (1942) S. 71.

945. Kuhn, E.: Krafterzeugung in den Vereinigten Staaten im Jahre 1933. Wärme Bd. 57 (1934) S. 178.

946. Lent, H.: Erfahrungen beim Bau und Betrieb der Hochdruck-Kesselanlage Scholven. Z. VDI Bd. 81 (1937) S. 1097/1104.

947. Low, F. R.: Vibrations in Steam Turbines. Power Bd. 65 (1927) S. 923/924.

948. Lübcke, E.: Geräuschbekämpfung bei elektrischen Maschinen und Geräten. Elektrotechn. Z. Bd. 59 (1938) S. 765/770.

949. Lübcke, E.: Maßnahmen zur Lärmbekämpfung in Betrieben. Wärme- u. Kältetechn. Bd. 44 (1942) S. 179/182.

950. Lüben, F.: Korrosionsfragen im Dampfturbinenbau. Korrosion u. Metallsch. Bd. 13 (1937) S. 383/386.

951. Lüben, F.: Korrosion von Turbinenschaufeln durch Sickerdampf und SO_2-haltigen Dampf. Wärme Bd. 63 (1940) S. 136/138.

952. Lusinoff: Über die Ursachen der elektrischen Aufladung von Turbinenläufern mittels Dampf (Auszug). Elektrotechn. Z. Bd. 57 (1936) S. 1244/1245.

953. Mackenthun, W.: Lagerschäden an Turbinen und Stromerzeugern. Elektr.-Wirtsch. Nr. 12 (1950) S. 345/347.

954. *Masch.-Schad.:* Reinigen von Dampfturbinenschaufeln mit Flugasche. Masch.-Schad. Bd. 16 (1939) S. 50.
955. *Masch.-Schaden:* Schäden an Leitapparaten von Dampfturbinen. Masch.-Schaden Bd. 23 (1950) S. 100 bis 103.
956. MELAN, H.: Zur Frage der Schaufelerosionen im Niederdruckteil einer Dampfturbine. Elektr.-Wirtsch. Bd. 38 (1939) S. 349/351.
957. MELAN, H.: Zur Frage der Erosion an Dampfturbinenschaufeln. Elektr.-Wirtsch. Bd. 39 (1940) S. 190.
958. MELAN, H.: Erosion von ND-Dampfturbinenschaufeln. Arch. Wärmewirtsch. Bd. 21 (1940) S. 199/202.
959. MICHEL, F.: Salzablagerungen in Dampfturbinen. Arch. Wärmewirtsch. Bd. 17 (1936) S. 35.
960. OSCHATZ, H.: Geortetes Auswuchten. Z. VDI Bd. 88 (1944) S. 357/368.
961. PAGELT, A. L.: Vibration in Steam-Turbine Buckets and Damping by Impact. Engineering Bd. 143 (1937) S. 305/307.
962. PAUL, H.: Auswirkung der Dampffeuchtigkeit in den ND-Stufen auf Betrieb und Bau von Kondensationsturbinen. Z. VDI Bd. 35 (1937) S. 1004/1007.
963. POCHOBRADSKY, B., JOLLEY u. THOMPSON: The experimental investigation of vibrations in turbine wheels and blades. Engineering Bd. 131 (1931) S. 541/545.
964. POHL, E., u. M. EHRT: Musterbeispiele von Dauerbrüchen und die daraus zu ziehenden Folgerungen für Konstruktion und Betrieb. Mitt. Ingenieurbüro Allianz und Stuttgarter Ver. Vers. A.-G. 1934 Heft 2.
965. POHL, E.: Der Einfluß der Dampfnässe auf die Schaufeln im Niederdruckteil einer Turbine. Masch.-Schad. Bd. 10 (1936) S. 185/190; Bd. 11 (1937) S. 1/6.
966. POHL, E.: Schäden an Stopfbuchsen von Dampfturbinen. Masch.-Schad. Bd. 12 (1938) S. 117/123.
967. POHL, E.: Neuere Schäden an Turbogeneratoren in Ursache und Auswirkung. Prüfungsbericht Januar 1948. Veröffentlichungen der Allianz Versicherungs-AG.
968. POHL, E.: Über die Anwendung von Druckproben, Schleuderproben, Spannungsproben und magnetischen Prüfverfahren zur Steigerung der Betriebsicherheit. Prüfungsbericht März 1949. Veröffentlichungen der Allianz Versicherungs-AG.
969. POHL, E.: Wellenbrüche in Turbogeneratoren. Masch.-Schad. Bd. 23 (1950) S. 25/38.
970. POHL, E., F. BÖRSIG u. G. RICHTER: Das Richten verkrümmter Wellen mit Wärme. Masch.-Schaden Bd. 23 (1950) S. 109/115.
971. PRATT, K. H.: The Significance of Noise Measurements. Electr. Engng. Bd. 51 (1932) S. 705/708.
972. QUACK, W.: Betriebserfahrungen an Dampfturbinen. Elektr.-Wirtsch. Bd. 24 (1925) S. 219/230.
973. RANKIN, A. W., C. J. BOYLE, C. D. MORIESTY, u. B. R. SEGUIN: Wärmerisse in Schmiedestücken für Turbinen- und Generatorläufer. Mech. Engng. Bd. 72 (1950) S. 559/566.
974. RATHBONE, TH. C.: Unusual Vibration of a 25000 kW Turbine. Electr. J. Bd. 25 (1928) S. 88/95.
975. RAU, A.: Schaufelschaden infolge Spannungskorrosion an einer Dampfturbine. Arch. Wärmewirtsch. Bd. 25 (1944) S. 116.
976. REICHNER, M.: Abdichten verzogener Turbinengehäuse. Wärme Bd. 62 (1939) S. 231/232.
977. ROSENLÖCHER, O.: Der Einfluß der Dampfnässe bei Gleichdruckturbinen. Elektr.-Wirtsch. Bd. 38 (1939) S. 352/354.
978. RUSHING, F. C., u. B. A. ROSE: Balancing Rotating Machines in the Field. Electr. J. Bd. 34 (1937) S. 441/444.
979. SAUER, TH.: Reinigen von Turbinenschaufeln. Wärme Bd. 58 (1935) S. 713.
980. SAUER, TH.: Das Auswaschen der Turbinen unter Last. Wärme Bd. 59 (1936) S. 185/187.
981. SAUER, TH.: Über die elektrische Aufladung von Turboläufern mittels Dampfes (Lenard-Effekt). Wärme Bd. 59 (1936) S. 575 — Auszug aus Elektritscheskije Stanzii 1936 Heft 4.
982. SAUER, TH.: Spülung einer Hochdruckturbine unter Last. Wärme Bd. 62 (1939) S. 344/345.
983. SCHLEICHER, O.: Über die wirtschaftlichen Folgen von Ablagerungen in Dampfturbinen. Arch. Wärmewirtsch. Bd. 24 (1943) S. 225.
984. SCHÖNE, O.: Salzablagerungen in Hochdruckturbinen. Z. VDI Bd. 79 (1935) S. 1473/1474.
985. SCHUBERT, J.: Betriebsergebnisse von Dampfturbinen großer Leistung. Elektr.-Wirtsch. Bd. 36 (1937) S. 482/484.
986. SCHUBERT, J.: Betriebsergebnisse von Großturbinen. Elektr.-Wirtsch. Bd. 37 (1938) S. 392/394.
987. SCHUH, W.: Erfahrungen mit Turbinenversalzung im GKW Finkenheerd. Elektr.-Wirtsch. Bd. 36 (1937) S. 669/671.
988. SCHWARZ, M. v.: Untersuchungsbericht über Dampfturbinenschaufeln mit Dauerbrüchen. Elektr.-Wirtsch. Bd. 25 (1926) S. 286/289.
989. SCHULZ, M.: Neue Betriebserfahrungen an Dampfturbinen. Energie Jg. 2 (1950) S. 153.
990. SELL, H.: Geräte für objektive Geräuschmessung. Siemens-Z. Bd. 15 (1935) S. 147/153.
991. SENGER, U.: Die Dampfnässe in den letzten Stufen von Kondensationsturbinen. Elektr.-Wirtsch. Bd. 38 (1939) S. 354/360.
992. SIEBEL, E.: Erosion durch Tropfenschlag. Handbuch der Werkstoffprüfung, Bd. 2, S. 474. Berlin: Springer 1940.
993. SODERBERG, C. R.: Bearing Problems of Large Steam Turbines and Generators. General Discussion on Lubrication and Lubricants. Group I Journal and Thrust Bearings S. 256/267, Oktober 1937. Published by the Institution of Mechanical Engineers.

994. SPILLNER, F.: Hochgespannter Wasserdampf als Lösungsmittel. Chem Fabrik Bd. 13 (1940) S. 405/416.
995. SPLITTGERBER, A.: Speisewasserbehandlung für neuzeitliche Dampfkessel. Z. VDI Bd. 79 (1935) S. 339 bis 340.
996. SPLITTGERBER, A.: Wirkung von Schwefelwasserstoff auf Turbinenschaufeln. Bergbau u. Energiewirtsch. Jg. 1 (1948) S. 223.
997. SPLITTGERBER, A.: Eine bemerkenswerte Korrosion an Dampfturbinen. Bergbau u. Energiewirtsch. Jg. 2 (1949) S. 367.
998. STODOLA, A.: Kritische Wellenstörung infolge der Nachgiebigkeit des Ölpolsters im Lager. Schweiz. Bauztg. Bd. 85 (1925) S. 265/266.
999. TRAGE, C.: Grundlagen der subjektiven und objektiven Lautstärkemessung. Elektrotechn. Z. Bd. 55 (1934) S. 931/934.
1000. TRENDELENBURG, F.: Objektive Lautstärkemessungen. Elektrotechn. u. Masch.-Bau Bd. 51 (1933) S. 232/236.
1001. VATER, M.: Das Verhalten metallischer Werkstoffe bei Beanspruchung durch Flüssigkeitschlag. Z. VDI Bd. 45 (1937) S. 1305.
1002. VOIGT, R.: Neues Verfahren zur Bekämpfung der Schaufelerosionen von Dampfturbinen. Elektr.-Wirtsch. Bd. 39 (1940) S. 80/83.
1003. VIGENER, K.: Forderungen an die Schaufelwerkstoffe bei Dampfturbinen. Bergbau u. Energiewirtsch. Jg. 1 (1948) S. 222.
1004. *Wärme:* Schlammablagerungen in Dampfturbinen. Wärme Bd. 59 (1936) S. 791.
1005. *Wärme:* Ursache und Verhütung von Ablagerungen auf Turbinenschaufeln. Wärme Bd. 60 (1937) S. 15/16 — Auszug aus Engng. and Boiler House Rev. Bd. 50 (1936) Nr. 3 S. 198/200.
1006. *Wärme:* Über die Gefahren von Ölbränden an Dampfturbinen und entsprechende Vorsichtsmaßnahmen (nach Mécanique). Wärme Bd. 60 (1937) S. 113 — Auszug aus Mécanique Bd. 20 (1936) S. 195.
1007. *Wärme:* Anfressungen an Dampfturbinen. Wärme Bd. 60 (1937) S. 197/198 — Auszug aus The Liverpool and London, Globe Insurance Co. Ltd., Liverpool Technical Report for 1935, S. 56.
1008. *Wärme:* Entdeckung von Ermüdungsanrissen nach dem Magnetpulver-Verfahren. Wärme Bd. 60 (1937) S. 493 — Auszug aus Mech. Engng. Bd. 59 (1937) S. 147.
1009. *Wärme:* Ölbrände an Dampfturbinen. Wärme Bd. 61 (1938) S. 169/170.
1010. *Wärme:* Ursache und Verhinderung der Ablagerung auf Turbinenschaufeln. Auszug aus: L'évolution des grandes centrales thermiques, Sonderheft Sci. of Ind. 1938 S. 147 — Wärme Bd. 61 (1938) S. 745 bis 746.
1011. *Wärme:* Der schädliche Einfluß des Wassergehaltes im Arbeitsdampf der Turbinen. Wärme Bd. 61 (1938) S. 972/973.
1012. *Wärme:* Hochfahrschwierigkeiten an einem Turbosatz. Wärme Bd. 62 (1939) S. 38.
1013. *Wärme:* Überholungsarbeiten an Dampfturbinenanlagen. Wärme Bd. 62 (1939) S. 277/278.
1014. *Wärme:* Sickerdampfschaden an einer Dampfturbine. Wärme Bd. 64 (1941) S. 426.
1015. WARNER, W. E.: Turbine Vibration Caused by Defective Seal. Power Bd. 72 (1930) S. 64.
1016. WASSERMANN, G.: Die Spannungskorrosion metallischer Werkstoffe. Chem. Fabrik Bd. 14 (1941) S. 323/327.
1017. WEBB: High pressure turbine deposit experience. Mech. Engng. Bd. 70 (1948) S. 840.
1018. WEBER, K.: Reparaturschweißungen von Großmaschinen. Masch.-Schad. Bd. 23 (1950) S. 85/86.
1019. WESLY, W., u. GEISLER: Erfahrungen über die Speisung von Höchstdruckkesseln mit chemisch aufbereitetem Wasser. Chem. Fabrik Bd. 10 (1937) S. 197/203.
1020. WIESE, F.: Versalzung bei Kesseln und Turbinen. Ursachen und Abwehrmaßnahmen. Arch. Wärmewirtsch. Bd. 18 (1937) S. 109/113.
1021. WILLMS, W.: Geräuschmessungen an elektrischen Maschinen. Mitteilungen aus dem Heinrich-Hertz-Institut für Schwingungsforschung. Elektrotechn. Z. Bd. 56 (1935) S. 25/28, 53/56, 69/70.
1022. ZELLER, W.: Messung von Geräuschen. Z. VDI Bd. 78 (1934) S. 669/670.
Vgl. auch: 190, 226, 257, 309, 420, 429, 576, 589, 590, 591, 592, 616, 620, 621, 622, 623, 624, 625, 626, 631, 831, 832, 839, 848, 859, 860, 861.

Sachverzeichnis.